# ERGEBNISSE DER PHYSIOLOGIE
# REVIEWS OF PHYSIOLOGY

# ERGEBNISSE DER PHYSIOLOGIE
BIOLOGISCHEN CHEMIE UND
EXPERIMENTELLEN PHARMAKOLOGIE

# REVIEWS OF PHYSIOLOGY
BIOCHEMISTRY AND
EXPERIMENTAL PHARMACOLOGY

HERAUSGEGEBEN VON

K. KRAMER  O. KRAYER  E. LEHNARTZ
MÜNCHEN  BOSTON  MÜNSTER/WESTF.

F. LYNEN  A. v. MURALT
MÜNCHEN  BERN

U. G. TRENDELENBURG  H. H. WEBER  O. WESTPHAL
BOSTON  HEIDELBERG  FREIBURG/BR.

BAND 58

SPRINGER-VERLAG
BERLIN HEIDELBERG GMBH 1966

# BRENZKATECHINAMINE UND ANDERE SYMPATHICOMIMETISCHE AMINE
## BIOSYNTHESE UND INAKTIVIERUNG FREISETZUNG UND WIRKUNG

PETER HOLTZ UND DIETER PALM
PHARMAKOLOGISCHES INSTITUT DER UNIVERSITÄT
FRANKFURT A. MAIN

MIT 67 ABBILDUNGEN

SPRINGER-VERLAG BERLIN HEIDELBERG GMBH 1966

ISBN 978-3-662-31250-6    ISBN 978-3-540-37148-9 (eBook)
DOI 10.1007/978-3-540-37148-9

Alle Rechte, insbesondere das der Übersetzung in fremde Sprachen, vorbehalten
Ohne ausdrückliche Genehmigung des Verlages ist es auch nicht gestattet, dieses
Buch oder Teile daraus auf photomechanischem Wege (Photokopie, Mikrokopie)
oder auf andere Art zu vervielfältigen

© by Springer-Verlag Berlin Heidelberg 1966
Ursprünglich erschienen bei Springer-Verlag Berlin Heidelberg 1966

Library of Congress Catalog Card Number 62-37142

Die Wiedergabe von Gebrauchsnamen, Handelsnamen, Warenbezeichnungen usw.
in diesem Buche berechtigt auch ohne besondere Kennzeichnung nicht zu der
Annahme, daß solche Namen im Sinne der Warenzeichen- und Markenschutz-
Gesetzgebung als frei zu betrachten wären und daher von jedermann benutzt
werden dürfen

Titel-Nr. 4778

OTTO LOEWI †
UND
SIR HENRY DALE
GEWIDMET

# Inhaltsverzeichnis

|  | Seite |
|---|---|
| Orientierende Übersicht | 1 |
| I. Vorkommen der körpereigenen Brenzkatechinamine | 5 |
|    A. Nebennierenmark | 7 |
|       1. Phäochromocytomgewebe | 8 |
|       2. Extraadrenales chromaffines Gewebe | 9 |
|    B. Nervengewebe und sympathisch innervierte Organe | 10 |
|       1. Sympathische Nerven | 11 |
|       2. Neuroblastomgewebe | 12 |
|       3. Gehirn und Rückenmark | 13 |
|       4. Iris und Retina | 15 |
|       5. Herz | 16 |
|       6. Extraneuronale chromaffine Zellen | 19 |
| II. Biogenese der körpereigenen sympathicomimetischen Amine | 19 |
|    A. Hauptweg | 19 |
|       1. L-Dopadecarboxylase | 20 |
|       2. Dopamin-$\beta$-oxydase (-$\beta$-hydroxylase) | 26 |
|       3. N-Methyltransferase | 28 |
|       4. Tyrosin-Hydroxylase | 29 |
|    B. Nebenwege | 32 |
| III. Hemmstoffe der enzymatischen Biosynthese | 36 |
|    A. L-Dopadecarboxylase | 36 |
|       1. α-Methyldopa, α-Methyl-m-Tyrosin | 37 |
|       2. Hydrazin- und Hydroxylaminderivate | 41 |
|    B. Dopamin-$\beta$-oxydase | 44 |
|       1. Arylalkylamine | 44 |
|       2. Hydrazine | 44 |
|       3. Disulfiram (Antabus) und Chelatbildner | 45 |
|       4. Imipramin (Tofranil) | 46 |
|    C. Tyrosin-Hydroxylase | 47 |
|       1. 3,4-Dihydroxyphenylacetamid (Dopacetamid) | 47 |
|       2. α-Methyldopa | 47 |
|       3. α-Methyl-p-Tyrosin | 48 |
| IV. Enzymatische Inaktivierung | 50 |
|    A. Monoaminoxydase (MAO) | 50 |
|    B. O-Methyltransferase (OMT) | 56 |
|    C. N-Methylierung und N-Demethylierung | 62 |
|    D. N-Acetylierung | 63 |
|    E. Aliphatische und aromatische Dehydroxylierung | 63 |
|    F. Konjugation mit Glucursäure und Schwefelsäure | 64 |
|    G. Autoxydation und Oxydasen | 65 |
|    H. Transglutaminase | 67 |
|    I. Abbau von Aralkylaminen mit nicht endständiger $NH_2$-Gruppe (Phenylisopropyl- und -isopropanolamine) | 68 |

|  |  | Seite |
|---|---|---|
| V. | Hemmstoffe der enzymatischen Inaktivierung | 72 |
|  | A. Hemmstoffe der Monoaminoxydase (MAO) | 72 |
|  | 1. Hemmung der MAO und Amingehalt der Organe | 74 |
|  | 2. Anti-Reserpinwirkung und unspezifische Wirkungen | 77 |
|  | B. Pharmakologische Wirkungen der MAO-Hemmstoffe | 79 |
|  | 1. Zentrale Wirkungen | 80 |
|  | 2. Periphere Wirkungen | 84 |
|  | a) Potenzierung der Wirkung exogener Amine | 84 |
|  | b) Blutdrucksenkende Wirkung (Hypotension) | 86 |
|  | C. Hemmstoffe der 3-O-Methyltransferase (OMT) | 92 |
|  | 1. Pyrogallol | 92 |
|  | 2. Dopacetamidderivate | 94 |
|  | 3. Tropolonderivate | 94 |
|  | D. Pharmakologische Wirkungen der OMT-Hemmstoffe | 96 |
| VI. | Ausscheidung in den Harn | 98 |
|  | A. Adrenalektomie | 99 |
|  | B. Immunosympathektomie | 99 |
|  | C. Orthostatische Belastung | 101 |
|  | D. Metabolite | 102 |
|  | E. Essentielle Hypertonie | 105 |
| VII. | Phäochromocytom und Neuroblastom | 110 |
|  | A. Phäochromocytom | 110 |
|  | B. Neuroblastom | 117 |
| VIII. | Subcelluläre Lokalisation: Aufnahme, Speicherung und Freisetzung | 120 |
|  | A. Nebennierenmark | 120 |
|  | 1. Speicherung und Freisetzung | 126 |
|  | a) Adenosintriphosphorsäure (ATP) | 126 |
|  | b) Ribonucleinsäure und Ribonuclease | 129 |
|  | c) Acetylcholin und Calcium | 130 |
|  | d) Indirekt wirkende Amine | 132 |
|  | e) Reserpin | 133 |
|  | f) Segontin | 134 |
|  | g) Phenoxybenzamin | 134 |
|  | 2. Aufnahme | 134 |
|  | 3. Hemmung der Aufnahme | 136 |
|  | a) Tyramin und andere indirekt wirkende Amine | 136 |
|  | b) Reserpin | 137 |
|  | c) Sympathicolytica | 138 |
|  | d) Strophanthin (Ouabain) | 138 |
|  | e) SH-„Inhibitoren" | 138 |
|  | B. Sympathische Nerven und Gehirn | 140 |
| IX. | Nichtenzymatische Inaktivierung und Noradrenalinspeicher des Gewebes | 148 |
| X. | Sekretion und Freisetzung | 158 |
|  | A. Nebennierenmark | 158 |
|  | 1. „Ruhesekretion" | 159 |
|  | 2. Reflektorische Sekretionssteigerung | 161 |
|  | 3. Splanchnicusreizung | 162 |
|  | 4. Insulin | 165 |
|  | 5. Acetylcholin und Anticholinesterasen | 167 |
|  | 6. Histamin | 169 |
|  | 7. Reserpin | 171 |
|  | 8. Guanethidin | 174 |
|  | 9. Bradykinin und Angiotensin | 175 |

## Inhaltsverzeichnis

|  |  | Seite |
|---|---|---|
| B. Sympathische Nerven und sympathisch innervierte Organe | | 176 |
|    1. „Ruhesekretion" | | 177 |
|    2. Elektrische Reizung | | 177 |
|    3. Physiologische und pathophysiologische Mehrsekretion | | 180 |
|       a) Orthostatische Belastung | | 180 |
|       b) Psychische Belastung | | 181 |
|       c) Kältestress | | 182 |
|       d) Hämorrhagischer Schock | | 182 |
|    4. Pharmakologische Beeinflussung der Freisetzung | | 183 |
|       a) Phenoxybenzamin (Dibenzylin) und andere Sympathicolytica | | 183 |
|       b) Sympathicomimetische Amine | | 188 |
|          α) Tyramin | | 188 |
|          β) Aliphatische Amine | | 195 |
|          γ) α-Methyl-m-Tyrosin und Aramin | | 196 |
|          δ) Dopamin und Dopaminderivate | | 198 |
|          ε) 6-Hydroxydopamin | | 200 |
|          ζ) Epinin | | 201 |
|          η) Adrenalin | | 201 |
|       c) Guanethidin (Ismelin) | | 202 |
|       d) Bretylium | | 207 |
|       e) Imipramin (Tofranil) | | 210 |
|       f) Syrosingopin und Methoserpidin | | 212 |
|       g) Amphetamin und Cocain | | 213 |
|    5. Pharmakologische Beeinflussung der Sekretion | | 214 |
|       a) Reserpin und Precursor-Aminosäuren | | 215 |
|       b) Morphin | | 216 |
| XI. Zur Frage der Compartmentalisation des nervalen Noradrenalinspeichers | | 218 |
| XII. Direkt und indirekt wirkende sympathicomimetische Amine | | 222 |
|   A. Denervierung und Cocain | | 225 |
|      1. Denervierung | | 228 |
|      2. Cocain | | 231 |
|   B. Dezentralisation und Reserpin | | 235 |
| XIII. Konstitution und Wirkung | | 238 |
|   A. Exzitatorische und inhibitorische Wirkungen | | 238 |
|   B. α- und β-Receptoren | | 239 |
|   C. α- und β-Sympathicolytica | | 241 |
|   D. Über die Natur adrenergischer Receptoren | | 244 |
|   E. Beziehungen zwischen chemischer Konstitution und pharmakologischer Wirkung | | 247 |
| XIV. Über den Mechanismus noradrenergischer Erregungsübertragung in sympathischen Nerven | | 255 |
| XV. Pharmakologische Wirkungen der Brenzkatechinamine | | 263 |
|   A. Herz und Gefäße | | 264 |
|      1. Adrenalin und Noradrenalin | | 264 |
|         a) Herz | | 264 |
|         b) Haut- und Muskelgefäße | | 266 |
|            Physiologische und pathologisch-physiologische Gesichtspunkte | | 271 |
|         c) Lungengefäße | | 278 |
|         d) Milz | | 279 |
|         e) Nierengefäße | | 282 |
|         f) Gehirngefäße | | 289 |
|         g) Coronargefäße | | 290 |
|      2. Isoproterenol (Isoprenalin, Aludrin) | | 292 |
|      3. Dopamin (3,4-Dihydroxyphenyl-aethylamin) | | 298 |
|      4. α-Methylnoradrenalin (Cobefrin, Corbasil) | | 304 |

| | Seite |
|---|---|
| B. Glattmuskelige Organe | 314 |
|    1. Darm | 314 |
|    2. Magen | 318 |
|    3. Uterus | 321 |
|    4. Iris- und Ciliarmuskulatur | 327 |
| C. Stoffwechselwirkungen | 328 |
|    1. Kohlenhydratstoffwechsel | 330 |
|       a) Leber | 333 |
|       b) Gehirn | 337 |
|       c) Quergestreifter Muskel | 337 |
|       d) Herzmuskel | 341 |
|       e) Glatte Muskulatur | 348 |
|    2. Fettstoffwechsel | 351 |
|    3. Die calorigene Wirkung der Brenzkatechinamine und ihre Funktion bei der Temperaturregulation | 362 |
| D. Zentrale Wirkungen | 373 |
|    1. Extracerebrale Applikation | 375 |
|    2. Intracerebrale Applikation | 375 |
|    3. EEG und Formatio reticularis | 377 |
|    4. Inhibitorische Mechanismen | 378 |
|    5. Weckreaktion („arousal") | 379 |
|    6. Cerebraler oder extracerebraler Angriffspunkt? | 381 |
|    7. Modulatoren oder synaptische Überträgerstoffe? | 383 |
|    8. Dopaminergische und noradrenergische Neurone | 386 |
|    9. Precursor-Aminosäuren, Hemmung der MAO und Reserpin | 389 |
|       a) Dopa: Dopamin und Noradrenalin | 391 |
|       b) Hemmung der MAO | 393 |
|       c) Reserpin | 395 |
|    10. Epiphyse (Corpus pineale, Zirbeldrüse) und „oestrales Verhalten" („estrus behaviour") | 405 |
|    11. Anorexigene Wirkung | 407 |
| E. Dopamin und Morbus Parkinson | 419 |
| Schlußbemerkungen | 425 |
| Literatur | 434 |

## Orientierende Übersicht

Nach der Isolierung des Adrenalins aus dem Mark tierischer Nebennieren (TAKAMINE 1901; ALDRICH 1901, 1905) und der Aufklärung seiner chemischen Konstitution (v. FÜRTH 1903; ABEL 1903a und b) gelang bald die Synthese des Hormons (STOLZ 1904). FLÄCHER (1908/09) spaltete durch fraktionierte Kristallisation der Bitartrate das Racemat (DL-Suprarenin) in die optisch aktiven Isomere auf (s. auch Fußnote S. 53 sowie XIII.E. und XV.A.1.). In der Folgezeit wurden zahlreiche Brenzkatechinderivate synthetisiert und ihre physiologischen Wirkungen mit denen des Adrenalins verglichen. LOEWI und MEYER (1905) fanden, daß Adrenalon, die dem Adrenalin entsprechende Ketoverbindung, schwächer wirkte als solche Derivate, die, wie Adrenalin selbst, eine sekundäre alkoholische Gruppe am $\beta$-C-Atom der Seitenkette besaßen.

$$\text{Adrenalin} \qquad \text{Adrenalon}$$

DAKIN (1905a, b) wies auf die Bedeutung der im Molekül des Adrenalins in 3,4-Stellung befindlichen freien phenolischen OH-Gruppen für die Wirkung hin; er fand die 3,4-Dimethoxy-Verbindung wirkungslos — nach unseren heutigen Kenntnissen ist die Methylierung der in 3-Stellung befindlichen OH-Gruppe durch die 3-O-Methyltransferase (s. IV. B.) einer der wichtigsten enzymatischen Inaktivierungsmechanismen — und glaubte, der Brenzkatechinkern sei die eigentlich wirksame „Gruppe".

$$\text{3,4-O-Dimethyl-adrenalin}$$

Brenzkatechin wirkte blutdrucksteigernd an der Katze, während die Seitenkette des Adrenalins — Methylamino-äthanol — unwirksam war. Spätere Untersuchungen ergaben, daß Brenzkatechin seinen adrenalinähnlichen Charakter verlor, wenn man es am Katzenuterus auf inhibitorische Wirksamkeit prüfte, und daß andererseits die Wirkungen aliphatischer Amine mit einer längeren C-Atomkette, z. B. Amyl-, Hexyl- und Heptylamin, eine gewisse Adrenalinähnlichkeit besaßen (BARGER und WALPOLE 1909; BARGER und DALE 1910). Das traf auch für solche aromatischen Amine zu, die, anstatt des Brenzkatechinkerns, einen Phenyl- oder Phenolring enthielten, z. B. $\beta$-Phenyläthylamin und p-Hydroxyphenyläthylamin (Tyramin).

$$\beta\text{-Phenyläthylamin} \qquad \text{Tyramin}$$

Tyramin war an der Spinalkatze pressorisch wirksamer als β-Phenyläthylamin. Die Einführung einer zweiten phenolischen OH-Gruppe bedeutete nur dann eine wesentliche Verstärkung der Wirkung, wenn sie in 3-Stellung erfolgte, so daß ein Brenzkatechinderivat resultierte, nicht jedoch, wenn sie in 2-Stellung erfolgte unter Bildung von Resorcinderivaten:

2,4-Dihydroxy-phenyl-ω-amino-acetophenon

3,5-Dihydroxy-phenyläthanolamin

Amino-acetoresorcinol (2,4-Dihydroxy-phenyl-ω-amino-acetophenon) war viel schwächer wirksam als Amino-acetocatechol (BARGER und DALE 1910); auch die Wirkung von Resorcin-äthanolaminen (3,5-Dihydroxy-phenyl-äthanolamin) war an verschiedenen pharmakologischen Testobjekten (Blutdruck der dekapitierten Katze, Herzvorhof, Trachealmuskulatur und Rectum des Meerschweinchens) — bei längerer Wirkungsdauer — schwächer als diejenige der entsprechenden Brenzkatechin-äthanolamine (WICK und ENGELHARDT 1961; s. auch ENGELHARDT et al. 1961).

Die Beobachtung, daß manche dieser chemisch dem Adrenalin nahe verwandten Amine sich wirkungsmäßig in dem einen oder anderen Test von diesem unterschieden, so daß nicht mehr von einer adrenalinähnlichen Wirkung gesprochen werden konnte, veranlaßte BARGER und DALE (1910), in ihrer Arbeit „Chemical structure and sympathomimetic action of amines" die Wirkungen zur Kennzeichnung des gemeinsamen Wirkungstyps als „sympathicomimetisch" zu bezeichnen, um damit die Beziehungen zu den Wirkungen der sympathischen Nerven anzuzeigen, die — zwar adrenalinähnlich — sich auch nicht mit denjenigen des Adrenalins in allen Punkten zur Deckung bringen ließen.

1. Wegen der Ähnlichkeit der physiologischen Wirkungen des Adrenalins mit den Wirkungen sympathischer Nerven (LEWANDOWSKY 1899, 1900; LANGLEY 1901/2) hatte ELLIOTT (1904, 1905) die Vermutung ausgesprochen, Adrenalin sei der chemische Vermittler der Nervenwirkung, indem jedes Mal, wenn bei der Erregung sympathischer Nerven der nervale Impuls das Erfolgsorgan erreicht, Adrenalin als chemisches Stimulans freigesetzt werde. DIXON und HAMILL (1909) gingen noch einen Schritt weiter, indem sie, beeindruckt von der Ähnlichkeit zwischen der Muscarin- und Vaguswirkung, die Hypothese aufstellten, daß nicht nur Nervenimpulse, sondern auch körperfremde Pharmaka, die ähnlich wie die Erregung vegetativer Nerven wirkten, „liberate the appropriate hormone". Das hätte im Falle sympathicomimetischer Amine bedeutet, daß diese, wie die Erregung sympathischer Nerven, durch die Freisetzung von Adrenalin ihre Wirkung ausüben (s. auch DIXON 1907).

Gegen die Konzeption, Adrenalin sei der chemische Vermittler der sympathischen Nervenwirkungen, erhoben BARGER und DALE (1910) den Einwand: „It involves the assumption of a stricter parallelism between the two actions than actually exists." Sie wiesen darauf hin, daß Adrenalin ebenso wie andere von ihnen untersuchte, den Brenzkatechinkern enthaltende sekundäre Amine mit $CH_3$-substituierter $NH_2$-Gruppe, z. B. das dem Adrenalin entsprechende Keton (Adrenalon) und das Dihydroxy-phenyl-äthyl-methylamin (Epinin), zwar inhibitorische Wirkungen der sympathischen Nerven, z. B. die Hemmwirkung einer Stimulierung des N. hypogastricus am virginellen Katzenuterus und am Fundus der Harnblase, gut zu imitieren vermögen, nur unvollkommen jedoch motorisch-excitatorische, z. B. die pilomotorische Sympathicuswirkung und die durch Nervenreizung ausgelöste Kontraktion des Trigonum der Katzenharnblase. Sie fanden, daß bei einigen primären Brenzkatechinaminen mit nicht substituierter $NH_2$-Gruppe in dieser Hinsicht „the action corresponds more closely with that of sympathetic nerves than does that of adrenaline". Unter den damals von ihnen untersuchten primären Aminen befand sich auch „Amino-ethanol-catechol" — Noradrenalin —, das schon bei der Adrenalinsynthese durch FRIEDRICH STOLZ (1904) angefallen und von den Farbwerken Hoechst als „Arterenol" eine Zeitlang in den Handel gebracht worden war. SCHULTZ (1909a und b) hatte Arterenol (Noradrenalin) an der Katze pressorisch wirksamer gefunden als Adrenalin (s. auch BIBERFELD 1906).

$$\begin{array}{cc} \text{HO} \diagup\!\!\!\diagdown \text{CHOH·CH}_2 & \text{HO} \diagup\!\!\!\diagdown \text{CHOH·CH}_2 \\ \text{HO} \diagdown\!\!\!\diagup \;\;\;\;\;\; \underset{\text{H}}{\overset{|}{\text{N}}}\!\!\diagdown\text{H} & \text{HO} \diagdown\!\!\!\diagup \;\;\;\;\;\; \underset{\text{H}}{\overset{|}{\text{N}}}\!\!\diagdown\text{CH}_3 \\ \text{Noradrenalin} & \text{Adrenalin} \end{array}$$

So waren BARGER und DALE wegen der Unterschiede zwischen den physiologischen Wirkungen des Adrenalins und denjenigen der sympathischen Nerven nicht bereit, die „Adrenalinhypothese" ELLIOTTs zu akzeptieren. Im Hinblick auf die geringere Ähnlichkeit mancher sympathischer Nervenwirkungen mit den Wirkungen des körpereigenen Adrenalins als mit denen des synthetischen Noradrenalins, dessen stärkere blutdrucksteigernde Wirkung an der Katze sie bestätigten, lehnten sie auch die von DIXON und HAMILL geäußerte Vermutung, körperfremde sympathicomimetische Stoffe, zu denen damals auch das pressorisch wirksamere Noradrenalin gerechnet werden mußte, übten ihre Wirkungen über eine Freisetzung körpereigenen Adrenalins aus, als „fanciful" ab.

2. So berechtigt es, auch im Lichte unserer heutigen Kenntnisse, war, für das Brenzkatechinamin mit nicht methylierter Aminogruppe, Noradrenalin, in gleicher Weise wie für Adrenalin selbst, eine direkte, an den „Receptoren" des reagierenden Organs angreifende Wirkung zu postulieren, trifft das, wenigstens nicht generell, für die Ausweitung dieses Postulates auch auf

Amine „one stage further removed from adrenaline in structure", z. B. Tyramin und Phenyläthylamin, und schließlich sogar auf einfache aliphatische Amine, z. B. Amyl-, Hexyl- und Heptylamin, zu. Die sympathicomimetischen Wirkungen dieser Amine sind, wie wir heute wissen, keine „direkten", wie die Adrenalin- und die Noradrenalinwirkungen, sondern „indirekte" Wirkungen, die über eine Freisetzung, zwar nicht von Adrenalin, aber von Noradrenalin aus Gewebespeichern zustande kommen (s. X.B.4. und XII.).

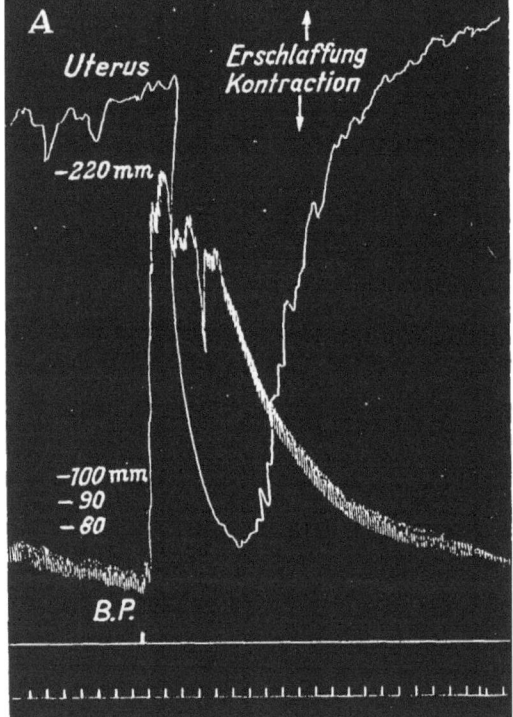
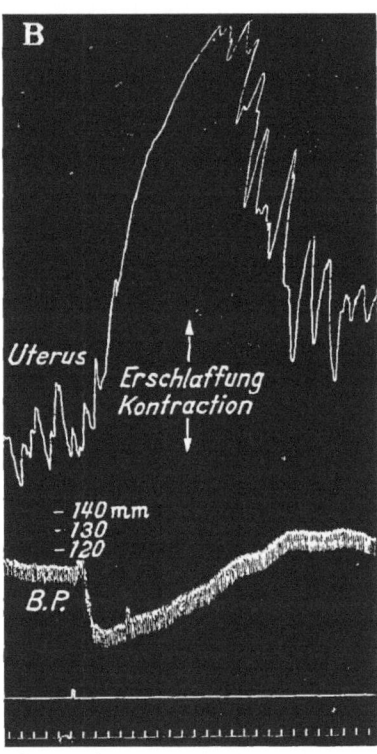

Abb. 1 A u. B. *Katze. Blutdruck (B. P.)* und *fruhschwangerer Uterus. Intravenose Injektion von 100 µg Adrenalin.* A *vor,* B *nach* 20 mg eines unreinen Mutterkornextraktes (Cornutin). Aus H. H. DALE (1906)

3. Die je nach Organ und Tierart excitatorische oder inhibitorische Wirkung der sympathischen Nerven und sympathicomimetischen Amine hatte zu der Annahme einer receptiven Struktur, einer „receptive substance" (s.XIII.D.) geführt, die auf den nervalen oder chemischen Reiz die eine oder die andere Wirkung vermitteln sollte. Unter diesen Gesichtspunkten mußte dem Adrenalin eine größere Affinität zu den inhibitorischen Elementen des erregbaren Mechanismus zugesprochen werden als dem Noradrenalin. Die Umkehr der pressorischen Adrenalinwirkung in eine depressorische durch Ergotoxin (Abb. 1, A und B) hatte DALE (1906) damit erklärt, daß das Mutterkornalkaloid durch selektive Blockierung excitatorischer Effekte inhibitorische Wirkungen demaskiere, und den Schluß gezogen, daß die physiologischen Wirkungen sympathicomimetischer Amine letztlich die algebraische Summe excitatorischer und

inhibitorischer Wirkungskomponenten seien. Das war die gedankliche Vorwegnahme der Existenz sympathischer, adrenergischer „α- und β-Receptoren" (AHLQUIST 1948), von denen die einen Erregungswirkungen, die anderen Hemmwirkungen an glattmuskeligen Organen vermitteln, und zu denen die Sympathicomimetica eine verschieden große Affinität besitzen. Die Konzeption kann sich heute darauf stützen, daß die Synthese weitgehend selektiv wirkender „α- und β-Sympathicolytica" möglich war (s. XIII.A.B.C.).

Manche der schon in dieser vor länger als einem halben Jahrhundert erschienenen Arbeit von BARGER und DALE erörterten Probleme bewegen auch heute noch die Forschung. Über einige der erzielten Fortschritte soll im folgenden berichtet werden. Diese betreffen u. a. die Biogenese und den Stoffwechsel der körpereigenen Brenzkatechinamine sowie ihre Speicherung und Freisetzung; ferner die Mechanismen, die den Wirkungen der Sympathicomimetica auf Herz und Kreislauf, auf glattmuskelige Organe und auf Drüsen zugrunde liegen, und mit denen sie ihre metabolischen Wirkungen ausüben. Die Erweiterung unserer Kenntnisse hat die experimentell begründete Konzeption eines sympathico-adrenalen Systems ermöglicht, dessen nervaler und hormonaler Anteil unabhängig voneinander zum Einsatz gebracht werden kann, und dessen regulatorische Wirkungen sich auch auf die Funktionen des Zentralnervensystems erstrecken. Schließlich hat sie zur Synthese neuer, körperfremder Stoffe geführt, die heute dem Arzt in vielen Fällen eine erfolgreiche „adrenergische und antiadrenergische" Pharmakotherapie ermöglichen (Übersicht bei HOLTZ 1956/57).

## I. Vorkommen der körpereigenen Brenzkatechinamine

Die Hypothese ELLIOTTs einer chemischen Übertragung der sympathischen Nervenwirkungen mit Adrenalin als Überträgerstoff fand 1921 durch den von OTTO LOEWI in Versuchen am Froschherzen erbrachten Nachweis einer „humoralen Übertragung der Herznervenwirkung" ihre experimentelle Bestätigung. Elektrische Stimulierung der sympathischen Herznerven setzte eine „sympathicomimetische" Substanz frei, die sich später mit Adrenalin identifizieren ließ (LOEWI 1936, 1937). Im gleichen Jahr berichteten CANNON und URIDIL (1921/22) über die Freisetzung eines adrenalinähnlichen Stoffes während der elektrischen Reizung der sympathischen Lebernerven bei Katzen, der Tachykardie und Blutdrucksteigerung hervorrief, sich jedoch von Adrenalin u. a. darin unterschied, daß er — bei äquipressorischer Wirksamkeit — am Uterus nicht inhibitorisch wirkte, und seine blutdrucksteigernde Wirkung durch Ergotoxin nur abgeschwächt, nicht aber in eine blutdrucksenkende umgekehrt wurde (Abb. 2) (CANNON u. ROSENBLUETH 1933). Bei der Reizung anderer sympathischer Nerven, z. B. der Nn. splanchnici — an adrenalektomierten Tieren —, traten hämatogene Fernwirkungen auf, die auch die inhibitorischen Wirkungsqualitäten des Adrenalins besaßen.

CANNON u. ROSENBLUETH (1933) stellten die Hypothese auf, der bei der Nervenreizung freiwerdende Überträgerstoff — Adrenalin — kombiniere sich, je nach dem Receptor des reagierenden Organs, mit dem er in Wechselwirkung trete, entweder zu einem „Sympathin I" (inhibitory) oder zu einem „Sympathin E" (excitatory). Gegen die von BACQ (1933, 1934) geäußerte Ver-

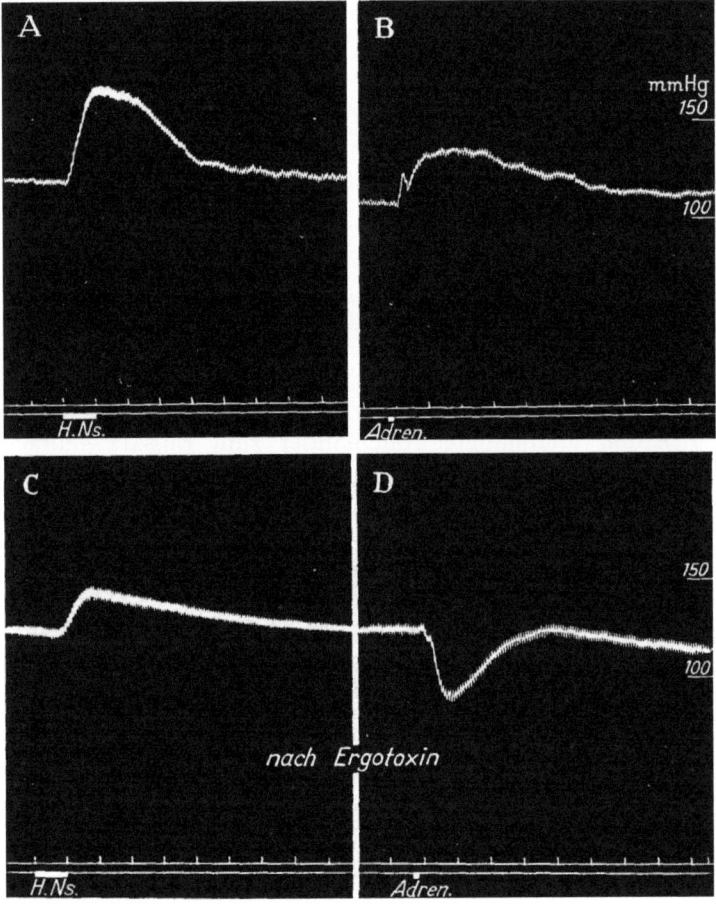

Abb. 2 A—D. *Umkehr der pressorischen Wirkung des Adrenalins, Abschwächung der pressorischen Wirkung von „Lebersympathin"* (elektrische Stimulierung der sympathischen Lebernerven) *durch Ergotoxin.* (Katzenblutdruck.) *H.Ns.* Hepatic nerve stimulation; *Adren.* Adrenalin. Aus W. B. CANNON und A. ROSENBLUETH (1933)

mutung, das bei der Stimulierung der Lebernerven freiwerdende und zum Teil ins Blut gelangende „Sympathin E" sei mit Noradrenalin identisch, machten sie geltend, es widerspreche der Ökonomie des Stoffwechselgeschehens, wenn bei der Biosynthese körpereigener Wirkstoffe die konstitutionell niedrigere Stufe — Noradrenalin — sich aus der höheren Stufe — Adrenalin — durch Abbau (Entmethylierung) bilde (CANNON u. ROSENBLUETH 1935).

Nach der Entdeckung der Dopadekarboxylase, die L-Dopa in Dopamin überführt (HOLTZ et al. 1938), und dem Nachweis des Vorkommens von

Noradrenalin im Harn und im Nebennierenmark (HOLTZ et al. 1944/47[1]) sowie in sympathischen Nerven und sympathisch innervierten Organen (v. EULER 1946a—c, 1948, 1949) ließ sich für die genetischen Beziehungen eine mit der „Ökonomie" des Stoffwechsels im Einklang stehende Sequenz der zur Synthese des Adrenalins führenden enzymatischen Reaktionen aufstellen, in der Noradrenalin die unmittelbare Vorstufe des Adrenalins ist (BLASCHKO 1939; HOLTZ 1939; HOLTZ et al. 1942a; Übersichten bei BLASCHKO 1957, 1964; HOLTZ 1953a, 1955, 1959a, 1960a und b).

$$\underset{\text{3,4-Dihydroxyphenyl-}\atop\text{alanin (Dopa)}}{\text{HO}\diagdown\text{CH}_2\cdot\text{CH}\cdot\text{COOH}\atop\text{HO}\diagup\quad\quad\text{NH}_2} \to \underset{\text{Dopamin}}{\text{HO}\diagdown\text{CH}_2\cdot\text{CH}_2\atop\text{HO}\diagup\quad\text{NH}_2} \to \underset{\text{Noradrenalin}}{\text{HO}\diagdown\text{CH(OH)}\cdot\text{CH}_2\atop\text{HO}\diagup\quad\quad\text{NH}_2} \to \underset{\text{Adrenalin}}{\text{HO}\diagdown\text{CH(OH)}\cdot\text{CH}_2\atop\text{HO}\diagup\quad\quad\text{NH}\cdot\text{CH}_3}$$

## A. Nebennierenmark

Mit der Darstellung kristallinen „Adrenalins" aus dem Nebennierenmark und der Synthese des Hormons im Laboratorium schien die Frage nach der chemischen Natur des Nebennierenmarkinkretes gelöst zu sein. Aber schon 1903 hatte O. v. FÜRTH gefunden, daß die Methylimid-Bestimmung (—NH—CH$_3$) in dem aus Nebennieren gewonnenen „Adrenalin" niedrigere CH$_3$-Werte lieferte als rechnerisch zu erwarten gewesen wären. 1932 hatten SZENT-GYÖRGYI sowie ANNAU et al. (s. auch SCHILD 1933) über das Vorkommen eines damals als „Novadrenalin" bezeichneten Stoffes in Extrakten aus Rindernebennieren berichtet, der diese pressorisch wirksamer machte als ihrem colorimetrisch ermittelten Adrenalingehalt entsprach, und, im Gegensatz zu reinem Adrenalin, auch in kleinsten Dosen blutdruck*steigernd* wirkte.

Die Vermutung, das methylierte Brenzkatechinderivat — Adrenalin — sei nicht der einzige Wirkstoff des Nebennierenmarks, fand eine Bestätigung in pharmakologischen und chemischen Untersuchungen von Extrakten und Hormonkristallisaten aus Rinder- und Schweinenebennierenmark (HOLTZ et al. 1944/47; HOLTZ et al. 1948; HOLTZ u. SCHÜMANN 1948, 1949a). Diese unterschieden sich von reinem, synthetischem Adrenalin (Suprarenin) u. a. dadurch, daß ihre blutdrucksteigernde Wirkung durch Sympathicolytica, z. B. Yohimbin, weniger abgeschwächt wurde, und daß sie in äquipressorischer Dosis schwächer glykämisch wirkten als Adrenalin. Sie verhielten sich wie Gemische aus Adrenalin und Noradrenalin, dem nicht methylierten primären Brenzkatechinamin, dessen blutdrucksteigernde Wirkung im Gegensatz zu derjenigen des Adrenalins durch Sympathicolytica nicht umgekehrt, sondern nur aufgehoben wurde, und das am Kaninchen ungefähr zehnmal schwächer glykämisch wirksam war als Adrenalin. Der biologisch ermittelte Prozentsatz stimmte mit demjenigen überein, der sich aus dem nach VAN SLYKE in den

---
[1] Die Arbeit wurde 1944 zur Veröffentlichung eingereicht (Eingangsdatum 8. 10. 1944), erschien aber wegen der Kriegs- und Nachkriegsverhältnisse erst 1947.

Hormonkristallisaten bestimmten Aminostickstoff errechnen ließ (Übersichten bei Holtz 1950a und b, 1951a). Bergström et al. (1949, 1950) gelang dann die chemische Reindarstellung von Noradrenalin aus dem Nebennierenmark. Das aus tierischen Nebennieren gewonnene „Epinephrin" der USA Pharmakopoe erwies sich als ein 20—30% Noradrenalin enthaltendes Gemisch (Goldenberg et al. 1949; Tullar 1949; s. auch Gaddum u. Lembeck 1949).

Es bestehen fließende Übergänge zwischen solchen Tierarten, bei denen das Nebennierenmark überwiegend oder ausschließlich Adrenalin enthält (Kaninchen und Meerschweinchen), und solchen, bei denen Noradrenalin zu 10—20 (Ratte, Maus), zu 20—60 (Rind, Schwein, Hund, Katze Huhn) oder sogar zu 80% (Walfisch) an der Zusammensetzung des Inkretes beteiligt ist (Holtz u. Schümann 1948; Schümann 1948; v. Euler u. Hamberg 1949; v. Euler et al. 1949a und b; Holtz u. Schümann 1949a und b, 1950a—c; 1951; Schümann 1949a und b; Schümann et al. 1951; West 1950a und b, 1953; Hökfelt 1951; Burn et al. 1951; Shepherd u. West 1951, Osaki 1955, 1956). Das Inkret des *menschlichen* Nebennierenmarks enthält etwa 20% Noradrenalin (Holtz u. Schümann 1950a und b; Lembeck u. Obrecht 1952; Osaki 1952; West 1953; v. Euler et al. 1954b). In der *fetalen* Nebenniere und in derjenigen des Neugeborenen findet sich auch bei solchen Tierarten, deren Markinkret später überwiegend aus Adrenalin besteht, ausschließlich Noradrenalin (Hökfelt 1951; West et al. 1951). Das scheint für das Kaninchen nicht zuzutreffen: die fetale Nebenniere enthielt z. B. schon 24 Tage post conceptionem überwiegend Adrenalin (Brundin 1965).

### 1. Phäochromocytomgewebe

Das unreife chromaffine Gewebe des Phäochromocytoms enthält überwiegend Noradrenalin, wenn der Tumor nicht direkt aus dem Nebennierenmark hervorgegangen ist, sondern sich nebennierenfern entwickelt hat (Holton 1949a und b). Andernfalls kann er, wie das normale menschliche Nebennierenmark, mehr Adrenalin als Noradrenalin enthalten (Holtz et al. 1950a). Die mitunter mehrere Milligramme pro Tag betragende Ausscheidung von Brenzkatechinaminen und ihren Stoffwechselprodukten (s. IV.VI.D.) in den Harn ermöglicht die Diagnose (Engel u. v. Euler 1950; v. Euler 1951a; Goldenberg u. Rapport 1951; Burn 1953; v. Euler u. Floding 1956; v. Euler u. Ström 1957. — Übersicht bei Sack 1951; Pekkarinen 1954; Bernheimer 1959; Schümann 1961).

In Versuchen am Menschen mit intravenöser oder subcutaner Injektion von Noradrenalin und Adrenalin wurden 1—4% der injizierten Menge unverändert in den Harn ausgeschieden (v. Euler u. Luft 1951; v. Euler et al. 1954c). *Hemmung* der Monoaminoxydase erhöhte die Werte nicht merklich, wie denn auch 3,4-Dihydroxy-norephedrin (Cobefrin, Corbasil), das kein Substrat des Fermentes ist (s. IV.I.), nach subcutaner Verabfolgung in größenordnungsmäßig gleichem Prozentsatz wie die körpereigenen Amine ausgeschieden wurde (v. EULER u. ZETTERSTRÖM 1955).

$$\text{HO} \underset{\text{HO}}{\diagdown}\!\!\!\!\bigcirc\!\!\!\!\underset{}{\diagup} \text{CH(OH)} \cdot \overset{\overset{\displaystyle CH_3}{|}}{\underset{\underset{\displaystyle NH_2}{|}}{CH}}$$

3,4-Dihydroxy-norephedrin (Corbasil)

Unter Zugrundelegung dieses Prozentsatzes ließ sich aus den beim Phäochromocytom erhöhten Ausscheidungswerten für Adrenalin und Noradrenalin die Sekretions- bzw. Resyntheserate der Amine im chromaffinen Tumorgewebe annähernd berechnen (v. EULER 1958; DE SCHAEPDRYVER 1959a—c). Für eine hohe Syntheserate sprachen auch die Ergebnisse von Versuchen mit radioaktiven Vorstufen der Amine (SJOERDSMA et al. 1957).

Bei den krisenhaften Blutdrucksteigerungen des Phäochromocytoms steigt auch der Brenzkatechinamingehalt des Blutes an: während der normale Gehalt im menschlichen Plasma etwa 0,2 $\mu$g% beträgt (LUND 1951) und zu etwa 80% aus Noradrenalin besteht, fanden sich bei einer akuten Blutdruckkrise in einem Fall Werte von 2,4 $\mu$g% (LUND u. MØLLER 1951; LUND 1952), in einem anderen Werte von 3,6 $\mu$g% (v. EULER et al. 1953). An mehreren Patienten durchgeführte Untersuchungen ergaben Brenzkatechinaminwerte zwischen 1,4 und 9,8 $\mu$g% im peripheren venösen Blut (LUND 1954). Blutentnahmen durch Katheterisierung der V. cava auf verschiedenen Ebenen der venösen Zuflüsse können Anhaltspunkte für die Lokalisation des Tumors geben (DE SCHAEPDRYVER 1959a—c; VENDSALU 1960).

Im Gegensatz zum normalen Nebennierenmark enthält das chromaffine Gewebe des Phäochromocytoms mitunter auch erhebliche Mengen Dopa und Dopamin (MCMILLAN 1956; WEIL-MALHERBE 1956). In dem unreifen Tumorgewebe kommt die Biosynthese der Brenzkatechinamine auf früheren Stufen (Dopamin, Noradrenalin) zum Stillstand als in den chromaffinen Zellen des normalen Nebennierenmarks (s. VII.A.).

## 2. Extraadrenales chromaffines Gewebe

Chromaffine Zellen finden sich nicht nur im Nebennierenmark, sondern auch in sympathischen Ganglien, reichlicher in prävertebralen, z. B. im Ggl. mesentericum inf., als in paravertebralen, z.B. im Ggl. stellatum (KOHN 1903; VANOV u. VOGT 1963). — Beim menschlichen Neugeborenen ist der Brenzkatechinamingehalt des extramedullären chromaffinen Gewebes, das hauptsächlich durch das Zuckerkandlsche Organ (Paraganglion aorticum) repräsentiert wird, höher als derjenige des Nebennierenmarks (ZUCKERKANDL 1901; BIEDL u. WIESEL 1902; ELLIOTT 1913; WEST et al. 1953; NIEMINEVA u. PEKKARINEN 1953). Das reichlich mit Blutcapillaren versorgte Paraganglion aorticum, das auch bei neugeborenen Tieren nachgewiesen werden konnte

(COUPLAND 1956, 1960), enthielt neben einigen Ganglienzellen hauptsächlich chromaffine Zellen (COUPLAND 1952, 1960). Untersuchungen von HOLLINSHEAD (1936, 1937) und von HOLLINSHEAD u. FINKELSTEIN (1937) sprechen dafür, daß es, ähnlich wie das chromaffine Gewebe des Nebennierenmarks, eine „präganglionäre" Innervation besitzt.

Das extraadrenale chromaffine Gewebe übernimmt bei manchen niederen Wirbeltieren die Funktionen des sympathischen Nervensystems (GASKELL 1920); das trifft auch für das menschliche Neugeborene während des ersten Lebensjahres zu, in dem Nebennierenmark und sympathisches Nervensystem noch unterentwickelt sind (HUNTER et al. 1952, 1953). Besonders bei der Ratte sind die Nebennieren zur Zeit der Geburt erst wenig entwickelt (PANKRATZ 1931) und geben nur eine schwache chromaffine Reaktion (SMITTEN 1963). Mark und Rinde sind noch nicht voneinander getrennt (ERÄNKÖ u. RAISÄNEN 1957). Histochemisch und pharmakologisch ließ sich überwiegend Noradrenalin in den chromaffinen Zellen des Paraganglion aorticum nachweisen (SHEPHERD u. WEST 1952; COUPLAND 1953).

Während das extraadrenale chromaffine Gewebe bei manchen Tierarten, z. B. beim Meerschweinchen, zum großen Teil während des Lebens erhalten bleibt, verschwindet es bei der Ratte bald nach der Geburt. Behandelte man neugeborene Ratten vom 1. oder 2. Tag an mit Cortison oder Hydrocortison (Desoxycorticosteron war unwirksam), so persistierte das extramedulläre chromaffine Gewebe nicht nur, wie nach der Injektion von ACTH, sondern nahm auch an Volumen und Chromaffinität zu. Im Nebennierenmark kam es nicht zu einer nachweisbaren Hyperplasie. Die physiologische Bedeutung der bei den Säugetieren erfolgenden Einbettung des Nebennierenmarks in Rindengewebe dürfte darin bestehen, durch eine hohe örtliche Konzentration an Glucocorticoiden die Persistenz der chromaffinen Zellen zu gewährleisten und diese vor der Degeneration zu bewahren (LEMPINEN 1963, 1964). Vielleicht kommt die Wirkung über eine Dämpfung der Schilddrüsenfunktion zustande: In den noradrenalinhaltigen Zellen des Mäuse-Nebennierenmarks nahm nach Thyreoidektomie oder Behandlung der Tiere mit Thiouracil die Aminkonzentration zu und nach Verfütterung von Schilddrüsen-Trockenpulver ab (HOPSU 1960).

Auch die Erythrocyten enthalten Brenzkatechinamine (BAIN et al. 1937), und zwar — umgekehrt wie das Plasma — mehr Adrenalin als Noradrenalin (WEIL-MALHERBE u. BONE 1952, 1953); ebenso die Thrombocyten (WEIL-MALHERBE u. BONE 1958; BORN et al. 1958).

## B. Nervengewebe und sympathisch innervierte Organe

Das normalerweise im Harn vorhandene Gemisch von Brenzkatechinaminen mit Noradrenalin als dem pressorisch wirksamsten war „Urosympathin" genannt worden, um zum Ausdruck zu bringen, daß dieses vor seiner Ausscheidung in den Harn als chemischer Überträger sympathischer Nervenwirkungen „Sympathinfunktionen" ausgeübt hatte, z. B. in den Gefäßwänden an den Endigungen der vasoconstrictorischen Nerven. Nach erhöhter muskulärer Leistung und bei pathologisch erhöhtem Blutdruck wurde der Urosympathingehalt des Harns mitunter erhöht gefunden (HOLTZ et al. 1944/47). Die blutdrucksteigernde Wirkung von Harnextrakten ließ sich, wie diejenige des Noradrenalins, durch Sympathicolytica (Yohimbin) nur abschwächen, jedoch nicht, wie die Adrenalinwirkung, in eine depressorische Wirkung umkehren (Abb. 3). „Urosympathin" verhielt sich ähnlich wie das durch elektrische Stimulierung der sympathischen Lebernerven in den Versuchen von CANNON und ROSENBLUETH (1933) freigesetzte und hämatogen zur

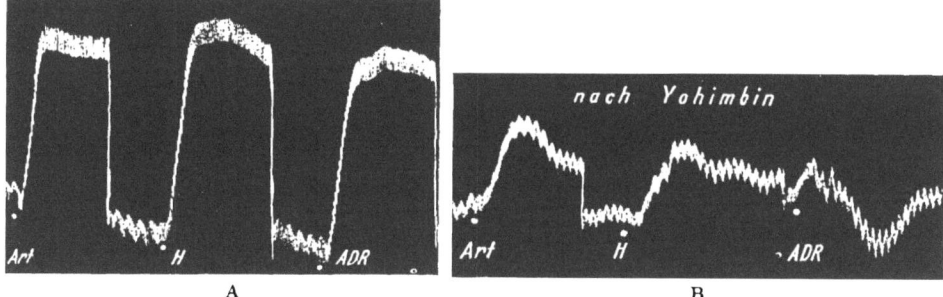

Abb. 3A u. B. *Beeinflussung der pressorischen Wirkung* (Katzenblutdruck) *eines Extraktes aus menschlichem Harn sowie des Adrenalins und Noradrenalins durch das Sympathicolyticum Yohimbin. Art.* 10 µg Arterenol (Noradrenalin); *ADR.* 10 µg Adrenalin; *H* Harnextrakt; A vor, B nach Yohimbin (7 mg/kg). Aus P. HOLTZ, K. CREDNER und G. KRONEBERG (1944)

Wirkung gelangende „Lebersympathin" (s. Abb. 2). Spätere Untersuchungen ergaben, daß das auch für das „Urosympathin" des Harns solcher Tierarten zutraf, die, wie Kaninchen und Meerschweinchen, in den Nebennieren Adrenalin als einzigen hormonalen Wirkstoff besaßen (HOLTZ et al. 1950b). Das in den Harn ausgeschiedene Noradrenalin konnte somit nicht aus dem Nebennierenmark stammen. In vergleichenden Untersuchungen mit Adrenalin und Noradrenalin hatte sich schon früher zeigen lassen, daß die bei der Stimulierung sympathischer Nerven durch den freigesetzten Überträgerstoff ausgeübten hämatogenen „Fernwirkungen" besser mit den Wirkungen des Noradrenalins als mit denjenigen des Adrenalins übereinstimmten (STEHLE u. ELLSWORTH 1937; MELVILLE 1937; GREER et al. 1938; GADDUM u. GOODWIN 1946/47; WEST 1948).

### 1. Sympathische Nerven

Die elektrische Stimulierung isolierter Splanchnicusnerven setzte — in vitro — eine adrenalinähnliche Substanz frei (GADDUM et al. 1937; LISSÁK 1939a), und Extrakte aus sympathischen Nerven hatten am isolierten Froschherz eine adrenalinähnliche Wirkung (CANNON u. LISSÁK 1939; LISSÁK 1939b). U.S. V. EULER (1946) machte dann den entscheidenden Versuch und erbrachte den Beweis, daß die sympathicomimetische Wirkung von Extrakten aus sympathischen Nerven (z. B. Milznerven) und Ganglien, aus sympathisch innervierten Organen (z. B. Milz und Herzmuskel) sowie aus Blut nur zum geringsten Teil durch Adrenalin, überwiegend durch Noradrenalin verursacht ist (v. EULER 1946a—c,1948, 1949; Übersichten 1950, 1951b, 1954, 1956a, 1961). Wie die pressorische Wirkung des „Lebersympathins" und „Urosympathins", so wurde auch diejenige von Extrakten aus Milznerven und Milz durch Sympathicolytica nicht in eine depressorische umgekehrt, sondern nur abgeschwächt. Sie unterschied sich darin von der Adrenalinwirkung und stimmte mit der Wirkung des Noradrenalins überein (Abb. 4).

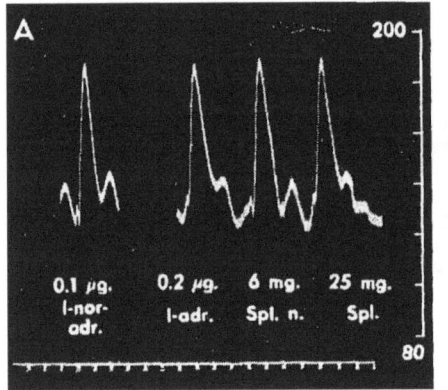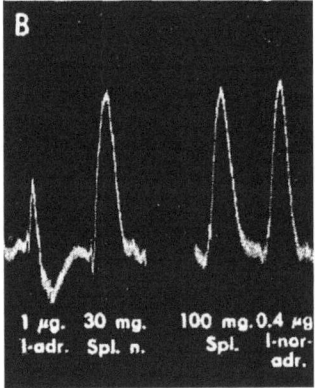

Abb. 4A u. B. *Beeinflussung der pressorischen Wirkung* (Katzenblutdruck) *von Adrenalin, Noradrenalin und Milznervenextrakt durch Dibenamin.* Spl.n Extrakt aus sympathischen Milznerven; A vor, B nach Dibenamin. Aus U. S. v. EULER (1948)

Im Gegensatz zu den chromaffinen Zellen des Nebennierenmarks des Menschen und der meisten Tierarten endet in den Zellen der sympathischen, „noradrenergischen" (HOLTZ 1949a, 1951a) Nerven und der sympathischen Ganglien sowie in den chromaffinen Zellen der Paraganglien die Biosynthese der Brenzkatechinamine auf der Stufe des Noradrenalins (s. II.A.). Biochemisch ist das Nervengewebe in dieser Hinsicht dem fetalen und dem zum Phäochromocytom entarteten Nebennierenmark vergleichbar, in dem die Synthese der Wirkstoffe auch auf früheren Stufen zum Stillstand kommt als im normalen chromaffinen Gewebe der Nebenniere: auf der Stufe des Noradrenalins und Dopamins. In den sympathischen Nerven und Ganglien kommt Dopamin in fast gleich hoher Konzentration vor wie der eigentliche Überträgerstoff der Nervenwirkung, — Noradrenalin. (SCHÜMANN 1956) (s. II.A.1—3. und VIII.B.)

### 2. Neuroblastomgewebe

So ist nicht verwunderlich, daß auch geschwulstartige Wucherungen sympathischen Nervengewebes, Neuroblastome oder Sympathicusneurome, Geschwülste aus Neuroblasten, d. h. nicht ausgereiften Nerven- und Ganglienzellen, neben Noradrenalin große Mengen Dopamin enthalten. Für einen im

Neuroblastom vorliegenden Mangel an Fermenten oder Cofermenten, die im normalen Gewebe die Aminsynthese katalysieren, spricht die Ausscheidung von Dopa bzw. der 3-O-methylierten Aminosäure, 3-Methoxytyrosin, in den Harn der Patienten (v. STUDNITZ 1960), was diagnostisch von Bedeutung ist (s. VI. und VII. B.).

$$\text{HO-C}_6\text{H}_3(\text{OH})\text{-CH}_2\cdot\text{CH(NH}_2\text{)}\cdot\text{COOH} \qquad \text{CH}_3\text{O-C}_6\text{H}_3(\text{OH})\text{-CH}_2\cdot\text{CH(NH}_2\text{)}\cdot\text{COOH}$$

3,4-Dihydroxy-phenylalanin        3-Methoxy-tyrosin
(Dopa)

Die 3-O-Methyltransferase, die auch Brenzkatechin*amine* (Dopamin, Noradrenalin, Adrenalin) durch Methylierung der in 3-Stellung befindlichen phenolischen OH-Gruppe in die 3-Methoxy-4-hydroxyphenylderivate überführt (s. IV. B.), findet sich im Neuroblastom in hoher Aktivität (LA BROSSE u. KARON 1962). Das erklärt, daß das Noradrenalin im Neuroblastom zum großen Teil als pharmakologisch kaum wirksames 3-O-Methylnoradrenalin (Normetanephrin) vorliegt (GREENBERG u. GARDNER 1959, 1960; VORHESS u. GARDNER 1962), und daß die Patienten meistens einen normalen Blutdruck haben.

### 3. Gehirn und Rückenmark

Auch im *Gehirn* ließ sich Noradrenalin, neben kleinen Mengen Adrenalin, nachweisen (HOLTZ 1950c). Seine selektive Verteilung im Bereich des Stammhirns, unabhängig von der regional verschiedenen Vascularisation, sprach dafür, daß es nicht nur in den vasomotorischen Nerven der Gehirngefäße bzw. in den Gefäßwänden lokalisiert ist, sondern in der grauen Substanz des Gehirns (Abb. 5) (VOGT 1954, 1957). RAAB (1948) hatte über einen blutdrucksteigernden Stoff in Gehirnextrakten berichtet („Encephalin"), der sich aber pharmakologisch von Adrenalin und Noradrenalin u. a. dadurch unterschied, daß Cocain die pressorische Wirkung nicht potenzierte, sondern, wie die Wirkung des Tyramins, abschwächte. — Die Höhe der prozentualen Beteiligung von Adrenalin am Brenzkatechinamingehalt des Gehirns ist bei den einzelnen Tierarten verschieden (Übersicht bei CARLSSON 1959). Während einige Autoren kein Adrenalin im Säugetiergehirn (BERTLER u. ROSENGREN 1959a und b; BERTLER 1961a; SANO et al. 1959, 1960) und im Kaninchengehirn (SHORE u. OLIN 1958) nachweisen konnten, fanden andere zum Teil erhebliche Beimengungen: im Hypothalamus von Katzen bzw. Hunden 6,5 bzw. 13,7% (VOGT 1954), im Gehirn von Ratten etwa 10% (PAASONEN u. DEWS 1958; KOVÁCS u. FAREDIN 1962). GUNNE (1959, 1962a und b) gab für das Rattengehirn nur 4,2—5,3% an bei guter Übereinstimmung der biologisch und fluorimetrisch bestimmten Werte; im Meerschweinchen- und Rindergehirn ließ sich kein Adrenalin (weniger als 4%) nachweisen.

Dopamin ist in bestimmten Arealen des Gehirns als Endprodukt der Biosynthese praktisch das einzige Brenzkatechinamin. Fast das gesamte

Dopamin des Gehirns findet sich in dem für die zentrale Regulation der Funktionen des extrapyramidalen Systems wichtigen Corpus striatum (Nucl. caudatus und Putamen) angehäuft (BERTLER u. ROSENGREN 1959a und b; SANO et al. 1959). Beim Menschen beträgt der Dopamingehalt im Nucleus caudatus 3,5 µg/g, im Putamen 3,7 µg/g, in der Substantia nigra 0,9 µg/g und im Pallidum externum 0,5 µg/g (HORNYKIEWICZ 1963). Für die Funktion des Dopamins als physiologischer Überträgerstoff, m. a. W. für das Vorhandensein „dopaminergischer" Neurone im Corp. striatum, deren trophisches Zentrum in der Subst. nigra und im Pallidum externum liegt, spricht, daß es nach Elektrocoagulation der Subst. nigra bei Affen (SOURKES u. POIRIER 1965) und des Globus pallidus bei Kaninchen (SEITELBERGER et al. 1964) zu einer

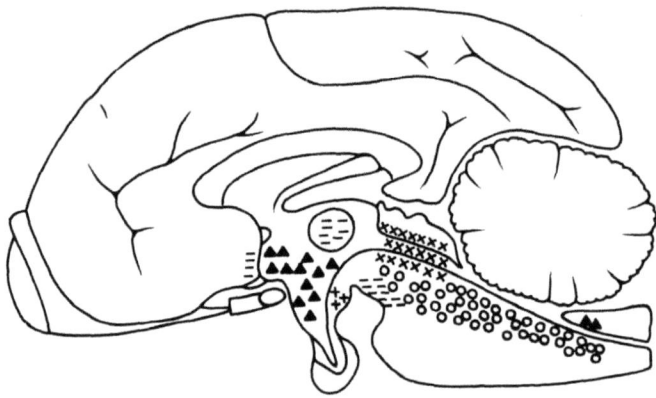

Abb. 5. *Die Verteilung von Noradrenalin im Hundegehirn.* ▲ 1 µg/g; + 0,4—1,0 µg/g; O 0,3—0,4 µg/g; — 0,2—0,3 µg/g. Nach M. VOGT (1954)

Abnahme des Dopamingehaltes im kollateralen Striatum kam. Fluorescenzmikroskopisch ließ sich eine Anhäufung von Monoaminen in den terminalen Synapsen, z. B. des Striatums, zeigen, während die Nervenzellen selbst keine nachweisbaren Aminmengen besaßen (FALCK 1962, 1964; FALCK et al. 1962; DAHLSTRÖM u. FUXE 1964a—c; FUXE u. OWMAN 1964. — Übersichten bei MALMFORS 1965a und b). Die Monoamine Dopamin und Serotonin sind in vesiculären Gebilden der terminalen „monoaminergischen" Neurone lokalisiert, in deren Bereich sich auch eine hohe Dopadecarboxylaseaktivität nachweisen ließ (Übersicht bei WHITTAKER 1964) (s. auch VIII.B. und XV.E.).

Transsektionen im Bereich des Mesencephalons, die u. a. ascendierende Neurone der Substantia nigra betrafen, führten zu einer Abnahme des Dopamingehaltes im Corp. striatum, was darauf hinweist, daß im Mesencephalon bzw. in der Substantia nigra trophische Zentren für dopaminergische bzw. noradrenergische Neurone liegen (BERTLER et al. 1964). Für eine physiologische Funktion des Dopamins als Überträgerstoff von Nervenwirkungen in den Regulationszentren des extrapyramidalen Systems spricht sodann, daß der Dopamingehalt dieser Gehirnareale bei Parkinson-Patienten stark erniedrigt gefunden wurde (s. XV. E.). Die monoaminergischen Neurone im Gehirn gehören wohl zu einem phylogenetisch älteren, primitiveren Hirnstammsystem mit fundamentalen Funktionen (z. B. DAHLSTRÖM u. FUXE 1964a).

Mit histochemischen Methoden konnten Brenzkatechinamine, neben 5-Hydroxytryptamin (Serotonin), auch im *Rückenmark* nachgewiesen und in den descendierenden Seiten- und Vordersträngen lokalisiert werden; noradrenalinhaltige Nervenendigungen fanden sich angehäuft in den Vorderhörnern (Abb. 6). Durchschneidungsversuche am Rückenmark von Mäusen und Ratten machten auch hier die Existenz „monoaminergischer" Neurone wahrscheinlich. Durchschneidung in Höhe von Th$_2$ führte caudalwärts zu einer Abnahme des Noradrenalingehaltes (MAGNUSSON u. ROSENGREN 1963; CARLSSON et al. 1964a). Nach MCGEER und MCGEER (1962) sollen die Brenzkatechinamine des Rückenmarks zu $^2/_3$ aus Dopamin bestehen. Lokale Applikation 2,5- bis 5%iger Dopaminlösungen auf das freigelegte Rückenmark verursachte durch Stimulierung inhibitorischer Interneurone (MCLENNAN 1962) und dadurch bedingte Hemmung von Motoneuronen eine Abschwächung monosynaptischer Reflexe bei Katzen (MCLENNAN 1961) (s. XV. 6.—8.).

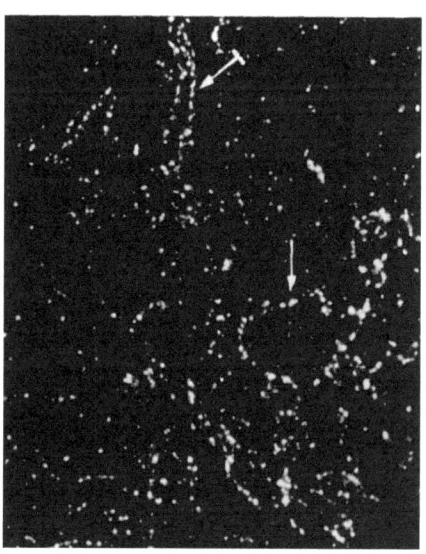

Abb. 6. *Fluorescenzmikroskopische Darstellung noradrenalinhaltiger Nervenendigungen im Rückenmark der Ratte* (Formaldehydmethode). Longitudinalschnitt des ventralen Anteils des Vorderhorns (Thorakalmark). Noradrenalinhaltige Nervenendigungen in engem Kontakt mit großen Nerven-Zellkörpern (↓) und deren Fortsätzen (↩). Aus A. DAHLSTRÖM und K. FUXE 1965

### 4. Iris und Retina

Die *Retina* (Ochsenauge) enthält kein Noradrenalin, wohl aber das Corpus ciliare und die Iris (0,3—0,4 µg/g), wie DUNÉR et al. (1954) gefunden hatten. Der mit biologischen Methoden erhobene Befund wurde von BERNHEIMER (1964) durch fluorimetrische Bestimmung bestätigt und dahingehend erweitert, daß in der Iris und in der Chorioidea (mit dem Pigmentepithel der Retina) auch Dihydroxyphenylalanin (Dopa) vorkommt, und zwar in 5—10mal höherer Konzentration als Noradrenalin. Dem Vorkommen der Aminosäure in so hoher Konzentration könnte Bedeutung für die Pigmentbildung zukommen, zumal andere Autoren in der embryonalen Retina (Pigmentepithel) von Mensch, Huhn und Maus Tyrosinase-Aktivität nachgewiesen hatten (MIYAMOTO u. FITZPATRICK 1957), und bei der Tyrosinase/Tyrosin-Reaktion Dopa entsteht (EVANS u. RAPER 1957) (s. IV. G.). Während sich in diesen Untersuchungen am Ochsenauge in der Retina selbst kein Noradrenalin nachweisen ließ, konnten in der Retina von Ratten synaptische Endigungen noradrenergischer Neurone fluorescenz- und elektronenmikroskopisch dargestellt und in der Retina des Kaninchenauges kleine Mengen Dopamin und Noradrenalin nachgewiesen werden (Abb. 7) (HÄGGENDAL u. MALMFORS 1963, 1965; DAHLSTRÖM et al. 1964a; MALMFORS 1965a—c) (s. auch XV.B.4.).

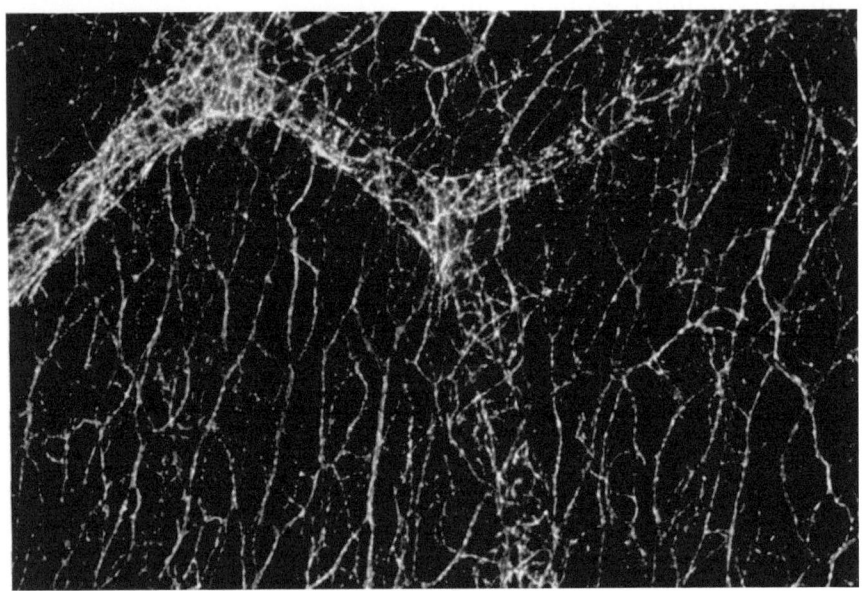

Abb. 7. *Fluorescenzmikroskopische Darstellung adrenergischer Nervenendigungen in der Ratteniris (M. dilatator).* Stark fluorescierende und gleichförmig verteilte Plexus adrenergischer Nervenendigungen und eine von ähnlichen Plexus umgebene Arteriole. Aus T. MALMFORS (1965b)

### 5. Herz

Da die Organe mit Gefäßen versorgt und diese von sympathischen Nerven innerviert sind, ist verständlich, daß sich, wie in Arterien- und Venenextrakten (SCHMITERLÖW 1948), so auch in anderen Organextrakten Noradrenalin nachweisen ließ. Mit fluorescenzmikroskopischen Methoden konnte gezeigt werden, daß der niedrige Noradrenalingehalt des quergestreiften Muskels ausschließlich in den sympathischen Vasoconstrictoren lokalisiert ist (SEDVALL 1964a; FUXE u. SEDVALL 1964). Die engen Beziehungen des Noradrenalingehaltes sympathisch innervierter Organe zur Innervation sind u. a. daraus zu ersehen, daß die nervenfreie Placenta kein Noradrenalin enthält (v. EULER 1946c; SCHMITERLÖW 1948), und daß der Noradrenalingehalt der Milz nach chronischer Denervierung abnahm bzw. verschwand (v. EULER u. PURKHOLD 1951).

Auch das Noradrenalin des Herzens ist, wenigstens überwiegend, nervales, d. h. in den postganglionären Neuronen der sympathischen Nerven lokalisiertes Noradrenalin. Wie in der Milz, so kommt es auch im Herzen nach Denervierung zu einem fast vollständigen Verschwinden des Noradrenalingehaltes (GOODALL 1951). Die meisten das Herz versorgenden sympathischen Nervenfasern passieren das rechte Ggl. stellatum. HERTTING und SCHIEFTHALER (1964) konnten zeigen, daß, während die Exstirpation des linken Ganglions nach 8—10 Tagen nur im linken Vorhof und in der linken Kammer zu einer Erniedrigung des endogenen Noradrenalingehaltes führte, die Entfernung des rechten Ggl. stellatum ihn in allen Herzteilen erniedrigte. Wie in den Versuchen von POTTER et al. (1963) an isoliert durchströmten, chronisch denervierten Hundeherzen die Aufnahme exogenen Noradrenalins vermindert war, so fanden HERTTING und SCHIEFTHALER (1964) auch an denervierten Katzenherzen in situ, 2 Std nach der i.v. Injektion, eine verminderte Aufnahme und Bindung von $H^3$-Noradrenalin in den Teilen, in denen die Exstirpation des rechten oder linken Ggl. stellatum bzw. beider Ganglia zu einer Abnahme des endogenen Noradrenalins geführt hatte.

Bei Hunden war der Noradrenalingehalt in den Herzvorhöfen höher als in der Kammermuskulatur (SHORE et al. 1958). Die höchste Konzentration besaß bei Kaninchen der rechte Vorhof; auch die rechte Kammer enthielt mehr Noradrenalin pro Gramm Gewebe als die linke und das Kammerseptum. Die Noradrenalinkonzentration im rechten Vorhof war mit 3 µg/g doppelt so hoch wie im linken Vorhof mit nur 1,5 µg/g. Ähnliche Unterschiede sollen auch für die einzelnen Abschnitte des Katzenherzens bestehen (MUSCHOLL 1958, 1959a). Die Befunde konnten von HERTTING und SCHIEFTHALER (1964) insofern nicht bestätigt werden, als sie im rechten Vorhof des Katzenherzens einen gleich hohen Noradrenalingehalt (1,5 µg/g) fanden wie in der linken und rechten Kammer.

Auch im Hundeherzen bestehen deutliche Unterschiede im Noradrenalingehalt der einzelnen Herzabschnitte. Nach KLOUDA (1963) enthalten rechter bzw. linker Vorhof 1,46 bzw. 1,13 µg/g, rechter und linker Ventrikel 0,8 bzw. 0,63 µg/g Noradrenalin. Demgegenüber geben CAMPOS et al. (1963) für das Katzenherz höhere Noradrenalinwerte im linken Ventrikel als in den Vorhöfen an. In früheren Untersuchungen, in denen allerdings wesentlich niedrigere Noradrenalinwerte für das Hundeherz (Ventrikel + Vorhöfe) gefunden wurden, als sie sich aus den Angaben KLOUDAs errechnen, besaß das Katzenherz einen viel höheren Noradrenalingehalt als das Hundeherz: v. EULER (1956b), der, in Übereinstimmung mit RAAB und GIGEE (1953, 1955), in Hundeherzen nur 0,2—0,23 µg/g Noradrenalin ermittelte, fand in Katzenherzen einen mittleren Gehalt von 1,3 µg/g. Aus den Ergebnissen vergleichender Untersuchungen mit biologischer Bestimmung des Noradrenalingehaltes in den Herzen von Rindern, Schweinen, Kaninchen und Meerschweinchen ließen sich Beziehungen zwischen Tiergröße bzw. Herzgewicht und Noradrenalinkonzentration ableiten: je kleiner das Herzgewicht, um so größer der Noradrenalingehalt pro Gramm Gewebe (HOLTZ et al. 1950c, 1951a).

Histochemische Untersuchungen ergaben eine gute Übereinstimmung zwischen dem verschieden hohen Noradrenalingehalt der einzelnen Herzabschnitte und ihrer verschieden starken sympathischen Innervation (ANGELAKOS et al. 1963). Fluorescenzmikroskopisch, nach Behandlung des gefriergetrockneten Gewebes mit Formaldehyd, wobei die noradrenalinhaltigen Strukturen eine Grün-Gelbfluorescenz gewinnen, konnte FALCK (1962) nachweisen, daß der Überträgerstoff sich in den Nervenenden in viel höherer Konzentration findet als im übrigen Neuron, und damit bestätigen, was v. EULER (1948) schon früher aus Untersuchungen gefolgert hatte, in denen er den Noradrenalingehalt der Milznerven und der Milz mit chemischen Methoden bestimmte. Radioautographisch ließ sich zeigen, daß 15—120 sec nach der Injektion radioaktiven $H^3$-Noradrenalins in den linken Ventrikel des Mäuseherzens das Amin überwiegend in den Nervenenden der postganglionären noradrenergischen Fasern gespeichert war (MARKS et al. 1962). Bei Katzen hatten 15 min nach der intravenösen Injektion von 2 μg/kg $H^3$-Noradrenalin die Herzvorhöfe mehr Amin aufgenommen, wenn unmittelbar vor der Injektion der N. accelerans 30 sec lang elektrisch gereizt worden war (GILLIS 1963, 1964).

Im Gegensatz zum Froschherzen, das Adrenalin als einziges Brenzkatechinamin enthält (LOEWI 1936, 1937; v. EULER 1946b; HOLTZ 1951b; HOLTZ et al. 1950c, 1951), ist der adrenergische Wirkstoff des Säugetierherzens und des menschlichen Herzens Noradrenalin; aber auch im Warmblüterherzen finden sich kleine Mengen Adrenalin (v. EULER 1946b; HOLTZ et al. 1950c, 1951a; GOODALL 1951; SHORE et al. 1958). Im Rattenherzen z. B. ist es zu 3—6% (HÖKFELT 1951; PAASONEN u. KRAYER 1958), im Katzenherzen zu etwa 6% (v. EULER 1956b), im Kaninchenherzen zu 2—5% am Brenzkatechinamingehalt beteiligt (MUSCHOLL 1959; KLOUDA 1963). Für einen nicht nervalen Ursprung der im Herzen und in anderen Organen vorkommenden kleinen Adrenalinmengen spricht, daß das Adrenalin des Herzens nach chronischer Denervierung nicht nennenswert abnahm (GOODALL 1951) und auch eine andere subcelluläre Verteilung besaß als Noradrenalin. Im Gegensatz zum Noradrenalin des Warmblüterherzens, das sich überwiegend in der partikulären, beim Ultrazentrifugieren von Herzhomogenaten mit 100000 × g gewonnenen Fraktion findet, war das Adrenalin unspezifisch, dem Eiweißgehalt entsprechend, über die einzelnen Fraktionen, einschließlich des partikelfreien Überstandes, verteilt (SCHÜMANN et al. 1964; s. auch WEGMANN u. KAKO 1961; WOLFE u. POTTER 1963). Demgegenüber wies das *Adrenalin* des Froschherzens, das hier das einzige Brenzkatechinamin ist, die gleiche subcelluläre Verteilung auf wie das *Noradrenalin* des Warmblüterherzens: 50% waren in der bei 100000 × g in der Ultrazentrifuge abgetrennten partikulären Fraktion vorhanden (GROBECKER u. HOLTZ 1966) (s. VIII.B.). Vielleicht kommt den beiden Aminen auch eine verschiedene Funktion im Herzen zu: dem Noradrenalin diejenige des Überträgerstoffs der Gefäßnervenwirkung (Coronargefäße), dem Adrenalin die Funktion des „Accceleransstoffs" mit einer Lokalisation in ganglienähnlichen, cholinergisch innervierten chromaffinen Zellen (s. XIV.). Das Fehlen von Noradrenalin im Froschherzen fände dann seine Erklärung in dem Fehlen eines Coronargefäßsystems (HOLTZ et al. 1950c, 1951a; HOLTZ 1951b). Aus fluorescenzmikroskopischen Untersuchungen zogen FALCK et al. (1963) den Schluß, daß beim Frosch nicht nur im Herzen, sondern in allen untersuchten sympathisch innervierten Organen, z. B. Niere und Harnblase, Adrenalin der Überträgerstoff der sympathischen Nervenwirkungen ist (s. auch II.A.3.).

### 6. Extraneuronale chromaffine Zellen

Chromaffine Zellen kommen weiter verbreitet im Organismus vor als bisher angenommen, so z. B. in der Arterienwand von Kaninchen (BURN u. RAND 1958a), in der menschlichen Haut (NORDENSTAM u. ADAMS-RAY 1957; ADAMS-RAY u. NORDENSTAM 1958; NIEBAUER u. WIEDMANN 1958; PHILLIPS et al. 1960), in den M. arrectores pilorum (BURN et al. 1959). NORDENSTAM und WESTER (1964) wiesen chromaffine Zellen auch in den Wänden menschlicher Arterien, der Coronararterien und der A. cerebralis media, nach. Sie ließen sich auch im nicht innervierten Herzen einer Fischart (hag fish) nachweisen (AUGUSTINSSON et al. 1956; ÖSTLUND et al. 1960) sowie in embryonalen, noch nervenfreien Hühnerherzen. Diese enthielten 1,2 $\mu$g/g Brenzkatechinamine und reagierten nach Atropinisierung auf Acetylcholin und Nicotin mit einer „adrenergischen" Vergrößerung der Kontraktionsamplitude um etwa 20% (LEE et al. 1960). — Auch die Zellen des Glomus caroticum von Tieren gaben eine positive chromaffine Reaktion (SMITH 1924/25; LEVER et al. 1959); in Extrakten aus dem Organ von Kälbern fanden MUSCHOLL et al. (1960) einen hohen Noradrenalingehalt. Das steht im Einklang mit dem histochemischen und pharmakologischen Nachweis von Noradrenalin im Paraganglion caroticum (RAHN 1961). In einem frisch exstirpierten menschlichen Glomus caroticum von einem Patienten mit schwerem Bronchialasthma ließen sich histochemisch mit Hilfe der zuerst von ERÄNKÖ (1952) beschriebenen und von FALCK (1962) weiter entwickelten Fluorescenzmethode — Behandlung der Gewebeschnitte mit Formalindämpfen oder Fixation in Formalin, wobei grün fluorescierende Kondensationsprodukte mit primären Aminen (Dopamin, Noradrenalin) entstehen — Brenzkatechinamine nachweisen (NIEMI u. OJALA 1964; PRYSE-DAVIES et al. 1964). Die in granulären Gebilden der Glomuszellen angehäuften Amine verschwanden unter Reserpin, wie LEVER und BOYD (1957) in elektronenmikroskopischen Untersuchungen hatten zeigen können.

## II. Biogenese der körpereigenen sympathicomimetischen Amine
### A. Hauptweg

Der wichtigste Weg, auf dem die im Tierkörper vorkommenden „biogenen Amine" gebildet werden, ist die enzymatische Decarboxylierung der entsprechenden Aminosäuren:

$$\underset{\text{Aminosäure}}{\underset{|}{\overset{\text{R·CH}_2\text{·CH·COOH}}{\underset{\text{NH}_2}{}}}} \xrightarrow{-CO_2} \underset{\text{Amin}}{\underset{|}{\overset{\text{R·CH}_2\text{·CH}_2}{\underset{\text{NH}_2}{}}}}$$

Hierfür kommt nicht nur die seit langem bekannte bakterielle Decarboxylierung der aus dem Nahrungseiweiß bei der Verdauung freigesetzten Aminosäuren durch die Darmflora in Frage; der Tierkörper besitzt vielmehr organeigene Aminosäurendecarboxylasen, die z. B. Histidin zu Histamin, Tyrosin zu Tyramin und Tryptophan zu Tryptamin dekarboxylieren (HOLTZ 1937, 1938; HOLTZ u. HEISE 1937; WERLE u. MENNICKEN 1937; WERLE u. HERRMANN 1937). Nach intramuskulärer Injektion von Histidin bei Meerschweinchen schieden die Tiere vermehrt Histamin in den Harn aus (HOLTZ u. CREDNER 1943a). Der Befund fand eine Bestätigung durch Versuche mit radioaktivem Histidin (Übersicht bei SCHAYER 1959) und oraler Verabfolgung der Aminosäure (WATON 1963). Während das normalerweise im Harn vorhandene freie Histamin überwiegend endogenes, in den Organen gebildetes Amin ist, gelangt das durch die Darmbakterien synthetisierte Histamin, wegen der Einwirkung der in Darmwand und Leber vorkommenden N-Acetylase und Diaminoxydase (Histaminase), zum größten Teil als N-Acetylhistamin (ANREP et al. 1944/45; TABOR u. MOSETTIG 1949; URBACH 1949) oder als Imidazolylessigsäure zur Ausscheidung (Übersicht bei TABOR 1954). Demgegenüber hängt der normale Gehalt des Harns an Tyramin von der Decarboxylierung diätetischen Tyrosins durch die Darmbakterien ab. Nach Verabfolgung des bakteriostatischen Sulfasuxidin nahm das Harntyramin beim Menschen signifikant ab, wie auch mehrtägiges Fasten die Tyraminausscheidung drastisch senkte (AWAPARA et al. 1964). Rückschlüsse aus der Aminausscheidung in den Harn auf die endogene Aminbildung sind deshalb nicht ohne weiteres zulässig.

Während die Decarboxylierung dieser als Eiweißbausteine vorkommenden Aminosäuren zu pharmakologisch wirksamen Aminen nicht auf dem Hauptweg ihres Stoffwechsels liegt, ist das bei den durch Ringhydroxylierung aus ihnen hervorgehenden Verbindungen 3,4-Dihydroxy-phenylalanin (Dopa) und 5-Hydroxytryptophan (5-HTP) der Fall.

### 1. L-Dopadecarboxylase

Die wirksamste Aminosäurendecarboxylase des Tierkörpers ist das zuerst in der Niere nachgewiesene Ferment, das stereospezifisch L-3,4-Dihydroxy-phenylalanin (L-Dopa) zu 3,4-Dihydroxy-phenyläthylamin (Dopamin) decarboxyliert (HOLTZ et al. 1938; HOLTZ 1939. — Übersichten bei BLASCHKO 1939, 1950a und b, 1959, 1964; HOLTZ 1941, 1959a, 1960a). Coferment ist Pyridoxal-5′-phosphat (Übersicht bei HOLTZ u. PALM 1964). Das erklärt die HCN-Empfindlichkeit des Fermentes (HOLTZ et al. 1938).

$$\underset{\text{L-Dopa}}{\text{HO}\diagup\!\!\diagdown\text{CH}_2\cdot\text{CH}\cdot\text{COOH}\atop\text{HO}\diagdown\!\!\diagup\ \ \ \ \ \ \ \ \ \ \text{NH}_2}\longrightarrow\underset{\text{Dopamin}}{\text{HO}\diagup\!\!\diagdown\text{CH}_2\cdot\text{CH}_2\atop\text{HO}\diagdown\!\!\diagup\ \ \ \ \ \ \ \ \text{NH}_2}$$

Die L-Dopadecarboxylase kommt auch in der Leber, im Darm und im Pankreas vor (HOLTZ et al. 1939a—c, 1942a und b). Fetale Organe — Niere und Leber von Kaninchen und Meerschweinchen, auch Dünndarmextrakte von Meerschweinchenfeten — decarboxylierten Dopa zu Dopamin und Histidin zu Histamin (HOLTZ et al. 1939b), was vor kurzem von anderer Seite bestätigt wurde (TELFORD 1965). Später konnte die Dopadecarboxylase auch da nachgewiesen werden, wo die Brenzkatechinamine — Dopamin, Noradrenalin, Adrenalin — ihre physiologischen Funktionen ausüben: im Nebennierenmark (LANGEMANN 1951; HOLTZ u. BACHMANN 1952; HOLTZ u. WESTERMANN 1956a und b; WESTERMANN 1956) sowie in den sympathischen Nerven und im Gehirn (WERLE u. PALM 1950). Die höchste Decarboxylaseaktivität im Nervensystem besitzen die peripheren sympathischen Ganglien, die postganglionären noradrenergischen Neurone der sympathischen Nerven und der Grenzstrang des Sympathicus. Im Gehirn haben Nucleus caudatus, Putamen und Hypothalamus die höchste Fermentaktivität (HOLTZ u. WESTERMANN 1956a und b, 1957). Auch das Phäochromocytomgewebe besitzt eine hohe Dopadecarboxylaseaktivität (BURGER u. LANGEMANN 1956; LANGEMANN et al. 1962).

Die Decarboxylierung von L-Dopa in fermenthaltigen Organextrakten ließ sich durch manometrische Bestimmung der abgespaltenen Kohlensäure in der Warburg-Apparatur verfolgen und durch Zusatz von Coferment — Pyridoxal-5'-phosphat — steigern. Dopa sowohl als auch sein Decarboxylierungsprodukt Dopamin, ebenso Noradrenalin, können mit Pyridoxal-5'-phosphat unter Bildung Schiffscher Basen und Umlagerung in Tetrahydroisochinolinderivate (Formelschema 1) eine irreversible Reaktion eingehen, die zu gegenseitiger Inaktivierung führt (HEYL et al. 1952; SCHOTT u. CLARK 1952; HOLTZ u. WESTERMANN 1957). Die Abb. 8 zeigt, daß Noradrenalin nach Inkubation mit Pyridoxal-5'-phosphat seine positiv inotrope Wirkung am Herzvorhof des Meerschweinchens vollständig eingebüßt hat, — im Gegensatz zu Adrenalin, das als sekundäres Amin nicht in der Lage ist, mit der Aldehydgruppe des Pyridoxals unter Bildung einer Schiffschen Base zu reagieren.

Die Inaktivierung des Cofermentes findet in dopahaltigen Decarboxylierungsansätzen als „Substrathemmung" darin ihren Ausdruck, daß der Zusatz von Pyridoxal-5'-phosphat immer nur eine kurzdauernde Aktivierung verursacht, so daß die Reaktion trotz überschüssig vorhandenen Apofermentes und Substrates zum Stillstand kommt. Der zugrunde liegende Mechanismus macht verständlich, daß Dopa und Dopamin auch andere Aminosäurendecarboxylasen, deren Coferment Pyridoxal-5'-phosphat ist, zu hemmen vermögen. So findet die durch die beiden Brenzkatechinderivate verursachte Depression der in der Warburgapparatur manometrisch gemessenen $CO_2$-Werte bei der Inkubation von Gehirnhomogenaten, die besonders deutlich wird, wenn man L-Glutaminsäure als Substrat anbietet, ihre Erklärung in der Hemmung der gehirnspezifischen L-Glutaminsäuredecarboxylase durch Inaktivierung ihres Cofermentes, Pyridoxal-5'-phosphat. Solche Reaktionen könnten physiologische Bedeutung gewinnen im Sinne eines „feed-back"-Mechanismus, einer „Selbststeuerung der Fermentwirkung durch die Höhe des Substratangebotes und die Menge des entstehenden Reaktionsproduktes" (HOLTZ u. WESTERMANN 1957).

Vorinkubation des Cofermentes mit Isonicotinyl-hydrazin (INH), die zur Bildung von Pyridoxal-5'-phosphat-isonicotinyl-hydrazon führt, oder mit

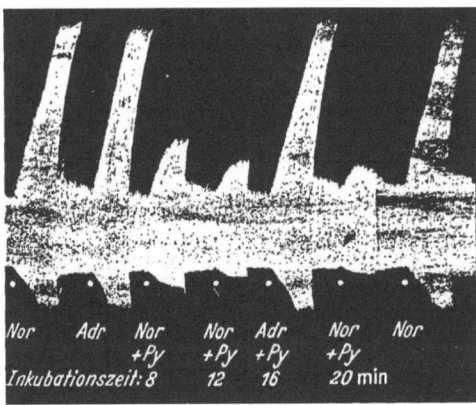

Abb. 8. *Inaktivierung von Noradrenalin durch Inkubation mit Pyridoxal-5'-phosphat.* Isolierter Meerschweinchenvorhof. *Nor* Noradrenalin; *Adr* Adrenalin; *Nor* bzw. *Adr* + *Py* Inkubate der Brenzcatechinamine mit der 10fachen Menge Py-5'-phosphat. Aus P. HOLTZ und E. WESTERMANN (1957)

Formelschema 1

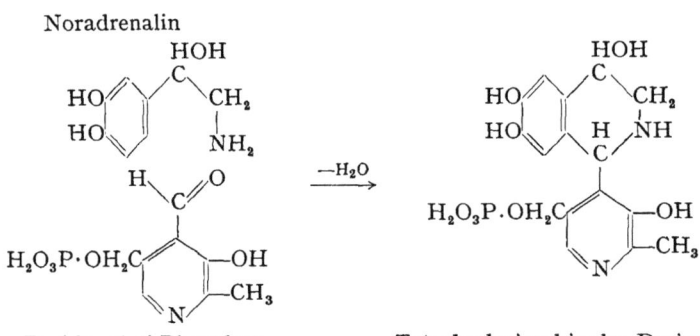

anderen Carbonylreagentien, z. B. Semicarbazid, aber auch mit Aminosäuren, z. B. Lysin, oder mit Kephalin, schützt vor der Inaktivierung durch Dopa bzw. Dopamin, so daß die Decarboxylierung jetzt stetig und quantitativ verläuft (PALM 1958). Wie INH, so ist auch Kephalin, wohl auf Grund der freien $NH_2$-Gruppe seines Colaminanteils, zur Bildung einer Schiffschen Base mit Pyridoxal-5'-phosphat fähig, aus der dieses jedoch in cofermentwirksamer Form allmählich wieder hydrolytisch abgespalten wird und zur Reaktion mit Dopa zur Verfügung steht. Die „Schutzwirkung" des Colamins bzw. Kephalins ist vielleicht die Ursache dafür, daß in Gehirnextrakten bei Zusatz von Pyridoxal-5'-phosphat die Decarboxylierung von L-Dopa linear verläuft, und daß die in Nieren- und Nebennierenmarkextrakten sonst bald zum Stillstand kommende Decarboxylierung bei Zugabe von Gehirnextrakt stetig und quantitativ erfolgt.

a) In Selbstversuchen wurden nach intravenöser Injektion von 50 mg L-Dopa fast 40% als Dopamin im Harn wiedergefunden. Es ist möglich, daß ein Teil des in der Niere gebildeten Dopamins ohne Rückresorption direkt in den Harn sezerniert wird. Bei oraler Verabfolgung von L-Dopa (Leberpassage) lag das ausgeschiedene Dopamin fast ausschließlich in gebundener, pharmakologisch unwirksamer Form vor (s. IV. F.), aus der es sich durch Säurehydrolyse freisetzen ließ. Auch Meerschweinchen schieden nach intramuskulärer Injektion von L-Dopa beträchtliche Mengen Dopamin aus (HOLTZ et al. 1942a).

Die Höhe der Dopaminausscheidung hängt von der injizierten Dosis L-Dopa ab. Meerschweinchen bildeten nach der Injektion des Racemates (DL-Dopa), wegen der optischen Spezifität der Dopadecarboxylasewirkung, nur die dem L-Isomeren entsprechende Menge Dopamin; demgegenüber schieden Ratten die dem Racemat, also auch dem D-Isomeren entsprechenden Aminmengen aus. Ratten, im Gegensatz zu Meerschweinchen, sind offenbar zu einer sterischen Umlagerung der nicht decarboxylierbaren D-Aminosäure in die decarboxylierbare L-Form in der Lage, was eine Erklärung in der hohen Aktivität der D-Aminosäurenoxydase der Rattenorgane finden dürfte, des wichtigsten Fermentes für die Einleitung der zur Konfigurationsänderung von D-Aminosäuren führenden Reaktionen (HOLTZ u. CREDNER 1944a; MURPHY u. SOURKES 1959, 1961; SOURKES et al. 1964), wobei sich an die Desaminierung die Reaminierung (Transaminierung) der Ketosäure anschließt. Ernährungsphysiologische Untersuchungen an Ratten über die Wertigkeit von Aminosäuren hatten z. B. die Gleichwertigkeit von L- und D-Tryptophan ergeben (BERG u. POTGIETER 1932). Eine direkte Umwandlung der D- in die L-Aminosäure beobachteten KOTAKE und GOTO (1941), als sie diese mit Nieren- oder Leberschnitten von Ratten inkubierten.

Die subcutane Injektion von L-Dopa verursachte bei Kaninchen einen Anstieg des Blutzuckerspiegels: 10 mg/kg L-Dopa waren so wirksam wie 20 mg/kg DL-Dopa. Nur das L-Isomere wurde decarboxyliert (HOLTZ u. CREDNER 1944a). Intravenös injiziert, verursachte L-Dopa an Katzen eine protrahiert verlaufende Blutdrucksteigerung (HOLTZ u. CREDNER 1942a), die bei gleichzeitiger Injektion von Vitamin $B_6$ und von Iproniazid (Hemmung der Monoaminoxydase) verstärkt war (BALZER u. HOLTZ 1956). Dopamin ist an der Katze 50—100mal schwächer pressorisch wirksam als Noradrenalin. Die blutdrucksteigernde Wirkung i.v. injizierten und bei blockierter Monoaminoxydase oral verabfolgten Dopa wurde auch am Menschen beobachtet, z. B. bei Parkinsonpatienten, die Dopa zu therapeutischen Zwecken erhielten (s. XV. E.) (DEGKWITZ et al. 1960; HORWITZ et al. 1960; MCGEER et al. 1961; POLLIN et al. 1961; SCHILDKRAUT et al. 1963).

Auch ohne Verabfolgung von L-Dopa wird Dopamin im Organismus gebildet (s. II A.4.); denn es findet sich regelmäßig im Harn. Wenn es hier auch das quantitativ überwiegende Brenzkatechinamin ist, so kommt die pressorische Wirkung von Harnextrakten doch hauptsächlich einem wirksameren Amin zu, dem Noradrenalin (HOLTZ et al. 1944/47; V. EULER et al. 1951; V. EULER u. HELLNER 1951 (s. auch VI.).

Die physiologische Bedeutung der Dopadecarboxylase wurde nicht nur in der Bildung eines pharmakologisch wirksamen Amins — Dopamin — aus einer unwirksamen Aminosäure erblickt, sondern auch in der Bildung eines Intermediärproduktes der Adrenalinsynthese, der unmittelbaren Vorstufe des Noradrenalins (HOLTZ et al. 1942a) in der Reaktionsfolge des postulierten Syntheseweges: ,,Tyrosin-Dopa-Dopamin-Noradrenalin-Adrenalin" (BLASCHKO 1939; HOLTZ 1939).

In autoradiographischen Untersuchungen an Mäusen fand sich 5 min nach der intravenösen Injektion von $C^{14}$-Dopa die höchste Radioaktivität im Pankreas; es folgten Magenschleimhaut, Niere, Nebennierenmark, Darmschleimhaut, Speicheldrüsen, Knochenmark und Leber (ROSELL et al. 1963 b), — eine ähnliche Verteilung, wie sie für Aminosäuren gefunden wurde, die, im Gegensatz zu Dopa, in das Eiweiß eingebaut werden (HANSSON 1959). In der gleichen Reihenfolge hatte die Radioaktivität in den Organen nach 20 und 60 min abgenommen, mit Ausnahme des Nebennierenmarks, in dem sie jetzt am höchsten war, und in dem, als dem einzigen Organ, sie sich auch noch nach 4 Tagen nachweisen ließ. Die chromatographische Auftrennung ergab, daß die spezifische Aktivität im Nebennierenmark, 10 min nach der Injektion von $C^{14}$-Dopa, auf unverändertes Dopa und auf Dopamin entfiel; 30 min nach der Injektion war Dopa verschwunden und es fanden sich gleichgroße Mengen radioaktives Dopamin und Noradrenalin, kein Adrenalin. Nach 4 Tagen enthielt das Mark neben kleinen Mengen Noradrenalin ganz überwiegend radioaktives Adrenalin (ROSELL et al. 1963 b). Die Autoren diskutieren die Frage, ob das im Nebennierenmark nach der Injektion von Dopa auftretende Dopamin zum Teil extraadrenalen Ursprungs sei, d. h. in dopadecarboxylaseaktiven, ,,Eiweiß synthetisierenden" Organen, z. B. Leber, Darm, Pankreas, gebildet und auf dem Blutwege dem Nebennierenmark, auch den sympathischen Nerven, zur Verfügung gestellt werde, — eine Frage, die schon früher aufgeworfen worden war, als zwar das Vorkommen der Dopadecarboxylase in den großen parenchymatösen Organen (Leber, Niere, Pankreas) bekannt war, nicht aber die hohe Dopadecarboxylaseaktivität auch des Nebennierenmarks und der noradrenergischen Nerven (HOLTZ et al. 1942b; 1944/47). PENNEFATHER und RAND (1960) hatten gefunden, daß bei evisceriertenTieren, im Gegensatz zu normalen Kontrollen, der Noradrenalingehalt im Uterus und in der Milz nach Injektion von Dopa nicht anstieg.

b) Gegen Dopamin als Intermediärprodukt der Noradrenalinsynthese ließe sich einwenden, daß die Dopadecarboxylase auch andere Substrate als L-Dopa zu Produkten dekarboxyliert, die als Vorstufen in Frage kommen. Das Ferment besitzt keine große Substratspezifität, wenn auch L-Dopa das am leichtesten angreifbare Substrat zu sein scheint. BLASCHKO u. Mitarb. (BLASCHKO 1939, 1950a und b, 1957; BLASCHKO u. CHRUŚCIEL 1960; BLASCHKO et al. 1949) sowie SOURKES (1955) hatten gefunden, daß o- und m-Tyrosin Substrate des Fermentes sind. Andererseits war das in der Niere verschiedener Tierarten (Meerschweinchen, Kaninchen, Schwein) in hoher Aktivität vorkommende L-Dopa decarboxylierende Ferment mit der L-Histidin- und L-p-Tyrosindecarboxylase der Nierenextrakte nicht identisch (HOLTZ et al. 1939a). AWAPARA et al. (1962) fanden, daß auch die aus Rattenleber angereicherte L-Dopadecarboxylase weder Histidin und p-Tyrosin noch Tryptophan decarboxylierte. Zu gleichen Ergebnissen gelangte HAGEN (1962) in Inkubationsversuchen mit den isotopenmarkierten Aminosäuren und Phäochromocytomgewebe. Die Umbenennung der „Dopadecarboxylase" in „Aromatische Aminosäurendecarboxylase" (LOVENBERG et al. 1962b) ist deshalb wohl kaum berechtigt.

Neben L-Dopa erwies sich 5-Hydroxytryptophan (5-HTP) als ein gutes Substrat des Fermentes (HOLTZ u. WESTERMANN 1957). Organextrakte, die Dopa zu Dopamin decarboxylierten, decarboxylierten auch 5-HTP zu Serotonin, selbst wenn sie, wie Milznerven und sympathische Ganglien, Nebennierenmark und Phäochromocytomgewebe, kein Serotonin enthielten; andererseits decarboxylierten Extrakte aus Darmcarcinoiden, die Serotonin, aber keine Brenzkatechinamine enthalten, auch Dopa zu Dopamin; schließlich hemmte α-Methyldopa, ein kompetitiver Hemmstoff der „Dopadecarboxylase" (SOURKES 1954), auch die Decarboxylierung von 5-HTP (WESTERMANN et al. 1958; s. auch YUWILER et al. 1959).

Wichtiger aber für die Frage nach dem Syntheseweg des Noradrenalins war der Befund, daß auch 3,4-Dihydroxyphenylserin, die dem 3,4-Dihydroxyphenylalanin (Dopa) entsprechende Hydroxy-aminosäure, von der „Dopadecarboxylase" (Meerschweinchennierenextrakt) angegriffen und direkt zu Noradrenalin decarboxyliert wurde (BLASCHKO et al. 1950; WERLE u. JÜNTGEN-SELL 1954, 1955; WERLE u. AURES 1959). Alle Organextrakte, die Dopa decarboxylierten, decarboxylierten, zwar schwächer, auch die Phenylserine; das galt auch für Nebennierenmarkextrakte und solche aus sympathischen, noradrenergischen Nerven, z. B. Milznerven (HOLTZ u. WESTERMANN 1956a und b). Die Injektion von Dihydroxyphenylserin führte bei Kaninchen zu einer vermehrten Ausscheidung von Noradrenalin in den Harn (SCHMITERLÖW

$$\underset{\text{3,4-Dihydroxy-phenylserin}}{\text{HO}-\text{C}_6\text{H}_3(\text{OH})-\text{CH(OH)}\cdot\text{CH(NH}_2)\cdot\text{COOH}} \xrightarrow{-CO_2} \underset{\text{Noradrenalin}}{\text{HO}-\text{C}_6\text{H}_3(\text{OH})-\text{CH(OH)}\cdot\text{CH}_2\cdot\text{NH}_2}$$

1951; HARTMANN et al. 1955 b) und, wie die intravenöse Injektion von Dopa, bei Ratten zu einer protrahiert verlaufenden Blutdrucksteigerung (DENGLER u. REICHEL 1958), wobei im ersten Fall Dopamin, im zweiten Noradrenalin die Wirkung verursachte. CARLSSON (1964) fand an Mäusen, daß nach Injektion von 1 g/kg DL-threo-3,4-Dihydroxy-phenylserin der Noradrenalingehalt im Herzen auf das Achtfache der Norm anstieg und auch im Gehirn signifikant erhöht war. — Daß die Aminosäure bisher nirgends im Organismus aufgefunden wurde, braucht nicht gegen ihre Funktion als physiologische Vorstufe des Noradrenalins zu sprechen. Substrate eines sehr wirksamen Fermentes, so auch L-Dopa selbst, entziehen sich leicht dem Nachweis, da sie sich unter physiologischen Verhältnissen nicht im Körper anhäufen (s. jedoch VII.B.).

*Gegen* Dihydroxy-phenylserin und *für* Dopamin als unmittelbare Vorstufe des Noradrenalins spricht jedoch das Vorkommen von Dopamin im Nebennierenmark von Rindern und Schafen (GOODALL 1951; SHEPHERD u. WEST 1953) sowie in sympathischen Nerven und Ganglien (SCHÜMANN 1956). Noradrenalin wird offensichtlich aus dem durch Decarboxylierung von L-Dopa entstehenden Dopamin, und nicht direkt durch Decarboxylierung der Hydroxy-aminosäure gebildet. Dihydroxy-phenylserin ist ein Beispiel für solche Stoffe, die unter experimentellen Bedingungen vom Organismus als Muttersubstanz für die Hormonsynthese benutzt werden können, die aber keine physiologischen „precursors" sind, da sie normalerweise dem decarboxylierenden Ferment des Nebennierenmarks und der sympathischen Nerven nicht angeboten werden.

Dopamin ist zu etwa 2% am Brenzkatechinamingehalt des Nebennierenmarks von Schafen beteiligt (DENGLER 1957) und kommt in sympathischen Nerven (Milznerven vom Rind) in fast ebenso hoher Konzentration vor wie der eigentliche Überträgerstoff der Nervenwirkung Noradrenalin (SCHÜMANN 1956).

## 2. Dopamin-$\beta$-oxydase (-$\beta$-hydroxylase)

$$\underset{\text{Dopamin}}{\underset{HO}{\overset{HO}{\bigotimes}}\text{–}CH_2\cdot CH_2\text{–}NH_2} \longrightarrow \underset{\text{Noradrenalin}}{\underset{HO}{\overset{HO}{\bigotimes}}\text{–}CH(OH)\cdot CH_2\text{–}NH_2}$$

Für die Umwandlung von Dopamin in Noradrenalin ist die Einführung einer sekundären alkoholischen OH-Gruppe in die Seitenkette erforderlich. Mit Hilfe der isotopenmarkierten Verbindungen hatte sich zeigen lassen, daß L-Dopa und Dopamin sowohl durch Nebennierenmarkhomogenate und Nebennierenschnitte (DEMIS et al. 1956; HAGEN 1956; HAGEN u. WELSH 1956; KIRSHNER u. GOODALL 1956) als auch in der isoliert durchströmten Rindernebenniere (ROSENFELD et al. 1958) in Noradrenalin übergeführt werden.

Während im Nebennierenmark aus diesen Vorstufen außer Noradrenalin auch Adrenalin entstand, war das bei der Inkubation mit Homogenaten aus sympathischen Nerven und Ganglien nicht der Fall (GOODALL u. KIRSHNER 1958). Im Nervengewebe verläuft die Biosynthese der Brenzkatechinamine nur bis zur Stufe des Noradrenalins (s. II.A.3.).

LEVIN et al. (1960) sowie LEVIN u. KAUFMAN (1961) konnten aus Nebennierenmark ein Ferment anreichern, das Phenyläthyl- in Phenyläthanolamine überführt. Ascorbinsäure und Fumarsäure waren notwendige Cofaktoren. Nach FRIEDMAN und KAUFMAN (1965) ist das Ferment ein Cu-Proteid. Die Fermentaktivität in Nebennierenmarkschnitten reichte an diejenige der Dopadecarboxylase heran; sie wurde unter optimalen Bedingungen mit mehr als 10000 m$\mu$Mol/g Gewebe pro Stunde gefunden (UDENFRIEND u. WYNGAARDEN 1956). Das erklärt, weshalb weder Dopa noch Dopamin sich im Nebennierenmark anhäufen, da sie Substrate von Fermenten sind, die in hoher Aktivität in den chromaffinen Zellen vorkommen.

Demgegenüber enthalten, wie schon gesagt, die sympathischen Nerven fast ebensoviel Dopamin wie Noradrenalin. Während aber *Noradrenalin* zum Teil in granulären, von einer Membran umgebenen Gebilden der Nervenzellen lokalisiert ist, in denen sich auch das noradrenalinbildende Ferment — die Dopamin-$\beta$-hydroxylase — befindet (POTTER u. AXELROD 1963 b und c), kommt das *Dopamin* der Nerven ausschließlich im Cytoplasma vor und wird anscheinend nur in dem Maße zu Noradrenalin hydroxyliert, in dem es in die fermenthaltigen Granula eindringt, um als Substrat für die Synthese der granulären Noradrenalinfraktion der Nervenzelle zu dienen, die in einem dynamischen Gleichgewicht mit der cytoplasmatischen Fraktion steht (s. VIII.B.).

Ist demnach, wie im Nebennierenmark, so auch in den sympathischen Nerven, Dopamin biochemische Vorstufe der hormonalen bzw. nervalen Wirkstoffe, so fällt an anderen Stellen im Organismus ihm selbst, als dem Endprodukt der Brenzkatechinaminsynthese, die Funktion des eigenständigen Wirkstoffs zu. In Lunge, Leber und Darm von Rindern und Schafen war Dopamin das mengenmäßig überwiegende, praktisch einzige Brenzkatechinamin (v. EULER u. LISHAJKO 1957; SCHÜMANN 1959). Die dopaminhaltigen Zellen im Darm und in der Leber von Wiederkäuern, in denen das Amin überwiegend in granulärer Bindung sich befindet, scheinen Mastzellen zu sein (COUPLAND u. HEATH 1961; s. auch FALCK et al. 1959). — Auch in bestimmten Arealen des Gehirns, in den Kernregionen des extrapyramidalen Systems — Nucleus caudatus, Putamen —, in denen sich fast das gesamte cerebrale Dopamin angehäuft findet, war es das einzige Brenzkatechinamin (MONTAGU 1957; BERTLER u. ROSENGREN 1959a und b; SANO et al. 1959, 1960; Übersicht bei CARLSSON 1959): als Endprodukt der Biosynthese offensichtlich geschützt vor der Einwirkung der auch hier in hoher Aktivität vorhandenen Dopamin-$\beta$-hydroxylase. Die Fermentaktivität des Nucleus caudatus und Hypothalamus reichte an diejenige des Nebennierenmarks heran, obwohl dessen Amingehalt mindestens 1000mal höher ist als derjenige des Gehirns (UDENFRIEND u. CREVELING 1959).

### 3. N-Methyltransferase

$$\underset{\text{Noradrenalin}}{\overset{HO}{\underset{HO}{\bigcirc}}\text{CH(OH)}\cdot\text{CH}_2\text{—NH}_2} \longrightarrow \underset{\text{Adrenalin}}{\overset{HO}{\underset{HO}{\bigcirc}}\text{CH(OH)}\cdot\text{CH}_2\text{—N}\overset{H}{\underset{CH_3}{}}}$$

Eine Methylierung von Noradrenalin zu Adrenalin erfolgt nur im Nebennierenmark und vielleicht in den Zellen extramedullären chromaffinen Gewebes (Ganglien, Paraganglien, Phäochromocytom), nicht in den sympathischen Nerven.

BÜLBRING (1949) inkubierte Homogenate von Katzen- und Hundenebennieren bei 37° C mit Noradrenalin in Gegenwart von ATP und von Cholin als Methyldonator und fand bei biologischer Austestung der Extrakte an verschiedenen Testobjekten (Katzenblutdruck und -nickhaut) Hinweise auf die zusätzliche Bildung von Adrenalin aus zugesetztem Noradrenalin. MASUOKA et al. (1956) hatten mit Hilfe von $C^{14}$-Noradrenalin in vivo eine im Nebennierenmark stattfindende Umwandlung in Adrenalin zeigen können. Nachdem KIRSHNER und GOODALL (1956) dann gefunden hatten, daß Dopa und Dopamin von Nebennierenschnitten in Noradrenalin und Adrenalin übergeführt wurden und daß die N-Methylierung von Noradrenalin auch im zellfreien Überstand von Nebennierenmark-Homogenaten (Rindernebennieren) erfolgte, wenn ATP + Methionin oder S-Adenosylmethionin hinzugefügt wurden (KELLER et al. 1960; KIRSHNER u. GOODALL 1957a und b), ließ sich auch ohne Zusatz von ATP und Methyldonatoren mit Gesamthomogenaten aus Rindernebennierenmark zeigen, daß zugesetztes Noradrenalin (10 µg/mg Gewebe) zu etwa 10% in Adrenalin umgewandelt wird (v. EULER u. FLODING 1958). AXELROD (1962b) gelang es, aus Nebennierenmark eine N-Methyltransferase zu gewinnen, die S-Adenosylmethionin als Cofaktor benötigt und spezifisch die $NH_2$-Gruppe von Phenyl-äthanolaminen, nicht von Phenyläthylaminen, methyliert („Phenyläthanolamin-N-methyltransferase").

In der zur Adrenalinbildung führenden Reaktionskette ist die Decarboxylierung von L-Dopa zu Dopamin die am schnellsten verlaufende enzymatische Reaktion. Geschwindigkeitsbestimmend ist, neben der phenolischen Hydroxylierung von Tyrosin zu Dopa, die N-Methylierung von Noradrenalin zu Adrenalin durch die N-Methyl-transferase. Die Methylierung verläuft langsamer als die Hydroxylierung von Dopamin zu Noradrenalin durch die Dopamin-β-hydroxylase. Das erklärt, weshalb es in einer durch Reserpin oder Insulin an Hormonen verarmten Nebenniere während der Resynthese der Wirkstoffe zu einem relativen Anstieg des Noradrenalingehaltes, zu einer „Kumulation" von

Noradrenalin kommt, und bei solchen Tierarten, z. B. Kaninchen, deren Nebennierenmark normalerweise ausschließlich Adrenalin enthält, zum vorübergehenden Auftreten von Noradrenalin (s. X.A.4.7.).

Das Fehlen der N-Methyl-transferase in den sympathischen Nerven dürfte die Ursache dafür sein, daß in ihnen die Synthese der Brenzkatechinamine auf der Stufe des Noradrenalins endet, so daß dieses, und nicht Adrenalin, Überträgerstoff der sympathischen Nervenwirkung wird. Auch in konzentrierten Extrakten „noradrenergischer" Nerven (Milznerven) und sympathischer Ganglien (Ggl. stellata) ließ sich papierchromatographisch zwar Dopamin und Noradrenalin, aber kein Adrenalin nachweisen (SCHÜMANN 1956); nach der Inkubation solcher Extrakte mit $C^{14}$-Dopa konnte radioaktives Dopamin und Noradrenalin, nicht aber Adrenalin isoliert werden (GOODALL u. KIRSHNER 1957a und b). Es ist deshalb von Interesse, daß es vor kurzem gelang, im Gehirn N-Methyltransferaseaktivität nachzuweisen. Nachdem MCGEER et al. (1963) in *in vivo*-Versuchen an Katzen mit $C^{14}$-Tyrosin Anhaltspunkte dafür gewonnen hatten, daß ein kleiner Teil der Aminosäure im Gehirn zu Adrenalin umgewandelt wird, injizierten sie $C^{14}$-Noradrenalin und $C^{14}$-Tyrosin Affen und Katzen in Pentothalnarkose in den Hirnstamm und in den Nucl. caudatus, homogenisierten das Gewebe 4 Std später in Perchlorsäure und konnten unter papierchromatographischer Auftrennung der mit Essigsäure eluierten Aluminiumadsorbate radioaktives Adrenalin nachweisen; in Inkubationsversuchen mit Homogenaten aus Kaninchengehirn (1 Std mit $15\,000 \times g$) und 3-O-Methylnoradrenalin wurde dieses in Gegenwart von S-Adenosyl-L-Methionin-methyl-$C^{14}$ hoher spezifischer Aktivität (39,4 mc/mM) zu 3-O-Methyl-adrenalin methyliert (MCGEER u. MCGEER 1964).

Eine hohe N-Methyltransferase-Aktivität hatte AXELROD (1962a und b) auch im Froschherz, das Adrenalin als einziges Brenzkatechinamin enthält, sowie im Kaninchen- und Rattengehirn gefunden (s. auch XV.A.4.).

### 4. Tyrosin-Hydroxylase

$$\underset{\text{p-Tyrosin}}{HO-\phantom{|}\bigcirc\phantom{|}-CH_2\cdot CH(NH_2)\cdot COOH} \longrightarrow \underset{\text{Dopa}}{\underset{HO}{HO}-\bigcirc-CH_2\cdot CH(NH_2)\cdot COOH}$$

Dopa ist kein Eiweißbaustein und wird deshalb nicht mit der Nahrung aufgenommen. Es muß im Organismus intermediär aus natürlich vorkommenden Aminosäuren gebildet werden. Die unmittelbare Vorstufe ist p-Tyrosin. Dieses steht zwar als Baustein der meisten Körperproteine nach deren Aufspaltung dem intermediären Stoffwechsel zur Verfügung, ist aber, im Gegensatz z. B. zu Phenylalanin, keine essentielle Aminosäure, wie Fütterungsversuche an jungen, wachsenden Ratten mit tyrosinfreier Diät ergeben hatten. Das Tyrosin des Körpereiweißes kann im Organismus aus Phenylalanin gebildet werden (WOMAK u. ROSE 1934). Bei Ratten, Meerschweinchen und

Kaninchen erschien verfüttertes Phenylalanin zu einem erheblichen Anteil in Form von Tyrosin, p-Hydroxyphenylbrenztraubensäure und -milchsäure im Harn (KOTAKE et al. 1922). Ratten schieden nach Verabfolgung von β-Phenylmilchsäure vermehrt Tyrosin aus (MOSS 1941), und in einem Fall von Tyrosinose erhöhte die Verfütterung von Phenylalanin die Ausscheidung von p-Hydroxyphenylbrenztraubensäure, -milchsäure und p-Tyrosin (MEDES 1932). Dopa hatte sich im Nebennierenmark thyreoidektomierter Schafe nachweisen lassen (GOODALL 1951) und im Harn eines Patienten mit Hirsutismus, bei dem die Belastung mit Tyrosin und mit Dopa eine vermehrte Dopaausscheidung zur Folge hatte (GERRITSON et al. 1961). Bei Frühgeburten und normalen Säuglingen kam es nach Verabfolgung von 1 g/kg Phenylalanin zum Auskristallisieren des schwerlöslichen Tyrosins im Harn (LEVINE et al. 1943). Andererseits war bei der Stoffwechselstörung der Oligophrenia phenylpyruvica, der ein erblicher Mangel an Phenylalanin-Hydroxylase zugrunde liegt, die zusätzliche Verabfolgung von Phenylalanin ohne Einfluß auf die normalen in den Harn ausgeschiedenen Mengen von Tyrosin und seinen Keto- bzw. Hydroxyderivaten (JERVIS 1938, 1950; DANN et al. 1943).

Schon 1913 hatten EMBDEN und BALDES gezeigt, daß Phenylalanin in der künstlich durchströmten Hundeleber in p-Hydroxy-phenylalanin (Tyrosin) umgewandelt wird: entweder durch direkte Hydroxylierung des Benzolrings oder unter gleichzeitiger Desaminierung der Seitenkette, wobei p-Hydroxyphenylbrenztraubensäure entsteht. Diese kann in der Leber (durch Transaminierung) in p-Tyrosin übergehen (EMBDEN u. SCHMITZ 1910). Fast 30 Jahre später bestätigten MOSS und SCHÖNHEIMER (1940) diesen Befund in Versuchen mit der isotopenmarkierten Aminosäure: Nach Verfütterung deuteriumhaltigen Phenylalanins an Ratten enthielt das aus den inneren Organen der Tiere isolierte Tyrosin 20—30% Deuterium.

Eine enzymatische Umwandlung von Phenylalanin in Tyrosin in vitro durch Leberhomogenate gelang UDENFRIEND und COOPER (1952). Cofaktor der Phenylalanin-Hydroxylase ist ein Tetrahydropteridinderivat, das nach seiner Oxydation zum Dihydro-Derivat durch eine NADPH(reduziertes Triphosphopyridinnucleotid)-abhängige Dehydrogenase wieder reduziert wird (KAUFMAN 1958a und b, 1963; KAUFMAN u. LEVENBERG 1959). Daß die Biosynthese des Noradrenalins und Adrenalins Phenylalanin als Ausgangssubstanz benutzen kann, hatten schon Versuche von GURIN und DELLUVA (1947) an Ratten ergeben: nach intraperitonealer Injektion von $C^{14}$-Phenylalanin ließ sich radioaktives Noradrenalin und Adrenalin aus dem Nebennierenmark isolieren.

Tyrosin, ebenso wie Tryptophan, werden durch phenolische Hydroxylierung des Benzolrings in 3-Stellung bzw. des Indolrings in 5-Stellung aus schlechten Substraten in gute Substrate der Aminosäurendecarboxylase übergeführt: 3,4-Dihydroxyphenylalanin (Dopa) bzw. 5-Hydroxy-tryptophan. Eine Tryptophan-5-Hydroxylase hatte sich aus Ratten- und Meerschweinchendarm isolieren lassen (COOPER u. MELCER 1961; s. jedoch HAYAISHI u. UDENFRIEND 1963). Eine Tyrosin-Hydroxylase wurde von NAGATSU et al. (1964) im Nebennierenmark von Rindern und Meerschweinchen sowie im Gehirn mehrerer Tierarten (Kaninchen, Meerschweinchen, Ratte, Rind) gefunden. Die Fermentaktivität wies im Gehirn eine ähnliche Verteilung auf wie die Dopadecarboxylaseaktivität: in den Kernregionen des Stammhirns war sie am höchsten, in Cortex und Cerebellum am niedrigsten. In den Nebennieren kommt die Tyrosin-Hydroxylase nur im Mark vor, zum Teil in der bei 15000—20000 $\times g$ sedimentierenden partikulären Fraktion, zu einem erheblichen Anteil aber auch im cytoplasmatischen Überstand dieser Fraktion. Ähnlich, wie die Phenylalanin-Hydroxylase der Leber (KAUFMAN 1963), benötigt das Ferment Tetrahydropteridine, z. B. Tetrahydrofolsäure, als Cofaktor. $Fe^{\cdot\cdot}$-Ionen aktivieren. Kürzlich veröffentlichte Untersuchungen mit Fermentpräparaten aus Rindernebennierenmark und Hundegehirn haben ergeben, daß die „Tyrosinoxydase" des *Gehirns* und der *Nebennieren* auch Phenylalanin in Tyrosin umwandelt. Im Gegensatz zu der Phenylalaninoxydase der *Leber*, die keine Tyrosinoxydase-Aktivität besitzt, katalysiert das extrahepatische Ferment demnach zwei aufeinanderfolgende Reaktionsschritte, die vom Phenylalanin über Tyrosin zu Dihydroxyphenylalanin (Dopa) führen (IKEDA et al. 1965).

Schon früher hatte sich zeigen lassen, daß die Inkorporation von Radioaktivität in das Noradrenalin isoliert durchströmter Rindernebennieren höher war, wenn diese mit $C^{14}$-Dopa, als wenn sie mit $C^{14}$-Tyrosin durchströmt wurden (ROSENFELD et al. 1958; UDENFRIEND u. WYNGAARDEN 1956; s. auch LEVITT et al. 1965). Der geschwindigkeitsbestimmende, weil am langsamsten verlaufende Schritt in der Reaktionskette, die vom Tyrosin zum Noradrenalin führt, ist die Hydroxylierung von Tyrosin zu Dopa (SPECTOR et al. 1963c). In Nebennierenmarkschnitten, in denen, wie schon gesagt, die Aktivität der Dopadecarboxylase und Dopamin-$\beta$-oxydase unter optimalen Bedingungen mit 10000 m$\mu$ Mol/g pro Stunde gefunden wurde, betrug diejenige der Tyrosin-Hydroxylase nur 4—20 m$\mu$ Mol/g pro Stunde (NAGATSU et al. 1964). Phenylalanin, aber auch Dopa und Noradrenalin hemmten die Fermentwirkung, so daß auch hier, zwar mit einem anderen Mechanismus, als er der Hemmung der Dopadecarboxylase durch Dopa und Dopamin (Inaktivierung des Coferments) zugrunde lag (s. II. A. 1.), auf dem Wege eines „feed back control mechanism" die Regulation eines Stoffwechselvorganges dadurch zustande kommt, daß sich anhäufende Reaktionsprodukte (Dopa, Dopamin, Noradrenalin) die zu ihrer Entstehung und Anhäufung führende Initialreaktion — die Hydroxylierung von Tyrosin zu Dopa — beeinflussen.

Die Verteilung substrat*spezifischer* Hydroxylasen im Organismus, die Tyrosin in Dopa und Tryptophan in 5-HTP überführen und damit natürliche Eiweißbausteine zu leicht angreifbaren Substraten einer substrat*unspezifischen*

Aminosäurendecarboxylase machen, ist entscheidend für das Vorkommen und die Lokalisation der physiologisch wirksamen Amine. Die hohe Aktivität der unspezifischen Dopadecarboxylase im Cytoplasma der chromaffinen Zellen des Nebennierenmarks macht verständlich, daß diese, obwohl sie normalerweise nur Spuren Dopamin und kein Serotonin enthalten, die beiden Amine in beträchtlichen Mengen speicherten, wenn die PrecursorAminosäuren Dopa bzw. 5-Hydroxytryptophan den Versuchstieren injiziert wurden (BERTLER et al. 1960b und c).

## B. Nebenwege

Wenn auch die vom Phenylalanin und Tyrosin über Dopa, Dopamin und Noradrenalin zum Adrenalin führende Reaktionsfolge sowohl durch *in vitro*-Versuche mit den für die einzelnen Schritte erforderlichen Fermenten als auch durch *in vivo*-Versuche mit den isotopenmarkierten Vorstufen als Hauptweg der Biosynthese der Brenzkatechinamine im tierischen Organismus gesichert erscheint, so stehen doch auch andere Wege, auf denen die Bildung der physiologisch wichtigen Amine erfolgen kann, zur Verfügung. Sie sind dadurch charakterisiert, daß die Decarboxylierung der Precursor-Aminosäuren jeweils schon auf früheren Stufen als derjenigen des L-Dopa erfolgt, indem Phenylalanin zu Phenyläthylamin und p- sowohl als auch o- und m-Tyrosin zu den entsprechenden Tyraminen decarboxyliert werden (s. Formelschema 2).

Formelschema 2

Phenyläthylamin konnte im menschlichen Blut nachgewiesen werden (ASATOOR u. DALGLIESH 1959) und ist ein normaler Bestandteil des Harns (JEPSON et al. 1960). Bei blockierter Monoaminoxydase ließ es sich bei Mäusen auch in der Leber und Niere nachweisen und im Gehirn nach der Injektion von Phenylalanin (NAKAJIMA et al. 1964). Bei der Oligophrenia phenylpyruvica, bei der Phenylalanin nicht zu Tyrosin oxydiert werden kann, trat es vermehrt im Harn auf (OATES et al. 1963). Auch o-, m- und p-Tyramin kommen im Harn vor; nach Hemmung der Monoaminoxydase (s. IV.A.) war die Ausscheidung endogenen p-Tyramins erhöht (SJOERDSMA et al. 1959a und b; JEPSON et al. 1960; LEVINE et al. 1962). p-Tyramin konnte zwar nicht in peripheren Organen und Nerven, wohl aber im Zentralnervensystem nachgewiesen werden. Bei Ratten fand sich der höchste Gehalt (3,1 µg/g) im Hirnstamm; Cortex und Cerebellum enthielten nur 1 µg/g. Bei Kaninchen ließ Tyramin sich im Hypothalamus nicht nachweisen, während beim Hund 6 µg/g gefunden wurden. Das Vorkommen von Tyramin im Rückenmark (SPECTOR et al. 1963 b) ist von Interesse, weil das aus ihm entstehende Dopamin inhibitorische Wirkungen an den Synapsen spinalmotorischer Neurone ausübt (MCLENNAN 1961); Strychnin, das im Rückenmark inhibitorische Synapsen hemmt, erniedrigte den Tyramingehalt (SPECTOR et al. 1963, s. jedoch GUNNE u. JONSSON 1965). — Die durch Decarboxylierung der entsprechenden Aminosäuren gebildeten Phenyl- bzw. Phenoläthylamine können durch aliphatische Hydroxylierung der Seitenkette und durch aromatische Hydroxylierung des Benzolrings in Noradrenalin übergeführt werden.

NIKOLAJEFF (1924) hatte vor 40 Jahren über die Entstehung einer adrenalinähnlichen Substanz aus Tyramin berichtet, wenn Rindernebennieren mit tyraminhaltiger Ringerlösung durchströmt wurden. DEVINE (1940) inkubierte Phenyläthylamin mit Nebennierengewebe und glaubte, mit Hilfe colorimetrischer Methoden eine Umwandlung in Adrenalin nachgewiesen zu haben. HOLTZ und KRONEBERG (1949) schüttelten in Phosphatpuffer suspendierte Nebennierenschnitte von Meerschweinchen, Schweinen und Rindern in $O_2$-Atmosphäre mit Phenyläthylamin, Tyramin und Dopamin und fanden, daß diese Amine, besonders leicht Dopamin (Phenyläthylamin nur von Rindernebennierenschnitten) in Stoffe mit stärkerer blutdrucksteigender Wirkung umgewandelt wurden. Negative Ergebnisse hatten Versuche mit Synephrin (p-Sympatol) und β-Phenyläthanolamin.

Neuere Untersuchungen haben ergeben, daß p- und m-Tyramin durch aromatische und aliphatische Hydroxylierung (Lebermikrosomen von Kaninchen) in Dopamin und in Noradrenalin (AXELROD 1963b) oder durch aliphatische Hydroxylierung der Seitenkette (Dopamin-β-hydroxylase) in *Octopamin* umgewandelt werden (PISANO et al. 1960). Octopamin, das erstmals von ERSPAMER (1952) in den Speicheldrüsen von Octopus nachgewiesen wurde und auch in Citrusfrüchten vorkommt (STEWART u. WHEATON 1964), ist, ebenso wie sein Abbauprodukt, die p-Hydroxymandelsäure, ein normaler Harnbestandteil (KAKIMOTO u. ARMSTRONG 1962a und b; PISANO et al. 1960, 1961). Im Herzen, in der Niere und im Gehirn war Octopamin jedoch nur nach Hemmung der Monoaminoxydase durch Iproniazid oder JB 516 (Pheniprazin, Catron, s. V.A.) nachzuweisen, wobei die Ausscheidung von p-Hydroxymandelsäure im Harn abnahm (KAKIMOTO u. ARMSTRONG 1962b). In der *denervierten* Speicheldrüse ließ sich Octopamin trotz Vorbehandlung mit Pheniprazin nicht nachweisen, obwohl die innervierte Drüse das Amin enthielt (KOPIN et al. 1964) (s. Formelschema 2, S. 32).

Daß Tyramin auch physiologischerweise in Octopamin übergeführt werden kann, geht aus Durchströmungsversuchen an isolierten Kaninchenherzen hervor. Das der Perfusionslösung zugesetzte $C^{14}$-Tyramin fand sich im Herzgewebe ausschließlich in Form von Octopamin (MUSACCHIO u. GOLDSTEIN 1963; CHIDSEY et al. 1964). Auch in vivo ließ sich bei Mäusen, Ratten und Katzen Octopamin nach der Injektion von $C^{14}$-Tyramin im Herzen sowie in der Milz, in den Nebennieren und in den Speicheldrüsen, in kleineren Mengen auch in der Skeletmuskulatur nachweisen (CARLSSON u. WALDECK 1963; MASUOKA et al. 1964; KOPIN et al. 1964). Für die Lokalisation der Octopaminsynthese aus Tyramin und der Speicherung des Octopamins in den sympathischen Nerven spricht, daß nach Exstirpation des Ggl. cervicale superius bei Ratten die Applikation von $C^{14}$-Tyramin trotz blockierter MAO nicht zum Auftreten von Octopamin in den Speicheldrüsen führte (CARLSSON u. WALDECK 1963; FISCHER et al. 1964; KOPIN et al. 1964). Das in den Milznerven aus Tyramin gebildete und gespeicherte Octopamin wurde durch elektrische Stimulierung der Nerven freigesetzt. Eine „Hemmung" der Freisetzung cardialen Noradrenalins durch MAO-Inhibitoren bei Stimulierung des Accelerans (PEPEU et al. 1961; HUKOVIĆ u. MUSCHOLL 1962; DAVEY et al. 1963) könnte somit ihre Erklärung darin finden, daß Noradrenalin zum Teil durch Octopamin ersetzt und dieses als „false transmitter" sezerniert wird. Dieser Mechanismus liegt vielleicht der blutdrucksenkenden Wirkung von MAO-Inhibitoren zugrunde (KOPIN et al. 1964) (s. V.B.2b). — p-Hydroxyphenylserin wurde weder in vivo (MASUOKA et al. 1964) noch in vitro (WERLE u. JÜNTGEN-SELL 1961) zu Octopamin decarboxyliert, da es anscheinend, wie p-Hydroxyphenylalanin (p-Tyrosin), kein Substrat der „aromatischen Aminosäurendecarboxylase" ist.

Octopamin kann durch aromatische Hydroxylierung in Noradrenalin übergehen. Nachdem CREVELING et al. (1962b) gefunden hatten, daß die Verabfolgung von Octopamin zu einer vermehrten Noradrenalinausscheidung in den Harn führt, konnte AXELROD (1963) auch in vitro mit Kaninchenleber-Mikrosomen eine Umwandlung von p- und m-Octopamin in Noradrenalin bzw. 3-O-Methylnoradrenalin zeigen. In gleicher Weise ließ sich das N-methylierte p-Octopamin — p-Sympatol —, das in kleinen Mengen im Harn blutdrucknormaler Personen vorkommt (PISANO et al. 1961; KAKIMOTO u. ARM-

STRONG 1962a) und vermehrt — 19 mg pro 24 Std — im Harn einer Patientin mit Blutdruckkrisen nachgewiesen wurde (KRAUPP et al. 1961), zu Adrenalin hydroxylieren (s. Formelschema 2, S. 32).

BLASCHKO (1939) hatte zwar gefunden, daß N-Methyldopa kein Substrat der Dopadecarboxylase ist, was Epinin als Zwischenstufe in der Adrenalinsynthese ausgeschlossen hätte; AXELROD (1962b) konnte jedoch zeigen, daß Homogenate aus Kaninchenlunge Dopamin zu Epinin methylieren. Diese N-Methyltransferase ist, im Gegensatz zu dem im Nebennierenmark und im Gehirn vorkommenden Ferment, insofern unspezifisch, als sie nicht nur Phenyläthyl-, sondern auch Phenyläthanol-Amine methylierte (AXELROD 1962b). Epinin, das in Speicheldrüsen von Bufo marinus vorkommt (MÄRKI et al. 1962), kann durch die Dopamin-$\beta$-hydroxylase in Adrenalin übergeführt werden (BRIDGERS u. KAUFMAN 1962). Es stehen somit im Organismus prinzipiell zwei Wege zur Verfügung, auf denen die Biosynthese des Adrenalins aus Dopamin erfolgen könnte: der eine führt vom Dopamin über Noradrenalin (Hauptweg), der andere über Epinin (Nebenweg) zum Adrenalin (Formelschema 3). Schon früher wurde diskutiert (HOLTZ u. KRONEBERG 1948, 1949), ob vielleicht da, wo die Biosynthese bis zum Adrenalin fortschreitet (Adrenalinzellen des Nebennierenmarks), Dopamin N-methyliert wird und Epinin Intermediärprodukt ist, und Dopamin nur da zu Noradrenalin $\beta$-hydroxyliert wird, wo dieses das Endprodukt der Synthese ist (Noradrenalinzellen des Nebennierenmarks und sympathische Nerven). Versuche an Kaninchen, deren Nebennierenmark praktisch nur Adrenalin enthält, sprechen jedoch dafür, daß Dopamin auch im Nebennierenmark über Noradrenalin und nicht über Epinin in Adrenalin umgewandelt wird: während der durch Insulin verursachten Abnahme des Adrenalingehaltes trat als Zeichen einer kompensierenden Resynthese Noradrenalin auf, das — granulär gebunden — auch während der „Regenerationsphase" tagelang nachweisbar blieb; 30 min nach der intravenösen Injektion von L-Dopa (100 mg/kg) fanden sich große Mengen Dopamin und Noradrenalin in den chromaffinen Zellen des Nebennierenmarks, die bald „partikulär" gebunden wurden und einige Std (Dopamin) bzw. mindestens 24 Std (Noradrenalin) nachweisbar blieben (BERTLER et al. 1960a).

Formelschema 3

Monophenolderivate können auch auf nichtenzymatischem Wege in die entsprechenden Brenzkatechinderivate umgewandelt werden. Die von EWING et al. (1931) beobachtete Zunahme der pressorischen Wirksamkeit von p-Sympatol-(Synephrin-)lösungen nach der Bestrahlung mit ultraviolettem Licht wurde von KONZETT und WEIS (1939) auf eine teilweise Umwandlung in Adrenalin zurückgeführt. 1943 zeigten HOLTZ und CREDNER (1943b), daß Tyramin durch Ultraviolettbestrahlung der wäßrigen Lösung zum Teil in Dopamin übergeführt wird; mehrstündige Durchströmung der Tyraminlösungen (0,1 bis 0,25$^0/_{00}$) mit Sauerstoff in Gegenwart von Ascorbinsäure (5 mg/ml) oder Einwirkung von $H_2O_2$ (0,1 ml $H_2O_2$, 30%ig pro 10 ml) hatten den gleichen Effekt. In dem System Ascorbinsäure, $H_2O_2$, Äthylendiamintetraacetat (EDTA) ließ sich auch Tyrosin zu Dopa oxydieren (UDENFRIEND et al. 1954).

### III. Hemmstoffe der enzymatischen Biosynthese

Eine — unter Umständen therapeutisch indizierte — Dämpfung der Sympathicusfunktionen müßte sich durch Hemmung der Biosynthese des Überträgerstoffs der Nervenwirkung mit Hilfe von Inhibitoren der an der Synthese beteiligten Fermente erzielen lassen: der L-Dopadecarboxylase, die im Cytoplasma der Nervenzellen durch Decarboxylierung von L-Dopa das erste pharmakologisch wirksame Amin — Dopamin — in der zum Noradrenalin führenden Reaktionsfolge entstehen läßt; der Dopamin-β-hydroxylase, die in den Granula der Nervenzellen das in diese eingedrungene Dopamin in Noradrenalin überführt, und schließlich der „Tyrosinhydroxylase", die durch phenolische Hydroxylierung von Phenylalanin und von p-Tyrosin weitgehend substratspezifisch der Dopadecarboxylase L-Dopa als Substrat liefert. Diese Fermentreaktion verläuft am langsamsten und ist deshalb „rate-limiting" für die Biosynthese des Noradrenalins; sie sollte den empfindlichsten Angriffspunkt für Inhibitoren der biologischen Noradrenalinsynthese bieten.

### A. L-Dopadecarboxylase

Mit dem Ziel einer „chemischen Sympathektomie" wurden zahlreiche dopaähnliche Verbindungen auf decarboxylasehemmende Eigenschaften untersucht. Unter den von HARTMANN et al. (1955a) (Übersichten bei CLARK 1959; CLARK u. POGRUND 1961) geprüften Derivaten erwiesen sich solche mit der Grundstruktur

als in vitro wirksame kompetitive Inhibitoren des Fermentes, z. B. 5-(3,4-Dihydroxy-cynamoyl)-salicylsäure, ferner 3-Hydroxyzimtsäure und Kaffeesäure. Ihre Hemmwirkung war ziemlich spezifisch: sie hemmten die Decarboxylierung von L-Dopa weit stärker als diejenige von L-Histidin, L-p-Tyrosin und L-Glutaminsäure und waren auch in vivo wirksam, indem sie z.B. die blutdrucksteigernde Wirkung von intravenös injiziertem L-Dopa an der Katze abschwächten.

### 1. α-Methyldopa, α-Methyl-m-Tyrosin

Mit der gleichen Zielsetzung einer Blockierung der enzymatischen Noradrenalinsynthese untersuchte SOURKES (1954) dem Dopa chemisch nahestehende Aminosäuren, die am α-C-Atom der Seitenkette methyliert waren. α-Methyl-phenylalanin und das α-methylierte p-Tyrosin hemmten die Dopadecarboxylase nur schwach; wesentlich stärkere Inhibitoren waren α-Methyldopa selbst und das α-methylierte m-Tyrosin:

$$\underset{\text{α-Methyldopa}}{\text{Struktur}} \qquad \underset{\text{α-Methyl-m-Tyrosin}}{\text{Struktur}}$$

Wie nur L-Dopa, nicht hingegen das D-Isomere, von der Dopadecarboxylase decarboxyliert wurde (s. II.A.1.), so waren auch nur die L-Isomeren der α-methylierten Aminosäuren in der Lage, die Decarboxylierung von L-Dopa durch kompetitive Verdrängung des natürlichen Substrates vom Apoferment zu hemmen. Die schwache in vitro-Hemmwirkung des D-α-Methyldopa beruht auf einer Inaktivierung des Cofermentes der L-Dopadecarboxylase — Pyridoxal-5'-phosphat, — vermutlich durch Bildung von Tetrahydroisochinolinderivaten (PÜTTER u. KRONEBERG 1964). Die α-methylierten Aminosäuren hemmten auch die Decarboxylierung des 5-Hydroxytryptophans (WESTERMANN et al. 1958; SMITH 1959, 1960) und des Dihydroxyphenylserins, die beide Substrate der „Dopadecarboxylase" sind, sowie die Decarboxylierung des Histidins (MACKAY u. SHEPHERD 1960; GANROT et al. 1961; WERLE 1961).

Die Hemmwirkung ließ sich auch *in vivo* zeigen: die auf der Decarboxylierung zu Dopamin bzw. Noradrenalin beruhende blutdrucksteigernde Wirkung von L-Dopa und Dihydroxy-phenylserin bei Ratten und Katzen wurde, ebenso wie die bronchoconstrictorische Wirkung des 5-Hydroxytryptophans bei Meerschweinchen, durch vorherige Verabfolgung von α-Methyldopa verhindert (DENGLER u. REICHEL 1957; WESTERMANN et al. 1958). Am Menschen wurde die nach Verabfolgung der entsprechenden Aminosäuren (L-Tyrosin, L-Tryptophan, L-5-Hydroxytryptophan) vermehrte Ausscheidung von Tyramin, Tryptamin und 5-Hydroxytryptamin (Serotonin) in den Harn durch α-Methyldopa herabgesetzt (OATES et al. 1960), bei Ratten die nach Verabfolgung von L-Dopa erhöhte Ausscheidung von Dopamin (MURPHY u. SOURKES 1961). α-Methyldopa und α-Methyl-m-Tyrosin hemmten den nach Applikation von L-Dopa zustande kommenden Anstieg der Dopaminkonzentration in den Organen (MURPHY u. SOURKES 1959) und verminderten nach Verabfolgung von $C^{14}$-L-Dopa die Abgabe von $C^{14}$-$CO_2$ in der Ausatmungsluft von Ratten und Mäusen (WEISS u. ROSSI 1963; SOURKES et al. 1964).

Die α-methylierten Aminosäuren hemmen aber nicht nur die Decarboxylierung des exogen zugeführten Dopa und 5-Hydroxytryptophans und die sich anschließende Zunahme des Dopamin- und 5-Hydroxytryptamingehaltes in den Organen; nach Verabfolgung höherer Dosen (100—400 mg/kg) α-Methyldopa oder α-Methyl-m-Tyrosin kam es bei Ratten, Mäusen und Meerschweinchen auch zu einer Abnahme des *normalen* Dopamin- und Serotoningehaltes

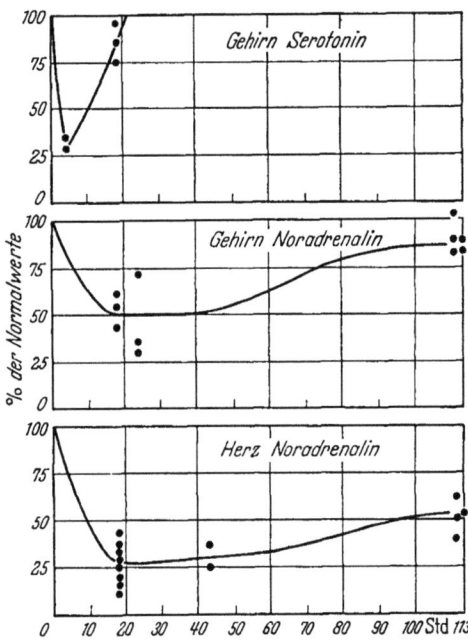

Abb. 9. *Wirkung von dl-α-Methyl-Dopa, 400 mg/kg i.p., auf den Amingehalt von Meerschweinchenorganen.*
Nach S. M. HESS, R. H. CONNAMACHER, M. OZAKI und S. UDENFRIEND (1961 b)

der Organe (Herz, Darm, Gehirn), die, in Abhängigkeit von der Dosis, 1—2 Tage anhielt und in etwa der Dauer der Decarboxylasehemmung entsprach (MURPHY u. SOURKES 1959; SMITH 1959, 1960; HESS et al. 1961b; SOURKES et al. 1961; PORTER et al. 1961; CARLSSON u. LINDQVIST 1962a und b; UDENFRIEND u. ZALTZMAN-NIRENBERG 1962; GESSA et al. 1962a und b). Demgegenüber führte die einmalige Verabfolgung einer größeren Dosis der beiden α-methylierten Aminosäuren, z.B. im Herzen und im Gehirn, zu einer tagelangen, die Fermenthemmung zeitlich weit überdauernden Abnahme des *Noradrenalin*gehaltes (Abb. 9) (SOURKES et al. 1961; HESS et al. 1961a und b; KUNTZMAN et al. 1961; CARLSSON u. LINDQVIST 1962a und b; GESSA et al. 1962a und b).

Weitere Untersuchungen haben ergeben, daß die durch α-Methyldopa und α-Methyl-m-Tyrosin verursachte langdauernde Abnahme des Noradrenalingehaltes der Organe nicht auf einer Hemmung der Dopadecarboxylase und der dadurch verminderten Bildung von Dopamin als der biochemischen

Vorstufe des Noradrenalins beruht. Hiergegen sprach nicht nur die zeitliche Diskrepanz zwischen Decarboxylasehemmung (maximal 20 Std) und der Noradrenalinverarmung der Organe (tagelang), sondern auch die Beobachtung, daß weit wirksamere Hemmstoffe der Dopadecarboxylase, als es die α-methylierten Aminosäuren sind, z.B. bestimmte Hydrazin- und Hydroxylaminderivate (s. S. 41), den Noradrenalingehalt des Herzens und des Gehirns praktisch unverändert ließen.

Die zur Abnahme des Noradrenalingehaltes der Organe führende Wirkung von α-Methyldopa und α-Methyl-m-Tyrosin findet ihre Erklärung darin, daß die beiden Aminosäuren, obwohl schlechte Substrate der L-Dopadecarboxylase, sich dennoch von dieser unter Verdrängung des natürlichen Substrates L-Dopa zu den entsprechenden Aminen — α-Methyldopamin und α-Methyl-m-Tyramin — decarboxylieren lassen müssen, um ihre Wirkung ausüben zu können (WEISSBACH et al. 1960a; CARLSSON u. LINDQVIST 1962a und b; LOVENBERG et al. 1962b; PORTER u. TITUS 1963). Die α-methylierten Amine sind keine Decarboxylasehemmer, verursachen aber durch Verdrängung eine Abnahme des Noradrenalingehaltes in den peripheren Organen, z.B. im Herzen; nicht im Gehirn, da sie, im Gegensatz zu den α-methylierten Aminosäuren, die Blut-Gehirnschranke nicht in ausreichendem Maße durchdringen (PORTER et al. 1961). Die α-methylierten Aminosäuren führten nicht mehr zu einer Abnahme des Noradrenalingehaltes in den Organen, wenn man ihre Decarboxylierung durch stärkere Decarboxylasehemmstoffe, z.B. durch Hydrazin- und Hydroxylaminderivate (s. unter 2.), verhinderte (UDENFRIEND u. ZALTZMAN-NIRENBERG 1962; GESSA et al. 1962a; SJOERDSMA et al. 1963; LEVINE u. SJOSERDMA 1964).

Wie die *normalen*, können auch die unphysiologischen α-*methylierten* aromatischen Äthylamine durch β-Hydroxylierung der Seitenkette in die entsprechenden Äthanolamine übergeführt werden, so daß α-Methyldopamin zu α-Methylnoradrenalin (Corbasil, Cobefrin) und α-Methyl-m-Tyramin zu Aramin (Metaraminol) wird:

$$\underset{\substack{\text{α-Methylnoradrenalin} \\ \text{(Corbasil, Cobefrin)}}}{\text{HO}\diagup\hspace{-0.3em}\diagdown\hspace{-0.3em}\overset{\beta)}{\text{CH(OH)}}\cdot\overset{\alpha)}{\underset{\underset{\text{NH}_2}{|}}{\text{CH}}}\cdot\text{CH}_3} \qquad \underset{\substack{\text{Metaraminol} \\ \text{(Aramin)}}}{\text{HO}\diagup\hspace{-0.3em}\diagdown\hspace{-0.3em}\overset{\beta)}{\text{CH(OH)}}\cdot\overset{\alpha)}{\underset{\underset{\text{NH}_2}{|}}{\text{CH}}}\cdot\text{CH}_3}$$

Nach Verabfolgung hoher Dosen α-Methyldopa an Mäuse — wiederholt 400 mg/kg — ließen sich α-Methyldopamin sowie α-Methylnoradrenalin im Gehirn nachweisen (CARLSSON u. LINDQVIST 1962a und b; GESSA et al. 1962a und b; PORTER u. TITUS 1963) und α-Methyl-m-Tyramin sowie Aramin nach Verabfolgung von α-Methyl-m-Tyrosin. Es kam zu einem quantitativen Ersatz des Noradrenalins in den Organen, z.B. im Gehirn und im Herzen, durch die α-methylierten Amine (CARLSSON u. LINDQVIST 1962a; ANDÉN 1964; SHORE et al. 1964; UDENFRIEND u. ZALTZMAN-NIRENBERG 1964). Während α-Methyl-m-Tyramin nur kurzfristig in den Geweben nachweisbar war, wurde Metaraminol (Aramin), das wegen der β-OH-Gruppe der Seitenkette eine größere Haftfestigkeit besitzt, über lange Zeit gespeichert. Nur *L*-Aramin, das im Herzen von Meerschweinchen und Ratten eine Halbwertzeit von 2—3 Tagen, d.h. eine doppelt so lange Halbwertzeit wie Noradrenalin, hatte (SHORE et al. 1964; UDENFRIEND u. ZALTZMAN-NIRENBERG 1964), wurde gespeichert; die Halbwertzeit des *D*-Aramins im Herzen betrug nur 2—3 Std. Das erklärt, weshalb nur das L-Isomere zu einer Abnahme des Noradrenalingehaltes in den Organen führte.

L-Aramin hatte eine größere „Affinität" zu den Noradrenalinspeichern als Guanethidin, Tyramin und 6-OH-Dopamin (PORTER et al. 1963) (s. X.B.4.b.c.). Wie Tyramin und Guanethidin, setzte auch *Aramin* aus isoliert durchströmten Herzen von Ratten, denen vorher $H^3$-Noradrenalin injiziert worden war, überwiegend unverändertes, pharmakologisch aktives Noradrenalin aus einem „easily available pool" frei (NASH et al. 1964), im Gegensatz zu *Reserpin*, das auch das Noradrenalin der tiefer gelegenen Speichergranula des Nerven freisetzt, so daß hauptsächlich desaminierte Derivate in die Perfusionsflüssigkeit übertreten (s. IX. u. XI.).

Untersuchungen von SCHÜMANN und GROBECKER (1964) sowie von SCHÜMANN et al. 1965 an Meerschweinchen haben gezeigt, daß mehrtägige Behandlung der Tiere mit α-Methyldopa nicht nur im Herzen, sondern auch im Gehirn zu einem *quantitativen* Ersatz des Noradrenalins durch α-Methylnoradrenalin (Cobefrin) führt; auch im Nebennierenmark wurde ein Teil des Noradrenalins durch das methylierte Amin ersetzt. Aus Suspensionen von Herzgranula ließ sich α-Methylnoradrenalin, das kein Substrat der Monoaminoxydase ist, schwerer als Noradrenalin durch Reserpin und Segontin freisetzen (s. auch MUSCHOLL u. LINDMAR 1964). Auch das nach Behandlung von Ratten mit α-Methyldopa im Gehirn an die Stelle von Noradrenalin getretene α-Methylnoradrenalin erwies sich, wie fluorescenzmikroskopische Untersuchungen von CARLSSON et al. (1965) gezeigt haben, als resistent gegenüber der aminverarmenden Wirkung des Reserpins, — im Gegensatz zu dem Dopamin des Gehirns. Da α-Methylnoradrenalin die gleiche Fluorescenz mit der Formaldehydmethode gibt wie Noradrenalin, läßt sich eine histochemische Differenzierung zwischen noradrenergischen und dopaminergischen Neuronen im Zentralnervensystem durch Vorbehandlung mit α-Methyldopa und anschließende Verabfolgung von Reserpin vornehmen. Das nach α-Methyldopabehandlung im Herzen gespeicherte α-Methylnoradrenalin wurde auch bei elektrischer Reizung des N. accelerans an die Perfusionslösung abgegeben (MUSCHOLL u. MAÎTRE 1963) (s. X.B.4.b.δ,).

Die *klinisch* wichtigste Wirkung von α-Methyldopa, seine *blutdrucksenkende* Wirkung bei der Hypertonie, dürfte durch die Verarmung der noradrenergischen Gefäßnerven an dem physiologischen Überträgerstoff Noradrenalin und dessen Ersatz durch das pressorisch schwächer wirksame (DAY u. RAND 1964) und schwerer freisetzbare α-Methylnoradrenalin, vielleicht auch durch eine Verdrängung von Noradrenalin in den vasomotorischen Zentren der Medulla oblongata und des Hypothalamus (Übersicht bei HOLTZ 1964a, 1965) verursacht sein (s. auch XV.A.4.). Es ist dann verständlich, daß D-α-Methyldopa und D-α-Methyl-m-Tyrosin, die von der optisch spezifisch wirkenden L-Dopadecarboxylase nicht zu den entsprechenden Aminen abgebaut werden, weder eine Abnahme des Noradrenalingehaltes in den Organen verursachten noch blutdrucksenkend wirkten (SJOERDSMA 1961; GILLESPIE et al. 1962; SJOERDSMA et al. 1963). — Auch α-*Äthyl*dopa, das von der Dopadecarboxylase nicht decarboxyliert wird, verursachte keine Abnahme des Noradrenalingehaltes im Herzen, wohl hingegen α-Äthyldopamin (LEVINE u. SJOERDSMA 1964).

α-Methyldopa ist auch ein Inhibitor der Tyrosinhydroxylase. Es ist aber unwahrscheinlich, daß die zur Abnahme des Noradrenalingehaltes der Organe führende und die blutdrucksenkende Wirkung auf einer Hemmung der Dopabildung aus Tyrosin beruht (s. II.A.4. und III.C.2.).

### 2. Hydrazin- und Hydroxylaminderivate

Die zu den stärksten Hemmstoffen der Dopadecarboxylase gehörenden Verbindungen „NSD 1034, 1039, 1050" (s. Formeln) verursachten eine stärkere und längerdauernde Hemmung des Fermentes als α-Methyldopa (BRODIE et al. 1962b; DRAIN et al. 1962; CARLSSON 1964; LEVINE u. SJOERDSMA 1964). *In vitro* waren Konzentrationen von $10^{-6}$—$10^{-4}$ M wirksam, und *in vivo* fanden LEVINE und SJOERDSMA (1964) nach Verabfolgung von NSD 1039 die Decarboxylaseaktivität noch zu 90% gehemmt, als die Hemmwirkung des α-Methyldopa schon abgeklungen war (Formelschema 4).

Formelschema 4

3,4-Dihydroxy-Phenyl-α-Methyl-α-Hydrazino-Propionsäure

NSD 1034
N-Methyl-N-(3-Hydroxy-benzyl)-Hydrazin

NSD 1050
3-Hydroxy-4-Brom-Benzyloxyamin

NSD 1039
N-Methyl-N-(2-Hydroxybenzyl)-Hydrazin

Ähnlich wie die α-methylierten Aminosäuren, sind auch die Hydrazin- und Hydroxylaminderivate zwar in der Lage, die Decarboxylierung von *exogen* zugeführtem Dopa und 5-Hydroxytryptophan zu hemmen und damit den sonst erfolgenden Anstieg des Dopamin- und Serotoningehaltes in den Organen zu verhindern (DRAIN et al. 1962; CARLSSON 1964); sie vermögen jedoch nicht, den *endogenen* Amingehalt nennenswert zu vermindern oder dessen durch Hemmstoffe der Monoaminoxydase, z.B. Iproniazid, Nialamid, verursachten Anstieg zu inhibieren, wie Versuche mit NSD 1039 (BRODIE et al. 1962b; CARLSSON 1964; LEVINE u. SJOERDSMA 1964) sowie Versuche von PORTER et al. (1962), SLETZINGER et al. (1963), SOURKES et al. (1964) und von CARLSSON (1964) mit dem Hydrazino-Analogen von α-Methyldopa (α-Methyl-α-hydrazino-3,4-dihydroxyphenylpropionsäure) gezeigt haben.

Ro 4-4602, 2,3,4-Trihydroxbenzyl-hydrazinoserin:

$$\text{HO}\underset{\text{HO}}{\overset{\text{OH}}{\bigcirc}}\cdot CH_2\cdot NH\cdot NH\cdot OC\cdot \underset{\underset{NH_2}{|}}{CH}\cdot CH_2\cdot OH$$

ein irreversibler Hemmstoff der Dopadecarboxylase (BURKARD et al. 1962b), der, wie Pyrogallol (AXELROD u. LAROCHE 1959), auch die 3-O-Methyltransferase der Leber, nicht diejenige des Gehirns, hemmt, verursachte an Mäusen, Ratten und Meerschweinchen 16—24 Std nach der i.p. Injektion von 420 mg/kg eine Abnahme des Noradrenalingehaltes im Herzen um 50%; auch der Serotoningehalt des Gehirns ließ sich nur um etwa 50% für kurze Zeit (4—6 Std) erniedrigen. Demgegenüber konnte schon mit viel niedrigeren Dosen (20 mg/kg) die Serotoninbildung aus injiziertem 5-Hydroxytryptophan, gemessen an der 5-HTP-induzierten Erhöhung des Serotoningehaltes im Herzen und im Gehirn, vollständig unterdrückt werden, ebenso — mit hohen Dosen — die Resynthese endogenen Serotonins im Gehirn nach Verarmung durch ein reserpinähnlich wirkendes Benzochinolizinderivat (PLETSCHER u. GEY 1963; PLETSCHER et al. 1964a; BURKARD et al. 1964a). Hemmung der Decarboxylase wirkt sich somit weniger auf den pool gespeicherter Amine mit seinem vermutlich niedrigen turn over aus als auf den kleinen pool „freier" Amine mit hohem turn over, in dem bei einem Überangebot an Precursor-Aminosäure deren Decarboxylierung zum Amin die geschwindigkeitsbegrenzende Reaktion der Aminsynthese und -resynthese wird, so daß schon eine geringfügige Hemmung der Decarboxylase sich merklich auch auf den Amin*gehalt* auswirkt.

Ro 4-4602 (700 mg/kg) und α-Methyldopa (500 mg/kg) verursachten an Ratten eine etwa gleich starke, kurzfristige Abnahme des Serotoningehaltes im Gehirn, wobei auch die 5-Hydroxyindolessigsäure vermindert war, — als Zeichen einer verminderten Serotonin*bildung* aus 5-Hydroxytryptophan; demgegenüber trat bei einer Abnahme des Serotoningehaltes im Gehirn nach Reserpin oder Benzochinolizin, *vermehrt* 5-Hydroxyindolessigsäure auf, die durch die Monoaminoxydase aus Serotonin gebildet wird (PLETSCHER et al. 1964a; KUNZ 1964).

Trotzdem ist es fraglich, ob die nach extrem hohen, schon toxischen Dosen der NSD-Präparate oder nach hohen Dosen α-Methyldopa auftretende Abnahme des Dopamin- und Serotoningehaltes im Gehirn, obwohl sie der Decarboxylasehemmung zeitlich zugeordnet werden kann, tatsächlich mit dieser in ursächlichem Zusammenhang steht. Es wäre möglich, daß diese Decarboxylasehemmer, die auch die Tyrosin- und Tryptophanhydroxylase blockieren, durch eine Beeinträchtigung *dieser* Fermentwirkungen die Aminsynthese herabsetzen. Schließlich könnten die zur Erzielung des pharmakologischen bzw. therapeutischen (blutdrucksenkenden) Effektes notwendigen großen α-Methyldopadosen den Einstrom der Precursor-Aminosäuren (Tyrosin, Tryptophan, Dopa, 5-Hydroxytryptophan) in die hydroxylase- bzw. decarboxylasehaltigen Organe vermindern, — ähnlich wie hohe Dosen Phenylalanin den Serotoningehalt und hohe Dosen 5-Hydroxytryptophan den Noradrenalingehalt des Gehirns herabsetzten (SOURKES et al. 1961; WANG et al. 1961; YUWILER und LOUTTIT 1961). Tatsächlich konnte DENGLER (1965) zeigen, daß α-Methyldopa (400 mg/kg i.p.) bei Ratten den Einstrom von $C^{14}$-Cycloleucin, das zwar nicht gestoffwechselt wird, jedoch einem aktiven Transport unterliegt, ins Gehirn verlangsamt. α-Methyldopa sowohl als auch Dopa führen in hoher Dosierung zu einer vermehrten Ausscheidung anderer Aminosäuren in den Harn (YOUNG u. EDWARDS 1964).

Die NSD-Verbindungen blockieren auch die Decarboxylierung von α-Methyldopa und α-Methyl-m-Tyrosin und verhindern dadurch deren sonst zu einer Abnahme des Noradrenalingehaltes in den peripheren Organen und im Gehirn führende Wirkung (GESSA et al. 1962a; UDENFRIEND u. ZALTZMAN-NIRENBERG 1962; SJOERDSMA et al. 1963; LEVINE u. SJOERDSMA 1964). NSD 1039 verhinderte auch den nach Injektion von α-Methyldopa an der hypertonen Ratte auftretenden Blutdruckabfall (DAVIS et al. 1963).

Hydrazin- und Hydroxylaminderivate hemmen die Dopadecarboxylase zwar *in vitro* auch durch Ausschaltung des Cofermentes Pyridoxal-5′-phosphat. Diese Reaktion spielt jedoch *in vivo* für die Hemmung der endogenen Aminsynthese aus den „Precursor"-Aminosäuren keine Rolle. Selbst bei ausgeprägtem Mangel an Vitamin $B_6$ kam es zu keiner nachweisbaren Abnahme des Amingehaltes in den Organen (Übersicht bei HOLTZ u. PALM 1964).

Es ergibt sich somit, daß selbst die stärksten bekannten Hemmstoffe der Dopadecarboxylase das überall in hoher Aktivität vorkommende Ferment nicht so stark zu blockieren vermögen, wie notwendig wäre, um durch Hemmung der Noradrenalinsynthese eine „chemische Sympathektomie" zu verursachen. α-Methyldopa und α-Methyl-m-Tyrosin, obwohl schwächere Decarboxylasehemmer als die NSD-Hydrazinderivate, verursachten zwar eine Abnahme des Noradrenalingehaltes der Organe und in gewissem Sinne eine zu

Blutdrucksenkung führende „chemische Sympathektomie". Ursache war aber nicht eine Hemmung der Dopadecarboxylase und der Noradrenalinsynthese, sondern die Verdrängung des physiologischen Überträgerstoffs durch die aus den Aminosäuren im Organismus entstehenden α-methylierten Amine: α-Methylnoradrenalin bzw. Aramin oder Metaraminol (s. auch XV.A.4.).

## B. Dopamin-β-oxydase
### 1. Arylalkylamine

Die β-Hydroxylierung von Dopamin zu Noradrenalin wird in vitro durch zahlreiche Arylalkylamine kompetitiv gehemmt, wobei ein Teil von ihnen selbst hydroxyliert wird; kompetitive Hemmstoffe dieser Art sind Phenyläthylamin, Tryptamin, Serotonin, Epinin, Amphetamin, 3-Methoxytyramin u.a. Mit Konzentrationen von 2—4 × $10^{-3}$ M wurden Hemmwirkungen von 20—70% erzielt (GOLDSTEIN u. CONTRERA 1961a—c, 1962).

### 2. Hydrazine

Da α-Methyl-m-Tyramin sich als ein gutes Substrat des Fermentes erwies — Überführung in Aramin —, wurden verschiedene Isostere dieser Verbindung untersucht. m-Hydroxybenzyl-oxyamin (NSD 1024) verursachte in der Konzentration von $10^{-5}$ M eine 50%ige Hemmung des in den chromaffinen Granula des Nebennierenmarks vorkommenden Fermentes (CREVELING et al. 1962a; KUNTZMAN et al. 1962b); in vivo hemmte es die Resynthese von Noradrenalin aus Dopamin in Herzen, die durch Aramin an Noradrenalin verarmt worden waren (NIKODIJEVIC et al. 1963) (s. Formelschema 5).

Formelschema 5

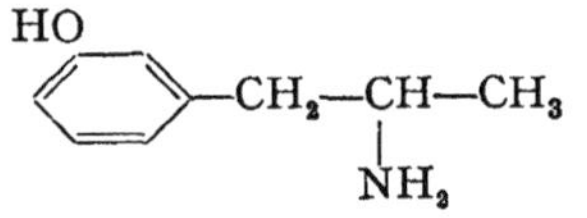

α-Methyl-m-Tyramin

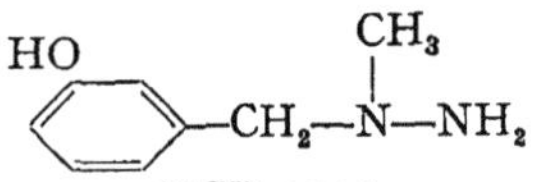

NSD 1034
N-Methyl-N-(3-Hydroxy-benzyl)-Hydrazin

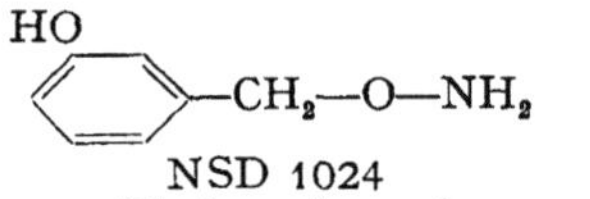

NSD 1024
3-Hydroxybenzyl-oxyamin

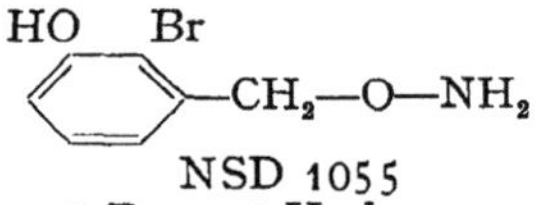

NSD 1055
2-Brom-3-Hydroxy-Benzyl-oxyamin

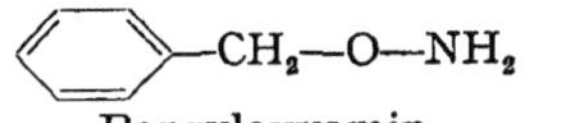

Benzyloxyamin

In gleicher Weise, wie die β-Hydroxylierung von Dopamin zu Noradrenalin, wird anscheinend auch die Umwandlung von α-Methyldopamin, das bei der Verabfolgung von α-Methyldopa im Organismus entsteht, in α-Methylnoradrenalin (Corbasil) durch Hemmstoffe der Dopamin-$\beta$-oxydase verhindert: an reserpinisierten Hunden, bei denen die elektrische Stimulierung der Nn. accelerantes unwirksam war, ließ diese sich sowohl durch Verabfolgung von L-$\alpha$-Methyldopa als auch von Corbasil wiederherstellen. Benzyloxyamin, ein Hemmstoff der Dopamin-$\beta$-oxydase, verhinderte die Restitution der Wirkung durch $\alpha$-Methyldopa, nicht diejenige durch Corbasil (FINK u. GAFFNEY 1964). Das im Vergleich mit $\alpha$-Methylnoradrenalin (Corbasil) pharmakologisch schwächer wirksame $\alpha$-Methyldopamin, das vermutlich auch jetzt noch aus $\alpha$-Methyldopa gebildet wurde, konnte nicht mehr in Corbasil übergeführt werden.

N-Methyl-N-(3-Hydroxybenzyl)-Hydrazin (NSD 1034) unterdrückte in einer Dosis von 6,3 mg/kg vollständig den nach Blockierung der Monoaminoxydase (MAO) durch Mo 911 (Pargyline, Eutonyl) zustande kommenden Anstieg des Noradrenalingehaltes im Gehirn von Ratten, ohne den Anstieg des Dopamin- und Serotoningehaltes zu hemmen. Erst viel höhere Dosen (200 mg/kg) waren in der Lage, auch den endogenen Noradrenalingehalt des Gehirns nach 75 min um 60% zu senken; die Wirkung war nur kurzdauernd: nach 4 Std waren die Noradrenalinwerte wieder normalisiert (KUNTZMAN et al. 1962b).

Die NSD-Verbindungen — dasselbe galt für Benzyl-oxyamin — waren somit schon in relativ niedriger Dosierung in der Lage, wenigstens eine kurzdauernde Hemmung der Noradrenalinsynthese aus Dopamin zu verursachen, wenn diese, z. B. bei blockierter MAO, zu einem Anstieg des Noradrenalingehaltes über die Norm geführt hätte. Das traf auch zu, wenn es sich um die Resynthese von Noradrenalin in einem durch Reserpin an Amin verarmten Organ handelte. Erst nach sehr hohen Dosen, die schon toxische Wirkungen auslösten (Hämolyse, Methämoglobinbildung, Krämpfe), kam es mitunter auch zu einem Absinken des normalen endogenen Noradrenalingehaltes der Organe (Formelschema 5).

### 3. Disulfiram (Antabus) und Chelatbildner

Antabus, das als Hemmstoff der Aldehyddehydrogenase nach der Aufnahme von Äthylalkohol die Oxydation des intermediär entstehenden Acetaldehyds zu Essigsäure blockiert, hemmte in der Konzentration von $10^{-5}$ M auch die Hydroxylierung von Dopamin zu Noradrenalin durch die Dopamin-$\beta$-oxydase. Der eigentliche Hemmstoff ist in beiden Fällen das, z. B. unter der Einwirkung von Ascorbinsäure, aus Disulfuram leicht entstehende Diäthyl-dithio-carbamat (ALBERT 1961; GOLDSTEIN et al. 1964a).

$$\begin{array}{c} C_2H_5 \\ C_2H_5 \end{array}\!\!\!\!>\!\!N\!\!-\!\!\underset{\underset{S}{\|}}{C}\!\!-\!\!S\!\!-\!\!S\!\!-\!\!\underset{\underset{S}{\|}}{C}\!\!-\!\!N\!\!<\!\!\!\!\begin{array}{c} C_2H_5 \\ C_2H_5 \end{array} \xrightarrow{\text{Ascorbin-säure}} 2\;\begin{array}{c} C_2H_5 \\ C_2H_5 \end{array}\!\!\!\!>\!\!N\!\!-\!\!\underset{\underset{S}{\|}}{C}\!\!-\!\!SH)$$

Disulfiram (Antabus)  Diäthyl-dithio-carbamat

Als Chelatbildner hemmt dieses, ebenso wie andere Chelatbildner, z. B. 8-Hydroxy-chinolin, 2,2'-Dipyridyl, EDTA u. a., die Dopamin-$\beta$-oxydase, die wahrscheinlich ein Schwermetallenzym und HCN-empfindlich ist, auch in vitro. $Zn^{..}$, $Co^{..}$ und $Mn^{..}$, nicht $Cu^{..}$ reaktivierten das durch EDTA inaktivierte Enzym (GREEN 1964; GOLDSTEIN et al. 1964a und b). Auch 4-Methyl- und 4-Isopropyltropolon (Thujaplicin) hemmten in Konzentrationen von $10^{-5}$ bis $10^{-4}$ M; die Hemmung ließ sich durch $Fe^{..}$ und durch $Co^{..}$ rückgängig machen. Nach Blockierung der MAO durch Iproniazid hemmte Thujaplicin (100 mg/kg) im Herzen und in der Milz von Ratten die Hydroxylierung von $C^{14}$-p-Tyramin zu Octopamin (GOLDSTEIN et al. 1964a).

4-Isopropyl-Tropolon
(Thujaplicin)

Das aus Disulfiram im Organismus sich bildende Diäthyl-dithio-carbamat (200—400 mg/kg Disulfiram, 1 Std vor $C^{14}$-Dopamin) verursachte an Ratten auch eine Hemmung der endogenen Noradrenalinbildung aus Dopamin: nach Blockierung der MAO durch Catron (s. V.A) fanden GOLDSTEIN et al. (1964a und b) injiziertes $C^{14}$-Dopamin im Herzen der mit Disulfiram vorbehandelten Tiere ausschließlich als solches, und nicht, wie bei nur mit Catron behandelten Tieren, als Noradrenalin wieder. — Der endogene Noradrenalingehalt des Herzens war 18 Std nach der Applikation von 400 mg pro kg Disulfiram bei erhöhtem Dopamingehalt um 50% abgesunken. In Versuchen mit $H^3$-Tyramin wurde auch dessen Hydroxylierung zu Octopamin in Herz, Milz und Speicheldrüsen durch Disulfiram gehemmt, so daß Tyramin kumulierte; am Normaltier fand sich schon 4 min nach der Verabfolgung von $H^3$-Tyramin überwiegend Octopamin im Herzen; dieses wird, im Gegensatz zu Tyramin, überwiegend in den Herzgranula, die auch das Noradrenalin enthalten, gespeichert (MUSACCHIO et al. 1964).

Es ergibt sich somit, daß Hemmung der Dopamin-$\beta$-oxydase durch Disulfiram (Antabus) bzw. Diäthyl-dithio-carbamat und durch Chelatbildner, z. B. durch Tropolonderivate, nicht nur eine verminderte Noradrenalinbildung (bzw. Octopaminbildung) aus exogenem, injiziertem Dopamin (bzw. Tyramin) verursacht, sondern auch die endogene Noradrenalinsynthese hemmt und dadurch zu einer Abnahme des Noradrenalingehaltes in den sympathisch innervierten Organen und im Gehirn führt.

### 4. Imipramin (Tofranil),

das bei depressiven Zuständen therapeutische Anwendung findet, hemmte in hoher Dosierung in vitro die Dopamin-$\beta$-oxydase und führte in vivo zu einem Anstieg des Dopamingehaltes in verschiedenen Organen (GOLDSTEIN u. CONTRERA 1961b). Wichtiger aber für das Zustandekommen der pharmakologischen Wirkungen ist die cocainähnliche Hemmwirkung des Imipramins auf die Aminaufnahme ins Gewebe (SIGG 1959; OSBORNE u. SIGG 1960) (s. X.B.4e.).

### C. Tyrosin-Hydroxylase

Hemmstoffe dieses Fermentes, das die in der Biosynthese des Noradrenalins am langsamsten verlaufende und deshalb geschwindigkeitsbegrenzende Reaktion, die phenolische Hydroxylierung von p-Tyrosin zu Dopa, katalysiert, müßten besonders wirksame Inhibitoren der endogenen Noradrenalinbildung sein.

#### 1. 3,4-Dihydroxyphenylacetamid (Dopacetamid)

und das entsprechende Pentanoyl- und Hexanoylamid

$CH_2 \cdot CO \cdot NH_2$  $CH_3 \cdot CH_2 \cdot CH_2 \cdot CH \cdot CO \cdot NH_2$  $CH_3 \cdot CH_2 \cdot CH_2 \cdot CH_2 \cdot CH \cdot CO \cdot NH_2$

[benzene ring with OH, OH] [benzene ring with OH, OH] [benzene ring with OH, OH]

Dopacetamid          2-(3,4-Dihydroxyphenyl)-      2-(3,4-Dihydroxyphenyl)-
(3,4-Dihydroxyphenyl)-   pentanoylamid               hexanoylamid
acetamid

führten durch Hemmung der Hydroxylase zu einer Abnahme sowohl des Dopamin- und Noradrenalin- als auch des Serotoningehaltes im Gehirn von Mäusen. In einer Dosierung von 300 mg/kg unterdrückten sie auch den sonst nach Blockierung der MAO, z. B. durch Nialamid, zu beobachtenden Anstieg des Gehirnserotonins (CARLSSON 1964). Niedrigere Dosen, als für die Hemmung der Tyrosinhydroxylase erforderlich waren, verursachten schon eine Hemmung der 3-O-Methyltransferase.

Auch Derivate des 2,3-Dihydroxyphenyl-acetamids — α-Äthoxy- und α-Isopropoxy-2,3-Dihydroxyphenyl-acetamid —

$C_2H_5-O-CH-CO \cdot NH_2$       $\begin{matrix}CH_3\\CH_3\end{matrix}\rangle CH-O-CH-CO \cdot NH_2$

[benzene ring with OH, OH]           [benzene ring with OH, OH]

α-Äthoxy-2,3-Dihydroxyphenyl-acetamid    α-Isopropoxy-2,3-Dihydroxyphenyl-
                                          acetamid

hemmten in hoher Dosierung die Hydroxylase, ohne die Aktivität der 3-O-Methyltransferase zu beeinflussen. 90 min nach der Injektion von 0,5—1,0 g/kg war der Serotonin-, Dopamin- und Noradrenalingehalt im Gehirn von Mäusen signifikant erniedrigt. Die Wirkung hielt nur kurze Zeit an, da die Amidgruppierung der 2,3-Dihydroxyverbindungen wenig stabil ist (CARLSSON et al. 1963b; CARLSSON u. CORRODI 1964).

#### 2. α-Methyldopa

In vitro erwies α-*Methyldopa* sich als ein sehr wirksamer Hemmstoff der Tyrosin- und Tryptophanhydroxylase. Konzentrationen ($6 \times 10^{-6}$ M), die noch ohne Einfluß auf die Decarboxylierung von L-Dopa waren, verursachten in Homogenaten aus Rattenleber eine 50%ige Hemmung der Hydroxylierung von Tryptophan zu 5-Hydroxytryptophan. Nach der Injektion von α-Methyldopa (200 mg/kg) war die Hydroxylierung von Phenylalanin und Tryptophan durch Leberhomogenate der behandelten Tiere (Ratten) 2 Std lang, nach der Injektion von 400 mg/kg 10 Std lang gehemmt. α-Methyl-m-Tyrosin war ein viel schwächerer Hemmstoff. Da es andererseits zu einer gleich starken Abnahme des Noradrenalin- und Serotoningehaltes der Organe führte wie α-Methyldopa, halten BURKARD et al. (1964b) es für unwahrscheinlich, daß die an Noradrenalin verarmende und blutdrucksenkende Wirkung des α-Methyldopa auf einer Hemmung der Hydroxylierung von Tyrosin zu Dopa beruht.

### 3. α-Methyl-p-Tyrosin

$$HO-\text{C}_6\text{H}_4-CH_2-\underset{\underset{NH_2}{|}}{\overset{\overset{CH_3}{|}}{C}}-COOH$$

In gleicher Weise wie p-Tyrosin und im Gegensatz zu m-Tyrosin und Dopa, ist α-Methyl-p-Tyrosin kein Substrat der Dopadecarboxylase (s. II.A.1.). Weder in vitro (LOVENBERG et al. 1962b) noch in vivo (SPECTOR et al. 1965) wurde es zu α-Methyl-p-Tyramin (p-Hydroxy-Amphetamin) decarboxyliert. Damit mag zusammenhängen, daß es sich als ein starker kompetitiver Hemmstoff der p-Tyrosinhydroxylase erwies (NAGATSU et al. 1964). Anders als α-Methyl-m-Tyrosin und α-Methyldopa, die den Noradrenalingehalt der Organe nur in dem Maße verringerten, als sie selbst in die entsprechenden α-methylierten Amine (Aramin bzw. α-Methylnoradrenalin, Corbasil) umgewandelt wurden, greift α-Methyl-p-Tyrosin als solches in die *Biosynthese* der Brenzkatechinamine ein, indem es den geschwindigkeitsbestimmenden ersten Schritt der Synthese, die Hydroxylierung von p-Tyrosin zu Dopa, blockiert. Erhöhung der Konzentration dieser α-methylierten Aminosäure über den normalen p-Tyrosinspiegel der Gewebe ($5 \cdot 10^{-5}$ M) durch die Verabfolgung von 80 mg/kg führte an Meerschweinchen zu einer Abnahme des Dopamins im Gehirn und zu einem schnellen Absinken des Noradrenalins auch im Herzen und in der Milz, ohne den Serotoningehalt des Gehirns zu beeinflussen.

α-Methyl-p-Tyrosin beeinträchtigte, dem Mechanismus seiner Wirkung entsprechend, nicht die Decarboxylierung von L-Dopa zu Dopamin: es verhindert die Noradrenalinsynthese aus p-Tyrosin, der natürlichen Muttersubstanz, nicht diejenige aus Dopa. Starke Decarboxylasehemmer, wie die Hydrazin- und Hydroxylaminderivate, z.B. NSD 1055 (s. III.A.2.), die die zum Verschwinden von Noradrenalin aus den Organen führende Wirkung des α-Methyldopa und α-Methyl-m-Tyrosins unterbanden, indem sie deren Decarboxylierung zu den α-methylierten Aminen und den Ersatz des physiologischen Überträgerstoffs Noradrenalin durch diese „false transmitters" verhinderten, ließen die an Noradrenalin verarmende Wirkung des α-Methyl-p-Tyrosins unbeeinflußt. α-Methyl-p-Tyrosin ist somit der erste Stoff, der durch Blockierung der Noradrenalin*synthese* anscheinend eine echte „biochemische Sympathektomie" ermöglicht: Bei den behandelten Tieren war die motorische Aktivität reduziert und es kam zu Ptosis; die pressorische Aktivität indirekt, durch Freisetzung von Noradrenalin wirkender sympathicomimetischer Amine, z. B. des Tyramins, war aufgehoben und die blutdrucksteigernde Wirkung des Noradrenalins abgeschwächt (SPECTOR et al. 1965), — möglicherweise auf Grund einer erhöhten Aufnahme in die wegen der darniederliegenden Synthese leeren Noradrenalinspeicher. Auch die positiv ino- und chronotrope Wirkung der Acceleransreizung war nach Vorbehandlung mit α-Methyl-p-Tyrosin abgeschwächt (TORCHIANA et al. 1965).

Nach Verabfolgung von α-Methyl-p-Tyrosin ließ sich im Herzen der Versuchstiere α-Methylnoradrenalin (Corbasil) nachweisen (MAÎTRE 1965). Es ist somit anzunehmen, daß α-Methyl-p-Tyrosin, obwohl ein starker kompetitiver Hemmstoff der p-Tyrosinhydroxylase (NAGATSU et al. 1964), selbst vom Ferment zu α-Methyldopa hydroxyliert werden kann. Die damit prinzipiell gegebene Möglichkeit der intermediären Bildung von α-Methyldopa und α-Methylnoradrenalin ist jedoch für die zu einer Abnahme des Noradrenalingehaltes führende Wirkung nicht ausschlaggebend, wie aus den erwähnten Versuchen von SPECTOR et al. (1965) hervorging, in denen die Blockierung der Dopadecarboxylase durch NSD 1055 die an Noradrenalin verarmende Wirkung des α-Methyl-p-Tyrosins nicht verhinderte.

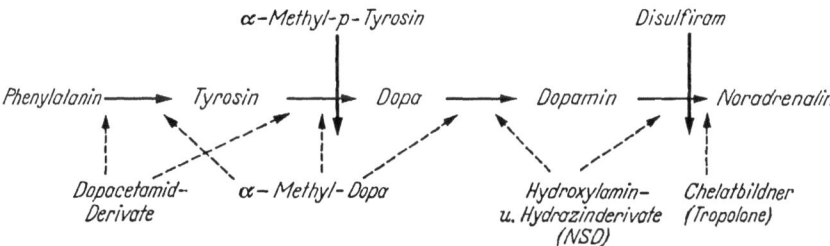

Abb. 10. Hemmstoffe der Biosynthese des Noradrenalins. (Einzelheiten s. Text)

Es ergibt sich somit, daß für alle an der Biosynthese des Adrenalins und Noradrenalins beteiligten Fermente zwar wirksame Hemmstoffe aufgefunden wurden, daß es hingegen nur dann zu einer Abnahme auch des *endogenen* Brenzkatechinamingehaltes in den Organen kam, wenn solche Fermente gehemmt wurden, die, in höherem Maße als die Dopadecarboxylase, geschwindigkeitsbestimmend für die der Biosynthese zugrunde liegende Reaktionsfolge sind. Aus der Abb. 10, die den dargestellten experimentellen Befunden entspricht, ist zu ersehen, daß das für die *Tyrosinhydroxylase*, die Tyrosin in Dopa überführt (Hemmstoff: α-Methyl-p-tyrosin), in geringerem Maße auch für die *Dopamin-β-hydroxylase* zutrifft, die Dopamin in Noradrenalin umwandelt (Hemmstoff: Disulfiram). Demgegenüber führten selbst die wirksamsten Hemmstoffe der Dopadecarboxylase (Hydroxylamin- und Hydrazinderivate), wenn überhaupt, so nur in toxischer Dosierung zu einer geringfügigen Abnahme des endogenen Noradrenalingehaltes.

## IV. Enzymatische Inaktivierung

Die flüchtigen, nur kurzdauernden Wirkungen des Überträgerstoffs cholinergischer Nervenwirkungen, des *Acetylcholins*, finden ihre Erklärung in der schnellen enzymatischen Inaktivierung des Esters durch die auch im Blut vorhandene Acetylcholinesterase. In hoher Aktivität kommt das Ferment in den cholinoceptiven Strukturen, z. B. der glatten Muskulatur und der Drüsen, sowie in den motorischen Endplatten der quergestreiften Muskulatur, in den Ganglien und im Gehirn vor (Übersicht bei KOELLE 1963), — überall also, wo Acetylcholin die Funktion des physiologischen Überträgerstoffs ausübt. Hemmung des inaktivierenden Fermentes durch Anticholinesterasen, z. B. Eserin, führt zu einer Wirkungsverstärkung endogenen und exogenen Acetylcholins, von der wir auch zu therapeutischen Zwecken Gebrauch machen, z. B. beim Glaukom und bei der Myasthenia gravis. In den peripheren ganglionären Synapsen, an denen Acetylcholin die Erregungsübertragung von dem präganglionären auf das postganglionäre Neuron vermittelt, führt die pharmakologische Hemmung oder Blockierung der auch hier vorkommenden Acetylcholinesterase jedoch nicht zu einer Wirkungsverstärkung der präganglionären elektrischen Reizung des Nerven (FELDBERG u. VARTIAINEN 1934). Für die „Inaktivierung" des ganglionären Acetylcholins tritt die *enzymatische* Inaktivierung offensichtlich an Bedeutung zurück vor anderen Mechanismen, die eine Anhäufung unphysiologischer Mengen des Wirkstoffs verhindern, — z. B. dem Wegdiffundieren vom Ort der Freisetzung oder der Bindung im Gewebe.

Im Gegensatz zum Acetylcholin üben die beiden Brenzkatechinamine *Adrenalin* und *Noradrenalin* als Hormone des Nebennierenmarks auch hämatogene Wirkungen aus. Diese sind durch eine kurze Wirkungsdauer gekennzeichnet, die ebenfalls ihre Erklärung in einer schnellen Inaktivierung der Wirkstoffe findet. Sie erfolgt aber nicht im Blut, sondern ausschließlich im Gewebe.

### A. Monoaminoxydase (MAO)

Noch bis vor einigen Jahren galt die MAO als das wichtigste Ferment des inaktivierenden Abbaus der Alkyl- und Aralkylamine, auch des Adrenalins und Noradrenalins. MAO, identisch mit der „Tyraminoxydase" (HARE 1928; KOHN 1937), „Tyraminase" (BERNHEIM 1931; BERNHEIM u. BERNHEIM 1945) und „Adrenalinoxydase" (BLASCHKO et al. 1937), kommt in fast allen Organen des menschlichen und tierischen Organismus vor. Eine besonders hohe Fermentaktivität besitzen beim Menschen und bei den meisten Säugetieren Leber und Speicheldrüsen, eine etwa dreifach niedrigere Niere und Darm, eine nur schwache Herz und quergestreifte Muskulatur (Übersicht bei BLASCHKO 1952; DAVISON 1958; PLETSCHER et al. 1960; WERLE 1964). Im menschlichen Gehirn sind die regionalen Aktivitätsunterschiede nicht groß (maximal 1:3). Die höchste MAO-Aktivität findet sich im Thalamus, Hypothalamus und Putamen; im Hirnstamm und Cortex ist sie fast gleich groß, im Cerebellum am niedrigsten (WEINER 1960). Es besteht keine Proportionalität zwischen MAO-Aktivität und Amingehalt. Auch im Nebennierenmark und in den sympathischen Nerven kommt das Ferment vor.

Das Blut enthält ein aminabbauendes Ferment, das sich von der MAO der Gewebe durch eine andere Substratspezifität und Hemmbarkeit, z. B. durch Semicarbazid, unterscheidet (s. weiter unten) (ZELLER 1951; BLASCHKO 1952). Aus neueren Untersuchungen geht jedoch hervor, daß ein MAO-ähnliches Ferment sich auch in den Erythrocyten (WAALKES u. COBURN 1958) und Thrombocyten von Mensch, Ratte und Kaninchen befindet (PAASONEN 1961a und b). Das erklärt, weshalb die durch Reserpin verursachte Freisetzung von Serotonin aus den Thrombocyten nicht zu einem Anstieg der 5-Hydroxytryptaminkonzentration im plättchenfreien Plasma führte (PAASONEN u. PLETSCHER 1959). Für das Vorkommen der MAO in den Blutplättchen spricht auch die Beobachtung, daß bei der Inkubation serotoninreicher Kaninchen-Thrombocyten spontan — und vermehrt in Gegenwart von Reserpin — im Inkubationsmedium 5-Hydroxyindolessigsäure und 5-Hydroxytryptophol, der entsprechende Alkohol, auftraten:

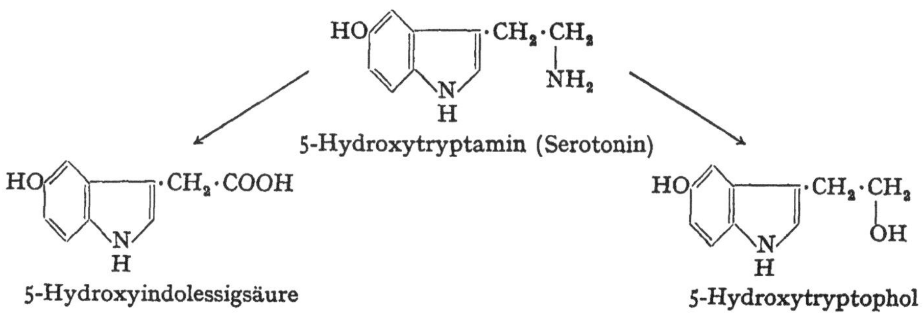

In Anwesenheit von Erythrocyten wurde der gesamte aus 5-Hydroxytryptamin durch die MAO der Thrombocyten gebildete Aldehyd zu 5-Hydroxyindolessigsäure oxydiert; bei Zusatz von MAO-Inhibitoren (Iproniazid, Pargyline) enthielt das Inkubationsmedium nur Serotonin (BARTHOLINI et al. 1964). Die Thrombocyten enthalten demnach nur die MAO, die Erythrocyten auch die Aldehyddehydrogenase.

Die MAO der fermenthaltigen Organe, die vor kurzem 600fach angereichert werden konnte (GANROT u. ROSENGREN 1962), ist an partikuläre Fraktionen der Homogenate gebunden und vornehmlich in den Mitochondrien und Lysosomen lokalisiert (COTZIAS u. DOLE 1951; HAWKINS 1952a und b; BLASCHKO 1953). Im Gehirn konnte das Ferment mit Hilfe einer histochemischen Methode in der grauen Substanz, besonders in der perinucleären Region der Nervenzellen, nicht jedoch in den Zellkernen, Nervenfasern und Gliazellen nachgewiesen werden (ARIOKA u. TANIMUKAI 1957).

Im einzelnen bestehen große art- und organspezifische Unterschiede der Fermentaktivität. So ist die MAO-Aktivität, z. B. des *Herzens*, pro Gramm Gewebe bei Ratten viel höher als bei Katzen und Hunden; in der *Ratten*niere ist sie niedriger als in der Niere der meisten anderen Tierarten (SARKAR u. ZELLER 1961). Die Speicheldrüsen des Menschen besitzen eine zehnmal höhere MAO-Aktivität als diejenigen der Katze (STRÖMBLAD 1956, 1959). Für die Existenz homologer Enzyme spricht, daß die MAO der gleichen Organe verschiedener Tierarten und verschiedener Organe der gleichen Tierart eine verschiedene Substrataffinität hat: Während MAO-haltige Extrakte aus *Meerschweinchen*leber, -darm und -niere z. B. *Tyramin* und *Tryptamin* gleich gut abbauten, war *Tyramin* bei der Inkubation mit den entsprechenden Organextrakten von *Katzen* das weitaus „bessere" Substrat (HOLTZ u. BÜCHSEL 1942). Aus Versuchen mit Mitochondrien aus Rattenleber schlossen HARDEGG und HEILBRONN (1961) auf die Existenz spezifischer Enzyme für die oxydative Desaminierung von Serotonin und Tyramin. Die MAO der Mitochondrien aus Rinderleber wurde durch den MAO-Hemmstoff Phenylcyclopropylamin (Tranylcypromin, Parnate) zehnmal stärker gehemmt als das Ferment der aus Kaninchenleber gewonnenen Mitochondrien (SARKAR et al. 1960).

Für die Existenz von Isoenzymen spricht auch, daß aus hochgereinigten, löslichen MAO-Präparaten (Rattenlebermitochondrien), die zwei verschiedene synthetische Substrate (m-Nitro-p-hydroxybenzylamin und p-Nitro-phenyläthylamin) abbauten, sich säulenchromatographisch ein Ferment abtrennen ließ, das nur noch p-Nitro-phenyl-äthylamin desaminierte (GORKIN 1963). Daß manche MAO-Inhibitoren, z. B. Harmalin, nicht jedoch Iproniazid, eine bis zu 1000fach verschieden starke Hemmwirkung auf die oxydative Desaminierung einerseits von Serotonin, andererseits von Tyramin und Tryptamin besaßen, wurde ebenfalls im Sinne der Existenz von Isoenzymen gedeutet (CHODERA et al. 1964; GORKIN et al. 1964).

Substrate des Fermentes sind Alkyl- und Aralkylamine mit einer primären oder sekundären $NH_2$-Gruppe. Nach STRÖMBLAD (1959) steigt die Oxydationsgeschwindigkeit mit zunehmender Methylenkettenlänge an: z. B. Benzylamin $<\beta$-Phenyläthylamin $<\gamma$-Phenylpropylamin. Unbeeinflußt bleibt sie durch $CH_3$-Substitution der $NH_2$-Gruppe (Noradrenalin — Adrenalin), verlangsamend wirken Substitutionen mit $C_2H_5$- und $C_3H_7$-Radikalen, besonders stark die Einführung von zwei $CH_3$-Gruppen, wie z. B. im Bufotenin. Hemmend auf die Abbaugeschwindigkeit wirkt sich auch die $\beta$-Hydroxylierung der

Seitenkette aus (Dopamin — Noradrenalin). Methylierung des α-C-Atoms — α-Methyldopamin, α-Methylnoradrenalin (Cobefrin, Corbasil), Amphetamin, Ephedrin — macht die Amine unangreifbar für die MAO und zu kompetitiven Inhibitoren (BLASCHKO et al. 1937a und b; BHAGVAT et al. 1939; SNYDER et al. 1946) (s. VI.I.), ebenso Quaternisierung des Stickstoffs (MENKENS et al. 1966).

Für eine optische Spezifität der MAO-Wirkung spricht, daß L-Adrenalin[1] durch die MAO der Meerschweinchenleber doppelt so schnell abgebaut wurde wie D-Adrenalin (BLASCHKO et al. 1937a und b; BHAGVAT et al. 1939); demgegenüber wurde vom β-Hydroxyphenyläthylamin (β-Phenyläthanolamin) das D-Isomere schneller desaminiert als das L-Isomere (Meerschweinchenleber), während Kaninchenleber zwischen der D- und L-Form nicht differenzierte (PRATESI u. BLASCHKO 1959). — D-Amphetamin hemmte das Ferment aus Gehirn, Parotis und Submaxillaris des Menschen doppelt so stark wie L-Amphetamin (BLASCHKO u. STRÖMBLAD 1960), — was auch deshalb von Interesse ist, weil die zentrale Erregungswirkung des D-Isomeren stärker ist als diejenige des L-Isomeren; Ephedrin war ein schwächerer Hemmstoff als Amphetamin (s. V.A.).

HCN hemmte die MAO nicht (BLASCHKO et al. 1937). Ihr pH-Optimum lag für Tyramin als Substrat bei 7,1—7,4 (MALAFAYA-BAPTISTA et al. 1957; DAVISON 1958). Die Fermentaktivität ist weitgehend vom $O_2$-Partialdruck abhängig: in Luftatmosphäre betrug sie nur $1/3$ von derjenigen in reiner $O_2$-Atmosphäre (KOHN 1937; BLASCHKO et al. 1937a und b; BLASCHKO 1953).

1. Die MAO baut die Amine durch oxydative Desaminierung der Seitenkette ab, wobei aus Dopamin und Noradrenalin 1 Mol Ammoniak, aus Adrenalin 1 Mol Methylamin abgespalten wird (KOHN 1937; RICHTER 1937; RICHTER u. TINGEY 1939). Über den intermediär sich bildenden Aldehyd kann unter der Einwirkung einer Aldehyddehydrogenase aus Dopamin die 3,4-Dihydroxyphenylessigsäure (DES), aus Noradrenalin und Adrenalin die 3,4-Dihydroxyphenylglykolsäure bzw. 3,4-Dihydroxymandelsäure (DMS) entstehen. Bei manchen Tierarten überwiegt jedoch die Hydrierung zum entsprechenden Alkohol (s. Formelschema 6).

---

[1] Die in der Literatur übliche Kennzeichnung der natürlich vorkommenden Formen der Brenzkatechinamine als L-Verbindungen, z. B. „L-Adrenalin" und „L-Noradrenalin", ist irreführend, da sie nicht zwischen sterischer Konfiguration und optischer Drehung unterscheidet. Die natürlichen Formen drehen die Ebene des polarisierten Lichtes nach links, sind also mit dem Index „(—)" zu versehen; konfigurationsmäßig jedoch besitzen sie an der β-OH-Gruppe der Seitenkette die der D-Mandelsäure entsprechende sterische Anordnung (PRATESI et al. 1958), sind demnach als D-(—)-Adrenalin bzw. D-(—)-Noradrenalin zu bezeichnen, während die unnatürlichen, pharmakologisch im allgemeinen schwächer wirksamen Phenyläthanolamine als L-(+)-Verbindungen zu bezeichnen wären. Die Bezeichnung der natürlich vorkommenden Isomere mit „L-" und der unnatürlichen mit „D-" hat sich aber so eingebürgert, daß auch wir diese Kennzeichnung im folgenden beibehalten werden.

Formelschema 6

Aldehydreagentien, z. B. Semicarbazid, verhindern die Oxydation des Aldehyds zur Säure, so daß der *in vitro* bei Gegenwart von Semicarbazid manometrisch bestimmte Sauerstoffverbrauch fermenthaltiger Ansätze ein Maß für die MAO-Aktivität ist, während diese *in vivo* ihren Ausdruck in der Menge der gebildeten bzw. in den Harn ausgeschiedenen Säuren findet. Als Metabolite des Brenzkatechinaminstoffwechsels kommen die Phenolsäuren regelmäßig im Harn vor. Beim Phäochromocytom (s. VII.A.) ist deshalb der Gehalt des Harns nicht nur an Noradrenalin und Adrenalin, sondern auch an DMS, beim Neuroblastom (s. VII.B.) auch an DES erhöht (v. STUDNITZ 1960). Auch beim metastasierenden Darmcarcinoid kann die Diagnose sich nicht nur auf eine vermehrte Ausscheidung des Amins (Serotonin), sondern auch der 5-Hydroxyindolessigsäure stützen, des durch oxydative Desaminierung entstandenen Abbauproduktes (LANGEMANN u. KÄGI 1956; LEMBECK u. NEUHOLD 1955).

Blockierung der MAO verschiebt die Ausscheidung der Desaminierungsprodukte zugunsten der Amine (s. VI.D.). Es ist deshalb vorgeschlagen worden, zur Bestimmung der MAO-Aktivität am Menschen in vivo eine orale Belastung, z. B. mit 5-Hydroxytryptamin (Serotonin), vorzunehmen und die nach Verabfolgung eines MAO-Hemmstoffs *verminderte* Ausscheidung von 5-Hydroxyindolessigsäure zu messen, oder auch die nach Blockierung des Fermentes *erhöhte* Ausscheidung endogenen Tryptamins (SJOERDSMA et al. 1958). Nach Iproniazid war der Tyramingehalt des Harns erhöht (SCHAYER 1953) und, wie HESS et al. (1959) bei verschiedenen Tierarten (Maus, Ratte, Kaninchen,

Hund) fanden, der Tryptamingehalt. Auch am Menschen war die Ausscheidung der unveränderten bzw. mit Glucuronsäure gepaarten Amine und ihrer 3-O-Methylderivate auf Kosten der Vanillinmandelsäure, des Haupt-Ausscheidungsproduktes bei intakter MAO, erhöht, wie Versuche mit $C^{14}$-Adrenalin und $C^{14}$-Noradrenalin ergaben (HESS et al. 1959).

Zum histochemischen Nachweis des Fermentes hat man die Pigmentbildung benutzt, die bei der Inkubation von Gewebeschnitten mit Tryptamin oder 5-Hydroxytryptamin auftritt und vermutlich auf einer Kondensation der entstehenden Aldehyde mit noch unverändertem Amin beruht (BLASCHKO u. HELLMANN 1953; FRANCIS 1953; WYKES et al. 1959). Es scheinen keine selektiv-quantitativen Beziehungen zwischen MAO-Aktivität und sympathischer Innervation zu bestehen (KOELLE u. VALK 1954; ARIOKA u. TANIMUKAI 1957; GLENNER et al. 1957).

Bei Ratten wird der durch die MAO aus Adrenalin und Noradrenalin gebildete Glykolaldehyd zum Alkohol reduziert und anschließend 3-O-methyliert (s. IV.B.): bei dieser Tierart ist 3-Methoxy-4-hydroxyphenylglykol das Hauptprodukt des Noradrenalinstoffwechsels (AXELROD et al. 1959a). Demgegenüber geht Dopamin zu 80% in Dihydroxyphenylessigsäure (Homoprotokatechusäure) über, die überwiegend als 3-O-Methylderivat (Homovanillinsäure) ausgeschieden wird; 20% werden durch die Methyltransferase direkt zu 3-Methoxytyramin methyliert (WILLIAMS et al. 1960) (s. Formelschema 7).

Formelschema 7

2. Wenn die MAO auch ein wichtiges Ferment des Brenzkatechinaminstoffwechsels ist, so kommt ihr für die pharmakologische Inaktivierung dieser

Amine und damit für die Beendigung ihrer physiologischen Wirkungen nicht die gleiche Bedeutung zu wie der Acetylcholinesterase für die Inaktivierung des Acetylcholins. Eine Hemmung oder Blockierung des Fermentes müßte sonst ebenso zu einer Verstärkung der Aminwirkungen führen, wie die Hemmung der Cholinesterase durch Eserin die Wirkungen des Acetylcholins potenziert. Das schien auch der Fall zu sein. Ephedrin und andere, am α-C-Atom der Seitenkette methylierte Amine, z. B. Amphetamin (Benzedrin), Methylamphetamin (Pervitin) und Cobefrin (Corbasil), die keine Substrate der MAO sind, hemmten — ebenso wie Cocain in hoher Konzentration — die Fermentwirkung *in vitro* und schützten damit Adrenalin und Noradrenalin vor der oxydativen Desaminierung (BLASCHKO et al. 1937a und b). Da Ephedrin und Cocain die Wirkungen der beiden Brenzkatechinamine sowie die Wirkung der elektrischen Stimulierung noradrenergischer Nerven verstärkten, lag es nahe, diese Effekte mit einer Hemmung der an den Nervenenden bzw. an den pharmakologischen Receptoren lokalisierten MAO zu erklären (GADDUM u. KWIATKOWSKI 1938). Auch die seit langem bekannte Überempfindlichkeit denervierter Organe (s. XII.A.), z. B. der Nickhaut der Katze, gegenüber Adrenalin und Noradrenalin schien sich auf die Abnahme der MAO-Aktivität im denervierten Organ zurückführen zu lassen, nachdem ROBINSON (1952) das Vorkommen des Fermentes in der Nickhaut nachgewiesen hatte, und BURN und ROBINSON (1952, 1953) zeigen konnten, daß die Fermentaktivität in der denervierten Nickhaut, die jetzt viel empfindlicher auf Noradrenalin reagierte als die innervierte, abgesunken war.

Schwer vereinbar mit der Annahme kausaler Beziehungen war jedoch, daß Ephedrin und Cocain, ebenso wie chronische Denervierung, auch die Wirkungen des Cobefrins (Corbasil) potenzierten, das kein Substrat der MAO ist. Als dann mit der Synthese auch in vivo sehr wirksamer Hemmstoffe der MAO, z. B. des Iproniazids, Nialamids, Tranylcypromins, die Möglichkeit einer praktisch vollständigen Blockierung des Fermentes im Organismus gegeben war, zeigte sich, daß diese MAO-Inhibitoren zwar die physiologischen Wirkungen des Tyramins und Dopamins sowie des Tryptamins und Serotonins, die ähnlich gute Substrate der MAO sind wie Tyramin, potenzierten, nicht aber die Wirkungen des Adrenalins und Noradrenalins (GRIESEMER et al. 1953; BALZER u. HOLTZ 1956) (s. jedoch V.A.).

Für die Brenzkatechinamine steht zusätzlich ein anderer Weg der enzymatischen Inaktivierung im Organismus zur Verfügung: die Methylierung der in Meta-Stellung befindlichen phenolischen OH-Gruppe.

## B. O-Methyltransferase (OMT)

Die quantitativ am meisten ins Gewicht fallenden Abbau- und Ausscheidungsprodukte der Brenzkatechinamine, die unter der Wirkung der MAO durch oxydative Desaminierung der Seitenkette aus Dopamin gebildete 3,4-

Dihydroxyphenylessigsäure und die aus Adrenalin bzw. Noradrenalin gebildete 3,4-Dihydroxymandelsäure, liegen, wie ARMSTRONG u. MCMILLAN (1957a) (Übersicht bei ARMSTRONG u. MCMILLAN 1959) sowie ARMSTRONG et al. (1957) gezeigt haben, überwiegend als 3-O-Methylderivate im Harn vor, d. h. als Homovanillinsäure und Vanillinmandelsäure[1].

$$CH_3O\text{-}\underset{HO}{\bigcirc}\text{-}CH_2 \cdot COOH \qquad CH_3O\text{-}\underset{HO}{\bigcirc}\text{-}CH(OH) \cdot COOH$$

3-Methoxy-4-hydroxy-phenylessigsäure         3-Methoxy-4-hydroxy-mandelsäure
                (HVS)                                           (VMS)

Auch 3-O-Methyl-noradrenalin und -adrenalin kommen im normalen menschlichen Harn vor (AXELROD et al. 1958a und b; GOODALL et al. 1958, 1959; Übersicht bei AXELROD 1959a und b; GOODALL 1959). Nach der intravenösen Injektion von H³-Adrenalin am Menschen entfiel fast die Hälfte (45%) der zu 90% in den Harn ausgeschiedenen Radioaktivität auf die Fraktion des 3-O-Methyl-adrenalins (frei und gebunden); 30% wurden als 3-Methoxy-4-hydroxymandelsäure aus dem Harn isoliert (LA BROSSE et al. 1958; KIRSHNER et al. 1959) (s. VI.D.).

1. Daß phenolische OH-Gruppen im menschlichen Organismus methyliert werden können, hatten schon Untersuchungen von MACLAGAN und WILKINSON (1954) ergeben. Bald darauf gelang der Nachweis eines Fermentes, das die in meta (3)-Stellung zur Seitenkette befindliche phenolische OH-Gruppe der Brenzkatechinamine methyliert (AXELROD 1957; AXELROD u. TOMCHICK 1958). Die in Leber und Niere in besonders hoher Aktivität, aber auch in anderen Organen, z. B. im Gehirn, vorkommende O-Methyltransferase methyliert Noradrenalin zu 3-Methoxy-4-hydroxyphenyl-äthanolamin (3-O-Methylnoradrenalin) und Adrenalin entsprechend zu 3-O-Methyladrenalin.

$$CH_3O\text{-}\underset{HO}{\bigcirc}\text{-}CH(OH) \cdot CH_2\text{-}N\underset{H}{\overset{H}{<}} \qquad CH_3O\text{-}\underset{HO}{\bigcirc}\text{-}CH(OH) \cdot CH_2\text{-}N\underset{CH_3}{\overset{H}{<}}$$

3-O-Methyl-noradrenalin                  3-O-Methyl-adrenalin

Die 3-O-methylierten Derivate waren an verschiedenen pharmakologischen Testobjekten mehrhundertfach schwächer wirksam als die genuinen Amine.

---

[1] Diese allgemein übliche Nomenklatur (Vanıllinmandelsäure) ist unrichtig. Nach Beilstein, Handbuch der organischen Chemie, Bd. 10, 201 (1927) wird unter Vanillinmandelsäure die Ätherverbindung von Vanillin und Mandelsäure verstanden.

$$\underset{\bigcirc\text{-}CH\text{-}COOH}{\underset{O}{\underset{\bigcirc\text{-}OCH_3}{\overset{CHO}{\bigcirc}}}}$$

Die blutdrucksteigernde Wirkung des 3-O-methylierten Noradrenalins war 500mal schwächer als diejenige des Noradrenalins (EVARTS et al. 1958). An der Nickhaut der Katze fand BACQ (1959) die 3-Methoxyderivate nur wenig wirksam. Während bei äquipressorischer Dosierung Adrenalin an der Nickhaut der Katze viel wirksamer war als Noradrenalin, hatten äquipressorische Dosen der 3-O-methylierten Brenzkatechinamine (1 mg 3-O-Methyladrenalin bzw. 3 mg 3-O-Methylnoradrenalin) an diesem Testobjekt eine gleich starke Wirkung (HOLTZ et al. 1960a). Nach dem Abklingen der Eigenwirkung ließen

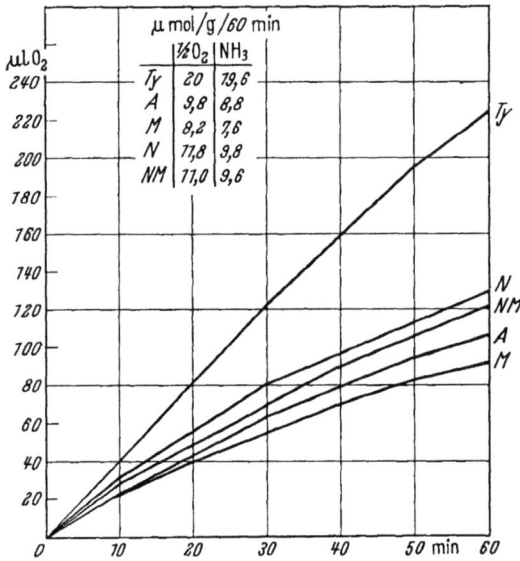

Abb. 11. *Oxydative Desaminierung aquimolarer Mengen von Tyramin (Ty), Noradrenalin (N), 3-O-Methylnoradrenalin (NM), Adrenalin (A) und 3-O-Methyladrenalin (M).* Aus P. HOLTZ, W. OSSWALD und K. STOCK (1960a)

sich durch vorher an der Nickhaut unwirksame Noradrenalindosen mehrmals Kontraktionen auslösen (BACQ 1959; HOLTZ et al. 1960a). Am Herzvorhofpräparat des Meerschweinchens besaßen Adrenalin und Noradrenalin eine mehr als 2000mal höhere Wirksamkeit, am isolierten Kaninchenuterus und -darm eine 200—300fach höhere als die 3-O-methylierten Verbindungen; 5 mg/kg DL-3-O-Methyladrenalin hatten an Kaninchen keine glykämische Wirkung. Die 3-O-Methylierung bedeutet demnach praktisch eine pharmakologische Inaktivierung; sie ist nicht etwa ein nur vorbereitender Schritt für den metabolischen Abbau durch die MAO, der die Brenzkatechinamine zu leichter angreifbaren Substraten dieses Fermentes machen soll, wie von LEEPER et al. (1958) angenommen wurde; denn die methylierten Amine wurden nicht schneller oxydativ desaminiert als die nicht methylierten, wie Versuche mit MAO-haltigen Lebermitochondrien verschiedener Tierarten ergaben (HOLTZ et al. 1960a). Aus der Abb. 11 ist zu ersehen, daß ein aus Meerschweinchenleber gewonnenes MAO-Präparat die Brenzkatechinamine etwa halb so schnell wie Tyramin desaminierte, Noradrenalin etwas schneller als Adrenalin, wie schon in früheren Versuchen mit einfachen Phosphatextrakten aus Meerschweinchenleber beobachtet worden war (HOLTZ u. KRONEBERG 1950), — und die 3-Methoxyderivate des Adrenalins und Noradrenalins eher etwas langsamer als die genuinen Brenzkatechinamine.

Es lag deshalb nahe, der O-Methyltransferase eine ähnliche physiologische Funktion für die pharmakologische Inaktivierung der Brenzkatechinamine zuzuerkennen, wie sie die Cholinesterase für die Inaktivierung des Acetylcholins besitzt, m. a. W., in der O-Methylierung die wichtigste zur pharmakologischen Inaktivierung führende enzymatische Reaktion zu erblicken, an die sich die mehr biochemisch-metabolisch als pharmakologisch interessierende oxydative Desaminierung der Seitenkette durch die MAO anschließt. Eine Hemmung der O-Methyltransferase müßte dann zu einer Verstärkung bzw. Verlängerung der Wirkungen injizierten Adrenalins und Noradrenalins führen (s. V.C.D.). Die seit FRÖHLICH und LOEWI (1910) bekannte Wirkungsverstärkung durch Cocain (s. XII.A.2.) hätte, eher als in einer Hemmung der MAO, in einer Blockierung der O-Methyltransferase ihre Erklärung finden können. In Versuchen mit einem aus Rattenleber nach AXELROD und LAROCHE (1959) hergestellten O-Methyltransferasepräparat wurde die *in vitro*- Methylierung von Adrenalin und Noradrenalin jedoch durch Cocain, selbst in der Konzentration $0,5 \times 10^{-3}$, nicht gehemmt (HOLTZ et al. 1960b).

Exogenes Noradrenalin und Adrenalin, z. B. durch intravenöse Injektion ins Blut gebracht, scheinen hauptsächlich durch die O-Methyltransferase inaktiviert zu werden, während die endogenen, spontan oder z. B. durch Reserpin vermehrt intracellulär freigesetzten Brenzkatechinamine, schon bevor sie die Blutbahn erreichen, vornehmlich durch die MAO abgebaut werden (AXELROD 1959a und b). Das könnte erklären, weshalb die Blockierung der MAO durch Iproniazid, Nialamid oder Tranylcypromin zu einem Anstieg des Noradrenalingehaltes im Herzen und im Gehirn führte, nicht aber die Blockierung der O-Methyltransferase durch Pyrogallol (s. V. C. 1.), das nach AXELROD und LAROCHE (1959) ein in vitro und in vivo wirksamer Hemmstoff des Fermentes ist (CROUT et al. 1961a; SPECTOR et al. 1960a), — und daß andererseits die Wirkung injizierten Adrenalins und Noradrenalins nach Pyrogallol verstärkt war (AXELROD u. LAROCHE 1959), was BACQ (1936a und b) schon vor mehr als 20 Jahren beobachtet, allerdings mit der oxydationshemmenden Wirkung dieses „antioxygène" erklärt hatte. LEMBECK und RESCH (1960) fanden in Versuchen an Spinalratten und an Katzen, daß Pyrogallol die Adrenalinwirkung auf den Blutdruck und an der Nickhaut weniger *verstärkte* als — besonders deutlich nach Cocain — *verlängerte*, und deuteten den Befund im Sinne einer verzögerten enzymatischen Inaktivierung durch die 3-O-Methyltransferase.

In Versuchen von MATSUOKA et al. (1962) an Kaninchen verursachten hohe Dosen Pyrogallol (10 mg/kg), 60 und 30 min vor dem Töten der Tiere intracisternal injiziert, einen Anstieg des Noradrenalingehaltes im Gehirn um 100—200%.

Der Einwand ist aber vielleicht berechtigt, daß Pyrogallol in so hoher „lokaler" Konzentration auch die MAO hemmte, die nach CROUT et al. (1961 a) im Rattengehirn Noradrenalin viermal schneller metabolisierte als die 3-O-Methyltransferase, während diese in der Leber eine 15fach höhere Aktivität besaß als die MAO. — Die Blockierung der MAO scheint zu einer Intensivierung des enzymatischen Alternativweges zu führen: nach Hemmung des Fermentes fand sich im Gehirn ein erhöhter Gehalt an 3-O-Methylnoradrenalin (AXELROD u. TOMCHICK 1958).

Es ergibt sich, daß die oxydative Desaminierung der Brenzkatechinamine (Adrenalin, Noradrenalin) durch die *Monoaminoxydase* wohl mehr biochemisch-metabolisches Interesse beansprucht als pharmakologisch von Bedeutung ist: Die Blockierung des Fermentes führt zu einem Anstieg des Amingehaltes in den Organen, nicht aber zu einer akuten Wirkungsverstärkung der Brenzkatechinamine. Demgegenüber kommt der *3-O-Methyltransferase* auch Bedeutung für die schnelle Beendigung ihrer Wirkungen zu, also für ihre *pharmakologische* Inaktivierung. Hemmung des Fermentes durch Pyrogallol verlängert ihre Wirkung.

Eine Sonderstellung nimmt Dopamin ein, das ein gutes Substrat sowohl der MAO als auch der 3-O-Methyltransferase ist. Beide Fermente kommen in hoher Aktivität in der Leber vor, die deshalb ein wichtiges Organ für den Stoffwechsel und die Inaktivierung der Brenzkatechinamine ist. Eine Dopamindosis (10 mg/kg), die bei *intramuskulärer* Injektion an Ratten den Blutdruck um 50% erhöhte, war bei *intraperitonealer* Injektion (Leberpassage) wirkungslos; nach Blockierung der MAO durch Iproniazid (100 mg/kg, 6 Std vorher) war die intraperitoneale Injektion von Dopamin praktisch gleich wirksam wie die intramuskuläre (HOLTZ u. WESTERMANN 1959). Kommt somit für die Inaktivierung des *Dopamins* der MAO der Leber wohl größere Bedeutung zu als der Methyltransferase, so gilt das Umgekehrte für die Inaktivierung des *Adrenalins*. PHILPOT und CANTONI (1941) fanden, daß eine einmalige Leberpassage genügt, um 80% des in die V. portae injizierten Adrenalins zu inaktivieren. Nach intraportaler Injektion von $H^3$-Adrenalin an Ratten wurden nur 2% Radioaktivität in Form unveränderten Adrenalins in den Harn ausgeschieden, gegenüber 13,3 % nach Injektion in eine periphere Vene (HERTTING u. LA BROSSE 1962). Daß die O-Methyltransferase ein wichtiges Ferment für die Inaktivierung des Adrenalins und Noradrenalins in der Leber ist, zeigten CARLSSON und WALDECK (1963), indem sie die Amine nach Blockierung des Fermentes intraperitoneal injizierten. Während bei intakter O-Methyltransferase die i.p. Injektion von $H^3$-Noradrenalin, im Gegensatz zur i.v. Injektion, nur zu einer geringfügigen Anreicherung des radioaktiven Amins im Herzen und im Skeletmuskel führte, war diese nach Blockierung des Fermentes mit Dopacetamid bei i.p. Injektion stark erhöht, bei i.v. Injektion nur wenig.

2. Wenn auch die Wirkung der O-Methyltransferase bevorzugt die in 3-Stellung befindliche Hydroxylgruppe der Brenzkatechinamine betrifft, so ist doch die Methylierung der in 4-Stellung befindlichen OH-Gruppe prinzipiell möglich. So fanden DALY et al. (1960), daß Adrenalin durch Rattenleberhomogenate zu 10% 4-O-methyliert wurde (4-O-Methyladrenalin); in vivo jedoch ließ sich unter Versuchsbedingungen, unter denen Adrenalon und Noradrenalon sowie 3,4-Dihydroxy-acetophenon in 4-Stellung methyliert wurden (Ausscheidung der 4-O-methylierten Derivate in den Harn), keine entsprechende Methylierung von Adrenalin zeigen.

Im Dopaminmolekül kann ebenfalls nicht nur die in 3-, sondern auch die in 4-Stellung stehende OH-Gruppe methyliert werden, wie aus Versuchen mit Leber- und Gehirnhomogenaten hervorging; hierbei betrug die 4-O-Methylierung 25% der Gesamt-O-Methylierung (SENOH et al. 1959a; KUEHL et al. 1964). Im Harn Schizophrener wurden nicht nur das 3-O- und 4-O-Methylderivat des Dopamins, sondern auch das 3,4-Dimethylderivat (3,4-Dimethoxyphenyläthylamin) gefunden. Daß die in 4-Stellung befindliche OH-Gruppe im Organismus methyliert werden kann, geht ferner daraus hervor, daß auch das dem Tyramin entsprechende 4-O-Methylderivat (4-Methoxy-phenyläthylamin) sich im Harn Schizophrener nachweisen ließ (FRIEDHOFF u. VAN WINKLE 1962, 1963; TAKESADA et al. 1963; KUEHL et al. 1964; SEN u. MCGEER 1964). Bei Belastung mit $H^3$-Dopamin schieden diese Patienten 3,4-Dimethoxy-phenylessigsäure aus (FRIEDHOFF u. VAN WINKLE 1963) (s. auch XV.E.).

Die mit der Methylierung der beiden phenolischen OH-Gruppen des Dopamins (3,4-Dihydroxy-phenyläthylamin) verbundene Abnahme der Polarität des Moleküls und Zunahme der Lipoidlöslichkeit ist wohl die Erklärung dafür, daß 3,4-Dimethoxy-phenyläthylamin zentrale Wirkungen besitzt, wobei die Methylierung der in 4-Stellung befindlichen OH-Gruppe den Ausschlag zu geben scheint: an Katzen hatte auch das O-methylierte p-Tyramin (4-Methoxyphenyläthylamin) eine ausgesprochen katatone Wirkung, ähnlich wie Bulbocapnin und Laudanin, die ebenfalls die entsprechende 4-Methoxy-Konfiguration besitzen (ERNST 1962a und b). Mescalin ist ein 3,4,5-Trimethoxy-phenyläthylamin. Aber auch das normale, physiologische Methylierungsprodukt des Dopamins, 3-Methoxy-4-hydroxy-phenyläthylamin, hatte katatone Wirkungen; diese waren allerdings schwächer ausgeprägt als beim Dimethoxyderivat, dem 3,4-Dimethoxyphenyl-äthylamin (MICHAUX und VERLY 1963) (s. Formelschema 8).

Die O-Methylierung der Brenzkatechinamine bedeutet einerseits eine fast vollständige Inaktivierung in bezug auf ihre peripheren, sympathicomimetischen Wirkungen, andererseits führt sie unter Erhöhung der Lipoidlöslichkeit zur Entstehung von Derivaten mit zentralen Wirkungen. Ungeklärt ist bisher, ob die Methylierung der in Position 4 stehenden OH-Gruppe

Formelschema 8

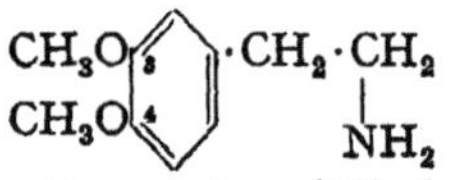

3,4-Dimethoxy-phenyläthylamin

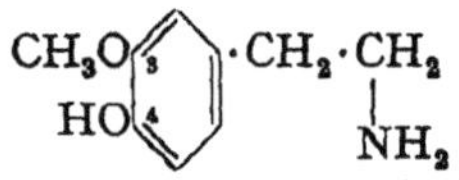

3-Methoxy-4-hydroxy-phenyläthylamin

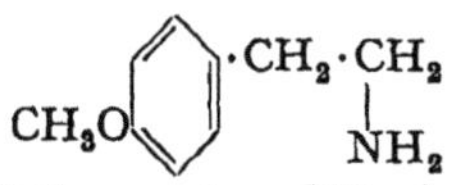

4-Methoxy-phenyläthylamin

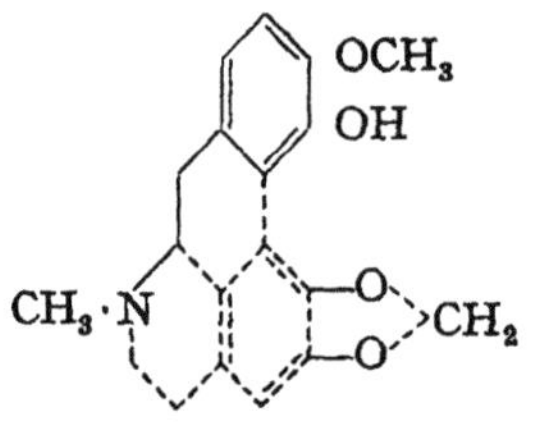

Bulbocapnin

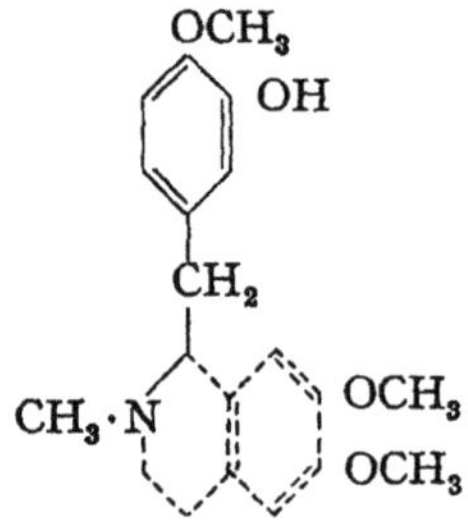

Laudanin

durch die „3-O-Methyltransferase" oder durch ein von dieser verschiedenes Ferment vorgenommen wird, ob insbesondere das bei der Schizophrenie vermehrte Auftreten der 4-Methoxy-Derivate auf einer „Fermententgleisung", auf der Neubildung einer Methyltransferase mit besonders großer Affinität zu der in 4-Stellung stehenden OH-Gruppe beruht oder durch eine Ummethylierung der 3-Methoxy-4-hydroxy- in die 3-Hydroxy-4-methoxyverbindung zustande kommt (s. MASRI et al. 1964; KUEHL et al. 1964).

## C. N-Methylierung und N-Demethylierung

Das Vorkommen von N-Methyladrenalin im Nebennierenmark und seine vermehrte Ausscheidung als 3-O-Methylderivat im Harn beim Phäochromocytom (AXELROD 1960c; ROBINSON u. SMITH 1962; ITOH et al. 1962) und bei juvenilen Psychotikern (PERRY 1963) weist auf eine weitere Möglichkeit der pharmakologischen Inaktivierung des Adrenalins hin. Andererseits kann Adrenalin in vivo durch N-Demethylierung in Noradrenalin übergeführt werden, wie LOCKETT (1952) schon in Inkubationsversuchen mit Nebennierenmark-Homogenaten gefunden hatte (TAYLOR 1958; BERNHEIMER et al. 1960; VERLY et al. 1962), — und 3-O-Methyladrenalin in vitro zu 3-O-Methylnoradrenalin N-demethyliert werden (AXELROD 1960b).

3-O-Methyladrenalin kann auch zu Adrenalin demethyliert werden; das demethylierende Ferment, das $O_2$ und TPNH benötigt, wurde in den Mikrosomen aus Kaninchenleber nachgewiesen (AXELROD 1956; AXELROD u. SZARA 1958). Eine O-Demethylierung fand auch in vivo statt (KOPIN, et al. 1961). POTTER et al. (1964) infundierten Kaninchen 25—75 µc 3-O-Methyladrenalin-

7-H³ und fanden 30 min später im Harn und in der Leber — neben radioaktivem Adrenalin — Noradrenalin und 3,4-Dihydroxymandelsäure, jedoch kein 3-O-Methylnoradrenalin (s. auch AXELROD 1960a; Übersicht bei AXELROD 1959a und b).

## D. N-Acetylierung

Einen weiteren Inaktivierungsmechanismus stellt die N-Acetylierung der Brenzkatechinamine durch eine Arylalkylamin-Transacetylase (SEKERIS u. HERRLICH 1964) dar. Wie Histamin (Übersicht bei TABOR 1954), so können auch diese an der $NH_2$-Gruppe acetyliert werden. Nach Hemmung der MAO konnten GOLDSTEIN und MUSACCHIO (1962) sowie SMITH und WORTIS (1962) bei Ratten 3-Methoxy-N-acetyldopamin und N-Acetyldopamin im Harn nachweisen; diese sowie N-Acetylnoradrenalin fanden sich im Harn eines Phäochromocytompatienten (SEKERIS u. HERRLICH 1963; HERRLICH u. SEKERIS 1964). Das N-acetylierte Noradrenalin war am Herzen und am isolierten Papillarmuskel 1000mal schwächer inotrop wirksam als Noradrenalin; N-Acetyldopamin, 100mal schwächer inotrop wirksam als Dopamin, hemmte die Noradrenalinwirkung am Herzen und die Aktivität der Dopadecarboxylase. Es war ein stärkerer Fermentinhibitor als α-Methyldopa (SEKERIS 1963; KARLSON et al. 1963).

Bei der Schmeißfliege (Calliphora erythrocephala) trat es erst zur Zeit des Übergangs vom Larven- zum Puppenstadium auf. Während des Larvenstadiums konnten nur monophenolische Verbindungen (Tyrosin, p-Hydroxyphenyl-brenztraubensäure, -milchsäure und -propionsäure) nachgewiesen werden. Synchron mit dem Auftreten von Ecdyson, dem Hormon der Prothoraxdrüse, wird der Stoffwechsel monophenolischer auf die Ebene diphenolischer Derivate angehoben: Tyrosin wird nicht mehr durch eine Transaminase desaminiert, sondern durch ein Enzym mit den Eigenschaften einer Mono- und Diphenoloxydase zu Dopa hydroxyliert; dieses wird dann durch eine — erst jetzt — ausschließlich in der Epidermis — auftretende Dopadecarboxylase in Dopamin umgewandelt, das durch Acetylierung der $NH_2$-Gruppe in N-Acetyldopamin übergeht (Übersicht bei SEKERIS 1965). Nach phenolischer Oxydation zum entsprechenden o-Chinon gewinnt es die Funktion eines sklerotisierenden Verpuppungshormons (KARLSON u. SEKERIS 1962).

## E. Aliphatische und aromatische Dehydroxylierung

1957 hatten DE EDS et al. die Beobachtung gemacht, daß Kaninchen und Ratten 3,4-Dihydroxy-phenylessigsäure zu 3-Hydroxy-phenylessigsäure dehydroxylieren. Diese Reaktion spielt sich wahrscheinlich in den Lebermikrosomen ab. Tolbutamid (Rastinon®), einer der stärksten Aktivatoren der Mikrosomenenzyme (REMMER 1962), führte an Meerschweinchen nach Verabfolgung von Noradrenalin durch aliphatische und aromatische Dehydroxylierung zu einer vermehrten Bildung und Ausscheidung der normalerweise nur in Spuren aus Noradrenalin entstehenden 3-Hydroxy-phenylessigsäure; Dopamin wurde unter diesen Bedingungen durch einfache aromatische Dehydroxylierung zu 3-Hydroxy-phenylessigsäure abgebaut.

$$\underset{\text{Noradrenalin}}{\underset{HO}{\overset{HO}{\bigcirc}}\text{CH(OH)·CH}_2\underset{NH_2}{|}} \rightarrow \underset{\text{3-Hydroxy-phenylessigsäure}}{\underset{HO}{\overset{HO}{\bigcirc}}\text{CH}_2\cdot COOH} \leftarrow \underset{\text{Dopamin}}{\underset{HO}{\overset{HO}{\bigcirc}}\text{CH}_2\cdot CH_2\underset{NH_2}{|}}$$

3-O-Methylnoradrenalin ging durch aliphatische Dehydroxylierung in Homovanillinsäure über. — Im Gegensatz zu Noradrenalin und Dopamin wurde Adrenalin, auch nach Vorbehandlung der Tiere mit Tolbutamid, nicht dehydroxyliert (SMITH et al. 1962, 1964). Die Autoren lassen die Frage offen, ob der Dehydroxylierung von Dopamin und Noradrenalin durch die Mikrosomenenzyme eine oxydative Desaminierung durch die in den Mitochondrien lokalisierte MAO voraufgeht oder sich anschließt.

### F. Konjugation mit Glucuronsäure und Schwefelsäure

Die in den Harn ausgeschiedenen Brenzkatechinamine liegen, ebenso wie ihre Desaminierungs- und Methylierungsprodukte, nur zum Teil in freier, zu einem anderen Teil in konjugierter Form, bei den meisten Tierarten und beim Menschen an Glucuronsäure gebunden vor. Die „Paarung" vollzieht sich hauptsächlich in der Leber, so daß, wie schon erwähnt (s. II.A.1.), z. B. bei oraler Verabfolgung von L-Dopa (Leberpassage) beim Menschen und Meerschweinchen das intermediär gebildete Dopamin überwiegend in gebundener Form in den Harn ausgeschieden wurde, aus der es durch Säurehydrolyse freigesetzt werden konnte. 1940 hatte RICHTER eine ähnliche Beobachtung nach oraler Aufnahme von Adrenalin im Selbstversuch gemacht. Adrenalin-monoglucuronid wurde nach oraler Verabfolgung von Adrenalin an Kaninchen aus dem Harn isoliert (DODGSON et al. 1947; CLARK et al. 1951; CLARK u. DRELL 1954). Das Glucuronid von 3-O-Methyladrenalin wurde nach i.v. Injektion von Adrenalin in der Galle nachgewiesen (HERTTING u. LABROSSE 1962). Das für die Paarung mit Glucuronsäure verantwortliche Ferment, die Uridindiphosphat-Transglucuronylase, kommt auch in der Magen-Darmschleimhaut, in der Nierenrinde und in der Haut vor (STEVENSON u. DUTTON 1962). Wegen Fermentmangels bilden Katzen fast keine Glucuronide (DUTTON u. GREIG 1957; s. auch MCCHESNEY 1964. Übersicht bei DUTTON 1962).

Eine andere Möglichkeit der inaktivierenden Paarung besteht in der Verätherung einer phenolischen OH-Gruppe mit Schwefelsäure. Aus menschlichem Harn wurde von RICHTER und MCINTOSH (1941) ein Adrenalinsulfatäther isoliert. Die Sulfatgruppe wird von 3'-Phosphoadenosin-5'-phosphosulfat durch eine Phenol-Sulfokinase übertragen (GREGORY u. LIPMANN 1957; SEGAL u. MOLOGNE 1959).

## G. Autoxydation und Oxydasen

1. Läßt man eine Adrenalin- bzw. Noradrenalinlösung, z. B. von der Konzentration 1:10000, in Phosphatpuffer (pH 7,4) in offenen Bechergläsern an der Luft stehen, so tritt in der Adrenalinlösung nach einigen Stunden eine rötliche Verfärbung auf, die am nächsten Tag in Gelbbraun übergeht; die Noradrenalinlösung ist dann noch farblos. Verfolgt man die Sauerstoffaufnahme in der Warburg-Apparatur bei 37° C, so findet man, daß der adrenalinhaltige Ansatz nach 10 Std ungefähr doppelt soviel Sauerstoff aufgenommen hat wie der noradrenalinhaltige. Der Oxydationsverlauf weist unter diesen Versuchsbedingungen eine ausgesprochene Induktionsperiode auf: in den ersten 3 Std verläuft die Kurve ziemlich flach, um dann plötzlich steil anzusteigen; nach 3 Std kommt es zu einer „autokatalytischen" Oxydationsbeschleunigung durch inzwischen entstandenes Adreno- bzw. Noradrenochrom. Zusatz von Cu-Ionen förderte dessen Bildung und beschleunigte damit den Gesamtverlauf der Oxydation: die Induktionsperiode trat nicht in Erscheinung, und der Unterschied zwischen dem $O_2$-Verbrauch im adrenalin- und noradrenalinhaltigen Ansatz war noch größer. Nach einer Stunde hatte Adrenalin 8 bis 10mal mehr $O_2$ aufgenommen als Noradrenalin. Adrenalin nahm während der Inkubation mit Polyphenoloxydase aus Kartoffelsaft bei pH 7,4 mehr, bei pH 5,3 weniger Sauerstoff auf als Noradrenalin (HOLTZ u. KRONEBERG 1950). Auf der bei pH 4 im Vergleich mit Noradrenalin 10mal schneller und bei pH 6 gleich schnell erfolgenden Oxydation des Adrenalins durch Jod unter Bildung von Jodadrenochrom beruht die von v. EULER und HAMBERG (1949b) ausgearbeitete colorimetrische Methode zur quantitativen Bestimmung der beiden Brenzkatechinamine nebeneinander (s. auch GADDUM u. SCHILD 1934; WEST 1947a).

2. Während den im Pflanzenreich weitverbreiteten Cu-haltigen Polyphenoloxydasen für die Inaktivierung der Brenzkatechinamine im tierischen Organismus wohl kaum Bedeutung zukommt, können sie von der Fe-haltigen Cytochromoxydase (GREEN u. RICHTER 1937; KEILIN u. HARTREE 1938; BLASCHKO u. SCHLOSSMANN 1938, 1940) durch phenolische Oxydation unter Ringschluß der Seitenkette und Bildung von Indolderivaten in gefärbte Aminochrome übergeführt werden. Hierzu ist auch das Cu-haltige Coeruloplasmin des Blutes in der Lage. Die Adrenalinoxydation durch Plasma wurde dem Coeruloplasmingehalt proportional gefunden (HOLMBERG u. LAURELL 1948, 1951; BLASCHKO u. LEVINE 1960a; WALAAS u. WALAAS 1961). Eine Oxydase mit ähnlicher Wirkung konnte in den Kiemenspalten von Muscheln (Mytilus edulis) (BLASCHKO u. LEVINE 1960b) und bei verschiedenen Tierarten in Speicheldrüsen, Lunge und Haut, nicht in Herz und Leber nachgewiesen werden (AXELROD 1963a). Auch Gehirn- und Rückenmarkhomogenate bildeten bei der Inkubation mit Dopamin, nicht mit Dopa, Melanin; Adrenalin wurde zu einem roten, Noradrenalin zu einem gelben Pigment oxydiert. Das

verantwortliche Enzym soll nicht mit der Cytochromoxydase identisch sein, da die Wirkung weder durch Diäthyl-dithiocarbamat noch durch p-Nitrophenol gehemmt wurde (VAN DER WENDE u. SPOERLEIN 1963).

BACQ (1938) hatte gefunden, daß glattmuskelige Organe Adrenalin zu Adrenochrom oxydieren, und bei der Perfusion der Hinterextremitäten von Kaninchen mit adrenalin- bzw. noradrenalinhaltiger Lösung wurde ein kleiner Teil der Brenzkatechinamine in Adrenochrom bzw. Noradrenochrom umgewandelt (LUND 1951). Dem Adrenochrom sind halluzinatorische Wirkungen beim Menschen zugeschrieben worden (OSMOND u. SMYTHIES 1952; HOFFER et al. 1954; Übersicht bei HOFFER 1962, 1964), was von anderer Seite aber nicht bestätigt werden konnte (SMYTHIES 1958, 1960). Auch die Angabe, daß normales menschliches Plasma 50 µg/l Adrenochrom enthalte (HOFFER 1958), fand keine Bestätigung (SZARA et al. 1958). Eine phenolische Oxydation der Brenzkatechinamine als Inaktivierungsmechanismus scheint physiologisch keine Rolle zu spielen (SCHAYER et al. 1953), da das auf der Anwesenheit reduzierender Substanzen, z. B. von Ascorbinsäure, Glutathion und anderen Thioverbindungen, in den Organen und Körperflüssigkeiten beruhende hohe Redoxpotential die Entstehung von Chinonen verhindert (BLASCHKO 1952; IISALO u. PEKKARINEN 1958; AXELROD 1963 a und c).

3. Andererseits kommt der zu Pigment- bzw. Melaninbildung führenden phenolischen Oxydation von Brenzkatechinaminen an bestimmten Stellen im Organismus bzw. in bestimmten Geweben offenbar doch physiologische Bedeutung zu. BLOCH (1917) sowie BLOCH u. SCHAAF (1932) schrieben einer Dopa in Melanin umwandelnden „Dopaoxydase", die wahrscheinlich mit „Tyrosinase" identisch ist (LERNER u. FITZPATRICK 1950), eine physiologische Funktion für die Pigmentbildung in der Haut zu. Das Ferment ließ sich auch in der Kanincheniris — nur bei pigmentierten Tieren, nicht bei Albinos — nachweisen (ANGENENT u. KOELLE 1952); von pigmentierter Kaninchenhaut wurde Tyrosin in Dopa umgewandelt (FOSTER u. BROWN 1957). Das Pigment der Substantia nigra entsteht wohl durch phenolische Oxydation aus Dopa und Dopamin (s. XV. E.).

Über den zur Melaninbildung führenden Reaktionsablauf sind wir durch die Untersuchungen von RAPER unterrichtet (RAPER u. WOZMALL 1925; RAPER 1926, 1927; DALLIÈRE u. RAPER 1930; HEART u. RAPER 1933. — Übersicht bei RAPER 1928; MASON 1955). Nach RAPER wandelt das Ferment Tyrosin zunächst in Dopa um, das dann durch Oxydation der beiden phenolischen OH-Gruppen in Dopachinon übergeht. Unter Ringschluß der Seitenkette kommt es zur Bildung von Indolderivaten, unter denen sich das erste gefärbte Produkt, die „rote Substanz" (Dopachrom), befindet. Nach neueren Untersuchungen katalysiert das Ferment nur den von Dopa zu Dopachinon führenden Schritt des Reaktionsablaufs (NAKAMURA 1960; WALAAS u. WALAAS 1961). Der Melaninbildung liegt eine Polymerisation der Indolchinone, möglicherweise unter Anhydridbildung aus den hydratisierten Peroxyden der Chinone, zugrunde (RANGIER 1963) (s. Formelschema 9).

Formelschema 9

Tyrosin → Dopa → Dopachinon

→ Leukodopachrom → Dopachrom → 5,6-Dihydroxyindol

→ Indol-5,6-Chinon → [Melanin]$_n$

Schon wegen der Schwerlöslichkeit des Melanins hat dieses als Ablagerungsprodukt praktisch keinen „turn over", wie sich in Versuchen mit $C^{14}$-Dopa am Mäuse-Melanom zeigen ließ, so daß es auch bei geringer Fermentaktivität zur Anhäufung von Melanin kommen kann (BLOIS u. KALLMAN 1964). Nach Verabfolgung der radioaktiven Aminosäure war die spezifische Aktivität im stark pigmentierten Melanom (Mäuse) höher als im Nebennierenmark und übertraf auch diejenige in dem nur schwach pigmentierten Harding-Passey-Melanom (HEMPEL u. DEIMEL 1963; BLOIS u. KALLMAN 1964).

## H. Transglutaminase

BLOCK et al. (1952) hatten gefunden, daß Amine, z. B. Mescalin, in vivo kovalent, nicht adsorptiv in der Leber und im Zentralnervensystem an Proteine gebunden werden. Die Autoren nehmen an, daß Mescalin nicht als solches, sondern als „mescalinisiertes" Protein halluzinatorisch wirkt. SARKAR et al. (1957) sowie MYCEK et al. (1959) bestätigten den Befund und klärten den Reaktionsmechanismus auf (Übersicht bei WAELSCH 1961). Eingebaut mit kovalenter Bindung werden nicht nur Monoamine — Phenyläthylamin stärker als Noradrenalin und Serotonin —, sondern auch Diamine, z. B. Cadaverin, Putrescin und Spermin. Das inkorporierende Enzym und das Acceptorprotein wurden in Meerschweinchenleber, -gehirn, -milz, -niere u. a. Organen nachgewiesen. Als geeignete Acceptorproteine erwiesen sich auch Insulin, Coeruloplasmin und Pepsin.

Das den Einbau katalysierende Ferment ist eine Transglutaminase, die unter Freisetzung von $NH_3$ aus Glutaminresten der Proteine den Einbau von Aminen bewirkt:

Protein — Glutamin — CO — $NH_2$ + R · $NH_2$ →
Protein — Glutamin — CO — NH · R + $NH_3$.

Calcium- und Strontium-Ionen aktivieren, Schwermetall-Ionen hemmen. Ob ein solcher Einbau in Proteine für die sympathicomimetischen Amine eine pharmakologische Inaktivierung bedeutet, ist nicht bekannt, da derart „aminierte" Proteine bisher nicht auf pharmakologische Wirksamkeit geprüft worden sind.

## I. Abbau von Aralkylaminen mit nicht endständiger $NH_2$-Gruppe (Phenylisopropyl- und -isopropanolamine)

Aralkylamine mit nicht endständiger $NH_2$-Gruppe, z. B. α-methylierte Phenyl- und Phenolalkylamine wie Ephedrin, Amphetamin und Methamphetamin, ferner α-Methyldopamin und α-Methylnoradrenalin (Cobefrin, Corbasil), sind keine Substrate der MAO, jedoch wegen ihrer Affinität zum aktiven Zentrum des Fermentes kompetitive Inhibitoren (Übersicht bei BLASCHKO 1952; AXELROD 1959a und b; ZELLER 1963b und c). Die Hemmung ist reversibel. Sie erklärt nicht die von GADDUM und KWIATKOWSKI (1938) beschriebene Potenzierung der Adrenalinwirkung durch Ephedrin. Um eine 50%ige Hemmung der MAO in vitro zu erhalten, sind Ephedrin- oder Amphetaminkonzentrationen von $10^{-3}$ bis $10^{-2}$ M erforderlich. In vivo ließ sich keine Hemmung der MAO und keine Veränderung des Brenzkatechinaminstoffwechsels nachweisen (SCHAYER 1953).

Berücksichtigt man jedoch, daß in diesen Versuchen (Warburg-Apparatur) die wirksame Konzentration des Hemmstoffs (Phenylisopropylaminderivate, $10^{-3}$ M) etwa gleich groß war wie die üblicherweise zugesetzte Substratkonzentration (Phenyläthylaminderivate), so wäre vorstellbar, daß nach der in vivo-Verabfolgung dieser kompetitiven, reversiblen „Hemmstoffe" in dem sich anschließenden *in vitro*-Versuch zur Bestimmung der MAO-Aktivität sich schon deshalb keine Hemmung des Fermentes nachweisen ließ, weil die zugesetzte Substratmenge die im Gewebehomogenat maximal zu erwartende Hemmstoffmenge bei weitem übertraf, daß jedoch *in vivo* durchaus eine Hemmung des Abbaus endogenen Amins, z. B. des nervalen Noradrenalins, zustande kommen könnte, wenn die lokale Konzentration des Phenylisopropylamins diejenige des endogenen MAO-Substrates übersteigt. Das könnte z. B. der Fall sein, wenn nach der Verabfolgung großer Mengen α-Methyldopa oder α-Methyl-m-tyrosin ein mehr oder weniger großer Teil des endogenen Noradrenalins durch α-Methylnoradrenalin (Corbasil) oder Aramin ersetzt wurde.

Diese Vorstellung findet eine Stütze in Untersuchungen von TRENDELENBURG und CROUT (1964) an isolierten Vorhofpräparaten reserpinisierter Meerschweinchen. Tyramin (10 μg/ml) und Mephentermin (1 μg/ml) hemmten nicht nur die Aufnahme von $H^3$-Noradrenalin (3 μg/ml), sondern setzten auch den prozentualen Anteil desaminierter Produkte an der insgesamt aufgenommenen Radioaktivität herab. Tyramin und Mephentermin hemmen demnach offensichtlich schon in diesen niedrigen Konzentrationen kompetitiv die MAO. Tyramin ist ein besseres Substrat des Fermentes als Noradrenalin, Mephentermin mit nicht endständiger $NH_2$-Gruppe (α,α-Dimethyltyramin) ist kein Substrat.

$$\underset{\text{Mephentermin}}{HO-\underset{}{\bigcirc}-CH_2-\underset{\underset{NH_2}{|}}{\overset{\overset{CH_3}{|}}{C}}-CH_3}$$

β-Cyclohexyl-äthylamin wird von der MAO angegriffen, β-Cyclohexyl-isopropylamin nicht (SNYDER u. OBERST 1946; SNYDER et al. 1946).

β-Cyclohexyl-äthylamin      β-Cyclohexyl-isopropylamin

Aber auch die Phenyl-isopropylamine werden im menschlichen und tierischen Organismus enzymatisch verändert und zum größten Teil als Metabolite in den Harn ausgeschieden (s. Formelschema 10). Die Enzyme befinden sich, im Gegensatz zu der in den Mitochondrien lokalisierten MAO, in den Mikrosomen; ihre Wirkung besitzt eine scheinbar höhere Stereospezifität als die MAO. Beim Hund wird z. B. D-Amphetamin durch die Mikrosomenfermente der Leber in das pressorisch viel wirksamere p-Hydroxyamphetamin (α-Methyltyramin) umgewandelt und in vivo zum größten Teil als solches bzw. in konjugierter Form ausgeschieden, während vom L-Isomeren nur wenig als p-Hydroxyderivat im Harn erscheint (AXELROD 1954). Die Ursache könnte sein, daß — umgekehrt — L-Amphetamin ein weit besseres Substrat der in den Lebermikrosomen (Kaninchen) vorhandenen Desaminase ist als die D-Form, und deshalb viel schneller als diese zu Phenylaceton abgebaut wird (AXELROD 1955a), das weiter in Hippursäure umgewandelt wird (EL MASRY et al. 1956); nach Verabfolgung von D,L-$C^{14}$-Amphetamin an Ratten konnte ALLEVA

(1963) radioaktive Hippursäure im Harn nachweisen. Es bestehen auch von der Tierspecies abhängige Unterschiede: Hunde, Meerschweinchen und Ratten hydroxylieren hauptsächlich, Kaninchen desaminieren zu Phenylaceton (AXELROD 1955b). — Methamphetamin (Pervitin) wird im Tierkörper zu Amphetamin (Benzedrin) demethyliert (AXELROD 1955; — s. auch AXELROD 1959b).

Formelschema 10

⟨⟩·CH₂·CH·CH₃    ⟨⟩·CH₂·CH·CH₃      ⟨⟩·CH₂·CH·CH₃
            |              |
N(H)(CH₃)       NH₂     Mensch, Hund, Ratte     HO    NH₂

D,L-Methamphetamin    D-Amphetamin       D-p-Hydroxy-amphetamin
(α-Methyl-p-tyramin)

            NH₂
⟨⟩·CH₂·CH·CH₃    Kaninchen    ⟨⟩·CH₂·CO·CH₃

L-Amphetamin      Phenylaceton
                      ↓

⟨⟩·CO·NH·CH₂·COOH  ←  ⟨⟩·CH₂·COOH

Hippursäure       Phenylessigsäure

*Ephedrin* wird ähnlich wie Amphetamin abgebaut: Hunde und Meerschweinchen demethylieren zu Norephedrin (Propadrine), Ratten hydroxylieren zu p-Hydroxyephedrin und Kaninchen desaminieren vorzugsweise (AXELROD 1953, 1955b, 1959b). Von Hunden wurde nach i.p. Injektion von Ephedrin 80% der injizierten Menge als Norephedrin ausgeschieden, 1% als p-Hydroxynorephedrin und 0,3% als p-Hydroxy-ephedrin. Da Norephedrin zum größten Teil unverändert im Harn erscheint, und nach der Injektion von Ephedrin schon in der ersten Stunde 60% der injizierten Menge demethyliert worden waren, ist anzunehmen, daß die nach der Injektion von Ephedrin auftretenden Wirkungen zu einem erheblichen Teil durch Norephedrin ausgeübt werden.

α-Methyldopamin scheint ebenfalls oxydativ desaminiert werden zu können. PORTER und TITUS (1963) isolierten nach der Verabfolgung der α-methylierten

           CH₃
        α |
HO⟨⟩CH₂·CH       HO⟨⟩CH₂·CO·CH₃
HO      NH₂       HO

α-Methyldopamin     3,4-Dihydroxyphenylaceton

Aminosäure an Ratten aus dem Harn Dihydroxyphenylaceton bzw. dessen 3-O-Methylderivat, was aber in Versuchen von YOUNG und EDWARDS (1964) nicht bestätigt werden konnte.

*Tranylcypromin* (Phenyl-cyclopropylamin) mit seiner amphetaminähnlichen Struktur besitzt eine zentral erregende Eigenwirkung (TEDESCHI et al.

1959) und ist außerdem ein starker Hemmstoff der MAO (SARKAR et al. 1960). Nach der Injektion von $C^{14}$-Tranylcypromin an Ratten ließen sich im Harn dieselben Abbauprodukte wie nach Injektion von $C^{14}$-Amphetamin nachweisen (ALLEVA 1963).

Auch *aliphatische* Amine mit nicht endständiger $NH_2$-Gruppe sind keine Substrate der MAO, sondern kompetitive Inhibitoren des Fermentes (HEEGARD u. ALLES 1943). MAO-Präparate aus Meerschweinchenleber bauten n- und iso-Butylamin durch oxydative Desaminierung ab, nicht aber sec. Butylamin (BHAGVAT et al. 1939).

*Mescalin* (3,4,5-Trimethoxyphenyläthylamin) wird, wie BLASCHKO et al. (1958) fanden, durch ein im Schweineplasma nachgewiesenes Cu-haltiges

Enzym unter Desaminierung schnell abgebaut. Benzylamin wird noch schneller als Mescalin, Histamin langsamer als Mescalin durch die „Benzylaminoxydase" desaminiert, die vor kurzem in kristalliner Form dargestellt werden konnte (BUFFONI u. BLASCHKO 1965). Pyridoxal-5'-phosphat ist wahrscheinlich das Coferment. Ein ähnliches Cu-haltiges desaminierendes Enzym hatten YAMADA und YASUNOBU (1962a—c) aus Rinderplasma kristallin gewonnen, das Spermin und Spermidin, auch Benzylamin, nicht jedoch Tyramin, Noradrenalin und Mescalin abbaute.

Als Produkt oxydativer Desaminierung war schon 1936 an Hunden und Kaninchen nach Verabreichung von Mescalin 3,4,5-Trimethoxy-phenylessigsäure im Harn nachgewiesen worden (SLOTTA u. MÜLLER 1936). Beim Menschen kommt es auch zu einer O-Demethylierung: nach Mescalin trat im Harn 3,4-Dihydroxy-5-Methoxyphenylessigsäure auf (HARLEY-MASON et al. 1958; s. auch CHARALAMPOUS et al. 1964).

Mescalin ist ein schlechtes Substrat der MAO (Übersicht bei WERLE 1964). Denn die drei raumerfüllenden Methoxy-Gruppen erlauben nach den von ZELLER (1963a und b) entwickelten Vorstellungen nicht die Bildung eines „eutopen" Enzym-Substratkomplexes. Es kann durch die Diaminoxydase abgebaut werden (ZELLER et al. 1958).

Wichtiger für die schnelle Beendigung der physiologischen Wirkungen der Brenzkatechinamine als *enzymatische* Mechanismen (z. B. MAO, 3-O-Methyltransferase) ist eine *nichtenzymatische* Inaktivierung: die Bindung im Gewebe, die schon früher von BLASCHKO (1954) und von KOELLE (1959) als Inaktivierungsmechanismus diskutiert wurde (s. IX.).

## V. Hemmstoffe der enzymatischen Inaktivierung
### A. Hemmstoffe der Monoaminoxydase (MAO)

Das zur Behandlung der Tuberkulose verwendete und bei manchen Patienten euphorisierend wirkende (ROBITZEK et al. 1952; SELIKOFF et al. 1953; CRANE 1956) Hydrazinderivat Iproniazid ($N_1$-Isonicotinyl-$N_2$-isopropylhydrazin, Marsilid) wurde 1952 von ZELLER als Hemmstoff der MAO erkannt. In vitro hemmte Iproniazid die MAO der Leber und des Gehirns (ZELLER et al. 1952); auch in vivo, nach subcutaner Injektion, war bei Ratten und Meerschweinchen die MAO-Aktivität von Leber- und Gehirnmitochondrien deutlich vermindert (ZELLER u. BARSKY 1952; Übersichten bei ZELLER 1959, 1963c; PLETSCHER et al. 1960; ZELLER u. FOUTS 1963).

Hemmung der MAO durch Iproniazid führte zu einem Anstieg des Serotoningehaltes im Gehirn von Mäusen (PLETSCHER 1956, 1957; SPECTOR et al. 1958), auch zu einer Verstärkung der pharmakologischen Wirkungen solcher Monoamine, die, wie z.B. Tyramin, Tryptamin und 5-Hydroxytryptamin (Serotonin), gute Substrate des Fermentes sind; Iproniazid verstärkte nicht die Wirkungen des Adrenalins und Noradrenalins, auch nicht diejenige einer elektrischen Stimulierung sympathischer Nerven (GRIESEMER et al. 1953; REBHUN et al. 1954; KAMIJO et al. 1955; BALZER u. Holtz 1956). Kommt somit der MAO wohl kaum größere Bedeutung für die Beendigung der physiologischen Wirkungen der beiden Brenzkatechinamine zu, so ist sie doch für den Stoffwechsel auch dieser Amine ein wichtiges Ferment.

Die leberschädigende Wirkung des Iproniazids war die Veranlassung, andere, weniger toxische MAO-Inhibitoren zu synthetisieren (Übersicht über Nebenwirkungen von MAO-Hemmstoffen bei GOLDBERG 1964). Nach chemischen Gesichtspunkten lassen sie sich in zwei Gruppen einteilen: in die der Hydrazide und in die der Nichthydrazide. Die bekanntesten sind folgende (s. Formelschema 11):

Formelschema 11

*Hydrazinderivate*

| Struktur | Name | | |
|---|---|---|---|
| CO—HN—NH—CH(CH₃)(CH₃), Pyridin-Ring mit N | $N_1$-Isonicotinyl-$N_2$-Isopropyl-Hydrazin | Iproniazid | Marsilid |

## Formelschema 11 (Fortsetzung)

| Struktur | Name | Handelsname 1 | Handelsname 2 |
|---|---|---|---|
| Isonicotinsäure-CO—HN—NH—CH$_2$—CH$_2$—CO—NH—CH$_2$—C$_6$H$_5$ | N$_1$-Isonicotinyl-N$_2$-[β-(N-Benzyl-carbamoyl)-Äthyl]-Hydrazin | Nialamid | Niamid |
| (CH$_3$)$_3$C—CO—HN—NH—CH$_2$—C$_6$H$_5$ | N$_1$-Pivaloyl-N$_2$-Benzyl-Hydrazin | | Tersavid |
| 5-Methyl-3-isoxazolyl—CO—HN—NH—CH$_2$—C$_6$H$_5$ | N$_1$-(5-Methyl-3-Isoxazolylcarbonyl)-N$_2$-Benzyl-Hydrazin | Isocarboxazid | Marplan |
| HOCH$_2$—CH(NH$_2$)—CO—HN—NH—CH(CH$_3$)$_2$ | N$_1$-d,l-Seryl-N$_2$-Isopropyl-Hydrazin | Ro 4—1038 | |
| C$_6$H$_5$—CH$_2$—CH$_2$—HN—NH$_2$ | β-Phenyl-äthyl-Hydrazin | Phenelzin | Nardil |
| C$_6$H$_5$—CH$_2$—CH(CH$_3$)—NH—NH$_2$ | β-Phenyl-isopropyl-Hydrazin | JB 516 Pheniprazin | Catron |

*Primäre, sekundäre und tertiäre Amine*

| Struktur | Name | Handelsname 1 | Handelsname 2 |
|---|---|---|---|
| Indol-3-yl—CH$_2$—CH(C$_2$H$_5$)—NH$_2$ | α-Äthyl-Tryptamin | Etryptamine | Monase |
| C$_6$H$_5$—CH(—CH$_2$—)CH—NH$_2$ (cyclopropan) | 2-Phenyl-cyclopropyl-amin | Tranylcypromin | Parnate |
| C$_6$H$_5$—CH$_2$—N(cyclopropyl)—CO—O—C$_2$H$_5$ | N-Benzyl-N-Cyclopropyl-Äthylcarbamat | MO 1255 | |

Formelschema 11 (Fortsetzung)

| Struktur | Name | Code | Handelsname |
|---|---|---|---|
| Phenyl-CH$_2$-N(CH$_3$)-CH$_2$-C≡CH | N-Methyl-N-Benzyl-2-Propinyl-amin | Mo 911 Pargyline | Eutonyl |
| o-Cl-C$_6$H$_4$-CH$_2$-N=C(NH-CH$_3$)(NH-CH$_3$) | N-o-Chlorbenzyl-N',N''-Dimethyl-Guanidin | BW 392 C 60 | |
| 6-Methoxy-1-methyl-3,4-dihydro-β-carbolin | Harmalin | | |
| 2-Methyl-3-piperidino-pyrazin | 2-Methyl-3-Piperidino-Pyrazin | W 3207 A | |

## 1. Hemmung der MAO und Amingehalt der Organe

Bei den meisten Tierarten kommt es nach Blockierung der MAO nicht nur zu einer Erhöhung des Serotonin-, sondern auch des Brenzkatechinamingehaltes (Dopamin, Noradrenalin) im Gehirn, so z.B. bei Mäusen (PLETSCHER 1957; BARTLET 1960; WIEGAND u. PERRY 1961; EVERETT et al. 1963), Ratten (SPECTOR et al. 1958), Kaninchen (CROUT et al. 1961), Meerschweinchen (GÖSCHKE 1961) und bei Hühnern (PSCHEIDT 1964), ferner beim Affen (PSCHEIDT u. HIMWICH 1963) und beim Menschen (BERNHEIMER et al. 1962; GANROT et al. 1962).

Auch im Herzen war der Noradrenalingehalt nach Hemmung der MAO durch Iproniazid (PEKKARINEN et al. 1958; PLETSCHER 1958), durch Nialamid und Harmalin (MUSCHOLL 1959c) oder durch Pheniprazin, Tranylcypromin und Pargyline erhöht (CROUT et al. 1961a), ebenfalls im Darm sowie in Leber, Milz und Niere (PEKKARINEN et al. 1958). EAKINS und LOCKETT (1961) fanden einen Anstieg des Adrenalingehaltes im Blutplasma nach Harmalin und Iproniazid. β-Phenyl-isopropylhydrazin (Pheniprazin) führte zu einer Erhöhung des Noradrenalingehaltes in den sympathischen Ganglien (SPECTOR et al. 1960), die eine hohe MAO-Aktivität besitzen (KOELLE u. VALK 1954; HOLTZ u. WESTERMANN 1956a; GLENNER et al. 1957; LOVENBERG et al. 1962b).

*Katze* (SPECTOR et al. 1960a) und *Hund* (SPECTOR et al. 1960a; PSCHEIDT 1963) nehmen insofern eine Sonderstellung ein, als bei ihnen nach MAO-Inhibitoren zwar der *Serotonin*gehalt des Gehirns, nicht aber der *Noradrenalin*-

gehalt anstieg. Auch bei Fröschen, in deren Gehirn Adrenalin das quantitativ überwiegende Brenzkatechinamin ist (s. I.B.3.), stieg zwar der Serotoningehalt (2,8 µg/g) nach einer dreitägigen Behandlung mit Isocarboxazid (125 mg/kg täglich) deutlich an (4,2 µg/g), der Adrenalingehalt (2,2 µg/g) jedoch blieb unverändert (PSCHEIDT 1963).

Nach fünf- bzw. neuntägiger i.p. Verabfolgung von 75 mg/kg pro Tag Pargyline (Mo 911) war bei *Katzen* der Serotoningehalt des Gehirns von 0,68 auf 1,54 bzw. 1,89 µg/g erhöht; der Noradrenalingehalt (0,63 µg/g) blieb unverändert. *Hunde* erhielten täglich 10 mg/kg Mo 911 oral; nach 25 Tagen war der Serotoningehalt im Hirnstamm von 0,63 auf 2,8 µg/g, d.h. um fast 500% angestiegen, der Noradrenalingehalt (0,5 µg/g) blieb unverändert. Auch in den sympathischen Ganglien verursachten Hemmstoffe der MAO bei den meisten Tierarten eine Erhöhung des Noradrenalingehaltes: nach siebentägiger Verabfolgung von 10 mg/kg Mo 911 pro Tag war er im Ggl. cervicale sup. von Kaninchen um beinahe 300%, von 5,3 auf 13,5 µg/g erhöht, während er bei Katzen (7 µg/g), wie im Gehirn, selbst nach 14tägiger Behandlung unverändert blieb (SPECTOR 1963; s. auch FUNDERBURK et al. 1962).

Diese Befunde stehen in einem gewissen Gegensatz zu den Beobachtungen anderer Autoren. SCHOEPKE und WIEGAND (1963) fanden, daß Mo 911 auch bei Katzen den Noradrenalingehalt im Gehirn und im Ggl. cervicale sup. unter bestimmten Versuchsbedingungen erhöhte. Vier Stunden nach i.p. Injektion von 100 mg/kg Mo 911 war er im Ganglion von 6,62 auf 10,6 µg/g und im Gehirn von 0,16 auf 0,22 angestiegen; nach 16 Std betrug er im Ganglion 17,8 µg/g, im Gehirn jedoch nur noch 0,15 µg/g. Während 100 mg/kg Mo 911 das Noradrenalin des Gehirns nach 4 Std von 0,16 auf 0,22 µg/g erhöhten, wurde es durch 200 mg/kg in der gleichen Zeit auf 0,13 µg/g erniedrigt. Nach der hohen Dosis stieg es im Ganglion weniger an (von 6,6 auf 8,1 µg/g) als nach der kleineren Dosis von 100 mg/kg; diese erhöhte den Noradrenalingehalt im Ggl. cervicale auf 17,8 µg/g.

Die Beeinflußbarkeit des Noradrenalinstoffwechsels durch MAO-Hemmstoffe scheint nicht nur tierartspezifische, sondern auch organspezifische Unterschiede aufzuweisen und von der Dosis und Einwirkungszeit abzuhängen. Der Noradrenalingehalt des Myokards von *Ratten*, das eine mehrfach höhere MAO- als O-Methyltransferase-Aktivität besitzt (CROUT et al. 1961a), war 16 Std nach der i.p. Injektion von 25—150 mg/kg Mo 911 erhöht, nach 25 mg/kg jedoch mehr als nach 150 mg/kg; auch *mehrtägige* Behandlung mit Mo 911 (4 Tage lang je 10 oder 20 mg/kg) führte zu einem Anstieg des Noradrenalingehaltes im Herzen: von 0,93 auf 1,32 µg/g. Demgegenüber nahm das Noradrenalin des *Katzen*herzens 16 Std nach 50 mg/kg Mo 911 von 1,68 auf 0,34 µg/g ab und war auch nach mehrtägiger Behandlung (4 Tage lang je 20 mg/kg Mo 911 i.p.) signifikant erniedrigt: von 1,62 µg/g (3 Kontrolltiere) auf 0,67 µg/g (5 behandelte Tiere). Zu ähnlichen Ergebnissen waren GOLDBERG und SHIDEMAN (1962) gekommen. Iproniazid und der MAO-Hemmstoff SKF 385 verursachten bei Katzen mit steigender Dosis eine zunehmende Abnahme des Noradrenalingehaltes im Myokard. Manchen MAO-Inhibitoren kommt somit eine anscheinend von Dosis, Einwirkungszeit, Tierart und Organ abhängige zweifache Wirkung zu, die sowohl zur Akkumulation von Noradrenalin als auch zur Abnahme des Amingehaltes in den Organen führen kann.

Daß die Hemmung des Fermentes nicht allein entscheidend ist für die Beeinflussung des Amingehaltes der Gewebe durch sog. „MAO-Inhibitoren", geht aus Versuchen an Ratten hervor, in denen die Dosis verschiedener Hemmstoffe, die zu einer 50%igen Hemmung des Fermentes im Gehirn erforderlich war (ED 50), mit derjenigen verglichen wurde, die zu einem 100%igen Anstieg des Serotoningehaltes im Gehirn führte (ED 100). Die „ED 50" von Tranylcypromin, Pheniprazin und Nialamid mußte um das 5—8fache, die „ED 50" von Isopropylhydrazin, Isocarboxazid und Iproniazid um das 12- bis 30fache erhöht werden, um zur „ED 100" zu werden, d.h. um den Serotoningehalt des Gehirns zu verdoppeln (GEY et al. 1963).

Auch bei anderen Tierarten ließ sich das Serotonin des Gehirns leichter und stärker beeinflussen als das Noradrenalin. So erhöhten 25 oder 50 mg/kg Mo 911 bei *Kaninchen* den Serotoningehalt des Gehirns nach 24 Std um fast 300% (von 0,6 auf 1,7 µg/g), den Noradrenalingehalt um knapp 50% (von 0,65 auf 0,9 µg/g). Nach 5tägiger Behandlung mit je 25 mg/kg Mo 911 war das *Serotonin* des Gehirns um beinahe 500% angestiegen (auf 3,26 µg/g) und betrug noch am 9. Tag 3,34 µg/g, während das *Noradrenalin* nach 5tägiger Behandlung um kaum 100% angestiegen (von 0,58 auf 1,1 µg/g) und am 9. Tag wieder auf 0,77 µg/g abgesunken war (SPECTOR 1963). Das könnte dafür sprechen, daß die Syntheserate des Serotonins höher ist als diejenige der Brenzkatechinamine. Es ist jedoch zu berücksichtigen, daß für diese andere enzymatische Stoffwechselreaktionen zur Verfügung stehen, z.B. die 3-O-Methylierung durch die auch im Gehirn vorkommende Methyltransferase. Die Beobachtung, daß bei längerdauernder Blockierung der MAO der Noradrenalingehalt des Gehirns nicht ad infinitum anstieg, sondern bald ein Plateau („steady state") erreichte — als Ausdruck eines zustandegekommenen Gleichgewichtes zwischen Synthese- und Eliminationsrate —, weist darauf hin, daß die Verlegung des einen Abbauweges (MAO) — mit der damit verbundenen, die Bindungskapazität der Aminspeicher überschreitenden Anhäufung auch freier Amine — sonst vielleicht nur in geringem Umfang beschrittene Alternativwege des Stoffwechsels (3-O-Methylierung) in erhöhtem Maße eröffnet. Im Gehirn von Ratten, die mit Iproniazid vorbehandelt worden waren, stieg der Gehalt an 3-O-Methylnoradrenalin (CARLSSON 1960a und b) und, nach der Injektion von $C^{14}$-Dopa, nicht nur der Dopamin- und Noradrenalingehalt, sondern auch der Gehalt an den 3-O-methylierten Brenzkatechinaminen an. Im Harn fand sich nach Blockierung der MAO dreimal mehr radioaktives N-Acetyl-3-Methoxydopamin als bei den Kontrollen mit intakter MAO (GOLDSTEIN u. MUSACCHIO 1963). Durch Blockierung der MAO wird der 3-O-Methyltransferase und N-Acetylase vermehrt und für längere Zeit Substrat zur Verfügung gestellt. Es ist deshalb verständlich, daß GREEN und ERICKSON (1960), die bei Ratten die MAO mit Tranylcypromin blockierten, nach einem anfänglichen Anstieg der Brenzkatechinaminkonzentration im Gehirn eine Abnahme beobachteten, obwohl die Fermenthemmung weiterhin unvermindert bestehen blieb.

Andererseits war bei Ratten der Serotoningehalt im Gehirn nach einer zweiten Dosis Phenelzin und Tranylcypromin (nicht nach Iproniazid) höher als nach der ersten Dosis, obwohl diese schon zu einer vollständigen Hemmung der MAO geführt hatte (DUBNICK et al. 1962a und b). 30 mg/kg Nialamid verursachten eine maximale Hemmung der MAO im Gehirn und einen Anstieg des Serotoningehaltes um 75%; nach 60 mg/kg war der Serotoningehalt um 125% erhöht (FUNDERBURK et al. 1962). Auch GEY et al. (1963) fanden keine Proportionalität zwischen Ausmaß der MAO-Hemmung und Anstieg des Amingehaltes; sie diskutieren eine durch die MAO-Inhibitoren verursachte erhöhte Bindungskapazität des Gewebes für Amine und eine Hemmung der Aminfreisetzung als zusätzliche Wirkungsmechanismen.

## 2. Anti-Reserpinwirkung und unspezifische Wirkungen

Hemmstoffe der MAO sind in der Lage, die zu Aminverarmung der Gewebe, z.B. des Gehirns und des Herzens führende Wirkung des Reserpins zu antagonisieren (SHORE u. BRODIE 1957; CANAL u. MAFFEI-FACCIOLI 1959; SPECTOR et al. 1960a; BARTLET 1960; GREEN u. ERIKSON 1962; PSCHEIDT u. HIMWICH 1963). In Abhängigkeit von der Tierart, verhinderte Iproniazid auch im *Nebennierenmark* die durch Reserpin verursachte Abnahme des Hormongehaltes: an Ratten, bei denen der Angriffspunkt dieser Reserpinwirkung ausschließlich oder doch überwiegend ein peripherer ist, d.h. im Nebennierenmark selbst liegt; nicht an Kaninchen, bei denen die Wirkung des Reserpins auf das Nebennierenmark eine wesentlich zentrale Wirkung ist (HOLTZ et al. 1957a; KRONEBERG u. SCHÜMANN 1957, 1958) (s. X.A.7.).

Bei Ratten, die mit Tranylcypromin vorbehandelt waren, kam es nach Reserpin sogar zu einem zusätzlichen Anstieg des Serotoningehaltes im Gehirn (GREEN u. SAWYER 1960; GREEN u. ERIKSON 1962). Aber auch in Gehirnhomogenaten normaler Tiere hemmten MAO-Inhibitoren die Spontanfreisetzung von Aminen (GIARMAN u. SCHANBERG 1959); ebenso die spontane und die durch elektrische Acceleransreizung erhöhte Abgabe von Noradrenalin aus dem Herzen (HUKOVIĆ u. MUSCHOLL 1962) und aus der Milz (DAVEY et al. 1963) (s. auch V.B.2.b.).

Die durch Reserpin verursachte Freisetzung von Serotonin aus *Thrombocyten* ließ sich durch Isocarboxazid und durch Iproniazid nicht in vivo (Vorbehandlung der Tiere mit den MAO-Hemmstoffen) hemmen (PAASONEN u.

PLETSCHER 1959; SPECTOR et al. 1960a), wohl aber in Suspensionen isolierter Thrombocyten nach vorheriger Inkubation mit den Fermentinhibitoren (PAASONEN u. PLETSCHER 1960; PAASONEN 1961a und b).

Für eine von der Hemmwirkung auf die MAO vielleicht unabhängige „Membranwirkung" der MAO-Inhibitoren sprechen Untersuchungen von BALZER und PALM (1962) an Mäusen: Vorbehandlung der Tiere mit Iproniazid erhöhte den Einstrom von $C^{14}$-α-Aminoisobuttersäure durch die „Blut-Hirnschranke" ins Gehirn, — einer synthetischen Aminosäure, die im intermediären Stoffwechsel nicht abgebaut wird, aber den gleichen Mechanismen des aktiven Transportes unterliegt wie die normalen, natürlich vorkommenden Aminosäuren. Eine derartige Wirkung könnte auch am Zustandekommen des mehrere 100% betragenden Anstiegs des Brenzkatechinamin- und Serotoningehaltes im Gehirn beteiligt sein, den man beobachtet, wenn bei blockierter MAO die Precursor-Aminosäuren L-Dopa bzw. L-5-Hydroxytryptophan injiziert werden (HESS et al. 1959; HIMWICH u. COSTA 1960; HESS u. DOEPFNER 1961; WEIL-MALHERBE et al. 1961b). GREEN und SAWYER (1964) zeigten, daß bei Ratten nach Verabfolgung von Iproniazid oder Tranylcypromin der Einstrom injizierten 5-Hydroxytryptophans ins *Gehirn* beschleunigt war, so daß das damit erhöhte Substratangebot für die Biosynthese von 5-Hydroxytryptamin zu dem Anstieg des Serotoningehaltes beitrug. Andererseits wurde die Aufnahme von Adrenalin und Serotonin in die *Leber* durch MAO-Inhibitoren gehemmt (INNES 1963).

Daß Hemmstoffe der MAO Wirkungen ausüben, die mit der Blockierung des Fermentes in keinem ursächlichen Zusammenhang stehen, geht auch daraus hervor, daß die bei Mäusen durch Reserpin verursachte Abnahme des γ-Aminobuttersäuregehaltes des Gehirns sich durch Vorbehandlung der Tiere mit Iproniazid verhindern ließ (BALZER et al. 1961; Übersicht bei HOLTZ 1964b). SETNIKAR et al. (1959) berichteten über eine Hemmwirkung des Iproniazids auf das experimentell erzeugte Rattenpfotenödem (s. auch SPECTOR u. WILLOUGHBY 1960). EHRINGER et al. (1961) diskutieren in einer Arbeit über die Beeinflussung der MAO-Aktivität und des Amingehaltes des Gehirns durch Methylenblau eine von diesem MAO-Inhibitor verursachte Änderung der Permeabilität der Zellmembran als Ursache der beobachteten Wirkung.

Wie in Homogenaten aus sympathischen Nerven, so findet sich auch in Gehirnhomogenaten ein Teil der Amine an partikuläre Elemente gebunden, die sich in der Ultrazentrifuge abtrennen lassen, ein anderer Teil frei im „Supernatant" (s. VIII.B.). Es fragt sich, ob der durch MAO-Inhibitoren im Gehirn bewirkte Anstieg des Amingehaltes mit einer Änderung der intracellulären Verteilung der Amine verbunden ist. Nach den bisher vorliegenden Ergebnissen wird die normalerweise gefundene prozentuale Verteilung der Amine auf die partikuläre Fraktion (etwa $1/3$) und den cytoplasmatischen „Überstand" der Homogenate (etwa $2/3$) auch bei Erhöhung des Gesamtamingehaltes mit einer bemerkenswerten Konstanz festgehalten, wie sich mit Iproniazid und Pheniprazin für das *Dopamin* und *Noradrenalin* des Kaninchengehirns (BERTLER et al. 1960a; WEIL-MALHERBE et al. 1961b) und mit Tranylcypromin für das Noradrenalin des Rattengehirns zeigen ließ (GREEN u. SAWYER 1960). Über das Verhalten des *Serotonins* liegen abweichende Befunde vor: nach Tranylcypromin war die Serotoninkonzentration in der löslichen Fraktion der ultrazentrifugierten Gehirnhomogenate von Ratten relativ erhöht (GIARMAN u. SCHANBERG 1958, 1959), was von GREEN u. SAWYER (1962, 1964) jedoch nicht bestätigt werden konnte; nach Iproniazid fanden SCHANBERG u. GIARMAN (1962) sie unverändert; nach Pheniprazin kam es zu einer relativen Abnahme des im „Supernatant" befindlichen Serotonins.

Die Hydrazinderivate unter den MAO-Hemmstoffen hemmen auch die Mikrosomenfermente der Leber (FOUTS u. BRODIE 1956) und die Diaminoxydase (SHORE u. COHN 1960/61; BURKARD et al. 1962a. — Übersicht bei PLETSCHER et al. 1960). Hohe Dosen Phenelzin hemmten die Dopadecarboxylase (DUBNIK et al. 1962b), Etryptamin (α-Äthyltryptamin) in hoher Dosierung die Hydroxylierung von Tryptophan zu 5-Hydroxytryptophan (GREIG u. GIBBONS 1962).

## B. Pharmakologische Wirkungen der MAO-Hemmstoffe

Die pharmakologischen Wirkungen der auch zu therapeutischen Zwecken angewandten MAO-Hemmstoffe betreffen zum Teil die Funktionen des Zentralnervensystems, zum Teil spielen sie sich in der Peripherie ab. Eine grundlegende Frage ist, ob sie in kausalem Zusammenhang mit der Blockierung des Fermentes und mit den Veränderungen des Amingehaltes der Organe stehen. Im vorstehenden wurden Beispiele dafür angeführt, daß mitunter eine Proportionalität zwischen MAO-Aktivität und Amingehalt, z. B. des Gehirns und des Herzens, vermißt wird. Versuchsergebnisse mit reversibel wirkenden Hemmstoffen des Fermentes sprechen für enge Beziehungen zwischen MAO-Aktivität und Amingehalt der Organe.

Wie *Eserin* als reversibel wirkender Inhibitor der Acetylcholinesterase diese vor der irreversiblen Hemmung, z. B. durch Diisopropylfluorophosphat (DFP) und andere Alkylphosphate (E 600, E 605), schützt, so verhinderte *Harmalin*, das eine nur kurzdauernde Hemmung der MAO verursacht, die irreversible Blockierung dieses Fermentes, z.B. durch Iproniazid (PLETSCHER u. BESENDORF 1959, PLETSCHER et al. 1959a), Phenylisopropylhydrazin (HORITA u. MCGRATH 1960a und b), Tranylcypromin (WESTERMANN u. STOCK 1962), und den damit einhergehenden Anstieg des Amingehaltes im Gehirn. Zu berücksichtigen ist aber, daß die nach Hemmung der MAO beobachteten Änderungen der Aminkonzentration in den Organen sich nicht gleichsinnig und nicht in gleichem Ausmaß auf die verschiedenen Amine, z. B. Dopamin und Serotonin einerseits und Noradrenalin andererseits, zu erstrecken brauchen. So nahm nach Verabfolgung von MAO-Hemmstoffen bei Katze und Hund zwar der Serotonin-, nicht jedoch der Noradrenalingehalt im Gehirn zu und war im Herzen, je nach Dosis und Einwirkungsdauer, vermindert. Es erhebt sich die weitere Frage, welches biogene Amin für etwa auftretende pharmakologische Wirkungen verantwortlich zu machen ist. Die Frage ist für die durch MAO-Inhibitoren ausgelösten zentralen Wirkungen besonders schwer zu beantworten, da diese sich schon wegen der Undurchlässigkeit der Blut-Hirnschranke für die meisten Amine nicht ohne weiteres, z.B. durch intravenöse Injektion der Wirkstoffe, imitieren lassen und durch mehr oder weniger stark ausgeprägte periphere Wirkungen auch schwer übersehbare Modifikationen erfahren würden.

### 1. Zentrale Wirkungen

Die cholinergischen Wirkungen des *Eserins* finden eine Erklärung in der Blockierung der Acetylcholinesterase und beruhen ausschließlich auf der Hemmung dieses Fermentes. Demgegenüber übt das synthetische *Neostigmin*, das, wie Acetylcholin, eine quartäre Ammoniumbase ist, zusätzliche pharmakologische Wirkungen aus, die unabhängig von der auch durch Neostigmin verursachten Blockade des Fermentes sind. Auch nach vollständiger Blockierung der Cholinesterase durch einen irreversibel wirkenden Hemmstoff, z. B. Diisopropylfluorophosphat (DFP), verursacht Neostigmin eine Kontraktion des quergestreiften Muskels.

a) Manche Hemmstoffe der MAO besitzen pharmakologische „Eigenwirkungen", die in keinem ursächlichen Zusammenhang mit der Beeinflussung der MAO-Aktivität stehen. Das trifft z.B. für Ephedrin und Amphetamin zu. Hohe Konzentrationen dieser Phenylisopropyl- bzw. -propanolamine ($10^{-3}$ bis $10^{-2}$) hemmen zwar in vitro die MAO; die in vivo schon in viel niedrigerer Dosierung von ihnen ausgeübten peripheren adrenergischen und ihre zentralen Erregungswirkungen sollen aber nichts mit einer Hemmung des Fermentes zu tun haben, da dessen Aktivität nicht nachweisbar beeinträchtigt ist. Fließende Übergänge sind zu erwarten zwischen solchen Stoffen, bei denen wegen ihrer chemischen Ähnlichkeit mit Ephedrin oder Amphetamin eine sympathicomimetische Eigenwirkung im Vordergrund steht, und solchen, bei denen die pharmakologischen Wirkungen ausschließlich oder überwiegend auf einer Blockierung der MAO beruhen. So besitzt z.B. der MAO-Hemmstoff *Pheniprazin* (Catron) mit der Phenyl-isopropylgruppierung der Seitenkette eine kurzdauernde, amphetaminähnliche zentrale Erregungswirkung, die schnell einsetzt und schon abgeklungen ist, bevor die Hemmung der MAO im Gehirn maximal ist. Wie die Amphetaminwirkung selbst, tritt sie auch nach voraufgegangener Blockierung der MAO durch einen anderen Hemmstoff noch auf. Auch *Tranylcypromin* (Parnate), das, im Gegensatz zu Pheniprazin, kein Hydrazinderivat ist, besitzt eine Propyl- bzw. Cyclopropylgruppe in der Seitenkette, verhält sich aber anders als Pheniprazin, indem nur hohe Dosen eine amphetaminähnliche Wirkung besitzen, während kleinere schon die MAO hemmen, ohne akute zentrale Erregungen auszulösen (ZBINDEN et al. 1960).

Die meisten Hydrazinderivate unter den MAO-Inhibitoren, z.B. Iproniazid (Marsilid), Nialamid (Niamid), Isocarboxazid (Marplan), hemmen auch andere Fermente, z.B. die Mikrosomenfermente der Leber (FOUTS u. BRODIE 1956); an eine primäre Hemmung, die z.B. in einem verzögerten Hexobarbitalabbau mit entsprechend verlängerter Narkosedauer zum Ausdruck kommt, kann sich sekundär eine Aktivierung der Mikrosomenenzyme mit Narkoseverkürzung anschließen (WESTERMANN u. STOCK 1962).

b) Zu den spezifischsten, d.h. von „Nebenwirkungen" weitgehend freien MAO-Hemmstoffen gehören *Pargyline* (Mo 911, Eutonyl) und Mo 1255, ein Äthyl-N-benzyl-N-cyclopropylcarbamat (EVERETT u. WIEGAND 1961, 1962; EVERETT et al. 1963). Pargyline (Mo 911) war in vitro, wie Versuche mit Homogenaten aus Kaninchengehirn und 5-Hydroxytryptamin (Serotonin) als Substrat ergaben, fast 100mal wirksamer als Iproniazid (BOGDANSKI et al. 1957; SPECTOR 1963). Die intravenöse Injektion von 10 mg/kg führte bei Kaninchen innerhalb einer Std zu einer vollständigen Blockierung der MAO im Gehirn; gleichzeitig war der Serotoningehalt um 100% erhöht, der Noradrenalingehalt des Gehirns erst nach 5 Std um 30%. Das Ferment war noch nach 3 Tagen zu 90 % gehemmt.

Wie in früheren Versuchen von BRODIE et al. (1959) mit Iproniazid, so hatte auch die einmalige Injektion von Mo 911 (25mg/kg i.p.) bei Kaninchen keinen wahrnehmbaren pharmakologischen Effekt, obwohl der Serotoningehalt des Gehirns nach 24 Std um 250% und der Noradrenalingehalt um 50% angestiegen war; demgegenüber kam es nach fünftägiger Verabfolgung von je 25 mg/kg Mo 911 bei einem um 500% erhöhten Serotonin- und um 100% erhöhten Noradrenalingehalt des Gehirns zu Mydriasis und Constriction der Ohrgefäße sowie zu einem Anstieg der motorischen Spontanaktivität und zu schreckhafter Überempfindlichkeit gegen akustische Reize. Für einen kausalen Zusammenhang zwischen dem Auftreten dieser Symptome zentralsympathischer Erregung und den Veränderungen des *Noradrenalin*gehaltes spricht, daß die pharmakologischen Wirkungen 3 Tage nach Beendigung der Medikation verschwanden, als die Serotoninwerte im Gehirn noch maximal erhöht, die Noradrenalinwerte hingegen schon abgesunken waren.

Für kausale Beziehungen zwischen dem nach Mo 911 erhöhten *Noradrenalin*gehalt des Gehirns und der zentralen Erregung spricht auch folgender Versuch an reserpinisierten Kaninchen: 3 Std nach der Verabfolgung von Reserpin (5 mg/kg) hatte der Serotoningehalt im Hirnstamm von 0,71 auf 0,12 µg/g, der Noradrenalingehalt von 0,54 auf 0,04 µg/g und der Dopamingehalt im Nucl. caudatus von 8,6 auf 0,32 µg/g abgenommen; die Tiere waren stark sediert und die Nickhäute erschlafft. Die i.v. Injektion von 50 mg/kg

Mo 911, die innerhalb von 2 Std zwar die Serotonin- und Dopaminwerte wieder auf 50 bzw. 25 % der Norm erhöhte, nicht jedoch die Noradrenalinwerte, ließ das Verhalten der Tiere unbeeinflußt. Erst als nach 10—12 Std auch der Noradrenalingehalt im Gehirn wieder auf 0,13 µg/g, d.h. auf etwa 25 % der Norm, angestiegen war, schwand die Sedation, die erschlaffte Nickhaut kontrahierte sich, und es bestand eine nur noch leichte Miosis (SPECTOR et al 1960a, 1963a; SPECTOR 1963). Schließlich kam es, wie schon erwähnt (s. V.A.1.), im Gehirn von *Hunden* und *Katzen* nach Mo 911 und anderen MAO-Inhibitoren nur zu einem Anstieg des Serotonin- und Dopamingehaltes, nicht des Noradrenalingehaltes, — und bei diesen beiden Tierarten blieb auch die bei Kaninchen, Mäusen und Ratten auftretende, mit einer Erhöhung des Noradrenalingehaltes vergesellschaftete Erregungswirkung aus (SPECTOR 1963; EVERETT et al. 1963).

Mo 911 (100—200 mg/kg) erhöhte bei *Ratten* und *Mäusen* innerhalb von 4 Std sowohl den Serotonin- und Dopamin- als auch den Noradrenalingehalt des Gehirns um etwa 50 %. Von der fünften Stunde an entwickelte sich nach diesen Dosen, die höher waren als für eine vollständige Hemmung der MAO des Gehirns erforderlich, bei den behandelten Tieren nach einer anfänglichen Depression eine mit der Zeit zunehmende Steigerung der psychomotorischen Aktivität. Wie Mäuse und Ratten, so vertrugen auch *Affen* hohe Dosen Mo 911 (100—150 mg/kg oral); diese verursachten motorische Unruhe, ohne daß toxische Erscheinungen aufgetreten wären. Am *Menschen*, bei dem die „therapeutische" Dosis 1—2 mg/kg oral beträgt, führten schon 3—4 mg/kg zu unerträglicher Unruhe, Schlaflosigkeit und orthostatischer Hypotension (s. V.B. 2.b.), wobei die Rectaltemperatur, wie am Tier nach den hohen Dosen, um 3—4° C erhöht war (EVERETT et al. 1963).

Nach FELDSTEIN et al. (1959) sollte 1-Benzyl-2-methyl-5-methoxytryptamin (BAS) am Menschen tranquilisierend wirken, obwohl es in vivo die MAO hemmte. SPECTOR et al. (1960b) sowie ZELLER (1960) konnten jedoch weder in vitro noch in vivo (Kaninchen) eine Hemmwirkung auf die MAO nachweisen.

c) Die mit der Blockierung der MAO verbundenen zentralen Erregungen, mit denen u.a. eine Verkürzung der Evipan- (Hexobarbital-) und Avertin- (Tribrom-äthanol-)narkose und eine Aufhebung der narkoseverlängernden Wirkung des Reserpins verbunden war (s. auch XV.D.9.), ließen sich durch L-Dopa verstärken: narkotische Hexobarbitaldosen waren an Mäusen unwirksam, wenn die Tiere, denen 18—24 Std vor dem Versuch Iproniazid (100 mg/kg i. m.) injiziert worden war, einige Minuten vor der i.p. Applikation des Narkoticums 20 mg/kg L-Dopa i.v. erhielten (HOLTZ et al. 1957b). Die kombinierte Verabfolgung von MAO-Hemmstoffen und Dopa verursachte an Mäusen eine mit Luftsprüngen einhergehende motorische Erregung und machte die Tiere aggressiv und bissig (CARLSSON et al. 1957b und c).

Die bei Ratten mit Ptosis verbundene sedierende und katatone Wirkung des *Reserpins*, die durch „prophylaktische" Behandlung der Tiere mit

MAO-Inhibitoren eine Zeitlang verhindert werden konnte (BESENDORF u. PLETSCHER 1956; HOLTZ et al. 1957b), ließ sich auch nachträglich durch Mo 911 + Dopa durchbrechen: normalerweise lebhafte und aggressive Affen wurden 4 Std nach der i.p. Injektion von Reserpin (10 mg/kg) zahm und anschmiegsam; die motorische Aktivität war stark vermindert, und die Tiere hatten eine katalepsieartige Körperhaltung. Eine Stunde nach oraler Verabfolgung von 50 mg/kg Pargyline (Mo 911) und intraperitonealer Injektion von 100 mg/kg DL-Dopa gewannen sie ihre normale motorische Aktivität zurück (EVERETT u. WIEGAND 1962). Diese „Medikation" führte, wie aus Versuchen an Mäusen hervorging, zu einem schnellen Anstieg des Dopamingehaltes im Gehirn, an den sich eine Erhöhung des Noradrenalingehaltes anschloß (WIEGAND u. PERRY 1961).

Auch die Injektion von 5-Hydroxytryptophan an Ratten, bei denen die MAO durch Tranylcypromin blockiert war, verursachte durch Decarboxylierung der leicht ins Gehirn eindringenden Aminosäure einen rapiden Anstieg des Serotoningehaltes um mehrere 100%, der mit dem Auftreten einer gesteigerten motorischen Aktivität verbunden war; das war nicht der Fall, wenn der Serotoningehalt des Gehirns an normalen, nicht mit Tranylcypromin vorbehandelten Tieren durch die Verabfolgung von 5-Hydroxytryptophan erhöht wurde (GREEN u. SAWYER 1964). Unter diesen Versuchsbedingungen verhindert die hohe MAO-Aktivität des Gehirns anscheinend die bei Blockierung des Fermentes durch Überforderung der Bindungs- bzw. Speicherungskapazität des Gewebes zustande kommende Akkumulation freien, pharmakologisch wirksamen Amins.

So verursachte auch *Reserpin*, bei blockierter MAO, durch die Freisetzung bisher gebundener, pharmakologisch inaktiver Amine zentrale Erregung (GREEN u. ERICKSON 1962) und, anstatt Blutdrucksenkung, eine akute Blutdrucksteigerung (CHESSIN et al. 1957, 1959; GARATTINI et al. 1960).

d) Vorbehandlung mit Mo 911 (200 mg/kg oral, 24 Std vorher) steigerte die Erregungswirkung des *Methamphetamins* (Pervitin) und seine Toxicität: 3 mg/kg wirkten jetzt so stark erregend wie 10 mg/kg an unbehandelten Kontrollen. Eine ähnliche Wirkung hatte Mo 1255 (s. Formelschema 11, S. 73), das in vitro als MAO-Hemmstoff unwirksam ist und erst in vivo durch „Biotransformation" zu einem wirksamen Hemmstoff des Fermentes wird (EVERETT u. WIEGAND 1961; EVERETT et al. 1963). Andererseits dürfte die zentral erregende Wirkung der Amphetamine, zumindest nicht ausschließlich, auf einer Freisetzung biogener Amine im Gehirn beruhen. Die Amphetaminwirkung auf die Spontanmotorik von Mäusen war nach Vorbehandlung der Tiere mit Reserpin voll erhalten (VAN DER SCHOOT et al. 1962). Die gleichen Autoren fanden, im Gegensatz zu EVERETT et al. (1963), keine Verstärkung der Wirkung nach Hemmung der MAO durch Iproniazid. Die Diskrepanz findet wohl ihre Erklärung in der unterschiedlichen Dosierung. Im einen Fall erhielten die Tiere 0,5 mg/kg Amphetamin (VAN DER SCHOOT et al. 1962), im anderen 3 mg/kg Methamphetamin (EVERETT et al. 1963). Nur die hohe Dosis Methamphetamin (s. auch X.B.4.g. sowie XV.D.11.) scheint endogene Amine im Gehirn freizusetzen, deren Wirkung dann durch Blockierung der MAO eine Verstärkung erfährt. — *Morphin*, das an Katzen erregend wirkt, setzte, im Gegensatz zu Coffein und Cardiazol (Leptazol), Noradrenalin im Gehirn frei (s. X.B.5.a.), so daß es zu einer nachweisbaren Abnahme des Noradrenalingehaltes kam (VOGT 1954; HOLZBAUER u. VOGT 1956); die Erregungswirkung des Pethidins war an Mäusen nach Blockierung der MAO mit Phenelzin (100 mg/kg i.p.) verstärkt (BROWNLEE u. WILLIAMS 1963).

Sprechen somit zahlreiche Befunde für *kausale* Beziehungen zwischen dem nach Hemmung der MAO erhöhten Amin-, insbesondere Noradrenalingehalt des Gehirns und den bei chronischer Verabfolgung von MAO-Hemmstoffen sich *allmählich* entwickelnden bzw. bei gleichzeitiger Injektion von Precursor-Aminosäuren, besonders von L-Dopa, *akut* auftretenden zentralen Erregungswirkungen, so ist der durch die inaktive Speicherform der Amine repräsentierte *Amingehalt* des Gehirns als solcher wohl weniger von Bedeutung als vielmehr die bei blockierter MAO verstärkte und verlängerte Wirkung der — wegen überforderter Bindungskapazität — in Form eines „overflow" vermehrt zu den Receptoren gelangenden freien *pharmakologisch aktiven* Amine.

## 2. Periphere Wirkungen

a) **Potenzierung der Wirkung exogener Amine.** Eine wichtige physiologische Funktion der in der Darmwand und in der Leber in hoher Aktivität vorkommenden MAO (Monoaminoxydase) und DAO (Diaminoxydase, Histaminase) ist, den Organismus vor der Resorption und damit vor den pharmakologischen Wirkungen der durch die Bakterienflora aus den bei der Eiweißverdauung anfallenden Aminosäuren durch Decarboxylierung gebildeten Amine, z.B. des Tyramins, Tryptamins und Histamins, zu schützen. Der Organismus ist für die Synthese seiner hormonalen und nervalen Wirk- und Überträgerstoffe (Dopamin, Noradrenalin, Adrenalin; Serotonin; Histamin) auf die Resorption der im Darm bakteriell entstandenen biogenen Amine nicht angewiesen, da er über organeigene Fermente verfügt, mit deren Hilfe er die benötigten Wirkstoffe aus pharmakologisch inerten Vorstufen, den entsprechenden Aminosäuren — Tyrosin, Tryptophan, Histidin —, selbst herzustellen vermag (s.II.).

Tyramin und Tryptamin sind gute Substrate der MAO. Blockierung des Fermentes durch MAO-Inhibitoren bedeutet deshalb Aufhebung des in der Darmwand und in der Leber lokalisierten „Schutzmechanismus" gegen die enterale Resorption der beiden Monoamine und gleichzeitig eine Potenzierung ihrer pharmakologischen Wirkungen, die im Falle des Tyramins hauptsächlich blutdrucksteigernde Kreislaufwirkungen sind, im Falle des Tryptamins aber auch zu klonischen Krämpfen führende zentrale Wirkungen sein können, da dieses Amin wegen seiner geringen Polarität und hohen Lipoidlöslichkeit verhältnismäßig leicht durch die Blut-Hirnschranke ins Gehirn eindringt. Subkonvulsive Tryptamindosen lösten an Tieren mit blockierter MAO Krämpfe aus; diese Wirkung kann als *in vivo*-Test für vergleichende Untersuchungen über die Wirksamkeit von MAO-Hemmstoffen benutzt werden (TEDESCHI et al. 1959, 1960).

Vor einigen Jahren erschienen in englischen Zeitschriften klinische Berichte über das Auftreten „hypertoner Krisen" bei Patienten, die mit MAO-Inhibitoren behandelt wurden. Die krisenhaften Blutdruckanstiege waren mit starken Kopfschmerzen, Schweißausbrüchen und Herzklopfen verbunden und führten in einigen Fällen durch cerebrale Hämorrhagien zum Tode (BLACKWELL 1963a; COOPER et al. 1964a; Übersicht bei MUSCHOLL 1965). BLACKWELL (1963b) erkannte einen diätetischen Faktor als auslösende Ursache: die Aufnahme von Käse. Schon vor mehr als einem halben Jahrhundert war Tyramin ($\tau \upsilon \varrho \acute{o} \varsigma$ = Käse) in Cheddarkäse und Emmentalerkäse nachgewiesen worden (VAN SLYKE u. HART 1903; WINTERSTEIN u. KÜNG 1909). EHRLICH und LANGE (1913, 1914) hatten aus 1 kg normal ausgereiftem Käse mehr als 1 g Tyramin isolieren können. Zu ähnlichen Ergebnissen kamen HORWITZ et al. (1964): sie isolierten aus „New York State Cheddar cheese" 1416 µg/g Tyramin und fanden auch im Chianti-Wein einen erheblichen Tyramingehalt (25,4 µg/ml). An Spinalratten und narkotisierten Katzen, die 2—3 Tage lang mit MAO-Inhibitoren (Tranylcypromin, Phenelzin, Iproniazid) behandelt worden waren, verursachte die intraduodenale Applikation von Käseaufschwemmungen (Camembert, Emmentaler) starke und langdauernde Blutdrucksteigerungen (BLACKWELL u. MARLEY 1964; NATOFF 1964). An Ratten in Pentobarbitalnarkose, denen 2—3 Tage lang Tranylcypromin (2 mg/kg pro Tag), Iproniazid (50 mg/kg) oder Pargyline (100 mg/kg) oral verabfolgt worden war, hatte Tyramin oral eine 5—15mal stärkere blutdrucksteigernde Wirkung als an unbehandelten Kontrolltieren (TEDESCHI u. FELLOWS 1964; s. auch ENGELMAN u. SJOERDSMA 1964).

Mehrtägige Hemmung der MAO führt in den sympathisch innervierten Organen zu einem Anstieg des Noradrenalingehaltes (s. V.A.1.). Da Tyramin als indirekt wirkendes Amin seine sympathicomimetischen Wirkungen durch die Freisetzung von Noradrenalin ausübt (s. XII.), dürfte die nach längerdauernder Blockierung der MAO resultierende Verstärkung der Tyraminwirkung ihre Ursache nicht nur darin haben, daß dieses jetzt vor dem inaktivierenden Abbau geschützt ist, sondern auch in dem höheren Noradrenalingehalt der sympathischen Nerven.

Aber auch im akuten Versuch, nach nur kurzfristiger Hemmung der MAO, wenn der Noradrenalingehalt der Nerven noch nicht erhöht war, kam es zu einer Verstärkung der Tyraminwirkung. Am Zustandekommen dieser Potenzierung könnte einmal die Blockierung der MAO außerhalb des reagierenden Organs, z.B. in der Leber, beteiligt sein, die zu einer Erhöhung der Tyraminkonzentration im Blut und in den Erfolgsorganen sowie zu einer Verlängerung der Wirkungsdauer führen müßte. Daß daneben aber auch die Hemmung der nervalen MAO (Mitochondrien der Nervenzellen) in den Erfolgsorganen von Bedeutung ist, geht schon daraus hervor, daß die pharmakologischen Wirkungen des Tyramins auch am isolierten Organ, z.B. am isolierten Meerschweinchenherzen, nach Vorbehandlung der Tiere mit Mo 911 (SMITH 1965) und am Aortenstreifenpräparat von Kaninchen nach Zugabe von Iproniazid zur Badflüssigkeit (FURCHGOTT et al. 1955, 1963) deutlich verstärkt waren. Die unter diesen Bedingungen beobachtete Potenzierung der Wirkung könnte sowohl dadurch verursacht sein, daß das *freisetzende* Amin (Tyramin) im Nerven selbst nicht mehr inaktiviert wird und deshalb mehr Noradrenalin freizusetzen vermag, als auch dadurch, daß das aus den Speichergranula ins Cytoplasma *freigesetzte* Amin (Noradrenalin) dort von der MAO nicht mehr desaminiert wird, so daß mehr aktives Noradrenalin an die pharmakologischen Receptoren gelangt (s. HOLTZ u. PALM 1965). Für die Bedeutung dieses Mechanismus spricht, daß auch Amphetamin, obwohl selbst kein Substrat der MAO, in seiner auf der Freisetzung von Noradrenalin beruhenden und somit „indirekten" Wirkung am Herzvorhof des Meerschweinchens (SMITH 1965) und am Streifenpräparat der Kaninchenaorta (MAENGWYN-DAVIES u. NYACK 1965) durch verschiedene Hemmstoffe der MAO verstärkt wurde.

**b) Blutdrucksenkende Wirkung (Hypotension).** An Katzen in Pernoctonnarkose verursachte die i.v. Injektion des MAO-Hemmstoffes Iproniazid (40 mg/kg) eine nach 5—10 min einsetzende und 1—2 Std anhaltende Blutdrucksenkung; während dieser Zeit waren die Wirkungen des Adrenalins, Noradrenalins und Tyramins an der Nickhaut abgeschwächt oder fast aufgehoben (BALZER u. HOLTZ 1956; s. auch HOLTZ u. PALM 1965). Der „sympathicolytische" Effekt des Iproniazids, den GRIESEMER et al. (1955) am Streifenpräparat der Kaninchenaorta gegenüber Adrenalin als leicht auswaschbar gefunden hatten (s. auch BÄCHTOLD u. PLETSCHER 1959; KOBINGER u. FRIIS 1961), wirkte sich in den Versuchen an der Katze nur auf die Nickhaut-, nicht auf die Blutdruckwirkung der drei Amine aus. Diese Dissoziation zwischen Nickhaut- und Blutdruckwirkung war auch nach dem Abklingen der „Sympathicolyse" für Adrenalin und Noradrenalin noch deutlich: 2—3 Std nach der Injektion von Iproniazid hatten die beiden Brenzkatechinamine eine stärkere pressorische Wirkung als vorher, die Wirkung an der Nickhaut war jedoch nicht verstärkt. Tyramin war jetzt an beiden Testobjekten — Blutdruck und Nickhaut — viel wirksamer als vor Iproniazid (s. auch X.B.4.b.β.). Während sich die nach Abklingen der kurzdauernden Sympathicolyse in Erscheinung tretende Potenzierung der Tyraminwirkungen wohl mit der irreversiblen und langanhaltenden Hemmung der MAO durch Iproniazid erklären läßt, für die die „Anwesenheit" überschüssigen Fermentinhibitors nicht erforderlich ist, hat die relativ flüchtige „Sympathicolyse", die sich nur an der Nickhaut, nicht an den Gefäßen (Blutdruck) manifestiert, wohl nichts mit der Hemmung der MAO zu tun. Andererseits kann der in einer Abschwächung der Adrenalinwirkung an der Nickhaut — nicht am Blutdruck — zum Ausdruck kommende „sympathicolytische", antiadrenergische Effekt des Iproniazids für seine auch am Menschen bei der arteriellen Hypertonie blutdrucksenkende, antihypertensive Wirkung (CESARMAN 1959; ISLER 1959; DUPASQUIER u. REUBI 1959; TISZAI 1961) wohl kaum verantwortlich gemacht werden.

Die bei der Behandlung psychischer Depressionen mit MAO-Inhibitoren häufig auftretende und zunächst als unerwünschte „Nebenwirkung" angesehene blutdrucksenkende Wirkung, die mitunter zu orthostatischem Kollaps führte, hat seit einiger Zeit auch klinisch-therapeutisches Interesse gefunden (ONESTI et al. 1961). Die arterielle Hypertension ist heute vielleicht eine ebenso wichtige Indikation für die therapeutische Anwendung von „Hemmstoffen der MAO" geworden, wie es früher die psychischen Depressionen waren. Eine blutdruck*senkende* Wirkung von Pharmaka, die in den sympathischen Nerven und sympathisch innervierten Organen den Noradrenalingehalt *erhöhen*, war unerwartet und schwer verständlich, zumal andere, seit langem angewandte Antihypertensiva, z. B. Reserpin und Guanethidin, den Noradrenalingehalt der Nerven erniedrigten, und man wohl mit Recht in dieser biochemischen Wirkung die Ursache für die pharmakologische Wirkung erblickte.

In Versuchen an Katzen führte die Durchströmung des Ggl. cervicale sup. mit Iproniazid (GERTNER et al. 1957) und anderen MAO-Inhibitoren verschiedenster chemischer Konstitution (Iproniazid, $\beta$-Phenyl-isopropylhydrazin, Phenylcyclopropylamin, Harmin u.a.) zu einer Blockade der ganglionären Erregungsübertragung (HORITA 1958; GERTNER et al. 1959; GERTNER 1961): die präganglionäre elektrische Reizung des Halssympathicus löste keine Nickhautkontraktionen mehr aus, die postganglionäre Reizung war noch voll wirksam. Im Gegensatz zu der schnell eintretenden Blockade durch echte Ganglienblocker, z. B. Hexamethonium, entwickelte sich die hemmende Wirkung der MAO-Inhibitoren auf die ganglionäre Transmission nur allmählich und nahm mit der Perfusionsdauer (15—60 min) zu. Die durch Harmin verursachte Blockade war voll reversibel, die Wirkung der Hydrazinderivate nur partiell und bei längerdauernder Perfusion (länger als 1 Std) mit höheren Konzentrationen (z. B. 30 µg/ml $\beta$-Phenyl-isopropylhydrazin) irreversibel. Für einen kausalen Zusammenhang zwischen ganglionär blockierender Wirkung und einer Hemmung der im Ganglion vorhandenen MAO (KOELLE u. VALK 1954; GLENNER et al. 1957) sprach u.a., daß Isoniazid (Isonicotinylhydrazin), das kein Hemmstoff der MAO ist (ZELLER u. BARSKY 1952), auch nicht in der Lage war, die ganglionäre Erregungsübertragung zu hemmen, und daß andererseits bei den wirksamen Verbindungen Proportionalität zwischen ihrer MAO-inhibitorischen und ihrer ganglienblockierenden Wirksamkeit bestand: Harmin, β-Phenyl-isopropylhydrazin und Phenylcyclopropylamin, die in vitro beträchtlich wirksamere MAO-Inhibitoren sind als Iproniazid (ZBINDEN et al. 1960), waren auch — etwa 20mal — wirksamere „Ganglienblocker" als Iproniazid. Für kausale Beziehungen sprach ferner die leichte Reversibilität der ganglionären Blockade nach Durchströmung mit dem reversibel wirkenden MAO-Hemmstoff Harmalin und die Irreversibilität nach längerer Perfusion mit irreversiblen MAO-Inhibitoren, z.B. Iproniazid (400 µg/ml), β-Phenyl-isopropylhydrazin (30 µg/ml) (GERTNER 1961). Auch nach vollständiger Blockade des Ganglions löste die Injektion von Acetylcholin (10 µg) in die Perfusionslösung eine ebenso starke Nickhautkontraktion aus wie vor der Blockade; auch die auf präganglionäre elektrische Reizung freigesetzten und in das eserinhaltige Perfusat abgegebenen Acetylcholinmengen waren in beiden Fällen gleich groß (GERTNER 1961).

Die sympathischen Ganglien haben einen hohen Noradrenalingehalt (MUSCHOLL u. VOGT 1958), der nach mehrtägiger Verabfolgung von MAO-Hemmstoffen auf das Doppelte und Dreifache ansteigen kann (s. V.A.1.). Mit der Erhöhung des Noradrenalingehaltes in den sympathischen Ganglien hat man die ganglionäre Wirkung der MAO-Inhibitoren zu erklären und diese für die blutdrucksenkende Wirkung verantwortlich zu machen versucht (CESARMAN 1959; GOLDBERG u. DA COSTA 1960). Es war bekannt, daß die Injektion von Adrenalin und Noradrenalin die synaptische Erregungsübertragung in sympathischen Ganglien hemmt (MARAZZI 1939a—c; MARAZZI u. MARAZZI 1947; LUNDBERG 1952); dem ganglionären Noradrenalin kommt vielleicht auch die physiologische Funktion eines Modulators cholinergischer Erregungsübertragungen zu (s. XV.D.7.).

Am Ganztier war die ganglionäre Hemmwirkung von MAO-Inhibitoren aber nur schwach und von kurzer Dauer (GOLDBERG u. DA COSTA 1960). Auch kreislaufanalytische Untersuchungen haben Unterschiede in der hämodynamischen Wirkung von Ganglienblockern und MAO-Hemmstoffen aufgedeckt: während an der durch Ganglienblocker hervorgerufenen Blutdrucksenkung im allgemeinen eine Abnahme des Herz-Schlagvolumens bei weitgehend unverändertem Gefäßwiderstand wesentlich beteiligt ist (HOOBLER et al. 1956), scheint die blutdrucksenkende Wirkung von MAO-Hemmstoffen hauptsächlich durch eine Abnahme des Gefäßtonus im Bereich der Arteriolen bedingt zu sein — ohne nennenswerte Beeinflussung der Herzwirkung (MAXWELL 1963).

Die Ergebnisse von Untersuchungen an Patienten mit arterieller Hypertension sprechen dafür, daß auch keine kausalen Beziehungen zwischen der blutdrucksenkenden und der MAO-hemmenden Wirkung von MAO-Hemmstoffen bestehen (GILLESPIE et al. 1959). Unter Bestimmung der Tryptaminausscheidung in den Harn als Test für die Hemmung der MAO (SJOERDSMA et al. 1959b) ergab sich keine Parallelität zwischen der bis zum Zehnfachen erhöhten Ausscheidung von Tryptamin und dem Ausmaß der Blutdrucksenkung nach Verabfolgung des chemisch dem Iproniazid ähnlichen MAO-Hemmstoffes Ro 4—1038 (s. Formelschema 11, S. 73) an Hypertoniepatienten (MAXWELL 1963).

Auch Versuche mit einer neuen Klasse blutdrucksenkender MAO-Hemmstoffe hatten das Ergebnis, daß die blutdrucksenkende Wirkung nicht an die Hemmung des Fermentes geknüpft ist. Eine dieser Verbindungen: N-o-Chlorbenzyl-N'N''-dimethylguanidin (s. Formelschema 11) wirkte an Tieren und am Menschen nur doppelt so stark blutdrucksenkend wie das Cl-freie Derivat (BOURA et al. 1961; MONTUSCHI u. PICKENS 1962), war aber ein mehr als 100mal stärkerer MAO-Hemmstoff (KUNTZMAN u. JACOBSON 1963). 15 min nach der i.v. Injektion (10 mg/kg) war die elektrische Stimulierung des N. splanchnicus an adrenalektomierten Katzen in Chloralosenarkose, die vorher eine deutliche Blutdrucksteigerung hervorgerufen hatte, wirkungslos; vorher blutdrucksteigernde Dosen des ganglienerregenden DMPP (Dimethylphenylpiperazin) hatten jetzt eine blutdrucksenkende Wirkung, und an Ratten war die noradrenalinfreisetzende und im Herzen nach 5 Std zu einer 90%igen Abnahme des Noradrenalingehaltes führende Guanethidinwirkung (10 mg/kg i.p.) aufgehoben (s. X.B.4.c.), — durch Dosen des MAO-Hemmstoffes, die noch keine nachweisbare Hemmung der MAO-Aktivität im Gehirn der Versuchstiere verursachten (GESSA et al. 1962c, 1963). Auch die durch elektrische Stimulierung der Milznerven an Katzen verursachte Freisetzung von Noradrenalin war unter der Einwirkung von MAO-Hemmstoffen (Nialamid) vermindert (DAVEY et al. 1963). Am Herzen hemmten sie, wie schon erwähnt, die spontane und die durch Acceleransreizung vermehrte Freisetzung von Noradrenalin (MUSCHOLL 1959; HUKOVIĆ u. MUSCHOLL 1962).

Es war bekannt, daß das Blutdrucksenkung verursachende *Bretylium* die physiologische Freisetzung von Noradrenalin aus den postganglionären Neuronen der sympathischen Nerven blockiert, so daß selbst die postganglionäre elektrische Reizung des Nerven wirkungslos blieb (BOURA u. GREEN 1959, 1963); es verhinderte auch die zur Abnahme des Noradrenalingehaltes des Herzens führende Freisetzung von Noradrenalin durch Guanethidin (KUNTZMAN et al. 1962a). Das lokalanaesthetisch wirksame Guanethidin hatte eine — leicht auswaschbare — „bretyliumähnliche" Wirkung, indem es die Wirkung der postganglionären elektrischen Nervenreizung aufhob (MAXWELL et al. 1960; CASS u. SPRIGGS 1961; KRONEBERG u. SCHÜMANN 1962) und die reserpinbedingte Abnahme des Noradrenalingehaltes des Herzens hemmte (HERTTING et al. 1962a). Daneben besitzt Guanethidin eine „reserpinähnliche" Wirkung, die nach der Injektion höherer Dosen und nach längerer Einwirkung, z.B. im Herzen und in der Milz, eine Abnahme des Noradrenalingehaltes verursachte

(SHEPPARD u. ZIMMERMAN 1959; CASS et al. 1960) (s. X.B.4.c.). Die antagonistische Beeinflussung dieser Wirkung durch MAO-Hemmstoffe könnte ihre Erklärung darin finden, daß die Blockierung des Fermentes zu einer Erhöhung der extragranulären bzw. cytoplasmatischen Aminkonzentration führt und damit den Konzentrationsgradienten herabsetzt, der für die durch Diffusion erfolgende Abgabe granulär gespeicherten Wirkstoffs entscheidend ist.

Gegen die Kennzeichnung der Wirkungen des erwähnten Benzylguanidinderivates — Aufhebung der blutdrucksteigernden Wirkung der elektrischen Splanchnicusreizung und des DMPP am adrenalektomierten Tier — sowie seines antagonistischen Effektes auf die noradrenalinfreisetzende Wirkung des Guanethidins im Herzen und der gleichartigen Wirkungen anderer MAO-Inhibitoren (Pargyline, Phenelzin, Iproniazid, Harmalin) als „bretyliumähnlich" (GESSA et al. 1963) ließe sich jedoch der Einwand erheben, daß diese Wirkungen auch mit der bekannten ganglienblockierenden Wirkung der MAO-Hemmstoffe erklärt werden könnten. Ganglienblocker hemmten die spontane (HERTTING et al. 1962c) und die durch Reserpin verursachte Freisetzung von Noradrenalin aus dem Herzen (MIRKIN 1961a und b). Auch BRODIE und BEAVEN (1963) haben darauf hingewiesen, daß Ganglienblocker, wie auch Bretylium, „raise the steady state level of noradrenaline".

GESSA et al. (1963) betonen zwar, die ganglienblockierende Wirkung der von ihnen untersuchten MAO-Hemmstoffe sei abgeklungen gewesen, als sie durch Splanchnicusreizung und DMPP auf deren „bretyliumähnliche" Wirkung prüften. Die in der Arbeit abgebildeten „bretyliumähnlichen" Wirkungen wurden jedoch ausnahmslos 30—120 min nach der i.v. Injektion der MAO-Hemmstoffe erhalten, und die ganglionäre Hemmwirkung, auf die durch Ableitung der Aktionspotentiale vom postganglionären Halssympathicus bei präganglionärer elektrischer Reizung geprüft wurde, hielt nach den Angaben der Autoren 2 Std an. Der MAO-Hemmstoff Tranylcypromin hob die pressorische Wirkung des DMPP nicht auf, sondern potenzierte sie sogar.

Es ist somit wohl zweifelhaft, ob die blutdrucksenkende Wirkung der MAO-Inhibitoren auf der ihnen zwar zukommenden, aber nur kurzdauernden und in keiner zeitlichen Relation zu ihrer Fermentwirkung stehenden Hemmung der synaptischen. Erregungsübertragung in sympathischen Ganglien oder gar auf einer im Bereich des postganglionären noradrenergischen Neurons lokalisierten „bretyliumartigen" Wirkungsqualität beruht. Neuere Untersuchungen machen es wahrscheinlich, daß der ihrer blutdrucksenkenden Wirkung zugrunde liegende Mechanismus ein ganz anderer ist und in direktem Zusammenhang mit der Hemmung des Fermentes steht.

Nach Blockierung der MAO war nicht nur die Tryptaminausscheidung in den Harn (SJOERDSMA et al. 1959b), sondern auch der Tyramingehalt des Harns und wohl auch des Blutes erhöht (SJOERDSMA et al. 1959b). Das führte, wie von KAKIMOTO und ARMSTRONG (1962a und b) gezeigt wurde, zu einem Anstieg des *Octopamin*gehaltes in den Geweben (s. II.B.2.).

$$\text{HO-C}_6\text{H}_4\text{-CH}_2\text{-CH}_2\text{-NH}_2 \qquad \text{HO-C}_6\text{H}_4\text{-CH(OH)-CH}_2\text{-NH}_2$$
$$\text{Tyramin} \qquad\qquad\qquad \text{Octopamin}$$

Nach i.v. Injektion kleiner Mengen radioaktiven Tyramins ließ sich bei Ratten aus dem Herzen, der Milz und den Speicheldrüsen radioaktives Octopamin isolieren (CARLSSON u. WALDECK 1964). Nach Exstirpation des Ggl. cervicale sup. und Degeneration der sympathischen Nerven fanden sich im Anschluß an eine Tyramininjektion nur Spuren von Octopamin in der denervierten Speicheldrüse (CARLSSON u. WALDECK 1964; FISCHER et al. 1964). Tyramin wird offensichtlich schnell in den sympathischen Nerven durch die in den granulahaltigen „Vesikeln" befindliche Dopamin-$\beta$-oxydase (s. II.A.2.) zu Octopamin hydroxyliert und als solches in den Nervengranula gespeichert. Synthese und Speicherung von Octopamin setzen eine intakte sympathische Innervation voraus. Nach Hemmung der MAO, 1 Std nach der i.p. Injektion von Pheniprazin (10 mg/kg), erhielten Ratten 20 µc $H^3$-Tyramin bzw. 8 µc $H^3$-$\alpha$-Methyltyramin intravenös. Eine Stunde nach der Injektion der radioaktiven Amine wurde $H^3$-Octopamin in den Speicheldrüsen bestimmt. Bei den mit Pheniprazin behandelten Tieren war der Octopamingehalt in der innervierten Speicheldrüse zehnmal höher als bei den Kontrollen mit intakter MAO (581 gegenüber 49,9 mµc/g); in der chronisch denervierten Speicheldrüse betrug er bei den Kontrollen 15,0 mµc/g und bei den Pheniprazintieren 19,9 mµc/g. — Auch $H^3$-$\alpha$-Methyloctopamin wurde nach der Injektion von $H^3$-$\alpha$-Methyltyramin nur in der innervierten Drüse gebildet und gespeichert. Vorbehandlung der Tiere mit Pheniprazin hatte keinen Einfluß auf die Höhe des $H^3$-$\alpha$-Methyloctopamin-Gehaltes der Speicheldrüsen, da das $\alpha$-methylierte Amin kein Substrat der MAO ist (KOPIN et al. 1964) (s. IV.I.).

In gleicher Weise wie $\alpha$-Methyldopamin und $\alpha$-Methyldopa — nach Decarboxylierung zum $\alpha$-methylierten Amin (s. III.A.1.) — das Noradrenalin in den sympathischen Nerven verdrängen und sich an seine Stelle setzen, so sind auch $\alpha$-Methyltyramin, sowie Tyramin bei blockierter MAO, in der Lage, sich in die granulären Aminspeicher der sympathischen Nerven aufnehmen und durch die in den Granula lokalisierte Dopamin-$\beta$-oxydase zu $\alpha$-Methyloctopamin bzw. Octopamin hydroxylieren zu lassen. Versuche mit Gewebehomogenaten von Tieren, die bei blockierter MAO mit $H^3$-Tyramin injiziert worden waren, ergaben, daß die Verteilung des gebildeten und gespeicherten $H^3$-Octopamins auf die durch Ultrazentrifugieren über einen Sucrosegradienten gewonnenen partikulären Fraktionen der Verteilung des Noradrenalins entsprach (MUSACCHIO et al. 1964).

Wie das nach Verabfolgung von α-Methyldopa durch Decarboxylierung und β-Hydroxylierung entstehende α-Methylnoradrenalin und das aus α-Methylmeta-tyrosin entstehende Metaraminol sich, z. B. im Herzen, an die Stelle des physiologischen Überträgerstoffes setzen und, gleich diesem, durch Nervenreizung freigesetzt werden können (MUSCHOLL u. MAÎTRE 1963; CROUT u. SHORE 1964), so ist auch das aus Tyramin bei blockierter MAO sich bildende Octopamin in der Lage, die Funktion eines „false transmitter" (DAY u. RAND 1963) zu übernehmen. KOPIN et al. (1964, 1965) perfundierten Katzenmilzen mit $H^3$-Tyramin und konnten zeigen, daß nach 30 min bei elektrischer Reizung der Milznerven Octopamin freigesetzt wurde und im Perfusat erschien.

Die blutdrucksenkende Wirkung der MAO-Hemmstoffe fände dann ihre Erklärung darin, daß das aus Tyrosin, z. B. in der Leber, durch Decarboxylierung gebildete Tyramin bei blockierter MAO, anstatt oxydativ desaminiert, in den Noradrenalingranula der sympathischen Nerven zu Octopamin hydroxyliert und als solches gespeichert wird, um durch nervale Impulse als Überträgerstoff freigesetzt zu werden. Dieser ist aber, wegen seiner im Vergleich mit Noradrenalin schwächeren pharmakologischen Wirksamkeit (LANDS u. GRANT 1952), kein vollwertiger funktioneller Ersatz für den physiologischen Transmitter, so daß der neurogene Tonus der Widerstandsgefäße nachläßt und es unter Abnahme des peripheren Gefäßwiderstandes zu einer Hypotension kommt.

## C. Hemmstoffe der 3-O-Methyltransferase (OMT)
### 1. Pyrogallol

Die von BACQ (1935, 1936a und b) beschriebene Potenzierung der Adrenalinwirkungen auf glattmuskelige Organe (Nickhaut, Uterus, Gefäße, Milz) durch Brenzkatechin und Pyrogallol wurde zunächst mit der Eigenschaft dieser Polyphenole als „Antioxydantien" zu erklären versucht. KONZETT (1950) hatte gefunden, daß Gerbsäure die Wirkungen des Adrenalins und der elektrischen Reizung sympathischer Nerven verstärkt (Übersicht bei BÖHM 1960).

Nachdem jedoch die 3-O-Methyltransferase als ein wichtiges Ferment auch der pharmakologischen Inaktivierung der Brenzkatechinamine erkannt worden war (AXELROD 1957), zeigten BACQ et al. (1959) selbst in *in vitro*-Versuchen, daß Pyrogallol ein Hemmstoff dieses Fermentes ist (s. auch WYLIE et al. 1960; WYLIE 1961; IMAIZUMI et al. 1961). *In vivo*-Versuche an Mäusen ergaben, daß von intravenös injiziertem $H^3$-Adrenalin, wenn 2 min vorher 100 mg/kg Pyrogallol verabfolgt worden waren, sich im Herzen nur 10% — gegenüber fast 75% ohne Pyrogallol — als 3-O-Methyladrenalin fanden (AXELROD u. LAROCHE 1959), und die biologische Halbwertzeit des Noradrenalins um das Doppelte verlängert war (UDENFRIEND et al. 1959). Pyrogallol ist, wie auch andere Polyphenole (AXELROD u. TOMCHICK 1958; s. auch ROSS u. HALJASMAA 1964a und b), z.B. Brenzkatechin, 3,4-Dihydroxybenzoesäure (Protokatechusäure) und 3,4-Dihydroxyphenylessigsäure (Homo-protokatechusäure), ein Substrat der Methyltransferase; es hemmt die Methylierung der Brenzkatechinamine kompetitiv, wobei zwei vicinale OH-Gruppen im Molekül des Pyrogallols methyliert werden (ARCHER et al. 1960) (s. Formelschema 12).

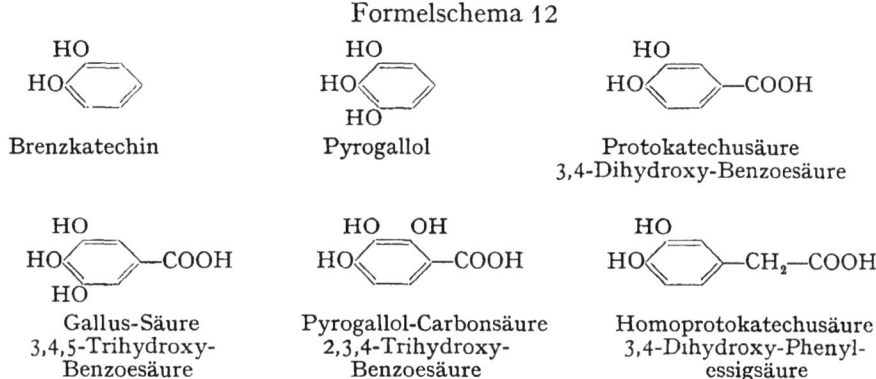

Formelschema 12

Der nucleophile Charakter der phenolischen OH-Gruppen ist einerseits entscheidend dafür, welche von ihnen methyliert wird — bei den Brenzkatechinaminen ist es bevorzugt die in 3-Stellung befindliche phenolische OH-Gruppe (SENOH et al. 1959a) —, andererseits hängt die inhibitorische Wirksamkeit eines phenolischen Hemmstoffs von dem Grad der Nucleophilie seiner eigenen OH-Gruppen und ihrer Anordnung ab; diese ist anscheinend bestimmend für die Affinität zum Apoferment. Gemessen an der Verlängerung der durch Isoproterenol an Mäusen verursachten Tachykardie nach Hemmung der O-Methyltransferase, erwies sich z.B. die 3,4,5-Trihydroxybenzoesäure (Gallussäure) als unwirksam, während die 2,3,4-Trihydroxybenzoesäure (Pyrogallolcarbonsäure) ein starker Hemmstoff des Fermentes war. Nach Injektion von 2,3,4-Trihydroxyacetophenon war auch die Methyltransferaseaktivität von Gehirnhomogenaten deutlich gehemmt (Ross u. HALJASMAA 1964b).

Pyrogallol erhöhte, selbst in toxischen Dosen, bei Ratten den Noradrenalingehalt des Herzens nicht und verstärkte auch nicht den durch Hemmstoffe der Monoaminoxydase (MAO) verursachten Anstieg des Amingehaltes. Das war wohl der Fall, wenn das Herz vorher durch Verabfolgung von Reserpin an Noradrenalin verarmt worden war, also während der Resynthese. Auch der nach Injektion von L-Dopa im Gehirn erfolgende Anstieg des Dopamingehaltes wurde durch Pyrogallol nicht verstärkt (CROUT et al. 1961a; WEIL-MALHERBE et al. 1961b).

Nach Hemmung der Methyltransferase trat erwartungsgemäß die Ausscheidung methylierter Produkte in den Harn — 3-O-Methylnoradrenalin und -adrenalin, 3-Methoxy-4-hydroxymandelsäure (Vanillinmandelsäure) — gegenüber der Ausscheidung der freien Amine und der Dihydroxymandelsäure zurück (KOPIN et al. 1961; HERTTING et al. 1961b; DE SCHAEPDRYVER u. KIRSHNER 1961).

## 2. Dopacetamidderivate

Weniger toxische und wirksamere Hemmstoffe der 3-O-Methyltransferase als Pyrogallol, das in Dosen, die für eine 60—80%ige Hemmung des Fermentes erforderlich sind, Methämoglobinbildung und Lähmungen der hinteren Extremitäten verursacht, sind Derivate des *Dopacetamids*, z.B. 2-(3,4-Dihydroxyphenyl)-pentanoyl- und -hexanoylamid. Sie sind auch Inhibitoren der Tyrosin-Hydroxylase (s. III.C.1.) (s. Formelschema 13). Blockierung der 3-O-Methyltransferase durch diese Hemmstoffe führte bei Kaninchen zu einer Abnahme der 3-O-methylierten Brenzkatechinamine, z.B. im Herzen und im Gehirn (CARLSSON et al. 1962b, 1963b; CARLSSON u. WALDECK 1963; HÄGGENDAL 1963), während der Dopamin- und Noradrenalingehalt unverändert blieb. Der bei blockierter MAO im Anschluß an die Injektion von Dopa im Gehirn erhöhte Dopamin-, und nach Injektion von 3,4-Dihydroxyphenylserin erhöhte Noradrenalingehalt erfuhr eine weitere Steigerung, wenn gleichzeitig die Aktivität der Methyltransferase durch einen dieser Hemmstoffe herabgesetzt war. Die Amide verstärkten auch am reserpinisierten Tier den durch die Injektion von Dopa verursachten Anstieg des Dopamingehaltes im Gehirn (CARLSSON et al. 1962b, 1963b; CARLSSON 1964). Bei gleichzeitig blockierter MAO und Methyltransferase kam es nach Injektion von $H^3$-Noradrenalin selbst in der denervierten Speicheldrüse von Ratten zu einer die Kontrollwerte übersteigenden Aminaufnahme (ANDÉN et al. 1963a (s. XI.).

### Formelschema 13

R = H— Dopacetamid
2-(3,4-Dihydroxyphenyl)-Acetamid

R = $CH_3$—$CH_2$—$CH_2$—
2-(3,4-Dihydroxyphenyl)-Pentanoylamid

R = $CH_3$—$CH_2$—$CH_2$—$CH_2$—
2-(3,4-Dihydroxyphenyl)-Hexanoylamid

Die substituierten 3,4-Dihydroxyphenyl-acetamide wirken in hohen Dosen (1—2 g/kg) sedierend: sie hemmen dann nicht nur die 3-O-Methyltransferase, sondern auch die aromatischen Hydroxylasen — Tyrosin- und Tryptophanhydroxylase — und verursachen dadurch eine Abnahme des Amingehaltes im Gehirn (CARLSSON 1964). Demgegenüber hemmten die Derivate des 2,3-Dihydroxyphenylacetamids *primär* die hydroxylierenden Fermente (s. III.C.1.).

## 3. Tropolonderivate

Abkömmlinge des mit dem Brenzkatechin isosteren *Tropolons*, z.B. 4-Methyl- oder 4-Isopropyltropolon sowie Tropolon-4-acetamid (s. Formelschema 14), hemmen die OMT kompetitiv als Chelatbildner, vielleicht unter Bildung eines Enzym-Tropolon-Mg-Komplexes (BELLEAU u. BURBA 1963;

Formelschema 14

| | R = —H | Tropolon |
|---|---|---|
| | —CH₃ | 4-Methyltropolon |
| | —CH(CH₃)₂ | 4-Isopropyltropolon |
| | CH₂·CONH₂ | Tropolon-4-Acetamid |

MAVRIDES et al. 1963; ROSS u. HALJASMAA 1964a). Mg-Ionen vermitteln zwar die Bindung zwischen Apoenzym und Adenosyl-methionin (SENOH et al. 1959, 1962), waren aber nicht in der Lage, die durch Tropolone verursachte Hemmung rückgängig zu machen (BELLEAU u. BURBA 1963) (siehe Abb. 12). Die

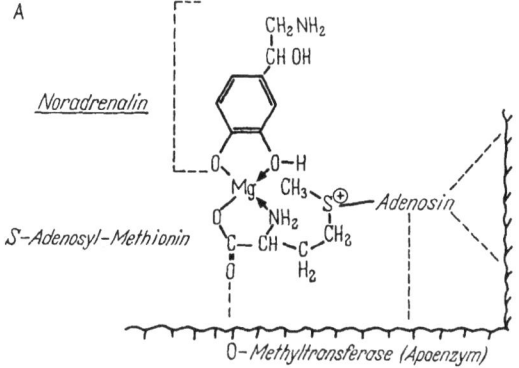

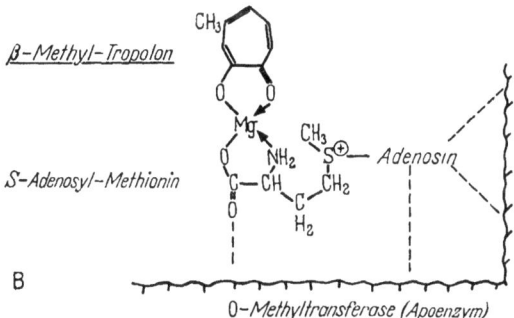

Abb. 12A u. B. A *Bildung eines Enzym-Substratkomplexes aus O-Methyltransferase-Adenosylmethionin, Magnesium und Noradrenalin.* B *Kompetitive Hemmung der O-Methyltransferase durch Tropolonderivate.*
Nach B. BELLEAU und J. BURBA (1963)

Tropolonderivate waren auch *in vivo*, gemessen an der Beeinflussung der Isoproterenol-Tachykardie, stärkere Fermentinhibitoren als Pyrogallol (BELLEAU u. BURBA 1963); die Methyltransferase des Gehirns hemmten sie schwächer (ROSS u. HALJASMAA 1964a und b). Auch diese Autoren halten Mg·· für einen integrierenden Bestandteil der Enzymstruktur, da zwar 8-Hydroxychinolin stark hemmte, nicht jedoch 8-Hydroxychinaldin, obwohl auch dieses mit zweiwertigen Metall-Ionen Chelate bildet, mit Mg·· aber erst bei einem über 8 gelegenen pH.

4-Methyltropolon verminderte die nach Injektion von Dopamin und von H³-Adrenalin erhöhte Ausscheidung 3-O-methylierter Metabolite (MUSACCHIO u. GOLDSTEIN 1962). Nach BELLEAU und BURBA (1963) soll es auch die adrenergischen $\beta$-Receptoren blockieren, was aber von ROSS und HALJASMAA (1964b) nicht bestätigt werden konnte. — Tropolonacetamid (500 mg/kg) unterdrückte an mit Nialamid (Blockierung der MAO) vorbehandelten Mäusen vollständig den sonst nach der Injektion von L-Dopa zu beobachtenden Anstieg von 3-O-methyliertem Dopamin (3-Methoxytyramin). In sehr hoher Dosierung hemmte es auch die aromatische Hydroxylierung des Tyrosins (CARLSSON et al. 1963b; CARLSSON 1964).

## D. Pharmakologische Wirkungen der OMT-Hemmstoffe

Da die im Blute zirkulierenden Brenzkatechinamine, z.B. intravenös injiziertes exogenes oder auch durch Nervenreiz und Tyramin freigesetztes endogenes, pharmakologisch aktives Noradrenalin, hauptsächlich durch die 3-O-Methyltransferase (OMT) inaktiviert werden (s. IV.B.), wäre von einer Blockierung des Fermentes eine Verstärkung ihrer Wirkungen zu erwarten. Etwa auftretende „Eigenwirkungen" von Hemmstoffen der OMT könnten in einer Potenzierung der Wirkungen des an den sympathischen Nervenendigungen physiologischerweise dauernd freiwerdenden Noradrenalins ihre Erklärung finden, z.B. die mit einem erhöhten Coronardurchfluß verbundene positiv chrono- und inotrope Wirkung des Pyrogallols am nach LANGENDORFF durchströmten Kaninchenherzen (JUORIO et al. 1963) und Meerschweinchenherzen (ISQUIERDO et al. 1964). Dieser Effekt des Pyrogallols wurde durch Imipramin (Tofranil), das, ähnlich wie Cocain, die Wiederaufnahme freigesetzten Noradrenalins in das Gewebe hemmt (s. X.B.4.e.), potenziert.

Die von verschiedenen Autoren gemachte Beobachtung, daß eine Blockierung der OMT weniger zu einer Verstärkung als vielmehr nur zu einer Verlängerung der Wirkungen injizierter oder vermehrt freigesetzter Brenzkatechinamine führt, war vielleicht der Grund dafür, daß z.B. CROUT et al. (1961a) der OMT keine größere Bedeutung für die pharmakologische Inaktivierung dieser Wirkstoffe zuerkannten und eine nichtenzymatische „Inaktivierung" durch die Aufnahme in Gewebespeicher für wichtiger hielten (s. auch CROUT 1961). Beides kann für die schnelle Beendigung der physiologischen Wirkungen von Bedeutung sein.

So hatten LEMBECK und RESCH (1960) an Spinalkatzen und -ratten gefunden, daß Pyrogallol die Wirkungsdauer des Adrenalins am Blutdruck und an der Nickhaut verlängerte, wenn die Wirkung selbst vorher durch Cocain verstärkt worden war. Am isoliert durchströmten Kaninchenherzen wurde die positiv chrono- und inotrope Wirkung des Noradrenalins, auch diejenige des Tyramins, am meisten aber die Wirkung des Isoproterenols durch Pyrogallol verstärkt (JUORIO et al. 1963). Demgegenüber fanden ISQUIERDO und

KAUMANN (1963) an Hunden, daß die i.v. Injektion von 10 mg/kg Pyrogallol, die an sich schon zu einer leichten Blutdrucksteigerung und Tachykardie führte und die pressorische Wirkung injizierten Adrenalins und Noradrenalins potenzierte, ihre chronotrope Herzwirkung nicht immer verstärkte, sondern nur verlängerte. Die Adrenalinwirkungen erfuhren durch Pyrogallol eine erheblichere Potenzierung als die Noradrenalinwirkungen; am deutlichsten war wiederum die Wirkung des Isoproterenols verstärkt. Isoproterenol rief auch an Mäusen in Narkose eine durch Pyrogallol stärker potenzierbare Tachykardie hervor als Noradrenalin (ROSS u. HALJASMAA 1964b). An der gleichen Tierart verstärkten Hemmstoffe der OMT auch die Piloerektion auslösende Wirkung des Adrenalins (CARLSSON et al. 1962b). Die pressorische Wirkung des Guanethidins an Katzen, die auf einer akuten Freisetzung von Noradrenalin beruht (s. X.B.4.c.), war ebenfalls nach Pyrogallol verstärkt und verlängert (WYLIE 1961).

Die schwächere Potenzierung der Noradrenalin- als der Adrenalinwirkungen durch Pyrogallol hatten WYLIE et al. (1960) sowie ISQUIERDO und KAUMANN (1963) damit erklärt, daß Noradrenalin, wegen seiner größeren Affinität zur OMT, durch Pyrogallol schwerer vom Ferment kompetitiv verdrängt werde. Da, wie schon gesagt, die Wirkungen des Isoproterenols nach Blockierung der OMT noch mehr als diejenigen des Adrenalins verstärkt waren, wird eine andere Erklärung nahegelegt. Für die drei Brenzkatechinamine Noradrenalin, Adrenalin und Isoproterenol, die in dieser Reihenfolge eine zunehmende Wirkungsverstärkung durch OMT-Hemmstoffe erfahren, für deren enzymatische Inaktivierung demnach — umgekehrt — die OMT in der gleichen Reihenfolge an Bedeutung gewinnt, ergibt sich die umgekehrte Reihenfolge, wenn man die Bedeutung eines nichtenzymatischen Inaktivierungsmechanismus, nämlich der Aufnahme in die Noradrenalinspeicher des Gewebes, für die schnelle Beendigung ihrer physiologischen Wirkungen zugrunde legt. Dieser Inaktivierungsmechanismus ist für Noradrenalin der wichtigste (s. IX.): Noradrenalin wird schneller in die Aminspeicher der sympathischen Nerven und der sympathisch innervierten Organe aufgenommen und fester gebunden als Adrenalin, und Isoproterenol wird überhaupt nicht aufgenommen (HERTTING 1964a und b; ANDÉN et al. 1964c) (s. XV.A.2.).

COCAIN, der Prototyp eines Pharmakons, das dem Noradrenalin den Weg in die Speicher verlegt (s. XII.A.2.), so daß ein größerer Anteil der injizierten oder freigesetzten Menge an die pharmakologischen Receptoren gelangt, potenzierte deshalb die Noradrenalinwirkungen stärker als die Adrenalinwirkungen und ließ die Wirkungen des Isoproterenols unbeeinflußt. Die Blockierung des wichtigsten enzymatischen Inaktivierungsmechanismus für zirkulierende Brenzkatechinamine, der 3-O-Methylierung, durch Pyrogallol und andere Hemmstoffe der OMT mußte dann die Isoproterenolwirkungen am stärksten und die Noradrenalinwirkungen am schwächsten potenzieren; denn nur für *den*

Teil des injizierten Brenzkatechinamins, der nicht ins Gewebe aufgenommen und dadurch der enzymatischen Inaktivierung entzogen wird, fällt die Inaktivierung durch die OMT bzw. die Hemmung der enzymatischen Inaktivierung durch Blockierung dieses Fermentes wirkungsmäßig ins Gewicht. Dieser Anteil beträgt für Noradrenalin 5—10%, für Isoproterenol 100%. So wird verständlich, daß auch Noradrenalin und Adrenalin in den erwähnten Versuchen von LEMBECK und RESCH (1960) eine starke Potenzierung ihrer Blutdruck- und Nickhautwirkung durch Pyrogallol erfuhren, nachdem ihnen durch Vorbehandlung der Tiere mit Cocain der Weg in die Gewebespeicher verlegt worden war, und die gesamte injizierte Menge der inaktivierenden Methylierung durch die OMT ausgesetzt gewesen wäre, wie das beim Isoproterenol, auch ohne vorherige Verabfolgung von Cocain, der Fall war — und auch für die blutdrucksenkende Wirkung des Äthyl- und Butylnoradrenalins zutraf (ISQUIERDO u. KAUMANN 1963).

Brenzkatechinamine, die gute Substrate sowohl der OMT als auch der MAO sind, sollten durch die gleichzeitige Hemmung beider Fermente eine besonders starke Potenzierung ihrer pharmakologischen Wirkungen erfahren. Das scheint für Dopamin bzw. für L-Dopa, das als pharmakologisch inerte Aminosäure leicht durch die Blut-Hirnschranke ins Gehirn eindringt und hier zu Dopamin decarboxyliert wird, zuzutreffen: an reserpinisierten Mäusen riefen, nach Blockierung der MAO durch Nialamid, kleine Mengen L-Dopa hochgradige motorische Erregung und Aggressivität, verbunden mit Piloerektion und Exophthalmus hervor, wenn auch die OMT gehemmt war (CARLSSON et al. 1962b, 1963b; CARLSSON 1964).

## VI. Ausscheidung in den Harn

Das im normalen menschlichen Harn vorkommende „sympathicomimetische Prinzip", dessen blutdrucksteigernde Wirkung an der Katze durch Cocain verstärkt wurde und unter der Einwirkung von Polyphenoloxydasen verlorenging, wurde zuerst für identisch mit Dopamin gehalten (HOLTZ et al. 1942a) und später als ein aus Dopamin, Noradrenalin und Adrenalin bestehendes Gemisch von Brenzkatechinaminen („Urosympathin") erkannt (HOLTZ et al. 1944/47). Kurzdauernde Säurehydrolyse des Harns erhöhte die pressorische Wirksamkeit der Harnextrakte um 50—100%. Sie kam hauptsächlich dem Noradrenalin zu: Yohimbin und Dihydroergotamin kehrten sie nicht, wie die pressorische Dopamin- und Adrenalinwirkung, in eine depressorische um, sondern schwächten sie nur ab oder hoben sie auf (HOLTZ et al. 1942a; HOLTZ et al. 1944/47). Das traf auch für das „Urosympathin" des Tierharns (Hund, Katze), auch des Harns solcher Tierarten (z.B. Kaninchen und Meerschweinchen) zu, deren Nebennierenmark nur Adrenalin enthielt (HOLTZ et al. 1950b, s. Abb. 3, S. 11).

## A. Adrenalektomie

Daß beim Menschen und bei solchen Tierarten, deren Nebennierenmarkinkret zu einem beträchtlichen Anteil aus Noradrenalin besteht, das Noradrenalin des Harns nicht aus den Nebennieren, sondern aus den noradrenergischen sympathischen Nerven stammte, ging auch daraus hervor, daß bei einem Patienten mit bilateraler Adrenalektomie der Noradrenalingehalt des Harns nicht abnahm, während das Adrenalin von 5 µg auf 1 µg pro 24 Std abgesunken war (v. EULER et al. 1954a). DE SCHAEPDRYVER und SMETS (1961) berichteten demgegenüber, daß nur bei 3 der 10 von ihnen untersuchten adrenalektomierten Patienten die Adrenalinwerte des Harns signifikant gegenüber der Norm erniedrigt waren; sie vermuteten eine bei den übrigen Patienten kompensatorisch vermehrte Adrenalinabgabe aus extraadrenalem chromaffinem Gewebe. COWARD et al. (1962) kamen jedoch zu ähnlichen Ergebnissen wie die schwedischen Autoren: nur bei 2 von 14 adrenalektomierten Patienten ließen sich chromatographisch Spuren 3-O-methylierten Adrenalins im Harn nachweisen. In gleicher Weise aber, wie v. EULER et al. (1954a), beobachteten auch sie nach der Adrenalektomie eine vermehrte Ausscheidung von 3-O-Methylnoradrenalin, die in einem Fall so hohe Werte erreichte, daß der Verdacht auf das Vorliegen eines Phäochromocytoms entstand.

BIRKE et al. (1959) hatten gefunden, daß auch bei adrenalektomierten Patienten die Adrenalinwerte im Harn nach muskulärer Beanspruchung anstiegen. Das Adrenalin könnte aus chromaffinen Zellen bestimmter Ganglien oder persistierender Paraganglien stammen, die in Durchströmungsversuchen von MUSCHOLL und VOGT (1964) am Ggl. mesent. inf. von Hunden wahrscheinlich die Quelle des im Perfusat auftretenden und durch ganglienerregende Pharmaka (DMPP) vermehrt freisetzbaren Adrenalins waren (s. auch DE SCHAEPDRYVER u. VAN DER STRICHT 1959).

Die bei adrenalektomierten Patienten erhöhte Ausscheidung von Noradrenalin bzw. 3-O-Methylnoradrenalin (v. EULER et al. 1954a; COWARD et al. 1962) findet vielleicht eine Erklärung durch die Ergebnisse von Untersuchungen an „immunosympathektomierten" Ratten, die keine nachweisbaren Noradrenalinmengen mehr in den Harn ausschieden, wohl aber nach Demedullierung der Nebennieren (CAPRI u. OLIVERIO 1964).

## B. Immunosympathektomie

Die Transplantation eines Stückchens „Mäusesarkom 180" in 3 Tage alte Hühnerembryonen zur Klärung der Frage, ob das schnell wachsende Tumorgewebe die Entwicklung von Nerven und Ganglien beeinflusse, verursachte nach 5 Tagen u.a. eine Hypertrophie und Hyperplasie der Lumbosacralganglien (BUEKER 1948). Die an das Transplantat angrenzenden sympathischen Ganglien zeigten eine sechsfach stärkere Größenzunahme als bei den Kontrollen

(LEVI-MONTALCINI u. HAMBURGER 1951). Der „nerve growth factor" ließ sich in der Mikrosomenfraktion des Tumors lokalisieren (COHEN et al. 1954). Um die in dieser Fraktion enthaltenen Nucleinsäuren enzymatisch zu entfernen, wurde Schlangengift (Phosphodiesterase) benutzt, und dabei gefunden, daß dieses den Wachstumsfaktor in viel höherer Aktivität besaß als das Mäusesarkom (COHEN u. LEVI-MONTALCINI 1956; COHEN 1959). Die Überlegung, daß somit die Speicheldrüsen der Schlange die Produktionsstätte sein mußten, führte dann zu Versuchen mit Extrakten aus Speicheldrüsen von Mäusen; diese hatten das Ergebnis, daß 1,5 µg Speicheldrüsenextrakt von männlichen Mäusen — weibliche bilden den Wachstumsfaktor nicht — so wirksam waren wie 6 µg Schlangengift und 15000 µg Tumorextrakt (LEVI-MONTALCINI u. COHEN 1960; LEVI-MONTALCINI u. ANGELETTI 1961). In den unter dem Einfluß des „nerve growth factor" aus Speicheldrüsen hypertrophierten sympathischen Ganglien von Mäusen nahm, proportional der 3—4fach vergrößerten Gewebemenge, auch der Noradrenalingehalt zu (CRAIN u. WIEGAND 1961).

Injizierte man neugeborenen Ratten ein z.B. von Kaninchen gewonnenes Antiserum gegen den in den Speicheldrüsen von Mäusen vorkommenden „nerve growth factor", so kam es zu einer Entwicklungshemmung oder Atrophie des sympathischen Nervensystems, die sich u.a. in einer hochgradigen Reduktion der Zellzahlen (95% bei Mäusen, 70% bei Ratten) in den sympathischen Ganglien manifestierte (LEVI-MONTALCINI u. COHEN 1960; LEVI-MONTALCINI u. BOOKER 1960). Bei den „immunosympathektomierten" Tieren (Mäuse und Ratten) nahmen der Noradrenalingehalt und die Monoaminoxydase-Aktivität im Herzen sowie in der Milz und Lunge, nicht im Nebennierenmark und Gehirn, stark ab (LEVI-MONTALCINI 1962, 1964; LEVI-MONTALCINI u. ANGELETTI 1962), und das Noradrenalin verschwand aus dem Harn. Während Kontrolltiere in 20 Std 0,6 µg/kg Adrenalin und 1,5 µg/kg Noradrenalin ausschieden, lagen bei den „immunosympathektomierten" Ratten die Ausscheidungswerte für Noradrenalin unter der Grenze der Nachweisbarkeit, bei einem normalen Adrenalinwert von 0,7 µg/kg in 20 Std (CAPRI u. OLIVERIO 1964). Das Adrenalin des Harns stammte demnach normalerweise aus dem Nebennierenmark, das Noradrenalin aus den sympathischen Nerven.

BRODY (1963, 1964) hatte gefunden, daß nach 14tägiger Behandlung neugeborener Ratten mit Rinderantiserum gegen den Nerven-Wachstumsfaktor aus Mäusespeicheldrüsen Ptosis und Miosis auftraten; Herzfrequenz und Rectaltemperatur blieben normal. Elektrische Stimulierung des lumbalen Granzstranges verursachte keine Blutdrucksteigerung mehr; ganglienerregende Pharmaka (DMPP) führten bei intraarterieller Injektion in die Hinterextremität zu keinem Anstieg des Perfusionsdruckes (Wegfall der ganglionären Wirkung), wohl hingegen noch zu einer Blutdruckerhöhung durch Freisetzung von Nebennierenmarkhormonen. Das Nebennierenmark blieb ja bei der „Immunosympathektomie" intakt.

CAPRI und OLIVERIO (1964) zeigten dann, daß immunosympathektomierte Ratten nach der Injektion von Amphetamin wieder normale oder sogar supranormale Noradrenalinmengen ausschieden. Dasselbe war der Fall, wenn man bei diesen Tieren die Nebennieren demedullierte. Trotz „Immunosympathektomie" mußte es demnach noch eine „Noradrenalinquelle" im Körper der Tiere geben. Diese konnte von M. VOGT (1964) aufgedeckt werden. Sie unterzog die sympathischen Ganglien immunosympathektomierter Ratten 11 und 18 Wochen nach 5tägiger Behandlung der Neugeborenen mit Antiserum einer systematischen histologischen Untersuchung und fand, daß zwar die Ganglia stellata und cervicalia sup., wie erwartet, zu einer dünnen, fibrösen, nur vereinzelte Ganglienzellen enthaltenden Struktur atrophiert waren, die prävertebralen Ganglien jedoch (Ggl. mesent. sup. und inf.; Ggl. coeliacum) in ihrer Struktur von normalen Ganglien nicht zu unterscheiden waren (s. auch KLINGMAN 1965).

## C. Orthostatische Belastung

Nach stärkerer muskulärer Beanspruchung, z.B. nach einem Dauerlauf, fand die wohl besonders im Bereich der Gefäßnerven vermehrte Freisetzung von Noradrenalin ihren Ausdruck auch in einer erhöhten Ausscheidung in den Harn (HOLTZ et al. 1944/47; v. EULER u. HELLNER 1952). Schon leichte orthostatische Kreislaufbelastung durch Aufrichten aus der liegenden Körperstellung, die über die Pressoreceptoren zu einer vermehrten reflektorischen Freisetzung von Noradrenalin aus den vasoconstrictorischen Nerven führt, ließ auch die Noradrenalinwerte im Harn sprunghaft ansteigen (v. EULER et al. 1955b; SUNDIN 1956, 1958). Bei Patienten mit orthostatischer Hypotonie — „asympathicotonische Hypotension" (NYLIN u. LEVANDER 1948), der „hypodynamischen" Form der Hypotonie im Sinne SCHELLONGs (1937) — fanden LUFT und v. EULER (1953) während einer orthostatischen Belastung eine geringere zusätzliche Noradrenalinausscheidung in den Harn als unter den gleichen Bedingungen bei Normotensiven. Bei dieser Form orthostatischer Kollapsneigung besteht offensichtlich eine Unterempfindlichkeit der pressoreceptorischen Reflexmechanismen gegen ein Absinken des Blutdrucks, so daß die für die Gewährleistung der Blutdruckhomoiostase erforderlichen Mengen nervalen Noradrenalins nicht in ausreichendem Maße in den Gefäßwänden freigesetzt werden (Übersicht bei HOLTZ 1956/57). So ist verständlich, daß normalerweise während der Nacht weniger nervaler Überträgerstoff von den sympathischen Nerven abgegeben wird als am Tage, und daß die Noradrenalinwerte des Tagesharns höher sind als diejenigen des Nachtharns (v. EULER et al. 1955a). Verständlich ist dann aber auch, daß der Noradrenalingehalt des Harns (24 Std-Menge) große individuelle Schwankungen aufweist. Die während 24 Std in den Harn ausgeschiedenen Brenzkatechinaminmengen werden für den gesunden Menschen mit 25—50 µg für Noradrenalin, 2—5 µg Adrenalin und 150—200 µg Dopamin angegeben (v. EULER u. HELLNER 1951. — Übersicht bei v. EULER 1956a). Die noch als „normal" zu bezeichnende Streuung ist aber, wie zahlreiche Untersuchungen der letzten Jahre gezeigt haben, noch größer und dürfte zwischen 5 µg und 80 µg pro 24 Std liegen.

## D. Metabolite

Nur ein kleiner Teil des aus den sympathischen Nerven freigesetzten Noradrenalins gelangt als solches, unverändert in den Harn, der weitaus größte Teil in Form von Abbau- und Stoffwechselprodukten (s. IV.). Die wichtigsten sind beim Menschen das 3-O-Methylnoradrenalin und -adrenalin sowie die 3-Methoxy-4-hydroxymandelsäure (Vanillinmandelsäure) (s. Formelschema 15).

Formelschema 15

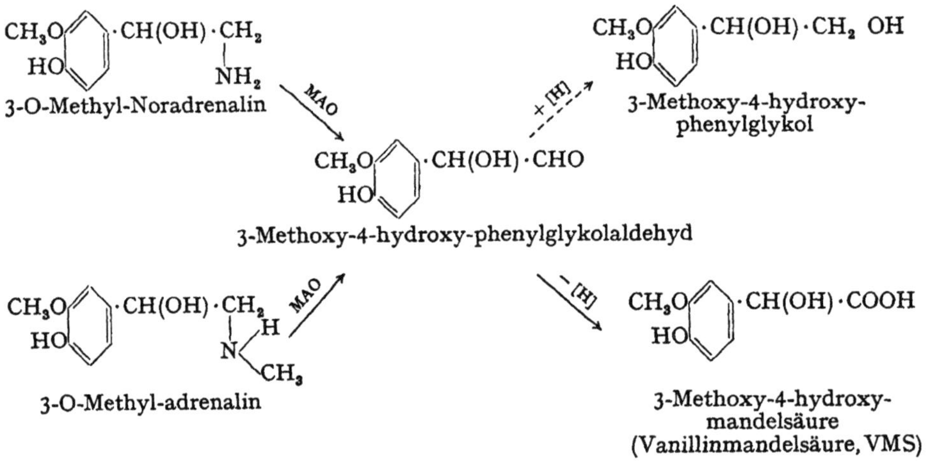

$CH_3O$–⟨⟩–$CH(OH)·CH_2$
$HO$      $NH_2$
3-O-Methyl-Noradrenalin

$CH_3O$–⟨⟩–$CH(OH)·CH_2$ OH
$HO$
3-Methoxy-4-hydroxy-phenylglykol

MAO ↘      ↗ +[H]

$CH_3O$–⟨⟩–$CH(OH)·CHO$
$HO$
3-Methoxy-4-hydroxy-phenylglykolaldehyd

$CH_3O$–⟨⟩–$CH(OH)·CH_2$
$HO$        $N$–H, $CH_3$
3-O-Methyl-adrenalin

MAO ↗      ↘ –[H]

$CH_3O$–⟨⟩–$CH(OH)·COOH$
$HO$
3-Methoxy-4-hydroxy-mandelsäure (Vanillinmandelsäure, VMS)

Der aus den 3-O-methylierten Aminen (Adrenalin, Noradrenalin) durch die Monoaminoxydase gebildete Glykolaldehyd wird bei Ratten überwiegend zum Alkohol (3-Methoxy-4-hydroxy-phenylglykol) reduziert und nicht, wie beim Menschen, zur Vanillinmandelsäure oxydiert (AXELROD et al. 1959a; KOPIN u. AXELROD 1960; KOPIN et al. 1961). Die beim Menschen in 24 Std ausgeschiedenen Mengen werden für 3-O-Methylnoradrenalin und -adrenalin mit insgesamt 300—900 µg angegeben (CROUT et al. 1961a; YOSHINAGA et al. 1961), für die Vanillinmandelsäure mit 2—4 mg (ARMSTRONG et al. 1957) bzw. mit 3,5—6,5 mg (CROUT et al. 1961b). Als Endprodukt des Dopaminstoffwechsels erscheint Dihydroxyphenylessigsäure (Homoprotokatechusäure) zu 3—8 mg pro Tag im Harn (SHAW et al. 1957).

AXELROD (1960a) und KOPIN (1960) infundierten am Menschen 30 min lang $H^3$-Adrenalin und verfolgten 54 Std lang die Ausscheidung in den Harn. 70—80% des zirkulierenden Amins wurden zuerst 3-O-methyliert (3-O-Methyladrenalin) und anschließend zu etwa 50% desaminiert (VMS); 20% der infundierten Menge wurden zu Dihydroxymandelsäure, dem nicht O-methylierten Abbauprodukt, desaminiert und, wie die 3-O-methylierten Metabolite, zum Teil als Konjugat mit Schwefelsäure bzw. Glucuronsäure ausgeschieden

(s. Formelschema 16) (Übersicht bei GOODALL 1959; AXELROD 1963c). Blokkierung der beiden für den Brenzkatechinaminstoffwechsel wichtigsten Fermente (MAO und OMT) veränderte das „Ausscheidungsmuster" in charakteristischer Weise: nach Verabfolgung von MAO-Hemmstoffen wurden vermehrt 3-O-methylierte Amine und deren Derivate, nach Hemmung der OMT durch Pyrogallol vermehrt nichtmethylierte Amine bzw. Aminabbauprodukte und vermindert Vanillinmandelsäure ausgeschieden (GOODALL et al. 1958; ROSEN u. GOODALL 1962b) (s. V.A.C.).

Formelschema 16

$$\text{Adrenalin} \xrightarrow{3\text{-OMT}} \text{3-O-Methyladrenalin} \xrightarrow{MAO} \text{Vanillinmandelsäure (VMS)}$$

$$\text{Adrenalin} \xrightarrow{MAO} \text{3,4-Dihydroxy-Mandelsäure} \xrightarrow{3\text{-OMT}} \text{Konjugierte Metabolite}$$

Es ergibt sich somit, daß, ähnlich wie nach intravenöser Infusion oder subcutaner Injektion von Noradrenalin am Menschen nicht mehr als 4% der verabfolgten Menge als unverändertes, pharmakologisch wirksames Amin im Harn erschien (v. EULER u. LUFT 1951; v. EULER et al. 1954c; v. EULER u. ZETTERSTRÖM 1955), auch von dem endogen im Organismus freiwerdenden Überträgerstoff nur ein kleiner Prozentsatz der insgesamt freigesetzten und ins Blut übertretenden Menge als pharmakologisch aktives Noradrenalin ausgeschieden wird (etwa 50 µg pro 24 Std). Das macht ein Vergleich mit der in den Harn ausgeschiedenen Menge des quantitativ wichtigsten *Abbauproduktes*, der Vanillinmandelsäure (4000—6000 µg pro 24 Std), deutlich.

Im einzelnen allerdings unterliegt das in den Nerven spontan freiwerdende endogene Noradrenalin anderen metabolischen Veränderungen als das, z. B. durch intravenöse Infusion zugeführte, exogene Amin. Das während der ersten Stunden nach beendeter Infusion und Aufnahme in die Organe von diesen spontan wieder ans Blut abgegebene Noradrenalin stammt aus einem oberflächlichen, zellmembrannahen „pool", der, wenigstens zum Teil, mit den in der Peripherie der Synaptosomen gelegenen Granula identisch sein dürfte (s. IX. u. XI.). Der aus diesen stammende Wirkstoff erscheint, wie Versuche mit radioaktivem Amin gezeigt haben, überwiegend als unverändertes, physiologisch wirksames Noradrenalin im Blut und zum größten Teil als 3-O-Methylnoradrenalin im Harn (KOPIN u. GORDON 1962, 1963; CARLSSON u. WALDECK 1963. — Übersicht bei KOPIN 1964), bei Ratten zu einem kleinen Anteil auch in der Galle (HERTTING u. LA BROSSE 1962). Ein Teil des durch Nervenimpulse freigesetzten Noradrenalins wird rückläufig wieder in das Gewebe aufgenommen (ROSELL et al. 1963a). Demgegenüber stammt das später, mehrere Stunden nach beendeter Infusion und Aufnahme in die Organe, spontan abgegebene Noradrenalin aus einem tiefer gelegenen pool, der wahrscheinlich mit den im Inneren der Synaptosomen, membranfern gelegenen Speichergranula identisch ist, und tritt — ein Opfer der in den Mitochondrien lokalisierten MAO — im Blut überwiegend in Form oxydativ desaminierter, physiologisch unwirksamer Derivate auf (KOPIN u. GORDON 1962, 1963), die, zusätzlich in der Leber O-methyliert, hauptsächlich als 3-Methoxy-4-hydroxy-mandelsäure (Vanillinmandelsäure, VMS), das quantitativ überwiegende Endprodukt des Brenzkatechinaminstoffwechsels, im Harn erscheinen. Sind somit die VMS-Werte des Harns (4000—6000 µg) bis zu einem gewissen Grade ein Maß für die Größe des „metabolischen Umsatzes", der mehr biochemisches als physiologisch-pharmakologisches Interesse beansprucht, so spiegeln die viel niedrigeren Ausscheidungswerte für die freien und konjugierten Brenzkatechinamine (50—80 µg) sowie ihre 3-O-Methylverbindungen (3-O-Methylnoradrenalin und -adrenalin, 300—900 µg) die Menge der innerhalb von 24 Std in physiologisch aktiver Form freigesetzten Amine wider. Ihre Bestimmung würde deshalb wohl eine zutreffendere Beurteilung des physiologischen oder auch pathologisch veränderten Funktionszustandes des sympathischen Nervensystems ermöglichen als die Bestimmung der VMS (s. auch GEORGES u. WHITBY 1964).

Wenn auch die VMS der quantitativ wichtigste Katabolit der Brenzkatechinamine im Organismus ist, so stellt sie doch nicht das Endprodukt ihres Stoffwechsels dar. Sie kann vielmehr, wie THOMAS und DIRSCHERL (1964) in Versuchen mit Leberhomogenaten von Mensch und Ratte gezeigt haben, durch Dehydrierung in die entsprechende Ketosäure und durch anschließende oxydative Decarboxylierung in Vanillinsäure übergehen (DIRSCHERL et al. 1962; DIRSCHERL u. BRISSE 1964), wobei der 3-Methoxy-4-hydroxybenzaldehyd als Zwischenstufe durchlaufen wird (s. Formelschema 17):

Formelschema 17

$CH_3O$-C$_6$H$_3$(OH)-CH(OH)·COOH  $\xrightarrow{-[H]}$  $CH_3O$-C$_6$H$_3$(OH)-CO·COOH  $\xrightarrow{-CO_2}$

Vanillinmandelsäure

3-Methoxy-4-hydroxy-phenylglyoxylsäure

$CH_3O$-C$_6$H$_3$(OH)-CHO  $\xrightarrow{-[H]}$  $CH_3O$-C$_6$H$_3$(OH)-COOH

3-Methoxy-4-hydroxy-benzaldehyd (Vanillin)

3-Methoxy-4-hydroxy-benzoesäure (Vanillinsäure)

Vanillinsäure wurde nach Verabfolgung radioaktiven Noradrenalins beim Menschen zu 2,6% der ausgeschiedenen Gesamt-Radioaktivität im Harn wiedergefunden (ROSEN u. GOODALL 1962a; ROSEN et al. 1962). Die zur Vanillinsäure führende Reaktionsfolge kann sich offensichtlich auch an den nichtmethylierten Metaboliten, ausgehend von der 3,4-Dihydroxy-mandelsäure, abspielen und würde dann als Endprodukt Protokatechusäure liefern; der Protokatechualdehyd wurde aus dem Harn eines Patienten mit Phäochromocytom in Milligramm-Mengen von HERRLICH und SEKERIS (1963) isoliert. v. STUDNITZ (1964) weist jedoch darauf hin, daß 3,4-Dihydroxy-mandelsäure bei alkalischer Reaktion schon spontan in Protokatechualdehyd übergehen kann (s. S. 115).

## E. Essentielle Hypertonie

Vor fast 20 Jahren berichteten HOLTZ et al. (1944/47) über die vermehrte Ausscheidung von Noradrenalin in den Harn bei Patienten mit „essentieller Hypertonie", der Hypertonieform unbekannter Genese, die im amerikanischen Schrifttum auch als „neurogenic hypertension" bezeichnet wird (Übersicht bei HOLTZ 1949, 1963; WOLLHEIM u. MOELLER 1960; WOLLHEIM 1963). Unter Adsorption der Brenzkatechinamine an Aluminiumoxyd hergestellte Extrakte aus Hypertonikerharn waren in einem Teil der Fälle an der Katze pressorisch wirksamer als Extrakte aus dem Harn blutdrucknormaler Personen. Die blutdrucksteigernde Wirkung ließ sich, wie die Wirkung des Noradrenalins, durch Sympathicolytica abschwächen, nicht jedoch, wie die Adrenalinwirkung, in eine blutdrucksenkende umkehren. Der erhöhte Noradrenalingehalt des Hypertonikerharns wurde auf eine vermehrte Freisetzung nervalen Noradrenalins in den Gefäßen mit anschließend erhöhter Ausscheidung durch die Nieren zurückgeführt.

1. Seit dem damals veröffentlichten Befund eines mitunter bei der Hypertonie erhöhten Noradrenalingehaltes des Harns sind in zahlreichen Laboratorien ähnliche Untersuchungen durchgeführt worden. Ihre Ergebnisse stimmen darin überein, daß die normalen Ausscheidungswerte, also diejenigen von Normotensiven, eine große Streuung besitzen, indem sie nach Säurehydrolyse des Harns (freies + gebundenes Noradrenalin) zwischen 5 µg oder noch niedrigeren Werten und 50 µg für die 24 Std-Menge Harn liegen. Bei der essentiellen Hypertonie finden einige Autoren, wenn man 50 µg pro 24 Std als obere Grenze der Norm nimmt, in 15—20% der Fälle etwas erhöhte Werte: zwischen 50 und 100—150 µg Noradrenalin pro 24 Std (s. z.B. v. EULER et al. 1954a; GIBELIN et al. 1959; BETTGE 1960a und b; KUSCHKE 1961; KNAUFF u. VERBEEK 1962). In den Fällen, in denen der Noradrenalingehalt über den normalen Durchschnittswerten lag, handelte es sich meistens um Patienten mit labilen, stark fluktuierenden Blutdruckwerten, die auch andere Zeichen vegetativer Labilität aufwiesen. Die Bestimmung der Vanillinmandelsäure im Harn (4—6 mg pro 24 Std normal) ergab keinen Anhaltspunkt dafür, daß bei der essentiellen

Hypertonie in einem höheren Prozentsatz der Fälle, als er bei der Bestimmung der Brenzkatechinamine im Harn resultierte, beim Hypertoniker vermehrt Noradrenalin freigesetzt wird. Andere Autoren fanden bei den von ihnen untersuchten Patienten mit essentieller Hypertonie in keinem Fall eine die normale Streuung der Werte überschreitende Ausscheidung von Noradrenalin bzw. seinen Abbau- und Stoffwechselprodukten (z.B. BURN 1953; NUZUM u. BISCHOFF 1953; RAAB u. GIGEE 1954; GOLDFIEN et al. 1961). In Untersuchungen an 30 Hypertonikern waren auch die Werte für 3-O-Methylnoradrenalin im Harn gegenüber den bei 20 blutdrucknormalen Personen gefundenen nicht erhöht (SATO et al. 1961).

Menschen mit essentieller Hypertonie benötigen anscheinend zur Aufrechterhaltung ihres hohen Blutdrucks und zu seiner nerval-reflektorischen Regulation nicht mehr Überträgerstoff als Normotoniker. Unter der chronischen Einwirkung des stärkeren Dehnungsreizes auf die dehnungsempfindlichen Receptorenfelder der Carotiden und des Aortenbogens kommt es offenbar zu einer adaptiven Empfindlichkeitsabnahme, d.h. einer Erhöhung der Reizschwelle für die Auslösung hypotonischer Gegenregulationen, wie in Versuchen von MCCUBBIN et al. (1956) an Hunden mit renalem Drosselungshochdruck unter Durchströmung der zirkulatorisch isolierten Carotissinus. So wäre verständlich, wenn der aus unbekannter Ursache, „essentiell" erhöhte, auf den Pressoreceptoren lastende Dehnungsdruck diese zu einer *verminderten* reflektorischen Auslösung nerval-constrictorischer Impulse durch die Vasomotorenzentren veranlassen würde, d.h. zu einer *verminderten* Freisetzung nervalen Noradrenalins in den Gefäßwänden. Tatsächlich fanden BIRKE et al. (1958) an einem besonders einheitlichen und unter Standardbedingungen untersuchten Patientenmaterial die während der Nacht ausgeschiedenen Noradrenalinmengen gleich groß wie bei Normotensiven, die tagsüber ausgeschiedenen Mengen bei den Hypertonikern sogar kleiner als bei den normotonen Kontrollen. HICKLER et al. (1959) beobachteten bei essentiellen Hypertonikern während einer orthostatischen Belastung auf dem Kipptisch einen geringeren Anstieg der Noradrenalinwerte im Plasma als bei Normotonikern. Andere Autoren fanden jedoch normale und in einem Teil der Fälle, besonders bei juvenilem, labilem Hochdruck, höhere Ausscheidungswerte im Harn als bei Normalen (z.B. KUSCHKE u. HERZER 1963). Es gibt aber auch Hypertoniker, die bei nur leichter orthostatischer Kreislaufbelastung mit einer überschießenden, zu Blutdruckanstieg führenden Gegenregulation das drohende Absinken des Blutdrucks überkompensieren. Das sind vermutlich die Fälle, die amerikanische Kliniker, z.B. KINSEY et al. 1960, mit Hilfe eines einfachen Tests als „neurogenic hypertension" von anderen Formen auch diagnostisch abgrenzen: während beim Phäochromocytom und beim renalen Hochdruck das Aufrichten aus der liegenden in die stehende Körperposition zu einem Absinken des Blutdrucks führt, steigt er bei der „neurogenen" Form der Hypertonie an. Es werden die 15—20% vegetativ labiler Hypertoniker sein, bei denen sich auch eine überschießende, die Normalwerte überschreitende Ausscheidung von Noradrenalin bzw. Vanillinmandelsäure im Harn findet.

2. Bei der essentiellen Hypertonie mit *fixiertem* Hochdruck reagiert dieser in den meisten Fällen, in gleicher Weise wie bei den *labilen* Formen, auf alle Mittel mit einer Senkung, die zu einer Dämpfung der Sympathicusfunktion führen, — sei es mit einem zentralen Angriffspunkt, wie die *Sedativa* und „Tranquilizer", sei es mit einem ganglionären oder postganglionären Angriffspunkt, wie die *Ganglienblocker* bzw. das *Reserpin* und *Guanethidin*, oder auch α-*Methyldopa*, das den physiologischen Überträgerstoff Noradrenalin in den peripheren Nerven, vielleicht auch in den Zentren, durch einen funktionell unterwertigen — α-Methylnoradrenalin (Corbasil) — ersetzt (s. XV. A. 4.). Es bleibt die Frage, welche Mechanismen es dem Hypertoniker ermöglichen, den erhöhten Blutdruck mit Hilfe gleichgroßer Mengen nervalen Überträgerstoffs aufrechtzuerhalten, wie der Normotoniker sie für die Gewährleistung der Homöostase seines auf ein niedrigeres Niveau einregulierten Blutdrucks benötigt (Übersicht bei HOLTZ 1963a und b). Beobachtungen amerikanischer Autoren (DOYLE u. FRASER 1961a und b) weisen auf die Bedeutung *hereditärer* Faktoren für die Empfindlichkeit der Gefäße gegen Noradrenalin hin. Normotensive Söhne hypertensiver Väter oder Mütter reagierten auf intravenöse Noradrenalininfusionen mit einer signifikant stärkeren Gefäßverengung als gleichaltrige Söhne normotensiver Eltern.

Wenn der hohe Blutdruck der essentiellen Hypertonie nicht durch eine vermehrte Freisetzung von Noradrenalin in den Gefäßen verursacht ist, entsteht die Frage, ob der in normaler Menge freigesetzte Überträgerstoff jetzt wirksamer ist. Für die Beantwortung dieser Frage muß man sich vor Augen halten, daß der neurogene, noradrenergische Gefäßtonus sich auf einen nicht neurogenen, sondern myogenen Grundtonus sozusagen aufpfropft, der auch denervierten Gefäßen zukommt, so daß selbst nach umfangreichen Sympathektomien der zunächst abgesunkene Blutdruck allmählich wieder das präoperative Niveau erreichen kann. Für diesen muskulären „Tonus" der Gefäße sind u.a. die Elektrolyte und die hormonalen Regulatoren des Elektrolythaushaltes, die *Nebennierenrindenhormone*, mit Aldosteron als dem wirksamsten, von Bedeutung, vielleicht auch humorale Faktoren, z.B. das unter der Einwirkung des in der Niere juxtaglomerulär (GOORMAGHTIGH 1939; HARTROFT 1963) verankerten Fermentes Renin aus Bluteiweißkörpern entstehende *Angiotensin*, das vasoconstrictorisch mindestens so wirksam ist wie Noradrenalin und nach neueren Untersuchungen in schon pressorisch unterschwelligen Mengen die Zona glomerulosa der Nebennierenrinde zu vermehrter Aldosteronproduktion und -sekretion stimuliert (GENEST et al. 1960a und b; LARAGH et al. 1960a und b). Es ist wohl nicht, wie VOLHARD vermutete, die „Ischämie" der Niere schlechthin, sondern der im Experiment durch Drosselung der Nierenarterie erzeugbare Druckabfall in den Nierengefäßen, der im Bereich der Glomerula diesen *chemisch-humoralen* Mechanismus mit Angiotensin als Wirkstoff auslöst, ähnlich wie ein Druckabfall in anderen Gefäßgebieten, z. B. im Sinus caroticus, den durch Noradrenalin als Wirkstoff vermittelten *nerval-reflektorischen* Regulationsmechanismus in Gang setzt. Auch in den Gefäßwänden kommt ein reninartiger Faktor vor, wie Versuche mit Acetontrockenpulver aus der Aorta abdominalis, A. femoralis, iliaca, carotis und subclavia von Schweinen ergaben (DENGLER 1956).

In diesem Zusammenhang ist von Interesse, daß im Tierexperiment schon eine leichte Hypoventilation genügte, um bei einer Druckentlastung des Carotissinus durch Abklemmen der Carotiden die nerval-reflektorisch zustande kommende Vasoconstriction, die zu einer Erhöhung des allgemeinen Blutdrucks führt, auch auf die Nierengefäße übergreifen zu lassen (FOLKOW 1962) (s. XV. A. e.) und dadurch vielleicht den Renin-Angiotensinmechanismus in Gang zu setzen (s. auch MCCUBBIN u. PAGE 1963). Die durch Mineralocorticoide in den Gefäßwänden verursachten Elektrolytverschiebungen können, wie TOBIAN (1960) gezeigt hat, zu einer auch in vitro nachweisbaren Empfindlichkeitssteigerung der Gefäße gegen Noradrenalin und andere vasoconstrictorische Stoffe führen. Andererseits würde eine mit der in der Gefäßwand lokalisierten Störung des Natrium- und Kaliumhaushaltes einhergehende Quellung der Intima, die zu einer Einengung des Gefäßlumens um nur 10 % führt, schon aus mechanischen Gründen eine Erhöhung des Strömungswiderstandes um 40 % bedeuten.

3. Schon ng-Mengen Angiotensin verursachten, wie FELDBERG und LEWIS (1964) gezeigt haben, eine Hormonausschüttung aus dem Nebennierenmark (s. X. A. 9.). Das Octapeptid hat anscheinend nicht nur einen Angriffspunkt an der glatten Muskulatur, z. B. der Gefäße und des Darmes, sondern wirkt auch über eine Stimulierung nervaler Strukturen (Ganglien, chromaffine Zellen), wofür Versuche am Kaninchen- und Meerschweinchenileum (ROBERTSON u. RUBIN 1962), an den innervierten, künstlich durchströmten Hinterextremitäten von Ratten (LAVERTY 1963) und am isolierten Herzen (BEAULNES 1963) sprechen. An der isoliert durchströmten innervierten *Katzenmilz* verstärkten unterschwellige Dosen Angiotensin (0,005 µg), intraarteriell injiziert, die milzkontrahierende und vasoconstrictorische Wirkung der elektrischen Nervenreizung; am *Hypogastricus-Vas deferens*-Präparat des Meerschweinchens potenzierte es in Konzentrationen von 0,001—0,1 µg/ml den Effekt der elektrischen Stimulierung des Nerven, besonders bei niedriger Reizfrequenz (15/sec), nicht die Noradrenalin- und Acetylcholinwirkung. Seine pressorische Wirkung an adrenalektomierten Spinalkatzen war nach einem durch Trimethylammonium oder hohe Nicotindosen verursachten Depolarisationsblock der sympathischen Ganglien abgeschwächt (BENELLI et al. 1964). Die Beteiligung auch einer zentralen Sympathicuserregung durch Angiotensin am Zustandekommen seiner vasoconstric-

torischen Wirkung nehmen BICKERTON und BUCKLEY (1961) sowie BUCKLEY et al. (1963) an: die Injektion von Angiotensin in die Perfusionsflüssigkeit bei Durchströmung des nur noch in nervalem Zusammenhang mit dem übrigen Körper stehenden Kopfes von Hunden führte zu Vasoconstriction in den Beinen.

4. Zu wesentlichen Bestandteilen der „Kittsubstanz", in die im mesenchymalen Gewebe die Kollagenfasern eingelagert sind, gehören, neben der Hyaluronsäure, die sauren Mucopolysaccharide. In *Inkubationsversuchen* mit frischer menschlicher Aorta (Operationsmaterial) war in Gegenwart von Adrenalin die Mucopolysaccharidsynthese um 50% reduziert (HOLLANDER 1963). Kleine Segmente der Aorta abdominalis von Hunden (2×2 mm) inkorporierten bei der Inkubation mit $Na_2S^{35}O_4$, $C^{14}$-Acetat und $C^{14}$-Glucose in Gegenwart von Adrenalin und Noradrenalin (25 µg/ml) 70—80% weniger Radioaktivität als die Kontrollen; Angiotensin, das, im Gegensatz zu den Brenzkatechinaminen, einer schnellen enzymatischen Inaktivierung unterliegt, war wirkungslos. Als ursächlichen Faktor der essentiellen Hypertonie diskutieren die Autoren die bei einer derart veränderten Gefäßwand vielleicht verminderte Inaktivierung von Noradrenalin durch Bindung und eine dadurch bedingte Anhäufung pharmakologisch wirksamer Aminmengen in den Arteriolenwänden (HOLLANDER et al. 1964; s. auch FREIS et al. 1960; HOLLANDER et al. 1960).

Ein anderes Resultat hatten allerdings *in vivo*-Versuche an Kaninchen. Den Tieren wurden 5 Tage lang zweimal täglich 25 µg Adrenalin intravenös injiziert, dann 300 µc $Na_2S^{35}O_4$. 16 Std später war die Inkorporation von $S^{35}$ in die Mucopolysaccharide der Aorta bei den mit Adrenalin behandelten Tieren fast viermal größer als bei den Kontrollen, ohne daß histologische Veränderungen nachweisbar gewesen wären (MILCH u. LOXTERMAN 1964; s. auch LORENZEN 1959). Danach scheinen die Brenzkatechinamine die Mucopolysaccharidsynthese in den Gefäßwänden zu fördern.

Nur ein kleiner Teil des an den Endigungen der vasoconstrictorischen Nerven in den Gefäßwänden freigesetzten Noradrenalins gelangt zur Wirkung, d. h. zur Reaktion mit den pharmakologischen Receptoren; der größte Teil wird wieder in die Speicher der Nerven aufgenommen (s. IX.). Es ist vorstellbar, daß diese Relation in einer bezüglich ihrer „biochemischen Architektur" veränderten Gefäßwand eine Verschiebung erfährt, derart, daß von der nerval freigesetzten Menge Übertragerstoff jetzt ein größerer Prozentsatz zur Wirkung und ein kleinerer zur Wiederaufnahme in die Noradrenalinspeicher der Nerven gelangt, ohne daß das an Hand der Ausscheidungswerte im Harn faßbar würde. In diesem Sinne könnten Versuchsergebnisse von GITLOW et al. (1964) am Menschen gedeutet werden: nach einer 60 min langen Infusion von 0,05 µg DL-$H^3$-Noradrenalin/kg pro Minute fand sich 3 Std nach Beendigung der Infusion bei fünf essentiellen Hypertonikern eine signifikant höhere Eliminationsrate aus dem Plasma als bei fünf normotensiven Versuchspersonen. Eine erhöhte Plasmaclearance von Noradrenalin wäre auch nach der Verabfolgung solcher Pharmaka (z.B. Cocain) zu erwarten, die die Aufnahme des Amins in die Gewebespeicher hemmen und dadurch einen größeren Anteil einerseits für die Reaktion mit den pharmakologischen Receptoren, andererseits für die extraneuronale enzymatische Inaktivierung, z.B. durch die 3-O-Methyltransferase der Leber, mit anschließender Ausscheidung in den Harn verfügbar machen. Als Ursache dieser erhöhten Elimination nerval freigesetzten Noradrenalins bei der essentiellen Hypertonie wird von den Autoren ein „defekter" Speicherungsmechanismus und ein gegenüber der Norm verkleinerter Speicherpool diskutiert. Das brauchte dann nicht in einer die normale Streuung überschreitenden Ausscheidungsgröße der endogenen Brenzkatechinamine und ihrer Metabolite im Harn zum Ausdruck zu kommen, wie es in den meisten Fällen für die essentielle Hypertonie auch zutrifft.

Demgegenüber sind zwei andere Krankheitsbilder, von denen das eine mit krisenhaften Blutdrucksteigerungen einhergeht und das andere meistens normale Blutdruckwerte aufweist, durch eine vermehrte Produktion und Ausscheidung von Brenzkatechinaminen und deren Metaboliten charakterisiert und deshalb „aus dem Harn" diagnostizierbar: das Phäochromocytom und das Neuroblastom.

## VII. Phäochromocytom und Neuroblastom
### A. Phäochromocytom

Nachdem HENLE (1865) eine Braunfärbung der Nebennierenmarkzellen mit Kaliumbichromat und Chromsäure beobachtet hatte, eine Reaktion, die auch bei der Fixierung von Nebennierenmarkvenen erhalten (MANASSE 1894) und von bestimmten Zellgruppen peripherer sympathischer Ganglien gegeben wurde (STILLING 1899), und nachdem OLIVER und SCHÄFER (1894, 1895) die pharmakologische Wirksamkeit von Nebennierenmarkextrakten beschrieben hatten, und *Adrenalin* als der Wirkstoff erkannt worden war (TAKAMINE 1901; ABEL 1903a und b), konnten zahlreiche Autoren nachweisen, daß dieses für die Reaktion der von KOHN (1898, 1903) als „chromaffin" und von POLL (1906) als „phäochrom" (chrombraun) bezeichneten Zellen verantwortlich war. Adrenalin reduzierte die Chromsalze und wurde dabei selbst zu unlöslichem braun-schwarzem Melanin oxydiert (MULON 1903; STOERCK u. v. HABERER 1908; DEWITZKY 1912; OGATA u. OGATA 1923; GÉRARD et al. 1930). Auch andere reduzierende Polyphenole und Aminophenole reagierten in gleicher Weise wie Adrenalin mit Kaliumbichromat (VERNE 1922), und „chromaffine" bzw. „phäochrome" Zellen gaben auch mit anderen Oxydationsmitteln, z.B. Kaliumjodat, eine dunkle Braunfärbung (SZENT-GYÖRGYI 1928; GÉRARD et al. 1930).

Später zeigte sich, daß alkalisches Kaliumjodat nur mit *primären* Brenzkatechinaminen (Noradrenalin), nicht mit dem *sekundären* Amin Adrenalin unter Braunfärbung reagiert, so daß im Nebennierenmark durch eine kombinierte Behandlung mit Kaliumbichromat, das beide Amine oxydiert, und mit Kaliumjodat eine histochemische Differenzierung zwischen Adrenalin- und Noradrenalinzellen möglich wurde (HILLARP u. HÖKFELT 1953) (s. I.A. und X.A.). Die Kennzeichnung „chromaffin" oder „phäochrom", obwohl demnach nicht zutreffend, hat sich trotzdem eingebürgert und liegt auch der Bezeichnung geschwulstartiger Wucherungen chromaffinen Gewebes als „Phäochromocytome" zugrunde. Diese gehen in etwa 90% der Fälle vom Nebennierenmark und in ungefähr 10% der Fälle von extra-adrenalem chromaffinem Gewebe aus (COOK et al. 1960). Die meistens benignen und einseitig lokalisierten Tumoren können in seltenen Fällen durch infiltrierendes Wachstum und Metastasenbildung maligne entarten (s. z.B. FORSSELL u. MALM 1959; PALMIERI et al. 1961). Die Ausscheidung von Brenzkatechinaminen und ihren Stoffwechselprodukten in den Harn bleibt dann auch nach der chirurgischen Entfernung des Primärtumors hoch; aber auch die *qualitativ* verschiedene Zusammensetzung des im Harn erscheinenden Gemischs von Brenzkatechinderivaten erlaubt mitunter die Diagnose der Malignität.

Wie schon früher erwähnt, enthält das Phäochromocytomgewebe, ähnlich wie das normale embryonale Nebennierenmark (s. I.A.), meistens überwiegend Noradrenalin als Wirkstoff. Während das physiologischerweise in den Harn ausgeschiedene Noradrenalin (40—80 µg pro 24 Std) praktisch ausschließlich aus den sympathischen Nerven stammt (s. X.B.), ist der beim Phäochromocytom vermehrt ausgeschiedene Wirkstoff hormonales, aus dem Tumorgewebe sezerniertes Noradrenalin (ENGEL u. v. EULER 1950; v. EULER 1951a; LUND 1952; BURN 1953; GOLDENBERG et al. 1954; PEKKARINEN u. PITKÄNEN 1955; v. EULER u. FLODING 1956). Die elektronenmikroskopische Aufnahme eines menschlichen Phäochromocytoms läßt das massenhafte Vorhandensein hormonhaltiger Speichergranula unter Zurücktreten normaler Zellelemente erkennen (Abb. 13) (PAGE u. JACOBY 1964).

In Fällen, in denen der Tumor direkt aus dem Nebennierenmark hervorgeht, kann er wie dieses, neben Noradrenalin, einen erheblichen Prozentsatz Adrenalin enthalten. In einem solchen Fall wurden pro Gramm Phäochromocytomgewebe 1 mg Adrenalin und 0,34 mg Noradrenalin gefunden (HOLTZ et al. 1950a; LITCHFIELD u. PEART 1956). ENGELMAN und SJOERDSMA (1964) teilten vor kurzem einen Fall mit, bei dem nur die Adrenalinwerte des Harns mit 625 µg/24 Std etwa 100fach über die Norm erhöht waren, während die Noradrenalinwerte mit 72 µg/24 Std im Bereich der Norm lagen (s. auch RICHMOND et al. 1961).

Die Symptomatik des Krankheitsbildes wird bei den pharmakologischen Unterschieden zwischen Adrenalin und Noradrenalin (s. XV.) davon abhängen, welcher der beiden hormonalen Wirkstoffe zur Ausschüttung gelangt bzw. sich in Form einer Dauersekretion ins Blut ergießt: anfallsweise auftretende Blutdruckkrisen mit Tachykardie und Schweißausbrüchen, Kopfschmerzen und Präcordialschmerz können, ebenso wie ein Dauerhochdruck unter dem Bilde einer essentiellen Hypertonie, das Krankheitsbild kennzeichnen; bei maßgeblicher Beteiligung von Adrenalin stehen metabolische Effekte, wie Hyperglykämie, Glucosurie und erhöhter Grundumsatz, im Vordergrund (s. GOLDEN-

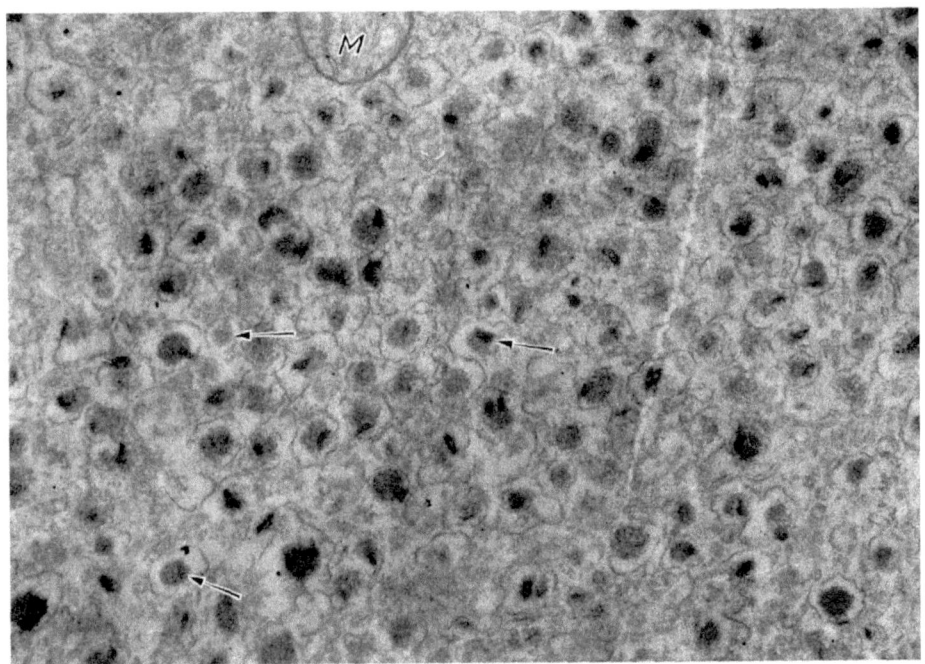

Abb. 13. *Elektronenmikroskopische Aufnahme eines menschlichen Phäochromocytoms (23 000 ×).* Massenhaft chromaffine Granula, von einer Membran umgeben (↗). Einige Mitochondrien (*M*). Aus L. B. PAGE und G. A. JACOBY (1964)

BERG u. RAPPORT 1951; GOLDENBERG et al. 1950, 1954; COHEN u. GOLDENBERG 1957). Die Blutdruckkrisen gehen, in Abhängigkeit von der Prädominanz des einen oder des anderen Hormons, mit Tachykardie (Adrenalin) oder mit Bradykardie (Noradrenalin) einher (s. z. B. STEPHENS 1961).

Durch Untersuchungen von ARMSTRONG und MCMILLAN (1957), von ARMSTRONG et al. (1957) sowie von AXELROD (1957), AXELROD et al. (1958a—c) und von LA BROSSE et al. (1958) wissen wir, daß die unter der Einwirkung der 3-O-Methyltransferase und der Monoaminoxydase, die auch im Phäochromocytom in hoher Aktivität vorkommen (SJOERDSMA et al. 1959a und b), aus Adrenalin und Noradrenalin gebildete 3-Methoxy-4-hydroxymandelsäure (Vanillinmandelsäure, VMS) das quantitativ wichtigste Stoffwechsel- und

$$CH_3O\diagdown\hspace{-0.5em}\bigcirc\hspace{-0.5em}\diagup \cdot CH(OH) \cdot COOH$$
$$HO\diagup$$

Vanillinmandelsäure (3-Methoxy-4-hydroxymandelsäure)

Ausscheidungsprodukt der beiden Brenzkatechinamine ist (s. VI.D.). Seitdem hat man die Bestimmung der VMS im Harn — neben dem Nachweis einer vermehrten Ausscheidung der Brenzkatechinamine selbst und ihrer O-methylierten Derivate, 3-O-Methyladrenalin bzw. -noradrenalin (PISANO 1960; WOLF et al. 1964) — zur biochemischen Diagnose des Phäochromocytoms benutzt (v. STUDNITZ u. HANSON 1959; v. STUDNITZ 1960; GITLOW et al. 1960, 1961; KRAUPP et al. 1959; SANDLER u. RUTHVEN 1959; SMITH et al. 1959; ZIEGLER 1960; CROUT et al. 1961 b).

Für die beim Phäochromocytom im Anschluß an eine akute hormonale Ausschüttung („Blutdruckkrise") zu erwartenden Ausscheidungsprodukte geben Versuche am Menschen mit intravenöser Injektion radioaktiven Adrenalins Anhaltspunkte. Die nach 24 Std in den Harn ausgeschiedene Radioaktivität (insgesamt fast 70% der injizierten Menge) entfiel nur zu etwa 3% auf unverändertes Adrenalin, zu 34% auf 3-O-Methyladrenalin (frei + konjugiert), zu etwa 9% auf 3,4-Dihydroxymandelsäure und zu fast 20% auf 3-Methoxy-4-hydroxymandelsäure, VMS (KIRSHNER et al. 1958). Nach 48 Std waren 90% der injizierten Radioaktivität ausgeschieden worden; die Differenz (70—90%) entfiel praktisch ausschließlich auf die verzögert gebildete und ausgeschiedene VMS, der 45% (anstatt 20% nach 24 Std) von der im Harn nachweisbaren Aktivität zukamen (AXELROD 1960a).

Das mag die Erklärung dafür sein, daß die einmalige Untersuchung des Harns von Phäochromocytompatienten manchmal fast normale Brenzkatechinaminwerte ergab, wie z.B. in einem von v. STUDNITZ (1960) mitgeteilten Fall mit 134 µg Gesamtaminen (Noradrenalin + Adrenalin), und die biochemische Diagnose erst durch die Bestimmung der VMS möglich wurde, die mit 16 mg weit über dem Normalwert von maximal 6 mg lag. Eine fast unglaublich hohe Ausscheidung sowohl der Brenzkatechinamine (26 mg/l Harn) als auch der VMS (192 mg/l Harn) wurde von JACOBS et al. (1961) mitgeteilt; auch diese Autoren berichteten über mehrere Fälle von Phäochromocytom, in denen die Ausscheidungswerte für Brenzkatechinamine (140, 110, 170 µg/l Harn) fast im Bereich der Norm lagen — bei deutlich über die Norm erhöhten Werten für die VMS (9, 12, 42 mg/l Harn) (s. auch GITLOW et al. 1960, 1961).

Obwohl im Phäochromocytomgewebe sowohl Fermente der Biosynthese der Brenzkatechinamine, z.B. Dopadecarboxylase (LANGEMANN et al. 1956), als auch ihrer Inaktivierung, z.B. 3-O-Methyltransferase, in hoher Aktivität vorhanden sind (SJOERDSMA et al. 1959a; LANGEMANN et al. 1956, 1962; HAGEN 1962; LA BROSSE u. KARON 1962), spricht schon die Tatsache, daß die meisten Phäochromocytome, im Gegensatz zum normalen Nebennierenmark des Menschen, ganz überwiegend Noradrenalin als Wirkstoff enthalten, für einen relativen Mangel an N-Methyltransferase, die Noradrenalin zu Adrenalin methyliert; auch die MAO-Aktivität scheint im Hinblick auf den hohen Amingehalt niedrig zu sein (LANGEMANN 1958). Innerhalb der enzymatischen

Reaktionskette von Fall zu Fall verschieden lokalisierte Fermentdefekte würden verständlich machen, daß die Biosynthese für einen Teil der Wirkstoffe mitunter schon auf einer noch früheren Stufe als derjenigen des Noradrenalins zum Stillstand kommt, so daß *Dopamin* fast das alleinige Brenzkatechinamin im Tumorgewebe sein kann (McMILLAN 1956) und überwiegend Dopamin vermehrt ausgeschieden wird (WEIL-MALHERBE 1956). In einem Fall konnte v. EULER et al. (1959) eine hohe Ausscheidung der aus Dopamin durch oxydative Desaminierung entstandenen 3,4-Dihydroxyphenylessigsäure nachweisen, die wahrscheinlich zum Teil auch als 3-Methoxy-4-hydroxyphenylessigsäure (Homovanillinsäure) vorlag (s. Formelschema 18).

In den seltenen Fällen maligner, metastasierender Phäochromocytome scheint, wie McMILLAN schon 1956 vermutet hatte, die Bildung großer Mengen Dopamin pathognomonisch zu sein, das wegen eines relativen Mangels an Dopamin-$\beta$-hydroxylase (s. II.A.2.) im Tumorgewebe bzw. in den Metastasen nicht zu Noradrenalin hydroxyliert werden kann und als solches, aber auch in Form der unter der Einwirkung von OMT und MAO entstandenen Stoffwechselprodukte vermehrt im Harn auftritt. In einem Untersuchungsmaterial von 36 Phäochromocytomfällen fand sich, wie aus einer Veröffentlichung von ROBINSON et al. (1964) hervorgeht, ein Patient, der, neben erhöhten Mengen Adrenalin und 3-O-Methyladrenalin sowie Noradrenalin, 3-O-Methylnoradrenalin und 3-Methoxy-4-hydroxymandelsäure (VMS), auch Dopamin und Metabolite des Dopaminstoffwechsels sowie N-Methyl-3-O-methyladrenalin in den Harn ausschied.

Formelschema 18

Nach operativer Entfernung eines im Bereich des rechten Nierenbeckens lokalisierten 900 g schweren Tumors, der histologisch den Eindruck eines benignen Phäochromocytoms machte, kam es zu einer Normalisierung der Ausscheidungswerte und einer Einstellung des Blutdrucks auf 150/90 mm Hg. Der beschwerdefreie, beruflich wieder tätig gewesene Patient klagte 11 Monate post operationem über Kopfschmerzen und Schmerzen in der rechten Schulter und im linken Arm; der Blutdruck war auf 190/110 mm Hg erhöht; die Ausscheidung von VMS lag an der oberen Grenze der Norm. Einen Monat später waren die Ausscheidungswerte für 3-O-Methylnoradrenalin und VMS stark erhöht, nach weiteren 2 Monaten traten große Mengen Dopaminstoffwechselprodukte — 3-O-Methyldopamin, 3,4-Dihydroxyphenylessigsäure, Homovanillinsäure — auf, außerdem Vanillinsäure und p-Hydroxyphenylmilchsäure.

$$\underset{\text{Vanillinsäure}}{\overset{CH_3O}{\underset{HO}{\bigcirc}}\!\!COOH} \qquad \underset{\text{p-Hydroxyphenylmilchsäure}}{\overset{}{\underset{HO}{\bigcirc}}\!\!CH_2\cdot CH(OH)\cdot COOH}$$

Wiederum 2 Monate später, insgesamt 16 Monate p.o., trat der Tod ein. In der letzten Zeit hatten sich durch Metastasen verursachte osteolytische Läsionen im linken unteren Schulterblatt und im rechten Schlüsselbein röntgenologisch nachweisen lassen.

*3,4-Dihydroxyphenylessigsäure*, die in den Organen verschiedener Insekten und Insektenlarven nachgewiesen wurde (SCHMALFUSS et al. 1933a und b; SCHMALFUSS 1937; PRYOR et al. 1946; HACKMAN et al. 1948), scheint auch im Warmblüterorganismus ein ziemlich stabiles Abbauprodukt des Dopamins zu sein: nach oraler Verabfolgung von 100 mg schieden Ratten 75 mg unverändert in den Harn aus (LEAF u. NEUBERGER 1948). Es darf daraus vielleicht geschlossen werden, daß beim Abbau von Dopamin zu 3-Methoxy-4-hydroxyphenylessigsäure (Homovanillinsäure) die 3-O-Methylierung durch die OMT der oxydativen Desaminierung der Seitenkette durch die MAO vorausgeht, wofür auch Versuche von AXELROD et al. (1958a und b) mit $H^3$-Dopamin sprechen. In Untersuchungen über das Vorkommen sog. Phenolcarbonsäuren im menschlichen Harn hatten ARMSTRONG et al. (1956) Homovanillinsäure (HVS) als normalen Harnbestandteil nachweisen können. Nach SHAW et al. (1957) beträgt die — diätetisch nicht beeinflußbare — tägliche Ausscheidung von HVS als eines Metaboliten des *endogenen* Dopastoffwechsels beim Erwachsenen 3—8 mg. — Dem endogenen Dopastoffwechsel entstammte wohl auch der aus dem Harn eines Patienten mit malignem Phäochromocytom in großen Mengen (7 mg/l Harn) isolierte Protecatechualdehyd (HERRLICH u. SEKERIS 1963):

$$\overset{HO}{\underset{HO}{\bigcirc}}\!\!CHO$$

Trotz klinisch begründeten Verdachts auf das Vorliegen eines Phäochromocytoms kann der Versuch, die Diagnose biochemisch durch die Untersuchung des Harns zu erhärten, negativ ausfallen oder ein unsicheres Resultat haben. In solchen Fällen ist die Vornahme eines sog. Provokationstestes angezeigt. Neben dem von KVALE et al. (1956) vorgeschlagenen *Histamin* (25—100 µg i.v.), ist in letzter Zeit die Injektion von *Tyramin* (250 µg bis 1 mg i.v.) zur Auslösung eines Blutdruckanstiegs durch vermehrte Freisetzung von Brenzkatechinaminen empfohlen worden (ENGELMAN u. SJOERDSMA 1964): Tyramindosen, die beim Blutdrucknormalen oder bei Patienten mit essentieller Hypertonie so gut wie wirkungslos sind, verursachen am Phäochromocytompatienten mehr oder weniger starke Blutdrucksteigerungen. Der Mechanismus dieser Tyraminwirkung ist nicht klar. Obwohl Tyramin und andere indirekt wirkende Amine sowohl aus isolierten Nebennierenmarkgranula (s. VIII.A.1.d.) als auch aus der isoliert durchströmten Nebenniere die Hormone freisetzten (HAAG et al. 1961; GARRETT et al. 1965), soll die in vivo, am Ganztier, blutdrucksteigernde Wirkung ausschließlich durch die Freisetzung nervalen Noradrenalins, ohne Mitbeteiligung des Nebennierenmarks, zustande kommen (WEINER et al. 1962a). ENGELMAN und SJOERDSMA (1964) nehmen deshalb an, daß auch die pressorische Wirkung kleiner, am Normotensiven wirkungsloser Tyramindosen bei Phäochromocytompatienten nicht auf der Freisetzung der Hormone aus dem Tumorgewebe beruht, sondern auf der vermehrten Freisetzung von Noradrenalin aus den beim Phäochromocytom stärker als normal aufgefüllten Noradrenalinspeichern der sympathischen Nerven. Zugunsten dieser Annahme konnten die Autoren anführen, daß der „Tyramintest" bei einem Phäochromocytomkranken, der, bei normalen Noradrenalinwerten im Harn, nur Adrenalin vermehrt ausschied (72 µg NA, 625 µg A pro 24 Std), negativ war; Adrenalin wird, wie aus Versuchen mit radioaktiven Aminen bekannt ist, in weit geringerem Umfang und weniger fest vom Gewebe gebunden als Noradrenalin (WHITBY et al. 1961; STRÖMBLAD u. NICKERSON 1961).

Dieser Deutung der Tyraminwirkung kann entgegengehalten werden, daß der relative *ATP-Mangel* im Phäochromocytom, d. h. ein Überschuß an nicht oder weniger fest gebundenen Brenzkatechinaminen (s. VIII.A.1.a.), nicht nur die Spontansekretion, sondern auch die vermehrte Freisetzung der Hormone durch Tyramin erleichtern könnte, so daß dieses zwar nicht im normalen Nebennierenmark, wohl aber im chromaffinen Gewebe des Phäochromocytoms die Hormonabgabe steigern würde.

Wie an Hunden die Injektion hoher Tyramindosen zu einem Anstieg des Brenzkatechinamingehaltes im Plasma führte, der die Blutdrucksteigerung um 10—15 min überdauerte (WEINER et al. 1962a), so war auch bei einem Phäochromocytompatienten mit einer täglichen Ausscheidung von 2 mg Noradrenalin und 20 mg Vanillinmandelsäure die Tyramininjektion von einer Erhöhung der Brenzkatechinaminkonzentration im Blut gefolgt, die wesentlich länger anhielt als die tyraminbedingte Erhöhung des Blutdrucks (ENGELMAN u. SJOERDSMA 1964). Die Erklärung dürfte sein, daß, wie Versuche von HERTTING et al. (1961a und b) gezeigt haben, Tyramin, z. B. aus dem Herzen, nicht nur Noradrenalin *freisetzt*, sondern auch die Wiederaufnahme des freigesetzten Brenzkatechinamins in die Aminspeicher der sympathischen Nervenendigungen hemmt (s. X.B.4.b.).

Neben Provokationstests (Histamin, Tyramin) finden in der klinischen Diagnostik des Phäochromocytoms Sympathicolytica, z.B. Phentolamin (Regitin), Anwendung, die durch Blockierung der α-Receptoren der Gefäße (s. XIII.B.C.) die pressorische Wirkung hämatogenen Noradrenalins leichter und stärker abschwächen als diejenige des an den Enden der vasoconstrictorischen Nerven freigesetzten Überträgerstoffs, und deshalb in einer Dosierung, die am normalen Menschen keine nennenswerte Blutdrucksenkung hervorruft, am Phäochromocytompatienten deutlich depressorisch wirken. — Adrenalin, das durch die Stimulierung adrenergischer α- und β-Receptoren sowohl vasoconstrictorische als auch vasodilatatorische Wirkungen ausübt (s. XV. A. 1.), wird nach selektiver Blockierung der vasodilatatorischen β-Receptoren, z.B. mit Nethalid (Pronethalol), vasoconstrictorisch und damit pressorisch wirksamer (s. Abb. 50) (DORNHORST u. ROBINSON 1962; HOLTZ et al. 1964a und b). Da Adrenalin bei manchen Phäochromocytompatienten maßgeblich an der Kreislaufwirkung beteiligt sein kann, ist als diagnostischer Test die Infusion eines β-Sympathicolyticums diskutiert worden, die bei positivem Ausfall des Tests zu einer Blutdrucksteigerung führen müßte (PATON 1964).

## B. Neuroblastom

Das in den seltenen Fällen maligner, metastasierender *Phäochromocytome* außerordentlich mannigfaltige „Ausscheidungsmuster" von Brenzkatechinaminen und ihren Metaboliten war dadurch charakterisiert, daß es auf niedrigeren Stufen der enzymatischen Biosynthese, nämlich auf der Stufe des Dopa und Dopamins gebildete Reaktionsprodukte enthielt: 3-O-Methyldopamin, 3,4-Dihydroxyphenylessigsäure, Homovanillinsäure. Es scheint, wie neuere Untersuchungen gezeigt haben, direkt pathognomonisch für bestimmte *neurogene* Tumoren zu sein. Diese, meist retroperitoneal gelegen, können ihren Ursprung aus den thorakalen, sacralen und cervicalen Abschnitten des Grenzstrangs oder aus den großen Ganglien des Bauchsympathicus nehmen, aber auch aus dem Nebennierenmark hervorgehen, in dem schon RUDOLF VIRCHOW (1864/65) das pathologische Vorkommen von sympathischen Ganglienzellen beobachtet hatte. Die aus unreifen Sympathogonien sich entwickelnden, zu Metastasenbildung neigenden Neuroblastome des frühen Kindesalters sind es vor allem, die große Mengen Brenzkatechinamine bilden. Wie beim Phäochromocytom, ist deshalb auch beim Neuroblastom die Möglichkeit einer biochemischen Diagnose aus dem Harn durch die quantitative Bestimmung der vermehrt ausgeschiedenen Amine und ihrer Stoffwechselprodukte gegeben.

MASON et al. (1957) sowie ISAACS et al. (1959) berichteten als erste über adrenalin- bzw. noradrenalinsezernierende Neuroblastome bei Kindern. Zahlreiche seitdem veröffentlichte Untersuchungen, in denen mit Hilfe neu entwickelter Bestimmungsmethoden das Augenmerk auch auf bisher unbekannte Abbauprodukte der Brenzkatechinamine gerichtet wurde, haben ergeben, daß, im Gegensatz zu den meistens benignen Phäochromocytomen, metastasierende Neuroblastome nicht nur Noradrenalin und Adrenalin sowie Vanillinmandelsäure und andere Derivate der beiden Brenzkatechinamine (GREENBERG u. GARDNER 1959, 1960; v. STUDNITZ 1960; ZIEGLER 1960; KÄSER u. v. STUDNITZ

1961; KÄSER 1961; VOORHESS u. GARDNER 1962; KÄSER et al. 1963; GJESSING 1963a und b), sondern auch Dopa und Dopamin sowie die aus ihnen enzymatisch gebildeten Stoffwechselprodukte vermehrt sezernieren (v. STUDNITZ 1961, 1962; v. STUDNITZ et al. 1963; GJESSING 1963a und b, 1964; SOURKES et al. 1963; WILLIAMS u. GREER 1963; PAGE u. JACOBY 1964).

In diesem Zusammenhang ist von Interesse, daß Dopamin, von HOLTZ et al. (1942a, 1944/47) sowie von v. EULER und HELLNER (1951) als normaler Bestandteil des menschlichen Harns nachgewiesen, nach Untersuchungen von SCHÜMANN (1958c) in sympathischen Nerven und sympathischen Ganglien von Rindern in fast ebenso hoher Konzentration vorkommt wie Noradrenalin (s. I.B.1.). Der hohe Gehalt der sezernierenden, aus der Sympathicusanlage hervorgegangenen Neuroblastome auch an Dopa (s. I.B.2.), das sich unter physiologischen Verhältnissen nirgendwo im Organismus anhäuft, könnte auf einer exzessiv hohen Bildung der Aminosäure aus Tyrosin beruhen, aber auch durch einen Mangel an Dopadecarboxylase bedingt sein. Eiweißarme Diät hatte in dem schon erwähnten Fall eines Phäochromocytoms mit hoher Dopaminausscheidung nach einigen Tagen zu einer Erniedrigung der Dopaminwerte im Harn geführt (WEIL-MALHERBE 1956). Anhaltspunkte für eine diätetische Beeinflußbarkeit der Dopaausscheidung auch bei einem Fall von Neuroblastom erhielten SOURKES et al. (1963). Da eine Eiweißmangeldiät nicht über längere Zeit verabfolgt werden kann, sollte nach Ansicht der Autoren der Eiweißbedarf zum Teil mit phenylalanin- und tyrosinarmen Proteinen (Gelatine) gedeckt werden, wobei die hypothetische Vorstellung zugrunde liegt, daß die Integrität der Tumorzellen an die abundante Bildung von Brenzkatechinaminen geknüpft ist, so daß deren durch Substratmangel verursachte Beeinträchtigung sich deletär auf das Tumorgewebe auswirken würde. Erfolgversprechend wäre vielleicht auch die Verabfolgung von Fermentinhibitoren, insbesondere von Hemmstoffen der Tyrosinhydroxylase (s. III.C.), da diese den geschwindigkeitsbestimmenden — „rate limiting" — Schritt in der zur Dopamin- und Noradrenalinsynthese führenden Reaktionsfolge bestimmt: die Überführung von p-Tyrosin in 3,4-Dihydroxyphenylalanin (Dopa) (s. II.A.4.).

Der hohe Dopagehalt der Neuroblastome spricht dafür, daß die Dopadecarboxylaseaktivität des Tumorgewebes durch das hohe Substratangebot überfordert wird. Die Anhäufung von Dopamin dürfte durch einen relativen Mangel an Dopamin-$\beta$-hydroxylase, die Dopamin in Noradrenalin überführt, verursacht sein. So erscheint beim Neuroblastom als quantitativ wichtigstes Ausscheidungsprodukt eines erhöhten Dopa- und Dopaminstoffwechsels die Dihydroxyphenylessigsäure vermehrt im Harn, und zwar überwiegend in Form des 3-O-methylierten Derivates, der Homovanillinsäure. Die 3-O-Methylierung erfolgt aber wahrscheinlich schon auf früheren Stufen: 3-O-Methyldopa (3-Methoxytyrosin) sowohl als auch 3-O-Methyldopamin (3-Methoxytyramin) sind bei Kindern mit Neuroblastom vermehrt im Harn nachgewiesen worden (s. z.B. PAGE u. JACOBY 1964). Die Produktion großer Dopamengen bedingt eine hohe Methylierungsrate (AXELROD u. LERNER 1963). Die Homovanillinsäure kann sowohl aus 3-O-Methyldopa als auch aus 3-O-Methyldopamin entstehen (s. Formelschema 19): im ersten Fall über eine Transaminierung der Aminosäure zur Brenztraubensäure (SHAW et al. 1957), die dann durch oxydative Decarboxylierung in die Essigsäure (Dihydroxyphenylessigsäure bzw. Homovanillinsäure) übergeht; im zweiten Fall über eine oxydative Desaminierung des Amins durch die Monoaminoxydase (MAO) zum Aldehyd, der dann durch eine Aldehyddehydrogenase in die gleiche Säure (Homovanillinsäure) umgewandelt wird. Auch 3 Methoxy-4-hydroxyphenylmilchsäure und -brenztraubensäure sind vor kurzem im Harn von Neuroblastompatienten nachgewiesen worden (GJESSING 1963a und b; GJESSING u. BORUD 1965).

Formelschema 19

$$\begin{array}{c} \text{Dopa} \xrightarrow{-CO_2} \text{Dopamin} \\ \downarrow \text{3-O-Methylierung (OMT)} \quad \downarrow \text{(OMT)} \\ \text{3-O-Methyldopa} \xrightarrow{-CO_2} \text{3-O-Methyldopamin} \\ \downarrow \text{Transaminierung} \quad \downarrow \text{(MAO)} \\ \text{3-Methoxy-4-hydroxy-phenylbrenztraubensäure} \xrightarrow{+[O]\ -CO_2} \text{3-Methoxy-4-hydroxy-phenylacetaldehyd} \\ \downarrow +[H] \quad \downarrow -[H] \\ \text{3-Methoxy-4-hydroxy-phenylmilchsäure} \quad \text{3-Methoxy-4-hydroxy-phenylessigsäure (Homovanillinsäure)} \end{array}$$

Noradrenalin und Adrenalin werden — wie beim Gesunden, so auch beim Neuroblastom- (und Phäochromocytom-) Patienten — überwiegend als 3-O-methylierte Amine und in Form 3-O-methylierter Stoffwechselprodukte in den Harn ausgeschieden. Das quantitativ überwiegende Ausscheidungsprodukt ist, wie schon gesagt, die Vanillinmandelsäure. Die physiologisch aus dem *Nebennierenmark* und den *sympathischen Nerven* freigesetzten hormonalen bzw. nervalen Wirkstoffe werden, in gleicher Weise wie die aus einem

Phäochromocytom im Übermaß ins Blut sezernierten Brenzkatechinamine, zum größten Teil als solche, d.h. in pharmakologisch wirksamer Form abgegeben, um dann anschließend, nachdem sie ihre physiologischen oder pathophysiologischen Wirkungen (z.B. „Blutdruckkrisen") ausgeübt haben, hauptsächlich wohl in der Leber dem inaktivierenden Abbau durch 3-O-Methyltransferase und Monoaminoxydase anheimzufallen. Demgegenüber scheinen die Brenzkatechinamine des *Neuroblastoms* zum größten Teil im Tumorgewebe selbst O-methyliert zu werden und somit als pharmakologisch unwirksame Derivate ins Blut überzutreten. Dafür spricht einmal die hohe 3-O-Methyltransferase-Aktivität des Neuroblastoms (LA BROSSE u. KARON 1962), sodann die klinische Beobachtung, daß auch in Fällen mit einer exzessiv hohen Ausscheidung von Vanillinmandelsäure und Homovanillinsäure — im Gegensatz zum Phäochromocytom — die für dieses charakteristischen krisenhaften Blutdruckanstiege und Erhöhungen des Blutdrucks beim Neuroblastom meistens fehlen.

## VIII. Subcelluläre Lokalisation: Aufnahme, Speicherung und Freisetzung
### A. Nebennierenmark

Von der nerval-cholinergisch, auf dem Wege der Nn. splanchnici gesteuerten physiologischen *Sekretion* der Nebennierenmarkhormone, bei der dem an den Nervenenden freigesetzten Acetylcholin die Rolle des Überträgerstoffs der Nervenwirkung zufällt, und von einer hormonalen Basal- oder „Ruhesekretion" auch der denervierten Drüse läßt sich eine pharmakologische, d. h. durch Pharmaka verursachte *Freisetzung* der hormonalen Wirkstoffe unterscheiden, die, wie z. B. nach der Verabfolgung von Reserpin, zu einer fast totalen Verarmung des Nebennierenmarks an Hormonen führen kann (s. X.A.7.). Für das Verständnis der Mechanismen, nach denen die Sekretion bzw. Freisetzung der Markhormone aus den chromaffinen Zellen erfolgt, ist die Kenntnis des Aufnahme- und Speicherungsmechanismus Voraussetzung.

α) Das Adrenalin und Noradrenalin des Nebennierenmarks kommt überwiegend, zu 80—90%, in granulären Elementen der chromaffinen Zellen vor (BLASCHKO u. WELCH 1953; HILLARP et al. 1953; BLASCHKO et al. 1955; SCHÜMANN 1957, 1957/58; HILLARP 1960a und b), die in ihrer Gesamtheit, z. B. bei der Maus, weniger als 5 % des Cytoplasmavolumens einnehmen (WETZSTEIN 1962). In diesen elektronenmikroskopisch darstellbaren, kugelförmigen „Speichergranula" (Abb. 14A, B, C), die — von Tierart zu Tierart verschieden — einen Durchmesser von 500—6000 Å haben und durch eine etwa 100 Å dicke, osmiophile, semipermeable Membran gegen das Cytoplasma abgegrenzt sind (LEVER 1955, SJÖSTRAND u. WETZSTEIN 1956; WETZSTEIN 1957, 1962; DE ROBERTIS u. FERREIRA 1957a—c; BURGOS 1959; HAGEN u. BARNETT 1960; KLEINSCHMIDT u. SCHÜMANN 1961), erfolgt auch die Synthese des Noradrenalins durch Hydroxylierung von Dopamin (POTTER u. AXELROD 1963c): dieses, im Cytoplasma der chromaffinen Zellen durch Decarboxylierung von L-Dopa gebildet, muß in die Granula eindringen, um von der in diesen lokalisierten Dopamin-$\beta$-oxydase in Noradrenalin umgewandelt zu werden (s. II.A.2.). Dessen Methylierung zu Adrenalin erfolgt im Cytoplasma durch die in diesem vorhandene N-Methyltransferase (KIRSHNER u. GOODALL 1957b; MASUOKA et

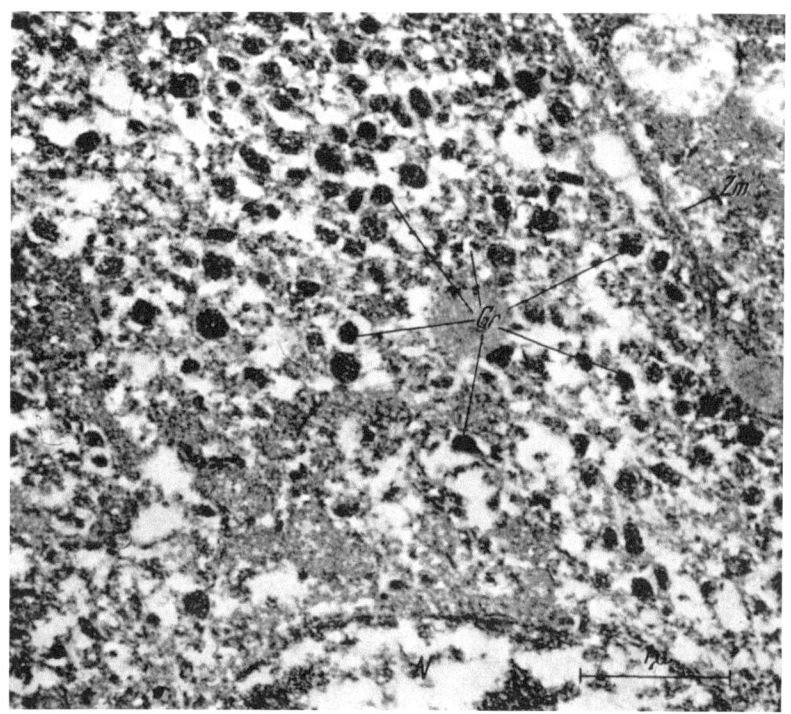

Abb. 14A. *Elektronenmikroskopische Aufnahme vom Nebennierenmark des Huhns.* Granula (*Gr*), Kern (*N*), Zellgrenze (*Zm*) zu einer Nachbarzelle ohne Granula. 20000 ×. Aus A. KLEINSCHMIDT und H. J. SCHÜMANN (1961)

al. 1958), — mit sich anschließender Aufnahme in die „Adrenalingranula" (s. unter „$\gamma$"). Die granuläre Speicherung ist sozusagen als ein letzter Schritt in der Biosynthese der Hormone anzusehen, der sie u. a. vor dem Angriff der im Cytoplasma oder in anderen Zellorganellen lokalisierten Fermente des inaktivierenden Abbaus, z. B. der Monoaminoxydase, schützt. Die chromaffinen Granula lassen sich in der Ultrazentrifuge über einem Dichtegradienten von den Mitochondrien abtrennen. Sie unterscheiden sich von ihnen u. a. dadurch, daß sie die für diese charakteristischen Fermente des oxydativen Stoffwechsels, z. B. Cytochromoxydase, ferner Bernsteinsäuredehydrogenase und Fumarase, sowie Monoaminoxydase, nicht enthalten (BLASCHKO et al. 1957).

$\beta$) DE ROBERTIS u. Mitarb. konnten in den chromaffinen Zellen des Kaninchennebennierenmarks elektronenmikroskopisch mit Osmiumtetroxyd färbbare kleinere granuläre Elemente („droplets") mit einem mittleren Durchmesser von 400 Å darstellen, die in den zentralen Regionen der Zellen lagen, und größere „droplets" (870—2300 Å) in der Peripherie des Cytoplasmas nahe der Zellmembran. Aus Untersuchungen an Hamsternebennieren schlossen die Autoren, daß die kleinen, im Zellinneren gelegenen Granula sich zu den

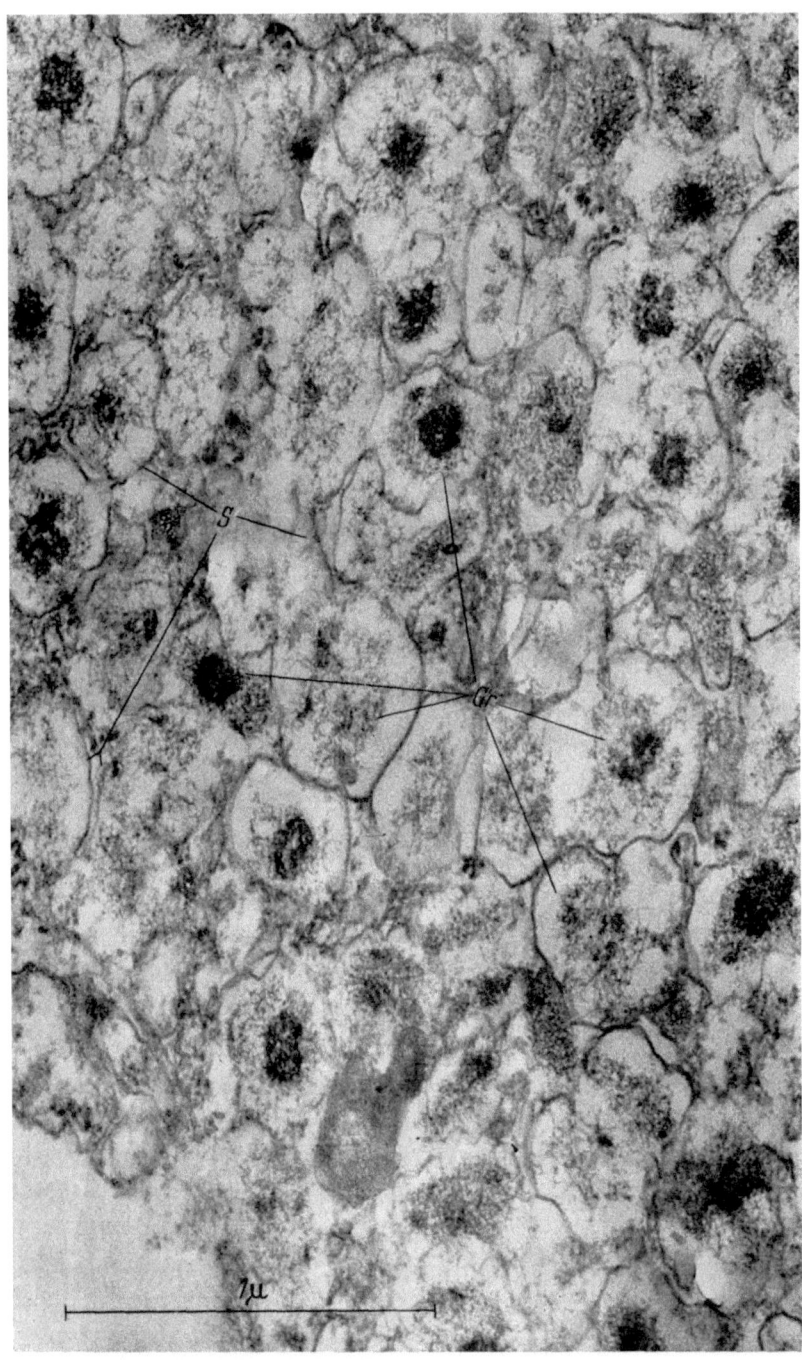

Abb. 14B. *Ausschnitt aus einer Hauptzelle des Nebennierenmarks (Huhn). Elektronenmikroskopische Aufnahme.* Septen (S) mit Doppelkonturierung. Granula (Gr) zum Teil mit kontrastreichem Zentrum, zu einem feinen Gerüstwerk aufgelöst. Vestopal. 50000 ×. Aus A. KLEINSCHMIDT und H. J. SCHÜMANN (1961)

reifen großen Granula entwickeln, die in der Nähe der Membran akkumulieren und z. B. durch Splanchnicusreizung zum Verschwinden gebracht werden (Abb. 15a und b). Sie erblicken in den granulären Elementen der chromaffinen Zellen keine „permanent organoids", sondern „secretory inclusions", deren zu einem bestimmten Zeitpunkt vorhandene Zahl „is the result of a balance

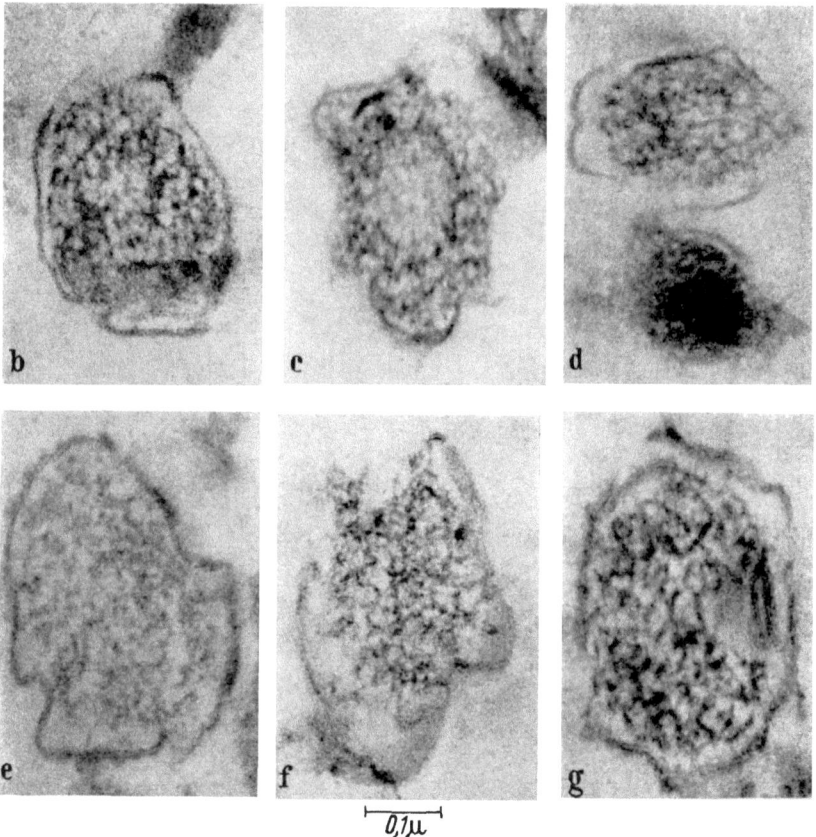

Abb. 14 C-Teilbilder b—g. *Chromaffine Granula aus Hühnernebennierenmark. Elektronenmikroskopische Aufnahme.* Innerhalb der Membran unterschiedliche zentrale Strukturen, von fädigem oder granulärem Material umgeben. Vestopal. 100000 ×. Aus A. KLEINSCHMIDT und H. J. SCHÜMANN (1961)

between the process of elaboration and storage and the excretion of the secretory product". Die Hormonsekretion soll mit einer in toto-Ausschleusung dieser granulären Zelleinschlüsse unter Zurücklassung ihrer Membran verbunden sein (DE ROBERTIS u. VAZ FERREIRA 1957; DE ROBERTIS u. SABATINI 1960; DE ROBERTIS 1961, 1962).

Mit dieser Auffassung schwer vereinbar ist die Beobachtung, daß bei Mäusen, Katzen und beim Hamster nach teilweiser bzw. vollständiger Hormonverarmung des Nebennierenmarks durch Unterkühlung der Tiere oder durch Verabfolgung von Reserpin oder Insulin das feingranuläre Protein-Lipid-Gerüst der Granula elektronenmikroskopisch besonders deutlich sichtbar wurde (WETZSTEIN 1957, 1962). Im Einklang hiermit steht, daß nach partieller

124 Subcelluläre Lokalisation: Aufnahme, Speicherung und Freisetzung

Hormonverarmung des Nebennierenmarks durch β-Tetrahydronaphthylamin Zahl und Erscheinungsform der chromaffinen Granula nicht verändert war (HIL-

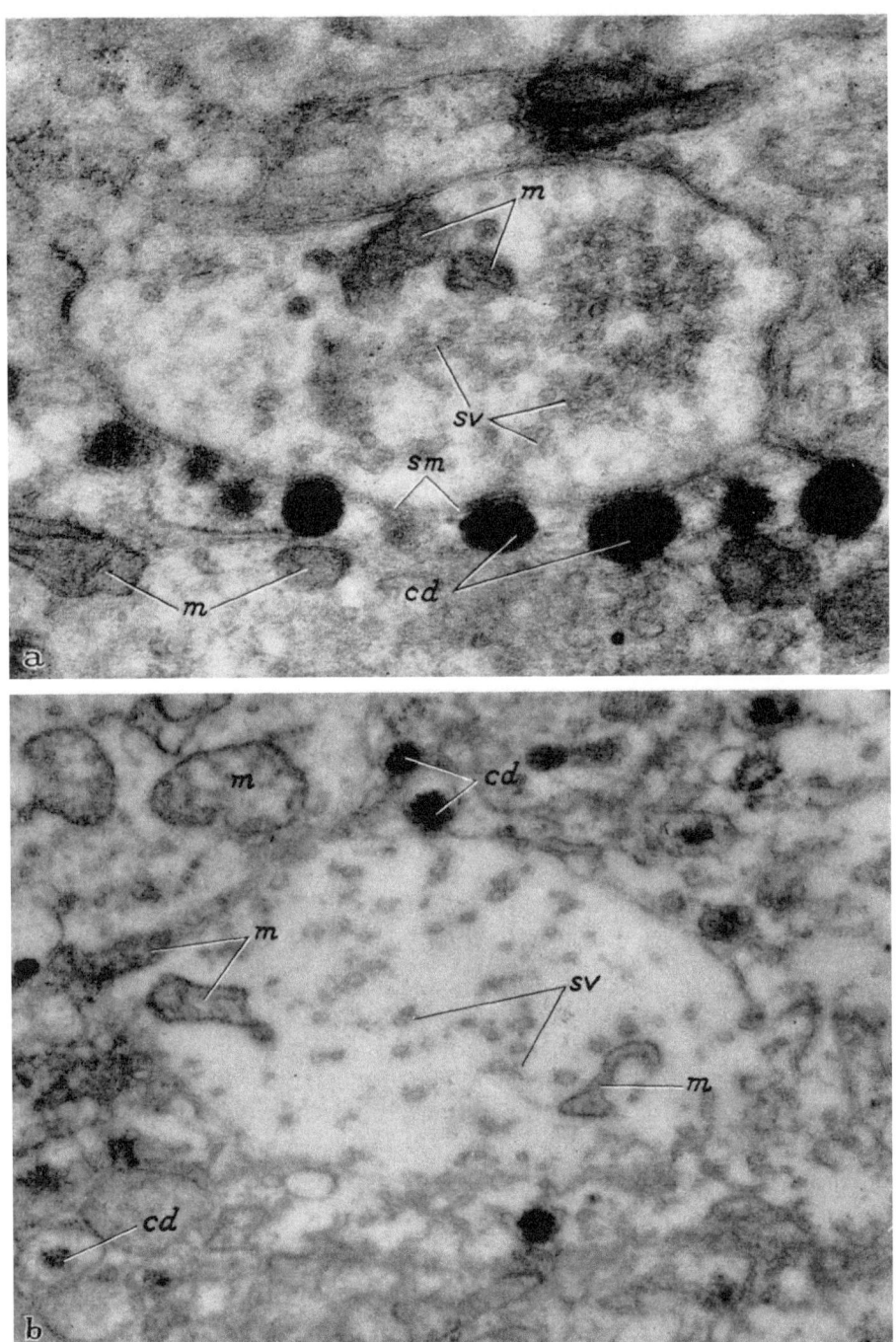

Abb. 15a u. b. *Elektroncnmikroskopische Aufnahme einer intercellulären Nervenendigung im Nebennierenmark* (Kaninchen). Die Nervenendigung enthält Mitochondrien (*m*), brenzkatechinaminhaltige „droplets" (*cd*). — *sv* Synaptische Vesikel; *sm* synaptische Membran. a (45 500×) normal, b (26 500×) nach elektrischer Splanchnicusreizung (400 Imp./sec, 10 min). Aus E. DE ROBERTIS (1964)

LARP u. NILSON 1954b; HILLARP et al. 1954 a und b; s. auch LEVER 1955). Auch Untersuchungen mit isolierten, durch Reserpin- und Insulinbehandlung der Tiere an Hormonen verarmten phäochromen Granula des Hühnernebennierenmarks sprechen gegen eine etwa durch Pinocytose erfolgende Sekretion der Hormone und machen es wahrscheinlich, daß die Speichergranula der chromaffinen Zellen echte Zellorganellen sind: trotz starker Abnahme des Brenzkatechinamingehaltes besaßen die aus den Nebennierenmark-Homogenaten durch Ultrazentrifugieren gewonnenen Granula, die zwar spezifisch leichter waren als die hormonreichen Granula des normalen Nebennierenmarks, einen normalen Eiweißgehalt (SCHÜMANN 1957, 1957/58).

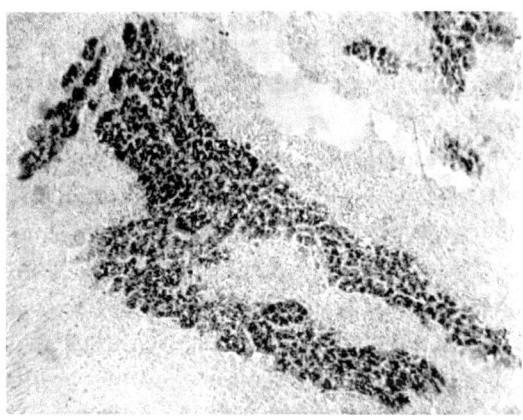

Abb. 16. *Selektive histochemische Darstellung der Noradrenalinzellen in einem histologischen Schnitt aus Katzennebennierenmark mit Kaliumjodat* (s. Text). Aus N.-Å. HILLARP und B. HÖKFELT (1953)

γ) In Homogenaten aus Hühner-Nebennierenmark ließen sich im Schwerefeld der Ultrazentrifuge über einem Dichtegradienten (0,2—2 Mol Saccharose) spezifisch schwerere chromaffine Granula von spezifisch leichteren abtrennen; die einen enthielten fast ausschließlich Noradrenalin, die anderen Adrenalin (SCHÜMANN 1957, 1957/58; EADE 1958). Die Granula speichern demnach anscheinend überwiegend das eine *oder* das andere Hormon. Histochemische Untersuchungen sprechen dafür, daß die adrenalin- bzw. noradrenalinhaltigen *Granula* nicht etwa entsprechend dem von Tierart zu Tierart verschiedenen, aber für jede charakteristischen und weitgehend konstanten Mengenverhältnis der beiden Hormone im Inkret des Nebennierenmarks in den chromaffinen Zellen vorkommen, so daß diese, z. B. bei der Katze, etwa 60% Adrenalin- und 40% Noradrenalingranula enthalten würden, sondern daß die chromaffinen Zellen *entweder* den einen *oder* den anderen Granulatyp enthalten und dadurch zu „Adrenalin-" bzw. „Noradrenalinzellen" werden; denn adrenalin- bzw. noradrenalinhaltige Zellen ließen sich färberisch und fluorescenzmikroskopisch in Form größerer einheitlicher Zellaggregate bzw. Gewebeareale oder als inselartige, zusammenhängende Zellgruppen darstellen und voneinander abgrenzen (Abb. 16) (HILLARP u. HÖKFELT 1953, 1954, 1955; ERÄNKÖ 1951,

1955a—d, 1957). Diese „morphologisch-biochemische" Anordnung, zusammen mit der Tatsache (PALKAMA 1964), daß die „Adrenalinzellen" anscheinend bei allen Tierarten abundant, die „Noradrenalinzellen" hingegen nicht oder nur spärlich innerviert sind, dürfte die Grundlage dafür abgeben, daß eine selektive Freisetzung des einen *oder* des anderen hormonalen Wirkstoffs möglich ist (s. X.A.).

Granulasuspensionen, in isotonischer Sucroselösung bei $0°$ C aufbewahrt, behielten ihren Amingehalt, während sie ihn in hypotonischen Lösungen oder in destilliertem Wasser, leicht abgaben (HILLARP u. NILSON 1954a und b). Im ersten Fall entsprach bei intravenöser Injektion einer Granulasuspension der akute Blutdruckanstieg der Wirkung von nur etwa $1/5$ der gespeicherten Aminmenge, im zweiten Fall („Osmotische Lyse") war er viel stärker, verlief aber auch jetzt protrahierter als bei der Injektion der reinen Wirkstoffe (BLASCHKO et al. 1955).

Für die Hühnernebenniere, die ungefähr gleichviel medulläres wie corticales Gewebe enthält (ELLIOTT u. TUCKETT 1906), haben BURACK et al. (1962) die Zahl der Speichergranula pro 1 g Feuchtgewicht auf $5 \times 10^{12}$ bis $10^{13}$ berechnet und den Hormongehalt eines „schweren" Granulums auf etwa 8 Millionen Moleküle. Das würde eine so hohe osmotische Aktivität bedeuten, daß diese mit der Integrität der chromaffinen Granula nicht vereinbar wäre. Schon aus diesem Grunde war anzunehmen, daß der größte Teil der hormonalen Wirkstoffe in gebundener, osmotisch unwirksamer Form vorliegt. In Analogie zum *Histamin*, das im Gewebe und in den Mastzellen an saure Gruppen von Heparinmolekülen gebunden ist, scheint die granuläre Speicherung der basisch reagierenden Brenzkatechinamine unter Bindung an Adenosintriphosphorsäure zu erfolgen.

### 1. Speicherung und Freisetzung

a) **Adenosintriphosphorsäure (ATP)**. Englische und schwedische Forscher wiesen vor etwa 10 Jahren in den granulären Hormonspeichern der chromaffinen Zellen des Rindernebennierenmarks einen hohen ATP-Gehalt nach (HILLARP et al. 1955; BLASCHKO et al. 1955, 1956; FALCK et al. 1956; D'IORIO u. EADE 1956). Nach HILLARP et al. (1959) ist die chemische Zusammensetzung der Granula in Prozent des Feuchtgewichtes (68,5 % Wasser): Proteine 11,5 %, Lipide 7 %, Brenzkatechinamine 6,7 %, Adenosinphosphate 4,5 %. Auf Trockengewicht bezogen, beträgt der Amingehalt der Granula fast 20 %, ihr ATP-Gehalt fast 15 %. Er ist höher als in irgendeinem anderen Gewebe (HEALD 1960). Die Adenosinphosphate stellen mindestens 95 % der säurelöslichen organischen Phosphate dar.

In den Granula der chromaffinen Zellen des Rindernebennierenmarks betrug der ATP-Gehalt 7,6 µMol pro 1 mg Eiweiß-Stickstoff, der Brenzkatechinamingehalt 34,3 µMol, so daß sich ein molarer Quotient Amin/ATP von 4—5 ergab. 1 Mol ATP kann mit seinen vier sauren Valenzen bei pH 7,4 4 Mol Amine binden. An ADP und AMP wurden nur 0,89 bzw. 0,27 µMol/mg Eiweiß-N gefunden (HILLARP 1958a—d). Bei anderen Tierarten allerdings war der Amin/ATP-Quotient mitunter höher; in diesen Fällen, z. B. im Hühner-Nebennierenmark, wurde dann entsprechend mehr ADP (24%) und AMP (17%) gegenüber nur 59% ATP gefunden (BURACK et al. 1960) und im Rattennebennierenmark — neben 68% ATP — 25 bzw. 7% ADP bzw. AMP (HILLARP 1959; HILLARP u. THIEME 1959; HILLARP et al. 1959), so daß auch jetzt genügend Phosphatgruppen für die Bindung der Amine zur Verfügung standen. Nach neueren Untersuchungen am Hühnernebennierenmark sollen jedoch die Phosphatgruppen auch der Gesamt-Adeninnucleotide für eine 100%ige Bindung der Amine nicht ausreichen, so daß ein kleiner Teil anderweitig gebunden sein muß (BURACK et al. 1961; s. auch HILLARP 1960a).

Eine Speicherungsfunktion des granulären ATP für die hormonalen Brenzkatechinamine wurde auch dadurch wahrscheinlich, daß die spontan erfolgende Freisetzung von Aminen aus isolierten Granula, die durch Differentialzentrifugieren von Nebennierenmark-Homogenaten gewonnen worden waren und bei 37°C in isotonischer Saccharoselösung suspendiert wurden, von einer prozentual gleich starken ATP-Abgabe begleitet war, so daß der molare Quotient Amin/ATP unverändert blieb (HILLARP 1958a und d; SCHÜMANN u. PHILIPPU 1961). Das war auch dann der Fall, wenn man das Nebennierenmark in vivo durch Pharmaka an Hormonen verarmte: an Kaninchen, Hühnern und Ratten führten Reserpin und hohe Insulindosen zu einer starken Abnahme des Hormongehaltes in den Granula der Nebennierenmarkzellen; dieser entsprach eine prozentual gleich starke Abnahme des granulären ATP, so daß der molare Quotient Amin/ATP wiederum unverändert blieb (CARLSSON u. HILLARP 1956a und b; CARLSSON et al. 1957a; SCHÜMANN 1958a; BURACK et al. 1960; WEINER et al. 1960; KIRPEKAR et al. 1963). Während der Regenerationsphase war er kleiner als in den Granula mit normalem Hormongehalt, wie Versuche an Ratten mit hohen Insulindosen ergaben: in den an Brenzkatechinaminen und ATP verarmten Nebennieren erfolgte die Resynthese des ATP offenbar schneller als diejenige der Hormone (SCHÜMANN 1958a; s. auch KIRPEKAR et al. 1963).

Ein anderes Ergebnis hatten Versuche an Hühnern, in denen nach Reserpinbehandlung der Tiere Gesamthomogenate der Nebennieren — nicht die isolierten chromaffinen Granula — auf Brenzkatechinamin- und Nucleotidgehalt untersucht wurden. Von den Adeninnucleotiden der Homogenate entfielen nur 60% auf ATP, je 20% auf ADP und AMP. Nach Reserpin, nicht nach Insulin, hatte der Amingehalt der Homogenate weit stärker abgenommen als der Nucleotidgehalt, so daß der Quotient Amin-Adeninnucleotid nur noch 1 betrug (BURACK et al. 1960; WEINER et al. 1960). In diesem Zusammenhang ist von Interesse, daß die chromaffinen Zellen eine hohe, in den

Mitochondrien lokalisierte ATP-ase Aktivität besitzen, während die Granula ATP-ase frei sein sollen (FORTIER et al. 1959).

Für eine mehr statische Speicherungs- als dynamische Stoffwechselfunktion des ATP spricht, daß radioaktiver Phosphor nur langsam in das ATP der chromaffinen Granula inkorporiert wurde, während die Inkorporation in das ATP der Mitochondrien schnell erfolgte (PRUSOFF et al. 1961). Wie die granulär gespeicherten Amine bei intravenöser Injektion keine unmittelbaren pharmakologischen Wirkungen auszuüben vermögen, so steht auch das granuläre ATP für extragranuläre Stoffwechselreaktionen nicht zur Verfügung. Erst nach osmotischer Lyse chromaffiner Nebennierenmark-Granula wurde die Hexokinasereaktion (Glucose → Glucose-6-phosphat) durch das granuläre ATP katalysiert (HAGEN u. TOEWS 1963). Reserpin, das in den serotoninhaltigen Granula der enterochromaffinen Zellen der Darmschleimhaut von Hunden zusammen mit Serotonin auch ATP freisetzte, verursachte keine Abnahme des ATP-Gehaltes in den Mitochondrien der Darmschleimhaut (PRUSOFF 1961). — Unter Anwendung der nuclearen magnetischen Resonanzspektrographie konnten WEINER und JARDETZKY (1964) eine direkte *in vitro*-Reaktion zwischen 1 Mol ATP und 3 Mol Adrenalin bei pH 5,6 bzw. mit 4 Mol Adrenalin bei höherem pH nachweisen. BLASCHKO und HELLE (1963) fanden, daß das in der Ultrazentrifuge sich homogen verhaltende lösliche Protein aus chromaffinen Granula des Nebennierenmarks sich nach Zugabe von ATP+Mg$^{..}$ heterogen verhielt, und daß zusätzlich hinzugefügtes Adrenalin die Sedimentationskonstante des Proteins von 1,8 auf 2,4 erhöhte, was durch Dialyse reversibel war.

Im *Phäochromocytom* scheint ein Mißverhältnis zwischen dem exzessiv hohen Amingehalt und der ATP-Konzentration der Granula zu bestehen. Es wurden Quotienten Amin/ATP von 10—35 gefunden, gegenüber dem Quotienten von 4—5 in den Granula der normalen chromaffinen Zellen des Nebennierenmarks (GELINAS et al. 1957; SCHÜMANN 1960a). Der Einwand, dem niedrigen ATP-Gehalt des Phäochromocytoms entspreche ein höherer Gehalt an ADP und AMP, trifft nicht zu: die Werte für die beiden Adeninnucleotide waren normal; auch der Gehalt an Hypoxanthin, dem Endprodukt des ATP-Abbaus, war nicht erhöht; nur die ATP-Werte waren abnorm niedrig, wie aus der Abb. 17 zu ersehen ist (HILLARP 1960d; HILLARP et al. 1961).

In einer vor kurzem erschienenen Arbeit berichteten auch STJÄRNE et al. (1964) über einen abnorm hohen Quotient Brenzkatechinamin/ATP in einem Phäochromocytom, in dem, wie im normalen Nebennierenmark, 85% der Amine granulär gespeichert waren. Im Gegensatz zu den chromaffinen Granula normaler Nebennierenmarkzellen setzten die aus dem Phäochromocytom gewonnenen und in isotonischer Lösung suspendierten Granula prozentual viel mehr Amine als ATP frei, so daß der anfänglich anormal hohe

Amin/ATP-Quotient von 21 während der Inkubation auf den fast normalen Wert von 4,9 absank. Die Aminabgabe aus den isolierten Granula ließ sich dadurch hemmen, daß dem Außenmedium ATP oder ADP sowie Magnesiumionen zugesetzt wurden (s. VIII.A.2.).

Der relative Mangel an ATP im Phäochromocytom und eine dadurch bedingte hohe Konzentration an nicht gebundenen, frei diffusiblen Brenzkatechinaminen mag deren auch *in vivo* leicht erfolgende spontane Freisetzung und die damit verbundenen „Blutdruckkrisen" erklären (s. auch VII.A.).

b) **Ribonucleinsäure und Ribonuclease.** Die Spontanfreisetzung von Aminen und ATP in Suspensionen isolierter Granula ist zwar erhöht, wenn man sie, anstatt in einer iso-, in einer hypotonischen Lösung inkubiert (HILLARP u. NILSON 1954b; BLASCHKO et al. 1955) oder oberflächenaktive Stoffe, z. B. Digitonin, einwirken läßt. Die Temperaturabhängigkeit der spontanen Freisetzung — diese sistiert bei 0° C (HILLARP u. NILSON 1954b) — spricht jedoch dafür, daß ihr nicht nur ein physikalisch-chemischer Diffusionsprozeß zugrunde liegt, sondern ein aktiver Transportmechanismus oder ein enzymatischer Vorgang. In diesem Zusammenhang ist von Interesse, daß die Speichergranula *Ribonucleinsäure* (RNS) enthalten (HILLARP 1958c): inkubierte man chromaffine Granula in isotonischer Saccharoselösung bei 37° C, so war die unter diesen Versuchsbedingungen spontan erfolgende Abgabe von Brenzkatechinaminen an das Außenmedium nicht nur von einer prozentual gleich starken Abnahme des ATP-, sondern auch des RNS-Gehaltes der Granula begleitet (HILLARP 1958a und c; PHILIPPU u. SCHÜMANN 1963 a—c). Der Amin/ATP-Komplex scheint nicht nur an Eiweiß, sondern auch an RNS gebunden zu sein.

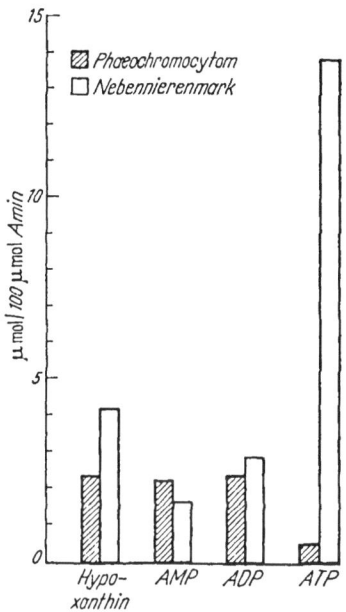

Abb. 17. *Nucleotidgehalt (Hypoxanthin, AMP, ADP, ATP) chromaffiner Granula aus normalem menschlichem Nebennierenmark und aus einem menschlichen Phäochromocytom (s. Text).* Nach N.-A. HILLARP, M. LINDQVIST und A. VENDSALU (1961)

PHILIPPU und SCHÜMANN (1963a und c) konnten zeigen, daß die in der Ultrazentrifuge über einem Dichtegradienten von anderen partikulären Zellbestandteilen isolierten RNS-haltigen Granula der Nebennierenmarkzellen auch eine beträchtliche *Ribonuclease*-Aktivität besitzen, also das RNS depolymerisierende Ferment. Fügte man dem Inkubationsmedium kristalline Ribonuclease (Rn-ase) zu, so kam es zu einer vermehrten Freisetzung von Brenzkatechinaminen und

ATP. Somit könnte die bei 37° C, nicht bei 0° C, *in vitro* schon spontan erfolgende Abgabe von Aminen, ATP und RNS aus den isolierten Granula — ebenso wie die hormonale „Basalsekretion" des denervierten Nebennierenmarks *in vivo* — enzymatisch durch die Rn-ase der Granula bedingt sein.

c) **Acetylcholin und Calcium.** Ein anderer Mechanismus liegt der physiologischen Hormonsekretion der normalen, innervierten Nebenniere zugrunde, bei der das an den Enden des N. splanchnicus freiwerdende Acetylcholin von Bedeutung ist. BLASCHKO et al. (1955) hatten Acetylcholin an isolierten chromaffinen Granula unwirksam gefunden. Der Angriffspunkt der *in vivo* hormonfreisetzenden Acetylcholinwirkung mußte deshalb an der chromaffinen Zelle, wahrscheinlich an der Zellmembran liegen, die unter der Wirkung des Cholinesters unter Depolarisation „aufgelockert" und für die cytoplasmatischen Amine durchlässig würde. So wurde denn auch die Aminabgabe aus Nebennierenmark*schnitten* durch Acetylcholin stimuliert (HOKIN et al. 1958).

Wie in den cholinoceptiven Arealen der Herzmuskulatur (THOMAS 1960), des quergestreiften (NIEDERGERKE u. HARRIS 1957; NIEDERGERKE 1959; BIANCHI u. SHANES 1959; JENKINSON u. NICHOLLS 1961; SCHAECHTELIN 1961; LORKOVIC 1962) und wohl auch des glatten Muskels die Acetylcholinwirkung in einer Erhöhung der Membranpermeabilität für Ionen besteht, und Calciumionen die „Koppelung" zwischen Erregungsvorgang und mechanischer Reaktion des Muskels übernehmen (s. XV.C.1.c—e.), so scheint *Calcium* auch im Nebennierenmark das Bindeglied zwischen dem neurohumoralen Stimulus — Acetylcholin — und der sekretorischen Reaktion zu sein.

In Versuchen an isoliert durchströmten Nebennieren erwies sich die Hormonfreisetzung durch Acetylcholin als calciumabhängig: durchströmte man mit Ca$^{..}$-freier Tyrodelösung (Lockelösung), so war Acetylcholin, ebenso wie Nicotin und Kalium, wirkungslos (DOUGLAS u. RUBIN 1961, 1963; DOUGLAS u. POISNER 1961, 1962). Acetylcholin ermöglicht offenbar einen vermehrten Einstrom von Calciumionen in die chromaffinen Zellen, die dann als das eigentlich wirksame Agens die Hormone freisetzen. Mit Hilfe radioaktiven Calciums ließ sich ein unter Acetylcholin vermehrter Einstrom von Ca$^{45}$ in die Nebennierenmarkzellen nachweisen (DOUGLAS u. POISNER 1961, 1962). Calciumionen — im Gegensatz zu Acetylcholin — waren auch an isolierten *Granula* aus Rinder-Nebennierenmark wirksam, indem sie zu einer vermehrten Abgabe der granulären Brenzkatechinamine führten (PHILIPPU u. SCHÜMANN 1962b; SCHÜMANN u. PHILIPPU 1963 a und b).

Die in Granula-Suspensionen bei 37° C spontan abgegebenen Brenzkatechinamine werden anscheinend auf dem Wege eines ATP- und Mg$^{..}$-abhängigen aktiven Transportes zum Teil wieder in die Granula aufgenommen (CARLSSON u. HILLARP 1961; KIRSHNER 1962; CARLSSON et al. 1962a, 1963a). Es ist aber unwahrscheinlich, daß die durch Calcium verursachte Abnahme des Amingehaltes der Granula ihre Ursache in einer, etwa durch Verdrängung von

Magnesium zustande kommenden Hemmung dieses Rücktransportes hat. Schon die Temperaturunabhängigkeit der Calciumwirkung, die auch bei 0° C zu einer Abnahme des granulären Amingehaltes führte, spricht gegen einen derartigen Mechanismus der Wirkung. Wahrscheinlicher ist, daß ein erhöhter Calciumgehalt des Außenmediums die Freisetzung der Brenzkatechinamine aktiv steigert unter vermehrtem Eindringen von Calciumionen in die granulären Aminspeicher. Andererseits antagonisierte in den Versuchen von Douglas und Poisner (1963), in denen Katzennebennieren *in situ* von der Aorta

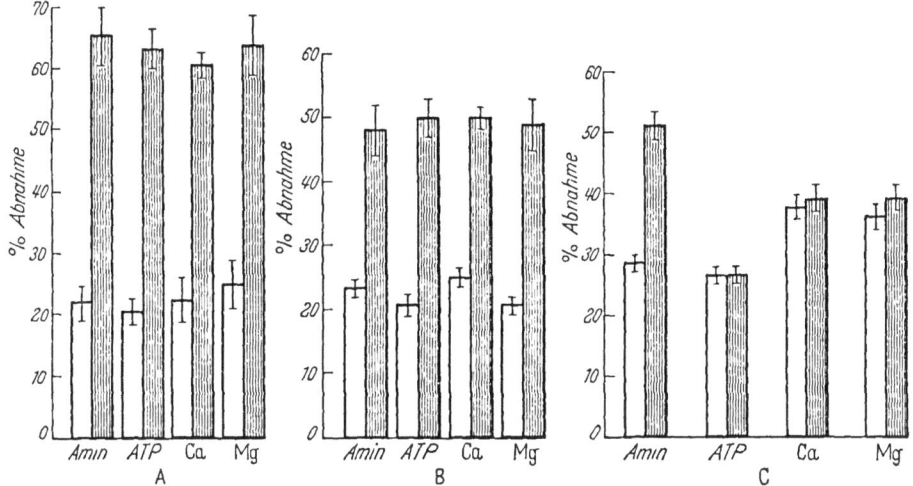

Abb. 18 A—C. *Freisetzung von Brenzkatechinaminen, ATP, Calcium und Magnesium aus isolierten, chromaffinen Granula des Rinder-Nebennierenmarks durch Reserpin, Segontin und Tyramin*. Inkubation: 60 min bei 37° C in 0,3 M Saccharose, pH 6,8. ▢ Spontanfreisetzung, ▦ Freisetzung in Gegenwart von: A Reserpin $2 \cdot 10^{-4}$ M, B Segontin $0,6 \cdot 10^{-4}$ M, C Tyramin $10^{-2}$ M. Im Gegensatz zu Reserpin und Segontin setzt Tyramin ausschließlich die Amine frei. Nach Untersuchungen von A. Philippu und H. J. Schumann sowie von H. J. Schumann und A. Philippu (1962—1964)

abdominalis aus oder *in vitro* retrograd durch die Adrenolumbalvene mit (Mg-freier) Lockelösung durchströmt wurden, Zusatz von Magnesium den sekretionsfördernden Effekt des Acetylcholins und Calciums. Magnesiumionen interferieren wahrscheinlich mit dem unter Acetylcholin vermehrten Calciuminflux in die chromaffine Zelle.

Aus Rindernebennierenmark isolierte Granula enthalten sowohl Calcium als auch Magnesium: auf molarer Basis doppelt soviel Calcium wie Magnesium. Die während der Inkubation bei 37° C spontan erfolgende (s. Abb. 18) und durch exogene Rn-ase erhöhte Aminabgabe war nicht nur von einer prozentual gleich starken Abnahme des granulären ATP- und RNS-Gehaltes, sondern auch von einer prozentual gleich starken Abnahme des Calcium- und Magnesiumgehaltes begleitet (Philippu u. Schümann 1962b; Schümann u. Philippu 1963a und b). Das könnte dafür sprechen, daß die beiden divalenten Ionen — Calcium und Magnesium — integrierende Bestandteile eines Amin/ATP/RNS-Speicherkomplexes sind.

Der *Mechanismus* der hormonfreisetzenden Wirkung der Calciumionen wird durch folgende Befunde beleuchtet: 1. Die Wirkung beruht nicht auf einer Aktivierung der granulären Ribonuclease; denn Calcium verursachte, im Gegensatz zur Rn-ase, nur eine vermehrte Freisetzung von *Aminen* und *ATP* aus den Granula, nicht aber von Ribonucleinsäure, — und war auch bei 0° C wirksam. 2. Calcium, dem Inkubationsmedium der Granulasuspension zugesetzt, führte zu einer prozentual gleich starken Abnahme des Amin- und ATP-Gehaltes und setzte 1 Mol Magnesium auf 2 Mol ATP frei. Calcium verdrängt offensichtlich das am Speicherkomplex beteiligte Magnesium, ohne dessen Funktion übernehmen zu können (PHILIPPU u. SCHÜMANN 1962b; SCHÜMANN u. PHILIPPU 1963a und b). Dieser Mechanismus dürfte der blutdrucksteigernden Wirkung des Calciums bei intravenöser Injektion zugrunde liegen (MARQUARDT u. SCHUHMACHER 1954; SCHMIDT u. SPÄTH 1963).

Calcium, das somit im Nebennierenmark unter Bedingungen, die zu einer erhöhten Permeabilität der Zellmembran führen (Acetylcholin), zum eigentlichen hormonfreisetzenden Agens wird, spielt auch in den *Speicheldrüsen*, in denen Acetylcholin nicht nicotin-, sondern muscarinähnlich wirkt, die Rolle des „secretogogue". Wie in den motorischen Endplatten des quergestreiften Muskels, so beschränkt sich die Wirkung des Acetylcholins, das als quartäre Ammoniumbase nur schwer in die Zellen eindringt, offenbar auch im Nebennierenmark und in den Speicheldrüsen, deren Zellen in beiden Fällen das Sekretionsprodukt in granulären oder bläschenförmigen, von einer Membran umgebenen Gebilden enthalten, auf die äußere Oberfläche der Zellmembran. Versuche an der mit Lockelösung perfundierten Submaxillaris der Katze ergaben, daß die die Speichelsekretion fördernde Wirkung des Acetylcholins sowohl als auch diejenige des Noradrenalins die Anwesenheit von Calcium benötigt und innerhalb eines weiten Konzentrationsbereiches (0—8 mM) von der Calciumkonzentration abhängig ist. Calcium an sich wirkte sekretionssteigernd, wenn von Ca-freier auf Ca-haltige Lösung umgeschaltet wurde (DOUGLAS u. POISNER 1963).

d) „Indirekt" wirkende Amine. Sympathicomimetische Amine, z. B. Phenyläthylamin und Tyramin, deren Wirkungen nicht, wie diejenigen der Brenzkatechinamine, durch direkte Stimulierung der adrenergischen Receptoren in den sympathisch innervierten Organen zustande kommen, sondern — indirekt — durch die Freisetzung nervalen Noradrenalins (s. X. 4. b. und XII.), verursachten auch eine vermehrte Hormonabgabe aus dem Nebennierenmark, wenn sie in die Perfusionslösung des isoliert durchströmten Organs (Rindernebenniere) injiziert wurden (HAAG et al. 1961), obwohl *in vivo* eine Hormonfreisetzung aus dem Nebennierenmark am Zustandekommen ihrer pharmakologischen Wirkungen nicht beteiligt war (STJÄRNE 1961; WEINER et al. 1962a). In Durchströmungsversuchen von GARRETT et al. (1965) an Rindernebennieren setzte Tyramin selektiv Adrenalin frei (s. X. A.).

Die Wirkung könnte ihren Angriffspunkt an den granulären Hormonspeichern der chromaffinen Zellen haben; denn sie trat auch an Suspensionen isolierter Granula auf, deren bei 37° C spontan erfolgende Hormonabgabe durch Tyramin und Phenyläthylamin, dem isotonischen Suspensionsmedium zugesetzt, eine dosisabhängige Steigerung erfuhr (SCHÜMANN u. WEIGMANN 1960; SCHÜMANN u. PHILIPPU 1961, 1962). Die durch Tyramin und Phenyläthylamin verursachte Freisetzung der granulär gespeicherten Brenzkatechinamine war nicht mit einer Abnahme des ATP-Gehaltes der Granula verbunden (Abb. 18C). Sie erfolgte in stöchiometrischem Verhältnis, so daß an die Stelle eines freigesetzten Moleküls Brenzkatechinamin ein Molekül Tyramin in das Granulum eintrat. Tyramin und Phenyläthylamin sind anscheinend wegen ihrer Lipoidlöslichkeit und höheren Basizität in der Lage, leicht in die Granula einzudringen (s. VIII.A.2.) und die Brenzkatechinamine zu verdrängen.

*Cocain*, das die Freisetzung von Noradrenalin durch Tyramin aus den sympathischen Nerven und aus der künstlich durchströmten Nebenniere hemmt oder verhindert, ließ die Tyraminwirkung an den isolierten Granula unbeeinflußt. Wie die „membranauflockernde" Wirkung des Acetylcholins, dürfte auch die „membranstabilisierende" Wirkung des Cocains ihren Angriffspunkt nicht an der Granula-, sondern an der Zellmembran haben (SCHÜMANN u. PHILIPPU 1961, 1962).

Auch *aliphatische* Amine mit einer längeren C-Atomkette, z. B. Hexyl- und Heptylamin, üben ihre sympathicomimetischen Wirkungen durch die Freisetzung körpereigener Brenzkatechinamine aus. An isoliert durchströmten Rindernebennieren erhöhte Hexylamin die Brenzkatechinaminabgabe an das Perfusat ebenso stark wie Tyramin. Decylamin war zehnmal wirksamer. Auch die von den aliphatischen Aminen verursachte Steigerung der Hormonabgabe betraf fast ausschließlich den Adrenalinanteil (HOLTZ u. PALM 1965) (s. X.B.4.b.β.). EADE (1957) hatte in Inkubationsversuchen mit isolierten Nebennierenmark-Granula Decylamin besonders wirksam gefunden.

e) **Reserpin.** Weniger durchsichtig ist der Wirkungsmechanismus, mit dem das Rauwolfiaalkaloid eine Freisetzung von Aminen bewirkt, die nicht nur zu einer Abnahme des Brenzkatechinamin-, sondern auch des Serotoningehaltes in den Organen führt. Auch im Nebennierenmark kommt es nach Verabfolgung von Reserpin zu einer Abnahme des Hormongehaltes (s. X.A.7.).

In vitro, an isolierten, in isotonischer Saccharoselösung suspendierten chromaffinen Granula des Kaninchen-Nebennierenmarks hing die Art, in der Reserpin den Brenzkatechinamingehalt beeinflußte, von der Konzentration ab. Niedrige Konzentrationen ($10^{-5}$ M) hemmten die Spontanfreisetzung, höhere Konzentrationen ($1,5 \cdot 10^{-4}$ M) stimulierten sie (v. EULER u. LISHAJKO 1961; WEIL-MALHERBE u. POSNER 1963). Aus Granula des Rindernebennierenmarks setzten Reserpinkonzentrationen von $10^{-7}$ bis $10^{-5}$ M weder Amine noch ATP frei (STJÄRNE 1964). Bei der Einwirkung höherer Konzentrationen fanden PHILIPPU und SCHÜMANN (1964), daß der Freisetzung von 12 Mol Brenzkatechinaminen diejenige von 3 Mol ATP, 2 Mol Calcium und 1 Mol Magnesium entsprach. Der Eiweiß- und RNS-Gehalt der Granula blieb unverändert.

f) **Segontin** (Prenylamin, N-[3'-Phenylpropyl-(2')]-1,1-diphenyl-propylamin-(3)), das in vivo — ähnlich wie Reserpin — eine Abnahme des Noradrenalingehaltes in den Organen, z. B. im Herzen, verursacht (SCHÖNE u. LINDNER 1960), erwies sich an isolierten chromaffinen Granula als eines der am stärksten aminfreisetzenden Pharmaka (SCHÖNE u. LINDNER 1962; SCHÜMANN et al. 1964). In der Konzentration von $3 \times 10^{-4}$ M setzte es aus Rindernebennierenmark-Granula während einer 15 min dauernden Inkubation den gesamten Amin- und ATP-Gehalt frei (v. EULER et al. 1964); in Gegenwart von Segontin $10^{-5}$ bis $10^{-4}$ M nahm der Amin-ATP-Gehalt der Granula im Verhältnis 4:1 ab, d. h. in dem in den Granula vorliegenden Mengenverhältnis (Abb. 18B). Versuche mit $C^{14}$-Segontin an isolierten Granula aus Rindernebenniere ergaben, daß 1 Mol in die Granula aufgenommenes Segontin mindestens 20 Mol Brenzkatechinamine freisetzt (PHILIPPU et al. 1965) (s. auch VIII.A.2.3.).

g) **Phenoxybenzamin** (Dibenzylin) ($4 \times 10^{-4}$ M), das, ähnlich wie das α-Sympathicolyticum Dibenamin, die Aufnahme von Noradrenalin ins Gewebe hemmt und zu einer Abnahme des Noradrenalingehaltes in den sympathisch innervierten Organen führen kann (s. X.B.4.a.), verursachte ebenfalls eine gleich starke Abnahme des Amin- und ATP-Gehaltes in den chromaffinen Granula des Rindernebennierenmarks (v. EULER u. LISHAJKO 1963a—c; v. EULER et al. 1964).

## 2. Aufnahme

*ATP* und *Magnesium-Ionen*, die als wahrscheinlich integrierende Bestandteile des Speicherkomplexes, der die Brenzkatechinamine in den chromaffinen Granula der Nebennierenmarkzellen gebunden hält, bei dem spontanen Austritt der Amine aus Granulasuspensionen zusammen mit diesen freigesetzt werden, sind auch für die *granuläre Aufnahme* der Brenzkatechinamine von Bedeutung. Versuche mit radioaktiven Aminen haben ergeben, daß die Granula bei 0° C keine nennenswerten Mengen aufnehmen, wenn diese dem aus isotonischer Sucrose bestehenden Inkubationsmedium zugefügt werden. Bei 31 oder 37° C hingegen erfolgt eine schnelle Aufnahme, die allerdings bei einem hohen Aminangebot wesentlich nur in einem Austausch zwischen radioaktivem und endogenem Amin zu bestehen scheint, wobei der ATP-Gehalt der Granula unverändert blieb (CARLSSON u. HILLARP 1961). Die D-Formen des Adrenalins und Noradrenalins wurden unter diesen Bedingungen ebenso schnell aufgenommen wie die L-Formen.

Der bei niedriger Aminkonzentration im Außenmedium gegen einen „hohen Konzentrationsgradienten" erfolgenden Aufnahme, z. B. von Dopamin, Noradrenalin und Adrenalin, liegt ein energiebenötigender aktiver Transport zugrunde, der sich durch ATP, nicht durch Mg``, am besten durch ATP + Mg`` 5—8fach aktivieren ließ und bei pH 7 besser funktionierte als bei pH 6 (CARLSSON u. HILLARP 1961; KIRSHNER 1962; CARLSSON et al. 1962a, 1963a). In Versuchen mit frisch gewonnenen Granula aus Kaninchennebennierenmark war die Aminaufnahme 2—4mal größer als mit chromaffinen Granula von Rindern; längeres Aufbewahren der isolierten Granula, auch bei 0° C, schädigt den Aufnahmemechanismus. Kleine Dosen Reserpin ($10^{-6}$ bis $10^{-8}$ M), die keine Aminfreisetzung verursachten, blockierten ihn. Die Instabilität des Aufnahme- und Inkorporationsmechanismus dürfte die Erklärung dafür sein, daß die in Versuchen mit chromaffinen Granula aus Rindernebennierenmark unter Zusatz von ATP und Mg`` (0,005 M) etwa 30 min lang bei 31° C linear verlaufende Aufnahme von $C^{14}$-Adrenalin (100 μg pro ml) und $C^{14}$-Dopamin (25 μg pro ml) dann schnell abnahm und bald sistierte. Die Aufnahme der Amine ist stark temperaturabhängig: sie war bei 38° C doppelt so hoch wie bei 31° C und nahm zwischen 21 und 31° C um das 3—5fache zu (CARLSSON et al. 1962a).

Die Aktivierung durch ATP konnte von keinem anderen Nucleotid, z. B. GTP, UTP und CTP, außer von ITP gleichwertig übernommen werden. AMP war, ebenso wie Adenosin 3',5'-Monophosphat, wirkungslos und ADP aktivierte nur schwach. Die bei Gegenwart von ATP und Mg`` in einer Konzentration von 0,001 M optimale Aminaufnahme (15 min, 31° C) wurde durch Adenin und Adenosin in gleich hoher Konzentration nicht gehemmt; 6-Mercaptopurin hingegen und 8-Azaguanin hemmten die Aufnahme um 50%. Die Aufnahmerate frischer und gelagerter Granula wurde um 33—76% höher gefunden, wenn sie aus Nebennierenhomogenaten gewonnen worden waren, die etwas *Rindengewebe* enthielten (CARLSSON et al. 1963a). Mg-Ionen sind nicht durch Ca-, wohl durch Mn-Ionen ersetzbar. Calcium, das an sich eine Freisetzung der Amine aus den Granula verursacht (PHILIPPU u. SCHÜMANN 1962b), hemmte die durch Mg`` in Gegenwart von ATP ausgeübte Aktivierung der Aminaufnahme nicht. Da Mg`` mit Brenzkatechinaminen Komplexe bildet, beruht seine aktivierende Wirkung vielleicht weniger auf einer Assoziation mit ATP als mit den Aminen. Dagegen spricht allerdings, daß die aktivierende Wirkung einer maximal wirksamen Mg``-Konzentration von der exogenen Aminkonzentration unabhängig war. Unter optimalen Versuchsbedingungen nahmen Granula aus Rindernebennierenmark Brenzkatechinamine gegen einen Gradienten von 200 auf, 5-Hydroxytryptamin sogar gegen einen Gradienten von 1000. Der Aufnahmemechanismus der chromaffinen Granula ist demnach insofern unspezifisch, als er nicht zwischen Brenzkatechinaminen und Indolalkylaminen differenziert.

Radioaktiver Phosphor ($P^{32}$) wurde in das ATP der isolierten Granula nicht inkorporiert, während das dem Inkubationsmedium zugesetzte ATP aufgenommen wurde. Reserpindosen, die eine vollständige Blockierung der

Brenzkatechinaminaufnahme verursachten, hemmten die Aufnahme von ATP nur um 30%. Wahrscheinlich werden die Amine primär in einen ATP-freien, noch leicht mobilisierbaren „pool" der Granula aufgenommen und aus diesem dann sekundär unter Bindung an ATP in einen zweiten „pool" der Speicherung übergeführt (HILLARP 1960a und b. — Übersicht bei SHORE 1962; STJÄRNE 1964).

Im Gegensatz zu den Brenzkatechinaminen und zu Serotonin, wurden *Tyramin* (SCHÜMANN u. PHILIPPU 1961) und Tryptamin auch bei 0° C von den Granula aufgenommen; weder bei dieser Temperatur noch bei der höheren von 31° C war die Aufnahme durch ATP und $Mg^{··}$ beeinflußbar; durch Reserpin wurde sie nicht gehemmt (CARLSSON et al. 1962a; JONASSON et al. 1964). Der Aufnahme dieser Amine in die Granula liegt demnach kein „aktiver Transport" zugrunde. Wie schon erwähnt (s. VIII.A.d.), verdrängt Tyramin in stöchiometrischem Verhältnis das Noradrenalin bzw. Adrenalin der Granula, ohne ATP freizusetzen. Es verhält sich demnach ähnlich wie die Brenzkatechinamine, wenn man diese in hohen Konzentrationen dem Außenmedium zusetzt; es kommt dann nur zu einem Austausch zwischen exogenem und endogenem Amin, wobei der ATP-Gehalt der Granula unbeeinflußt bleibt.

### 3. Hemmung der Aufnahme

In einem voraufgegangenen Abschnitt (VIII.A.1.) wurden schon Beispiele dafür gegeben, daß die semipermeable Membran der chromaffinen Granula, die für Amine, ATP und anorganische Ionen durchlässig ist, sich manchen Pharmaka gegenüber anders verhält als die Zellmembran. So waren *Acetylcholin* und *Histamin*, die in vivo und in der isoliert durchströmten Nebenniere eine vermehrte Freisetzung der Hormone bewirkten, an isolierten Granula hierzu nicht in der Lage. Andererseits erwies *Cocain*, das in vivo und in der intakten Nebenniere die brenzkatechinaminfreisetzende Wirkung des Tyramins verhinderte, sich an den Granula als wirkungslos. Die Wirkung des Acetylcholins, Histamins und Cocains hat ihren Angriffspunkt offensichtlich nicht an der Granula-, sondern an der Zellmembran. Auch die Hemmung der Aminaufnahme und -speicherung durch Pharmaka kann entweder durch die Beeinflussung eines in den Granula oder eines in der Zellmembran lokalisierten Aufnahme- bzw. Transportmechanismus zustande kommen.

a) **Tyramin und andere indirekt wirkende Amine.** *Tyramin*, das, vielleicht wegen seiner im Vergleich mit den Brenzkatechinaminen geringeren Polarität und größeren Lipoidlöslichkeit, auch ohne die Mitwirkung von ATP und $Mg^{··}$ in die Granula eindringt und wegen seiner höheren Basizität die Brenzkatechinamine zu verdrängen in der Lage ist (SCHÜMANN 1960b; SCHÜMANN u. PHILIPPU 1961), hemmte schon in Konzentrationen, die noch keine Hormonfreisetzung aus den chromaffinen Granula verursachten, die ATP- und $Mg^{··}$-abhängige Aufnahme radioaktiver Brenzkatechinamine in diese, ebenso Ephedrin und

Amphetamin (CARLSSON et al. 1963a). Indirekt wirkende sympathicomimetische Amine setzen somit nicht nur Noradrenalin als den eigentlichen pharmakologischen Wirkstoff frei, sondern hemmen auch die Wiederaufnahme eines Teils des freigesetzten Noradrenalins in die Speicher, so daß ein größerer Teil als sonst zur Reaktion mit den pharmakologischen Receptoren gelangt. Hierfür genügten, wie Versuche mit isolierten chromaffinen Granula gezeigt haben, niedrigere Konzentrationen, als für die zur Verarmung an Noradrenalin führende Freisetzung notwendig waren (s. IX.).

*Aramin* (α-Methyl-β-hydroxy-meta-tyramin), das nach Verabfolgung von α-Methyl-meta-tyrosin im Organismus aus diesem durch Decarboxylierung mit anschließender Hydroxylierung der Seitenkette entsteht und das Noradrenalin in den Geweben, auch im Gehirn, verdrängt (s. X.B.4.b.γ.) (CARLSSON u. LINDQVIST 1962a und b; UDENFRIEND u. ZALTZMAN-NIRENBERG 1962), hemmte die Aufnahme von $C^{14}$-Noradrenalin in die Granula nur wenig (CARLSSON et al. 1963a).

b) **Reserpin**, das die Aufnahme von Serotonin in Blutplättchen (BRODIE et al. 1957a und b) und in vivo die Aufnahme von neugebildeten Brenzkatechinaminen in die an Hormonen verarmten Granula der Nebennierenmarkzellen hemmte (BERTLER et al. 1961), sowie *Segontin* (N-[3'-Phenylpropyl-(2')]-1,1-diphenylpropyl-(3)-amin) waren an isolierten chromaffinen Granula die stärksten Hemmstoffe der $Mg^{..}$-ATP-katalysierten Aminaufnahme. Sie beeinträchtigten diese schon in 10mal niedrigeren Konzentrationen, als zur Freisetzung der Amine aus den Granula erforderlich waren (CARLSSON et al. 1963a). Versuchsergebnisse mit isolierten *Nerven-* und *Gehirngranula* (s. VIII.B.) sprechen dafür, daß die Wirkung nicht nur auf einer Hemmung des aktiven Transportes bzw. eines in der Granulamembran gelegenen „Pumpmechanismus" beruht, sondern auch auf einer Hemmung des wahrscheinlich enzymatischen Bindungs- und Speicherungsmechanismus; diesem obliegt es, die zunächst in einen „easily available pool" der Granula aufgenommenen Amine anschließend in eine festere Bindung an ATP, Proteine und Lipide überzuführen, in der sie auch nach tagelangem Aufbewahren in isotonischer Sucroselösung bei 0° C verankert bleiben.

Bemerkenswert ist, daß die Hemmwirkung des Reserpins auf die granuläre Aufnahme radioaktiven Adrenalins sich kompetitiv abschwächen oder aufheben ließ, wenn man dem Außenmedium Adrenalin hinzufügte. Während Granula nach Präinkubation mit Reserpin (und Chlorpromazin) die Fähigkeit zur Aufnahme von Adrenalin verloren, behielten sie diese bei, wenn die Inkubation in Gegenwart von Adrenalin erfolgte. Das erklärt vielleicht, weshalb die an den Speichergranula der chromaffinen Zellen angreifende, zur Abnahme des Hormongehaltes führende Reserpinwirkung sich durch Hemmstoffe der Monoaminoxydase, die vermutlich eine extragranuläre, cytoplasmatische Anhäufung von Brenzkatechinaminen bewirken, *in vivo* verhindern ließ (s. X.A.7.). Reserpin und Adrenalin scheinen um den gleichen „Receptor" im Aufnahmemechanismus zu konkurrieren (JONASSON et al. 1964).

Hemmstoffe der Aminaufnahme in die Granula waren, außer Reserpin, auch andere „Tranquilizer", z. B. Chlorpromazin und Haloperidol (CARLSSON et al. 1963a), ferner Promethazin und Imipramin (JONASSON et al. 1964).

c) **Sympathicolytica.** Ein Konkurrieren um die „adrenergischen Receptoren" des Carrier-Transportmechanismus dürfte auch der Hemmung der Noradrenalinaufnahme in isolierte chromaffine Granula durch α- und β-Sympathicolytica, z. B. Phenoxybenzamin (5 µg/ml), Dibenamin und Dihydroergotamin (50 bzw. 5 µg/ml), Dichlorisoproterenol (10 µg/ml), zugrunde liegen und erklären, weshalb diese Pharmaka bei niedriger Dosierung *in vivo* die pharmakologischen Wirkungen injizierten Noradrenalins verstärkten. Die Sympathicolytica erhöhten auch den „overflow", d. h. die während der elektrischen Reizung sympathischer Nerven ins Blut übertretende Menge freigesetzten Überträgerstoffs, indem sie den wichtigsten nichtenzymatischen „Inaktivierungsmechanismus" für injiziertes, exogenes sowohl als auch für nerval freigesetztes, endogenes Noradrenalin, nämlich die Aufnahme bzw. Wiederaufnahme des injizierten oder freigesetzten Wirkstoffs in die Gewebespeicher, hemmten (s. IX.X.B.4.a.). Im Gegensatz zu der irreversiblen Hemmung der granulären Brenzkatechinaminaufnahme durch Reserpin, war die durch Phenoxybenzamin (Dibenzylin) verursachte reversibel, auswaschbar. Phentolamin (Regitin) sowie Bretylium und Guanethidin beeinflußten die Aufnahme radioaktiver Brenzkatechinamine in chromaffine Granula nicht (CARLSSON et al. 1963a).

d) **Strophanthin (Ouabain)**, das als spezifischer Hemmstoff des aktiven Kationentransportes durch Zellmembranen, z. B. an Erythrocyten (SCHATZMANN 1953; SCHATZMANN u. WITT 1954; POST et al. 1960) bekannt ist, und auch die Aufnahme von Monoaminen in Zellen, z. B. Thrombocyten (HUGHES et al. 1958; WEISSBACH et al. 1960b), und Gewebeschnitte hemmte (DENGLER u. TITUS 1961; DENGLER et al. 1961a und b), war selbst in hohen Konzentrationen an den chromaffinen Granula wirkungslos (CARLSSON et al. 1963a). Die den aktiven Transport hemmende Wirkung des Strophanthins greift somit offensichtlich an der Zellmembran an und nicht an den Granula. Daraus folgt, daß zwei verschiedene Mechanismen für die Aufnahme der Amine in aminspeichernde Zellen von Bedeutung sind, von denen der eine — z. B. reserpinempfindlich — in den Granula lokalisiert ist, von denen der andere — z. B. strophanthinempfindlich — in der Zellmembran liegt.

e) **SH-„Inhibitoren".** Die Unempfindlichkeit des granulären Aufnahmemechanismus gegen Strophanthin, das den aktiven Transport an intakten Zellen u. a. durch Hemmung der Membran-ATP-ase beeinträchtigt (REPKE u. PORTIUS 1963), könnte bedeuten, daß dieses Ferment für die Aufnahme der Amine in die chromaffinen Granula keine Rolle spielt, wie sich denn auch in den Granula keine ATP-ase-Aktivität hatte nachweisen lassen (s. VIII.A.1.). Granuläre SH-Gruppen bzw. solche Gruppen enthaltende Fermente scheinen für die Aufnahme und Speicherung der Amine wesentlich zu sein. ,,SH-Reagentien", z. B. p-Chlormercuribenzoat und Mercurichlorid, führten zu schweren strukturellen Veränderungen in den phäochromen Granula, die mit einem Austritt nicht nur von gespeicherten Brenzkatechinaminen, sondern auch von Eiweiß verbunden waren (D'IORIO 1957; HILLARP 1958a). Während Mercurichlorid ($10^{-6}$ M) sowohl vermehrte Freisetzung der Amine als auch Hemmung ihrer Aufnahme verursachte, ließ sich mit Thiosulfonaten, z. B. Diäthylthiosulfonat, schon in Konzentrationen, die keine Amine freisetzten, eine deutliche Hemmung der Aminaufnahme erzielen; Glutathion ($10^{-3}$ M), dem Inkubationsmedium zugesetzt, verhinderte die Wirkung (CARLSSON et al. 1963a).

Gegen die Unterscheidung zwischen einer granulären Aufnahme von Aminen aus dem Inkubationsmedium durch passive Diffusion, wobei es zu einem Austausch exogener und endogener Amine kommt (Tyramin oder hohes exogenes Brenzkatechinaminangebot), und einer Aminaufnahme in die Granula durch aktiven Transport gegen einen ,,Konzentrationsgradienten" (niedriges exogenes Brenzkatechinaminangebot; ATP + $Mg^{..}$ aktivieren), wobei es nicht zu einem Austausch exogenen und endogenen Amins, d. h. nicht zu einem nachweisbaren Austritt endogener Amine aus den Granula kommen soll, läßt sich vielleicht ein methodischer Einwand erheben. Bei einer *hohen* exogenen Aminkonzentration (Noradrenalin oder Tyramin) erfolgt — im Austausch — ein der Aminaufnahme entsprechender beträchtlicher Austritt endogener Amine ins Inkubationsmedium, die sich hier leicht, z. B. fluorimetrisch, bestimmen lassen. Bei einem *niedrigen* exogenen Angebot *radioaktiven* Amins, z. B. $C^{14}$-Noradrenalin, würde ein — auch jetzt auf dem Wege des Austauschs erfolgender — Austritt endogener Amine so gering sein, daß er sich im Außenmedium nicht bestimmen ließe, so daß der Eindruck eines gerichteten aktiven Amintransportes in die Granula entsteht. Gegenüber den hochempfindlichen Methoden, die den Nachweis von Spuren radioaktiven Amins in den Granula erlauben, sind die für die Bestimmung nicht radioaktiven, aus den Granula ausgetretener Amine verfügbaren Methoden größenordnungsmäßig unempfindlicher.

Der ,,Konzentrationsgradient", gegen den die Aufnahme exogenen Amins in die Granula zu erfolgen hat, hängt doch wohl ausschließlich von der Konzentration des wahrscheinlich verschwindend geringen Anteils des in der wäßrigen Phase des Granulum vorhandenen *freien*, nicht gebundenen Amins ab, so daß auch bei der Inkubation der Granula mit ,,niedrigen" Aminkonzentrationen im Außenmedium diese vielleicht immer noch höher sind als die intragranulären. Die Aufnahme würde nicht *gegen* einen Gradienten, sondern *entsprechend* dem Konzentrationsgefälle von außen nach innen erfolgen.

Die *Bindung* des granulär aufgenommenen Amins sorgt für die Aufrechterhaltung dieses Konzentrationsgefälles. Ist die Bindungskapazität erschöpft oder die Bindungsfähigkeit aufgehoben, so sistiert die Aminaufnahme. Untersuchungen mit *Nerven*granula geben Anhaltspunkte dafür, daß eine pharmakologische Hemmung der Aminaufnahme in die Granula, z. B. durch Reserpin, primär nicht durch die Beeinträchtigung eines irgendwie gearteten in der Membran der Granula lokalisierten „Aufnahme- oder Transportmechanismus" zustande kommt, sondern durch eine Beeinträchtigung der für die Aufrechterhaltung des osmotischen Gefälles notwendigen Bindung und Speicherung (s. unter B.).

## B. Sympathische Nerven und Gehirn

Nach der Applikation radioaktiven Noradrenalins ($C^{14}$-NA) ließ sich ein beträchtlicher Teil der injizierten Radioaktivität noch lange in den Organen nachweisen (IVERSEN u. WHITBY 1962). Die Bindung durch die Gewebe in unwirksamer Form ist ein wichtiger Inaktivierungsmechanismus für die körpereigenen Brenzkatechinamine (s. IX.). In sympathisch denervierten Organen war die Bindungsfähigkeit aufgehoben oder stark beeinträchtigt (HERTTING et al. 1961 c). Autoradiographische Untersuchungen ergaben, daß die sympathischen Nerven selbst die wichtigsten „binding sites" sind (MARKS et al. 1962) (s. IX.).

Elektronen- und fluorescenzmikroskopisch konnte gezeigt werden, daß die nervalen Noradrenalinspeicher in bläschenförmigen, in den Nervenenden angereicherten Strukturen („vesicles") lokalisiert sind (WOLFE et al. 1962; HAMBERGER et al. 1964). Sie enthalten wahrscheinlich die noradrenalinhaltigen Granula, die sich in der Ultrazentrifuge aus Homogenaten sympathischer Nerven und aus Gehirnhomogenaten gewinnen ließen.

1. Durch Ultrazentrifugieren von Homogenaten aus sympathischen Nerven, z. B. Milznerven, ließ sich eine partikuläre Fraktion gewinnen, die etwa 30 % des im Nerven vorhandenen Noradrenalins enthielt (v. EULER u. HILLARP 1956; SCHÜMANN 1958c; v. EULER u. LISHAJKO 1961). Die Schlußfolgerung, daß der Übertragerstoff sich demnach überwiegend in freier Form im Cytoplasma befinde, erscheint jedoch kaum berechtigt, da das Homogenisieren des zähen Nervengewebes wahrscheinlich mit der mechanischen Zerstörung einer mehr oder weniger großen Zahl der granulären Zellelemente und der Freisetzung des in ihnen gespeicherten Noradrenalins verbunden ist. Die *Nervengranula* unterscheiden sich von den chromaffinen Speichergranula des Nebennierenmarks durch einen kleineren Durchmesser und eine geringere Sedimentationsgeschwindigkeit. Die Spontanfreisetzung des in ihnen gespeicherten Noradrenalins bei der Inkubation in isotonischer, körperwarmer Saccharoselösung erfolgt leichter und ist größer als bei den Nebennierenmark-Granula. Ähnlich, wie in diesen, entfallen auch in den z. B. aus sympathischen Milznerven gewonnenen Granula etwa 4 Mol Amin auf 1 Mol ATP (SCHÜMANN 1958b; v. EULER et al. 1963). Dem ATP scheint aber in den Nervengranula

nicht die gleiche Bedeutung für die Speicherung des Noradrenalins zuzukommen wie in den Granula der chromaffinen Zellen des Nebennierenmarks für die Speicherung der Hormone; in Inkubationsversuchen war die spontane Freisetzung von Noradrenalin nicht von einer entsprechenden Abnahme des ATP-Gehaltes begleitet (POTTER u. AXELROD 1963 a—c; v. EULER et al. 1964).

*Calcium*, das als der eigentliche Hormon-„Liberator" die physiologische, nerval-cholinergische Freisetzung der Nebennierenmark-Hormone vermittelte und auch an isolierten chromaffinen Granula die Spontanfreisetzung der Brenzkatechinamine erhöhte (s. VIII.A.1.c.), wurde in Versuchen mit Nervengranula unwirksam gefunden (SCHÜMANN et al. 1964). *Tyramin* und andere indirekt wirkende Amine erhöhten auch in Suspensionen isolierter Nervengranula die Freisetzung von Noradrenalin (v. EULER u. LISHAJKO 1960; SCHÜMANN u. WEIGMANN 1960).

Granulasuspensionen aus Rindermilznerven gaben während mehrstündiger Inkubation in isotonischer Kaliumphosphatlösung (0,13 M, pH 6,8—7,7) bei 0—4° C kein Noradrenalin ab; bei 20—23° C betrug die Spontanfreisetzung in 2 Std 70—80%, bei 37° C wurde diese Menge in 10 min abgegeben. Nervengranula waren gegenüber osmotischen Einflüssen und gegenüber Gefrieren und Wiederauftauen weniger empfindlich als Nebennierenmark-Granula (v. EULER u. LISHAJKO 1961).

Die bei 20° C spontan erfolgende Freisetzung von Noradrenalin aus isolierten, in isotonischer Lösung suspendierten Nervengranula (Milznerven vom Rind) wurde durch L-Noradrenalin, dem Außenmedium zugesetzt, stärker gehemmt als durch D-Noradrenalin. Auch die durch ATP geförderte *Aufnahme* von Noradrenalin wies eine gewisse Stereospezifität auf, indem bei niedriger Außenkonzentration (1 µg/ml) L-Noradrenalin leichter in die Granula aufgenommen wurde als das D-Isomere (v. EULER u. LISHAJKO 1964). Die Aufrechterhaltung des intragranulären Noradrenalingehaltes bei Gegenwart von Noradrenalin (5—20 µg/ml) im Außenmedium ist, wie Inkubationsversuche mit $C^{14}$-Noradrenalin ergaben, nicht durch eine Hemmung des spontanen Austritts des Amins aus den Granula verursacht, sondern durch einen diesem die Waage haltenden Einstrom von Noradrenalin.

*Reserpin*, das in hoher Konzentration ($10^{-3}$ M) die Abnahme des granulären NA-Gehaltes beschleunigte, verlangsamte diese in niedrigen Konzentrationen ($10^{-5}$ bis $10^{-8}$ M) (v. EULER u. LISHAJKO 1961). Die Wirkung beruht anscheinend auf einer direkten Hemmung des spontanen Austritts von NA aus den Nervengranula (v. EULER u. LISHAJKO 1963a); bei gleichzeitiger Anwesenheit von Reserpin und $C^{14}$-NA im Inkubationsmedium wurde nur eine kleine Menge radioaktiven Amins in die Granula aufgenommen (v. EULER u. LISHAJKO 1963b). Es besteht anscheinend ein dynamisches Gleichgewicht zwischen dem intra- und dem extragranulären Noradrenalin, das bei der Inkubation isolierter Granula nur aufrechterhalten werden kann, wenn das Außenmedium eine relativ hohe Aminkonzentration (5—20 µg/ml) enthält. Es wäre dann verständlich, daß Reserpin in höherer Konzentration ($10^{-3}$ M) durch Hemmung der Aufnahme exogenen Amins oder der Wiederaufnahme spontan abgegebenen Amins zu einer beschleunigten Abnahme des granulären Amingehaltes führt. Unklar ist jedoch, weshalb niedrige Reserpinkonzentrationen ($10^{-5}$ bis $10^{-7}$ M) eine „Schutzwirkung" auf den Amingehalt der Granula ausüben, indem sie dessen sonst spontan erfolgende Abnahme verzögern oder verhindern. Diese Schutzwirkung erstreckte sich nur auf den Noradrenalingehalt der Nervengranula, nicht auf ihren ATP-Gehalt: dieser nahm in Gegenwart von Reserpin ebenso schnell ab wie in den reserpinfreien Kontrollansätzen (v. EULER u. LISHAJKO 1964). Reserpindosen, die die Spontanabgabe von Noradrenalin aus isolierten Granula hemmten, verhinderten die durch Tyramin erhöhte Freisetzung (v. EULER u. LISHAJKO 1961).

Ähnlich wie Reserpin wirkte *Segontin* (N-[3'-Phenyl-propyl-(2')]-1,1-diphenyl-propyl-(3)-amin. In hoher Konzentration ($10^{-4}$ M) setzte es aus isolierten Nervengranula (Milznerven vom Rind) Noradrenalin frei (v. EULER et al. 1964; SCHÜMANN et al. 1964); in niedrigeren Konzentrationen ($3 \times 10^{-6}$ bis $3 \times 10^{-5}$ M) hemmte es, wie Reserpin, die spontane Abnahme des Noradrenalingehaltes isolierter Nervengranula, ohne die Abnahme des ATP-Gehaltes zu beeinflussen (v. EULER et al. 1964).

Demgegenüber betraf die „Schutz-Wirkung" des *Phenoxybenzamins* (Dibenzylin) in Konzentrationen von $2,5 \times 10^{-5}$ bis $4 \times 10^{-4}$ M an isolierten Nervengranula sowohl den Amin- als auch den ATP-Gehalt. Die gleichen Konzentrationen, die an Nervengranula die Abgabe von Amin und ATP hemmten, führten an chromaffinen Granula des Rindernebennierenmarks zu einer beschleunigten Abnahme sowohl des Hormon- als auch des ATP-Gehaltes (v. EULER et al. 1964).

2. Es wurde schon darauf hingewiesen, daß das Noradrenalin des *Herzens* und anderer sympathisch innervierter Organe wenigstens überwiegend nervales Noradrenalin ist, das in den Nerven synthetisiert und gespeichert wird. So ist verständlich, daß auch in Herzhomogenaten ein erheblicher Teil des Noradrenalingehaltes sich in der partikulären, bei $100000 \times g$ sedimentierenden Fraktion nachweisen ließ, wie WEGMANN u. KAKO (1961) für das Hundeherz beschrieben haben und POTTER u. AXELROD (1962, 1963 a—c) an Rattenherzen fanden. Die aus Homogenaten von Meerschweinchenherzen durch Differentialzentrifugieren bei $100000 \times g$ isolierten Granula, die, auf Milligramm Eiweiß bezogen, eine spezifische Anreicherung von Noradrenalin erkennen ließen, entsprachen den von WOLFE und POTTER (1963) in den sympathischen Nerven des Rattenherzens nachgewiesenen granulären Elementen mit einem Durchmesser von 30—60 mµ; „Herzgranula" stimmten auch darin mit „Nervengranula" überein, daß Calciumionen keine vermehrte Noradrenalinfreisetzung bewirkten (SCHÜMANN et al. 1964).

Bemerkenswert ist, daß das in diesen Versuchen mit Homogenaten von Meerschweinchenherzen zu etwa 10% am Brenzkatechinamingehalt beteiligte *Adrenalin*, das im Herzen bzw. in den Nerven wahrscheinlich nicht synthetisiert, sondern aus dem Blut von diesen aufgenommen wird, also letztlich aus dem Nebennierenmark stammt, sich unspezifisch, dem Eiweißgehalt entsprechend, auf alle Fraktionen verteilte und zum größten Teil in dem von partikulären Elementen freien Überstand gefunden wurde (SCHÜMANN et al. 1964).

Die wohl mit den Nervengranula identischen „Herzgranula" sind, was die Größe (Durchmesser 30—60 mµ) und vielleicht auch die Natur des von ihnen gespeicherten Wirkstoffs angeht, von den weit größeren Granula verschieden, die von PALADE (1961) in den Muskelfasern, besonders der Herzvorhöfe, histologisch nachgewiesen wurden. Deren Durchmesser (100—250 mµ) reichte an den der chromaffinen Granula des Nebennierenmarks heran.

Das coronargefäßlose *Froschherz* enthält Adrenalin als einziges Brenzkatechinamin. Im Gegensatz zu Homogenaten aus Warmblüterherzen, in denen das nur zu 5—10% am Brenzkatechinamingehalt beteiligte Adrenalin sich im partikelfreien Überstand fand oder unregelmäßig über die verschiedenen partikulären Fraktionen verteilt war, fand sich das Adrenalin im Froschherzen, wie schon erwähnt (s. I.B.5.), spezifisch in der bei 100000 × g erhaltenen granulären Fraktion lokalisiert (GROBECKER u. HOLTZ 1966).

3. Elektrophysiologische Untersuchungen über das Auftreten von Miniatur-Endplattenpotentialen im quergestreiften Muskel bei der „Ruhesekretion" des motorischen Nerven haben zu der Vorstellung geführt, daß diese durch die spontane Freisetzung je eines „Quantums" (etwa 10000 Moleküle) *Acetylcholin* bedingt sind. Spitzenpotentiale, die zur fortgeleiteten Entladung des Muskels führen, sind etwa 100mal größer: es wird angenommen, daß etwa 100 Quanta Acetylcholin bei jedem Impuls an einer einzelnen Nerv-Muskel-Synapse frei werden (DEL CASTILLO u. KATZ 1956). Elektronenmikroskopisch ließ sich das morphologische Substrat, das eine derart quantenhafte Freisetzung des Wirk- und Überträgerstoffs erklären könnte, in Form kleiner, an den Nervenenden angehäufter Bläschen („vesicles") darstellen, die sich in etwas größerer Form auch an den Enden der postganglionären, noradrenergischen Neurone sympathischer Nerven fanden (RICHARDSON 1962), und deren Funktion aus Versuchen mit Reserpin (DE ROBERTIS 1961) und mit $H^3$-Noradrenalin (WOLFE et al. 1962) hervorging.

Schon früher hatte sich zeigen lassen, daß das *Dopamin* und *Noradrenalin* des Gehirns in granulären Zellelementen gespeichert ist (WEIL-MALHERBE u. BONE 1957; GREEN et al. 1959; BERTLER et al. 1960a). In Inkubationsversuchen mit partikulären Fraktionen von Meerschweinchengehirn und L-Noradrenalin differenzierten IMAMOTO und NUKADA (1961) zwischen einer temperaturunabhängigen, auch bei 0° C erfolgenden Aufnahme bzw. Adsorption des

Amins durch die Granula und einer nur bei höherer Temperatur (30° C) zustande kommenden, wahrscheinlich enzymatischen Bindung. Die letztere wurde weder durch HCN noch durch 2,4-Dinitrophenol und Natriumfluorid beeinträchtigt. DNP war auch ohne Einfluß auf die Brenzkatechinaminaufnahme in Nebennierenmark-Granula (CARLSSON et al. 1962) und auf die Serotoninaufnahme in Gehirngranula von Kaninchen (INOUYE et al. 1963); demgegenüber hemmte es die Serotoninaufnahme in Gehirnschnitte von Ratten (SCHANBERG u. GIARMAN 1960; DE ROBERTIS u. PELLEGRINO DE IRALDI 1961). IMAMOTO und NUKADA schlossen aus ihren Versuchen, daß der Amintransport in das Innere der Granula nicht mit energieliefernden Reaktionen verknüpft ist; sie schrieben dem hohen Phospholipidgehalt der Gehirngranula Bedeutung zu, da sie eine ähnlich „akkumulierende" Aufnahme von Noradrenalin, wie mit diesen, nicht mit Leber- und Nierengranula, die viel lipidärmer sind, erhielten.

Zu ähnlichen Ergebnissen kamen MIRKIN et al. (1963, 1964) in Versuchen mit Granula aus Rattengehirn. Die bei 37° C gemessene Aufnahme von Noradrenalin wurde weder durch Dinitrophenol (Entkoppelung der oxydativen Phosphorylierung) noch durch Monojodacetat (Hemmung der Glykolyse) beeinflußt. Nach Vorbehandlung der Tiere mit Reserpin (5 mg/kg, 24 Std vorher) war die Aufnahme von Noradrenalin durch die isolierten Gehirngranula signifikant gehemmt, wenn das Außenmedium die gleiche Aminkonzentration (40 mµg/ml) enthielt wie in den Kontrollversuchen. Bei Verdoppelung der Noradrenalinkonzentration (80 mµg/ml) nahmen die Granula der reserpinisierten Tiere fast die gleiche Aminmenge auf wie normale Gehirngranula bei der niedrigeren Außenkonzentration.

4. Durch Differentialzentrifugieren von *Gehirn*homogenaten hatten CHRUŚCIEL (1960) sowie GRAY und WHITTAKER (1962) — in gleicher Weise wie andere Autoren aus Homogenaten sympathischer Nerven — noradrenalinhaltige bläschenförmige Gebilde mit Sedimentationseigenschaften, wie sie Mitochondrien besitzen, von anderen partikulären Elementen, z. B. Mikrosomen, abtrennen können (s. auch WHITTAKER 1959). In der Fraktion dieser mit Nervenenden identischen „Synaptosomen" (WHITTAKER 1964) befindet sich der größte Teil des vor allem im Hirnstamm vorkommenden Noradrenalins, wie Versuche mit Gehirnhomogenaten von Ratten und Rindern ergeben haben (MAYNERT u. KURIYAMA 1964; MAYNERT et al. 1964).

Bei 4° C gaben Suspensionen solcher „Synaptosomen" aus Rindergehirn, in denen auch das Serotonin des Gehirns gespeichert ist, keine Amine ab, während bei höherer Temperatur innerhalb von 30 min das gesamte Noradrenalin und innerhalb von 2 Std 50% des Serotonins in das isotonische Suspensionsmedium übergetreten waren. Im Gegensatz zu den chromaffinen Granula des Nebennierenmarks, nahmen die aus Gehirn gewonnenen Synaptosomensuspensionen auch bei niedriger Temperatur (4°C) Noradrenalin aus dem Außenmedium auf, und zwar fast gleich viel wie bei höherer Temperatur (37° C). Bei einer Außenkonzentration von 0,05 µg/ml Noradrenalin erfolgte weder eine Aufnahme exogenen noch eine Freisetzung endogenen Amins, während bei einer doppelt so hohen Konzentration im Außenmedium (0,1 µg/ml NA) sich schon eine Aminaufnahme nachweisen ließ (MAYNERT u. KURIYAMA 1964). In Versuchen mit noradrenalinhaltigen Granula aus Milznerven waren, wie schon erwähnt, wesentlich höhere Aminkonzentrationen (10 µg/ml NA) erforderlich, um das Gleichgewicht zwischen Aminaufnahme und -abgabe zu gewährleisten (v. EULER u. LISHAJKO 1962).

MAYNERT und KURIYAMA (1964) konnten nun zeigen, daß das von den Synaptosomen bei 4° C aufgenommene Noradrenalin sich anschließend leicht vollkommen auswaschen ließ, während das bei 37° C aufgenommene Amin so fest gebunden war, daß sich schon nach 10 min bei 4° C nichts mehr auswaschen ließ, — vorausgesetzt, daß die Noradrenalinkonzentration des Außenmediums 0,5 µg/ml nicht überstieg. War sie höher, so ließ sich auch ein Teil des bei 37° C aufgenommenen Noradrenalins aus den Synaptosomen auswaschen. Die „Aufnahme" von Noradrenalin ist demnach ein temperaturunabhängiger Vorgang, die schnell erfolgende *Bindung* des aufgenommenen Amins hingegen ist temperaturabhängig. Die Temperaturabhängigkeit der Bindung könnte dafür sprechen, daß ihr ein enzymatischer Prozeß zugrunde liegt. Die Hemmung eines für die Bindung der Amine erforderlichen Enzyms durch Reserpin würde verständlich machen, daß Reserpin die Noradrenalinabgabe aus den Synaptosomen förderte und die „Aufnahme" des Amins hemmte: in Gegenwart von 20 µg/ml Reserpin betrug die bei 20° C gemessene Abgabe von Noradrenalin 66% des Amingehaltes gegenüber nur 35% in den Kontrollansätzen, und die bei 37° C gemessene Aufnahme von Noradrenalin (0,5 µg/ml in der Inkubationslösung) in Gegenwart von Reserpin nur +370% gegenüber +720% in den Kontrollen.

Die Ergebnisse stehen im Einklang mit der Beobachtung, daß auch in Versuchen mit Gehirn*schnitten* der Aufnahme radioaktiven Noradrenalins bei niedriger Aminkonzentration im Außenmedium ein reserpinempfindlicher Mechanismus zugrunde lag, während die bei hoher Außenkonzentration überwiegend passiv erfolgende Noradrenalinaufnahme durch Reserpin nicht beeinflußt wurde (DENGLER et al. 1961a und b, 1962). Für die Existenz verschiedener „pools", in die das exogene Noradrenalin aufgenommen wird, spricht, daß zu einem Zeitpunkt, zu dem die von den Gewebeschnitten (Katzengehirn, -herz, -milz) aufgenommene Radioaktivität, d. h. die Konzentration von $H^3$-Noradrenalin im Gewebe, ein Plateau erreicht hatte, kein „isotopisches Gleichgewicht" eingetreten war.

*Thrombocyten* sind in der Lage, ähnlich wie Serotonin, auch Adrenalin und Noradrenalin aufzunehmen und anzureichern (HUGHES u. BRODIE 1959). Bei einem niedrigen exogenen Aminangebot hemmte Reserpin die Aufnahme, bei hoher Außenkonzentration wurde sie durch Reserpin nicht beeinflußt (BRODIE et al. 1957b; HUGHES et al. 1958).

5. Schneller als aus den „Synaptosomen" erfolgte die Amin*freisetzung* bei 20⁰ C aus den Vesikeln, die nach der osmotischen Ruptur der Synaptosomen resultierten und einen Durchmesser von 200—1200 Å besaßen. Die eigentlichen Speicherorganellen scheinen intravesiculäre Granula zu sein. Demgegenüber geschah die *Aufnahme* exogenen Amins schneller in die

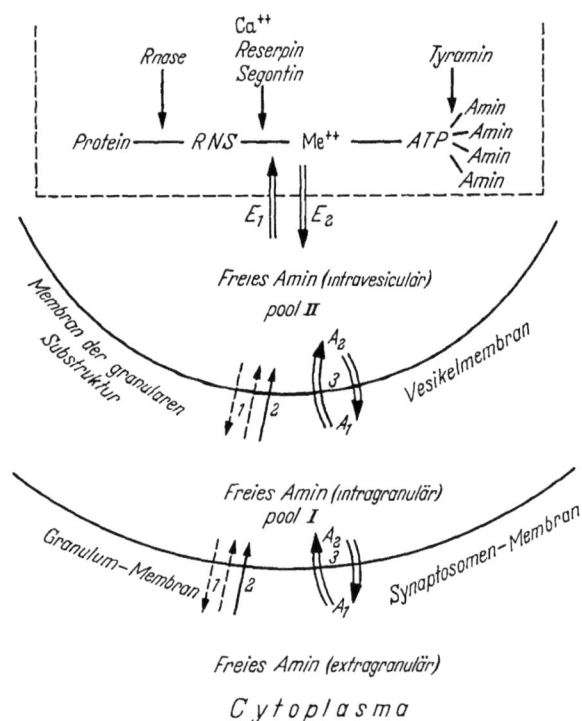

Abb. 19. Schematische Darstellung der subcellularen Aufnahme, Speicherung und Freisetzung von Brenzkatechinaminen

Synaptosomen als in die Vesikel. Der in einem aktiven Transport bestehende Aufnahmemechanismus („Inward and outward pump") ist offensichtlich in der Membran der Synaptosomen lokalisiert, wohingegen die Aufnahme in die Vesikel mit anschließender Bindung und Speicherung der Amine in den intravesiculären Granula auf einer dem Konzentrationsgefälle entsprechenden passiven Diffusion beruht, wobei die Bindung der freien Amine zu osmotisch inerten Komplexen das Konzentrationsgefälle aufrechterhält (MAYNERT u. KURIYAMA 1964). Die hemmende Wirkung, z. B. des *Reserpins*, auf die Aufnahme und Speicherung der Amine in den Nerven- und Gehirnzellen würde ihren Angriffspunkt an dem granulären enzymatischen Bindungs- und Speicherungsmechanismus haben, während die eine Hemmung der Aminaufnahme verursachende Wirkung, z. B. des *Cocains* und *Strophanthins*, ihren Angriffspunkt an einem in der Zellmembran lokalisierten aktiven Transportmechanismus hätte.

Die Abb. 19 versucht, eine schematische Darstellung der Mechanismen zu geben, die der subcellulären Aufnahme, Speicherung und Freisetzung der Brenzkatechinamine im Nebennierenmark und in den sympathischen Nerven zugrunde liegen. Das im Cytoplasma vorhandene freie Amin kann bei 0° C durch passive Diffusion (1), bei höherer Temperatur durch „erleichterte" Diffusion (2) — erleichtert, weil durch die erst jetzt mögliche intragranuläre Bindung ein Konzentrationsgradient geschaffen wird —, oder durch „aktiven Transport" (3) die Granulum- bzw. Synaptosomenmembran permeïren und in einen granulären pool I gelösten, nicht gebundenen Amins eindringen. Auf dieselbe Weise gelangt das Amin durch die Membran einer granulären Substruktur bzw. durch die Vesikelmembran aus pool I in einen zweiten pool freien, gelösten Amins (pool II), aus dem dann schließlich die Aufnahme in den eigentlichen Speicherkomplex als gebundenes Amin erfolgt. Integrierende Bestandteile des Speicherkomplexes scheinen, wie schon gesagt, neben ATP, divalente Kationen ($Me^{++}$) sowie RNS und vielleicht Protein zu sein. Der den Konzentrationsgradienten aufrechterhaltenden Bindung der Amine liegt möglicherweise ein Energie erfordernder enzymatischer Vorgang (E 1) zugrunde (MAYNERT u. KURIYAMA 1964); sie würde eine „erleichterte" Diffusion des Amins von außen nach innen gewährleisten und einen von anderen Autoren (CARLSSON et al. 1962, 1963a; KIRSHNER 1962) postulierten aktiven Transport vielleicht unnötig machen. Dem postulierten, Energie benötigenden, nur bei höherer Temperatur möglichen aktiven Transport soll eine auch bei 0° C erfolgende Bindung an das Transportsystem (A 1) vorausgehen, die keinen Energieaufwand erfordert (STJÄRNE 1964).

Die im Bereich des Speicherkomplexes eingezeichneten Pfeile deuten den mutmaßlichen Angriffspunkt einiger zur Abnahme des granulären Amingehaltes führender Pharmaka an. Danach setzt *Tyramin* die Brenzkatechinamine durch stöchiometrische Verdrängung aus ihrer Bindung an ATP frei; *Calcium* sowie *Reserpin* und *Segontin* setzen zusätzlich ATP und zweiwertige Kationen (Ca, Mg) frei; unter der Einwirkung von *Rn-ase* schließlich nimmt auch der intragranuläre RNS-Gehalt ab; die Bruchstücke des Speicherkomplexes würden durch passive Diffusion (1) in das Cytoplasma übertreten (SCHÜMANN 1965). Auslösende Ursache der Freisetzung könnte im Falle des Calciums eine Verdrängung von Magnesium-Ionen, im Falle des Reserpins und Segontins die Aktivierung eines den Speicherkomplex aufspaltenden Fermentes sein (E 2) (MAYNERT u. KURIYAMA 1964).

Eine andere Möglichkeit, die die durch Pharmaka in Suspensionen isolierter Speichergranula verursachte Abnahme des Amingehaltes erklären würde, wäre die Hemmung der Aminaufnahme und -bindung. Sie ist z. B. zur Erklärung der Reserpinwirkung herangezogen worden. Reserpin hemmt vielleicht einen für die Bindung der Amine verantwortlichen enzymatischen Prozeß (E 1), wie MAYNERT und KURIYAMA (1964) annehmen, — oder blockiert den aktiven Transport (3) durch die Granulummembran (CARLSSON et al. 1962a), indem es sich kompetitiv mit dem adrenergischen „Receptor" der Membran verbindet.

Die an Suspensionen isolierter Granula gewonnenen Ergebnisse über Aufnahme und Freisetzung der Amine sowie über die pharmakologische Beeinflußbarkeit dieser beiden Vorgänge geben jedoch nur einen Teilaspekt der *in vivo* für die intakten Zellen geltenden Verhältnisse: sowohl für die an den chromaffinen Zellen des Nebennierenmarks als auch an den Nerven- und Gehirnzellen wirksamen Mechanismen der Aufnahme und Freisetzung biogener Monoamine. Sie widersprechen zum Teil den in vivo oder an isoliert durchströmten Organen bzw. an Gewebeschnitten beobachteten Wirkungen mancher Pharmaka. So verursachten z.B. Reserpin, Cocain und Phenoxybenzamin, die in bestimmten Konzentrationen die Spontanfreisetzung von Noradrenalin aus isolierten Nervengranula hemmen, in vivo immer nur eine Abnahme des Amingehaltes in den Organen (s. X.B.), — und Acetylcholin, Histamin und Nicotin, die in vivo Brenzkatechinamine freisetzen, waren, wie an den chromaffinen Granula des Nebennierenmarks, so auch an isolierten Nervengranula (Milznerven) unwirksam (v. EULER u. LISHAJKO 1963 b).

## IX. Nichtenzymatische Inaktivierung und Noradrenalinspeicher des Gewebes

Bei Kaninchen und Hunden wurde Adrenalin nach der intravenösen Infusion auch hoher Dosen (100—200 µg/kg) in 5—10 min aus der Blutbahn eliminiert (PEKKARINEN 1948, 1954). Schneller noch als Adrenalin verschwand Noradrenalin: 3 min nach der intravenösen Injektion von 100 µg/kg betrug bei Kaninchen der Adrenalingehalt des Blutes 120 µg-%, der Noradrenalingehalt nur noch 35 µg-% (LUND 1951). Versuche mit isotopenmarkierten Brenzkatechinaminen haben ergeben, daß ein Teil der intravenös injizierten Menge in Gewebespeicher aufgenommen und dadurch der Reaktion mit den pharmakologischen Receptoren der Organe entzogen wird.

1. RAAB und GIGEE (1955) hatten große Mengen Adrenalin (bis zu 10 mg/kg) Hunden intraperitoneal injiziert und, unter Verwendung einer allerdings wenig spezifischen colorimetrischen Bestimmungsmethode, eine Zunahme adrenalinähnlicher Substanz im Herzen gefunden. v. EULER (1956b), der kleinere Dosen Adrenalin und Noradrenalin (bis zu 2 mg/kg) Katzen intravenös infundierte, konnte dieses Ergebnis nicht bestätigen: 5—28 min nach beendeter Infusion fand er den Brenzkatechinamingehalt im Herzen sowie in der Milz, Leber, Niere und Skeletmuskulatur nicht signifikant erhöht. Demgegenüber berichteten PENNEFATHER und RAND (1960) von einem Anstieg des Noradrenalingehaltes in der Niere und im Uterus eviscerierter Katzen nach

intravenöser Infusion des Amins. Auch Dopa und Dopamin, intravenös verabfolgt, erhöhten den Noradrenalingehalt der Organe.

BURN und RAND (1960c) durchströmten die nur noch in nervalem Zusammenhang mit dem übrigen Körper stehende Hinterextremität eines Hundes und registrierten die durch elektrische Reizung des lumbalen Grenzstranges verursachte, in einer Abnahme des onkometrisch gemessenen Volumens zum Ausdruck kommende Gefäßverengung (Abb. 20). Der Schwellenwert der elektrischen Reizung, der eine gerade registrierbare Volumabnahme der

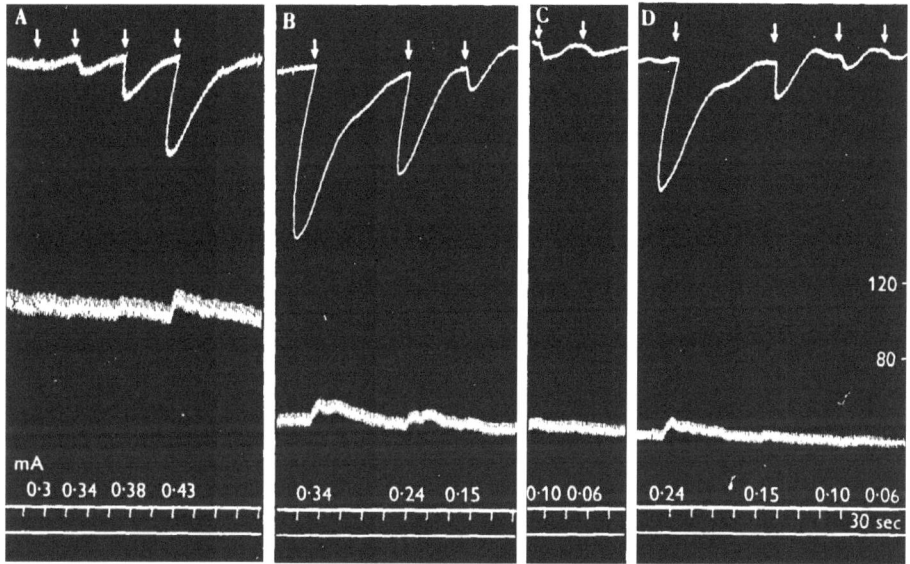

Abb. 20 A—D. *Hund in Chloralosenarkose. Plethysmographisch registrierte Volumanderungen der kunstlich durchstromten rechten Hinterextremitat während elektrischer Reizung des rechten lumbalen Grenzstranges* (25/sec, 10 sec). A vor, B, C, D nach i.v. Infusion von 200 µg Noradrenalin (s. Text). Aus J. H. BURN und M. J. RAND (1960c)

Extremität hervorrief (0,34 m Amp.), war 20 min nach der Zugabe von Noradrenalin in die Perfusionsflüssigkeit deutlich erniedrigt; die Reizung mit 0,34 m Amp. hatte jetzt eine viel stärkere Wirkung. Die von den Autoren gegebene Deutung besagt, daß die Noradrenalininfusion die während der Präparation und der Umschaltung auf künstliche Durchströmung an Noradrenalin verarmten Speicher, aus denen der Nervenreiz den Wirkstoff freisetzt, wieder aufgefüllt habe. In diesem Sinne spricht auch, daß die am isolierten Hypogastricus-Vas deferens-Präparat des Meerschweinchens durch elektrische Reizung des Nerven ausgelösten Kontraktionen nach Zugabe von Noradrenalin in die Badflüssigkeit, wenn dessen Eigenwirkung abgeklungen war, verstärkt gefunden wurden (HUKOVIĆ 1961): 15 µg/ml Noradrenalin wirkten 30 min lang auf das Präparat ein; es wurde dann 5mal im Abstand von 3 min ein Badwechsel vorgenommen, um das in der Tyrodelösung befindliche Noradrenalin zu beseitigen. Elektrische Reizung des Nerven im Abstand von 1 min verursachte jetzt doppelt so starke Kontraktionen des Ductus deferens als vor der Noradrenalineinwirkung. Sie wurden allmählich schwächer und erreichten nach ungefähr 1 Std wieder die ursprüngliche Höhe.

Auch die Ergebnisse von Versuchen an Katzen, in denen Tyramin als indirekt, d. h. durch Freisetzung von Noradrenalin wirkendes Amin, seine mydriatische und vasoconstrictorische, blutdrucksteigernde Wirkung durch Vorbehandlung der Versuchstiere mit Reserpin (Entleerung der Noradrenalinspeicher) verloren hatte und nach einer Infusion von Noradrenalin wiedergewann, wurden im Sinne einer Aufnahme hämatogenen Noradrenalins in Gewebespeicher gedeutet, aus denen Tyramin den Wirkstoff freisetzt (BURN u. RAND 1958a—c, 1960a). Schon früher hatte BURN (1932) an der normalen, isoliert durchströmten Hundeextremität beobachtet, daß die vasoconstrictorische Wirkung des Tyramins nach einer Adrenalininfusion in das Präparat verstärkt war. Das gleiche Ergebnis hatten Versuche am Herz-Lungenpräparat reserpinisierter Hunde: nach einer Noradrenalininfusion war die tachykardische Wirkung des Tyramins verstärkt und verlängert (BEJRABLAYA et al. 1958). Auch an Ratten, die mit Reserpin vorbehandelt worden waren, konnte die pressorische Tyraminwirkung durch *Noradrenalin* wiederhergestellt werden; bei dieser Tierart war *Adrenalin* hierzu nicht in der Lage (BURN u. RAND 1960a). Auch andere Befunde sprechen dafür, daß Noradrenalin leichter ins Gewebe aufgenommen und fester gebunden wird als Adrenalin (s. unter 2.).

Für eine Lokalisation dieser Gewebespeicher in den sympathischen Nerven sprach, daß an der chronisch denervierten Pupille (Exstirpation des Ggl. cervicale sup.) und an den denervierten Gefäßen der Vorderextremität (Exstirpation des Ggl. stellatum) die nach Reserpin verlorengegangenen Tyraminwirkungen durch die Infusion von Noradrenalin nicht restauriert wurden (BURN u. RAND 1960a—c; s. auch HERTTING et al. 1961a; HERTTING u. SCHIEFTHALER 1964). Sympathisch innervierte Organe besitzen demnach anscheinend in den Nerven selbst gelegene „Speicherreceptoren", die exogenes Noradrenalin aufnehmen können, wie sich auch an isolierten, in einem Tyrodebad suspendierten Organen, z. B. am Kaninchendarm (GILLESPIE u. MACKENNA 1960), am Vas deferens des Meerschweinchens (HUKOVIĆ 1961) und am Vorhofpräparat des Kaninchenherzens (KOTTEGODA 1953; LEE u. SHIDEMAN 1959; AZARNOFF u. BURN 1961) hatte zeigen lassen.

2. Den direkten Beweis dafür, daß sympathisch innervierte Organe exogenes Noradrenalin aufnehmen und speichern, erbrachten Versuche mit $H^3$-Noradrenalin und $H^3$-Adrenalin an Gewebeschnitten (DENGLER et al. 1961a und b), an künstlich perfundierten Organen, z. B. Herz und Milz (WHITBY et al. 1960; KOPIN et al. 1962; IVERSEN 1963), und am intakten Tier — Ratten (WHITBY et al. 1961; STRÖMBLAD u. NICKERSON 1961; ANDÉN 1964b) und Mäusen (IVERSEN u. WHITBY 1962) — mit intravenöser Injektion der radioaktiven Amine. Auch in diesen Versuchen zeigte sich, daß denervierte Struk-

turen zur Aufnahme von Noradrenalin nicht in der Lage waren oder nur geringfügige Mengen aufnahmen (HERTTING et al. 1961c; STRÖMBLAD u. NICKERSON 1961; ANDÉN et al. 1963; HERTTING u. SCHIEFTHALER 1964).

Demgegenüber fanden FISHER et al. (1965), daß bei Ratten die chronisch denervierten *Speicheldrüsen* radioaktives Noradrenalin fast ebenso gut aufnahmen wie normale, jedoch nach 1 Std 10mal weniger Radioaktivität enthielten als die innervierten Drüsen. *Reserpin* beeinflußte weder die Aufnahme noch die Abgabe von $H^3$-Noradrenalin in der denervierten Speicheldrüse; *Tyramin* setzte nur in geringem Maße Noradrenalin frei. Es besteht somit anscheinend auch die Möglichkeit einer *extraneuronalen* Aufnahme und kurzdauernden Bindung für Noradrenalin im Gewebe.

Wenige Minuten nach der intravenösen Injektion tritiummarkierter Brenzkatechinamine an Katzen wurde die höchste spezifische Aktivität im Herzen, in der Milz und in den Speicheldrüsen, eine nur geringe Aktivität in der Skeletmuskulatur gefunden (AXELROD 1959a und b), wobei ein erheblicher Teil auf 3-O-Methylderivate entfiel. $H^3$-Noradrenalin wurde in höherem Maße im Gewebe gebunden und über längere Zeit festgehalten als $H^3$-Adrenalin. Nach der Injektion von Adrenalin ließen sich mehr 3-O-methylierte Produkte nachweisen als nach der Injektion von $H^3$-Noradrenalin (WHITBY et al. 1960, 1961; KOPIN u. BRIDGERS 1963).

Isoliert durchströmte Rattenherzen eliminierten von injiziertem $C^{14}$-Noradrenalin doppelt soviel durch Bindung wie durch metabolischen Abbau (AXELROD et al. 1959b; KOPIN et al. 1962). Bei einer einzigen Passage von $H^3$-DL-Noradrenalin (Hundeherz) verschwanden fast 75% durch Bindung aus dem Blut (CHIDSEY et al. 1963).

Da für Untersuchungen über die Aufnahme exogenen Noradrenalins in die Gewebe von den meisten Autoren DL-$H^3$-Noradrenalin verwendet wurde, erhebt sich die Frage, ob der Aufnahmemechanismus für die beiden optischen Isomere der gleiche ist. Bei Ratten hatte das Herz 5 min nach der Injektion von radioaktivem DL-Noradrenalin 10mal mehr von dem L-Isomeren aufgenommen als von dem D-Isomeren (MAICKEL et al. 1963a; s. auch IVERSEN 1963; NASH et al. 1963; ANDÉN 1964b; MACKENNA 1965; WESTFALL 1965). Demgegenüber fanden andere Autoren am Rattenherzen (KOPIN u. BRIDGERS 1963) sowie am Meerschweinchenherzen (CROUT 1964) 1 Std nach der Injektion eine gleich starke Aufnahme beider Isomere. Übereinstimmung besteht darin, daß das D-Isomere weniger fest gebunden wird als das L-Isomere: nach 24 Std ließ sich im Herzen nur noch L-$H^3$-Noradrenalin nachweisen (KOPIN u. BRIDGERS 1963; MAICKEL et al. 1963a; BEAVEN u. MAICKEL 1964; s. jedoch v. EULER u. LISHAJKO 1965).

Auch das bei elektrischer Stimulierung sympathischer Nerven freigesetzte nervale Noradrenalin wird zu einem erheblichen Anteil wieder in die „Noradrenalinspeicher" der Nerven aufgenommen (s. X.B.2.).

3. *Autoradiographische* Untersuchungen haben ergeben, daß zwar unmittelbar nach der Injektion von $H^3$-Noradrenalin in den Herzventrikel von Mäusen (15 sec post inj.) die Radioaktivität diffus über das Myokard verteilt war, sich aber schon umschriebene Anreicherungen erkennen ließen (Abb. 21 A), die nach 1 min als markant von den Muskelzellen sich abgrenzende, faserartig geformte Anhäufungen in Erscheinung traten (B); auf diese war nach 2 Std die Radioaktivität ausschließlich beschränkt (C) (MARKS et al. 1962). Die Autoren identifizierten diese Fasern mit postganglionären, noradrenergischen Neuronen.

Über die *subcelluläre* Verteilung der nach intravenöser Injektion von den Geweben aufgenommenen Brenzkatechinamine geben Untersuchungen mit Homogenaten des Herzens und der Speicheldrüsen Aufschluß. 80% des zirkulierenden $H^3$-Noradrenalins war in die partikuläre Fraktion der Organhomogenate (s. VIII.B.) aufgenommen worden, während $H^3$-Dopa, $H^3$-Dopamin und $H^3$-O-Methylnoradrenalin im cytoplasmatischen Überstand gefunden wurden (POTTER u. AXELROD 1962).

*Fluorescenzmikroskopische* Befunde an der Ratteniris sprechen dafür, daß zwar das gesamte Axon des postganglionären Neurons eines sympathischen Nerven zur Aufnahme exogenen Noradrenalins befähigt ist, wobei es zu einer 1000—10000fachen Anreicherung gegenüber der anfänglichen extracellulären Konzentration kommen kann, daß jedoch die Nerven*enden* („terminals") wegen ihres höheren Gehaltes an Speichergranula (HAMBERGER et al. 1964) eine weit größere Speicherkapazität und einen viel höheren Noradrenalingehalt besitzen als das übrige Neuron (s. Abb. 6 und 7 auf S. 15 und 16) (HILLARP u. MALMFORS 1964). WOLFE et al. (1962) hatten bei Ratten mit Hilfe elektronenmikroskopischer Autoradiographie zeigen können, daß in dem an sympathischen Nervenendigungen reichen Corpus pineale (KAPPERS 1960) $H^3$-Noradrenalin 30 min nach der intravenösen Injektion ausschließlich in den marklosen adrenergischen Axonen nachweisbar war, und zwar unter selektiver Lokalisation in den intravesiculären Granula.

4. Die Bestimmung der spezifischen Aktivität in den Organen nach intravenöser Injektion tritiummarkierter Brenzkatechinamine ergab, daß nur ein kleiner Anteil des *exogen* angebotenen Amins sich mit dem *endogenen* Amingehalt des betreffenden Organs, z. B. des Herzens, schnell mischt. Versuche, in denen die Spontanfreisetzung des ins Herz aufgenommenen $H^3$-Noradrenalins verfolgt wurde, gaben Hinweise auf das Vorhandensein mehrerer „pools", von denen der eine mit einem offenbar hohen „turn over" das vom Blute her angebotene Amin schnell aufnahm und wieder abgab, und von denen der andere mit einem niedrigeren „turn over" nur zu einer langsamer erfolgenden Aufnahme in eine wohl festere Bindung mit entsprechend protrahiert verlaufender Freisetzung des radioaktiven Amins befähigt war (AXELROD et al. 1961a; KOPIN et al. 1962; AXELROD 1963c; IVERSEN 1963). Die Halbwertzeit

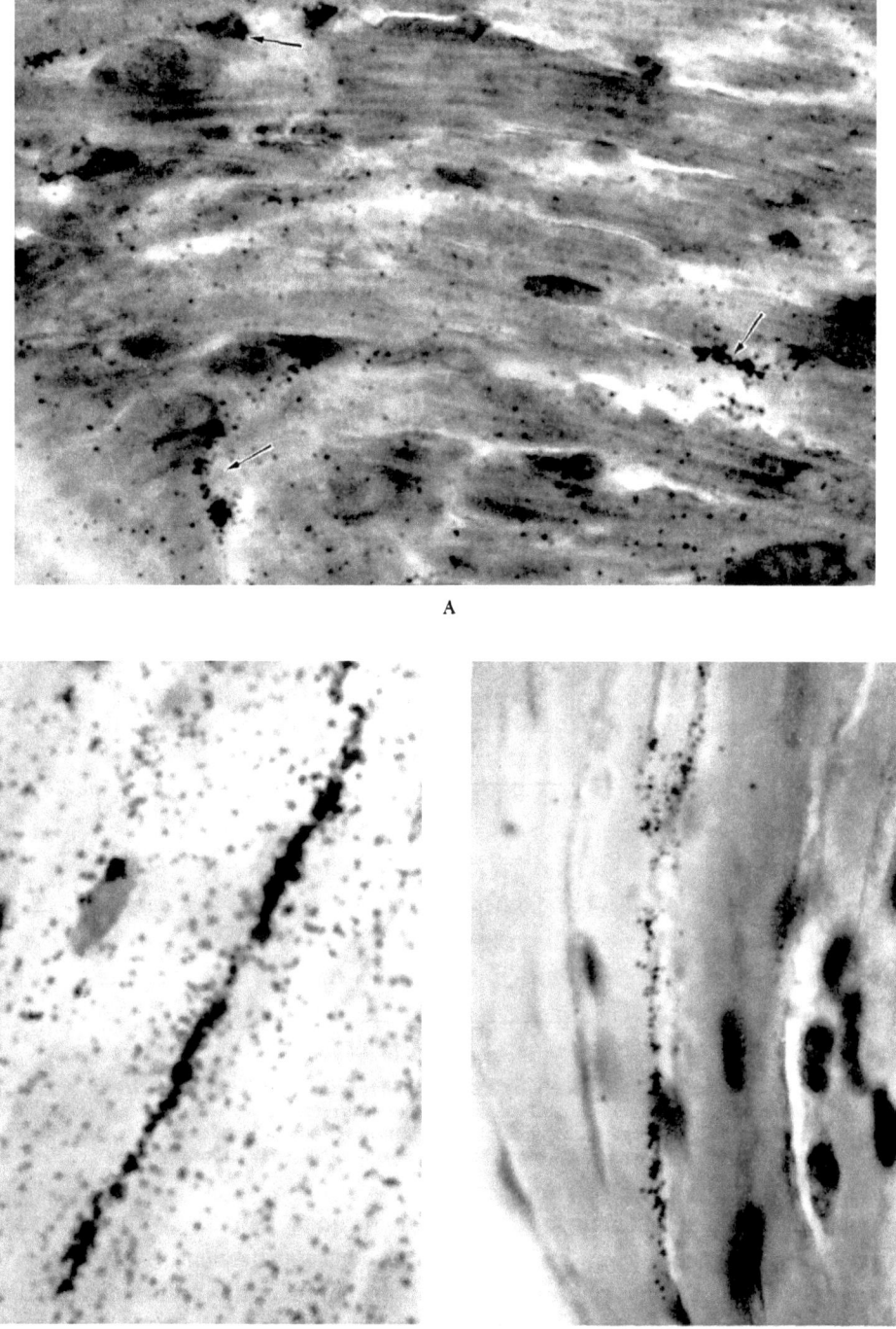

Abb. 21 A—C. *Autoradiographische Darstellung der Lokalisation von $H^3$-Noradrenalin im Herzmuskel (Maus) nach intrakardialer bzw. intravenöser Injektion.* A: 15 sec nach intrakardialer Injektion (320×); B: 1 min nach intrakardialer Injektion (1000×); C: 120 min nach intravenöser Injektion (720×). Aus B. H. Marks, T. Samorajski und E. J. Webster (1962)

des „readily available pool" wurde an Hand der mehrphasisch verlaufenden Abnahme der spezifischen Aktivität des Myokards (Meerschweinchen, Ratte) nach Aufnahme radioaktiven Noradrenalins auf etwa 4 Std, diejenige des

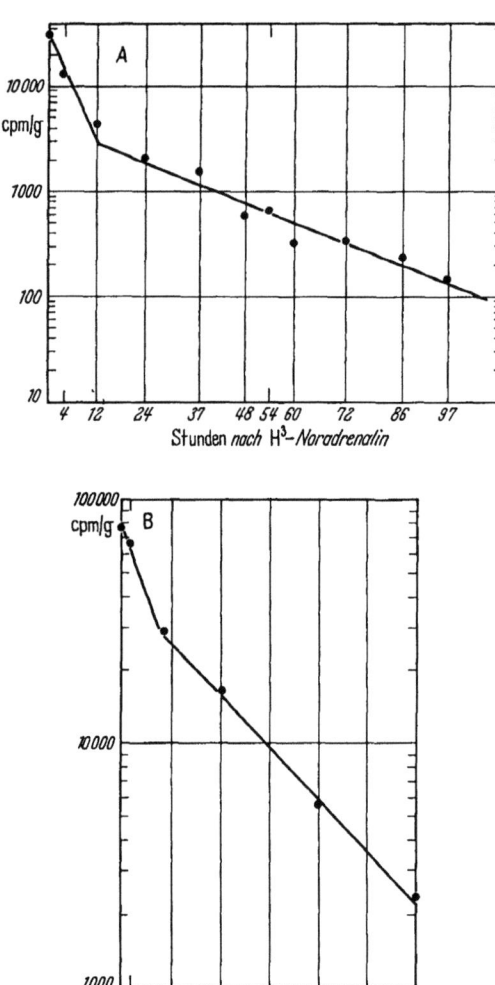

Abb. 22A u. B. *Zweiphasische Abgabe der nach i.v. Injektion von $H^3$-Noradrenalın vom Herzen aufgenommenen Radıoaktivität* (Abnahme der spezifischen Aktivitat des Herzens). A Meerschweinchenherz; B Mauseherz. Der steilere Abfall in B entspricht dem höheren „turnover" des Noradrenalins im Mauseherzen. Nach R. MONTANARI, E. COSTA, M. B. BEAVEN und B. B. BRODIE (1963)

„pool" mit festerer Bindung auf 20 Std berechnet. Für das Mäuseherz betrugen die entsprechenden Halbwertzeiten der spezifischen Aktivität etwa 2 bzw. 6 Std. Die Umsatzgeschwindigkeit in den Noradrenalinspeichern des Mäuseherzens ist demnach wesentlich höher als in denjenigen des Meerschweinchen- und Rattenherzens (Abb. 22) (MONTANARI et al. 1963).

Die in zwei Phasen erfolgende Abgabe der nach Injektion von DL-$H^3$-Noradrenalin vom Herzen aufgenommenen Radioaktivität könnte jedoch vielleicht auch in dem Sinne gedeutet werden, daß die erste Phase mit kleiner Halbwertzeit einer überwiegenden Abgabe von D-Noradrenalin entspricht, das weniger fest gebunden wird als das L-Isomere, und die zweite länger dauernde Phase der Abgabe des fester gebundenen L-Isomeren. Sodann könnte die *Dosis* des verabfolgten $H^3$-Noradrenalins von entscheidender Bedeutung sein: Eine relativ große, zusätzlich in die granulären Aminspeicher aufgenommene Menge radioaktiven Noradrenalins würde vermutlich schneller und, wegen noch nicht idealer Mischung mit dem endogenen Aminpool, mit höherer spezifischer Aktivität abgegeben werden als eine kleinere Menge, die keinen nennenswerten Nettozuwachs an Amin bedeutet und sich mit dem endogenen Noradrenalin schnell mischt. Wenn das zuträfe, so wäre zu erwarten, daß nach der Injektion einer kleinen Dosis reinen L-Noradrenalins hoher spezifischer Aktivität die Abgabe der Radioaktivität einphasisch und mit einer Halbwertzeit erfolgen würde, die der zweiten Phase des in der Abb. 22 dargestellten Kurvenverlaufes entspräche.

5. Auch *pharmakologische* Untersuchungen haben zu Ergebnissen geführt, die die Annahme verschiedener „pools" bzw. Speicher-„Compartments" für das Noradrenalin, z. B. des Herzens, notwendig machen. Nach wiederholter Injektion hoher Dosen wurde Tyramin, dessen positiv chrono- und inotrope Herzwirkung über eine Freisetzung von Noradrenalin zustande kommt (BURN u. RAND 1958c), am Herzen unwirksam. Die „Tachyphylaxie" trat auf, obwohl der Noradrenalingehalt des Herzens nur auf etwa 40% der Norm abgesunken war (POTTER et al. 1962; DAVEY u. FARMER 1963) (s. X.B.4.b.). Kurz nach der Injektion von $H^3$-Noradrenalin wurde dieses durch Tyramin leichter und in höherer spezifischer Aktivität aus dem Herzen freigesetzt, als wenn längere Zeit vergangen war, in der das exogene, radioaktive Noradrenalin sich mit dem endogenen mischen konnte und in eine festere Bindung überging (POTTER u. AXELROD 1963a). Der nach hohen Tyramindosen nachweisbaren Abnahme des Noradrenalingehaltes im Herzen ging eine Verschiebung des partikulär gebundenen Brenzkatechinamins in die lösliche, cytoplasmatische Fraktion voraus; anschließend wurde aus beiden Fraktionen in annähernd gleichem Ausmaß Noradrenalin freigesetzt (BHAGAT 1964; s. auch CAMPOS et al. 1963).

Aus Versuchen an Mäusen, in denen verschieden hohe Dosen $H^3$-Noradrenalin injiziert wurden, schlossen IVERSEN und WHITBY (1962), daß höhere Dosen als 30 µg/kg den aktiven Aufnahmemechanismus — „tissue concentrating mechanism" — überfordern und die Aufnahme dann nur durch passive Diffusion erfolgt, wobei der größte Teil des aus dem Blute eliminierten Amins „easily available" zu bleiben scheint und keine festere Bindung eingeht. Die Dosisabhängigkeit der Aufnahme galt besonders für das D-Isomere des Noradrenalins (IVERSEN 1963). Das gleiche traf für die Aufnahme exogener Brenzkatechinamine in isolierte Nervengranula zu: betrug die $H^3$-Noradrenalinkonzentration im Inkubationsmedium nicht mehr als 0,5 µg/ml, so ließ sich von dem bei 37° C in die Granula aufgenommenen Amin schon nach 10 min bei 4° C nichts mehr auswaschen; war jedoch die Außenkonzentration höher als 0,5 µg/ml H³-Noradrenalin, so wurde der Überschuß zwar auch „aufgenommen", ging aber keine festere Bindung ein, da er sich anschließend bei 4° C leicht auswaschen ließ (s. VIII.B.).

6. Nach Vorbehandlung der Versuchstiere mit *Reserpin*, das eine Abnahme des Noradrenalingehaltes sympathisch innervierter Organe verursacht (BERTLER et al. 1956; BURN u. RAND 1957; MUSCHOLL u. VOGT 1958), waren die sympathicomimetischen Tyraminwirkungen abgeschwächt oder aufgehoben (CARLSSON et al. 1957c; BURN u. RAND 1958c; TRENDELENBURG 1961), und die elektrische Reizung der sympathischen Nerven war wirkungslos (CARLSSON et al. 1957c; BERTLER et al. 1958; MUSCHOLL u. VOGT 1958). Hierzu war aber eine sehr starke Verarmung der Organe an Noradrenalin erforderlich: ein kleiner „available" Noradrenalinpool genügt, um die Wirksamkeit des Tyramins und der elektrischen Reizung des Nerven zu erhalten (MUSCHOLL u. VOGT 1958; TRENDELENBURG 1961; CROUT et al. 1962).

*Tyramin* braucht zur Ausübung starker pharmakologischer Wirkungen, z. B. an den Gefäßen, am Herzen und an der Nickhaut, nur verhältnismäßig kleine Noradrenalinmengen freizusetzen, wobei es zu keiner nachweisbaren Abnahme des Noradrenalingehaltes kommt. Demgegenüber haben *Reserpin*dosen, die weitaus größere Noradrenalinmengen freisetzen und zu einer deutlichen Verarmung der Organe an Noradrenalin führen, nur eine schwache sympathicomimetische Wirkung. Das durch Tyramin freigesetzte Noradrenalin gelangt im wesentlichen als solches, d. h. unverändert, an die pharmakologischen Receptoren und ins Blut, um anschließend, wohl hauptsächlich von der Methyltransferase der Leber, zum Teil 3-O-methyliert zu werden, während das durch Reserpin freigesetzte nervale Noradrenalin überwiegend von der in den Mitochondrien der Nervenzellen lokalisierten MAO abgebaut wird, bevor es — in Form oxydativ desaminierter Produkte — ins Blut übertritt. Tyramin setzt Noradrenalin offenbar aus einem receptornahen „pool" frei, der vielleicht in der Membran der Nervenzelle liegt oder mit den in der Peripherie des Cytoplasmas membrannahe gelegenen Granula identisch ist, so daß der durch Verdrängung (s. VIII.A.1.d. und VIII.B.) freigesetzte Wirkstoff keine größere Wegstrecke im Cytoplasma der Zelle zurückzulegen braucht und dem inaktivierenden Abbau durch die MAO der Mitochondrien nicht ausgesetzt ist. Demgegenüber erfolgt die Noradrenalinfreisetzung durch Reserpin wohl auch und überwiegend aus den im Zellinneren gelegenen Granula; der freigesetzte Wirkstoff hat jetzt eine große cytoplasmatische Wegstrecke zurückzulegen, bevor er die Zellmembran erreicht, und fällt dabei zu einem erheblichen Teil der oxydativen Desaminierung durch die MAO anheim.

Das durch *Tyramin* freigesetzte Noradrenalin verhält sich stoffwechselmäßig ähnlich wie das kurz nach der Aufnahme exogenen Amins von dem betreffenden Organ, z. B. vom Herzen, *spontan* wieder abgegebene Noradrenalin, das sich mit dem endogenen Amin noch nicht vermischt hat und noch keine festere Bindung eingegangen ist. KOPIN und GORDON (1962, 1963) injizierten Ratten 8 µg/kg $H^3$-Noradrenalin intravenös und untersuchten anschließend die Ausscheidung radioaktiver Stoffwechselprodukte im Harn. Nach 3 Std waren $^2/_3$ der injizierten Radioaktivität in den Harn ausgeschieden worden; davon entfielen 52% auf unverändertes und 3-O-methyliertes Noradrenalin, nur 37% auf desaminierte bzw. 3-O-methylierte Desaminierungsprodukte; diese machten in den späteren Stunden des Versuchs fast 70% der ausgeschiedenen Gesamt-Radioaktivität aus. Entsprechende Ergebnisse hatten Versuche, in denen eine Freisetzung des von den Organen aufgenommenen $H^3$-Noradrenalins durch Tyramin (4mal je 10 mg/kg i.v. innerhalb einer Stunde) bzw. durch Reserpin (2,5 mg/kg i.p.) verursacht wurde: die nach *Tyramin* im Harn vermehrt erscheinende Radioaktivität kam hauptsächlich freiem und 3-O-methyliertem Noradrenalin zu, nach *Reserpin* traten überwiegend desaminierte Derivate auf. Blockierung der MAO durch Pheniprazin (10 mg/kg i.p.) veränderte in den Versuchen mit Reserpin das „Ausscheidungsmuster" zugunsten des freien und 3-O-methylierten Amins.

7. Die nach Entleerung der Noradrenalinspeicher durch Reserpin verlorengegangene Wirkung des Tyramins und der elektrischen Nervenreizung ließ sich am Ganztier durch die *Infusion* von Noradrenalin (BURN u. RAND 1958b und c, 1960a; GILLIS u. NASH 1961; MOORE u. MORAN 1962; MIRKIN u. v. EULER 1963) und am isolierten Organ (MUSCHOLL 1960b; GILLESPIE u. MACKENNA 1961; CROUT et al. 1962) durch *Zugabe* von Noradrenalin in die Badflüssigkeit wiederherstellen. Am reserpinisierten Tier restaurierte Noradrenalin die Tyraminwirkung leichter und vollständiger als die Wirkung der elektrischen Reizung sympathischer Nerven (BURN u. RAND 1960a). Selbst an sich unterschwellige Dosen Noradrenalin waren in der Lage, an Herzvorhofpräparaten reserpinisierter Meerschweinchen Tyramin wieder wirksam zu machen (MUSCHOLL 1960b; KUSCHINSKY et al. 1960a und b; NASMYTH 1962; SMITH 1963b. — Übersicht bei TRENDELENBURG 1963).

Während die Wiederherstellung der nach Reserpin erloschenen *Nerven*wirkung durch Applikation exogenen Noradrenalins übereinstimmend im Sinne einer Aminaufnahme in die durch Reserpin an Überträgerstoff verarmten Speicher gedeutet wird, aus denen dann durch den Nervenreiz wieder eine Freisetzung möglich ist, hat die Restaurierung der *Tyramin*wirkung bei „Anwesenheit" unterschwelliger Noradrenalinkonzentrationen in der Badflüssigkeit eine andere Deutung erfahren: im Sinne einer „katalytischen", sensibilisierenden Wirkung des Noradrenalins (s. jedoch X.B.4.b.).

## X. Sekretion und Freisetzung
### A. Nebennierenmark

Das Nebennierenmark nimmt unter den innersekretorischen Drüsen eine Sonderstellung ein: seine Funktion wird nicht hormonal, sondern nerval gesteuert. Es ist einem sympathischen Ganglion bzw. dem postganglionären Neuron eines sympathischen Nerven vergleichbar. Wie die auf dem Wege des cholinergischen präganglionären Neurons im Ganglion ankommenden nervalen Impulse durch Acetylcholin auf das noradrenergische postganglionäre Neuron übertragen werden und dieses zur Freisetzung von Noradrenalin veranlassen, so vermittelt der an den Enden der cholinergischen „präganglionären" Splanchnicusfasern im Nebennierenmark freiwerdende Cholinester die Freisetzung der hormonalen Wirkstoffe aus den chromaffinen Zellen und ihre Sekretion ins Blut.

Die „sekretorische" Funktion der Nn. splanchnici war schon vor der Isolierung des Adrenalins aus dem Nebennierenmark bekannt (BIEDL 1897; SZYMONOWICZ 1896). DREYER (1899) zeigte, daß elektrische Stimulierung der Nerven die Hormonsekretion steigert. TSCHEBOKSAROFF (1911) fand, daß die zu vermehrter Hormonabgabe stimulierte Drüse anschließend einen physiologisch wirksameren Extrakt gab als die nicht stimulierte.

ELLIOTT (1912, 1913), der an Katzen nach einer 7stündigen Reizperiode keine nennenswerte Abnahme des Hormongehaltes gefunden hatte, schrieb: "So slight is the change in the residual adrenalin caused by faradization of the splanchnic nerves that it would never had sufficed to convince me of the existence of the splanchnic control." Auch neuere Untersuchungen sprechen dafür, daß die Resynthese der Wirkstoffe mit der während elektrischer Splanchnicusreizung erhöhten Sekretion weitgehend Schritt hält. Der Hormongehalt der Kaninchennebenniere war nach wiederholter Splanchnicusreizung, die eine dem ursprünglichen Gehalt entsprechende Adrenalinmenge freigesetzt hatte, nicht vermindert (HÖKFELT u. MCLEAN 1950). HOLLAND und SCHÜMANN (1956) fanden in Versuchen an eviscerierten Katzen in Chloralosenarkose, daß der Brenzkatechinamingehalt während einer 50 min langen Reizperiode in der stimulierten Drüse im Mittel nur um 256 µg/g abnahm, obwohl die sezernierte, im Blut der V. suprarenalis bestimmte Hormonmenge 584 µg/g betrug: die vom N. splanchnicus aus elektrisch stimulierte Nebenniere sezernierte 3 µg Brenzkatechinamin pro Minute; davon stammten 1,3 µg aus dem in der Drüse vorhandenen Vorrat, 1,7 µg aus der Synthese. Am Ende der Reizperiode hatte die prozentuale Zusammensetzung des im Nebennierenmark vorhandenen Inkretes eine Verschiebung zugunsten des Adrenalins erfahren: von 63% in der nicht stimulierten Drüse zu 82% in der stimulierten. Das steht im Einklang mit der Beobachtung BÜLBRINGs (1949), daß die Methylierung von Noradrenalin zu Adrenalin in Nebennieren-Homogenaten größer war, wenn diese aus einer Drüse stammten, die vorher eine Zeitlang durch Splanchnicusreizung stimuliert worden war. Andere Autoren konnten eine erhöhte Hormonsynthese während der Splanchnicusreizung nicht nachweisen (EADE u. WOOD 1958).

Bei der elektrischen Reizung des linken N. splanchnicus maj. an Katzen waren bei der optimalen Reizfrequenz von 30/sec 20 Impulse erforderlich, um eine nachweisbare Steigerung der Hormonsekretion hervorzurufen (MARLEY u. PATON 1961). Für den N. splanchnicus min. lag die optimale Frequenz niedriger, bei etwa 16/sec (MARLEY u. PROUT 1963). Bei Applikation von 180—200 Stimuli und einer Reizfrequenz von 30—60/sec betrug die Brenzkatechinaminsekretion 3—5 mµg pro Impuls (MARLEY u. PATON 1961). — Auch bei anderen Tierarten war eine Reizfrequenz von ca. 30/sec optimal (SILVER 1960; MIRKIN 1961a). Bei Hunden betrug sie mitunter 160/sec (RAPELA 1956). In Übereinstimmung mit den von HOLLAND und SCHÜMANN (1956) angegebenen Werten, betrug der Brenzkatechinamingehalt der Nebennieren in den Versuchen von MARLEY und PATON (1961) im Mittel 320 µg pro Drüse; während der Splanchnicusreizung wurden 3,6—3,8 µg Hormon pro Minute sezerniert, d. h. etwa 1 % des Gehaltes, so daß es zu einer Erschöpfung des Hormonvorrates in etwa 100 min hätte kommen müssen, — wenn die Verluste nicht durch Resynthese kompensiert worden wären.

In Durchströmungsversuchen an Hundenebennieren in situ erhöhten niedrige Adrenalinkonzentrationen im Blut die spontan und die durch Splanchnicusreizung freigesetzte Hormonmenge; höhere Konzentrationen erniedrigten sie (BÜLBRING et al. 1948; MALMÉJAC 1955), — wie denn auch die Erregungsübertragung in isoliert durchströmten sympathischen Ganglien in Abhängigkeit von der Adrenalinkonzentration der Perfusionsflüssigkeit gefördert oder gehemmt wurde (MARAZZI u. MARAZZI 1947).

Wenn die von den einzelnen Untersuchern gefundenen Werte für die Zusammensetzung des von den Nebennieren unter verschiedenen experimentellen Bedingungen abgegebenen Inkretes aus Adrenalin und Noradrenalin auch voneinander abweichen, so läßt sich doch aus den Ergebnissen folgern, daß das ins Blut sezernierte Hormongemisch dem in der Düse vorliegenden Mischungsverhältnis nicht zu entsprechen braucht, daß vielmehr eine *selektive Abgabe* des einen oder des anderen Hormons möglich ist.

### 1. „Ruhesekretion"

Versteht man darunter die unter den jeweiligen experimentellen Bedingungen der Narkose, des Einbindens eines Katheters in die V. suprarenalis zur Blutentnahme usw. erfolgende spontane Sekretion der Amine ins Blut, so bestand diese, bei im einzelnen voneinander abweichenden absoluten Werten für die beiden Amine (0,064—0,2 µg/kg pro Minute Noradrenalin; 0,038 bis 0,077 µg/kg pro Minute Adrenalin), nach den Befunden mehrerer Untersucher an Katzen überwiegend aus Noradrenalin (71—84%), obwohl das Nebennierenmark der Katze mehr Adrenalin (etwa 60%) als Noradrenalin (etwa 40%) enthält (KAINDL u. v. EULER 1951; BRÜCKE et al. 1952; HOLTZ et al. 1952a; v. EULER u. FOLKOW 1953; DUNÉR 1953; FOLKOW u. v. EULER 1954). Bei der Katze erfolgt offensichtlich die „Spontanfreisetzung" von Noradrenalin leichter als diejenige von Adrenalin; mit zunehmender Versuchszeit wurde der prozentuale Noradrenalinanteil der hormonalen „Ruhesekretion" noch größer als er schon zu Beginn des Versuches war (KAINDL u. v. EULER 1951). Demgegenüber scheint bei Hunden die „Ruhesekretion" überwiegend aus Adrenalin zu bestehen und dem in der Drüse vorliegenden Mengenverhältnis der beiden Hormone zu entsprechen (DE SCHAEPDRYVER 1959a—c; MALMÉJAC 1964).

Auch nach Denervierung der Nebennieren blieb eine geringfügige Hormonsekretion aus dem Mark bestehen, wie VOGT (1952) an Katzen (s. auch DUNÉR 1953; HOUSSAY u. RAPELA 1953; RAPELA 1956), KRONEBERG und SCHÜMANN (1958) an Kaninchen zeigen konnten. Sie betrug bei Katzen nach Denervierung beider Nebennieren 34 mµg Noradrenalin und 21 mµg Adrenalin pro Minute. MARLEY und PATON (1961) fanden, daß die nach der Denervierung akut um 60—70% abgesunkene Hormonabgabe bald wieder etwas anstieg. Die Innervation verhindert anscheinend eine maximale Auffüllung der Aminspeicher; deren nach akuter Denervierung kurzfristig erhöhte Speicherungskapazität ist offensichtlich die Ursache für die plötzliche Abnahme der „Ruhesekretion". Wenn dann nach einiger Zeit die Speicherungskapazität der denervierten Drüse erschöpft ist, kommt es zu einem etwas vermehrten „Überlauf" der Hormone.

Die physiologische Bedeutung der unterschwelligen, bei der Katze überwiegend aus Noradrenalin bestehenden „Ruhesekretion" des Nebennierenmarks wurde u.a. darin erblickt, „auf dem Blutwege die in der Peripherie einem dauernden Verschleiß unterliegenden Sympathindepots an den sympathischen Nervenendigungen aufzufüllen" (HOLTZ u. SCHÜMANN 1949b; HOLTZ 1950a und b). Wenn wir heute auch wissen, daß die sympathischen Nerven *selbst* die enzymatische Biosynthese des Überträgerstoffs ihrer Wirkungen vorzunehmen in der Lage sind, und daß diese mit dessen *physiologischer* Freisetzung Schritt hält, so daß auch langdauernde elektrische Stimulierung des Nerven keine nachweisbare Abnahme des Noradrenalingehaltes verursacht (s. X.B.2.), so erweist sich doch nach einer *pharmakologisch*, z.B. durch Reserpin, herbeigeführten Verarmung der Nerven und Organe an Noradrenalin die hormonale Sekretion aus dem Nebennierenmark als bedeutungsvoll für die *Geschwindigkeit*, mit der die Wiederauffüllung der nervalen Noradrenalinspeicher erfolgt. An Ratten beeinflußte die Demedullierung der Nebennieren zwar nicht den endogenen Brenzkatechinamingehalt des Herzens, verzögerte aber die Normalisierung des nach Reserpin erniedrigten Amingehaltes. Daß unter diesen Bedingungen die Aufnahme hämatogenen, zirkulierenden Noradrenalins an der Normalisierung des Amingehaltes im Herzen wesentlich beteiligt war, zeigten auch Versuche mit Cocain und Chlorpromazin. In Dosierungen, die den endogenen Noradrenalingehalt unbeeinflußt ließen, die Aufnahme exogenen Amins jedoch hemmten, verursachten Cocain und Chlorpromazin eine signifikante Hemmung der Wiederauffüllung der durch Reserpin entleerten Noradrenalinspeicher des Herzens (BHAGAT u. SHIDEMAN 1964).

## 2. Reflektorische Sekretionssteigerung

Nach HEYMANS (1929a—c) üben die Pressoreceptoren des Carotissinus nicht nur einen reflektorischen „tonus vasodépresseur", sondern auch einen „tonus inhibiteur de l'adrénalino-sécrétion" aus. Druckentlastung des Carotissinus führte zu einer vermehrten Hormonabgabe aus dem Nebennierenmark. An anastomosierten Hunden — „anastomose surrénale-jugulaire" — kam es am Empfängertier zu einer Milzkontraktion, wenn beim Spendertier die Carotiden abgeklemmt wurden.

Aus Versuchen an Katzen in Pernoctonnarkose, in denen die Auswirkung einer Druckentlastung der Pressoreceptoren des Sinus caroticus auf Blutdruck, Darmmotorik und Milzvolumen, d.h. auf drei Testobjekte, die auf Adrenalin und Noradrenalin verschieden stark reagieren, in vivo registriert (HOLTZ u. SCHÜMANN 1949b, 1950d), und in denen der Adrenalin- und Noradrenalingehalt des Nebennierenvenenblutes während der Occlusion der Carotiden an verschiedenen biologischen Testobjekten bestimmt wurde (HOLTZ et al. 1952a), zogen die Autoren die Schlußfolgerung, daß das Nebennierenmark der Katze zu einer *selektiven* Abgabe des einen oder des anderen Hormons befähigt ist. Die während der Carotissinusentlastung gegenüber der Spontanfreisetzung etwa dreifach höhere Hormonsekretion bestand, wie vorher die „Ruhesekretion", zu fast 80% aus Noradrenalin (s. jedoch DRIVER u. VOGT 1950). Zu dem gleichen Ergebnis kamen KAINDL und v. EULER (1951); sie fanden, daß die Occlusion der Carotiden an Katzen zu einer etwa vierfachen Steigerung der hormonalen Sekretion aus dem Nebennierenmark führte, und daß die prozentuale Zusammensetzung des vermehrt ans Blut abgegebenen Inkretes aus Noradrenalin und Adrenalin sich von derjenigen der „Ruhesekretion" praktisch nicht unterschied, also überwiegend (60—89%) aus *Noradrenalin* bestand. Auch sie schlossen aus den Ergebnissen, daß die Katzennebennieren zu einer selektiven Freisetzung der beiden Hormone in der Lage sind, zumal die elektrische Stimulierung des zentralen Ischiadicusstumpfes am gleichen Versuchstier — umgekehrt wie die Abklemmung der Carotiden (Carotissinusreflex) — nur eine vermehrte *Adrenalin*sekretion bei unveränderter Noradrenalinabgabe verursachte (v. EULER u. FOLKOW 1953). Nach wiederholter Auslösung des Carotissinusreflexes an Katzen wurde der Adrenalinanteil des vermehrt sezernierten Hormongemisches größer als der Noradrenalinanteil (BRAUNER et al. 1950a und b). — In Versuchen von DE SCHAEPDRYVER (1959a—c) an *Hunden* in Morphin-Chloralosenarkose stieg nach Denervierung beider Carotissinus die Hormonsekretion des Nebennierenmarks auf das Siebenfache an, wobei das Mengenverhältnis Adrenalin zu Noradrenalin ebenfalls gegenüber demjenigen der „Ruhesekretion" nicht signifikant verändert war.

Es ergibt sich somit, daß die während der Auslösung des Carotissinusreflexes sowohl bei Katzen als auch bei Hunden erhöhte Inkretabgabe des Nebennierenmarks in ihrer hormonalen Zusammensetzung aus Adrenalin und Noradrenalin mit derjenigen der „Basalsekretion" übereinstimmt; das bedeutet, daß beim *Hund* die beiden Hormone im gleichen Mengenverhältnis abgegeben werden, in dem sie in der Drüse vorliegen, daß bei der *Katze* jedoch das abgegebene Brenzkatechinamingemisch prozentual mehr Noradrenalin enthält als das in der Drüse vorhandene Inkret.

### 3. Splanchnicusreizung

Die Ergebnisse von Versuchen mit elektrischer Splanchnicusreizung weichen bei den einzelnen Untersuchern voneinander ab. Die meisten Autoren fanden eine überwiegend aus Adrenalin bestehende vermehrte Inkretabgabe (z. B. GADDUM u. LEMBECK 1949; BÜLBRING u. BURN 1949). Auch in Versuchen von WEST (1950a und b), von HOLTZ et al. (1952a) und von RAPELA (1956) an Katzen bestand die während der Stimulierung des linken N. splanchnicus 50—100fach erhöhte Hormonsekretion fast ausschließlich (90—100%) aus *Adrenalin*, in Versuchen von OUTSCHOORN (1952) sowie von v. EULER und FOLKOW (1953) an der gleichen Tierart jedoch zu 30—60% bzw. 55—93% aus *Noradrenalin*. BÜLBRING und BURN (1949) hatten beobachtet, daß die prozentuale Zusammensetzung des sezernierten Hormongemisches sich während des Versuches ändert, indem zu Beginn hauptsächlich Adrenalin, später überwiegend Noradrenalin sezerniert wurde. In Versuchen an 18 Katzen wurde bei gutem Allgemeinzustand der Tiere (hoher, normaler Blutdruck, gute Atmung bzw. Beatmung) während der Splanchnicusreizung überwiegend Adrenalin, bei niedrigem Blutdruck und flacher Atmung überwiegend Noradrenalin von den Nebennieren abgegeben (HOLTZ et al. 1952b).

Im Hinblick auf die uneinheitlichen Ergebnisse sollte berücksichtigt werden, daß die elektrische Stimulierung des N. splanchnicus bei den einzelnen Untersuchern vermutlich mit verschiedener Reizintensität und -frequenz erfolgte und nur unvollkommen die physiologische Erregung des Nerven nachzuahmen vermag. „Die elektrische Reizung eines Nerven wirkt nicht elektiv, sondern erregt alle Faserqualitäten, die der Nerv führt, während unter physiologischen Bedingungen dank zentral regulierter Erregungsübertragung einzelne zu einem Nerven gebündelte Faserqualitäten elektiv in Aktion gerufen werden können." Unter Zitierung dieses Satzes aus dem Buch von W. R. HESS (1948) „Die funktionelle Organisation des vegetativen Nervensystems" und auf Grund eigener Versuchsergebnisse wurde postuliert (HOLTZ u. SCHÜMANN 1949b,

1950d): 1. daß das Nebennierenmark — in einem von Tierart zu Tierart verschiedenen Verhältnis — aus überwiegend Adrenalin oder Noradrenalin enthaltenden chromaffinen Zellen bestehe; 2. daß der N. splanchnicus verschiedene Faserqualitäten enthalte, deren Stimulierung, in Abhängigkeit von der Reizintensität und -frequenz, das Nebennierenmark zu einer selektiven Abgabe des einen oder des anderen Hormons veranlaßt.

*ad 1.* Die Annahme verschiedener chromaffiner Zellarten im Nebennierenmark, von denen die eine überwiegend Adrenalin, die andere Noradrenalin enthalten sollte, fand eine Bestätigung durch Untersuchungen BÄNDERs (1951, 1954), in denen mit Hilfe einer modifizierten Giemsafärbung der Nachweis zweier verschiedener Zellarten im Nebennierenmark solcher Tierarten geführt wurde, die, wie z.B. Maus und Katze, beide Hormone in einem erheblichen Prozentsatz besaßen, während bei solchen Tierarten, in deren Nebennierenmark sich mit biologischen Methoden nur Adrenalin hatte nachweisen lassen, z.B. Kaninchen und Meerschweinchen (HOLTZ u. SCHÜMANN 1950c), auch nur eine Zellart färberisch dargestellt werden konnte.

Ähnliche Befunde wurden dann später auch von anderen Autoren unter Anwendung verschiedener histochemischer Methoden erhoben: HILLARP und HÖKFELT (1953) färbten durch Oxydation mit Kaliumjodat (s. SZENT-GYÖRGYI 1928; GÉRARD et al. 1930) selektiv die noradrenalinhaltigen Zellen an; da Kaliumbichromat auch mit den adrenalinhaltigen unter Rotbraunfärbung reagiert (s. VII.A.), ließ sich durch die vergleichende Anwendung dieser Reagentien die Verteilung beider Zellarten und z.B. das alleinige Verschwinden der „Adrenalinzellen" nach hohen Insulindosen im mikroskopischen Bild demonstrieren. — Bei der Fixierung von Nebennierenmarkschnitten mit Formalin traten grünlich fluorescierende Zellgruppen auf, die dem Noradrenalin der Drüse bei den einzelnen Tierarten proportional waren und durch Insulin, das nur die Adrenalinsekretion erhöht, unbeeinflußt blieben (ERÄNKÖ 1955b). — Diese histochemischen Befunde haben eine Erweiterung und Vertiefung erfahren durch die Ergebnisse neuerer Untersuchungen über die subcelluläre Lokalisation und Speicherung der Hormone in den chromaffinen Zellen des Nebennierenmarks (PALKAMA 1962; YATES et al. 1962; WOOD 1963; WOOD u. BARRNETT 1964) (s. VIII.A.).

*ad 2.* Die Forderung verschiedener Faserqualitäten im N. splanchnicus, von denen die einen bevorzugt die Adrenalinsekretion, die anderen vornehmlich die Noradrenalinsekretion im Nebennierenmark stimulieren, erwies sich als berechtigt. Die elektrische Reizung benachbarter, eng umschriebener *hypothalamischer* Areale verursachte, je nach der Lage der Elektroden, bei Katzen eine überwiegend Adrenalin *oder* Noradrenalin enthaltende Mehrsekretion aus dem Nebennierenmark (BRÜCKE et al. 1952; FOLKOW u. v. EULER 1954). Bestand diese überwiegend aus Noradrenalin, so kam es, ähnlich wie bei einer Druckentlastung der Carotissinus, zu einem Anstieg des Blutdrucks, offenbar als Zeichen dafür, daß ein hypothalamisches Areal von der Reizung betroffen war, von dem aus nervale Impulse nicht nur in die Nn. splanchnici, sondern auch in die noradrenergischen Gefäßnerven entsandt wurden. An der pressorischen Auswirkung des Carotissinusreflexes (HERING 1927; KOCH 1931) sind die Nebennieren nicht entscheidend beteiligt (HEYMANS 1929a und b; HEYMANS u. BOUCKAERT 1934); sie tragen zu der „pressorischen Reserve" der Pressoreceptoren des Sinus caroticus nicht wesentlich bei (HEYMANS u. NEIL 1958).

Auch von autonomen Arealen der *Gehirnrinde* aus konnte die Hormonsekretion des Nebennierenmarks beeinflußt werden. Elektrische Stimulierung der lateralen Orbitalrinde, deren Zerstörung bei Katzen zu einer erhöhten Hormonabgabe führte (KENNARD 1945), verursachte eine selektive Hemmung der Adrenalinsekretion (v. EULER u. FOLKOW 1958; s. auch FERGUSON et al. 1957). Diese corticalen Areale üben anscheinend normalerweise hemmende Einflüsse auf tiefer gelegene hypothalamische Sympathicuszentren aus (WALL u. DAVIS 1951).

Wenn auch der „sympathische" N. splanchnicus überwiegend *präganglionäre, cholinergische* Fasern enthält (JACOBI 1892; HOSHI 1927; ALPERT 1931; HOLLINSHEAD 1936, 1937; SWINYARD 1937), die zu den chromaffinen Zellen des Nebennierenmarks verlaufen und im Ggl. mesentericum sup. keine Unterbrechung erfahren, so sind diesen doch Nervenfasern beigemischt, für die das Ganglion „Umschaltganglion" ist, und die es als *postganglionäre, noradrenergische* Neurone verlassen, um z.B. die Gefäße, auch der Nebennieren, zu innervieren. Das geht schon daraus hervor, daß der Blutdurchfluß in der Drüse während einer elektrischen Splanchnicusreizung vermindert ist. Es ist deshalb anzunehmen, daß ein Teil des bei elektrischer Reizung des Nerven oder auch bei reflektorischer Erregung hypothalamischer und medullärer *Vasomotorenzentren* im Nebennierenvenenblut vermehrt erscheinenden Noradrenalins nicht aus den noradrenalinhaltigen chromaffinen Zellen des Nebennierenmarks stammt, sondern aus diesen postganglionären, noradrenergischen Splanchnicusfasern. Auch im abfließenden venösen Blut anderer noradrenergisch innervierter Organe, z.B. des Herzens und der Milz, tritt ja vermehrt Noradrenalin auf, wenn man die Nerven elektrisch stimuliert. Es wäre zu erwarten, daß es bei der Erregung eines Vasomotorenzentrums, die eine erhöhte Freisetzung von Noradrenalin an den Enden der vasoconstrictorischen Nerven in der Peripherie des Gefäßsystems verursacht, auch an den Enden der postganglionären, noradrenergischen Splanchnicusfasern, die die Gefäße der abundant vascularisierten Nebennieren innervieren, zu einer vermehrten Freisetzung *nervalen* Übertragerstoffs käme. Das könnte dann den Anschein einer selektiven Sekretion *hormonalen* Noradrenalins aus den chromaffinen Zellen erwecken.

Aber auch bei direkter elektrischer Stimulierung des N. splanchnicus kam es, wie z.B. in den schon erwähnten Versuchen von HOLTZ et al. (1952a) an Katzen, zu einer selektiven, fast ausschließlich aus Adrenalin bestehenden hormonalen Mehrsekretion, wenn das Tier sich in gutem Allgemeinzustand befand. Die Autoren zogen damals die Schlußfolgerung, daß „die Adrenalinabgabe in weit höherem Maße nerval beeinflußbar zu sein scheint als es die Abgabe von Arterenol ist", — und man den Eindruck gewinne, „daß die Arterenolzellen des Marks, im Gegensatz zu den Adrenalinzellen, keine sekretorische Innervation besitzen".

Kürzlich veröffentlichte histochemische Untersuchungen (PALKAMA 1964) haben ergeben, daß die in den Nebennieren von Rindern und Pferden hauptsächlich in den peripheren Anteilen des Marks gelegenen *Adrenalin*zellen von einem feinen Netzwerk cholinergischer Fasern umgeben sind und eine positive Reaktion auf spezifische Acetylcholinesterase geben, während die zentral gelegenen *Noradrenalin*zellen keine nachweisbare Innervation besitzen und die positive Reaktion auf Acetylcholinesterase nur den Capillaren zukommt. Demgegenüber scheinen beim Hund auch die Noradrenalinzellen des Nebennierenmarks innerviert zu sein, und auch bei Katzen und Ratten, in deren Nebennieren die Noradrenalinzellen über das ganze Mark verstreut sind, sowie beim Hamster, bei dem sie sich überwiegend in der Peripherie des Markanteils befinden, soll die Innervation homogen verteilt sein. Es ergibt sich somit, daß die Adrenalinzellen bei allen Tierarten von cholinergischen Nerven versorgt sind, nicht jedoch die Noradrenalinzellen.

In diesem Zusammenhang ist von Interesse, daß *Neostigmin* und andere Anticholinesterasen an isoliert durchströmten Rindernebennieren eine ausschließlich aus Adrenalin bestehende Sekretion auslösten (GARETT et al 1965). Die vornehmlich die Adrenalinzellen des Nebennierenmarks betreffende Innervation dürfte den Schlüssel zum Verständnis dafür geben, daß Pharmaka, deren Wirkung, wie z.B. beim Insulin, ein zentral-nervaler Mechanismus mit Acetylcholin als Überträgerstoff zugrunde liegt, eine selektive Abgabe von Adrenalin aus der Drüse verursachen (s. X.A.4.).

### 4. Insulin

Lange, bevor Noradrenalin als körpereigenes sympathicomimetisches Amin und Hormon des Nebennierenmarks bekannt war, hatten ABE (1924) in Versuchen an Kaninchen und CANNON et al. (1924) an Katzen Anhaltspunkte dafür gefunden, daß es bei der durch Insulin verursachten Hypoglykämie zu einer gegenregulatorischen Hormonausschüttung aus dem Nebennierenmark kommt: hohe Insulindosen lösten an denervierten, gegen Adrenalin sensibilisierten Organen (Iris, Herz) adrenergische Wirkungen aus. HOUSSAY et al. (1924) fanden nach der Injektion von Insulin einen Anstieg der Adrenalinkonzentration im Blut der V. suprarenalis und POLL (1925) eine Abnahme „chromaffiner Substanz" im Nebennierenmark.

HOLZBAUER und VOGT (1954) zeigten dann in Versuchen an Hunden, deren Nebennierenmark — ähnlich wie das von Katzen — ungefähr 40% Noradrenalin und 60% Adrenalin enthält, daß Insulin (1,4—2,1 IE/kg) zu einem dosisabhängigen, der Hypoglykämie proportionalen Anstieg der Adrenalinkonzentration im peripheren Blut führt (0,25—6,4 µg/l), ohne den Noradrenalingehalt meßbar zu erhöhen (s. auch MILLAR 1956). Am Menschen sank der Blutzuckerspiegel nach der Injektion von 0,24 IE/kg Insulin innerhalb von 5 min von 121 mg% auf 75 mg%, innerhalb von 45 min auf 55 mg% ab; dem entsprachen Adrenalinkonzentrationen im Plasma von <0,06 µg/l, 0,5 und 1,8 µg/l. — Mit höheren Insulindosen (10 IE/kg) fand DE SCHAEPDRYVER (1959a—c), der die Hormonkonzentration im Blut der V. suprarenalis bestimmte, an Hunden auch eine etwas erhöhte Sekretion von Noradrenalin: 60 min nach der Verabfolgung von Insulin (10 IE/kg) hatte die Adrenalinsekretion um 911%, die Noradrenalinsekretion um 164% zugenommen; nach einer Glucoseinfusion, die ohne Einfluß auf die Noradrenalinsekretion war, sank die gegenüber der Basalsekretion fast zehnfach erhöhte Sekretion von Adrenalin auf nur noch zweifach höhere Werte ab (s. auch MEYTHALER 1935; MEYTHALER u. WOSSIDLO 1935).

DUNÉR (1954) hatte schon früher zeigen können, daß die durch Insulinhypoglykämie an Katzen ausgelöste, im Blut der V. suprarenalis bestimmte hormonale Mehrsekretion des Nebennierenmarks fast ausschließlich aus Adrenalin besteht, und daß andererseits die durch intravenöse Injektion von Glucose erzeugte Hyperglykämie oder die Durchströmung des Kopfes mit hyperglykämischem Blut eine nur die Adrenalinsekretion betreffende Hemmung der Hormonabgabe aus dem Nebennierenmark verursacht (DUNÉR 1953).

Insulin erhöhte auch die Adrenalinausscheidung in den Harn (v. EULER u. LUFT 1952). Nach der Injektion von 0,1 IE/kg waren die Adrenalinwerte des Harns bei gesunden Probanden etwa zehnmal höher als normal, — bei unveränderten Noradrenalinwerten. 20 hypophysektomierte Patientinnen (metastasierendes Mammacarcinom) reagierten auf die gleiche Insulindosis mit einer etwas schwächeren (etwa sechsfachen) Steigerung der Adrenalinausscheidung (LUFT u. v. EULER 1956).

Der selektiven Auswirkung der Hypoglykämie auf die adrenale Hormonsekretion entsprach in Versuchen an Ratten eine selektive Abnahme des Adrenalingehaltes im Nebennierenmark nach hohen Insulindosen (HÖKFELT 1951; OUTSCHOORN 1952). Die Resynthese beanspruchte bei Kaninchen 6 Tage und erfolgte in der denervierten Nebenniere gleich schnell wie in der innervierten (HÖKFELT 1951) (s. jedoch unter 7.) In Versuchen an Kaninchen (WEST 1951) und Meerschweinchen (ENGELHARDT u. GREEFF 1953), deren Nebennierenmarkinkret praktisch nur aus Adrenalin besteht, kam es nach Insulin primär, z. B. 2 Std nach der subcutanen Injektion von 1 IE pro 100 g Körpergewicht, zu einem *Anstieg* des Adrenalingehaltes, bevor dieser dann in den darauffolgenden Stunden absank. Das findet eine Parallele in der erwähnten Beobachtung TSCHEBOKSAROFFs (1911), daß nach kurzdauernder elektrischer Splanchnicusreizung die stimulierte Nebenniere einen wirksameren Extrakt gab als die nicht stimulierte.

Die *Piqûre* führte bei Ratten, Meerschweinchen und Kaninchen zu einer Verarmung der Nebennieren an Adrenalin, wobei der Noradrenalingehalt bei Ratten vorübergehend anstieg (ENGELHARDT u. GREEFF 1953), — wohl als Zeichen dafür, daß die Methylierung von Noradrenalin mit seiner Resynthese nicht Schritt hielt. Zum gleichen Ergebnis waren BURN et al. (1950) in Versuchen an Katzen gekommen: die durch *Insulin* an Hormonen verarmte Drüse restituierte Noradrenalin schneller als sie es zu Adrenalin methylierte. Auch mit histochemischen Methoden hatte sich, wie schon erwähnt, zeigen lassen, daß von der hormonverarmenden Wirkung des Insulins vornehmlich die „Adrenalinzellen" des Nebennierenmarks betroffen waren (HILLARP u. HÖKFELT 1953; ERÄNKÖ 1955b).

Wenn somit nicht ein Absinken des Blut*drucks*, sondern des Blut*zuckers* zum „adäquaten Reiz" für bestimmte medulläre oder diencephale Sympathicuszentren wird, z.B. für das im Boden des vierten Ventrikels gelegene „Zuckerzentrum", oder wenn dieses, wie bei der Piqûre, *direkt* stimuliert wird, so werden offensichtlich vermehrt nervale Impulse ausschließlich in diejenigen präganglionären, cholinergischen Fasern des N. splanchnicus entsandt, die die Adrenalinzellen des Nebennierenmarks innervenieren, und deren Stimulierung deshalb eine selektive Freisetzung von Adrenalin auslöst, — wobei Acetylcholin der Überträgerstoff der Nervenwirkung ist.

### 5. Acetylcholin und Anticholinesterasen

Acetylcholin, der physiologische synaptische Erregungsüberträger im Nebennierenmark, verursachte am atropinisierten Tier, d. h. nach Ausschaltung seiner muscarinartigen Wirkungen, bei intravenöser Injektion eine blutdrucksteigernde Hormonausschüttung, — und Eserin verstärkte die sekretionssteigernde Wirkung der elektrischen Splanchnicusreizung (FELDBERG u. MINZ 1932; FELDBERG et al. 1934). Auch die an atropinisierten Katzen blutdrucksteigernde Wirkung des Milchsäureesters des Cholins war wesentlich durch eine vermehrte Hormonsekretion aus dem Nebennierenmark bedingt. Im Gegensatz z.B. zur pressorischen Wirkung des Brenztraubensäureesters, die hauptsächlich auf einer Erregung sympathischer Ganglien beruhte, wurde sie durch Adrenalektomie aufgehoben (ENGELHARDT et al. 1955). Wie Acetylcholin, so verursachten auch Kaliumsalze bei intravenöser Injektion eine Steigerung der Hormonabgabe aus dem Nebennierenmark (HOUSSAY u. MOLINELLI 1925a und b), die nach voraufgegangener Verabfolgung von Physostigmin verstärkt war (HOUSSAY u. RAPELA 1948; SUZUKI et al. 1951); ferner Nicotin (RAPELA u. HOUSSAY 1953; FOLKOW u. v. EULER 1954) und andere ganglienerregende Pharmaka, z.B. DMPP.

Ganglionäre Stimulantien, wie Nicotin und DMPP (Dimethylphenylpiperazin), sowie Cholinester mit ihrer am atropinisierten Tier rein ausgeprägten nicotinartigen Wirkungskomponente und auch Kaliumsalze scheinen beide Zellarten, die innervierten Adrenalinzellen sowohl als auch die nicht oder nur spärlich innervierten Noradrenalinzellen (s. X.A.3) gleichermaßen zu einer vermehrten Freisetzung ihres Wirkstoffs zu veranlassen. In Versuchen von OUTSCHOORN (1952) an Katzen kam es im Nebennierenmark nach Acetylcholin zu einer Abnahme des Adrenalin- und Noradrenalingehaltes von prozentual gleichem Ausmaß. BUTTERWORTH und MANN (1957b und c) konnten — ebenfalls an Katzen — zeigen, daß der durch Acetylcholin verminderte Brenzkatechinamingehalt der Nebennieren nach 7 Tagen wieder normale Werte erreicht hatte, jedoch, ähnlich wie in der nach Insulin oder nach einer Piqûre an Hormonen verarmten Drüse, mit einem Überwiegen von Noradrenalin, dessen Methylierung zu Adrenalin auch in diesen Versuchen längere Zeit benötigte als die eigene Resynthese.

Auch Pharmaka, die über eine *erhöhte Freisetzung* von Acetylcholin an den Enden der cholinergischen Splanchnicusfasern im Nebennierenmark (Insulin) oder durch eine *Potenzierung* der Wirkung des im Bereich der chromaffinen Zellen physiologischerweise freiwerdenden endogenen Acetylcholins (Anticholinesterasen) zu einer gesteigerten Hormonsekretion führen, sollten die „Ausschüttung" eines ausschließlich oder doch prädominierend aus *Adrenalin* bestehenden Inkretes bewirken, wie das denn auch in den Versuchen mit hohen Insulindosen (s. X.A.4.), die eine nachweisbare Abnahme des Hormongehaltes im Nebennierenmark verursachten, zutraf.

Die durch KCl-Injektion (OUTSCHOORN 1952; VOGT 1952) und Nicotin (FOLKOW u. v. EULER 1954) an Katzen verursachte Sekretionssteigerung aus dem Nebennierenmark betraf in wechselndem Mengenverhältnis beide Wirkstoffe, wobei der Adrenalinanteil, entsprechend dem höheren Adrenalingehalt der Drüse, auch im abgegebenen Inkret den Noradrenalinanteil überwog.

Auch in der aus dem nervalen Zusammenhang herausgelösten Nebenniere scheinen cholinergische Mechanismen noch wirksam zu sein. An retrograd nach der von HECHTER et al. (1953) (s. auch HAAG et al. 1961) angegebenen Methode mit Tyrodelösung durchströmten Rindernebennieren, die im Mittel 3,6 mg/g (85%) Adrenalin und 0,64 mg/g (15%) Noradrenalin enthielten, betrug die *Spontanabgabe* von Brenzkatechinaminen für 3 min-Perioden im Mittel von 274 Versuchen 42,5 µg (60%) Adrenalin und 17 µg (40%) Noradrenalin (GARRETT et al. 1965). Wie in den Versuchen an Katzen die *Basalsekretion* der Nebennieren in situ (s. X.A.1.), so enthielt demnach auch diejenige der isoliert durchströmten Rindernebenniere Noradrenalin in einem höheren Prozentsatz als es an der hormonalen Zusammensetzung des in der Drüse vorhandenen Inkretes beteiligt war. — Während nun Carbaminoylcholin (Carbachol, Doryl) und das ganglionär stimulierende DMPP, durch eine Kanüle nahe der perfundierten

Drüse injiziert, Adrenalin und Noradrenalin in wechselndem Mengenverhältnis freisetzten, erhöhte der Cholinesterasehemmstoff *Neostigmin* ausschließlich die Adrenalingabe. ,,Anticholinergica", wie Atropin, ferner das ganglienblockierende Hexamethonium und P-286 (N,N-diisopropyl-N'-isoamyl-N'-diäthylamino-äthylharnstoff), das, ohne die ganglionäre Erregungsübertragung zu beeinträchtigen, spezifisch das Nebennierenmark blockiert (GARDIER et al. 1960; MALAFAYA-BAPTISTA et al. 1963; GARDIER u. ROUSH 1963), hemmten nicht nur die Spontansekretion, sondern auch die durch ,,Cholinergica" erhöhte Freisetzung der Brenzkatechinamine aus der durchströmten Rindernebenniere. *Atropin* ($10^{-7}$ g/ml) verminderte zwar die sekretionssteigernde Wirkung des Neostigmins, nicht aber diejenige des DMPP, während *Hexamethonium* ($5 \times 10^{-5}$ g/ml) und P-286 ($5 \times 10^{-5}$ g/ml) die Wirkung sowohl der Anticholinesterase als auch des ganglienerregenden DMPP um ungefähr 80% hemmten (GARRETT et al. 1965).

Es ergibt sich somit, daß auf dem Wege cholinergischer Wirkungsmechanismen — *physiologisch* durch Stimulierung der Nn. splanchnici mit dem Erfolg einer vermehrten Acetylcholinfreisetzung vornehmlich an den Adrenalinzellen des Nebennierenmarks, *pharmakologisch* durch die Verabfolgung von Hemmstoffen der Acetylcholinesterase mit dem Erfolg einer Wirkungssteigerung des nervalen Acetylcholins im Nebennierenmark — eine weitgehend selektive, überwiegend aus Adrenalin bestehende hormonale Mehrsekretion erfolgt. Die Selektivität wird dabei maßgeblich von dem von Tierart zu Tierart verschiedenen Ausmaß abhängen, in dem neben den ,,Adrenalinzellen" auch die ,,Noradrenalinzellen" innerviert sind. Für die Selektivität der Hormonabgabe könnte aber auch die ,,Reizstärke", von der das Nebennierenmark getroffen wird, Bedeutung haben: selbst bei Tierarten, z.B. Pferd und Rind, mit einer anscheinend nur die Adrenalinzellen betreffenden cholinergischen Innervation (PALKAMA 1964), würde eine unphysiologisch starke elektrische Reizung des N. splanchnicus die physiologische Selektivität der hormonalen Sekretionssteigerung vielleicht durchbrechen, indem das auch jetzt zwar selektiv, aber in unphysiologisch hoher Konzentration, an den chromaffinen adrenalinhaltigen Zellen freigesetzte Acetylcholin ,,per diffusionem" auch nicht innervierte noradrenalinhaltige Zellen erreichte und zur Abgabe ihres Wirkstoffes veranlaßte.

Bei Ratten war in den durch Physostigmin an Brenzkatechinaminen verarmten Nebennieren die Innervation ohne Einfluß auf die Resynthese der Hormone: die denervierte Drüse enthielt nach 3 Tagen die gleiche Hormonmenge wie das innervierte Kontrollorgan (VAN ARMAN 1950).

## 6. Histamin

Die ,,kompensatorische" Blutdrucksteigerung, die sich an die blutdrucksenkende Wirkung einer höheren Histamindosis bei Katzen und Hunden anschließt, ist nicht nur reflektorisch bedingt, sondern, wie BURN und DALE schon 1926 zeigen konnten, auch durch eine Hormonausschüttung aus dem Nebennierenmark (s. auch SLATER u. DRESEL 1952; TRENDELENBURG 1955). Besonders empfindlich reagiert das „unreife", geschwulstartig gewucherte chromaffine Gewebe des Phäochromocytoms: kleine Histamindosen (50—100 µg i.v.), die am Menschen normalerweise eine reine Blutdrucksenkung hervorrufen, lösten bei Phäochromocytompatienten nach einem initialen Blutdruckabfall eine durch die Freisetzung von Brenzkatechinaminen aus dem Tumorgewebe verursachte Erhöhung des Blutdrucks aus, so daß der „Histamintest" zur Diagnose des Phäochromocytoms klinische Anwendung findet (ROTH u. KVALE 1945 (s. VII.A.)

Versuche mit Suspensionen chromaffiner Granula, die den größten Teil der Hormone in den Zellen des Nebennierenmarks speichern (s. VIII.A.1.), haben ergeben, daß Histamin, ebenso wie Acetylcholin, an diesen wirkungslos, d.h. nicht in der Lage ist, aus den isolierten granulären Gebilden die Amine freizusetzen (BLASCHKO et al. 1955; EADE 1957). Der Angriffspunkt der hormonfreisetzenden Wirkung des Histamins scheint, in gleicher Weise wie derjenige des Acetylcholins, an der Zellmembran zu liegen: eine Erhöhung der Membranpermeabilität würde zu einem vermehrten Austritt der im Cytoplasma vorhandenen Hormone führen und, wegen des damit sich vergrößernden Konzentrationsgefälles zwischen den aminreichen Granula und dem an Aminen verarmenden Cytoplasma, zu einem vermehrten passiven Hinausdiffundieren der Wirkstoffe aus den Granula und schließlich zu deren Entleerung.

Die *Noradrenalin*synthese, d.h. die durch die Dopamin-$\beta$-hydroxylase bewirkte Überführung von Dopamin in Noradrenalin, erfolgt nicht im Cytoplasma, sondern in den das Ferment enthaltenden Granula der chromaffinen Zellen, während die *Adrenalin*synthese, d.h. die Methylierung von Noradrenalin zu Adrenalin durch die N-Methyltransferase, im Cytoplasma vor sich geht, da das Ferment hier lokalisiert ist (s. II.A.). Um zu Adrenalin methyliert zu werden, muß demnach das granuläre Noradrenalin ins Cytoplasma übertreten, um nach hier erfolgter Methylierung sich in die granulären Adrenalinspeicher aufnehmen zu lassen. Vielleicht findet die bei der Katze von der Zusammensetzung des Nebennierenmarkinkretes aus Adrenalin (60%) und Noradrenalin (40%) verschiedene, zu 80—90% aus Noradrenalin bestehende „Ruhesekretion" ihre Erklärung darin, daß ein Teil des aus Dopamin gebildeten granulären Noradrenalins sich dauernd auf dem durch das Cytoplasma führenden Wege zur „Adrenalinwerdung" und zur Speicherung in den „Adrenalinzellen" befindet. Es wäre vorstellbar, daß eine durch Histamin erhöhte Durchlässigkeit der Zellmembran für die hormonalen Wirkstoffe und die dadurch bedingte Sekretionssteigerung sich selektiv auf den Noradrenalinanteil des vermehrt abgegebenen Inkretes auswirken müßte, indem ein Teil des aus den Granula ins Cytoplasma übergetretenen Noradrenalins die Zelle verließe, bevor es zu Adrenalin methyliert und als solches granulär gespeichert wurde.

Diese Vorstellung erhält eine experimentelle Stütze durch die Ergebnisse der schon erwähnten *Durchströmungsversuche* von GARRETT et al. (1965) an Rindernebennieren: das in den Nebennieren vorhandene Inkret bestand zu 85% aus Adrenalin, zu 15% aus Noradrenalin; die durch die Injektion von 300 µg Histamin in die Perfusionsflüssigkeit um 100% gesteigerte Hormonsekretion enthielt praktisch ausschließlich — zu 94% — Noradrenalin. Demgegenüber beobachtete DE SCHAEPDRYVER (1959a—c) in Versuchen an Hunden, daß die *intravenöse Injektion* von Histamin eine relativ stärkere Adrenalin- als Noradrenalinsekretion aus dem Nebennierenmark verursachte.

Für eine Klärung des Mechanismus der sekretionssteigernden Wirkung des Histamins auf das Nebennierenmark ist zu berücksichtigen, daß Histamin auch eine *ganglienerregende* Wirkung besitzt, die sich aber, wie aus Versuchen am Ggl. cervicale sup. der Katze hervorgeht, von der ganglionären Erregungswirkung des Acetylcholins und Nicotins dadurch unterschied, daß sie nicht durch die gebräuchlichen Ganglienblocker, z.B. Hexamethonium, wohl aber durch Morphin und Cocain, die auch die ganglionäre Wirkung von 5-HT und Pilocarpin aufhoben, sowie spezifisch durch Antihistaminica (Mepyramin) verhindert wurde (TRENDELENBURG 1954, 1955, 1956, 1957, 1959a; s. auch ECCLES u. LIBET 1961). Die ganglionäre Wirkung des Histamins ist deshalb, im Gegensatz zur Wirkung des Acetylcholins, keine „nicotinähnliche"; sie hat, ähnlich wie die, zum Teil ebenfalls durch Erregung des oberen Halsganglions, zur Kontraktion der Nickhaut führende Wirkung des Serotonins, das auch eine Hormonfreisetzung im Nebennierenmark verursacht (REID 1952; REID u. RAND 1952), ihren Angriffspunkt an anderen Receptoren, die morphinempfindlich sind.

## 7. Reserpin

Das Rauwolfiaalkaloid setzt nicht nur Serotonin in den Zellen und Geweben frei, z.B. in den Thrombocyten und im Darm (SHORE et al. 1956) sowie im Gehirn (BRODIE et al. 1955, 1956a und c; PLETSCHER et al. 1956a und b; HESS et al. 1956), sondern auch Brenzkatechinamine; das Nebennierenmark verarmt an Hormonen (CARLSSON u. HILLARP 1956a und b; HOLZBAUER u. VOGT 1956), das Gehirn (PAASONEN u. VOGT 1956) und die sympathischen Nerven (MUSCHOLL u. VOGT 1958) an Noradrenalin. Auch der Noradrenalingehalt sympathisch innervierter Organe, z.B. des Herzens (KRAYER u. PAASONEN 1957) und der Arterienwände (BURN u. RAND 1957, 1958a—c), nimmt nach Reserpin ab.

An der in den *Nebennieren* zur Abnahme des Hormongehaltes führenden Wirkung des Reserpins scheinen in einem von Tierart zu Tierart verschiedenen Ausmaß zwei Mechanismen beteiligt zu sein: ein *zentraler*, der — ähnlich wie die Insulinwirkung auf das Nebennierenmark — über die Innervation durch die Nn. splanchnici zustande kommt und durch eine echte *Hypersekretion*, mit der die Resynthese nicht Schritt hält, zur Hormonverarmung führt; sodann ein *peripherer*, der unter Aufhebung der „Bindungsfähigkeit" der Zellen und Gewebe für biogene Amine, in gleicher Weise wie in Einzelzellen, z. B. Thrombocyten, und in anderen Organen, z. B. im Herzen, so auch im Nebennierenmark, durch *Freisetzung* der bisher gebundenen Wirkstoffe die Abnahme des Amingehaltes verursacht. Bei *Ratten*, bei denen selbst zehnmal höhere Reserpindosen, als am Kaninchen zu einer vollständigen Hormonverarmung des Nebennierenmarks ausreichten, nur zu einer Abnahme um etwa 50% führten, überwiegt offensichtlich die periphere, direkt an den Zellen des Nebennierenmarks angreifende Wirkung, für deren Zustandekommen der Abbau der freigesetzten Amine durch die Monoaminoxydase des Nebennierenmarks Voraussetzung ist: Denervierung der Nebennieren durch Rückenmarkdurchschneidung in Höhe von $C_6$ beeinträchtigte die Reserpinwirkung auf das Nebennierenmark nicht (KRONEBERG u. SCHÜMANN 1957), Blockierung der Monoaminoxydase durch Iproniazid (Marsilid; Isopropyl-isonicotinylhydrazid) verhinderte sie, ohne die z. B. durch hohe Insulindosen verursachte Abnahme des Hormongehaltes zu beeinflussen (HOLTZ et al. 1957a; DE SCHAEPDRYVER u. PREZIOSI 1959a und b). Demgegenüber ist die hormonverarmende Wirkung des Reserpins bei *Kaninchen* offensichtlich überwiegend eine zentrale, die sich, wie im Bereich anderer sympathischer Nerven (IGGO u. VOGT 1960), so auch in den Nn. splanchnici, in Form einer erhöhten zentralen Impulsaussendung auswirkte: Blockierung der Monoaminoxydase ließ die hormonverarmende Wirkung des Reserpins, ebenso wie diejenige des Insulins, fast unbeeinflußt (HOLTZ et al. 1957a), Devernierung der Nebennieren verhinderte sie (KRONEBERG u. SCHÜMANN (1957).

Für einen peripheren, im Nebennierenmark selbst gelegenen Angriffspunkt der hormonverarmenden Wirkung des Reserpins bei Ratten sprechen auch Versuche von CALLINGHAM und MANN (1958). Normale Ratten im Gewicht von 80—100 g und solche, bei denen 3 Wochen vor dem Versuch in Pentobarbitalnarkose die Nebennieren durch Resektion der Nn. splanchnici maj. und min. nach der von VOGT (1945) angegebenen Methode denerviert worden waren, erhielten 3 Tage lang je 1 mg/kg Reserpin. Drei Tage nach Versuchsbeginn hatte der Noradrenalingehalt des Nebennierenmarks, der 10% des Gesamthormongehaltes ausmachte, ebenso wie der Adrenalingehalt, sowohl in den innervierten als auch in den denervierten Nebennieren um 40% abgenommen. Die Innervation war auch ohne Einfluß auf die Resynthese der Hormone: bei beiden Tiergruppen hatte der *Adrenalin*gehalt 14 Tage nach der ersten Reserpininjektion wieder normale Werte erreicht, während die *Noradrenalin*werte nach 7 bzw. 14 Tagen um 200 bzw. 80% über der Norm lagen und sich erst nach 21 Tagen normalisierten.

Wie in den unter „Insulin" (s. X.A.4.) aufgeführten Versuchen, in denen bei Ratten der Hormongehalt des Nebennierenmarks durch *Insulin* und *Piqûre* vermindert worden war, so erfolgte demnach auch in der durch *Reserpin* an

Hormonen verarmten Drüse die Resynthese des Noradrenalins schneller als seine Methylierung zu Adrenalin. Erhielten die Tiere 7 Tage nach Versuchsbeginn, also während der „Wiederauffüllung" der Nebennieren mit neu synthetisierten Hormonen, zu einem Zeitpunkt, zu dem die Noradrenalinwerte um 200% erhöht waren, erneut Reserpin, so nahm jetzt nur der Noradrenalingehalt (um 60%) ab; das neu synthetisierte, noch nicht zu Adrenalin methylierte und als solches gespeicherte Amin ist offensichtlich besonders leicht „mobilisierbar" (CALLINGHAM u. MANN 1961).

Das Noradrenalin des Nebennierenmarks ist aber nicht nur während der Phase der Resynthese durch Reserpin leichter mobilisierbar als Adrenalin. Beim Goldhamster (CAMANNI u. MOLINATTI 1958) und bei der Ratte (ERÄNKÖ u. HOPSU 1958; CAMANNI et al. 1958) verursachten kleine Reserpindosen auch in der normalen Nebenniere eine überwiegende Ausschüttung von Noradrenalin mit gleichzeitigem Verschwinden der Noradrenalinzellen; erst höhere Dosen degranulierten auch die Adrenalinzellen (KLEIN u. KRACHT 1958; KLEIN 1962).

Bei *Katzen* war die hormonverarmende Wirkung des Reserpins nach Denervierung der Nebennieren (Splanchnicusdurchschneidung) abgeschwächt (HOLZBAUER u. VOGT 1956; STJÄRNE u. SHAPIRO 1958, 1959), jedoch nicht aufgehoben, während KRONEBERG und SCHÜMANN (1957) an *Kaninchen* nach Rückenmarkdurchschneidung in Höhe von $C_6$ Reserpin wirkungslos gefunden hatten. Die Diskrepanz mag einmal durch die verschiedene Tierart (Kaninchen, Katze) bedingt sein; an Ratten ließ die Denervierung der Nebennieren die Reserpinwirkung ja vollständig unbeeinflußt. Andererseits bedeutet bei Kaninchen die Splanchniektomie keine vollständige Denervierung der Drüse (KRONEBERG u. SCHÜMANN 1957). Es muß wohl für die im Nebennierenmark zur Abnahme des Hormongehaltes führende Wirkung des Reserpins ein dualistischer, auch von HILLARP (1960c) diskutierter Mechanismus angenommen werden: ein zentraler und ein peripherer, die in einem von Tierart zu Tierart verschiedenen Ausmaß an der Gesamtwirkung beteiligt sind.

An Ratten schwächte *Desmethylimipramin*, das die zentralen Wirkungen des Reserpins (Sedation, Ptosis) verhindert (SULSER et al. 1960, 1962), auch die durch Reserpin (und Insulin) verursachte Hormonverarmung des Nebennierenmarks ab (SHORE u. BUSFIELD 1964), wobei offen bleibt, ob an dieser „Anti-Reserpinwirkung" (s. X.B.4.) eine dem Desmethylimipramin zukommende peripher-gangliopleglische Wirkung (OSBORNE u. SIGG 1960) beteiligt ist.

Im Gegensatz zu der durch Denervierung der Nebennieren verursachten Abschwächung oder Aufhebung der Reserpinwirkung auf das Nebennierenmark von *Kaninchen*, ist die von MIRKIN (1961b) an *Ratten* beobachtete Hemmbarkeit dieser Wirkung durch Ganglienblocker (Hexamethonium) kein Beweis für einen zentral-cerebralen Angriffspunkt des Reserpins, da Hexamethonium auch an der isoliert durchströmten (Rinder-)Nebenniere die hormonfreisetzende Wirkung zahlreicher Pharmaka hemmte, wie GARRETT et al. (1965)

vor kurzem zeigen konnten (s. X.A.5.), — und Reserpin, wie schon gesagt, auch die denervierten Nebennieren bei Ratten an Hormonen verarmte. Dieser Einwand würde nicht gelten für Versuche von KÄRKI et al. (1959) an Ratten, in denen Pentolinium die reserpinbedingte Abnahme des Noradrenalingehaltes im *Herzen* und im *Darm* antagonisierte; der Antagonismus spricht in diesem Falle vielmehr für eine zentrale Komponente der Reserpinwirkung.

An Kaninchen kam der *Innervation* der Nebennieren auch für die *Resynthese* der Hormone Bedeutung zu: wurde die eine der durch Reserpin an Hormon verarmten Nebennieren denerviert (Splanchnicusdurchschneidung), so erfolgte die hormonale Wiederauffüllung in dieser deutlich langsamer als in der normalen, innervierten (KRONEBERG u. SCHÜMANN 1959).

Die — bei blockierter Monoaminoxydase — durch Reserpin erhöhte, im Blut der V. suprarenalis von Kaninchen bestimmte Hormonsekretion reichte zur Erklärung der Abnahme des Hormongehaltes in der Drüse nicht aus (KRONEBERG u. SCHÜMANN 1958, 1960). Eine Hemmung der *Resynthese*, die weniger die für die Biosynthese der Brenzkatechinamine erforderlichen Fermentwirkungen betrifft als vielmehr in einer Hemmung des aktiven Transportes der Precursor-Aminosäuren und der Amine in die Zellen und in einer Aufhebung der Bindungsfähigkeit der subcellulären Speicherorganellen besteht, scheint mitbeteiligt zu sein (s. VIII.A.1.e.). Hinzu kommt, daß nach Reserpinbehandlung ein Teil des aus der Synthese stammenden Wirkstoffs, da die Biosynthese nicht mehr in die schützende „Bindung" hinein erfolgt, der enzymatischen Inaktivierung anheimfällt.

Bei der Perfusion von Kaninchenherzen nach LANGENDORFF mit noradrenalin- bzw. cobefrin-(corbasil-)haltiger Tyrodelösung wurde der gleiche Prozentsatz der beiden Amine aus der Lösung „eliminiert", d.h. vom Herzgewebe aufgenommen. Bei der Aufarbeitung der Herzen wurden jedoch von der eliminierten *Noradrenalin*menge nur 21 % gegenüber 72 % der eliminierten Menge *Cobefrin*, das kein Substrat der Monoaminoxydase (MAO) ist, wiedergefunden. Nach Blockierung des Fermentes durch einen MAO-Hemmstoff (Mo 911) (s. V.A.) glichen sich die Unterschiede aus (LINDMAR u. MUSCHOLL 1965). Da auch das Nebennierenmark eine hohe MAO-Aktivität besitzt, dürfte der enzymatische Abbau der unter Reserpin resynthetisierten Hormone wesentlich dazu beitragen, daß die Wiederauffüllung der entleerten Hormonspeicher so lange Zeit — mehrere Tage — in Anspruch nimmt (HÖKFELT u. MCLEAN 1950; BUTTERWORTH u. MANN 1957a—c; KRONEBERG u. SCHÜMANN 1957).

### 8. Guanethidin

Das von MAXWELL et al. (1960) in die Therapie des arteriellen Hochdrucks eingeführte [2-Oktahydro-1-azocinyl)-äthyl]-Guanidinsulfat unterscheidet sich in seiner Wirkung darin von derjenigen des Reserpins, daß es — ähnlich wie Bretylium (o-Brombenzyl-äthyldimethyl-ammonium-p-toluolsulfonat) (BOURA

u. GREEN 1959) — schon nach kurzer Einwirkungszeit die Erregbarkeit des postganglionären, noradrenergischen Neurons sympathischer Nerven aufhebt, ohne den Noradrenalingehalt zu beeinflussen. Trotz normalen Noradrenalingehaltes der sympathischen Nerven und sympathisch innervierten Organe sind auch indirekt, d.h. durch Freisetzung nervalen Noradrenalins wirkende sympathicomimetische Amine, z.B. Tyramin und Phenyläthylamin, unwirksam. Dieser cocainähnliche Effekt des lokalanaesthetisch wirksamen (BOYD et al. 1961) Guanethidins ließ sich, z.B. am Vorhofpräparat des Meerschweinchenherzens, leicht auswaschen, so daß Tyramin seine positiv chrono- und inotrope Wirkung wiedergewann (KRONEBERG u. SCHÜMANN 1962).

Der „antiadrenergischen" geht eine „adrenergische", durch die Freisetzung von Noradrenalin verursachte Wirkung voraus (CASS et al. 1960): bei intravenöser Injektion verursachte Guanethidin an Katzen und Hunden Blutdrucksteigerung und Tachykardie sowie Kontraktion der Nickhaut und Piloerektion (PAGE u. DUSTAN 1959). An isoliert durchströmten Herzen erhöhte es den Noradrenalingehalt der Perfusionsflüssigkeit (BUTTERFIELD u. RICHARDSON 1961). Ähnlich wie Reserpin, führte Guanethidin nach Verabfolgung höherer Dosen im Verlaufe mehrerer Stunden zu einer Abnahme des Noradrenalingehaltes im Herzen, in der Aortenwand und in der Milz (SHEPPARD u. ZIMMERMANN 1959; CASS et al. 1960). In den *Herzen* von Meerschweinchen war dieser 24 Std nach der intraperitonealen Injektion (30 mg/kg) von 2,3 auf 0,58 µg/g abgesunken; der Brenzkatechinamingehalt des *Gehirns* und der *Nebennieren* von Ratten nahm auch nach viertägiger Behandlung der Tiere mit Guanethidin (10 mg/kg am 1. Tag, zweimal je 5 mg/kg am 2., 3. und 4. Tag) nicht ab (KRONEBERG u. SCHÜMANN 1962). In chromaffinen Granula des Rindernebennierenmarks und in isoliert durchströmten Rindernebennieren verursachte Guanethidin eine Freisetung der Markhormone. In Durchströmungsversuchen mit Rindernebennieren hemmte es die hormonfreisetzende Wirkung des Carbachols und Neostigmins sowie diejenige des Tyramins und Phenyläthylamins (PHILIPPU u. SCHÜMANN 1962a; GARRETT et al. 1965). An Ratten erhöhte Guanethidin den Noradrenalin-, nicht den Adrenalingehalt im Nebennierenmark (CALLINGHAM u. CASS 1962; CASS u. CALLINGHAM 1964) (s. X.B.4c.).

### 9. Bradykinin und Angiotensin

Vor kurzem fanden FELDBERG und LEWIS (1963, 1964), daß die beiden pharmakologisch aktiven Polypeptide an evisceriertEn Katzen in Chloralosenarkose Adrenalin aus den Nebennieren freisetzten, wenn sie durch eine in die A. coeliaca eingeführte Kanüle injiziert wurden (s. auch LECOMTE et al. 1961). Schwellendosen, die eine am Blutdruck bzw. an der chronisch denervierten Nickhaut nachweisbare Hormonausschüttung bewirkten, waren 0,05—1,0 µg Bradykinin (M.G. 1131) und 1—2 mµg Angiotensin (M.G. 1038). Unter Zugrundelegung der Molekulargewichte errechnete sich, daß 1 Molekül Bradykinin etwa

50 Moleküle Adrenalin (M.G. 183) und 1 Molekül Angiotensin mehrere Tausend Moleküle Adrenalin freisetzt. Es ist unwahrscheinlich, daß die Gefäßwirkung der Polypeptide (Bradykinin gefäßerweiternd, Angiotensin gefäßverengend) an diesem Effekt ursächlich beteiligt ist; Vasopressin, Oxytocin und Substanz P waren unwirksam.

Auch an der durchströmten Hundenebenniere führten 0,06 ng Angiotensin und 3,0 ng Bradykinin zur Hormonfreisetzung (ROBINSON 1965). Hexamethonium hob die Wirkung nicht auf. Bei Durchströmung mit calciumfreier Lockelösung waren die Polypeptide unwirksam (POISNER u. DOUGLAS 1965). Für einen Angriffspunkt der Angiotensinwirkung an der Membran der chromaffinen Zellen spricht, daß das Polypeptid, in gleicher Weise wie Acetylcholin, aus isolierten chromaffinen Granula (Rindernebennierenmark), selbst in einer Konzentration von 400 µg/ml, keine Amine freisetzte (GROBECKER 1965).

## B. Sympathische Nerven und sympathisch innervierte Organe

Den hormonalen Wirkstoffen des durch präganglionäre, cholinergische Fasern der Nn. splanchnici innervierten Nebennierenmarks kommt die Funktion zu, *ubiquitär* hämatogene Fernwirkungen auszuüben. Diese spielen sich an der glatten Muskulatur, am Herzen, an Haut- und Schleimhautdrüsen ab und können durch die Beeinflussung von Fermentaktivitäten auch zu metabolischen Wirkungen werden. Es wäre deshalb sinnvoll, wenn die durch Nervenimpulse in Abhängigkeit von der Frequenz aus dem Nebennierenmark freigesetzten Hormonmengen möglichst quantitativ ins Blut gelangten.

Demgegenüber ist die Aufgabe des aus den postganglionären, noradrenergischen Neuronen der sympathischen Nerven in sympathisch innervierten Organen sezernierten oder freigesetzten „Sympathins" als Überträgerstoffs der Nervenwirkung die *lokale* Ausübung physiologischer Effekte, und es wäre sinnvoll, wenn von den auch jetzt in Abhängigkeit vom Erregungszustand der Nerven freigesetzten Wirkstoffmengen ein möglichst großer Anteil mit den „pharmakologischen" Receptoren der reagierenden Struktur oder des reagierenden Substrates am Ort der Freisetzung in Wechselwirkung träte, und keine nennenswerten Mengen ins Blut gelangten. Zur „Physiologie" der Nerventätigkeit sollte deshalb weniger, wenn überhaupt, der Übertritt des freigesetzten Überträgerstoffs ins Blut als vielmehr ausschließlich dessen Reaktion mit den die physiologischen Wirkungen an Ort und Stelle vermittelnden „Receptoren" gehören.

Tatsächlich treten aber auch unter physiologischen Verhältnissen, d.h. bei den im physiologischen Bereich liegenden Impulsfrequenzen sympathischer Nerven, die 1 bis maximal 6 pro Sekunde betragen (FOLKOW 1952, 1955; CELANDER 1954), schon unter „Ruhebedingungen" unterschwellige Mengen Überträgerstoff ins Blut und in den Harn über (s. VI.), die bei starker zentraler, z.B. emotioneller Erregung (NEWTON et al. 1931; WHITELAW u. SNYDER 1934), oder bei reflektorischer Stimulierung sympathischer Nerven, z.B. durch afferente elektrische Reizung des N. ischiadicus (LIU u. ROSENBLUETH 1935), „überschwellig" werden und an chronisch denervierten, überempfindlich reagierenden Organen (Herz, Nickhaut) nachweisbare Fernwirkungen auslösen.

### 1. „Ruhesekretion"

Die nach Eserin und anderen Anticholinesterasen auftretenden pharmakologischen Wirkungen finden ihre Erklärung in einer auch unter „Ruhebedingungen" stattfindenden Dauersekretion kleiner *Acetylcholin*mengen an den cholinergischen Nervenenden, die durch die Blockierung des inaktivierenden Fermentes eine Potenzierung der Wirkung erfahren. Das normale Vorkommen von Noradrenalin im Blut und im Harn spricht dafür, daß auch der Übertragerstoff sympathischer Nervenwirkungen dauernd in kleinen Mengen freigesetzt wird und zum Teil ins Blut übertritt. Die spontane Freisetzung von Noradrenalin an den sympathischen Nervenenden findet elektrophysiologisch ihren Ausdruck in dem Auftreten von Miniatur-„junctional potentials", nachgewiesen z.B. am Hypogastricus-Vas deferens-Präparat des Meerschweinchens (BURNSTOCK u. HOLMAN 1961a und b, 1962a) (s. jedoch XIV.5.), deren Amplitude sich nicht durch Atropin, wohl aber durch Sympathicolytica (Yohimbin, Piperoxan) reduzieren ließ. Nach Reserpinbehandlung der Tiere nahmen Frequenz und Amplitude der Spontanpotentiale ab (BURNSTOCK u. HOLMAN 1962b).

### 2. Elektrische Reizung

Die der nerval-reflektorischen Aufrechterhaltung des „Sympathicustonus" dienende physiologische Dauersekretion von Noradrenalin an den Nervenenden läßt sich durch direkte elektrische Reizung oder reflektorische Erregung der sympathischen Nerven so steigern, daß die jetzt vermehrte Freisetzung des Übertragerstoffs nicht nur summarisch im Harn, sondern auch während der Reizperiode im abfließenden venösen Blut des betreffenden Organs nachweisbar wird und bei hoher Reizfrequenz zur Ausübung hämatogener Fernwirkungen ausreicht, wie in den schon erwähnten Versuchen von CANNON und ROSENBLUETH (1933) mit elektrischer Stimulierung der sympathischen Lebernerven bei Katzen [15—20 Impulse pro Sekunde verursachen nach CANNON und ROSENBLUETH (1937) bei präganglionärer Reizung maximale Effekte an glattmuskeligen Organen (Darm, Uterus, Nickhaut) und bei postganglionärer Reizung am Herzen]. CELANDER (1954) wies darauf hin, daß die physiologischen Impulsfrequenzen (maximal 5—6 pro Sekunde) keine zur Ausübung von Fernwirkungen ausreichenden Übertragerstoffmengen freisetzen würden. Daß jedoch unterschwellige Wirkstoffmengen auch physiologischerweise aus den Nerven ins Blut übertreten, geht schon aus dem regelmäßigen Vorkommen von Noradrenalin im Harn hervor.

Nachdem PEART (1949) sowie MANN und WEST (1950) während der elektrischen Stimulierung der Milznerven Noradrenalin im Milzvenenblut und OUTSCHOORN und VOGT (1952) nach elektrischer Reizung des N. accelerans den Überträgerstoff im Coronarsinusblut hatten nachweisen können, analysierten BROWN und GILLESPIE (1956, 1957) an der Milz von Katzen die Beziehungen zwischen Reizfrequenz und Menge des ins Blut übertretenden Noradrenalins („transmitter overflow") durch Testung am Rattenblutdruck. Hierbei wurde naturgemäß nur der physiologisch wirksame Anteil des aus dem Nerven freigesetzten und unverändert ins Blut übergetretenen Noradrenalins erfaßt. Bei einer Reizfrequenz von 10 pro Sekunde — unter jedesmaliger Applikation von insgesamt 200 Impulsen — blieb der „overflow" unter der Schwelle der Nachweisbarkeit. Bei einer Frequenz von 30 pro Sekunde erreichte er gut nachweisbare, maximale Werte. Besetzung der adrenergischen Receptoren mit einem Sympathicolyticum, z.B. Dibenamin (N,N-Dibenzyl-$\beta$-chloräthylamin), erhöhte den „overflow", so daß jetzt bei der niedrigen Reizfrequenz (10 pro Sekunde) ebensoviel Noradrenalin ins Milzvenenblut übertrat wie sonst bei der hohen Frequenz von 30 pro Sekunde. Da eine Erhöhung der Reizfrequenz unter Dibenamin über 10 pro Sekunde hinaus den „overflow" pro Stimulus nicht erhöhte, nahmen die Autoren an, daß mit jedem Impuls eine konstante Menge Überträgerstoff freigesetzt, daß jedoch, je niedriger die Reizfrequenz, um so mehr von der freigesetzten Menge durch das Gewebe zurückgehalten und am Übertritt ins Blut gehindert werde: durch enzymatische Inaktivierung (s. IV.A.B.) oder durch Aufnahme in die Noradrenalinspeicher der Nerven (s. IX). Dibenamin würde mit den an den Receptoren lokalisierten Eliminationsmechanismen interferieren (s. jedoch X.B.4.a.).

Noradrenalininfusionen an der künstlich durchströmten Katzenmilz haben ergeben, daß die Aufnahme des Amins ins Gewebe der wichtigste Eliminationsmechanismus ist, der die Größe des „overflow" an Wirkstoff bestimmt. Hemmung der Monoaminoxydase und O-Methyltransferase beeinflußten ihn nicht; chronische Denervierung, die zur Degeneration der nervalen Aminspeicher führt, erhöhte ihn von 29% auf 80%, in gleicher Weise wie Cocain, das die Aufnahme in die Aminspeicher der sympathischen Nerven blockiert (GILLESPIE u. KIRPEKAR 1965) (s. IX. und XII.A).

Selbst hochfrequente und langdauernde elektrische Reizung eines sympathischen Nerven führt nicht zu einer nachweisbaren Abnahme des Noradrenalingehaltes, wie aus Versuchen von LUCO und GONI (1948) sowie von v. EULER und HELLNER-BJÖRKMANN (1955) hervorgeht. Normalerweise hält die Resynthese mit der Freisetzung des Überträgerstoffs Schritt. Bei Applikation von insgesamt 50000 Impulsen (12 pro Sekunde) am lumbalen Grenzstrang des Sympathicus der Katze nahm allerdings das Noradrenalin im M. gastrocnemius, das hier ausschließlich in den vasoconstrictorischen Nerven vorkommt, um 70%, bei Reizung mit 5 Impulsen pro Sekunde um 50% ab (KERNELL u.

Elektrische Reizung 179

SEDVALL 1964). In den sympathischen Nerven der Ratteniris, und zwar ausschließlich in den terminalen Vesikeln, ließ sich fluorescenzmikroskopisch eine Abnahme des Noradrenalingehaltes nach elektrischer Reizung des Halssympathicus nachweisen, wenn die Resynthese des Wirkstoffs durch Blockierung der Tyrosinhydroxylase mit 3,4-Dihydroxyphenyl-pentanoylamid

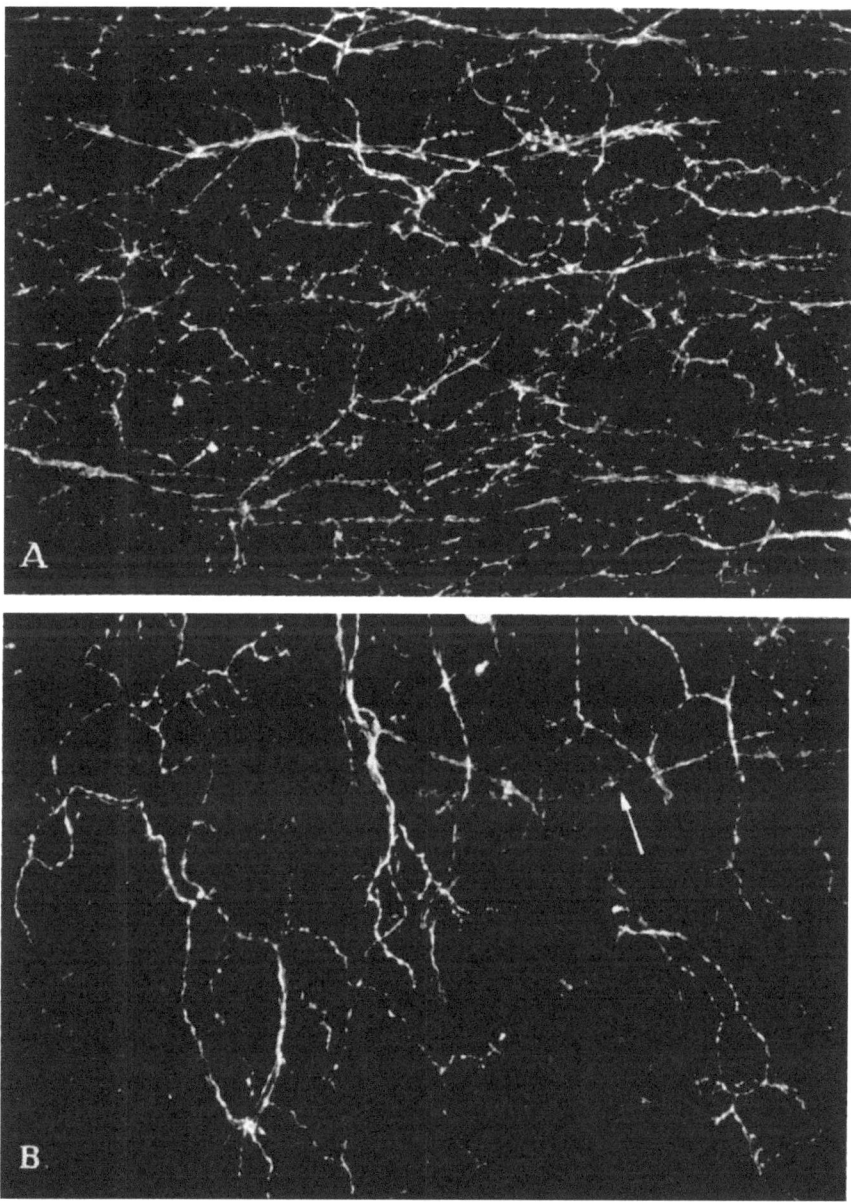

Abb. 23 A u. B. *Fluorescenzmikroskopische Darstellung noradrenergischer Nervenendigungen (terminals) in der Ratteniris (250 ×).* A Unmittelbar nach elektrischer Reizung des Halssympathicus (20/sec, 40 min). Fast normale Fluorescenz. B Wie A, jedoch 30 min vor Beginn der elektrischen Reizung 500 mg/kg i.p. eines Hemmstoffes der Noradrenalinsynthese (s. Text). Die meisten Nervenendigungen sind nicht mehr darstellbar; andere fluorescieren nur noch schwach; in einigen noch normale Fluorescenz.
Aus T. MALMFORS (1965 b)

(s. III.C.) gehemmt war oder die Wiederaufnahme des freigesetzten Noradrenalins in die nervalen Speicher durch Imipramin (s. X.4.b.e.) verhindert wurde (MALMFORS 1964) (Abb. 23, s. auch Abb. 15, S. 124).

**3. Physiologische und pathophysiologische Mehrsekretion**

a) **Orthostatische Belastung.** Nach mehrstündiger *muskulärer* Beanspruchung (anstrengende sportliche Betätigung, Dauerlauf usw.) war der Gehalt des Harns an „Urosympathin", mit Noradrenalin als blutdruckwirksamstem Bestandteil, gegenüber einer gleich langen Vorperiode erhöht (HOLTZ et al. 1944/47). Zu dem gleichen Ergebnis kamen v. EULER und HELLNER (1952); die in den Harn ausgeschiedenen Noradrenalinmengen waren nach muskulärer Arbeit höher als in Ruhe (s. auch GRAY u. BEETHAM 1957).

Da die nerval-reflektorische Regulation der Gefäßweite zur Gewährleistung der Homoiostase des Blutdrucks sich ausschließlich des sympathischen Anteils des vegetativen Nervensystems mit den noradrenergischen Vasoconstrictoren als efferentem Schenkel des Reflexbogens bedient, wäre zu erwarten, daß schon geringfügige orthostatische Belastungen, wie sie z.B. durch das Aufrichten aus liegender Körperstellung gegeben sind, über die pressosensiblen

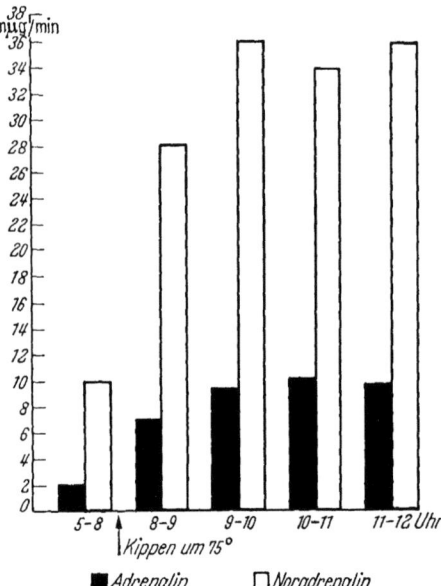

Abb. 24. *Vermehrte Ausscheidung von Noradrenalin (und Adrenalin) beim Menschen während orthostatischer Belastung.* Nach T. SUNDIN (1956)

Areale des Gefäßsystems zu einer vermehrten Sekretion von Noradrenalin an den Enden der Gefäßnerven führen müßte, um durch Engerstellung der Gefäßweite das drohende „orthostatische" Absinken des Blutdrucks zu verhindern. Tatsächlich genügte ein derartiger „zirkulatorischer Stress", Aufrichten der auf einem Kipptisch liegenden Versuchsperon um 75°, um die erhöhte Freisetzung nervalen Noradrenalins auch im Harn an dem sprunghaften Anstieg der ausgeschiedenen Noradrenalinmengen sichtbar werden zu lassen (Abb. 24) (V. EULER et al. 1955b; SUNDIN 1956, 1958). Dabei stiegen auch die Adrenalinwerte an, zum Zeichen dafür, daß aus dem Nebennierenmark *während*, wenn auch wohl nicht *wegen* der Aktivierung des vasomotorischen Systems durch reflektorische Stimulierung des Vasomotorenzentrums, eine vermehrte Hormonsekretion stattgefunden hatte.

Die in mµg pro Minute angegebenen Werte betrugen beim Menschen in liegender Stellung 2—3 mµg für Adrenalin und 8—12 mµg für Noradrenalin. Sie stiegen beim Stehen um das 2—3fache an und waren deshalb tagsüber höher als nachts (v. EULER et al. 1955a) (s. auch VI.). Mit Hilfe indirekter Methoden, die sich die Überempfindlichkeit denervierter Organe (Herz, Iris) gegenüber Adrenalin nutzbar machten, war schon früher auf eine bei Muskelarbeit vermehrte Adrenalinsekretion aus dem Nebennierenmark geschlossen worden (GASSER u. MEEK 1914; HARTMANN 1922; HARTMAN et al. 1923; CANNON et al. 1924); diese führte an Katzen bei erschöpfender Arbeitsleistung zu einer Hormonabnahme im Nebennierenmark (KAHN 1909a und b; STEWART u. ROGOFF 1922a—c; VINCENT 1927).

Wie empfindlich dieser nerval-reflektorische, noradrenergische Regulationsmechanismus funktioniert, hat sich auch in Versuchen unter Einwirkung von *Zentrifugal-* und *Gravitations*kräften auf den menschlichen Körper zeigen lassen. Bei Lufttransporten von Militärpersonen und bei Flugzeugpiloten (v. EULER u. LUNDBERG 1945; GOODALL 1962), z. B. während Überschallflügen (HALE 1962), und bei Fallschirmspringern (BLOOM et al. 1963a) waren nicht nur die Noradrenalin-, sondern auch die Adrenalinwerte im Harn erhöht, die letzteren bei Astronauten meistens schon vor dem Versuch, wohl als Folge der psychischen Belastung. Auch in Versuchen mit dosierter Einwirkung von Zentrifugalkräften zeigte sich die Bedeutung psychischer, mit Erwartungs- und Angstgefühlen gepaarter Faktoren für eine vermehrte Adrenalinsekretion aus den Nebennieren. GOODALL und BEERMAN (1960) fanden bei ihren Versuchspersonen während einer 3 min dauernden Beanspruchung in der Zentrifuge mit $12 \times g$ eine dreifache Erhöhung der Adrenalinausscheidung; die Noradrenalinausscheidung ging der $g$-Zahl ungefähr parallel. Bei Wiederholung der Versuche — Wegfall des psychischen Moments — war die Adrenalinausscheidung viel niedriger (FRANKENHÄUSER et al. 1962). Diese „stress"-bedingten Aktivierungen des sympathico-adrenalen Systems mit einer vermehrten Sekretion und Ausscheidung von Brenzkatechinaminen waren nicht mit einer Stimulierung des Hypophysenvorderlappen-Nebennierenrindensystems und einer erhöhten Ausscheidung von Corticoiden verbunden (ULVEDA et al. 1963).

**b) Psychische Belastung.** Auch bei geistiger Arbeit, die, wie z. B. bei Examina, unter psychischem Stress geleistet wurde (PEKKARINEN et al. 1961; FRANKENHÄUSER u. KAREBY 1962; FRANKENHÄUSER u. POST 1962), sowie bei Filmvorführungen mit spannender oder Emotionen auslösender grausamer Handlung (LEVI 1961, 1963a und b) war, neben der Noradrenalin-, die Adrenalinausscheidung erhöht (s. auch SILVERMAN u. COHEN 1960). Das entspricht der alten Beobachtung CANNONs (1915), daß emotionell getönte Erregungen in „Furcht-, Flucht- und Kampfsituationen", z. B. Wutanfälle, wie sie sich bei der Katze durch das Vorhalten eines Hundes auslösen ließen, mit einer vermehrten Adrenalinsekretion, als Zeichen der „Notfallfunktion" des Nebennierenmarks, einhergingen (CANNON u. DE LA PAZ 1911; CANNON u. BRITTON

1927; STEWART u. ROGOFF 1916). Die auftretende Hyperglykämie war ebenfalls wesentlich adrenalinbedingt (CANNON et al. 1912).

c) **Kältestress.** Das Noradrenalin der sympathischen Nerven ist für die Regulation des *Fettstoffwechsels* ebenso wichtig wie das hormonale Adrenalin für die Regulation des *Kohlenhydratstoffwechsels* (s. XV.C.). Bei der Einwirkung niedriger Außentemperaturen kam es bei Ratten eher und schon bei geringerer Abkühlung zu einer vermehrten *Noradrenalin-* als Adrenalinsekretion und -ausscheidung (LEDUC 1961). Nach einem 18stündigen Kältestress hatte bei Katzen das Noradrenalin im Hirnstamm um 15%, im Nebennierenmark um 90% abgenommen, Adrenalin nur um 40% (MAYNERT u. LEVI 1964). — Andererseits führt ein Absinken des *Blutzucker*spiegels zu einer selektiven Aktivierung der *Nebennierenmark*sekretion mit erhöhten Adrenalinwerten im Blut und im Harn (s. X.A.4.).

d) **Hämorrhagischer Schock.** Die Bedeutung des nervalen Noradrenalins für die Homoiostase des Blutdrucks kann auch in einer vermehrten Sekretion dieses Wirkstoffs bei plötzlichem Absinken des Blutdrucks zum Ausdruck, z. B. beim Herzinfarkt (FORSSMANN et al. 1952; NUZUM u. BISCHOFF 1953), ferner bei akuten Asthmaanfällen (KNAUFF et al. 1962) und im hämorrhagischen Schock (s. z. B. GREEVER u. WATTS 1959; MANGER et al. 1957; MILLAR u. BENFEY 1958; ROSENBERG et al. 1959, 1961; WALKER et al. 1959a) sowie in der Narkose und bei chirurgischen Operationen (s. z.B. FRANKSSON et al. 1954; HAMMOND et al. 1956; KÄGI 1957; RICHARDSON et al. 1957; HARDY et al. 1959; HAMELBERG et al. 1960; STURM 1963).

Daß nach stärkeren *Aderlässen* auch die Adrenalinsekretion aus den Nebennieren erhöht ist (auf 0,3—0,4 µg/kg/min), hatten schon frühere Untersuchungen ergeben (SAITO 1928). In Versuchen an Hunden mit einer Anastomose zwischen der V. suprarenalis des einen und der V. jugularis des anderen erhöhte ein Aderlaß beim Spendertier den Blutdruck des Empfängertieres (TOURNADE und CHABROL 1925, 1926, 1927).

Im *hypovolämischen Schock* kam es, wie auch beim *Herzinfarkt*, zu einem Anstieg der Adrenalin- und Noradrenalinwerte (7 µg-% bzw. 3 µg-%) im Blut (GREEVER u. WATTS 1959; WALKER et al. 1959a und b). Während normalerweise der Brenzkatechinamingehalt im *Herzen* bei erhöhtem Blutspiegel ansteigt (s. z.B. RAAB u. GIGEE 1955; MUSCHOLL 1959a; CAMPOS u. SHIDEMAN 1962), nahm er bei Hunden im hämorrhagischen Schock signifikant ab: im linken Ventrikel um 44%, von 1,4 µg/g normal auf 0,78 µg/g; im rechten Vorhof um 47%, von 3,63 µg/g normal auf 1,91 µg/g. Von der Abnahme des Brenzkatechinamingehaltes war mit 68% besonders die in der Ultrazentrifuge bei $100000 \times g$ aus den Herzhomogenaten gewonnene partikuläre Fraktion betroffen (HIFT u. CAMPOS 1962) (s. VIII.B.).

Im schweren hämorrhagischen und Endotoxinschock nahm bei Hunden und Kaninchen der Noradrenalingehalt der Organe ab, als Zeichen einer extrem gesteigerten Aktivität des sympathischen Nervensystems (ZETTERSTRÖM et al. 1964). Kurz vorher durchgeführte sympathische Denervierung schützte das betreffende Organ vor der Verarmung an Noradrenalin (PALMERIO et al. 1963). In fluorescenzmikroskopischen Untersuchungen ließ sich direkt zeigen, daß der Noradrenalingehalt der sympathischen Nerven, z.B. in der Hundemilz, im hämorrhagischen Schock verschwand, mit Ausnahme der Gewebepartien, die

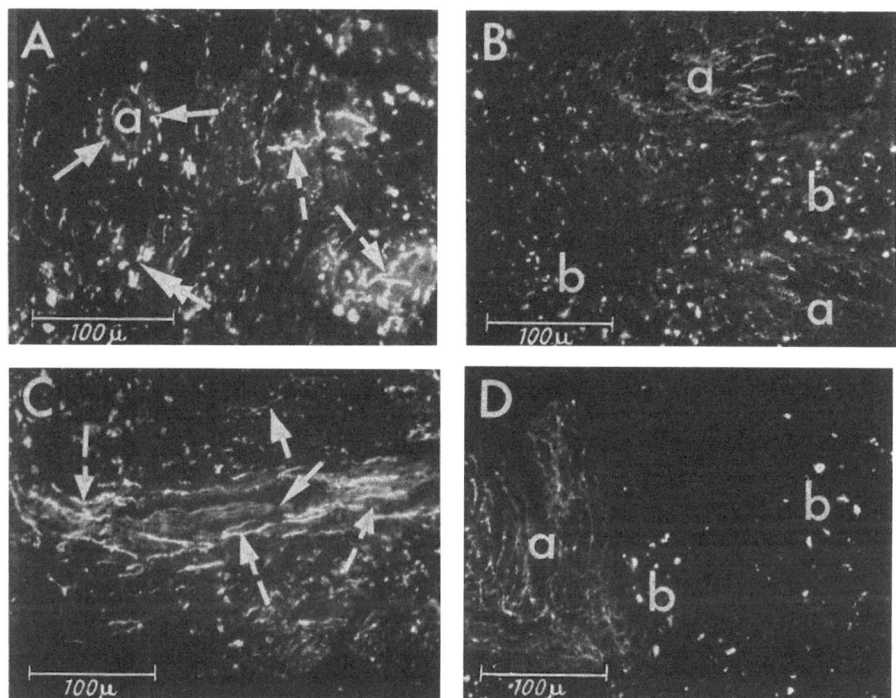

Abb. 25 A—D. *Abnahme des fluorescenzmikroskopisch nachweisbaren Noradrenalins in den sympathischen Nervenendigungen der Hundemilz beim hämorrhagischen Schock.* A *Normales Milzgewebe*, a Gefäßquerschnitt, --→ Nervennetzwerk in Trabekelmuskulatur. B *Milzgewebe nach hämorrhagischem Schock*, a, b autofluorescierende Partikel; adrenergische Fasern nicht mehr darstellbar. C *Akut denerviertes Milzgewebe nach hämorrhagischem Schock*, —→ stark fluorescierende, adrenergische Nervenendigungen um ein longitudinal geschnittenes Gefäß. D *Chronisch denerviertes Milzgewebe* (4 Wochen), a, b autofluorescierende Partikel; adrenergische Fasern nicht mehr darstellbar. Aus A. B. DAHLSTROM und B. E. M. ZETTERSTROM (1965)

kurz vorher denerviert worden waren (Abb. 25) (DAHLSTRÖM u. ZETTERSTRÖM 1965).

Nach schweren *Verbrennungen*, bei denen zunächst die Noradrenalin- und Adrenalinwerte des Harns stark erhöht waren (GOODALL et al. 1957), wurde ein abnorm niedriger Noradrenalingehalt in den sympathischen Nerven und Ganglien gefunden (GOODALL u. MONCRIEF 1965).

### 4. Pharmakologische Beeinflussung der Freisetzung

a) **Phenoxybenzamin (Dibenzylin) und andere Sympathicolytica.** Schon 1931 hatten CANNON und BACQ beobachtet, daß eine kleine Dosis *Ergotamin* die Fernwirkungen des durch elektrische Stimulierung sympathischer Nerven freigesetzten „Sympathins" verstärkte bzw. die ins Blut übertretenden Mengen erhöhte. *Phenoxybenzamin*, das in hohen Dosen die blutdrucksteigernde Wirkung des Noradrenalins aufhob (NICKERSON u. NOMAGUCHI 1953a und b), verstärkte bei niedriger Dosierung die Adrenalin- und Noradrenalinwirkung, nicht die Isoproterenolwirkung, am Vorhofpräparat des Kaninchenherzens, ähnlich wie Cocain und Guanethidin (s. X.B.4.c.). Wie diese, potenzierte es nicht die *inhibitorischen* Wirkungen der Brenzkatechinamine am Kaninchenduodenum und am Rattenuterus (STAFFORD 1963). Auch ROSZKOWSKI und KOELLE (1960) hatten gefunden, daß Cocain die Wirkung des Adrenalins, Noradrenalins und Isoproterenols am Darm nicht verstärkt; in ihren Versuchen hatte jedoch Phenoxybenzamin einen potenzierenden Effekt auf die Darmwirkung des Isoproterenols, nicht auf seine Wirkung am Rattenuterus.

Das unterschiedliche Verhalten der Organe (Herz, Darm, Uterus) sowie des Adrenalins und Noradrenalins einerseits, des Isoproterenols andererseits, findet seine Erklärung darin, daß, wie neuere Untersuchungen gezeigt haben, *Isoproterenol*, im Gegensatz zu Adrenalin und Noradrenalin, nicht in die Speicher der sympathischen Nerven aufgenommen wird (HERTTING 1964a und b; ANDÉN et al. 1964c), und daß der *Rattenuterus* nur sehr geringe Mengen exogener Brenzkatechinamine (Adrenalin, Noradrenalin) aufzunehmen in der Lage ist (s. XV.B.3). Denn die Potenzierung der Adrenalin- und Noradrenalinwirkungen durch Phenoxybenzamin (FURCHGOTT 1959; BENFEY u. GREEF 1961) beruht auf einer Hemmung der Aminaufnahme in die Gewebespeicher, so daß, wie nach Cocain, ein größerer Anteil der injizierten Menge an die pharmakologischen Receptoren gelangt. In Versuchen von FARRANT et al. (1964) an Katzen verhinderte das α-Sympathicolyticum die Aufnahme exogenen Noradrenalins in das Herz und in die Milz. Am innervierten Vorhofpräparat des Meerschweinchenherzens hemmte es die Wiederaufnahme des durch Nervenreiz freigesetzten Noradrenalins (FURCHGOTT u. KIRPEKAR 1963) und potenzierte deshalb auch die Wirkung des Nervenreizes (SWAINE 1963).

Bei Hunden stieg die Brenzkatechinaminkonzentration im Blutplasma nach Phenoxybenzamin an (MILLAR et al. 1959), die Ausscheidung von Adrenalin und Noradrenalin in den Harn war erhöht (BENFEY et al. 1959), und Tyramin, als indirekt wirkendes Amin, verursachte an — adrenalektomierten — Hunden nach Injektion von Phenoxybenzamin eine stärkere Erhöhung des Noradrenalingehaltes im Blut als vorher (WEINER et al. 1962). Diese Wirkungen beruhen nicht nur auf einer Hemmung der Wiederaufnahme der spontan freigesetzten Brenzkatechinamine, sondern auch auf deren akuter Freisetzung, die darin ihren Ausdruck fand, daß an Hunden die intravenöse Injektion von Phenoxybenzamin eine — am reserpinisierten Tier ausbleibende — akute positiv chrono- und inotrope Herzwirkung auslöste (BENFEY 1961). Ähnliche Wirkungen beobachteten FURCHGOTT und KIRPEKAR (1963) am isolierten Vorhof des Meerschweinchenherzens; der Noradrenalingehalt des Präparates hatte nach 90 min langer Inkubation mit $2 \times 10^{-5}$ Phenoxybenzamin um 50% gegenüber den Kontrollen abgenommen. An Kaninchen verursachten 10 mg/kg des α-Sympathicolyticums innerhalb von 2 Std eine Abnahme des kardialen Noradrenalins um 60% (MACKENNA 1965). Länger dauernde, wiederholte Verabfolgung führte auch bei Ratten zu einer Abnahme des Noradrenalingehaltes im Herzen und in der Milz (SCHAPIRO 1958) (s. auch VIII.A.1.g.).

Die Hemmung der Noradrenalinaufnahme ist nicht *zwangsläufig* mit einer Abnahme des Noradrenalingehaltes in dem betreffenden Organ verbunden: Phenoxybenzamin verhinderte am Rattenuterus die Noradrenalinaufnahme, ohne den Noradrenalingehalt zu vermindern (FARRANT et al. 1964). Der Rattenuterus nimmt allerdings insofern eine Sonderstellung ein, als er, wenn nicht östral, nur kleine Mengen exogener Brenzkatechinamine aufnimmt, wie Versuche anderer Autoren mit $H^3$-Adrenalin und $H^3$-Nordrenalin gezeigt haben: die Aufnahme im Herzen war fast zehnmal höher als im Uterus. Auch die subcelluläre Lokalisation der Amine im Uterus unterschied sich von derjenigen in anderen Organen; sie fanden sich fast ausschließlich im partikelfreien Überstand der Homogenate, also nicht granulär gebunden (WURTMAN et al. 1964). Diese wenig spezifische „Bindung" dürfte die Ursache dafür sein, daß Cocain den Rattenuterus gegen die Wirkung der Brenzkatechinamine nicht „sensibilisierte", wie es das an anderen Organen durch Hemmung der Aufnahme in die granulären Gewebespeicher tut (STAFFORD 1963).

MUSCHOLL (1961a und b) hatte mit dem α-Sympathicolyticum Dibenamin die Aufnahme von Noradrenalin in das Rattenherz nicht hemmen können, wohl mit dem β-Sympathicolyticum Dichloisoproterenol (DCI). Für eine gewisse Abhängigkeit der Aufnahme-, Speicherungs- und Freisetzungsmechanismen sowie ihrer Beeinflußbarkeit durch Sympathicolytica von dem für die einzelnen Organe verschiedenen „Gehalt" an pharmakologischen α- bzw. β-Receptoren könnte auch sprechen, daß DCI, nicht Phenoxybenzamin, die Aufnahme exogenen Noradrenalins durch den virginellen Katzenuterus, der überwiegend adrenergische „β-Receptoren" besitzt, blockierte (FARRANT et al. 1964) (s. XIII.B.C. und XV.B.3.).

Mit der Annahme kausaler Beziehungen zwischen sympathicolytischer Wirkung (Blockierung der adrenergischen α- oder β-Receptoren) und Hemmung der Aufnahme exogenen Noradrenalins in Gewebespeicher, die zu deren Verarmung an Noradrenalin führen kann, würde nicht im Einklang stehen, daß sowohl Phenoxybenzamin als auch das β-Sympathicolyticum DCI (s. XIII.B.C.) die Noradrenalinaufnahme in das Herz blockierten, obwohl nur das letztere (DCI) die positiv chrono- und inotrope Wirkung des Amins verhinderte (HERTTING et al. 1961b; FURCHGOTT u. KIRPEKAR 1963; FARRANT et al. 1964), — ein Befund, der, wie gesagt, von MUSCHOLL (1961a und b) mit Dibenamin als α-Sympathicolyticum nicht erhoben werden konnte. In seinen Versuchen hemmte nur DCI die Aufnahme von Noradrenalin in das Herz.

Aus den Versuchsergebnissen läßt sich entnehmen, daß die „Sympathicolytica" nicht nur die pharmakologischen Wirkungen der Brenzkatechinamine an den adrenergischen Receptoren *antagonisieren*, sondern auch mit den Mechanismen der Aufnahme ins Gewebe, der Speicherung und Freisetzung interferieren können. Die Befunde der meisten Autoren sprechen dafür, daß diese Wirkungen nicht „receptorspezifisch" sind.

BROWN und GILLESPIE (1957) sowie BROWN et al. (1961) hatten an der in situ perfundierten Katzenmilz gefunden, daß Phenoxybenzamin und andere α-Sympathicolytica (Hydergin, Phentolamin) die während elektrischer Stimulierung der sympathischen Nerven in das Perfusat übertretenden Noradrenalinmengen („overflow") erhöhten, und diesen Effekt im Sinne einer verminderten „Inaktivierung" durch die adrenergischen Receptoren der Milz gedeutet. Auch Cocain, das die Wiederaufnahme freigesetzten Noradrenalins ins Gewebe hemmt, erhöhte den „overflow" bei elektrischer Reizung der Milznerven (NASMYTH 1961; THOENEN et al. 1964a und b), jedoch nicht so stark wie die α-Sympathicolytica (KIRPEKAR u. CERVONI 1963). Disee Autoren erblicken in dem von ihnen beobachteten Unterschied zwischen dem Einfluß des Cocains und demjenigen der Sympathicolytica auf den „overflow" eine Stütze der von BROWN u. Mitarb. vertretenen Auffassung, den adrenergischen Receptoren komme für die „Inaktivierung" des freigesetzten Wirkstoffes Bedeutung zu. Die Receptoren sollen durch die Sympathicolytica, nicht jedoch durch Cocain, blockiert und deshalb nur im ersteren Fall von der Eliminierung des freigesetzten Noradrenalins ausgeschlossen werden.

CARLSSON et al. (1964b) wiesen jedoch darauf hin, daß die durch den Nervenreiz ausgelöste Vasoconstriction und verminderte Durchblutung des Organs, die von Phenoxybenzamin bzw. Cocain gegensinnig beeinflußt wird — das Sympathicolyticum hebt sie auf, Cocain verstärkt sie —, sich auf die Höhe des „overflow" unterschiedlich auswirkt, je nachdem, ob dieser in ng/ml Blut oder in ng/min angegeben wird. In Versuchen an der in situ unter konstantem Druck durchströmten Hinterextremität der Katze fanden sie, daß die mit Vasoconstriction verbundene Sympathicusreizung zu einem Anstieg der Noradrenalinkonzentration im abfließenden Blut führte (Abb. 26A), nicht jedoch zu einem absolut erhöhten Übertritt von Noradrenalin in das Perfusat (B). Demgegenüber kam es unter Bedingungen eines konstanten *Perfusionsvolumens* während der Stimulierung des Nerven sowohl zu einem Anstieg der Noradrenalinkonzentration im abfließenden venösen Blut als auch zu einem absolut vermehrten „overflow" (C).

Gegen einen an den pharmakologischen Receptoren lokalisierten Mechanismus der Elimination zirkulierenden Noradrenalins sprechen auch Versuchsergebnisse von HERTTING et al. (1961b): obwohl *Phentolamin*, in gleicher Weise wie Phenoxybenzamin, die adrenergischen α-Receptoren blockierte, war es, im Gegensatz zu Phenoxybenzamin, nicht in der Lage, die Aufnahme von

H³-Noradrenalin in Herz, Milz und Nebennieren von Ratten zu hemmen. Während somit bei elektrischer Stimulierung der Milznerven der nach Phentolamin beobachtete erhöhte „overflow" nervalen Noradrenalins rein hämodynamisch bedingt sein dürfte, indem *Phentolamin* die durch die Nervenreizung verursachte Vasoconstriction verhindert und damit den Übertritt des vermehrt freigesetzten nervalen Überträgerstoffs in das aufgefangene Perfusat ermöglicht, hemmt *Phenoxybenzamin* zusätzlich die Wiederaufnahme des vermehrt freigesetzten Überträgerstoffs und führt deshalb zu einer echten Erhöhung

| A. | ng/ml | | | B. | ng/100 sec | | |
|---|---|---|---|---|---|---|---|
| NA-Konzentration im Perfusat | vor | während | nach | NA-Gehalt im Perfusat | vor | während | nach |
| | 0,4 | 1,1 | 0,1 | | 14 | 7 | 2 |
| | 0,6 | 1,3 | 0,6 | | 15 | 8 | 18 |
| | 0,7 | 1,9 | 0,4 | | 22 | 16 | 12 |
| | 0,3 | 0,8 | 0,5 | | 5 | 10 | 10 |

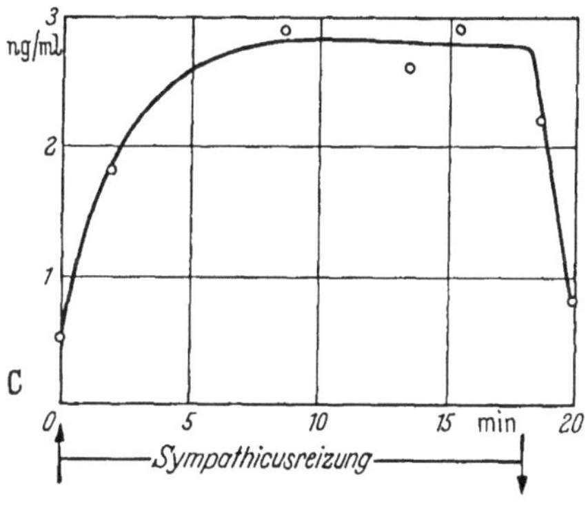

Abb. 26 A—C *Freisetzung von Noradrenalin (NA) aus der isoliert durchströmten Hinterextremität der Katze vor, während und nach der elektrischen Reizung des Grenzstranges* (L4—L5, 4—6 Imp./sec). In A und B Perfusion unter konstantem *Druck*; in C Perfusion mit konstantem *Volumen* (15 ml/min/100 g). Nach A. CARLSSON, B. FOLKOW und J. HAGGENDAL (1964 b)

des „overflow". Auch *Cocain* müßte durch Hemmung der Wiederaufnahme des nerval freigesetzten Noradrenalins eine echte Erhöhung des „overflow" verursachen; da es jedoch gleichzeitig — im Gegensatz zu den α-Sympathicolytica — die vasoconstrictorische Wirkung des Nervenreizes verstärkt, tritt eine *absolute* Erhöhung des „overflow" wegen des verminderten Perfusionsvolumens nicht oder nur wenig in Erscheinung. Das könnte erklären, weshalb in den Versuchen von KIRPEKAR und CERVONI (1963) Cocain im Vergleich mit Phenoxybenzamin und Phentolamin die schwächste Wirkung hatte und in Versuchen anderer Autoren (TRENDELENBURG 1959; BLAKELEY et al. 1963) überhaupt ohne Einfluß auf den „overflow" war.

Daß die Erhöhung des „overflow" durch Phenoxybenzamin nicht auf einer verminderten Bindungsfähigkeit der pharmakologischen α-Receptoren für Noradrenalin (BROWN u. GILLESPIE 1957; BROWN et al. 1961; KIRPEKAR u. CERVONI 1963) und auch nicht, wie beim Phentolamin, ausschließlich auf einer sympathicolytischen Ausschaltung des vasoconstrictorischen Effekts der Nervenreizung mit dem Erfolg eines erhöhten Perfusionsvolumens und damit eines kürzeren Kontaktes des freigesetzten Noradrenalins mit den Gewebespeichern (HERTTING u. SCHIEFTHALER 1963) beruht, sondern auf einer durch Phenoxybenzamin verursachten Hemmung der Wiederaufnahme des freigesetzten Noradrenalins in die Gewebespeicher, geht aus Untersuchungen von THOENEN et al. (1964a und b) an der isoliert durchströmten Katzenmilz hervor. In dem in der Abb. 27 dargestellten Versuch hatte die Perfusion mit 3 µg pro Minute Phenoxybenzamin zu einer vollständigen Blockade der

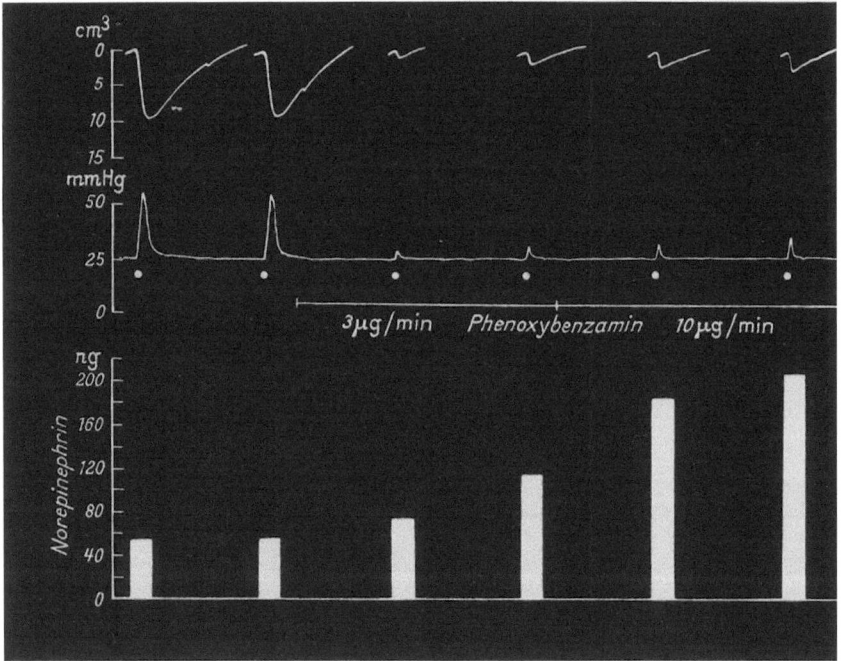

Abb. 27. *Die Wirkung von Phenoxybenzamin auf den Noradrenalin-„overflow" (ng), das Milzvolumen (cm³) und den Gefäßwiderstand (mm Hg) während der postganglionären elektrischen Reizung der isoliert durchströmten Katzenmilz.* Nach H. THOENEN, A. HURLIMANN und W. HAEFELY (1964a)

adrenergischen α-Receptoren geführt, so daß die Reizung des Nerven keine Gefäß- und Milzkontraktion mehr hervorrief; der „overflow" war hierbei nur wenig erhöht. Er erfuhr eine Steigerung um 300%, wenn mit 10 µg pro Minute Phenoxybenzamin durchströmt wurde, obwohl die maximale Blockade der Receptoren, offensichtlich durch das jetzt vermehrt im Perfusat auftretende Noradrenalin, teilweise durchbrochen wurde, so daß die Nervenreizung eine etwas stärkere Gefäß- und Milzkontraktion auslöste als während der Perfusion mit der dreimal kleineren Phenoxybenzamindosis.

b) **Sympathicomimetische Amine**

α) **Tyramin.** Die Vorstellungen vom Mechanismus der Tyraminwirkung waren im Laufe der Zeit großen Wandlungen unterworfen. BAEHR und PICK (1917) hatten die blutdrucksteigernde Wirkung mit einer Erregung sympathischer Ganglien erklärt, da sie sich in ihren Versuchen durch hohe Nicotindosen (30—40 mg) aufheben ließ. TAINTER (1927), der diesen Befund nicht bestätigen konnte, sah an Katzen, nicht jedoch an Hunden, nach Ergotoxin eine Umkehr der pressorischen in eine depressorische Wirkung. Er hielt die Tyraminwirkung für „muskulär", zumal HILZ (1922) gefunden hatte, daß das Amin den Kaninchendarm kontrahierte, und TAINTER ergotoxinrefraktäre Kontraktionswirkungen an Fundusstreifen der Kaninchenblase, am Hundeureter und am Katzendarm beobachtete.

Einige Jahre später erhoben dann BURN und TAINTER (1931) den für die Deutung des Wirkungsmechanismus grundlegenden Befund, daß Tyramin am denervierten Katzenauge, das auf Adrenalin, entsprechend dem *Cannonschen* „law of denervation" (s. XII.A.), überempfindlich mit einer Mydriasis reagierte, wirkungslos war. Sympathisch innervierte Organe, die nach chronischer Denervierung auf Adrenalin und Noradrenalin empfindlicher reagierten, sprachen auf Tyramin und andere indirekt, d.h. durch die Freisetzung nervalen Noradrenalins wirkende Amine nicht mehr an. Auch nach Entleerung der Noradrenalinspeicher der sympathischen Nerven durch Reserpin verloren die indirekt wirkenden sympathicomimetischen Amine, zu denen, außer Tyramin, z.B. Phenyläthylamin, Amphetamin, Methylamphetamin gehören, ihre Wirksamkeit. Cocain blockierte ihre Wirkung oder schwächte sie ab, da es die Freisetzung von Noradrenalin verhindert (s. XII.A.B.).

Obwohl Tyramin auch aus der isoliert durchströmten Nebenniere (HAAG et al. 1961) und aus isolierten chromaffinen Granula (SCHÜMANN u. WEIGMANN 1960; SCHÜMANN u. PHILIPPU 1961) die Nebennierenmarkhormone freisetzte (s. VIII.A.1.d.), ist dieser Effekt am Zustandekommen der pharmakologischen Wirkungen *in vivo* nicht beteiligt: im Blut der V. suprarenalis ließ sich nach blutdrucksteigernden Tyramindosen keine erhöhte Hormonsekretion nachweisen (STRÖMBLAD 1960a und b; STJÄRNE 1961; WEINER et al. 1962a). Das ist auch nicht zu erwarten, wenn man berücksichtigt, daß pro Mol Tyramin nur jeweils 1 Mol Brenzkatechinamin durch Verdrängung aus dem Speicherkomplex freigesetzt wird, wie SCHÜMANN und WEIGMANN (1960) sowie SCHÜMANN und PHILIPPU (1961) an isolierten chromaffinen Granula gezeigt hatten (s. VIII.A.1.d.). Selbst an der isoliert durchströmten Nebenniere sind erst sehr hohe Tyramindosen bei direkter Injektion in die Perfusionskanüle in der Lage, eine nachweisbare Sekretionssteigerung hervorzurufen.

Auch *Reserpin* verursacht in der Nebenniere solcher Tierarten, bei denen der Angriffspunkt der Wirkung ein überwiegend peripherer ist, wie z.B. bei Ratten, erst in hoher Dosierung eine Abnahme des Hormongehaltes. Dieser Wirkung liegt jedoch, im Gegensatz zur Wirkung des Tyramins, keine Verdrängung der Brenzkatechinamine aus dem granulären Speicherkomplex zugrunde, sondern eine *kompetitive* und deshalb vom Mengenverhältnis Amin : Freisetzendes Pharmakon abhängige Hemmung der Aminaufnahme in die Granula (CARLSSON et al. 1963a; JONASSON et al. 1964) (s. VIII.A.1.e. und 3.b.).

Der „indirekte", in der Freisetzung endogenen Noradrenalins bestehende Mechanismus der Tyraminwirkungen, soweit diese sich am Herzen, an den Gefäßen, an der Milz und Nickhaut abspielen, ist durch zahlreiche Untersuchungen gesichert, in denen es gelang, das durch Tyramin freigesetzte Noradrenalin am intakten Tier (Katzen) im Blut der Aorta (LOCKETT u. EAKINS 1960a und b) und an isoliert durchströmten sympathisch innervierten Organen im Perfusat nachzuweisen, z. B. am Herzen (LINDMAR u. MUSCHOLL 1961; CHIDSEY et al. 1962) und an der Milz (STJÄRNE 1961). Die zur Ausübung pharmakologischer Wirkungen erforderlichen Mengen freizusetzenden Noradrenalins sind sehr gering; sie gehören der Größenordnung ng (Nanogramm) an. An perfundierten Kaninchenherzen brauchte Tyramin nur eine siebenmal kleinere Noradrenalinmenge freizusetzen, gemessen an der in das Perfusat abgegebenen Menge, als das — nicotinähnlich — ganglienerregende 1,1-Dimethyl-4-phenyl-piperazinium (DMPP), um eine gleich starke chrono- und inotrope Wirkung auszulösen (LINDMAR u. MUSCHOLL 1961; WEINER et al. 1962a). Der Unterschied ist vielleicht dadurch bedingt, daß Tyramin aus einem im Nerven selbst gelegenen, receptornahen „pool", DMPP jedoch aus receptorferner gelegenen Noradrenalinspeichern (chromaffine Zellen?) den eigentlichen Wirkstoff freisetzt, und daß Tyramin zusätzlich die Wiederaufnahme des freigesetzten Noradrenalins hemmt (s. IX.). Die „indirekte" Wirkung ganglienerregender Pharmaka (Nicotin, Butyrylcholin) unterschied sich an isolierten Vorhofpräparaten des *Meerschweinchen*herzens von derjenigen des Tyramins auch dadurch, daß nur sie durch Ganglienblocker, z.B. Hexamethonium, Pendiomid, verhindert wurde; Cocain blockierte beide Wirkungen (HOLTZ 1959b, 1960c, HOLTZ et al. 1960b). Am isolierten Vorhof des *Ratten*herzens ließ sich die positiv ino- und chronotrope Wirkung des DMPP durch Hexamethonium weder aufheben noch abschwächen, obwohl auch hier die Wirkung auf einer Freisetzung von Noradrenalin beruht; denn am Vorhof reserpinisierter Tiere war DMPP wirkungslos (LINDMAR 1962).

*Tachyphylaxie.* Die Injektion einer hohen Tyramindosis (5—10 mg/kg i.m.) oder wiederholte Injektionen kleinerer Dosen führen zu einer Verarmung der Organe an Noradrenalin, z. B. in der Submaxillaris der Katze (STRÖMBLAD 1960b), im Hundeherz (CHIDSEY u. HARRISON 1963), im Rattenherz (CHIDSEY et al. 1962; POTTER et al. 1962; KOPIN u. GORDON 1963; POTTER u. AXELROD 1963a; KUNTZMAN u. JACOBSON 1964) und in der Rattenmilz (WEINER et al. 1962a). Damit hat man die Tachyphylaxie der Tyraminwirkung zu erklären versucht. Dagegen spricht jedoch, daß in Versuchen an Meerschweinchenherzen, in die alle 5—10 min hohe Dosen Tyramin injiziert wurden, bis keine pharmakologische Wirkung mehr auftrat, der Noradrenalingehalt nur um 50% abgenommen hatte (DAVEY u. FARMER 1963). Der Noradrenalingehalt an sich ist nicht entscheidend für die Reaktionsfähigkeit des Herzens und anderer Organe, z.B. der Nickhaut, gegenüber Tyramin. An Meerschweinchenherzen, deren Noradrenalingehalt 24 Std nach einer hohen Reserpindosis auf 10% der Norm abgesunken war, hatte Tyramin noch 50% seiner Wirksamkeit und wurde erst unwirksam, als das Noradrenalin des Herzens nur noch 1% des normalen Wertes betrug (CROUT et al. 1962).

An anderer Stelle (s. IX.) ist dargelegt worden, daß ein kleiner „easily available pool" (TRENDELENBURG 1961, 1963), der quantitativ für den Gesamtgehalt des Gewebes nicht ins Gewicht fällt, den Noradrenalinspeicher darstellt, aus dem Tyramin, dem ein tieferes Eindringen in die Nervenzellen nicht möglich ist, weil es durch die MAO der Mitochondrien inaktiviert werden würde, den Überträgerstoff freisetzt. Bei der Auftrennung von Organhomogenaten in der Ultrazentrifuge zeigte sich, daß die voraufgegangene Behandlung der Tiere mit Tyramin zuerst im partikelfreien Überstand („soluble pool"), erst später auch im „particulate pool" zu einer Abnahme des Noradrenalins geführt hatte (CAMPOS u. SHIDEMAN 1962; CAMPOS et al. 1963). Hält die Wiederauffüllung dieses kleinen, oberflächlich gelegenen „pool" aus den tiefer gelegenen Speichercompartments nicht Schritt mit der Beanspruchung und Entleerung durch schnell aufeinanderfolgende Tyramininjektionen, so wird Tyramin — trotz hohen „Noradrenalingehaltes" des Nerven — unwirksam: es kommt zur „Tachyphylaxie". Das erklärt wohl, daß in den Versuchen von NASMYTH (1960) an Meerschweinchenherzen Tyramin nach mehrfachen Injektionen, trotz eines fast noch normalen Noradrenalingehaltes des Herzens, unwirksam wurde.

An Mäusen riefen 28,5 mg/kg *Tyramin* nach 1 Std eine 50%ige Abnahme des Noradrenalingehaltes im Herzen hervor; die gleiche Wirkung hatten 4 mg/kg *Guanethidin* und 0,05 mg/kg *Reserpin* nach 16 Std. Bei 90%iger Noradrenalinverarmung der Herzen durch höhere Dosen der drei Pharmaka beanspruchte die Resynthese bis zu einem 10% unter der Norm liegenden Gehalt beim Reserpin die längste Zeit, nämlich 20,6 Tage, beim Guanethidin 6,3 Tage und beim Tyramin nur 0,7 Tage im Mittel (PORTER et al. 1963; s. auch POTTER u. AXELROD 1963a).

Die sympathicomimetische Wirkung des Tyramins ist stärker und setzt akuter ein als diejenige des Reserpins und Guanethidins, obwohl die an der Abnahme des Noradrenalingehaltes erkennbare Freisetzung von Überträgerstoff mengenmäßig viel geringer ist. Die z.B. für die Ausübung einer akuten Blutdrucksteigerung durch Tyramin freizusetzenden Noradrenalinmengen sind so gering, daß die Freisetzung nicht zu einer nachweisbaren Noradrenalinabnahme in den Organen führt. Aber auch die primär sympathicomimetische Herzwirkung des *Reserpins* (KRAYER u. FUENTES 1956; KRAYER u. PAASONEN 1957; PAASONEN u. KRAYER 1957, 1958, 1959; INNES u. KRAYER 1957; INNES et al. 1958; WAUD u. KRAYER 1960) und *Guanethidins* (KRAYER et al. 1962) beruht anscheinend auf der Freisetzung endogenen Noradrenalins aus voneinander verschiedenen „pools": an Herz-Lungenpräparaten reserpinisierter Hunde, an denen Reserpin und Guanethidin keine positiv chronotrope Wirkung mehr besaßen, ließ sich die Guanethidin-, nicht hingegen die sympathicomimetische Reserpinwirkung durch eine Noradrenalininfusion (partielle Wiederauffüllung der „Speicher") restituieren (SIMAAN u. FAWAZ 1964).

„*Katalytische*" *Wirkung*. Tyramin verursacht nicht nur eine *Freisetzung* von Noradrenalin, sondern auch eine *Hemmung der Wiederaufnahme* des freigesetzten Wirkstoffs in die Gewebespeicher (AXELROD u. TOMCHICK 1960; AXELROD et al. 1961b, 1962; HERTTING et al. 1961a und b; FURCHGOTT et al. 1963; IVERSEN 1963, 1964; ROSS u. RENYI 1964; TRENDELENBURG u. CROUT 1964), so daß es, ähnlich wie nach Cocain, zu einer Verstärkung der Wirkungen sowohl *freigesetzten* endogenen als auch *injizierten* exogenen Noradrenalins kommt. Das dürfte erklären, daß an Ratten (NASMYTH 1962) und an Spinalkatzen (FARRANT 1963) während einer kontinuierlichen Infusion von Noradrenalin die pressorische Wirkung zusätzlich injizierten Tyramins verstärkt war: Tyramin wirkte jetzt nicht nur durch Freisetzung endogenen Noradrenalins, sondern verstärkte gleichzeitig die pressorische Wirkung des exogenen Noradrenalins der i.v. Infusion, indem es — cocainähnlich (s. XII.A.2.) — dessen Aufnahme ins Gewebe hemmte und mehr für die Reaktion mit den adrenergischen α-Receptoren der Gefäße verfügbar machte. IVERSEN (1964) hat an einer großen Zahl sympathicomimetischer Amine die Beziehungen zwischen chemischer Konstitution und dieser Hemmwirkung auf die Aufnahme von Noradrenalin ($H^3$-Noradrenalin) in die Aminspeicher der sympathischen Nerven untersucht. Aus den an perfundierten Katzen- und Rattenherzen durchgeführten Versuchen läßt sich, in Übereinstimmung mit den von ROSS und RENYI (1964) (s. auch DENGLER et al. 1961a und b, 1962) an Gehirnschnitten erhaltenen Ergebnissen, schließen, daß Amine, die phenolische OH-Gruppen oder eine Methylgruppe am α-C-Atom der Seitenkette besitzen, die Noradrenalinaufnahme ins Gewebe stärker hemmen als solche, die eine alkoholische β-OH-Gruppe in der Seitenkette haben.

Chronisch denervierte und reserpinisierte Organe reagieren nicht mehr auf Tyramin, weil im einen Fall mit der Degeneration des Nerven die Noradrenalinspeicher verschwunden, im anderen Fall entleert sind, aus denen Tyramin Noradrenalin freisetzt. Für ein besonders beweiskräftiges Argument zugunsten der Annahme, Tyramin wirke ausschließlich indirekt durch Freisetzung von Noradrenalin, galt die Restituierbarkeit der nach Reserpin eingebüßten Wirkung durch Noradrenalin. BURN hatte (1932a) beobachtet, daß die während einer länger dauernden Präparation nicht mehr auslösbare vasoconstrictorische Wirkung des Tyramins an der isoliert durchströmten Hinterextremität von Hunden sich durch eine Adrenalininfusion wiederherstellen ließ. BURN und RAND (1958c, 1960a) fanden, daß an reserpinisierten Ratten die Infusion einer kleinen Noradrenalinmenge (5 µg) die blutdrucksteigernde Wirkung einer sich anschließenden Tyramininjektion 5—10fach potenzierte. Auch Dopamin und L-Dopa verstärkten die pressorische Wirkung des Tyramins. An Herz-Lungenpräparaten von Hunden, die mit Reserpin behandelt worden waren (PAASONEN u. KRAYER 1958; WAUD et al. 1958), verstärkte eine Noradrenalininfusion die nur noch schwache chrono- und inotrope Wirkung des Tyramins (BURN u. RAND 1958c; BURN u. RAND 1960a; BEJRABLAYA et al. 1958). Ähnliche Ergebnisse wurden an den verschiedensten pharmakologischen Testobjekten reserpinisierter Tiere (Nickhaut der Katze, Vas deferens des Meerschweinchens u.a.) erhalten und in dem Sinne gedeutet, daß die Aufnahme exogenen Noradrenalins in die leeren nervalen Speicher dem Tyramin die Ausübung seiner indirekten Wirkungen wieder ermögliche (Übersichten bei TRENDELENBURG 1963; FURCHGOTT et al. 1963).

Gegen diese Deutung führten MUSCHOLL (1960b) sowie KUSCHINSKY et al. (1960a und b) auf Grund ihrer Versuche am Herzen sowie an Vorhofpräparaten und elektrisch gereizten Papillarmuskeln reserpinisierter Ratten an, daß eine die kardiovasculären Wirkungen des Tyramins in vivo restituierende Noradrenalininfusion (20 µg in 20 min) zu keiner nachweisbaren Nettozunahme des nach Reserpin von fast 1 µg/g auf weniger als 0,05 µg/g abgesunkenen Noradrenalingehaltes des Herzens führe, und daß an den isolierten Organen der mit Reserpin vorbehandelten Tiere (Vorhof, Papillarmuskel) Tyramin durch Zugabe unterschwelliger Noradrenalindosen ($10^{-9}$) zur Badflüssigkeit wieder wirksam werde. Die *Anwesenheit* von Noradrenalin sei entscheidend, nicht seine *Aufnahme* in einen Gewebespeicher, aus dem es dann durch Tyramin freigesetzt werde. Auch von FAWAZ (1961, 1963) wird dem Tyramin eine „katalytische" Verstärkerwirkung für Noradrenalin zugeschrieben: in Versuchen am Herz-Lungenpräparat reserpinisierter Hunde ließ sich die nur noch schwache positiv chrono- und inotrope Wirkung eines anderen indirekt wirkenden sympathicomimetischen Amins, des Mephentermins (N-methyl-α-dimethylphenyläthylamin), durch noch schwächer wirksame Adrenalindosen überadditiv verstärken (s. auch FAWAZ u. SIMAAN 1964).

Dieser Auffassung kann entgegengehalten werden, daß die Aufnahme minimaler Mengen Noradrenalin in einen „easily available" pool, der kaum mehr als 1% des ursprünglichen Noradrenalingehaltes ausmacht, genügt, um die Tyraminwirkung für kurze Zeit wieder herzustellen. Tatsächlich konnten TRENDELENBURG und CROUT (1964) mit Hilfe von $H^3$-Noradrenalin in größenordnungsmäßig gleicher Konzentration wie in den Versuchen von KUSCHINSKY et al. zeigen, daß die Herzen reserpinisierter Meerschweinchen Noradrenalin aufnahmen und auf Tyramin wieder reagierten. Wurde die leicht nachweisbare Aufnahme radioaktiven Noradrenalins durch Cocain oder Mephentermin verhindert, so ließ sich die Tyraminwirkung nicht wiederherstellen. An reserpinisierten Katzen (1—3 mg/kg) verstärkte sogar die i.v. Infusion des im

Vergleich mit L-Noradrenalin viel schwächer wirksamen D-Noradrenalins (2,5—5 mg/kg) die Tyraminwirkung an der Nickhaut (LUDUENA u. SNYDER 1963).

Daß der Restituierung der Tyraminwirkungen an Organen reserpinisierter Tiere durch Noradrenalin eine Aufnahme oder das Eingehen einer Bindung des Brenzkatechinamins voraufgeht, aus der Tyramin den eigentlichen Wirkstoff dann wieder freisetzen kann, wird auch dadurch wahrscheinlich, daß in den Versuchen von KUSCHINSKY et al. (1960b) Isoproterenol (Aludrin) das Noradrenalin nicht ersetzen konnte; aus biochemischen Untersuchungen von HERTTING (1964a und b) und von ANDÉN (1964a und b) geht hervor, daß Isoproterenol nicht ins Gewebe aufgenommen wird, was schon vorher STAFFORD (1963) aus den Ergebnissen pharmakologischer Untersuchungen gefolgert hatte.

In die gleiche Richtung weist auch, daß Noradrenalininfusionen das an chronisch *denervierten* Organen unwirksame Tyramin nicht wirksam zu machen vermögen, obwohl hier die Gelegenheit für die Ausübung eines „katalytischen" Effektes besonders günstig wäre: Organe, die ihre Aminspeicher nach Nervdegeneration eingebüßt haben (XII.A.1.), können, im Gegensatz zu reserpinisierten, deren Speicher nur entleert sind, kein Noradrenalin mehr aufnehmen. An Hunden mit denervierten Herzen, die zusätzlich mit Reserpin behandelt wurden, war die positiv chrono- und inotrope sowohl als auch die pressorische Wirkung des Tyramins stark abgeschwächt. Nach einer 30 min dauernden Infusion von Noradrenalin (5 µg/kg/min) hatte Tyramin seine pressorische, nicht aber seine Herzwirkung wiedergewonnen (GAFFNEY et al. 1962).

Auch für die pharmakologischen Wirkungen des Tyramins am *normalen* Tier ist, wie schon gesagt, nicht nur die Menge des *freigesetzten* Noradrenalins entscheidend, sondern auch die durch Tyramin verursachte *Hemmung der Wiederaufnahme* des freigesetzten Wirkstoffs in die Speicher, so daß ein größerer Anteil an die Receptoren und damit zur Wirkung gelangen kann.

Daß andererseits nicht alle pharmakologischen Wirkungen des Tyramins mit einer Freisetzung endogenen Noradrenalins erklärt werden können, geht schon daraus hervor, daß es am Kaninchendarm eine Erregungswirkung hatte (HILZ 1922; TAINTER 1927), die von TAINTER, da atropinresistent, für „muskulär" gehalten wurde. Auch der isolierte *Meerscheinchen*darm (Ileum) kontrahierte sich auf Tyramin. Atropin ließ die Wirkung unbeeinflußt; das Antihistaminicum Pheniramin (Avil) ($4 \times 10^{-8}$) hob sie auf. Die durch Tyramin hervorgerufenen atropinresistenten Kontraktionen des *Kaninchen*darmes (Duodenum, Ileum) ließen sich durch den Serotoninantagonisten BOL (Bromlysergsäure-diäthylamid, $2,5 \times 10^{-6}$) unterdrücken. Die Erregungswirkung des Tyramins auf den Darm wäre mit der Annahme vereinbar, daß es im Meerschweinchendarm *Histamin*, im Kaninchendarm *Serotonin* freisetzt (GROBECKER et al. 1966).

β) **Aliphatische Amine.** Auch aliphatische Amine mit einer längeren C-Atomkette, als Tyramin und Adrenalin sie besitzen, wirkten an der Katze blutdrucksteigernd, wenn sie etwa 1000mal höher dosiert wurden. Beginnend mit n-Propylamin, nahm die Wirksamkeit über Butyl-, Amyl- und Isoamylamin bis zum n-Hexylamin als dem wirksamsten zu, um über Heptyl- und

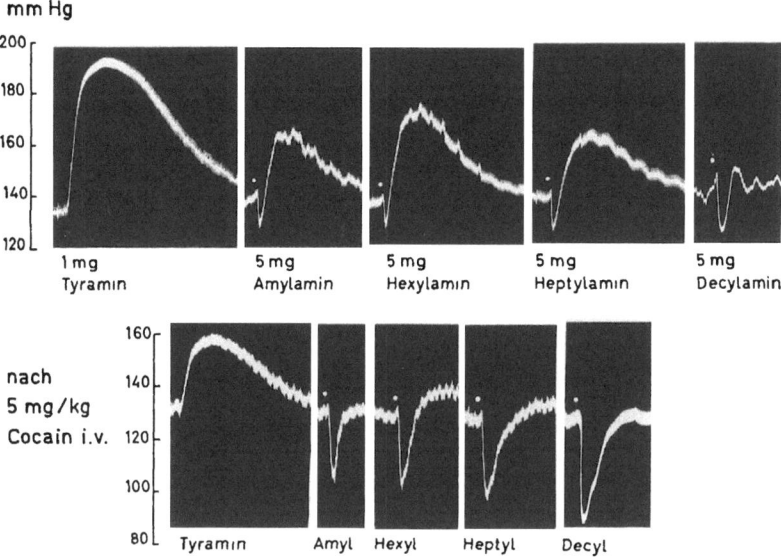

Abb. 28. *Beeinflussung der blutdrucksteigernden Wirkung aliphatischer Amine durch Cocain.* Aus P. HOLTZ und D. PALM (1965)

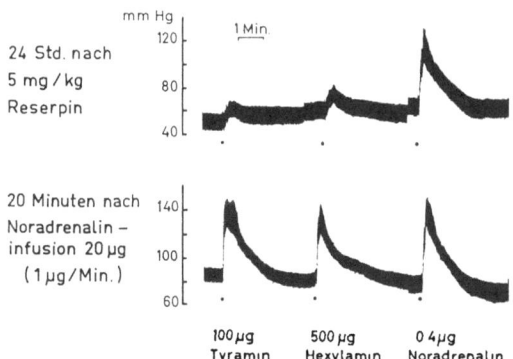

Abb. 29. *Die nach Reserpin abgeschwächte blutdrucksteigernde Wirkung des Hexylamins an der Ratte läßt sich durch eine i.v. Noradrenalin-Infusion verstärken.* Aus P. HOLTZ und D. PALM (1965)

Octylamin wieder abzunehmen (BARGER u. DALE 1910; s. auch HANZLIK 1921; CLOETTA u. WÜNSCHE 1923). SWANSON et al. (1945) fanden Hexyl- bzw. Heptylamin 1300- bzw. 3600mal schwächer pressorisch wirksam als Adrenalin.

Wie Tyramin, so setzten auch Hexyl- und Heptylamin sowie Decylamin aus isolierten chromaffinen Granula des Nebennierenmarks die gespeicherten Brenzkatechinamine frei (EADE 1957). An isoliert durchströmten Nebennieren ließ sich zeigen, daß Hexyl- und Decylamin eine vermehrte Hormonabgabe verursachen, die, wie die durch Tyramin ausgelöste, überwiegend den Adrenalinanteil betraf und durch Cocain gehemmt wurde. *Hexylamin* war so wirksam wie Tyramin; *Decylamin* war zehnmal wirksamer (HOLTZ u. PALM 1965).

Die blutdrucksteigernde Wirkung des Hexylamins an der Katze wurde durch Cocain aufgehoben. Das Amin wirkte jetzt blutdrucksenkend (Abb. 28). Die blutdrucksenkende Wirkung ließ sich durch Antihistaminica, z. B. Pheniramin (Avil), aufheben. An der Ratte wirkte Hexylamin, in gleicher Weise wie Tyramin, nach Vorbehandlung mit Reserpin nur noch schwach pressorisch. Die pressorische Wirkung konnte durch eine Noradrenalininfusion verstärkt werden (Abb. 29). Bei fünfmal höherer Dosierung (100 mg/kg i.m.) führte Hexylamin an Ratten zu einer gleich starken Abnahme des Noradrenalingehaltes im Herzen wie Tyramin (20 mg/kg i.m.). Da beide Amine den Hormongehalt des Nebennierenmarks unbeeinflußt ließen, beruhte ihre blutdrucksteigernde und herzbeschleunigende Wirkung wohl ausschließlich auf einer Freisetzung nervalen Noradrenalins.

Die aliphatischen Amine (Amyl-, Hexyl-, Heptyl- und Decylamin) waren schlechtere Substrate der MAO als Tyramin. Trotzdem wurden die Wirkungen des Hexylamins am Blutdruck und an der Nickhaut der Katze durch Hemmung der MAO mit Nialamid eher und deutlicher verstärkt als die Tyraminwirkungen (HOLTZ u. PALM 1965). Die Ursache dürfte in der größeren Lipoidlöslichkeit des Hexylamins liegen, die es ihm ermöglicht, Noradrenalin auch aus einem tiefer gelegenen „pool", d.h. auch aus den im Inneren der Nervenzellen liegenden Speichergranula, freizusetzen. Dabei ist es dann, ebenso wie das von ihm freigesetzte Noradrenalin, in höherem Maße als Tyramin der Inaktivierung durch die in den Mitochondrien des Cytoplasmas lokalisierte MAO ausgesetzt. — Heptaminol (6-Amino-2-methylheptanol-2) und N-Methylheptaminol, die wegen ihrer kardiovasculären Wirkungen therapeutische Anwendung finden, sind indirekt wirkende Aminoalkohole: ihre blutdrucksteigernde Wirkung war nach Reserpin und Cocain abgeschwächt (MARQUARDT u. PIEPER 1961; GARRETT et al. 1962).

γ) **α-Methyl-m-Tyrosin und Aramin.** Im Gegensatz zu p-Tyrosin, sind o- und m-Tyrosin nach BLASCHKO (BLASCHKO et al. 1949; BLASCHKO 1950a; BLASCHKO u. CHRUŚCIEL 1960) Substrate der Dopadecarboxylase (s. II.A.1.). Das α-methylierte m-Tyrosin führte, ähnlich wie α-Methyldopa (s. III.A.1.), im Gehirn und in den peripheren sympathisch innervierten Organen zu einer mehrere Stunden anhaltenden Abnahme des Dopamin- und Serotoningehaltes und zu einer tagelangen Verarmung an Noradrenalin (SOURKES et al. 1961; HESS et al. 1961b; PORTER et al. 1961; COSTA et al. 1962a). Diese Wirkung beruht nicht oder nicht nur auf einer Hemmung der Noradrenalinsynthese durch kompetitive Blockierung der Dopadecarboxylase, sondern wesentlich auf einer Verdrängung des endogenen Noradrenalins durch die aus der α-methylierten Aminosäure im Organismus entstehenden methylierten Amine:

α-Methyl-m-tyramin und Aramin (Metaraminol). Denn auch diese, besonders Aramin, verursachten eine langdauernde Abnahme des Noradrenalingehaltes in den Organen (PORTER et al. 1961; UDENFRIEND u. ZALTZMAN-NIRENBERG 1962; GESSA et al. 1962a und b), indem sie dieses verdrängten und sich an seine Stelle setzten (CARLSSON u. LINDQVIST 1962a und b; ANDÉN 1964a; SHORE et al. 1964).

$$\underset{\text{α-Methyl-m-tyramin}}{HO-C_6H_4-CH_2-\underset{\underset{NH_2}{|}}{\overset{\overset{H}{|}}{C}}-CH_3} \qquad \underset{\text{Aramin (Metaraminol)}}{HO-C_6H_4-CH(OH)-\underset{\underset{NH_2}{|}}{\overset{\overset{H}{|}}{C}}-CH_3}$$

α-Methyl-m-tyramin war nur kurzfristig im Gewebe nachweisbar, da es anscheinend schnell durch β-Hydroxylierung in Aramin übergeführt wird (s. II.A.2.) und dadurch wohl auch eine größere „Haftfestigkeit" gewinnt. Die Halbwertzeit des Aramins, das kein Substrat der Monoaminoxydase ist (s. IV.1.), betrug im Meerschweinchen- und Rattenherzen 2—3 Tage; sie übertraf diejenige des Noradrenalins um das Doppelte (SHORE et al. 1964; UDENFRIEND u. ZALTZMAN-NIRENBERG 1964). Nur L-Aramin wurde gespeichert. Das D-Isomere, das im Rattenherzen eine Halbwertzeit von nur 3 Std hatte, verarmte nicht an Noradrenalin (SHORE et al. 1964). Die „Affinität" des L-Aramins zu den Aminspeichern war größer als diejenige des Guanethidins, Tyramins und 6-Hydroxy-dopamins (PORTER et al. 1963) (s. unter „ε").

Das in die Noradrenalinspeicher aufgenommene Aramin kann, wie das aus *α-Methyldopa* im Organismus entstehende und Noradrenalin verdrängende *α-Methylnoradrenalin* (Corbasil), als „false transmitter" dienen (s. XV.A.4.). Es wurde sowohl durch elektrische Stimulierung des Nerven (rechter N. accelerans am Langendorff-Herzen von Katzen) als auch durch Tyramin, Reserpin und Guanethidin, auch durch Noradrenalin freigesetzt, wie Versuche in vivo und am isoliert durchströmten Herzen gezeigt haben (SHORE et al. 1964; CROUT et al. 1964).

Aus der Abb. 30 ist zu ersehen, daß 2 Std nach der Injektion von 100 µg/kg Aramin an Katzen das isoliert durchströmte Herz während der elektrischen Reizung der Nn. accelerantes eine weit größere Menge (70 ng/min) freisetzte als 17—20 Std nach der Injektion (20 ng/min), obwohl die inotrope Wirkung der Nervenreizung — und auch der Aramingehalt des Herzens — in beiden Fällen gleich war; das zunächst in einen oberflächlich gelegenen „pool" aufgenommene Amin hat anscheinend, wie das auch für exogen zugeführtes Noradrenalin zutrifft, im Laufe der Zeit in einen tiefer gelegenen „pool" übergewechselt, aus dem die Freisetzung durch Nervenreizung schwerer erfolgt.

Da eine Noradrenalindosis von gleicher inotroper Wirksamkeit wie der Nervenreiz eine nur halb so große Menge Aramin freisetzte, konnte die durch Nervenreizung verursachte Freisetzung nicht mechanisch, d.h. durch die verstärkten Herzkontraktionen, bedingt sein; sie mußte vielmehr auf einer echten Freisetzung nervalen Aramins beruhen. Dafür spricht auch, daß die Freisetzung noch nach Unterdrückung der inotropen Wirkung durch Nethalid (Pronethalol) erfolgte. Das Herz immunosympathektomierter Ratten war nicht in der Lage, Aramin aufzunehmen (SHORE et al. 1964). Pharmaka, welche die Aufnahme von Noradrenalin in das Herz blockieren, z. B. Imipramin, Guanethidin, Reserpin, verhinderten auch die Aufnahme von Aramin; andererseits verursachten Tyramin, Guanethidin und Reserpin 18 Std nach Verabfolgung von Aramin am Normaltier (Ratten) eine Freisetzung des aufgenommenen Aramins (SHORE et al. 1964).

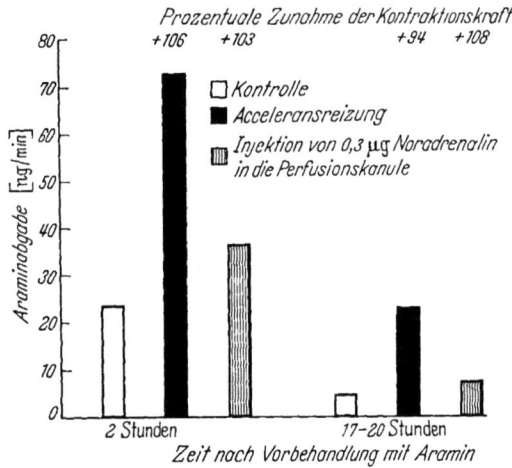

Abb. 30. Freisetzung von Aramin aus dem isoliert durchströmten Katzenherzen 2 bzw. 17—20 Std nach der i.v. Injektion von 100 µg/kg L-Aramin. (Einzelheiten s. Text) Nach I. R. CROUT, H. S. ALPERS, E. L. TATUM und P. A. SHORE (1964)

Die Frage, ob nach Verabfolgung von α-Methyl-m-Tyrosin das aus diesem entstehende Aramin das von ihm verdrängte Noradrenalin der sympathischen Nerven und des Gehirns *quantitativ* ersetzt, wird verschieden beantwortet. Während z.B. GESSA et al. (1962a und b) sowie UDENFRIEND und ZALTZMAN-NIRENBERG (1964) zu dem Ergebnis kamen, daß kein quantitativer Ersatz des verdrängten Noradrenalins durch Aramin erfolgt, fanden ANDÉN (1964a) sowie SHORE et al. (1964) eine in stöchiometrischem Verhältnis erfolgende Verdrängung und einen Mol pro Mol erfolgenden Ersatz. Die Diskrepanz könnte ihre Erklärung darin finden, daß, wie aus Versuchen von MAÎTRE (1965) sowie von MAÎTRE und STAEHELIN (1965) mit α-Methyl-m-Tyrosin an Meerschweinchen hervorgeht, Aramin im Herzen durch die Tyrosinhydroxylase (s. II.A.4.) zum Teil in α-Methylnoradrenalin (Cobefrin, Corbasil) übergeführt wird, wobei die phenolische Hydroxylierung vielleicht schon auf der Stufe des α-Methyl-m-Tyrosins bzw. -Tyramins stattfindet (s. III.A.1.).

δ) **Dopamin und Dopaminderivate.** So leicht es ist, mit Hilfe radioaktiven Dopamins auch *in vivo* eine Umwandlung in Noradrenalin nachzuweisen

(s. II.A.2.), so schwierig ist es, durch Injektion von Dopamin den Noradrenalingehalt der Organe zu erhöhen (CARLSSON 1959; BONE u. WEIL-MALHERBE 1959; COSTA et al. 1960a und b). Das gelingt leichter, wenn dieser, z.B. durch Vorbehandlung mit α-Methyl-m-Tyrosin oder mit Aramin, herabgesetzt ist (HESS et al. 1961b; NIKODIJEVIC et al. 1963).

Durch die Injektion von Dopamin ließ sich die normale Noradrenalinsynthese im Herzen auf 1 μg/g/Std, d.h. auf das Zehnfache der Norm steigern (HARRISON et al. 1963b; SPECTOR et al. 1963c; MONTANARI et al. 1963; UDENFRIEND et al. 1963). Trotzdem verursachten 2 mg/kg Dopamin bei Meerschweinchen keinen signifikanten Anstieg des Noradrenalingehaltes im Herzen und bei Ratten nur eine Erhöhung um 50% (ANDÉN 1964a). Eine als Nettozunahme imponierende Erhöhung der Noradrenalinkonzentration wird durch die noradrenalinfreisetzende Wirkung des Dopamins maskiert: nach 6 mg/kg Dopamin blieb der endogene Noradrenalingehalt des Rattenherzens unverändert bzw. konstant; vorher injiziertes und vom Herzen aufgenommenes $H^3$-Noradrenalin wurde jedoch freigesetzt. Bei dieser Dosierung (6 mg/kg Dopamin) hielt die Synthese offensichtlich mit der Freisetzung Schritt (POTTER u. AXELROD 1963b). Nach der zehnfachen Menge Dopamin (50—60 mg/kg) jedoch kam es zu einer maximalen Abnahme des kardialen Noradrenalins innerhalb 30—60 min; diese hielt ungefähr 8 Std an. 100 mg/kg Dopamin waren nicht wirksamer (HARRISON et al. 1963b). Während Noradrenalin abnahm, reicherte Dopamin sich an, verschwand jedoch im Verlaufe von 6 Std (Abb. 31). Die Freisetzung von Noradrenalin durch Dopamin war in Wirklichkeit viel höher, als der Abnahme des Noradrenalingehaltes im Herzen entsprach, da das freigesetzte Amin durch die zehnfach gesteigerte Synthese zum Teil ersetzt wurde.

Wie Adrenalin und Noradrenalin, so besitzt *Dopamin* als Brenzkatechinamin Affinität zu den adrenergischen Receptoren und sollte deshalb zu den direkt wirkenden sympathicomimetischen Aminen gehören. Andererseits müßte es, wie Tyramin, wegen seiner noradrenalinfreisetzenden Wirkung sich pharmakologisch auch wie ein indirekt wirkendes Amin verhalten können. Überwiegend *direkte* Wirkungen sind die an der Katze verursachte Blutdrucksteigerung und Nickhautkontraktion: Cocaindosen, durch die die entsprechenden Tyraminwirkungen abgeschwächt oder aufgehoben wurden, verstärkten die Dopaminwirkungen (BALZER u. HOLTZ 1956; HOLTZ et al. 1960b). Bei dem der Cocainwirkung zugrunde liegenden Mechanismus (s. XII.A.2.) scheint, wie für Noradrenalin und Adrenalin, auch für Dopamin die durch Cocain hemmbare Aufnahme in Gewebespeicher ein sehr wirksamer „Inaktivierungsmechanismus" zu sein (s. IX.), der für die Beendigung seiner pharmakologischen Wirkung, jedenfalls an der Nickhaut, wichtiger ist als die enzymatische Inaktivierung durch die Monoaminoxydase, obwohl Dopamin ein gutes Substrat des Fermentes ist. Hemmung der MAO durch Iproniazid (BALZER u.

HOLTZ 1956) oder durch Nialamid und Pargyline, Mo 911 (HOLTZ u. PALM 1965), die zu einer starken Potenzierung der Tyraminwirkung führte, ließ die Dopaminwirkung an der Nickhaut der Katze praktisch unbeeinflußt. Dopamin ist allerdings, im Gegensatz zu Tyramin, auch ein Substrat der 3-O-Methyltransferase.

Am *Herzen* verhielt Dopamin sich insofern wie ein *indirekt* wirkendes Amin, als seine positiv ino- und chronotrope Wirkung durch Vorbehandlung

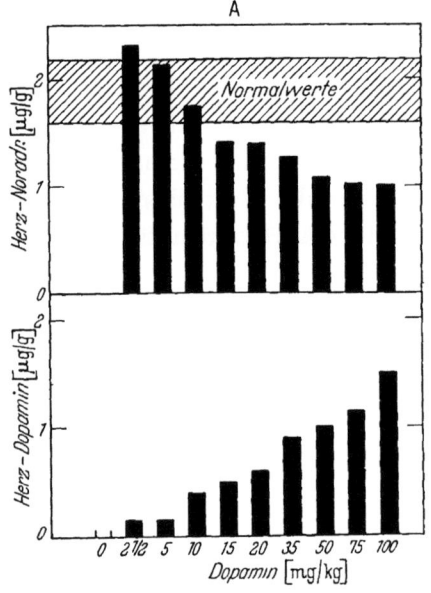
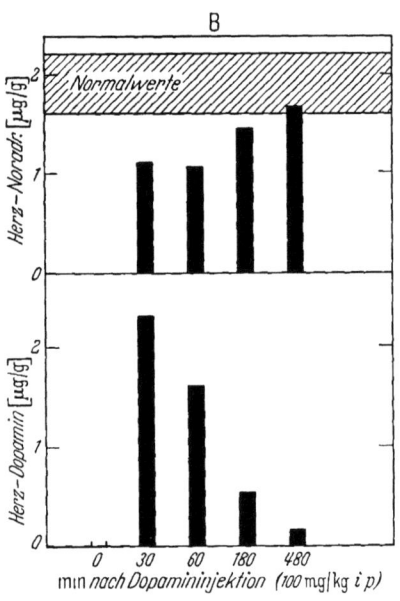

Abb. 31A. *Verdrängung von Noradrenalin durch Dopamin im Meerschweinchenherzen 1 Std nach i.p. Injektion von Dopamin.* Nach W. H. HARRISON, M. LEVITT und S. UDENFRIEND (1963b)

Abb. 31B. *Zeitlicher Verlauf der Noradrenalinzunahme und Dopaminabnahme im Meerschweinchenherzen nach einmaliger i.p. Injektion von 100 mg/kg Dopamin.* Nach W. H. HARRISON, M. LEVITT und S. UDENFRIEND (1963b)

der Tiere (Meerschweinchen) mit Reserpin oder durch Cocain abgeschwächt bzw. aufgehoben wurde (HOLTZ 1960c; HOLTZ et al. 1960b). Dopamin ist ein Beispiel für solche sympathicomimetischen Amine, deren pharmakologische Wirkungen — von Organ zu Organ verschieden — in Abhängigkeit von der Art der adrenergischen Receptoren und der Affinität zu diesen, sowohl direkt als auch indirekt, durch die Freisetzung von Noradrenalin, zustande kommen können (s. auch XV.A.3.).

ε) **6-Hydroxydopamin**, das nach SENOH et al. (1959b) ein Stoffwechselprodukt des Dopamins ist, verursachte in der relativ niedrigen Dosierung von

$$\text{HO} \diagup \hspace{-0.5em} \diagdown \text{CH}_2 \cdot \text{CH}_2$$
$$\text{HO} \diagdown \hspace{-0.5em} \diagup \text{OH} \quad \text{NH}_2$$

6-Hydroxydopamin
(3,4,6-Trihydroxyphenylaethylamin)

5 mg/kg innerhalb von 10 Std ein fast vollständiges Verschwinden des Noradrenalins aus dem Mäuseherzen. Seine Wirksamkeit lag zwischen derjenigen des Reserpins und Guanethidins, übertraf aber beider Wirkungsdauer. PORTER et al. (1963) erklärten die lange Regenerationszeit für die durch 6-Hydroxydopamin entleerten Noradrenalinspeicher nicht nur mit einer besonders hohen „Affinität" zu diesen, sondern mit deren „Zerstörung". Auch 6-Aminodopamin führte, in gleicher Dosierung wie 6-Hydroxydopamin, zu einer starken Abnahme des Noradrenalingehaltes im Herzen, in der Milz und in den Gefäßen von Hunden, nicht im Gehirn und im Nebennierenmark, auch nicht in der Nickhaut (STONE et al. 1963a und b).

Die von den beiden Dopaminderivaten verursachte Blutdrucksteigerung und Tachykardie wurde durch Cocain und Guanethidin verhindert (STONE et al. 1963 b). Kurz nach ihrer Injektion war die pressorische Wirkung des Phenyläthylamins verstärkt. Ursache dürfte eine erleichterte Freisetzung von Noradrenalin durch Phenyläthylamin sein, wie sie auch im Anschluß an die Injektion von Reserpin auftritt (Ross et al. 1963). Nach längerer Einwirkung von 6-Hydroxy- bzw. 6-Aminodopamin war die Blutdruckwirkung des Phenyläthylamins und Amphetamins deutlich abgeschwächt; stark abgeschwächt war auch der chronotrope Effekt der elektrischen Acceleransreizung; unbeeinflußt blieb die Wirkung der Nervenreizung und des Amphetamins an der Nickhaut (STONE et al. 1963 b). Kleine Mengen endogenen Noradrenalins genügen offensichtlich, um eine normale Ansprechbarkeit der Nickhaut auf elektrische Nervenreizung und indirekt wirkende sympathicomimetische Amine zu gewährleisten.

ζ) **Epinin** (40 mg/kg), das durch $\beta$-Hydroxylierung direkt in Adrenalin übergeführt werden kann (s. II.A.1.2.), verursachte bei Mäusen eine Abnahme des Noradrenalingehaltes des Herzens um etwa 20%; das fehlende Noradrenalin wurde durch Adrenalin ersetzt (ANDÉN 1964b).

η) **Adrenalin.** Selbst Adrenalin, der Prototyp des direkt wirkenden sympathicomimetischen Amins mit einer hohen Affinität sowohl zu den adrenergischen $\alpha$- als auch zu den $\beta$-Receptoren der Erfolgsorgane (s. XIII.A.B.), kann Noradrenalin verdrängen und sich an seine Stelle setzen. v. EULER (1956b) hatte an Katzen nach der Verabfolgung von 2 mg/kg Adrenalin im Herzen eine leichte Abnahme des Noradrenalin- mit entsprechender Zunahme des Adrenalingehaltes gefunden. Ähnliches beobachteten später STRÖMBLAD und NICKERSON (1961) am Herzen und an den Speicheldrüsen von Ratten nach Injektion von 2—3 mg/kg Adrenalin. Nachdem POTTER und AXELROD (1963a) mit 10 mg/kg D-Adrenalin Rattenherzen um 67% an Noradrenalin verarmt hatten, untersuchte ANDÉN (1964b), ob Unterschiede zwischen den beiden Isomeren bestehen. 2 mg/kg L- bzw. D-Adrenalin verursachten an Mäusen innerhalb 1 Std eine gleich starke Abnahme des Noradrenalins im Herzen (um 60—70%). Während der ersten Stunde wurde der Noradrenalinverlust durch Adrenalin kompensiert. Beide Isomere verschwanden mit einer Halbwertzeit von 12 Std aus dem Herzen. Das vom Herzen aufgenommene Adrenalin nahm nach Reserpin innerhalb von 2 Std um ungefähr 30% ab; D- und L-Adrenalin verhielten sich gleich.

D-Adrenalin ist pharmakologisch etwa 20mal schwächer wirksam als L-Adrenalin. Da dieses Wirksamkeitsverhältnis auch nach Reserpin (Verarmung der Organe an Noradrenalin) unverändert blieb, beruht die pharmakologische Wirkung auch des D-Isomeren anscheinend hauptsächlich auf einer direkten Reaktion mit den adrenergischen Receptoren und kommt nicht indirekt über die Freisetzung von Noradrenalin zustande. — Nach sehr hohen Dosen D-Adrenalin (40 mg/kg) verarmten bei Ratten die Nebennieren an Noradrenalin, während der Adrenalingehalt normal blieb (ANDÉN 1964b).

In den sympathischen Nerven scheint D-Adrenalin das Noradrenalin auch funktionell ersetzen zu können. Bei Katzen nahm der Noradrenalingehalt im Herzen, in der Milz, Iris und Nickhaut nach Verabfolgung von 2 × 20 mg/kg D-Adrenalin um 95% ab. Das Noradrenalin wurde quantitativ durch D-Adrenalin ersetzt. Elektrische Stimulierung des Halssympathicus löste normale Nickhautkontraktionen und Mydriasis aus; Tyramin hatte seine normale pressorische Wirkung (ANDÉN u. MAGNUSSON 1963).

Gegen die von den Autoren gezogene Schlußfolgerung eines auch funktionell vollwertigen Ersatzes des physiologischen Überträgerstoffs durch D-Adrenalin läßt sich jedoch einwenden, daß sehr geringe Mengen zurückgebliebenen nervalen Noradrenalins (einige Prozent des normalen Noradrenalingehaltes) für die Aufrechterhaltung einer normalen Sympathicusfunktion ausreichen.

c) **Guanethidin (Ismelin).**

Wenige Minuten nach der i.v. Injektion von Guanethidin, das wegen seiner blutdrucksenkenden Wirkung zur Behandlung der Hypertonie klinische Anwendung findet, war *Tyramin* trotz eines noch normalen Noradrenalingehaltes der Organe wirkungslos. Seine blutdrucksteigernde Wirkung war aufgehoben, und an isolierten Vorhofpräparaten des Herzens wirkte es nach kurzdauernder Einwirkung des der Badflüssigkeit zugesetzten Guanethidins nicht mehr positiv chrono- und inotrop. Die Noradrenalinwirkungen waren verstärkt (Abb. 32 und 33) (BENFEY u. GREEFF 1961; KRONEBERG u. SCHÜMANN 1962; MAXWELL et al. 1962; BHAGAT u. SHIDEMAN 1963a). An Ratten hob Guanethidin auch die pressorische Wirkung aliphatischer, noradrenalinfreisetzender Amine (Hexylamin) auf (HOLTZ u. PALM 1965).

Diese leicht auswaschbare, cocainähnliche Wirkung unterscheidet sich jedoch von der Wirkung des Cocains dadurch, daß an Nerv-Muskelpräparaten, z.B. am Hypogastricus-Vas deferens-Präparat des Meerschweinchens und am

Kaninchendarmpräparat nach FINKLEMAN, in Gegenwart von Guanethidin, ähnlich wie in Gegenwart von Bretylium (s. weiter unten X.B.4.d.), auch die elektrische Stimulierung der sympathischen Nerven wirkungslos war: Wie

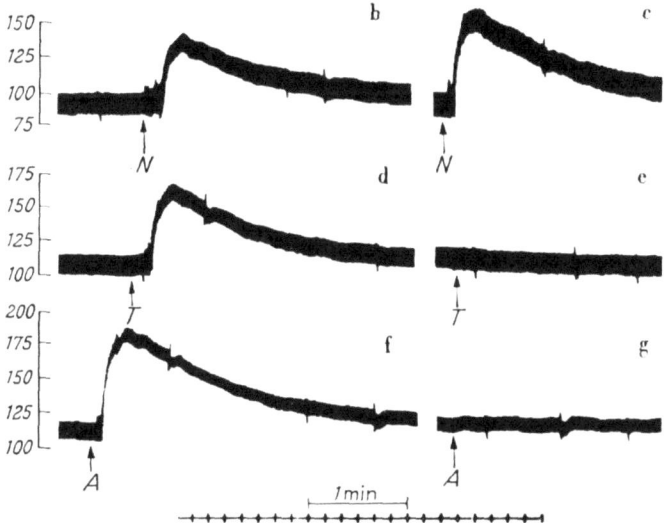

Abb. 32. *Beeinflussung der pressorischen Wirkung von Noradrenalin, Tyramin und Amphetamin durch Guanethidin an der Ratte.* $N$ 0,2 μg Noradrenalin i.v.; $T$ 50 μg Tyramin i.v.; $A$ 60 μg Amphetamin i.v.; $b$, $d$, $f$ vor Guanethidin; $c$, $e$, $g$ 10 min nach Guanethidin (10 mg/kg i.v.).
Nach B. BHAGAT und F. E. SHIDEMAN (1963a)

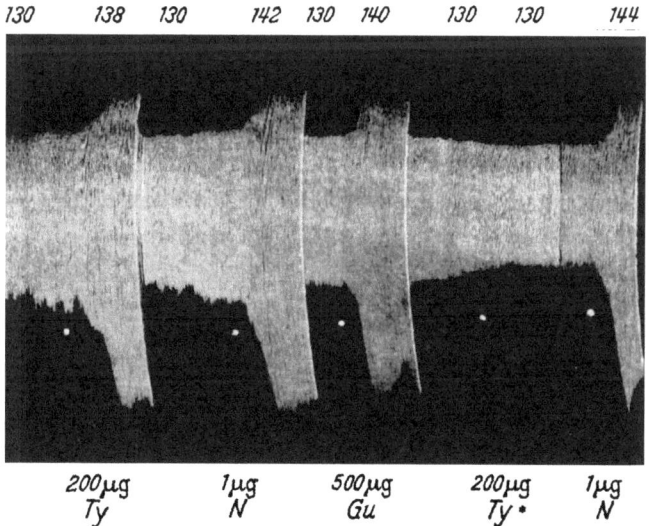

Abb. 33. *Aufhebung der positiv ino- und chronotropen Wirkung des Tyramins durch Guanethidin am isolierten Vorhof des Meerschweinchenherzens. Sympathicomimetische Eigenwirkung des Guanethidins.* 50 ml Tyrodebad. $Ty$ Tyramin; $N$ Noradrenalin; $Gu$ Guanethidin; $Ty^*$ Tyramin, 25 min nach Guanethidin. Frequenz/min am oberen Bildrand. Aus G. KRONEBERG und H. J. SCHÜMANN (1962)

*Cocain*, verhindert Guanethidin die Freisetzung von Noradrenalin durch Tyramin; wie *Bretylium*, verhindert es die Freisetzung des Übertragerstoffs bei elektrischer Reizung des postganglionären, noradrenergischen Neurons

(MAXWELL et al. 1960; McCUBBIN et al. 1961). Am isolierten Darm war die Stimulierung des sympathischen Nerven in Gegenwart von Guanethidin nach 1 min wirkungslos (ACHARI u. DUTTA 1961).

Die Hemmung der Noradrenalinfreisetzung ist die Ursache dafür, daß es in der Anfangsphase der Guanethidinwirkung zu einer Erhöhung des Noradrenalingehaltes, z.B. im Kaninchenileum und Vas deferens des Meerschweinchens, bei wiederholter elektrischer Reizung des Nerven kam (CASS u. SPRIGGS 1961), und daß nach 3 Wochen langer Behandlung von Ratten mit 10 mg/kg Guanethidin pro Tag der Noradrenalingehalt, nicht der Adrenalingehalt, der Nebennieren um fast 200% anstieg (CASS u. CALLINGHAM 1964). Auch an der isoliert durchströmten Nebenniere, nicht hingegen an isolierten chromaffinen Granula, hemmten kleine Dosen bzw. Konzentrationen von Guanethidin (0,4 µMol bzw. 0,2 µMol/ml) die hormonfreisetzende Wirkung des Phenyläthylamins, auch diejenige des Carbaminoylcholins (Doryl) und Nicotins, so daß der Angriffspunkt dieser Wirkung wahrscheinlich an der Zellmembran liegt (PHILIPPU u. SCHÜMANN 1962a). Die im Tierversuch und an isolierten Organen beobachtete Wirkungslosigkeit des Tyramins und anderer indirekt wirkender sympathicomimetischer Amine, z.B. des Amphetamins, in Gegenwart oder nach Injektion hoher Dosen von Guanethidin scheint für die am Menschen zur Erzielung therapeutischer (blutdrucksenkender) Wirkungen benötigten Dosen nicht zu gelten: Bei Hypertoniepatienten, die mit Guanethidin behandelt wurden, ließ sich ein auftretender orthostatischer Kollaps wirkungsvoll mit Amphetamin und Methylamphetamin antagonisieren (LAURENCE u. ROSENHEIM 1960; s. auch BOURA u. GREEN 1962).

Bei Anwesenheit von Guanethidin war nicht nur die *Freisetzung* endogenen Noradrenalins, sondern auch die *Aufnahme* exogenen Amins, z.B. in Herz, Milz und Leber, nicht in Skeletmuskel und Nebennierenmark, gehemmt. Das kann zu einem kurzfristigen Anstieg des Noradrenalinspiegels auch im Blut führen, wie Versuche mit $H^3$-Noradrenalin gezeigt haben (HERTTING et al. 1961b). An isoliert durchströmten Ratten- und Kaninchenherzen fanden LINDMAR und MUSCHOLL (1964) die Aufnahme des der Perfusionslösung zugesetzten Noradrenalins in Gegenwart von Guanethidin gehemmt.

Demgegenüber verursachten hohe Guanethidindosen eine Abnahme des Noradrenalingehaltes in den sympathisch innervierten Organen, z.B. im Herzen und in der Milz, in den Gefäßen und im Darm sowie in den sympathischen Ganglien, wie aus Versuchen an Katzen, Hunden, Kaninchen und Ratten hervorgeht (SHEPPARD u. ZIMMERMANN 1959; CASS et al. 1960; BUTTERFIELD u. RICHARDSON 1961; CASS u. SPRIGGS 1961; KRAYER et al. 1962; SANAN u. VOGT 1962; COSTA et al. 1962b). Die Verarmung an Noradrenalin war — dosisabhängig — nach 4—8 Std maximal und hielt mindestens 18 Std lang an.

Bei Kaninchen und Katzen führte Guanethidin (15—20 mg/kg i.p.) 2—4 Std nach der Injektion zu einer Abnahme des Noradrenalingehaltes im

Ggl. cervicale sup. Diese betrug, auch bei längerer Versuchsdauer, höchstens 65%. Eine Verarmung sympathischer Ganglien an Noradrenalin kann schon deshalb nicht die Ursache der blutdrucksenkenden Wirkung des Guanethidins sein. Wiederholte intravenöse Injektionen von Dimethylphenylpiperazin (DMPP) bis zu einer Gesamtdosis von 7,5 mg/kg verursachten an Kaninchen keine Abnahme des Amingehaltes im oberen sympathischen Halsganglion (SANAN u. VOGT 1962). Die Freisetzung von Noradrenalin aus isolierten Vorhöfen des Katzenherzens durch DMPP hatte keine nachweisbare Abnahme des Noradrenalingehaltes zur Folge (MUSCHOLL 1961a).

Der zu langdauernder Abnahme des Noradrenalins in den Organen führenden Wirkung des *Guanethidins* liegt ein zweifacher Mechanismus zugrunde: Bevor es noch zu einer nachweisbaren Verarmung an Noradrenalin kommt, ist die Aufnahme exogenen Amins durch Guanethidin schon gehemmt; nach eingetretener Verarmung, z.B. des Herzens, die in den Versuchen von LINDMAR und MUSCHOLL (1964) nach 48 Std 90% betrug, bestand keine Aufnahmehemmung mehr. Die Herzen der mit Guanethidin behandelten Tiere eliminierten gleich viel Noradrenalin aus dem Perfusat wie die Herzen der unbehandelten Kontrolltiere: das auch jetzt aus dem Perfusat „aufgenommene" Noradrenalin konnte aber nicht mehr gespeichert werden und fand sich deshalb im Herzen nicht wieder, da es in diesem enzymatisch abgebaut wurde. Auch *Reserpin* hemmt die granuläre Speicherung des Noradrenalins (s. VIII. A.3. und B.).

Wie für *Bretylium* und bretyliumähnlich wirkende Pharmaka, trifft auch für *Guanethidin* zu, daß es zur Ausübung seiner Wirkung anwesend sein muß: Es besteht Parallelität zwischen dem Grad der Akkumulation des Guanethidins im Gewebe und der Verarmung an Noradrenalin (BISSON u. MUSCHOLL 1962; KUNTZMAN et al. 1962a). Auch Versuche von MATSUMOTO und HORITA (1963) sowie von CHANG et al. (1965) sprechen dafür, daß Guanethidin in die nervalen Noradrenalinspeicher aufgenommen wird. Amphetamin und Methamphetamin hemmten seine Aufnahme und die durch sie verursachte Abnahme des Noradrenalingehaltes (Rattenherz); sie verhinderten auch die Blockierung der postganglionären noradrenergischen Neurone sympathischer Nerven durch Guanethidin (DAY 1962; DAY u. RAND 1962, 1963).

Die akute sympathicomimetische, z.B. blutdrucksteigernde, Wirkung des Guanethidins bei i.v. Injektion und seine positiv ino- und chronotrope Wirkung am Herzvorhof (s. Abb. 33) sprechen dafür, daß das von ihm freigesetzte Noradrenalin aus einem oberflächlich lokalisierten, „easily available pool" stammt. Bei Katzen, die mit $H^3$-Noradrenalin vorbehandelt waren, führte die Injektion von 1 mg Guanethidin in die A. lienalis zu einer mehrere Minuten anhaltenden vermehrten Abgabe des radioaktiven Amins an das Milzvenenblut (HERTTING et al. 1962a). Andere Autoren fanden das Milzvenenblut vor und nach intraarterieller Injektion von 2 mg Guanethidin vasoconstrictorisch gleichwirksam; sie halten die initiale pressorische Wirkung für einen direkten, dem Guanethidin als solchem zukommenden sympathicomimetischen Effekt und nicht für eine indirekte, durch Freisetzung von Noradrenalin verursachte Wirkung (ABERCROMBIE u. DAVIES 1963).

In Übereinstimmung mit den Befunden von HERTTING et al. (1962a) an der Katzenmilz setzte Guanethidin an künstlich durchströmten, mit $H^3$-Noradrenalin aufgeladenen Rattenherzen Noradrenalin frei, und die freigesetzte Radioaktivität kam überwiegend freiem, pharmakologisch wirksamem Noradrenalin, nur zu einem geringen Prozentsatz desaminierten Abbauprodukten zu (NASH et al. 1964), wie das auch beim *Tyramin* und *Aramin* der Fall war, — im Gegensatz zu der durch *Reserpin* verursachten Freisetzung von Noradrenalin, die aus einem tieferen, granulären „pool" erfolgt und deshalb überwiegend aus desaminierten Derivaten besteht. Andere Autoren sind geneigt, das Guanethidin in dieser Beziehung zwischen Tyramin und Reserpin einzuordnen, da sie fanden, daß unter Guanethidin ebenso viel freies Noradrenalin wie Desaminierungsprodukte aus dem Herzen abgegeben wurden (KOPIN u. GORDON 1962, 1963). Die Diskrepanz findet wahrscheinlich ihre Erklärung darin, daß NASH et al. (1964) das von isoliert durchströmten, mit $H^3$-Noradrenalin aufgefüllten Herzen in der ersten 30 min-Periode an die Perfusionslösung abgegebene Noradrenalin (oberflächlicher pool), KOPIN und GORDON (1962) hingegen die im Verlaufe von 3—4 Std im Harn erscheinenden Metabolite des jetzt auch aus einem tieferen „pool" freigesetzten Noradrenalins bestimmten.

Von der zur Verarmung der Organe an Noradrenalin führenden Wirkung bleiben verschont bzw. werden weniger betroffen das *Gehirn* und das *Nebennierenmark*. Guanethidin dringt nur schwer durch die Blut-Hirnschranke. Trotzdem fanden einige Autoren eine geringfügige, jedoch signifikante Abnahme des Noradrenalingehaltes im Hypothalamus von Katzen und Kaninchen (SANAN u. VOGT 1962; PFEIFER et al. 1962; CASS u. CALLINGHAM 1964), der auch hämatogenes Adrenalin und Noradrenalin aufnimmt (s. XV.D.1.), und eine Verarmung an Noradrenalin im Gehirn junger Hühnchen, bei denen die Blut-Hirnschranke noch nicht voll entwickelt ist und Guanethidin ins ZNS einzudringen vermag (CALLINGHAM u. CASS 1965). Die Wirkung im Gehirn dauerte nur 2—3 Std und ließ sich durch längere Behandlung mit hohen Dosen nicht verstärken (CASS u. CALLINGHAM 1964). — *In vivo* wird das Nebennierenmark nach i.v. Injektion von Guanethidin anscheinend nicht von so hohen Konzentrationen erreicht, wie notwendig wären, um eine Abnahme des Hormongehaltes zu bewirken; diese genügen nur, um die Freisetzung von Noradrenalin zu hemmen und den Noradrenalingehalt zu erhöhen. An der isoliert durchströmten Nebenniere und an isolierten chromaffinen Granula aus *Rinder*nebennierenmark hingegen verursachten hohe Guanethidindosen (30 µMol bzw. 1—3 µMol/ml) eine vermehrte Freisetzung von Brenzkatechinaminen (PHILIPPU u. SCHÜMANN 1962a). WEIL-MALHERBE und POSNER (1963) sahen mit Guanethidinkonzentrationen von ca. 0,15 µMol/ml keine vermehrte Adrenalinfreisetzung in Suspensionen isolierter chromaffiner Granula aus *Kaninchen*nebennieren.

In Versuchen von GARRETT et al. (1965) an durchströmten Rindernebennieren waren beide Hormone, Adrenalin sowohl als auch Noradrenalin, von der freisetzenden Wirkung des Guanethidins betroffen. Demgegenüber fanden ATHOS et al. (1962) an denervierten Hundenebennieren, die von einem Spendertier in situ mit guanethidinhaltigem Blut durchströmt wurden, so daß 10 µg pro Minute Guanethidin einwirkten, keine Beeinflussung der Hormonsekretion. Die an intakten Tieren durch i.v. Injektion von 1—10 mg Guanethidin ausgelöste Blutdrucksteigerung erhöhte nicht die Noradrenalinsekretion aus dem Nebennierenmark, hemmte jedoch die Adrenalinsekretion um 50%.

An der akuten sympathicomimetischen, z.B. pressorischen, Wirkung des Guanethidins ist somit keine vermehrte Freisetzung von Brenzkatechinaminen aus dem Nebennierenmark beteiligt. Seine wichtigste therapeutische Wirkung, die Blutdrucksenkung bei Patienten mit Hypertonie, beruht weniger auf einer Abnahme des nervalen Noradrenalingehaltes als vielmehr auf einer bretyliumähnlichen Sympathicusblockade, die die Freisetzung des Überträgerstoffs durch nervale Impulse hemmt. Die Hemmung der Freisetzung nervalen Noradrenalins wirkt sich aber anscheinend nur bei pathologisch erhöhtem, nicht bei normalem Blutdruck blutdrucksenkend aus: An experimentell renal-hypertonischen Ratten, nicht an normotensiven Kontrolltieren, führte mehrtägige Behandlung mit Guanethidin, die den Noradrenalingehalt bei beiden Tiergruppen gleich stark erniedrigte, zu einem Absinken des Blutdrucks (KRONEBERG u. SCHÜMANN 1962; HERBEUVAL u. MASSE 1963).

**d) Bretylium.**

Die charakteristischste pharmakologische Wirkung des Bretyliums besteht in einer Blockierung der postganglionären noradrenergischen Neurone, so daß selbst die elektrische Reizung keinen Überträgerstoff freisetzt (Abb. 34). Versuche mit radioaktivem Bretylium haben gezeigt, daß es eine spezifische Affinität zu den sympathischen Nerven und Ganglien besitzt und seine Anreicherung in diesen mit der pharmakologischen Wirkung parallel verläuft (BOURA et al. 1960, 1961, 1962; BOURA u. MCCOUBREY 1962). In den Milznerven und im N. hypogastricus fanden sich nach der Injektion von Bretylium achtfach höhere Konzentrationen als z.B. im N. vagus und ischiadicus und 20fach höhere im Ggl. stellatum als im Ggl. nodosum.

Bretylium verhinderte nicht nur die Freisetzung nervalen Noradrenalins bei elektrischer Stimulierung des Nerven an der isoliert durchströmten Katzenmilz (HERTTING et al. 1962a), sondern auch die Noradrenalinfreisetzung durch Guanethidin und Reserpin, so daß diese Pharmaka im Herzen nicht mehr zu einer Abnahme des Noradrenalingehaltes führten (COSTA et al. 1962b; s. auch NORTON u. COLVILLE 1961; BENMILOUD u. v. EULER 1963). Worauf die „Sympathicusblockade" durch Bretylium und bretyliumähnliche Verbindungen, z.B. Guanidinderivate des Benzylamins, die auch wirksame Hemmstoffe der MAO sind (s. V.B.2.b.), beruht, ist unklar. Sie mit der lokalanaesthetischen Wirkung zu erklären (BOURA et al. 1961), wäre nicht vereinbar damit, daß das lokalanaesthetisch viel wirksamere Cocain die sympathischen Nerven nicht so leicht unerregbar macht, wie Bretylium das tut.

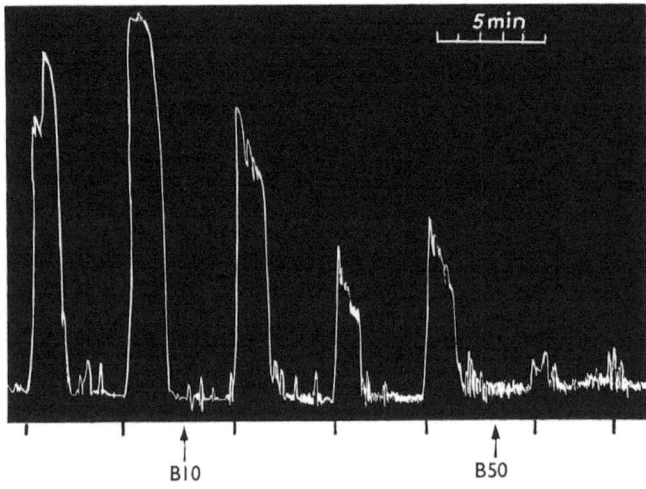

Abb. 34. *Hemmwirkung von Bretylium auf die durch postganglionäre elektrische Nervenreizung ausgelosten Uteruskontraktionen. Kaninchenuterus. Hypogastricus-Reizung mit 50 1/sec, 1 min. B 10:* 10 µg/ml Bretylium, *B 50:* 50 µg/ml Bretylium. Aus A. L. A BOURA und A. F. GREEN (1959)

Wie Guanethidin, hemmte auch Bretylium bei Katzen die Aufnahme von Noradrenalin ins Herz und verursachte bei hoher Dosierung und langdauernder, z.B. 30 Tage langer Applikation von 10 mg/kg oder bei 14 Tage langer Injektion von 30 mg/kg täglich, eine signifikante Abnahme des Noradrenalins im Herzen, in der Milz und in den sympathischen Ganglien (MCCOUBREY 1962). Kleinere Dosen hatten die umgekehrte Wirkung: Sie verursachten einen Anstieg des Noradrenalingehaltes in den sympathischen Nerven und sympathisch innervierten Organen, auch im Nebennierenmark (CASS u. SPRIGGS 1961; RYD 1962; CASS u. CALLINGHAM 1964). Bretylium hemmte nicht nur die *Aufnahme* von Noradrenalin ins Herz, sondern auch die *Abgabe* und Freisetzung. Bei Ratten, denen $H^3$-Noradrenalin injiziert worden war, erfolgte die Spontanabgabe des radioaktiven Amins aus dem Herzen wesentlich langsamer, wenn die Tiere einige Zeit nach der Injektion von $H^3$-Noradrenalin Bretylium erhalten hatten; der $H^3$-Noradrenalingehalt des Herzens war dann nach 24 Std noch doppelt so hoch wie bei den nicht mit Bretylium behandelten Kontrollen (HERTTING et al. 1962a).

Bretylium stimmt demnach mit Guanethidin darin überein, daß es die Freisetzung nervalen Noradrenalins durch Nervenimpulse oder elektrische Stimulierung des Nerven hemmt und dadurch zu einer Sympathicusblockade führt. Diese Wirkung ließ sich, in gleicher Weise wie die Guanethidinwirkung, an der Nickhaut der Katze durch Amphetamin verhindern (DAY 1962; MATSUMOTO u. HORITA 1962). Neben dieser Wirkung kam dem Guanethidin jedoch in höherem Maße als dem Bretylium auch ein bei hoher Dosierung oder chronischer Verabfolgung auftretender, zur Abnahme des Noradrenalin-

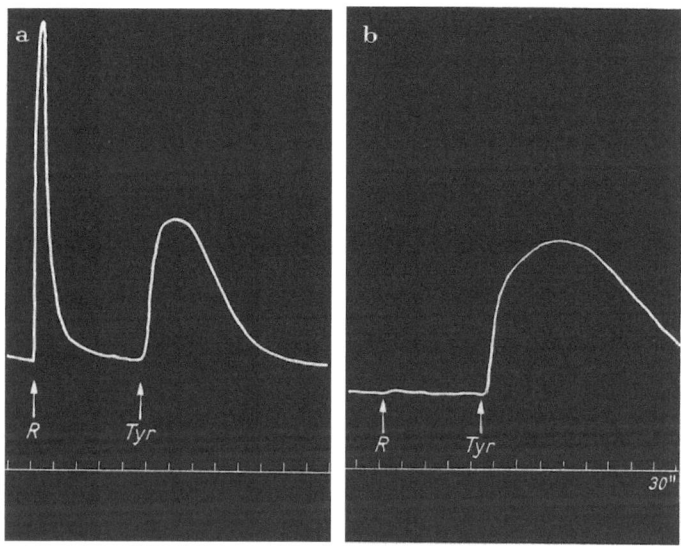

Abb. 35a u. b. *Beeinflussung der durch postganglionäre elektrische Reizung des Halssympathicus und durch Tyramin ausgelösten Nickhautkontraktionen an der Spinalkatze durch Bretylium.* R elektrische Reizung; Tyr 1,6 mg/kg Tyramin i.v. a vor, b 45 min nach der i.v. Injektion von 10 mg/kg Bretylium. Nach J. H. BURN und M. J. RAND (1960b)

gehaltes in den Organen führender Effekt zu, der, ähnlich wie die Wirkung des Reserpins, dadurch bedingt war, daß das in die Nerven aufgenommene Noradrenalin nicht mehr gebunden und granulär gespeichert werden konnte und deshalb im Nerven selbst dem enzymatischen Abbau anheimfiel.

Wie Guanethidin, so besitzt auch Bretylium eine primär sympathicomimetische Wirkung, die auf der Freisetzung von Noradrenalin beruht, wie Versuche am isolierten Vorhof des Rattenherzens (BHAGAT u. SHIDEMAN 1963b) und am Herz-Lungenpräparat des Hundes (GAFFNEY 1961) ergaben. An Ratten wirkte Bretylium zunächst blutdrucksteigernd (GILLIS u. NASH 1961); bei Phäochromocytom-Patienten löste es Blutdruckkrisen aus (LAURENCE u. ROSENHEIM 1960; LAURENCE u. NAGLE 1963). KIRPEKAR und FURCHGOTT (1964) kamen auf Grund von Untersuchungen am isolierten Herzvorhof von Meerschweinchen und Katzen zu dem Ergebnis, daß Bretylium sich wie ein indirekt wirkendes Amin verhält. Durch Hemmung der Aufnahme ins

Gewebe verstärkt es die Noradrenalinwirkungen (s. auch GOKAHLE u. GULATI 1961). — Die Beeinflussung der Tyraminwirkung durch Bretylium hängt von dem Dosierungsverhältnis ab. Nach der Injektion von 10 mg/kg, die die postganglionäre elektrische Stimulierung des Halssympathicus an der Nickhaut der Katze unwirksam machte, war die Nickhautwirkung von 1,6 mg/kg Tyramin verlängert (Abb. 35) (BURN u. RAND 1960c). Demgegenüber wurde am Blutdruck der Ratte durch die gleiche Dosis Bretylium (10 mg/kg) die pressorische Wirkung des Tyramins abgeschwächt und durch die doppelte Dosis (20 mg/kg) fast aufgehoben (LEŠIĆ u. VARAGIĆ 1961).

e) **Imipramin (Tofranil)**, das zur Behandlung psychischer Depressionen Anwendung findet, jedoch wegen des Auftretens starker zentraler Erregung nicht gleichzeitig mit MAO-Hemmstoffen verabfolgt werden soll (HARRER 1961; EICHHORN 1961), potenziert auch periphere adrenergische Wirkungen. An der Kaninchencornea hatte es eine lokalanaesthetische Wirkung, die nur achtmal schwächer war als diejenige des Pantocains (DOMENJOZ u. THEOBALD 1959). Seine cocainähnliche Wirkungskomponente dürfte die Ursache dafür sein, daß es, wie Cocain (TRENDELENBURG 1959), die Halbwertzeit injizierten Noradrenalins im Blut signifikant verlängerte (SCHAEPPI 1960), indem es die Aufnahme des Brenzkatechinamins aus dem Blut in die Gewebespeicher hemmte, wie mit Hilfe i.v. injizierten $H^3$-Noradrenalins am Ganztier (AXELROD et al. 1961b; HERTTING et al. 1961b) und an Gewebeschnitten (DENGLER u. TITUS 1961) gezeigt werden konnte. Damit werden größere Mengen des injizierten oder nervalen Noradrenalins für die Reaktion mit den pharmakologischen Receptoren verfügbar. Auch *fluorescenzmikroskopisch* ließ sich die Hemmwirkung des Imipramins auf die Aufnahme von Noradrenalin und α-Methylnoradrenalin in noradrenergische Nerven (Iris normaler und reserpinisierter Ratten) demonstrieren. Monomethylderivate, z.B. Desmethylimipramin und Protriptylin (S.211 und 212), waren wirksamer als die Dimethylverbindungen. Von entscheidender Bedeutung für die Wirkung scheint die Seitenkette zu sein: Verbindungen mit etwas verschiedenem Ringsystem, aber gleicher Seitenkette, z.B. Promazin, Chlorpromazin, Imipramin, hatten eine vergleichbare inhibitorische Wirkung auf die Noradrenalinaufnahme (MALMFORS 1964, 1965a und b; s. auch BICKEL u. BRODIE 1964).

Die cocainartige Wirkung des Imipramins erklärt wohl auch seine „Anti-Reserpinwirkung" (s. XV.D.9.c.): Die durch Reserpin verursachte Sedation ließ sich durch Imipramin antagonisieren (COSTA et al. 1960a; SULSER et al. 1960, 1962). Vorbehandlung mit Imipramin konnte die Reserpinwirkung sogar umkehren; während Reserpin an normalen Tieren Ptosis und Miosis auslöste und eine Dämpfung der motorischen Aktivität verursachte, kam es an Tieren, die vorher innerhalb von 48 Std viermal je 20 mg/kg Imipramin erhalten hatten, nach Reserpin zu Exophthalmus, Mydriasis und gesteigerter lokomotorischer Aktivität (SULSER et al. 1962).

Bei Mäusen waren, entgegen den klinischen Erfahrungen am Menschen, die zentralen Wirkungen des Imipramins (20 mg/kg i.p.) bei gehemmter MAO (50 mg/kg Mo 911 oral, 30 min vorher) nicht nennenswert verstärkt: es trat lediglich eine leichte Mydriasis auf. Wurde den unter der Wirkung von Mo 911 und Imipramin stehenden Tieren eine Dosis DL-Dopa (200 mg/kg i.p.) injiziert, die an Kontrolltieren, die ausschließlich Mo 911 erhalten hatten, nur eine schwache Erregung hervorrief, so kam es zu maximaler Erregung und Aggressivität der Tiere.

Wie Cocain, so verstärkte auch Imipramin die Adrenalinwirkung an Nickhaut und Blutdruck der Katze (SIGG 1959). Hemmung der 3-O-Methyltransferase durch Pyrogallol führte zu einer weiteren Potenzierung der Wirkungen (RYALL 1961). Auch die durch elektrische Reizung des Halssympathicus ausgelösten Nickhautkontraktionen waren nach Imipramin verstärkt (SIGG et al. 1961, 1963; s. auch LOEW 1964). An der isoliert durchströmten Katzenmilz verstärkten kleine Imipramindosen die durch elektrische Reizung der sympathischen Nerven verursachte Kontraktion der Trabekelmuskulatur und die gleichzeitig erfolgende Vasoconstriction, wobei im abfließenden Venenblut vermehrt Noradrenalin auftrat. Imipramin an sich verursachte keine erhöhte Freisetzung von Noradrenalin (THOENEN et al. 1964c; CARLSSON 1965).

Die cocainähnliche Wirkungskomponente des Imipramins ist auch die Erklärung dafür, daß es die Tyraminwirkungen hemmte (OSBORNE 1962), so daß Tyramin am Rattenherzen keine Abnahme des Noradrenalingehaltes mehr bewirkte (KAUMANN u. BASSO 1965). Imipramin verhinderte ebenfalls die durch Guanethidin, α-Methyl-m-Tyrosin, Aramin und 6-Hydroxydopamin sonst verursachte Verarmung von Mäuseherzen an Noradrenalin (STONE et al. 1963a, 1964). Es hemmt nicht die spontane Freisetzung von Noradrenalin an sich, sondern verhindert das Eindringen der freisetzenden Agentien (Tyramin, Aramin, Guanethidin u. a.) in die Noradrenalinspeicher. Nach *vorheriger* Verabfolgung von Imipraminderivaten waren nicht nur die primär sympathicomimetischen kardiovasculären Wirkungen des Guanethidins an Hunden aufgehoben; Guanethidin war auch nicht mehr in der Lage, die durch postganglionäre elektrische Reizung verursachte Freisetzung nervalen Noradrenalins zu blockieren. Imipraminderivate, *nach* Guanethidin injiziert, vermochten jedoch dessen Wirkungen nicht zu beeinflussen (STONE et al. 1964).

Imipramin (Tofranil) → Desmethylimipramin

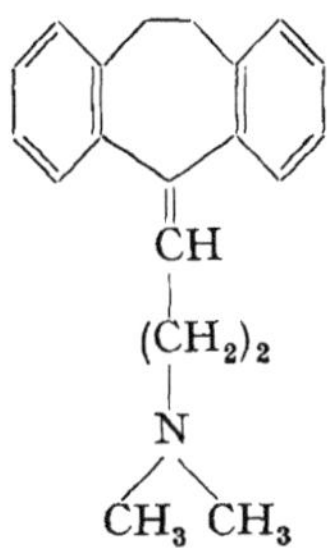

Amitriptylin

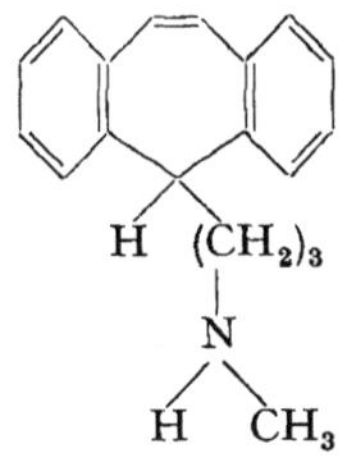

Protriptylin

Die Reserpinwirkung auf den Noradrenalingehalt der Organe wurde durch Imipramin und Imipraminderivate höherer Wirksamkeit, z.B. Protriptylin, Amitriptylin, und durch Desmethylimipramin, den eigentlichen, durch enzymatische Entmethylierung im Organismus sich bildenden wirksamen Metaboliten des Imipramins (HERMANN u. PULVER 1960; GILETTE et al. 1961; BICKEL et al. 1963; BICKEL u. BRODIE 1964), nicht verhindert (STONE et al. 1964a).

Auch die therapeutische Wirksamkeit des Imipramins und anderer Iminodibenzylabkömmlinge bei psychischen Depressionen findet wohl wenigstens zum Teil ihre Erklärung in einer Potenzierung der Wirkungen cerebraler, endogen freiwerdender Amine. Diese Pharmaka hemmten an Ratten die Aufnahme intraventriculär injizierten $H^3$-Noradrenalins in das Gehirngewebe (GLOWINSKI u. AXELROD 1964). Bei gleichzeitiger Medikation mit Imipramin und Monoaminoxydase-Hemmstoffen (s. V.B.1.) kann es zu starken Erregungs- und Verwirrtheitszuständen kommen, wie sie wiederholt von klinischer Seite beschrieben worden sind (EICHHORN 1961; HARRER 1961).

f) **Syrosingopin und Methoserpidin.** Der Äthoxycarbonylester des Reserpins (Syrosingopin), der, wie Reserpin, zu Hypotension führt, im Gegensatz zu diesem jedoch keine Sedation verursacht, da er nur schwer die Blut-Hirnschranke durchdringt, verursachte eine Abnahme des Noradrenalingehaltes in den peripheren Organen, z.B. im Herzen von Mäusen (LEROY u. DE SCHAEPDRYVER 1961), nicht jedoch im Gehirn (ORLANS et al. 1960; LEROY u. DE SCHAEPDRYVER 1961). Auch Methoserpidin, ein Isomeres des Reserpins mit einer Methoxygruppe an $C_{10}$ anstatt an $C_{11}$ des A-Ringes, wirkte beim Menschen und bei Hunden hypotensiv, aber nicht sedierend (GROS et al. 1959). Dem entsprach, daß es bei Kaninchen zwar im Ggl. cervicale sup., nicht aber im Hypothalamus den Noradrenalingehalt erniedrigte. Bei *Katzen* verursachte es Sedation und auch eine Abnahme des Amingehaltes im Hypothalamus (SANAN u. VOGT 1962). Es ergibt sich die praktisch wichtige Folgerung, die tierexperimentelle Testung reserpinähnlicher Verbindungen, die am Menschen hypotensiv, aber nicht sedativ wirken, nicht an Katzen, sondern an Kaninchen vorzunehmen (SANAN u. VOGT 1962).

g) **Amphetamin und Cocain.** Wie Ephedrin (BURN u. TAINTER 1931), löste *Amphetamin* (Benzedrin) nur an der innervierten Seite Nickhautkontraktion, Mydriasis und Exophthalmus aus (MARLEY 1961). Diese „indirekte" Wirkung scheint weniger tyraminähnlich zu sein, als auf einer nicotinartigen *ganglionären* Erregung zu beruhen (KEWITZ u. REINERT 1953), da sie sich am isoliert durchströmten oberen Halsganglion der Katze durch Tetraäthylammonium, Hexamethonium und Pendiomid verhindern ließ. Nach mehrmaliger Applikation schlug sie in eine Hemmung der ganglionären Erregbarkeit um (REINERT 1957). Nach hohen Dosen (20 mg/kg) des D-Isomeren (Dexamphetamin) nahm, wenn auch nicht regelmäßig, bei Kaninchen das Noradrenalin des Ggl. cervicale sup. ab (SANAN u. VOGT 1962).

Es lag deshalb nahe, auch die zentralen Erregungswirkungen der Amphetamine mit einer Freisetzung von Noradrenalin — im Gehirn — zu erklären (s. auch V.B.). Dagegen sprach, daß D-Amphetamin, mit seiner im Vergleich zum L-Isomeren weit höheren Wirksamkeit, an Mäusen auch nach Reserpin noch erregend (VAN ROSSUM et al. 1962) und am Menschen nach einer Reserpinbehandlung, die zu einer signifikanten Abnahme der pressorischen Tyraminwirkung führte, noch stimulierend und euphorisierend wirkte (GELDER u. VANE 1962). An trainierten Ratten stellte es bestimmte „avoidance"-Reaktionen, die durch Reserpin aufgehoben waren, wieder her. L-Amphetamin war 16mal schwächer wirksam als D-Amphetamin (RECH 1964).

Weitere Untersuchungen haben jedoch ergeben, daß hohe Amphetamindosen auch im *Gehirn* Noradrenalin freisetzen. $H^3$-Noradrenalin, in den Seitenventrikel des Gehirns von Ratten injiziert, wurde vom Gehirngewebe aufgenommen und vermischte sich in den Speichern mit dem endogenen Amin (BURACK u. DRÁSKOCZY 1964; GLOWINSKI et al. 1965). 1 Std und 21 Std nach der Verabfolgung von $H^3$-Noradrenalin wurden 20 mg/kg Amphetamin intraperitoneal injiziert und die Tiere jeweils 3 Std später getötet. Amphetamin hatte zu einer etwa 30%igen Abnahme auch des endogenen Noradrenalins geführt. Im Gegensatz zu dem von *Reserpin* im Gehirn freigesetzten Noradrenalin, das hauptsächlich in Form desaminierter Abbauprodukte erschien (HÄGGENDAL 1963; ANDÉN et al. 1963b), lag das durch Amphetamin freigesetzte überwiegend als 3-O-Methylnoradrenalin vor (GLOWINSKI u. AXELROD 1965). Das spricht dafür, daß die Freisetzung durch die beiden Pharmaka aus verschiedenen Speichercompartments erfolgt. Wie in den peripheren sympathischen Nerven (AXELROD et al. 1961b; HERTTING et al. 1961b), so hemmte Amphetamin auch im Gehirn die Aufnahme von $H^3$-Noradrenalin ins Gewebe um 70%.

Am Zustandekommen der zentralen Wirkungen des Amphetamins sind somit drei Wirkungsmechanismen beteiligt: die direkte Reaktion mit Brenzkatechinamin- (VAN ROSSUM et al. 1962; SMITH 1963a) oder Serotoninreceptoren

(VANE 1960; GELDER u. VANE 1962)[1], die Freisetzung und schließlich die Hemmung der Wiederaufnahme freigesetzten cerebralen Noradrenalins.

Umgekehrt wie bei den isomeren Amphetaminen, scheint dem normalen *Cocain* (L-n-Cocain) eine stärkere zentrale Wirkung zuzukommen als dem Stereoisomeren D-$\Psi$-Cocain (Psicain).

GOTTLIEB (1923, 1924) hatte gefunden, daß das von ihm in seinen Versuchen benutzte „D-$\Psi$-Cocain", obwohl lokal- und oberflächenanaesthetisch mindestens gleich wirksam wie Cocain, schwächere resorptive Wirkungen hatte als dieses. Die Wirksamkeitsunterschiede (z.B. konvulsive Wirkungen) waren bei subcutaner Injektion größer als bei intravenöser. Er führte sie auf die leichtere Inaktivierbarkeit der D-Verbindung zurück. Nach MERCIER (1931) unterscheidet Psicain sich auch *qualitativ* von Cocain. Dem Psicain, das nicht euphorisierend wirkte (BERINGER u. WILMANNS 1924), fehlte der von FROEHLICH und LOEWI (1910) für Cocain beschriebene sensibilisierende Effekt auf die Wirkungen des Adrenalins. In Übereinstimmung hiermit konnten SCHMIDT et al. (1961) zeigen, daß D-$\Psi$-Cocain, im Gegensatz zu Cocain, die Adrenalinwirkungen am Ohrgefäßpräparat des Kaninchens, am Meerschweinchenvorhof und an glattmuskeligen Organen nicht verstärkte, die Barbitalnarkose (Veronal) an Mäusen bei vergleichbarer Dosierung nicht aufzuheben in der Lage war und an Meerschweinchen in Dosierungen, in denen Cocain zu einem deutlichen Anstieg der Körpertemperatur führte, diese unbeeinflußt ließ. Umgekehrt wie beim Amphetamin besitzt demnach beim Cocain das L-Isomere die stärkere zentrale Wirkung.

Der sympathicomimetischen Wirkung des Cocains, z.B. am Blutdruck und an der Nickhaut der Katze, liegt anscheinend eine akute Freisetzung von Noradrenalin zugrunde (LEMBECK u. RESCH 1960) (s. auch XII.A.). Diese dürfte, neben der Hemmung der Wiederaufnahme des freigesetzten und des physiologisch frei werdenden Noradrenalins ins Gewebe, am Zustandekommen auch der zentralen Erregungswirkungen beteiligt sein. Im Gegensatz zu der zentralstimulierenden, die motorische Aktivität an Mäusen erhöhenden Wirkung des D-Amphetamins, war die zentrale Erregungswirkung des Cocains nach Reserpinvorbehandlung der Tiere aufgehoben (VAN ROSSUM et al. 1962). An Meerschweinchen verursachte Cocain 18 Std nach Reserpin (5 mg/kg s.c.) keine Temperatursteigerung mehr; die Krampfdosis war nach Reserpin allerdings nur um 50% erhöht. Die Cocain-Hyperthermie an Meerschweinchen ließ sich durch Yohimbin (5 mg/kg s.c.) und durch Phentolamin (50 µg/kg intrazisternal) unterdrücken (SCHMIDT u. MEISSE 1962).

### 5. Pharmakologische Beeinflussung der Sekretion

Die durch manche Pharmaka verursachte vermehrte *Sekretion* der Sympathicusstoffe ist dem Wesen nach verschieden von einer vermehrten *Freisetzung*

---
[1] Siehe auch WOOLEY u. SHAW 1962 sowie VANE et al. 1961, 1962.

der hormonalen und nervalen Brenzkatechinamine, wie sie durch einige der unter X.B.4. besprochenen Stoffe (z.B. Tyramin u.a. Amine) bewerkstelligt wird.

**a) Reserpin und Precursor-Aminosäuren.** *Reserpin*, das auch aus isolierten Zellen die Amine freisetzt, z.B. das Serotonin der Thrombocyten, verursachte bei *Kaninchen* in der Dosierung von 0,25—0,5 mg/kg als einmalige Injektion innerhalb von 20 Std eine fast vollständige Verarmung der Nebennieren an Adrenalin; demgegenüber bewirkten 20—40mal höhere Dosen (10 mg/kg) bei *Ratten* nur eine etwa 50%ige Abnahme des Hormongehaltes (s. X.A.7.). Denervierung der Nebennieren hob die Wirkung am Kaninchen auf, ließ sie an der Ratte unbeeinflußt (KRONEBERG u. SCHÜMANN 1957b, 1958); umgekehrt verhinderte der MAO-Hemmstoff Iproniazid die hormonverarmende Wirkung des Reserpins an Ratten, nicht hingegen an Kaninchen (HOLTZ et al. 1957a). Der Unterschied wurde in dem Sinne gedeutet, daß die im Nebennierenmark zur Hormonabnahme führende Wirkung des Reserpins bei Kaninchen auf einer überwiegend zentral ausgelösten, ähnlich wie bei einer durch Insulin verursachten Hypoglykämie, über die Nn. splanchnici zustande kommenden Steigerung der hormonalen *Sekretion*, bei Ratten jedoch überwiegend oder ausschließlich auf einer peripheren, direkt im Nebennierenmark angreifenden, vermehrten *Freisetzung* von Adrenalin beruhe, deren Auswirkung auf den Hormongehalt des Gewebes sich, wie im Gehirn, so auch in den Nebennieren, durch Blockierung der MAO verhindern ließ, — im Gegensatz zu der nach Insulin erfolgenden Abnahme des Hormongehaltes, die auch an Ratten durch Iproniazidvorbehandlung der Tiere nicht beeinflußt wurde (HOLTZ et al. 1957a). In vergleichenden Untersuchungen mit verschiedenen Rauwolfiaalkaloiden an Kaninchen ergaben sich Parallelen zwischen zentral-sedativer und hormonverarmender Wirkung im Nebennierenmark: *Rescinamin*, das wesentlich schwächer sedativ wirkte (KRONEBERG u. SCHÜMANN 1957a und b; KRONEBERG 1956) als die in dieser Beziehung gleich wirksamen Alkaloide Reserpin und Canescin (CERLETTI et al. 1955), mußte auch entsprechend höher dosiert werden, um eine gleich starke Abnahme des Adrenalingehaltes in den Nebennieren hervorzurufen (KRONEBERG u. SCHÜMANN 1957a und b).

*Dopamin* wirkte an Kaninchen, ähnlich wie Adrenalin, allerdings erst in etwa 100mal höherer Dosierung, glykämisch: 50 µg/kg Adrenalin waren gleich wirksam mit 5 mg/kg Dopamin: Der Blutzuckerspiegel stieg um ungefähr 100% an. *L-Dopa*, viermal höher dosiert (20 mg/kg s.c.), hatte die gleiche Wirkung wie Dopamin. Die „Dopahyperglykämie" war durch das aus Dopa im Körper entstehende Dopamin verursacht (HOLTZ et al. 1944). Nur L-Dopa erhöhte den Blutzuckerspiegel; nur die L-Aminosäure wird von der Dopadecarboxylase zu Dopamin decarboxyliert (s. II.A.1.).

Glykämisch unterschwellige Dosen L-Dopa, z.B. 5—10 mg/kg, führten, ebenso wie gleich große Dosen 5-Hydroxytryptophan, nach Blockierung der MAO durch Iproniazid zu einem starken Blutzuckeranstieg; die Tiere waren motorisch sehr erregt, und 4—5 Std später, als die Hyperglykämie abgeklungen war, hatte der Adrenalingehalt der Nebennieren um mehr als 50% abgenommen; die in den verabfolgten Dosen bei intakter MAO glykämisch unwirksamen Aminosäuren (Dopa, 5-HTP) ließen ihn unbeeinflußt (HOLTZ et al. (1957a).

Nach der Injektion von Reserpin sowohl als auch von Dopa bzw. 5-HTP (bei blockierter MAO) kommt es zu einem Anstieg freier, pharmakologisch wirksamer Amine im Gehirn. Im ersten Fall ist der Amin*gehalt* des Gehirns abgesunken, im zweiten Fall ist er angestiegen. In beiden Fällen dürfte die am Kaninchen zu Hyperglykämie und Abnahme des Adrenalingehaltes im Nebennierenmark führende Wirkung der injizierten „Pharmaka" (Reserpin bzw. Dopa und 5-HTP) ihren Angriffspunkt nicht im *Nebennierenmark* haben und hier etwa eine vermehrte *Freisetzung* von Adrenalin verursachen, sondern im *Gehirn* — und durch Stimulierung des im Boden des vierten Ventrikels gelegenen „Zuckerzentrums" via Splanchnici eine vermehrte hormonale *Sekretion* aus dem Nebennierenmark auslösen. Die Abnahme des Hormongehaltes im Nebennierenmark spiegelt sozusagen die Aktivität der sympathischen Zentren wider.

**b) Morphin.** Es gibt — außer Reserpin — andere Pharmaka, die, gleichzeitig und wahrscheinlich in kausaler Verknüpfung, im *Nebennierenmark* zu einer Abnahme des Hormongehaltes und im *Hypothalamus* und Mesencephalon zu einer Abnahme des Noradrenalingehaltes führen, ohne selbst direkt aminfreisetzende Agenzien zu sein. Sie stimmen darin überein, daß sie erregend auf die Sympathicuszentren des Gehirns wirken. Zu ihnen gehörten in Versuchen an Katzen u.a. Morphin, β-Tetrahydronaphthylamin, Äther und Nicotin; wirkungslos waren Ephedrin, Coffein, Metrazol (Cardiazol), Chlorpromazin und Ergometrin (VOGT 1954, 1957).

Schon ELLIOTT (1912) hatte gefunden, daß Morphin an Katzen, bei denen das Alkaloid starke Erregungszustände hervorruft, den Hormongehalt des Nebennierenmarks auf einen Bruchteil des Normalgehaltes reduziert (s. auch CROWDEN u. PEARSON 1928). STEWART und ROGOFF (1922a und c) bestimmten die Adrenalinsekretion im Nebennierenvenenblut von Katzen nach Morphin mit mehr als 1 µg/kg pro Minute. Die seit langem bekannte Morphinhyperglykämie bei Katzen und Kaninchen (STEWART u. ROGOFF 1922c und d) sowie bei Hunden (HOLM 1923), die durch Morphin nicht erregt werden, findet, wenigstens zum Teil, in dieser erhöhten Adrenalinabgabe ihre Erklärung.

Wurde die bei Katzen nach Morphin auftretende zentrale Exzitation durch *Nalorphin* unterdrückt, so war Morphin nicht mehr in der Lage, den Noradrenalingehalt im Hypothalamus und den Brenzkatechinamingehalt im Nebennierenmark zu senken. Chlorpromazin hingegen, das ebenfalls die zentrale Erregung unterdrückte, verhinderte nicht die „biochemische" Wirkung des Morphins (HOLZBAUER u. VOGT 1954). Hierzu scheinen Barbiturate in der Lage zu sein. MAYNERT und LEVI (1964) konnten an *Katzen* die sonst nach Injektion von 60 mg/kg Morphin innerhalb von 5 Std erfolgende 37%ige Abnahme des Noradrenalingehaltes im Hirnstamm und 64%ige Abnahme des Brenzkatechinamingehaltes im Nebennierenmark durch Barbituratnarkose unterdrücken.

*Nalorphin* verursachte an morphingewöhnten *Ratten* mit dem Auftreten der Abstinenzerscheinungen eine Abnahme des Noradrenalingehaltes im Gehirn (GUNNE 1959), was sich durch Barbiturate verhindern ließ (MAYNERT u. KLINGMAN 1962). Unter allmählicher Steigerung der täglichen Morphindosis von 3 auf 100 mg/kg kam es bei *Hunden* in den ersten Tagen zu einer später sich wieder normalisierenden erhöhten Adrenalin- und Noradrenalinausscheidung in den Harn. Während der Gewöhnung blieb in den Nebennieren der Adrenalingehalt unverändert, der Noradrenalingehalt war um 100% erhöht. Wurde den nach 2 Monaten an Morphin gewöhnten Tieren eine einmalige Injektion von Nalorphin verabfolgt, so stieg mit dem Auftreten von Abstinenzerscheinungen die Adrenalinausscheidung auf das 20fache, die Noradrenalinausscheidung auf das 10fache der Norm an. Dabei sank der bei den gewöhnten Tieren normale Noradrenalingehalt des Gehirns im Hirnstamm und Telencephalon deutlich ab; der Dopamingehalt blieb unbeeinflußt. In den Nebennieren nahm das während der Gewöhnung um 100% angestiegene Noradrenalin bis auf Normalwerte ab; der während der Gewöhnungsperiode unverändert gebliebene Adrenalingehalt war nach Nalorphin auf 50% der Norm erniedrigt (GUNNE 1962a und c). — Zur Frage, ob der *analgetischen* Wirkung des Morphins ein adrenergischer bzw. noradrenergischer Mechanismus zugrunde liegt, siehe XV.D.9.c.

Auch die durch *Elektroschock* in Abhängigkeit von Reizfrequenz und -dauer ausgelöste Abnahme des Noradrenalins im Hirnstamm um etwa 40% — der Acetylcholin- und Serotoningehalt blieben dabei unverändert — trat nicht auf, wenn Phenobarbital, das an sich den Noradrenalingehalt etwas erhöhte, vorher verabfolgt wurde; auch Chlorpromazin, das den Amingehalt des Gehirns nicht beeinflußt (PLETSCHER u. GEY 1960), verhinderte die Noradrenalinabnahme im Gehirn beim Elektroschock. Cholinolytica, z.B. Atropin, ferner Antihistaminica sowie Phenoxybenzamin und Mecamylamin waren wirkungslos (MAYNERT u. LEVI 1964; s. auch DE SCHAEPDRYVER et al. 1962).

Die elektrische Stimulierung bestimmter Areale des Hypothalamus, des Mandelkerns und der um den Aquädukt gelegenen grauen Substanz löst, wie zuerst von W. R. HESS (1948) gezeigt wurde, bei Katzen Anfälle von Scheinwut („sham rage") aus (DE MOLINA u. HUNSPERGER 1959; HILTON u. ZBROŻYNA 1963). Über 3 Std fortgesetzte elektrische Stimulierung des rechten Nucl. amygdalae an nichtnarkotisierten Katzen, die „sham rage" auslöste, verursachte auf der kontralateralen Seite im Telencephalon und Hirnstamm eine signifikante Abnahme des Noradrenalingehaltes — bei unverändertem Dopamingehalt — und in den Nebennieren eine Abnahme des Hormon-, besonders des Adrenalingehaltes (GUNNE u. REIS 1963).

## XI. Zur Frage der Compartmentalisation des nervalen Noradrenalinspeichers

Ein wesentlicher Unterschied zwischen der physiologischen *Sekretion* des Überträgerstoffs sympathischer Nervenwirkungen und seiner pharmakologischen *Freisetzung* besteht darin, daß es im ersten Fall selbst bei langdauernder elektrischer Reizung nicht zu einer Abnahme des Noradrenalingehaltes im Nerven kommt, während die pharmakologische Freisetzung leicht auch zu einer Verarmung der Nerven und innervierten Organe an Noradrenalin führt. Der physiologisch sezernierte Überträgerstoff wird zum größten Teil wieder in die Noradrenalinspeicher der Nerven aufgenommen, so daß die Resynthese mit dem tatsächlichen Verlust an Überträgerstoff Schritt halten kann. Demgegenüber ist die Freisetzung von Noradrenalin durch Pharmaka meistens mit einer Hemmung der Wiederaufnahme des freigesetzten Wirkstoffs verbunden, so daß die Resynthese überfordert wird und der Amingehalt abnimmt.

Ein anderer Unterschied besteht darin, daß das physiologisch *sezernierte* Noradrenalin als genuines, pharmakologisch aktives Amin an die Receptoren und ins Blut gelangt, während der durch Pharmaka *freigesetzte* Wirkstoff zum Teil in Form pharmakologisch unwirksamer Metabolite die Nervenzellen verläßt. Schon deshalb ist es wahrscheinlich, daß die physiologische Sekretion nicht aus dem gleichen Speicher-„Compartment" stattfindet wie die pharmakologische Freisetzung. Im ersten Fall ist der Überträgerstoff dem Angriff durch das in den Mitochondrien der Nervenzellen lokalisierte inaktivierende Ferment (MAO) nicht ausgesetzt; im zweiten Fall wird ein mehr oder weniger großer Anteil des freigesetzten Amins schon vor dem Austritt aus den Nervenzellen durch die MAO oxydativ desaminiert.

Aber auch die Freisetzung endogenen Noradrenalins durch Pharmaka erfolgt, wie die in den voraufgegangenen Kapiteln aufgeführten experimentellen Befunde gezeigt haben, nicht aus ein und demselben Aminspeicher, sondern aus zumindest *funktionell* sich unterschiedlich verhaltenden „pools". Die Abb. 36 soll an Hand der in der Literatur niedergelegten Daten eine Vorstellung von der Lokalisation der Aminspeicher in den sympathischen Nervenendigungen und ihrer „Compartmentalisation" vermitteln sowie von den Mechanismen, die der Freisetzung und Aufnahme von Noradrenalin zugrunde liegen.

*Tyramin.* Das durch Tyramin und andere indirekt wirkende Amine aus den sympathischen Nerven freigesetzte Noradrenalin ist überwiegend unverändertes, d.h. pharmakologisch aktives Amin. Die Freisetzung erfolgt demnach offensichtlich aus einem „pool", der durch die oberflächlich, d.h. membran- und receptornahe, gelegenen Speichergranula der Nervenzellen repräsentiert wird (Abb. 36, *I*), so daß das freigesetzte Noradrenalin mit der MAO der Mitochondrien nicht in Berührung kommt. Die durch Tyramin verursachte Abnahme des Noradrenalingehaltes der Organe kann deshalb durch Hemmstoffe der MAO nicht verhindert werden, — im Gegensatz z.B. zu der nach Reserpin erfolgenden Aminverarmung. Da anderersaits die pharmakologischen Wirkungen des Tyramins durch MAO-Hemmstoffe verstärkt werden, indem jetzt mehr Noradrenalin freigesetzt wird und an die Receptoren gelangt, ist anzunehmen, daß die Blockierung des Fermentes sich als Schutzwirkung sowohl auf das *freisetzende* Tyramin, das dadurch auch zu den tiefer gelegenen Speicher-

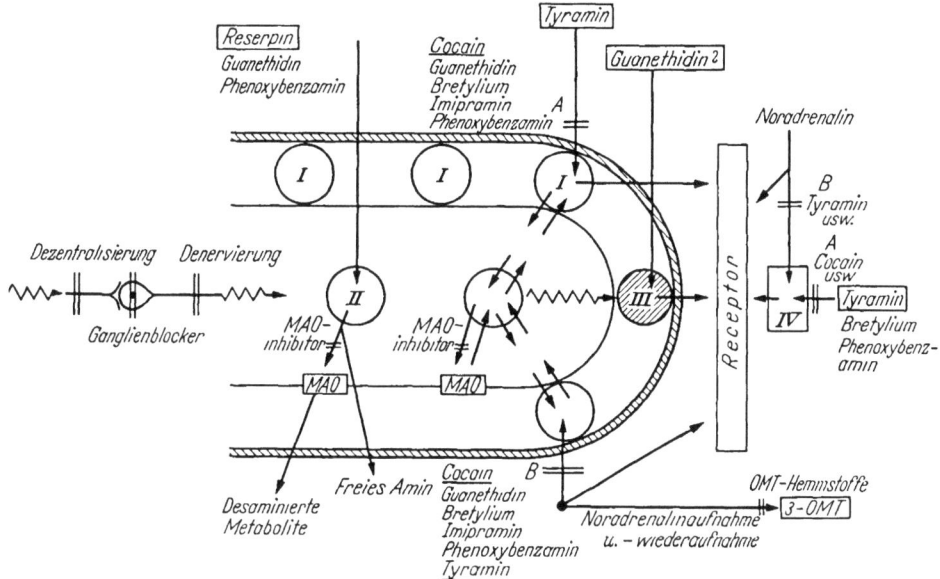

Abb. 36. Compartmentalisation des Noradrenalinspeichers in sympathischen Nervenendigungen

granula gelangen kann, als auch auf das *freigesetzte* Noradrenalin auswirkt. Die Freisetzung von Noradrenalin aus einem oberflächlich gelegenen pool würde sodann auch erklären, weshalb es zu einer Tachyphylaxie der Tyraminwirkung bei noch hohem Noradrenalingehalt des betreffenden Organs kommen kann. Tyramin verliert seine Wirkung, wenn der oberflächlich lokalisierte kleine, „readily available pool" erschöpft ist und die Nachlieferung aus den tiefer gelegenen Granula mit der Freisetzung nicht Schritt hält.

*Reserpin.* Obwohl Reserpin zu einer weitaus stärkeren Verarmung der Organe an Noradrenalin führte als Tyramin, waren die durch Reserpin ausgelösten akuten sympathicomimetischen Wirkungen schwächer; sie entsprachen nicht den in der Abnahme des Amingehaltes der Organe zum Ausdruck kommenden, freigesetzten Noradrenalinmengen. Diese erschienen zum größten Teil in Form inaktiver, oxydativ desaminierter Metabolite. Die durch Reserpin bedingte Freisetzung von Noradrenalin erfolgt demnach offenbar nicht nur aus dem „easily available pool", aus dem Tyramin freisetzt, sondern auch aus tiefer gelegenen Granula, die dem Tyramin, als einem guten Substrat der MAO, nicht zugänglich sind (Abb. 36, *II*). Das aus diesen freigesetzte Noradrenalin gelangt erst nach voraufgegangener Desaminierung durch die mitochondriale MAO in den Extracellulärraum. Die Reserpinwirkung erstreckt sich deshalb fast auf den gesamten nervalen Noradrenalinspeicher.

Reserpin führt durch Entleerung auch des „readily available pool" bald zu einer Aufhebung der pharmakologischen Wirkungen des Tyramins, — zu einem Zeitpunkt, zu dem die elektrische Nervenreizung noch wirksam ist (BURN u. RAND 1958c; MUSCHOLL u. VOGT 1958). Andererseits kann, wenn es nach wiederholter Applikation indirekt wirkender Amine zur Tachyphylaxie gekommen ist, die Wirkung der Nervenreizung noch erhalten sein. So war z.B. nach Amphetamin, trotz eingetretener Tachyphylaxie, die prä- und postganglionäre elektrische Stimulierung des Halssympathicus an der Nickhaut der Katze noch wirksam (COWAN et al. 1961), und nachdem Mephentermin und Ephedrin am Herzen von Hunden unwirksam geworden waren, hatte die elektrische Reizung der Nn. accelerantes noch einen normalen Effekt (MUELHEIMS et al. 1965).

*Nervenreiz.* Das Speichercompartment, aus dem die quantenhafte Freisetzung von Noradrenalin durch Nervenimpulse erfolgt (Abb. 36, *III*), scheint demnach dem Tyramin und anderen indirekt, durch Verdrängung von Noradrenalin wirkenden Aminen nicht zugänglich zu sein. Es ist anscheinend auch weitgehend resistent gegenüber der Reserpinwirkung, wie aus Untersuchungen von SEDVALL (1964a und b) hervorgeht. Das in den vasomotorischen Nerven lokalisierte Noradrenalin der Hinterextremitäten-Muskulatur von Katzen war 10 Std nach der Injektion von Reserpin (5 mg/kg) verschwunden. Die elektrische Stimulierung des lumbalen Grenzstranges (zwischen $L_4$ und $L_6$) war schon nach 3 Std vasoconstrictorisch unwirksam (ROSELL u. SEDVALL 1962). Im dezentralisierten Muskel (Durchschneidung des Grenzstranges zwischen $L_4$ und $L_6$) fiel der Noradrenalingehalt nach Reserpin zwar während der ersten 3 Std steil ab, auf 20% des Normalgehaltes; aber selbst nach 10 und 24 Std waren noch 10 bzw. 5% Noradrenalin nachweisbar und die vasoconstrictorische Wirkung des Nervenreizes erhalten. Diese zweite, langsame Phase der Aminverarmung ließ sich durch eine nochmalige Injektion von Reserpin nicht beeinflussen, während wiederholte elektrische Reizung des Sympathicusstumpfes schnell zum vollständigen Verschwinden von Noradrenalin führte (ROSELL u. SEDVALL 1962; SEDVALL u. THORSON 1963; SEDVALL 1964b; s. auch KERNELL u. SEDVALL 1964). Auf Grund dieser

Befunde nehmen die Autoren zwei „pools" für das Noradrenalin sympathischer Nerven an: einen größeren, aus dem eine Freisetzung sowohl durch Reserpin als auch durch Nervenreizung möglich ist, wobei es zu einer gegenseitigen Potenzierung der aminfreisetzenden Wirkungen kommt, und einen kleinen relativ reserpinresistenten, aus dem jedoch der Nervenreiz freisetzen kann. Auch die primär sympathicomimetische Wirkung des *Guanethidins* soll durch Freisetzung von Noradrenalin aus diesem „pool" zustande kommen und auf einer Dauerdepolarisation der Nervenendigungen beruhen (COSTA u. BRODIE 1964; CHANG et al. 1965).

Berücksichtigt man, daß der Freisetzung nervalen Noradrenalins durch Nervenimpulse (und Guanethidin?) sowie durch indirekt wirkende Amine und Reserpin grundverschiedene Wirkungsmechanismen zugrunde liegen, so erhebt sich erneut die Frage, ob es zur Erklärung der experimentellen Befunde notwendig ist, eine echte, *morphologische* Compartmentalisation der Noradrenalinspeicher anzunehmen, oder ob nur *ein* homogener Noradrenalinspeicher existiert, der sich den verschiedenen aminfreisetzenden Einwirkungen gegenüber *funktionell* unterschiedlich verhält. Andererseits spricht manches dafür, daß neben einem — vielleicht morphologisch homogenen — *neuronalen* Noradrenalinpool ein *extraneuronaler* pool existiert (Abb. 36, *IV*), der reserpinresistent ist, aus dem jedoch Tyramin sowie Bretylium, Phenoxybenzamin u.a. Noradrenalin freisetzen können. So konnte, wie schon erwähnt, die chronisch denervierte Speicheldrüse von Ratten H³-Noradrenalin noch *aufnehmen* (ANDÉN et al. 1963a), aber wegen des Fehlens neuronaler Aminspeicher nur in geringem Maße *binden*. Dieses extraneuronal gebundene Noradrenalin war reserpinresistent, wurde jedoch durch Tyramin freigesetzt (FISCHER et al. 1965). Die Existenz eines extraneuronalen Noradrenalin-„pool" ist auch deshalb wahrscheinlich, weil an reserpinisierten Herzvorhofpräparaten, an denen Tyramin unwirksam geworden war, der Nervenreiz jedoch noch eine, wenn auch abgeschwächte Wirkung besaß, die Inkubation mit Noradrenalin, die zu einer nachweisbaren Aufnahme führte, zwar die Tyraminwirkung restituierte, die Wirkung des Nervenreizes jedoch nicht verstärkte (FURCHGOTT et al. 1963; GAFFNEY et al. 1963; TRENDELENBURG u. PFEFFER 1964; TRENDELENBURG 1965). Auch dem extraneuronalen „pool" scheint eine gewisse „Spezifität" zuzukommen: Die nach Reserpin noch mögliche Aufnahme von Noradrenalin ließ sich durch Cocain, Phenoxybenzamin, Tyramin und andere Pharmaka hemmen, die auch die Aminaufnahme in den neuronalen Noradrenalinspeicher blokkieren (s. z.B. KIRPEKAR u. FURCHGOTT 1964; TRENDELENBURG u. CROUT 1964).

Eine Diskrepanz bleibt bestehen: An chronisch *denervierten* Organen ließ sich die Tyraminwirkung durch eine Noradrenalininfusion bzw. durch Inkubation mit Noradrenalin nicht restituieren, obwohl z.B. aus den Versuchen an der denervierten Speicheldrüse hervorging, daß auch denervierte Organe noch in der Lage sind, exogenes Noradrenalin aufzunehmen.

Die zu einer Abnahme des Noradrenalingehaltes der sympathischen Nerven führenden Wirkungen der verschiedenen Pharmaka beruhen nicht nur auf einer aktiven Freisetzung, sondern auch auf einer Hemmung der Wiederaufnahme des physiologisch frei werdenden bzw. des durch sie vermehrt freigesetzten Noradrenalins. Die Hemmung der Aufnahme injizierten und der Wiederaufnahme freigesetzten Amins kann ihren Angriffspunkt an den Speichergranula oder an der Membran der Nervenzellen haben. Der zur Abnahme des Amingehaltes führende Wirkungsmechanismus des *Reserpins* scheint sich auf der Ebene der granulären Aminspeicher abzuspielen: auch an isolierten Granula interferierte es mit den enzymatischen Mechanismen der Aminaufnahme und -speicherung (s. VIII.A.1.e. und 3.b.). Demgegenüber haben z. B. Cocain, Imipramin, Bretylium und primär auch Guanethidin, die die Noradrenalin freisetzende und damit die pharmakologische Wirkung des Tyramins aufheben, die Wirkung exogenen und freigesetzten endogenen Noradrenalins jedoch verstärken, ihren Angriffspunkt vermutlich an der Zellmembran, indem sie mit Tyramin und Noradrenalin um einen hier lokalisierten Transportmechanismus konkurrieren (HILLARP u. MALMFORS 1964; CARLSSON u. WALDECK 1965a—c): Pharmaka dieses Wirkungstyps erschweren dem Tyramin den Zutritt zu den intracellulären Noradrenalinspeichern (Abb. 36, *A*) und verhindern dadurch die Freisetzung von Noradrenalin; andererseits hemmen sie, wie Tyramin selbst, die Aufnahme oder Wiederaufnahme von Noradrenalin (Abb. 36, *B*), so daß ein größerer Teil an den pharmakologischen Receptoren zur Wirkung gelangt. Nach Cocain und Imipraminderivaten war auch die Aufnahme von Aramin in die Organe von Mäusen gehemmt, während Reserpin diese an sich nicht beeinflußte (CARLSSON u. WALDECK 1965a), wohl hingegen die Wiederabgabe aufgenommenen radioaktiven Aramins durch Beeinträchtigung der granulären Speicherung beschleunigte (CARLSSON u. WALDECK 1965b), besonders dann, wenn der nach Reserpin intakt gebliebene Transport durch die Zellmembran wegen gleichzeitig verabfolgten Imipramins gestört war.

## XII. Direkt und indirekt wirkende sympathicomimetische Amine

Die Einteilung der sympathicomimetischen Amine in direkt und indirekt wirkende ist eng verknüpft mit unseren Kenntnissen von den Mechanismen, die der Überempfindlichkeit denervierter Organe gegenüber den physiologischen Wirkstoffen und Überträgerstoffen der Nervenwirkung zugrunde liegen.

1904 machte MELTZER (MELTZER u. AUER 1904a; s. auch 1904b) die Beobachtung, daß die Exstirpation des Ggl. cervicale sup. die Empfindlichkeit des M. dilatator pupillae für Adrenalin erhöht, nachdem schon einige Jahre vorher LEWANDOWSKY (1899) gefunden hatte, daß die denervierte Nickhaut der Katze auf die intravenöse Injektion eines Nebennierenextraktes stärker reagierte als die normale. 1910 schrieben FROEHLICH und LOEWI in ihrer

Arbeit „Über eine Steigerung der Adrenalinempfindlichkeit durch Cocain", in der sie über eine Verstärkung der Adrenalinwirkungen an den Blutgefäßen, am Auge und an der Harnblase durch Cocain berichteten, im Hinblick auf den von MELTZER mitgeteilten Befund: „Diese Sensibilisierung ist zweifellos Folge eines Wegfalls von Hemmungen der Empfindlichkeit, die durch die Anwesenheit der Nervenendigungen ausgeübt werden müssen", und hielten für möglich, daß die Cocainmydriasis, die „wohl noch nach präganglionärer Sympathektomie, aber nicht mehr nach Exstirpation des Ganglion cervicale superius mit folgender Degeneration der postganglionären Sympathicusendigungen zustande kommt", auf einem ähnlichen Mechanismus beruhe: „auf einem analog wie durch Ganglionexstirpation bedingten Wegfall, einer Lähmung von Hemmungen der Empfindlichkeit für normale, peripher sonst unterschwellige Reize, die erst jetzt nach Cocainisierung wirksam werden". Hier wird schon auf die Wesensverwandtschaft zwischen der nach Denervierung sich entwickelnden und der durch Cocain verursachten Empfindlichkeitssteigerung gegenüber Adrenalin hingewiesen und diese in beiden Fällen mit einem Wegfall von Hemmungen der Empfindlichkeit erklärt, die durch die Anwesenheit von Nervenendigungen ausgeübt werden. — 1939 formulierte CANNON das nach ihm benannte „law of denervation": 'When in a series of efferent neurones a unit is destroyed, an increased irritability to chemical agents develops in the isolated structure or structures, the effects being maximal in the part directly denervated" (s. auch CANNON u. ROSENBLUETH 1949).

Als vor länger als einem halben Jahrhundert EPPINGER und HESS (1909, 1910) in Wien durch die Begriffsprägung „Vagotonie" und „Sympathicotonie" ein Ordnungsprinzip in der Fülle des oft willkürlich erscheinenden reaktiven Verhaltens vegetativer Funktionen auf Pharmaka aufzustellen versuchten, benutzten sie als Test die Veränderung leicht meßbarer physiologischer Größen, z.B. des Blutdrucks und der Pulsfrequenz, auf die Injektion von Adrenalin und Pilocarpin. Eine besonders starke Reaktion auf Adrenalin sollte für Sympathicotonie, eine starke Reaktion auf Pilocarpin für Vagotonie sprechen. Es wurde somit stillschweigend vorausgesetzt, daß die Reaktion um so stärker ausfalle, je höher der Aktionsgrad des reagierenden Organs, je höher der Erregungszustand der vegetativen Nerven ist.

Der Abhängigkeit der Reaktion von der Ausgangslage des reagierenden Systems gab 20 Jahre später JOSEPH WILDER (1931, 1936) in Wien Ausdruck in einer Formulierung, die als „Wildersches Ausgangswertgesetz" bekanntgeworden und in die Literatur eingegangen ist (Übersicht bei HOLTZ 1953b). In ihm wird das Gegenteil behauptet: Erregung und Erregbarkeit stehen in reziprokem Verhältnis zueinander; je höher der Erregungszustand, desto geringer die Erregbarkeit; im Maximum der Erregung ist die Erregbarkeit gleich 0, — und umgekehrt. Vom Standpunkt unserer heutigen Kenntnisse von der chemischen Übertragung der Nervenwirkungen aus würde das heißen:

Der Erregungszustand eines vegetativ innervierten Organs ist proportional der Menge des an den Nervenenden frei werdenden Überträgerstoffs. Je größer die im Organ freigesetzten Wirkstoffmengen, je höher damit also sein Erregungszustand, um so geringer die Wirkung zusätzlichen Wirkstoffs, um so geringer die Erregbarkeit, — und umgekehrt: je kleiner die im Organ frei werdenden Mengen nervalen Überträgerstoffs, je niedriger also der Erregungszustand, um so größer die Wirkung zusätzlich applizierten Wirkstoffs, um

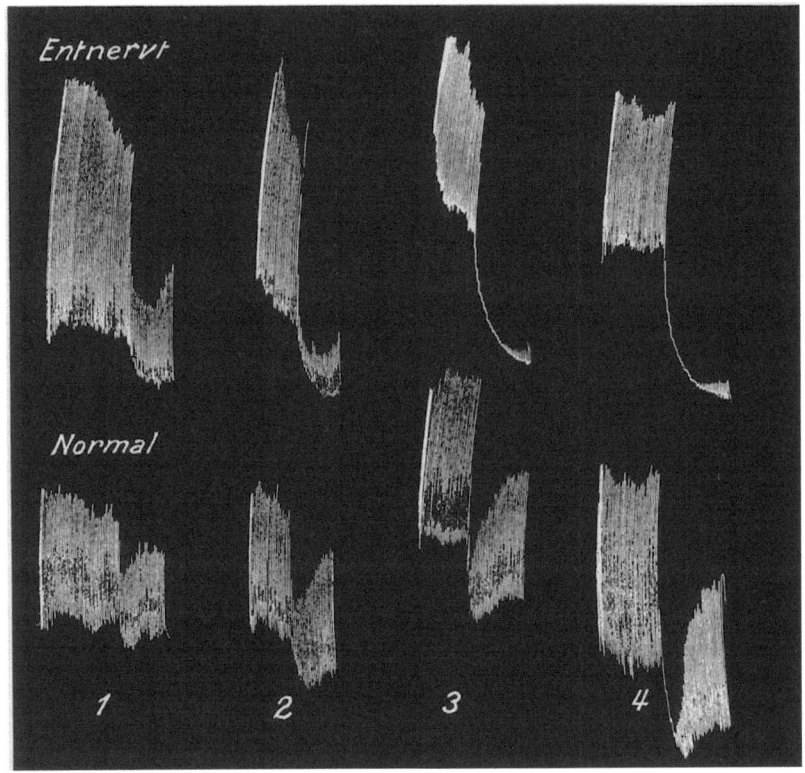

Abb. 37. *Überempfindlichkeit des denervierten Kaninchendunndarms gegenüber Adrenalin*. Entnervt: 30 Std vorher. *1* Adrenalin $2 \cdot 10^{-8}$; *2* Adrenalin $4 \cdot 10^{-8}$; *3* Adrenalin $8 \cdot 10^{-8}$; *4* Adrenalin $16 \cdot 10^{-8}$.
Aus K. SHIMIDZU (1924)

so höher die Erregbarkeit. Im Minimum der Erregung ist die Erregbarkeit maximal.

Im Einklang hiermit steht die Erfahrung, die CANNONs „Law of denervation" zugrunde liegt, daß denervierte Organe empfindlicher auf die Wirkstoffe reagieren als bei intakter Innervation. Nach chronischer Denervierung mit anschließender Nervdegeneration verschwindet der Wirkstoffgehalt in dem betreffenden Organ. Das bedeutet Abnahme des Erregungszustandes und Zunahme der Erregbarkeit. Auch inhibitorische Wirkungen, z.B. die Wirkung des Adrenalins am Kaninchendarm, waren nach Denervierung des Organs verstärkt (Abb. 37) (SHIMIDZU 1924; YOUMANS et al. 1942).

## A. Denervierung und Cocain

BURN und TAINTER hatten 1931 gefunden, daß die mydriatische Wirkung des Tyramins am Katzenauge nach Denervierung durch Exstirpation des Ggl. cervicale sup. nicht etwa verstärkt, sondern aufgehoben war und daß Ephedrin eine viel schwächere Wirkung hatte als an der normalen, innervierten Pupille, obwohl Adrenalin jetzt stärker wirkte. Sie schlossen daraus, daß Tyramin und Ephedrin ihre sympathicomimetischen Effekte „indirekt", durch eine Wirkung auf die sympathischen Nervenendigungen ausübten, während Adrenalin eine „direkte" Wirkung an der glatten Muskulatur habe. Den

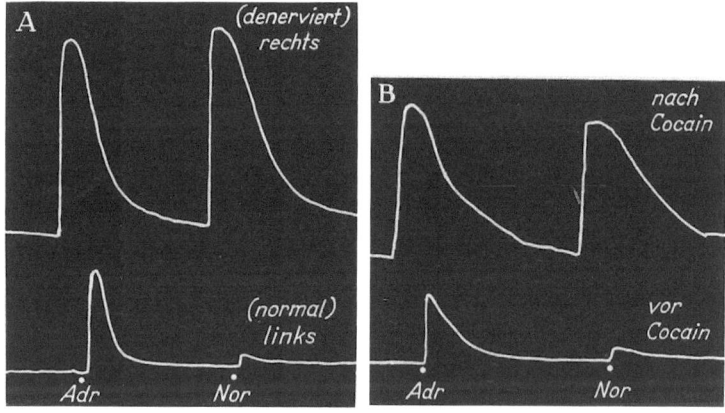

Abb. 38 A u. B. *Verstärkung der Adrenalin- und Noradrenalinwirkung an der Nickhaut der Katze durch Denervierung und Cocain.* A rechts, denerviert (48 Std nach Exstirpation des ggl. cerv. sup.); B vor und nach 5 mg/kg Cocain. *Adr.* 32 µg Adrenalin i.v.; *Nor.* 32 µg Noradrenalin i.v. Aus A. FLECKENSTEIN und H. BASS (1953)

gleichen Effekt wie die Denervierung hatte Cocain, von dem bekannt war, daß es z.B. die blutdrucksteigernde Wirkung des Tyramins (TAINTER 1927; TAINTER u. CHANG 1927) und Ephedrins (TAINTER 1929) hemmte oder aufhob. Während Cocain die Adrenalinwirkung auf den M. dilatator pupillae verstärkte, schwächte es die Wirkung des Tyramins und Ephedrins ab.

Die Ähnlichkeit zwischen dem Effekt der Denervierung und demjenigen des Cocains auf die Empfindlichkeit, mit der das reagierende Organ auf sympathicomimetische Amine anspricht, veranlaßte FLECKENSTEIN und BURN (1953), FLECKENSTEIN und BASS (1953) sowie FLECKENSTEIN und STÖCKLE (1955) zu vergleichenden Untersuchungen an der Nickhaut der Katze. Sie unterschieden drei Gruppen sympathicomimetischer Amine: *1.* „Direkt" wirkende Amine, deren Wirkung durch Denervierung und Cocain verstärkt wurde (Abb. 38). Zu ihnen gehörten die Brenzkatechinamine: außer Adrenalin und Noradrenalin auch Dopamin, Epinin und Cobefrin (Corbasil). *2.* „Indirekt", d.h. durch Freisetzung endogenen Noradrenalins, wirkende Amine, deren Wirkung nach Denervierung und nach Cocain abgeschwächt oder aufgehoben war: „Neurosympathicomimetica" (Abb. 39). Zu ihnen gehörten

226    Direkt und indirekt wirkende sympathicomimetische Amine

Tyramin und Phenyläthylamin sowie andere Phenyl- und Phenolderivate, die keine sekundäre alkoholische OH-Gruppe am β-C-Atom der Seitenkette besaßen, z. B. Benzedrin (Amphetamin) und Pervitin (Methamphetamin).
3. „Intermediärstoffe", deren Wirkung durch Denervierung und durch Cocain weder verstärkt noch abgeschwächt wurde. Zu ihnen gehörten Ephedrin, p-Sympatol (Synephrin), Suprifen und andere, die sich, wie die genannten,

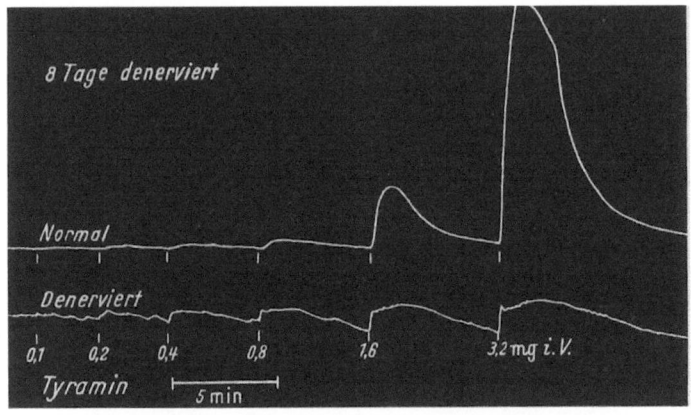

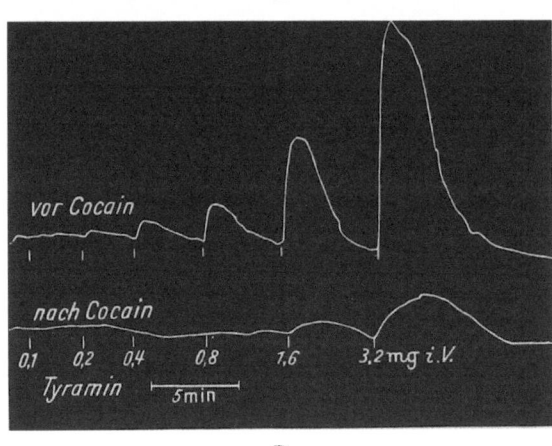

Abb. 39A u. B. *Abschwächung der Tyraminwirkung an der Nickhaut der Katze durch Denervierung (A) und Cocain (B). Aus A. FLECKENSTEIN und D. STOCKLE (1955)*

strukturmäßig von den „Neurosympathicomimetica" durch den Besitz einer alkoholischen OH-Gruppe am β-C-Atom der Seitenkette unterschieden.

Diese Einteilung stützt sich wesentlich auf Versuchsergebnisse an der denervierten Nickhaut der Katze, einem Testobjekt, das überwiegend mit adrenergischen α-Receptoren ausgestattet ist (s. XIII. B.). Es muß jedoch berücksichtigt werden, daß eine von Organ zu Organ und bei den einzelnen Tierarten unterschiedliche Verteilung von α- und β-Receptoren besteht, zu denen die sympathicomimetischen Amine, in Abhängigkeit von ihrer chemischen Konstitution, eine verschieden große Affinität besitzen, so daß die zur Erzielung pharmakologischer Wirkungen erforderlichen Dosen bei den einzelnen Aminen sich größenordnungsmäßig voneinander unterscheiden. Dosiert man Adrenalin, von dem wegen seiner hohen Affinität, z.B. zu den α-Receptoren der Gefäße und der Nickhaut, wenige Mikrogramm (μg) genügen, um deutliche Effekte auszulösen, so hoch, wie „indirekt", d.h. wegen ihrer geringen oder fehlenden Affinität zu den pharmakologischen Receptoren „nicht direkt" wirkende Amine, z.B. Tyramin, dosiert werden müssen, um überhaupt eine Wirkung auszuüben, so kommt es auch nach Adrenalin zur Freisetzung nervalen Noradrenalins, die sogar zu einer nachweisbaren Abnahme des Noradrenalingehaltes in den Organen führen kann (s. X.B.4.b.η). Die dabei auftretenden pharmakologischen Wirkungen sind naturgemäß überwiegend durch die direkte Reaktion zwischen Adrenalin und Receptor verursacht und lassen eine zusätzliche Freisetzung von Noradrenalin wirkungsmäßig in den Hintergrund treten. Prinzipiell besitzt aber auch Adrenalin den Charakter eines *potentiell indirekt* wirkenden Amins.

Der Prototyp eines ausschließlich *direkt* wirkenden sympathicomimetischen Amins ist *Isoproterenol* (Aludrin). Im Gegensatz zu Adrenalin und Noradrenalin wurde es in die Gewebespeicher nicht aufgenommen, und Cocain verstärkte seine Wirkungen nicht (ANDÉN et al. 1964c; HERTTING 1964a und b).

Die Klassifizierung des *Dopamins* als direkt oder indirekt wirkendes Amin führte in Abhängigkeit von dem Organ, das als Testobjekt diente, zu unterschiedlichen Ergebnissen. An der Nickhaut der Katze wirkte es „direkt": die Wirkung war nach Cocain und nach chronischer Denervierung verstärkt und blieb auch nach Vorbehandlung mit Reserpin erhalten. Demgegenüber war die positiv chrono- und inotrope Herzwirkung des Dopamins zum Teil eine „indirekte": nach Cocain und nach Vorbehandlung mit Reserpin war sie abgeschwächt oder aufgehoben (HOLTZ 1959b, 1960c; HOLTZ et al. 1960b) (s. Abb. 51 und 52 auf S. 303).

Die Erklärung dürfte sein, daß dieses Brenzkatechinamin, dem die alkoholische β-OH-Gruppe des Adrenalins und Noradrenalins fehlt, zwar eine relativ hohe Affinität zu den adrenergischen α-Receptoren — der Nickhaut und der Gefäße — besitzt, jedoch nur eine geringe Affinität zu den β-Receptoren (ARIENS 1963) (s. XV.A.3.). Da die positiv ino- und chronotrope Herzwirkung sympathicomimetischer Amine durch adrenergische β-Receptoren vermittelt wird, zu denen Dopamin nur eine geringe Affinität besitzt, mußte es an isolierten Vorhofpräparaten des Meerschweinchenherzens fast ebenso hoch dosiert werden wie das an allen Testobjekten ausschließlich indirekt wirkende Tyramin, um — durch die Freisetzung von Noradrenalin — eine positiv ino- und chronotrope Wirkung auszulösen (HOLTZ 1959b, 1960c; HOLTZ et al. 1960b). Am Herzen gewinnt demnach Dopamin den Charakter eines überwiegend indirekt wirkenden Amins dadurch, daß es wegen seiner geringen Affinität zu den nur dem β-Typ angehörenden adrenergischen Receptoren des Herzens hoch dosiert werden *muß*, um überhaupt zu wirken, und hoch dosiert werden *kann*, ohne daß die durch freigesetztes Noradrenalin verursachte indirekte Wirkung durch eine direkte Wirkung überlagert oder verdeckt würde.

Ähnlich scheinen die Verhältnisse für Phenylpropanolamin zu liegen, das ebenfalls eine überwiegend direkte Wirkung an den α-Receptoren der Nickhaut besitzt, dessen positiv ino- und chronotrope Wirkungen am Herzen jedoch überwiegend indirekt, durch die Freisetzung von Noradrenalin zustande kommen, wie Versuche am Herz-Lungenpräparat des Hundes (LIEBMAN 1961) und an isolierten Vorhofpräparaten des Meerschweinchenherzens (TRENDELENBURG et al. 1963) nach kurzfristiger Behandlung der Tiere mit Reserpin gezeigt haben.

## 1. Denervierung

Im Gegensatz zu der *prä*ganglionären Durchschneidung eines sympathischen Nerven (Dezentralisation), bei der das Ganglion als „trophisches Zentrum" des postganglionären Neurons erhalten und dieses funktionstüchtig bleibt, führt die *post*ganglionäre Durchschneidung zur Degeneration des noradrenergischen Neurons. Das ist mit einer Abnahme und schließlich dem fast vollständigen Verschwinden des Noradrenalingehaltes in dem denervierten Organ verbunden, wie v. EULER und PURKHOLD (1951) für Milz, Leber, Niere und Speicheldrüsen von Schafen sowie für die Submaxillaris von Ratten (v. EULER u. RYD 1963) und GOODALL (1951) am Schafsherzen nach Entfernung des rechten Ggl. stellatum gezeigt haben. Der normale Noradrenalingehalt der Milz betrug in den Versuchen der schwedischen Forscher 3—4 µg pro Gramm Gewebe; 5—15 Tage nach Durchschneidung der Nerven war er auf 0,005—0,09 µg/g abgesunken. Mit der im Laufe mehrerer Monate erfolgenden Regeneration der Nerven nahm der Noradrenalingehalt wieder zu, was dafür sprach, daß das Noradrenalin sympathisch innervierter Organe nervales Noradrenalin und in den Nervenendigungen lokalisiert ist.

Über den zeitlichen Verlauf und Mechanismus der nach Denervierung erfolgenden Abnahme des Wirkstoffgehaltes geben Versuche an der denervierten Submaxillaris von Ratten Aufschluß (BENMILOUD u. v. EULER 1963). Während der ersten 8 Std nach Exstirpation des Ggl. cervicale superius nahm der Noradrenalingehalt nur wenig ab (von 1,48 auf 1,10 µg/g), war nach 12 Std auf 0,85 µg/g abgefallen und nach 24 Std verschwunden. Bretylium (50 mg/kg s.c. alle 4 Std), das die Freisetzung von Noradrenalin aus dem postganglionären Neuron, auch bei elektrischer Stimulierung, blockiert (BOURA u. GREEN 1959), verzögerte die Abnahme des Noradrenalingehaltes in der denervierten Speicheldrüse, so daß dieser nach 12 Std noch 1,12 µg/g und nach 24 Std noch 0,49 µg/g betrug. Die Latenzzeit, d.h. der zeitliche Abstand zwischen Denervierung und beginnender Abnahme des Wirkstoffgehaltes in dem von seinem trophischen Zentrum, dem Ganglion, abgetrennten Nerven, scheint von Organ zu Organ verschieden zu sein. WEINER et al. (1962b) hatten gefunden, daß der Noradrenalingehalt im braunen Fettgewebe der Ratte 8 Std nach der Denervierung noch unverändert und nach 24 Std auf nicht mehr meßbare Werte abgesunken war; in Versuchen von KIRPEKAR et al. (1962) an Katzen war der Noradrenalingehalt der denervierten Nickhaut nach 24 Std noch normal und nahm zwischen der 24. und 36. Std um 98% ab.

Bretylium hemmte auch die an Noradrenalin verarmende Wirkung des Reserpins: im Gehirn, wenn es intraventriculär injiziert wurde (NORTON u. COLVILLE 1961), und bei subcutaner Injektion in Herz, Milz und Leber von Meerschweinchen (RYD 1962), ferner die reserpinähnliche Wirkung des Guanethidins auf den Noradrenalingehalt des Herzens (KUNTZMAN et al. 1962a). Auch das vom Ganglion abgetrennte noradrenergische Neuron eines sympathischen Nerven sezerniert offensichtlich noch kleine Wirkstoffmengen, deren Verlust 8—24 Std lang („Latenzzeit") durch Resynthese kompensiert wird; diese versiegt dann anscheinend mit der beginnenden „Degeneration" des Nerven.

Es ist verständlich, daß denervierte Organe nach vollendeter Nervdegeneration nicht mehr in der Lage sind, auf indirekt, durch Freisetzung nervalen Noradrenalins wirkende „Neurosympathicomimetica" zu reagieren, — ebenso, wie nach Vorbehandlung der Versuchstiere mit Reserpin, das, wie die chronische Denervierung, eine Verarmung der sympathisch innervierten Organe, z.B. des Herzens (BERTLER et al. 1956; CARLSSON et al. 1957c; PAASONEN u. KRAYER 1958), der Iris und der Milz (BURN u. RAND 1959), der Haut des Kaninchenohrs (BURN u. RAND 1958a und d) und des Katzenschwanzes (BURN et al. 1959), des Gehirns — auch des Nebennierenmarks — an Noradrenalin verursacht (PAASONEN u. VOGT 1956; HOLZBAUER u. VOGT 1956; CARLSSON u. HILLARP 1956a; KRONEBERG u. SCHÜMANN 1957; HOLTZ et al. 1957a; MUSCHOLL u. VOGT 1958), so daß schließlich selbst die elektrische Reizung des Nerven keine Wirkung mehr hat oder abgeschwächt ist, in Abhängigkeit von der Reserpindosis und Einwirkungszeit (TRENDELENBURG u. GRAVENSTEIN 1958; BLINKS u. WAUD 1961).

Ein grundlegender Unterschied aber zwischen der Auswirkung der chronischen *Denervierung* und der Wirkung des *Reserpins* besteht darin, daß Tyramin und andere „Neurosympathicomimetica" ihre verlorengegangene Wirkung, z.B. am Blutdruck, am Herzen und an der Nickhaut, nach einer Infusion von Noradrenalin wiedergewinnen, wenn Reserpin, nicht aber wenn die postganglionäre Durchschneidung des Nerven zum Verschwinden des Wirkstoffs aus dem betreffenden Organ geführt hatte (BURN u. RAND 1960a und c). Die noradrenergischen Neurone sind nicht nur zur Synthese des Überträgerstoffs der Nervenwirkung befähigt (s. II.A.), sondern können ihn auch aufnehmen und speichern, wenn er ihnen exogen, hämatogen angeboten wird (s. IX. u. X.B.), und ihn auf adäquate Reize hin freisetzen (BURN 1960). Die Aufnahme in Gewebespeicher war ja der Mechanismus, der dafür sorgt, daß das aus dem Nerven freigesetzte oder das injizierte Noradrenalin nur zum Teil an die pharmakologischen Receptoren der reagierenden Organe gelangt, zu einem anderen Teil jedoch an die im Nerven selbst gelegenen „Speicherreceptoren" gebunden und dadurch der Wirkung entzogen wird. Das denervierte Organ, das nach Degeneration des Nerven exogenes Noradrenalin nicht mehr aufzunehmen vermag, gewinnt deshalb durch eine Noradrenalininfusion die verlorengegangene Reaktionsfähigkeit auf Tyramin nicht wieder, wohl aber ein solches, dessen Noradrenalingehalt durch Reserpin zum Verschwinden gebracht wurde, da in diesem Falle die Speicher nur entleert, aber noch vorhanden sind.

Es wird dann auch verständlich, daß sympathisch innervierte Organe nach chronischer Denervierung auf die gleiche Dosis eines direkt an den pharmakologischen Receptoren angreifenden sympathicomimetischen Amins, z.B. des Adrenalins oder Noradrenalins, mit einer stärkeren Reaktion antworten als normale, innervierte. Dieser Potenzierung der Wirkung liegt aber keine irgendwie geartete „Sensibilisierung" oder „Empfindlichkeitssteigerung" der pharmakologischen Receptoren zugrunde, keine "increased irritability to chemical agents of the denervated structure or structures", wie es in der *Cannonschen* Formulierung des „Law of denervation" heißt, etwa verursacht durch die Abnahme des Noradrenalingehaltes im denervierten Organ, wie von BURN und RAND (1959) angenommen wurde (s. XII.B.), sondern der experimentell fundierte Tatbestand, daß, wegen des mit der Degeneration des Nerven verbundenen Verschwindens auch der nervalen „Speichercompartments" für Noradrenalin, ein größerer Anteil des injizierten Wirkstoffs an die pharmakologischen, die Wirkung vermittelnden Receptoren gelangt (Übersicht bei FURCHGOTT u. KIRPEKAR 1963; TRENDELENBURG 1963).

Da das für die pharmakologische Inaktivierung der Brenzkatechinamine wichtigste Ferment, die O-Methyltransferase, auch in den noradrenergischen Neuronen vorkommt (AXELROD 1959a und b), wäre der mit der Nervdegeneration zwangsläufig verbundene Schwund des Fermentes als ein weiterer Mechanismus in Betracht zu ziehen, der am Zustandekommen der „Überempfindlichkeit" chronisch denervierter Strukturen beteiligt sein könnte (s. IV.B.).

Das sind aber nicht die einzigen Ursachen für die von den Nerven ausgeübten und nach Denervierung wegfallenden „Hemmungen der Empfindlichkeit", wenn man die für die quergestreifte Muskulatur geltenden Verhältnisse auf die glatte Muskulatur übertragen darf. Nach chronischer Denervierung reagierte der quergestreifte Säugetiermuskel auf Acetylcholin, das in die den Muskel versorgende Arterie injiziert wurde, 1000mal empfindlicher als bei intakter Innervation (BROWN 1937). Aus seinen Untersuchungen am Froschmuskel hatte KUFFLER (1943) geschlossen, daß die nach Denervierung erhöhte Empfindlichkeit (NICHOLLS 1956) sich auf die motorischen Endplatten beschränke. Demgegenüber konnte in neueren Untersuchungen mit iontophoretischer Applikation von Acetylcholin auf einzelne Muskelfasern gezeigt werden, daß mit fortschreitender Degeneration des durchschnittenen Nerven die Größe der acetylcholinempfindlichen Region zunimmt und zum Zeitpunkt maximaler Überempfindlichkeit gegenüber der depolarisierenden Wirkung des Acetylcholins den größten Teil der Muskelmembran umfaßt (AXELSON u. THESLEFF 1958, 1959; Übersicht bei THESLEFF 1960b). Zu ähnlichen Ergebnissen führten Versuche, in denen die Acetylcholinbildung im motorischen Nerven und seine Freisetzung an den Nervenenden durch die Applikation von Botulinustoxin blockiert wurde (THESLEFF 1960a). Daß die Bildung bzw. Entwicklung adrenergischer und cholinergischer Receptoren unabhängig von der Innervation erfolgen kann, geht schon aus der Adrenalin- und Acetylcholinempfindlichkeit des embryonalen, noch nicht mit Nerven versorgten Hühnerherzens hervor (MCCARTY et al. 1960; DUFOUR u. POSTERNAK 1960). Wie im denervierten Muskel des ausgewachsenen Tieres, so erstreckt sich im fetalen Muskel (Ratte) die Sensitivität gegen Acetylcholin über die ganze Oberfläche; erst post partum, mit fortschreitender Innervierung, kommt es zur Restriktion der Empfindlichkeit gegen Acetylcholin auf die Region der motorischen Endplatten (DIAMOND u. MILEDI 1959, 1962). — Die präsynaptische Aktivität kontrolliert sozusagen die Größe der gegen chemische Reize empfindlichen „Receptorenoberfläche". Der nervale Faktor verhindert die Ausbreitung der Receptoren, ihre Migration von den Endplatten aus als den Stätten ihrer Bildung (MILEDI 1960a und b).

Mehr als 50 Jahre nach FROEHLICH und LOEWI (1910), die die chemische Überempfindlichkeit denervierter Organe mit dem Wegfall von „Hemmungen der Empfindlichkeit" erklärt hatten, die durch die „Anwesenheit der Nervenendigungen ausgeübt werden", zog MILEDI (1960a) aus Untersuchungen an total bzw. partiell denervierten Froschmuskeln die Schlußfolgerung: "The motor nerve exerts a direct restraining action on the chemosensitivity of muscle. After denervation, it is the removal of this influence which causes supersensitivity. The latter is brought about by an increase in chemosensitive membrane area with no actual increase in the sensitivity of the 'receptors themselves'."

## 2. Cocain

In Versuchen an Spinalkatzen hatte TRENDELENBURG (1959) beobachtet, daß Noradrenalin nach intravenöser Injektion eine größere Verweildauer im Blut besaß, wenn den Tieren vorher Cocain verabfolgt worden war (s. auch WEINER u. TRENDELENBURG 1962). Er schloß daraus auf eine durch Cocain verlangsamte „Inaktivierung". MUSCHOLL (1960a, 1961b) konnte zeigen, daß bei Ratten die durch intravenöse Infusion von 10—20 μg Noradrenalin bedingte fast 100%ige Zunahme des Noradrenalingehaltes im Herzen und in der Milz vermindert war, wenn die Tiere vorher 10—20 mg/kg Cocain erhalten hatten. WHITBY et al. (1960) sowie HERTTING et al. (1961b) (s. auch IVERSEN

u. WHITBY 1962; KOPIN et al. 1962) kamen in Versuchen an Ratten mit tritiummarkiertem Noradrenalin zu dem gleichen Ergebnis: Cocain hemmte die Aufnahme von $H^3$-Noradrenalin ins Herzgewebe. SAMORAJSKI et al. (1964) konnten autoradiographisch zeigen, daß Cocain die Speicherung radioaktiven Noradrenalins in sympathischen Nerven zwar nicht verhinderte, die Aufnahme des Amins jedoch verzögerte. Schließlich ließen die Ergebnisse sich auch in vitro bestätigen: DENGLER et al. (1961) fanden bei der Inkubation von Gewebeschnitten (Herz, Gehirn, Milz) mit radioaktivem Noradrenalin eine verminderte Aufnahme in Gegenwart von Cocain. Schon früher hatte MACMILLAN (1959) die Hypothese aufgestellt, Cocain potenziere die Wirkungen der Brenzkatechinamine, weil es deren Abfluten in Gewebespeicher hemme.

Es ergibt sich somit, daß auch der „sensibilisierende" Effekt des Cocains für adrenergische Wirkungen, d.h. die Potenzierung dieser Wirkungen durch Cocain, nicht auf einer Sensibilisierung der Receptoren, verursacht etwa durch ein Versiegen der Noradrenalinsekretion an den postganglionären sympathischen Nervenendigungen (FLECKENSTEIN u. BASS 1953; FLECKENSTEIN u. STÖCKLE 1955), beruht, sondern durch die Blockierung des auch physiologisch wirksamsten „Inaktivierungsmechanismus" zustande kommt: der Bindung des freigesetzten oder injizierten Wirkstoffs im Gewebe, d.h. seiner Aufnahme in die Brenzkatechinaminspeicher der sympathischen Nerven, — so daß ein größerer Teil an die pharmakologischen Receptoren gelangt.

Die außerordentliche Wirksamkeit dieses Mechanismus ist aus quantitativen Untersuchungen von HAEFELY et al. (1963, 1964) an der Nickhaut der Katze zu ersehen: Danach werden von der durch einen elektrischen Impuls bei Reizung des Halssympathicus freigesetzten Noradrenalinmenge normalerweise etwa 95% durch Aufnahme in die Speicher „inaktiviert", so daß nur 5% zur Wirkung gelangen. Eine Blockierung der Speicher durch Cocain muß deshalb zu einer enormen Verstärkung sowohl des nerval freigesetzten als auch des injizierten Noradrenalins führen, besonders bei niedriger Reizfrequenz und bei der Injektion kleiner Dosen. Cocain durchbricht sozusagen ein „*Ökonomieprinzip*" des Organismus, das darin besteht, den größten Teil des freigesetzten Überträgerstoffs, gewissermaßen zur Entlastung der Biosynthese, wieder in die Noradrenalinspeicher der Nerven aufzunehmen, so daß er zur erneuten Freisetzung durch nervale Impulse verfügbar ist. Eine Blockierung der Aminspeicher für zurückflutenden Wirkstoff müßte zur Abnahme des Amingehaltes führen, wie sie denn auch in Versuchen an isoliert durchströmten Katzenherzen nach Cocain beobachtet worden ist (CAMPOS et al. 1963).

Die weit schwächere Potenzierung der Adrenalin- als der Noradrenalinwirkung durch Cocain, z.B. an der Nickhaut der Katze, findet ihre Erklärung darin, daß Noradrenalin leichter in die nervalen Speicher aufgenommen wird als Adrenalin (IVERSEN u. WHITBY 1962). Deshalb vermochte es auch viel wirksamer als dieses die nach Reserpin verlorengegangenen Wirkungen des Tyramins wiederherzustellen (BURN u. RAND 1960).

Auch für die „sensibilisierende" Wirkung des Cocains ist als in Frage kommender zusätzlicher Mechanismus eine Hemmung des enzymatischen Abbaus der Amine durch Ausschaltung der an den Nervenenden bzw. an den pharmakologischen Receptoren lokalisierten O-Methyltransferase diskutiert worden, indem es den freigesetzten oder injizierten Wirkstoffen vielleicht den Zugang zum Ferment verlegt, ähnlich, wie es ihnen den Zugang zu den Gewebespeichern erschwert (HOLTZ et al. 1960a). Die O-Methyltransferase selbst wird, wie *in vitro* Versuche ergaben, auch durch hohe Cocaindosen ($0,5 \times 10^{-3}$) nicht gehemmt (HOLTZ et al. 1960b; IMAIZUMI et al. 1961). Enzymatische Mechanismen treten offenbar an Bedeutung zurück vor der „inaktivierenden" Aufnahme in die Aminspeicher der Nerven: an der in situ durchströmten Katzenmilz hatten Iproniazid und Pyrogallol — die Blockierung der Monoaminoxydase und O-Methyltransferase — keinen Einfluß auf die Höhe des „overflow" intraarteriell injizierten Noradrenalins, d. h. auf die nach arterieller Injektion im venösen Blut erscheinende Menge pharmakologisch wirksamen Amins; chronische Denervierung sowohl als auch Cocain, d.h. Degeneration der Nerven und damit Verschwinden der nervalen Aminspeicher einerseits und Blockierung der Aufnahme von Noradrenalin in die Speicher andererseits, ließen den „overflow" von 29% normal auf 80% ansteigen (GILLESPIE u. KIRPEKAR 1965).

Die Verstärkung adrenergischer Wirkungen durch Cocain kam in einer Verlängerung der Wirkungsdauer sowohl des durch elektrische Stimulierung des Nerven freigesetzten als auch des injizierten Noradrenalins zum Ausdruck (HAEFELY et al. 1964). Diese war besonders deutlich, wenn zusätzlich die enzymatische Inaktivierung durch einen Hemmstoff der 3-O-Methyltransferase, Pyrogallol, blockiert wurde (BACQ et al. 1959; LEMBECK u. RESCH 1960). Cocain verursachte deshalb an chronisch denervierten Organen, die keinen der beiden Inaktivierungsmechanismen mehr besitzen, weder den enzymatischen (O-Methyltransferase) noch den nichtenzymatischen (Bindung des Wirkstoffs in Gewebespeichern), nicht noch eine zusätzliche Potenzierung der Noradrenalinwirkung (KUKOVETZ u. LEMBECK 1962).

So läßt sich Wesen und Ursache der gleichermaßen nach chronischer Denervierung wie nach Cocain auftretenden „Überempfindlichkeit" der reagierenden Organe gegen die Wirkstoffe auf einen gemeinsamen Nenner bringen: auf die „Beseitigung von Hemmungen der Empfindlichkeit" (FROEHLICH u. LOEWI 1910), die durch die Anwesenheit intakter Nervenendigungen dadurch ausgeübt werden, daß diese einen Teil des Wirkstoffs binden und dadurch der Reaktion mit den pharmakologischen Receptoren entziehen. Die Denervierung benötigt hierfür Tage, Cocain nur Minuten.

In Versuchen an der Nickhaut der Katze mit chronischer Denervierung und mit Cocain reagierte das denervierte Organ empfindlicher auf Noradrenalin als das cocainisierte (TRENDELENBURG et al 1962; KUKOVETZ u. LEMBECK 1962), obwohl eher das Umgekehrte zu erwarten gewesen wäre, wenn dem zu Überempfindlichkeit führenden Mechanismus in beiden Fällen nur die Beseitigung bzw. Blockierung der nervalen Noradrenalinspeicher zugrunde gelegen hätte, die einen Teil des injizierten Wirkstoffs den pharmakologischen Receptoren entziehen; denn, im Gegensatz zu der *lokalisierten*, sich auf die Nickhaut beschränkenden Auswirkung der Denervierung, müßte die Wirkung des Cocains sich auf alle sympathisch innervierten Organe erstrecken und somit *ubiquitär* die Aufnahme des injizierten Noradrenalins ins Gewebe hemmen. So scheint an der durch Denervierung verursachten Sensibilisierung noch ein anderer, dem Cocain fehlender Wirkungsmechanismus beteiligt zu sein. Dieser könnte in der im vorstehenden Kapitel („Denervierung") besprochenen und für den quergestreiften Muskel nachgewiesenen Ausbreitung der Receptorenoberfläche bestehen, die durch neuronale Einflüsse verhindert wird.

Am Zustandekommen der pharmakologischen Wirkungen indirekt wirkender Amine sind zwei Wirkstoffe und zwei Wirkungsmechanismen beteiligt: das eine, an sich unwirksame Amin, setzt ein anderes — Noradrenalin — frei; diesem kommt die eigentliche Wirkung zu. Cocain verstärkt die Wirkung des freigesetzten Noradrenalins; die Freisetzung selbst hemmt oder verhindert es. Die nach Cocain letztlich resultierende Wirkung wird deshalb von der Empfindlichkeit der beiden Wirkungsmechanismen gegen Cocain und damit von der Cocain*dosis* abhängen. Eine Cocaindosis, welche die *Freisetzung* von Noradrenalin durch ein „Neurosympathicomimeticum" noch nicht wesentlich hemmt, die *Wirkung* des freigesetzten Noradrenalins jedoch schon potenziert, müßte auch den Effekt eines „indirekt" wirkenden Amins verstärken. Das erklärt, weshalb auch Neurosympathicomimetica nach kleinen Cocaindosen wirksamer waren (TRENDELENBURG 1959; HOLTZ et al. 1960b). 10 mg/kg Cocain hemmten an Ratten nicht die durch 15 mg/kg Tyramin verursachte Freisetzung von $H^3$-Noradrenalin aus dem Herzen; diese Cocaindosis verhinderte jedoch die Aufnahme von Noradrenalin (5 µg/kg) ins Herz zu 75 %. Die gleiche Cocaindosis genügte auch, um die Noradrenalin freisetzende Wirkung einer dreimal kleineren Tyramindosis (5 mg/kg) deutlich abzuschwächen (HERTTING et al. 1961a; POTTER u. AXELROD 1963a). Es wäre somit zu erwarten gewesen, daß im ersten Fall die pharmakologische — chronotrope und inotrope — Wirkung des Tyramins durch Cocain verstärkt, im zweiten Fall abgeschwächt würde. Der kompetitive Antagonismus zwischen Cocain und Amin an der Zellmembran wurde auch in fluorescenzmikroskopischen Untersuchungen von HILLARP und MALMFORS (1964) an der Ratteniris deutlich: trotz Cocain kam es nach Verabfolgung hoher Noradrenalindosen zu einer Aufnahme normalen Ausmaßes (s. auch SAMORAJSKI et al. 1964).

## B. Dezentralisation und Reserpin

Reserpin führt nicht zu einer so deutlichen Wirkungsverstärkung der injizierten Brenzkatechinamine wie chronische Denervierung und Cocain, und von seiner „sensibilisierenden" Wirkung werden anscheinend nicht alle Effekte der Brenzkatechinamine betroffen. So war nach Reserpinvorbehandlung die positiv chronotrope und die blutdrucksteigernde Wirkung des Adrenalins und Noradrenalins verstärkt, nicht aber ihre positiv inotrope Herzwirkung (MOORE u. MORAN 1962).

Nach Reserpin nimmt der Noradrenalingehalt auch im Herzen und in den Arterienwänden sowie in der Milz und Irismuskulatur ab. Der Brenzkatechinamingehalt des Herzens scheint für die Herzfrequenz von entscheidender Bedeutung zu sein: Mit der durch Reserpin verursachten Abnahme des Amingehaltes nahm auch diese ab (BURN u. RAND 1958e; BEJRABLAYA et al. 1958; INNES u. KRAYER 1958; TRENDELENBURG u. GRAVENSTEIN 1958; KRAYER et al. 1962) und stieg synchron mit der Wiederauffüllung der Aminspeicher an (WAUD et al. 1958). Andererseits war die Schlagfrequenz isolierter Herzvorhofpräparate von Kaninchen 2—4 Std nach der Injektion von Noradrenalin (2 mg/kg i.m.) oder Dopa (60 mg/kg i.v.), die zu einem Anstieg der Brenzkatechinaminkonzentration im Herzen führte (AXELROD et al. 1959b; STRÖMBLAD u. NICKERSON 1961; WEGMANN u. KAKO 1961), entsprechend dem vermehrten, in der Ventrikelmuskulatur bestimmten Brenzkatechinamingehalt, über die Norm erhöht (LEE et al. 1964).

Die Herzen reserpinisierter Tiere reagierten in situ auf Noradrenalin empfindlicher (chronotrop) als normale (BEJRABLAYA et al. 1958; TRENDELENBURG u. GRAVENSTEIN 1958). Auch Streifenpräparate der Kaninchenaorta kontrahierten sich nach 2-tägiger Vorbehandlung der Tiere mit Reserpin auf kleinere Dosen Noradrenalin als solche unbehandelter Tiere (BURN u. RAND 1958a); die blutdrucksteigernde Wirkung des Noradrenalins war an Spinalkatzen nach Reserpin verstärkt (BURN u. RAND 1958c), ebenfalls die mydriatische und milzkontrahierende Wirkung von Adrenalin und Noradrenalin (BURN u. RAND 1959). — An Spinalkatzen war die Herzfrequenz nach Reserpin (je 5 mg/kg 48 und 24 Std vorher) um 19 Schläge pro Minute vermindert und wurde durch 1, 3 bzw. 10 µg/kg Noradrenalin i.v. im Mittel um 16, 22 bzw. 26 Schläge pro Minute stärker erhöht als bei nichtreserpinisierten Kontrolltieren; die gleichen Noradrenalindosen verursachten an den mit Reserpin behandelten Tieren eine um 41, 38 bzw. 25 mm Hg stärkere Blutdrucksteigerung als an den Kontrollen, während die Noradrenalinwirkung an der Nickhaut nach Reserpin nicht verstärkt war (SMITH 1963b; HARRISON et al. 1963a).

Positiven Befunden — Verstärkung der Noradrenalinwirkungen nach Reserpin — stehen negative gegenüber. Daß der Noradrenalingehalt an sich für die Ansprechbarkeit der reagierenden Organe auf Adrenalin und Noradrenalin nicht entscheidend ist, haben Versuche von FLEMING und

TRENDELENBURG (1961) gezeigt. 24 Std nach Verabfolgung von 3 mg/kg Reserpin an Katzen hatte Tyramin seine Wirkung an der Nickhaut verloren, Noradrenalin war jedoch nicht wirksamer als normal. Das traf auch für andere Noradrenalinwirkungen zu, z.B. auf den Rattenblutdruck (GILLIS u. NASH 1961), das Hundeherz (KRAYER et al. 1962), das Vorhofpräparat des Ratten- (KUSCHINSKY et al. 1960a und b) und Meerschweinchenherzens (CROUT et al. 1962) und die Irismuskulatur des Katzenauges (MARLEY 1962). Eine Verstärkung der Noradrenalinwirkung ließ sich in den Versuchen von TRENDELENBURG (1961) durch langdauernde Verabfolgung kleiner Reserpindosen erreichen; nach sieben und deutlicher nach 14 Tage lang durchgeführten Injektionen von 0,1 mg/kg Reserpin täglich war Noradrenalin an der Nickhaut wirksamer als normal, obwohl ihr Noradrenalingehalt nicht *mehr* abgenommen hatte als nach der einmaligen Injektion der hohen Reserpindosis (3 mg/kg, 24 Std vor dem Versuch). Als Indikator der eingetretenen Verarmung der Nickhaut an Noradrenalin diente die abgeschwächte Reaktion auf elektrische Stimulierung des Nerven, in späteren Versuchen auch die fluorimetrische Bestimmung des Noradrenalingehaltes (TRENDELENBURG u. WEINER 1962). Für die zu „Überempfindlichkeit" führende Reserpinwirkung ist demnach der Zeitfaktor von Bedeutung. Aber auch nach langdauernder Behandlung mit Reserpin kommt es nicht zu einer so deutlichen Verstärkung der Adrenalin- und Noradrenalinwirkung wie nach chronischer Denervierung oder nach Cocain.

Die Wirkung des Reserpins gleicht darin derjenigen einer *Dezentralisation* sympathisch innervierter Organe, d.h. der Empfindlichkeitssteigerung, die sich im Anschluß an die *prä*ganglionäre Durchschneidung des Nerven allmählich entwickelt (HAMPEL 1935; INNES u. KOSTERLITZ 1954; TRENDELENBURG u. WEINER 1962), — oder auch der Auswirkung einer langdauernden Behandlung mit Ganglienblockern (EMMELIN 1959, 1961). Die Dezentralisation sowohl als auch die „pharmakologische Denervierung" mit Ganglienblockern läßt das postganglionäre noradrenergische Neuron unbehelligt, der Noradrenalingehalt der innervierten Struktur bleibt unverändert. Der einzige Unterschied zwischen einem innervierten und dezentralisierten Organ besteht darin, daß dieses im letzten Fall nicht mehr von nervalen Impulsen erreicht wird, die an den Nervenenden Noradrenalin vermehrt freisetzen. Wie aber das denervierte Nebennierenmark noch eine hormonale „Basalsekretion" besitzt, so bleibt auch nach der Dezentralisation noch eine geringfügige „Ruhesekretion" kleiner Mengen des Übertragerstoffs aus den Nervenenden bestehen. Mit Hilfe intracellulär applizierter Mikroelektroden ließen sich an isolierten sympathisch innervierten glattmuskeligen Organen, z.B. am Vas deferens des Meerschweinchens, „junction potentials" ableiten, die den seit langem bekannten Endplattenpotentialen des quergestreiften Muskels glichen. Da ihre Frequenz und Amplitude nach Dezentralisierung und nach Reserpinvorbehandlung abnahm, ist wohl die Schlußfolgerung berechtigt, daß sie durch die rhythmische, quantenhafte (DEL CASTILLO u. KATZ 1956) Freisetzung kleiner Noradrenalinmengen an der „neuro-muscular junction" ausgelöst werden, die in vermindertem Maße auch „spontan" erfolgt, d.h. auch nach dem Wegfall zentralnervaler Impulse (BURNSTOCK u. HOLMAN 1961a und b, 1962a und b, 1963; BURNSTOCK et al. 1963).

Da Reserpin die Synthese des Noradrenalins nicht beeinträchtigt, geht diese weiter; sie erfolgt aber nicht mehr „in die Bindung" hinein. Die Folge ist, daß der aus der Synthese stammende Wirkstoff, ähnlich wie der durch Reserpin freigesetzte, zum Teil der Inaktivierung durch die MAO anheimfällt. Wie nach der Dezentralisation eines sympathisch innervierten Organs resultiert auch jetzt, zwar auf verschiedene Weise zustande gekommen, eine verminderte „Berieselung" der pharmakologischen Receptoren mit Noradrenalin, so daß ein Teil von ihnen unbesetzt bleibt. Das Erscheinungsbild der Reserpinwirkung am Ganztier ist ja durch einen verminderten „Sympathicustonus" gekennzeichnet. So befindet sich sowohl das dezentralisierte als auch das reserpinisierte Organ in einem verminderten noradrenergischen Erregungszustand und reagiert, da Erregung und Erregbarkeit in reziprokem Verhältnis zueinander stehen, stärker auf die Wirkstoffe als ein normales Organ.

Im Einklang mit dieser Deutung steht die Beobachtung, daß die nach Dezentralisation stärkere Reaktion der Nickhaut der Katze auf Adrenalin („Sensibilisierung") sich durch wiederholte elektrische Stimulierung des postganglionären Halssympathicus normalisieren ließ: „Desensibilisierung" der pharmakologischen Receptoren (WOLFF u. CATTELL 1937). — BROWN und GILLESPIE (1957) reizten die sympathischen Nerven der Milz elektrisch und bestimmten im abfließenden Blut der Milz den Noradrenalingehalt. Bei Applikation von 200 Impulsen (30 pro Sekunde) betrug der „overflow" im Durchschnitt 800 pg (Pikagramm, $^1/_{1000}$ µg) pro Impuls; 48 Std nach der Dezentralisation des Organs war er auf 200 pg abgefallen (BROWN et al. 1961). Offensichtlich wurde jetzt von der elektrisch freigesetzten Noradrenalinmenge ein größerer Anteil an den „Receptoren" retiniert oder inaktiviert, so daß ein viermal kleinerer Anteil ins Blut übertrat. Denn eine, in Analogie zu den oben erwähnten Versuchen von WOLFF und CATTELL an der Nickhaut, vorgenommene Applikation von 1000 Impulsen der gleichen Frequenz, die durch Freisetzung großer Wirkstoffmengen vermutlich auch die während der Dezentralisation unbesetzt gebliebenen Receptoren mit Noradrenalin auffüllte, normalisierte den „overflow", so daß auf die Standardreizung mit 200 Impulsen hin wieder 800 pg Noradrenalin pro Impuls ins Blut übertraten (s. auch X.B.2.).

*Unspezifische* Sensibilisierungseffekte wurden an der Submaxillaris der Katze beobachtet. Dezentralisation der Drüse (Durchschneidung der Chorda tympani) erhöhte ebenso wie langdauernde Applikation von Ganglienblockern (Chlorisondamin, Ecolid) und von steigenden Dosen Atropin — deutlichere Effekte gab das atropinartig, aber stärker und länger dauernd wirkende Hö 9980,

Piperidino-äthyl-diphenylacetamid (BOCKMÜHL et al. 1949; SCHAUMANN u. LINDNER 1951) — die Empfindlichkeit gegen Adrenalin (EMMELIN 1952; EMMELIN u. MUREN 1951, 1952; EMMELIN u. STRÖMBLAD 1957; EMMELIN 1959. Übersicht bei EMMELIN 1961). Auch die Parotis von Kaninchen reagierte nach Vorbehandlung der Tiere mit Hö 9980 empfindlicher auf Adrenalin (NORDENFELT u. OHLIN 1957). Dezentralisation der Speicheldrüse (Durchschneidung der Chorda tympani), die verminderte Freisetzung von Acetylcholin an den Nervenenden bedeutet, und Blockierung der cholinergischen Receptoren durch Atropin oder Hö 9980 führt demnach zu einer ,,unspezifischen" Überempfindlichkeit, indem die Drüse nicht nur auf *Acetylcholin* und andere cholinergische Wirkstoffe — im Falle der Dezentralisation — empfindlicher reagierte, sondern — im Falle der Atropinisierung, in dem ihre Reaktion auf Acetylcholin naturgemäß nicht geprüft werden konnte — auch auf *Adrenalin* und *Noradrenalin*. Das dezentralisierte Organ ließ sich durch mehrtägige Injektionen von Pilocarpin oder Carbachol (Doryl) desensibilisieren, so daß es seine normale Empfindlichkeit gegen Adrenalin und Noradrenalin wieder gewann (EMMELIN u. MUREN 1952).

Bei Hunden reagierte die Magenmuskulatur nach transthorakaler Vagotomie empfindlicher auf Mecholyl und Carbachol als vorher (MUREN 1957a). Nach Behandlung mit Hö 9980 wirkten aber auch Adrenalin und Noradrenalin, die in Pentobarbitalnarkose bei dem niedrigen Tonus der Magenmuskulatur reine Kontraktionen auslösten (MUREN 1957b), wie nach Vagotomie, stärker als sonst (MUREN 1957a und b). Wenn man annehmen dürfte, daß die Sympathicomimetica eine Affinität auch zu den cholinergischen Receptoren der Magenmuskulatur und der Speicheldrüsen besitzen, ohne sie jedoch — wegen fehlender ,,intrinsic activity" (ARIËNS 1963) — zur Auslösung einer Wirkung zu veranlassen, so würde verständlich, daß nach Blockierung dieser ,,silent receptors" durch Atropin ein injiziertes sympathicomimetisches Amin zu einem größeren Teil an die adrenergischen ,,effective receptors" ginge und deshalb eine stärkere Wirkung auslöste. Auch im akuten Versuch wurde der isolierte Kaninchendarm in Gegenwart einer kleinen Atropindosis, die keinen wahrnehmbaren Einfluß auf Tonus und Motorik hatte, durch Adrenalin viel stärker gehemmt als in Abwesenheit von Atropin (GREEFF u. HOLTZ 1951b). Andererseits war die Adrenalinwirkung am isolierten Meerschweinchenherzen nach Vorbehandlung der Tiere mit Hö 9980 nicht verstärkt (EMMELIN u. OHLIN 1961).

## XIII. Konstitution und Wirkung
### A. Exzitatorische und inhibitorische Wirkungen

BARGER und DALE (1910) hatten schon gefunden, daß bei den vom Adrenalin sich ableitenden sekundären Brenzkatechinaminen, die, wie dieses, eine methylsubstituierte $NH_2$-Gruppe in der Seitenkette besaßen — z. B. ,,Methylamino-aceto-catechol (I)" und ,,Methylamino-ethyl-catechol (II)" —, *inhibi-*

$$\underset{\text{I}}{\overset{\text{HO}}{\underset{\text{HO}}{\bigcirc}}}\overset{\text{CO·CH}_2}{\underset{\text{N}}{\overset{|}{\underset{\text{CH}_3}{\overset{\text{H}}{\diagup}}}}}\qquad\underset{\text{II}}{\overset{\text{HO}}{\underset{\text{HO}}{\bigcirc}}}\overset{\text{CH}_2\cdot\text{CH}_2}{\underset{\text{N}}{\overset{|}{\underset{\text{CH}_3}{\overset{\text{H}}{\diagup}}}}}$$

*torische* Wirkungen stärker ausgeprägt waren als bei den entsprechenden primären Aminen mit nicht substituierter NH$_2$-Gruppe. Wie Adrenalin, so waren auch die anderen — NH · CH$_3$ — Derivate, z.B. am virginellen Katzenuterus, inhibitorisch viel wirksamer als Noradrenalin und andere primäre Brenzkatechinderivate. Dem entsprach, daß Adrenalin in einem Test, in dem beide Wirkungsqualitäten zur Auswirkung gelangen konnten, eine schwächere exzitatorische Wirkung besaß: An der Katze wirkte es schwächer blutdrucksteigernd als Noradrenalin. Die in die resultierende Wirkung mit eingehende inhibitorische Komponente ließ sich durch Ergotoxin demaskieren (DALE 1906; BARGER u. DALE 1909): Blockierte man durch das Mutterkornalkaloid die exzitatorische, blutdrucksteigernde Wirkung, so war Noradrenalin wirkungslos, während Adrenalin jetzt blutdrucksenkend wirkte (Umkehr der Adrenalinwirkung) (siehe Abb. 1, S. 4).

## B. α- und β-Receptoren

Auf Grund dieser qualitativen Wirkungsunterschiede sympathcomimetischer Amine schlossen BARGER und DALE (1910) ,,on the presence of varying mixtures of motor and inhibitor elements in the peripheral excitable mechanism", der ,,receptive substance" LANGLEYs (1905/06), zu deren exzitatorische und inhibitorische Wirkungen vermittelnden Elementen die Amine eine verschieden große Affinität besaßen. Mit AHLQUIST (1948) bezeichnen wir heute die exzitatorische Wirkungen vermittelnden ,,Elemente in dem peripheren erregbaren Mechanismus" als adrenergische α-Receptoren und die inhibitorische Wirkungen vermittelnden als adrenergische β-Receptoren.

In seiner Veröffentlichung "A study of adrenotropic receptors" klassifizierte AHLQUIST (1948) die beiden Receptorentypen auf Grund der relativen — exzitatorischen bzw. inhibitorischen — Aktivitäten einiger sympathicomimetischer Amine an glattmuskeligen Organen: *Adrenalin* und *Noradrenalin* hatten eine fast gleich große Affinität zu den α-Receptoren, *Isoproterenol* (Aludrin) die schwächste. Umgekehrt hatte Noradrenalin die schwächste Affinität zu den β-Receptoren und Adrenalin eine schwächere als Isoproterenol. Das ,,Mischungsverhältnis" von α- und β-Receptoren war von Organ zu Organ und von Tierart zu Tierart verschieden. Überwiegend exzitatorische Wirkungen vermittelnde adrenergische α-Receptoren hatten z.B. Kaninchenuterus und trächtiger Katzenuterus, M. retractor penis des Hundes, die Trabekelmuskulatur der Milz und der Muskel der Katzennickhaut; an diesen Testobjekten wirkten Adrenalin und Noradrenalin erregend, Isoproterenol war wirkungslos oder hatte, z. B. an der isolierten Nickhaut der Katze (THOMPSON 1958), eine inhibitorische Wirkung. Diese Organe besitzen zwar überwiegend α-Receptoren, daneben aber auch β-Receptoren. Überwiegend β-Receptoren fanden sich demgegenüber z. B. in der Bronchialmuskulatur sowie im virginellen Katzen- und Meerschweinchenuterus. An diesen Testobjekten besaß Isoproterenol die stärkste — inhibitorische — Wirksamkeit, Noradrenalin die schwächste.

Der Klassifizierung in exzitatorische α- und inhibitorische β-Receptoren fügte sich das *Herz* nicht ein. Das von allen sympathicomimetischen Aminen an der glatten Muskulatur inhibitorisch wirksamste, das „β-Sympathicomimeticum" Isoproterenol, besaß am Herzen die stärkste exzitatorische — positiv chronotrope und inotrope — Wirkung. Die adrenergischen Receptoren des Herzens waren deshalb als „β-Receptoren" zu klassifizieren.

Die Ausstattung der *Gefäße* mit adrenergischen α- und β-Receptoren ist in den einzelnen Gefäßgebieten und von Tierart zu Tierart verschieden. Dilatatorische β-Receptoren scheinen im Gefäßgebiet der Niere und Leber zu fehlen, in den Haut- und Mesenterialgefäßen nur spärlich vorhanden zu sein, während die Muskelgefäße, neben α-, auch reichlich β-Receptoren enthalten (GREEN u. KEPCHAR 1959; FOLKOW u. ÖBERG 1961). Im Bereich der „Widerstandsgefäße", d. h. der kleinen Arterien und präcapillären Arteriolen, überwiegen die β-Receptoren; hier ist der Hauptangriffspunkt des vasodilatatorischen β-Sympathicomimeticums Isoproterenol und der gefäßerweiternden, β-sympathicomimetischen Wirkungskomponente des Adrenalins (FOLKOW 1959, 1960; FOLKOW et al. 1962; s. auch KOBINGER 1965).

Kleine Adrenalindosen verursachten durch Stimulierung der β-Receptoren eine Dilatation der Widerstandsgefäße bei gleichzeitiger Kontraktion der „Kapazitätsgefäße", d. h. der postcapillären venösen Gefäßabschnitte (MELLANDER 1960), und dadurch eine Vergrößerung der Capillaroberfläche (FOLKOW et al. 1963; COBBOLD et al. 1963, 1964). α-Sympathicomimetica, z. B. Synephrin (p-Sympatol) und Methoxamin, sowie Amine mit sowohl α- als auch β-sympathicomimetischen Wirkungen (Brenzkatechinamine, z. B. Adrenalin, Cobefrin und Noradrenalin) kontrahierten auch die Kapazitätsgefäße (ZIMMERMANN et al. 1963). KAISER et al. (1964) erhielten an Hunden auch mit Isoproterenol Constrictionen im Bereich der Kapazitätsgefäße und schlossen aus der antagonisierenden Wirkung des β-Sympathicolyticums Nethalid auf das Vorhandensein von β-Receptoren, die — *synergistisch* mit den α-Receptoren — *venoconstrictorische* Wirkungen vermitteln. Die venomotorische Wirkung sympathicomimetischer Amine kann zu Blutverlagerungen aus dem venösen in den arteriellen Teil des Gefäßsystems führen, indem es durch das erhöhte venöse Blutangebot an das rechte Herz zu einer Steigerung des Schlag- und Minutenvolumens kommt (Übersicht bei GOLLWITZER-MEIER 1932; s. auch DOMENJOZ u. FLEISCH 1939).

Das „muskulotrope" *Angiotensin* verengerte die Widerstandsgefäße stärker und die Kapazitätsgefäße schwächer als Noradrenalin (FOLKOW et al. 1961), so daß es zu einer Verminderung der Capillaroberfläche kam (FOLKOW et al. 1963).

## C. α- und β-Sympathicolytica

Die Konzeption sympathischer α- und β-Receptoren bzw. die Klassifizierung in adrenozeptive Strukturen der Organe, deren adrenergische Reaktion das eine Mal in einer Erregung, das andere Mal in einer Hemmung besteht, konnte sich darauf stützen, daß mit Hilfe antiadrenergischer Stoffe eine Differenzierung zwischen den beiden Wirkungen möglich war. DALE (1906) hatte, wie schon gesagt, in seiner Arbeit "On some physiological actions of ergot" zwei Receptorentypen unterschieden, von denen der eine, der „motor responses" vermittelte, durch *Ergotoxin* „was paralyzed", während der andere, der „inhibitory responses" vermittelte, „was not paralyzed" (s. Abb. 1, S. 4). Das Herz machte eine Ausnahme, indem die exzitatorische — positiv chronotrope und inotrope Wirkung des Adrenalins und der Acceleransreizung — durch Ergotoxin sich nicht verhindern ließ.

Auch unter den seitdem entwickelten synthetischen Sympathicolytica befand sich bis vor wenigen Jahren keines, das spezifisch die durch β-Receptoren vermittelten inhibitorischen Wirkungen der Sympathicomimetica und der sympathischen Nerven an glattmuskeligen Organen und ihre exzitatorische Herzwirkung zu blockieren vermocht hätte. Die wirksamsten unter ihnen, die β-Haloalkylamine, z.B. Dibenamin und Phenoxybenzamin (Dibenzylin), waren, ebenso wie das flüchtiger wirkende Phentolamin (Regitin), reine „α-Sympathicolytica" (NICKERSON 1949; NICKERSON u. NOMAGUCHI 1953a und b; NICKERSON et al. 1953; Übersicht bei NICKERSON 1959). Selbst hohe Dibenaminkonzentrationen waren nicht in der Lage, die erschlaffende Wirkung des Isoproterenols am Streifenpräparat der Kaninchenaorta zu verhindern (FURCHGOTT 1954), — und zur Aufhebung adrenergisch-relaxierender Wirkungen an der Bronchialmuskulatur mußten so hohe Dosen appliziert werden, daß auch Theophyllin nicht mehr wirksam war (AGARWAL u. HARVEY 1955). Demgegenüber scheinen Mutterkornalkaloide, z.B. Ergotamin (NANDA 1931) und Dihydroergotamin (ROTHLIN et al. 1954), die nach AHLQUIST (1948) sowie LEVY und AHLQUIST (1960, 1961) Affinität zu beiden Receptorentypen besitzen, in der Lage zu sein, auch die inhibitorische Wirkung des Adrenalins und Noradrenalins am Kaninchendarm zu antagonisieren (ROTHLIN et al. 1954) (s. XV.B.1.).

*Dibenamin* und andere „α-Sympathicolytica" konnten in Versuchen von BOVET und SIMON (1935) sowie von SERIN (1952) bei hoher Dosierung die positiv chrono- und inotrope Herzwirkung der Brenzkatechinamine abschwächen; es ist aber fraglich, ob es sich dabei um eine spezifische Wirkung handelte, die sich nur auf die Sympathicomimetica erstreckte und nicht auch auf entsprechende Wirkungen z. B. der Digitalisglykoside. — Nach KRAYER (1949a und b) sowie KRAYER und VAN MAANEN (1949) blockieren Veratrumalkaloide, z. B. Veratramin und Veratrosin, selektiv die positiv chronotrope Herzwirkung des Adrenalins und Noradrenalins, ohne die inotrope Wirkung zu beeinflussen. Aber auch in diesem Fall brauchte die Wirkung nicht auf einer Blockade spezifischer adrenergischer Receptoren zu beruhen, da die Alkaloide schon an sich eine bradykarde Wirkung besaßen, die auch nach Verarmung des Herzens an Noradrenalin durch Vorbehandlung mit Reserpin bestehen blieb (INNES u. KRAYER 1958), so daß es sich um einen pharmakodynamischen Antagonismus handeln könnte.

Mit der Synthese des *Dichlor-isoproterenols* (DCI), in dem die beiden phenolischen OH-Gruppen des Isoproterenols durch Cl-Atome ersetzt sind, gelang 1958 die Darstellung eines spezifischen β-Sympathicolyticums (POWELL u. SLATER 1958; MORAN u. PERKINS 1958). Dieses Dichlorderivat eines besonders wirksamen β-Sympathicomimeticums — Isoproterenol (Aludrin) — hob z.B. die bronchodilatatorische Wirkung des Adrenalins und Isoproterenols an

Isoproterenol (Isoprenalin)     Dichlor-isoproterenol (DCI)     Nethalid (Alderline, Pronethalol)

Hunden in vivo und am isolierten Trachealring von Meerschweinchen auf und verhinderte ihre positiv ino- und chronotrope Wirkung am Herzen. Während es die broncholytische Wirkung des Isoproterenols nur aufhob, kehrte es die durch Adrenalin und Noradrenalin oder durch elektrische Reizung der sympathischen Lungennerven verursachte in eine bronchoconstrictorische Wirkung um (CASTRO DE LA MATA et al. 1962). Die glatte Muskulatur der Bronchien besitzt demnach nicht nur adrenergische β-, sondern auch α-Receptoren, zu welch letzteren Adrenalin und Noradrenalin, nicht Isoproterenol, eine genügend große Affinität besitzen, um nach Blockierung der β-Receptoren eine Bronchoconstriction auszulösen.

Andererseits wirkten alle drei Brenzkatechinamine pupillenerweiternd: am M. dilatator reicht demnach die „Affinität" auch des Isoproterenols zu den α-Receptoren aus, um ihn zu erregen (BENNETT et al. 1961; s. auch MORAN u. PERKINS 1958, 1961). Auf Grund vergleichender Versuche am nach LANGENDORFF durchströmten Kaninchenherzen (chrono- und inotrope Wirkung) und an der isoliert durchströmten Meerschweinchenlunge (bronchodilatatorische Wirkung) mit einer größeren Zahl von Brenzkatechinaminen, die sich durch die Einführung verschiedener Substituenten an das N- bzw. α-C-Atom der Seitenkette voneinander unterschieden, postulierten LANDS und BROWN (1964) die Existenz von „Receptorpopulationen", die auf kleine Unterschiede in der chemischen Struktur der einwirkenden sympathicomimetischen Amine mit einer quantitativ verschiedenen, wenn auch qualitativ gleichartigen Wirkung reagieren.

DCI hat bei höherer Dosierung eine sympathicomimetische „Eigenwirkung": Bevor es die adrenergischen β-Receptoren blockiert, stimuliert es sie. Demgegenüber verursachte das vor einigen Jahren von BLACK und STEPHENSON (1962) als β-Sympathicolyticum eingeführte 2-Isopropylamino-1-(2-naphthyl)-äthanol-hydrochlorid *(Nethalide, Alderline, Pronethalol)*, das selektiv die inhibitorischen β-Receptorenwirkungen der Brenzkatechinamine an der glatten Muskulatur sowie ihre kardialen Wirkungen aufhebt und auch bestimmte Stoffwechselwirkungen sympathicomimetischer Amine antagonisiert (s. XV.C.), bei höherer Dosierung eine *negative* Chrono- und Inotropie am Herzen (BLACK u. STEPHENSON 1962), die nicht auf einer Kompetition mit endogenen oder hämatogenen Brenzkatechinaminen an den adrenergischen β-Receptoren des Herzens beruht, sondern eine (toxische?) „Eigenwirkung" zu sein scheint (DOUTHEIL et al. 1964a und b). Denn auch nach Reserpin, das an sich die Kontraktionskraft des Herzens (linker Vorhof des Kaninchenherzens) nicht wesentlich beeinflußte (LEVY u. RICHARDS 1965), blieb die negativ chrono- und inotrope Wirkung des Nethalids am Kaninchenherzen (WISLICKI 1964) und am Herz-Lungenpräparat des Hundes (DOUTHEIL et al. 1964a) erhalten.

Am Vorhofpräparat des Kaninchenherzens verursachten 4—5 µg/ml Nethalid eine Frequenzabnahme von 20—30%, wobei etwa aufgetretene Arrhythmien verschwanden; erst höhere Konzentrationen (8—10 µg/ml) verminderten auch die Kontraktionsamplitude (WISLICKI 1964). Eine regularisierende, antiarrhythmische, chinidinähnliche Wirkung am Herzen hatten schon LAHTI et al. (1955) in Versuchen mit dem später von IMAI et al. (1961a und b) als β-sympathicolytisch wirksam beschriebenen Methoxamin beobachtet: Methoxaminhydrochlorid verhinderte die in Chloroform- oder Cyclopropannarkose durch Adrenalin leicht auslösbaren Arrhythmien. Auch die durch herzwirksame Glykoside verursachten Herz-Arrhythmien ließen sich durch Blockade der adrenergischen β-Receptoren mit DCI und Nethalid unterdrücken (WILLIAMS u. SEKIYA 1963; SEKIYA u. WILLIAMS 1963a und b; TANZ 1964; SOMANI u. LUM 1965). Die *β-adrenolytische* Wirkung des Nethalids ging seiner *negativ inotropen* Eigenwirkung nicht parallel; die Dosis-Wirkungskurve der adrenolytischen Wirkung verlief steiler. Am Papillarmuskel der Katze hatten Nethaliddosen, die schon deutlich antiadrenergisch wirkten, noch keine negativ inotrope Wirkung (KOCH-WESER 1964; s. auch BLINKS 1964; LUCCHESI 1964; WILLIAMS u. MAYER 1964; Übersicht bei KOCH-WESER u. BLINKS 1963).

In Untersuchungen mit einem neuen β-Sympathicolyticum, 1-(3-Methylphenoxy)-2-hydroxy-3-isopropylaminopropan, Kö 592 (ENGELHARDT 1965) an spontan schlagenden Meerschweinchen-Herzvorhöfen ergab sich ebenfalls keine Parallelität zwischen chinidinartiger, negativ inotroper Eigenwirkung und β-adrenolytischem Effekt. Im Gegensatz zu den erwähnten Befunden anderer Autoren an *Kaninchen-* und *Hunde*herzen büßte das β-Sympathicolyticum Kö 592, das auch die lipolytische Wirkung der Sympathicomimetica an der Ratte aufhob (WESTERMANN u. STOCK 1965) (s. XV.C.2.), an Vorhofpräparaten des *Meerschweinchen*herzens seine negativ-inotrope, chinidinähnliche Eigenwirkung ein, wenn der Noradrenalingehalt des Herzens durch Vorbehandlung der Tiere mit Reserpin auf weniger als 2% der Norm erniedrigt war (RAHN 1965; KUSCHINSKY u. RAHN 1965). Ihr liegt demnach am *Meerschweinchen*herzen anscheinend ein noradrenergischer Mechanismus zugrunde. Auch Nethalid wirkte an reserpinisierten Meerschweinchenherzen nicht mehr negativ inotrop. Die negativ inotrope Wirkung des Chinidins blieb durch Reserpinvorbehandlung unbeeinflußt.

## D. Über die Natur adrenergischer Receptoren

Untersuchungen der letzten Jahre über den Mechanismus der Reaktion zwischen Pharmakon und der die pharmakologische Wirkung vermittelnden Struktur des Gewebes haben zu konkreteren Vorstellungen vom Wesen eines adrenergischen „Receptors" geführt, als sie noch um die Jahrhundertwende bestanden, nachdem PAUL EHRLICH (1906) den Begriff für das Verständnis *immunologischer* Vorgänge und chemotherapeutischer Effekte geprägt hatte. LANGLEY (1905/06) machte den Begriff „Receptor" auch zur Erklärung des Zustandekommens *pharmakologischer* Wirkungen nutzbar, indem er z.B. die Struktur in der motorischen Endplatte des quergestreiften Muskels, mit der Curare in Reaktion tritt, um seinen lähmenden Effekt auszuüben, als „receptive substance" für Curare bezeichnete. Molekularpharmakologisch verstehen wir heute unter einem Receptor dasjenige Molekül bzw. diejenige chemische Gruppe im Molekül einer biologischen Struktur, mit der das Pharmakon eine Bindung eingehen muß, um seine Wirkung auszulösen, — wobei es nur dann zum Auftreten einer pharmakologischen Wirkung kommt, wenn der „Receptor" mit einem irgendwie gearteten sog. Effektorsystem gekoppelt, also ein spezifischer, „pharmakologischer" Receptor, und nicht nur ein unspezifischer „silent receptor" ohne Koppelung mit einem Effektorsystem, ein „drug acceptor" (FASTIER 1962), ist, wie das z.B. die Plasmaproteine für manche Pharmaka sind.

Ausgangspunkt für die in letzter Zeit über die Natur *adrenergischer* Receptoren angestellten Überlegungen war die Frage nach dem Mechanismus der *antiadrenergischen* Wirkung der α-Sympathicolytica vom Typ der β-Haloalkylamine, z.B. des Dibenamins. Dibenamin lagert sich, ähnlich wie die ihm chemisch nahestehenden alkylierenden Cytostatica von der Art des N-Lost, im Organismus zu Äthyleniminium-Ionen um (Abb. 40, *I*), die auf Grund ihrer Isosterie mit den sympathicomimetischen Aminen Affinität zu den adrenergischen Receptoren gewinnen: Trotz verschiedener chemischer Konstitution ist die räumliche Anordnung der Atome im Molekül des intermediär zum Äthyleniminium umgelagerten Dibenamins ähnlich wie diejenige im Molekül der sympathicomimetischen Amine. Der Abstand zwischen dem Zentrum des aromatischen Kerns und der eine formal positive Ladung ($\delta^{\oplus}$) tragenden $CH_2$-Gruppe (Carbonium-Ion) des Äthyleniminiums bzw. der Ammoniumgruppe des Brenzkatechinamin-Moleküls ist, wie Untersuchungen von BELLEAU (1958, 1960, 1963) ergeben haben, nahezu identisch (Abb. 40, $x$). Die isosteren Carbonium- bzw. Ammoniumionen könnten mit dem gleichen Receptormolekül, das zwischen beiden nicht zu differenzieren vermag, in Reaktion treten. Da beide kationisch sind, war für das Receptormolekül anionische Natur zu postulieren.

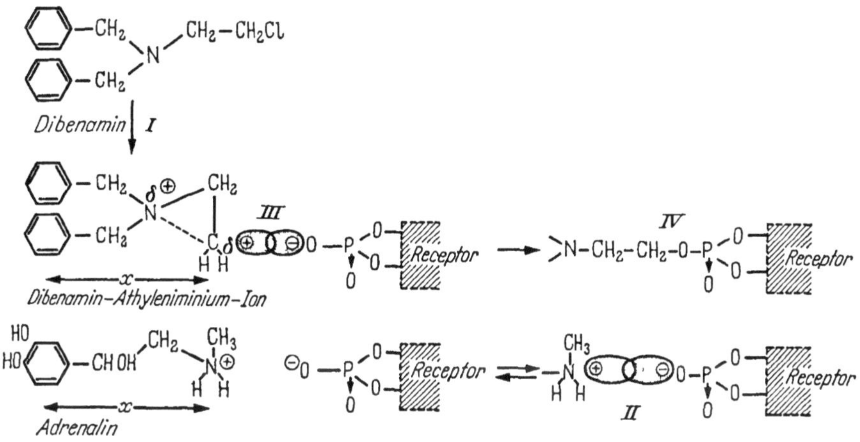

Abb. 40. *Schematische Darstellung der Interferenz zwischen α-Sympathicolyticum und α-Sympathicomimeticum am adrenergischen α-Receptor*

Für die Reaktion zwischen anionischem α-Receptor und kationischer Ammoniumgruppe eines sympathicomimetischen Amins wäre zu fordern, daß es zu einer als α-adrenergische Wirkung sich manifestierenden, leicht reversiblen Ionenpaar-Bindung käme (Abb. 40, *II*; s. auch Abb. 41). Im Falle eines α-Sympathicolyticums von der Art des Dibenamins würde die Ionenpaarbindung zu einer zunächst kompetitiv-reversiblen Blockierung des adrenergischen α-Receptors führen (Abb. 40, *III*), die anschließend in einer zweiten Phase unter Ausbildung einer kovalenten Bindung zwischen Carboniumion und Receptor in eine zwar kompetitive, aber irreversible Hemmung überginge (*IV*) (s. TRIGGLE 1965). Der anionische α-Receptor, der nach den von BELLEAU entwickelten Vorstellungen aus der Phosphodiester-Gruppe eines Nucleotids oder Phosphatids besteht, würde durch das α-Sympathicolyticum unter Alkylierung oder Veresterung inaktiviert und könnte durch Hydrolyse des Phosphatesters reaktiviert bzw. regeneriert werden.

Ist es somit die kationische Ammoniumgruppe, die den Kontakt zwischen dem Amin und dem anionischen α-Receptor vermittelt (Abb. 40 und 41), so sind nach BELLEAU (1958) die *phenolischen OH-Gruppen* (besonders die in

Meta-Stellung befindliche) für die Bindung mit dem β-Anteil des adrenergischen Receptors und für dessen Stimulierung wesentlich. Die Bindung erfolgt wahrscheinlich über die Ausbildung von Wasserstoffbrücken oder kommt durch

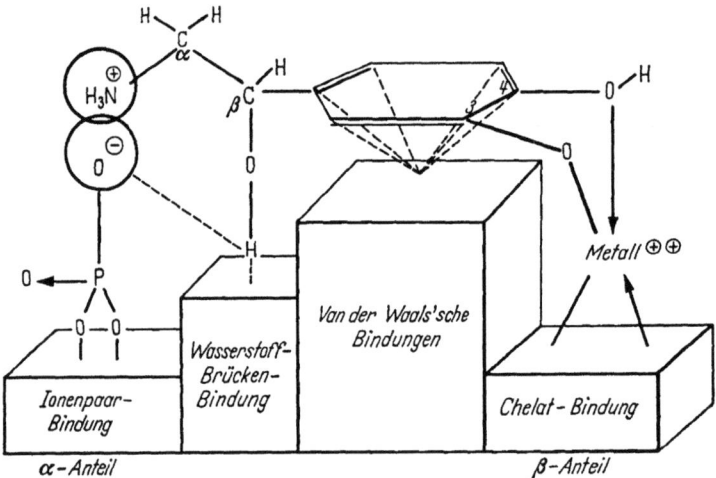

Abb. 41. *Schematische Darstellung der Reaktion zwischen Brenzkatechinamin und adrenergischem Receptor.* Nach Modellvorstellungen von BELLEAU (1963)

Chelatbildung mit einem zweiwertigen Metall-Ion, z. B. Magnesium, zustande (Abb. 41), — ähnlich wie das vermutlich für die Bindung der Brenzkatechinamine an die 3-O-Methyltransferase zutrifft (s. Abb. 12, S. 95). Eine andere Möglichkeit wäre, daß der adrenergische „β-Receptor" ein aus der Receptoroberfläche herausragendes ATP-Molekül ist, mit dem dann die Ammonium-Gruppe des Brenzkatechinamins eine Ionenpaarbindung, seine phenolischen OH-Gruppen eine Chelatbindung eingehen könnten, — in Analogie vielleicht zu der Receptorfunktion des ATP für Adrenalin und Noradrenalin in dem die Bildung des cyclischen 3',5'-AMP katalysierenden Adenylat-Cyclase-ATP-Komplex (Abb. 42).

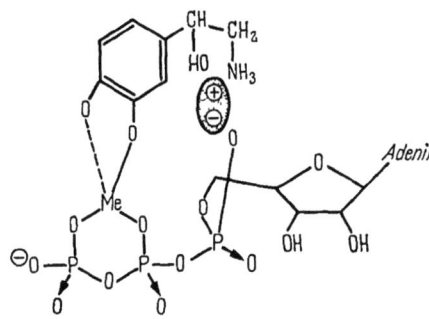

Abb. 42. *Intermediarkomplex zwischen ATP und Noradrenalin bei Aktivierung der Adenyl-Cyclase.* Nach BELLEAU (1960)

Der Benzolkern dürfte nur über *van der Waals'sche* Kräfte mit dem Receptor in Kontakt treten (BELLEAU 1958, 1960, 1963).

Die am α-C-Atom der Seitenkette befindlichen H-Atome sind nach BELLEAU et al. (1961) am Zustandekommen des Kontaktes mit dem adrenergischen Receptor nicht beteiligt. Auch die am β-C-Atom der Seitenkette der Brenzkatechinamine stehende *alkoholische OH-Gruppe* ist nicht essentiell; sie erhöht jedoch die Affinität zum α-, besonders aber zum β-Anteil des Receptors. Unter

Ausbildung von Wasserstoffbrücken zur Receptoroberfläche und auch direkt zu dessen anionischer Gruppe wird ihr die Rolle eines „Aufhängers" (pivot) zugeschrieben (Abb. 41).

Unter diesen Gesichtspunkten wäre der aus einem α- und einem β-Anteil bestehende adrenergische Receptor eine biochemische und funktionelle Einheit. Das stände im Einklang damit, daß alle Brenzkatechinamine eine dualistische Wirkung haben, d.h. sowohl α- als auch β-sympathicomimetisch wirken können. Selbst Isoproterenol, der Prototyp eines „β-Sympathicomimeticums", besitzt auch eine schwache α-sympathicomimetische Wirksamkeit, die nach spezifischer Blockierung des β-Anteils der adrenergischen Receptoren deutlich in Erscheinung treten kann. So verursachen denn auch Eingriffe in die chemische Struktur eines Brenzkatechinamin-Moleküls keine isolierten Änderungen der Wirkungsqualität, sondern beeinflussen, wenn auch vielleicht jeweils in verschiedenem Ausmaß, sowohl die adrenergischen α- als auch die β-Wirkungen.

Wenn diese insbesondere von BELLEAU u. Mitarb. in der letzten Zeit entwickelten Modellvorstellungen von der Natur des adrenergischen Receptors auch nicht alle Fragen befriedigend zu beantworten vermögen, so geben sie doch in manchen Fällen schon eine Basis für die rationelle Deutung der Beziehungen zwischen chemischer Konstitution und Wirkung der sympathicomimetischen Amine.

## E. Beziehungen zwischen chemischer Konstitution und pharmakologischer Wirkung

Schon vor einem halben Jahrhundert hatten BARGER und DALE (1910) in ihren Untersuchungen über Beziehungen zwischen chemischer Struktur und sympathicomimetischer Wirksamkeit körpereigener und synthetischer Amine drei strukturelle Kriterien als Vorbedingung für eine optimale Wirkung herausgestellt: 1. einen Benzolkern; 2. eine aus zwei C-Atomen und einer $NH_2$-Gruppe bestehende Seitenkette; 3. zwei in 3,4-Stellung zu dieser befindliche phenolische OH-Gruppen:

*Alkoholische β-OH-Gruppe.* Waren diese Vorbedingungen erfüllt, wie im 3,4-Dihydroxy-phenyläthylamin (Dopamin), so bedeutete die Einführung einer alkoholischen OH-Gruppe an das β-C-Atom der Seitenkette, wodurch dieses zu einem asymmetrischen C-Atom (*) wurde, eine Affinitätssteigerung zum adrenergischen Receptor und eine Verstärkung der Wirkung. Noradrenalin war an verschiedenen pharmakologischen Testobjekten 50—100 mal wirksamer als Dopamin (s. XV.A.1.3.). L-Noradrenalin und L-Adrenalin waren viel wirksamer als die D-Isomeren.

$$\text{HO}\diagup\hspace{-0.5em}\diagdown\text{CH}_2\cdot\text{CH}_2 \qquad \text{HO}\diagup\hspace{-0.5em}\diagdown\overset{\beta}{\text{CH(OH)}}\cdot\overset{\alpha}{\text{CH}_2}$$
$$\text{HO}\diagdown\hspace{-0.5em}\diagup\ \ \ \ \ \text{NH}_2 \qquad \text{HO}\diagdown\hspace{-0.5em}\overset{*}{\diagup}\ \ \ \ \ \text{NH}_2$$
$$\text{Dopamin} \qquad\qquad\qquad \text{Noradrenalin}$$

Die Wirkungsverstärkung betraf sowohl *exzitatorische* als auch *inhibitorische* Wirkungen: Noradrenalin war an der Katze pressorisch-exzitatorisch und am Kaninchendarm und Meerschweinchenuterus relaxierend-inhibitorisch wirksamer als Dopamin. Die Einführung einer alkoholischen OH-Gruppe in die Seitenkette eines Brenzkatechinamins ist aber anscheinend nur, wenn es sich um exzitatorische Wirkungen handelt, gleichbedeutend mit der Potenzierung einer *adrenergischen*, durch adrenergische α-Receptoren vermittelten Wirkung: α-Sympathicolytica, z. B. Dibenzylin und Regitin (Phentolamin), blockierten an der Katze sowohl die blutdrucksteigernde Wirkung des Dopamins als auch die weit stärkere pressorische Wirkung des Noradrenalins. *Inhibitorische* Wirkungen *werden* erst durch die Einführung einer alkoholischen OH-Gruppe in die Seitenkette zu *adrenergischen*, durch adrenergische β-Receptoren vermittelten Wirkungen: β-Sympathicolytica, z. B. Nethalid, blockierten am Meerschweinchenuterus die inhibitorischen Wirkungen des Noradrenalins, Adrenalins und Isoproterenols, nicht aber diejenigen des Dopamins; die inhibitorisch-depressorische Wirkung des Isoproterenols an der Katze ließ sich, ebenso wie die — nach Blockierung der adrenergischen α-Receptoren der Gefäße mit Dibenzylin oder Phentolamin (Regitin) — blutdrucksenkende Wirkung des Adrenalins, durch das β-Sympathicolyticum Nethalid verhindern, nicht jedoch die nach Dibenzylin an der Katze blutdrucksenkende Wirkung des Dopamins und seine an Kaninchen und Meerschweinchen schon *an sich* depressorische, papaverinähnliche, „muskulotrope" Wirkung (HOLTZ et al. 1963, 1964a). Durch die Einführung der sekundären alkoholischen OH-Gruppe in die Seitenkette *werden* die „muskulotropen" inhibitorischen Wirkungen des Dopamins an den Gefäßen und an anderen glattmuskeligen Organen (Darm, Uterus) erst zu „neurotropen" β-Receptorenwirkungen (s. XV. A.3.).

Anders verhält es sich mit der positiv ino- und chronotropen *Herzwirkung* des Dopamins. Diese wird, in gleicher Weise wie die Wirkungen der Brenzkatechinalkanolamine Adrenalin, Noradrenalin und Isoproterenol, durch Nethalid aufgehoben. Die Wirkung des Dopamins am Herzen ist aber, wie Versuche an Herzvorhofpräparaten ergeben hatten (HOLTZ 1960c; HOLTZ et al. 1960b), keine *direkte* „Eigenwirkung", sondern überwiegend eine *indirekte*, durch die Freisetzung von Noradrenalin zustande kommende Wirkung (siehe XII. A. und XV. A.3.). Das dürfte die Ursache dafür sein, daß der Verlust der β-OH-Gruppe (Noradrenalin → Dopamin) mit einer stärkeren Abnahme der „Affinität" („affinity" = neg.log. der Konzentration eines Pharmakons, die zu einem halbmaximalen Effekt führt) (ARIËNS et al. 1956a—c, 1957) zu adrenergischen β-Receptoren als zu α-Receptoren verknüpft war: in Versuchen von ARIËNS (1963) und von ARIËNS et al. (1963) am Vas deferens der Ratte (α-Receptoren) sank sie vom Noradrenalin zum Dopamin nur von 5,4 auf 5,1, am Vorhofpräparat des Meerschweinchenherzens (β-Receptoren) jedoch von 4 auf 2,8 ab.

Auch die salivatorische Wirkung des Dopamins scheint zum Teil eine indirekte, auf der Freisetzung von Noradrenalin beruhende Wirkung zu sein: an der chronisch sympathisch-denervierten Glandula submandibularis der Katze war die sekretionssteigernde Wirkung des Adrenalins und Noradrenalins erhöht, diejenige des β-Phenyläthylamins und Tyramins aufgehoben; Dopamin erwies sich als „Intermediärstoff" (s. XII.A. und XV.A.3.), indem seine sekretorische Wirkung abgeschwächt, aber nicht aufgehoben war (STRÖMBLAD 1960a). Die überwiegend „indirekte" Wirkungskomponente wurde offensichtlich, wie die Tyraminwirkung, durch die zum Verschwinden endogenen Noradrenalins führende Denervierung aufgehoben, während die an sich nur schwach ausgeprägte „direkte" Wirkungskomponente, wie die Adrenalin- und Noradrenalinwirkung, nach Denervierung der Drüse verstärkt war.

Die Modellvorstellung vom Komplex zwischen Receptor und sympathicomimetischem Amin macht auch verständlich, daß eine zur Entstehung des entsprechenden D-Isomeren führende sterische Konfigurationsänderung am β-C-Atom, z.B. des L-Adrenalins und L-Noradrenalins, praktisch gleichbedeutend mit dem Verlust der alkoholischen β-OH-Gruppe ist, da sie jetzt nicht, wie im Falle des in der Abb. 41 (S. 246) abgebildeten L-Isomeren, nach unten zum Receptor hin, sondern nach oben vom Receptor weg gerichtet ist und deshalb mit diesem nicht mehr in Kontakt treten kann (EASSON u. STEDMAN 1933). *Desoxy-adrenalin* (Epinin) war pressorisch nur so wirksam wie *D-Adrenalin* (BLASCHKO 1950b), *Desoxy-α-methylnoradrenalin* (α-Methyldopamin) verhielt sich in Versuchen von O. SCHAUMANN (1936) (Übersicht bei BECKETT 1960) wie *D-α-methylnoradrenalin* (D-Corbasil), und in den Untersuchungen von ARIËNS (1963) hatten *Dopamin* und *D-Noradrenalin* die gleichen Affinitäten zu den adrenergischen Receptoren, wobei der Verlust der β-OH-Gruppe, ebenso wie die sterische Umlagerung des L-Isomeren in das D-Isomere, sich als „Affinitätsabnahme" besonders zu den adrenergischen β-Receptoren auswirkte (ARIËNS 1963; CLAASSEN 1963).

*Substitution der kationischen Ammoniumgruppe.* Die durch die Einführung einer alkoholischen OH-Gruppe in die Seitenkette des Dopamins bedingte Umwandlung inhibitorischer Wirkungen muskulotropen in solche neurotropen, adrenergischen Charakters erfährt nun eine Verstärkung durch die Alkylsubstitution der die Seitenkette abschließenden $NH_2$-Gruppe. Bei dem mit einer Methylgruppe substituierten Derivat, dem sekundären Amin Adrenalin, sind die inhibitorischen, durch adrenergische $\beta$-Receptoren vermittelten Wirkungen an glattmuskeligen Organen wesentlich stärker ausgeprägt als bei dem primären Amin Noradrenalin, wie schon BARGER und DALE gefunden hatten. In noch höherem Maße trifft das für das mit einer Isopropylgruppe substituierte Brenzkatechinamin zu: Isoproterenol (Aludrin) ist eines der wirksamsten $\beta$-Sympathicomimetica.

Mit Ausnahme des Adrenalins, bei dem die Alkylsubstitution der kationischen Ammoniumgruppe mit einem Methylrest nicht nur zu einer Verstärkung $\beta$-, sondern auch $\alpha$-sympathicomimetischer Wirksamkeit führt — Adrenalin ist z.B. am M. retractor penis des Hundes ($\alpha$-Receptoren) exzitatorisch wirksamer als Noradrenalin (BARGER u. DALE 1910) —, ist die bei Substitution mit höhermolekularen Alkylresten, z.B. $C_3H_7$-, auftretende *Zunahme* $\beta$-sympathicomimetischer mit einer *Abnahme* $\alpha$-sympathicomimetischer Wirksamkeit verbunden, wie beim Isoproterenol. In Abhängigkeit von der Größe des raumausfüllenden Alkyl- oder Arylalkylsubstituenten an der kationischen Ammoniumgruppe des Brenzkatechinaminmoleküls kommt es zu einer Erschwerung bzw. Einschränkung der Ionenpaarbildung zwischen dieser und dem anionischen $\alpha$-Anteil des Receptors, was zu einer Abschwächung $\alpha$-sympathicomimetischer Wirkungen führen muß (BELLEAU 1963). Die Substitution der $NH_2$-Gruppe im Molekül des Noradrenalins mit einem 1-Phenyl-2-dimethyläthyl-Rest (Phenylisobutylnoradrenalin) machte das primäre Amin sogar aus einem $\alpha$-Sympathico*mimeticum* zu einem kompetitiven Antagonisten, d.h. zu einem $\alpha$-Sympathico*lyticum*, wobei die $\beta$-sympathicomimetische Wirksamkeit um fast drei Zehnerpotenzen anstieg (Tabelle 1).

Ähnlich wie z.B. Ephedrin und Amphetamin *Affinität* zur Monoaminoxydase besitzen, ohne *Substrate* des Fermentes zu sein, und deshalb kompetitive Inhibitoren sind, besitzt Phenylisobutylnoradrenalin zwar noch „Affinität" zu den adrenergischen $\alpha$-Receptoren, jedoch keine „efficacy" (STEPHENSON 1956) oder „intrinsic activity" (ARIËNS 1963) und blockiert deshalb $\alpha$-sympathicomimetische Wirkungen anderer Amine (Übersichten bei ARIËNS u. SIMONIS 1960; ARIËNS 1960a und b; CLAASSEN 1963).

Bedeutete die Einführung eines $CH_3$-Restes in die $NH_2$-Gruppe des Noradrenalins eine erhöhte Affinität sowohl zu den adrenergischen $\alpha$- als auch zu den $\beta$-Receptoren (Adrenalin) (s. Tabelle 1), so führte die Substitution mit einer weiteren $CH_3$-Gruppe unter Bildung eines *tertiären* Amins (N-Dimethylnoradrenalin) zur Abnahme direkt-adrenergischer Wirksamkeit (STEHLE et al. 1936;

Tabelle 1. *Einfluß der Substitution der $NH_2$-Gruppe des Noradrenalins mit Alkyl- und Aralkylresten auf die α- und β-sympathicomimetische Wirksamkeit*

| Substanz | α-sympathicomimetische ($pD_2$) und α-sympathicolytische ($pA_2$) Aktivität am isolierten Vas deferens der Ratte | | | β-sympathicomimetische ($pD_2$) Aktivität am isolierten Tracheal-Muskel des Kalbes | |
|---|---|---|---|---|---|
| | intrinsic activity | $pD_2$ | $pA_2$ | intrinsic activity | $pD_2$ |
| Noradrenalin R: —H | 1 | 5,4 | | 1 | 5,9 |
| Adrenalin —$CH_3$ | 1 | 5,7 | | 1 | 6,9 |
| Äthyl-Noradrenalin —$C_2H_5$ | 0,9 | 5,2 | | 1 | 7,2 |
| Isopropyl-Noradrenalin | 0,4 | 2,8 | | 1 | 7,5 |
| (1-Phenyl-2,2-Di=methyl)-Äthyl-Noradrenalin | 0 | | 5,9 | 1 | 8,7 |

„intrinsic activity": maximaler Effekt der Testsubstanz/maximaler Effekt der Standardsubstanz, die am betreffenden Testobjekt am wirksamsten ist.

$pD_2$: negativer Logarithmus der Agonisten-Konzentration, die 50% der Maximalwirkung auslöst.

$pA_2$: negativer Logarithmus der Antagonisten-Konzentration, die eine Verdoppelung der Agonisten-Konzentration erforderlich macht, um den ursprünglichen Effekt zu erzielen.

Nach E. J. ARIËNS, M. J. G. A. WAELEN, P. F. SONNEVILLE und A. M. SIMONIS (1963).

STEHLE u. ELLSWORTH 1937). Auch das dem Tyramin entsprechende tertiäre Amin, das p-Hydroxyphenyl-äthyl-N-dimethylamin (Hordenin), war am Katzenblutdruck wesentlich schwächer pressorisch wirksam als Tyramin selbst (BARGER u. DALE 1910; TAINTER 1932), was in diesem Fall eine Abschwächung der „indirekten", noradrenalinfreisetzenden Wirkung bedeutet. Stattdessen gewann das tertiäre Amin einen, wenn auch schwachen nicotinartigen Wirkungscharakter (DALE u. LAIDLAW 1912/13; ADLER 1921): elektrische Vagusreizung war nach Hordenin wirkungslos (CAMUS 1906); Nicotin verhinderte an Hunden und Katzen die blutdrucksteigernde Wirkung des Hordenins (BAEHR u. PICK 1917; RAYMOND-HAMET 1930); an Hunden verursachte es, wie Nicotin, eine Adrenalinausschüttung aus den Nebennieren (RAYMOND-HAMET 1930).

Weitere Methylierung des tertiären Amins führt zum *quartären* p-Hydroxyphenyläthyl-trimethylammoniumsalz, das mit dem neben Hordenin in der Kaktee Trichocereus candicans vorkommenden *Candicin* identisch ist und ausschließlich ganglionäre Wirkungen besitzt. Die blutdrucksteigernde Wirkung des Candicins war viel stärker als diejenige des Hordenins und Tyramins (BARGER u. DALE 1910; LEE et al. 1936; Übersicht bei BOVET u. BOVET-NITTI 1948). Aus neueren Untersuchungen geht hervor, daß das quartäre Candicin an der Spinalkatze ungefähr 3,5mal stärker pressorisch wirkte als Tyramin; das quaternisierte Dopamin (Corynein) war sogar 5mal pressorisch wirksamer als das primäre Amin (BURN et al. 1963; CUTHBERT 1964). Dasselbe Wirksamkeitsverhältnis wurde für Phenyläthylamin und das ihm entsprechende *Trimethyl*ammoniumsalz gefunden. Bei der Phenyläthyl-*triäthyl*ammonium-Verbindung stand die ganglionär blockierende Wirkung im Vordergrund (MENKENS et al. 1966). Demgegenüber war das quartäre Noradrenalinderivat ungefähr 600mal schwächer wirksam als Noradrenalin selbst; seine pressorische Wirkung wurde, im Gegensatz zu derjenigen der quartären Tyramin- und Dopaminderivate, durch Hexamethonium nur abgeschwächt, nicht jedoch aufgehoben. Wie das quartäre Hordenin (Candicin) in Versuchen von FELDBERG und VARTIAINEN (1935), so wirkten die quartären Tyramin- und Dopaminanaloge sowohl ganglienerregend als auch, bei höherer Dosierung, ganglionär blockierend (CUTHBERT 1964). Im Gegensatz zum quartären Noradrenalinderivat, verhielten sie sich wie Nicotin und DMPP, die wegen ihrer depolarisierenden Wirkung die Ganglien sowohl zu stimulieren als auch zu blockieren in der Lage sind (FELDBERG u. VARTIAINEN 1935; LEACH 1957).

*Phenolische OH-Gruppen.* Wie schon erwähnt (s. XIII.D.), ist insbesondere die in meta-Stellung befindliche phenolische OH-Gruppe für die Bindung mit dem β-Anteil des Receptors und die Auslösung β-sympathicomimetischer Wirkungen von Bedeutung. Die Wirkung der Phenolalkanolamine ist an allen Testobjekten schwächer als diejenige der Brenzkatechinamine Adrenalin und Noradrenalin. Die Wirksamkeit hängt von der Stellung der phenolischen OH-Gruppe ab: ob in meta- oder in para-Stellung zur Seitenkette. Die meta-Verbindungen Novadral (Nor-phenylephrin) und Adrianol (Phenylephrin) waren wirksamer als die entsprechenden para-Verbindungen (ENGELHARDT u. SCHÜMANN 1953): sowohl *exzitatorisch* — am Blutdruck der Katze (10mal), am Kaninchenohr-Gefäßpräparat (5—7,5mal), am Froschherz (2—5mal), am isolierten Kaninchenuterus (20—100mal) und an der Hundemilz in situ (20—30mal) — als auch *inhibitorisch*, z. B. am isolierten Kaninchendarm (30—60mal) (s. auch HOLTZ et al. 1960b).

Novadral (Nor-phenylephrin)

Adrianol (Phenylephrin)

Die *Methylierung* der $NH_2$-Gruppe führt nur bei den *meta*-Derivaten zu einer deutlichen Verstärkung der Wirkung. Bemerkenswert ist, daß diese vornehmlich exzitatorische, durch adrenergische α-Receptoren vermittelte Wirkungen betrifft: Adrenalin mit seiner $CH_3$-substituierten Aminogruppe war am Kaninchenuterus (GREEFF u. HOLTZ 1951a) und an der Hundemilz (HOLTZ et al. 1952a und b) wirksamer als Noradrenalin, Adrianol (m-Hydroxyphenyl-N-methylaminoäthanol) an den gleichen Testobjekten wirksamer als Novadral (m-Hydroxyphenylaminoäthanol); demgegenüber besaßen Adrianol und Novadral am isolierten *Kaninchendarm* eine praktisch gleich starke inhibitorische Wirksamkeit. Ihre blutdrucksteigernde Wirkung an der Katze wurde durch Blockierung der adrenergischen α-Receptoren der Gefäße, im Gegensatz zur Wirkung des Adrenalins, nur abgeschwächt oder aufgehoben, jedoch nicht in eine blutdrucksenkende Wirkung umgekehrt (ENGELHARDT u. SCHÜMANN 1953). Anders als bei den Brenzkatechinabkömmlingen, bedeutet demnach bei den Phenolalkanolaminen die Methylierung der Aminogruppe nur eine Verstärkung exzitatorischer „α-Receptorenwirkungen", nicht aber eine Potenzierung auch inhibitorischer „β-Receptorenwirkungen". Substituiert man im Molekül des Novadrals die $NH_2$-Gruppe, anstatt mit einer Methylgruppe (Adrianol), mit einer Äthylgruppe (Effortil), oder ersetzt man im Sympatol (Synephrin) den Methylrest an der $NH_2$-Gruppe durch einen Butylrest (Vasculat), so erhält man Verbindungen, die den peripheren Gesamtwiderstand im Gefäßsystem erniedrigen (Effortil) oder rein blutdrucksenkend wirken (Vasculat), die also, ähnlich wie Isoproterenol, eine ausgeprägte Affinität zu den vasodilatatorische Wirkungen vermittelnden β-Receptoren der Gefäße besitzen, — und zu den β-Receptoren des Herzens, deren Stimulierung sich positiv chrono- und inotrop auswirkt.

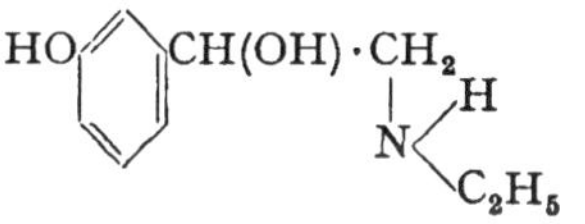

Effortil
1-(3-Hydroxyphenyl)-2-N-äthylamino-äthanol-(1)

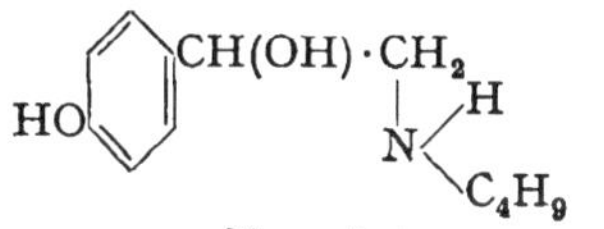

Vasculat
1-(4-Hydroxyphenyl)-2-N-butylamino-äthanol-(1)

Auch bei vollständigem Verlust der phenolischen OH-Gruppen gewährleistet die alkoholische β-OH-Gruppe der Seitenkette, z. B. dem Phenyläthanolamin, noch eine gewisse Affinität zu den adrenergischen Receptoren, d.h. eine

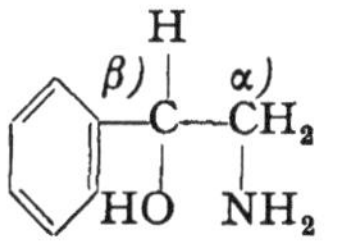

L-Phenyläthanolamin

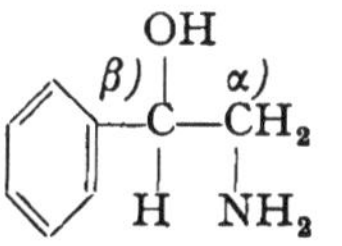

D-Phenyläthanolamin

„direkte", vor allem α-sympathicomimetische Wirksamkeit, die allerdings von der sterischen Konfiguration am β-C-Atom der Seitenkette abhängt. Nur das L-Isomere des Phenyläthanolamins hatte direkte α-sympathicomimetische

Wirkungen, die, wie die Wirkungen anderer direkt wirkender Amine (z.B. Adrenalin, Noradrenalin), nach Denervierung oder Cocain verstärkt waren und nach Reserpinvorbehandlung erhalten blieben (BURN u. RAND 1958c). Wie bei den Brenzkatechinaminen, so kommt demnach auch bei den Phenylalkanolaminen die D-Konfiguration am β-C-Atom dem Verlust der alkoholischen OH-Gruppe gleich: D-Phenyläthanolamin verhielt sich wie Phenyläthylamin, der Prototyp eines indirekt, d.h. durch Freisetzung von Noradrenalin wirkenden sympathicomimetischen Amins (BLINKS 1963). Der Verlust der alkoholischen β-OH-Gruppe läßt sich durch Einführung einer phenolischen OH-Gruppe in meta-Stellung, nicht in Parastellung, kompensieren: m-Tyramin ist ein überwiegend direkt wirkendes, p-Tyramin ein ausschließlich indirekt wirkendes sympathicomimetisches Amin (Übersicht bei TRENDELENBURG 1963; s. auch XII. A.).

Das Fehlen beider phenolischer OH-Gruppen im Molekül der Phenylalkanolamine bedeutet nicht nur einen praktisch vollständigen Verlust β-sympathicomimetischer Wirksamkeit, sondern führt auch zum Auftreten β-sympathicolytischer Wirkungen. So war Phenyläthanolamin ein schwaches β-Sympathicolyticum, wie ARIËNS (1963) am isolierten Trachealring und am Meerschweinchenvorhof zeigte. Chlorsubstitution beider phenolischer OH-Gruppen der Brenzkatechinamine (Dichlor-adrenalin, Dichlor-noradrenalin, besonders Dichlor-isoproterenol) ließ starke β-sympathicolytische Eigenschaften auftreten (POWELL u. SLATER 1958; SLATER u. POWELL 1959; ARIËNS 1960a und b). Die auch nach Halogensubstitution der OH-Gruppen noch mögliche schwache Chelatbildung mit dem β-Anteil des adrenergischen Receptors (s. XIII.D.) dürfte die beim Dichlor-isoproterenol (DCI) noch deutlich ausgeprägte β-sympathicomimetische Eigenwirkung erklären (s. XIII.C.).

*Phenyläthyl- und Phenylisopropylamine.* Der Verlust sowohl der alkoholischen als auch der phenolischen OH-Gruppen, der mit einer Einbuße an direkter peripher-adrenergischer Wirksamkeit verbunden ist und nur noch die Ausübung indirekter, durch Freisetzung endogenen Noradrenalins erfolgender Wirkungen bei hoher Dosierung erlaubt, verursacht eine grundlegende Veränderung des physikalisch-chemischen Charakters dieser Verbindungen: die Polarität des Moleküls nimmt ab und seine Lipoidlöslichkeit zu, was eine erhöhte Penetrationsfähigkeit durch die Blut-Liquorschranke bedeutet und damit die Möglichkeit, *zentrale* Wirkungen auszuüben. So besitzt *Phenyläthylamin*, im Gegensatz zu Tyramin, Dopamin und Noradrenalin, neben einer peripheren indirekt-adrenergischen, auch eine zentral erregende Wirkung, die sich z.B. in einer mit Hyperthermie einhergehenden erhöhten lokomotorischen Aktivität der Versuchstiere äußert. Diese zentral erregende Wirkungskomponente tritt bei den Isopropylderivaten *Amphetamin* und *Methamphetamin* noch stärker in den Vordergrund. Die an der Steigerung der motorischen Aktivität gemessene zentrale Wirkung an Mäusen war beim Amphetamin 30mal und beim Methamphetamin 50mal stärker als beim Phenyläthylamin. *Ephedrin*, als Isopropanolderivat, mit seiner polaren alkoholischen β-OH-Gruppe, wirkte nur 2—3mal stärker zentral erregend als Phenyläthylamin (VAN DER SCHOOT et al. 1962). *p-Hydroxyamphetamin*, bei manchen Tierarten das Hauptstoffwechselprodukt des Amphetamins (s. IV.I.), besaß überhaupt keine zentralen Wirkungen (VAN DER SCHOOT et al. 1962).

Die Amine mit nicht endständiger $NH_2$-Gruppe sind keine Substrate der Monoaminoxydase, während Phenyläthylamin durch das Ferment inaktiviert wird. MAO-Hemmstoffe verstärkten deshalb die zentralen Wirkungen des Phenyläthylamins, nicht jedoch diejenigen des Amphetamins (VAN DER SCHOOT et al. 1962).

Während die *peripheren* sympathicomimetischen Wirkungen der Isopropyl- und Isopropanolderivate ausschließlich indirekte Wirkungen sind, kann auch am Zustandekommen der *zentralen* Erregungswirkungen bei hoher Dosierung eine indirekte, auf der Freisetzung cerebralen Noradrenalins beruhende Wirkungskomponente beteiligt sein. MAO-Hemmstoffe verstärkten dann die Wirkung des Amphetamins und Methamphetamins unter Erhöhung der Toxizität (s. V.B.1.), und Reserpinvorbehandlung schwächte die zentrale Erregungswirkung ab (EVERETT et al. 1963; s. auch S. 213).

## XIV. Über den Mechanismus noradrenergischer Erregungsübertragung in sympathischen Nerven

1. Während *Noradrenalin* die Funktion des Übertragerstoffs von Nervenwirkungen nur an den Enden der postganglionären, noradrenergischen Neurone sympathischer Nerven ausübt, ist *Acetylcholin* sowohl an den Enden der postganglionären, cholinergischen Neurone parasympathischer Nerven als auch in den motorischen Endplatten der quergestreiften Muskulatur und in den peripheren Ganglien der vegetativen Nerven Erregungsübertrager. Dem *einen* Übertragerstoff Acetylcholin entsprechen mindestens *drei* verschiedene Arten „cholinoceptiver", d.h. acetylcholinempfindlicher Receptoren: „*parasympathische*", an denen sich die muscarinartigen Wirkungen des Acetylcholins abspielen, *neuromuskuläre* und *ganglionäre*, an denen es nicotinartig wirkt. Sie unterscheiden sich auch dadurch voneinander, daß sie durch verschiedene Pharmaka blockiert werden: die ersten durch Atropin, die zweiten durch Curare und die dritten durch Ganglienblocker. Zu den ganglionären cholinoceptiven Receptoren gehören nicht nur die Zellen der parasympathischen, sondern auch diejenigen der sympathischen Ganglien und die chromaffinen Zellen des Nebennierenmarks, die durch die cholinergischen Nn. splanchnici innerviert und zur Abgabe ihrer Wirkstoffe an das Blut veranlaßt werden.

Das — muscarinartige und nicotinartige Züge aufweisende — „Janusgesicht" des Acetylcholins macht verständlich, daß der „Parasympathicusstoff" auch in Funktionsabläufe und Erregungsübertragungen des sympathischen bzw. sympathico-adrenalen Systems einzugreifen vermag. Schaltet man die muscarinartige Wirkungskomponente durch Atropin aus, so wirken selbst hohe Dosen Acetylcholin nicht mehr blutdrucksenkend und herzverlangsamend, sondern durch die Erregung sympathischer Ganglien und durch Stimulierung des Nebennierenmarks blutdrucksteigernd und herzbeschleunigend.

Es gibt körpereigene Cholinester — Propionyl- und Butyrylcholin — (BANISTER et al. 1953; HOLTZ u. SCHÜMANN 1954), bei denen man die nur schwache muscarinartige, parasympathicomimetische Wirkung erst gar nicht durch Atropin auszuschalten braucht, um durch Stimulierung adrenergischer Strukturen adrenalin- bzw. noradrenalinähnliche, sympathicomimetische Wirkungen zu erzielen (HOLTZ u. WESTERMANN 1955a): die ausgeprägte muscarinartige Wirkung des Acetylcholins (Ach) führte in dem in der Abb. 43 dargestellten Versuch an einem Vorhofpräparat des Meerschweinchenherzens zum Stillstand der Spontankontraktionen; der Propionsäure- und Buttersäureester des Cholins (Pch, Bch) hatten eine positive ino- und chronotrope Wirkung. Atropinisierte man das Präparat, so trat auch die nicotinartige Wirkungskomponente des Acetylcholins in Erscheinung; auch dieses wirkte jetzt positiv ino- und chronotrop, und die Wirkungen der beiden anderen Cholinester waren verstärkt. Ganglienblocker, z.B. Pendiomid, hoben sie auf (s. auch HOFFMANN et al. 1945; MCDOWALL 1946; RICHARDSON u. WOODS 1959).

Daß ihnen ein adrenergischer bzw. noradrenergischer Wirkungsmechanismus, d.h. die Freisetzung von Adrenalin oder Noradrenalin im Herzen zugrunde lag, wurde u.a. dadurch wahrscheinlich, daß Butyrylcholin (GREEFF et al. 1959; HOLTZ et al. 1960b), ebenso wie Nicotin (BURN u. RAND 1958e), seine chrono- und inotrope Wirkung am Herzvorhof verlor, wenn das Präparat von einem mit Reserpin behandelten Tier stammte. Reserpin führte auch im Herzen zu einer Abnahme des Brenzkatechinamingehaltes (BERTLER et al. 1956; PAASONEN u. KRAYER 1958). Noradrenalin und Adrenalin, auch Histamin (s. auch GREEFF et al. 1959; PENNA et al. 1959; TRENDELENBURG 1960), waren dann noch wirksam.

Auch Tyramin und andere indirekt, d.h. durch Freisetzung von Brenzkatechinaminen wirkende Amine hatten am Herzvorhofpräparat eine positiv ino- und chronotrope Wirkung. Diese unterschied sich aber von derjenigen des Butyrylcholins dadurch, daß sie durch Ganglienblocker, z.B. Hexamethonium, nicht verhindert wurde. Cocain unterdrückte beide: die Wirkung des Butyrylcholins und diejenige des Tyramins (HOLTZ 1960c).

2. Die „ganglionäre", weil durch Ganglienblocker unterdrückbare Wirkung des Butyrylcholins am Herzen kommt aber nicht durch eine Erregung etwa im Herzen vorhandener sympathischer Ganglien zustande; solche sind bisher nicht aufgefunden worden. Die Brenzkatechinaminspeicher, aus denen Butyrylcholin die adrenergischen Wirkstoffe freisetzt, könnten vielleicht nebennierenmarkähnliche Anhäufungen chromaffiner Zellen sein, von denen ein Teil mit

„präganglionären" cholinergischen Nervenfasern in synaptischer Verbindung steht, die dem noradrenergischen Neuron des sympathischen N. accelerans beigemischt sind. Während die im „sympathischen" N. accelerans zum Herzen verlaufenden Nervenfasern überwiegend postganglionäre noradrenergische Neurone sind und nur zu einem kleinen Teil aus präganglionären cholinergischen

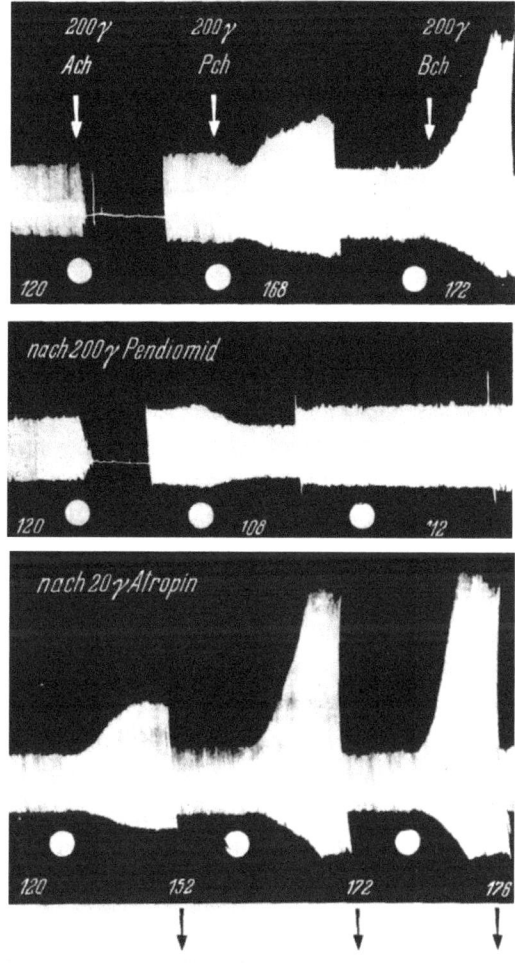

Abb. 43. *Beeinflussung der Acetyl-(Ach-), Propionyl-(Pch-) und Butyrylcholin-(Bch-)Wirkung am Vorhofpräparat des Meerschweinchenherzens durch Ganglienblocker (Pendiomid) und Atropin. 50 ml-Tyrodebad.*
Aus P. HOLTZ und E. WESTERMANN (1955a)

Fasern bestehen, trifft für den das Nebennierenmark innervierenden „sympathischen" N. splanchnicus das Umgekehrte zu: ganz überwiegend besteht er aus präganglionären cholinergischen Neuronen, die die chromaffinen Zellen innervieren, und enthält nur einige Nervenfasern, für die das Ggl. mesentericum sup. „Umschaltganglion" ist. Als postganglionäre noradrenergische Neurone verlassen sie dieses, um die Gefäße der Nebenniere vasoconstrictorisch zu innervieren (s. X. A. 1.2.3.).

Das Vorkommen cholinergisch innervierter chromaffiner Zellen im Herzen könnte eine schon weit zurückliegende Beobachtung erklären. In einer 1875 erschienenen Arbeit berichtete RUDOLF BOEHM über eine „paradoxe Vaguswirkung am Herzen". Elektrische Stimulierung des Nerven führte an curarisierten Katzen zu einer Erhöhung der Herzfrequenz. DALE et al. (1910) machten ähnliche Beobachtungen an Katzen nach Atropin. Auch an isolierten Vorhofpräparaten des Herzens ließ sich die Umkehr der Vaguswirkung nach funktioneller Ausschaltung muscarinartiger Wirkungen nachweisen (MIDDLETON et al. 1949; MCEWEN 1956; BURN u. RAND 1957; BENFEY u. GREEFF 1961; GREEFF et al. 1962). In den Versuchen von GREEFF et al. (1962) an atropinisierten Herzvorhöfen von Meerschweinchen, Kaninchen und Katzen waren zur Erzielung positiv inotroper und chronotroper Vaguseffekte höhere Reizintensitäten erforderlich, z.B. eine 2—4fach höhere Stromstärke, als vorher für die Auslösung negativ inotroper Wirkungen am nicht atropinisierten Präparat. Die nach Atropin positiv ino- und chronotrope Wirkung des Vagusreizes, nicht diejenige des Acceleransreizes, wurde durch Ganglienblocker (Hexamethonium, Ecolid) abgeschwächt. Umgekehrt wirkte Guanethidin, das, ähnlich wie Bretylium, die Funktion des postganglionären sympathischen Neurons aufhebt: nach Abklingen seiner positiv ino- und chronotropen Eigenwirkung war in Gegenwart von Guanethidin die elektrische Reizung des N. accelerans unwirksam, während der paradoxe herzstimulierende Effekt der Vagusreizung erhalten blieb.

Wie „sympathische", so können somit offensichtlich auch „parasympathische" Nerven eine Beimischung cholinergischer Fasern enthalten, die mit „chromaffinen Zellen" des Erfolgsorgans in synaptischer Verbindung stehen, ähnlich wie die cholinergischen Fasern des N. splanchnicus mit den chromaffinen Zellen des Nebennierenmarks.

3. Kriterien für den Anteil, zu dem die sympathische Innervation eines Organs aus noradrenergischen postganglionären Fasern und aus diesen beigemischten, chromaffine Zellen innervierenden cholinergischen Fasern bestehen, sind: 1. die Hemmbarkeit der Nervenwirkung durch Ganglionblocker bei postganglionärer elektrischer Reizung. Eine starke Hemmung des Reizeffektes, z.B. durch Hexamethonium, spricht für eine erhebliche Mitbeteiligung cholinergisch innervierter chromaffiner Zellen, — und umgekehrt; 2. das Ausmaß, in dem der Brenzkatechinamingehalt des sympathisch innervierten Organs nach postganglionärer Denervierung abnimmt. Eine starke Abnahme würde dafür sprechen, daß überwiegend das *nervale* Noradrenalin des postganglionären Neurons der Wirk- und Überträgerstoff war, der mit der Degeneration des von seinem trophischen Zentrum, dem Ganglion, abgetrennten Neurons verschwindet. Eine nur geringfügige Abnahme des Brenzkatechinamingehaltes spräche für eine erhebliche Beteiligung cholinergisch innervierter chromaffiner Zellen, für die das Ganglion nicht „trophisches Zentrum" ist,

und die deshalb ihren Wirkstoffgehalt nicht einbüßen, — in gleicher Weise, wie die Dezentralisation, d. h. die *präg*anglionäre Durchschneidung eines sympathischen Nerven, den Brenzkatechinamingehalt im innervierten Organ unbeeinflußt läßt, und die Durchschneidung der Nn. splanchnici ohne Einfluß auf den Hormongehalt des Nebennierenmarks ist (Übersicht bei SCHÜMANN 1963).

Eines der häufigst benutzten pharmakologischen Testobjekte zur Prüfung auf ganglionär blockierende Wirkung eines Pharmakons ist die *Nickhaut* der Katze: nach Verabfolgung eines Ganglienblockers kontrahiert sie sich bei präganglionärer elektrischer Reizung des Halssympathicus nicht mehr, während die postganglionäre Reizung noch unvermindert wirksam ist. Das spricht demnach dafür, daß der Reizeffekt praktisch ausschließlich durch das an den Endigungen des postganglionären noradrenergischen Neurons freigesetzte nervale Noradrenalin ausgelöst wird, — und nicht etwa durch Brenzkatechinamine chromaffiner Zellen, die von „präganglionären" cholinergischen, dem postganglionären Neuron beigemischten Nervenfasern innerviert werden. Im Einklang damit steht, daß chronische Denervierung durch postganglionäre Durchschneidung des Nerven zum vollständigen Verschwinden des Brenzkatechinamingehaltes in der Nickhaut führt. Die Exstirpation des Ggl. cervicale sup. an Katzen verursachte im Verlaufe von 24 Std noch keine wesentliche Abnahme des Noradrenalingehaltes der Nickhaut; zwischen der 24. und 36. Std nach der Exstirpation sank dieser um 95 % ab und war nach 2 Wochen nicht mehr nachweisbar. Innerhalb der Beobachtungszeit von 105 Tagen erfolgte keine Restitution. Die denervierte Nickhaut reagierte auf Noradrenalin 200- bis 300mal empfindlicher als die innervierte (KIRPEKAR et al. 1962) (s. XII. A. 1.2.).

Das andere Extrem ist das *Nebennierenmark*, das *ausschließlich* aus cholinergisch innervierten chromaffinen Zellen besteht: die elektrische Stimulierung des N. splanchnicus ist nach Verabfolgung von Ganglienblockern wirkungslos, chronische Denervierung verursachte keine Abnahme des Hormongehaltes (s. z.B. HÖKFELT u. MCLEAN 1950; MIRKIN 1958).

Das *Herz* verhält sich ähnlich wie die Nickhaut: chronische Denervierung verursachte eine Abnahme des Noradrenalingehaltes um etwa 80% (LEE u. SHIDEMAN 1959). Eine geringfügige zusätzliche Freisetzung von Brenzkatechinaminen aus cholinergisch innervierten chromaffinen Zellen bei der Acceleransreizung würde wirkungsmäßig kaum ins Gewicht fallen. Ebensowenig wie die Nickhautkontraktionen bei postganglionärer Reizung des Halssympathicus, wurde die positiv chrono- und inotrope Wirkung der elektrischen Acceleransreizung durch Ganglienblocker (Pendiomid, Ecolid) abgeschwächt, wie Versuche an isolierten Herzvorhofpräparaten des Meerschweinchens ergaben (GREEFF et al. 1962; HUKOVIĆ u. MUSCHOLL 1962).

Anders verhält sich das vom N. hypogastricus sympathisch innervierte *Vas deferens* des Meerschweinchens (HUKOVIĆ 1961). An diesem Testobjekt ließ sich die Kontraktion auslösende Wirkung der elektrischen Reizung des Nerven (5—10 Impulse/sec) durch Hexamethonium vollständig aufheben und bei höher frequenter Reizung (30—50 Impulse/sec) deutlich abschwächen (SJÖSTRAND 1962a; SCHÜMANN u. GROBECKER 1963). Im Gegensatz zum Herzen, führte chronische Denervierung im Vas deferens zu einer Abnahme des hohen Noradrenalingehaltes (10 µg/g) um nur 20% (SJÖSTRAND 1962b; OHLIN u. STRÖMBLAD 1963).

Schon COLLIP (1929) hatte über das Vorkommen einer adrenalinähnlichen Substanz in der Prostata von Stieren berichtet, die, ebenso wie chromaffine Zellen, auch in anderen accessorischen männlichen Geschlechtsorganen (Samenblase, Ampulle des Ductus deferens) nachgewiesen (v. EULER 1934a und b) und in der Samenblase von Stieren mit Noradrenalin identifiziert werden konnte (v. EULER 1961). Aus biochemischen und fluorescenzmikroskopischen Untersuchungen von SJÖSTRAND (1965) über das Vorkommen von brenzkatechinaminhaltigen Zellen und nervalen Strukturen in den accessorischen männlichen Geschlechtsorganen verschiedener Tierarten geht hervor, daß die Prostata von Katzen und Hunden kleine, grüngelb fluorescierende, wahrscheinlich adrenalinhaltige Zellen enthält, die sich auch im Ggl. mesentericum inf. und im N. hypogastricus nachweisen ließen. Sie kommen auch reichlich in der Affenprostata vor. Ihr Vorkommen geht dem Adrenalingehalt des Organs parallel. Sie konnten nicht in den accessorischen Geschlechtsorganen von Meerschweinchen, Ratten und Kaninchen dargestellt werden; diese enthielten auch biochemisch kaum nachweisbare Mengen Adrenalin (HAMBERGER et al. 1963; OWMAN und SJÖSTRAND 1965). Das Vas deferens von Affen scheint reichlich noradrenalinhaltige chromaffine Zellen zu enthalten (SJÖSTRAND 1965).

4. Elektrophysiologische Untersuchungen haben das Vorkommen verschiedener Faserqualitäten im Hypogastricus wahrscheinlich gemacht, von denen die eine (vermutlich postganglionäre, noradrenergische C-Fasern) eine Leitungsgeschwindigkeit von nur 1 m/sec, die andere (vermutlich präganglionäre, cholinergische Fasern) eine Leitungsgeschwindigkeit von 3—6 m/sec besaß (FERRY 1963a; s. auch BURNSTOCK u. HOLMAN 1961a und b; 1962a und b, 1963). Schon frühere Untersuchungen hatten zu dem Ergebnis geführt, daß die im N. hypogastricus enthaltenen Nervenfasern C-Fasern sind, für die das Ggl. mesentericum inf. Umschaltrelais sein sollte (s. jedoch weiter unten), — und damit die Beobachtung von LANGLEY und ANDERSON (1894), der N. hypogastricus enthalte überwiegend markscheidenlose Fasern, bestätigt (ADRIAN et al. 1932; LLOYD 1937; GRUNDFEST u. GASSER 1938). Schließlich ließen chromaffine Zellen sich auch mit histologischen Methoden im Verlauf des Vas deferens beim Meerschweinchen nachweisen (OHLIN u. STRÖMBLAD 1963). Im N. hypogastricus des Hundes fanden sich an der Oberfläche unter dem Epineurium, besonders im mittleren Abschnitt, ganze Lager chromaffiner

Zellen mit einem fast gleich hohen Noradrenalin- und Adrenalingehalt (VOGT 1963; VANOV u. VOGT 1963).

Es ist seit langem bekannt, daß — im Gegensatz zu den paravertebralen Ganglien, z.B. dem Ggl. cervicale sup. (MUSCHOLL u. VOGT 1958) — prävertebrale Ganglien, z.B. das Ggl. mesent. inf., als sog. Paraganglien (KOHN 1903) reichlich chromaffines Gewebe enthalten. In Versuchen am isoliert durchströmten Ggl. cervicale sup. der Katze fand REINERT (1963), daß bei präganglionärer elektrischer Reizung des Halssympathicus kleine Mengen Noradrenalin in das Perfusat übertraten. Bei dieser Versuchsanordnung ist jedoch, wie CHUNGCHAROEN et al. (1952) gezeigt hatten, das Glomus caroticum in die Perfusion eingeschlossen, — und dieses enthält chromaffine Zellen und Noradrenalin (MUSCHOLL et al. 1960), so daß die in den Versuchen von REINERT nach Stimulierung des präganglionären Neurons im Perfusat enthaltenen kleinen Noradrenalinmengen vielleicht aus dem Glomus caroticum und nicht aus dem Ggl. cervicale stammten.

Die chromaffinen Zellen der Paraganglien und der prävertebralen Ganglien sind, im Gegensatz zum Nebennierenmark und zu cholinergisch innervierten chromaffinen Zellen, die in den Verlauf mancher noradrenergischer Neurone eingestreut sind oder sich an deren Enden im Erfolgsorgan angehäuft finden, anscheinend nur spärlich oder überhaupt nicht innerviert (ZUCKERKANDL 1901; IWANOW 1932). Deshalb kam es bei der Perfusion des Ggl. mesent. inf. von Hunden mit Locke-Lösung nach elektrischer Reizung des N. splanchnicus inf. und der ascendierenden Mesenterialnerven zu keinem Anstieg des Brenzkatechinamingehaltes in der Perfusionsflüssigkeit, während die „Ruhewerte" (27—40 ng/min Noradrenalin und 0,7—25 ng/min Adrenalin) durch Acetylcholin und das ganglienstimulierende DMPP eine 6—100fache Steigerung erfuhren (MUSCHOLL u. VOGT 1964). Das Ggl. mesent. inf. besitzt einen hohen Brenzkatechinamingehalt: im Mittel 110 µg/g, davon ungefähr 80 µg/g Noradrenalin und 30 µg/g Adrenalin (VANOV u. VOGT 1963). — Demgegenüber sind die in den Verlauf des N. hypogastricus von Meerschweinchen und Hunden eingestreuten und im Vas deferens befindlichen chromaffinen Zellen cholinergisch *innerviert* und steuern bei elektrischer Reizung des Nerven dem freigesetzten *nervalen* Noradrenalin zu einem beträchtlichen Teil die von ihnen gespeicherten Brenzkatechinamine bei, so daß die pharmakologische Reaktion, die Kontraktion des Vas deferens, überwiegend durch die Wirkstoffe der chromaffinen Zellen ausgelöst wird und deshalb durch „Ganglienblocker" blockierbar ist.

5. Die nur schwachen Kontraktionen, die eine elektrische Hypogastricusreizung am Vas deferens von Meerschweinchen nach Vorbehandlung der Tiere mit Reserpin (Verarmung an Noradrenalin) auslöste, ließen sich durch Eserin verstärken und anschließend durch Atropin abschwächen (SCHÜMANN u. GROBECKER 1963). Das jetzt als einziger Wirkstoff freiwerdende Acetylcholin war aber nach allem Vorausgegangenen wahrscheinlich „präganglionäres", an

der Synapse zwischen den cholinergischen Nervenfasern und den durch sie innervierten, durch Reserpin ihres Noradrenalingehaltes beraubten „chromaffinen Zellen" freigesetztes Acetylcholin, das, da es nicht mehr „nicotinartig", d. h. durch Freisetzung von Noradrenalin wirken konnte, nach Diffusion zu den glatten Muskelzellen diese „muscarinartig" zur Kontraktion brachte.

In diesem Zusammenhang sei an die Versuche von EMMELIN und MUREN (1950) zum Nachweis der Freisetzung präganglionären Acetylcholins bei Stimulierung parasympathischer Nerven erinnert, der deshalb schwierig zu erbringen ist, weil die parasympathischen Ganglien in der Nähe des Erfolgsorgans oder in diesem liegen, so daß man sie nicht isoliert durchströmen kann. Die Autoren durchströmten die Speicheldrüse und lähmten die Ganglien, indem sie der Durchströmungsflüssigkeit Curare zusetzten, so daß keine Erregung der postganglionären Fasern mehr stattfand. Die elektrische Reizung der Chorda tympani verursachte jetzt keine Speichelsekretion mehr; Acetylcholin trat aber noch, wenn auch in verringerter Menge, im abfließenden venösen Blut auf. Es konnte jetzt nur von den präganglionären Endigungen stammen, — wie das bei elektrischer Hypogastricusreizung in dem an cholinergisch innervierten chromaffinen Zellen reichen Vas deferens freiwerdende „ganglionäre" Acetylcholin, dessen „nicotinartige", auf der Freisetzung von Brenzkatechinaminen (Noradrenalin) aus chromaffinen Zellen beruhende Wirkung am Normalpräparat durch Hexamethonium blockiert wurde. Unter Eserinschutz brachte es das durch Reserpin an Noradrenalin verarmte Organ „muscarinartig" zur Kontraktion. Diese wurde durch Atropin aufgehoben.

Am Vas deferens des Meerschweinchens mit seinem hohen Gehalt cholinergisch innervierter chromaffiner Zellen wird somit bei der Erregung des N. hypogastricus das die Wirkung ausübende Noradrenalin zwar zum größten Teil durch Acetylcholin freigesetzt, aber wohl nicht, wie BURN und RAND (1959, 1960b, 1962, 1965) (s. auch BURN 1963) meinen, aus den Nervenfasern des postganglionären noradrenergischen Neurons, sondern aus chromaffinen Zellen. Es würde sich dann auch letztlich wohl weniger um „a new adrenergic mechanism" (BURN 1960) mit einem „cholinergic link" (BURN u. RAND 1965) handeln, als vielmehr um die Tatsache, daß „sympathische" Nerven auch „präganglionäre" cholinergische Fasern enthalten können — die zu den Schweißdrüsen verlaufenden „sympathischen" Nerven bestehen bei manchen Tierarten und beim Menschen ausschließlich aus solchen und der N. splanchnicus und der N. hypogastricus überwiegend —, und daß Acetylcholin nicht nur muskarinartige, parasympathicomimetische Wirkungen an glattmuskeligen und drüsigen Organen, sondern auch nicotinartige Wirkungen in den Ganglien und an chromaffinen Zellen auszuüben vermag.

So kamen denn auch andere Autoren (GARDINER u. THOMPSON 1961; FERRY 1963a und b; HERTTING u. WIDHALM 1965; s. auch WILSON u. LONG 1959; DALY u. SCOTT 1961) in Versuchen an isolierten Organen, deren sympathische

Innervation ausschließlich durch noradrenergische Neurone — ohne Beimischung cholinergischer Nervenfasern — besorgt wird, wie z.B. Milz und Nickhaut, zu dem Ergebnis, daß in die sympathische Innervation dieser Organe kein „cholinergic link" (BURN u. RAND 1965) eingeschaltet ist, dem die Funktion zufiele, bei der Erregung oder elektrischen Stimulierung des postganglionären Neurons mit Hilfe primär freiwerdenden Acetylcholins den eigentlichen Überträgerstoff, das nervale Noradrenalin, freizusetzen. Die von BURN und RAND erhobenen Befunde (s. auch BRANDON u. RAND 1961), die für eine Mitwirkung cholinergischer Mechanismen bei der Erregungsübertragung in sympathischen Nerven zu sprechen schienen, finden vielleicht ihre Erklärung in den Ergebnissen neuerer Untersuchungen mit fluorescenzmikroskopischen Methoden. Diese haben gezeigt, daß z.B. der das Vas deferens des Meerschweinchens innervierende sympathische N. hypogastricus nicht, wie bisher angenommen, im Ggl. mesentericum inf. sein „Umschaltganglion" besitzt, sondern überwiegend aus präganglionären Fasern besteht, deren ganglionäre Synapse nur wenige Millimeter vom Erfolgsorgan entfernt liegt (SJÖSTRAND 1965), wie das für parasympathische Nerven die Regel ist (s. auch BENTLEY 1962). Bei diesen erfolgt die Umschaltung von der langen prä- auf die kurze postganglionäre Faserstrecke im innervierten Organ selbst, d.h. in einem organnahe oder sogar im Erfolgsorgan selbst gelegenen Ganglion. Das erklärt, daß die elektrische Reizung des Nerven bei Versuchen am isolierten Hypogastricus-Vas deferens-Präparat nach Ganglienblockern, z.B. Hexamethonium, wirkungslos blieb, und daß Durchschneidung des Nerven zu keiner Abnahme des hohen Noradrenalingehaltes im Organ führte. Eine ähnliche anatomische Anordnung wie für die sympathische Innervation des Vas deferens des Meerschweinchens scheint für diejenige des Trigonum der Harnblase bei der Katze zu bestehen (HAMBERGER u. NORBERG 1965).

## XV. Pharmakologische Wirkungen der Brenzkatechinamine

Es war die blutdrucksteigernde Wirkung, die zur Entdeckung des wirksamen Prinzips des Nebennierenmarks geführt hat, das später in reiner, kristalliner Form als „Adrenalin" oder „Epinephrin" dargestellt wurde (s. I.A.). In seiner Sharpey Schäfer Memorial Lecture berichtet Sir HENRY DALE die Entdeckungsgeschichte[1]. Die pharmakologischen Unterschiede, die

---

[1] Dr. OLIVER, praktischer Arzt in London mit ausgeprägten experimentellen Neigungen, die er gern an den Mitgliedern seiner eigenen Familie befriedigte, hatte einen kleinen Apparat konstruiert, mit dem er durch die intakte Haut hindurch den Durchmesser einer Arterie, z. B. der A. radialis am Handgelenk, messen konnte. Ihn interessierte die Wirkung von Extrakten aus tierischen Drüsen auf die Arterienweite. Für diese Untersuchungen war sein Sohn Versuchsobjekt. Nach der subcutanen Injektion eines Extraktes aus Rindernebennieren im März 1894 war er von der auftretenden Wirkung, die u. a. in einer meßbaren Verengerung der A. radialis bestanden haben soll, so beeindruckt, daß er mit dem Rest des Extraktes zu Prof. SCHÄFER ins Physiologische Laboratorium am

dann den Nachweis auch des Noradrenalins als körpereigenen Wirkstoff ermöglichten — seines regelmäßigen Vorkommens im Harn, seines Vorkommens im Nebennierenmark der meisten Tierarten und des Menschen sowie in den sympathischen Nerven und sympathisch innervierten Organen —, betreffen vor allem die Kreislaufwirkung und die Wirkung auf den Kohlenhydratstoffwechsel, die glykogenolytische, zu Hyperglykämie führende Wirkung.

## A. Herz und Gefäße

### 1. Adrenalin und Noradrenalin

a) **Herz.** Die positiv ino- und chronotrope Herzwirkung des Adrenalins wurde schon frühzeitig als wesentlich mitbeteiligt am Zustandekommen der blutdrucksteigernden Wirkung von Nebennierenmarkextrakten erkannt (ABEL u. CRAWFORD 1897; GOTTLIEB 1897; ABEL 1899). Das durch Chloralhydrat zum Stillstand gekommene Herz ließ sich an Kaninchen durch die Injektion eines Nebennierenmarkextraktes wiederbeleben (GOTTLIEB 1900). Die positiv chronotrope Wirkung des Adrenalins (HOSKINS u. LOVELLETTE 1914; MEEK u. EYSTER 1915; BROOKS et al. 1918) scheint, im Gegensatz zu derjenigen des Noradrenalins, ihren Angriffspunkt nicht nur am Sinusknoten (Schrittmacher), sondern auch an den Herzventrikeln zu haben: bei totalem Herzblock am Menschen kam es nach der intravenösen Injektion von Adrenalin zu einer Frequenzsteigerung der Kammerkontraktionen von 40 auf 70 pro Minute, während eine äquipressorische Dosis Noradrenalin die Schlagfrequenz nur auf 45 pro Minute erhöhte (NATHANSON u. MILLER 1950). Adrenalin neigt andererseits in höherem Maße als Noradrenalin (MILLER u. BAKER 1952; MILLER et al. 1953) zu heterotoper Reizbildung, zur Auslösung von Herzarrhythmien, und prädisponiert, besonders in Chloroform- oder Cyclopropannarkose, zu Kammerflimmern (KAHN 1909b; NOBEL u. ROTHBERGER 1914; MEEK et al. 1937; MEEK 1941; ORTH et al. 1939, 1944; WILBURNE et al. 1947; LENEL et al. 1948). Von ursächlicher Bedeutung scheint der nach Adrenalin erhöhte Kaliumgehalt des Blutes zu sein. Die Kaliämie kommt wesentlich durch eine Mobilisierung von Kalium in der Leber zustande. Nach Ausschluß der Leberzirkulation blieben an Hunden der sonst durch Adrenalin hervorgerufene Kaliumanstieg im Blut und die Herzarrhythmien aus (O'BRIEN 1954). Die

---

University College ging und diesen, der gerade den arteriellen Blutdruck an einem narkotisierten Hund registrierte, bat, dem Tier etwas von seinem Extrakt zu injizieren. Prof. SCHÄFER nahm die angebliche Beobachtung sehr skeptisch zur Kenntnis und war wenig geneigt, die Bitte zu erfüllen. "Dr. OLIVER, however, is persistent; he indicates that the Professor has a dog prepared for recording vascular effects, and suggests that, at least, it will do no harm to inject into its circulation, through a vein, a little of the suprarenal extract, which he produces from his pocket. So Prof. SCHÄFER makes the injection, expecting a triumphant demonstration of nothing, and finds himself standing 'like some watcher of the skies, when a new planet swims into his ken', watching the mercury rise in the manometer with amazing rapidity and to an astounding height, until he wonders whether the float will be thrust right out of the peripheral limb."

beiden Brenzkatechinamine können nicht nur funktionelle Störungen, sondern auch morphologisch nachweisbare Schädigungen des Myokards verursachen, die, wie beim Herzinfarkt (Übersicht bei RICHTERICH 1960), mit einem Anstieg der herzspezifischen Glutamat-Oxalacetat-Transaminase (GOT) im Serum einhergehen — als Zeichen einer Zellschädigung (MALING u. HIGHMAN 1958; HIGHMAN et al. 1959; CARTER et al. 1964) (s. auch XV.C.2).

Am Menschen sowohl (GOLDBERG et al. 1960a) als auch am isolierten, normalen Warmblüterherz, am Herz-Lungenpräparat und an Herzvorhofpräparaten hatten Adrenalin und Noradrenalin eine gleich starke chrono- und inotrope Wirkung (KRAYER u. VAN MAANEN 1949; GOLDBERG et al. 1953; ZANETTI u. OPDYKE 1953; COTTEN u. PINCUS 1955; RUSHMER u. WEST 1957; WEST u. RUSHMER 1957; FAWAZ u. TUTUNJI 1960). Am isolierten Meerschweinchenvorhof hatte jedoch Adrenalin eine auch theoretisch zu erwartende mehrfach stärkere inotrope Wirkung als Noradrenalin (ARIENS 1963). Das Froschherz, das — im Gegensatz zum Warmblüterherzen — nur Adrenalin enthält s. I.B.5.), reagierte auf Noradrenalin etwa fünfmal schwächer als auf Adrenalin (SCHÜMANN 1950).

Am unbetäubten Tier und am Menschen unterschieden die beiden Brenzkatechinamine sich u. a. darin, daß es nach Noradrenalin nicht zu der für Adrenalin charakteristischen Tachykardie kam, sondern zu einer Bradykardie (GOLDENBERG et al. 1948; KRONEBERG u. RÖNICKE 1950; BARCROFT u. KONZETT 1949; KAPPERT et al. 1950; SWAN 1952; s auch ENGELHARDT u. SCHÜMANN 1953). Am narkotisierten Tier trat diese nicht in Erscheinung, und nach Atropin rief Noradrenalin auch am Menschen eine ebenso starke Tachykardie hervor wie Adrenalin (KRONEBERG u. RÖNICKE 1950; SWAN 1949; BARNETT et al. 1950). Auch nach Vagotomie hatten die beiden Amine an Hunden eine gleich starke positiv chrono- und inotrope Wirkung (GOLDBERG et al. 1953). Das natürlich vorkommende L-Isomere des Adrenalins war 20mal, dasjenige des Noradrenalins 45mal wirksamer als die D-Verbindungen. L-Isopropyl-noradrenalin (Isoproterenol) besaß eine 100fach höhere Wirksamkeit als D-Isoproterenol (LANDS et al. 1954; s. auch TAINTER et al. 1948). Aus elektrophysiologischen Untersuchungen über die Wirkung der Brenzkatechinamine an embryonalen Hühnerherzen geht hervor, daß der „adrenergische Receptor" schon *vor* der Innervation vorhanden ist, demnach dem Effektororgan und nicht dem Nerven angehört (FINGL et al. 1952), wofür ja auch die Überempfindlichkeit chronisch denervierter Organe sprach (s. XII.A.). An isoliert durchströmten *fetalen* menschlichen Herzen war die inotrope Wirkung des Noradrenalins mehrfach schwächer als diejenige des Adrenalins (BAKER 1953). Auch von klinischem Interesse ist, daß die pressorische Wirkung des Adrenalins und Noradrenalins, ebenso wie ihre positiv inotrope Herzwirkung, bei respiratorisch, weniger bei metabolisch bedingter Acidose und bei Hypoxämie abgeschwächt war (DUNÉR u. v. EULER 1959; UEDA et al. 1962;

BYGDEMAN 1963; WOOD et al. 1963; GOWDEY u. PATEL 1964). Da der blutdrucksteigernde Effekt einer Carotidenocclusion unverändert oder sogar verstärkt war, muß die hypoxämische Acidose sich auf die Reaktionsfähigkeit der „Nerv-Muskelsynapse", d. h. des Areals der glatten Muskulatur der Gefäße, an dem das nervale, endogene Noradrenalin zur Wirkung gelangt, anders auswirken als auf die Reagibilität der „Gesamtmuskulatur", an der das injizierte, exogene Brenzkatechinamin seinen Angriffspunkt hat (s. auch unter b).

Die nach Noradrenalin auftretende Bradykardie scheint nicht nur reflektorisch über eine Stimulierung der Receptoren des Carotissinus bzw. durch eine lokale Kontraktion der Sinuswände zustande zu kommen (HEYMANS u. VAN DEN HEUVEL-HEYMANS 1950; LANDGREN et al. 1952), sondern auch durch die *direkte* Erregung kardialer Receptoren: an Katzen verursachte es eine vermehrte Impulsaussendung in afferenten, im Herzvagus verlaufenden Nervenfasern (SCHÄFER 1950; s. auch GOLLWITZER-MEIER u. WITZLEB 1952).

Isoproterenol (Aludrin) (s. auch XV.2.) mit seiner hohen Affinität zu den adrenergischen β-Receptoren des Herzens hatte am isolierten Herzen eine zehnmal stärkere positiv chrono- und inotrope Wirkung als Adrenalin und Noradrenalin, während Phenylephrin (Neo-synephrin, Adrianol), das sich chemisch vom Adrenalin durch das Fehlen der phenolischen OH-Gruppe in p-Stellung unterscheidet, fast nur Affinität zu den α-Receptoren besaß (AHLQUIST 1948; AHLQUIST et al. 1954; LEVY u. AHLQUIST 1961). Auch bei vagaler Depression des Sinusknotens oder bei einem durch Carotidenkompression verursachten Herzstillstand wurde Isoproterenol bei Hunden und Katzen als Stimulans des Schrittmachers 10mal wirksamer als Adrenalin und Noradrenalin gefunden, Phenylephrin und Ephedrin 50—100mal schwächer wirksam als Isoproterenol und das blutdrucksteigernde Methoxamin (2,5-Dimethoxypropanolamin, Vasoxyl) wirkungslos (NATHANSON u. MILLER 1952; ROBERTS et al. 1956).

An Hunden mit denerviertem Herzen rief Phenylephrin in blutdrucksteigernden Dosen keine Tachykardie hervor (YOUMANS et al. 1940). Auch beim Methoxamin trat in Versuchen an intakten Hunden die Herzwirkung ganz hinter der durch Vasoconstriction bedingten blutdrucksteigernden Wirkung zurück (HJORT et al. 1948; GOLDBERG et al. 1953). An isoliert durchströmten Herzen hatte es keinen stimulierenden Effekt (MELVILLE u. LU 1952). Mephentermin (N-methyl-α-dimethylphenyläthylamin), das in den USA als gefäßtonisierendes Mittel Anwendung findet, hatte bei i.v. Injektion von 20 mg am Menschen keine nennenswerte Herzwirkung (BROFMAN et al. 1952), besaß aber an Hundeherzen eine positiv inotrope Wirkung (GOLDBERG et al. 1953; s. auch FAWAZ 1961; FAWAZ u. SIMAAN 1964). Es gehört, wie Tyramin, zu den indirekt wirkenden sympathicomimetischen Aminen (s. X.B.4.α.).

**b) Haut- und Muskelgefäße.** In vergleichenden Versuchen am Menschen, für die damals nur das Razemat „DL-Arterenol" (Farbwerke Hoechst) zur

Verfügung stand, verursachte 1 mg DL-Noradrenalin bei subcutaner Injektion eine gleich starke Erhöhung des nach RIVA-ROCCI gemessenen systolischen Drucks wie 1 mg L-Adrenalin; der Druckanstieg nach Noradrenalin erreichte schneller als nach Adrenalin sein Maximum (KRONEBERG 1949; KRONEBERG u. RÖNICKE 1950). Der Unterschied wurde auf eine schnellere Resorption des Noradrenalins zurückgeführt; er stand im Einklang mit dem Ergebnis von Untersuchungen an Patienten der Zahnklinik (HOTH 1949) und von Quaddelversuchen an der Meerschweinchenhaut (HOLTZ et al. 1951b) mit Novocain-Adrenalin- bzw. Novocain-Noradrenalingemischen: wegen seiner schwächeren constrictorischen Wirkung auf die Schleimhaut- und Hautgefäße mußte L-Noradrenalin höher dosiert werden als L-Adrenalin, um eine gleich starke Verlängerung der Anaesthesiedauer zu erzielen (s. auch DOBBS u. DE VIER 1950; EHMANNER u. PERSSON 1951; BERLING u. BJÖRN 1951). Auch die Hautgefäße des isoliert durchströmten Kaninchenohrs sprachen empfindlicher auf Adrenalin als auf Noradrenalin an (WEST 1947b und c). Die constrictorische Wirkung der Brenzkatechinamine auf das Gefäßgebiet der Haut konnte unter direkter Messung der Blutdurchströmung am Menschen (sympathektomierte Gefäße) von DUFF (1952) und am Hund von LANIER et al. (1953) gezeigt werden.

Während Noradrenalin, wie zahlreiche, mit verschiedenen Methoden vorgenommene Kreislaufanalysen ergeben haben, in allen Gefäßgebieten zu Vasoconstriction führt und dadurch zu einer Erhöhung des peripheren Gesamtwiderstandes („Widerstandshochdruck") bei unverändertem (GOLDENBERG et al. 1948) oder sogar etwas vermindertem Herzminutenvolumen (BARCROFT u. STARR 1951; FOWLER et al. 1951; TUCKMAN u. FINNERTY 1959), ist an der durch Adrenalin verursachten Blutdrucksteigerung die Herzwirkung wesentlich beteiligt, auf Grund deren es zu einer Erhöhung des Schlag- und Minutenvolumens kommt („Minutenvolumenhochdruck"), wobei der periphere vasculäre Gesamtwiderstand abnimmt (Abb. 44) (s. z. B. WEZLER u. BÖGER 1939; GOLDENBERG et al. 1948; BERNSMEIER et al. 1950; MECHELKE 1950; SIEDEK et al. 1951). Am Menschen hatte Adrenalin eine stärkere Wirkung auf den Venendruck als Noradrenalin, obwohl dieses den Blutdruck stärker erhöhte (MATTHES 1951; s. auch SALZMAN u. LEVERETT 1956; GLOVER et al. 1958). Bei sehr hoher Dosierung kann auch nach Adrenalin das Herzminutenvolumen wegen des jetzt exzessiv erhöhten Gefäßwiderstandes abnehmen (HAMILTON u. REMINGTON 1948; REMINGTON et al. 1948). Dem Noradrenalin als einem „overall constrictor" steht Adrenalin als „predominantly a dilator" gegenüber (GOLDENBERG et al. 1948; AVIADO 1959). Bei i.v. Infusionen von Adrenalin-Noradrenalingemischen am Menschen setzte sich die gefäßerweiternde, den peripheren Gesamtwiderstand erniedrigende Wirkung des Adrenalins noch durch, wenn die Mischinfusion weniger als 90% Noradrenalin enthielt (DE LARGY et al. 1950). Eine nur geringfügige Adrenalin-

Mehrsekretion aus dem Nebennierenmark würde demnach genügen, um noradrenergische, vasoconstrictorische Wirkungen zu durchbrechen.

Obwohl Adrenalin an den Haut- und Schleimhautgefäßen der stärkere Vasoconstrictor ist, verursacht es bei intravenöser oder subcutaner Injektion eine Abnahme des peripheren Gesamtwiderstandes. Daraus folgt, daß es in anderen Kreislaufgebieten gefäßerweiternd wirkt, — und daß die Vasodilatationen im Gefäßsystem die Vasoconstrictionen überwiegen (v. EULER u.

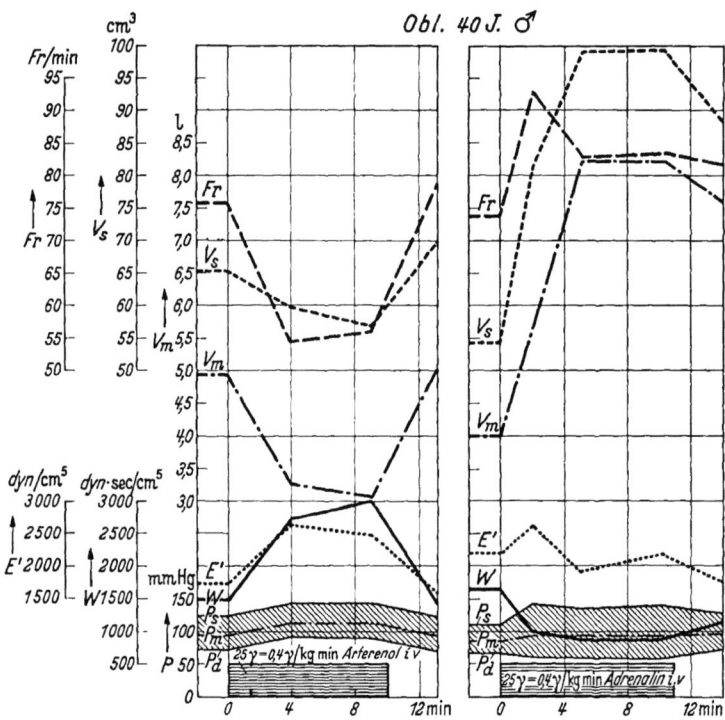

Abb. 44. *Analyse der Kreislaufwirkungen von Adrenalin und Noradrenalin (Arterenol) am Menschen* nach WEZLER und BOGER. Fr Frequenz/min; $V_s$ Schlagvolumen in ml; $V_m$ Minutenvolumen in Litern; $E'$ Elastizitätskoeffizient in absoluten Einheiten; W peripherer Strömungswiderstand in absoluten Einheiten; $P_s$ systolischer Blutdruck; $P_m$ Mitteldruck; $P_d$ diastolischer Blutdruck in mm Hg. Aus A. BERNSMEIER, H. WILD und H. GIERTZ (1950)

LILJESTRAND 1927; STARR et al. 1937). Bei Katze und Hund können kleine Adrenalindosen, die noch keine nennenswerte Herzwirkung haben, reine Blutdrucksenkungen hervorrufen, und an die pressorische Wirkung größerer Dosen schließt sich häufig eine depressorische an, so daß ein biphasischer Effekt resultiert (s. auch KONZETT u. ROTHLIN 1951). Nach Ergotoxin kam es, wie DALE (1906) zuerst beobachtet hatte, ebenso wie nach der Verabfolgung synthetischer α-Sympathicolytica, z. B. Dibenamin, Dibenzylin, Phentolamin (Regitin), zur Umkehr der blutdrucksteigernden Wirkung auch höherer Adrenalindosen in eine blutdrucksenkende Wirkung. Diese Wirkungsumkehr ließ sich für Noradrenalin mit seiner nur schwachen „Affinität" zu den adrenergischen β-Receptoren der Gefäße (s. XIII.B.) erzwingen, wenn man es nach vollständiger Blockade der sympathischen α-Receptoren etwa 20mal höher dosierte als Adrenalin (WEST 1949).

Die *vasodilatatorische* Wirkung des Adrenalins spielt sich im Gefäßgebiet der quergestreiften Extremitätenmuskulatur ab (GRANT u. PEARSON 1937/38). Eine unterschiedliche Reaktion der Haut- und der Muskelgefäße war schon von HOSKINS et al. (1916) an der isoliert durchströmten Hinterextremität des Hundes beobachtet worden: nach Enthäutung wurde die Blutdurchströmung von Adrenalindosen, die sie an der intakten Extremität verminderten, erhöht. In Versuchen von GRIFFITH et al. (1947) an Katzen mit intravenöser Adrenalininfusion steigerten 0,5 µg/kg/min den Blutdurchfluß in der Extremitätenmuskulatur, höhere Dosen drosselten ihn (s. auch GREEN et al. 1954; YOUMANS et al. 1955).

Die gefäßerweiternde Wirkung des Adrenalins, deren Mechanismus seit der Entdeckung des Hormons so viel diskutiert worden ist (s. z. B. CANNON u. LYMAN 1912/13; HUNT 1917/18; McGUIGAN u. HYATT 1919; HEYMANS 1929b; BARCROFT 1932; CLARK 1933; ALLEN et al. 1946/47; LUNDHOLM 1949 a und b; WHELAN 1952), hat man u. a. mit einer Stimulierung der Pressoreceptoren des Sinus caroticus durch den plötzlichen Blutdruckanstieg und das größere vom Herzen ausgeworfene Blutvolumen, d. h. als nerval-reflektorische Vasodilatation zu erklären versucht (HEYMANS 1929b; s. auch DÖRNER 1953, 1954; GRUHZIT et al. 1954; HENSEL et al. 1954; GOTTSTEIN et al. 1955; GOTTSTEIN u. HILLE 1955; BOCK et al. 1955; GOLENHOFEN et al. 1955; Übersicht bei HOLTZ 1963) oder mit einer Hemmung der Erregungsübertragung in sympathischen Ganglien (MARRAZZI 1939a—c). Adrenalin erweiterte aber am Menschen auch die durch Sympathektomie denervierten Muskelgefäße (ALLEN et al. 1946/47; DUFF u. SWAN 1951; WHELAN 1952; Übersicht bei BARCROFT u. SWAN 1953; GREEN u. KEPCHAR 1959) und führte bei i.v. Injektion kleiner Dosen (HOSKINS et al. 1916; GRUBER 1929) sowie bei direkter Injektion in die A. femoralis an Katzen und Hunden zu einer Dilatation der Muskelgefäße in der betreffenden Extremität (CLARK 1933; FOLKOW et al. 1948). Die gefäßerweiternde Wirkung des *Adrenalins* spielt sich demnach anscheinend direkt an der glatten Muskulatur der Gefäße ab. Die Injektion von *Noradrenalin* in die A. femoralis führte in jeder überhaupt wirksamen Dosierung zu einer verminderten Durchblutung der Muskelgefäße (DUNCANSON et al. 1949; BARCROFT u. KONZETT 1949a und b; BARNETT et al. 1950), der eine passive, durch den plötzlichen Druckanstieg bedingte kurzdauernde Erhöhung des Blutdurchflusses voraufgehen konnte (WHELAN 1952; COBBOLD u. VASS 1953).

*Isolierte* Muskelgefäße (in vitro) kontrahieren sich aber auch auf Adrenalin. Deshalb hat man die durch Adrenalin *in situ* hervorgerufene Gefäß*erweiterung* als indirekte Wirkung gedeutet (LUNDHOLM 1956; MOHME-LUNDHOLM 1953, 1956): Adrenalindosen, die an den Muskelgefäßen vasoconstrictorisch noch unterschwellig sind, sollten schon einen Glykogenabbau zu Milchsäure veranlassen, die dann das eigentlich gefäßerweiternde Agens wäre; das schwächer „stoffwechselwirksame" Noradrenalin würde umgekehrt in schon vasoconstrictorischen Dosen noch nicht glykogenolytisch wirken (s. jedoch HILDES et al. 1949; BARCROFT u. COBBOLD 1956; ALLWOOD u. COBBOLD 1961; DE LA LANDE et al. 1961; DE LA LANDE u. WHELAN 1962; GLOVER u. SHANKS 1963). Damit erhebt sich die Frage nach kausalen Beziehungen zwischen metabolischen und pharmakodynamischen Wirkungen, insbesondere nach einer etwaigen Identität adrenergischer $\beta$-Receptoren mit den die glykogenolytische Wirkung vermittelnden metabolischen Receptoren (s. XV.C.1.c.). — Für eine Freisetzung von Histamin als Ursache der vasodilatatorischen Adrenalinwirkung schien zu sprechen, daß intravenöse Adrenalininfusionen den Histamingehalt des Blutes erhöhten (STAUB 1946), was aber von anderen Autoren nicht bestätigt werden konnte (MONGAR u. WHELAN 1952).

Die vasodilatatorische Wirkung des Adrenalins und die vasoconstrictorische des Noradrenalins ordnet sich der auf BARGER und DALE (1910) zurückgehenden Konzeption „exzitatorischer und inhibitorischer Elemente des erregbaren Mechanismus" ein — adrenergischer $\alpha$- und $\beta$-Receptoren (AHLQUIST 1948) —, zu denen die beiden Brenzkatechinamine eine verschiedene Affinität besitzen. Die Verteilung bzw. die Reaktionsfähigkeit „exzitatorischer" $\alpha$-Receptoren und „inhibitorischer" $\beta$-Receptoren ist, wie schon erwähnt (s. XIII.B.), von Organ zu Organ und von Tierart zu Tierart verschieden. Bei Fleischfressern, z. B. Katze und Hund, sind die *Muskel*gefäße offensichtlich mit beiden ausgestattet, so daß die verschieden hohe Affinität der sympathicomimetischen Amine zu den einen und zu den anderen entscheidend für ihre Wirkung ist: ob vasoconstrictorisch oder vasodilatatorisch. Adrenalin, mit seiner gegenüber Noradrenalin größeren Affinität zu den $\beta$-Receptoren, erweitert deshalb die Muskelgefäße, verursacht bei intravenöser Injektion kleiner Dosen Blutdruck*senkung* und erniedrigt auch in höherer Dosierung, bei jetzt erhöhtem Minutenvolumen des Herzens, den peripheren Gesamtwiderstand, da die Vasodilatationen hämodynamisch die Vasoconstrictionen überwiegen. Die gefäß*verengernden* Wirkungen des Adrenalins betreffen die Splanchnicusgefäße sowie die Haut- und Schleimhautgefäße; diese besitzen anscheinend keine dilatatorisch sich auswirkenden, inhibitorischen $\beta$-Receptoren, da sie selbst durch eines der wirksamsten $\beta$-Sympathicomimetica — Isoproterenol (Aludrin) — nicht erweitert wurden (WAELEN et al. 1964) (s. jedoch XV. A. 2.).

Bemerkenswert ist, daß in diesem Gefäßgebiet, in dem nur vasoconstrictorische $\alpha$-Receptoren zur Auswirkung gelangen, nicht Noradrenalin, sondern Adrenalin, z. B. bei lokaler Applikation zusammen mit Novocain, der stärkere Vasoconstrictor war, — wie denn auch die an der Katze normalerweise schwächere blutdrucksteigernde Wirkung des Adrenalins diejenige des Noradrenalins übertraf, wenn vorher mit dem „β-Sympathicolyticum" Nethalid die vasodilatatorischen β-Receptoren der Gefäße ausgeschaltet worden waren (Abb. 50, S. 297) (HOLTZ et al. 1963). Auch an anderen glattmuskeligen Organen, die, wie die Haut- und Schleimhautgefäße, überwiegend mit α-Receptoren ausgestattet sind, z. B. am M. retractor penis des Hundes (BARGER u. DALE 1910), am Kaninchenuterus (GREEFF u. HOLTZ 1951a) und an der Nickhaut der Katze (AHLQUIST 1948), war Adrenalin exzitatorisch wirksamer als Noradrenalin. Das traf auch für die pressorische Wirkung der beiden Brenzkatechinamine am Kaninchen zu: umgekehrt wie an der Katze, mußte am Kaninchen *Noradrenalin* höher dosiert werden als Adrenalin, um gleich starke Wirkungen zu erhalten (SCHÜMANN 1949a—c). Der Befund ist auch unter dem Gesichtspunkt von Interesse, daß das Kaninchen zu den Tierarten gehört, deren Nebennierenmarksekret fast ausschließlich aus Adrenalin besteht (HOLTZ u. SCHÜMANN 1950a und b). Nicht nur die Hautgefäße, sondern auch die „Widerstandsgefäße" der Muskulatur besitzen beim Kaninchen — und Meerschweinchen — anscheinend überwiegend adrenergische α-Receptoren, — und überall da, wo „inhibitorische" β-Receptoren fehlen oder am Zustandekommen der Wirkung nur unerheblich beteiligt sind, wie an den Haut- und Schleimhautgefäßen auch des Menschen, ist Adrenalin exzitatorisch-vasoconstrictorisch wirksamer als Noradrenalin.

*Physiologische und pathologisch-physiologische Gesichtspunkte*

1. Schon vor mehr als 30 Jahren hatte REIN (KELLER et al. 1930; Übersichten bei REIN 1930, 1931, 1941) darauf hingewiesen, daß Adrenalin kein blutdrucksteigerndes, die Blutdruck*höhe* regulierendes Hormon sei, sondern ein Regulator der Blut*verteilung* entsprechend dem Funktionszustand und energetischen Bedürfnis der Organe. Im arbeitenden Muskel verursachten Adrenalindosen, die im Ruhemuskel vasoconstrictorisch wirkten, Gefäßerweiterung und Durchblutungszunahme. Jede Erhöhung des Stoffwechsels in einem Organ erhöht die Schwelle für gefäßverengernde Wirkungen. Muskelarbeit und Erniedrigung der Außentemperatur, die beide zu einer Anfachung des Stoffwechsels führen, setzen die Reizschwelle der sympathischen Vasoconstrictoren und ihres Übertragerstoffs Noradrenalin herauf. Da bei stärkerer Muskelarbeit der Constrictorentonus generell erhöht ist, kommt es auf dem Wege einer „kollateralen Vasoconstriction" zu einer Verschiebung des Blutes aus den ruhenden in die tätigen Organe.

Neuere Untersuchungen haben gezeigt, daß es im arbeitenden Muskel zu einer Erweiterung der Widerstandsgefäße (präcapilläre Arteriolen) kommt, wobei die präcapillären Sphincteren besonders empfindlich auf lokal entstehende oder freigesetzte vasodilatatorische Metabolite reagieren (MELLANDER 1960; REMENSNYDER et al. 1962; RENKIN u. ROSELL 1962; COBBOLD et al. 1963; KJELLMER 1964). Hochfrequente elektrische Reizung des lumbalen Grenzstrangs ($L_4$—$L_5$) rief in der tätigen Hinterextremitätenmuskulatur von Katzen (Ischiadicusreizung) zwar zunächst eine gleich starke Abnahme der Blutdurchströmung hervor wie in der nicht tätigen Muskulatur der Gegenseite; trotz fortgesetzter Stimulierung der Vasoconstrictoren nahm die Constriction der Widerstandsgefäße jedoch im *arbeitenden* Muskel nach einigen Minuten auf Ausgangswerte ab, während der erhöhte Tonus der Widerstandsgefäße in der *Ruhe*muskulatur und die Constriction der postcapillären Kapazitätsgefäße des arbeitenden Muskels — bei erhöhtem Capillar-Filtrationskoeffizient — bestehen blieb. Die Kapazitätsgefäße unterliegen in höherem Maße als die Widerstandsgefäße nerval-constrictorischen Einflüssen.

Da auch in Versuchen mit künstlicher, volum-konstanter Durchströmung der Extremität die vasoconstrictorische Reaktion der präcapillären Arteriolen im arbeitenden Muskel noch während der Stimulierung des Sympathicus bald nachließ, ist eine Akkumulation gefäßerweiternder Stoffwechselprodukte wahrscheinlich nicht die *primäre* Ursache für die Abnahme des Gefäßtonus (KJELLMER 1965). Für eine *stoffliche* Natur der vasodilatatorischen Reaktion der Muskelgefäße, die bei kurzdauernder (0,3 sec), willkürlicher Muskelkontraktion (Unterarmmuskulatur) schnell zu einem Anstieg der Durchblutung führte, spricht andererseits, daß die zwar schon nach 0,5 sec beginnende Durchblutungszunahme erst nach 3—4 sec das Maximum erreichte (SCHROEDER 1959). Auch nach Durchschneidung der hinteren Wurzeln und der sympathischen Nerven ließ sich eine Erweiterung der Arterien (A. femoralis) unter Muskelarbeit nachweisen (HILTON 1959). Saure, infolge Sauerstoffmangels vermehrt gebildete vasodilatatorische Metabolite sind somit wohl kaum am Zustandekommen der auch bei kurzdauernder Muskelkontraktion auftretenden Erweiterung der Muskelgefäße ursächlich beteiligt; wenigstens stieg der Milchsäurespiegel des Blutes bei Arbeitszeiten bis zu 10 sec nicht an (ÅSTRAND et al. 1960).

2. Unter den vegetativ innervierten Organen nehmen die Gefäße insofern eine Sonderstellung ein, als sie anatomisch keine *Doppelinnervation*, eine sympathische und eine parasympathische, besitzen, vielmehr ausschließlich von sympathischen Nerven versorgt werden. Die im Dienste der Blutdruckhomoiostase stehende nerval-reflektorische Regulation der Gefäßweite im Bereich der Arterien und Arteriolen erfolgt „einzügelig", durch eine Steigerung oder ein Nachlassen des noradrenergischen Vasoconstrictorentonus, d. h. durch eine vermehrte oder verminderte Freisetzung von Noradrenalin an den Nervenenden in der Media der Gefäßwände.

Der „neurogene" Gefäßtonus ist regional verschieden stark ausgeprägt. In den für die Temperaturregulation wichtigen *Haut*gefäßen ist er hoch: Denervierung kann zu Durchblutungssteigerungen um mehrere hundert Prozent führen. Im *Herzen* und im *Gehirn*, wo nutritive Aufgaben der Blutversorgung im Vordergrund stehen, sowie in der *Niere* mit ihrer spezifischen Funktion der

Harnbereitung sind lokal-humorale Faktoren für die Regulation der Gefäßweite wichtiger als nervale. Die Durchblutung dieser Organe ist deshalb den von den Pressoreceptoren des Carotissinus und der Aorta ausgeübten nerval-regulatorischen Einflüssen weitgehend entzogen.

In der *Skeletmuskulatur* kann der Strömungswiderstand nicht nur passiv, durch Dämpfung der vasoconstrictorischen, sympathisch-noradrenergischen Innervation der Gefäße, sondern auch aktiv, durch Erregung dilatatorischer Fasern, die den zur Muskulatur verlaufenden sympathischen Nerven beigemischt (BÜLBRING u. BURN 1935; ROSENBLUETH u. CANNON 1935) und cholinergischer Natur sind (FOLKOW u. UVNÄS 1950. — Übersicht bei FOLKOW 1955), gesenkt werden. Die Vermutung, daß die cholinergischen Dilatatoren „Notfallfunktionen" besitzen (FOLKOW 1955), fand eine Stütze in dem Befund, daß elektrische Stimulierung der hypothalamischen und mesencephalen Gehirnareale, die an narkotisierten Katzen durch die Aktivierung dieser Nerven zu einer Gefäßerweiterung in der Muskulatur führte, in Versuchen von HESS und BRÜGGER (1943) an wachen Katzen Kampf- und Fluchtreaktionen auslöste (ABRAHAMS et al. 1959, 1960; s. auch ELIASSON et al. 1951, 1952; LINDGREN u. UVNÄS 1935; LINDGREN 1955).

Die cholinergischen Dilatatoren, die auch von der vorderen Zentralwindung und von der inneren Kapsel aus erregbar sind (ELIASSON et al. 1952), werden wahrscheinlich auch bei willkürlicher Muskelinnervation aktiviert. Sie sind insofern keine eigentlichen Antagonisten der sympathischen Vasoconstrictoren, als sie nicht am gleichen anatomischen Substrat angreifen wie diese. Während die sympathischen Vasoconstrictoren die Arteriolen innervieren, versorgen die cholinergischen Dilatatoren die arteriovenösen Kurzschlüsse (SCHROEDER 1963), deren Vorkommen auch in der Skeletmuskulatur durch anatomische (SAUNDERS 1958; ORTMANN 1959; STAUBESAND 1959, 1960, 1963) und physiologische Befunde (HYMAN et al. 1959; SCHROEDER 1960, 1961) erwiesen ist. Ihre Eröffnung kann deshalb zwar zu einer beträchtlichen Steigerung der Durchblutung des Muskels führen. Von der vermehrten „Kurzschlußdurchblutung" entfällt aber nur ein kleiner Anteil auf die nutritiven Capillaren, — ähnlich, wie es während einer Infusion von Acetylcholin zur Eröffnung bisher verschlossener arterio-venöser Anastomosen kommt, und ein großer Teil des Blutes nicht mehr durch das Capillarbett, sondern durch die Kurzschlüsse fließt. Das dürfte die Erklärung für die in solchen Fällen beobachtete Diskrepanz zwischen dem starken Anstieg der Durchblutung und dem nur geringen Anstieg des Sauerstoffverbrauchs (UVNÄS 1963) bei gleichzeitigem Abfall des Capillardruckes (SCHROEDER 1959, 1960, 1961) sein und für die auch in der hellroten Farbe des venösen Blutes zum Ausdruck kommende erhöhte venöse Sauerstoffsättigung (PROCOP 1958).

Hinzu kommt, daß die als „Bayliss-Effekt" bezeichnete myogene Autoregulation der Gefäßweite, die eine Durchblutungskonstanz auch bei unterschiedlichen arteriellen Drucken gewährleistet, indem die Arterienwand auf erhöhte Spannung mit einer Kontraktion und auf verminderte Spannung mit einer Dilatation reagiert, im tätigen Organ, demnach im arbeitenden Muskel, aufgehoben ist. Bei zunehmender Dehnung der Gefäßwand steigt wahrscheinlich die Zahl der Spontanentladungen der Muskelzellen in der Zeiteinheit an, — und umgekehrt, wie es für die Zellen der glatten Darmmuskulatur erwiesen ist (BÜLBRING 1955). Aber nur bei normaler Gefäßweite nimmt der wirksame Gefäßquerschnitt bei steigendem Druck ab. Bei weiten Gefäßen hingegen, z.B. bei einer zentral durch unzureichenden Vasomotorentonus verursachten Gefäßerweiterung, steigt die Stromstärke linear oder „überlinear" mit dem Druck an: die Änderung der Stromstärke stellt dann eine Potenzfunktion des Druckes dar (WEZLER und SINN 1953). Das kann bei orthostatischer Belastung unter stärksten Widerstandssenkungen in den Gefäßen der abhängigen Organe zum Kollaps führen (SCHROEDER 1963).

Die *physiologische* Bedeutung einer Aktivierung der cholinergischen Dilatatoren, in deren Gefolge es unter Eröffnung arteriovenöser Anastomosen zu einer gesteigerten Kurzschlußdurchblutung im Muskel kommt, könnte u. a. darin bestehen, bei einem, z. B. in „Notfallsituationen", zu erwartenden höheren Durchblutungsbedarf „die Zeitspanne zwischen Beginn und Befriedigung des erhöhten Blutbedarfs zu verkürzen". Denn die Kurzschlüsse können bei Sauerstoffmangel so schnell verengert oder verschlossen werden, daß die Durchblutung der nutritiven Capillaren durch Umleitung des Kurzschlußblutes innerhalb von 1—2 sec ansteigt (SCHROEDER 1959), während eine Durchblutungssteigerung durch jetzt erst einsetzende Vergrößerung der zirkulierenden Blutmenge und des Herzminutenvolumens mindestens eine Kreislaufzeit von 15—20 sec erfordern würde (SCHROEDER 1963).

3. *Pathologisch-physiologische* Bedeutung gewinnen die den sympathischen Gefäßnerven der Muskulatur beigemischten cholinergischen Dilatatoren, wenn ihre Aktivierung bei nicht genügend hohem, auch auf die Kapazitätsgefäße sich erstreckendem Vasoconstrictorentonus und ungenügender Herzleistung unter Blutdruckabfall den Einstrom zu großer Blutmengen in das Gefäßgebiet der Muskulatur verursacht, das zu einem hohen Anteil am peripheren Gesamtwiderstand beteiligt ist. Das trifft für die „vago-vasale Synkope", die banale Ohnmacht — den „Entspannungskollaps" (DUESBERG u. SCHROEDER 1944) — zu.

Auf die quergestreifte Muskulatur mit einem normalen Blutgehalt von 0,7—0,8 Liter kann dann unter diesen Umständen wegen erhöhter Kurzschlußdurchblutung fast die Hälfte des Minutenvolumens entfallen. Daß es sich hierbei um eine cholinergische aktive Erweiterung der Muskelgefäße handelt, die durch Schmerzreize oder psychische Erregung ausgelöst werden kann, geht auch aus Befunden von BARCROFT und EDHOLM (1945) sowie von BARCROFT et al. (1944, 1960) über die hämorrhagische Ohnmacht und aus Beobachtungen bei emotionell ausgelösten Ohnmachtsanfällen (s. z. B. GREENFIELD 1951, 1962; SCHROEDER 1960) am Menschen hervor.

Im „emotionellen Stress" fanden BROD et al. (1959) die Unterarmdurchblutung (Muskulatur) gesteigert, während die Hautdurchblutung fast unverändert blieb (BLAIR et al. 1959; FENCL et al. 1959). Nach Stellatumblockade war die Zunahme der Muskeldurchblutung in dem betreffenden Arm geringer als auf der Kontrollseite (BARCROFT et al. 1960). Die beim Kopfrechnen erhöhte „Stress"-Durchblutung der Armmuskulatur wurde durch Atropin vermindert (BARCROFT et al. 1960). Blockade der noradrenergischen sympathischen Vasomotoren durch intraarterielle Infusion von Bretylium verursachte demgegenüber keine Abschwächung der durch emotionellen Stress ausgelösten vasodilatatorischen Reaktion (BLAIR et al. 1960).

Die wichtigste und meistens ausreichende therapeutische Maßnahme nimmt der Organismus als „biologische Selbstbehandlung" in Form eines Absinkens in die Horizontale vor. Wo das nicht genügt, kommt als medikamentöse Behandlung neben der Verabfolgung von Atropin zur Antagonisierung der Bradykardie die intravenöse oder intramuskuläre Injektion sympathicomimetischer Amine in Frage, die, wie Noradrenalin oder Novadral (3-Hydroxyphenyläthanolamin), die unzureichende physiologische nerval-reflektorische (noradrenergische) Gegenregulation vornehmlich „α-sympathicomimetisch", d. h. vasoconstrictorisch, substituieren. Auch solche Amine haben sich bewährt, die, wie z.B. Effortil (3-Hydroxyphenyläthanol-äthylamin), durch Alkylsubstitution der $NH_2$-Gruppe, oder wie Aramin (3-Hydroxyphenyl-propanolamin), durch Substitution des α-C-Atoms der Seitenkette Affinität auch zu den adrenergischen β-Receptoren der Gefäße und des Herzens gewinnen und deshalb eher vasodilatatorisch sowie positiv ino- und chronotrop wirken.

4. Dem vom *Parasympathicus* (cholinergische Vasodilatatoren der sympathischen Gefäßnerven der Muskulatur) beherrschten „Entspannungskollaps", bei dem auch andere Zeichen parasympathischen Übergewichtes bestehen — die Bradykardie, der trotz erhöhten Schlagvolumens abgesunkene Blutdruck mit gesteigerter Muskel- und verminderter Hautdurchblutung, Nausea, Speichelfluß, Erbrechen —, steht der vom *Sympathicus* (noradrenergische Vasoconstrictoren) beherrschte, zu einer Zentralisation des Kreislaufs führende „Spannungskollaps" (DUESBERG u. SCHROEDER 1944) des traumatischen und hämorrhagischen Kreislaufschocks gegenüber (s. auch X.B.3.d.). Er gleicht in manchen Punkten dem durch Endotoxine gramnegativer Bakterien (Escherichia coli, Flexner-Bacillen, Proteus) hervorgerufenen Kreislaufkollaps. Während jedoch bei diesem, trotz normaler Nebennierenrindenfunktion (HÖKFELT et al. 1963), hohe Dosen von Steroidhormonen (Prednisolon, Hydrocortison) eine deutliche Schutzwirkung im Tierversuch ausübten (LILLEHEI u. MACLEAN 1959; WEIL 1961), wobei Aldosteron am wirksamsten war (BEIN u. JACQUES 1960), erwiesen die Nebennierenrindenhormone sich beim traumatischen und

hämorrhagischen Schock als wirkungslos (INGLE 1943; SWINGLE et al. 1944; FRANK et al. 1944, 1955). Hier ist die Verminderung des zirkulierenden Blutvolumens der wesentliche pathogenetische Faktor, bedingt durch eine exzessive adrenergische Vasoconstriction und Aktivierung des Sympathicus (NICKERSON 1955), die ihren Ausdruck auch in einer Erhöhung der Adrenalin- und Noradrenalinwerte des Blutplasmas bis auf das Hundertfache der Norm findet (BOLLMANN et al. 1956; WATTS 1956; MANGER et al. 1957; GREEVER u. WATTS 1959; WALTON et al. 1959; LILLEHEI et al. 1962). In die gegenregulatorische Aktivierung des Sympathicus sind nicht nur die sympathischen, noradrenergischen Nerven, sondern auch das Nebennierenmark einbezogen (GLAVIANO et al. 1960; HÖKFELT et al. 1962). Untersuchungen schwedischer Autoren sprechen aber dafür, daß die im hämorrhagischen Schock auftretende Vasoconstriction und ihre gewebeschädigenden Folgen weniger hämatogen, durch zirkulierende Brenzkatechinamine, als vielmehr durch das lokalisiert in den Geweben freigesetzte nervale Noradrenalin (DAHLSTRÖM u. ZETTERSTRÖM 1965) (s. X.B.3.d. und Abb. 25 auf S. 183) bedingt sind.

So sehr diese vom Organismus vorgenommene Gegenregulation zunächst als sinnvolle Maßnahme gegen das drohende Absinken des Blutdrucks und die deletäre Minderdurchblutung lebenswichtiger Stromgebiete, der cerebralen, coronaren und renalen Strombahn, erscheint, und obwohl die Verabfolgung vasoconstrictorisch wirkender Sympathicomimetica, indem sie die Durchblutung des Atemzentrums aufrechterhält, den Tod in der ersten, der akuten Entblutung zugeordneten Phase des Schocks verhütet (FRANK et al. 1945; YOE 1954), so kann die gegenregulatorische Vasoconstriction („Regulation als Störfaktor" im Sinne SCHÄFERs 1949) sich im weiteren Verlauf verhängnisvoll auswirken und zur Ursache für die Irreversibilität des Schocks werden, wenn der wichtigste pathogenetische Faktor, die Hypovolämie, nicht durch Volumenauffüllung mit Blut oder Blut- bzw. Plasmaersatzflüssigkeit (Macrodex) beseitigt wird. Es ist deshalb verständlich, daß sowohl nach Endotoxingabe (LILLEHEI u. MACLEAN 1959) als auch nach Entblutung (OVERMAN u. WANG 1947; REMINGTON et al. 1950; CLOSE et al. 1958) die Infusion von Adrenalin oder Noradrenalin, die ebenso wie eine Hyperaktivität des Sympathicus (FREEMAN 1933) beim Versuchstier durch Verkleinerung des Plasma- und Herzminutenvolumens einen typischen Schock auslösen kann (BAINBRIDGE u. TREVAN 1917; ERLANGER u. GASSER 1919; YARD u. NICKERSON 1956), zwar zu einer vorübergehenden Besserung führte, die Überlebenszeit der Versuchstiere jedoch nicht verlängerte, sondern, wie z. B. Metaraminol (Aramin) im Endotoxinschock (LILLEHEI u. MACLEAN 1959; s. auch WEIL et al. 1956), die Mortalität sogar erhöhte (LILLEHEI u. MACLEAN 1959; NICKERSON u. CARTER 1959; NICKERSON 1962).

Histologische Befunde bei Patienten und Tieren, die vasoconstrictorisch wirkende Sympathicomimetica zur Schockbehandlung erhielten, sprechen dafür, daß es in den großen parenchymatösen Organen (Leber, Niere, Herz) zu Schädigungen kommt, wobei dem Splanchnicusgebiet die größte Bedeutung für die Irreversibilität des Schocks und den letalen Ausgang zuzukommen scheint (LILLEHEI 1957). Die Durchblutung des Darmes sinkt auf niedrigere Werte ab als die anderer Organe (LILLEHEI et al. 1962). Der gemeinsame Nenner in der Ätiologie des irreversiblen Schocks wird in der hämorrhagischen Nekrose der Darmschleimhaut erblickt. Der Verlust der Integrität der Darmmucosa ist wesentliche Ursache der Flüssigkeitsverluste und der erhöhten Plasmahämoglobinwerte. Das im Darmlumen sich ansammelnde Blut hämolysiert und wird, wahrscheinlich mit anderen toxischen Produkten (Histamin?), durch die nekrotische Schleimhaut rückresorbiert. Der experimentelle Verschluß der A. mesenterica sup. verursachte an Hunden ähnliche Erscheinungen wie sie beim irreversiblen hämorrhagischen Schock auftreten (LILLEHEI et al. 1959). Andererseits ließ sich der tödliche Ausgang des Entblutungsschocks bei fast allen Tieren verhüten, wenn durch künstliche Durchströmung des Darmes von der A. mesenterica sup. aus mit dem arteriellen Blut eines Spenderhundes die Unversehrtheit der Darmschleimhaut gewährleistet wurde. Durchströmung des Gehirns durch die Carotis während des Schocks verlängerte zwar die Überlebenszeit der Versuchshunde, verhütete aber nicht die letale Irreversibilität des Schocks (LILLEHEI 1957; LILLEHEI et al. 1962).

Tierexperimentelle sowohl als auch klinische Erfahrungen bei menschlichen Patienten weisen somit darauf hin, daß in solchen Fällen hämorrhagischen, hypovolämischen Schocks, in denen, neben der Wiederauffüllung des Kreislaufs als wichtigster und oft allein ausreichender therapeutischer Maßnahme, eine medikamentöse Behandlung erforderlich ist, die Injektion oder Infusion von Noradrenalin und anderen rein vasoconstrictorisch wirkenden Mitteln, die im febrilen und Entspannungskollaps angezeigt sind (s. z. B. ALLGÖWER 1958; ALLGÖWER et al. 1956; BERNE 1958; SCHNEIDER 1958, 1963), kontraindiziert ist (s. z. B. SPINK u. VICK 1961; HARDAWAY et al. 1962). Die Verabfolgung *vasodilatatorischer* Pharmaka, z. B. Hydralazin, Apresolin (LOTZ et al. 1955; ZINGG et al. 1960), von Ganglienblockern (GLASSER u. PAGE 1948; LEVY et al. 1954; ROSS u. HERCZEG 1956), sowie von α-*Sympathicolyticis*, z. B. Hydergin, Phentolamin (Regitin), Dibenzylin (REMINGTON et al. 1950; WIGGERS et al. 1950; OVERTON u. DE BAKEY 1956; BAEZ et al. 1958; KOVÁCH et al. 1957; LILLEHEI u. MACLEAN 1959; NICKERSON u. CARTER 1959) erhöhte demgegenüber die Überlebensrate der Tiere signifikant (Übersichten bei NICKERSON 1962; KRONEBERG 1963). Phenothiazine (Chlorpromazin), die wegen ihrer zentralen und peripher-adrenolytischen Wirkung die bei Operationen in artefizieller Hypothermie und mit Hilfe des extracorporalen Kreislaufs erfolgenden, auch hier wesentlich vom Sympathicus ausgehenden, unerwünschten adrenergischen und noradrenergischen Gegenregulationen — „Regulation als Störfaktor" — ausschalten, haben sich auch in der medikamentösen Behandlung des hämorrhagischen Schocks bewährt (KNIPPING u. BOLT 1956; SPURR et al. 1956). Die mitunter günstige Wirkung des Noradrenalins im späten Stadium des Schocks (FREMONT et al. 1954; SHANAHAN 1955; WOLF 1961), sogar in pressorisch unterschwelliger Dosierung (LANSING et al. 1957; LANSING u. STEVENSON 1958), hat ihre Ursache wahrscheinlich weniger in der vasoconstrictorischen als in der inotropen Herzwirkung (NICKERSON 1962).

c) **Lungengefäße.** Im Lungenkreislauf war der Druck während einer intravenösen Infusion von Adrenalin und Noradrenalin erhöht (BRODIE u. DIXON 1904; s. auch WIGGERS 1909; v. EULER u. LILJESTRAND 1946). Auch die elektrische Stimulierung der postganglionären Fasern des Ggl. stellatum und des Halssympathicus an Katzen (LE BLANC u. WYNGAARDEN 1924) und Hunden (DALY u. v. EULER 1932) führte zu deutlichen Gefäßverengerungen in den Lungen (Übersicht bei WIGGERS 1921; DALY 1933, 1961; AVIADO 1960). Die durch eine intravenöse Injektion von Adrenalin oder Noradrenalin verursachte Wirkung am Ganztier (Druckanstieg im kleinen Kreislauf) beruht aber wohl nur zum Teil auf einer direkten Constriction der Lungengefäße (AVIADO u. SCHMIDT 1957, 1959) (s. weiter unten), obwohl diese sich, wie Versuche sowohl an Streifenpräparaten von Lungenarterien und -venen (COW 1911; MACHT 1914/15; MEYER 1906; INCHLEY 1923, 1926; FRANKLIN 1932) als auch an der isoliert durchströmten Lunge ergeben haben (FÜHNER u. STARLING 1913; SCHAFER u. LIM 1919), auf Adrenalin kontrahieren, so daß, je nach der Lokalisation der Vasoconstriction — an den Lungenarterien oder -venen —, eine Abnahme oder eine Zunahme des Lungenvolumens resultieren müßte. Es ergaben sich keine Anhaltspunkte dafür, daß die Lungenvenen für die Regulation des Blutgehaltes des Lungenkreislaufs eine ähnliche Rolle spielen wie die auf Histamin sich verengernden und auf Adrenalin sich erweiternden Lebervenen des Hundes für die Regulation des Blutgehaltes im Pfortaderkreislauf. Der „Lebersperre" beim Hund (MAUTNER u. PICK 1929; BAUER et al. 1932) entsprach keine mit einer ähnlichen Funktion betraute „Lungensperre" (GADDUM u. HOLTZ 1933), obwohl auch die Lungen mit ihren durch Weite und Dehnbarkeit ausgezeichneten Gefäßen ein wichtiges potentielles Blutreservoir des Körpers darstellen (MAGNUS 1930).

Nach Ausschaltung der einen Lunge vermag die andere unter nur geringfügigem Druckanstieg das normale Herz-Minutenvolumen passieren zu lassen. Beide Lungen enthalten am Ende der Diastole ungefähr $1/5$ der Gesamtblutmenge, mehr als 1 Liter Blut als leicht „mobilisierbare Reserve", die dem linken Herzen eine gewisse Unabhängigkeit vom venösen Rückfluß zum rechten Herzen verleiht und eine Überbrückung vorübergehender Differenzen zwischen dem Schlagvolumen des rechten und demjenigen des linken Ventrikels ermöglicht (Übersicht bei SJÖSTRAND 1953). Von entscheidender Bedeutung für die Höhe der Blutdurchströmung der Lungen ist die Ventilationsgröße. Bei erhöhtem $CO_2$-Druck in den Alveolen nimmt der Strömungswiderstand zu

(v. EULER u. LILJESTRAND 1946), so daß schlecht ventilierte Lungenpartien weniger durchblutet werden als gut ventilierte.

Neuere Untersuchungen an isoliert durchströmten Lungen verschiedener Tierarten haben die Befunde gefäßverengernder Wirkungen auch des Noradrenalins bei lokaler Einwirkung auf die Lungengefäße bestätigt (z. B. TRYER 1953; ROSE et al. 1955; BORST et al. 1957). An isoliert durchströmten Hundelungen wirkten Adrenalin und Noradrenalin gleichstark vasoconstrictorisch (HEBB u. KONZETT 1949; KONZETT u. HEBB 1949). Allgemein scheinen die Lungengefäße weniger empfindlich auf die vasoconstrictorische Wirkung der Amine anzusprechen als die Gefäße des großen Kreislaufs.

Am Menschen wurden Druckanstiege im Lungenkreislauf von 25—75% nach intravenöser oder intramuskulärer Injektion von Adrenalin und Noradrenalin beobachtet (SUTTON et al. 1950; FOWLER et al. 1951; FORMAN et al. 1953; SHADLE et al. 1955; PATEL et al. 1958). Auch die Inhalation adrenalinhaltiger Aerosole führte bei emphysematösen Patienten zu pulmonaler Hypertension (ALEXANDER et al. 1958). Die Befunde stimmen mit den an Hunden erhobenen überein (LUISADA et al. 1955).

Obwohl auch im Lungenkreislauf nerval-reflektorische Regulationsmöglichkeiten über anscheinend in der Wand der A. pulmonalis gelegene Pressoreceptoren zu existieren scheinen, sind Druck- und Durchblutungsänderungen wohl wesentlich passiv — hämodynamisch — bedingt, indem es durch die *veno*constrictorische Wirkung der Brenzkatechinamine im großen Kreislauf, z. B. im Gebiet der Splanchnicus-, Muskel- und Hautgefäße, zu einer Blutverlagerung mit erhöhtem Blutangebot an das rechte Herz und den kleinen Kreislauf (JOHNSON et al. 1937; FOWLER et al. 1951; PATEL et al. 1958) und, wie Versuche an Hunden gezeigt haben, zu einer Erhöhung des „zentralen Blutvolumens" kommt (SHADLE et al. 1955). Für die *therapeutische* Anwendung von Noradrenalin bei hypotonischen Zuständen ergibt sich daraus, daß diese nicht nur indiziert ist, wenn die primäre Ursache der Hypotonie ein verminderter peripherer Gefäßwiderstand ist, sondern auch dann, wenn es auf eine Normalisierung des Herzschlag- und -minutenvolumens ohne tachykardische Anfachung der Herztätigkeit ankommt, das wegen Nachlassens der Kontraktionskraft des Myokards oder sekundär wegen des Versackens größerer Blutvolumina im venösen Anteil des Kreislaufs abgesunken ist (s. z. B. LANSING u. STEVENSON 1958; SCHNEIDER 1958). — Hohe Dosen Adrenalin und Noradrenalin können am Tier und am Menschen Lungenödeme verursachen (s. z. B. LIVESAY u. CHAPMAN 1953; TIRELLA 1957. — Übersicht bei VISSCHER et al. 1956).

d) **Milz.** Neben den Lungen ist die Milz, besonders beim Hund, ein wichtiges Blutspeicherorgan (BARCROFT 1926), das mit seiner abundanten noradrenergischen Innervation (v. EULER 1956a) in die nerval-reflektorische Regulation des Kreislaufs eingeschaltet ist (HEYMANS u. REGNIERS 1929; MERTENS 1935;

DRIVER u. VOGT 1950; HOLTZ u. SCHÜMANN 1950d), andererseits aber auch auf hormonales, hämatogen zur Wirkung gelangendes Adrenalin und auf hämodynamische Einflüsse, z. B. auf ein Absinken des Blutdrucks oder eine Abnahme der zirkulierenden Blutmenge sowie auf Sauerstoffmangel (Hypoxybiose, CO-Vergiftung), empfindlich mit Entspeicherung reagiert.

HOLTZ und SCHÜMANN (1949b) hatten die bei einer Druckentlastung des Carotissinus durch Abklemmen der Carotiden an Katzen erfolgende Milzkontraktion auf eine, zuerst von HEYMANS (1929a—c) unter diesen Bedingungen an Hunden beobachtete, vermehrte Hormonabgabe aus dem Nebennierenmark zurückgeführt. Spätere Untersuchungen ergaben jedoch, daß die über eine Stimulierung der Pressoreceptoren des Sinus caroticus zustande kommende Milzkontraktion ganz überwiegend nerval, durch die Milznerven vermittelt wird (DRIVER u. VOGT 1950; HOLTZ u. SCHÜMANN 1950d; GREEFF et al. 1954). Hämodynamische Einflüsse, z. B. Senkungen oder Steigerungen des arteriellen Drucks, scheinen sich auch über andere pressosensible Zonen im Gefäßsystem (spinale Reflexmechanismen?) auf das Milzvolumen auswirken zu können, wie Versuche von HEYMANS et al. (1936) an Spinalhunden vor und nach Zerstörung des Rückenmarks ergeben hatten. Selbst Blutentnahmen, die keine registrierbaren Änderungen des arteriellen Drucks zur Folge hatten, oder Abklemmungen peripherer Venen, die vorübergehend zu einer Verringerung der Füllung der V. cava führten, riefen eine deutliche Entspeicherung der Milz hervor (GREEFF et al. 1954).

Diese kommt durch die Kontraktion der bei den einzelnen Tierarten verschieden stark entwickelten Kapsel- und Trabekelmuskulatur zustande und findet ihren Ausdruck in einer vermehrten Blutströmung in der V. lienalis, in einer Zunahme der zirkulierenden Blutmenge und der corpusculären Elemente sowie in einer Volumabnahme des Organs. Eine onkometrisch registrierte Abnahme des Milzvolumens kann eine echte Entspeicherung, d. h. Depotentleerung bedeuten, braucht es aber nicht, da auch eine Drosselung der Durchblutung des Organs durch Constriction der A. linealis eine Volumschwankung gleicher Richtung hervorrufen würde, wenn diese auch wohl nie das Ausmaß der durch eine Entspeicherung verursachten annehmen dürfte. Während Adrenalin vor allem an der Kapsel- und Trabekelmuskulatur angreift und durch deren Kontraktion eine echte Entspeicherung bewirkt, scheinen an den durch Noradrenalin hervorgerufenen Volumänderungen auch Gefäßwirkungen wesentlich beteiligt zu sein (HOLTZ et al. 1952b).

Aus dem in der Abb. 45 dargestellten Versuch an einem in Chloralosenarkose befindlichen Hund ist zu ersehen, daß 6 µg Noradrenalin, die am Darm eine viel schwächere — inhibitorische — Wirkung als 6 µg Adrenalin hatten, verabfolgt werden mußten, um eine gleich starke Abnahme des Milzvolumens zu erhalten wie mit der dreimal kleineren Dosis von 2 µg Adrenalin. Da Noradrenalin in vitro, am Streifenpräparat der Hundemilz, an dem nur die

Wirkung auf die Trabekelmuskulatur — frei von komplizierenden Gefäßwirkungen — erfaßt wird, etwa fünfmal schwächer wirksam war als Adrenalin, sprach das zur Erzielung einer gleich starken Volumabnahme der Milz in situ erforderliche Dosierungsverhältnis zwischen Adrenalin und Noradrenalin von 1:3 dafür, daß an der durch Noradrenalin hervorgerufenen Volumänderung des Organs eine Gefäßwirkung, nämlich eine Constriction der A. lienalis beteiligt war. Bemerkenswert ist, daß die dreifach höhere Noradrenalindosis von 18 μg, die am Blutdruck und am Darm erwartungsgemäß auch eine entsprechend stärkere Wirkung hatte, nur zu einer praktisch gleich starken Abnahme des Milzvolumens führte wie die kleinere Dosis von 6 μg, — und daß die „Milzwirkung" von 12 μg Noradrenalin stärker war als diejenige von 18 μg. Der zu Entspeicherung und Volumabnahme der Milz führenden Kontraktionswirkung der hohen Noradrenalindosis von 18 μg auf die Kapsel- und Trabekelmuskulatur mußte demnach eine andersartige, antagonistische Wirkung entgegenarbeiten, die eine Abnahme des Milzvolumens zu verhindern suchte, — mit dem Erfolg, daß 18 μg Noradrenalin nur so wirksam waren wie 2 μg Adrenalin.

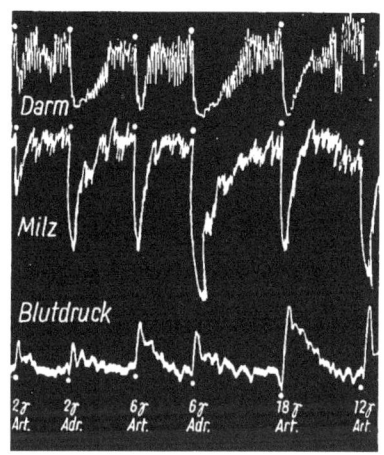

Abb. 45. *Adrenalin- und Noradrenalinwirkung auf Blutdruck, Milzvolumen (Milz) und Darmmotorik (Darm) des Hundes.* Art Noradrenalin; Adr Adrenalin. Aus P. HOLTZ, F. BACHMANN, A. ENGELHARDT und K. GREEFF (1952b)

Die nach der Injektion von Noradrenalin an die primäre *Abnahme* sich häufig anschließende *Zunahme* des Milzvolumens, die nach Adrenalin nicht beobachtet wurde, weist auf den Angriffspunkt dieser zweiten, einer Entspeicherung der Milz hinderlichen bzw. die Wiederauffüllung des teilweise entspeicherten Organs fördernden Wirkung des Noradrenalins hin. Dieser wurde in anderen Versuchen deutlich, in denen Noradrenalin eine biphasische Wirkung hatte oder zu einer reinen Volum*zunahme* der Milz führte. Das an der „Entspeicherungsmuskulatur" des isolierten Streifenpräparates der Hundemilz fünfmal schwächer wirksame Noradrenalin schwächt den Erfolg dieser Wirkung in situ auch noch dadurch ab, daß es die in der Volumabnahme der Milz zum Ausdruck kommende Entspeicherung durch Constriction der abführenden Milzvenen hemmt. Unter physiologischen Gesichtspunkten könnte das bedeuten, daß es dem Noradrenalin weniger als dem Adrenalin auf die Entspeicherung als auf die Wiederauffüllung der entspeicherten Milz mit Blut ankommt, so daß diese als wichtiges Blutreservoir beim Hund neuen Anforderungen wieder gewachsen ist. Die Überlegenheit des Adrenalins in bezug auf die Kontraktionswirkung an der Kapsel- und Trabekelmuskulatur, trotz seiner ausgeprägten Affinität auch zu inhibitorischen β-Receptoren glattmuskeliger Organe, spricht dafür, daß die „Entspeicherungsmuskulatur" der Milz überwiegend mit adrenergischen α-Receptoren ausgerüstet ist.

Es muß jedoch berücksichtigt werden, daß die intravenöse Injektion von Noradrenalin eine unphysiologische Applikationsform für den Überträgerstoff sympathischer Nervenwirkungen ist, der physiologischerweise nur durch Freisetzung an den Endigungen der postganglionären noradrenergischen Neurone der dem Sympathicus entstammenden Milznerven im engsten Kontakt mit der glatten Muskulatur der Kapsel und der Trabekel zur Wirkung gelangt. So verursacht denn auch eine Druckentlastung des Sinus caroticus durch Abklemmen beider Carotiden an der Katze nerval-reflektorisch nicht nur einen Anstieg des Blutdrucks, sondern auch eine deutliche Volumabnahme der Milz. An dieser ist, wie schon gesagt, die gleichzeitig etwas erhöhte Hormonsekretion aus dem Nebennierenmark (s. X.A.) nur wenig beteiligt; nach Denervierung der Milz war sie stark abgeschwächt oder blieb aus (DRIVER u. VOGT 1950; HOLTZ u. SCHÜMANN 1950d).

Im Gegensatz zur Milz, ist die sympathische *Darm*innervation in die nerval-reflektorische, von den Pressoreceptoren ausgehende Kreislaufregulation nicht einbezogen: die Darmmotorik, die von 1 µg Adrenalin intravenös stark gehemmt wurde, blieb durch die Carotidenabklemmung unbeeinflußt (HOLTZ u. SCHÜMANN 1949b).

e) **Die Nierengefäße** sind, ebenso wie die Gefäße der Haut, des Herzens und des Gehirns, nicht wesentlich in die der Homöostase des Blutdrucks dienende, von den Pressoreceptoren ausgeübte nerval-reflektorische Regulation des Kreislaufs einbezogen. Wie der Coronardurchfluß vom mittleren Aortendruck (ANREP u. KING 1927/28), so hängt die Nierendurchblutung zwar weitgehend von der Höhe des arteriellen Blutdrucks im großen Kreislauf ab (MORIMOTO 1928; JANSSEN u. REIN 1928; REIN u. JANSSEN 1928; REIN u. RÖSSLER 1930), kann aber innerhalb eines Druckbereichs zwischen 80 und 200 mm Hg konstant gehalten werden (WINTON 1956), — dank einer auch nach Denervierung bestehen bleibenden, demnach muskulär bedingten „Autoregulation" — einer Autonomie der Gefäßmuskulatur der Vasa afferentia —, die durch Constriction der präglomerulären Arteriolen einem Anstieg des allgemeinen Blutdrucks einen erhöhten Strömungswiderstand entgegensetzt und dadurch den Druck im Glomerulum konstant hält (SELKURT 1955; HADDY et al. 1958; WAUGH 1958). Wie die glatte Muskulatur anderer Organe, so reagiert auch die Arterienwand auf erhöhte Spannung mit einer „barynogenen" Kontraktion und auf verminderte Spannung mit einer Dilatation, wie schon von BAYLISS (1902) beobachtet wurde. Die zuerst von SELKURT (1955) an der Niere nachgewiesene „autoregulatorisch" gewährleistete Durchblutungskonstanz bei verschiedenem arteriellen Druck, die Autoregulation des präcapillären Perfusionsdruckes auch in der Niere, wird von den meisten Untersuchern mit dem „Bayliss-Effekt" erklärt (s. z. B. THURAU u. KRAMER 1959).

Die einer Arbeit FOLKOWS (1962) entnommene Abb. 46 zeigt, daß es an Katzen bei einer Druckentlastung des Carotissinus durch Abklemmen beider Carotiden zu einer Druchblutungsdrosselung in der Muskulatur kam, nicht

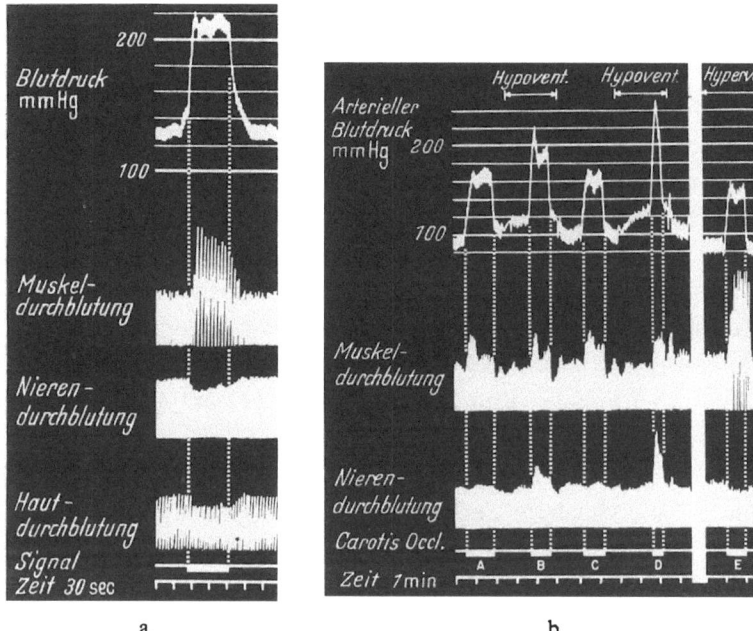

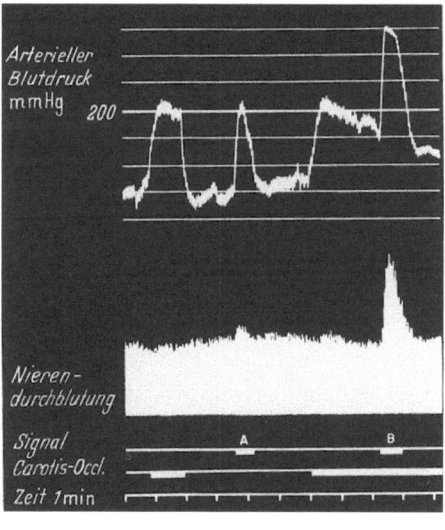

Abb. 46a—c. *Beeinflussung der Nierendurchblutung durch Carotidenverschluß allein* (a) *sowie während einer Hypoventilation* (b) *und während der Applikation eines nociceptiven Reizes* (c). (Katze, Chloralosenarkose, curarisiert, atropinisiert, vagotomiert.) a Carotidenverschluß allein. b A—E Carotidenverschluß während einer Hypo- bzw. Hyperventilation. c A. Afferente Ischiadicusreizung (12 V, 4 msec, 40 imp. pro sec). B. Dasselbe während langerdauernden Carotidenverschlusses Aus B FOLKOW (1962)

jedoch in Haut und Niere (Abb. 46a). Eine geringfügige Hypoventilation des Versuchstieres oder die gleichzeitige Applikation eines nociceptiven Reizes (elektrische Stimulierung des zentralen Ischiadicusstumpfes), die an sich an der Niere unterschwellig waren, genügten, um den Carotissinus-Reflex auch an den Nierengefäßen in Form einer Durchblutungsabnahme wirksam werden zu lassen (Abb. 46b und c).

Schon vor der Isolierung des Adrenalins aus tierischen Nebennieren durchgeführte Versuche an isoliert durchströmten Nieren, z. B. an Schweinenieren, haben gezeigt, daß die Injektion von Rohextrakten aus getrockneten Nebennieren zu einer Verengerung der Nierengefäße führt (GOTTLIEB 1897). Die gleiche Beobachtung machten RICHARDS und PLANT (1922a und b) an künstlich durchströmten Hundenieren. Auch in situ verursachten Adrenalin und Noradrenalin bei intravenöser Injektion oder Infusion an Hunden und am Menschen meistens eine Verminderung der Nierendurchblutung mit mehr oder weniger starker Beeinträchtigung der Diurese (s. auch MOYER u. HANDLEY 1952; SPENCER 1956). Chronische Denervierung erhöhte die Reaktion der Nierengefäße auf Adrenalin (SURTSHIN u. HOELTZENBEIN 1952).

Die widerspruchsvollen Angaben der älteren Literatur über die Beeinflussung der Diurese durch Adrenalin (s. z. B. ELLIOTT 1905; BIBERFELD 1907; PICK u. PINELES 1908; v. KONSCHEGG 1912; CUSHNY u. LAMBIE 1921) dürften zum Teil ihre Erklärung darin finden, daß die gefäßverengernde Wirkung der Brenzkatechinamine, in Abhängigkeit von Tierart und Dosierung, sich je nach ihrem Angriffspunkt gerade entgegengesetzt auf die Nierentätigkeit auswirken kann. Bleibt die vasoconstrictorische Wirkung auf extrarenale Gefäßgebiete beschränkt, so kann der erhöhte Blutdruck als erhöhter glomerulärer Filtrationsdruck zu einer vermehrten Bildung von Glomerulumfiltrat führen; ist hingegen auch das Gefäßgebiet der Niere von der Wirkung betroffen, so kann trotz der Erhöhung des allgemeinen Blutdrucks eine verminderte Diurese resultieren, wobei durch eine differenzierte Beeinflussung der Vasa afferentia bzw. efferentia der Glomerula und der die Tubuli versorgenden Capillaren weitere Modifikationen der Filtrationsleistung im Glomerulum- und der Sekretion und Rückresorption im Tubulussystem möglich sind. Hinzu kommt, daß Adrenalin über eine Stimulierung des Hypophysenvorderlappens zu vermehrter Abgabe adrenocorticotropen Hormons (ACTH) mit anschließend erhöhter Produktion und Sekretion von Nebennierenrindenhormonen (VOGT 1944, 1945, 1947) in die Regulation des Mineral- und Wasserhaushaltes einzugreifen vermag. Im Hypophysenhinterlappen verursachte es eine vermehrte Abgabe von Vasopressin (Adiuretin) (DEARBORN u. LASAGNA 1952).

Noradrenalin, das den allgemeinen Blutdruck stärker erhöht als Adrenalin, hatte bei Katzen eine schwächere constrictorische Wirkung an den Nierengefäßen (BURN u. HUTCHEON 1949). Es erhöhte an Hunden die glomeruläre

Filtration, während Adrenalin sie verminderte (PICKFORD u. WATT 1951; WORTHEN et al. 1961); auch die nerval-reflektorisch, durch Abklemmen der Carotiden ausgelöste, zu einem Anstieg des allgemeinen Blutdrucks führende noradrenergische Gefäßverengerung betraf die Nierengefäße nicht nennenswert und steigerte an Katzen die Diurese (BEZERÁK u. LILJESTRAND 1952). Bei höherer Dosierung (z. B. 0,6 µg/kg/min) verursachte aber auch Noradrenalin, in gleicher Weise wie Adrenalin, an *Hunden* eine Abnahme der Nierendurchblutung und der Glomerulumfiltration (MOYER u. HANDLEY 1952; LANGSTON et al 1962) sowie eine Abnahme des Harnvolumens mit verminderter Kalium-, Natrium- und Harnstoffausscheidung (O'CONNOR 1962). Die durch vermehrte Rückresorption zustande kommende Natriumretention war nach Adrenalin stärker ausgeprägt als nach Noradrenalin (BERNE et al. 1952).

In Übereinstimmung mit zahlreichen älteren Versuchsergebnissen am *Menschen* (s. z. B. CHASIS et al. 1938; RANGES u. BRADLEY 1943; BARCLAY et al. 1947; BARNETT et al. 1950; WERKÖ et al. 1951; SMYTHE et al. 1952; SAMPSON u. ZIPSER 1954; MOYER et al. 1955; CORCORAN et al. 1956; MCQUEEN u. MORRISON 1961), führten auch neuere Untersuchungen (FRANZEN et al. 1963 b) zu dem Ergebnis, daß Noradrenalin, ähnlich wie Adrenalin, eine Abnahme der Nierenplasmadurchströmung, der Glomerulumfiltration und des Harn-Minutenvolumens verursacht; die gleichzeitig erhöhte „Filtrationsfraktion" sprach dafür, daß von der intrarenalen Vasoconstriction besonders die efferenten Nierenarteriolen (Vasa efferentia) betroffen waren (s. Abb. 47).

AVIADO et al. (1958) kamen auf Grund von Versuchen an narkotisierten Hunden zu einer Einteilung der sympathicomimetischen Amine in vier Gruppen: 1. in solche, die sowohl bei direkter Injektion in die A. renalis als auch bei intravenöser Injektion die Nierengefäße verengerten (z. B. Adrenalin, Noradrenalin, Phenylephrin, Metaraminol); 2. in solche, die zwar bei intraarterieller Injektion vasoconstrictorisch in der Niere wirkten, deren blutdrucksteigernde Wirkung bei intravenöser Injektion jedoch eine renale Durchblutungsdrosselung verhinderte (z. B. Ephedrin, Hydroxyamphetamin); 3. in solche, deren allgemein pressorische Wirkung den nur schwachen renalvasoconstrictorischen Effekt überkompensierte, so daß bei intravenöser Injektion eine erhöhte renale Durchblutung resultierte (z. B. Amphetamin, Methamphetamin (Pervitin), Mephentermin; 4. in solche, die bei intraarterieller Injektion die Nierengefäße erweiterten, trotzdem aber bei intravenöser Injektion wegen ihrer blutdrucksenkenden Wirkung eine Abnahme der Nierendurchblutung verursachten (z. B. Isoproterenol) (s. auch SPENCER 1956).

In einem gewissen Gegensatz zu den an Hunden und am Menschen beobachteten Wirkungen des Adrenalins und Noradrenalins auf die Nierenfunktion stehen die an kleinen Laboratoriumstieren (Ratten, Meerschweinchen) erhobenen Befunde über die Beeinflussung der Diurese. Diese scheint durch die Brenzkatechinamine innerhalb eines weiten Dosierungsbereiches gefördert zu werden (HOLTZ et al. 1947; CREDNER 1949; HOLTZ u. CREDNER 1949; KRONEBERG u. OCKLITZ 1949; HORRES et al. 1950; DEXTER u. STONER 1952; EVERSOLE et al. 1952; ERSPAMER 1953; BOTTING u. LOCKETT 1961; FRANZEN et al. 1963a). Gewässerte Meerschweinchen (5 ml Aqua dest. pro 100 g Körpergewicht) schieden nach der i.m. Injektion von 0,5 mg/kg Adrenalin im Laufe von 4 Std im Mittel 172% der verabfolgten Wassermenge aus, die Kontroll-

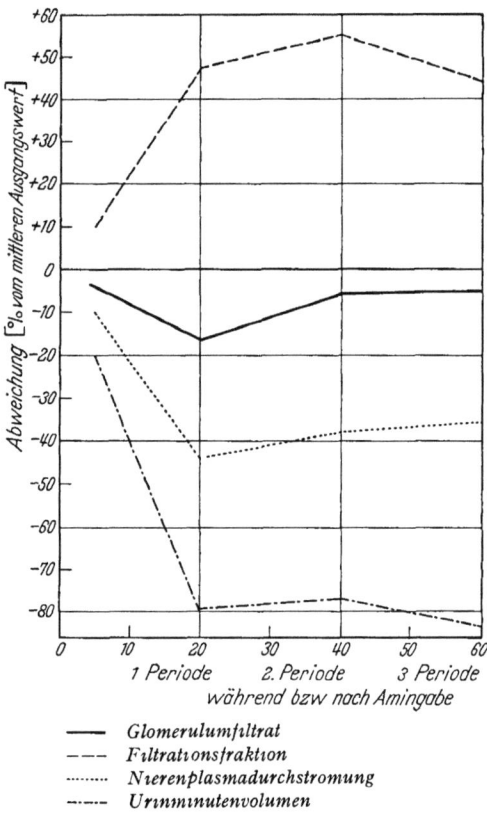

——— Glomerulumfiltrat
--- Filtrationsfraktion
······ Nierenplasmadurchströmung
—·— Urinminutenvolumen

Abb. 47. *Die Wirkung von L-Noradrenalin (0,4 µg/kg/min) auf Glomerulumfiltrat, Filtrationsfraktion, Nierenplasmadurchströmung und Urinminutenvolumen bei gesunden Versuchspersonen (Mittelwerte von je 5—6 Vp.). Aus F. FRANZEN, H. BLOEDHORN, H. PAULI, H. KOCH und K. EYSELL (1963 b)*

tiere 96% (HOLTZ et al. 1947). Die Diurese war nach Adrenalin nicht nur erhöht, sondern auch beschleunigt: schon nach $1^1/_2$ Std hatten die „Adrenalintiere" fast die gesamte verabfolgte Flüssigkeitsmenge ausgeschieden, wozu die Kontrolltiere 3—4 Std benötigten (Abb. 48, a). Auch Noradrenalin (0,5 mg/kg i.m.) beschleunigte die Wasserausscheidung, erhöhte sie jedoch in 4 Std nur um 32% gegenüber den Kontrollwerten. Die Blutdrucksteigerung und der dadurch erhöhte Filtrationsdruck in den Glomerulis war sicher wesentlich am Zustandekommen der erhöhten Diurese beteiligt, konnte aber nicht die einzige Ursache sein, weil die *pressorische* Wirkung der intramuskulär injizierten Brenzkatechinamine schon nach 20 min abgeklungen war.

Die Bedeutung *hämodynamischer* Faktoren (Höhe des Blutdrucks) wurde in Versuchen mit Dopamin (Hydroxytyramin) deutlich. Nach i.m. Injektion von 10—20 mg/kg Dopamin, das an Meerschweinchen und Kaninchen blutdrucks*enkend* wirkt (s. XV.A.3.), kam es an Meerschweinchen regelmäßig zu einer 1—1½stündigen vollkommenen Sekretionssperre (Abb. 48, a). Die verzögerte Diurese holte dann im Verlauf des Versuches auf und erreichte während der 4. Std die Werte der Kontrolltiere. Die Hemmwirkung erstreckte sich auch auf die Purinkörperdiurese.

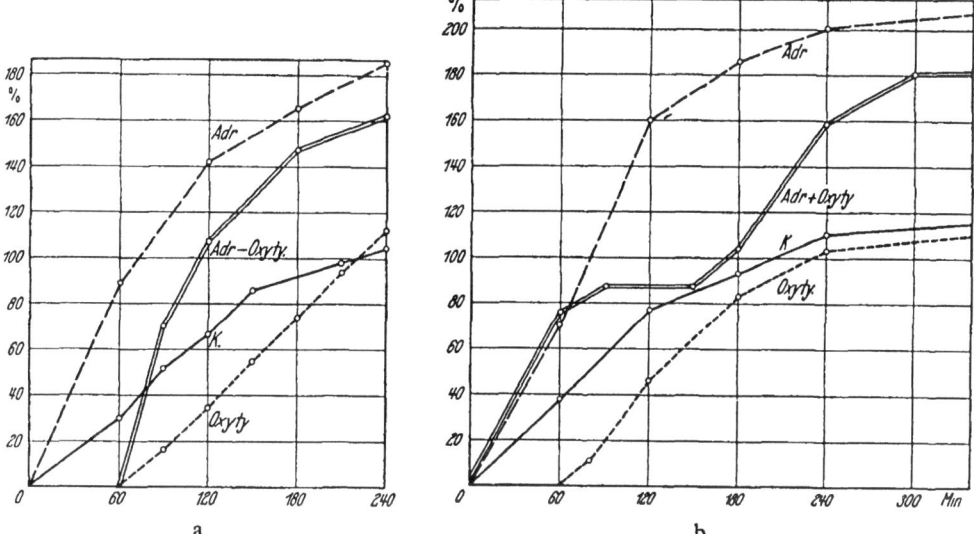

Abb. 48a u. b. *Beeinflussung der Wasserdiurese durch Adrenalin und Dopamin bei Meerschweinchen*, gewässert mit 5 ml/100 g Aqua. dest. Ordinate: Harnvolumen in Prozent der verabfolgten Wassermenge. Abszisse: Zeit in Minuten. a: *K* Kontrolle; *Adr* 500 µg/kg Adrenalin i.m.; *Oxyty* 20 mg/kg Dopamin i.m.; *Adr — Oxyty* gleichzeitige Injektion von Adrenalin und Dopamin. b: *K* Kontrolle; *Adr* 500 µg/kg Adrenalin i.m.; *Oxy* 10 mg/kg Dopamin i.m.; *Adr + Oxyty* 500 µg/kg Adrenalin, 45 min später 10 mg/kg Dopamin. Aus P. HOLTZ, K. CREDNER und F. HEEPE (1947)

Während die „antidiuretische" Wirkung des *Dopamins* an Meerschweinchen ihre Erklärung in der langanhaltenden Blutdrucksenkung finden dürfte, die das Amin bei dieser Tierart hervorruft — an Ratten, an denen Dopamin blutdruck*steigernd* wirkt, förderte es, ähnlich wie Adrenalin, die Diurese —, scheinen an der Wirkung des *Adrenalins*, das in jeder Dosierung an Meerschweinchen eine beschleunigte und vermehrte Wasserausscheidung verursachte, auch andere als hämodynamische Faktoren beteiligt zu sein. Bei gleichzeitiger Injektion von Dopamin und Adrenalin vermochte dieses die durch Dopamin verursachte Sekretionssperre nicht zu durchbrechen: wie nach alleiniger Verabfolgung von Dopamin, wurde auch jetzt 60 min lang kein Harn sezerniert (Abb. 48, a). Dann aber brach, nach Lösung der Sperre, die Adrenalinwirkung durch: Mehr als die gesamte verabfolgte Wassermenge wurde jetzt in einer einzigen Stunde ausgeschieden, dreimal mehr als von dem Kontrolltier, das nur Dopamin erhalten hatte. Nach weiteren 2 Std erreichte die Ausscheidungskurve mit 160% fast die Höhe des Adrenalin-Kontrollversuchs. Vielleicht noch deutlicher trat der Antagonismus der beiden Brenzkatechinamine in Erscheinung, wenn Dopamin, z. B. 45 min nach Adrenalin, *während* der durch Adrenalin hervorgerufenen Diuresesteigerung injiziert wurde. Der steile Anstieg der Ausscheidungskurve erfuhr dann für 1—1½ Std eine Unterbrechung (Abb. 48, b). Nach dieser langen „Latenzzeit", insgesamt 2½ Std nach Versuchsbeginn, entfaltete das i.m. injizierte Adrenalin, dessen blutdrucksteigernde Wirkung, wie aus Blutdruckversuchen hervorging, zu diesem Zeitpunkt längst abgeklungen war, noch fast ungeschmälert seine „diuretische" Wirkung.

Daß die diuresefördernde Wirkung des Adrenalins nicht nur hämodynamisch, durch Erhöhung des allgemeinen Blut- und damit des Filtrationsdrucks in der Niere, bedingt ist, ging auch aus Versuchen hervor, in denen die pressorische Wirkung an Meerschweinchen nicht durch das blutdrucksenkende Dopamin, sondern sympathicolytisch durch Ergotoxin oder Yohimbin in eine depressorische umgekehrt wurde (HOLTZ u. CREDNER 1949; KRONEBERG u. OCKLITZ 1949). Wie nach gleichzeitiger Injektion von Dopamin und Adrenalin, so kam es auch bei gleichzeitiger Verabfolgung von Yohimbin und Adrenalin zu einem 1—1½stündigen Versiegen der Harnsekretion, an das sich jedoch — im Gegensatz zu den Versuchen mit Dopamin + Adrenalin — keine „überschießende" Harnsekretion anschloß: die Harnausscheidung erreichte nach 4 Std lediglich die Kontrollwerte (Tabelle 2).

Tabelle 2. *Beeinflussung der Wasser- und Chloridausscheidung durch Adrenalin und Yohimbin*
Meerschweinchen, gewässert mit 5 ml/100 g Aqua dest., 4 Std-Werte. Aus: G. KRONEBERG und H. OCKLITZ (1949).

|  | Harnmenge in % der verabfolgten Wassermenge | $(Na^+)$ $Cl^-$ mg | $(Na^+)$ $Cl^-$ mg % |
|---|---|---|---|
| Kontrollen | 101 | 33,8 | 115,4 |
| Adrenalin (500 µg/kg i m.) | 166 | 96,4 | 198,7 |
| Yohimbin (4 mg/kg i m.) | 102 | 31,3 | 107 |
| Adrenalin + Yohimbin | 97,5 | 33,3 | 120,3 |

Die Steigerung der „Wasserdiurese" durch Adrenalin war mit einer starken *saluretischen* Wirkung verbunden. Im 4 Std-Versuch lagen nach i.m. Injektion von 500 µg/kg Adrenalin die ausgeschiedenen Harnvolumina im Mittel 66%, die ausgeschiedenen Chloridmengen (als „NaCl" berechnet) fast 300% höher als bei den Kontrollen; Yohimbin unterdrückte — im Gegensatz zu dem wohl nur „hämodynamisch" antagonisierenden Dopamin — sowohl die durch Adrenalin verursachte Steigerung der Wasser- als auch der Salzausscheidung vollständig (Tabelle 2). Wichtiger für das Zustandekommen der „diuretischen" Wirkung des Adrenalins als die Gefäß- und Kreislaufwirkung scheint seine extrarenale „*Gewebswirkung*" zu sein, die den Mineralstoffwechsel betrifft und zu einer Salzmobilisierung im Gewebe führt: Dopamin verhindert kurzfristig nur die eine, Yohimbin und Ergotoxin unterdrücken beide. Die Hemmung der Adrenalinwirkung auf den Mineralstoffwechsel durch die Sympathicolytica ordnet sich dem auch auf anderen Gebieten des Stoffwechsels, z. B. des Kohlenhydrat- und Fettstoffwechsels, bestehenden Antagonismus zwischen Sympathicomimeticis und Sympathicolyticis ein (s. XV.C.1.2.).

Im Gegensatz zu der pressorischen Wirkung des Adrenalins, wird diejenige des Noradrenalins durch Blockierung der adrenergischen α-Receptoren (Ergotoxin, Yohimbin) nicht umgekehrt, sondern nur abgeschwächt bzw. aufgehoben. Es war deshalb zu erwarten, daß im Diureseversuch die kombinierte Injektion von Yohimbin und Noradrenalin keine Diuresesperre, sondern nur die auch dem Noradrenalin zukommende Salz und Wasser mobilisierende „Gewebswirkung" aufheben würde, so daß die Sekretionskurve mit derjenigen des Yohimbin-Kontrollversuches praktisch zusammenfiel (HOLTZ u. CREDNER 1949).

f) **Gehirngefäße.** Das Gehirn gehört zu den sauerstoffbedürftigsten Organen des Körpers. Der Blutdurchfluß beträgt, wie Untersuchungen mit modernen Methoden, z. B. der Stickoxydulmethode von KETY und SCHMIDT (1948a und b), ergeben haben, beim Menschen ungefähr 60 ml pro Minute und 100 g Gewebe, also für das ganze Gehirn etwa 800 ml pro Minute, d.h. 15—20% des Herzminutenvolumens. Das Gehirn verbraucht ungefähr 50 ml $O_2$ pro Minute. Trotz schwankender Durchblutungsgröße wird dieser Wert mit einer bemerkenswerten Konstanz aufrechterhalten, indem bei *erhöhter* Durchblutung *weniger*, bei *gedrosselter* Durchblutung *mehr* Sauerstoff extrahiert wird. Diese Anpassungsfähigkeit wird durch eine gewisse *Autonomie* in der Regulation der Gefäßweite ermöglicht, indem sich der Gefäßtonus veränderten Druckverhältnissen anzupassen vermag, wie schon Ende vorigen Jahrhunderts von BAYLISS und HILL (1895) im Tierexperiment festgestellt wurde; danach scheinen auch denervierte Gefäße sich auf Druckzunahme verengern und auf Druckabnahme erweitern zu können (Übersicht bei LASSEN 1959).

Tatsächlich sind die *Gehirngefäße*, ähnlich wie die Nierengefäße, den Einflüssen der noradrenergischen, nerval-reflektorischen Regulation des Kreislaufs weitgehend entzogen. Vasoconstrictorische Effekte einer Sympathicusreizung wirkten sich z. B. auf die Hautgefäße zehnmal stärker aus als auf die Gehirngefäße (FORBES u. COBB 1938), was durch neuere Untersuchungen bestätigt wurde (OPITZ u. SCHNEIDER 1950; SCHMIDT 1950; SCHNEIDER 1950; GOTTSTEIN 1960; GOTTSTEIN et al. 1960; GOTTSTEIN 1962). Umgekehrt „ist nach Durchschneidung des Halssympathicus oder nach Extirpation des obersten Halsganglions gewöhnlich keine Veränderung an den Gehirngefäßen wahrzunehmen" (HESS 1930). Sie sind auch gegenüber lokaler Applikation gefäßwirksamer Pharmaka weniger empfindlich als andere Gefäße. Die intravenöse Injektion von Adrenalin (REIN 1930), Noradrenalin und anderen vasoconstrictorisch wirkenden Pharmaka verursachte nur kurzdauernde druckpassive Durchblutungsänderungen, wie denn auch vasodilatatorisch wirksame Stoffe bei Kreislaufgesunden die Gehirndurchblutung und den Sauerstoff verbrauch nicht signifikant erhöhten (GOTTSTEIN 1960, 1962; Übersichten bei WOLFF 1936; SCHMIDT 1950; SOKOLOFF 1959). Einige Autoren beobachteten eine leichte Erhöhung der Gehirndurchblutung nach Adrenalin und eine leichte Abnahme nach Noradrenalin (KING et al. 1952; SENSENBACH et al. 1953), andere fanden mit beiden Aminen Vasoconstriction und Durchblutungsabnahme (BOVET et al. 1957). Bei niedrigem Blutdruck nach Ganglienblockern wurde die Gehirndurchblutung durch Noradrenalin erhöht, bei normalem Blutdruck vermindert (MOYER et al. 1954).

Andererseits sorgen anscheinend in der A. meningea media gelegene endovasale *Baroreceptoren* dafür, daß rein druckpassive Durchblutungsänderungen bis zu einem gewissen Grade kompensiert bzw. verhindert werden, so daß die Hirndurchblutung, die bei den einzelnen Tierarten erhebliche Unterschiede in der vasalen Blutzufuhr durch die A. carotis, vertebralis und occipitalis aufweist (s. z. B. BALDWIN u. BELL 1963), durch Blutdruckänderungen im Bereich von 70—170 mm Hg kaum beeinflußt wird. Wenn der Blutdruck unter 70 mm Hg absinkt, wird die Gehirndurchblutung ungenügend. Es kann nicht mehr ausreichend Sauerstoff ausgeschöpft werden und es kommt, wenn die Sauerstoffaufnahme von 50 ml auf 25—30 ml pro Minute abnimmt, zu Ohnmacht und Bewußtlosigkeit (BERNSMEIER u. GOTTSTEIN 1956; BERNSMEIER 1959; GOTTSTEIN et al. 1960).

Wichtiger für die Regulation der Gehirndurchblutung als nervale, sind örtlich zur Auswirkung gelangende, chemisch-humorale Faktoren. Unter ihnen kommt den *Blutgasen* überragende Bedeutung zu. Mehr noch als eine Erniedrigung der Sauerstoffkonzentration im arteriellen Blut (NOELL u. SCHNEIDER 1948) wirkte sich eine Erhöhung der arteriellen Kohlensäurespannung auf die Gehirndurchblutung aus. Diese stieg bei nur geringer Erhöhung der $CO_2$-Spannung im Blut auf das Doppelte des Ausgangswertes an (KETY u. SCHMIDT 1948a und b; BERNSMEIER u. GOTTSTEIN 1956).

**g) Coronargefäße.** Während Übereinstimmung darin besteht, daß sowohl die Stimulierung des N. accelerans als auch die Injektion von Adrenalin und Noradrenalin zu einer erhöhten Coronardurchströmung führen (s. z. B. FOLKOW et al. 1949; GOLLWITZER-MEIER u. WITZLEB 1952; SCHOFIELD u. WALKER 1953), gehen die Meinungen darüber auseinander, ob diesem Effekt eine echte vasodilatatorische Wirkung der Brenzkatechinamine auf die Coronargefäße zugrunde liegt, oder ob er sekundär durch die veränderte Herzaktion und die Stoffwechselsteigerung bedingt ist (Übersichten bei ANREP 1926; WÉGRIA 1951; GREGG 1946, 1950; BRETSCHNEIDER 1958; BERNE 1964). Die Coronargefäße scheinen unter einem noradrenergisch-vasoconstrictorischen Dauertonus zu stehen (SZENTIVÁNYI u. JUHÁSZ-NAGY 1963a und b; Übersicht bei BERNE 1964; s. auch BRACHFELD et al. 1960). Am nicht schlagenden Herzen verursachten Adrenalin und Noradrenalin eine Abnahme des Coronardurchflusses, und am normal schlagenden wie auch am fibrillierenden Hundeherzen ging der langdauernden Vasodilatation eine initiale Drosselung der Coronardurchströmung nach der Injektion der Brenzkatechinamine voraus (BERNE 1958; HARDIN et al. 1961). Auch elektrische Reizung der sympathischen Herznerven an unbetäubten Hunden löste eine initiale Abnahme des Coronarblutflusses aus (GRANATA et al. 1961).

Neuere Untersuchungen haben gezeigt, daß die sympathischen Nerven des Katzen- und Hundeherzens funktionell verschiedene Faserqualitäten enthalten (SZENTIVÁNYI u. KISS 1956; KISS u. SZENTIVÁNYI 1957; SZENTIVÁNYI u. JUHÁSZ-NAGY 1959, 1963a und b; JUHÁSZ-NAGY u. SZENTIVÁNYI 1961): 1. postganglionäre noradrenergische Neurone, deren Stimulierung die Herzfrequenz erhöht, die Herzkontraktionen verstärkt und den Coronardurchfluß steigert. Die Reizschwelle liegt bei 5—20 Volt und bei einer Reizfrequenz von 6—20/sec; 2. vasomotorische präganglionäre Fasern, die mit adrenergischen oder cholinergischen Neuronen im Herzen bzw. nahebei eine synaptische Verbindung eingehen, und deren Stimulierung, ohne die Herzaktion und den Sauerstoffverbrauch zu beeinflussen, den Coronardurchfluß vermindert, da die noradrenergisch-constrictorische die cholinergisch-dilatatorische Wirkung gewöhnlich überdeckt. Ihre Reizschwelle ist niedriger; sie liegt bei 0,1—2 Volt und bei einer Reizfrequenz von 1—6/sec.

Schon früher hatten FOLKOW et al. (1948) zeigen können, daß bei der Durchströmung isolierter Katzen- und Hundeherzen mit eserinhaltiger Ringerlösung die elektrische Reizung des Ggl. stellatum zum Auftreten eines acetylcholinähnlichen Stoffes in der Perfusionslösung führt. Wie für die sympathisch vasoconstrictorische Innervation der quergestreiften Muskulatur, wurde auch für die sympathische Innervation des Herzens eine Beimischung cholinergischer Dilatatoren postuliert (Übersicht bei UVNÄS 1960), die vielleicht identisch sind mit den präganglionären sympathischen vasodilatatorischen Nervenfasern der ungarischen Autoren.

Das „α-Sympathicolyticum" Dibenamin hatte keinen Einfluß auf die bei hoher Reizstärke und -frequenz auftretende positiv chrono- und inotrope Wirkung und den damit verbundenen erhöhten Coronardurchfluß und $O_2$-Verbrauch, unterdrückte jedoch die durch niederfrequente Reizung ausgelöste vasoconstrictorische Wirkung auf die Coronargefäße (SZENTIVÁNYI u. JUHÁSZ-NAGY 1959; JUHÁSZ-NAGY u. SZENTIVÁNYI 1961). Umgekehrt verhinderte das „β-Sympathicolyticum" Dichlorisoproterenol (DCI) bei elektrischer Reizung des Ggl. stellatum die positiv chrono- und inotrope Wirkung und wandelte den vermehrten Coronardurchfluß in einen vasoconstrictorisch verminderten um (SIEGEL et al. 1961).

Am isolierten, von einem Spendertier durchbluteten Hundeherzen verengerten Adrenalin und Noradrenalin die Coronargefäße, wenn inotrope und metabolische Effekte durch DCI verhindert wurden, und verursachten eine verstärkte Vasodilatation nach Dibenzylin. Während Isoproterenol den Sauerstoffverbrauch des Myokards und den Coronardurchfluß proportional steigerte, blieb nach Adrenalin und Noradrenalin die Coronardurchblutung hinter dem erhöhten $O_2$-Verbrauch zurück. Dieses Mißverhältnis ließ sich durch Dibenzylin (Aufhebung der coronargefäßverengernden Wirkung) beseitigen (HASHIMOTO et al. 1960; s. auch DOUTHEIL et al. 1964a und b).

Damit im Einklang steht, daß Adrenalin und Noradrenalin am durch Kalium zum Stillstand gebrachten Hundeherzen eine Abnahme des Coronardurchflusses verursachten, am intakten schlagenden Herzen jedoch nach einer nur kurzdauernden, initialen Abnahme zu einer langdauernden Zunahme der Coronardurchströmung führten (BERNE 1958).

Als Folgerung für eine klinische Anwendung der $\beta$-Sympathicolytica, z. B. DCI, Nethalid u. a., ergibt sich, daß die durch diese verursachte Blockierung adrenergischer chrono- und inotroper Herzwirkungen die Gefahr einer Coronargefäßverengerung in sich birgt, wenn die sympathische Innervation des Herzens, die jetzt nur noch aus funktionstüchtigen coronargefäß*verengernden* Nervenfasern besteht, tonisiert oder wenn Adrenalin vermehrt aus dem Nebennierenmark ans Blut abgegeben würde. Die gleichzeitige „α-sympathicolytische" Ausschaltung der zu den Coronargefäßen verlaufenden sympathischen Vasoconstrictoren wäre in der Lage, diese Gefahr zu beseitigen.

### 2. Isoproterenol (Isoprenalin, Aludrin)

$$\text{HO}-\text{C}_6\text{H}_3(\text{OH})-\text{CH(OH)}\cdot\text{CH}_2-\text{N}\begin{matrix}\text{H}\\\text{C}_3\text{H}_7\end{matrix}$$

Methylierungen, wie sie der Bildung von Adrenalin aus Noradrenalin oder der pharmakologischen Inaktivierung der Brenzkatechinamine durch Methylierung der in Metastellung befindlichen phenolischen OH-Gruppe zugrunde liegen, sind, ebenso wie die Acetylierung von $NH_2$-Gruppen, bekannte biochemische Reaktionen, zu denen auch der tierische Organismus fähig ist (s. II.A.3. und IV.B.D.). Es war deshalb überraschend, daß auch die Substitution der $NH_2$-Gruppe im Noradrenalinmolekül durch einen Isopropylrest $\left(-\overset{CH_3}{\underset{CH_3}{CH}}\right)$, die für die Bildung des Isopropyl-noradrenalins erforderlich gewesen wäre, im Tierkörper möglich sein sollte. Vor einigen Jahren wurde über das Vorkommen kleiner Mengen der Isopropylverbindung (mehr als 2% der gesamten Brenzkatechinamine) im Nebennierenmark von Katze, Kaninchen, Affe und Mensch berichtet (LOCKETT 1954a und b; s. auch EAKINS u. LOCKETT 1961) und über das Auftreten des stark broncho-dilatatorisch wirkenden Amins im Lungenvenenblut von Katzen während der elektrischen Reizung des thorakalen sympathischen Grenzstranges (LOCKETT 1957).

Die Befunde konnten von anderen Autoren nicht bestätigt werden. So ließen z. B. in Versuchen von v. EULER und LISHAJKO (1957), in denen bis zu 1000 g *Rinderlunge* aufgearbeitet wurden, zwar Noradrenalin und Dopamin sich chromatographisch sicher identifizieren; es fand sich aber kein Anhaltspunkt für das Vorkommen von Isoproterenol in den Extrakten. SCHÜMANN (1958d) konnte in Versuchen mit stark angereicherten Extrakten aus *Schafslungen*, die überwiegend Dopamin (24 µg/g) als Brenzkatechinamin, neben Spuren von Noradrenalin (0,45 % des Dopamingehaltes) enthielten, kein Isopropylnoradrenalin nachweisen: weder papierchromatographisch noch im biologischen Test. Am Meerschweinchen, an dem Dopamin, in gleicher Weise wie am Kaninchen, depressorisch wirkt (HOLTZ et al. 1942a), senkten die an der Ratte pressorisch wirksamen Lungenextrakte den Blutdruck wie authentisches Dopamin. Eluate aus dem Chromatogrammstreifen, der dem Rf-Wert des Isoproterenols entsprach, wirkten an der Ratte, im Gegensatz zu Isoproterenol, blutdruck*steigernd*. Die im $R_f$-Wert mit Isoproterenol übereinstimmende, pharmakologisch jedoch sich von ihm unterscheidende Substanz in den Lungenextrakten könnte der — bei der Aufarbeitung leicht spontan entstehende — Äthyläther des Noradrenalins sein; dieser wirkt an der Ratte blutdrucksteigernd. Wenn die negativen Befunde mit Extrakten aus *Rinder-* und *Schafs*lungen auch keine zwingenden Argumente gegen das Auftreten von Isoproterenol im Lungenvenenblut von *Katzen* bei elektrischer Reizung des thorakalen Grenzstranges sind, so konnte doch auch das Vorkommen von Isoproterenol im Nebennierenmark von Katzen (LOCKETT 1954a und b) von anderer Seite nicht bestätigt werden; es ergab sich auch kein Anhaltspunkt für das Vorkommen dieses Brenzkatechinamins im Katzen*herzen*, obwohl die benutzten Methoden so empfindlich waren, daß sie den Nachweis eines 0,007 %igen (Nebennierenmark) bzw. 0,2 %igen (Herz) Isoproterenol-Anteils am Gesamtamingehalt ermöglicht hätten (MUSCHOLL 1959b; s. auch VOGT 1959).

Ist es demnach zweifelhaft, ob das Isopropylderivat als ein *natürlich* vorkommendes körpereigenes Brenzkatechinamin angesehen werden darf, so beansprucht das seit langem wegen seiner broncholytischen Wirkung als Antiasthmaticum therapeutisch angewendete synthetische Präparat (KONZETT 1949a und b; SIEGMUND et al. 1947, 1949; LANDS et al. 1948; MARSH et al. 1948) auch deshalb Interesse, weil es eines der stärksten bisher bekannten „β-Sympathicomimetica" ist.

*a)* Eine für den Patienten, der Isoproterenol zur Linderung seiner bronchospastischen Beschwerden nimmt, unangenehme „Nebenwirkung" ist die

Herzklopfen verursachende *tachykardische* Wirkung. Sie ist, ebenso wie die positiv inotrope Wirkung, wesentlich stärker als diejenige des Adrenalins (LANDS et al. 1947; KAUFMANN et al. 1951; LANDS u. HOWARD 1952; Übersicht bei LANDS 1949): An Vorhofpräparaten (BELFORD u. FEINLEIB 1959), an künstlich durchströmten Rattenherzen (KUKOVETZ et al. 1959; HAUGAARD et al. 1961) sowie am Hundeherzen war sie 5—10mal stärker (MAYER u. MORAN 1959, 1960; MURAD et al. 1962). An Vorhofpräparaten des Meerschweinchenherzens, in 50 ml Tyrodelösung suspendiert, hatten 12,5 ng (0,25 · $10^{-9}$) Isoproterenol eine ungefähr gleich starke chrono- und inotrope Wirkung wie 0,5 μg ($10^{-8}$) Noradrenalin (OSSWALD u. GUIMARÃES 1962).

*b)* Die hohe Affinität des Isoproterenols zu den adrenergischen β-Receptoren der *Gefäße* kommt darin zum Ausdruck, daß es trotz der zu einer Erhöhung des Minutenvolumens führenden Herzwirkung am Tier reine Blut*drucksenkungen* hervorruft, — auch am Kaninchen, an dem wegen der schwach entwickelten β-Receptoren Adrenalin pressorisch wirksamer war als Noradrenalin (SCHÜMANN 1950) und die blutdrucksteigernde Adrenalinwirkung durch Ergotoxin sich nur schwer in eine blutdrucksenkende umkehren ließ (DALE 1906; HARVEY u. NICKERSON 1953).

Nicht nur die Muskelgefäße, sondern auch die Gefäße der *Lunge*, die durch Adrenalin und Noradrenalin verengert werden, wurden durch Isoproterenol erweitert (KONZETT 1941a und b; KONZETT u. HEBB 1949; s. auch ALLES 1933; ALLES u. PRINZMETAL 1933).

An den nach WAELEN et al. (1964) nur oder doch überwiegend mit α-Receptoren ausgestatteten *Haut-* und *Schleimhautgefäßen* soll Isoproterenol unwirksam sein. Demgegenüber besitzen die Hautgefäße des *Kaninchenohrs* offensichtlich adrenergische α-Receptoren, die nicht nur durch Adrenalin und Noradrenalin, sondern auch durch Isoproterenol stimuliert werden: LUDUENA et al. (1949) fanden Isoproterenol am Kaninchen-Ohrgefäßpräparat sogar 2—3mal vasoconstrictorisch wirksamer als Noradrenalin; auch GADDUM et al. (1949) beobachteten gefäßverengernde Wirkungen des Isoproterenols an diesem Präparat. In Versuchen von OSSWALD und GUIMARÃES (1962) war es jedoch etwa 100mal schwächer wirksam als Noradrenalin; wurde Noradrenalin wenige Minuten nach Isoproterenol injiziert, so war seine Wirkung abgeschwächt. *Ergotamin*tartrat in niedriger Konzentration ($10^{-8}$) verstärkte die gefäßverengernde Wirkung beider Amine, höhere Konzentrationen schwächten sie ab. Am Froschgefäßpräparat nach LAEWEN-TRENDELENBURG war Isoproterenol unwirksam oder verursachte Gefäßerweiterung (ERLIJ et al. 1965).

*c)* Die Potenzierung adrenergischer Wirkungen durch α-Sympathicolytica, nicht nur durch Ergotamin, sondern auch z. B. durch Phenoxybenzamin und Phentolamin (s. z. B. JANG 1941), hat man damit zu erklären versucht, daß sie in Dosen, die die adrenergischen α-Receptoren noch nicht blockieren, ähnlich wie Cocain, die Aufnahme injizierter Brenzkatechinamine bzw. die

Wiederaufnahme freigesetzten nervalen Noradrenalins in die Aminspeicher des Gewebes hemmen und dadurch einen größeren Teil zur pharmakologischen Wirkung gelangen lassen (s. X.B.4.). Isoproterenol wird nicht in Gewebespeicher aufgenommen (ANDÉN et al. 1964c). Deshalb wurde seine Wirkung am Herzen durch Phenoxybenzamin (NICKERSON u. NOMAGUCHI 1951) und an der Milz durch Cocain nicht verstärkt (HERTTING 1964a und b), und es war, im Gegensatz zu Noradrenalin, nicht in der Lage, die nach Reserpinvorbehandlung verlorengegangene Wirksamkeit „indirekt" wirkender sympathicomimetischer Amine, z. B. des Tyramins, wiederherzustellen (KUSCHINSKY et

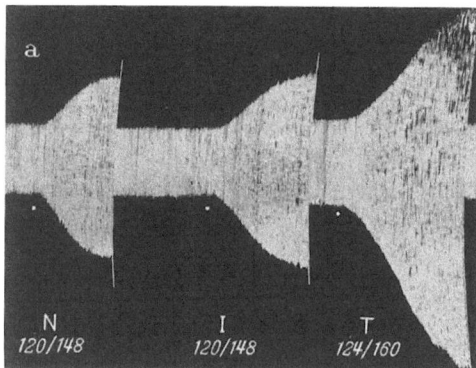 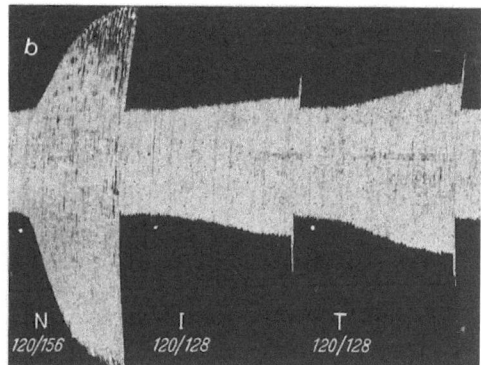

Abb. 49a u. b. *Gleichsinnige Beeinflussung der Isoproterenol- und Tyraminwirkung durch Cocain am Herzvorhof des Meerschweinchens.* a vor, b nach Cocain (10⁻⁶). *N* Noradrenalin 10⁻⁸; *I* Isoproterenol 0,25 · 10⁻⁸; *T* Tyramin 2 · 10⁻⁶. Aus W. OSSWALD und S. GUIMARÃES (1962)

al. 1960b). Andererseits soll Cocain die blutdrucksenkende Wirkung des Isoproterenols an der Katze verstärken (ROSZKOWSKI u. KOELLE 1960).

Um so überraschender war der Befund, daß Isoproterenol, der Prototyp eines „direkt" wirkenden β-Sympathicomimeticums, sich am Herzvorhof des *Meerschweinchens* insofern wie ein indirekt wirkendes Amin verhielt, als seine positiv chrono- und inotrope Wirkung durch Cocaindosen, welche die entsprechenden Noradrenalinwirkungen verstärkten, nicht etwa nur unbeeinflußt blieb, sondern — wie die Tyraminwirkung — abgeschächt bzw. aufgehoben wurde (Abb. 49). An Vorhofpräparaten reserpinisierter Tiere, an denen Tyramin wirkungslos war, blieb die Wirkung des Isoproterenols jedoch erhalten (OSSWALD u. GUIMARÃES 1962; s. auch WALZ u. MAENGWYN-DAVIES 1960; WALZ et al. 1960). Die Erklärung ist vielleicht folgende: Hohe Cocaindosen schwächen auch die Noradrenalinwirkung am Herzen ab; sie interferieren anscheinend mit dem Zustandekommen der für die Auslösung der pharmakologischen Wirkung erforderlichen Reaktion zwischen Amin und Receptor. Die vermutlich auf dem gleichen Mechanismus („membranstabilisierende" Wirkung?) beruhende, sowohl an den Aminspeichern des Gewebes als auch an den pharmakologischen Receptoren angreifende Wirkung des Cocains müßte sich unterschiedlich auf die Herzwirkung des Noradrenalins und

Isoproterenols auswirken. Im Falle des Noradrenalins, das sowohl nach endogener Freisetzung als auch nach exogener Applikation zum größten Teil in Gewebespeicher aufgenommen wird, kann eine ,,Blockade" der pharmakologischen Receptoren durch Cocain dadurch kompensiert werden, daß jetzt wegen der gehemmten Aufnahme in die Gewebespeicher ein größerer Anteil an die Receptoren gelangt und hier die Cocainwirkung kompetitiv durchbricht. Eine derartige Kompensation kommt für Isoproterenol nicht in Frage, da es nicht in die Aminspeicher des Gewebes aufgenommen wird, so daß die Beeinflussung seiner Wirkung durch Cocain ausschließlich von der ,,Receptorblockade" bestimmt wird und deshalb nur in einer Abschwächung bestehen kann. — Auch am Vorhofpräparat des *Kaninchenherzens* wurde die Isoproterenolwirkung durch Cocaindosen, welche die Adrenalin- und Noradrenalinwirkungen verstärkten, eher abgeschwächt (STAFFORD 1963).

*d)* Die in der vasoconstrictorischen Wirkung am Gefäßpräparat des Kaninchenohrs zum Ausdruck kommende Affinität des ,,$\beta$-Sympathicomimeticums" Isoproterenol zu den adrenergischen $\alpha$-Receptoren manifestierte sich auch in der Umkehr seiner blutdruck*senkenden* in eine blutdruck*steigernde* Wirkung nach Besetzung der $\beta$-Receptoren durch eine hohe Dosis Isoproterenol (BUTTERWORTH 1963a und b).

Der vielleicht etwas zu schematischen Einteilung der sympathicomimetischen Amine entsprechend ihrer Affinität zu den adrenergischen $\alpha$- und $\beta$-Receptoren schwerer einzuordnen ist die zuerst von HAZARD et al. (1947) beobachtete Umkehr der depressorischen Blutdruckwirkung des Isoproterenols durch Ergotamin. Dem Umkehreffekt kommt eine gewisse Artspezifität zu, indem er an Hunden und Katzen, nicht aber z. B. an Kaninchen (HARVEY u. NICKERSON 1953) und Hühnern (HARVEY et al. 1954) auftrat. Neuere Untersuchungen haben gezeigt, daß Barbituratnarkose Voraussetzung für die Umkehr der Blutdruckwirkung ist. An der Spinalkatze und am Hund in Chloralosenarkose kehrte Ergotamin die blutdrucksenkende Wirkung des Isoproterenols nicht um. Zusätzliche Injektion eines Barbiturates, z. B. von 25 mg/kg Pentobarbitalnatrium, führte dann prompt zur Wirkungsumkehr. Unter dem Einfluß von Ergotamin- oder Ergotoxindosen (0,05—0,2 mg/kg), nach denen die pressorischen Wirkungen des Adrenalins und Noradrenalins verstärkt waren, wurde das ,,$\beta$-Sympathicomimeticum" Isoproterenol zu einem ,,$\alpha$-Sympathicomimeticum": $\alpha$-Sympathicolytica, z. B. Dibenamin (15—20 mg/kg), Phenoxybenzamin (4—10 mg/kg) oder Phentolamin (2 mg/kg), verursachten eine ,,Umkehr der Umkehr", indem die nach Ergotamin blutdrucksteigernde wieder in die ursprüngliche blutdrucksenkende Wirkung umgekehrt wurde (OSSWALD u. GUIMARÃES 1962). Daß dem Isoproterenol an sich eine gewisse Affinität auch zu den $\alpha$-Receptoren der Gefäße zukommt, die seiner $\beta$-sympathicomimetischen depressorischen Wirkung entgegenwirkt, geht daraus hervor, daß diese nach Blockierung der $\alpha$-Receptoren mit Dibenamin verstärkt war.

Ergotamin, das nach AHLQUIST (1948) auch β-sympathicolytische Eigenschaften besitzt, wirkt sich offenbar „lytisch" vor allem auf die überwiegend β-sympathicomimetische Wirkungsqualität des Isoproterenols aus und demaskiert dadurch die an sich nur schwach entwickelte α-sympathicomimetische Wirkungskomponente. Andererseits sind Barbiturate, von denen bekannt ist, daß sie die α-sympathicolytische Wirkung der Mutterkornalkaloide abschwächen (HERWICK et al. 1939), in der Lage, die adrenergischen β-Receptoren

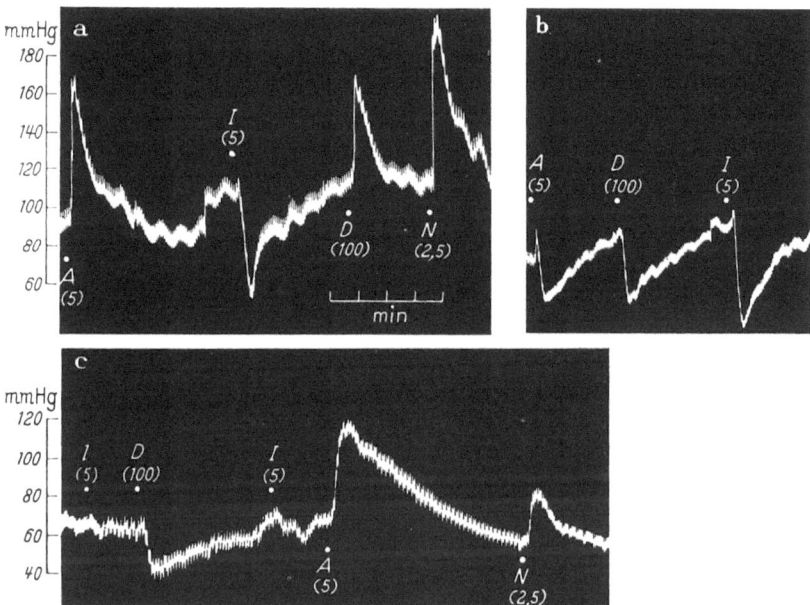

Abb. 50a—c. *Beeinflussung der Blutdruckwirkungen von Adrenalin, Isoproterenol und Dopamin durch Dibenzylin und Nethalid.* Katze in Pernoctonnarkose. Zwischen a und b: i.v. Infusion von 3 mg/kg Dibenzylin; zwischen b und c: i.v. Infusion von 6 mg/kg Nethalid. — Zahlen in Klammern µg. A Adrenalin; I Isoproterenol; D Dopamin. *Blockierung der α-Receptoren* (Dibenzylin): auch Adrenalin und Dopamin wirken jetzt blutdrucksenkend. *Zusätzliche Blockierung der β-Receptoren* (Nethalid) beeinflußt die Dopaminwirkung nicht, hebt die Isoproterenolwirkung auf und kehrt die Adrenalinwirkung um. Aus P. HOLTZ, K. STOCK und E. WESTERMANN (1963)

zu „desensibilisieren". An der mit Urethan oder Chloralose narkotisierten Katze war die depressorische Wirkung einer kleinen Dosis Isoproterenol nach der Injektion von Hexobarbital (Evipannatrium), die die Blutdruckhöhe nicht veränderte, stark abgeschwächt (eigene Beobachtung).

Demgegenüber erscheint die von anderen Autoren gegebene Erklärung der „Isoproterenolumkehr", die Herzwirkung sei hierfür verantwortlich, indem das Herz sein Schlagvolumen gegen einen durch Ergotamin erhöhten Gefäßwiderstand zu fördern habe (LANDS et al. 1950; LEVY u. AHLQUIST 1961), schon deshalb unwahrscheinlich, weil Dibenamin, das als α-Sympathicolyticum die *Herz*wirkung der Brenzkatechinamine unbeeinflußt läßt, die sonst nach Ergotamin auftretende Umkehr der Blutdruckwirkung des Isoproterenols verhinderte.

Einer ähnlichen Deutung, wie der oben für die „Isoproterenolumkehr" gegebenen, ist vielleicht die Beobachtung zugänglich, daß auch die Blutdruckwirkung des *Adrenalins* an der Katze durch Sympathicolytica eine „Umkehr der Umkehr" erfahren kann (HOLTZ et al. 1963; s. auch GONÇALVES MOREIRA u. OSSWALD 1965). Die nach Verabfolgung des α-Sympathicolyticums Dibenzylin blutdrucksenkende Wirkung des Adrenalins (s. Abb. 50b), das eine hohe Affinität sowohl zu den α- als auch zu den β-Receptoren der Gefäße besitzt, wurde durch Nethalid, d. h. durch Blockierung der adrenergischen β-Receptoren, nicht nur aufgehoben, wie diejenige des nur schwachen α-Sympathicomimeticums Isoproterenol, sondern in eine blutdrucksteigernde Wirkung umgekehrt (Abb. 50c). Wenn Dibenzylin nur etwa 50% der adrenergischen α-Receptoren der Gefäße blockiert hat, kommt es schon zur Umkehr der pressorischen Adrenalinwirkung in eine depressorische (NICKERSON et al. 1953).

*e)* Eine eigenartige „Nebenwirkung" des Isoproterenols wurde an Ratten beobachtet. Nach wiederholten Injektionen von 1—5 mg/kg täglich kam es zu einer innerhalb dieses Dosierungsbereiches dosisabhängigen Hypertrophie der Speicheldrüsen (SELYE et al. 1961 a und b); bei früh postnatalen Tieren hypertrophierten Parotis und Submaxillaris (SCHNEYER u. SHACKLEFORD 1963). Die Wirkung ließ sich „β-sympathicolytisch" durch DCI, nicht durch das α-Sympathicolyticum Phenoxybenzamin verhindern (POHTO u. PAASONEN 1964).

### 3. Dopamin (3,4-Dihydroxyphenyl-aethylamin),

biochemische Vorstufe des Noradrenalins im Nebennierenmark und in den sympathischen, noradrenergischen Nerven (Rinder-Milznerven), die es in fast gleich großer Menge wie Noradrenalin enthalten (SCHÜMANN 1956, 1958c; v. EULER u. LISHAJKO 1957), — und vielleicht eigenständiger Wirkstoff da, wo es Endprodukt der Biosynthese ist, z. B. im Nucleus caudatus und Putamen (CARLSSON et al. 1958; BERTLER u. ROSENGREN 1959a und b; BERTLER 1961a; Übersicht bei CARLSSON 1959) sowie in Lunge, Milz, Leber und Darm von Wiederkäuern (v. EULER u. LISHAJKO 1957; SCHÜMANN 1958d, 1959) (s. I.A.B.), ist an den meisten pharmakologischen Testobjekten 50—100mal schwächer wirksam als Adrenalin und Noradrenalin. Neben diesen quantitativen Unterschieden bestehen auch qualitative Wirkungsverschiedenheiten.

*a)* An Kaninchen und Meerschweinchen verursachten Dopamindosen (50—500 µg), die an der Katze mit Adrenalin oder Noradrenalin äquipressorisch waren, reine Blutdruck*senkungen;* erst Milligrammdosen (5—10 mg i.v.) wirkten blutdrucksteigernd (HOLTZ et al. 1942a). Dopamin führte auch an der Katze zu Blutdrucksenkung, wenn man die adrenergischen α-Receptoren der Gefäße, z. B. mit Yohimbin, blockierte. Eine vorher pressorische Dopaminwirkung erfuhr dann, in gleicher Weise wie die durch Adrenalin verursachte Blutdrucksteigerung, eine Umkehr in eine depressorische Wirkung (HOLTZ 1946).

Die blutdrucksenkenden Wirkungen des Dopamins unterschieden sich jedoch von denjenigen des Isoproterenols und auch von der an der Katze nach α-Sympathicolytica blutdrucksenkenden Wirkung des Adrenalins dadurch, daß sie durch β-Sympathicolytica, z. B. Nethalid, nicht verhindert wurden (Abb. 50c), demnach keine β-sympathicomimetischen Wirkungen waren. Die nach Dibenzylin blutdrucksenkende Wirkung des Adrenalins wurde durch Nethalid in eine blutdrucksteigernde umgewandelt: „Umkehr der Umkehr" (s. auch XV. A. 2.) (HOLTZ et al. 1963). Die blutdruck*senkende* Wirkung des Dopamins am *Kaninchen* und — nach Blockierung der α-Receptoren (Dibenzylin) — an der *Katze* verhielt sich in ihrer Resistenz gegen β-Sympathicolytica (Nethalid) wie die Wirkung des „musculotropen" Papaverins, dessen depressorische Wirkung durch „β-Blocker" auch nicht aufgehoben wurde (HOLTZ et al. 1964a und b; s. auch McDONALD u. GOLDBERG 1963; McNAY et al. 1963; VANOV 1963). Für die Existenz spezifischer „Dopaminreceptoren" in bestimmten Abschnitten des Gefäßsystems (Nieren- und Mesenterialgefäße), deren Stimulierung Gefäßerweiterung und Blutdruckabfall bedeutet, könnte sprechen, daß Dopamin an Hunden im Bereich der oberen Mesenterial- und der Nierengefäße den Blutdurchfluß erhöhte (GOLDBERG u. SJOERDSMA 1959; EBLE 1964a und b; McDONALD et al. 1964).

*b)* Inkubiert man Dopamin mit einem Monoaminoxydasepräparat in Luft- oder Sauerstoffatmosphäre — unter Oxydationsschutz für die phenolischen OH-Gruppen durch Zusatz von Ascorbinsäure —, so wirken die Inkubate, im Gegensatz zu den in Stickstoffatmosphäre gehaltenen Kontrollansätzen, auch an der normalen, nicht mit einem α-Sympathicolyticum vorbehandelten Katze nicht mehr blutdrucksteigernd, sondern blutdrucksenkend. Da Semicarbazid, als Abfangmittel für Aldehyde vor der Inkubation zugesetzt, die Entstehung der blutdrucksenkenden Substanz verhinderte, lag es nahe, diese für identisch mit dem durch die Monoaminoxydase (MAO) aus Dopamin gebildeten Dihydroxyphenyl-acetaldehyd (Formelschema 20, S. 301) zu halten und auch die am Kaninchen nach intravenöser Injektion von Dopamin auftretende Blutdrucksenkung im Hinblick auf die hohe Monoaminoxydaseaktivität der Kaninchenorgane auf eine in vivo erfolgende intermediäre Entstehung des Aldehyds zurückzuführen (HOLTZ et al. 1938, 1942a). Eine Blockierung der MAO, z. B. mit Iproniazid (Isopropyl-isonicotinylhydrazid), hätte dann die blutdrucksenkende Wirkung des Dopamins am Kaninchen verhindern müssen. HORNYKIEWICZ (1958) fand diese jedoch nach Iproniazid sogar verstärkt; BURN und RAND (1958d) erklärten sie mit einer Verdrängung von Noradrenalin an den pharmakologischen Receptoren durch das pressorisch viel schwächer wirksame Dopamin.

Diese Deutung ist aber vielleicht schon deshalb wenig wahrscheinlich, weil Dopamin am Kaninchen auch nach einer Dibenzylindosis, die Noradrenalin vollständig unwirksam machte, noch ebenso depressorisch wirksam war wie vorher (HOLTZ et al. 1963). Wahrscheinlicher dürfte sein, daß die an Kaninchen und Meerschweinchen durch Dopamin verursachte, gegen Nethalid resistente Blutdrucksenkung eine papaverinähnliche „muskulotrope" Eigenwirkung des Amins ist, wenn man nicht den α- und β-Receptoren der Gefäße spezifische adrenergische „Dopaminreceptoren" an die Seite stellen will. Dopamin besitzt anscheinend zu den „exzitatorischen", vasoconstrictorische Wirkungen vermittelnden α-Receptoren der Kaninchengefäße eine so geringe Affinität, daß seine muskulotrop-vasodilatatorische Wirkung überwiegt, — wie das an der Katze erst nach sympathicolytischer Ausschaltung der α-Receptoren, z. B. mit Dibenzylin, der Fall ist. Denn die jetzt auch an der Katze blutdruck*senkende* Wirkung des Dopamins ließ sich — im Gegensatz z. B. zu der nach Dibenzylin blutdrucksenkenden Wirkung des Adrenalins — durch β-Sympathicolytica nicht verhindern.

Gegen diese Deutung spräche wohl auch nicht die Beobachtung, daß die depressorische Wirkung des Dopamins am Kaninchen nach Vorbehandlung mit *Reserpin*, d. h. nach Verarmung der Gewebe an Noradrenalin, in eine pressorische umgekehrt wurde (BURN u. RAND 1958d). Reserpinbehandlung führt, ebenso wie die Dezentralisation eines sympathisch innervierten Organs, zu einem verminderten Erregungszustand und zu einer erhöhten Erregbarkeit (s. XII.B.). Während beim Dopamin wegen seiner nur geringen Affinität zu den vasoconstrictorischen α-Receptoren der Kaninchengefäße, bei fehlender Affinität zu den vasodilatatorischen β-Receptoren, die muskulotrope bzw. durch spezifische Dopaminreceptoren vermittelte gefäß*erweiternde* Wirkung überwiegt und Dopamin deshalb am Normaltier blutdruck*senkend* wirkt, kehrt sich nach Reserpinvorbehandlung das Wirksamkeitsverhältnis um, indem jetzt die von den nach Reserpin „überempfindlich" gewordenen adrenergischen α-Receptoren vermittelte gefäß*verengernde* Wirkung den Ausschlag gibt und Dopamin am reserpinisierten Kaninchen blutdruck*steigernd* wirkt.

*c)* Auch die an der *Katze* blutdrucksenkende Substanz, die aus Dopamin bei der Inkubation mit MAO in $O_2$-Gegenwart entsteht, ist nicht identisch mit Dihydroxyphenyl-acetaldehyd, obwohl dieser während der Inkubation sich bildet. Inkubiert man unter den gleichen Versuchsbedingungen *Epinin*, das dem Dopamin entsprechende sekundäre Brenzkatechinamin mit $CH_3$-substituierter Aminogruppe, so wirken die Inkubate, obwohl auch in ihnen unter der Einwirkung der MAO der gleiche Aldehyd wie aus Dopamin entsteht, nicht blutdrucksenkend; das mit MAO inkubierte Epinin hat vielmehr lediglich an blutdrucksteigernder Wirksamkeit verloren bzw. diese ganz eingebüßt.

Durch Dünnschichtchromatographie ließ sich die in den dopaminhaltigen Ansätzen gebildete blutdrucksenkende Substanz als Kondensationsprodukt zwischen dem aus Dopamin entstandenen Dihydroxyphenyl-acetaldehyd und noch unverändertem Dopamin identifizieren. Unter Bildung einer Schiffschen

Base aus Amin und Aldehyd mit anschließendem spontan erfolgendem Ringschluß kommt es zur Entstehung von *Tetrahydropapaverolin* (Formelschema 20), einem hydrierten und entmethylierten Papaverin, das sich aber, wie Vergleichsversuche mit dem authentischen Papaverinderivat ergaben, pharmakologisch vom Papaverin darin unterschied, daß seine Wirkungen nicht „muskulotrop", sondern offensichtlich „neurotrop" waren und durch die Stimulierung adrenergischer β-Receptoren zustande kamen. Es wirkte blutdrucksenkend an der Katze und — im Gegensatz zu Papaverin — positiv chrono- und inotrop am Vorhofpräparat des Meerschweinchenherzens, coronargefäßerweiternd am Langendorff-Herzen, hemmend am isolierten Kaninchendarm und Meerschweinchenuterus, sowie broncholytisch auf den durch Serotonin ausgelösten Bronchospasmus am Meerschweinchen. Alle Wirkungen ließen sich, im Gegensatz zu denjenigen des Papaverins und in Übereinstimmung mit den Wirkungen des Isoproterenols, durch das „β-Sympathicolyticum" Nethalid aufheben (HOLTZ et al. 1964a und b).

Formelschema 20

Tetrahydropapaverolin hatte am isolierten Fettgewebe der Ratte auch eine lipolytische Wirkung, die etwa 10mal schwächer war als diejenige des Noradrenalins (HOLTZ et al. 1964b). An nach LANGENDORFF perfundierten Meerschweinchenherzen verursachte es eine Aktivierung der Phosphorylase, die sich durch β-Sympathicolytica, z. B. Nethalid, verhindern ließ (KUKOVETZ u. PÖCH 1965) (s. XV.C.1.2.).

*Epinin*, das als sekundäres Amin keine freie $NH_2$-Gruppe besitzt, ist nicht in der Lage, mit Aldehyden unter Bildung Schiffscher Basen zu reagieren und sich mit dem auch aus ihm durch die MAO gebildeten Dihydroxyphenylacetaldehyd zu blutdrucksenkendem Tetrahydropapaverolin zu kondensieren.

Folgende Voraussetzungen müssen offensichtlich erfüllt sein, damit das vornehmlich „muskulotrope" Papaverin zu einem „neurotropen" Pharmakon mit Affinität zu den adrenergischen $\beta$-Receptoren wird (Formelschema 21): 1. Der A-Ring des Isochinolins muß hydriert sein, so daß eine $-CH_2-CH_2-N\genfrac{}{}{0pt}{}{H}{R}$ Konfiguration entsteht. 2. Wenigstens zwei der vier Methoxy-Gruppen müssen demethyliert sein, so daß freie phenolische OH-Gruppen im Molekül vorhanden sind, die nach BELLEAU (1960, 1963) direkt mit dem $\beta$-Anteil des adrenergischen Receptors reagieren. 3. Ein raumfüllender Substituent an der Aminogruppe ist erforderlich, der die Reaktion mit dem $\alpha$-Anteil des Receptors erschwert (s. XIII.D.E.). Deshalb erwiesen sich sowohl *Papaverolin*, das zwar demethylierte, aber nicht hydrierte Papaverinderivat, als auch *Tetrahydropapaverin*, das hydrierte, aber nicht demethylierte Derivat, als „muskulotrop", wie Papaverin selbst: ihre blutdrucksenkende Wirkung z. B. ließ sich durch Nethalid nicht aufheben (HOLTZ et al. 1965).

Die Kondensation zwischen Brenzkatechinaminen und Aldehyden liegt der biologischen Synthese mancher Pflanzenalkaloide zugrunde (Übersicht bei MOTHES 1965). So erscheint die in vitro leicht erfolgende Bildung von Tetrahydropapaverolin aus Dopamin und 3,4-Dihydroxyphenyl-acetaldehyd auch im tierischen Organismus möglich. $\alpha$-methylierte Amine, z. B. $\alpha$-Methyldopamin und $\alpha$-Methylnoradrenalin sollten zu Kondensationsreaktionen mit körpereigenen Aldehyden unter Bildung $\beta$-sympathicomimetisch wirkender Reaktionsprodukte in besonderem Maße geeignet sein, da sie keine Substrate der Monoaminoxydase sind. Das könnte von Bedeutung sein für den Mechanis-

Formelschema 21

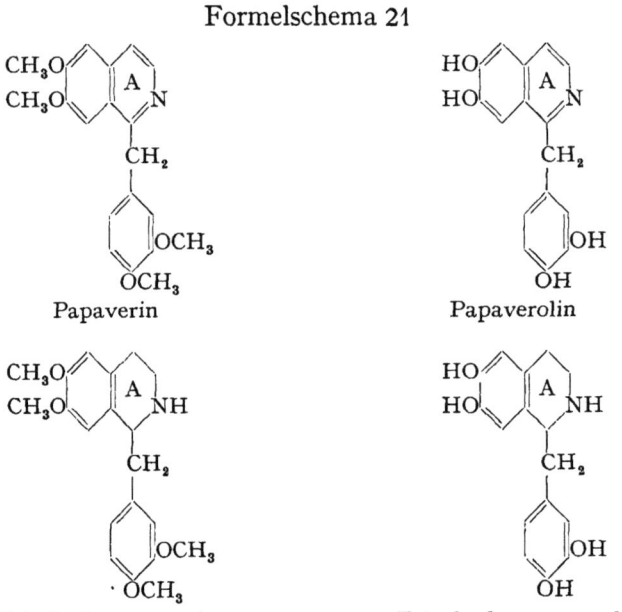

mus der blutdrucksenkenden Wirkung des α-Methyldopa bei der essentiellen Hypertonie (PALM et al. 1966) (s. XV. A. 4.).

d) Dopamin als Brenzkatechin-*äthylamin* unterscheidet sich auch noch in einem anderen Punkt von den Brenzkatechin-*äthanolaminen* Noradrenalin, Adrenalin und Isoproterenol. Wie deren pharmakologische Wirkungen, so sind die meisten Wirkungen auch des Dopamins, z. B. seine *blutdrucksteigernde* Wirkung an der Katze und seine Wirkung an der *Nickhaut,* insofern „direkte" Wirkungen, als sie nach Vorbehandlung des Versuchstieres mit Reserpin oder Cocain, welche die Wirkungen des Tyramins und anderer „indirekt", d. h.

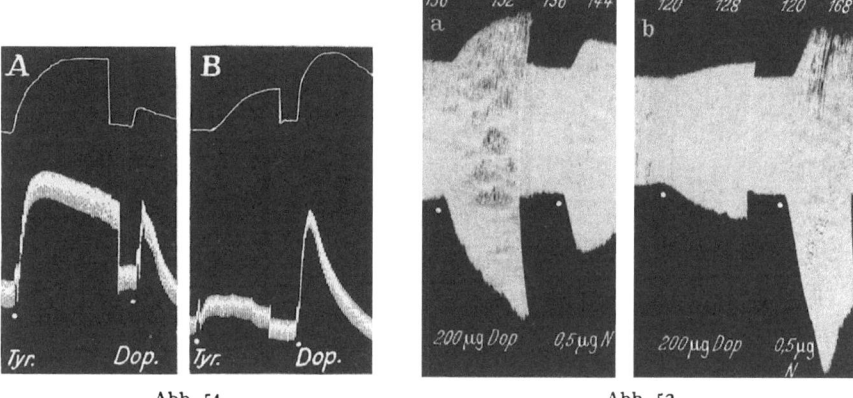

Abb. 51        Abb 52

Abb. 51 A u. B. *Beeinflussung der Tyramin- und Dopaminwirkung an der Nickhaut der Katze durch Cocain.* *Tyr* 500 µg Tyramin i.v.; *Dop* 400 µg Dopamin i.v. A vor, B nach Cocain (5 mg/kg). Aus H. BALZER und P. HOLTZ (1956)

Abb. 52 a u. b. *Beeinflussung der Tyramin- und Dopaminwirkung am Herzvorhofpräparat des Meerschweinchens durch Cocain* (50 ml Tyrodebad). *Dop* 200 µg Dopamin; *N* 0,5 µg Noradrenalin. a vor, b nach Cocain (100 µg). Aus P. HOLTZ, W. OSSWALD und K. STOCK (1960b)

durch Freisetzung von Noradrenalin wirkender sympathicomimetischer Amine, abschwächt oder aufhebt, bestehen bleiben bzw. verstärkt sind (Abb. 51) (BALZER u. HOLTZ 1956; HOLTZ et al. 1960b). Anders jedoch verhält es sich mit der *Herzwirkung.* Am isolierten Vorhofpräparat des Meerschweinchenherzens waren Dopamindosen, die normalerweise einen deutlichen positiv chronotropen und inotropen Effekt hervorriefen, nur noch schwach wirksam oder, wie Tyramin, unwirksam, wenn das Präparat von einem mit Reserpin vorbehandelten Tier stammte, — und Cocain, das die chrono- und inotropen Wirkungen des Adrenalins und Noradrenalins verstärkte, schwächte die Dopaminwirkung, ähnlich wie die Tyraminwirkung, ab oder hob sie auf (Abb. 52) (HOLTZ 1960b und c; HOLTZ et al. 1960b). Darin unterschied sich die Herzwirkung des Dopamins von derjenigen des Isoproterenols: diese war keine „indirekte"; auch sie wurde zwar durch Cocain abgeschwächt bzw. aufgehoben (s. Abb. 49, S. 295) blieb aber nach Reserpin erhalten (OSSWALD u. GUIMARÃES 1962). Auch am Herz-Lungenpräparat von Hunden war die Wirkung des Dopamins nach Reserpin-Vorbehandlung schwächer als normal (BURN 1960a).

### 4. α-Methylnoradrenalin (Cobefrin, Corbasil)

$$\text{HO}-\underset{\text{HO}}{\bigcirc}-\text{CH(OH)}\cdot\underset{\text{NH}_2}{\text{CH}}\cdot\text{CH}_3$$

das dem Noradrenalin (Dihydroxyphenyl-äthanolamin) entsprechende Propanolderivat — Dihydroxyphenyl-propanolamin (3,4-Dihydroxy-norephedrin) — ist bisher zwar nicht als natürlich vorkommendes körpereigenes Brenzkatechinamin aufgefunden worden, hat sich aber längere Zeit über als synthetisches Präparat im Handel befunden und wurde als gefäßverengerndes Mittel anstatt Adrenalin den zur Lokalanaesthesie verwendeten Novocainlösungen zugesetzt. Es verdient auch deshalb Interesse, weil es sich aus einer Aminosäure, die seit einigen Jahren therapeutische Anwendung bei der arteriellen Hypertension findet, im Organismus bildet.

*α-Methyldopa*, das von SOURKES (1954) als kompetitiver Hemmstoff der Dopadecarboxylase erkannt worden war (s. III.A.1.), wurde unter dem Gesichtspunkt in die Therapie der Hochdruckkrankheit eingeführt, durch Blockierung des Fermentes die Biosynthese des Noradrenalins unmöglich zu machen und dadurch den durch das Noradrenalin der Vasoconstrictoren aufrechterhaltenen neurogenen Gefäßtonus zu erniedrigen.

Tabelle 3. *Hemmung der Decarboxylierung von L-Dopa und L-5-Hydroxytryptophan (5-HTP) durch D,L-α-Methyldopa (100 mg/kg i.m.)*
Meerschweinchen-Nierenhomogenate. Manometrische Bestimmung der Decarboxylase-Aktivität (Warburg-Apparatur). Nach E. WESTERMANN, H. BALZER und J. KNELL 1958.

| Zeit nach α-M-Dopa in min. | L-Dopa | | 5-HTP | |
|---|---|---|---|---|
| | mm$^3$ CO$_2$ | % Hemmung | mm$^3$ CO$_2$ | % Hemmung |
| | 150 | 0 | 60 | 0 |
| 15 | 37 | 75 | 0 | 100 |
| 30 | 41 | 73 | 1 | 99 |
| 60 | 59 | 61 | 3 | 95 |
| 90 | 76 | 49 | 10 | 83 |
| 150 | 117 | 22 | 34 | 43 |

Tatsächlich ist α-Methyldopa auch *in vivo* in der Lage, die Decarboxylierung von exogen zugeführtem L-Dopas durch die L-Dopadecarboxylase und, da 5-Hydroxytryptophan (5-HTP) ebenfalls ein Substrat des Fermentes ist, die Bildung von Serotonin nach Verabfolgung von 5-HTP zu hemmen. Noch 2$^1$/$_2$ Std nach der Injektion von 100 mg/kg α-Methyldopa i.p. war bei Meerschweinchen die Fermentaktivität in der Niere signifikant vermindert (Tabelle 3) (WESTERMANN et al. 1958). Synchron mit der Hemmung der Dopadecarboxylase nahm im Gehirn von Mäusen und Ratten der Serotonin- (und Dopamin-) Gehalt ab (MURPHY u. SOURKES 1959; SMITH 1960; HESS et al. 1961b; SOURKES et al. 1961; UDENFRIEND et al. 1961); die durch α-Methyldopa verursachte Abnahme des Noradrenalingehaltes überdauerte jedoch die Hemmung des Fermentes um Tage (s. Abb. 9 auf S. 38). Nachdem PORTER et al. (1961) gefunden hatten, daß das Decarboxylierungsprodukt der methylierten Aminosäure, α-Methyldopamin, obwohl in vivo kein Hemmstoff der Dopadecarboxylase, den Noradrenalingehalt im Herzen und in anderen peripheren Organen sogar stärker herabsetzte als α-Methyldopa selbst, und daß andererseits α-Methyl-2,3-Dihydroxyphenylalanin, obwohl es ein stärkerer Hemmstoff der Dopadecarboxylase war als das 3,4-Dihydroxyderivat (α-Methyldopa), weder im Herzen noch im Gehirn den normalen Amingehalt beeinflußte, führten weitere Untersuchungen

Tabelle 4. *Nach i.p. Injektion von 1-$C^{14}$-α-Methyldopa erscheinen bei Ratten innerhalb von 6 Std fast 50% der Radioaktivität in der ausgeatmeten $CO_2$*
Nach C. C. PORTER und D. C. TITUS 1963

| Fraktion | % der Dosis | |
|---|---|---|
| 0—30 min | 5,44 | |
| 30—60 min | 12,50 | |
| 60—90 min | 11,40 | ca. 50% |
| 90—120 min | 7,80 | |
| 2—3 Std | 7,35 | |
| 3—4 Std | 2,70 | |
| 4—5 Std | 1,35 | |
| 5—6 Std | 1,16 | |
| 6—24 Std | 2,33 | |

zu dem Ergebnis, daß nicht α-Methyldopa, sondern die aus ihm im Organismus entstehenden α-methylierten Amine (α-Methyldopamin und α-Methylnoradrenalin) die Abnahme des Noradrenalingehaltes in den Organen bewirken: nicht durch Hemmung der Synthese, sondern durch Verdrängung (s. III.A.1.). Das aus α-Methyl-2,3-Dihydroxyphenylalanin sich bildende α-methylierte Amin war hierzu nicht in der Lage; das erklärt die Wirkungslosigkeit dieser Aminosäure.

α-Methyldopa ist zwar *in vitro* ein schlechtes Substrat der Dopadecarboxylase, wird aber trotzdem *in vivo* zu einem erheblichen Teil durch Decarboxylierung in α-Methyldopamin übergeführt, wie PORTER und TITUS (1963) in Versuchen mit radioaktivem α-Methyldopa an Ratten zeigen konnten. Schon 5 min nach der intraperitonealen Injektion von 5 mg/kg 1-$C^{14}$-α-Methyldopa (radioaktives Carboxyl-C-Atom) ließ sich radioaktive $CO_2$ in der Ausatmungsluft der Tiere nachweisen; diese erreichte nach 60 min ihr Maximum. Nach 6 Std waren fast 50% des verabfolgten α-Methyldopa decarboxyliert worden (Tabelle 4). Das methylierte Amin wurde zum Teil durch ein von der Monoaminoxydase verschiedenes Ferment oxydativ desaminiert, wobei das entsprechende Keton, 3,4-Dihydroxyphenylaceton, entstand. Die durch Decarboxylierung und oxydative Desaminierung aus α-Methyldopa gebildeten Abbauprodukte ließen sich im Harn nachweisen: zusammen mit ihren 3-O-Methylderivaten machten sie nach Verabfolgung von 100 mg/kg radioaktivem α-Methyldopa 22% der injizierten Menge aus. 10 min und 1 Std nach der Injektion von α-Methyldopa war die Konzentration der decarboxylierten Produkte im Blutplasma und in der Leber höher als diejenige der nicht decarboxylierten Aminosäure (Tabelle 5) (PORTER u. TITUS 1963). Diese wurde zum Teil unverändert in den Harn ausgeschieden.

Das durch Decarboxylierung von α-Methyldopa im Organismus entstehende α-Methyldopamin wird durch die Dopamin-β-oxydase in α-Methyl-noradrenalin

Tabelle 5. *Verteilung der Radioaktivität in den Geweben von Ratten nach der i.v. Injektion von 5 mg/kg 1-$C^{14}$- und 2-$C^{14}$-α-Methyldopa, berechnet als µg/g*
Nach: C. C. PORTER und D. C. TITUS (1963)

1-$C^{14}$-Methyldopa         2-$C^{14}$-Methyldopa

|  | \multicolumn{4}{c|}{α-M-Dopaderivate} | \multicolumn{4}{c|}{α-M-Dopaminderivate} |
|---|---|---|---|---|---|---|---|---|
|  | 10 min | 1 Std | 4 Std | 24 Std | 10 min | 1 Std | 4 Std | 24 Std |
| Nieren | 80,0 | 32,0 | 3,0 | 0,65 | 60,0 | 31,0 | 3,0 | 0,68 |
| Leber | 0,28 | 0,60 | 0,30 | 0,10 | 2,2 | 2,0 | 0,50 | 0,07 |
| Herz | 3,00 | 0,95 | 0,20 | 0,04 | 3,7 | 1,4 | 0,30 | 0,12 |
| Gehirn | 0,70 | 0,60 | 0,10 | 0,00 | 1,0 | 1,0 | 0,30 | 0,08 |
| Plasma | 3,10 | 0,60 | 0,20 | 0,08 | 4,3 | 1,6 | 0,25 | 0,05 |

(Cobefrin, Corbasil) umgewandelt. Dieses kann das natürliche Brenzkatechinamin — Noradrenalin — verdrängen und, z. B. im Herzen und im Gehirn, quantitativ ersetzen (s. III. A. 1.). Da α-Methylnoradrenalin aus dem Kaninchenherzen, wie Noradrenalin, durch elektrische Acceleransreizung freigesetzt wurde (MUSCHOLL u. MAÎTRE 1963), lag es nahe, in der Substitution von Noradrenalin durch das α-methylierte Amin nicht nur einen materiellen, sondern auch einen funktionellen Ersatz zu erblicken.

Nach Untersuchungen von O. SCHAUMANN (1930, 1931) über „Oxy-Ephedrine" ist 3,4-Dihydroxy-norephedrin (α-Methylnoradrenalin), das, im Gegensatz zu dem blutdruck*senkenden* 3,4-Dihydroxy-ephedrin (α-Methyladrenalin), den Blutdruck steigert, am *Hund* pressorisch so wirksam wie Adrenalin (Abb. 53), an der *Katze* 2—3mal schwächer als dieses (s. auch CONRADI 1964). Die blutdrucksteigernde Wirkung wurde durch Cocain verstärkt und durch Ergotamin in eine blutdrucksenkende umgekehrt. DAY und RAND (1964) fanden α-Methylnoradrenalin an Meerschweinchen und Kaninchen 6—8mal schwächer pressorisch als Noradrenalin. Am Menschen hatte es eine dreimal schwächere blutdrucksteigernde Wirkung (MUELLER u. HORWITZ 1962; PETTINGER et al. 1963).

KRONEBERG und STOEPEL (1963 a und b) konnten an reserpinisierten Katzen die nur noch schwache *blutdrucksteigernde* Wirkung des *Tyramins* durch eine i.v. Infusion sowohl von α-Methyldopa als auch von α-Methyldopamin und α-Methylnoradrenalin restituieren. 30—60 min nach Beendigung der 10 min dauernden Infusion im Falle des α-Methyldopa und α-Methyldopamins und 5 min nach der Infusion von α-Methylnoradrenalin war die Tyraminwirkung schon deutlich verstärkt. α-Methyldopa und die aus ihm im Organismus entstehenden Amine waren auch in der Lage, die bei Katzen nach Reserpinbehandlung erloschene Wirkung des Tyramins und der postganglionären elektrischen Reizung

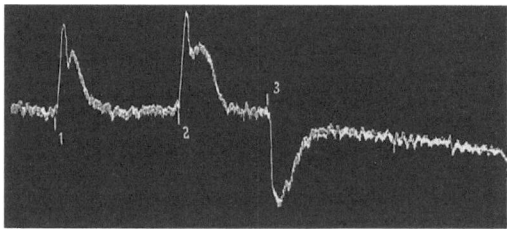

Abb. 53. *Blutdruckwirkung von Adrenalin, α-Methylnoradrenalin und α-Methyladrenalin am atropinisierten Hund* (23 kg). *1*: 100 µg L-Adrenalin i.v.; *2*: 200 µg DL-α-Methylnoradrenalin; *3*: 200 µg DL-α-Methyladrenalin. Aus O. SCHAUMANN (1931)

des Halssympathicus an der *Nickhaut* wieder herzustellen (DAY 1963; DAY u. RAND 1964). An reserpinisierten Hunden restituierten α-Methyldopa und α-Methylnoradrenalin die Wirkung der elektrischen Stimulierung des Accelerans am Herzen. Blockierte man die Dopamin-β-oxydase mit Benzyl-oxyamin (s. III.B.2.), so waren zwar 10 µg/kg α-Methylnoradrenalin, nicht jedoch 100 mg/kg α-Methyldopa hierzu in der Lage (CONRADI 1964; FINK u. GAFFNEY 1964). Daraus folgt, daß die restituierende Wirkung dem α-Methylnoradrenalin und nicht etwa dem intermediär entstehenden α-Methyldopamin oder gar der Aminosäure selbst zukommt. Vorbehandlung mit α-Methyldopa verhinderte an Ratten und Mäusen auch die sonst nach Reserpin auftretende Sedation und die durch Reserpin verursachte Verlängerung der Hexobarbitalnarkose (GUNNE u. JONSSON 1963; BENFEY u. VARMA 1964).

An Patienten mit arterieller Hypertension, bei denen eine 7 tägige Behandlung mit 1—2 mg Reserpin pro die zu einer Abnahme der pressorischen Wirksamkeit des Tyramins geführt hatte, ließ sich die Tyraminwirkung durch die Verabfolgung von α-Methyldopa (2 g täglich) normalisieren und sogar über die vor Beginn der Reserpinmedikation gemessenen Werte hinaus steigern (PETTINGER et al. 1963). Auch die pressorische Wirkung einer Dopainfusion war bei Hypertonikern, die mit α-Methyldopa behandelt wurden, verstärkt (SCHAER u. ZIEGLER 1962).

Da α-Methylnoradrenalin am Menschen etwa dreimal pressorisch schwächer wirkt als Noradrenalin (MUELLER u. HORWITZ 1962; s. auch GOODMAN u. GILMAN

1955), könnte die über die nach α-Methyldopa Norm hinaus gesteigerte Tyraminwirkung auf einer durch Reserpin verursachten Sensibilisierung der pharmakologischen Receptoren gegen freigesetzten Überträgerstoff — Noradrenalin bzw. α-Methylnoradrenalin — beruhen. MCCURDY et al. (1964) fanden jedoch auch an nicht mit Reserpin behandelten, normotensiven Versuchspersonen die blutdrucksteigernde Wirkung intravenöser Tyramin- (nicht Noradrenalin-) Infusionen nach 7 tägiger Vorbehandlung mit α-Methyldopa (2 g täglich) verstärkt (s. auch STONE et al. 1962). Demgegenüber hatten Versuche von DOLLERY et al. (1963) am Menschen das umgekehrte Ergebnis: nach α-Methyldopa war Noradrenalin, nicht Tyramin pressorisch wirksamer. An Katzen, Hunden und Ratten ließ sich die blutdrucksteigernde Wirkung des Tyramins, Noradrenalins und α-Methylnoradrenalins durch mehrtägige Vorbehandlung der Tiere mit α-Methyldopa verstärken (DAY u. RAND 1964).

Die Verstärkung der *Tyramin*wirkung durch α-Methyldopa könnte vielleicht damit erklärt werden, daß dieses indirekt wirkende Amin jetzt einen Wirkstoff — α-Methylnoradrenalin — freisetzt, dessen blutdrucksteigernde Wirkung zwar schwächer ist als diejenige des natürlichen Überträgerstoffs sympathischer Nervenwirkungen — Noradrenalin —, der jedoch, im Gegensatz zu diesem, kein Substrat der Monoaminoxydase ist und deshalb quantitativ in pharmakologisch aktiver Form zur Reaktion mit den adrenergischen Receptoren gelangt. Gegen diese Deutung spricht jedoch, daß auch das von Tyramin — aus einem oberflächlich gelegenen, „easily available pool" — freigesetzte *Noradrenalin* fast ausschließlich als unverändertes, aktives Amin an die Receptoren gelangt, da es mit der in den Mitochondrien der Nervenzellen lokalisierten MAO nicht in Berührung kommt. Wahrscheinlicher dürfte sein, daß nach Vorbehandlung mit hohen Dosen α-Methyldopa die Fähigkeit der nervalen Aminspeicher für die Aufnahme exogenen Noradrenalins sowohl als auch für die Wiederaufnahme nerval oder durch Tyramin freigesetzten Wirkstoffs, sei es Noradrenalin oder α-Methylnoradrenalin, herabgesetzt ist, so daß injiziertes ebenso wie freigesetztes Amin in geringerem Maße durch Aufnahme in die Speicher der Reaktion mit den pharmakologischen Receptoren entzogen wird. Tatsächlich war an Ratten 8—10 Std nach der i.p. Injektion von 200 mg/kg L-α-Methyldopa die Aufnahme von $H^3$-Noradrenalin in das Herz um 70% herabgesetzt. Daß auch für diesen Effekt nicht α-Methyldopa selbst, sondern wesentlich seine Decarboxylierungsprodukte verantwortlich waren, ging daraus hervor, daß D-α-Methyldopa, das nicht decarboxyliert wird, die Aufnahme radioaktiven Noradrenalins viel schwächer hemmte als L-α-Methyldopa. Auch dessen Hemmwirkung war vermindert, wenn die Decarboxylierung durch einen irreversiblen Decarboxylase-Inhibitor (2,3,4-Trihydroxybenzyl-hydrazinoserin) blockiert wurde (DENGLER 1965).

Es ergibt sich somit, daß das aus α-Methyldopa im Organismus sich bildende α-Methylnoradrenalin den physiologischen Überträgerstoff zu verdrängen und als „false transmitter" funktionell zu ersetzen vermag. Da es, wie gesagt, am Menschen schwächer pressorisch wirkt als Noradrenalin, lag es nahe, die blutdrucksenkende Wirkung des α-Methyldopa bei der Hypertonie darauf zurückzuführen, daß der physiologische Überträgerstoff der Vasoconstrictorenwirkung durch einen unphysiologischen, schwächer wirksamen ersetzt wird. Das müßte im Gefäßsystem zu einer Abnahme des neurogenen, noradrenergischen Gefäßtonus und damit zu einer Senkung des Blutdrucks führen. Da die optisch spezifische Dopadecarboxylase (s. II.A.1.) nur L-Dopa

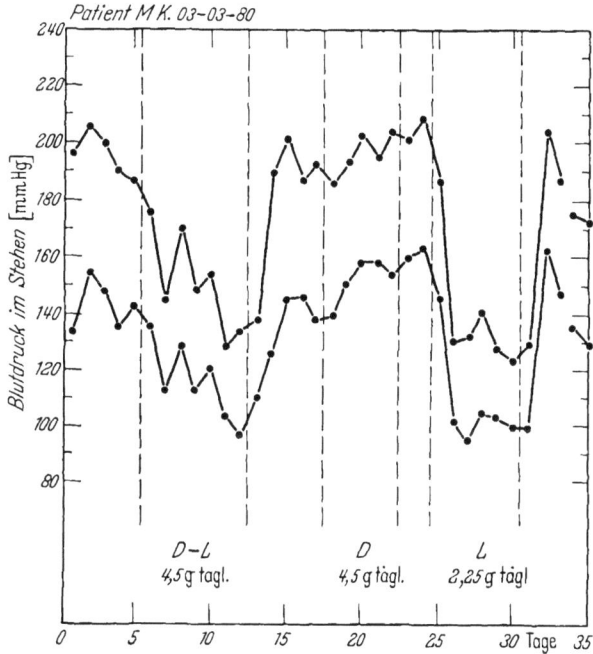

Abb. 54. *Blutdrucksenkende Wirkung von α-Methyldopa (L, D, DL) am Menschen bei oraler Verabfolgung.* Aus A. SJOERDSMA (1961)

und L-α-Methyldopa decarboxyliert, können nur aus den L-Aminosäuren Noradrenalin und α-Methylnoradrenalin entstehen. Deshalb wirkte nur L-α-Methyldopa bei Hypertonikern blutdrucksenkend (Abb. 54).

Kreislaufanalytische Untersuchungen an Hypertoniepatienten haben gezeigt, daß es beim Widerstandshochdruck der essentiellen Hypertonie unter α-Methyldopa zu einer Abnahme des peripheren Gefäßwiderstandes kommt (SANNERSTEDT et al. 1962; WÖLFER et al. 1963; MEIER 1963; HARTLEB u. NÖCKER 1963; SARRE 1963). Bei Patienten mit einem Volumenhochdruck blieb der periphere Gesamtwiderstand bei der Behandlung mit α-Methyldopa unverändert oder stieg etwas an, wobei das Schlag- und Minutenvolumen des Herzens vermindert war (WILSON et al. 1962; ONESTI et al. 1962; HARTLEB u. NÖCKER 1963). Die blutdrucksenkende Wirkung setzte bei einer einmaligen oralen Verabfolgung von 2 g der L-Verbindung an Hypertonikern nach etwa

2 Std ein, erreichte nach 6—8 Std ihr Maximum und war nach 17—24 Std abgeklungen (s. z. B. SCHAUB et al. 1962; CANNON et al. 1962; ONESTI et al. 1964a und b). Beim Absetzen von α-Methyldopa nach einer Langzeitbehandlung stieg der Blutdruck innerhalb von 24 Std wieder auf die Ausgangswerte an (SJOERDSMA 1961), in manchen Fällen sogar darüber hinaus (LAUWERS et al. 1963), wie sich auch an Hochdruckratten zeigen ließ (Abb. 56) (s. KRONEBERG 1963).

Auch an wachen, normotensiven *Hunden* verursachte die intravenöse Injektion von 50—100 mg/kg α-Methyldopa eine nach ca. 2 Std beginnende

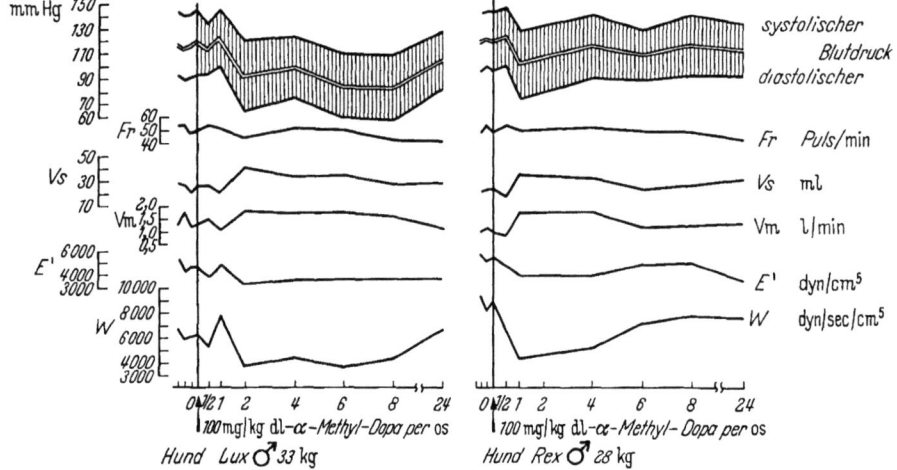

Abb. 55. *Cardiovasculäre Wirkungen von α-Methyldopa an wachen Carotisschlingenhunden.* (Kreislaufanalyse nach WEZLER-BOGER.) Aus G. KRONEBERG (1963)

und etwa 8 Std anhaltende Blutdrucksenkung (GOLDBERG et al. 1960b) unter Erniedrigung des peripheren Gefäßwiderstandes (Abb. 55) (KRONEBERG 1963). An *Hochdruckratten* führte die stündliche orale Verabfolgung kleiner, an sich unwirksamer Dosen (5 bzw. 12,5 mg/kg) nach 8 Std zu einem Absinken des Blutdrucks von 180 auf 145 bzw. 125 mm Hg (Abb. 56). Wurde nach achtmaliger stündlicher Verabfolgung die Zufuhr von α-Methyldopa unterbrochen, so kehrte der Blutdruck, in Übereinstimmung mit den am Menschen gemachten Beobachtungen, innerhalb der nächsten 16 Std zu dem hohen Ausgangswert wieder zurück.

Die während der Behandlung mit α-Methyldopa auftretende Blutdrucksenkung ist am stehenden Patienten stärker als am liegenden (SJOERDSMA 1961; KÖNIG u. REINDELL 1963). Im Gegensatz aber zu Reserpin, Guanethidin und Bretylium, führt α-Methyldopa nur selten zu orthostatischem Kollaps. Guanethidin und Bretylium bewirken eine „funktionelle Sympathektomie", indem sie die postganglionären Neurone der sympathischen Nerven blockieren, so daß selbst die direkte elektrische Reizung keinen Überträgerstoff mehr freisetzt. Reserpin verursacht eine „chemische Sympathektomie", indem es die noradrenergischen Neurone an Überträgerstoff verarmt. Auch nach α-Methyldopa verschwindet das Noradrenalin der sympathischen Nerven; an seine Stelle tritt jedoch α-Methylnoradrenalin, das die Transmitterfunktion des physiologischen Wirkstoffs bis zu einem gewissen Grade zu übernehmen vermag.

Nicht leicht zu vereinbaren mit dieser Vorstellung vom Mechanismus der blutdrucksenkenden Wirkung ist, daß es bisher nicht möglich war, durch Behandlung mit α-Methyldopa, z. B. an Hunden, die Funktion der peripheren noradrenergischen Nerven zu beeinträchtigen (STONE et al. 1962) und die Wirksamkeit der elektrischen Stimulierung sympathischer Nerven, z. B. an

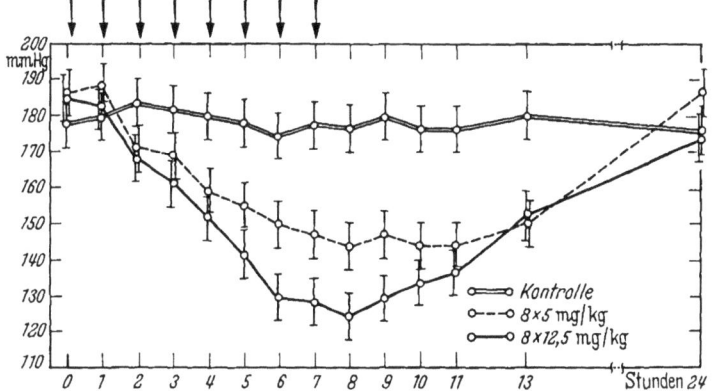

Abb. 56. *Blutdrucksenkende Wirkung von dl-α-Methyl-Dopa an Hochdruckratten bei stündlicher oraler Gabe von 5 und 12,5 mg/kg* (Mittelwerte von je 10 Tieren). Aus G. KRONEBERG (1963)

der Nickhaut der Katze, am Vas deferens des Meerschweinchens oder am isolierten Darm, eindeutig abzuschwächen (s. z. B. DAY u. RAND 1964). Schwer vereinbar mit der „False transmitter"-Hypothese ist auch, daß α-*Methylm-Tyrosin*, selbst bei intravenöser Injektion, den Blutdruck von Hypertonikern nur wenig senkte (HORWITZ u. SJOERDSMA 1964; s. jedoch HOLTMEIER et al. 1966), obwohl es am Tier mindestens ebenso stark wie α-Methyldopa die Organe an Noradrenalin verarmte und dieses durch Aramin (Metaraminol) ersetzte (CARLSSON u. LINDQVIST 1962a und b), das pressorisch viel schwächer wirksam ist als das entsprechende, aus α-Methyldopa durch Decarboxylierung und β-Hydroxylierung entstehende α-Methylnoradrenalin.

Gegen das negative Resultat der tierexperimentellen Untersuchungen mit α-Methyl-m-Tyrosin könnte der Einwand erhoben werden, daß die verabfolgten Dosen nicht ausreichten, um den physiologischen Überträgerstoff vollständig zu verdrängen. Tatsächlich nahm der Noradrenalingehalt der Organe in den Versuchen von STONE et al. (1962) unter der Behandlung mit α-Methyl-m-Tyrosin nur um etwa 50% ab. Aus Versuchen an Katzen und Ratten mit hohen und wiederholt applizierten Dosen α-Methyl-m-Tyrosin (400 mg/kg täglich, 2—3 Tage lang), wobei es sich als zweckmäßig erwies, um maximale Effekte zu erzielen, 4 Std vorher eine kleine Dosis Metaraminol (0,2 mg/kg i.v.) zu verabfolgen, geht jedoch hervor, daß es trotz 97%iger Verarmung der sympathisch innervierten Organe, z. B. der Milz, des Herzens, des Gehirns, der Iris und Nickhaut, nicht zu nachweisbaren Störungen peripher-noradrenergischer Funktionen kam: während die einseitige Durchschneidung des Halssympathicus auf der betroffenen Seite zu Ptosis, Miosis und Nickhautvorfall führte, traten diese Symptome auf der intakten Seite bei den mit α-Methyl-m-Tyrosin behandelten Tieren nicht auf, und die elektrische Stimulierung des Halssympathicus führte zu Exophthalmus, Mydriasis und Kon-

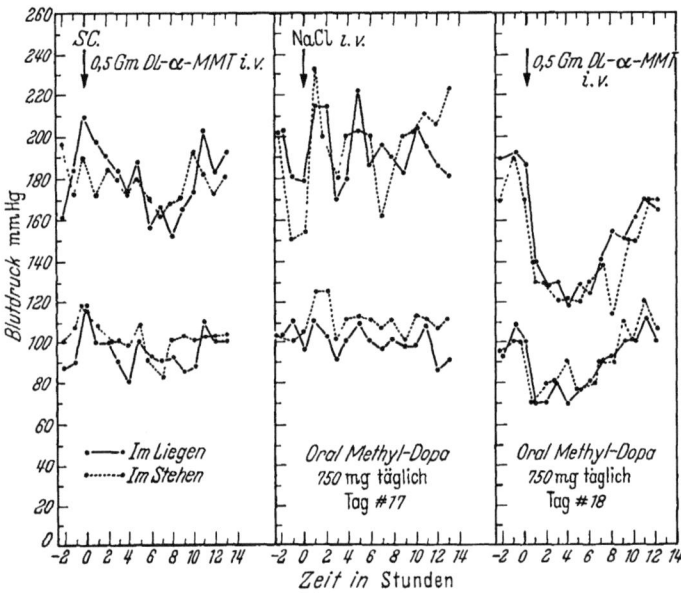

Abb. 57. α-Methylmetatyrosin (0,5 g i.v.) wirkt blutdrucksenkend an einem Patienten mit Hypertonie, wenn mit unterschwelligen Dosen α-Methyldopa vorbehandelt wurde. Aus D. HORWITZ und A. SJOERDSMA (1964)

traktion der Nickhaut (ANDÉN u. MAGNUSSON 1963). Schwer verständlich ist auch, weshalb α-Methyl-m-Tyrosin, das bei alleiniger Verabfolgung am Hypertoniker nur schwach blutdrucksenkend wirkte, erst nach Vorbehandlung mit an sich unwirksamen Dosen α-Methyldopa zu deutlicheren Blutdrucksenkungen führte (Abb. 57) (HORWITZ u. SJOERDSMA 1964).

Der Versuch einer Deutung des Mechanismus der antihypertensiven Wirkung des α-Methyldopa hat sodann zu berücksichtigen, daß nach der einmaligen Applikation einer hohen Dosis der abgesunkene Blutdruck noch in der Phase zunehmender Verarmung an Noradrenalin wieder anzusteigen beginnt und nach ca. 20 Std den Ausgangswert wieder erreicht hat, — zu einem Zeitpunkt, zu dem der Noradrenalingehalt auf ein Minimum abgesunken und Noradrenalin quantitativ durch α-Methylnoradrenalin ersetzt worden ist (s. Abb. 9 auf S. 38). Um den Blutdruck des Hypertonikers auf einem niedrigen Niveau zu halten, ist somit eine dauernde Verabfolgung der Aminosäure notwendig. Sobald diese unterbrochen und damit der Dopadecarboxylase das unphysiologische Substrat nicht mehr angeboten wird, stellt die auch während der Medikation mit α-Methyldopa nicht zum Stillstand gekommene Synthese von Noradrenalin offenbar in kurzer Zeit genügend physiologischen Überträgerstoff zur Verfügung, um den unphysiologischen rückläufig aus dem kleinen, nur 1—2% des Gesamtamingehaltes ausmachenden „readily available pool", aus dem die Freisetzung durch Nervenimpulse erfolgt (s. X.B.), zu verdrängen.

Die blutdrucksenkende Wirkung des α-Methyldopa mit dem Ersatz des nervalen Noradrenalins durch α-Methylnoradrenalin als „false transmitter" zu erklären, bleibt jedoch unbefriedigend, da, wie schon gesagt, α-Methyl-m-Tyrosin, wenn überhaupt, nur eine schwache blutdrucksenkende Wirkung hat, obwohl das aus ihm sich bildende und Noradrenalin verdrängende Aramin ein pressorisch schwächer wirksamer Überträgerstoff ist als α-Methylnoradrenalin. Der Ersatz des Noradrenalins in den peripheren sympathischen Nerven, insbesondere in den Vasoconstrictoren, durch ein pharmakologisch schwächer wirksames Analoges genügt offensichtlich nicht, um eine Senkung des Blutdrucks herbeizuführen. Für die Beteiligung einer *zentralen* Wirkungskomponente am Zustandekommen der durch α-Methyldopa verursachten Blutdrucksenkung könnte sprechen, daß *α-Methyldopamin*, obwohl es in den peripheren Organen, z. B. im Herzen, zu einer mindestens ebenso starken Abnahme des Noradrenalingehaltes führte wie α-Methyldopa (PORTER et al. 1961), nicht *blutdrucksenkend* wirkte. Während die methylierte Amino*säure* auch im Gehirn zu einer Verdrängung von Noradrenalin führte, war das methylierte *Amin* hierzu nicht in der Lage, da es die Blut-Hirnschranke nicht zu durchdringen vermag.

Daß α-Methyldopa auch am Menschen *cerebrale* Funktionen beeinflußt, geht schon aus der sedativen Wirkung hervor, die bei den meisten Patienten, wenigstens zu Beginn der Behandlung, auftritt (OATES et al. 1960). Im Gegensatz zu Reserpin und zu L-Dopa nach Vorbehandlung mit einem MAO-Hemmstoff (s. XV.C.), waren selbst hohe Dosen α-Methyldopa an Mäusen ohne Einfluß auf die Krampfschwelle (TRUITT u. EBERSBERGER 1962; BENFEY u. VARMA 1964). Demgegenüber scheint im Nucl. caudatus und Putamen der Ersatz des physiologischen Brenzkatechinamins — Dopamin — durch das unphysiologische α-methylierte Amin — α-Methyldopamin — nicht immer ein funktionell vollwertiger Ersatz zu sein. Wie nach Reserpin, das das Dopamin der Basalganglien zum Verschwinden bringt, kann es auch nach α-Methyldopa, das es durch α-Methyldopamin ersetzt, zum Auftreten parkinsonähnlicher Symptome kommen (s. XV.E.) (GRODEN 1963).

Man könnte sich vorstellen, daß eine Verdrängung körpereigenen Noradrenalins durch körperfremdes α-Methylnoradrenalin auch in den *Vasomotorenzentren* kein funktionell vollwertiger Wirkstoffersatz wäre, und es deshalb zu einer Herabsetzung ihrer Aktivität und Reaktionsfähigkeit auf afferente Reize käme. Hier könnte von Bedeutung sein, daß das α-methylierte Amin kein Substrat der MAO ist und deshalb, im Gegensatz zum physiologischen Überträgerstoff, nach seiner Freisetzung *persistierende* Wirkungen auszuüben in der Lage ist, die sich, wie an anderen Stellen synaptischer Erregungsübertragung, z. B. in den peripheren sympathischen Ganglien und in den motorischen Endplatten, inhibitorisch („Wedenski-Hemmung") auswirkt. Ein solches Vasomotorenzentrum würde erst auf ein stärkeres Absinken des Blutdrucks gegenregulatorisch mit einer vermehrten Impulsaussendung ansprechen als ein normales und damit die Blutdruckhöhe auf ein niedrigeres Niveau einregulieren (Übersicht bei HOLTZ 1963a, 1965).

Aber auch dieser Erklärungsversuch befriedigt nicht. Die Unterlegenheit des α-Methyl-m-Tyrosins in bezug auf die blutdrucksenkende Wirkung bei Hypertonie-Patienten kann nicht, wie beim α-Methyldopamin, auf ein erschwertes Eindringen ins Gehirn und das dadurch bedingte Fehlen einer zentralen Wirkungskomponente zurückgeführt werden. Denn diese Aminosäure permeiert die Blut-Hirnschranke ebenso leicht wie α-Methyldopa und wird im Gehirn über α-Methyl-m-Tyramin in Aramin (Metaraminol) umgewandelt, das dann das Noradrenalin im Gehirn verdrängt (CARLSSON u. LINDQVIST 1962a und b) und als „false transmitter" ersetzen könnte. Im Gegensatz aber zu α-Methyldopa, hatten hohe Dosen α-Methyl-m-Tyrosin am Menschen eine zentral erregende Wirkung; sie verursachten Ruhe- und Schlaflosigkeit (HORWITZ u. SJOERDSMA 1964).

## B. Glattmuskelige Organe

### 1. Darm

Der isolierte, nach MAGNUS (1904) in Tyrode suspendierte Darm, z. B. Duodenum, Jejunum und Ileum des Kaninchens, reagiert auf die Brenzkatechinamine, ebenso wie auf die elektrische Stimulierung der im Mesenterium verlaufenden sympathischen Nerven (FINKLEMAN 1930), mit einer dosisabhängigen Abschwächung der Pendelbewegungen und mit einer Tonusabnahme. Das Wirksamkeitsverhältnis zwischen Adrenalin und Noradrenalin ist von Tierart zu Tierart verschieden. Während der *Katzen*darm, auf dessen hohe Adrenalinempfindlichkeit ACHUTIN (1933) hingewiesen hatte, und der *Hunde*darm in situ bei intravenöser Injektion 4—5mal empfindlicher auf Adrenalin als auf Noradrenalin reagierten (HOLTZ u. SCHÜMANN 1949b; SCHÜMANN 1949c), wurde die inhibitorische Wirkung des L-Noradrenalins am isolierten *Kaninchen*darm fast gleich stark wie diejenige des L-Adrenalins (HOLTZ et al. 1944/47; WEST 1947b), nur halb so stark (SCHÜMANN 1950) oder sogar etwas stärker — 1,5 : 1 — (FURCHGOTT 1960) gefunden. Nach mehrtägiger Lagerung des Kaninchendarmes bei niedriger Temperatur (2—4° C) nahm die Empfindlichkeit gegenüber Adrenalin ab, während die Ansprechbarkeit auf Noradrenalin erhalten blieb, so daß Noradrenalin jetzt 4—5mal wirksamer war als Adrenalin (WEST

1947b; SCHÜMANN 1950). In diesem Zusammenhang ist von Interesse, daß der isolierte virginelle *Katzenuterus* nach mehrtägiger (BARGER u. DALE 1910) bzw. schon nach mehrstündiger Lagerung (BURN u. TAINTER 1931) nicht mehr auf *Tyramin* reagierte, während Adrenalin noch wirksam war. Für die Existenz funktionell verschiedener ,,pools", aus denen Tyramin bzw. die elektrische Reizung des Nerven Noradrenalin freisetzen, spricht auch, daß an manchen glattmuskeligen Organen, an denen die Stimulierung des sympathischen Nerven oder die Verabfolgung eines direkt wirkenden sympathicomimetischen Amins erfahrungsgemäß eine Reaktion auslöst, Tyramin hierzu erst nach der Verabfolgung von Noradrenalin in der Lage war. So führte Tyramin am isolierten Vas deferens des Meerschweinchens erst nach Inkubation des Präparates mit Noradrenalin zu einer Kontraktion (NEDERGAARD u. WESTERMANN 1966). Die hemmende, zur Eschlaffung der Längsmuskulatur führende Wirkung des Adrenalins trat auch an plexusfreien Präparaten (Katzendarm) auf (MAGNUS 1905; VAN ESVELD 1928).

*Epinin*, das sich vom Adrenalin durch das Fehlen der alkoholischen OH-Gruppe in der Seitenkette unterscheidet, wirkte am Katzendarm in situ 25mal schwächer als dieses (SCHÜMANN 1949c). — *Dopamin* war am isolierten Meerschweinchendarm (Rectum) etwa 300mal (HOLTZ et al. 1944/47), am isolierten Kaninchendarm 150mal schwächer wirksam als L-Adrenalin (SCHÜMANN 1950).

Im Gegensatz zur glatten Muskulatur des eigentlichen Darmes, deren sympathische Innervation eine inhibitorische ist, reagieren bestimmte Sphinctermuskulaturen, z. B. der M. sphincter pylori, der Sphincter ileo-coecalis und Sphincter ani internus, auf die Nervenreizung ebenso wie auf Adrenalin und Noradrenalin mit einer Kontraktion (DALE 1906; KURODA 1917; AUER 1925; MUNRO 1951, 1952, 1953).

*Isoproterenol*, mit seiner hohen Affinität zu den adrenergischen β-Receptoren der glatten Muskulatur, z. B. der Gefäße und der Bronchien, war auch am Kaninchen*duodenum* inhibitorisch wirksamer als Adrenalin und Noradrenalin; am Kaninchen*ileum* jedoch, an dem seiner hemmenden eine kurzdauernde Erregungswirkung voraufging, mußte es mitunter 10mal höher dosiert werden, um einen gleich starken inhibitorischen Effekt auszulösen wie Adrenalin und Noradrenalin (GROBECKER u. HOLTZ 1965).

Wie am Kaninchenduodenum, hatte Isoproterenol auch am Meerschweinchendarm eine stärkere Hemmwirkung als die beiden anderen Brenzkatechinamine und antagonisierte auch die durch Acetylcholin ausgelösten Kontraktionen in niedrigerer Dosierung als diese. Anders war das Wirksamkeitsverhältnis, wenn die inhibitorische Wirkung ihren Angriffspunkt nicht direkt an der Darmmuskulatur hatte, sondern an nerval-ganglionären Strukturen, die auf Erhöhung des Innendrucks die Auslösung des Peristaltikreflexes vermitteln und durch Nicotin erregt werden. MCDOUGAL und WEST (1952, 1954) fanden, daß am Meerschweinchenileum in der Versuchsanordnung von TRENDELENBURG (1917) zur Unterdrückung des durch Innendruckerhöhung ausgelösten Peristaltikreflexes und der durch Nicotin verursachten Kontraktionen der Längsmuskulatur viel niedrigere Adrenalin- und Noradrenalinkonzentrationen ausreichten als zur Hemmung der durch Acetylcholin ausgelösten Kontraktionen: Noradrenalin mußte 2—4mal, Isoproterenol 100mal höher dosiert werden als Adrenalin.

*Sympathicolytica.* Die inhibitorischen Wirkungen des Adrenalins ließen sich durch α-Sympathicolytica (Dibenamin, Tolazolin) antagonisieren. Auch am elektrisch stimulierten Meerschweinchenileum schwächten Dibenamin und Phentolamin (Regitin) die Hemmwirkung des Adrenalins auf die Kontraktionshöhe ab (HÄRTFELDER et al. 1958a und b). Schon früher hatte PLANELLES (1925) die hemmende Wirkung des Adrenalins auf den Peristaltikreflex am Meerschweinchendarm durch Ergotamin aufheben können. Am Kaninchenileum hemmte Ergotamin die inhibitorische Wirkung des Adrenalins auf die Pendelbewegungen (NANDA 1931). In Versuchen von GREEFF und SCHÜMANN (1953) am nach MAGNUS suspendierten Kaninchendarm ließ sich die inhibitorische Wirkung des Adrenalins durch Opilon (6-Acetoxy-thymoxy-äthyldimethylamin), das an der Katze die blutdrucksteigernde Adrenalinwirkung in eine blutdrucksenkende umkehrte und auch andere exzitatorische adrenergische „α-Receptoren-Wirkungen", z. B. am Kaninchenuterus und an der Samenblase des Meerschweinchens, aufhob, deutlich abschwächen. An diesem Testobjekt wurde die hemmende Wirkung des Adrenalins auch durch Mutterkornalkaloide antagonisiert (ROTHLIN et al. 1954).

Wie die exzitatorische — positiv chrono- und inotrope — *Herz*wirkung der Brenzkatechinamine, so fügen sich somit auch ihre inhibitorischen Wirkungen am *Darm* nicht dem für die meisten anderen adrenergischen Wirkungen zutreffenden Schema exzitatorischer α- und inhibitorischer β-Receptoren ein. Während die exzitatorischen Wirkungen am Herzen offensichtlich durch adrenergische β-Receptoren vermittelt werden, da sie sich nur durch β-Sympathicolytica verhindern lassen, sind die inhibitorischen Wirkungen des Adrenalins und Noradrenalins am Darm anscheinend, wenigstens zum Teil, „α-Receptorenwirkungen", da sie durch α-Sympathicolytica, z. B. Phentolamin, Dibenzylin, antagonisiert werden. Die Verhältnisse werden dadurch noch zusätzlich kompliziert, daß die Darmwirkung des Adrenalins und Noradrenalins einerseits und die des Isoproterenols andererseits sich Sympathicolyticis gegenüber verschieden verhält. Während am Hundedarm in situ (AHLQUIST u. LEVY 1959; LEVY u. AHLQUIST 1961) und auch am isolierten Kaninchendarm (FURCHGOTT 1959, 1960) die inhibitorische Wirkung des Isoproterenols durch das β-Sympathicolyticum Dichlorisoproterenol (DCI) verhindert wurde und diejenige des Phenylephrins (m-Sympatol, Adrianol) durch das α-Sympathicolyticum Dibozan, war in diesen Versuchen zur *voll-*

*ständigen* Blockierung der darminhibitorischen Wirkung des Adrenalins und Noradrenalins die kombinierte Verabfolgung beider Sympathicolytica ($\alpha$ + $\beta$-Typ) erforderlich.

Es ergibt sich somit, daß sowohl adrenergische „$\alpha$-" als auch adrenergische „$\beta$-Receptoren" am Darm inhibitorische Wirkungen vermitteln können, und daß die Adrenalin- und Noradrenalinwirkung, im Gegensatz zu derjenigen des Phenylephrins und Isoproterenols, offensichtlich einen Angriffspunkt an beiden Receptorentypen hat. Das könnte bedeuten, daß am Zustandekommen der Adrenalin- und Noradrenalinwirkung zwei verschiedene Wirkungsmechanismen — synergistisch — beteiligt sind, von denen der eine durch $\alpha$-, der andere durch $\beta$-Sympathicolytica blockiert wird.

Die Verhältnisse legen den Vergleich mit der Wirkung der Sympathicolytica auf die glykogenolytische Wirkung der Brenzkatechinamine, auf die durch sie verursachte Aktivierung der Leberphosphorylase bzw. der Glykogenolyse nahe (s. XV.C.1.a.). Adrenalin führt durch Aktivierung der Adenylcyklase zu einer vermehrten Bildung von cyclischem 3',5'-AMP, das dann die Phosphorylase und damit die Glykogenolyse aktiviert. Dihydroergotamin (DHE), das die Eigenschaften eines $\alpha$- und eines $\beta$-Sympathicolyticums in sich vereinigt (AHLQUIST 1948), verhinderte die glykogenolytische Wirkung des Adrenalins; Dibenzylin (reines $\alpha$-Sympathicolyticum) und Dichlorisoproterenol, DCI (reines $\beta$-Sympathicolyticum), schwächten sie nur ab. Vergleichende Untersuchungen an Ratten mit Adrenalin und 3',5'-AMP ergaben, daß DCI die adrenalin-katalysierte *Bildung* des 3',5'-AMP durch die Adenylcyklase hemmt, nicht aber die zur Glykogenolyse führende *Wirkung* des 3',5'-AMP; diese ließ sich durch DHE verhindern. Am Zustandekommen der Gesamtwirkung sind somit anscheinend beide Receptorentypen beteiligt, so daß ihre vollständige Unterdrückung die kombinierte Anwendung eines $\alpha$- und eines $\beta$-Sympathicolyticums erfordert.

*Morphin.* Untersuchungen über die darmhemmende Wirkung des Morphins und morphinähnlicher Analgetica sind geeignet, zur Aufklärung des *Mechanismus* der darminhibitorischen Wirkung der Sympathicomimetica beizutragen. Morphin setzt Adrenalin und Noradrenalin in den Nebennieren (BODO et al. 1937; GROSS et al. 1948; WATTS 1951; MILLER et al. 1955) und im Gehirn frei (VOGT 1954). Andererseits besitzen Adrenalin und Noradrenalin eine zentralanalgetische Wirkung (s. XV.D.). IVY et al. (1944) stellten die Hypothese auf, die schmerzstillende Wirkung der Analgetica komme über eine Freisetzung von Sympathicusstoffen zustande.

Analgetisch wirksame Dosen von Morphin und Methadon, die am Meerschweinchendünndarm die *Peristaltik* und die *Nicotin*kontraktionen hemmten, ließen die durch *Acetylcholin* verursachten Kontraktionen unbeeinflußt (O. SCHAUMANN et al. 1952, 1953a und b). Die Wirkungen stimmten mit denjenigen des Adrenalins und Noradrenalins insofern überein, als auch die beiden

Amine, wie schon erwähnt, den Peristaltikreflex und die Nicotinkontraktionen in weit niedrigeren Konzentrationen hemmten als die durch Acetylcholin ausgelösten Kontraktionen (McDougall u. West 1952, 1954). Untersuchungen von W. Schaumann (1955, 1956a und b, 1957) sowie von Paton (1955) sprechen dafür, daß der darmhemmenden Wirkung des Morphins und Methadons eine durch die Analgetica verursachte verminderte Freisetzung nervalen Acetylcholins zugrunde liegt. Weitere Versuche ergaben, daß auch Adrenalin und Noradrenalin in einer Konzentration, die sowohl die Peristaltik als auch die durch Nicotin und durch coaxiale elektrische Reizung ausgelösten Kontraktionen (Paton 1955) am Meerschweinchendarm abschwächte, an Darmstücken, die bei 37° C in Tyrode inkubiert wurden, die Freisetzung von Acetylcholin hemmen. Für einen „noradrenergischen" Mechanismus der darminhibitorischen Wirkungen der Analgetica spricht ferner, daß die Hemmwirkung des Morphins und des Noradrenalins auf die elektrisch ausgelösten Darmkontraktionen sich in gleicher Weise durch Sympathicolytica — Phentolamin + Opilon — fast aufheben ließ (W. Schaumann 1957). So könnte an der darminhibitorischen Wirkung des Adrenalins und Noradrenalins auch eine Hemmung der physiologischen Freisetzung nervalen Acetylcholins ursächlich beteiligt sein.

In diesem Zusammenhang sind neuere fluorescenz-mikroskopische Untersuchungen der adrenergischen Innervation des Darmes an Ratten und Katzen von Interesse. Primäre Brenzkatechinamine (Dopamin, Noradrenalin) kondensieren sich auch in Gewebeschnitten mit Formaldehyd zu grünlich-gelb fluorescierenden 6,7-Dihydroxy-3,4-dihydro-isochinolinderivaten (Falck et al. 1962; Corrodi u. Hillarp 1963, 1964), die ihren histochemischen Nachweis ermöglichen. Mit Hilfe dieser Methode fand Norberg (1964), daß die noradrenergischen Nerven zum größten Teil in den submukösen Nervenplexus und im Plexus myentericus der Darmwand enden, und in Form eines dichten Netzwerks fluorescierender Fasern intramurale — brenzkatechinaminfreie — Ganglienzellen umgeben, mit denen sie anscheinend in synaptischem Kontakt stehen, während die glatte Muskulatur selbst eine nur spärliche, wahrscheinlich ausschließlich vasomotorische Innervation besitzt. Es ergäbe sich, daß, im Gegensatz zu der bisherigen Annahme (s. z. B. Brown et al. 1958), die inhibitorische Funktion der sympathischen Darminnervation weniger durch eine *direkte* Wirkung des Überträgerstoffs auf die glatten Muskelzellen zustande käme als vielmehr *indirekt* durch Beeinflussung postganglionärer parasympathischer Neurone.

## 2. Magen

Die Art, in der die Magenmuskulatur auf Reizung der Nerven reagiert, hängt vom Ausgangstonus ab (McSwiney u. Wadge 1928). In Versuchen an Hunden und Katzen konnte die Motorik des Magens in situ durch elektrische Stimulierung des Vagus sowohl gefördert als auch gehemmt werden (Klee 1912, 1927; Carlson 1927). Auch Adrenalin kann an Magenmuskelpräparaten sowohl hemmend als auch fördernd wirken (SMITH 1918; KURODA 1924; BROWN u. MCSWINEY 1926; MCSWINEY u. BROWN 1926).

Der Schließmuskel der *Kardia* erschlaffte auf Adrenalin nur bei hohem Tonus, während er bei niederem Tonus meistens erregt wurde (SMITH 1918; CARLSON u. PEARCY 1922). Für die adrenergische Natur des physiologischen Öffnungsmechanismus spricht, daß am Kaninchen die funktionelle Ausschaltung der noradrenergischen Neurone durch Reserpin, Guanethidin oder Bretylium einen Kardiospasmus verursachte (v. BRÜCKE u. SPRING 1963; s. jedoch NICKERSON u. CALL 1951). Die schon von LANGLEY (1898/99) bei Hunden nachgewiesenen, die Kardia öffnenden, im N. vagus verlaufenden Nerven-

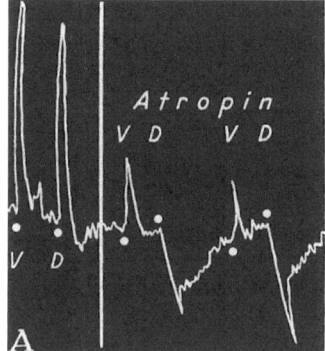 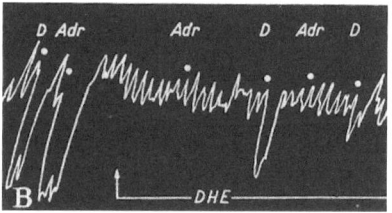

Abb. 58 A u. B. A *Hemmwirkung der direkten elektrischen Reizung am Meerschweinchenmagen nach Atropin* (0,25 · 10⁻⁶). B *Aufhebung dieser Wirkung durch Dihydroergotamin (DHE)* (0,5 · 10⁻⁵). V Vagusreizung; D direkte elektrische Reizung; Adr Adrenalin. Aus K. GREEFF und P. HOLTZ (1956a)

fasern scheinen präganglionäre cholinergische Neurone zu sein, die jedoch mit einer „adrenergischen Schaltzelle" verbunden sind (v. BRÜCKE u. STERN 1938). Das würde erklären, daß Vagusdurchschneidung oder -unterkühlung, ebenso wie Ganglienblocker (Pempidine), einen Kardiospasmus auslösten (v. BRÜCKE u. SPRING 1963). Für die Öffnung der Kardia sind adrenergische β-Receptoren wichtiger als α-Receptoren: Isoproterenol hatte von allen untersuchten sympathicomimetischen Aminen die stärkste erschlaffende Wirkung auf den Schließmuskel (BÖHMIG u. v. BRÜCKE 1962) und Nethalid („β-Sympathicolyticum"), nicht Dibenzylin („α-Sympathicolyticum"), verursachte einen Kardiospasmus; dieser war besonders stark ausgeprägt, wenn Dibenzylin zusätzlich nach Nethalid verabfolgt wurde (v. BRÜCKE u. SPRING 1963).

Am isolierten *Vagus-Magenpräparat* des Meerschweinchens verursachte die direkte elektrische Reizung mit Hilfe einer vom Magenfundus her in das Mageninnere eingeführten Kugelelektrode, anstatt einer Kontraktion des Magens, eine reine Erschlaffung, wenn man vorher den Ausgangstonus mit Bariumchlorid erhöhte oder dem Tyrodebad 0,5 µg/ml Atropin zufügte (Abb. 58) (GREEFF u. HOLTZ 1956a und b). Dihydroergotamin hob die Wirkung — ebenso wie die Adrenalinwirkung — auf, Hexamethonium schwächte sie nur ab. Das spricht dafür, daß bei direkter elektrischer Reizung nicht nur die

Erregung ganglionärer, sondern auch postganglionärer noradrenergischer Strukturen Ursache der Hemmwirkung war. Es findet eine Parallele in Ergebnissen, die AMBACHE (1949) am isolierten *Darm* erhielt: eine sonst erregende Nicotindosis wirkte am Kaninchendarm, dessen cholinergische Nerven durch Vorbehandlung mit Botulinustoxin ausgeschaltet worden waren, und am atropinisierten Hühnerdarm rein hemmend. Später konnten GREEFF et al. (1962) zeigen, daß am Vagus-Magenpräparat die Erregungswirkung des ganglienstimulierenden DMPP in eine noradrenergische Hemmwirkung umgekehrt wurde, wenn man den Tonus des Präparates vorher mit Histamin erhöhte, und daß auch der elektrische Vagusreiz nach Atropinisierung des Präparates eine reine, durch Sympathicolytica aufhebbare Erschlaffung hervorrief. Diese paradoxe *Vagus*wirkung ließ sich, im Gegensatz zu der Hemmwirkung der *direkten* elektrischen Reizung in den Versuchen von GREEFF und HOLTZ (1956a und b), durch Ganglienblocker (Hexamethonium) und durch Cocain vollständig unterdrücken. — Zu ähnlichen Resultaten kamen PATON u. VANE (1963).

Die Erklärung dürfte sein, daß ein Teil der zum Magen verlaufenden cholinergischen Nervenfasern mit adrenalin- bzw. noradrenalinhaltigen chromaffinen Zellen in Verbindung stehen und aus diesen — ähnlich wie der cholinergische N. splanchnicus aus dem Nebennierenmark — Brenzkatechinamine freisetzen (s. XIV.).

Aber auch „sympathische" Nerven scheinen Faserqualitäten des phylogenetisch älteren Anteils des vegetativen Nervensystems enthalten zu können. Die Diskrepanz zwischen *anatomischem* Ursprung und *Funktion* der vegetativen Nerven hatte DALE ja veranlaßt, die Kennzeichnung „sympathisch" und „parasympathisch" durch „adrenerg" und „cholinerg" zu ersetzen. Fließende Übergänge bestehen anscheinend zwischen den bei manchen Tierarten und beim Menschen *rein cholinergischen*, „sympathischen" Nerven, die die Schweißdrüsen innervieren (DALE u. FELDBERG 1934), und solchen „sympathischen" Nerven, deren überwiegend noradrenergische Fasern nur eine mehr oder weniger große *Beimischung* cholinergischer Faserqualitäten besitzen. Das erklärt vermutlich die Beobachtung von GILLESPIE u. MACKENNA (1961), daß am Kaninchendarm und Meerschweinchenileum die elektrische periarterielle Reizung des postganglionären sympathischen Nerven, die normalerweise durch vermehrte Freisetzung nervalen Noradrenalins zur *Erschlaffung* führt, nach Vorbehandlung der Tiere mit Reserpin, d. h. nach Verarmung des Darmes an Noradrenalin, oder in Gegenwart von Bretylium, das die Freisetzung nervalen Noradrenalins verhindert (BOURA u. GREEN 1959), durch Erregung der funktionell intakt gebliebenen cholinergischen Fasern eine atropinempfindliche Darmerregung auslöste (Abb. 59).

Die Frage, ob die den noradrenergischen Neuronen beigemischten cholinergischen Fasern, in gleicher Weise wie diese, *postganglionäre* Neurone sind, an deren Enden bei der postganglionären elektrischen Reizung des sympathischen Nerven „muscarinartig" wirkendes Acetylcholin frei wird — was der allgemein gültigen Vorstellung widerspräche, daß die ganglionären Synapsen parasympathischer Nerven organnahe bzw. im Erfolgsorgan selbst liegen —, oder aber *präganglionäre* Neurone, die mit chromaffinen Zellen des Erfolgsorgans in synaptischer Verbindung stehen, so daß bei ihrer Erregung „nicotinartig" wirkendes, „ganglionäres" Acetylcholin frei würde, das jedoch nach einer

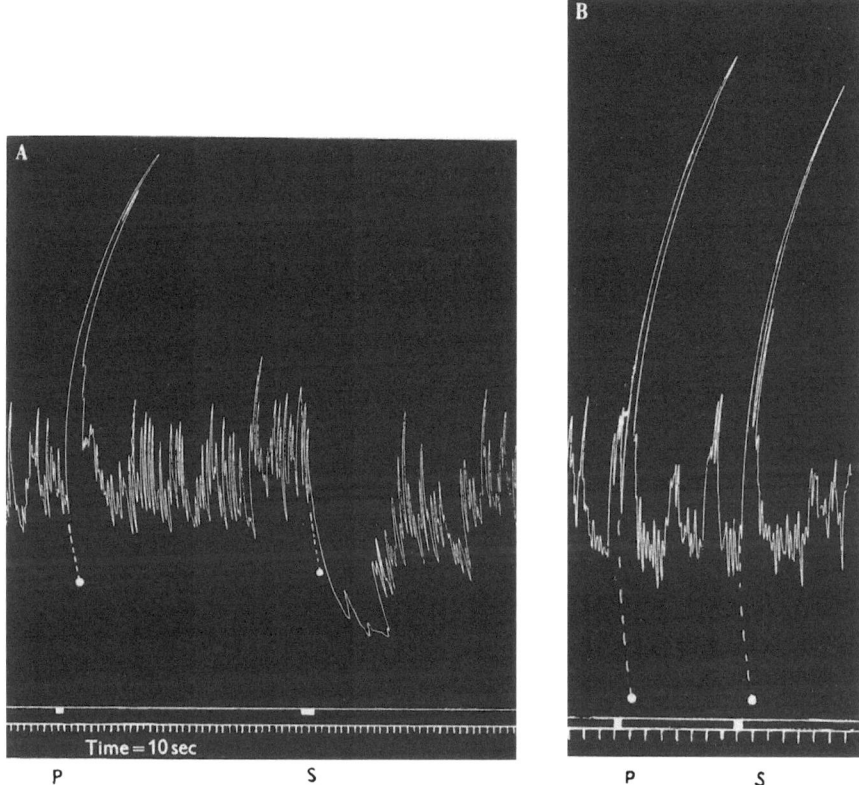

Abb. 59A u. B. A *Elektrische Reizung des Parasympathicus (P) und Sympathicus (S) am Kaninchencolon. B Dasselbe nach Reserpinvorbehandlung.* Aus J. S. GILLESPIE und B. R. MACKENNA (1961)

durch Reserpin verursachten Verarmung der chromaffinen Zellen an Noradrenalin bzw. nach Vorbehandlung mit Bretylium sich nicht mehr noradrenergisch auswirken kann, sondern „muscarinartig" direkt an der glatten Muskulatur angreift, bleibt offen (s. XIV.).

### 3. Uterus

1. Die Reaktion des Uterus auf Brenzkatechinamine und auf Reizung des ihn innervierenden sympathischen Nerven, des N. hypogastricus, ist nicht nur von Tierart zu Tierart verschieden, sondern hängt auch vom funktionellen Zustand des Organs ab, insbesondere von sexualhormonalen Einflüssen. Die von LOEWE (1926) vorgenommene Einteilung der verschiedenen Tierarten

nach der Reaktion des isolierten Organs auf Adrenalin unterschied drei Gruppen: bei der ersten Gruppe, zu der z. B. Mensch, Affe und Kaninchen gehören, soll Adrenalin stets kontrahierend wirken; bei der zweiten Gruppe (z. B. Maus, Ratte, Meerschweinchen) soll es stets hemmend wirken; bei der dritten Gruppe schließlich (z. B. Katze, Hund) soll Adrenalin den virginellen bzw. nicht graviden Uterus erschlaffen, den graviden kontrahieren, wie schon von DALE und von CUSHNY (1906/07) beobachtet worden war.

Unter dem Gesichtspunkt, daß Noradrenalin der chemische Überträger der sympathischen Nervenwirkung ist, wurde von GREEFF und HOLTZ (1951 a) die Abhängigkeit der Reaktion des Uterus auf die beiden Brenzkatechinamine von sexualhormonalen Einflüssen in vergleichenden Versuchen bei verschiedenen Tierarten untersucht (HOLTZ u. GREEFF 1951 a). Frühere Versuche hatten ergeben, daß auch die experimentelle Verabfolgung von Sexualhormonen die Adrenalinwirkung am virginellen Uterus *qualitativ* verändern kann. Nachdem KOCHMANN und SEEL (1929) gefunden hatten, daß der Meerschweinchenuterus, der nach der Loeweschen Einteilung in jeder Phase des Sexualcyclus und in der Schwangerschaft von Adrenalin gelähmt werden soll, im *Oestrus* auf Adrenalin mit einer Erregung anspricht, zeigten HOLTZ und WÖLLPERT (1937), daß die Behandlung des virginellen Tieres mit gonadotropem Hormon (Prolan) zu einer Umkehr der inhibitorischen in eine exzitatorische Adrenalinwirkung führt, und daß, in Übereinstimmung mit Befunden von HELLER und HOLTZ (1931, 1932), auch der Meerschweinchenuterus am Ende der Schwangerschaft auf Adrenalin mit einer Kontraktion reagiert (s. auch ROBSON u. SCHILD 1938).

BARGER und DALE hatten schon 1910 auf die stärkere inhibitorische Wirkung sekundärer, am Stickstoff der Seitenkette methylierter Brenzkatechinamine am nicht schwangeren Katzenuterus hingewiesen, wenn man sie mit den entsprechenden primären Aminen verglich. In den Versuchen von CANNON und URIDIL (1921/22) sowie von CANNON und ROSENBLUETH (1933) an Katzen führte die elektrische Stimulierung der sympathischen Lebernerven zur Freisetzung eines damals als „Sympathin E" (excitatory) bezeichneten Stoffes, der auf dem Blutwege zwar Blutdrucksteigerung und Nickhautkontraktion, d. h. noradrenergische exzitatorische „α-Receptorenwirkungen" verursachte, dessen Wirkung auf die inhibitorischen „β-Receptoren" der glatten Muskulatur aber so schwach entwickelt war, daß er die Uterusmotorik unbeeinflußt ließ, während eine äquipressorische Adrenalindosis den Uterus zur Erschlaffung brachte. Das war einer der wichtigsten Befunde, die Zweifel an der Identität des Überträgerstoffs sympathischer Nerven mit Adrenalin aufkommen ließ, und BACQ (1934), im Hinblick auf die von BARGER und DALE beschriebenen pharmakologischen Unterschiede zwischen primären und sekundären Brenzkatechinamin-Derivaten, als ersten zu der Vermutung führte, das dem Adrenalin entsprechende primäre Amin, Noradrenalin, sei der „sympathische Transmitter".

Auch am virginellen *Meerschweinchen*uterus war Adrenalin inhibitorisch wirksamer als Noradrenalin (Abb. 60A). Behandelte man virginelle Tiere einige Tage lang mit gonadotropem Hormon, das in den Ovarien zu Follikelreifung und bei längerer Behandlung zu Luteinisierung sowie zu einer erheblichen Gewichtszunahme des Uterus führt, so wirkten beide Brenzkatechinamine kontrahierend auf den isolierten Uterus: Noradrenalin 2—10mal stärker als Adrenalin (Abb. 60B). Auch am isolierten *Schweine*uterus, der sowohl auf Adrenalin als auch auf Noradrenalin mit Erregung anspricht, war

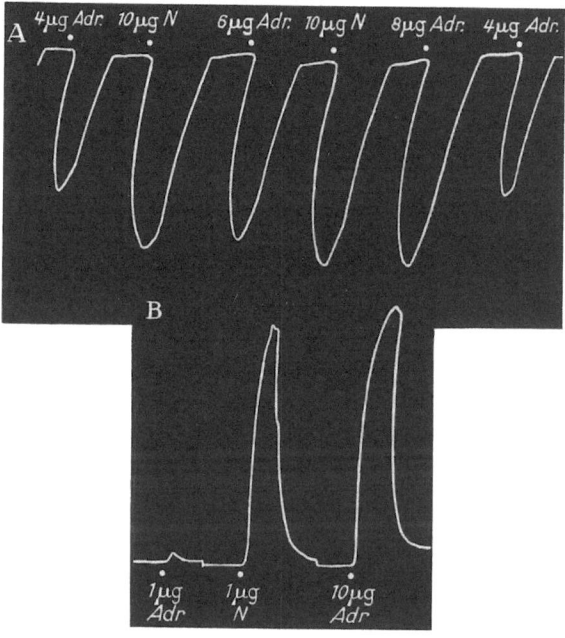

Abb. 60A u. B. *Wirkung von Adrenalin und Noradrenalin am virginellen Meerschweinchenuterus* (20 ml Tyrodebad). A Unbehandelt. B *Nach 7 Tage langer Vorbehandlung mit gonadotropem Hormon* (30 RE Prolan pro die). *Adr* Adrenalin; *N* Noradrenalin. Aus K. GREEFF und P. HOLTZ (1951a)

Noradrenalin etwa viermal wirksamer als Adrenalin, während für den virginellen *Kaninchen*uterus das Umgekehrte zutraf: Adrenalin war etwa doppelt so stark exzitatorisch wirksam wie Noradrenalin (GREEFF u. HOLTZ 1951a). Das könnte dafür sprechen, daß der Uterus des Kaninchens, das, wie schon erwähnt, auf Adrenalin auch mit einer stärkeren Blutdrucksteigerung reagiert als auf Noradrenalin, weniger inhibitorische $\beta$-Receptoren besitzt als der Schweineuterus, und deshalb im ersten Fall Adrenalin, im zweiten Noradrenalin die exzitatorisch wirksamere Substanz ist.

*Qualitative* Unterschiede zwischen den beiden Brenzkatechinaminen fanden sich am isolierten Uterus nicht trächtiger Hunde und am puerperalen Rattenuterus kurz post partum (GREEFF u. HOLTZ 1951a; s. jedoch CSAPO u. KURIYAMA 1963; LEVY u. TOZZI 1963). Am Hundeuterus übte Noradrenalin eine reine Erregungswirkung aus, die durch Dihydroergotamin aufgehoben wurde. Adrenalin wirkte biphasisch, jedoch mit überwiegend inhibitorischer Wirkungskomponente (Abb. 61). Dieser Unterschied, der auch in situ bei intravenöser Injektion der beiden Amine zum Ausdruck kam, war noch deutlicher am puerperalen Uterus von Ratten: bei gleicher Dosierung wirkte *Adrenalin* rein inhibitorisch, *Noradrenalin* rein exzitatorisch. Im Zeitpunkt der Geburt, wenn die Uterusmuskulatur ihre physiologisch wichtigste motorische Leistung zu vollbringen hat, reagiert anscheinend der Uterus aller Tierarten auf Noradrenalin mit Erregung und Kontraktion (GREEFF u. HOLTZ 1951a).

Der „Ausgangstonus" des isolierten Organs kann von ausschlaggebender Bedeutung für die Art der Reaktion sein. Erhöhte man diesen an einem Uterus, der, wie z. B. der Kaninchenuterus, sich in jeder Phase des Sexualcyclus auf Adrenalin und Noradrenalin kontrahiert, mit Hilfe einer kleinen

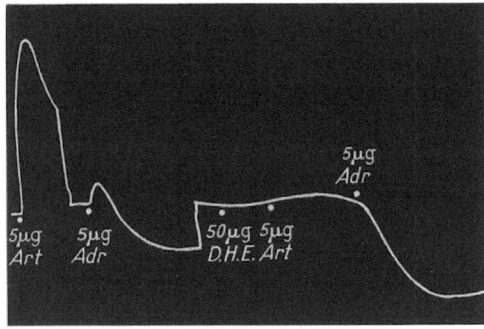

Abb. 61. *Die Wirkung von Adrenalin und Noradrenalin am nicht graviden Hundeuterus vor und nach Dihydroergotamin* (20 ml Tyrodebad). *Adr* Adrenalin; *Art* Noradrenalin; *DHE* Dihydroergotamin. Aus K. GREEFF und P. HOLTZ (1951a)

Dosis Acetylcholin, so riefen beide Brenzkatechinamine eine zusätzliche Tonuserhöhung, d. h. eine zusätzliche Kontraktion hervor; anders verhielt sich der virginelle Meerschweinchenuterus, der an sich sowohl auf Adrenalin als auch auf Noradrenalin mit Erschlaffung reagiert, an dem es aber durch Vorbehandlung des Tieres mit gonadotropem Hormon zu einer Umkehr der Wirkung gekommen war, derart, daß beide Amine jetzt kontrahierend wirkten: erhöhte man den „Tonus" mit Acetylcholin und injizierte auf der Höhe der submaximalen Acetylcholinkontraktion das eine Mal eine Noradrenalin-, das andere Mal eine Adrenalindosis in das Tyrodebad, die am nicht mit Acetylcholin tonisierten Organ vergleichbare Kontraktionen auslösten, so führte Noradrenalin zu einer weiteren, sich auf die schon vorhandene aufpfropfenden Kontraktion, während Adrenalin eine totale Erschlaffung des Organs verursachte. Ein Uterus, der schon am virginellen Tier auch auf Adrenalin mit Erregung reagiert (Kaninchen-, Schweineuterus), verhält sich anders als ein solcher, an dem eine inhibitorische Adrenalinwirkung durch Behandlung des Tieres mit gonadotropem Hormon in eine exzitatorische umgewandelt wurde (Meerschweinchenuterus nach Prolanbehandlung). Auch der Uterus eines virginellen Kaninchens, das 12 Tage lang mit insgesamt 600 Ratteneinheiten Prolan behandelt worden war, reagierte nach Tonuserhöhung durch Acetylcholin oder Pituitrin auf Adrenalin mit einer reinen Erschlaffung, während Adrenalin, ebenso wie Noradrenalin, am Uterus unbehandelter virgineller Tiere unter sonst gleichen Versuchsbedingungen eine zusätzliche Kontraktion hervorrief.

Neben der Tonus-Ausgangslage des Uterus ist die Adrenalin*dosis* von Bedeutung für die Reaktionsart. So wirkten am isolierten, in 20 ml Tyrode suspendierten Uterus eines mit Prolan behandelten Kaninchens, nachdem die Uterusmotorik durch eine kleine Pituitrindosis nur mäßig angeregt worden war, 10 µg Adrenalin zusätzlich erregend, 1 µg hingegen erschlaffend; bei einer durch Pituitrin stärker erhöhten Tonuslage hatte auch die größere Adrenalindosis von 10 µg eine reine Hemmungswirkung (GREEFF u. HOLTZ 1951a). Das mag zum Teil die widerspruchsvollen Befunde am Menschen erklären. Das Streifenpräparat des schwangeren und nicht schwangeren menschlichen Uterus soll auf Adrenalin mit einer Kontraktion reagieren. In vivo, am Ende der Schwangerschaft, wirkte Adrenalin nur in hohen Dosen erregend, in kleinen Dosen erschlaffend (z. B. WOODBURY u. ABREU 1944; KAISER u. HARRIS 1950; s. auch BROWN u. WILDER 1943).

2. Im Gegensatz zu den meisten anderen sympathisch innervierten Organen, in denen Adrenalin nur geringfügig an der Zusammensetzung des Brenzkatechinamingehaltes beteiligt ist, fand sich im oestralen Rattenuterus mehr Adrenalin als Noradrenalin; während des Oestrus war der Adrenalingehalt doppelt so hoch wie im Dioestrus (RUDZIK u. MILLER 1962a und b; s. auch CHA et al. 1965). Behandlung virgineller Ratten mit Diäthylstilboestrol erhöhte den Adrenalingehalt des Uterus, ohne den Noradrenalingehalt zu beeinflussen. WURTMAN et al. (1963a und c) beobachteten während der Schwangerschaft an Ratten eine siebenfache Zunahme des Adrenalingehaltes im Uterus, bezogen auf das Gesamtorgan, wobei die Konzentration pro Gramm Gewebe vermindert war, da der Uterus eine 13fache Gewichtszunahme erfahren hatte. Kurz nach Ansatz der Wehen büßte der Uterus 80% seines Adrenalingehaltes ein.

Da das für die Adrenalinbildung aus Noradrenalin notwendige Ferment, die Phenyläthanolamin-N-methyltransferase, im Uterus nicht vorkommt (WURTMAN et al. 1963a und c), muß das Adrenalin des Uterus exogenes, von außen aufgenommenes hämatogenes Adrenalin sein. Als Produktionsstätte kommen neben dem Nebennierenmark vielleicht auch die chromaffinen Zellen des Frankenhäuserschen Plexus in Frage, die, wie aus Untersuchungen von BLOTEVOGEL et al. (1926) an Mäusen hervorgeht, während der Schwangerschaft an Zahl und Größe zunehmen. Bei Frauen wurde der Adrenalingehalt des Blutes höher gefunden als bei Männern (WEIL-MALHERBE u. BONE 1953) und am Ende der Schwangerschaft höher als im zweiten Drittel (STONE et al. 1960). Mit Änderungen des endokrinen Milieus ließen sich auch an den vegetativen Nerven des Uterus morphologische Veränderungen nachweisen (GASPARINI 1952).

Die im Oestrus und in der Schwangerschaft erhöhte Aufnahme zirkulierenden Adrenalins bei unverändertem Noradrenalingehalt könnte wenigstens zum Teil durch eine gesteigerte Durchblutung des Organs, wie sie durch Oestrogene verursacht wird (KALMAN 1958), zustande kommen (WURTMAN et al. 1963 a—c). Andererseits scheint aber auch die Bindungsfähigkeit des Uterusgewebes für Adrenalin sexual-cyclischen Einflüssen zu unterliegen. Die Aufnahme intravenös injizierten, radioaktiven Adrenalins ($H^3$-Adrenalin) durch den Rattenuterus war pro Gramm Gewebe viermal höher im Oestrus als normal (KOPIN u. WURTMAN 1963; WURTMAN et al. 1963 a). Auch nach mehrtägiger Verabfolgung von je 10 µg Oestradiol-17$\beta$ ließ sich die Aufnahme von $H^3$-Adrenalin in den um 100% schwerer gewordenen Uterus verdoppeln, allerdings nicht, wie im physiologischen Oestrus, vervierfachen.

Die subcelluläre Verteilung des Adrenalins im Uterus weicht von der Lokalisation der Brenzkatechinamine in anderen sympathisch innervierten Organen ab. Bei der Auftrennung der Homogenate durch Differentialzentrifugieren fand es sich überwiegend in dem von partikulären Elementen freien Überstand (Supernatant), während die Brenzkatechinamine, z. B. des Herzens zum größten Teil in der bei 10000 und 100000 × g sedimentierenden „Mitochondrienfraktion" des Homogenates gefunden wurden (WURTMAN et al. 1964; SCHÜMANN et al. 1964). Nach intravenöser Injektion von 20 µc (0,7 µg) $H^3$-Adrenalin oder $H^3$-Noradrenalin an Ratten war die Aufnahme im *Herzen* fast 10mal höher als im *Uterus*. Die überwiegend *cytoplasmatische*, nicht *granuläre* Lokalisation der Brenzkatechinamine im Uterus dürfte die Ursache dafür sein, daß Tyramin nur etwa 25% der markierten Amine freisetzte. Cocain hemmte deren Aufnahme in den Uterus nicht, wohl hingegen die Aufnahme ins Herz (WURTMAN et al. 1964). Es „sensibilisierte" den isolierten Uterus auch nicht gegen die *Wirkung* der Brenzkatechinamine (STAFFORD 1963).

3. Neben dem Follikel- und Corpus luteum-Hormon ist, wenigstens bei manchen Tierarten, noch ein anderer ovarieller hormonaler Wirkstoff für die Uterusmotorik von Bedeutung. Das zuerst von HISAW (1926) in wäßrigen Ovarialextrakten nachgewiesene „*Relaxin*", das keine Steroidnatur besitzt, hemmte die Spontanbewegungen des Uterus von Meerschweinchen, Mäusen und Ratten (SAWYER et al. 1953) und brachte die Cervix des Kuhuterus zur Erschlaffung (GRAHAM u. DRACY 1953; ZARROW et al. 1956). Es ist am Menschen — auch am menschlichen Uterus sollen die Spontanbewegungen durch Relaxin gehemmt werden (POSSE u. KELLY 1956) — bei vorzeitiger Wehentätigkeit therapeutisch angewendet worden (ABRAMSON u. REID 1955; MAJEWSKI u. JENNINGS 1955, 1957; EICHNER et al. 1956; FOLSOME et al. 1956). „Relaxin" ist wahrscheinlich nicht identisch mit dem an Meerschweinchen die Schamfuge relaxierenden und erweiternden Wirkstoff (FRIEDEN 1956; FRIEDEN et al. 1956; Übersicht bei FRIEDEN u. HISAW 1953).

Oestrogenvorbehandlung der Tiere erhöhte die Relaxinempfindlichkeit des Uterus (MILLER et al. 1957). Die Erklärung dürfte sein, daß der oestrale Uterus, wie schon gesagt, einen höheren Adrenalingehalt besitzt als der nicht oestrale, und Relaxin durch die Freisetzung von Adrenalin seine uteruserschlaffende Wirkung ausübt, wie RUDZIK und MILLER (1962a) in Versuchen an Ratten nachweisen konnten. Die Zahl der pro 10 min registrierten Spontankontraktionen des oestralen Rattenuterus war um so größer, je niedriger der Adrenalingehalt. Die über eine Freisetzung uterinen Adrenalins erfolgende Wirkung des Relaxins erklärt dann auch, daß es zwar am Ratten-, Meerschweinchen- und virginellen Katzenuterus, die durch Adrenalin inhibitorisch beeinflußt werden, wirksam gefunden wurde, nicht hingegen am Kaninchen-, schwangeren Katzen- und menschlichen Uterus; hier führte es bisweilen, wie Adrenalin, zu Kontraktionen (MILLER u. MURRAY 1959). Progesteronbehandlung setzte den Brenzkatechinamingehalt des Uterus herab und verminderte die Empfindlichkeit gegen Relaxin (RUDZIK u. MILLER 1962a und b).

### 4. Iris- und Ciliarmuskulatur

Pharmakologische Versuche am isolierten *M. sphincter iridis* und M. *ciliaris* des Katzenauges sprechen dafür, daß diese überwiegend parasympathisch-cholinergisch innervierten Strukturen auch eine antagonistische, noradrenergisch-inhibitorische Innervation besitzen: während der in Tyrode suspendierte M. dilatator pupillae sich auf Adrenalin und Noradrenalin kontrahierte (überwiegend $\alpha$-Receptoren), wobei Adrenalin doppelt so wirksam war wie Noradrenalin, und Phenoxybenzamin („$\alpha$-Sympathicolyticum") die Wirkung verhinderte, reagierten der M. sphincter und M. ciliaris auf die beiden Brenzkatechinamine mit Erschlaffung (überwiegend $\beta$-Receptoren), die sich durch Dichlorisoproterenol (DCI, „$\beta$-Sympathicolyticum") aufheben (TAKÁTS 1964) und in eine Kontraktionswirkung umkehren ließ (auch „$\alpha$-Receptoren"). Die sympathisch-noradrenergische Innervation des Sphincter- und Ciliarmuskels des Auges kann sich somit, wohl in Abhängigkeit vom Ausgangstonus, unter Erschlaffung *synergistisch* oder unter Kontraktion *antagonistisch* auf die mydriatische Wirkung einer Erregung des M. dilatator auswirken (VAN ALPHEN 1963; VAN ALPHEN et al. 1963; s. auch BOROS u. TAKATS 1952; BENNETT et al. 1961; LOMMATZSCH u. PILZ 1962).

Diese pharmakologischen Befunde erfuhren eine morphologisch-histochemische Ergänzung und Fundierung durch *fluorescenzmikroskopische* Untersuchungen von MALMFORS (1963, 1965a und b) und MALMFORS u. SACHS (1965a und b) an der *Iris* von Ratten, Mäusen, Katzen, Kaninchen und Affen, deren sympathische Innervation ausschließlich dem Ggl. cervicale sup. entstammt. Während nur in der Zentralarterie der Retina sich eine noradrenergische Innervation nachweisen ließ, nicht in den oberflächlich oder tiefer gelegenen Gefäßen, die demnach keinen sympathisch-vasoconstrictorischen Einflüssen unterliegen, fand sich eine abundante Innervation mit noradrenalinhaltigen Sympathicusfasern nicht nur im M. dilatator, sondern auch im M. sphincter pupillae mit einer wahrscheinlich inhibitorischen Funktion. Ein und dasselbe Neuron kann die beiden Muskeln mit einer antagonistischen exzitatorischen und inhibitorischen Innervierung versorgen (MALMFORS 1965 b).

Frühere Untersuchungen hatten Anhaltspunkte für eine sympathischnoradrenergische inhibitorische Innervation des M. sphincter iridis (JOSEPH 1921; SCHAEPPI u. KOELLA 1964) und des *Corp. ciliare* gegeben (MELTON et al. 1955; GÉNIS-GÁLVEZ 1957). Zur parasympathischen Innervation antagonistische physiologische und pharmakologische Wirkungen waren nur auf vasoconstrictorische Effekte, nicht auf eine sympathische Innervation auch des Muskels selbst zurückgeführt worden (MORGAN 1946). Beides erscheint möglich auf Grund der jetzt vorliegenden fluorescenzmikroskopischen Befunde einer zwar nur spärlichen Versorgung des Ciliarkörpers mit noradrenergischen Fasern, die aber nicht nur streng perivasculär angeordnet waren. Vasoconstriction im Ciliarkörper und in der Chorioidea ist für die Produktion des Kammerwassers und damit für den intraocularen Druck von Bedeutung. Sympathicusreizung führte zum Absinken des intraocularen Drucks (NIESEL 1961), und Noradrenalin hemmte die Sekretion des Kammerwassers (EAKINS 1963). — WESSELY (1900) hatte als erster die Wirkung des *Adrenalins* auf den Augeninnendruck geprüft. HAMBURGER (1924) führte es in die Glaukomtherapie ein.

## C. Stoffwechselwirkungen

Mit der Erkenntnis, daß die sympathischen Nerven noradrenergische Nerven sind, d. h. daß Noradrenalin der Überträgerstoff der Nervenwirkung ist, trat an die Stelle der von CANNON und ROSENBLUETH (1937) aufgestellten „dualistischen" Theorie der chemischen Übertragung sympathischer Nervenwirkungen, die eine in den Zellen der Erfolgsorgane stattfindende Kombination des adrenergischen Überträgerstoffs mit spezifischen Zellbestandteilen zu einem inhibitorischen „Sympathin I" bzw. einem exzitatorischen „Sympathin E" postulierte, die „monistische" Annahme einer einheitlichen, d. h. eines einzigen Wirk- und Überträgerstoffs sich bedienenden sympathischen Innervation, der, je nach dem Organ, in dem er bei der Nervenerregung freigesetzt wurde oder das er auf dem Blutwege erreichte, zur Ausübung beider Wirkungen, exzitatorischer sowohl als auch inhibitorischer, befähigt sein sollte. Der „Dualismus" der Cannon-Rosenbluethschen Theorie hat damit sozusagen eine Verlagerung erfahren, indem auch jetzt von dem eigentlichen Überträgerstoff der Nervenwirkung — Noradrenalin — postuliert wird, daß er zur Ausübung seiner Wirkungen eine in den Zellen der Erfolgsorgane stattfindende „Kombination" mit „spezifischen Zellbestandteilen" eingeht, von denen wir heute diejenigen, die eine exzitatorische Wirkung vermitteln, als „α-Receptoren" und diejenigen, die eine inhibitorische Wirkung vermitteln, als adrenergische „β-Receptoren" bezeichnen.

Wenn wir auch von der eigentlichen Natur dieser „Receptoren" nicht viel mehr wissen, als daß sie „spezifische Zellbestandteile" sind (s. XIII.D.), so sprechen doch eine Reihe experimenteller Befunde dafür, daß die durch sympathicomimetische Amine an der glatten Muskulatur ausgelösten *exzitatorischen* Kontraktionswirkungen, z. B. am Uterus der trächtigen Katze oder an der Nickhaut (BACQ und MONNIER 1935; ECCLES und MAGLADERY 1937), ähnlich wie die Wirkungen des Acetylcholins, direkte, durch Depolarisation und erhöhte Ionenpermeabilität zu Erregbarkeitssteigerung führende und Aktionspotentiale auslösende Membranwirkungen sind, daß hingegen die *inhibitorischen*, eine Erschlaffung des glatten Muskels verursachenden Wirkungen, z. B. an der Darmmuskulatur oder an den Muskelgefäßen von Fleischfressern, primär Stoffwechselwirkungen sind, die den energiebenötigenden Mechanismen in der Membran, z. B. für den aktiven Ionentransport, vermehrt Energie zur Verfügung stellen, so daß es zu einer Stabilisierung der Membran, zu verminderter Erregbarkeit und zum Sistieren der elektrischen Aktivität kommt. Die Reaktion des glatten Muskels auf Adrenalin und andere sympathicomimetische Amine wäre somit die Resultante aus zwei entgegengesetzten Wirkungen, von denen im Falle einer exzitatorischen Kontraktion die direkte, durch vielleicht in der Membran selbst gelegene Receptoren vermittelte Wirkung auf die Membranpermeabilität überwiegt, im Falle einer inhibitorischen Erschlaffung jedoch der metabolische Effekt, der zur Stabilisierung der Membran, zu Hyperpolarisation und zum Verschwinden der Aktionspotentiale führt (Übersicht bei BÜLBRING 1962).

Es wurde schon darauf hingewiesen, daß die an der glatten Muskulatur sich abspielenden *inhibitorischen* Wirkungen mit der positiv ino- und chronotropen Herzwirkung der Brenzkatechinamine die Resistenz gegen α-Sympathicolytica, z. B. Dibenzylin, gemeinsam haben, daß hingegen β-Sympathicolytica, z. B. Nethalid, beide aufheben. Untersuchungen der letzten Jahre sprechen dafür, daß auch zwischen den pharmakodynamischen Wirkungen der Sympathicomimetica am Herzen und ihrer vielleicht wichtigsten metabolischen Wirkung, der glykogenolytischen, kausale Beziehungen bestehen. Es erschien deshalb nicht abwegig, anzunehmen, daß die *pharmakologischen* Receptoren, die verantwortlich sind für die inhibitorischen Wirkungen der sympathischen Nerven sowie der sympathicomimetischen Amine an der glatten Muskulatur und für ihre exzitatorischen Wirkungen am Herzen, große Ähnlichkeit besitzen oder sogar identisch sind mit den *metabolischen* Receptoren, welche die Wirkungen auf den Kohlenhydratstoffwechsel vermitteln. Die „Stoffwechselwirkungen" der Sympathicomimetica, d. h. die Beeinflussung enzymatischer Reaktionen des Stoffwechsels, gewinnen damit Bedeutung nicht nur unter dem Gesichtspunkt, daß sie diese Wirkstoffe zu Synergisten oder Antagonisten spezifischer „Stoffwechselhormone" des Körpers machen, z. B. des Glukagons, des Insulins und der Nebennierenrindenhormone, sondern auch unter dem Gesichtspunkt, daß die *metabolischen* Effekte den Schlüssel zum Verständnis des Wirkungsmechanismus geben könnten, der den *pharmakodynamischen* Wirkungen der sympathicomimetischen Amine zugrunde liegt.

### 1. Kohlenhydratstoffwechsel

Zu den am längsten bekannten Wirkungen des Adrenalins gehört die glykämische, blutzuckersteigernde Wirkung (ZUELZER 1901), die nach hohen Dosen zu Glucosurie führen kann (BLUM 1901). Die subcutane Injektion von 100 µg/kg Adrenalin verursacht z. B. am Kaninchen einen Anstieg des Blutzuckerspiegels um 100—150%. Die weit schwächere Wirkung des Noradrenalins wurde zum biologischen Nachweis dieses Brenzkatechinamins in Nebennierenmarkextrakten benutzt: Extrakte, die an der Katze mit einer bestimmten Adrenalindosis pressorisch gleich wirksam waren, hatten am Kaninchen in äquipressorischer Dosierung einen schwächeren glykämischen Effekt als Adrenalin (HOLTZ u. SCHÜMANN 1948a, 1949a). Am Kaninchen (SCHÜMANN 1949a—c) und am Menschen (KRONEBERG u. RÖNICKE 1950) war Noradrenalin etwa fünfmal schwächer glykämisch wirksam als Adrenalin.

Unter der Wirkung des Adrenalins kommt es zu einer Aktivierung der *Phosphorylase*, die in Leber und Muskulatur den Abbau des Glykogens zu Glucose-1-phosphat katalysiert:

$$(\text{Glykogen})_n + P_{anorg.} \rightarrow (\text{Glykogen})_{n-1} + \text{Glucose-1-phosphat}.$$

In der *Leber* wird dann das aus Glucose-1-phosphat entstehende Glucose-6-phosphat durch die Glucose-6-phosphatase dephosphoryliert, so daß freie Glucose ins Blut übertritt. Demgegenüber kommt es im *Muskel*, der keine Glucose-6-phosphatase besitzt, unter Umlagerung des Glucose-6-phosphats in Fructose-6-phosphat und Fructose-1,6-diphosphat zur glykolytischen Spaltung der Hexosen zu Triosen, wobei als Endprodukt des glykolytischen Abbaus Milchsäure resultiert (s. Abb.62, S.336) (CORI 1931; CORI u. CORI 1936; Übersicht bei SOSKIN 1941; CORI 1956). Deshalb steigt nach Adrenalin der Glucose- und Milchsäuregehalt des Blutes an.

In dem von CORI et al. (1930) (s. auch CORI 1931) entdeckten Kreislauf der Kohlenhydrate zwischen Leber und Muskel wird der nur kurzfristig abnehmende Glykogengehalt der Leber durch Resynthese aus der dem Muskel entstammenden Milchsäure regeneriert und kann sogar über die Ausgangswerte hinaus ansteigen, wobei den Glucocorticoiden eine permissive Funktion zukommt, — während die quergestreifte Muskulatur über längere Zeit an Glykogen verarmt bleibt (Übersicht bei LONG et al. 1960). Die permissive Corticoidwirkung kommt z. B. darin zum Ausdruck, daß Adrenalin am adrenalektomierten Tier schwächer glykämisch wirkte als am Normaltier und auch die Glykogensynthese aus

Lactat stark gehemmt war (SHAFRIR u. STEINBERG 1960; LONG et al. 1960; HOCKADAY 1964). — Demgegenüber verursachten erst höhere Noradrenalindosen einen Anstieg des Glucosegehaltes im Blut, ohne den Milchsäuregehalt zu erhöhen: auch unter der Wirkung des Noradrenalins kommt es zu einer Glykogenabnahme in der Leber, nicht aber im Muskel; im Gegenteil, durch vermehrte Synthese der aus der Leber stammenden Glucose zu Glykogen soll nach einiger Zeit sogar ein Anstieg des Glykogengehaltes des Muskels über die Ausgangswerte hinaus erfolgen können (SAHYUN u. WEBSTER 1933; CREDNER et al. 1953).

Formelschema 22

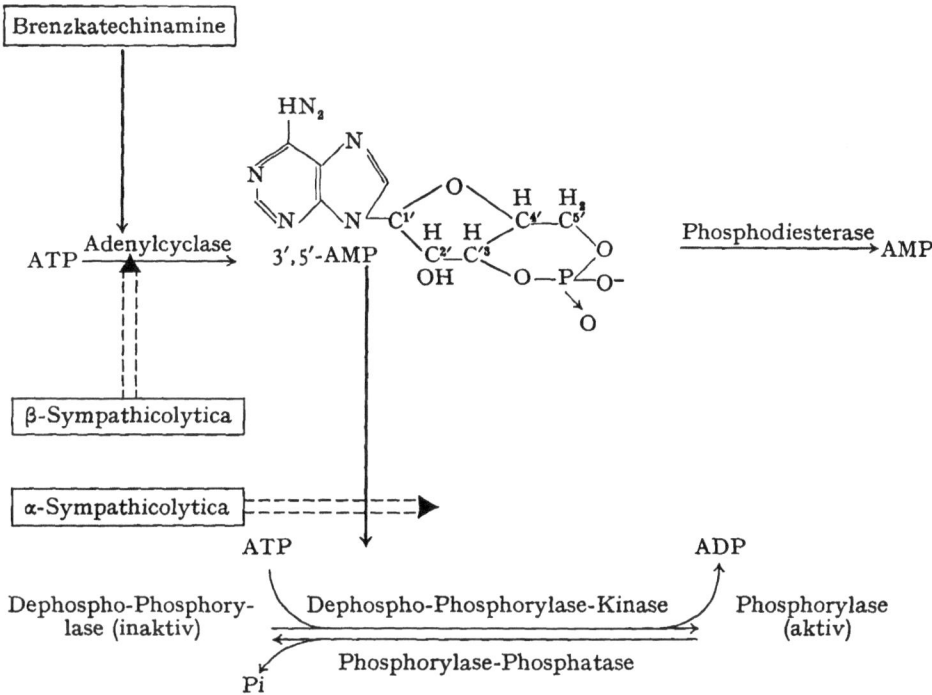

Die Untersuchungen von SUTHERLAND und RALL (1957, 1958) haben wesentlich zur Aufklärung des *Mechanismus* der glykogenolytischen Wirkung des Adrenalins und anderer Brenzkatechinamine beigetragen (Formelschema 22): Adrenalin aktiviert die Phosphorylase nicht direkt, sondern fördert in Gegenwart von Magnesium-Ionen die Bildung eines cyclischen Adenosin-3',5'-monophosphats (3',5'-AMP) aus Adenosintriphosphat (ATP), in dem das Phosphat in 3'- und in 5'-Stellung mit der Ribose verbunden ist, durch ein cyclisierendes Enzym (Adenyl-Cyklase), das in allen bisher untersuchten Geweben, z. B. in Leber, Muskel, Herz, Gehirn (Hundeorgane), ferner in der Rinder-Nebennierenrinde, auch in kernhaltigen Vogelerythrocyten, nicht in kernlosen Hundeerythrocyten nachgewiesen werden konnte (SUTHERLAND et al. 1962; Übersicht bei SUTHERLAND u. RALL 1960a und b). Das

Ferment war in Leberhomogenaten an die bei 600—1000 × g erhaltene partikuläre Fraktion gebunden, wurde später aber auch im zellfreien Überstand in wirksamer Form erhalten. Das durch die Cyklase gebildete cyclische 3′,5′-AMP aktiviert dann eine Phosphorylase-Kinase, die ihrerseits in der Leber die inaktive Dephospho-Phosphorylase (M. G. ca. 240000) zur aktiven Phosphorylase umwandelt und im Skeletmuskel (KREBS et al. 1959) und im Herzmuskel (RALL et al. 1957) die inaktive Phosphorylase b in die aktive Phosphorylase a überführt. POSNER et al. (1962) fanden in Versuchen an Ratten, daß die Injektion von Adrenalin zu einer synchron erfolgenden Aktivierung der Adenylcyklase, der Phosphorylase b-Kinase und zu einem Anstieg der Phosphorylase a-Aktivität im Skeletmuskel führt.

Exogenes 3′,5′-AMP dringt anscheinend nur schwer in die Zellen ein; deshalb werden in Versuchen mit Gewebeschnitten viel höhere Konzentrationen als mit Gewebehomogenaten benötigt, um positive Effekte zu erhalten. Die intravenöse Injektion von 4 mg/kg an narkotisierten Hunden führte zu einer nur geringfügigen Erhöhung des Blutzuckers.

Das die Phosphorylase-Kinase aktivierende 3′,5′-AMP wird durch eine zuerst aus Hunde- und Rinderherz gewonnene, in fast allen Geweben vorkommende Phosphodiesterase unter Umwandlung in Adenosin-5′-phosphat (AMP) inaktiviert. Pharmakologisch von Interesse ist, daß das inaktivierende Enzym durch methylierte Xanthine, z. B. Coffein und Theophyllin, gehemmt wird (s. Abb. 62 auf S. 336) (BUTCHER u. SUTHERLAND 1959), so daß eine erhöhte Phosphorylaseaktivität resultiert (HESS u. HAUGAARD 1958). Ein im Schlangengift (Crotalus adamanteus) vorkommendes, von der Phosphodiesterase der Leber und des Herzmuskels verschiedenes, 3′,5′-AMP inaktivierendes Enzym wandelt dieses in Adenosin-3′-phosphat und Adenosin-5′-phosphat um.

Nach Klärung des Angriffspunktes der glykogenolytischen Wirkung des Adrenalins in dem für die Wirkung benötigten Enzymsystem interessierte die Frage, ob *kausale* Beziehungen zwischen der durch Brenzkatechinamine geförderten Bildung von 3′,5′-AMP und ihren pharmakodynamischen Wirkungen auf Herz und glattmuskelige Organe bestehen, wobei in der Bildung eines cyclischen Adenylates vielleicht die Primärreaktion zwischen aktivem Agens, z. B. Adrenalin, und Receptor erblickt werden durfte. Schon 1877 wurde von DUBOIS REYMOND (1875/77) die Möglichkeit in Erwägung gezogen, daß metabolische Effekte, z. B. eine vermehrte Bildung von Ammoniak oder Milchsäure, am Zustandekommen von Nervenwirkungen mitbeteiligt sind. LUNDHOLM (1956) war wohl der erste, der definierte pharmakodynamische Wirkungen des Sympathicomimeticums Adrenalin, die vasodilatatorische Wirkung kleiner Dosen im Bereich der Muskelgefäße und die inhibitorische Wirkung an der glatten Muskulatur des Darmes, mit einer definierten metabolischen Wirkung in kàusalen Zusammenhang zu bringen versuchte, nämlich mit der, wie in der quergestreiften Muskulatur, so auch in der Darmmuskulatur (MOHME-LUNDHOLM 1953) zu Milchsäurebildung führenden glykogenolytischen Wirkung. Wenn spätere Untersuchungen anderer Autoren es auch als fraglich erscheinen lassen, ob die unter Adrenalin vermehrt gebildete Milchsäure als solche für die auftretenden pharmakodynamischen Wirkungen verantwortlich ist, so haben sich doch Parallelen zwischen der inotropen Wirkung der Brenzkatechinamine an der quergestreiften Muskulatur und am Herzmuskel, sowie zwischen ihrer inhibitorischen Wirkung an glattmuskeligen Organen einerseits und ihrer den Phosphorylase a-Gehalt erhöhenden und glykogenolytischen Wirkung andererseits ergeben, die eine Annahme kausaler Beziehungen zwischen pharmakologischer und biochemisch-metabolischer Wirkung nahelegten (Übersicht bei HAUGAARD u. HESS 1965).

a) Leber. Bei der Inkubation gewaschener Leberpartikel mit ATP und Mg$^{··}$, unter Zusatz von Coffein zur Hemmung der das cyclische 3′,5′-AMP inaktivierenden Phosphodiesterase, fanden MURAD et al. (1960, 1962), daß Isoproterenol die Anhäufung von 3′,5′-AMP viermal stärker und Noradrenalin zehnmal schwächer förderten als Adrenalin. Verwendete man die Aktivierung der Phosphorylase, d. h. die Umwandlung der inaktiven in die aktive Phosphorylase, als Test, so aktivierte Adrenalin das Ferment in Leberschnitten vom Hund ohne Latenz, in Leberschnitten vom Kaninchen, in denen die gesamte Phosphorylase von Anfang an in der aktiven Form vorliegt, erst nach einer Vorinkubation von 10 min oder mehr. Setzte man die aktivierende Wirkung des L-Adrenalins in diesen Versuchen gleich 100, so betrug diejenige des L-Noradrenalins nur 16 und die des D-Adrenalins und D-Noradrenalins 16 bzw. 2. — Amphetamin war unwirksam (SUTHERLAND u. CORI 1951). — In Versuchen mit Kaninchenleberschnitten ergab sich eine gute Übereinstimmung zwischen der durch Adrenalin, Ephedrin und Glukagon verursachten Aktivierung der Phosphorylase und der erhöhten Glucoseproduktion (CORNBLATH 1955).

Auch in vivo, bei intravenöser Injektion, führte Adrenalin am Hund zu einer Aktivierung des Fermentes, nicht jedoch an Ratten und Kaninchen, da bei diesen Tierarten anscheinend die unvermeidbaren Manipulationen („handling") ausreichen, um schon bei den Kontrollen eine maximale Aktivierung hervorzurufen (BOT et al. 1957; PERSKE et al. 1958; NIEMEYER et al. 1961; SHULL 1962).

Aus neueren Untersuchungen (HORNBROOK u. BRODY 1963b) geht hervor, daß schon die Dekapitation, selbst wenn sie in Hexobarbitalnarkose vorgenommen wird, an Ratten eine fast maximale Aktivierung der Leberphosphorylase verursachte, die nicht auftrat, wenn man den narkotisierten Tieren (10 min nach i.p. Injektion von 150—180 mg/kg Evipannatrium), ohne sie zu dekapitieren, die Leber entnahm und unter Tiefkühlung mit Isopentan in Alkohol-Trockeneis (—160° C) homogenisierte (Tabelle 6).

Unter diesen Versuchsbedingungen ließ sich zeigen, daß die subcutane Injektion von 500 µg/kg L-Adrenalin oder L-Noradrenalin zu einer Aktivierung der Phosphorylase um ungefähr 150% führte. Die höchsten Werte wurden 10 min nach der Injektion beobachtet; nach 30 min waren sie schon wieder auf die Ausgangswerte abgesunken. Es bestand keine Korrelation im zeitlichen Verlauf zwischen der Enzymaktivierung und der durch die Brenzkatechinamine hervorgerufenen Hyperglykämie: trotz wieder normalisierter Phosphorylaseaktivität (30 min p.i.) hatte der Blutzuckerspiegel noch 60 min nach der Injektion von Adrenalin steigende Tendenz. Nach Noradrenalin, das eine fast gleich starke Aktivierung der Phosphorylase verursachte wie Adrenalin, stieg der Blutzuckergehalt nur halb so hoch an wie nach Adrenalin.

Tabelle 6. *Aktivität der Leberphosphorylase von Ratten nach Dekapitation und/oder Hexobarbital.* Nach K. R. HORNBROOK und T. M. BRODY (1963b)

| Vorbehandlung | Phosphorylase-aktivität $\mu M\, P_i/g \cdot min^{-1}$ |
|---|---|
| Hexobarbital (180 mg/kg, 10 min) | 4,5 ± 0,9 |
| Hexobarbital + Dekapitation | 10,1 ± 1,6 |
| Dekapitation | 11,8 ± 1,1 |

Veränderungen des Blutzuckerspiegels sind demnach kein Kriterium für Ausmaß und Dauer der Enzymaktivierung, deren zeitlicher Verlauf auch nicht von dem Aminspiegel im Plasma abhängt (HORNBROOK u. BRODY 1963a und b). Die durch Glukagon an Hunden verursachte Aktivierung der Leberphosphorylase ging ebenfalls den Blutzuckerveränderungen nicht parallel (CAHILL et al. 1957).

Bemerkenswert ist, daß DL-Isoproterenol (500 µg/kg s.c.) an *Ratten* zu keiner signifikanten Aktivierung der Leberphosphorylase führte, aber trotzdem zu einem fast gleich starken Anstieg des Blutzuckers wie Noradrenalin (HORNBROOK u. BRODY 1963b). Zu berücksichtigen ist jedoch, daß es die Phosphorylase der Skeletmuskulatur bei dieser Tierart stärker aktivierte als Noradrenalin (s. nächstes Kapitel), so daß der dadurch erhöhte Milchsäurespiegel des Blutes auf dem Umweg über die Leber zur Ursache des auch nach Isoproterenol erhöhten Blutzuckerspiegels werden könnte. Für das Bestehen artspezifischer Unterschiede spricht auch, daß Isoproterenol die Phosphorylaseaktivität (SUTHERLAND u. RALL 1960a und b) und die Bildung des cyclischen 3',5'-AMP (MURAD et al. 1960, 1962) in Homogenaten aus *Hunde*leber stärker erhöhte als Adrenalin und Noradrenalin und in vivo an Hunden glykämisch ebenso wirksam war wie Adrenalin (MAYER et al. 1961).

Die Phosphorylase der Leber wird durch eine Phosphorylasephosphatase unter Abspaltung von 2 Mol Phosphorsäure inaktiviert (WOSILAIT u. SUTHERLAND 1956). Die Hemmung des inaktivierenden Fermentes durch Natriumfluorid führt zu einer maximalen „Aktivierung" der Phosphorylase. Das erklärt, weshalb die Brenzkatechinamine in Gegenwart von NaF keine aktivierende Wirkung mehr ausüben (SUTHERLAND 1951).

*Glukagon*, das blutzuckersteigernde Hormon der α-Zellen des Pankreas, stimulierte die Anhäufung von 3′,5′-AMP in Leberhomogenaten (RALL et al. 1957), nicht aber im Muskel (RALL u. SUTHERLAND 1958). Ergotamin hemmte die Wirkung der Brenzkatechinamine, nicht jedoch diejenige des Glukagons (MURAD et al. 1962). Die Effekte maximal wirksamer Adrenalin- und Glukagon-Konzentrationen addierten sich nicht (SUTHERLAND u. CORI 1951; s. auch ELLIS et al. 1953; BERTHET et al. 1957; SUTHERLAND u. RALL 1960b).

*α- und β-Sympathicolytica.* Die Aktivierung der Leberphosphorylase (Ratten) durch Adrenalin ließ sich auch in vivo durch Ergotamin (1,25 mg/kg s.c., 30 min vorher), das sowohl α- als auch β-sympathicolytische Wirkungen besitzt (s. XIII.C.), verhindern, durch 5 mg/kg des reinen „α-Sympathicolyticums" Phenoxybenzamin (Dibenzylin) jedoch nur etwas abschwächen. Auch die „β-Sympathicolytica" Dichlor-isoproterenol (25 mg/kg, s.c.) und Nethalid (10 mg/kg, s.c.) schwächten die Adrenalinwirkung nur ab (HORNBROOK und BRODY 1963b). Ähnliche Ergebnisse hatten Versuche, in denen die Beeinflussung adrenalinbedingter Veränderungen des *Glykogengehaltes* der Gewebe durch Blockierung der adrenergischen α- und β-Receptoren untersucht wurde (KENNEDY u. ELLIS 1963). — Vergleichende Untersuchungen über die hyperglykämische Wirkung von Adrenalin und cyclischem 3′,5′-AMP an Ratten sind vielleicht geeignet, die Diskrepanz zu klären. SUTHERLAND und RALL (1960b) sowie POSTERNAK et al. (1962) hatten gefunden, daß die Injektion von 10 mg/kg 3′,5′-AMP an Hunden und Ratten Hyperglykämie verursacht; an der isoliert durchströmten Rattenleber führte das cyclische AMP in der Konzentration von 2 μg pro ml Blut zu einer Aktivierung der Phosphorylase und zu Hyperglykämie (NORTHROP u. PARKS 1964a). 3′,5′-AMP-Dosen (1 mg/kg), die in vivo bei intraperitonealer Injektion keine Erhöhung des Blutzuckerspiegels an Ratten hervorriefen, waren nach Blockierung der das cyclische Adenylat inaktivierenden Phosphodiesterase durch Theophyllin (75 mg/kg i.p., 5 min vor 3′,5′-AMP) hyperglykämisch mindestens so wirksam wie die 10fach höhere Dosis (10 mg/kg) ohne Theophyllin — und fast so wirksam wie 0,1 mg/kg Adrenalin. Während nun Dihydroergotamin (5,6 mg/kg i.p., 30 min vorher) die hyperglykämische Wirkung sowohl des Adrenalins als auch des 3′,5′-AMP aufhob, verhinderte das „β-Sympathicolyticum" Dichlor-isoproterenol (50 bis 100 mg/kg i.p., 30 min vorher) nur die Wirkung des Adrenalins und ließ die durch 3′,5′-AMP verursachte Hyperglykämie unbeeinflußt (NORTHROP u. PARKS 1964b). DCI scheint demnach nur die adrenalin-katalysierte *Bildung* des 3′,5′-AMP durch die Adenylcyklase zu hemmen — MURAD et al. (1962) hatten das in Versuchen mit dem aus Leber und Herzmuskel isolierten Enzym gezeigt —, nicht aber die zu Aktivierung der Phosphorylase, zu Glykogenolyse und Hyperglykämie führende *Wirkung* des 3',5'-AMP (s. Abb. 62). Demgegenüber verhindert DHE offensichtlich auch diese, so daß nicht nur Adrenalin, sondern auch 3',5'-AMP keine Hyperglykämie mehr verursachen.

Gegen diese Deutung ließe sich einwenden, daß DHE in Versuchen anderer Autoren (ELLIS et al. 1953) an Kaninchen die hyperglykämische Wirkung des Glukagons, die ebenfalls über die Bildung von cyclischem 3',5'-AMP zustande kommen soll (BERTHET et al. 1957), nicht verhinderte. Zu berücksichtigen ist jedoch, daß die Dosierung des DHE, z. B. in den Versuchen von ELLIS et al.

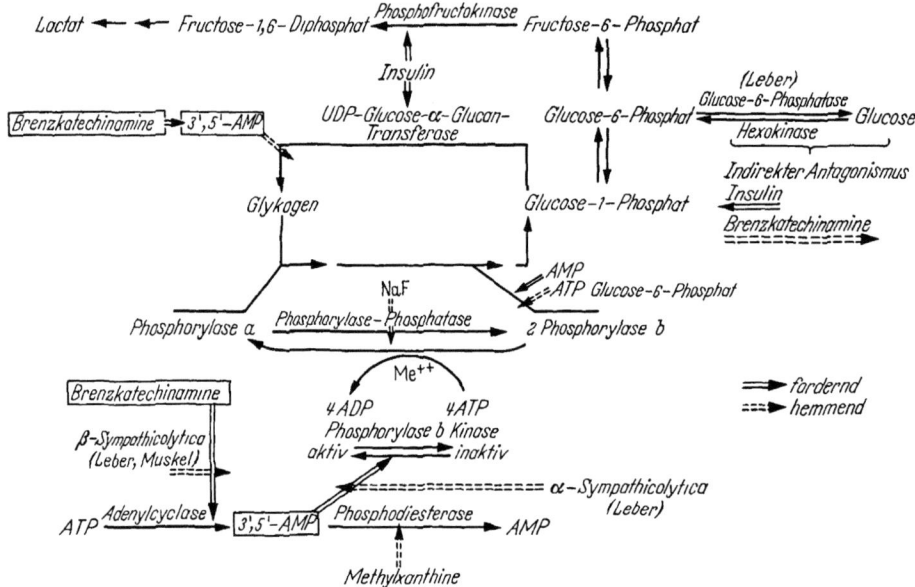

Abb. 62. *Zum Mechanismus der Wirkungen der Brenzkatechinamine im Kohlenhydratstoffwechsel*

an Kaninchen, 25mal niedriger war als in den Versuchen von NORTHROP u. PARKS an Ratten (0,2 anstatt 5,6 mg/kg). Auch in den schon erwähnten Versuchen von HORNBROOK und BRODY an Ratten, in denen das „β-Sympatholyticum" DCI die durch Adrenalin ausgelöste Aktivierung der Leberphosphorylase nur hemmte, aber nicht aufhob, war die Dosierung (25 mg/kg DCI) niedriger als in den Versuchen von NORTHROP und PARKS bzw. HORNBROOK und BRODY (50—100 mg/kg).

Es könnte demnach so sein, daß β-Sympathicolytica, z. B. DCI, die eigentlich *spezifischen* Inhibitoren der hyperglykämischen Wirkung der Sympathicomimetica sind, indem sie das gleiche Ferment, das durch diese aktiviert wird, blockieren: nämlich die Adenylcyklase, die ATP in cyclisches 3',5'-AMP umwandelt; daß hingegen α-Sympathicolytica *unspezifische* Inhibitoren sind, indem sie die nichtadrenergische Aktivierung der glykogenolytischen Phosphorylase durch 3',5'-AMP hemmen — und in hoher Dosierung vielleicht außerdem die Adenylcyklase (s. Formelschema 22 auf S. 331 und Abb. 62). Denn hohe Dosen Ergotamin hemmten in vitro auch dieses Ferment (MURAD et al. 1962). Da jedoch Ergotamin und Dihydroergotamin (DHE), wie schon erwähnt, keine reinen α-Sympathicolytica sind, wäre wohl nur durch Versuche mit solchen, z. B. mit Dibenzylin oder Phentolamin (Regitin), eine Klärung zu erwarten. In kürzlich veröffentlichten Versuchen von ALI et al. (1964) mit Rattenleberschnitten wurde die durch Adrenalin (2—4 µg/ml) verursachte Aktivierung der Phosphorylase nicht nur durch DCI (100 µg/ml) und DHE (10 µg/ml), sondern auch durch das „α-Sympathicolyticum" Phentolamin (75 µg/ml) vollständig unterdrückt. Daß aber trotzdem die Hemmung der adrenalin-induzierten Leberglykogenolyse durch Pharmaka „appears to be an expression of a pharmacological property quite different from that involved in the blockade of excitatory responses of smooth muscle" (NICKERSON 1959), geht daraus hervor, daß, wie schon gesagt, auch Glukagon die Bildung des cyclischen 3',5'-AMP in Leberhomogenaten stimulierte, daß jedoch diese Wirkung durch DHE nicht gehemmt wurde (SUTHERLAND u. RALL 1960b). Die bisherigen Resultate erlauben somit nicht, die Wirkungen der Brenzkatechinamine auf den Kohlenhydratstoffwechsel der Leber als α- oder β-Receptoren-Wirkungen zu klassifizieren, — im Gegensatz zu ihrer aktivierenden Wirkung auf die Phosphorylase der quergestreiften Muskulatur (s. unter „c").

b) **Gehirn.** Die Phosphorylase des Gehirns (CORI u. CORI 1940) läßt sich in vitro ebenfalls durch Brenzkatechinamine über die Bildung von cyclischem 3',5'-AMP aktivieren (BRECKENRIDGE u. NORMAN 1962; SUTHERLAND et al. 1962). Trotzdem scheint den endogenen Brenzkatechinaminen des Gehirns für die Regulation der Aktivität des glykogenabbauenden Fermentes keine physiologische Bedeutung zuzukommen. Denn selbst 7tägige Vorbehandlung von Ratten mit Reserpin (0,8 mg/kg pro die) hatte keinen Einfluß auf den Gehalt des Gehirns an Phosphorylase a, wie auch umgekehrt Behandlung mit MAO-Hemmstoffen (Iproniazid) die Fermentaktivität im Gehirn unverändert ließ (BELFORD u. FEINLEIB 1961; BRECKENRIDGE u. NORMAN 1965). Demgegenüber verursachten zentrale Analeptica, z. B. Amphetamin, Cocain und Coffein, auch Insulin in konvulsiv wirkender Dosierung eine deutliche Steigerung der Gehirnphosphorylase a (IRIYE et al. 1962; BRECKENRIDGE u. NORMAN 1965).

c) **Quergestreifter Muskel.** Auch im quergestreiften Muskel (Ruhemuskel) liegt die Phosphorylase überwiegend in der inaktiven b-Form vor. Ihr Molekulargewicht ist aber — im Gegensatz zur Phosphorylase b der Leber — nur halb so groß wie dasjenige der Phosphorylase a; sie ist, wiederum im Gegensatz zur Leber-Dephospho-Phosphorylase, aktiv in Gegenwart von Adenosin-5'-phosphat. ATP und divalente Ionen, z. B. Calcium, fördern die Bildung aktiver Phosphorylase (KREBS u. FISCHER 1955; FISCHER u. KREBS 1955). Der Aktivierung liegt die Phosphorylierung durch eine $Mg^{\cdot\cdot}$-abhängige Phosphorylase b-Kinase zugrunde, wobei 2 Mol Phosphorylase b — unter

Veresterung von Serinmolekülen des Enzyms mit vier Phosphatresten — in 1 Mol Phosphorylase a übergehen (KREBS et al. 1958; FISCHER et al. 1959):

$$2 \text{ Phosphorylase} \leftrightarrow b + 4 \text{ ATP} \xrightarrow{Mg^{··}} 1 \text{ Phosphorylase} \leftrightarrow a + 4 \text{ ADP}.$$

Bei dem pH der Muskelextrakte (pH 6,5) ist das aktivierende Enzym, die Phosphorylase-Kinase, jedoch unwirksam, so daß selbst in Gegenwart von ATP und Magnesiumionen keine Umwandlung von Phosphorylase b in die aktive a-Form erfolgt. Hierfür ist die Anwesenheit anderer divalenter Ionen als $Mg^{··}$ erforderlich. Am stärksten aktivierten in Versuchen mit Kaninchenmuskulatur Calciumionen; auch $Sr^{··}$ und $Mn^{··}$ waren wirksam (KREBS u. FISCHER 1960).

Ein Cofaktor der Muskel-Phosphorylase ist Pyridoxal-5'-phosphat: auf 1 Mol Phosphorylase a entfallen 4 Mol Pyridoxal-5'-phosphat. Vitamin $B_6$-Mangeldiät führte bei *Ratten* — wahrscheinlich wegen Hemmung der Eiweißsynthese — zu einer Abnahme der Phosphorylase-„Gesamtaktivität" der Skeletmuskulatur, wobei der Phosphorylase a- und Glykogengehalt jedoch, ebenso wie die Aktivität der Uridindiphosphat-glucose-α-glucantransferase unverändert blieb (BARANOWSKI et al. 1957; CORI u. ILLINGWORTH 1957; ILLINGWORTH et al. 1960). Demgegenüber fanden LYON u. PORTER (1962) in Versuchen an *Mäusen* bei $B_6$-Mangel auch die Phosphorylase a-Aktivität vermindert.

Schon 1947 hatten RIESSER u. Mitarb. (RIESSER 1947; RIESSER u. WEEKE 1949; RIESSER et al. 1949) sowie TUERKISCHER und WERTHEIMER (1948) gefunden, daß Adrenalin die Glykogensynthese im Rattenzwerchfell hemmt und die Glykogenolyse fördert. Noradrenalin besaß nur $1/5$ der glykogenolytischen Wirksamkeit des Adrenalins (WALAAS u. WALAAS 1950, 1952). Die Hemmung der Glykogenbildung dürfte ihre Erklärung darin finden, daß die die Glucosekette im Glykogen verlängernde und deshalb für die Glykogensynthese wichtige *Glykogensynthetase* (Uridindiphosphat-glucose-α-glucantransferase (LELOIR u. CARDINI 1957) durch Brenzkatechinamine (Adrenalin) am Rattenzwerchfell *gehemmt* wird (CRAIG u. LARNER 1964), was sich bei gleichzeitig *aktivierter* Phosphorylase synergistisch im Sinne einer Abnahme des Glykogengehaltes im Muskel auswirken müßte (Abb. 62).

Adrenalin in Konzentrationen von $1,1$—$5,5 \cdot 10^{-6}$ M verursachte eine deutliche Hemmung der UDPG-α-glucantransferase (BELOCOPITOW 1961; CRAIG u. LARNER 1964). Der Antagonismus zwischen der blutzuckersteigernden Wirkung des Adrenalins und der blutzuckersenkenden Wirkung des Insulins beruht zum Teil darauf, daß die Glykogensynthetase durch Insulin aktiviert wird (CRAIG u. LARNER 1964; WILLIAMS u. MAYER 1965). Die Hemmung der Synthetase durch Adrenalin wird ebenso wie die Aktivierung der Phosphorylase durch 3',5'-AMP vermittelt (ROSELL-PEREZ u. LARNER 1964).

Am Zustandekommen der glykämischen Wirkung des Adrenalins ist aber wahrscheinlich auch eine Hemmung der Glucoseverwertung im Muskel beteiligt: durch vermehrten Anfall von Glucose-6-phosphat kommt es zu einer Hemmung der Hexokinase und damit zu einer verminderten Glucoseaufnahme in die Muskelzelle (CRANE u. SOLS 1954; GROEN et al. 1958). Auch hier wird Insulin zum Antagonisten, indem es nicht nur an sich die Glucoseaufnahme in die Zelle fördert, sondern auch die durch Adrenalin verursachte Hemmung der Aufnahme dadurch beseitigt, daß es unter Aktivierung der Phosphofructokinase das vermehrt gebildete Glucose-6-phosphat dem glykolytischen Abbau zu Milchsäure zuführt (s. Abb. 62, S. 336) (ÖZAND u. NARAHARA 1964).

Im Gegensatz zum Ruhemuskel führte Adrenalin am Herzmuskel (s. unter „d") sowie am elektrisch gereizten quergestreiften Muskel zu einer Erhöhung der Glucoseaufnahme (WILLIAMSON 1964). Die Ursache könnte sein, daß bei elektrischer Reizung des Muskels nicht nur die Phosphorylaseaktivität erhöht ist, sondern auch die Aktivität der Phosphofructokinase, wie Versuche von KARPATKIN et al. (1964) am Froschsartorius gezeigt haben. Es kommt deshalb nicht zu einer die Glucoseaufnahme hemmenden Anhäufung von Glucose-6-phosphat.

SUTHERLAND (1951) hatte gefunden, daß Adrenalin zu einem Anstieg der Phosphorylase a-Aktivität im Rattenzwerchfell führt. An diesem Testobjekt konnten ALI et al. (1964) die durch 10 μg/ml Adrenalin verursachte Aktivierung der Phosphorylase mit DCI (10 μg/ml) und Nethalid (1 μg/ml) verhindern; DHE (20 μg/ml) und Phentolamin (75—150 μg/ml), die in Leberschnitten von Ratten die adrenalin-induzierte Fermentaktivierung unterdrückten, waren am Diaphragma wirkungslos. Die Ergebnisse dieser in vitro-Versuche stehen im Einklang mit den Resultaten von in vivo-Versuchen. Auch in vivo, bei subcutaner Injektion an Ratten und Fröschen, verursachte Adrenalin eine langdauernde Erhöhung des Phosphorylase a-Gehaltes in der Skeletmuskulatur; die Wirkung war bei intravenöser Injektion an Ratten schon nach 1 min nachweisbar. Der niedrige Phosphorylase a-Gehalt des Ruhemuskels stieg bei der durch elektrische Reizung des motorischen Nerven ausgelösten Kontraktion rapide an und nahm bei der Ermüdung wieder ab (CORI 1956; CORI u. ILLINGWORTH 1956).

Bei intravenöser Infusion von 0,25 μg/kg pro Minute Adrenalin an Ratten war die Phosphorylaseaktivität in der Skeletmuskulatur nach 10 min um fast 700% erhöht. Ergotamin (1,25 mg/kg s.c.), das die Aktivierung der Leberphosphorylase durch Adrenalin vollständig verhinderte, war, ebenso wie das „α-Sympathicolyticum" Dibenzylin, ohne Einfluß auf die durch Adrenalin ausgelöste Aktivierung der Muskelphosphorylase. Demgegenüber vermochten die „β-Sympathicolytica" Dichlorisoproterenol und Nethalid diese Wirkung des Adrenalins vollständig zu unterdrücken (HORNBROOK u. BRODY 1963 b). Der „metabolische Receptor" für die glykogenolytische Wirkung der Brenzkatechinamine in der quergestreiften Muskulatur könnte demnach mit den adrenergischen β-Receptoren der glatten Muskulatur identisch sein.

Für *kausale* Beziehungen zwischen glykogenolytischer und inotroper Wirkung spricht auch die zeitliche Kongruenz zwischen mechanischem und metabolischem Effekt: an Mäusen ließ sich bei elektrischer tetanischer Stimulierung des M. tibialis anterior schon nach $1^1/_2$ sec ein signifikanter Anstieg der Phosphorylase a-Aktivität nachweisen (RULON et al. 1961). In Versuchen mit verschiedenen Brenzkatechinaminen am elektrisch stimulierten, in $K_2SO_4$-Ringer suspendierten Rattendiaphragma (ELLIS u. BECKETT 1954; ELLIS et al. 1955; ELLIS 1959) hatten vergleichbare positiv inotrope Wirkungen: Noradrenalin in der Konzentration $10^{-6}$, Adrenalin in der Konzentration $10^{-8}$ und Isoproterenol in der Konzentration $10^{-9}$. Die gleiche Reihenfolge der Wirksamkeit ergab sich für die glykogenolytische Wirkung der drei Brenzkatechinamine an der Skeletmuskulatur der Ratte (VRIJ et al. 1956). Sie traf, wie schon erwähnt, nicht zu für die Aktivierung der Phosphorylase der Ratten*leber*; Isoproterenol war hier unwirksam (HORNBROOK u. BRODY 1963 b).

Da Adrenalin auch am mit Monojodacetat vergifteten Muskel, in dem es nicht mehr zur Milchsäurebildung kommt, die Kontraktionskraft ebenso stark erhöhte wie am normalen Muskel, erblicken ELLIS et al. (1955) (Übersicht bei ELLIS 1959) die biochemische Grundlage der positiv inotropen Wirkung in der Bildung von Hexosemonophosphat, die durch Adrenalin auch am vergifteten Muskel erhöht wird (CORI u. CORI 1936). Die an Froschmuskeln und -herzen erhobenen Befunde finden eine Stütze in Versuchsergebnissen von BELFORD und FEINLEIB (1962) sowie von WILLIAMSON (1964) an Warmblüterherzen.

Auch *Ephedrin*, das, im Gegensatz zu den Brenzkatechinaminen, an der Darmmuskulatur keine vermehrte Milchsäurebildung auslöste (MOHME-LUNDHOLM 1953), führte am isolierten Rattenzwerchfell, wenn auch erst in hohen Konzentrationen (50—200 μg/ml), zu einer — dosisunabhängigen — Aktivierung der Phosphorylase um 100% (ALI et al. 1964). Das ist auch deshalb von Interesse, weil Ephedrin das erste Pharmakon war, das sich zur symptomatischen Behandlung der Myasthenia gravis als wirksam erwies, wie zuerst von Dr. HARRIET EDGWORTH (1930), selbst ein Opfer der Krankheit, festgestellt wurde. Die Kombination von Ephedrin und Neostigmin bzw. anderen Hemmstoffen der Acetylcholinesterase hat sich therapeutisch bewährt (s. HARVEY u. LILIENTHAL 1941). Ephedrin antagonisierte die durch Curare verursachte Hemmung der neuromuskulären Erregungsübertragung (GRUBER 1914; ROSENBLUETH et al. 1936), vielleicht durch erleichterte Freisetzung von Acetylcholin (HUTTER u. LOEWENSTEIN 1955; KRNJEVIĆ u. MILEDI 1957), während es die Erregbarkeit der Muskelfaser selbst, besonders bei niederfrequenter Reizung, herabsetzte.

Die neueren Erkenntnisse können vielleicht zum Verständnis weiter zurückliegender Beobachtungen über Beziehungen zwischen sympathischem

Nervensystem und Muskeltätigkeit beitragen. Hierzu gehört die nach ihrem Entdecker als „Orbeli-Phänomen" bezeichnete Beobachtung, daß die während einer ermüdenden elektrischen Reizung des M. gastrocnemius von den vorderen Rückenmarkswurzeln aus am Frosch vorgenommene gleichzeitige Stimulierung des Grenzstranges des Sympathicus zu einer Verstärkung der schwächer gewordenen Kontraktionen führt (ORBELI 1925; MAIBACH 1928; WASTL 1925; LABHART 1929; Übersicht bei BURN 1945). Eine ähnliche Wirkung hatten kleine Adrenalindosen (CORKILL u. TIEGS 1933; LUCO 1937, 1939). Die Wirkung des Adrenalins auf die Kontraktion des Skeletmuskels besteht in einer Verlängerung der Anstiegszeit bei gleichbleibender Anstiegssteilheit (GOFFART u. RITCHIE 1952). Nach Untersuchungen von CORI und ILLINGWORTH (1956) besteht der Mechanismus dieser Adrenalinwirkung wahrscheinlich darin, daß das bei ermüdender elektrischer Reizung des Muskels erfolgende Absinken der Phosphorylase-Aktivität durch Adrenalin verhindert wird. In Versuchen von DANFORTH und HELMREICH (1964) führte nach einer vorausgegangenen, z. B. 40—60 sec dauernden ermüdenden Reizung des isolierten M. sartorius des Frosches eine 5 min später wiederholte, 20 sec dauernde Reizung zu keiner erneuten Aktivierung der Phosphorylase; in Gegenwart von

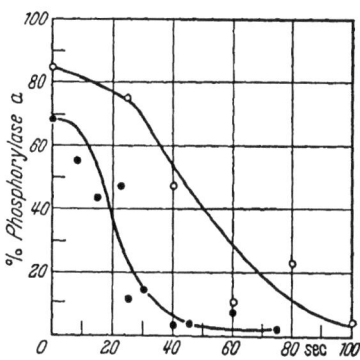

Abb. 63. *Phosphorylase a-Aktivität des quergestreiften Muskels (M. sartorius, Frosch) nach ermüdender elektrischer Reizung und ihre Beeinflussung durch Adrenalin.* Abszisse: Dauer des ermüdenden Reizes in Sekunden. Ordinate: Aktivierbarkeit der Phosphorylase durch eine zweite, 5 min später erfolgende, 20 sec dauernde Reizung. ●——● normaler Muskel; ○——○ vorbehandelter Muskel (Vorinkubation in einer Adrenalinlösung $1{,}1 \cdot 10^{-6}$ M). Aus W. H. DANFORTH und E. HELMREICH (1964)

$1 \times 10^{-6}$ Mol Adrenalin hingegen kam es bei der zweiten Reizung zu einer Aktivierung des Fermentes um 50% (Abb. 63). Das dürfte erklären, weshalb Adrenalin auch in vivo den Eintritt der Muskelermüdung zeitlich hinausschiebt.

Am 10—25 Tage vorher denervierten Rattenzwerchfell verursachte Adrenalin in Konzentrationen von $10^{-6}$ bis $10^{-7}$ g/ml Kontraktionen. Die Wirkung wurde durch Curare und Eserin nicht beeinflußt. In Ca''-freier Tyrode war Adrenalin wirkungslos (BHOOLA u. SCHACHTER 1961).

d) **Herzmuskel.** Nach Untersuchungen von YUNIS et al. (1962) ist die inaktive Form der Phosphorylase des Herzmuskels (Phosphorylase b) mit derjenigen des Skeletmuskels identisch; chromatographisch ließen sich zusätzlich zwei Isoenzyme nachweisen. Auch die Phosphorylase b des Herzmuskels war in Gegenwart von 5'-AMP aktiv. Andererseits nahm in partikulären Fraktionen des Herzmuskels (Hund) das cyclische 3',5'-AMP, in gleicher Weise wie in der Leber und in der quergestreiften Muskulatur, bei Zusatz von Adrenalin zu (RALL u. SUTHERLAND 1958). Während L-Adrenalin in *Leber*homogenaten vom Hund die Bildung von 3',5'-AMP 10mal stärker stimulierte als L-Noradrenalin (MURAD et al. 1962) und auch zu einer stärkeren Aktivierung der Phosphorylase (RALL et al. 1957) sowie zu einer stärkeren Glucoseabgabe aus Leberschnitten führte als dieses (SUTHERLAND u. CORI 1951) und in vivo hyperglykämisch wirksamer war als Noradrenalin (MCCHESNEY et al. 1949), war die Wirkung der beiden Amine auf die Bildung von 3',5'-AMP in *Herz*homogenaten gleich stark. L-Isoproterenol war 7,8mal wirksamer. Das „$\beta$-Sympathicolyticum" DCI verhinderte die Wirkung der Brenzkatechinamine im Herzhomogenat vollständig (MURAD et al. 1962). Durch Hemmung der sehr wirksamen Phosphodiesterase (SUTHERLAND u. RALL 1958; BUTCHER u. SUTHERLAND 1959) verursachte auch Theophyllin, in schwächerem Maße Coffein, eine Anhäufung des cyclischen 3',5'-AMP in Herzhomogenaten (RALL u. SUTHERLAND 1958).

An künstlich durchströmten schlagenden Rattenherzen führten Adrenalin und Aminophyllin zu einer Erhöhung des Gehaltes an Phosphorylase a (HESS u. HAUGAARD 1958). MAYER und MORAN (1959, 1960) untersuchten an Hundeherzen, BELFORD und FEINLEIB (1959) an Vorhofpräparaten des Rattenherzens die Beziehungen zwischen Phosphorylaseaktivität des Myokards und Kontraktionskraft. Beide Wirkungen der Brenzkatechinamine, die inotrope und diejenige auf die Phosphorylase, ließen sich durch DCI, nicht aber durch Dibenzylin aufheben (s. auch COTTEN u. PINCUS 1955; COTTEN et al. 1957). Nach Theophyllin war im *Hunde*herzen keine signifikante Erhöhung der Phosphorylase a-Aktivität nachweisbar (MAYER u. MORAN 1959, 1960).

Auch bei elektrischer Stimulierung des N. accelerans an Hunden war die positiv inotrope Wirkung mit einer Steigerung der Phosphorylase a-Aktivität verbunden (MAYER u. MORAN 1960). Umgekehrt führte die pharmakologische Dämpfung der sympathischen Innervation des Herzens durch Ganglienblocker (Hexamethonium), Bretylium und Reserpin an Ratten zu einer Abnahme der Phosphorylaseaktivität. Die nach Reserpin zustande kommende Verarmung des Herzens an Brenzkatechinaminen war offensichtlich nicht die Ursache der verminderten Fermentaktivität; denn der MAO-Hemmstoff Iproniazid verhinderte zwar die Abnahme des Amingehaltes, nicht jedoch die Abnahme der Phosphorylaseaktivität (BELFORD u. FEINLEIB 1961).

Während die Phosphorylase a auch ohne Adenosin-5'-phosphat wirksam ist, benötigt die Phosphorylase b, wie im quergestreiften Muskel, so auch im Herzmuskel Adenosin-5'-phosphat (RALL et al. 1956). Für die inaktive Form der Phosphorylase des Herzmuskels (Phosphorylase b) bestehen somit zwei Möglichkeiten der Aktivierung (s. Abb. 62, S. 336): 1. Überführung in Phosphorylase a durch 3',5'-AMP, was bei erhöhten Anforderungen über eine vermehrte Freisetzung von Brenzkatechinaminen zustande kommen würde; 2. Aktivierung durch 5'-AMP, das normalerweise im Herzmuskel in so hoher Konzentration vorhanden ist — 0,1—0,2 $\mu$ Mol/g (FLECKENSTEIN et al. 1959) —, daß die Phosphorylase b an sich maximal aktiviert sein müßte (CORI et al. 1943), wenn nicht ATP und Glucose-6-phosphat als Antagonisten von 5'-AMP dessen aktivierende Wirkung hemmten (PARMEGGIANI u. MORGAN 1962; MORGAN u. PARMEGGIANI 1964). Es könnte sich ein mit der rhythmischen Herzaktion synchron verlaufender Reaktionscyclus abspielen, der eine „Feinregulation" des Aktivitätszustandes der Phosphorylase ermöglicht: während der Systole wird ATP zu ADP und sekundär durch die Myokinase zu AMP abgebaut; während der Diastole aktiviert das entstandene 5'-AMP die Phosphorylase b; die dadurch gesteigerte Glykogenolyse mit einem vermehrten Anfall von Glucose-6-phosphat, das der Aktivierung der Phosphorylase b durch 5'-AMP entgegenwirkt, liefert die für die Resynthese von ATP aus AMP (und ADP) erforderliche Energie, wobei die AMP-Konzentration wieder auf präsystolische Werte absinkt und der Cyclus von neuem beginnen kann (HAUGAARD 1963).

Einen weiteren Beitrag zur Frage nach kausalen Beziehungen zwischen metabolischer und pharmakodynamischer Wirkung der Brenzkatechinamine am Herzen gaben Untersuchungen am isolierten Rattenherzen (KUKOVETZ et al. 1959; HAUGAARD et al. 1961), in denen sich zeigen ließ, daß wiederum Isoproterenol, mit seiner stärksten pharmakodynamischen Wirkung, die auch im Herzen überwiegend in der inaktiven b-Form vorliegende Phosphorylase des Myokards siebenmal stärker aktivierte als die beiden praktisch gleich wirksamen Brenzkatechinamine Adrenalin und Noradrenalin. So scheint das unter der Wirkung der Brenzkatechinamine, in Parallele zu ihrer verschieden stark ausgeprägten chrono- und inotropen Herzwirkung, sich im Myokard anhäufende, die Phosphorylase aktivierende und die Glykogenolyse fördernde cyclische 3',5'-AMP der Vermittler beider Wirkungen zu sein, der metabolischen und der pharmakologischen, so daß die Annahme berechtigt erschien, „that the adrenergic ‚receptor' for phosphorylase activation is similar to that for augmentation of contractile force" (MAYER u. MORAN 1960).

In diesem Zusammenhang ist von Interesse, daß Acetylcholin, wie Versuche von VINCENT und ELLIS (1959) am Meerschweinchenherzen ergaben, als pharmakodynamischer Antagonist des Adrenalins auch dessen glykogenolytische Wirkung hemmte, und daß, wie MURAD et al. (1962) zeigen konnten, die Bildung von 3',5'-AMP in Herzmuskelhomogenaten durch Acetylcholin und Carbachol (Carbaminoylcholin, Doryl) beeinträchtigt wurde. In Versuchen mit Hundeherz-Homogenaten betrug die Hemmung der spontanen und der durch Adrenalin verstärkten Bildung von 3',5'-AMP durch die Cholinester ($10^{-5}$ bis $10^{-4}$ M) allerdings nur etwa 30%, was in einem gewissen Gegensatz zu der starken Hemmung der chrono- und inotropen Herzwirkung des Adrenalins durch Acetylcholin steht. Atropin an sich stimulierte die Bildung des cyclischen 3',5'-AMP in Herzhomogenaten nur um 5—20%, verhinderte jedoch die hemmende Wirkung des Carbachols (MURAD et al. 1962).

Am künstlich durchströmten Rattenherzen führten Vagusreiz und Acetylcholin zu einer Abnahme des Phosphorylase a-Gehaltes (HESS et al. 1962), während die negativ chrono- und inotrope Wirkung des Chloroquins (Resochin) und Dinitrophenols nicht mit einer Änderung der Phosphorylaseaktivität verbunden war. Es ist somit nicht die pharmakodynamische (negativ chrono- und isotrope) Wirkung, die — unspezifisch — den biochemischen Effekt (Hemmung der Phosphorylaseaktivierung) auslöst. Wenn überhaupt kausale Beziehungen bestehen, müßte eher das Umgekehrte der Fall sein. An normalen und adrenalektomierten Ratten antagonisierte Acetylcholin die durch ganglienerregende Pharmaka, z. B. Dimethylphenylpiperazin (DMPP) hervorgerufene, mit gesteigerter Kontraktionskraft des Myokards einhergehende, „adrenergische" Erhöhung der Phosphorylase a-Konzentration im Herzen (HESS et al. 1962; s. auch KUKOVETZ 1962). Schon vor 30 Jahren war GREMELS (1936) in Untersuchungen an Herz-Lungenpräparaten von Hunden zu dem Ergebnis gekommen, daß Acetylcholin als pharmakodynamischer Antagonist des Adrenalins auch dessen energetische, stoffwechselsteigernde Wirkung, die unter Erhöhung des Sauerstoffverbrauchs zu erhöhter Utilisation von Glucose und Lactat führt (PATTERSON u. STARLING 1913; EVANS u. OGAWA 1913), abschwächt.

In neueren Untersuchungen an isoliert durchströmten Rattenherzen erhöhten Adrenalin und Noradrenalin $10^{-6}$ M (0,2 µg/ml) die Glucoseaufnahme aus der Perfusionslösung (Krebs-Bicarbonatlösung mit 5 mM Glucose) in 30 min auf das Drei- bis Vierfache und die Milchsäurebildung achtfach, wobei der Glykogengehalt des Herzens schon nach 5 min um 45 % abgenommen hatte. Der Phosphorylase a-Gehalt des Herzens stieg schon in 20 sec von 8 auf 70 % der Gesamtphosphorylase an und war nach 30 min auf 25 % abgesunken. Aufnahme und Oxydation von Acetat-2-14C war unter der Adrenalineinwirkung erhöht. DCI (0,5 µg/ml), das den glykogenolytischen Effekt aufhob, hemmte die durch Adrenalin erhöhte Glucoseaufnahme nur um 50 % (WILLIAMSON 1964).

Die temporäre Dissoziation zwischen der durch Adrenalin ausgelösten kurzdauernden glykogenolytischen Wirkung und der protrahierten Steigerung der Herzarbeit und des oxydativen Stoffwechsels könnte dafür sprechen, daß es sich um zwei verschiedene Adrenalineffekte handelt, und wirft die Frage auf, ob die adrenergischen „β-Receptoren", die in der glatten Muskulatur inhibitorische und am Herzen exzitatorische, in beiden Fällen durch „β-Sympathicolytica, z. B. DCI und Nethalid, hemmbare Wirkungen vermitteln, tatsächlich mit den „metabolischen Receptoren" des Herzens identisch sind, deren Stimulierung durch sympathicomimetische Amine Glykogenolyse bedeutet, oder aber, ob die glykogenolytische Wirkung, trotz aller Parallelen zu den pharmakodynamischen Effekten der Brenzkatechinamine, für diese letzten Endes doch nicht allein verantwortlich ist, so daß die von FURCHGOTT

(1959) vorgenommene Klassifizierung der Receptoren für glykogenolytische Wirkungen als „γ-Receptoren" gerechtfertigt wäre.

Gegen das Bestehen kausaler Beziehungen zwischen „metabolischer" und „pharmakodynamischer" Wirkung spricht auch, daß MAYER et al. (1961) keine Korrelation zwischen Aktivierung der Phosphorylase und der positiv inotropen Herzwirkung des Adrenalins fanden (s. auch unter „e"). Kleine Adrenalindosen — weniger als 1 µg/kg — hatten bei Hunden schon eine deutliche positiv inotrope Wirkung, ohne zu einer nachweisbaren Steigerung der Phosphorylaseaktivität zu führen (MAYER et al. 1963). Zu ähnlichen Ergebnissen kamen DRUMMOND et al. (1964) an isoliert durchströmten Rattenherzen und am Hundeherzen in situ. Am Rattenherzen wurde die Kontraktionskraft durch 0,025 bzw. 0,04 µg Adrenalin um 23 bzw. 44% gesteigert, ohne daß die Phosphorylaseaktivität sich änderte. Erst bei einer nach Injektion von 0,05 µg Adrenalin um 58% erhöhten Inotropie kam es auch zu einer geringfügigen Steigerung der Fermentaktivität um etwa 25% (s. auch OYE 1965). BURNS et al. (1964) fanden, daß L-N-Isopropyl-methoxamin die durch Adrenalin verursachte Aktivierung der Leberphosphorylase (Kaninchenleber) und Hyperglykämie (Hund) verhinderte, die positiv ino- und chronotrope Herzwirkung des Brenzkatechinamins (Hund) jedoch unbeeinflußt ließ.

Unter Anwendung des von CHANCE et al. (1962) angegebenen Fluorescenztestes zur kontinuierlichen Bestimmung des DPN/DPNH-Gleichgewichtes am isolierten Organ und gleichzeitiger Messung des $O_2$-Partialdruckes, der Phosphorylaseaktivität, der Konzentration von Glucose-1-phosphat und Glucose-6-phosphat sowie der Kontraktionskraft des isoliert durchströmten Rattenherzens fanden WILLIAMSON und JAMIESON (1965), daß der positiv inotropen Wirkung kleiner Adrenalindosen (0,02 µg) eine Verschiebung des DPN/DPNH-Gleichgewichtes zugunsten von DPN — als Zeichen einer relativen Hypoxie — zeitlich zugeordnet war, ohne daß es zu einer erhöhten Glykogenolyse kam; erst nach höheren Adrenalindosen (0,1 µg) war die positiv inotrope Wirkung von einem Anstieg der DPNH-Konzentration bzw. von einer Steigerung der Glykogenolyse gefolgt. Auch das spricht dafür, daß die zeitlich nachhinkende Aktivitätssteigerung der Phosphorylase eher die Folge als die Ursache der positiv inotropen Wirkung ist (s. jedoch KUKOVETZ u. PÖCH 1965).

Andererseits braucht eine positiv inotrope Wirkung nicht zwangsläufig zu einer Aktivierung der Phosphorylase zu führen: z. B. war die inotrope Herzwirkung des g-Strophanthins (Ouabain) und Serotonins nicht mit einer erhöhten Phosphorylaseaktivität verbunden (MAYER u. MORAN 1960), und die an isoliert durchströmten Meerschweinchenherzen durch akute Anoxie ausgelöste positiv chrono- und inotrope Wirkung ließ sich, ebenso wie der damit einhergehende Anstieg der Phosphorylaseaktivität, durch DCI und Nethalid nicht verhindern (KUKOVETZ 1965). Schließlich verursachen die sympathicomimetischen Amine auch eine gesteigerte *Lipolyse*, und die dabei vermehrt freigesetzten unveresterten Fettsäuren können ebenso gut wie die Kohlenhydrate vom Herzen zur Befriedigung seiner energetischen Bedürfnisse benutzt und in mechanische Arbeit umgesetzt werden (s. XV.C.2.).

*Calcium.* Die auf v. KONSCHEGG (1913) und OTTO LOEWI (1918) zurückgehende Beobachtung, daß Calcium die positiv inotrope Wirkung der herzwirksamen Glykoside verstärkt, so daß „therapeutische" Dosen unter Umständen zur Kontraktur des Herzmuskels führen, erfährt durch neuere Untersuchungen eine Erweiterung in dem Sinne, daß Calciumionen generell für die Koppelung zwischen Erregung und Kontraktion des Muskels notwendig zu sein scheinen. Calcium löste als einziges von den physiologisch vorkommenden Ionen bei Mikroinjektion in die Muskelzelle eine Kontraktion aus (HEILBRUNN u. WIERCINSKI 1947). Erniedrigung der Calciumkonzentration in der Außenlösung führte zu einer Abnahme der Kontraktionskraft des Herzmuskels (NIEDERGERKE 1956, 1959; WEIDMANN 1959; WINEGRAD u. SHANES 1962; FARAH u. WITT 1963; Übersicht bei KLAUS u. LÜLLMANN 1964).

Ähnlich wie Calcium und herzwirksame Glykoside, wirkt Adrenalin auf den Herzmuskel durch eine Erhöhung der Anstiegssteilheit bei gleichbleibender oder verkürzter Anstiegszeit (KROP 1944; ENGSTFELD et al. 1961; SONNENBLICK 1962). Untersuchungen an elektrisch gereizten Papillarmuskeln aus der rechten Kammer von Meerschweinchenherzen ergaben, daß die positiv inotrope Wirkung des Adrenalins, in gleicher Weise wie die Glykosidwirkung (REITER 1963), in einer Verstärkung der physiologischen Calciumwirkung besteht: die Abhängigkeit der Kontraktionskraft und Anstiegssteilheit von der Calciumkonzentration des Außenmediums kam darin zum Ausdruck, daß die Dosis-Wirkungskurven durch Adrenalin nach links, zu niedrigeren Calciumkonzentrationen hin verschoben wurden. Die positiv inotrope Wirkung des Adrenalins unterschied sich von derjenigen der Digitalisglykoside dadurch, daß sie durch Verringerung der äußeren Natriumkonzentration nicht verringert wurde (REITER u. SCHÖBER 1965). Aus Versuchen an Vorhofpräparaten des Froschherzens geht hervor, daß Adrenalin generell die Na- und K-Permeabilität steigert: an den spezifischen Strukturen scheint die Erhöhung der Na-Permeabilität, am Arbeitsmyokard die Erhöhung der K-Permeabilität zu überwiegen (GLITSCH et al. 1965; s. auch TRAUTWEIN 1961; WADDELL 1961; HAAS u. GLITSCH 1963a und b; HAAS u. TRAUTWEIN 1963a und b; KASSEBAUM 1964).

Man nimmt an, daß der Einstrom des Calciums nach einer an der Zelloberfläche stattfindenden Kombination mit „Carrier-Molekülen" erfolgt, für deren Vorhandensein und Mitwirkung der am Herzen bestehende Antagonismus zwischen Calcium und Natrium spricht (s. z. B. LÜTTGAU u. NIEDERGERKE 1958). Am schlagenden Froschherzventrikel fand NIEDERGERKE (1963a und b), daß die Konzentration des austauschbaren cellulären Calciums praktisch unverändert blieb, da Einstrom und Ausstrom sich fast die Waage hielten. Das intracelluläre Calcium liegt in einem größeren „pool" in inaktiver Form vor und in einem kleineren als „activator calcium". Dieses induziert die Kontraktion des Muskels, wenn seine Konzentration dadurch erhöht wird, daß das Aktionspotential einen plötzlichen Anstieg des Calciumeinstroms verursacht, wobei die schnelle Inaktivierung dieses „Aktivators" für die Erschlaffung nach dem Erlöschen des Aktionspotentials verantwortlich ist (NIEDERGERKE 1963 a und b).

HASSELBACH und MAKINOSE (1961, 1962, 1963) konnten durch Differentialzentrifugieren von Herzmuskelhomogenaten „Muskelgrana" gewinnen, die wahrscheinlich mit den vesiculären Strukturen des endoplasmatischen Reticulums identisch sind und neben einem besonders hohen Calciumgehalt die Fähigkeit besaßen, auch in vitro, entgegen dem Konzentrationsgradienten, Calcium anzureichern (EBASHI u. LIPMANN 1962; HASSELBACH 1963). Versuche von GROSSMAN und FURCHGOTT (1964) an elektrisch stimulierten Vorhofpräparaten von Meerschweinchenherzen, die in $Ca^{45}$-haltiger Tyrodelösung suspendiert waren, sprechen dafür, daß die bei der Erregung erfolgende Freisetzung endoplasmatischen Calciums und die damit verbundene Erhöhung der myoplasmatischen Calciumkonzentration, d. h. eine kurzfristige Zunahme der intracellulären Konzentration ionisierten Calciums, mit dem Kontraktionsvorgang assoziiert ist, indem sie durch Aktivierung der contractilen Proteine des Herzmuskels (Aktomyosin) die Kontraktion auslöst. Es scheint eine Korrelation zu bestehen zwischen Kontraktionskraft und Calcium-„turn over" in diesem „pool", der bei maximaler Kontraktion des Herzens etwa 20% des gesamten Gewebecalciums ausmacht. Am schlagenden, nicht am stillstehenden Herzvorhof, erhöhte Noradrenalin ($1,6 \times 10^{-6}$ M) bei 5 min langer Einwirkungszeit während der positiv inotropen Wirkung, ohne den Gesamt-Calciumgehalt des Herzens zu verändern, signifikant den mit der Kontraktion verbundenen Calciumaustausch in der als „contraction pool" bezeichneten Fraktion cellulären Calciums, wobei die Frage nach dem Kausalverhältnis zwischen der pharmakodynamischen Herzwirkung des Noradrenalins und dem erhöhten Calciumaustausch, bzw. die Frage nach der Spezifität dieser Beziehungen immer noch offen bleibt; denn die inotrope Wirkung auch des K-Strophanthins war in den Versuchen von GROSSMAN und FURCHGOTT mit einem erhöhten Calciumaustausch verbunden; toxische, zu Kontraktur führende Strophanthindosen erniedrigten ihn.

An der durch Calciumionen verursachten „Aktivierung" der contractilen Proteine des Herzmuskels ist die hemmende Wirkung des Calciums auf den Erschlaffungsfaktor zumindest beteiligt, der sich in vielleicht mit den calciumreichen Muskelgrana identischen sog. „Erschlaffungsgrana" angereichert findet (PORTZEHL 1957; HASSELBACH 1963), und dessen „Inaktivierung" durch Calcium mit einer energieliefernden Erhöhung der ATP-Spaltung verbunden ist. Die Erhöhung der myoplasmatischen Konzentration ionisierten Calciums durch Brenzkatechinamine bedeutet somit eine Enthemmung der durch den Erschlaffungsfaktor („relaxing substance") gedrosselten, mit dem Kontraktionsvorgang auf das engste gekoppelten ATP-Spaltung durch die ATP-ase der contractilen Proteine. Das dürfte die Erklärung dafür sein, daß die Wirkung der aus Muskelgrana des Kaninchenherzens gewonnenen „relaxing substance" durch Isoproterenol ($5 \cdot 10^{-8}$ M) und Noradrenalin ($5 \cdot 10^{-7}$ M) gehemmt und die ATP-ase-Aktivität der Muskelfibrillen in der Reihenfolge Isoproterenol > Adrenalin = Noradrenalin in den Versuchen von STAM und HONIG (1962) stimuliert wurde. In diesem Zusammenhang ist von Interesse, daß das unter der Einwirkung der Brenzkatechinamine auch im Herzmuskel durch Aktivierung der Adenylcyklase vermehrt gebildete und sich anhäufende 3′,5′-AMP nach Untersuchungen von MOMMAERTS et al. (1963) die Kontraktilität des Aktomyosins auf Calciumionen erhöhte, d. h. das contractile Protein für Calcium sensibilisierte.

**e) Glatte Muskulatur.** Wie aus dem quergestreiften Skeletmuskel und aus dem Herzmuskel, so ließ sich auch aus glatter Vertebratenmuskulatur, z. B. aus Uterusmuskulatur, mit KCl ein Protein extrahieren, das ATP-ase-Aktivität besaß und sich auf ATP-Zusatz kontrahierte. Die Kontraktion verlief langsamer und erreichte geringere Spannungen als das aus Skeletmuskel gewonnene Aktomyosin (CSAPO 1950a und b; ULBRECHT u. ULBRECHT 1952). Fasermodelle aus schwangerem Uterus entwickelten eine maximale Spannung von 0,3 kg/cm², d. h. eine etwa 10mal kleinere als solche aus Kaninchenskeletmuskel, und eine Verkürzungsgeschwindigkeit von 10% pro Sekunde. Am nicht graviden Uterus waren die Werte 5—6mal niedriger (HASSELBACH u. LEDERMAIR 1958; LEDERMAIR 1959).

Die ATP-ase des Aktomyosins aus Uterusmuskulatur, die eine weit geringere Aktivität als diejenige des Skeletmuskels besitzt (NEEDHAM u. CAWKWELL 1958), unterschied sich von derjenigen des Skeletmuskel-Aktomyosins auch dadurch, daß sie zwar durch Calcium, nicht aber durch Magnesium aktiviert wurde (NEEDHAM u. WILLIAMS 1959; NEEDHAM 1962). Demgegenüber war das Ausmaß der Kontraktion von Fasermodellen, die durch Glycerinextraktion aus Rinderuterus erhalten wurden, von der Höhe der Magnesiumkonzentration abhängig (PORTZEHL 1954). Auch der Aktomyosingehalt im glatten Muskel (Uterus) war viel niedriger als im quergestreiften (NEEDHAM u. WILLIAMS 1959). Das traf auch für die Gefäßmuskulatur zu (Arterienwandmuskulatur), bei deren Extraktion BOHR u. GUTHE (1962) 10mal weniger Aktomyosin erhielten als bei der Extraktion von Skeletmuskulatur. Während der Gravidität nahm der Gehalt an leicht extrahierbarem Aktomyosin im Uterus zu (BLASIUS u. SCHUCK 1955; JAISLE 1961). Trypsin spaltete aus gereinigtem Uterus-Aktomyosin ein „Akto-H-meromyosin" ab, das eine stark erhöhte, an die des Skeletmuskels heranreichende ATP-ase-Aktivität hatte (NEEDHAM

1962). Der im Skelet- und Herzmuskel vorkommende, durch Calcium hemmbare Erschlaffungsfaktor (MARSH 1951; BENDALL 1952) scheint im glatten Muskel nicht vorzukommen, obwohl WAKID (1960) aus Uterusmuskulatur mikrosomale Partikel isolieren konnte, die eine durch Magnesiumionen aktivierbare ATP-ase enthielten und somit den „Erschlaffungsgrana" des Herz- und Skeletmuskels glichen. Calcium war nicht in der Lage, die Spannung frisch extrahierter Präparate aus glatter Muskulatur zu steigern (BENDALL 1953; PARKER u. GERGELY 1961).

Die dauernde elektrische Aktivität, in der die meisten glatten Muskeln sich befinden, bedeutet einen dauernden Kaliumverlust während der Aktionspotentiale, so daß intracellulär nie die höchsten Kaliumwerte erreicht werden, die der aktive Ionentransport an der ruhenden Membran erzeugen kann. Das ist wohl die Ursache dafür, daß das Membranpotential des glatten Muskels niedriger als dasjenige des quergestreiften ist, niedriger als 80—90 MV, und andererseits vielleicht die Ursache der Automatie (JENERIK u. GERARD 1953; CSAPO 1956). Für den infantilen Rattenuterus gaben GOTO und CSAPO (1958, 1959) ein Membranpotential von 35 MV an, für den mit Oestradiol behandelten Uterus von 58 MV und für den mit Oestradiol und Progesteron behandelten von 64 MV. Im oestrogen-dominierten Uterus fand HORVATH (1954) einen intracellulären Kaliumgehalt von 158 mM bei einem Natriumgehalt von 30 mM.

Die „Ionentheorie" der Erregung scheint auch für die glatte Muskulatur Geltung zu haben. Während der Aktion kommt es auch an der Membran des glatten Muskels zu einer Potentialumkehr, zu einer Erhöhung der Permeabilität für Natrium und einem dadurch bedingten vermehrten Einstrom von Na-Ionen, der, wie am Skelet- und Herzmuskel, mit einem vermehrten Kaliumausstrom vergesellschaftet ist, was mit Hilfe von $K^{42}$ an der Darmmuskulatur (Taenia coli) von BORN und BÜLBRING (1956), und von LEMBECK und STROBACH (1956) am Katzendünndarm bei der Erregung durch Acetylcholin gezeigt wurde. Eine an der Membran direkt depolarisierende Wirkung wiesen KEATINGE und RICHARDSON (1963) für Noradrenalin an der A. carotis nach. An der Oesophagusmuskulatur des Schweines wirkten Adrenalin und Acetylcholin depolarisierend (BURNSTOCK 1960; Übersicht bei BURNSTOCK et al. 1963). Die normale Kontraktion wird durch myogen fortgeleitete Aktionspotentiale ausgelöst, die an allen bisher untersuchten glatten Muskeln nachgewiesen werden konnten (Übersicht z.B. bei SCHATZMANN 1964), auch am nerven- und ganglienfreien Hühneramnion (PROSSER u. RAFFERTY 1956; CUTHBERT 1961).

Für die Koppelung zwischen den mit der Erregung verbundenen elektrischen Vorgängen an der Membran und der Kontraktion des Muskels ist, wie für den Herzmuskel, so auch für die glatte Muskulatur, *Calcium* von entscheidender Bedeutung. Mit der Erniedrigung der Calciumkonzentration in der Außenlösung nimmt die Kontraktionskraft ab, ohne daß die elektrische

Aktivität, d. h. die Frequenz der Aktionspotentiale verringert würde, wie von AXELSSON (1961) und von SCHATZMANN und ACKERMANN (1961) in Versuchen an der Taenia coli des Meerschweinchens sowie von WAUGH (1962) an Mesenterialarterien gezeigt wurde: Es kommt zur Entkoppelung von Erregung und Kontraktion. Für das Zustandekommen der Kontraktion ist vielleicht weniger ein durch Permeabilitätserhöhung ermöglichter vermehrter Ein- oder Ausstrom von Calcium das Entscheidende als vielmehr eine Verschiebung bzw. Freisetzung von Calciumionen aus einem „compartment" gebundenen Calciums des Muskels zu den contractilen Proteinen hin, in denen es dann auf dem zu Anfang beschriebenen Wege durch calciumbedingte Inhibition der „relaxing substance" zur Enthemmung der ATP-ase-Aktivität des Aktomyosins und zur Auslösung der Kontraktion kommt (CHUJYO u. HOLLAND 1963; SCHATZMANN 1964).

Während diese Mechanismen, die ihren Angriffspunkt primär an der Membran haben und diese auf Grund einer Permeabilitätssteigerung depolarisieren, am Zustandekommen der *exzitatorischen*, Kontraktion auslösenden Wirkungen der Brenzkatechinamine an glattmuskeligen Organen wesentlich beteiligt zu sein scheinen, sprechen, wie einleitend schon dargelegt wurde, neuere Untersuchungen dafür, daß eine Steigerung energieliefernder Stoffwechselreaktionen und die vermehrte Bildung energiereicher Phosphate (ATP, Kreatinphosphat), die über eine Aktivierung der „Natriumpumpe" zu einer Stabilisierung der Membran, zu Hyperpolarisation und Erlöschen der elektrischen Aktivität führen, mit den *inhibitorischen* Wirkungen des Adrenalins und adrenalinähnlicher Wirkstoffe an der glatten Muskulatur ursächlich verknüpft sind (Übersicht bei E. BÜLBRING 1961). Tatsächlich ließ sich zeigen, daß Adrenalin am Meerschweinchendarm (Taenia coli) den Gehalt an Adenosintriphosphat und Kreatinphosphat steigerte und zu Hyperpolarisation führte (BURNSTOCK 1958; BUEDING et al. 1963). Während die ersten Befunde von AXELSSON und BÜLBRING (1961) sowie von AXELSSON et al. (1961) dafür sprachen, daß die pharmakologische (darminhibitorische) und hyperpolarisierende Wirkung des Adrenalins synchron mit einer Aktivierung der Phosphorylase in der Taenia coli verlief und mit dieser kausal verknüpft war, ergaben spätere Untersuchungen, daß eine zeitliche Dissoziation zwischen der zu Erschlaffung des glatten Muskels führenden Wirkung und der Aktivierung der Phosphorylase bestand: bei schon vollständig erschlafftem Muskel und erhöhtem 3',5'-AMP-Gehalt war die Phosphorylase-Aktivität noch unverändert. Erst später kam es auch zu einer Aktivierung des Fermentes. Diese konnte deshalb nicht die Ursache der pharmakologischen Wirkung des Adrenalins sein. Gegen einen kausalen Zusammenhang spricht auch, daß das $\beta$-Sympathicolyticum Dichlorisoproterenol (DCI) in einer Dosierung, die die Aktivierung der Phosphorylase hemmte, die muskelerschlaffende Wirkung des Adrenalins unbeeinflußt ließ (TIMMS et al. 1962; BUEDING et al. 1962).

Wenn in einer, mit vermehrter Bildung von 3′,5′-AMP einhergehenden Steigerung energieliefernder metabolischer Reaktionen die Ursache der inhibitorischen Wirkung des Adrenalins an der glatten Muskulatur des Darmes erblickt wird (BUEDING u. BÜLBRING 1964), so bleibt die Frage offen, welche konkrete enzymatische Stoffwechselreaktion die energieliefernde ist. Aktivierungen innerhalb des Kohlenhydratstoffwechsels kommt offensichtlich keine kausale Bedeutung zu.

Trotz allen Bemühens, ursächliche Beziehungen zwischen pharmakologischer und metabolischer Wirkung der Brenzkatechinamine, z. B. am Herzmuskel und an der glatten Muskulatur, aufzudecken und experimentell zu sichern, sprechen die bisher erhobenen Befunde nicht für eine Identität von pharmakologischem und metabolischem Receptor, wenn auch die Adenylcyclase, das die Bildung von cyclischem 3′,5′-AMP katalysierende Ferment, wahrscheinlich den primären Angriffspunkt der Brenzkatechinamine im Kohlenhydratstoffwechsel darstellt.

### 2. Fettstoffwechsel

Während bei genügendem Angebot vorzugsweise Kohlenhydrate vom Organismus zur Energiegewinnung benutzt werden, können bei Kohlenhydratmangel von den meisten Organen auch Fette zur Deckung des Energiebedarfs herangezogen werden. Die energetisch wichtigste Form der Fette sind die freien unveresterten Fettsäuren (UFS), deren biologische Halbwertzeit im Blute nur 2—3 min beträgt (LAURELL 1957/58). So kann z. B. das Herz, wie Untersuchungen am Menschen und an Tieren ergeben haben, im Nüchtern- oder Hungerzustand bis zu 70% seines Energiebedarfs aus der Oxydation von UFS decken (BING et al. 1954; GORDON u. CHERKES 1956; GORDON et al. 1957; MILLER et al. 1963, MILLER u. HAMILTON 1964). Auch andere Organe, z. B. die Skeletmuskulatur (FRIEDBERG et al. 1960; ISSEKUTZ u. SPITZER 1960; SPITZER u. GOLD 1964) und die Niere (HOHENLEITNER u. SPITZER 1961; LEE et al. 1962), vermögen einen erheblichen Teil ihres Energiebedarfs durch die Verbrennung von UFS zu befriedigen, während das Gehirn hierzu nicht in der Lage ist (GOODMAN u. GORDON 1958). Bei erhöhter Arbeitsleistung kann die Verbrennung von UFS im Muskel so stark ansteigen (FRIEDBERG et al. 1963; CARLSON et al. 1963; s. auch CARLSON u. PERNOW 1959), daß es, wie Versuche an Hunden gezeigt haben, zu einem Abfall der UFS-Konzentration im Blutplasma kommt (MILLER et al. 1963; ISSEKUTZ et al. 1964).

Die UFS des Blutes stammen aus dem Fettgewebe, das zu 99% aus Neutralfetten besteht, die als solche nicht an das Blut abgegeben werden können (Übersicht bei HIRSCH 1962; ENGEL 1962). Sie werden durch enzymatische Hydrolyse aus Triglyceriden gebildet und gelangen zusammen mit dem gleichzeitig freiwerdenden Glycerin ins Blut. Sie sind eine wichtige Transportform der Lipide vom Fettgewebe zu den Organen (GORDON et al. 1957; Übersicht bei FREDERIKSON u. GORDON 1958; FRITZ 1961). Zu 80% bestehen sie aus Palmitinsäure, Stearinsäure, Ölsäure und Linolsäure (DOLE et al. 1959; SCHRADE et al. 1960).

Die von den Organen aus dem Blut aufgenommenen UFS werden in diesen zum Teil wieder zu organeigenem Neutralfett aufgebaut (DOLE 1964; CARLSON et al. 1965). Nicht nur das Fettgewebe, sondern auch die parenchymatösen Organe enthalten fettspaltende Fermente, so z. B. das Herz (BJÖRNTORP u. FURMAN 1962; s. auch GOUSIOS et al. 1963) und die Nieren (HOLLENBERG u. HOROWITZ 1962). Künstlich durchströmte Herzen von Ratten gaben Glycerin als Spaltprodukt organeigener Triglyceride an die Perfusionsflüssigkeit ab (RANDLE et al. 1963; WILLIAMSON 1964).

*a)* 1870 gewann TOLDT in Versuchen an Kaninchen erste Anhaltspunkte dafür, daß das Fettgewebe nicht nur hormonalen Einflüssen unterworfen ist, sondern auch einer nervalen Kontrolle untersteht. Während längeren Hungerns kam es nur in der normalen Extremität mit intakter Innervation zu einer Einschmelzung der Fettdepots, nicht hingegen in der denervierten Extremität. Ähnliche Befunde wurden in der Folgezeit von verschiedenen Seiten erhoben, z. B. von MANSFELD und MÜLLER (1913); WERTHEIMER (1926); KURÉ et al. (1937); SIDMAN u. FAWCETT (1954). 1933 erbrachte BOEKE histologische Beweise für die Innervation der Fettgewebszellen. HAUSBERGER (1934) sowie BEZNÁK und HASCH (1937) konnten zeigen, daß sympathische Denervierung des Fettgewebes die Mobilisierung von Neutralfett hemmt und zu vermehrter Fetteinlagerung führt. Die von diesen Autoren postulierte Bedeutung des sympathischen Nervensystems für die Mobilisierung unveresterter Fettsäuren fand eine Stütze in Versuchen von CLÉMENT (1951), in denen die Injektion von Adrenalin eine Abnahme der Fettdepots verursachte, ferner durch Versuche von DOLE (1956), von GORDON und CHERKES (1956) sowie von WADSTRÖM 1957, die nach der Injektion von Adrenalin einen akuten Anstieg der UFS im Blute beobachteten, und schließlich durch den Nachweis, daß Noradrenalin wie Adrenalin wirkte (SCHOTZ u. PAGE 1959).

Die lipolytische Wirkung der Brenzkatechinamine ließ sich auch in vitro bei der Inkubation mit isoliertem epididymalem Fettgewebe von Ratten (WHITE u. ENGEL 1958), nicht jedoch von Meerschweinchen und Kaninchen zeigen (RUDMAN 1963; RUDMAN et al. 1963). Am innervierten Fettgewebe in vitro (Ratte, Kaninchen) führte die elektrische Stimulierung des postganglionären sympathischen Nerven zu einer Freisetzung von UFS (CORRELL 1963).

Neben experimentellen Befunden sprechen klinische Beobachtungen dafür, daß das sympathische Nervensystem mit seinen Wirkstoffen eine wichtige Rolle in der Regulation des Fettstoffwechsels spielt, und auch das weiße Fettgewebe, wenigstens bei Ratten, ebenso beim Menschen, sich pharmakologischen Eingriffen gegenüber wie ein sympathisch inneviertes Organ verhält. In Situationen, die mit einem erhöhten Sympathicustonus einhergingen, z. B.

bei schweren physischen und psychischen Belastungen (Übersicht bei HAVEL u. GOLDFIEN 1959; STEINBERG 1963; HAVEL 1964), bei chirurgischen Eingriffen (WADSTRÖM 1961), auch beim Herzinfarkt (BÖHLE et al. 1962) war die Konzentration der UFS im Blutplasma erhöht. Die seit langem bekannte „calorigene" Wirkung des Adrenalins beruht zum Teil auf einer Mobilisierung freier Fettsäuren und tritt bei Kälteeinwirkung im Dienste der Temperaturregulation in erhöhtem Maße in Aktion (s. XV.C.3.).

Zu der Frage, welchem Anteil des sympathico-adrenalen Systems, dem Nebennierenmark oder den sympathischen Nerven, in solchen mit einer Tonisierung des ergotropen Systems einhergehenden Stress-Situationen die Hauptrolle für die Mobilisierung der freien Fettsäuren zufällt, geben neuere Untersuchungen Beiträge. Setzte man Ratten der Kälte (2—4° C) aus, so kam es zu einem Anstieg der UFS und der Glucose im Blut. Entfernte man den Tieren operativ das Nebennierenmark, so blieb der Blutzuckeranstieg unter der Kälteeinwirkung aus, während die UFS in gleicher Weise wie bei unbehandelten Kontrolltieren anstiegen (GILGEN et al. 1962; STOCK u. WESTERMANN 1965a). Im Kältestress ist demnach die Adrenalinsekretion aus dem Nebennierenmark zwar für die Glykogenmobilisierung von ausschlaggebender Bedeutung, spielt aber für die Mobilisierung der UFS nur eine untergeordnete Rolle. Diese scheint wesentlich durch eine vermehrte Freisetzung nervalen Noradrenalins an den sympathischen Nervenendigungen im Fettgewebe zustande zu kommen.

*b)* Während *Adrenalin* (0,5 mg/kg subcutan) den Blutzuckerspiegel an Ratten stärker erhöhte als die gleiche Dosis *Noradrenalin*, führte dieses zu einem stärkeren Anstieg der UFS-Konzentration im Plasma. Auch in vitro, am isolierten, in Krebs-Ringer bei 37° C inkubierten epididymalen Fettgewebe von Ratten war Noradrenalin wirksamer als Adrenalin (WENKE et al. 1964; STOCK u. WESTERMANN 1965a). Isoproterenol (Aludrin) übertraf die beiden körpereigenen Brenzkatechinamine sowohl in vivo als auch in vitro an lipolytischer Wirksamkeit wie BOGDONOFF et al. (1961) am Menschen, HOLTZ et al. (1964a) an Ratten und WENKE et al. (1964) am isolierten Fettgewebe invitro zeigen konnten. An der Ratte war Isoproterenol lipolytisch doppelt so wirksam wie Noradrenalin.

α-*Methylnoradrenalin* (Cobefrin, Corbasil), das kein Substrat der auch im Fettgewebe vorkommenden Monoaminoxydase (MAO) ist (s. IV.A.I.), war in vitro mindestens ebenso wirksam wie Noradrenalin (STOCK u. WESTERMANN 1964), das, im Vergleich mit Tyramin, ein schlechtes Substrat des Fermentes ist. D-α-Methyldopamin, das, wie α-Methylnoradrenalin, von der MAO nicht angegriffen wird, hatte eine zehnfach höhere lipolytische Wirksamkeit als Dopamin, das von der MAO leicht abgebaut und inaktiviert wird. Somit bedeutet das Fehlen der alkoholischen β-OH-Gruppe in der Seitenkette (Dopamin, α-Methyldopamin) eine um etwa drei Zehnerpotenzen schwächere lipolytische Wirksamkeit in vitro im Vergleich mit den β-hydroxylierten Brenzkatechinaminen (Noradrenalin, α-Methylnoradrenalin) (Abb. 64). *Tyramin* und andere indirekt, durch Freisetzung von Noradrenalin wirkende sympathicomimetische Amine waren in vitro unwirksam (LOVE et al. 1963; MÜHLBACHOVÁ et al. 1964), obwohl das Fettgewebe gut nachweisbare Noradrenalinmengen enthält: im epididymalen Fettgewebe der Ratte (weißes Fett) betrug die Noradrenalinkonzentration zwar nur 0,05 µg/g, im braunen, interscapulären Fett jedoch 1—1,5 µg/g (PAOLETTI et al. 1961; SIDMAN et al. 1962; STOCK u. WESTERMANN 1963).

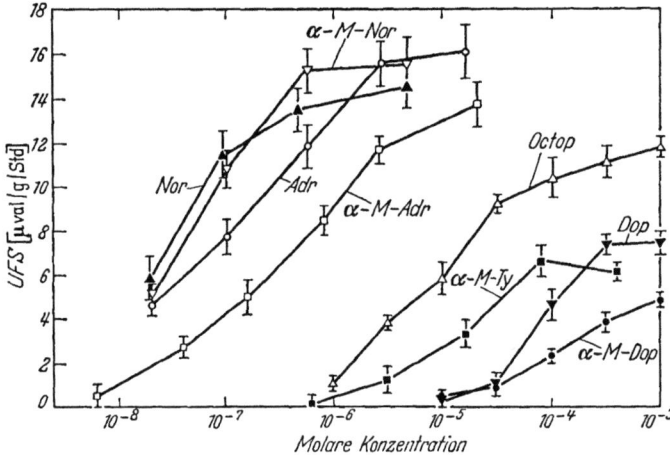

Abb. 64. *Lipolytische Wirksamkeit sympathicomimetischer Amine am isolierten Fettgewebe der Ratte.* Nor Noradrenalin; Adr Adrenalin; Octop Octopamin; Dop Dopamin; UFS unveresterte Fettsäuren, an das Inkubationsmedium abgegeben; α-*M-Nor* α-Methylnoradrenalin; α-*M-Adr* α-Methyladrenalin; α-*M-Ty* α-Methyl-m-tyramin; α-*M-Dop* DL-α-Methyldopamin. Aus K. STOCK und E. WESTERMANN (1965a)

Wie in anderen sympathisch innervierten Organen, führten *Reserpin* und Syrosingopin (s. X.B.4.f.) auch im Fettgewebe zu einer Abnahme des Noradrenalingehaltes (WEINER et al. 1962b; STOCK u. WESTERMANN 1963). *Nialamid* und andere Hemmstoffe der MAO erhöhten ihn. Nach Verarmung des Fettgewebes an Noradrenalin hatten Noradrenalin-Infusionen bei Hunden eine stärkere lipolytische Wirkung (ABBOUD et al. 1963). Tyramin (5 mg/kg s.c.), als indirekt wirkendes Amin, war nach Syrosingopin an Ratten wirkungslos und nach Nialamid lipolytisch wirksamer als an Kontrolltieren (WESTERMANN u. STOCK 1963; STOCK u. WESTERMANN 1965a).

*Guanethidin*, das wegen seiner auf der akuten Freisetzung von Noradrenalin beruhenden „sympathicomimetischen" Eigenwirkung (s. X.B.4.c.) an Hunden einen Anstieg der UFS im Plasma verursachte, der nach Vorbehandlung der Tiere mit Reserpin ausblieb (ORÖ 1964), führte nach längerer Einwirkung (Blockierung der postganglionären Neurone sympathischer Nerven und Verarmung an Noradrenalin) bei Kaninchen zu einer Abnahme der UFS-Konzentration im Blut (KONTINEN u. RAJASALMI 1963) und verhinderte den sonst nach Insulin (ARMSTRONG et al. 1961) und nach chirurgischen Eingriffen erfolgenden Anstieg der UFS im Plasma (CARLSON u. LILJEDAHL 1963). Es wäre zu erwarten, daß auch Tyramin nach Guanethidin wirkungslos ist.

Nach Blockierung der sympathischen Ganglien mit *Hexamethonium* nahm bei Hunden die Konzentration der UFS im Blute ab (HAVEL u. GOLDFIEN 1959; MENG u. EDGREN 1963). Ecolid (Chlorisondamin) verhinderte an Ratten den durch Kältestress ausgelösten Anstieg des UFS-Spiegels im Blut (GILGEN et al. 1962; STOCK u. WESTERMANN 1965 b).

*α-Methyldopa und α-Methyl-m-tyrosin*, bzw. die im Organismus aus ihnen entstehenden α-methylierten, β-hydroxylierten Amine (α-Methylnoradrenalin und Aramin, Metaraminol) scheinen auch im Fettgewebe den physiologischen Überträgerstoff Noradrenalin verdrängen und die Funktion des „false transmitter" übernehmen zu können (s. XV.A.4.). Da α-Methylnoradrenalin (Corbasil) in vitro lipolytisch mindestens ebenso wirksam war wie Noradrenalin, Aramin jedoch ungefähr 1000mal schwächer, ist verständlich, daß Tyramin an Ratten, die mit α-Methyldopa vorbehandelt worden waren, trotz des fast vollständigen Verschwindens des Noradrenalins aus dem Fettgewebe, seine normale lipolytische Wirksamkeit besaß, bei den mit α-Methyl-m-Tyrosin vorbehandelten Tieren jedoch unwirksam war (STOCK u. WESTERMANN 1964, 1965a).

*Cocain* verstärkte die UFS-mobilisierende Wirkung des Noradrenalins an Hunden (GRAHAM et al. 1964) und hob an Ratten die lipolytische Wirkung des Tyramins auf (WESTERMANN u. STOCK 1963).

c) Über den *Mechanismus* der lipolytischen Wirkung der Brenzkatechinamine geben Versuche mit Sympathicolytica Aufschluß. Der *glykogenolytischen* Wirkung der sympathicomimetischen Amine lag eine Aktivierung der Adenylcyklase zugrunde, die ATP in cyclisches Adenosin-3′,5′-monophosphat (3′,5′-AMP) umwandelt; dieses aktivierte die Phosphorylase b zu Phosphorylase a, die dann in der Leber den Abbau des Glykogens zu Glucose und im Muskel zu Milchsäure katalysierte (s. XV.C.1.). Isoproterenol mit seiner hohen Affinität zu den adrenergischen β-Receptoren der glatten Muskulatur und des Herzens war an der Skeletmuskulatur von Ratten und am Rattenzwerchfell, auch an der Herzmuskulatur ein stärkerer Aktivator der Adenylcyklase und damit der Phosphorylase und Glykogenolyse als Adrenalin und Noradrenalin, — und β-Sympathicolytica, z. B. DCI oder Nethalid, nicht α-Sympathicolytica, z. B. Dibenzylin, hemmten bzw. blockierten die Aktivierung der Phosphorylase. Undurchsichtiger waren die Verhältnisse in der Leber. Auch hier schienen β-Sympathicolytica die spezifisch adrenergische Aktivierung der Adenylcyklase und damit die *Bildung* des cyclischen 3′,5′-AMP stärker zu hemmen als α-Sympathicolytica, während diese die *Wirkung* des 3′,5′-AMP, d. h. die Aktivierung der Phosphorylase, blockierten, so daß sich in manchen Versuchen (z. B. NORTHROP u. PARKS 1964a und b) die durch die Brenzkatechinamine verursachte Glykogenolyse besser durch Dihydroergotamin, das die Qualitäten eines α- und β-Sympathicolyticums in sich vereinigt, unterdrücken ließ als durch ein reines α- *oder* ein reines β-Sympathicolyticum (z. B. Dibenzylin *oder* DCI).

Die für den Glykogenabbau wichtige, durch Brenzkatechinamine über die Bildung von 3',5'-AMP aktivierbare Phosphorylase findet sich auch im epididymalen Fettgewebe (SUTHERLAND et al. 1962; KLAINER et al. 1962). Die lipolytische Wirkung der sympathicomimetischen Amine kommt aber durch die Aktivierung einer spezifischen Lipase des Fettgewebes zustande, die zuerst von MASHBURN et al. (1960) und von RIZACK (1961) aufgefunden

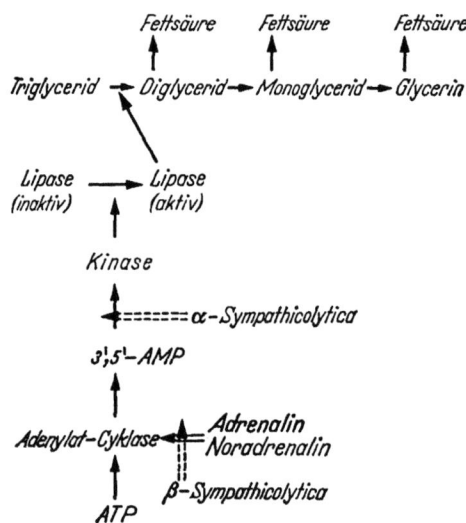

Abb. 65. *Mechanismus der lipolytischen Wirkung der Brenzkatechinamine und Angriffspunkt der Sympathicolytica*

wurde und sich auch im Herzen (BJÖRNTORP u. FURMAN 1962) und in der Niere (HOLLENBERG u. HOROWITZ 1962) nachweisen ließ. Die „hormonsensible" Lipase des Fettgewebes katalysiert nur den Abbau von Triglyceriden zu Diglyceriden, deren vollständige Spaltung dann von einer durch Brenzkatechinamine nicht stimulierbaren Di- bzw. Monoglyceridlipase bewerkstelligt wird (Abb. 65) (STRAND et al. 1964; VAUGHAN et al. 1964). Ihre Aktivität übertrifft diejenige der stimulierbaren Triglyceridlipase um ein Vielfaches; deren Aktivität wird damit zum geschwindigkeitsbegrenzenden Faktor des Fettabbaus zu UFS.

Die Triglyceridlipase des Fettgewebes fand sich nach dem Zentrifugieren von Fettgewebe-Homogenaten im Überstand (RIZACK 1961, 1964) bzw. in der überstehenden Fettschicht (VAUGHAN et al. 1964). Wie die Phosphorylase der Leber und des Muskels, kommt sie in einer inaktiven und in einer aktiven Form vor. Ihre Aktivierung durch Adrenalin ließ sich auch in vivo nachweisen (MAICKEL et al. 1963 a). Kälteeinwirkung führte bei den Versuchstieren zu einer Aktivitätssteigerung (MALLOV 1963). Auch darin stimmte sie mit der Phosphorylase überein, daß cyclisches 3',5'-AMP in zellfreien Fettgewebeextrakten bei Gegenwart von ATP und Magnesium-Ionen aktivierte (RIZACK 1964), und die Aktivierung durch Coffein, das die Inaktivierung des 3',5'-AMP durch die Phosphodiesterase hemmt (s. XV.C.1.), verstärkt wurde. Die Adrenalinwirkung am in vitro inkubierten epididymalen Fettgewebe ließ sich ebenfalls durch Coffein potenzieren (DOLE 1961). Das eigentliche „Substrat" der Adrenalinwirkung, die 3',5'-AMP bildende Adenylcyklase, kommt auch im Fettgewebe vor (KLAINER et al. 1962).

Schließlich verhält sich die durch Brenzkatechinamine stimulierbare Lipolyse im Fettgewebe auch insofern wie die Glykogenolyse in der Leber, als beide durch β-Sympathicolytica leichter und stärker hemmbar sind als durch α-Sympathicolytica. Dichlorisoproterenol (DCI), Nethalid und 1-(3'-Methyl-phenoxy)-3-isopropylaminopropanol (Kö 592) hemmten die UFS-freisetzende Wirkung sympathicomimetischer Amine sowohl am Menschen (MAYER et al. 1961; PILKINGTON et al. 1962) als auch an Ratten (WENKE et al. 1962; WESTERMANN u. STOCK 1963) und Hunden (FRÖBERG u. ORÖ 1963). Einige Autoren konnten den durch Adrenalininfusionen an Hunden verursachten (HAVEL u. GOLDFIEN 1959) sowie den bei orthostatischer Belastung am Menschen auftretenden Anstieg der UFS im Blut (HAMLIN et al. 1960) und die lipolytische Wirkung der Brenzkatechinamine in vitro (SCHOLTZ u. PAGE 1960) auch durch α-Sympathicolytica (Dibenamin, Phentolamin) abschwächen; andere hingegen fanden α-Sympathicolytica (Dibenzylin, Phentolamin) gegen die lipolytische Wirkung des Adrenalins und Noradrenalins am Menschen (PILKINGTON et al. 1962) und an Hunden unwirksam (FRÖBERG u. ORÖ 1963; MALING et al. 1964). Die einander widersprechenden Ergebnisse finden ihre Erklärung vielleicht in der unterschiedlichen Dosierung. α-Sympathicolytica scheinen nur in hoher Dosierung „antilipolytisch" zu wirken: an Ratten ließen 10 mg/kg Dibenzylin s.c. den durch Noradrenalin und Tyramin ausgelösten Anstieg der UFS im Plasma unbeeinflußt, Vorbehandlung der Tiere mit 2 × je 20 mg/kg schwächte ihn ab (STOCK u. WESTERMANN 1965b).

Es wurde schon darauf hingewiesen, daß hohe Dosen der Brenzkatechinamine (0,5 mg/kg i.v. innerhalb von 2 Std) an Hunden nicht nur zu funktionellen Störungen der Herztätigkeit führten, sondern auch zu histopathologischen Veränderungen, z.B. Nekrosen in Herz und Leber. Diese gingen mit einer Zunahme des Triglyceridgehaltes in den beiden Organen einher und fanden auch in einem erhöhten Transaminasespiegel des Serums (GOT und GPT) als Zeichen einer Zellschädigung ihren Ausdruck. In der vermehrten Parikardialflüssigkeit ließ sich eine erhöhte Lactatdehydrogenase-Aktivität nachweisen (HIGHMAN et al., 1959; MALING et al. 1964). Während die lipolytische Wirkung des Adrenalins und Noradrenalins sich nur durch β-Sympathicolytica und durch Isopropyl-methoxamin unterdrücken ließ, wurde die Akkumulation von Triglyceriden im Herzen auch durch das α-Sympathicolyticum

Phenoxybenzamin abgeschwächt. Die durch die Gefäßwirkung bedingten Nekrosen und die damit einhergehenden Anstiege der Transaminase- und Lactatdehydrogenaseaktivität in der Extracellulärflüssigkeit konnten durch Phenoxybenzamin, nicht jedoch durch Isopropylmethoxamin verhindert werden.

*d)* An chronisch adrenalektomierten oder hypophysektomierten Tieren waren Adrenalin und Noradrenalin lipolytisch fast unwirksam; Glucocorticoide (Cortison), nicht Mineralocorticoide restituierten die Wirkung (HAVEL u. GOLDFIEN 1959; SHAFRIR et al. 1960). Die Glucocorticoide üben aber nicht nur eine permissive Funktion aus, sondern besitzen auch eine lipolytische Eigenwirkung, der wahrscheinlich eine Hemmung der Glucoseaufnahme in das Fettgewebe zugrunde liegt (FAIN et al. 1963; WEINGES u. LÖFFLER 1964). Diese wird durch Insulin gefördert, was mit einem erhöhten Angebot an dem aus Glucose entstehenden α-Glycerophosphat und einer dadurch bedingten Erhöhung der Reveresterungsrate der UFS im Fettgewebe verbunden ist. Die „antilipolytische" Wirkung des Insulins, die in einer Hemmung der UFS-Abgabe aus dem Fettgewebe besteht, beruht aber nicht nur auf dieser indirekten Wirkung. Neuere Untersuchungen haben ergeben, daß Insulin auch in Abwesenheit von Glucose die Lipolyse hemmt (PERRY u. BOWEN 1962; JUNGAS u. BALL 1963) und die lipolytische Wirkung des Adrenalins und Noradrenalins abschwächt (MAHLER et al. 1964; s. auch ZIERLER u. RABINOWITZ 1964). Die lipolytische Wirkung der Glucocorticoide (Cortison, Dexamethason), die durch eine Hemmung der Glucoseaufnahme in das Fettgewebe zustande kommt, ist demnach, wenigstens zum Teil, eine „Antiinsulinwirkung". Sie ließ sich durch kleine Insulinkonzentrationen verhindern (FAIN et al. 1963).

So nahe es gelegen hätte, die UFS-mobilisierende Wirkung des adrenocorticotropen Hormons (ACTH) des Hypophysen-Vorderlappens mit einer vermehrten Produktion und Sekretion lipolytisch wirksamer Glucocorticoide zu erklären, haben Untersuchungen von WHITE und ENGEL (1958) sowie von HOLLENBERG et al. (1961) gezeigt, daß ACTH auch in vitro eine lipolytische Wirkung hat, die, auf molarer Basis, stärker als diejenige des Noradrenalins ist (STOCK u. WESTERMANN 1965 c). Daß die ACTH-Wirkung über eine Freisetzung von Noradrenalin zustande komme (PAOLETTI et al. 1961), war schon deshalb unwahrscheinlich, weil sie in vitro die Gegenwart von Calcium-Ionen benötigte, während Adrenalin auch in calciumfreiem Medium wirksam war (LOPEZ et al. 1959). Die lipolytische Wirkung des ACTH unterschied sich ferner darin von derjenigen der Brenzkatechinamine, daß z. B. eine mit ACTH (5 I.E./kg, s.c.) lipolytisch gleich wirksame Dosis Noradrenalin (0,5 mg/kg, s.c.) an Ratten nach Verabfolgung des β-Sympathicolyticums Kö 592 unwirksam, die ACTH-Wirkung jedoch nur unwesentlich abgeschwächt war. α-Sympathicolytica schwächten die Wirkung sowohl des Noradrenalins als auch des ACTH ab (STOCK u. WESTERMANN 1965 b). Auch nach Reserpinvorbehandlung wirkte ACTH lipolytisch (Ho u. MENG 1964; STOCK u. WESTERMANN 1964).

*Nicotinsäure*, von der bekannt war, daß sie den Cholesterinspiegel des Blutes senkt (Übersicht bei MILLER u. HAMILTON 1964), hemmte die lipolytische Wirkung der Brenzkatechinamine (CARLSON u. ORÖ 1962; CARLSON 1963; FRÖBERG u. ORÖ 1963; VERTUA et al. 1964; FARKAS et al. 1964) und des ACTH (VERTUA et al. 1964); ebenso Salicylsäure und 3,5-Dimethylpyrazol (BIZZI et al. 1963, 1964). — In kleinen Dosen (10 mg/kg i.p.) erhöhte Nicotinsäure den UFS-Spiegel bei Ratten nach 1 Std um etwa 10%; höhere Dosen (20—500 mg/kg i.p.) senkten ihn dosisunabhängig um etwa 60%. Auch die niedrige Dosis von 10 mg/kg verursachte an Ratten, die der Kälte (4° C) ausgesetzt waren, eine ungefähr 30%ige Senkung des unter diesen Versuchsbedingungen fast auf das Doppelte der Norm erhöhten UFS-Spiegels des Plasmas (BOMBELLI et al. 1965).

In gleicher Weise wie die glykogenolytische, so wird auch die lipolytische Wirkung der Brenzkatechinamine anscheinend spezifisch durch β-Sympathicolytica gehemmt, indem diese die spezifisch adrenergische, zu Glykogenolyse und Lipolyse führende Reaktion, nämlich die Aktivierung der 3',5'-AMP bildenden Adenylcyklase, blockieren, während die Aktivierung der Phosphorylase bzw. Triglyceridlipase durch das cyclische 3',5'-AMP von zahlreichen Stoffen unspezifisch gehemmt werden kann. Zu diesen gehören auch die α-Sympathicolytica — und vielleicht Prostaglandin, das, zuerst von v. EULER (1934a und b) und von GOLDBLATT (1933, 1935) in der Samenflüssigkeit und Prostata nachgewiesen, von BERGSTRÖM (1949) als eine Verbindung sauren Charakters erkannt und von BERGSTRÖM und SJÖVALL (1960a und b) sowie von BERGSTRÖM et al. (1962) als ein Gemisch cyclischer Fettsäuren aus Prostata und Lunge isoliert und konstitutionell aufgeklärt wurde. Die „Prostaglandine", die am isolierten Darm erregend wirken, senken den Blutdruck und heben die pressorische sowohl als auch die lipolytische Wirkung des Adrenalins und Noradrenalins auf (STEINBERG et al. 1963 1964a und b; BERGSTRÖM et al. 1964).

Zu berücksichtigen ist schließlich, daß der in vivo nach Noradrenalin erfolgende Anstieg der UFS-Konzentration im Plasma nicht nur durch die lipolytische Wirkung des Brenzkatechinamins verursacht ist, sondern auch durch eine Hemmung der Aufnahme der UFS des Blutes in die Leber: an der mit palmitathaltiger Lösung durchströmten Rattenleber wurde die Aufnahme der Fettsäure in die Leber durch 1—5 µg/ml Noradrenalin gehemmt. Die Gefäßwirkung des Noradrenalins war mit Hilfe eines α-Sympathicolyticums ausgeschaltet (HEIMBERG u. FIZETTE 1963; s. jedoch FINE u. WILLIAMS 1960).

e) Im „braunen" interscapulären Fettgewebe, das sich als „multilocular adipose tissue" mit zahlreichen kleinen Fetttröpfchen im Cytoplasma durch seinen hohen Gehalt an Mitochondrien und Glykogen morphologisch von dem aus großen sphärischen, einen einzelnen Fetttropfen umgebenden Zellen bestehenden „weißen" Fettgewebe („unilocular adipose tissue") unterscheidet (WASSERMANN 1926; CLARA 1930; NAPOLITANO 1963) und auch eine andere physiologische Funktion hat (Übersicht z. B. bei RODAHL u. ISSEKUTZ jr., Herausg. 1964; RENOLD u. CAHILL, Herausg. 1965), konnten mit dem Elektronenmikroskop markscheidenlose Nervenfasern dargestellt werden (NAPOLITANO u. FAWCETT 1958), die sich fluorescenzmikroskopisch als noradrenergisch erwiesen und die fetthaltigen Zellen innervierten, während die im weißen Fettgewebe darstellbaren adrenergischen Nervenendigungen anscheinend nur einer präcapillären Gefäßinnervation angehörten (WIRSÉN 1965 b; s. auch SHELDEN 1964; WILLIAMSON 1964). Auf Grund dieser fluorescenzmikroskopischen Befunde wird von WIRSÉN eine direkte sympathische Innervation der Zellen des weißen adipösen Gewebes abgelehnt und der „tonische" Einfluß des sympathischen Nervensystems auf die Mobilisierung freier Fettsäuren aus dem weißen Fettgewebe (subcutanes, epidymales usw.) bei den Tierspecies, die auf Noradrenalin mit einer erhöhten Triglyceridspaltung reagieren, auf die lipolytische Wirkung hämatogenen bzw. von den *Gefäß*nerven vermehrt abgegebenen Noradrenalins zurückgeführt (WIRSÉN 1964, 1965 a und b).

Die braunen, interscapulären Fettkörper, die bei neugeborenen Säugetieren und auch bei erwachsenen Winterschläfern und Nagern stark entwickelt sind, haben, wie schon erwähnt, einen 20—30fach höheren Noradrenalingehalt (1—1,5 µg/g Feuchtgewicht) als das weiße Fettgewebe (PAOLETTI et al. 1961; SIDMAN et al. 1962; STOCK u. WESTERMANN 1963). Der niedrige Noradrenalingehalt des weißen Fettgewebes (etwa 0,05 µg/g) könnte dem Noradrenalin der Gefäßnerven entsprechen. Auf Grund vergleichender Untersuchungen am sympathisch innervierten Gewebe verschiedener Tierarten würde eine normale noradrenergische Gefäßinnervation in dem betreffenden Gewebe Werte bis zu 0,3 µg „Gewebe-Noradrenalin" pro Gramm Feuchtgewicht ergeben können (WIRSÉN 1965 b). Das weiße Fettgewebe ist die Hauptquelle der UFS des Blutplasmas. Demgegenüber ist die wichtigste Funktion des braunen Fettgewebes mit seinem Reichtum an Mitochondrien und Fermenten des oxydativen Stoffwechsels die Wärmebildung durch Verbrennung der lipolytisch gebildeten Fettsäuren; es trägt nicht wesentlich zu der Höhe des Plasmaspiegels an UFS bei (DAWKINS u. HULL 1964).

Die Stimulierung der Lipolyse im *braunen* Fettgewebe unterliegt bei allen bisher untersuchten Tierarten adrenergischen Mechanismen, während die „adipokinetische" Wirkung des Noradrenalins auf das *weiße* Fettgewebe bei den einzelnen Tierarten variiert, indem dieses, wie schon gesagt, z. B. bei Meerschweinchen, Kaninchen und, wie kürzlich veröffentlichte Untersuchungen gezeigt haben, auch bei Hühnern, weder *in vivo* noch *in vitro* auf Brenzkatechinamine mit einer vermehrten Lipolyse reagierte. *Glukagon* hingegen wirkte bei Hühnern ebenso stark lipolytisch wie bei Ratten (WIRSÉN 1965 b). Unbeschadet der Ergebnisse *pharmakologischer*, meistens an Ratten durchgeführter Versuche mit hoher Dosierung adrenergischer Wirkstoffe und trotz der am isolierten, in Krebs-Ringer suspendierten epididymalen Fett von Ratten demonstrierbaren lipolytischen Wirkung des Noradrenalins und anderer Sympathicomimetica, sollte die Rolle, die das sympathische Nervensystem in der *Physiologie* des Fettstoffwechsels, insbesondere für die „Mobilisierung" freier Fettsäuren spielt, um sie bei erhöhten Anforderungen den Organen, z. B. dem Herzen und der quergestreiften Muskulatur, als energielieferndes Material vermehrt zur Verfügung zu stellen, nicht überschätzt werden. An Versuchspersonen, die — in liegender Körperstellung — einer konstanten submaximalen muskulären Beanspruchung am Fahrradergometer unterworfen wurden und auf die dadurch verursachte „Aktivierung des Sympathicus" mit einer Erhöhung der Herzfrequenz, des Blutdrucks und des Sauerstoffverbrauchs sowie mit einem Anstieg der Noradrenalinkonzentration des Blutes auf fast das Vierfache der Ausgangswerte reagierten, blieb der UFS-Spiegel des Plasmas praktisch unverändert; die Infusion von Ganglienblockern während des Versuchs verminderte den Anstieg der Noradrenalinwerte im Blut, war aber ohne Einfluß auf den UFS-Gehalt des Plasmas (CARLSTEN et al. 1962, 1965). Zu Beginn muskulärer Leistung sank die UFS-Konzentration des Blutes mitunter sogar als Zeichen eines erhöhten Effluxes aus dem Blut unter die Normalwerte ab (CARLSON u. PERNOW 1959, 1961; FRIEDBERG et al. 1960; HAVEL et al. 1963; s. auch MILLER et al. 1963). Das spricht dafür, daß das erhöhte Bedürfnis der Organe an energetischem Material, in gleicher Weise wie der erhöhte $O_2$-Bedarf, durch vermehrten Blutdurchfluß und ein *dadurch* erhöhtes Substratangebot befriedigt wird. Die Aufnahme freier Fettsäuren durch das Myokard war in Ruhe und während körperlicher Arbeitsleistung proportional der UFS-Konzentration im arteriellen Blut (CARLSTEN et al. 1961; SCOTT et al. 1962). Für eine erhöhte Utilisation von Fettsäuren im arbeitenden Muskel sprach schon die Beobachtung, daß bei Pferden der respiratorische Quotient von 0,95 in Ruhe auf 0,88 während der Arbeit absank (ZUNTZ u. HAGEMANN 1898). Daß der Organismus die während muskulärer Beanspruchung gesteigerte Utilisation und Entnahme von UFS aus dem Blut durch einen vermehrten Einstrom ins Blut aus dem Fettgewebe zu kompensieren versucht, geht aus Versuchen sowohl am Menschen (FRIEDBERG et al. 1963; CARLSON et al. 1963) als auch an Hunden (MILLER et al. 1963) und Pferden hervor (CARLSON et al. 1965). Für die hierfür erforderliche vermehrte Lipolyse im weißen Fett kommen aber nicht nur adrenergische, insbesondere nerval-noradrenergische Mechanismen in Frage, sondern auch hormonale Faktoren: neben dem schon erwähnten lipolytisch wirksamen ACTH des Hypophysenvorderlappens noch andere hypophysäre Wirkstoffe, z. B. das somatotrope Hormon (STH) (RABEN u. HOLLENBERG 1959), ferner eine aus dem Harn isolierte „Fat-mobilizing Substance" (FMS) (CHALMERS et al. 1960), die sog. „Fraction H" (RUDMAN et al.

1961), das thyreotrope Hormon (TSH) (FREINKEL 1961; RUDMAN et al. 1963) und ein von BIRK und LI (1964) aus Schafshypophysen isoliertes lipolytisch wirksames Peptid (Lipotropin).

### 3. Die calorigene Wirkung der Brenzkatechinamine und ihre Funktion bei der Temperaturregulation

Im Gegensatz zu den „kaltblütigen", poikilothermen Tieren besitzen die „warmblütigen", homoiothermen ein im Zwischenhirn, in der Gegend des Tuber cinereum gelegenes Temperaturregulationszentrum, für das die Bluttemperatur der adäquate Reiz ist, das aber auch nerval-reflektorisch durch Änderungen der Wärmeabgabe (physikalische Regulation) und der Wärmeproduktion (chemische Regulation) die Konstanthaltung der Körpertemperatur trotz erheblicher Schwankungen der Wärmebildung im Körperinneren und der thermischen Umweltbedingungen gewährleistet.

*a)* Erwärmung des Carotidenblutes war von peripherer Gefäßerweiterung, Perspiration und Wärmehyperpnoe gefolgt, Abkühlung des Blutes von Vasoconstriction und Stoffwechselsteigerung in den inneren Organen (KAHN 1904). BARBOUR (1912) und HASHIMOTO (1915a und b) durchströmten bei Tieren in den Hypothalamus eingeführte Kanülen mit Wasser verschiedener Temperaturgrade: Durchströmung mit Wasser von 33° C und darunter erhöhte die Körpertemperatur, Durchströmung mit 43° C warmem Wasser senkte sie.

Mechanische Reizung des Tuber cinereum bzw. des vorderen Teiles des Corp. striatum, insbesondere des Nucl. caudatus, führte bei Kaninchen zu einem Anstieg der Körpertemperatur (ARONSOHN u. SACHS 1885; GOTTLIEB 1890; ITO 1899; SCHULTZE 1900; BARBOUR 1912; ISENSCHMID u. KREHL 1912). Am Menschen können raumbeengende Prozesse, z. B. ein Hydrocephalus internus, sowie Hämorrhagien im 3. Ventrikel Fieber erzeugen, die Temperaturregulation aber auch so beeinträchtigen, daß es bei niedriger Außentemperatur zu einem Absinken der Körpertemperatur kommt (z. B. DAVISON u. SELBY 1935; DAVISON 1940; Übersicht bei RANSON 1940; CULVER 1959; C. v. EULER 1961).

Exstirpation der Großhirnhemisphären, incl. Corpus striatum, hob die Temperaturregulation nicht auf, sie war auch nach Durchschneidung des Rückenmarks in Höhe von $Th_1$ noch weitgehend erhalten. Zerstörung des Hypothalamus jedoch oder Transsektion des Halsmarks, d. h. Durchtrennung der wesentlichsten Verbindung zwischen Hypothalamus und Peripherie, hob sie auf und machte die Versuchstiere poikilotherm (ISENSCHMID u. KREHL 1912; FREUND u. STRASMANN 1912; FREUND u. GRAFE 1912; ISENSCHMID u. SCHNITZLER 1914). Brachte man sie aus dem Thermostaten (28—30° C) in einen Raum mit 19—20° C Lufttemperatur, so kam es zu einem Temperatursturz (Rectaltemperatur). Die operierten Tiere überlebten aber und gewannen im Laufe der nächsten Tage ein erhebliches Maß an Regulationsvermögen zurück (POPOFF 1934; THAUER 1935; v. ISSEKUTZ 1937), wie auch Versuche zeigten, in denen der Hirnstamm caudal vom Hypothalamus durchtrennt wurde und die Tiere künstlich ernährt werden mußten (THAUER u. PETERS 1937). Man konnte sie einige Tage nach der Operation Lufttemperaturen von 18—20° C aussetzen, ohne daß ihre Körpertemperatur absank.

Im Einklang mit diesen Ergebnissen stehen klinische Beobachtungen: Menschen, bei denen Tumoren zu einer vollständigen, autoptisch gesicherten Zerstörung des Hypothalamus geführt hatten, zeigten keine Störungen der Temperaturregulation (WITTERMANN 1936; FOERSTER et al. 1937).

Für die bei niedriger Umgebungstemperatur erhöhte Wärmeproduktion, der ein Anstieg des $O_2$-Verbrauchs entspricht, ist der sog. thermoregulatorische Muskeltonus und die im Kältezittern zum Ausdruck kommende Muskelaktivität wichtig. Die Muskulatur ist zu etwa 25 % am Gesamt-$O_2$-Verbrauch des Körpers beteiligt (MOTTRAM 1955); während des periodisch auftretenden Kältezitterns stieg ihr $O_2$-Verbrauch bei Kaninchen um 200—400 % an, bei einem um 170 % erhöhten Blutdurchfluß (IVANOV 1963), und sank während der Intervalle wieder auf Basalwerte ab (HAMMEL et al. 1958).

Aus Beobachtungen an Patienten mit Rückenmarkläsionen schlossen GUTTMANN et al. (1958), daß das Ausmaß chemischer Temperaturregulationsmöglichkeit wesentlich von dem noch intakt gebliebenen somatischen Innervationsgebiet abhängt, in dem es zu Kältezittern kommen kann. Die thorakale Rückenmarkdurchschneidung am Tier schaltet den thermoregulatorischen Muskeltonus und das Kältezittern in den Hinterextremitäten aus, bei cervicaler Durchschneidung sind diese Reaktionen auch in den Vorderextremitäten aufgehoben. Bei den von den „Kältereceptoren" der Haut nerval-reflektorisch auslösbaren motorischen Reaktionen (erhöhter Muskeltonus, Kältezittern) üben nicht nur die kälteempfindlichen hypothalamischen Areale („Temperaturregulationszentrum"), sondern, wie neuere Untersuchungen ergeben haben, auch extracerebrale, im Rückenmark gelegene, also spinale kältesensible und von peripheren „Receptoren" aus erregbare Substrate die Funktion synaptischer Reflexzentren im Dienste der Thermoregulation aus. Die Durchströmung doppelläufiger, in den Periduralraum des Sacralmarks eingeführter Sonden mit Kühlflüssigkeit verursachte, ohne Senkung der Gehirntemperatur, bei Hunden Kältezittern und Steigerung des $O_2$-Verbrauchs (RAUTENBERG et al. 1963). In Versuchen, in denen die Hauttemperatur durch Eintauchen der leicht narkotisierten Versuchstiere in 36—37° C warmes Wasser und die Gehirntemperatur durch thermische Isolierung von Kopf und Rumpf (BRENDEL 1960a und b; LIM 1960) konstant gehalten wurde, ließ sich auch von tiefer gelegenen kältesensiblen Substraten („Receptoren") aus, z. B. durch die Einführung von Kältesonden oder mit Eiswasser gefüllter Gummiballons in Oesophagus und Magen, thermoregulatorisches Kältezittern, begleitet von einem Anstieg des $O_2$-Verbrauchs, auslösen (HALLWACHS 1960; HALLWACHS et al. 1961a und b; SIMON et al. 1963; Übersicht bei THAUER 1964).

Kommt somit die im Dienste der chemischen Temperaturregulation stehende, mit dem Auftreten von Kältezittern verbundene vermehrte Wärmeproduktion bei Abkühlung des Körpers wesentlich auch über spinale motorische Reflexbögen zustande, deren afferenter Schenkel seinen Ursprung in den oberflächlichen „Kältereceptoren" der Haut und in tiefer gelegenen thermosensiblen Substraten der inneren Organe nimmt, und deren efferenter Schenkel die motorischen, zur quergestreiften Muskulatur verlaufenden Nerven sind, so unterliegt die ohne Erhöhung des „thermoregulatorischen Muskeltonus" und ohne Kältezittern bei Abkühlung des Körpers erfolgende Steigerung der Wärmebildung und des $O_2$-Verbrauchs, die auch an curarisierten Tieren auftritt und an kälteakklimatisierten Ratten näher untersucht worden ist (SELLERS et al. 1954; COTTLE u. CARLSON 1956; HART et al. 1956; DAVIS et al. 1960), der Steuerung durch den nervalen und hormonalen Anteil des sympathicoadrenalen Systems. „Synaptisches Zentrum" ist jetzt das klassische, im Hypothalamus gelegene „Temperaturregulationszentrum", dessen mechanische Reizung („Wärmestich") Fieber auslöst, und für das Änderungen der Bluttemperatur den adäquaten, physiologischen Reiz darstellen.

*b)* In den ersten Untersuchungen über die Lokalisation des cerebralen „Temperaturregulationszentrums" wurde der „Wärmestich" mit einer Sonde ausgeführt, die zu Desinfektionszwecken vorher in eine Carbolsäure- oder Sublimatlösung getaucht worden war. Das auf die Korrosion und chemische Irritation des Gehirngewebes zurückgeführte „aseptische Fieber" (JACOBY u. ROEMER 1912) ließ sich aber auch mit hitzesterilisierten Instrumenten auslösen, wenn nur die richtigen Stellen getroffen wurden (BARBOUR 1912; BARBOUR u. WING 1913). Auch Pharmaka, die keine lokale Gewebereizung hervorriefen, bewirkten Änderungen der Körpertemperatur, wenn man sie direkt mit den temperaturregulierenden Gehirnarealen in Berührung brachte (CLOETTA u. WASER 1914a und b, 1916; JACOBI u. ROEMER 1912). So beobachteten JACOBI und ROEMER (1912) nach Injektion von Adrenalin und Hypophysenextrakt in die Seitenventrikel von Kaninchen einen Abfall der Körpertemperatur, hielten den Effekt aber für unspezifisch, nämlich durch Vasoconstriction bedingt. BARBOUR und WING (1913) schraubten ihren Versuchskaninchen Metallzylinder in das Schädeldach, durch die hindurch sie mit einer Sonde den Wärmestich ausführten und anschließend Pharmaka injizierten, von denen bekannt war, daß sie bei oraler oder intravenöser Injektion temperatursenkend bzw. antipyretisch wirkten. Es zeigte sich, daß z. B. Chloralhydrat (6 mg) oder Antipyrin (20 mg), auch Adrenalin (10 µg/kg), in den Nucl. caudatus bzw. in die Seitenventrikel injiziert, das „Wärmestichfieber" in Dosierungen senkten, die bei i.v. Injektion unwirksam waren, und im Falle des Adrenalins bei höherer, intravenöser oder subcutaner Dosierung zu einem *Anstieg* der Körpertemperatur geführt hätten. Mit kleineren Dosen Chloral (1,5 mg/kg) traten mitunter, nicht regelmäßig, Temperatursteigerungen auf. β-Tetrahydronaphthylamin (20 mg), dessen temperatursteigernde Wirkung bekannt war (FAWCETT u. WHITE 1892), führte auch bei intracerebraler Applikation an normalen Kaninchen zu Erhöhung der Körpertemperatur (BARBOUR u. WING 1913). Der zentrale Angriffspunkt der temperatursteigernden Amphetaminwirkung wurde kürzlich von BELENKY und VITOLINA (1963) bewiesen.

c) Aus der Kapselsubstanz von Bakterien der Coli- und Salmonellagruppe isolierte Lipopolysaccharide (WESTPHAL et al. 1952; WESTPHAL u. LÜDERITZ 1954) riefen in einer Dosierung von 0,1—1 µg/kg i.v. bei Kaninchen einen zweigipfeligen Anstieg der Haut- und Rectaltemperatur hervor, von denen der erste auf das exogene, der zweite auf ein aus diesem im Organismus gebildetes endogenes „Pyrogen" zurückgeführt wurde (BENNETT et al. 1957; Übersicht bei BENNETT u. CLUFF 1957; s. auch ATKINS 1960; BENNETT 1961; COOPER 1963). Das Bakterienpyrogen, dessen Lipoidanteil für die Wirkung verantwortlich ist (WESTPHAL u. LUDERITZ 1954), reagierte mit Kaninchenplasma und mit menschlichen Leukocyten unter Bildung eines Leukocyten-Bakterien-Pyrogens („LBP"), das sich als „endogenes" Pyrogen von dem exogenen u. a. dadurch unterschied, daß es eine kürzere Latenzzeit als dieses besaß, bei 70—90° C inaktiviert wurde und auch bei solchen Tieren Fieber erzeugte, die gegen bakterielles Pyrogen tolerant gemacht worden waren (FESSLER et al. 1961).

Auch die intrazisternale Injektion bakterieller Pyrogene verursachte bei Kaninchen Fieber (PETERSDORF u. BENNETT 1959). SHETH und BORISON (1960) sowie VILLABLANCA und MYERS (1963) injizierten Katzen pyrogene Lysopolysaccharide aus Salmonella typhosa in Dosen, die bei i.v. Injektion unwirksam gewesen wären, in die Gehirnventrikel und beobachteten einen mehrstündigen Anstieg der Körpertemperatur, der mit einer Latenzzeit von ungefähr 1 Std einsetzte. Angriffspunkt der Wirkung war wahrscheinlich der vordere Hypothalamus, den die Pyrogene vom 3. Ventrikel aus erreichten. Wurden sie direkt in diese Gehirnregion injiziert, so trat sofort Fieber und Kältezittern auf (VILLABLANCA u. MYERS 1963). FELDBERG und MYERS (1964a und b) konnten durch die intraventriculäre Injektion von 0,1 ml einer 1/1000 Typhusvaccine oder von 30 ng Shigella dysenteriae bei Katzen die während einer Chloralose- oder Pentothalnarkose erniedrigte Körpertemperatur normalisieren und darüber hinaus fieberhaft erhöhen. KRONEBERG und KURBJUWEIT (1959) (s. jedoch GÖING 1959) hatten gezeigt, daß das durch Pyrifer an Kaninchen ausgelöste Fieber sich durch Vorbehandlung der Tiere mit Reserpin (1 mg/kg, 20 Std vor Pyrifer), die zu einer Abnahme des Amingehaltes im Gehirn führte, verhindern ließ, so daß nahegelegt wurde, die temperatursteigernde Wirkung von Pyrifer auf eine Freisetzung cerebraler Amine zurückzuführen (s. weiter unten).

d) Die seit langem bekannte „calorigene" Wirkung des Adrenalins führt auch am Menschen bei höherer Dosierung des Amins zu einem Anstieg des Sauerstoffverbrauchs, die mit einer Erhöhung der Körpertemperatur verbunden sein kann (Übersicht bei GRIFFITH 1951). Die Wirkung spielt sich einmal an den Gefäßen ab und führt durch Constriction vor allem der Hautgefäße zu einer verminderten Wärmeabgabe, sodann — als metabolische Wirkung — in der Leber und quergestreiften Muskulatur, schließlich im Fettgewebe, wo vermehrt Fettsäuren aus Neutralfett gebildet und freigesetzt werden.

Der Grundumsatz wurde beim Menschen durch Adrenalin stärker erhöht als durch Noradrenalin (GOLDENBERG et al. 1948; KRONEBERG u. RÖNNICKE 1950), auch bei Ratten (THIBAULT 1949), Meerschweinchen (LUNDHOLM 1949) und Kaninchen (LUNDHOLM 1949a und b; BEARN et al. 1951). LUNDHOLM und SVEDMYR (1964) bestimmten bei Kaninchen gleichzeitig den $O_2$-Verbrauch und den Milchsäuregehalt des Blutes. Beide wurden am stärksten durch Isoproterenol, das auch an Ratten einen Anstieg des Milchsäuregehaltes — ohne Hyperglykämie (ELLIS et al. 1953) — und an Kaninchen Hyperglykämie verursachte (ELLIS 1956), erhöht: Adrenalin war neunmal, Noradrenalin 120mal schwächer wirksam (s. auch LUNDHOLM 1949a und b, 1956, 1957, 1958; MOHME-LUNDHOLM 1960; WATERMAN 1949). Andere Autoren fanden, daß Noradrenalin in bezug auf die Erhöhung des $O_2$-Verbrauchs an Ratten ebenso wirksam war wie Adrenalin (v. ISSEKUTZ et al. 1950) und an Hunden sogar wirksamer als dieses (DE VLEESCHHOUWER et al. 1950).

Auch am Menschen stieg der $O_2$-Verbrauch nach Isoproterenol an (COBBOLD et al. 1960), stärker als nach Adrenalin, obwohl beide Brenzkatechinamine eine gleich starke Erhöhung der Milchsäurebildung verursachten. An dem calorigenen Effekt des Isoproterenols war wahrscheinlich die ausgeprägte tachykardische Wirkung mitbeteiligt, die bei den beiden anderen Aminen in der geprüften Dosierung nicht auftrat (LUNDHOLM u. SVEDMYR 1964).

Es ist zweifelhaft, ob der nach der Injektion von Brenzkatechinaminen erhöhte Milchsäure-(und Glucose-)Spiegel des Blutes in ursächlicher Beziehung zu dem gesteigerten $O_2$-Verbrauch steht. MOORE (1960) sowie MOORE und UNDERWOOD (1960a und b, 1962) hatten gefunden, daß Neugeborene verschiedener Tierarten auf Noradrenalin, auch auf Isoproterenol und Dopamin, nicht auf Adrenalin mit einem Anstieg des $O_2$-Verbrauchs bis zu 200% reagierten. An neugeborenen Katzen waren Isoproterenol und Noradrenalin (400 µg/kg s.c.) gleich wirksam; Dopamin hatte eine deutliche, aber nur kurzdauernde Wirkung. Die Steigerung des $O_2$-Verbrauchs mußte nicht mit einer Erhöhung des Glucose- und Milchsäurespiegels des Blutes verbunden sein (BAUM et al. 1961). Große intravenöse Infusionen von Glucose und Lactat waren ohne Einfluß auf den $O_2$-Verbrauch (MOORE 1963b). Wichtiger für das Zustandekommen der calorigenen Wirkung der Brenzkatechinamine als eine Stimulierung des Kohlenhydratstoffwechsels scheint die Mobilisierung von Fettsäuren zu sein (s. weiter unten und XV.C.2.).

*e)* Noradrenalin dringt nur schwer durch die Blut-Hirnschranke ins Gehirn ein, so daß nach der Verabfolgung exogenen Amins keine zentral ausgelösten

Wirkungen zu erwarten sind. Über eine etwaige physiologische Bedeutung biogener Amine für die zentrale Regulation der Körpertemperatur waren eher Aufschlüsse zu erwarten von Versuchen, in denen durch die Injektion von Precursor-Aminosäuren und Blockierung der Monoaminoxydase der Aminstoffwechsel des Gehirns beeinflußt wurde, oder in denen die Injektion der Amine unter Umgehung der Blut-Hirnschranke in die Seitenventrikel des Gehirns erfolgte (Übersicht bei C. v. EULER 1961, 1964).

Hohe Serotonindosen (25 µg/kg) wirkten bei blockierter MAO an Kaninchen auch nach intravenöser Injektion temperatursteigernd (BÄCHTOLD u. PLETSCHER 1957); auch die pyrogene Wirkung der Precursor-Aminosäure 5-Hydroxytryptophan (5-HTP), die leicht ins Gehirn eindringt und hier zu 5-Hydroxytryptamin (5-HT) decarboxyliert wird, war nach Vorbehandlung der Versuchstiere (Kaninchen)mit dem MAO-Hemmstoff Iproniazid verstärkt (HORITA u. GOGERTY 1958), ebenfalls bei Mäusen (ERSPAMER et al. 1961; KÄRJÄ et al. 1960). Während die intrazisternale Injektion von 100—500 µg 5-HT bei Kaninchen eine sofort einsetzende Hyperthermie verursachte, trat diese nach der Injektion der gleichen Dosis 5-HTP mit einer 60 min dauernden Verzögerung auf (CANAL u. ORNESI 1961). Die Ergebnisse stehen im Einklang mit Befunden von FELDBERG und MYERS (1964a) an unbetäubten Katzen und an Katzen in Chloralose- oder Pentobarbitalnarkose (FELDBERG u. MYERS 1964b). Injektion von 100 bis 200 µg 5-HT in die Lateralventrikel des Gehirns löste mit einer Latenz von nur wenigen Minuten einsetzende Temperaturerhöhungen von etwa 2°C aus und beschleunigte die Normalisierung der in Narkose abgesunkenen Körpertemperatur.

Nach Hemmung der MAO war die pyrogene Wirkung auch der Brenzkatechinamine potenziert (PLETSCHER et al. 1959a und b), und Reserpin (Freisetzung gebundener Amine) rief eine akute Hyperthermie hervor (HORITA 1958). Bei hoher Außentemperatur (30° C) verursachte Reserpin an Ratten Stoffwechselsteigerung, ohne die Körpertemperatur zu beeinflussen; bei niedriger Umgebungstemperatur führte es zu Hypothermie, die bei kälteadaptierten Tieren geringer war und hauptsächlich auf einer Beeinträchtigung der mit Kältezittern verbundenen Thermogenese beruhen soll (LESSIN u. PARKES 1957; JOHNSON u. SELLERS 1961; JOHNSON et al. 1963).

Im Gegensatz zu der pyrogenen Wirkung der Brenzkatechinamine bei intravenöser oder subcutaner Injektion, hatten Adrenalin und Noradrenalin (25—50 µg) nach intraventriculärer Injektion einen temperatursenkenden Effekt, besonders, wenn eine z. B. durch Pyrogene erzeugte Hyperthermie bestand (Abb. 66) (FELDBERG u. MYERS 1964b). Als einen für die temperatursenkende Wirkung der Narkotica in Frage kommenden Mechanismus diskutieren die Autoren die Freisetzung hypothalamischen Noradrenalins, und im Falle des Pentobarbitals, das, intraventriculär injiziert, schon in kleinen, bei i.v. Injektion unwirksamen Dosen (3 mg), nach kurzdauernder Temperatursenkung diese erhöhte, eine zusätzliche Freisetzung von 5-HT, dessen mehrere Stunden anhaltende temperatursteigernde Wirkung den temperatursenkenden Effekt des Noradrenalins überdauert. Die bisherigen Ergebnisse erlauben jedoch noch keine verbindlichen Schlußfolgerungen bezüglich einer physiologischen Funktion, die etwa von den cerebralen Aminen bei der Temperaturregulation ausgeübt wird. Denn kürzlich veröffentlichte Versuche von COOPER et al. (1964b) an Kaninchen hatten abweichende Resultate. Bei unbetäubten Kaninchen war die Injektion von 200 µg 5-HT in die Lateralventrikel oder in den vorderen Anteil des Hypothalamus (2—20 µg) entweder wirkungslos oder

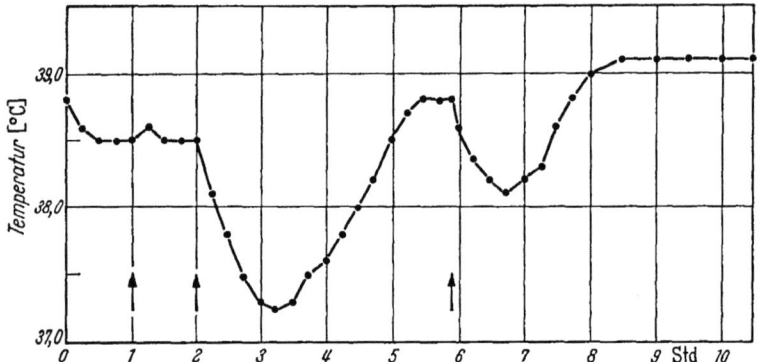

Abb. 66. *Temperatursenkende Wirkung (Rectaltemperatur) von Adrenalin und Noradrenalin an der nichtnarkotisierten Katze.* 1. Pfeil: 0,1 ml 0,9%ige NaCl-Lösung; 2. Pfeil: 50 µg Adrenalin; 3. Pfeil 50 µg Noradrenalin. Injektionen in den 1. Seitenventrikel des Gehirns. Aus W. FELDBERG und R. D. MYERS (1964a)

verursachte nicht Temperaturerhöhung, wie bei der Katze in den Versuchen von FELDBERG und MYERS (1964a und b), sowie von CANAL und ORNESI (1961) an Kaninchen, sondern Temperatursenkung, obwohl die Injektion von Pyrexal (Wander) in diese Gehirnregionen Fieber auslöste; — und Noradrenalin (10 µg), in den Lateralventrikel oder Hypothalamus injiziert, wirkte, wenn überhaupt, dann umgekehrt wie bei der Katze, nämlich temperatursteigernd (COOPER et al. 1964b; s. auch v. EULER et al. 1943).

Der Beeinflussung der Körpertemperatur durch MAO-Hemmstoffe sowie durch Dopa bei blockierter MAO, was nicht nur im Gehirn, sondern auch in den peripheren Organen zu einer Erhöhung des Dopamin- bzw. Noradrenalin- und Serotoningehaltes führt, können zentrale und periphere Wirkungen der aus den Aminosäuren gebildeten Amine zugrunde liegen. An winterschlafenden Igeln, in deren Nebennierenmark wegen Abnahme des Noradrenalingehaltes das Adrenalin prozentual vermehrt gefunden wurde (SUOMALAINEN u. UUSPÄÄ 1958), war die 5-HT-Konzentration im Gehirn erhöht und der Noradrenalingehalt erniedrigt. L-Dopa und MAO-Inhibitoren, nicht 5-HTP, lösten eine Weckreaktion aus (UUSPÄÄ 1963). Bei Kaninchen, die mit Iproniazid vorbehandelt worden waren, kam es nach der i.v. Injektion von 5 mg/kg L-Dopa zum Anstieg der Rectaltemperatur um 3°C (KRONEBERG u. KURBJUWEIT 1959; YASUDA 1962), auch bei Mäusen (MANTEGAZZA u. RIVA 1961; GRIESEMER

u. GASNER 1962; HALPERN et al. 1963). Die bei Ratten nach Iproniazidbehandlung durch Dopa und durch Reserpin auslösbare Hyperthermie blieb nach Rückenmarkdurchschneidung ($C_6$—$C_7$) bestehen (MANTEGAZZA 1964); sie scheint demnach, wenigstens zum Teil, auch peripher bedingt zu sein. An Kaninchen hatte sich die durch Dopa ausgelöste Hyperthermie nicht durch reine α-Sympathicolytica, z. B. Phentolamin (Regitin), Dibenamin, wohl durch Yohimbin unterdrücken lassen (KRONEBERG u. KURBJUWEIT 1959). An Ratten hob Phenoxybenzamin die Dopa-Hyperthermie auf. Nach Ganglienblockade mit Chlorisondamin war sie verstärkt (MANTEGAZZA 1964).

*f)* Die Bedeutung der körpereigenen Brenzkatechinamine, der hormonalen des Nebennierenmarks und des nervalen Noradrenalins, für die Temperaturregulation und die Aufrechterhaltung einer konstanten Körpertemperatur wird besonders deutlich, wenn homoiotherme Tiere einem Kältestress unterworfen werden. Die Überempfindlichkeit denervierter Organe in vivo gegen hämatogenes Adrenalin ist schon frühzeitig zum Nachweis einer vermehrten Hormonsekretion aus dem Nebennierenmark bei Tieren benutzt worden, die der Kälte ausgesetzt wurden. Bei Katzen reagierte die denervierte Pupille mit einer Mydriasis (HARTMANN et al. 1923), das denervierte Herz mit einer Tachykardie (CANNON et al. 1927), und bei Hunden kam es zu Tachykardie und Glykämie (MORIN 1946, 1948), wenn die Tiere abgekühlt wurden: als Zeichen einer vermehrten Adrenalinsekretion aus dem Nebennierenmark; denn diese physiologischen Reaktionen auf den Kältereiz blieben aus, wenn die Nebennieren vorher demedulliert worden waren. Unter der Einwirkung starker Kältereize ließ sich an unbetäubten Hunden auch eine erhöhte Adrenalinsekretion im Nebennierenvenenblut nachweisen (WADA et al. 1935; KLEPPING et al. 1957). Andere Autoren fanden, daß der Adrenalingehalt des Nebennierenblutes bei Kälteeinwirkung zuerst abnahm und erst beim Wiedererwärmen der Tiere über die Norm anstieg (HUME et al. 1956; HUME u. EGGDAHL 1959). Bei Ratten hatte der Adrenalingehalt des Nebennierenmarks nach 2 stündigem Aufenthalt in der Kälte (2° C) abgenommen (HERMANN et al. 1952). Setzte man Ratten über lange Zeit — mehrere Wochen — niedrigen Umgebungstemperaturen (0 bis 10° C) aus, so kam es nach einer initialen Abnahme des Hormongehaltes im Nebennierenmark zu einer Zunahme (DESMARAIS u. DUGAL 1951; MOORE et al. 1961). Während starker Abkühlung stieg bei Hunden auch die Adrenalin- und Noradrenalinkonzentration im Blut an (BROWN u. COTTEN 1956), und am Menschen sowohl (ARNETT u. WATTS 1960) als auch an kälteakklimatisierten Ratten (COTTLE 1960; LEDUC 1961; LE BLANC u. NADEAU 1961 LE BLANC u. POULIOT 1964) fand sich eine erhöhte Ausscheidung von Adrenalin und Noradrenalin in den Harn. An Ratten fanden LE BLANC und NADEAU (1961) sie fünffach gegenüber der Norm erhöht.

Die bei Kälteeinwirkung erhöhte Adrenalinsekretion des Nebennierenmarks, die anscheinend nur bei extremer Abkühlung des Körpers auftritt, erklärt den in einem erhöhten $O_2$-Verbrauch zum Ausdruck kommenden Anstieg des Grundumsatzes nur zum Teil (SCHAEFFER 1946; THIBAULT 1949; COTTLE u. CARLSON 1956). Dieser war bei demedullierten Ratten, die einem Kältestress unterworfen wurden, nicht wesentlich geringer als bei den Kontrolltieren (COTTLE u. CARLSON 1956). Die zuerst von RING (1942) beobachtete und von anderen Autoren bestätigte Überempfindlichkeit kälteakklimatisierter Ratten gegen die calorigene Wirkung der Brenzkatechinamine (HSIEH u. CARLSON 1957; SWANSON 1957; DEPOCAS 1960a und b) betraf in weit höherem Maße die Noradrenalin- als die Adrenalinwirkung (HSIEH u. CARLSON 1957; DEPOCAS 1961; EVONUK u. HANNON 1963) und ließ sich auch an Ratten bei 21° C Umgebungstemperatur durch langdauernde Behandlung mit Noradrenalin (45 Tage lang täglich je 300 µg/kg in öliger Lösung) hervorrufen (LE BLANC u. POULIOT 1964).

Kälteakklimatisierte Tiere zeigten nicht nur stärkere metabolische, sondern auch stärkere kardiovasculäre Reaktionen auf Noradrenalin: die pressorische (LE BLANC 1960) und positiv chronotrope Wirkung am Herzen (HÉROUX 1961) wurde verstärkt gefunden. EVONUK und HANNON (1963) beobachteten auch ein bei akklimatisierten Tieren stärker erhöhtes Minutenvolumen nach Noradrenalin als bei Kontrollen; von der vermehrten Durchblutung waren Leber, Darm und Muskulatur betroffen (HANNON et al. 1963). Dieselben Autoren fanden, daß während einer 20 min dauernden i.v. Noradrenalininfusion (2 µg/min) bei ihren kälteadaptierten Ratten die Rectaltemperatur um 2,5° C anstieg, und daß während des erhöhten $O_2$-Verbrauchs der respiratorische Quotient von 0,9 auf beinahe 0,7 abnahm. Schon früher war die Erniedrigung des R.Q. bei Ratten, die während eines Kältestress mit erhöhtem $O_2$-Verbrauch reagierten, auf eine bevorzugte Verbrennung von Fett zurückgeführt worden (KAYSER 1937; PAGÉ u. CHÉNIER 1953). HANNON et al. (1963) konnten dann zeigen, daß Leberhomogenate kälteakklimatisierter Ratten nicht nur eine höhere Atmung hatten (2,05 µl $O_2$/mg/Std) als solche von Normaltieren (1,45 µl $O_2$/mg/Std), sondern auch in erhöhtem Maße Palmitinsäure (Albuminpalmitat als Substrat) oxydierten.

*g)* Weder Kältestress noch Noradrenalin führt zu einer stärkeren Glykämie: für die mit der Akklimatisation an die Kälte verbundene Erhöhung des $O_2$-Verbrauchs ist die „calorigene" Wirkung des nervalen Noradrenalins wichtiger als diejenige des hormonalen Adrenalins (Übersicht bei DEPOCAS 1961; LEDUC 1961), — und die Stimulierung des Fettstoffwechsels wichtiger als die Anfachung des Kohlenhydratstoffwechsels (s. XV.C.2.). Bei kälteakklimatisierten Ratten verursachte Kälteeinwirkung keine vermehrte Wärmebildung in der Leber (KAWAHATA u. CARLSON 1959), und Noradrenalin erhöhte bei eviscerierten Ratten den $O_2$-Verbrauch ebenso stark wie bei scheinoperierten Kontrollen (DEPOCAS 1960a und b). Die bei längerer Kälteeinwirkung erhöhte „Thermogenese" bestreitet der Organismus hauptsächlich durch

Mobilisierung seiner Fettreserven, was auch in einer Abnahme des respiratorischen Quotienten zum Ausdruck kam (KAYSER 1937; PAGÉ u. CHÉNIER 1953). Die Lipolyse im Dienste der Thermoregulation ist für die Bereitstellung energetischer Reserven wichtiger als die Glykogenolyse. Da die Steuerung des Fettstoffwechsels in höherem Maße dem sympathischen Nervensystem unterliegt als der wesentlich hormonal gesteuerte Kohlenhydratstoffwechsel, kommt dem nervalen Anteil des „sympathico-adrenalen Systems" auch für die Thermoregulation größere Bedeutung zu als dem hormonalen Anteil, dem Nebennierenmark.

Die vermehrte Ausscheidung von Noradrenalin bei Ratten setzte sofort ein, wenn die Tiere der Kälte ($3^0$ C) ausgesetzt wurden und erreichte schon am ersten Tag ihr Maximum, um dann, ebenso wie der erhöhte $O_2$-Verbrauch, wochenlang auf der gleichen Höhe zu bleiben und erst allmählich, etwa nach 1 Monat, synchron mit der sich während der Kälteakklimatisation entwickelnden Überempfindlichkeit gegen Noradrenalin etwas abzunehmen. Demgegenüber erreichte die Adrenalinsekretion erst nach 1 Woche ihr Maximum und fiel während der zweiten Woche fast auf Normalwerte wieder ab. Auch die Dopaminausscheidung war deutlich vermehrt; ihr Maximum wurde ebenfalls nach 1 Woche erreicht, Normalwerte erst nach 1 Monat. Um diese Zeit traten gut nachweisbare Mengen Dopamin in Leber und Muskulatur, die normalerweise kein Dopamin enthalten, auf, nicht im Herzen (LEDUC 1961).

Das adipöse Gewebe besitzt einen ziemlich hohen Noradrenalingehalt (PAOLETTI et al. 1961; SIDMAN et al. 1962) und auch Fermente des Brenzkatechinaminstoffwechsels: Dopadecarboxylase und MAO (STOCK u. WESTERMANN 1963). Exogene Brenzkatechinamine mobilisieren in vitro und in vivo unveresterte Fettsäuren (UFS) aus Neutralfetten (STEINBERG u. VAUGHAN 1961). Setzte man Ratten über längere Zeit (20 Std) einer Außentemperatur von $4^0$ C aus, so kam es nach 2 Std zu einem nur kurzdauernden Anstieg des Blutzuckerspiegels um etwa 50%, jedoch zu einer lang anhaltenden, 12 Std konstant bleibenden Erhöhung der UFS-Konzentration im Plasma um 100% (GILGEN et al. 1962; MAICKEL et al. 1963a; BRODIE u. MAICKEL 1963; MAICKEL et al. 1964) (s. XV.C.2.). Bei demedullierten Ratten blieb die Hyperglykämie unter dem Kältestress bei unvermindertem Anstieg der UFS im Blut aus (GILGEN et al. 1962); dieser kam nach Reserpinbehandlung und nach Ganglienblockade mit Chondrosamin (Ecolid) nicht mehr zustande, und die Körpertemperatur sank rapide ab. 50 µg/kg Adrenalin in öliger Lösung verhinderte den Temperaturabfall. Kleinere Adrenalindosen als 50 µg/kg waren nicht in der Lage, die UFS-Konzentration im Plasma zu erhöhen; sie verhinderten auch nicht den Temperaturabfall. Das vermochten auch sehr hohe Dosen nicht (500 µg/kg Adrenalin), kurz vor der Kälteeinwirkung injiziert, obwohl sie einen starken Anstieg der UFS- und Glucosewerte im Blut verursachten. Die durch so hohe Adrenalindosen ausgelösten kardiovasculären

Effekte dürften die Utilisation der UFS und der Glucose beeinträchtigen (MAICKEL et al. 1964).

Für den UFS-mobilisierenden Effekt der Brenzkatechinamine kommt den Nebennierenrindenhormonen (Cortison) eine permissive Wirkung zu (RAMEY u. GOLDSTEIN 1957; HAVEL 1964). Nach Adrenalektomie fiel bei Ratten, wenn sie einer Umgebungstemperatur von 4° C ausgesetzt wurden, die Körpertemperatur viermal schneller ab als bei Kontrolltieren. Die Überlebenszeit war mit 7 Std, ähnlich wie bei den pharmakologisch — durch Ganglienblockade — sympathektomierten Tieren (4 Std), gegenüber normalen Kontrollen (>36 Std) stark verkürzt. Adrenalektomierte Tiere können nur noch in geringem Umfang UFS und Glucose mobilisieren. Bei den der Kälte ausgesetzten adrenalektomierten Ratten ließ sich das Absinken der Körpertemperatur nicht mehr durch Adrenalin oder Noradrenalin, wohl durch eine hohe Cortisondosis verhindern bzw. verlangsamen (MAICKEL et al. 1964).

Auch den Schilddrüsenhormonen scheint eine permissive Funktion zuzukommen: Noradrenalin hatte in vitro bei der Inkubation mit dem epididymalen Fett von Ratten keine lipolytische Wirkung mehr, wenn dieses von Tieren stammte, die mit Propylthiouracil vorbehandelt worden waren (DEBONS u. SCHWARTZ 1961; DEYKIN u. VAUGHAN 1963). Nach Behandlung der Tiere mit Methylthiouracil verursachte die elektrische Reizung der das Fettgewebe innervierenden postganglionären sympathischen Nerven keine nennenswerte Freisetzung von UFS mehr; Verabfolgung von Trijodthyronin potenzierte die lipolytische Wirkung der elektrischen Reizung und normalisierte die lipolytische Reaktion des Fettgewebes, das von den mit Methylthiouracil behandelten Tieren stammte (BERTI u. USARDI 1965). Die Schilddrüse selbst wies bei Kaninchen, die der Kälte ausgesetzt wurden, zunächst Zeichen einer Hyperaktivität des Follikelepithels auf; mit sinkender Körpertemperatur trat an deren Stelle das mikroskopische Bild einer „Ruheschilddrüse" mit Abflachung des Epithels und Kolloidanhäufung (ARIEL u. WARREN 1943). Während längerdauernder Hypothermie war die Inkorporation von $J^{131}$ durch die Thyreoidea gehemmt (VERZÁR et al. 1953), auch bei hypophysektomierten Tieren (BADRICK et al. 1955). Die Hypoaktivität der Schilddrüse während Kälteeinwirkung kommt demnach nicht über eine Beeinflussung des Hypophysen-Vorderlappens (thyreotropes Hormon) zustande. Die Hypothermie wirkt sich auch nicht auf der cellulären Ebene aus: Schilddrüsenschnitte von „Kältekaninchen" inkorporierten $J^{131}$ fast ebenso gut wie solche von Vergleichstieren mit einer normalen Körpertemperatur. Die Autoren halten es für möglich, daß die Ursache eine verminderte Blutversorgung der Schilddrüse ist, die durch eine vermehrte Freisetzung vasoconstrictorischer Brenzkatechinamine zustande kommen soll, da Adrenalin ähnliche Veränderungen in der Thyreoidea hervorrief wie der Kältestress (BADRICK et al. 1955).

Es ergibt sich somit, daß die seit langem bekannte „calorische" Wirkung der körpereigenen Brenzkatechinamine vom Organismus auch in den Dienst der Thermoregulation gestellt wird und für die Anpassung der homoiothermen Tiere an tiefe Umgebungstemperaturen von vitaler Bedeutung ist. Das wichtigste energetische Substrat dieser in der Peripherie sich abspielenden metabolischen Wirkung sind die Fette. Da deren Stoffwechsel, im Gegensatz zu demjenigen der Kohlenhydrate, in höherem Maße der Steuerung durch das sympathische, noradrenergische Nervensystem als durch das hormonale Adrenalin des Nebennierenmarks unterliegt, wirken alle Pharmaka, die in der Lage sind, die Funktionen des sympathischen Nervensystems zu beeinflussen, sich auch auf die Temperaturregulation aus, indem sie von verschiedenen „Ebenen" aus die Körpertemperatur zu erhöhen oder zu erniedrigen in der Lage sind: zentral, wie die temperatursenkenden Narkotica, „Sedativa" (Chlorpromazin, Reserpin) und „Antipyretica", oder wie die temperatursteigernden Erregungsmittel, z. B. $\beta$-Tetrahydronaphthylamin und Amphetamin; peripher, wie die temperatursenkenden Ganglienblocker und die im Bereich der postganglionären Neurone angreifenden Pharmaka, z. B. Syrosingopin und Guanethidin, und schließlich „Sympathicolytica" und andere Stoffe, die störend in die eigentliche Reaktion des physiologischen Überträgerstoffs, Noradrenalin, mit den die calorigene Wirkung vermittelnden „metabolischen Receptoren" eingreifen (s. XV.C.2.).

## D. Zentrale Wirkungen

Das Vorkommen und die selektive Verteilung der Brenzkatechinamine sowie der Fermente ihrer Bildung und Inaktivierung im Zentralnervensystem (s. I.B.3.) spricht dafür, daß ihnen auch für zentralnervöse Funktionen physiologische Bedeutung zukommt (Übersicht z.B. bei DALY u. WITKOP 1963). Ähnlich wie eine engere Korrelation zwischen *Acetylcholin*gehalt und Cholinacetylaseaktivität, d. h. der Aktivität des Acetylcholin bildenden Fermentes, in den verschiedenen Gehirnregionen besteht als zwischen der Verteilung des Acetylcholins und derjenigen der Acetylcholinesterase, des Acetylcholin inaktivierenden Fermentes (MACINTOSH 1941; FELDBERG u. VOGT 1948; Übersichten bei FELDBERG 1945, 1950a und b; HEBB u. SILVER 1956; HEBB 1957), weist auch die Verteilung der *Brenzkatechinamine* im Gehirn eine engere Übereinstimmung auf mit dem Vorkommen z.B. der Dopadecarboxylase, eines für die Biosynthese wichtigen Fermentes, als mit demjenigen der Fermente der Inaktivierung: Monoaminoxydase und O-Methyltransferase.

Noradrenalingehalt und Dopadecarboxylaseaktivität waren am höchsten in den peripheren sympathischen Nerven und Ganglien. Nach Untersuchungen von VOGT (1954) ist das Noradrenalin des Gehirns besonders in den diencephalen, mesencephalen und medullären Strukturen lokalisiert, in denen sich Regulationszentren für die Sympathicusfunktionen befinden: im Hundegehirn hatten Hypothalamus und Area postrema den höchsten Noradrenalingehalt (1 µg/g), einen etwas niedrigeren (0,3—0,4 µg/g) das Mesencephalon sowie pontines Tegmentum und Medulla oblongata (s. Abb. 5, S. 14). Die in verschiedenen Gehirnarealen bestehende enge Parallelität zwischen Noradrenalingehalt und Dopadecarboxylaseaktivität (HOLTZ u. WESTERMANN 1955b, 1956a und b; Übersicht bei HOLTZ 1960a) könnte ein Argument dafür sein, daß das cerebrale Noradrenalin an den betreffenden Stellen gebildet wird und nicht etwa von den im Blut zirkulierenden Brenzkatechinaminen stammt (s. jedoch XV.D.9.).

Ausnahmen von der Regel, daß Noradrenalingehalt und Dopadecarboxylaseaktivität parallel gehen, sind *Nucleus caudatus* und *Putamen*. In diesen für die Regulation der Funktionen des extrapyramidalen Systems wichtigen Gehirnregionen (s. auch XV.E.) ist die Fermentaktivität gleich groß wie im Hypothalamus, obwohl dieser ungefähr 15mal mehr Noradrenalin enthält (1 µg/g) als Nucl. caudatus und Putamen (0,06 µg/g). Wie schon früher erwähnt, ist in diesen noradrenalinarmen und trotzdem fermentreichen Gehirnarealen Dopamin das Endprodukt der Brenzkatechinaminsynthese: nach CARLSSON et al. (1958) finden sich ungefähr 80% des gesamten Dopamins des Gehirns angehäuft im Nucl. caudatus und Putamen (s. auch MONTAGU 1957; Übersicht bei CARLSSON 1959). Da im Nucl. caudatus die Aktivität der Dopamin-$\beta$-hydroxylase, die Dopamin in Noradrenalin umwandelt, ebenso hoch ist wie im Hypothalamus (UDENFRIEND u. CREVELING 1959), muß das Dopamin im Nucl. caudatus und Putamen vor der Hydroxylierung zu Noradrenalin geschützt sein. Der „Schutzmechanismus" besteht darin, daß das Amin überwiegend granulär gespeichert ist (GOLDSTEIN et al. 1964a und b), während das Ferment, die Dopamin-$\beta$-hydroxylase, im Supernatant der Gehirnhomogenate gefunden wurde, d. h. im Cytoplasma lokalisiert ist.

Umgekehrt liegen die Verhältnisse in der *Area postrema* mit ihrem besonders hohen Noradrenalin-(und Serotonin-)Gehalt bei praktisch fehlender Dopadecarboxylaseaktivität (GADDUM u. GIARMAN 1956). Das hier befindliche Noradrenalin wird nicht an Ort und Stelle gebildet, sondern stammt aus dem Blut, da die „trigger zone" für das Erbrechen (Area postrema) von diesem nicht durch die Blut-Hirnschranke getrennt ist, die den Brenzkatechinaminen das Eindringen aus der Blutbahn in die meisten anderen Gehirnteile erschwert oder unmöglich macht. Nach Untersuchungen von WEIL-MALHERBE et al. (1959, 1961a) an Katzen mit tritium-markiertem $H^3$-Adrenalin und Noradrenalin ist von diesen nur der Hypothalamus und die Hypophyse, besonders der Vorderlappen, nach WOLFE et al. (1962) auch das Corpus pineale zu einer Aufnahme der intravenös injizierten Amine in der Lage. Erst 30 min nach der Injektion übertraf die spezifische Aktivität im Hypothalamus signifikant diejenige des Plasmas. Das ist von Bedeutung für die Beurteilung „zentraler" Wirkungen, die nach der intravenösen Injektion von Brenzkatechinaminen auftreten, — für die Frage, ob diese Wirkungen durch direkte Beeinflussung zentralnervöser Strukturen zustande kommen oder indirekt, von peripheren Angriffspunkten der Amine aus ausgelöst werden, indem z. B. die durch sie verursachten Kreislaufwirkungen über nerval-reflektorische Regulationsmechanismen (Carotissinus, Aortenbogen) zentral-cerebrale Funktionen beeinflussen.

### 1. Extracerebrale Applikation

Dehnung des Carotissinus und dadurch bedingte Stimulierung der Baroreceptoren, z. B. durch die nach der intravenösen Injektion von Noradrenalin auftretende Blutdrucksteigerung, führte zu Muskelerschlaffung und Schlafneigung, wie KOCH (1931) schon vor mehr als 30 Jahren an unbetäubten Hunden beobachtete. Auch SCHROEDER und ANSCHÜTZ (1951) fanden, daß blutdrucksteigernde Dosen Noradrenalin an Carotisschlingenhunden Schläfrigkeit hervorriefen. In Versuchen von HOLTZ et al. (1957b, 1958) an Mäusen war nach der intramuskulären Injektion von Noradrenalin, auch von Serotonin, die Barbituratnarkose (Hexobarbital, Evipan) signifikant verlängert; Tiere, die gerade aus der Narkose erwachten und noch etwas taumeligen Gang hatten, fielen nach einer i.m. Injektion von Noradrenalin wieder in Schlaf. Andererseits wirkten auch Anticholinesterasen, die, wie Eserin und Paraoxon (E 600), leicht ins Gehirn eindringen und an Mäusen und Ratten eine zentraladrenergische Blutdrucksteigerung hervorriefen (VARAGIĆ 1955), narkoseverlängernd (HOLTZ et al. 1958).

Adrenergische Mechanismen scheinen auch für das Zustandekommen *analgetischer* Wirkungen von Bedeutung zu sein (Übersicht bei O. SCHAUMANN 1957). Dafür spricht u. a., daß Adrenalin und andere Sympathicomimetica an Hunden die Schmerzschwelle bei Reizung der Zahnpulpa erhöhten (KIESSIG u. ORZECHOWSKI 1941). Auch IVY et al. (1944) berichteten über analgetische Effekte des Adrenalins am Menschen bei subcutaner und an Hunden bei intracarotidaler und intravenöser Injektion. 100 µg/kg Noradrenalin subcutan waren bei Meerschweinchen analgetisch so wirksam wie 1 mg/kg Morphin; die gleiche Noradrenalindosis, 30 min vor dem Analgeticum injiziert, verstärkte und verlängerte an Meerschweinchen die Wirkung des Morphins und Pethidins (Polamidon) (RADOUCO-THOMAS et al. 1957).

### 2. Intracerebrale Applikation

Daß Adrenalin und Noradrenalin von bestimmten Gehirnregionen aus pharmakologische Wirkungen auslösen können, wenn man sie unter Durchbrechung oder Umgehung der Blut-Hirnschranke ins Gehirn hineinbringt, ist seit langem bekannt.

*a)* Nachdem schon bald nach der Isolierung des Adrenalins WEBER (1904) beobachtet hatte, daß die Injektion in die A. carotis bei Katzen zu einer Dämpfung schmerzpercipierender Zentren führt, fand BASS (1914), daß

Adrenalin bei subduraler oder intracerebraler Injektion an Katzen und Hunden Analgesie und schlafähnliche Zustände hervorruft. LEIMDÖRFER und METZNER (1949), LEIMDÖRFER (1950) sowie HALEY und MCCORMICK (1957) injizierten Hunden Adrenalin intrazisternal oder in die Lateralventrikel des Gehirns und kamen zu ähnlichen Ergebnissen. In einer 1957 erschienenen Arbeit teilte REITTER mit, daß die intrazisternale Injektion von einigen Milligramm Adrenalin an Hunden zu einer mehrere Stunden anhaltenden reflexlosen „Narkose" führte, in der große chirurgische Eingriffe ohne Auslösung von Schmerzreaktionen möglich waren.

FELDBERG und SHERWOOD (1953, 1954) entwickelten eine Methode, die es erlaubt, durch eine in das Schädeldach eingeschraubte Kanüle Pharmaka in die Seitenventrikel zu injizieren oder diese zu perfundieren, wobei das Pharmakon in den 3. und 4. Ventrikel gelangt und die periventriculäre graue Substanz umspült. Die intraventriculäre Injektion von 20—100 µg Adrenalin oder Noradrenalin verursachte an Katzen stuporöse Zustände und Analgesie; Calcium hatte die gleiche Wirkung (FELDBERG u. SHERWOOD 1957). An psychotischen Patienten verursachte die Injektion von mehreren 100 µg Adrenalin in die Lateralventrikel Dösigkeit (SHERWOOD 1955); Tiere, die aus einer Pentobarbitalnarkose aufgewacht und noch ataktisch waren, fielen nach 20 µg Adrenalin oder Noradrenalin intraventriculär wieder in Schlaf (Übersicht bei FELDBERG 1963). An Mäusen war die Hexobarbitalnarkose nach intracerebraler Injektion von 20—40 µg Noradrenalin signifikant verlängert (MATTHIES u. SCHMIDT 1961, 1962).

*b)* Hypothalamustumoren können Schlafsucht erzeugen. Die zuerst von v. ECONOMO (1926, 1929, 1930) beschriebenen histologischen Veränderungen bei der *Encephalitis lethargica* waren in der grauen Substanz zwischen Di- und Mesencephalon lokalisiert, bei den der Schlafsucht dieser Patienten häufig voraufgehenden, mit choreatischen Bewegungsstörungen verbundenen Zuständen von Schlaflosigkeit jedoch mehr rostral in den Wänden des 3. Ventrikels. W. R. HESS (1930, 1933, 1948, 1956, 1961) hatte durch elektrische Reizung bestimmter diencephaler Areale zum vorderen Ende des Aquäduktes hin seine Versuchskatzen in tiefen Schlaf versetzen können, ebenso durch Injektionen von Ergotamin und Calcium in den 3. Ventrikel. Experimentell gesetzte bilaterale Läsionen im caudalen Teil des lateralen Hypothalamus lösten bei Affen Schlaf aus (RANSON u. INGRAM 1932; INGRAM et al. 1936; RANSON 1939; Übersichten bei RANSON u. MAGOUN 1939; HARRISON 1940; MAGOUN 1958).

*c)* HALL und GOLDSTONE (1940) hatten beobachtet, daß die *intravenöse* Injektion hoher Adrenalindosen den nach Pentobarbital auftretenden *Tremor* zuerst verstärkte und dann aufhob. Auch am Menschen löste Adrenalin, nicht Noradrenalin, bei *intravenöser* Injektion Tremor aus und verstärkte ihn bei Parkinson-Patienten (BARCROFT et al. 1952). FELDBERG und MALCOLM (1959) erzeugten an Katzen Tremor, indem sie die Lateralventrikel des Gehirns mit einer Tubocurarinlösung durchströmten; dieser ließ sich, ebenso wie der unter diesen Bedingungen nach Chlorpromazin und Pentobarbital auftretende Tremor (DOMER u. FELDBERG 1960), dadurch leicht unterbrechen, daß der Perfusionsflüssigkeit Adrenalin zugefügt wurde. Die „Antitremor-Wirkung" des Adrenalins war etwas stärker als diejenige des Noradrenalins und übertraf bei weitem diejenige des Dopamins (CARMICHAEL et al. 1962).

Adrenalin kann demnach von der *Peripherie* aus gerade entgegengesetzte Wirkungen ausüben wie bei *cerebraler* Applikation: bei intravenöser Injektion löste es Tremor aus, bei Perfusion der Gehirnventrikel mit einer Adrenalinlösung wurde der nach Tubocurarin oder Pentobarbital aufgetretene Tremor beseitigt (s. auch DRÁSKOCI et al. 1960). Auch Amphetamin und N-Methylamphetamin (Pervitin) wirkten ganz verschieden, je nachdem sie intravenös oder intraventriculär injiziert wurden: im letzten Fall verursachten sie an Katzen keine zentrale Erregung, sondern Lethargie und verstärkten die zentral-depressorische Wirkung des Serotonins (GADDUM u. VOGT 1956).

### 3. EEG und Formatio reticularis

Die durch die sympathicomimetischen Brenzkatechinamine bei intrazisternaler oder intraventriculärer Injektion, die sie mit den noradrenalinreichen di- und mesencephalen Stammhirnregionen in Berührung bringt, hervorgerufenen zentralen Wirkungen: stuporöse, schlaf- und narkoseähnliche Zustände, fügen sich nur schwer in das Wirkungsbild ein, das von W. R. HESS (1948, 1954) für eine zentrale Stimulierung des sympathisch-ergotropen Systems entworfen worden ist. Versuche an unbetäubten Katzen mit elektrischer Reizung umschriebener Areale des Diencephalons, in dessen grauer Substanz die Integration visceraler, somatischer und psychischer Funktionen des Nervensystems erfolgt, durch implantierte Elektroden hatten zu einer Differenzierung zwischen „dynamogenen" und „endophylaktischen" Arealen und zu der Konzeption eines „ergotropen" und eines antagonistischen „trophotropen" Systems geführt.

Die *peripheren* Effekte des ergotropen Systems werden hauptsächlich durch die sympathisch-noradrenergischen Nerven vermittelt, die dem thoracolumbalen Anteil des Rückenmarks entstammen, die Effekte des trophotropen Systems durch parasympathisch-cholinergische Nerven, die aus den cranialen und sacralen Anteilen des Rückenmarks hervorgehen. Das vegetative Nervensystem übt somit seine regulatorischen Funktionen mit Hilfe zweier antagonistischer Teilsysteme aus, deren Wirkungen in der Peripherie durch die Überträgerstoffe Noradrenalin bzw. Acetylcholin vermittelt werden. Die *psychisch-emotionellen* Reaktionen, die mit einer Stimulierung des ergotropen Systems einhergehen, sind Wachheit, erhöhte psycho-motorische Aktivität, Reaktionsfähigkeit auf endogene und exogene Reize sowie emotionelle Agressivität. Demgegenüber sind Schläfrigkeit, verminderte Reaktionsfähigkeit auf Reize und Dämpfung emotioneller Reaktionen typische Symptome einer Stimulierung des trophotropen Systems. Gewinnt das eine Teilsystem das Übergewicht über das andere, so kann das sich in charakteristischen Veränderungen des Elektroencephalogramms widerspiegeln.

Die Stimulierung des ergotropen Systems entspricht in mancher Hinsicht dem Effekt einer elektrischen Stimulierung des *ascendierenden retikulären Systems* des Hirnstamms, die im EEG zu corticaler Desynchronisation führt und eine Weckreaktion („arousal reaction") auslöst mit dem Auftreten frequenter Wellen niedriger Amplitude. Nach Untersuchungen von MAGOUN (1950, 1952, 1958) sowie von MORUZZI und MAGOUN (1949) kommt der Formatio reticularis des Hirnstamms, die sich von zentralen Anteilen der Medulla über pontine Areale bis in mesencephale Regionen des Gehirns hinein erstreckt, nicht nur für die Kontrolle visceraler Funktionen, z. B. des Kreislaufs, der Atmung und der Temperaturregulation, Bedeutung zu; sie übt auch mehr generalisierte regulatorische Funktionen aus, z. B. für den Schlaf-Wachrhythmus sowie für die Perception, die Leitung und die Integration afferent-sensorischer Einflüsse — und für extrapyramidal-motorische Efferenzen (Übersicht bei KILLAM 1962).

### 4. Inhibitorische Mechanismen

Für die Beurteilung pharmakologischer Wirkungen, die einen Angriffspunkt in der Formatio reticularis haben, ist von Bedeutung, daß es zu einer Dissoziation zwischen den im EEG zum Ausdruck kommenden *elektrophysiologischen* Veränderungen und dem *Verhalten* des Versuchstieres („behavioral response") kommen kann (s. LINDSLEY 1952), wenn auch häufig, so z. B. nach der Injektion von Amphetamin, einer Wachreaktion des Elektroencephalogramms („EEG-arousal") eine in der Verhaltensweise zum Ausdruck kommende Wachheits- und Erregungsreaktion entspricht. Inhibitoren der Acetylcholinesterase, wie Eserin und Diisopropylfluorophosphat (DFP), verursachten eine Wachreaktion im EEG, ohne entsprechende Veränderungen des Verhaltens hervorzurufen (BRADLEY u. ELKES 1957; BRADLEY 1958; BRADLEY u. KEY 1959); umgekehrt wirkte Atropin (WIKLER 1952; s. auch WHITE et al. 1961). Auch dem von FELDBERG und SHERWOOD (1954) nach intraventriculärer Injektion von Adrenalin an Katzen beobachteten stuporösen, schlafähnlichen Verhalten entsprach nicht etwa ein „Schlaf-EEG", sondern, wie HANCE (1956) später zeigen konnte, ein „Arousal-EEG", das sich am gleichen Tier durch einen peripheren sensorischen Reiz auslösen ließ. Die Ursache dieser Dissoziation dürfte u. a. sein, daß die Aktivität des retikulären Systems des Hirnstamms inhibitorischen *corticalen* und *bulbären* Einflüssen unterworfen ist.

Corticale Hemmung von Wirkungen, die durch elektrische Stimulierung des descendierenden retikulären Systems ausgelöst wurden, hatten schon RHINES und MAGOUN (1946) an Katzen beobachtet (s. auch MAGOUN u. RHINES

1946): die in Chloralosenarkose auftretenden motorischen Effekte blieben am unbetäubten Tier, bei dem es zu einer corticalen Aktivierung („arousal") kam, aus oder waren gehemmt. In Versuchen von HUGELIN und BONVALLET (1957a und b), in denen gleichzeitig corticale Aktivität und monosynaptische motorische Reflexreaktionen registriert wurden, ging die Aktivierung des EEG mit motorischer Hemmung einher. Die durch Amphetamin ausgelöste hirnelektrische corticale Aktivierung erzeugte corticofugale Effekte, die die retikuläre Aktivität hemmten (DELL 1961). GREEN und ARDUINI (1954) hatten nach Injektion von Adrenalin eine Dissoziation zwischen neocorticaler elektrischer Aktivität und Verhaltensweise auf der einen Seite und der elektrischen Hippocampusaktivität auf der anderen Seite beobachtet. Ähnliche Beobachtungen machten BRADLEY und NICHOLSON (1962) nach der Injektion von Amphetamin und schlossen daraus, daß die Hippocampusneurone einer inhibitorischen Kontrolle durch das limbische System des Mittelhirns unterstehen.

„Cortical arousal" verursacht auf dem Wege eines negativen „feedback"-Mechanismus in diesem reticulo-cortico-retikulären System descendierend Inhibitionen. Demgegenüber bedeutet niedriger corticaler „Tonus", wie er z. B. bei hypoglykämischen Zuständen vorliegt, daß die Hirnrinde besonders empfindlich auf EEG synchronisierende Effekte reagiert (HEPPENSTALL u. GREVILLE 1950), und das gegenregulatorisch sezernierte Adrenalin Bedingungen vorfindet, unter denen das aktivierende retikuläre System dem inhibitorischen corticalen Einfluß entzogen ist und es deshalb zu einer Erleichterung descendierend-motorischer Wirkungen kommt.

Ein ähnlicher inhibitorischer „feedback"-Mechanismus, wie zwischen *Cortex* und Formatio reticularis, besteht zwischen *Medulla* und retikulärem System. Von medullären Strukturen können ascendierend Effekte ausgeübt werden, die zu einer Synchronisation im EEG, d. h. zum Auftreten eines schlafähnlichen EEG führen (MAGNI et al. 1959; CORDEAU und MANCIA 1959). Dieser bulbäre Mechanismus wird einerseits bei Stimulierung des retikulären Systems selbst aktiviert, so daß dieses seine eigene Aktivität dämpft (BONVALLET u. BLOCH 1960); andererseits kann das medulläre inhibitorische System durch afferente Impulse von den Baroreceptoren des Carotissinus aus aktiviert werden (BONVALLET et al. 1954; DELL et al. 1954) und deshalb, z. B. nach der intravenösen Injektion einer blutdrucksteigernden, eine Dehnung der Carotissinuswände verursachenden Adrenalin- oder Noradrenalindosis, der durch die Brenzkatechinamine etwa zentral ausgelösten Aktivierung des mesencephalen retikulären Systems entgegenarbeiten (Übersicht bei CURTIS 1963).

## 5. Weckreaktion („arousal")

Aktivierungen durch Adrenalin auf der Ebene der Formatio reticularis des Hirnstamms lassen sich nur demonstrieren, wenn die Areale, an denen die aktivierende Wirkung ihren Angriffspunkt hat, corticalen und bulbären inhibitorischen Einflüssen möglichst entzogen sind, indem sie von weiter rostral und caudal gelegenen Strukturen isoliert werden. Die einzige zentrale Region, die intakt bleiben muß, um Aktivierungseffekte mit Adrenalin zu erhalten, liegt zwischen einer hinteren prätrigeminalen und einer vorderen prämammilaren Transektion, wie die Untersuchungen von BONVALLET et al. (1954) sowie von DELL et al. (1954) ergeben haben. Sie enthält den vorderen Teil des Mesencephalon und den hinteren Teil des Hypothalamus. Nach präpontiner, transmesencephaler Durchschneidung des Hirnstamms („*Cerveau isolé*") löste Adrenalin keine „arousal"-Reaktion mehr aus. Im mesencephalo-hypothalamischen Teil der Formatio reticularis disseminierte Strukturen, in denen sich ein besonders hoher Noradrenalingehalt findet, scheinen demnach auch gegenüber im Blute kreisendem Adrenalin — und Noradrenalin — empfindlich zu sein. — *Amphetamin* (Benzedrin) und Methamphetamin (Pervitin) (s. HAUSCHILD 1938), bei denen die peripheren sympathicomimetischen hinter den zentralen Wirkungen zurücktreten, riefen in Dosen von 1—2 mg/kg intravenös auch an *Cerveau isolé*-Präparaten („Cerveau sans reticulée") eine von der Formatio reticularis ausgehende Wachreaktion hervor (BRADLEY u. ELKES 1953; HIEBEL et al. 1954). Auch Dopa, das als pharmakologisch inerte Aminosäure leicht ins Gehirn eindringt und hier zu Dopamin decarboxyliert wird, löste — im Gegensatz zu Dopamin, das unwirksam war, da es die Blut-Hirnschranke nicht durchdringt, — in einer Dosierung von 8—20 mg in die Carotis injiziert, an solchen Präparaten eine langdauernde „arousal"-Reaktion aus (MANTEGAZZINI u. GLÄSSER 1960).

*Pharmaka*, die eine elektrophysiologisch nachweisbare „arousal reaction" hervorrufen, sind u. a. *Anticholinesterasen*, die, wie Eserin und Alkylphosphate (DFP, E 600, E 605), als lipoidlösliche Substanzen ins Gehirn eindringen (FREEDMAN et al. 1949; RINALDI u. HIMWICH 1955a und b; BRÜCKE 1956a und b; BOVET u. LONGO 1956). Das hat zur Annahme cholinergischer Wirkungs- und Übertragungsmechanismen im ascendierenden retikulären System geführt (RINALDI u. HIMWICH 1955; LONGO 1956; HIMWICH u. RINALDI 1957). Auch *Adrenalin* kann eine „arousal reaction" auslösen (BRADLEY et al. 1953; BONVALLET et al. 1954; GANGLOFF u. MONNIER 1957; Übersicht bei STUMPF 1957). Es fragt sich jedoch, ob es sich bei dieser Wirkung des Adrenalins, das schon wegen seiner geringen Lipoidlöslichkeit nur schwer durch die Blut-Hirnschranke ins Gehirn eindringt, um eine direkte, an bestimmten Strukturen des Zentralnervensystems angreifende oder um eine peripher-reflektorische Wirkung handelt.

MANTEGAZZINI et al. (1959a und b) injizierten Adrenalin Katzen in die A. carotis und vertebralis. Eine — verzögerte — corticale „arousal reaction" trat nur nach hohen Dosen auf, wenn diese zum Teil in die allgemeine Zirkulation gelangten und auch periphere Effekte auslösten (s. auch LONGO u. SILVESTRINI

1957; CAPON 1960). Die Autoren schrieben die beobachteten zentralen Wirkungen Abbau- bzw. Stoffwechselprodukten des Adrenalins zu. In späteren Untersuchungen konnte jedoch gezeigt werden, daß die Injektion der wichtigsten, auch in der Peripherie pharmakologisch unwirksamen Metabolite des Adrenalins und Noradrenalins (3-O-Methyladrenalin und -noradrenalin, Vanillinmandelsäure), im Gegensatz zu Adrenalin, die elektrocorticale Aktivität nicht beeinflußten (MARLEY u. KEY 1963), und daß Pyrogallol als Hemmstoff der 3-O-Methyltransferase (s. V.C.1.) die Wirkung des Adrenalins verlängerte (DELL 1960). Andererseits rief Adrenalin auch an *Encéphale isolé*-Präparaten eviscerierter Katzen (BRADLEY 1960) sowie an Tieren mit einer Hirnstammtransektion im vorderen Drittel des Pons, die das retikuläre System vom peripheren Einstrom trigeminaler Afferenzen und etwa von den Baroreceptoren des Carotissinus und Aortenbogens ausgehender Einflüsse isolierte (DELL 1960), eine corticale Weckreaktion hervor.

BRADLEY und MOLLICA (1958) registrierten mit Hilfe von Mikroelektroden die Aktivität einzelner Neurone in der Formatio reticularis und fanden, daß die intracarotidale Injektion von 5—25 µg Adrenalin die Entladungsfrequenz in einigen Neuronen erhöhte, in anderen verminderte und in wieder anderen unbeeinflußt ließ (s. auch BRADLEY u. WOLSTENCROFT 1962; BLOOM et al. 1963). ROTHBALLER (1957a und b) beobachtete nach der Injektion von 1 µg Adrenalin direkt in den Hirnstamm eine EEG-Aktivierung von mesencephalen Regionen der Formatio reticularis aus, die mit den Effekten einer elektrischen Reizung dieser Areale übereinstimmte. Während CURTIS und KOIZUMI (1961) im Mesencephalon keine auf Adrenalin reagierenden Neurone fanden, erhielten BRADLEY und WOLSTENCROFT (1962) an ungefähr 50% der Neurone im caudalen Pons und in der rostralen Medulla Reaktionen, die im Hypothalamus überwiegend inhibitorischer Natur waren (BLOOM et al. 1963b).

### 6. Cerebraler oder extracerebraler Angriffspunkt?

DELL et al. (1954), BONVALLET et al. (1956) und ROTHBALLER (1956, 1959) hatten gefunden, daß eine Adrenalinausschüttung aus dem Nebennierenmark bei intaktem Retikulärsystem an Tieren zu einer Aktivierung des EEG und bestimmter spinaler motorischer Funktionen führte. Die Wirkung trat auch bei intravenöser Injektion von Adrenalin und Noradrenalin auf; sie blieb aus, wenn die Verbindung des mesencephalen Abschnittes der F. reticularis mit höheren Gehirnabschnitten unterbrochen war. Die Autoren schlossen daraus auf eine direkte Stimulierbarkeit der Neurone des retikulären Aktivierungssystems durch hämatogene, die Blut-Hirnschranke durchdringende Brenzkatechinamine.

Gegen die Richtigkeit dieser Schlußfolgerung sprechen die Ergebnisse neuerer Untersuchungen von POECK (1960, 1962) an Spinalkatzen, in denen unter Registrierung des EEG, des Blutdrucks und der Nickhautkontraktionen

Adrenalin sowohl intravenös als auch intraarteriell, direkt in den cerebralen Kreislauf (gleichzeitig in die A. carotis und in die A. vertebralis), injiziert wurde (s. auch MANTEGAZZINI et al. 1959a und b; POECK 1960; MANTEGAZZINI u. GLÄSSER 1960). Aus der Abb. 67 ist zu ersehen, daß die *intravenöse* Injektion von 5 µg/kg Adrenalin (A) fast gleichzeitig mit dem Anstieg des Blutdrucks und der Nickhautkontraktion (a) zu einer Aktivierung des EEG führte, während die *intraarterielle* Injektion von 3 µg Adrenalin (B), die eine prompte

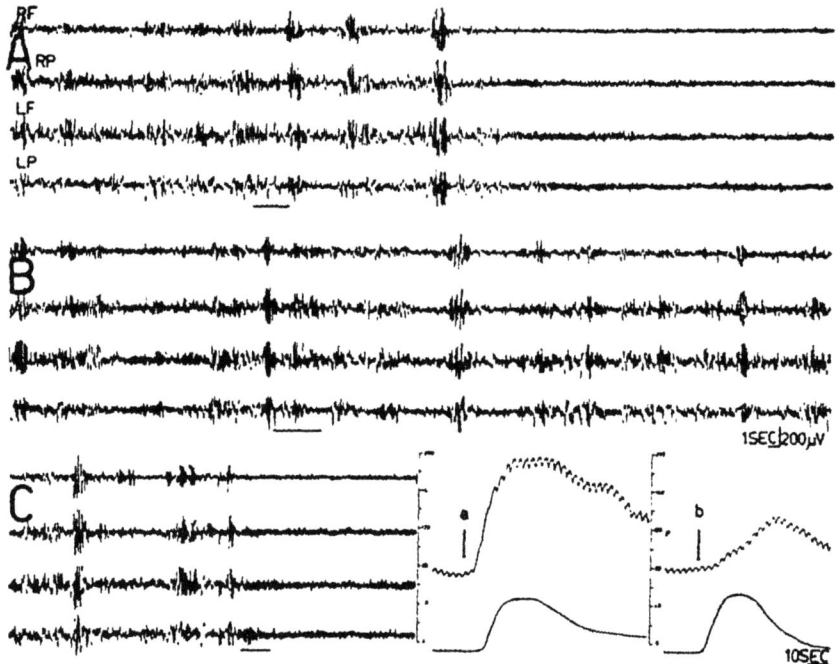

Abb. 67 A—C. *Die Wirkung des Adrenalins auf das EEG, den Blutdruck und die Nickhaut der Katze* A 5 µg/kg Adrenalin i.v. (V. femoralis); *a* Blutdruck (oben), Nickhaut (unten). B 3 µg Adrenalin i.a. (A. carotis und vertebralis); *b* Blutdruck (oben); Nickhaut (unten). C Fortsetzung von B: akustische Stimulierung. Aus K. POECK (1962)

Kontraktion der Nickhaut und einen verzögerten Anstieg des Blutdrucks auslöste (b), das EEG unbeeinflußt ließ. Ein akustischer Reiz (C) aktivierte das EEG sofort. Die hirn-elektrisch aktivierende Wirkung der intravenösen Injektion von Adrenalin beruhte somit nicht auf einer direkten Stimulierung adrenergischer Neurone der Formatio reticularis des Hirnstamms, sondern auf indirekten, reflektorisch ausgelösten Wirkungen, vielleicht auch auf vasomotorischen intra- oder extracerebralen Veränderungen, die sich sekundär auf die Formatio reticularis auswirkten.

In Untersuchungen von FISCHER et al. (1955) über die *Hemmung des peripheren Sympathicustonus* (Dämpfung der Impulsentladungen der noradrenergischen Herznerven) durch Adrenalin war dieses bei Injektion in die Carotis schwächer wirksam, und die Wirkung hatte eine längere Latenz als bei intravenöser Injektion. Schon ADRIAN et al. (1932) hatten unter Ableitung der Aktionspotentiale von prä- und postganglionären sympathischen Nervenfasern beobachtet, daß Blutdruckerhöhungen eine verminderte Impulsaussendung verursachten. Die Wirkung erwies sich als reflektorisch bedingt: Durchschneidung der Carotissinusnerven und der Depressornerven (BRONK et al. 1934; PITTS et al. 1941; ALEXANDER 1945) oder der Nn. vagi und der Sinusnerven (GERNANDT et al. 1946) hob sie auf. Trotzdem nahmen MARGUTH et al. (1951) zur Erklärung der von ihnen beobachteten Hemmwirkung intravenöser Adrenalininjektionen eine zusätzliche *direkte* Wirkung auf zentralnervale Elemente an (Gehirn, Rückenmark), da sie nach *Adrenalin* eine stärkere Hemmung der Impulsentladungen in peripheren sympathischen Nerven als nach *Occlusion der Aorta* fanden, obwohl im letzten Fall der Blutdruck höher anstieg. Versuche mit Ableitung der Aktionspotentiale von den präganglionären Fasern des Halssympathicus (IGGO u. VOGT 1962) sowie von postganglionären sympathischen Nerven des Splanchnicusgebietes (Leber, Niere) und des Herzens (WEIDINGER et al. 1963) erbrachten dann den Beweis, daß der Einfluß des Adrenalins auf die „Tätigkeit des Sympathicus" kein zentraler, sondern ausschließlich ein peripher-reflektorischer ist (s. auch BAUST u. KATZ 1961; BAUST et al. 1962, 1963). Gleich starke Blutdrucksteigerungen hatten gleich starke inhibitorische Effekte auf die Impulsentladung in den peripheren sympathischen Nerven, gleichgültig ob sie durch Aortenocclusion oder durch die i.v. Injektion blutdrucksteigernder Pharmaka (Adrenalin, Noradrenalin, Pituitrin) ausgelöst wurden. Die Denervierung der pressosensiblen Areale des Kreislaufs hob alle Wirkungen auf.

### 7. Modulatoren oder synaptische Überträgerstoffe?

Wesentliche Kriterien der Funktion eines körpereigenen Wirkstoffs als synaptischer Erregungsüberträger (s. z. B. FELDBERG 1945, 1950a und b; HEBB 1957; PATON 1958; HOLTZ 1960d; GADDUM 1962, 1963) treffen für die Brenzkatechinamine des Zentralnervensystems zu:

*a)* Ihr *Vorkommen* im Gehirn und Rückenmark weist eine spezifische, selektive Verteilung auf. So ist der Noradrenalingehalt z. B. im vorderen und mittleren Teil des Hypothalamus und im Mesencephalon, in den Teilen, die zur Formatio reticularis des Hirnstamms gehören, höher als in der Umgebung (VOGT 1954, 1957). Dopamin kommt bei allen Vertebraten in relativ hoher Konzentration in den Basalganglien vor. Im Neostriatum (Nucl. caudatus und Putamen) des Menschen ist der Dopamingehalt 10mal höher als im Globus pallidus und in der Substantia nigra (s. auch XV.E.).

*b)* Die *Fermente* der Synthese und der Inaktivierung, z. B. die Tyrosinoxydase, die Tyrosin in Dopa überführt, sowie die Dopadecarboxylase und Dopamin-$\beta$-hydroxylase, die Dopa zu Dopamin decarboxyliert bzw. dieses in Noradrenalin umwandelt, kommen ebenso wie die Fermente des Abbaus und der

Inaktivierung — Monoaminoxydase und 3-O-Methyltransferase — in abgestufter Aktivität in den verschiedenen Anteilen des ZNS vor (s. II. A. und IV. A. B.).

c) Als synaptischer Transmitter muß der Wirkstoff bei der Erregung oder elektrischen Reizung *freigesetzt* werden. MCLENNAN (1964) konnte mit Hilfe einer in den Nucl. caudatus eingeführten Berieselungs- bzw. Perfusionssonde zeigen, daß die elektrische Reizung afferenter, zum Nucl. caudatus verlaufender Neurone eine Freisetzung von Dopamin verursacht.

d) Schließlich muß der Überträgerstoff auf bekannte Synapsen eine Wirkung ausüben. Adrenalin und Noradrenalin können die synaptische Erregungsübertragung in den peripheren Ganglien des vegetativen Nervensystems, die eine cholinergische ist, dosisabhängig fördernd oder hemmend beeinflussen (MARRAZZI 1933 a—c, 1946; MARRAZZI u. MARRAZZI 1947; MARRAZZI u. HART 1955; BÜLBRING u. BURN 1942; BÜLBRING 1944; s. auch KONZETT 1950b; LUNDBERG 1952; MARRAZZI 1957; GLUCKMAN et al. 1957). Wo sie keine Überträgerstoffe sind, vermögen die Brenzkatechinamine anscheinend die Funktion von „Modulatoren" der Erregungsübertragung auszuüben.

Man hat von einer „Selbststeuerung der synaptischen Erregungsübertragung durch die Wirkstoffe" gesprochen (SCHÄFER 1941). So sehr das wohl für *Acetylcholin* als synaptischen Erregungsüberträger in den peripheren Ganglien und in den motorischen Endplatten der quergestreiften Muskulatur, vielleicht auch an bestimmten zentralen Synapsen zutrifft, so ist es doch unwahrscheinlich, daß die *physiologisch* in Frage kommenden Konzentrationen *hämatogener* Brenzkatechinamine ausreichen, durch direkte lokale Einwirkung die ganglionäre Erregungsübertragung zu „modulieren". Das gilt auch für die im Experiment mögliche Stimulierung der Baroreceptoren des Carotissinus durch hohe Konzentrationen lokal aufgebrachten Adrenalins und anderer vasoconstrictorisch wirkender Pharmaka (PALME 1944; LANDGREN et al. 1952; Übersicht bei HEYMANS u. NEIL 1958). Wahrscheinlicher als eine direkte, *substantielle* Beeinflussung nervaler, in die Reflexbögen der „Selbststeuerung" des Kreislaufs eingestreuter Strukturen durch hämatogen zur Wirkung gelangende Brenzkatechinamine ist eine durch ihre peripheren *Wirkungen,* insbesondere die durch sie hervorgerufenen Blutdruckänderungen ausgeübte indirekte, *reflektorische* Beeinflussung.

Andererseits konnten mit Hilfe fluorescenzmikroskopischer Methoden adrenergische, die cholinergische Erregungsübertragung wahrscheinlich inhibierende synaptische Nervenendigungen sowohl in sympathischen als auch in parasympathischen Ganglien dargestellt werden, z. B. im ggl. ciliare (TUM SUDEN et al. 1951), in den ganglia stellata und cervicalia sup., im ggl. coeliacum und mesentericum inf. von Ratten (HAMBERGER et al. 1963) sowie im ggl. cervicale sup. von Kaninchen (HAMBERGER et al. 1965), ferner in den intramuralen Ganglien des Katzen- und Rattendarms (NORBERG 1964) und in den Ganglien der Katzen-Harnblase (HAMBERGER u. NORBERG 1965).

Bei *topischer* Applikation können sie auch direkte Wirkungen innerhalb des *Zentralnervensystems* ausüben. Mikroinjektionen von Adrenalin (20 µg) in die Formatio reticularis des Hirnstamms erhöhten an schlafenden Katzen die elektro-corticale Aktivität (CORDEAU et al. 1963). Die Art der Wirkung ist anscheinend dosisabhängig: durch iontophoretische Applikation *kleiner* Adrenalindosen wurde die Aktivität corticaler Neurone deprimiert, *große* Dosen steigerten sie (KRNJEVIĆ u. PHILLIS 1963).

*Dopamin*, nicht Adrenalin und Noradrenalin, verursachte am isolierten Gehirn einer Schnecke, Helix aspersa, Hyperpolarisation des Ruhepotentials und Hemmung der Spontanaktivität der Neurone (KERKUT u. WALKER 1961). Dopamin, neben γ-Aminobuttersäure vielleicht Bestandteil des von FLOREY (1953, 1957, 1960) aus dem Gehirn von Säugetieren isolierten „nervösen Hemmungsfaktors" (Faktor I), hemmte, wiederum im Gegensatz zu Adrenalin und Noradrenalin, die Dehnungsreceptoren-Neurone des Flußkrebses (MCGEER et al. 1961) und einer Molluskenart, Cryptomphallus aspera (GERSCHENFELD 1964); bei anderen Krebsarten war es wirkungslos (MCLENNAN u. HAGEN 1963). Über das Vorkommen von Dopamin in Molluskenganglien berichtete SWINEY (1963).

Auch die Funktion von *Rückenmark*-Neuronen wird durch Brenzkatechinamine beeinflußt. Schon 1937 hatten SCHWEITZER und WRIGHT an Katzen eine Hemmung des Patellarreflexes nach intravenöser Injektion hoher Adrenalindosen (100—400 µg) beobachtet. Die Wirkung wurde von mehreren Autoren bestätigt. SIGG et al. (1955) wiesen auf die Bedeutung der Narkosetiefe hin: die Hemmwirkung in tiefer Narkose schlug in ihr Gegenteil um, wenn die Injektionen in flacher Narkose erfolgten. MCLENNAN (1961) konnte zeigen, daß Noradrenalin bei dieser Applikationsart schwächer wirkte als Adrenalin, und daß Dopamin wirkungslos war. α-Sympathicolytica (Dibenzylin), auch Chlorpromazin hoben die Wirkung auf. — Monosynaptische Streckreflexe wurden durch intravenöse oder intraarterielle Injektionen von Adrenalin verstärkt, während Beugereflexe praktisch unbeeinflußt blieben; elektrophysiologisch kam es zu einer verstärkten motoneuronalen Depolarisation (BERNHARD et al. 1947; 1953; BERNHARD u. SKOGLUND 1953).

Die Frage, ob die beobachteten Wirkungen ihren Angriffspunkt direkt an spinalen Neuronen hatten oder nur sekundäre, vielleicht vasomotorisch bedingte Wirkungen waren, konnte nicht sicher beantwortet werden. In Versuchen von CURTIS et al. (1957) verursachte Adrenalin bei intraarterieller Injektion erst nach einer erheblichen Latenzzeit eine schwache Potenzierung der spinalen Reflexaktivität; die Autoren führten diese auf lokale vasculäre Veränderungen zurück, zumal sie die direkte Applikation von Adrenalin und Noradrenalin auf Interneurone des Rückenmarks unwirksam fanden (CURTIS et al. 1961). Auch hier scheint die tiefe Barbituratnarkose für das negative Ergebnis verantwortlich gewesen zu sein. Denn SKOGLUND (1961), der an nicht narkotisierten Katzen die Wirkung kleiner Noradrenalindosen (1 µg/kg) auf die Entladung spinaler Interneurone untersuchte, fand meistens eine erhöhte Erregbarkeit.

Daß Brenzkatechinamine die Tätigkeit spinaler Neurone auch direkt beeinflussen können, haben Versuche von MCLENNAN (1961) mit *topischer* Applikation konzentrierter Aminlösungen auf das freigelegte Rückenmark gezeigt. In der inhibitorischen Beeinflussung des Patellarreflexes war unter diesen Versuchsbedingungen Dopamin (2,5—5 %ig) wirksamer als Noradrenalin; Adrenalin erwies sich als unwirksam. Die Wirkung konnte, umgekehrt wie bei intravenöser oder intraarterieller Injektion, durch Strychnin und das β-Sympathicolyticum DCI, nicht durch α-Sympathicolytica aufgehoben werden. Nach MCLENNAN (1962) verursacht Dopamin durch Stimulierung inhibitorischer Interneurone eine Hemmung motorischer Neurone. Für eine physiologische *inhibitorische* Funktion des Dopamins im Rückenmark spricht auch, daß Hemmstoffe der Dopadecarboxylase bei Mäusen die Mortalität nach Strychnin erhöhten (HEROLD et al. 1962).

Die elektrische Entladung einiger Interneurone wurde durch lokal appliziertes Dopamin verstärkt. Das mag erklären, weshalb CURTIS (1962) Dopamin an Renshaw-Zellen, Inter- und Motoneuronen bei iontophoretischer Applikation unwirksam fand und dem Dopamin die Funktion eines inhibitorischen Übertragerstoffes im ZNS absprach. Die dem Noradrenalin gegenüber größere Wirksamkeit des vasoconctrictorisch schwächeren Dopamins macht vasculäre Effekte als Ursache der neuronalen Wirkung unwahrscheinlich. Die Frage bleibt, ob sie eine *synaptische* Wirkung ist, m. a. W., ob die Brenzkatechinamine physiologische Übertragerstoffe im ZNS sind, die Wirkstoffe noradrenergischer und dopaminergischer Neurone.

## 8. Dopaminergische und noradrenergische Neurone

Fluorescenzmikroskopische Untersuchungen, in Verbindung mit Durchschneidungsexperimenten und pharmakologischen Eingriffen in den Aminstoffwechsel des Zentralnervensystems, haben die Existenz „monoaminergischer" Neurone im Gehirn und Rückenmark wahrscheinlich gemacht (s. auch I.B.3.). Die Brenzkatechinamine des Gehirns scheinen nicht nur „Modulatoren" einer vielleicht cholinergischen Erregungsübertragung zu sein, sondern echte synaptische Übertragerstoffe, wobei *Dopamin* und *Noradrenalin* anscheinend verschiedenen funktionellen Systemen angehören. Ihre Verteilung im Gehirn ist ja auch ganz verschieden: es gibt keine Areale, die an beiden Aminen reich sind. *Adrenalin* ist nur zu einem geringen Prozentsatz (etwa 5 %) am Brenzkatechinamingehalt des Gehirns beteiligt (BERTLER u. ROSENGREN 1959a und b; GUNNE 1962b; HÄGGENDAL 1963).

Der fluorescenzmikroskopischen Methode liegt die Kondensation zwischen Monoaminen, z. B. Tryptamin, Serotonin, Dopamin, Noradrenalin, mit einfachen Aldehyden unter Bildung von Isochinolinderivaten zugrunde, die durch anschließende Dehydrierung in stark gelb-grünlich fluorescierende Produkte übergeführt werden. SCHÖPF und BAYERLE (1934), HAHN und LUDEWIG (1934) sowie SCHÖPF und SALZER (1940) hatten *Tryptamin* mit *Acetaldehyd* zu *Tetrahydroharman* kondensiert; HESS und UDENFRIEND (1959) oxydierten das aus Tryptamin und *Formaldehyd* gebildete Tetrahydronorharman mit $H_2O_2$ zu dem stark fluorescierenden Dihydro-norharman und gründeten darauf eine Methode zum spektrofluorimetrischen Nachweis von Tryptamin in Körperflüssigkeiten und Geweben (HESS et al. 1959). Der aus Dopamin durch die MAO gebildete Aldehyd, 3,4-Dihydroxy-phenylacetaldehyd, kondensierte sich in vitro mit noch unverändertem Dopamin spontan zu Tetrahydropapaverolin, das im Gegensatz zu Dopamin eine hohe Affinität zu den β-Receptoren des Herzens, der Gefäße und anderer glattmuskeliger Organe besaß (HOLTZ et al. 1964a und b; HOLTZ 1965) (s. XV.A.3.).

*a)* In systematischen Untersuchungen wurde die Kondensation mit *Formaldehyd* dann von schwedischen Forschern, vor allem von HILLARP sowie von FALCK und von CARLSSON, zu einer empfindlichen histochemischen Methode ausgearbeitet, die zwischen Indol- und Brenzkatechinaminen zu differenzieren erlaubte und den fluorescenzmikroskopischen Nachweis von Dopamin und Noradrenalin nicht nur in den relativ aminreichen Speichergranula der Nervenzellen und in den varicösen „nerve terminals" (s. z. B. FUXE 1965a und b), sondern auch in den Zellkörpern selbst und in den Nervenfasern mit ihrem viel niedrigeren Brenzkatechinamingehalt ermöglichte (CARLSSON et al. 1962; FALCK 1962; FALCK et al. 1962; CORRODI u. HILLARP 1963, 1964; CORRODI et al. 1964). Es ließ sich zwischen primären und sekundären Brenzkatechinaminen unterscheiden (FALCK et al. 1963), zwischen brenzkatechinamin- und serotoninhaltigen Strukturen (CASPERSSON et al. 1965) sowie zwischen dopamin- und noradrenalinhaltigen (CARLSSON et al. 1965). In einer adrenergischen Ganglienzelle war Noradrenalin noch nachweisbar, selbst wenn die Menge nur 1 pg ($10^{-6}$ μg) betrug (NORBERG u. HAMBERGER 1964).

Mit diesen fluorescenzmikroskopischen Methoden konnte in manchen Teilen des Zentralnervensystems schon eine Topographie dopaminergischer und noradrenergischer Neuronensysteme aufgestellt werden (FUXE 1965a und b): z.B. ascendierende noradrenalinhaltige Neurone vom unteren Hirnstamm bzw. Mesencephalon, die den Hypothalamus sowie die Area praeoptica innervierten (DAHLSTRÖM et al. 1964b; ANDÉN et al. 1965b), descendierende im Rückenmark. Durchschneidungen in Höhe des 2. Thorakalsegmentes führten unterhalb der Läsion zum Verschwinden der fluorescierenden Fasern (MAGNUSSON u. ROSENGREN 1963; CARLSSON et al. 1963c, 1964a). Bei Katzen, Kaninchen und Rindern war der Amingehalt des Rückenmarks am höchsten in den Seitenhörnern (z. B. 0,23 μg/g Noradrenalin; 0,5 μg/g Serotonin bei Rindern), am niedrigsten in der weißen Substanz, obwohl diese, ebenso wie die graue Substanz der Vorder- und Hinterhörner, eine 3—4mal höhere Dopadecarboxylaseaktivität besaß. Dopamin konnte im Rückenmark der untersuchten Tierarten nicht nachgewiesen werden (ANDÉN 1965). Bei Kaninchen nahm nach Rückenmarkdurchschneidung zwischen Th 4—Th 6 der Gehalt an 5-Hydroxyindolessigsäure (Normalgehalt 0,2 µg/g oberhalb; 0,14 µg/g unterhalb der Transsektion) caudalwärts schneller, schon 2 Tage p.o., ab als der Serotoningehalt (5.—6. Tag p.o.). Die Noradrenalinwerte erreichten 5 Tage nach der Operation ihr Minimum (ANDÉN et al. 1965 c. Siehe auch ROOS 1962; ROOS u. WERDINIUS 1962; ANDÉN et al. 1964e).

Ein großes dopaminhaltiges *nigro-neostriales* Neuronensystem ließ sich sichtbar machen, ebenso verschiedene bulbospinale noradrenalin- (und serotonin-) haltige Neuronensysteme (ANDÉN et al. 1964d, 1965a und b). Dopaminhaltige Zellen fanden sich in der Zona compacta der Substantia nigra, aus denen Bündel nichtterminaler Axone entsprangen, die durch die innere Kapsel zum Neostriatum (Nucl. caudatus, Putamen) verliefen und dieses innervierten (ANDÉN et al. 1964d, 1965a; s. auch DAHLSTRÖM u. FUXE 1964b und d). Unilaterale Läsionen des Subthalamus und des mittleren Vorderhirnbündels ergaben, daß hier zahlreiche brenzkatechinaminhaltige Neurone entspringen, die, z. T. gekreuzt, zum Hypothalamus, zur Area praeoptica und zu verschiedenen Teilen des limbischen Systems hin projizierten (DAHLSTRÖM et al. 1964; ANDÉN et al. 1965). Die große Zahl brenzkatechinaminhaltiger Nervenendigungen im Stratum radiatum des Hippocampus erklärt wahrscheinlich die auch elektrophysiologisch (EEG) zum Ausdruck kommende Erregbarkeitssteigerung des Hippocampus nach Reserpin oder Benzochinolizinverbindungen (REVZIN et al. 1962).

HELLER et al. (1962, 1964) sowie HARVEY et al. (1963) hatten bei Ratten elektrolytisch das mediale Vorderhirnbündel im lateralen Hypothalamus zerstört und eine Abnahme des Serotoningehaltes im Gesamt-Gehirn festgestellt; nach unilateralen Läsionen beschränkte sich die Serotoninabnahme auf die geschädigte Seite. Die Autoren erblicken darin einen Beweis für die Existenz serotoninproduzierender Fasern im medialen Vorderhirnbündel.

*b)* Im *Cytoplasma* der brenzkatechinaminhaltigen Nervenzellen waren die Amine mitunter als fluorescierende Zone um den nicht fluorescierenden Kern herum angeordnet. *Reserpin* verursachte eine mit dem Verschwinden der Fluorescenz verbundene Abnahme des Amingehaltes, der in den *Zellkörpern* schon nach 24—48 Std restituiert wurde, wobei sich zuerst perinukleär wieder eine Fluorescenzzone ausbildete, während es tagelang dauerte, bis in den *Nervenendigungen* („nerve-terminals"), die als variköse Gebilde auch schon früher mit konventionellen histochemischen Methoden (LORENTE DE NÓ 1938; HA u. LIU 1963; SZENTÁGOTHAI 1963; KOSITZYN 1964) und elektronenmikroskopisch dargestellt worden waren (BLACKSTAD u. DAHL 1962; WESTRUM u. BLACKSTAD 1962; BLACKSTAD 1963), fluorescierendes Material wieder sichtbar wurde. Die Speichergranula bilden sich anscheinend zuerst wieder in einer perinucleären Zone des Cytoplasmas, wandern dann dem Axon entlang in die Nervenenden und häufen sich hier an (DAHLSTRÖM u. FUXE 1964a—c, 1965).

Nach Verabfolgung von α-Methyl-m-Tyrosin — das aus ihm entstehende, nicht fluorescierende Metaraminol verdrängt die physiologischen Brenzkatechinamine (s. X.B.4.b.) — dauerte es 4 Tage, ehe in den *noradrenalin*haltigen „terminals" des Rückenmarks wieder fluorescierende Amine auftraten; in den *dopamin*haltigen des Neostriatums war das schon nach 12 bis 24 Std der Fall. In den einen wird Dopamin wahrscheinlich durch α-Methyl-m-Tyramin ersetzt, das eine nur kurze Halbwertszeit und eine nur geringe Haftfestigkeit besitzt; in den anderen durch das viel fester haftende Metaraminol (s. X.B.4.b.γ.). Dem entsprach, daß nach Vorbehandlung mit α-Methyldopa, wobei es in den „dopaminergischen" Neuronen und Nervenendigungen zu einem Ersatz des Dopamins durch α-Methyldopamin, in den noradrenergischen Neuronen und Speichergranula hingegen zu einer Verdrängung des Noradrenalins durch das schwerer freisetzbare und wie Noradrenalin fluorescierende α-Methylnoradrenalin (Corbasil) kam, Reserpin die Fluorescenz in den normalerweise dopaminhaltigen Strukturen, nicht aber in den normalerweise noradrenalinhaltigen zum Verschwinden brachte (CARLSSON et al. 1965).

Weitere Versuche unter fluorescenzmikroskopischer Kontrolle mit MAO-Hemmstoffen und gleichzeitiger Verabfolgung von Dopa als „Precursor"-Aminosäure der Brenzkatechinamine sowie Versuche mit Imipramin (s. X.B. 4.b.) und anderen Stoffen, von denen bekannt ist, daß sie die Mechanismen der Aufnahme, Speicherung und Freisetzung von Aminen beeinflussen, haben schon jetzt ein großes Beweismaterial beigebracht (s. z. B. DAHLSTRÖM u. FUXE 1964a—c, 1965), das die Existenz dopaminergischer und noradrenergischer Neurone im ZNS untermauert, d. h. die Funktion der beiden Brenzkatechinamine als *synaptische Überträgerstoffe* im Gehirn und Rückenmark wahrscheinlich macht (BARTONIČEK et al. 1964; CARLSSON et al. 1965a und b; s. auch FUXE u. HILLARP 1964; HAMBERGER u. MASUOKA 1965; HAMBERGER et al. 1964; HILLARP u. MALMFORS 1964; MALMFORS 1965a—c).

### 9. Precursor-Aminosäuren, Hemmung der MAO und Reserpin

Ein Einblick in die *physiologischen* Funktionen der Amine im Zentralnervensystem wäre eher als von Versuchen mit intravenöser, intrazisternaler und intraventriculärer Injektion oder lokaler iontophoretischer Applikation der fertigen Wirkstoffe von solchen Versuchen zu erwarten, in denen leicht ins Gehirn eindringende Vorstufen (Precursor-Aminosäuren) injiziert wurden oder Pharmaka, die, wie Reserpin und Hemmstoffe der Monoaminoxydase, in den Stoffwechsel auch der cerebralen biogenen Amine eingreifen. Die Ergebnisse bedürfen allerdings einer besonders kritischen Interpretation, ehe Schlüsse auf ihre *physiologische* Bedeutung im Zentralnervensystem gezogen werden.

Die i.v. Injektion der unmittelbaren Precursor-Aminosäure der Brenzkatechinamine (Dopa) ist unphysiologisch, da sie überall im Gehirn, wo die Dopadecarboxylase sich befindet, zur Bildung von Dopamin führt, auch an solchen Stellen, an denen diese sonst nicht erfolgt; denn normalerweise entsteht nur da Dopamin, wo — neben der unspezifischen „Dopadecarboxylase" — die substratspezifische Tyrosinoxydase vorhanden ist, die Tyrosin, die eigentliche Muttersubstanz der Brenzkatechinamine, durch phenolische Hydroxylierung in Dopa überführt und dieses der Decarboxylase als Substrat anbietet.

Da die „Dopadecarboxylase" auch 5-Hydroxytryptophan, das durch eine substratspezifische Hydroxylase aus Tryptophan gebildet wird, zu Serotonin decarboxyliert, würde nach der Injektion von L-Dopa Dopamin nicht nur im Bereich „dopaminergischer" und „noradrenergischer", sondern auch „serotoninergischer" Strukturen zur Wirkung gelangen, wie umgekehrt die Injektion von 5-Hydroxytryptophan in allen Teilen des Gehirns, in denen die Dopadecarboxylase vorkommt, zu einer vermehrten Bildung von Serotonin führen müßte. Die dadurch ausgelösten Wirkungen sind als Folgen einer „*reversiblen biochemischen Läsion*" bezeichnet worden (W. A. HIMWICH u. COSTA 1960).

Von *pharmakologischen* Eingriffen in den Aminstoffwechsel, z. B. mit Hilfe von Reserpin, das den Amingehalt des Gehirns erniedrigt, oder von MAO-Hemmstoffen, die ihn erhöhen, werden nicht nur die Brenzkatechinamine, sondern auch das Serotonin und, wie Untersuchungen von BALZER et al. (1961) gezeigt haben, die $\gamma$-Aminobuttersäure (GABS) des Gehirns betroffen — Reserpin erniedrigte den GABS-Gehalt des Gehirns bei Mäusen, Iproniazid verhinderte die Wirkung —, so daß die Beurteilung, ob dem einen oder dem anderen Wirkstoff oder mehreren von ihnen ursächliche Bedeutung für die auftretenden Wirkungen zukommt, schwierig ist. Während das Rauwolfiaalkaloid und die kürzer wirkenden Benzochinolizinderivate, z. B. Tetrabenazin (PLETSCHER et al. 1958, 1962; QUINN et al. 1959; SCHWARTZ et al. 1960), sowohl eine Abnahme des Serotonin- als auch des Brenzkatechinamingehaltes im Gehirn bewirken, gelingt es zwar, mit Hilfe von m-Tyrosin- und Dopaanalogen ($\alpha$-Methyl-m-Tyrosin und $\alpha$-Methyldopa) selektiv in den Brenzkatechinaminstoffwechsel des Gehirns einzugreifen, insbesondere eine langdauernde Abnahme des Noradrenalingehaltes bei normalen Serotoninwerten zu erzielen; es ist aber zu berücksichtigen, daß die methylierten Aminosäuren, im Gegensatz zu Reserpin, anstelle des verdrängten bzw. freigesetzten Noradrenalins ihre durch Decarboxylierung und Hydroxylierung entstehenden Metabolite — Metaraminol (Aramin) bzw. $\alpha$-Methylnoradrenalin — als materiellen und funktionellen Ersatz hinterlassen (s. XV. A. 4.).

Schließlich können „Hemmstoffe der MAO" Effekte hervorrufen, die nicht auf einer Hemmung des Fermentes, sondern auf anderen Eigenschaften dieser — *auch* den Aminstoffwechsel beeinflussenden — Pharmaka beruhen (Übersicht bei HOLTZ 1964) (s. V.B.).

a) **Dopa: Dopamin und Noradrenalin.** GOLDIN et al. (1955) hatten gefunden, daß der MAO-Hemmstoff Iproniazid bei Mäusen die Pentobarbitalnarkose verlängerte. Demgegenüber war in Versuchen von HOLTZ et al. (1957b) an der gleichen Tierart die Dauer der Avertin-(Tribromäthanol)-Narkose nach Iproniazid signifikant verkürzt; das traf auch für die Hexobarbital-(Evipan)-Narkose zu, wenn der MAO-Hemmstoff nicht 1 Std, sondern 18—48 Std vor Evipan injiziert wurde. Die Diskrepanz findet eine Erklärung darin, daß Iproniazid auch die für den Hexobarbitalabbau wichtigen *Mikrosomenfermente* der Leber blockiert (FOUTS u. BRODIE 1956) und deshalb die Barbituratnarkose, nicht die Avertinnarkose — Avertin ist kein Substrat dieser Fermente — zunächst verlängert. Die Hemmung der Mikrosomenfermente klingt nach ca. 18 Std ab (WESTERMANN u. STOCK 1962), zu einem Zeitpunkt, zu dem die MAO noch vollständig blockiert ist (s. auch ARRIGONI-MARTELLI u. KRAMER 1959; KRAUSE 1960; LA ROCHE u. BRODIE 1960; MATTHIES u. SCHMIDT 1961, 1962).

Erhielten die mit Iproniazid behandelten Tiere kurz vor dem Narkoticum eine Injektion von *L-Dopa*, so war eine sonst narkotisch wirksame Evipandosis unwirksam: die Tiere fielen überhaupt nicht in Schlaf. Es lag deshalb nahe, die narkoseverkürzende Wirkung des Iproniazids auf die Hemmung der MAO des Gehirns zurückzuführen und mit einem Anstieg des cerebralen Amin-, insbesondere Brenzkatechinamingehaltes in Verbindung zu bringen, zumal Dopa, das im Gehirn schnell zu Dopamin decarboxyliert wird, die Wirkung potenzierte.

Daß die bei blockierter MAO starke Erregungswirkung des L-Dopa durch das aus diesem entstehende *Dopamin* und nicht etwa durch die Aminosäure selbst oder durch aus Dopamin sich bildendes Noradrenalin verursacht war, wurde dadurch wahrscheinlich, daß nach Hemmung der Dopadecarboxylase durch α-Methyldopa die Injektion von L-Dopa auch bei blockierter MAO wirkungslos war, d. h. nicht mehr erregend und narkoseverkürzend wirkte (WESTERMANN et al. 1958), und daß DL-threo-Dihydroxy-phenylserin, das durch Decarboxylierung direkt in Noradrenalin übergeht (BLASCHKO et al. 1950), aber viel langsamer als L-Dopa decarboxyliert wird (HOLTZ u. WESTERMANN 1956b) (s. II.A.1.) — in gleich hoher Dosierung (20 mg/kg) — L-Dopa nicht ersetzen konnte, sondern wirkungslos war (HOLTZ et al. 1957b).

$$\begin{array}{c} HO\\ HO \end{array}\!\!\!\!\bigcirc\!\!\!\begin{array}{c} CH(OH)\cdot CH\cdot COOH \\ | \\ NH_2 \end{array} \xrightarrow{-CO_2} \begin{array}{c} HO\\ HO \end{array}\!\!\!\!\bigcirc\!\!\!\begin{array}{c} CH(OH)\cdot CH_2 \\ | \\ NH_2 \end{array}$$

threo-Dihydroxy-phenylserin      Noradrenalin

Im Einklang hiermit stehen Versuchsergebnisse von VAN DER SCHOOT et al. (1962): die psychomotorische Wirkung des *Cocains*, die nach Reserpin aufgehoben war, ließ sich an Mäusen durch Injektion von L-Dopa (40 mg/kg i.v.), nicht durch 5-HTP restituieren (s. auch VAN ROSSUM et al. 1962). Die vermutlich durch die Freisetzung von Dopamin zustande kommende Erregungswirkung des Cocains blieb andererseits nach Verabfolgung hoher Dosen α-Methyl-m-Tyrosin, das zu einer selektiven, langanhaltenden Abnahme des Noradrenalingehaltes im Gehirn — bei normalem Dopamingehalt — führt, unvermindert erhalten (VAN ROSSUM 1963). Das ist jedoch kein zwingendes Argument dafür, daß die Wirkung des Cocains durch Freisetzung von Dopamin vermittelt wurde, da die Vorbehandlung mit α-Methyl-m-Tyrosin das Noradrenalin des Gehirns quantitativ durch Metaraminol ersetzen kann (CARLSSON u. LINDQVIST 1962a und b).

Auch die schon früher von CARLSSON et al. (1957b und c) nicht nur an Mäusen, sondern auch an Kaninchen beobachtete temporäre Unterbrechung der mit Ptosis und Miosis einhergehenden sedativen Wirkung des Reserpins durch hohe Dosen DL-Dopa (200 mg/kg i.v. bzw. 500 mg/kg i.p.) wurde, ebenso wie die bei Affen in einer sowohl verhaltensmäßig als auch im EEG in Form einer „alerting"-Reaktion zum Ausdruck kommende „Umkehr der Reserpinwirkung" durch L-Dopa (EVERETT 1961), von den Autoren als eine durch *Dopamin*, nicht durch Noradrenalin vermittelte Wirkung angesehen: zur Zeit des „reserpine reversal" war der Dopamin-, nicht der Noradrenalingehalt des Gehirns erhöht (CARLSSON et al. 1957b und c). BLASCHKO und CHRUŚCIEL (1960) hatten in Versuchen an reserpinierten Mäusen gefunden, daß L-Dopa, auch m-Tyrosin, nicht jedoch D-Dopa, das nicht decarboxyliert wird (s. II.A.1.a.), die Sedation und Akinese der Tiere zu durchbrechen in der Lage waren und zu Hypermotilität führten. Nach hohen Dosen L-Dopa intraperitoneal (SOURKES 1961) oder intravenös (VANDER WENDE und SPOERLEIN 1962) aggregierten Mäuse sich nicht mehr, wie sie das normalerweise tun, wenn sie als Kollektiv im Käfig gehalten werden, sondern isolierten sich in der Peripherie des Käfigs, wurden aggressiv gegeneinander und bissig, das Straubsche Schwanzphänomen trat auf, und es kam zu Piloerektion und Ejaculation sowie zur Ausbildung katatoner Körperstellungen. An *Cerveau isolé*-Präparaten von Kaninchen (MONNIER u. TISSOT 1958) und von Katzen (MANTEGAZZINI u. GLÄSSER 1960) erhöhte die intracarotidale Injektion von 8—20 mg Dopa die elektrocorticale Aktivität und verursachte unmittelbar nach der Injektion eine 45 min anhaltende „arousal"-Reaktion. Aber auch Noradrenalin scheint in sehr hohen Dosen bei blockierter MAO die Reserpinwirkung durchbrechen zu können; nach i.v. Injektion von 500 mg/kg DL-threo-Dihydroxy-phenylserin stieg bei reserpinisierten Kaninchen der Noradrenalingehalt des Gehirns an, die Tiere erwachten aus der Lethargie und verhielten sich normal (CARLSSON 1964).

Es ist nicht ausgeschlossen, daß Dopamin in höherer Konzentration bestimmte zentrale Funktionen des Noradrenalins übernehmen kann (s. auch XV.D.9.c.). An trainierten Ratten und Mäusen hob Reserpin bedingte „avoidance"-Reaktionen (BAR), z. B. das Vermeiden eines elektrischen Schlages nach Erklingen eines akustischen Signals, auf. SEIDEN und CARLSSON (1963) hatten zeigen können, daß die Injektion von L-Dopa die nach Reserpin eingebüßte BAR wiederherstellte. Weitere Untersuchungen ergaben, daß die Wiederherstellung der BAR bei Mäusen synchron mit dem zwischen 10 und 60 min nach der Injektion von Dopa im Gehirn (und im Herzen) erfolgenden maximalen Anstieg des Dopamingehaltes verlief, und daß es innerhalb der Versuchszeit nicht zu einer Erhöhung des Noradrenalingehaltes kam (SEIDEN u. CARLSSON 1964). Auch darin wurde ein Beweis dafür erblickt, daß die „Antireserpinwirkung" dem aus L-Dopa entstandenen Dopamin und nicht etwa dem aus diesem sich bildenden Noradrenalin zukam.

b) **Hemmung der MAO.** Die Verabfolgung der Precursor-Aminosäuren (Dopa, 5-HTP), obwohl sie zu einem Anstieg des Amingehaltes im Gehirn führt, löste am normalen Tier keine markanten zentralen Wirkungen aus, wenn nicht das für den Abbau der entstehenden Amine wichtigste Ferment, die MAO, vorher blockiert worden war. Was von den im Gehirn gebildeten Aminen nicht zusätzlich in die Aminspeicher aufgenommen und in diesen gebunden werden kann, fällt dem inaktivierenden Abbau durch die in allen Gehirnregionen sehr aktive MAO anheim, die damit eine ähnliche „Schutzfunktion" für das ZNS gegen die Überflutung mit exogenen Precursor-Aminosäuren bzw. den aus diesen im Gehirn durch Decarboxylierung entstehenden Aminen ausübt, wie sie die in der *Darmwand* lokalisierte MAO für die *Peripherie* versieht, indem sie diese vor einer Überflutung mit den aus den Aminosäuren des Nahrungseiweißes bakteriell gebildeten oder mit der Nahrung direkt aufgenommenen Aminen, z. B. dem Tyramin des Käses (s. V.B.1.2.), bewahrt.

So wird verständlich, daß bei Blockierung des Fermentes durch MAO-Hemmstoffe ein unphysiologisch hohes Angebot an exogenen Precursor-Aminosäuren zum Auftreten pharmakologischer bzw. toxischer Wirkungen führt, die peripheren Charakters sind, aber auch echte zentrale Wirkungen sein können, da die Aminosäuren leicht durch die Blut-Hirnschranke dringen und im Gehirn zu den Aminen decarboxyliert werden. Bei Ratten stieg der Serotoningehalt des Gehirns nach i.p. Injektion von 100 mg/kg 5-HTP nicht höher an als nach der i.p. Injektion von 25 mg/kg bei blockierter MAO. Nur im letzten Fall traten pharmakologische — „zentrale" — Wirkungen auf (Klonus der Vorderpfoten, Tremor usw.) (GREEN u. SAWYER 1964). Besonders bei intraperitonealer Injektion ist jedoch damit zu rechnen, daß ein großer Teil des in der Leber durch die Dopadecarboxylase aus der Aminosäure gebildeten Amins durch die MAO der Leber abgebaut wird — eine bei intramuskulärer Injektion blutdrucksteigernde Dosis Dopamin war an Ratten bei intraperitonealer Injektion wirkungslos, nach Blockierung der MAO jedoch ebenso wirksam wie bei intramuskulärer (HOLTZ u. WESTERMANN 1959; HOLTZ 1964) —, so daß nur die nicht decarboxylierten Anteile der injizierten Aminosäure in den Kreislauf und ins Gehirn gelangen. Bei intakter MAO traten in den

Versuchen von GREEN und SAWYER an Ratten keine „zentralen" Wirkungen (Klonus, Tremor) auf. Nach Blockierung der MAO (auch der Leber) hingegen, die den Anteil der die Leber unverändert passierenden, in den Kreislauf — und ins Gehirn — gelangenden *Aminosäure* naturgemäß nicht erhöhte, sondern nur den in der Leber zum *Amin* decarboxylierten Anteil, so daß vermehrt pharmakologisch wirksames Amin (Serotonin) zwar in den Kreislauf, nicht aber durch die Blut-Hirnschranke ins Gehirn gelangte und deshalb nur periphere, nicht aber „zentrale" Wirkungen ausüben konnte, kam es zu Klonus der Vorderpfoten und zu Tremor des ganzen Körpers. Die Hemmung des Fermentes bedeutet somit bei der Injektion von Precursor-Aminosäuren für die aus ihnen entstehenden Amine eine Verstärkung sowohl der peripheren als auch der zentralen Wirkungen.

Die Blockierung der cerebralen MAO ist nicht die einzige Ursache dafür, daß die Injektion von Precursor-Aminosäuren nach Vorbehandlung mit einem MAO-Hemmstoff zu einem höheren Anstieg des Amingehaltes im Gehirn führt als beim nicht vorbehandelten Tier. In den Versuchen von GREEN und SAWYER (1964) an Ratten, denen nach Vorbehandlung mit Iproniazid oder Tranylcypromin 5-HTP injiziert wurde, fand sich im Gehirn auch eine höhere Konzentration der *Aminosäure* als bei den nicht vorbehandelten Kontrolltieren, denen nur 5-HTP injiziert worden war. BALZER und PALM (1962) hatten bei Untersuchungen über den Einfluß von MAO-Inhibitoren und von Reserpin auf den Kohlenhydrat- und Eiweißstoffwechsel — nach Reserpin kam es bei Mäusen zu einem Anstieg des Glykogengehaltes nicht nur im Herzen und in der quergestreiften Muskulatur, sondern auch im Gehirn (BALZER et al. 1961; s. auch ALBRECHT 1957; MATHÉ et al. 1961; ESTLER 1961, 1962, 1965) — nach Iproniazid einen beschleunigten Einstrom von $C^{14}$-α-Aminoisobuttersäure ($C^{14}$-AIB) ins Gehirn gefunden, einer Aminosäure, die nicht gestoffwechselt wird, jedoch den gleichen Transportmechanismen wie natürlich vorkommende Aminosäuren unterliegt. Im Falle des Dopa und 5-HTP würde das bedeuten, daß MAO-Hemmstoffe von der Art des Iproniazids und Tranylcypromins, indem sie, wohl unabhängig von ihrer Eigenschaft als Fermentinhibitoren, die Permeabilität der Blut-Hirnschranke für diese Precursor-Aminosäuren erhöhen, im Gehirn ein vermehrtes Substratangebot für die Aminbildung und auch dadurch einen Anstieg des cerebralen Amingehaltes bewirken.

Dieser an sich ist jedoch, wie schon gesagt (s. auch BOGDANSKI et al. 1958; KAKO et al. 1960), nicht ausschlaggebend für das Auftreten pharmakologischer Wirkungen. Für dieses ist vielmehr ausschließlich der „overflow" an freien, aktiven Aminen entscheidend, die nach Erschöpfung der Kapazität der Aminspeicher nicht mehr „in die Bindung hinein" synthetisiert werden können, aus der eine allein physiologische, weil steuerbare und gezielte Freisetzung zu den Receptoren hin möglich ist, sondern jetzt „ubiquitär", in Abhängigkeit lediglich von der Topographie des sowohl Dopa als auch 5-HTP decarboxylierenden

Fermentes synthetisiert und, geschützt vor dem Abbau durch die MAO, direkt zu persistierender Reaktion mit den pharmakologischen Receptoren gelangen. Es erhebt sich die Frage, ob die im Gefolge dieser — durch die Injektion (exogener) Precursor-Aminosäuren verursachten — „reversiblen biochemischen Läsion" (W. A. HIMWICH u. COSTA 1960) auftretenden Wirkungen eine Aussage auch über die *physiologischen* Funktionen erlauben, die die aus dem *endogenen* Stoffwechsel stammenden Amine im Zentralnervensystem ausüben.

  c) Reserpin. Anhaltspunkte für die Beantwortung dieser Frage ergeben sich aus Analogien mit den durch *Reserpin* ausgelösten Wirkungen und der nach Verabfolgung von Reserpin resultierenden biochemischen Situation. Schaltet man, anstatt den wichtigsten *enzymatischen* Inaktivierungsmechanismus — die oxydative Desaminierung durch die MAO —, den für die Inaktivierung der Amine wichtigsten „*nichtenzymatischen*", nämlich die nach Aufnahme in die Aminspeicher des Gewebes stattfindende Überführung in eine „gebundene", pharmakologisch unwirksame Form, dadurch aus, daß man mit Reserpin die Bindungsfähigkeit des Gewebes aufhebt, so kann die durch das Alkaloid nicht beeinträchtigte enzymatische Synthese der Amine auch jetzt nur noch in vermindertem Maße „in die Bindung hinein" erfolgen: die direkt aus der Synthese, d. h. aus der im Cytoplasma der Nervenzellen stattfindenden Decarboxylierung von Dopa bzw. 5-HTP hervorgehenden freien Amine — Dopamin und Serotonin — treten, soweit sie nicht dem inaktivierenden Abbau durch die MAO anheimfallen, direkt mit den pharmakologischen Receptoren in Reaktion. Die allein *physiologische* Freisetzung gebundener Amine aus einem receptornahen „pool" der Aminspeicher ist nicht mehr möglich.

Es ist die Frage aufgeworfen worden, ob die zentralen Symptome, die durch Reserpin hervorgerufen werden, durch ein Zuwenig oder ein Zuviel an freien pharmakologisch aktiven Aminen verursacht, und welche Amine — Serotonin, Dopamin oder Noradrenalin — für die auftretenden Wirkungen verantwortlich sind (BRODIE et al. 1960; CARLSSON 1961; HOLTZ 1961). Die Aufhebung der Bindungsfähigkeit des Gewebes für Amine bedeutet ein *Zuwenig* an *physiologisch,* aus der Bindung zum Receptor hin freisetzbaren Wirkstoffen; und ein *Zuviel* an unmittelbar aus der Synthese stammenden, auf *unphysiologische* Weise direkt mit den Receptoren in Reaktion tretenden, freien aktiven Aminen.

Die Reserpinwirkung verläuft in zwei Phasen mit einer für jede charakteristischen, auch im *Verhalten* der behandelten Tiere zum Ausdruck kommenden Symptomatologie. In einer ersten, nur kurzdauernden Phase, die biochemisch durch das akute Freiwerden bisher gebundener Amine gekennzeichnet ist, treten in der *Peripherie* die bekannten Symptome *sympathicotonen* Charakters auf: an Hunden kam es im Anschluß an die Injektion von Reserpin zu Tachykardie (PLUMMER et al. 1954; BERTLER et al. 1956; KRAYER u. FUENTES 1956, 1958; PAASONEN u. KRAYER 1958) und Blutdruckerhöhung (DE JONGH u. VAN PROSDIJ-HARTZEMA 1955; MAXWELL et al. 1957); bei Kaninchen war der Blutzuckerspiegel erhöht (KUSCHKE u. FRANTZ 1955; HOLTZ et al. 1957a); Ratten und Mäuse reagierten mit Piloerektion (EVERETT et al. 1957). Der Adrenalin- und Noradrenalingehalt des Blutes stieg an (MUSCHOLL u. VOGT 1957), und es wurden vermehrt Brenzkatechinamine und ihre Desaminierungsprodukte in den Harn ausgeschieden. Während dieser primären sympathicotonen Phase der Reserpinwirkung waren die Tiere erregt. Es kam gleichzeitig bei mit Iproniazid blockierter MAO zu Exophthalmus, Mydriasis und Retraktion der Nickhaut (BESENDORF u. PLETSCHER 1956; HOLTZ et al. 1957b). Die *zentrale* Erregung fand ihren Ausdruck auch in charakteristischen Veränderungen des EEG. Während der ersten Stunde nach der i.v. Injektion von 2 mg/kg Reserpin trat bei nicht narkotisierten Kaninchen ein mehrere Stunden bestehenbleibendes „Wach-EEG" mit frequenten Wellen kleiner Amplitude auf, das sich nicht von einem „arousal"-EEG unterschied, wie es durch die Applikation eines schmerzhaften Reizes ausgelöst wird (RINALDI u. HIMWICH 1955a und b; GANGLOFF u. MONNIER 1957; GONNARD 1957; STEINER u. HIMWICH 1963; PSCHEIDT et al. 1964; s. auch BRODIE u. COSTA 1962).

An diese primäre, sympathicotone Phase der Reserpinwirkung schließt sich die langdauernde Phase an, in der die Aminspeicher sowohl in der Peripherie als auch im Zentralnervensystem entleert sind. Der Noradrenalingehalt der sympathischen Nerven und Ganglien sowie der sympathisch innervierten Organe, z. B. des Herzens und der Milz, nimmt bis auf kaum noch nachweisbare Spuren ab. Im Gehirn sinkt der Serotoningehalt auf niedrige Werte ab (BRODIE et al. 1956a und b; Hess et al. 1956; SHORE et al. 1957). Im dopaminreichen Corpus striatum verschwindet das Dopamin (CARLSSON et al. 1958), und es findet sich, als Produkt der oxydativen Desaminierung des aus der schützenden Bindung entlassenen Dopamins, vermehrt 3,4-Dihydroxy-phenylessigsäure (ANDÉN et al. 1963 b). Es können parkinsonähnliche Symptome auftreten (s. XV. E.). Im Hypothalamus nimmt der Noradrenalingehalt ab (HOLZBAUER u. VOGT 1956). — Die sich entwickelnden *peripheren* Symptome haben vagotonen Charakter: es kommt zu Miosis, Nickhautvorfall, Bradykardie und Blutdrucksenkung. Die elektrische oder chemische Stimulierung der sympathischen Nerven ist wirkungslos oder löst nur noch schwache Reaktionen aus (BERTLER et al. 1956; CARLSSON et al. 1957c; BRODIE et al. 1957a und b; MUSCHOLL u. VOGT 1958; TRENDELENBURG u. GRAVENSTEIN 1958). Während dieser vagotonen, wesentlich wohl durch eine Hypotonie des Sympathicus bedingten Wirkungsphase, derentwegen das Rauwolfiaalkaloid therapeutische Anwendung am Menschen findet, werden die bisher erregten Tiere sediert. Das EEG wies ein „mixed arousal and relaxation pattern" auf (GANGLOFF u.

MONNIER 1957), bevor es 3—5 Std nach der Injektion des Reserpins in ein Schlaf-EEG mit langsamen Wellen hoher Amplitude überging (PSCHEIDT et al. 1964).

Während dieser beiden Phasen der Reserpinwirkung, die sich biochemisch, elektrophysiologisch und in bezug auf die Verhaltensweise der behandelten Tiere voneinander unterschieden, fanden sich auch charakteristische Unterschiede in der Reaktion auf Pharmaka (Übersicht bei HOLTZ 1961; HOLTZ u. WESTERMANN 1965).

*Narkosedauer.* Bei den in der zweiten „vagotonen" Phase der Reserpinwirkung befindlichen, sedierten Tieren — 4 oder 24 Std nach der Injektion von Reserpin — war die Hexobarbitalnarkose gegenüber unbehandelten Kontrolltieren verlängert, wie zuerst von SHORE et al. (1955) beobachtet wurde. HOLTZ et al. (1957b, 1958) konnten zeigen, daß Reserpin — 5—10 min vor dem Narkoticum injiziert — in der ersten „sympathicotonen" Phase der Wirkung, in der es zur akuten Freisetzung aktiver Amine kommt und die Tiere erregt sind, die Narkosedauer signifikant verkürzte. Die Ergebnisse fanden eine Bestätigung in Versuchen mit intracerebraler Injektion („Hinterhirn") von 20—40 µg Reserpin bei Mäusen (MATTHIES und SCHMIDT 1962).

Ein erhöhter Gehalt des Gehirns an *freien* Aminen bedeutet offensichtlich zentrale Erregung und Narkoseverkürzung. So war, wie schon erwähnt, nach Blockierung der MAO, z. B. mit Iproniazid, die Hexobarbital- und Avertinnarkose verkürzt und kam, wenn noch zusätzlich kurz vor dem Narkoticum Dopa oder 5-HTP (20 mg/kg i.v.) injiziert wurde, bei den stark erregten Tieren überhaupt nicht zustande.

*Krampfschwelle.* Aus Untersuchungen von JENNEY (1954) sowie von CHEN und ENSOR (1954) und von CHEN et al. (1954) geht hervor, daß Reserpin am Tier die Krampfschwelle für den Elektroschock und für Metrazol (Cardiazol) herabsetzt, insbesondere die tonische Phase der Krämpfe verstärkt. Es kommt anscheinend zu einer Erleichterung der Erregungsausbreitung im Gehirn. Zentral erregende Pharmaka, z. B. Cocain und Amphetamin, konnten die Cardiazolstreckkrämpfe unterdrücken (CHEN u. BOHNER 1956, 1957). Nachdem BONNYCASTLE et al. (1957) gefunden hatten, daß antikonvulsive Dosen Diphenylhydantoin und andere Antiepileptica bei Ratten den Serotoningehalt des Gehirns um 100—200% erhöhten, zeigte KOBINGER (1958) in Versuchen an Mäusen, daß Blockierung der MAO durch Iproniazid (100 mg/kg i.p., 18—20 Std vor dem Versuch), die an sich die Krampfwirkung des Cardiazols unbeeinflußt ließ, die Erniedrigung der Krampfschwelle durch Reserpin nicht nur verhinderte, sondern diese sogar signifikant erhöhte (von 0,35 auf 0,46 ml Cardiazol i.v.). Wurden den mit Iproniazid vorbehandelten Tieren 3 Std vor der intravenösen Cardiazolinfusion 50 mg/kg Dopa oder 5-HTP injiziert, was zu einer Erhöhung des Dopamin- bzw. Serotoningehaltes und zum Auftreten freier Amine im Gehirn führt, so lag der Schwellenwert für die Auslösung tonischer Krämpfe durch Cardiazol noch höher. DE SCHAEPDRYVER et al.

(1962) fanden eine Erhöhung der Krampfschwelle nach Amphetamin. Dopa und 5-HTP verstärkten die Amphetaminwirkung. Die Aminosäuren allein (ohne Vorbehandlung mit Iproniazid) beeinflußten die Krampfschwelle nicht. Hierfür ist der erhöhte Amingehalt des Gehirns an sich offensichtlich belanglos. Die Wirkung dürfte durch die bei blockierter MAO vermehrt zur Wirkung kommenden freien, pharmakologisch aktiven Amine verursacht sein.

PROCKOP et al. (1959) konnten durch die *alleinige* Verabfolgung von Iproniazid und anderen MAO-Hemmstoffen, z. B. Phenylisobutylhydrazin, Pheniprazin (Catron), die allerdings auch direkte, amphetaminähnliche Erregungswirkungen besitzen, ferner mit Harmalin die tonischen Streckkrämpfe beim Elektroschock unterdrücken, nicht die durch Strychnin ausgelösten.

Bemerkenswert ist, daß auch solche MAO-Hemmstoffe, die *Hydrazide* sind, wie Iproniazid, eine antikonvulsive Wirkung haben; denn andere Hydrazide, z. B. Semicarbazid, Carbohydrazid, Thiocarbohydrazid, auch das Tuberculostaticum Isonicotinylhydrazin (INH), können Krämpfe *auslösen* (JENNEY et al. 1953; REILLY et al. 1953; KILLAM 1957; KILLAM u. BAIN 1957; JENNEY u. PFEIFFER 1958). Ihre konvulsive Wirkung beruht wahrscheinlich darauf, daß sie in den Glutaminsäure-$\gamma$-Aminobuttersäure (GABS)-Stoffwechsel des Gehirns eingreifen, indem sie das Coferment der Glutaminsäuredecarboxylase (Pyridoxal-5'-phosphat), die durch Decarboxylierung von Glutaminsäure die zentral inhibitorisch wirksame GABS bildet, inaktivieren (Übersicht bei KILLAM 1962). Pyridoxin verhinderte die Krämpfe, obwohl es den nach konvulsiven Hydraziddosen abgesunkenen GABS-Gehalt noch mehr erniedrigte; es katalysiert die ebenfalls Pyridoxal-5'-phosphat-abhängige Transaminierung zwischen GABS und $\alpha$-Ketoglutarsäure stärker als die Decarboxylierung der Glutaminsäure zu GABS. Nicht der GABS-Gehalt des Gehirns an sich, sondern der „turn over" in der gehirnspezifischen Reaktionskette Glutaminsäure-GABS-$\alpha$-Ketoglutarsäure, der zu 40% am oxydativen Stoffwechsel des Gehirns teilnimmt, scheint von Bedeutung für die Erregbarkeit motorischer Gehirnzentren zu sein (BALZER et al. 1960; Übersicht bei HOLTZ u. PALM 1964).

Beziehungen zwischen GABS- und Aminstoffwechsel des Gehirns bzw. zwischen der konvulsiven Wirkung von Hydraziden und der antikonvulsiven Wirkung von MAO-Hemmstoffen ergaben sich in Versuchen mit *Isopropylhydrazin*, der Seitenkette und wahrscheinlich aktiven Gruppe des Iproniazids. Dieses Hydrazin, das nicht nur „Antipyridoxal"-Eigenschaften besitzt und deshalb krampferzeugend wirkt, sondern auch ein sehr wirksamer Hemmstoff der MAO ist (3—4mal wirksamer als Iproniazid), mußte, um an Mäusen Krämpfe auszulösen, ganz unverhältnismäßig hoch dosiert werden — 400 mg/kg gegenüber z. B. 4 mg/kg Thiocarbohydrazid. *Reine* MAO-Inhibitoren unterdrückten auch die Hydrazidkrämpfe (BALZER et al. 1960).

Ob die mit einem Anstieg der Gehirnamine verbundene Erhöhung der Krampfschwelle (Elektroschock, Pentetrazol, Hydrazide) eine spezifische

Wirkung ist und den Aminen auch *physiologische* Bedeutung für die Erregbarkeit motorischer Gehirnzentren zukommt, erscheint fraglich, da anscheinend alle Stoffe, die zu zentraler Erregung führen (Amphetamin, Cocain, Catron) die Krampfschwelle erhöhen. Daß die Wirkung nicht spezifisch für die *Brenzkatechinamine* ist, ging schon daraus hervor, daß die nach Reserpin erniedrigte Krampfschwelle auch durch 5-HTP, also durch Serotonin, bei blockierter MAO erhöht wurde. Es wäre zu erwarten, daß sie auch kurz nach der Injektion von Reserpin, während der sympathicotonen Primärphase mit erhöhtem Gehalt des Gehirns an freien aktiven Aminen, erhöht ist.

*Analgesie.* Es wurde schon darauf hingewiesen, daß Adrenalin und Noradrenalin bei intrazisternaler Injektion Analgesie und schlafähnliche Zustände hervorrufen, und daß Noradrenalin bei subcutaner Injektion die analgetische Wirkung des Morphins und morphinähnlicher Analgetica verstärkt (s. XV. D. 1.2.). Für die Frage, ob der analgetischen Wirkung des *Morphins* und der *physiologischen* Analgesie, die bei starken emotionellen Erregungen, z. B. bei schweren Verwundungen während eines Verkehrsunfalls oder in Kampfsituationen auftritt, ein adrenergischer bzw. noradrenergischer Mechanismus zugrunde liegt, ist von Interesse, daß Morphin zu einer Abnahme des Noradrenalingehaltes im Gehirn führt (s. X.B.5.b.), und daß Morphin und morphinähnliche Analgetica, z. B. Pethidin, nach Vorbehandlung mit Reserpin nicht mehr analgetisch wirkten, (SCHNEIDER 1954; RADOUCO-THOMAS et al. 1957; SIGG et al. 1958). Der durch Morphin verursachten Verarmung des Gehirns an Noradrenalin dürfte eine vermehrte Freisetzung zugrunde liegen, mit der die Synthese des Amins nicht Schritt hält. Der Antagonismus des Reserpins gegenüber der analgetischen Wirkung würde dann auf einer Verarmung des Gehirns an dem für die Analgesie notwendigen Noradrenalin beruhen.

Wenn kausale Beziehungen zwischen zentral-analgetischer und aminfreisetzender Wirkung beständen, wäre zu erwarten, daß die analgetische Wirkung des Morphins während der ersten Phase der Reserpinwirkung, in der das Rauwolfiaalkaloid im Gehirn zu einer vermehrten Freisetzung von Aminen führt, verstärkt ist. In Versuchen von W. SCHAUMANN (1958b) an Mäusen war das auch tatsächlich der Fall, wenn die Tiere nicht mit Reserpin *vorbehandelt* wurden, sondern kurz *nach* der Morphininjektion Reserpin erhielten. Um diesen Effekt zu erzielen, war es allerdings notwendig, die MAO, z. B. mit Iproniazid, zu blockieren, was an sich keinen Einfluß auf die Morphinanalgesie hatte.

Der analgetischen Wirkung des Morphins könnte derselbe Mechanismus zugrunde liegen, mit dem es seine *peristaltikhemmende* Darmwirkung ausübt (O. SCHAUMANN et al. 1952). Auch diese scheint, wie Versuche am Meerschweinchen-Ileum gezeigt haben, auf einer Freisetzung von Noradrenalin zu beruhen (W. SCHAUMANN 1958a) (s. XV.B.1.).

Trotzdem erlauben die Versuchsergebnisse nicht, die zentral-analgetische Wirkung des Morphins auf einen spezifisch *noradrenergischen* Mechanismus zurückzuführen, wenn auch eine Freisetzung von *Serotonin* als Ursache der Morphinwirkungen am Darm und im Gehirn sich mit ziemlicher Sicherheit ausschließen läßt: Serotonin wirkt am Meerschweinchendarm erregend, und eine Freisetzung von Serotonin im Gehirn durch Morphin ist bisher nicht bekannt geworden. Folgendes ist jedoch zu berücksichtigen: Injizierte man den Versuchstieren (Mäuse) nach Inaktivierung der MAO Dopa oder 5-HTP, wodurch es zu einer Anhäufung freien Dopamins oder Serotonins im Gehirn kommt, so waren die Tiere, wie schon gesagt, erregt, die Narkosedauer war verkürzt und die Krampfschwelle erhöht. In beiden Fällen, nach Injektion von Dopa sowohl als auch nach Injektion von 5-HTP, war auch die analgetische Wirkung des Morphins verstärkt (W. SCHAUMANN 1958b).

Vielleicht ist nicht die Freisetzung bestimmter cerebraler Amine, sei es Noradrenalin, Dopamin oder Serotonin, als *solche* die Ursache der beobachteten Wirkungen, sondern die damit verbundene zentrale Erregung. Die nach *Amphetamin* auftretende Erregung war mit einer Verstärkung der Morphinanalgesie verbunden (GOETZL et al. 1944; SIGG et al. 1958). Aber auch Amphetamin kann Noradrenalin im Gehirn freisetzen und bei höherer Dosierung sogar zu einer nachweisbaren Abnahme des Noradrenalingehaltes führen, — wie Reserpin. Nur erfolgt die Freisetzung wahrscheinlich aus einem anderen „pool" (GLOWINSKI u. AXELROD 1965): im Falle des *Amphetamins* überwiegend in Form unveränderter, pharmakologisch aktiver Amine, die anschließend O-methyliert werden, im Falle des *Reserpins* zu einem erheblichen Teil in Form pharmakologisch inaktiver, oxydativ desaminierter Abbauprodukte (s. X.B.4.g.). Das mag erklären, weshalb die zentralen Wirkungen des Amphetamins akuter und heftiger sind als diejenigen des Reserpins in der sympathicotonen Primärphase seiner Wirkung. In beiden Fällen jedoch ist das Wirkungsspektrum das gleiche: zentrale Erregung, Verkürzung der Narkosedauer oder Durchbrechung narkotischer Wirkungen, Erhöhung der Krampfschwelle und Potenzierung der Analgesie. Dieselben Wirkungen treten, zwar nur angedeutet, nach Blockierung der Monoaminoxydase auf, und voll ausgeprägt, wenn zusätzlich die Precursor-Aminosäuren — Dopa, 5-HTP — injiziert werden.

So kann es kaum zweifelhaft sein, wie die zu Anfang erhobene Frage, ob die zentralen Wirkungen des Reserpins durch ein Zuviel oder ein Zuwenig an freien, pharmakologisch aktiven Aminen verursacht sind, zu beantworten ist: Die zentrale Erregung und die mit ihr einhergehende Modifikation narkotischer, konvulsiver und analgetischer Wirkungen, die die kurzdauernde sympathicotone *Primärphase* der Reserpinwirkung kennzeichnen, entwickeln sich synchron mit der vermehrten Freisetzung bisher gebundener Wirkstoffe, — mit einem „Zuviel" an freien pharmakologisch wirksamen Aminen. Das bedeutet Verkürzung der Narkosedauer, Erhöhung der Krampfschwelle und Verstärkung der Analgesie. — Sedation, sowie Verlängerung der Narkose, Erniedrigung der Krampfschwelle und Abschwächung der Analgesie kennzeichnen die langdauernde vagotone Sekundärphase der Reserpinwirkung. Wegen Aufhebung der Bindungsfähigkeit sind die Aminspeicher des Gehirns entleert, die Synthese der Wirkstoffe kann nicht mehr in die schützende Bindung hinein erfolgen, und die allein physiologische Freisetzung der Amine aus den Speichern ist nicht mehr möglich. Dieser Phase der Reserpinwirkung liegt demnach wahrscheinlich ein „Zuwenig" an physiologisch freisetzbaren, ein Mangel an freien aktiven Aminen für die Reaktion mit den Receptoren zugrunde (s. jedoch DLABAC et al. 1965).

*Brenzkatechinamine und Serotonin.* Wenn *kausale* Beziehungen zwischen den durch Reserpin ausgelösten zentralen Wirkungen und den ihnen zeitlich zugeordneten biochemischen Veränderungen im Aminstoffwechsel des Gehirns bestehen, erhebt sich die weitere Frage, *welches* Amin — Dopamin, Noradrenalin, Serotonin — für die Wirkungen verantwortlich ist. Versuche mit den Precursor-Aminosäuren Dopa bzw. 5-HTP hatten gezeigt, daß beide Aminosäuren, d. h. sowohl die aus Dopa im Gehirn entstehenden Brenzkatechinamine als auch das aus 5-HTP im Gehirn sich bildende Serotonin, bei inaktivierter MAO zentral „erregend" wirkten, narkotische Wirkungen antagonisierten, die Krampfschwelle erhöhten und die Analgesie verstärkten.

Zugunsten einer ursächlichen Bedeutung von *Brenzkatechinaminen,* insbesondere des hypothalamischen *Noradrenalins,* für das Auftreten zentraler Erregungswirkungen würde sprechen, daß, wie schon früher erwähnt (V.B.1.), langdauernde Behandlung von *Katzen* und *Hunden* mit MAO-Hemmstoffen, die bei diesen beiden Tierarten zwar zu einer Erhöhung des *Serotonin*gehaltes im Gehirn um mehrere hundert Prozent führt, den *Noradrenalin*gehalt jedoch unverändert läßt, keine Erregung hervorrief. Bei *Kaninchen* hingegen, die auf die tägliche Verabfolgung von MAO-Inhibitoren auch mit einem Anstieg des Noradrenalingehaltes im Gehirn reagieren, kam es zu Aufgeregtheit und zu erhöhter motorischer Aktivität (BRODIE et al. 1959). Nach Beendigung der Behandlung verschwand die Erregung, als der *Noradrenalin*gehalt des Gehirns wieder auf Normalwerte abgesunken war, obwohl der *Serotonin*gehalt noch erhöht war.

Die „Erregung", soweit sie sich bei den — nach Blockierung der MAO — mit Dopa bzw. 5-HTP injizierten Tieren in einer Beeinflussung der Motorik oder Spontanmotilität manifestierte, war verschieden. Die bei den „Dopatieren" auftretende gesteigerte Motilität ging mit erhaltener Koordination der Bewegungen einher; nach 5-HTP hingegen kam es zu ataktischem Gang, Klonus und Tremor. Nur den Brenzkatechinaminen kommt in der zweiten Phase der Reserpinwirkung, in der die Tiere sediert und akinetisch sind, eine „Antireserpinwirkung" zu (CARLSSON et al. 1957b und c; CARLSSON 1959). Die intravenöse Injektion von L-Dopa, nicht von 5-HTP, führte zur Aufhebung der zentral bedingten Sedation und Akinese sowie zu vorübergehender Beseitigung auch der peripheren Symptome eines erniedrigten Sympathicustonus (Ptosis,

Miosis, Nickhautvorfall usw.), wie EVERETT und TOMAN (1959) eindrucksvoll an Affen gezeigt haben (s. auch EVERETT 1961; EVERETT u. WIEGAND 1961). An der Durchbrechung der *Akinese* dürfte das aus Dopa entstehende Dopamin beteiligt sein, der Wirk- und Überträgerstoff in den dopaminhaltigen Zellen und dopaminergischen Neuronen des Corpus striatum, der Kernregion des extrapyramidalen Systems (s. XV. E.). Für die Aufhebung der *Sedation* scheint dem Noradrenalin Bedeutung zuzukommen. An Kaninchen, bei denen Reserpin zu einer starken Sedation geführt hatte, erreichten die abgesunkenen *Serotonin*- und *Dopamin*werte im Gehirn nach Verabfolgung eines schnell wirkenden MAO-Hemmstoffes (Pargyline, Mo 911) bald wieder normale Werte. Trotzdem blieben die Tiere sediert. Erst als nach etwa 3 Std auch der *Noradrenalin*gehalt des Gehirns anzusteigen begann, war die reserpinbedingte Sedation vollständig aufgehoben (SPECTOR et al. 1963a; s. auch KÄRKI u. PAASONEN 1959; PLETSCHER et al. 1959a).

Sprechen somit diese Versuchsergebnisse dafür, daß die während der zweiten, langdauernden, „vagotonen" Phase der Reserpinwirkung vorherrschenden Symptome, insbesondere die zentrale Depression und Akinese, „Mangelsymptome" sind, die sich durch eine „Substitutionstherapie" mit Brenzkatechinaminen beheben lassen, so weisen andere Befunde darauf hin, daß auch das *Serotonin* des Gehirns für die nach Reserpin auftretenden Symptome von Bedeutung ist. BRODIE et al. (1960) hatten gefunden, daß ein halbsynthetisches Reserpinanaloges (Su 5171), Dimethylaminobenzoyl-methylreserpat, den Noradrenalingehalt des Gehirns stärker und länger erniedrigte als den Serotoningehalt: die zentral depressive Wirkung verlief parallel den nach höheren Dosen auch erniedrigten Serotoninwerten. Der Kälte ausgesetzte Tiere (Ratten, Kaninchen) reagierten auf Reserpin nur mit einer Abnahme des Noradrenalin-, nicht des Serotoningehaltes im Gehirn; sie waren nicht sediert. Sie wurden es erst, als schließlich auch der Serotoningehalt abnahm (GARATTINI u. VALZELLI 1958; BRODIE et al. 1960; s. jedoch KNOLL u. KNOLL 1961; WERDINIUS 1962; LAVERTY 1963). Demgegenüber führten neuere Untersuchungen an Ratten zu dem Ergebnis, daß der Serotoningehalt des Gehirns in keiner kausalen Beziehung zu der durch Reserpin ausgelösten Sedation und Akinese steht (MAGUS et al. 1964; s. auch GAL et al. 1962; BOULLIN 1963; FERRINI u. GLÄSSER 1963; FREEDMAN u. GIARMAN 1963). Vier Stunden nach der Injektion von 2 mg/kg Reserpin hatten die Serotoninwerte im Gehirn ihr Minimum erreicht (ungefähr 40% der Norm), und bei den sedierten Tieren war jede Spontanmotilität erloschen. Diese normalisierte sich nach 24 Std, obwohl der Serotoningehalt des Gehirns noch ebenso stark erniedrigt war wie nach 4 Std. Eine nach 24 Std applizierte zweite Dosis Reserpin verursachte erneut Sedation und Akinese, ohne die Serotoninwerte zu beeinflussen. — Mit einem chlorierten Amphetaminabkömmling (DL-4-Chloro-N-methylamphetamin) konnten PLETSCHER et al. (1964b) bei Ratten, Mäusen und Meerschweinchen den Serotoningehalt des Gehirns herabsetzen, ohne daß der Noradrenalingehalt sich änderte: die Tiere waren nicht sediert. Der Amingehalt des Gehirns als solcher ist, wie schon gesagt, kein verläßliches Kriterium für die Beurteilung auftretender Wirkungen und kausaler Zusammenhänge.

Bei den nach Reserpin „sedierten" Tieren ist die zentrale Impulsaussendung in die Peripherie des sympathischen Nervensystems nicht, wie im Schlaf, vermindert. Im Gegenteil: IGGO und VOGT (1957) konnten an reserpinisierten Tieren, deren sympathische Nerven und Ganglien ihren Noradrenalingehalt eingebüßt hatten und bei denen der Noradrenalingehalt im Hypothalamus stark abgesunken war, unter Ableitung der Aktionspotentiale vom Halssympathicus zeigen, daß sie sogar erhöht ist. Dem entsprach, daß in Versuchen von KRONEBERG und SCHÜMANN (1957) an Kaninchen die das Nebennierenmark an Hormonen verarmende Wirkung des Reserpins von einer intakten sympathischen Innervation der Drüse abhängig war: Rückenmarkdurchschneidung in Höhe von $C_6$ verhinderte sie (s. X.A.7.).

Für diese vermehrte, sozusagen *enthemmte* Entladung sympathisch-nervaler Impulse kommt der Abnahme des Serotoningehaltes im Zentralnervensystem, dem funktionellen Ausfall serotoninergischer Neurone, vielleicht Bedeutung zu. ANDÉN et al. (1964a) zogen aus fluorescenzmikroskopischen und pharmakologischen Untersuchungen den Schluß, daß serotoninhaltige „nerve terminals" im sympathischen Seitenstrang des Rückenmarks auf die sympathico-adrenalen präganglionären Neurone hemmend wirken. Die unter Reserpin in der Peripherie auftretenden Symptome vagotonen Charakters — Miosis, Ptosis, Speichelfluß, Durchfälle usw. — wären dann wohl nicht im Sinne einer Aktivierung cerebraler Parasympathicuszentren durch freies Serotonin als den hypothetischen Wirkstoff zentraler Parasympathicus-Funktionen (BRODIE u. COSTA 1962; BRODIE et al. 1962a) zu deuten, sondern eher im Sinne enthemmter Reaktionen, — enthemmt durch das Wegfallen inhibitorischer Wirkungen, die von fluorescenzmikroskopisch nachweisbaren monoaminergischen Nervenenden („nerve terminals") im Nucl. facialis, Nucl. salivatorius sup., Nucl. Edinger-Westphal und in der Retina ausgeübt werden (DAHLSTRÖM u. FUXE 1964a—c; DAHLSTRÖM et al. 1964a und b).

*Dopamin als „false transmitter" und die „Antireserpinwirkung" des Imipramins.* Der *Reserpin*wirkung liegt biochemisch bzw. physikalisch-chemisch eine Hemmung der Aufnahme der aus der Synthese stammenden endogenen Amine in die granulären Aminspeicher und der in diesen erfolgenden Bindung zugrunde (s. VIII.A.3.b.). Die Folge ist u. a. eine erhöhte pharmakologische Inaktivierung der im Cytoplasma der Zellen durch Decarboxylierung aus den Aminosäuren gebildeten freien Amine durch die in den Mitochondrien vorhandene Monoaminoxydase (MAO). Die durch Reserpin freigesetzten Brenzkatechinamine erschienen deshalb überwiegend als oxydativ desaminierte Abbauprodukte (s. X.B. und XI.).

Die Reserpinwirkung läßt sich auf zweierlei Weise antagonisieren: 1. durch Blockierung der MAO, so daß die aus der trotz Reserpin weitergehenden Synthese hervorgegangenen freien Amine in aktiver Form an die pharmakologischen Receptoren gelangen; 2. durch Hemmung der Wiederaufnahme desjenigen von den Nervenzellen zu den pharmakologischen Receptoren hin sezernierten Aminanteils, der normalerweise in die Zellen zurückkehrt, so daß auch dieser mit den Receptoren reagiert. Die „Antireserpinwirkung" des *Imipramins*, das wegen seiner cocainähnlichen Wirkungskomponente die Noradrenalinwirkungen ebenso wie die Wirkungen der sympathischen Nerven verstärkt und indirekte Wirkungen sympathicomimetischer Amine verhindert (s. X. B. 4. e.), kam darin zum Ausdruck, daß Imipramin die durch Reserpin verursachte Sedation aufhob (COSTA et al. 1960a; SULSER et al. 1960, 1962) und, *vor* Reserpin verabfolgt, dessen Wirkungen umkehren konnte, so daß Reserpin bei den mit Imipramin vorbehandelten Tieren Mydriasis und Exophthalmus sowie erhöhte motorische Aktivität hervorrief (SULSER et al. 1962). Imipramin war somit in der Lage, die sonst auftretenden Reserpinwirkungen nicht nur zu verhindern bzw. umzukehren, sondern sie auch zu durchbrechen.

Es ist schon an anderer Stelle darauf hingewiesen worden, daß die Aufnahme injizierten und die Wiederaufnahme des durch Nervenimpulse freigesetzten Noradrenalins in die Aminspeicher des Gewebes den wirksamsten „Inaktivierungsmechanismus" für den Überträgerstoff sympathischer Nervenwirkungen darstellt, einen viel wirksameren als es die enzymatische Inaktivierung durch MAO und OMT ist; denn mehr als 90% des injizierten oder freigesetzten Wirkstoffs wird durch Aufnahme in die Aminspeicher der Nerven der Reaktion mit den pharmakologischen Receptoren entzogen (s. IX. und XI.). Aus Versuchen mit radioaktivem Noradrenalin ($H^3$-Noradrenalin) geht hervor, daß Reserpin die Aufnahme injizierten Amins und die Wiederaufnahme freigesetzten Überträgerstoffs in das *Cytoplasma* der Nervenzellen nicht verhindert (Übersicht bei KOPIN 1964), sondern nur die Aufnahme in die vor der Inaktivierung durch die cytoplasmatische MAO schützende *granuläre Bindung und Speicherung*. Das müßte, wenn es auch für das im Cytoplasma durch die hier lokalisierte Dopadecarboxylase aus Dopa entstehende *Dopamin* zuträfe, zu einer Beeinträchtigung der endogenen *Noradrenalinsynthese* aus Dopamin führen, da das hierfür benötigte Ferment, die Dopamin-β-hydroxylase, nur in den Granula vorkommt. Die Folge wäre, daß auch in den „Noradrenalinzellen" und „noradrenergischen Neuronen" des Gehirns, d. h. auch an solchen Stellen, an denen, wie z. B. im Hypothalamus, die Biosynthese der Brenzkatechinamine normalerweise bis zur Stufe des Noradrenalins führt und Noradrenalin der physiologische synaptische Überträgerstoff ist, die Synthese jetzt, wie in den „dopaminergischen Neuronen" des Putamen und Nucl. caudatus, wenigstens zum Teil schon auf der Stufe des Dopamins endete, so daß an die Stelle *granulären Noradrenalins cytoplasmatisches Dopamin* träte.

Aus physiologischerweise „noradrenergischen Neuronen" würden „dopaminergische": mit Dopamin als zwar einem körpereigenen, aber doch einem „false transmitter", der dem physiologischen Überträgerstoff — Noradrenalin — gegenüber auch noch insofern im Nachteil wäre, als er nicht auf physiologische Weise aus einem receptornahen granulären „pool" freigesetzt würde, und, rückläufig wieder in die Nervenzellkörper aufgenommen, in besonderem Maße dem inaktivierenden Abbau durch die MAO der cytoplasmatischen Mitochondrien ausgesetzt wäre; denn die schützende granuläre Bindung ist durch Reserpin aufgehoben, und Dopamin ist ein viel besseres Substrat des Fermentes als Noradrenalin. Die „*Antireserpinwirkung*" des Imipramins wäre dann darin begründet, daß die deletäre Wiederaufnahme des aus der cytoplasmatischen Synthese stammenden „false transmitter" verhindert und dieser dadurch in höherem Maße zur Reaktion mit den pharmakologischen Receptoren gelangt.

### 10. Epiphyse (Corpus pineale, Zirbeldrüse) und „oestrales Verhalten" („estrus behaviour").

Für die experimentell wenig fundierte Annahme einer die geschlechtliche Entwicklung hemmenden innersekretorischen Funktion der Epiphysis cerebri („Pubertas praecox" bei Epiphysentumoren) haben sich in den letzten Jahren durch Untersuchungen über das Vorkommen biogener Amine und ihre funktionelle Bedeutung in der Zirbeldrüse neue Gesichtspunkte ergeben. Das Corpus pineale, das, wie die Area postrema — die „trigger zone" für das Erbrechen —, wegen des Fehlens der normalen Blut-Hirnschranke leichter als andere Gehirnteile vom Blute aus zugänglich ist, hat einen hohen Serotoningehalt (GIARMAN u. DAY 1958; MILINE et al. 1958), der bei der Ratte etwa 25mal höher als im Hypothalamus gefunden wurde (QUAY u. HALEVY 1962; BERTLER et al. 1963; QUAY 1963a und b), und enthält auch kleine Mengen (0,3 µg/g) Noradrenalin (POTTER u. AXELROD 1963). Das in der Epiphyse vorkommende Histamin ist wahrscheinlich in Mastzellen gespeichert (MACHADO et al. 1963). LERNER et al. (1958, 1959, 1960) hatten wohl als erste das Augenmerk auf das Vorkommen von Aminen in der Drüse gelenkt, als ihnen die Isolierung des durch N-Acetylierung (McISAAC u. PAGE 1959; WEISSBACH et al. 1960) und 5-O-Methylierung (AXELROD u. WEISSBACH 1960; AXELROD et al. 1961c) sich aus Serotonin bildenden Melatonins (N-acetyl-5-methoxytryptamin) aus Rinderepiphysen gelang.

Das Corpus pineale besitzt eine hohe Decarboxylaseaktivität, die die Bildung von Serotonin aus 5-Hydroxytryptophan ermöglicht (HÅKANSON u. OWMAN 1964). Hoher Tryptophangehalt der Nahrung verursachte einen Anstieg des Serotoningehaltes in der Drüse (QUAY 1963b). Das Vorkommen von Derivaten der 5-Hydroxyindolessigsäure erklärt sich durch die hohe MAO-aktivität des Corpus pineale (SMITH 1963; WURTMAN et al. 1963; HÅKANSON u. OWMAN 1964).

Nach fluorescenzmikroskopischen Untersuchungen an Rattenepiphysen scheint das grün fluorescierende Noradrenalin der Zirbeldrüse in sympathischen Nervenfasern lokalisiert zu sein, während das gelbfluorescierende 5-Hydroxytryptamin, das bei der Ratte erst 14 Tage post partum nachweisbar wird (QUAY u. HALEVY 1962), hauptsächlich in dem epithelialen Parenchym vorkommt, aus dem es jedoch zum Teil in die „noradrenergischen" Nerven aufgenommen werden kann, so daß diese beide Amine — Noradrenalin und Serotonin — enthalten. In diesen „monoaminergischen" Nervenfasern nahm die Intensität der Gelbfluorescenz nach gleichzeitiger Verabfolgung von 5-Hydroxytryptamin und einem MAO-Hemmstoff deutlich zu, und nach sympathischer Denervierung der Drüse (Exstirpation der ganglia cervicalia sup.) (s. KAPPERS 1960, 1962; KAPPERS et al. 1964), die zu keiner nennenswerten Abnahme der Dopadecarboxylaseaktivität führte (HÅKANSON u. OWMAN 1964), kam es zu einer deutlichen Fluorescenzabnahme in den Nerven, wobei auch im Parenchym die Fluorescenzintensität etwas abgeschwächt war. Nach Applikation von Noradrenalin oder Metaraminol verschwand die durch Serotonin bedingte Gelbfluorescenz der Nerven und wurde durch eine für Brenzkatechinamine charakteristische Grünfluorescenz ersetzt. Auch Reserpin verursachte nach 24 Std eine selektive Abnahme der Gelbfluorescenz in den Nerven („Chemische Denervierung"); das Serotonin des Drüsen*parenchyms* ist weitgehend reserpinresistent (BERTLER et al. 1964; s. auch PELLEGRINO DE IRALDI et al. 1963a und b; DE ROBERTIS 1964).

Diese Untersuchungen über den Amingehalt des Corpus pineale und seine pharmakologische Beeinflußbarkeit sind auch insofern von Interesse, als der Amin-, insbesondere Serotoningehalt des Gehirns für die Sexualsphäre von Bedeutung zu sein scheint, wie Versuche an ovariektomierten, mit Oestradiol und Progesteron behandelten Ratten gezeigt haben. Die Hormonbehandlung der kastrierten Tiere (2,5—25 µg/kg Oestradiolbenzoat, 48 Std später 0,4 mg pro Tier Progesteron) führt zum Auftreten charakteristischer Symptome „oestralen Verhaltens", von denen sich die lordotische Krümmung des Rückens der weiblichen Tiere, wenn sie von einem männlichen Tier besprungen werden, als geeigneter Test erwies. Der Prozentsatz der positiv reagierenden Tiere nahm signifikant ab, wenn sie 4 Std nach der Verabfolgung von Progesteron einen MAO-Hemmstoff, z. B. 100 mg/kg Mo 911 (Pargyline), erhielten, der eine Erhöhung des Amingehaltes im Gehirn verursachte: des Noradrenalin- und Dopamingehaltes um 40—50%, des Serotoningehaltes um fast 150%. Zusätzliche Injektion von Precursor-Aminosäuren (200 mg/kg DL-Dihydroxyphenylserin; 5 mg/kg DL-Dopa; 3 mg DL-5-Hydroxytryptophan — 15 min nach Mo 911) verstärkte die inhibitorische Wirkung des MAO-Hemmstoffs nur im Falle des 5-Hydroxytryptophans. Ein erhöhter Serotoningehalt des Gehirns ist somit eher als ein Anstieg des Brenzkatechinamin-Gehaltes der Hemmung der „oestralen Reaktion" zugeordnet (MEYERSON 1964a und b).

Für ursächliche Beziehungen zwischen Gehirnaminen und „oestralem Verhalten" kastrierter, mit Sexualhormon behandelter weiblicher Ratten sprechen sodann Versuche mit Reserpin. Bei alleiniger Verabfolgung von Oestradiol (ohne anschließende Injektion von Progesteron) waren sehr hohe Dosen (100 µg pro kg) erforderlich, um eine positive oestrale Reaktion auszulösen (s. BOLING u. BLANDAU 1939). Die unterschwellige Dosis von 10 µg/kg Oestradiol wurde fast zur ED 100, wenn der Serotoningehalt des Gehirns mit Hilfe von Reserpin um etwa 60% erniedrigt worden war. Reserpin bzw. die durch das Alkaloid verursachte Abnahme des Serotoningehaltes im Gehirn vermag demnach in diesem Test sozusagen das Progesteron wirkungsmäßig zu ersetzen.

Fraglich ist, ob die Hemmwirkung des Serotonins auf das oestrale Verhalten durch spezifische serotoninergische Receptoren des Gehirns vermittelt wird oder ob Serotonin seine Wirkung über eine kompetitive Blockierung „oestral" stimulierender dopaminergischer oder noradrenergischer Receptoren ausübt. Der zuletzt genannte Wirkungsmechanismus ist vielleicht schon deshalb unwahrscheinlich, weil der inhibitorische Effekt der MAO-Hemmstoffe auf die oestrale Reaktion, d. h. die inhibitorische Auswirkung einer Erhöhung vor allem des Serotoningehaltes im Gehirn, durch zusätzliche Injektion von Precursor-Aminosäuren der Brenzkatechinamine (DOPS, DOPA), d. h. durch eine Erhöhung des cerebralen Dopamins und Noradrenalins, unbeeinflußt blieb.

Die Injektion der Sexualhormone an sich veränderte bei den ovariektomierten Ratten den Amingehalt des Gehirns nicht signifikant (MEYERSON 1964c). Die Implantation von Stilboestrol in den hinteren Hypothalamus ovariektomierter Katzen (HARRIS et al. 1958) und von Oestradiol in den vorderen Hypothalamus kastrierter Ratten (LISK 1962) rief „oestrales Verhalten" hervor, ohne daß es zu peripheren oestralen Veränderungen in der Uterus- und Vaginalschleimhaut kam.

## 11. Anorexigene Wirkung

Klinische und tierexperimentelle Befunde machen die Existenz centraler hypothalamischer Regulationsmechanismen der Nahrungsaufnahme wahrscheinlich. Nachdem MOHR (1840) erstmals eine durch einen Hypophysentumor mit Kompression und Deformation der Hirnbasis verursachte Fettsucht beschrieben und später für das häufig mit Hypogenitalismus einhergehende Symptombild die Bezeichnung „Dystrophia adiposogenitalis" (FRÖHLICH 1901; s. auch BABINSKI 1900; ERDHEIM 1904) geprägt worden war, konnten HETHERINGTON und RANSON (1943) (s. auch BROBECK et al. 1943; HETHERINGTON 1944) durch stereotaktische Ausschaltung des Nucleus ventromedialis an Ratten eine zu Körpergewichtszunahme und Fettsucht führende Hyperphagie (Freßsucht) auslösen. Zerstörung mehr lateral gelegener hypothalamischer Areale (Nucl. lateralis) verursachte eine bis zu „Aphagie" gehende Verminderung der Nahrungsaufnahme (ANAND u. BROBECK 1951; Übersicht bei ANAND 1961).

Elektrische *Stimulierung* des im Nucl. ventromedialis gelegenen Sättigungszentrums — „satiety center" (ANAND et al. 1955) — führte bei Katzen, wenn auch nicht zu völliger Aphagie, so doch zu stark verminderter Nahrungsaufnahme (ANAND u. DUA 1955), Stimulierung des im Nucl. lateralis lokalisierten Freß- oder Appetitzentrums („feeding center") zu gesteigerter Nahrungsaufnahme (DELGADO u. ANAND 1953).

Für die Aktivität und Reaktionslage des als Doppelzentrum angelegten hypothalamischen Regulationszentrums der Nahrungsaufnahme sind neben *nervalen*, z. B. aus dem limbischen und neocorticalen System stammenden, und neben *nerval-reflektorischen*, von den Dehnungsreceptoren des Magens ausgehenden Impulsen (Übersicht bei ANAND 1961, 1962; ANDERSSON u. LARSSON 1961), chemisch-humorale Faktoren von Bedeutung, z. B. der Gehalt des Blutes an Glucose, Fettsäuren und Aminosäuren (KENNEDY 1953).

Nach CANNON und WASHBURN (1912) wird das Hungergefühl von rhythmischen Kontraktionen des Magens begleitet, was zum Auftreten eines epigastrischen Hungerschmerzes führt. Das Hunger- bzw. Sättigungsgefühl soll wesentlich vom Auftreten bzw. Sistieren dieser Magenkontraktionen abhängen (CARLSON 1916), wobei eine unmittelbare Beziehung zwischen Magenmotilität und Höhe des Blutzuckerspiegels bestehe (BULATAO u. CARLSON 1924). Nach ANAND (1961) bringt der epigastrische Hungerschmerz durch die ihn verursachenden Magenkontraktionen zwar das Hungergefühl zum Bewußtsein; er ist jedoch nur „one and a dispensible element of the complex of hunger sensations" (JANOWITZ 1962). Die erhöhte Magenmotorik hat keinen Einfluß auf die elektrische Aktivität der hypothalamischen Zentren (ANAND 1961). Andererseits ist ein intaktes hypothalamisches Sättigungszentrum Vorbedingung dafür, daß eine z. B. durch Glucagon verursachte Erhöhung des Blutzuckerspiegels die gastrischen Hungerkontraktionen zum Verschwinden bringt (MAYER u. SUDSANEH 1959; SHARMA et al. 1961). Thermostatische, glucostatische und lipostatische Regulationsmechanismen sollen die Aktivität des hypothalamischen Steuerungszentrums für die Nahrungsaufnahme beeinflussen können.

*Thermostatische Regulation.* In der durch die „spezifisch dynamische Wirkung" der Nährstoffe bedingten zusätzlichen Wärmeproduktion während der Assimilationsphase wird eine Information für die hypothalamischen Zentren erblickt, die die Nahrungsaufnahme reguliert (BROBECK 1948; STROMINGER u. BROBECK 1953). Nach ANDERSSON und LARSSON (1961) erfolgt die Aktivierung und Hemmung des Sättigungs- und Futterzentrums über ein schon von MAGOUN et al. (1938) nachgewiesenes, im rostralen Hypothalamus gelegenes thermosensitives Areal. Eine Erhöhung der Bluttemperatur würde somit zu einem wichtigen Faktor der Appetitzügelung, indem sie, wie z. B. im Fieber, durch Stimulierung des „Sättigungszentrums" bzw. durch Dämpfung des „Freßzentrums" zu Appetitlosigkeit und dadurch zu verminderter Kalorienaufnahme führt.

*Glucostatische Regulation.* Neben der Bluttemperatur ist der Blutzuckerspiegel bzw. die arteriovenöse Differenz der Glucosekonzentration für die zentrale Regulation der Nahrungsaufnahme von Bedeutung. Im Hypothalamus existieren „Glucoreceptoren", die auf einen Anstieg des Blutzuckergehaltes ansprechen und eine Erregung des Sättigungszentrums auslösen, wobei wahrscheinlich weniger die absolute Höhe des Blutzuckerspiegels als eine erhöhte Glucoseutilisation entscheidend ist (MEYER 1955). Nach der Injektion von Glucose kam es zu einer erhöhten elektrischen Aktivität im ventromedialen hypothalamischen Sättigungszentrum bei gleichzeitig erniedrigter Aktivität im lateralen Freßzentrum (ANAND 1962).

*Lipostatische Regulation.* Die im Organismus täglich mobilisierte Fettmenge ist in etwa dem Gesamt-Fettgehalt des Körpers proportional (BATES et al. 1955; HERVEY 1959). Wenn man mit BRUCE und KENNEDY (1951) (s. auch KENNEDY 1953) annimmt, daß die hypothalamische Regulation der Nahrungsaufnahme vor allem die bei einem Überangebot an Calorien mögliche zusätzliche Ablagerung von Fett verhindern soll, läge es nahe, auch in der Lipidkonzentration des Blutes einen Regulationsfaktor für die hypothalamisch gesteuerte Nahrungsaufnahme zu erblicken. Im Gegensatz zu Glucoseinjektionen, hatte jedoch die Injektion von Fettemulsionen keinen Einfluß auf die elektrische Aktivität der hypothalamischen Zentren (ANAND 1962). Zu berücksichtigen ist, daß, wie schon gesagt, die nach Glucoseinjektion erhöhte Glucose-*utilisation* wahrscheinlich der auslösende Faktor ist, und Fette keine Substrate des cerebralen Energiestoffwechsels sind (s. XV.C.2.).

*Anorectica* (Appetitzügler). Die Therapie der Fettsucht mit Anorectica, d.h. mit Stoffen, die als „Appetitzügler" zu einer verminderten Nahrungsaufnahme führen und dadurch die Calorienzufuhr einschränken, hat die mit einem höheren Risiko behaftete Anwendung solcher „Entfettungsmittel", die, wie z. B. Dinitrophenol oder Thyroxinderivate (Übersicht bei WASER 1959), durch Anfachung des cellulären Energiestoffwechsels Körpergewichtsabnahmen verursacht, weitgehend verdrängt (Übersichten bei HARRIS 1955; MODELL 1960; FINEBERG 1960; OPITZ u. LOESER 1961, 1962; ENGELHARDT 1963a; WASER u. SPENGLER 1963; Council on drugs 1964) — zum Teil auch aus der Erkenntnis heraus, daß es einfacher ist, durch Einschränkung der Calorienzufuhr als durch vermehrte Verbrennung zugeführter Calorien eine Abnahme des Körpergewichtes zu erzielen (NEWBURGH 1944). Der Prototyp anorexigen wirkender Pharmaka ist *Amphetamin* (Benzedrin), dessen chemische Grundstruktur sich im Molekül aller gebräuchlichen Anorectica wiederfindet (s. Formelschema 23).

*Amphetamin.* Der appetitmindernde und zu Körpergewichtsabnahme führende Effekt des Amphetamins, das bis dahin wegen seiner periphersympathicomimetischen Wirkung zur Abschwellung entzündlich geschwollener Schleimhäute und wegen seiner zentralerregenden Wirkung bei psychischen Depressionen sowie bei narkoleptischen und nervösen Erschöpfungszuständen

Formelschema 23

| Struktur | Name |
|---|---|
| Ph–CH₂–CH(NH₂)–CH₃ | Amphetamin (Benzedrin; Dexedrin) (1-Phenyl 2-amino-propan) |
| Ph–CH₂–CH(NH–CH₃)–CH₃ | Methamphetamin (Pervitin) |
| Cyclohexyl(H)–CH₂–CH(NH–CH₃)–CH₃ | Propylhexedrin (Eventin) |
| Ph–CH₂–C(CH₃)₂–NH₂ | Phentermin (Mirapront) |
| (4-Cl)Ph–CH₂–C(CH₃)₂–NH₂ | Chlorphentermin (Avicol) |
| (4-F₃C)Ph–CH₂–CH(NH₂)–CH₃ | p-Trifluormethyl-amphetamin |
| Morpholin-Derivat | Phenmetrazin (Preludin) |
| N-Methylmorpholin-Derivat | Phendimetrazin (Antapentan) |
| Ph–CH₂–CH(CH₃)–N(CH₃)–CH₂–Ph | Benzphetamin (Didrex) |
| Ph–CH(Br)–CH(Br)–C(CH₃)(NH–CO–NH–CO) (Hydantoin) | (5-Methyl-5-(1',2'-Dibrom-2'-phenyläthyl)-hydantoin) (Pesomin; Anirrit) |
| Ph–CO–CH(CH₃)–N(C₂H₅)₂ | Diäthylpropion (Regenon) |

therapeutische Anwendung gefunden hatte (s. z. B. DAVIDOFF u. REIFENSTEIN 1937), wurde 1937 gleichzeitig von mehreren Autoren als klinischer Nebenbefund beschrieben (DAVIDOFF u. REIFENSTEIN 1937; NATHANSON 1937; ULRICH 1937). Am Zustandekommen des anorexigenen Effektes könnten periphere und zentrale Wirkungsmechanismen beteiligt sein.

*a)* Am Menschen wirkte Amphetamin erschlaffend auf die Magenmuskulatur (MYERSON u. RITVO 1936; VAN LIERE et al. 1936) und verlängerte deshalb die Verweildauer der Nahrung im Magen (VAN LIERE u. SLEETH 1938). Ähnliche Befunde wurden an Ratten erhoben (ENGELHARDT 1961). Amphetamin und Phenmetrazin (Preludin) hemmten auch die sekretorische Funktion des Magens (HAMMERL et al. 1956; ENGELHARDT 1961). Am Vagus-Magenpräparat (GREEFF u. HOLTZ 1956a) schwächten die beiden Pharmaka die durch elektrische Vagusreizung ausgelösten Kontraktionen ab (ENGELHARDT 1961). Nach parenteraler Verabfolgung werden die basisch reagierenden Anorectica zum Teil in den Magen ausgeschieden: an Ratten und Mäusen fand sich $C^{14}$-Phenmetrazin mehrere Stunden lang nach der subcutanen Injektion in der Magenwand in mehr als doppelt so hoher Konzentration wie in den übrigen Geweben und reicherte sich auch im Magenlumen an (ENGELHARDT et al. 1958).

Könnte somit die erschlaffende Wirkung des Amphetamins auf die glatte Muskulatur und eine dadurch vielleicht verursachte Unterdrückung der Hungerkontraktionen des Magens und des Hungergefühls zur anorexigenen Wirkung beitragen, so sprechen folgende Beobachtungen gegen einen peripheren Angriffspunkt der appetitzügelnden Wirkung: an vagotomierten und sympathektomierten Tieren (denervierter Magen), deren Appetit und Freßgewohnheiten sich nicht von denjenigen der Kontrolltiere unterschieden (GROSSMAN et al. 1947; GROSSMAN u. STEIN 1948), war der appetitmindernde und zu Gewichtsabnahme führende Effekt des Amphetamins voll erhalten (HARRIS et al. 1947); die anorexigene Wirkung des Amphetamins und anderer Anorectica — Phenmetrazin (Preludin) und Diäthylpropion (Regenon) — war nach oraler und subcutaner Applikation gleichstark (ENGELHARDT 1961).

*b)* Auch eine nach Amphetamin u. a. Anorectica beobachtete Anfachung des Stoffwechsels scheint nicht maßgeblich am Zustandekommen der zu Gewichtsabnahme führenden Wirkung beteiligt zu sein. In Versuchen von HARRIS et al. 1947 (s. auch BEYER 1939) an gesunden Probanden kam es nach 10 bis 40 mg Amphetamin zu einer *Grundumsatzsteigerung* von 15%. Die Gewichtsabnahme blieb jedoch bei konstanter Calorienzufuhr aus. Andererseits war die nach Phenmetrazin bei Patienten auftretende Abnahme des Körpergewichtes von keiner signifikanten Erhöhung des Grundumsatzes begleitet (HAMMERL et al. 1956). Im Tierversuch konnte jedoch bei hoher Dosierung von Amphetamin (1 bzw. 10 mg/kg) ein Anstieg des Sauerstoffverbrauchs um 30 bzw. 100% nachgewiesen werden. Chlorphentermin (Avicol) war wesentlich schwächer wirksam (HOLM et al. 1960).

c) An Hunden und stoffwechselgesunden Versuchspersonen war Amphetamin ohne Einfluß auf den *Blutzuckerspiegel* (HARRIS et al. 1947). Phenmetrazin beeinflußte an Tieren (THOMÄ u. WICK 1954) und am Menschen (HAMMERL et al. 1956) weder die Blutzuckerkonzentration noch den Ausfall von Glucosebelastungstests. Auch nach Verabfolgung von Methamphetamin (Pervitin) an Hunde hatte HAUSCHILD (1939) keine Veränderungen des Blutzuckerspiegels beobachtet. Demgegenüber sollen Amphetamin, Phentermin (Mirapront) und besonders Chlorphentermin (Avicol) bei normalen und alloxandiabetischen Ratten zu einer Erniedrigung des Blutzuckerspiegels unter gleichzeitigem Anstieg des Leberglykogens führen (OPITZ 1965b).

Die anorexigene Wirkung des Amphetamins und anderer „Appetitzügler" scheint demnach nicht über eine Beeinflussung *glucostatischer* Regulationen zu erfolgen, — mit dem Vorbehalt allerdings, daß nicht die Höhe des Blutzuckerspiegels, sondern die arteriovenöse Differenz der Glucosekonzentration im Hypothalamus für die Aktivität des Sättigungszentrums von Bedeutung ist. Demgegenüber könnte die ausgeprägte *lipolytische* Aktivität dieser Pharmaka an ihrer appetitzügelnden und zu Gewichtsverlust führenden Wirkung ursächlich beteiligt sein.

d) Die an Ratten durch *Chlorphentermin* verursachte Gewichtsabnahme erfolgte vornehmlich auf Kosten des Körperfetts; dessen prozentualer Anteil am Körpergewicht sank von 10% auf etwa 6% ab. Ein vergleichbarer, durch *Futterentzug* bedingter Gewichtsverlust führte zu keiner prozentualen Veränderung des Gesamt-Körperfetts (HOLM et al. 1960; s. auch OPITZ u. LOESER 1963). Die durch Anorectica verursachte selektive Abnahme des Körperfetts kommt somit nicht durch die verminderte Nahrungsaufnahme an sich zustande; sie beruht auf einer gesteigerten Lipolyse.

Amphetamin und seine Derivate erhöhen, wie von zahlreichen Autoren gefunden wurde, bei Ratten den Blutspiegel freier, unveresterter Fettsäuren (s. z. B. ENGELHARDT 1963b; OPITZ u. LOESER 1963; FASSINA 1964, 1966; SANTI u. FASSINA 1964; OPITZ 1965b). Dieser, auch bei Arteriosklerotikern beobachtete (LORENZ u. BÜSGEN 1965), durch gesteigerte Lipolyse zustande kommende Fettsäurenanstieg im Serum könnte, ähnlich wie die lipolytische Wirkung des Tyramins (s. XV.C.2.), eine indirekte Wirkung sein und auf einer Freisetzung von Noradrenalin in der Peripherie des sympathischen Nervensystems beruhen (s. X.B.4.g.). Wahrscheinlicher ist jedoch, daß die stimulierende Wirkung des Amphetamins auf die Lipolyse einen zentralen Angriffspunkt hat.

Während der nach Applikation von *Tyramin* erfolgende Anstieg der unveresterten Fettsäuren (UFS) im Serum in 20 min maximale Werte erreichte, trat das Wirkungsmaximum nach Amphetamin erst innerhalb von 2—3 Stu ein (FASSINA 1964), und der UFS-Spiegel des Blutes blieb bis zu 8 Std erhöht (ENGELHARDT 1963b; FASSINA 1964; SANTI u. FASSINA 1964). Die zu gesteigerter

Lipolyse führende Wirkung des Amphetamins unterschied sich von der lipolytischen Wirkung des Tyramins und Noradrenalins auch dadurch, daß sie durch β-Sympathicolytica, z. B. Pronethalol, nicht gehemmt wurde (OPITZ 1965b; FASSINA 1966).

Für einen *zentralen* Angriffspunkt der zu gesteigerter Lipolyse führenden Amphetaminwirkung spricht, daß Amphetamin *in vitro*, am isolierten Fettgewebe lipolytisch unwirksam war (ENGELHARDT 1963b; OPITZ u. LOESER 1963; FASSINA 1966), und daß D-Amphetamin, das eine stärkere zentral erregende Wirkung besitzt als das L-Isomere, auch einen stärkeren Anstieg der UFS im Blute verursachte als das Racemat. DL-Amphetamin war jedoch wirksamer als Tyramin (FASSINA 1964).

Vielleicht ist an der lipolytischen Wirkung eine Stimulierung des Hypophysenvorderlappen-Nebennierenrindensystems beteiligt. Phenmetrazin führte beim *Menschen* zu einer signifikant erhöhten 17-Ketosteroidausscheidung in den Harn (HAMMERL et al. 1956). Andere Autoren fanden allerdings beim *Hund* selbst nach konvulsiven Amphetamindosen nur eine geringfügige Mehrsekretion von Nebennierenrindenhormonen (ENDRÖCZI u. LISSÁK 1959).

e) Die zentrale anorexigene Wirkung des Amphetamins könnte über einen Eingriff in den *Aminstoffwechsel* des Gehirns zustande kommen: *1.* durch vermehrte Aminfreisetzung; *2.* durch Hemmung der Wiederaufnahme der freigesetzten Amine; *3.* durch kompetitive Hemmung der Monoaminoxydase (s. X.B.4.g.).

Eine Hemmung der MAO durch Amphetamin würde erklären, weshalb erst hohe Dosen (20 mg/kg i.p.) zu einer nachweisbaren Abnahme des Noradrenalingehaltes im Gehirn führten (BURACK u. DRASKÓCZY 1964; GLOWINSKI et al. 1965), weniger im Hirnstamm als im Neocortex (CARLSSON et al. 1966), und weshalb das durch Amphetamin freigesetzte Noradrenalin überwiegend als 3-0-Methylnoradrenalin akkumulierte (GLOWINSKI u. AXELROD 1965; GLOWINSKI 1966).

Auch Amphetamin*derivate*, z. B. — (I) — N-Methyl-p-chloramphetamin (PLETSCHER et al. 1964; PLETSCHER et al. 1965; LIPPMANN u. WISHNICK 1965) und — (II) — Bis-(3,4-dichlorphenyläthyl)-amin (PLETSCHER et al. 1965) führten zur Abnahme des Amingehaltes im Gehirn. Von der Wirkung war jedoch der Serotoningehalt in höherem Maße betroffen als der Noradrenalingehalt. 16 Std nach der intraperitonealen Verabfolgung von 5 mg/kg (I) hatte das Serotonin im Thalamus und Hypothalamus von *Katzen* um 60% abgenommen bei noch normalem Noradrenalingehalt; im Cortex hatten *beide* Amine um 40% abgenommen. Erst bei doppelt so hoher Dosierung (10 mg/kg) sank auch die Noradrenalinkonzentration in den Gehirnarealen signifikant ab (LIPPMANN u. WISHNICK 1965). Bei *Ratten* blieb der Noradrenalingehalt des Gehirns selbst nach Verabfolgung von 25 mg/kg N-Methyl-p-chloramphetamin fast unbeeinflußt, während der Serotoningehalt auf etwa 50% der Normalwerte absank (LIPPMANN u. WISHNICK 1965), wobei gleichzeitig auch der Gehalt an 5-Hydroxyindolessigsäure vermindert war (PLETSCHER et al. 1965).

Demgegenüber verursachte das dichlorierte Dimere des Phenyläthylamins (II) sowohl eine Abnahme des Noradrenalin- als auch des Serotoningehaltes unter starker Erhöhung der 5-Hydroxyindolessigsäure (PLETSCHER et al. 1965).

Die beiden Pharmaka unterscheiden sich durch ihre verschieden starke inhibitorische Wirkung auf die Monoaminoxydase (MAO). Die Verbindung I ist ein starker Hemmstoff des Fermentes und führt vielleicht deshalb erst in hohen Konzentrationen zu einer Abnahme des Noradrenalingehaltes im Gehirn, während der viel schwächere MAO-Hemmstoff II — reserpinähnlich — das Gehirn an Noradrenalin und Serotonin zu verarmen scheint und, wie Reserpin, zu einem Anstieg der 5-Hydroxyindolessigsäure führt.

Die Annahme der ursächlichen Beteiligung einer zur Abnahme des cerebralen Amingehaltes führenden Freisetzung von Gehirnaminen am Zustandekommen der anorexigenen Wirkung des Amphetamins und der von ihm sich ableitenden Anorectica findet darin eine Stütze, daß auch andere Pharmaka, die in den cerebralen Aminstoffwechsel eingreifen, anorexigene Wirkungen besitzen.

*Cocain* ist seit langem als Anorecticum bekannt (Übersicht bei SCHMIDT 1965). Seiner zentralerregenden Wirkung, die an Versuchstieren u. a. zu erhöhter motorischer Aktivität und Temperaturanstieg führt, liegt wahrscheinlich eine Freisetzung von Gehirnaminen, insbesondere von Noradrenalin, und eine Hemmung der Wiederaufnahme des freigesetzten Amins zugrunde. Umgekehrt wie beim Amphetamin, dessen D-Isomeres eine stärkere *zentral* erregende und anorexigene Wirkung besitzt als das *peripher* wirksamere L-Amphetamin, kommt dem L-n-Cocain eine weitaus stärkere zentrale Wirkung zu als dem D-$\Psi$-Cocain. Diese war nach Verarmung des Gehirns durch Reserpin aufgehoben (s. X.B.4.g.).

MAO-Hemmstoffe, z. B. Iproniazid, die an sich nur eine schwache anorexigene Wirkung besaßen, führten zu einer starken Potenzierung der anorexigenen und temperatursteigernden Wirkung des L-Cocains; sie ließen die nur schwachen Wirkungen des D-Cocains unbeeinflußt (SCHMIDT u. MEISSE 1962; SCHMIDT 1965).

Auch die anorexigene Wirkung des Amphetamins (1 mg/kg) war an Ratten nach Iproniazid (100 mg/kg) deutlich verstärkt. Der MAO-Hemmstoff Tersavid (Pivaloyl-benzylhydrazin) besaß schon an sich eine direkte, nicht nur über eine Blockierung der MAO zustande kommende zentralerregende — und anorexigene Wirkung. Die Potenzierung der Amphetaminwirkung durch diese beiden Pharmaka könnte auf einem in der *Leber* verminderten mikrosomalen *Amphetamin*abbau (FOUTS u. BRODIE 1956) und auf einer im *Zentralnervensystem* verminderten Inaktivierung des durch Amphetamin freigesetzten *Noradrenalins* beruhen (SPENGLER 1962).

α-*Methyl-m-Tyrosin* hatte an Ratten eine amphetaminartige zentrale Erregungswirkung, die wahrscheinlich den aus der Aminosäure sich bildenden Aminen (α-Methyl-m-Tyramin bzw. Metaraminol) zukommt: die Psychomotorik war erhöht und das „shock-avoidance behaviour" verbessert (VAN ROSSUM 1963; CARLTON 1963) (s. III.A.1.). An der gleichen Tierart verursachten 400 mg/kg α-Methyl-m-Tyrosin eine mehr als 24 Std anhaltende Einschränkung der Nahrungsaufnahme (CARLTON u. FURGIUELE 1965).

*Anorexigene und zentralerregende Wirkung*

Hohe Lipoidlöslichkeit und das Fehlen polarer Gruppen im Molekül des vom Phenyläthylamin sich ableitenden Amphetamins, das Fehlen einer phenolischen OH-Gruppe am Benzolring und einer alkoholischen OH-Gruppe in der Seitenkette ermöglichen diesem, im Gegensatz zu den Phenol- und Brenzkatechinderivaten unter den sympathicomimetischen Aminen (KEY u. MARLEY 1961), die Bluthirnschranke zu durchdringen, und schaffen damit die Voraussetzung für die Ausübung auch zentraler Wirkungen. Die Isopropylamin-Seitenkette des Amphetamins ($-CH_2-CH-CH_3$) ist nach GUNN et al.
$$\phantom{-CH_2-CH-CH_3}\;|\phantom{..}$$
$$NH_2$$
(1939) die Ursache dafür, daß *peripher*-sympathicomimetische Wirkungen in den Hintergrund treten. Die 1-Phenyl-2-aminopropan-Struktur gewährleistet, z. B. an der Spontanmotorik der Ratte gemessen, eine maximale *zentrale* Erregungswirkung (SCHULTE et al. 1941), die bei der D-Form des Amphetamins auch am Menschen viermal höher gefunden wurde als bei der L-Form (ALLES 1939). Jede Veränderung des Amphetaminmoleküls schwächt die zentralerregende Wirksamkeit ab: Phenyläthylamin war schwächer wirksam als Amphetamin. Einführung einer alkoholischen β-OH-Gruppe in die Seitenkette des Amphetaminmoleküls oder Verlängerung der Seitenkette um eine $CH_2$-Gruppe (1-Phenyl-2-aminobutan) führte, ebenso wie die Substitution des Benzolringes mit OH-, Cl-, $CH_3$-, $OCH_3$- und $NH_2$-Gruppen, zu einer Abnahme der zentralerregenden Wirkung (SCHULTE et al. 1941).

Die Ergebnisse neuerer Untersuchungen sprechen jedoch dafür, daß keine *kausalen* Beziehungen zwischen zentral-erregender und anorexigener Wirkung bestehen, es vielmehr zu einer Dissoziation zwischen diesen Wirkungsqualitäten kommen kann. Während z. B. MODELL (1960) in den klinisch angewandten Appetitzüglern vom Typ des Amphetamins „central-stimulating appetite distractors" erblickte, durch die „the patient's abnormal drive for food is distracted by a sense of well-being or „lift", beobachtete FINEBERG (1961) an Patienten nach Verabfolgung von Amphetaminderivaten ausgeprägte anorexigene Wirkungen ohne zentrale Erregung. Das als Antiepilepticum angewendete Hydantoinderivat *Pesomin* (Anirrit) besitzt keine zentralerregenden Wirkungen, verursachte jedoch an menschlichen Patienten (JANZ u. BAHNER 1954) und an Versuchstieren eine Abnahme des Körpergewichtes (OPITZ et al. 1957; Übersicht bei OPITZ u. LOESER 1961). Die anorexigene Wirkung kommt wahrscheinlich einem im Organismus entstehenden Metaboliten zu: dem 1-Phenyl-3-aminobutan (SPENGLER 1958; WASER 1958/59).

Andererseits hatten Pharmaka, die zentral erregend wirkten, z. B. Phenyläthyl- und -äthanolamin, Mescalin (SPENGLER u. WASER 1959) sowie Coffein und Methylphenidat (Ritalin) (HOLM et al. 1960), im Tierversuch keine anorexigene Wirkung. Erst nach Hemmung der Monoaminoxydase wurde Phenyläthylamin, ebenso wie Dopa bzw. das aus ihm sich bildende Dopamin, zu einem Anorecticum (MANTEGAZZA u. RIVA 1961, 1963).

Für einen Angriffspunkt der anorexigenen Wirkung des Amphetamins an dem im ventromedialen Hypothalamus gelegenen „Sättigungszentrum" könnte sprechen, daß es an Katzen nach Verabfolgung von Amphetamin bei Ableitung aus diesem Gehirnareal, nicht jedoch bei Ableitung aus anderen hypothalamischen Regionen zu einer Aktivierung des EEG (Anstieg der Wellenfrequenz und -amplitude) kam (BROBECK et al. 1956). Gleichsinnige elektrophysiologische Veränderungen im Nucl. ventromedialis rief Phenmetrazin (Preludin) bei Katzen und Affen hervor (ANAND et al. 1961). Daß auch andere Gehirnpartien von der Wirkung betroffen sind, wird dadurch wahrscheinlich, daß die anorexigene Wirkung des Amphetamins an Hunden (DI FERRANTE u. LONGO 1953; ANDERSSON u. LARSSON 1957) und am Menschen (HARRIS et al. 1947) nach präfrontaler Lobotomie deutlich abgeschwächt war.

Die Stimulierung des ventromedialen hypothalamischen Sättigungszentrums durch Amphetamin als alleinige Ursache seiner anorexigenen Wirkung wird auch dadurch zweifelhaft, daß an Ratten, die nach bilateraler Zerstörung der hypothalamischen Ventromediankerne „hyperphag" geworden waren, die anorexigene Wirkung des Amphetamins (STOWE u. MILLER 1957; EPSTEIN 1959; REYNOLDS 1959) und Phenmetrazins (ANAND et al. 1961) nicht nur nicht aufgehoben, sondern sogar verstärkt war. Die damit nahegelegte — bisher rein hypothetische — Annahme, die appetitzügelnde Wirkung des Amphetamins und anderer Anorectica komme durch eine Hemmung des im lateralen Hypothalamus gelegenen Freßzentrums zustande (STOWE u. MILLER 1957; SPENGLER u. WASER 1959), würde zwar darin eine Stütze finden, daß sedierende Pharmaka von der Art des Reserpins und Chlorpromazins bei Ratten auch anorexigen wirkten (SPENGLER u. WASER 1959), wobei Reserpin weder im Sättigungs-, noch im Freßzentrum des Hypothalamus eine spezifische elektrische Aktivität auslöste (ANAND et al. 1961); sie wäre aber nur schwer vereinbar mit der Beobachtung, daß die Implantation von Adrenalin- oder Noradrenalinkristallen in das hypothalamische Freßzentrum bei Ratten (GROSSMAN 1960) ebenso wie die Verabfolgung von Phenobarbital (Luminal) in Dosierungen, die zu ausgeprägten motorischen Koordinationsstörungen

Eine Abtrennung der zentral erregenden von der anorexigenen Wirkung amphetaminähnlicher Pharmaka wäre auch *klinisch* von Bedeutung, da sie unerwünschte „Nebenwirkungen" dieser Anorectica — Schlafstörungen, Nervosität, mit Suchtgefahr verbundene Euphorie — ausschalten würde. Jede chemische Abwandlung des Amphetaminmoleküls ist, wie schon gesagt, mit einer Abnahme der zentralerregenden Wirkung verbunden. Bestimmte Eingriffe scheinen nun die Relation „Zentralerregende:Anorexigene Wirkung" zugunsten der letzteren verschieben zu können. So verursachte z. B. die Einführung einer zweiten α-Methylgruppe in die Seitenkette des Amphetamins (Amphetamin → Phentermin (Mirapront) eine Reduktion der zentralerregenden Wirkung um den Faktor 3, während die anorexigene Wirkung des Phentermins im Vergleich mit derjenigen des Amphetamins nur um den Faktor 2 vermindert war (HOLM et al. 1960). Halogensubstitution des Benzolkerns des Phentermins in Para- oder Orthostellung führte zu Anorectica, die, wie z. B. p-Chlor- sowie p- und o-Brom-Phentermin, an Ratten nicht mehr mobilitätssteigernd wirkten (HOLM et al. 1960; OPITZ et al. 1965). Auch 3- bzw. 4-Trifluormethyl-Amphetamin, das an Hunden anorexigen wirkte, besaß keine zentralerregende Wirkung mehr (HOLLAND et al. 1963).

Die Aufhebung oder Abschwächung der zentralerregenden Wirkung dieser Anorectica wird jedoch mit einem schwerwiegenden Nachteil erkauft: einer schon bald sich entwickelnden Toleranz. Während einer dreiwöchigen Behandlung mit Amphetamin, Phenmetrazin (Preludin) und Diäthylpropion (Regenon), deren anorexigene und zentral-stimulierende Wirkung im gleichen Dosierungsbereich liegt, wurde an Ratten keine Abschwächung des die Nahrungsaufnahme einschränkenden Effektes beobachtet. Dagegen trat schon nach siebentägiger Behandlung mit p-Äthyl-Amphetamin und p-Trifluormethyl-Amphetamin, deren anorexigen wirksame Dosis niedriger als die zentralerregende liegt, eine deutliche Toleranzsteigerung bei den Versuchstieren gegenüber der anorexigenen Wirkung auf, — bei unverminderter anorexigener Wirksamkeit von D-Amphetamin (LEONARD et al. 1966).

*Amphetamin und Wasserhaushalt.* Auch an der Regulation der Wasseraufnahme und des Wasserhaushaltes sind periphere und zentrale Mechanismen beteiligt. Im Gebiet der Carotis interna gelegene „Osmoreceptoren" werden bei erhöhtem osmotischen Druck des Blutes erregt und lösen reflektorisch eine Ausschüttung von Adiuretin (Vasopressin) aus, das die Rückresorption von Wasser im Tubulussystem der Niere fördert und dadurch zu einer verminderten Harnsekretion führt. Nach Zerstörung des Hinterlappens und der angrenzenden Gebiete des Hypothalamus kommt es im Tierversuch zu einer Harnflut, die auch das durch Hypophysentumoren hervorgerufene menschliche Krankheitsbild des Diabetes insipidus kennzeichnet. Absinken des osmotischen Drucks im Blut führt über eine Hemmung der Osmoreceptoren und eine Stimulierung von „Volumenreceptoren" im linken Vorhof des Herzens (GAUER et al. 1961) zu einer verminderten Adiuretinausschüttung und dadurch zu einer vermehrten Flüssigkeitsabgabe durch die Niere.

Im vorderen Hypothalamus befindliche Osmoreceptoren, die auf celluläre Dehydratation ansprechen, können direkt die Abgabe von Adiuretin aus der Neurohypophyse regulieren (VERNEY 1947; VERNEY u. JEWELL 1957). Andere, in den rostralen Anteilen des Hypothalamus und in der Regio praeoptica lokalisierte Osmoreceptoren sind für die *Wasseraufnahme* verantwortlich. Auslösender Reiz ist ein Anstieg des osmotischen Drucks bzw. des Kochsalzgehaltes im Blut. Elektrische Stimulierung dieses „Durstzentrums" oder lokale Applikation leicht hypertonischer NaCl-Lösungen führte bei Ziegen zu einer zusätzlichen, mehrere Liter betragenden Wasseraufnahme (WOLF 1950; ANDERSSON u. MCCANN 1955; Übersicht bei ANDERSSON 1962). Ein Regulationszentrum sowohl für die Nahrungs- als auch für die Flüssigkeitsaufnahme scheint sich im lateralen Anteil des Hypothalamus (pallido-fugale Bahnen) zu befinden (ANDERSSON 1962), — wo, wenigstens für die Ratte, „a close anatomical and physiological relation" zwischen Hunger- und Durstzentrum bestehen soll (MONTEMURRO 1962).

An der zu Gewichtsabnahme führenden Wirkung des Amphetamins und der sich von ihm ableitenden Anorectica ist eine Beeinflussung des Wasserhaushaltes beteiligt. Einerseits besitzen diese Pharmaka eine diuretische Wirkung, auf Grund deren es zu einer vermehrten *Ausscheidung* von Wasser, Natrium und Chlor kommt (HAUSCHILD 1939; HOLM et al. 1960; OPITZ 1965a). Andererseits wird, wie zahlreiche Autoren zeigen konnten, die Wasser-*aufnahme* durch Amphetamin gehemmt (s. z. B. ANDERSSON u. LARSSON 1957; TEITELBAUM u. DERKS 1958; EPSTEIN 1959). HAUSCHILD (1939) hatte schon gefunden, daß mit Methamphetamin (Pervitin) behandelte Hunde trotz völlig ausgetrockneter Schleimhäute kein Trinkverlangen zeigten; dieses wurde auch, wenn es durch intravenöse Injektion hypertonischer Salzlösung ausgelöst war, durch Amphetamin unterdrückt (ANDERSSON u. LARSSON 1957). Die „antidipsische", den Trinkzwang unterdrückende Wirkung des Amphetamins auf das hypothalamische Durstzentrum scheint durch präfrontale, corticale Gehirnareale vermittelt zu werden: wie die anorexigene, wurde auch diese Amphetaminwirkung durch präfrontale Lobotomie abgeschwächt, so daß wesentlich höhere Dosen erforderlich waren (ANDERSSON u. LARSSON 1957).

Die durch Amphetamin verursachte Hemmung der Wasseraufnahme blieb auch nach bilateraler Zerstörung des ventromedialen Hypothalamus bestehen (EPSTEIN 1959; REYNOLDS 1959). Amphetamin hemmt wahrscheinlich das hypothalamische Durstzentrum: elektrische Stimulierung dieses Zentrums, die, wie schon gesagt, normalerweise Trinkzwang auslöste, war nach Verabfolgung von Amphetamin wirkungslos (ANDERSSON et al. 1960).

## E. Dopamin und Morbus Parkinson

Die wichtigsten Symptome des 1817 von dem englischen Arzt J. PARKINSON beschriebenen und nach ihm benannten Syndroms sind *Akinese, Muskelrigidität* und *Tremor*. Sie sind nicht nur für die „Paralysis agitans" charakteristisch, sondern können auch im Gefolge einer Encephalitis lethargica, bei arteriosklerotischen Gefäßveränderungen und bei Vergiftungen, z. B. mit Kohlenmonoxyd sowie mit Mangan (GRÜNSTEIN u. POPOWA 1929), auftreten. Pathologisch-anatomische Veränderungen finden sich im Bereich der Stammganglien mit einer selektiven Lokalisation in den melaninhaltigen Zellen der Substantia nigra des Mesencephalons. Substantia nigra, Nucleus caudatus und Putamen sind Kernregionen des extrapyramidalen, den Ablauf einer koordinierten Motorik gewährleistenden Systems.

Die beim Parkinson beobachteten degenerativen Veränderungen in der Substantia nigra betreffen fast ausschließlich die melaninhaltigen Nervenzellen und sind mit einem Melaninschwund verbunden (HASSLER 1949a und b, 1956). VANDER WENDE und SPOERLEIN (1963) sowie VANDER WENDE (1964) konnten die Bildung eines schwarzen Pigmentes aus Dopamin, das an manchen Stellen des Körpers die biochemische Vorstufe des Noradrenalins ist, nachweisen, wenn Dopamin mit Gehirn- oder Rückenmarkschnitten inkubiert wurde. MARSDEN (1961) hatte histochemisch die Bildung von Melanin aus Dopa durch ein tyrosinaseähnliches Ferment der Substantia nigra gezeigt.

Die Schwarzfärbung der Ginsterschoten im Herbst beruht auf der Oxydation von Dopamin durch Polyphenoloxydasen zu schwarzem Melanin (SCHMALFUSS et al. 1927; SCHMALFUSS u. HEIDER 1931; GORRILL et al. 1935). Cu-haltige Polyphenoloxydasen kommen im tierischen Organismus nicht vor. Das Coeruloplasmin des Blutplasmas ist aber ein katalytisch wirksamer Cu-haltiger Eiweißkörper, der Dopamin und andere Polyphenole, z. B. Adrenalin und Noradrenalin, über Adrenochrom zu Melanin oxydiert (s. IV. A. 7.).

1. Das dopaminbildende Ferment, die Dopadecarboxylase, findet sich, ebenso wie die Monoaminoxydase, in hoher Aktivität im Corp. striatum (HOLTZ u. WESTERMANN 1956b; Übersicht bei HOLTZ 1960a), und fast das gesamte Dopamin des Gehirns ist beim Menschen und bei allen untersuchten Säugetierarten in den Kernregionen des extrapyramidalen Systems, Nucleus caudatus und Putamen, angehäuft (BERTLER u. ROSENGREN 1959a und b; SANO et al. 1959; Übersicht bei CARLSSON 1959) (s. I.B. und XV.A.3.). Hier ist Dopamin nicht biochemische Vorstufe des Noradrenalins, sondern als Endprodukt der Biosynthese der Brenzkatechinamine eigenständiger Wirkstoff. Während *Noradrenalin* sowohl in den sympathischen Nerven (SCHÜMANN 1958c) als auch im Gehirn zu einem beträchtlichen Teil in der „Mitochondrienfraktion" der Homogenate vorkommt (WALASZEK u. ABOOD 1957; WEIL-MALHERBE u. BONE 1959), also partikulär gebunden ist (GRAY u. WHITTAKER 1960, 1962; CARLSSON et al. 1962c; WHITTAKER et al. 1963; MICHAELSON u.

WHITTAKER 1963), findet *Dopamin* sich in den *Nerven*, wo es wahrscheinlich nur die Funktion der biochemischen Noradrenalinvorstufe ausübt, ausschließlich im Cytoplasma (SCHÜMANN 1958c) (s. IX.B.). Demgegenüber war es nach dem Ultrazentrifugieren von *Gehirn*homogenaten über einem Dichtegradienten zu 35% in submikroskopischen, dem Neuropil angehörenden Strukturen lokalisiert (BERTLER et al. 1960a). Diese sind nicht mit den granulahaltigen Synaptosomen identisch, in denen das Noradrenalin gespeichert ist (CARLSSON et al. 1962c) und in denen sich die Dopamin-$\beta$-oxydase befindet. Vor deren Einwirkung muß das Dopamin des Corpus striatum geschützt sein, um nicht zu Noradrenalin hydroxyliert zu werden.

2. Nach *Reserpin* kommt es nicht nur zu einer Abnahme des hypothalamischen Noradrenalins, sondern auch des Dopamingehaltes im Putamen und Nucleus caudatus (CARLSSON et al. 1958), wo dann vermehrt Dihydroxyphenylessigsäure auftritt (ANDÉN et al. 1963b). Nach der intravenösen Injektion von Reserpin waren bei Kaninchen die Dopaminwerte des Gehirns schon nach 15 min, die Noradrenalinwerte erst nach 45 min um 50% abgesunken; beide normalisierten sich nach 8 Tagen (BERTLER 1961a und b). Für einen hohen „turn over" des cerebralen Dopamins, im Vergleich mit dem — bei Wiederkäuern — auch in peripheren Organen (Darm, Lunge, Leber) vorkommenden Dopamin (s. II.A.1.), spricht, daß bei Schafen 13 Std nach Reserpin das Dopamin im Gehirn praktisch verschwunden war, in der Peripherie hingegen kaum abgenommen hatte (BERTLER et al. 1961a und b).

Eine der häufigsten „Nebenwirkungen" des Reserpins ist die *Akinese*. Hohe Dosen können an Mensch und Tier ein parkinsonähnliches Syndrom hervorrufen, in dem sich auch die beiden anderen Kardinalsymptome der menschlichen Erkrankung finden: Rigor und Tremor (GLOW 1959; MCGEER et al. 1961; BERNHEIMER et al. 1961; STEG 1962; Übersicht bei FRIEDMAN u. EVERETT 1964). Bei der mit Reserpin (7 mg/kg) an Ratten ausgelösten Muskelrigidität fand sich eine *Abnahme* der $\gamma$-Faseraktivität, die für die Regulation der Sensitivität der Muskelspindeln von Bedeutung ist, und gleichzeitig eine *erhöhte* $\alpha$-Faseraktivität. Der Schwellenwert für die Aktivierung der $\alpha$-Fasern durch taktile Reize war erniedrigt. Ähnlich wie Reserpin wirkten Chlorpromazin und Phenoxybenzamin (STEG 1964a und b; ROOS u. STEG 1964). L-Dopa (i.v. Infusion von 20 mg/kg) hob den Reserpineffekt auf. Die reflektorische Aktivierbarkeit der $\alpha$-Motoneurone durch Stimulierung der hinteren Rückenmarkwurzeln kehrte zur Norm zurück und eine spontane $\gamma$-Aktivität erschien wieder. Auch 5-Hydroxytryptophan (i.v. Infusion von 200 mg/kg), das, im Gegensatz zu Dopa, die *Akinese* bei reserpinisierten Tieren nicht beseitigte (CARLSSON et al. 1957b und c.)(s. XV.D.9), hob die *Rigidität* und den *Tremor* auf und kehrte die reserpinbedingten Veränderungen der $\gamma$- und $\alpha$-Motoneuronenerregbarkeit an den mit Reserpin behandelten Ratten um. Dopamin und Serotonin waren wirkungslos (ROOS u. STEG 1964).

3. Bei Katzen stieg nach Injektion von L-Dopa in die A. carotis der Dopamingehalt in der Formatio reticularis nur wenig an (DAGIRMANJIAN et al. 1963), dagegen rapide im Corpus striatum und im Hypothalamus, die beide eine hohe Dopadecarboxylaseaktivität besitzen. 25—30 min nach der Injektion waren die Tiere motorisch erregt. 20 min später hielt die Erregung immer noch an, obwohl der Dopamingehalt in allen Gehirnregionen, mit Ausnahme des Corp. striatum, wieder zur Norm abgesunken war (BERTLER u. ROSENGREN 1959a und b).

Die exzitatorischen, nach der Injektion von L-Dopa auftretenden, zu motorischer Hyperaktivität und „EEG-arousal" führenden Wirkungen des Dopamins, die durch Neurone des ascendierenden retikulären Systems vermittelt werden, brauchen ihren Angriffspunkt nicht direkt in der Formatio reticularis des Hirnstamms zu haben. Es bestehen anatomische Verbindungen zwischen den Kernen des extrapyramidalen Systems und dem neuronalen Netzwerk der Formatio reticularis des Mesencephalons (HASSLER 1956). Elektrische Stimulierung des Nucleus caudatus löste eine „arousal-reaction" im EEG aus (HEUSER et al. 1961). Mit fluorescenzmikroskopischen Methoden ließen sich ein großes dopaminergisches nigro-neostriales Neuronensystem darstellen und in der Zona compacta der Substantia nigra dopaminhaltige Zellen nachweisen, deren Axone durch die innere Kapsel zum Neostriatum verliefen und dieses innervierten (ANDÉN et al. 1964d, 1965a; CORRODI u. HILLARP 1963, 1964; DAHLSTRÖM u. FUXE 1964a—c; MALMFORS 1965a) (s. XV.D.8.). Nach Durchschneidung dopaminergischer ascendierender Neurone im Bereich des Mesencephalons war im Corpus striatum histochemisch kein Dopamin mehr nachweisbar. Auch diese Befunde sprechen dafür, daß die Substantia nigra die „effector area" für das Striatum ist (HORNYKIEWICZ et al. 1963). MCLENNAN (1964) konnte, wie schon erwähnt (s. XV.D.7.), an Katzen bei elektrischer Reizung afferenter, zum Nucl. caudatus verlaufender Fasern eine Freisetzung von Dopamin nachweisen. Unilaterale Läsionen des nigro-neostrialen Leitbündels und Injektion von Pharmaka, die, wie z. B. Reserpin, mit dem Aminstoffwechsel interferieren oder, wie Chlorpromazin, Haloperidol und Phenoxybenzamin, die dopaminergischen Erregungsübertragungen postsynaptisch blockieren, verursachten an Ratten ein parkinsonähnliches Syndrom (ANDÉN et al. 1965b).

4. Diese Untersuchungen hatten wesentliche Anregung erhalten durch die Beobachtung anderer Autoren, daß bei der Parkinsonschen Erkrankung des Menschen der Dopamingehalt im Corpus striatum vermindert ist. EHRINGER und HORNYKIEWICZ (1960), BERNHEIMER et al. (1961, 1963), HORNYKIEWICZ (1962, 1963) sowie BERNHEIMER und HORNYKIEWICZ (1962) bestimmten bei Parkinsonpatienten post mortem den Dopamingehalt im Nucl. caudatus, Putamen und in der Substantia nigra. Im Nucl. caudatus und Putamen, in denen die Normalwerte mit 3,55 bzw. 3,45 µg/g im Durchschnitt ermittelt

wurden (s. auch HORNYKIEWICZ 1964), war der Dopamingehalt bei Parkinsonkranken häufig auf $^1/_{10}$ des Normalwertes abgesunken, und in der Substantia nigra von 0,5 µg/g normal auf 0,1 µg/g. Der in diesen Gehirnarealen viel niedrigere Noradrenalin- und Serotoningehalt war nur um 50% vermindert (BERNHEIMER u. HONYKIEWICZ 1962; BERNHEIMER et al. 1963). In einem Fall von Hemiparkinsonismus hatte der Dopamingehalt im Corpus striatum der kontralateralen Seite signifikant stärker abgenommen als im homolateralen Striatum (BAROLIN et al. 1964).

Kanadische Autoren, die auch einen verminderten Dopamingehalt im Corp. striatum bei Parkinsonpatienten — und einen erhöhten Gehalt bei der Chorea Huntington — postuliert hatten, berichteten über eine *verminderte Ausscheidung* von Dopamin und Homovanillinsäure, dem Endprodukt des Dopaminstoffwechsels (s. IV.A. und VI.D.), in den Harn bei Parkinsonkranken (BARBEAU 1960, 1962; BARBEAU et al. 1961; BARBEAU u. SOURKES 1962; SOURKES 1964) und über eine *vermehrte Ausscheidung* bei der Chorea (s. auch SOURKES 1963; SOURKES et al. 1963). Die Befunde konnten jedoch von anderer Seite nicht bestätigt werden (WILLIAMS et al. 1961; GREER u. WILLIAMS 1963; NASHOLD u. KIRSHNER 1963). Leber und Niere sind, quantitativ gesehen, wohl wichtiger für den Dopaminstoffwechsel als das Gehirn. Im Schlaf war die Dopaminausscheidung herabgesetzt (BISCHOFF u. TORRES 1962). BARBEAU et al. (1963) fanden bei Parkinsonpatienten auch eine verminderte Ausscheidung von 5-Hydroxyindolessigsäure.

Für die Frage nach der *Ursache* des beim Morbus Parkinson verminderten Dopamingehaltes im Striatum sind Untersuchungen aufschlußreich, in denen, neben Dopamin, das quantitativ wichtigste Abbauprodukt — Homovanillinsäure (HVS) (s. IV.A. und VI.D.) — bestimmt wurde. Bei sechs Normalen betrug die mittlere HVS-Konzentration im Nucl. caudatus 3,1 µg/g und im Putamen 4,4 µg/g, bei sechs Parkinsonfällen 1,9 bzw. 1,5 µg/g (BERNHEIMER u. HORNYKIEWICZ 1965). Das besagt, daß bei Parkinsonkranken der Dopamingehalt im Striatum viel stärker (etwa auf $^1/_{10}$ der Norm) abgenommen hatte als der HVS-Gehalt (nur etwa auf $^1/_2$—$^1/_3$ der Norm). Neben einer verminderten Dopaminsynthese könnte eine Störung der Bindungs- und Speicherungsmechanismen für Dopamin die Ursache des niedrigen Dopamingehaltes sein, so daß ein größerer Anteil des synthetisierten Überträgerstoffs als normal durch die Monoaminoxydase abgebaut wird.

5. Coferment des dopaminbildenden Fermentes, der Dopadecarboxylase, ist Pyridoxal-5'-phosphat (Vitamin $B_6$), und Dopamin ist ein gutes Substrat der Monoaminoxydase (MAO). So ist im Lichte unserer heutigen Kenntnisse verständlich, daß die schon vor Jahrzehnten versuchte klinische Verabfolgung von *Vitamin $B_6$* (50—100 mg pro Tag) zur Behandlung des Morbus Parkinson sich mitunter günstig auswirkte (JOLLIFFE 1940), besonders wenn hohe Dosen (600—1400 mg pro Tag) verabfolgt wurden (BAKER 1941; RUDESILL u. WEIGAND

1941; GRINSCHGL 1951; FINKE 1954; HARTMANN-VON MONAKOW 1961), und daß *Harmin*, ein reversibler Hemmstoff der MAO (PLETSCHER et al. 1960), schon 1929 anscheinend mit Erfolg bei Parkinsonpatienten angewandt worden ist (BERINGER u. WILLMANS 1929). Die Therapie mit Vitamin $B_6$ war besonders erfolgreich bei der postoperativen Behandlung von Parkinsonpatienten, bei denen der Globus pallidus stereotaktisch elektrocoaguliert worden war. In diesen Fällen hatte die Medikation einen günstigen Einfluß auf die Geh- und Sprachstörungen sowie auf die psychischen Alterationen und Gedächtnisstörungen, die sich häufig im Anschluß an die Operation entwickelten. Die Therapie mit MAO-Hemmstoffen hat sich nicht bewährt (SOURKES 1964; HIRSCHMANN u. MAYER 1964). Die therapeutischen Erfolge mit Harmin waren vermutlich nicht in einer Hemmung der MAO begründet, da, wie sich später herausstellte, Harmalol, das kein MAO-Hemmstoff ist, gerade so gut wirkte.

Irreversible MAO-Inhibitoren, z. B. Iproniazid, Isocarboxazid, verursachen bei Mensch und Tier einen Anstieg sowohl des Serotonin- als auch des Dopamin- und Noradrenalingehaltes im Gehirn. GANROT et al. (1962) fanden nach Behandlung carcinomkranker Menschen mit Iproniazid die Konzentration aller drei Amine im Hypothalamus bzw. Nucl. caudatus erhöht. Bei Parkinsonpatienten jedoch, die in den letzten Wochen vor dem Tode mit MAO-Hemmstoffen behandelt worden waren, kam es zwar zu einem Anstieg bzw. zu einer Normalisierung des *Serotonin-* und *Noradrenal*ingehaltes im Gehirn, nicht aber zu einer Erhöhung des niedrigen *Dopamin*gehaltes im Neostriatum (BERNHEIMER et al. 1963). So sehr diese Beobachtung für eine gestörte Synthese als Ursache der niedrigen Dopaminwerte im Striatum von Parkinsonpatienten spricht, haben sich bisher keine Anhaltspunkte für eine beim Parkinson-Patienten verminderte Fermentaktivität (Dopadecarboxylase) ergeben (BERNHEIMER u. HORNYKIEWICZ 1962).

6. Da offensichtlich ein *lokalisierter Dopaminmangel* im Gehirn ursächlich an der Akinese und Muskelrigidität der Parkinsonpatienten beteiligt ist, lag es nahe, eine direkte Substitutionstherapie mit Dopamin zu versuchen. Dopamin selbst eignete sich hierfür nicht, da es nicht in ausreichendem Maße durch die Blut-Hirnschranke permeiert, wohl aber L-Dopa (BIRKMAYER u. HORNYKIEWICZ 1961, 1962; BARBEAU et al. 1962; GERSTENBRAND u. PATEISKY 1962; DEGKWITZ 1963; FRIEDHOFF et al. 1963), das schnell zu einem Anstieg des Dopamingehaltes im Striatum führt, und die parkinsonähnlichen Symptome, die nach *Reserpin* beim Menschen und bei Tieren auftreten, schlagartig beseitigte. Die i.v. Injektion von 50—150 mg L-Dopa beeinflußte bei Parkinsonpatienten vor allem die *Akinese*. Nach einer halben Stunde konnten bettlägerige Patienten sich spontan aufrichten, der Übergang vom Stehen zum Gehen war erleichtert und Sprachstörungen schwanden. Die Wirkung erreichte nach 3 Std ihr Maximum und blieb, wenn auch abgeschwächt, mitunter 24 Std lang bestehen (BIRKMAYER u. HORNYKIEWICZ 1961; UMBACH u. BAUMANN 1964). Nach

BARBEAU et al. (1961) wird auch der Parkinson-*Rigor* durch Dopa günstig beeinflußt. BARBEAU et al. (1962) fanden, daß auch p- und m-Tyrosin „reduce rigidity of skeletal muscle"; α-Methyldopa verstärkte sie (BIRKMAYER u. HORNYKIEWICZ 1962; BARBEAU et al. 1962).

Höhere Dosen L-Dopa (350—500 mg i.v.) wirkten auch am Menschen blutdrucksteigernd und führten regelmäßig zu Erbrechen (DEGKWITZ et al. 1960). In diesem Zusammenhang ist von Interesse, daß eine Bohnenart (Mucina capitata SW) mehr als über 2% Dopa enthält und bei Mensch und Tier Erbrechen hervorruft. Perphenazin und Abtragung der Triggerzone am Boden des vierten Ventrikels verhinderte das Dopa-Erbrechen (PENG 1963; s. auch LENZ 1962).

7. Mißerfolge einer „Dopatherapie" des Morbus Parkinson brauchen nicht gegen einen kausalen Zusammenhang zwischen den dargelegten *biochemischen* und *klinisch-pharmakologischen* Befunden zu sprechen. Voraussetzung für eine therapeutische Wirkung des L-Dopa ist, daß in den Kernen des extrapyramidalen Systems beim Parkinsonpatienten noch die Umwandlung in den eigentlichen Wirkstoff (Dopamin) möglich ist, d. h. daß diese noch so viel aktive Dopadecarboxylase enthalten, wie für die Bildung ausreichender Dopaminmengen erforderlich ist. Bei vollständiger Degeneration der dopaminergischen Neurone würde aber im Striatum auch das Ferment der Dopaminsynthese wahrscheinlich verschwinden. In solchen Fällen könnte von einer Medikation mit L-Dopa kein therapeutischer Effekt erwartet werden; hier würden sich wohl auch mit Hemmstoffen der MAO, die — allein verabfolgt — sich überhaupt nicht bewährt haben (BERNHEIMER et al. 1963), keine Besserungen erzielen lassen. Die kombinierte Verabfolgung von L-Dopa mit einem MAO-Hemmstoff könnte vielleicht eine therapeutische Wirkung erhoffen lassen, indem aus Dopa noch gebildete kleine, unterschwellige Dopaminmengen, vor der Inaktivierung durch die MAO bewahrt, eine sich therapeutisch auswirkende Verstärkung ihrer Wirkung erführen.

Wenn dem Parkinsonsyndrom biochemisch ein in den Kernregionen des extrapyramidalen Systems lokalisierter Fermentmangel für die Dopaminsynthese zugrunde läge, so könnte hiervon auch die Tyrosinhydroxylase betroffen sein, die durch phenolische Hydroxylierung der eigentlichen Muttersubstanz (Tyrosin) erst die direkte Precursor-Aminosäure (Dopa) bildet und der Dopadecarboxylase als Substrat anbietet. Im Nucl. caudatus fand sich eine besonders hohe Tyrosinhydroxylase-Aktivität (MASUOKA et al. 1963).

8. Nicht nur ein *Mangel* an Dopamin, sondern auch ein abweiger Dopamin-*stoffwechsel* könnte Bedeutung gewinnen für das Auftreten charakteristischer Symptome der Krankheit. Das, neben der MAO, für die pharmakologische Inaktivierung von Dopamin wichtigste Ferment ist die 3-O-Methyltransferase (OMT), die Dopamin an seiner in 3-Stellung befindlichen phenolischen OH-Gruppe methyliert, so daß 3-Methoxy-4-hydroxyphenyläthylamin entsteht (s. IV.B.). Bei Schizophrenen scheint das auch in 4-Stellung methylierte

Dopamin — 3,4-Dimethoxyphenyläthylamin — gebildet und in den Harn ausgeschieden zu werden (FRIEDHOFF u. VAN WINKLE 1962).

Methylierung der polaren phenolischen OH-Gruppen bedeutet Abnahme der Polarität, erhöhte Lipoidlöslichkeit und erhöhte Permeierfähigkeit durch die Blut-Hirnschranke. Untersuchungen von SMYTHIES und LEVY (1960) haben ergeben, daß das 3,4-Dimethoxyderivat des Dopamins zentrale Depression und Katatonie hervorruft, ähnlich wie 3,4,5-Trimethoxy-phenyläthylamin (Mescalin). Von entscheidender Bedeutung scheint die Methylierung der in 4-Stellung befindlichen OH-Gruppe zu sein. An Katzen verursachte sowohl 4-Methoxy- als auch 3,4-Dimethoxy-phenyläthylamin Hypokinese und Rigidität, mitunter von Tremor begleitet. Die katatone Wirkung von Dimethoxy-phenyläthylamin wurde durch Dopamin antagonisiert (ERNST 1962a und b; 1965a und b). Derivate mit freier para-OH-Gruppe, z. B. 3,5-Dimethoxy-4-hydroxy-phenyläthylamin, waren wirkungslos (SMYTHIES u. LEVY 1962). Es besteht eine enge Strukturverwandtschaft der 3- bzw. 3,4-Dimethoxyderivate mit Bulbocapnin, Laudanin, Laudanosin und Papaverin.

## Schlußbemerkungen

Neben dem *Endokrinium*, dem System der innersekretorischen Drüsen, die ihre Wirkstoffe als Hormone ins Blut sezernieren und hämatogen zur Wirkung gelangen lassen, fällt dem vegetativen oder *autonomen Nervensystem* die Aufgabe zu, die Wechselbeziehungen zwischen den — willkürlicher Betätigung weitgehend entzogenen — Funktionen visceraler Organe herzustellen und die „Homoiostase" (CANNON) oder Konstanz des „milieu interne" (CLAUDE BERNARD) zu gewährleisten.

*1.* Die vom vegetativen Nervensystem ausgeübten Regulationen werden nicht nur durch den Antagonismus ermöglicht, der häufig, z. B. am Herzen, an den Bronchien und am Darm, zwischen dem *sympathischen*, überwiegend noradrenergischen, und dem *parasympathischen*, überwiegend cholinergischen Anteil, mit Noradrenalin bzw. Acetylcholin als Überträgerstoffen der Nervenwirkung, besteht. Manche Organe besitzen überhaupt keine cholinergisch-noradrenergische Doppelinnervation, sondern sind, wie z. B. der größte Teil des Gefäßsystems, die Milz, die Pilomotoren und die Schweißdrüsen, entweder nur noradrenergisch oder nur cholinergisch innerviert.

Dem Antagonismus zwischen *cholinergischer* und *noradrenergischer* Beeinflussung der Organfunktionen durch eine dem — nicht nervalen — „Basaltonus" oder der „rhythmischen Automatie" vegetativer, „autonomer" Organe sich aufpfropfende *exogene* Innervation kann in der Peripherie des „sympathico-adrenalen" Systems ein Antagonismus zwischen dem *Noradrenalin* der sympathischen Nerven und dem *Adrenalin* des Nebennierenmarks an die Seite treten. Dieser beruht auf der verschieden großen Affinität der beiden Brenzkatechinamine zu den adrenergischen $\alpha$- und $\beta$-Receptoren, von denen die einen *exzitatorische*, durch α-Sympathicolytica hemmbare, die anderen *inhibitorische*, durch β-Sympathicolytica aufhebbare Wirkungen an glattmuskeligen Organen vermitteln, — mit Ausnahme des *Darmes*, an dem der fast gleichstarke inhibitorische Effekt des überwiegend α-sympathicomimetischen Noradrenalins und des sowohl α- als auch β-sympathicomimetischen Adrenalins auf einer Stimulierung beider Receptorenarten beruht, so daß die Verabfolgung eines α- *und* eines β-Sympathicolyticums erforderlich ist, um die Wirkung aufzuheben. Die Resistenz sympathicomimetischer positiv chrono- und inotroper Wirkungen am *Herzen* gegen α-Sympathicolytica findet ihre Erklärung darin, daß die *exzitatorische* Herzwirkung der Brenzkatechinamine durch adrenergische β-Receptoren vermittelt wird und sich deshalb nur durch β-Sympathicolytica, z.B. Dichlor-isoproterenol (DCI), Nethalid (Pronethalol), antagonisieren läßt. Aus diesem Grunde hat das Sympathicomimeticum *Isoproterenol* (Aludrin), mit seiner fast ausschließlichen Affinität zu den β-Receptoren, eine stärkere positiv ino- und chronotrope Wirkung als die körpereigenen Brenzkatechinamine. Es bestehen wahrscheinlich keine *kausalen* Beziehungen zwischen der inotropen Herzwirkung und den *metabolischen* Wirkungen der sympathicomimetischen Amine, insbesondere ihrer glykogenolytischen Wirkung, die auf einer Aktivierung der Phosphorylase durch Stimulierung einer ATP in cyclisches $3',5'$-Adenosinmonophosphat ($3',5'$-AMP) umwandelnden Adenylcyclase beruht, — obwohl beide Wirkungen, die inotrope und die metabolische, durch β-Sympathicolytica aufgehoben werden.

Neben der *konstitutionsbedingten* Affinität eines sympathicomimetischen Amins zu den Receptoren ist die bei den einzelnen Tierarten von Organ zu Organ unterschiedliche *Verteilung* adrenergischer α- und β-Receptoren sowie ihre Beeinflußbarkeit, z.B. durch hormonale Faktoren, für den Charakter der ausgelösten Wirkung, ob exzitatorisch oder inhibitorisch, entscheidend. Während Adrenalin und Noradrenalin an dem überwiegend mit α-Receptoren ausgestatteten *Kaninchen*uterus Kontraktionen auslösen, verursachen beide Amine am virginellen *Meerschweinchen-* und *Katzen*uterus inhibitorische Wirkungen, die durch β-Sympathicolytica aufgehoben werden; am Ende der Schwangerschaft oder nach Vorbehandlung der Tiere mit weiblichen Sexualhormonen schlägt die inhibitorische „β-sympathicomimetische" in eine exzitatorische „α-sympathicomimetische" Wirkung um. — Eine „*permissive*" Funktion für die Ausübung adrenergischer bzw. noradrenergischer Wirkungen kommt auch den Nebennierenrindenhormonen zu.

Was im Bereich eines Einzelorgans und für eine bestimmte Einzelfunktion sich als *Antagonismus* zwischen α- und β-sympathicomimetischer Beeinflussung manifestiert, kann auf höherer Ebene der Integration zu einem physiologischen *Synergismus* für die Gesamtfunktion und die Leistungsfähigkeit eines Organsystems werden. Wegen seiner Affinität zu den β-Receptoren der Muskelgefäße vermag Adrenalin — „mainly a dilator" — die vasoconstrictorische Wirkung des überwiegend α-sympathicomimetischen Noradrenalins als eines „overall constrictor" zu antagonisieren und seine vasodilatatorische, zu vermehrter Durchblutung der quergestreiften Muskulatur führende Wirkung auch metabolisch durch eine im Vergleich mit Noradrenalin stärkere glykogenolytische, hyperglykämische Wirkung zu subventionieren, so daß die Leistungsfähigkeit des Organsystems erhöht ist. An einem durch Noradrenalin spastisch kontrahierten schwangeren Uterus kann Adrenalin den Spasmus „anti-noradrenergisch", „$\beta$-sympathicomimetisch" lösen und dadurch den Geburtsvorgang fördern.

Das *entwicklungsgeschichtlich* einer gemeinsamen Anlage entstammende „sympathico-adrenale System", dessen nervalen (sympathische Nerven) und hormonalen (Nebennierenmark) Anteil der Organismus „dank zentral regulierter Erregungsübertragung" zwar weitgehend unabhängig voneinander einzusetzen vermag — so wird z. B. ein Absinken des Blut*drucks* mit einer vermehrten Freisetzung *nervalen Noradrenalins*, ein Absinken des Blut*zuckers* jedoch mit einer erhöhten Sekretion *hormonalen Adrenalins* beantwortet —, kann, dank der auf medullärer, hypothalamischer und corticaler Ebene des Zentralnervensystems erfolgenden Integration vegetativer Funktionen, auch als funktionelle Einheit in Aktion treten. Die Wirkungen der gleichzeitig eingesetzten beiden Wirkstoffe ergänzen sich dann zu einem, der ergotropen Funktion des Systems entsprechenden, leistungssteigernden Synergismus. Im Hinblick auf die generalisierte Aktivierung des sympathico-adrenalen Systems in Fällen der Not — „fear, fight or flight" — hat man von der „*Notfallfunktion*" dieses Regulations- und Adaptationssystems gesprochen. Ein „Kältestress" jedoch genügt schon, um beide Anteile des Systems in Aktion treten zu lassen: die im Blut zum Anstieg freier *Fettsäuren* führende Mobilisierung von Triglyceriden ist überwiegend nerval-noradrenergisch, die zur Erhöhung des *Blutzuckerspiegels* führende gesteigerte Glykogenolyse überwiegend hormonal, durch eine vermehrte Adrenalinsekretion aus dem Nebennierenmark bedingt.

2. Die Vertiefung unserer Kenntnisse von der Biochemie und Physiologie der körpereigenen Brenzkatechinamine als nervaler und hormonaler Überträger- und Wirkstoffe ist gefördert worden durch die Entwicklung von *chemischen* Methoden (Fluorimetrie, Papier- und Säulenchromatographie), die den Nachweis und die quantitative Bestimmung kleinster Aminmengen und ihrer Metabolite gestatten; ferner durch *morphologische* (Elektronenmikroskopie) und *histochemische* Methoden (Fluorescenzmikroskopie), mit deren Hilfe Aufschluß über die subcelluläre Lokalisation der Brenzkatechinamine in den chromaffinen und Nervenzellen sowie über die Existenz und den Verlauf „monoaminergischer" (dopaminergischer, noradrenergischer) Neurone im Zentralnervensystem, d. h. über die Funktion der Brenzkatechinamine als Erregungsüberträger auch an zentralen Synapsen, erhalten wurde. Die *Isotopentechnik* hat Untersuchungen auch in vivo über die Biosynthese der Amine sowie über die ihrer Speicherung und Freisetzung zugrunde liegenden Mechanismen möglich gemacht, die ohne sie nicht hätten durchgeführt werden können.

*a)* Die nach der Entdeckung der *Dopadecarboxylase* postulierte Sequenz der zur *Biosynthese* des Adrenalins führenden enzymatischen Reaktionen, in der durch Decarboxylierung des aus Tyrosin intermediär sich bildenden Dopa zu Dopamin ein pharmakologisch wirksames Brenzkatechinamin und durch dessen β-Hydroxylierung Noradrenalin als unmittelbare biochemische Vorstufe des Adrenalins entsteht, hat durch den Nachweis der anderen beteiligten Fermente *p-Tyrosinhydroxylase, Dopamin-β-oxydase* und *N-Methyltransferase* eine Bestätigung gefunden und sich als Hauptweg der Biogenese erwiesen. Das Fehlen der N-Methyltransferase in den sympathischen Nerven und vermutlich auch in den „Noradrenalinzellen" des Nebennierenmarks ist die biochemische Erklärung dafür, daß Noradrenalin und nicht Adrenalin der Überträgerstoff der Nervenwirkung ist, und das Nebennierenmark der meisten Tierarten und des Menschen, neben Adrenalin, auch Noradrenalin als hormonalen Wirkstoff enthält. Die stärkere cholinergische Innervation der „Adrenalinzellen" durch die Nn. splanchnici ermöglicht auch bei einem hohen prozentualen Noradrenalingehalt der Drüse eine *selektive* Sekretion von Adrenalin.

Obwohl die noradrenergischen Nerven über die für die Biosynthese des Überträgerstoffs notwendige enzymatische Ausrüstung verfügen, können sie diesen auch aus der Blutbahn aufnehmen und, wie die chromaffinen Zellen des Nebennierenmarks, in granulären bzw. vesiculären Zellorganellen unter Bindung an ATP speichern. Beim Phäochromocytom besteht ein relativer Mangel an ATP in den Speichergranula der chromaffinen Zellen.

Die *vesiculären Noradrenalinspeicher* der sympathischen Nerven, aus deren zumindest funktionell verschiedenen „compartments" die physiologische und pharmakologische Freisetzung des Überträgerstoffs erfolgt, finden sich gehäuft in den Nervenendigungen („nerve terminals", „neuroeffector junctions"), und im Zentralnervensystem als „synaptische Vesikel" im präsynaptischen Axoplasma der Neurone, — nahe der präsynaptischen Membran, die von der postsynaptischen durch einen mit Extracellulärflüssigkeit angefüllten Spalt von etwa 200 Å Durchmesser getrennt ist. Die auch für das Acetylcholin der cholinergischen Nerven zutreffende *quantenhafte* Freisetzung des Überträgerstoffs findet ihre Erklärung in dieser vesiculären Speicherung.

*b)* In Analogie zur ubiquitär vorkommenden Acetylcholinesterase und zur selektiv lokalisierten Cholinacetylase lassen auch die wichtigsten Fermente des inaktivierenden Abbaus der Brenzkatechinamine — *Monoaminoxydase* (MAO) und *3-O-Methyltransferase* (OMT) — die spezifische Lokalisation der für die Synthese benötigten Fermente vermissen. Die in den Mitochondrien der Nervenzellen vorkommende MAO ist für die oxydative Desaminierung des intraneuralen, extragranulär-cytoplasmatischen Noradrenalins von Bedeutung, während der „receptornahen", aber auch in der Leber in hoher Aktivität nachgewiesenen OMT vornehmlich die Inaktivierung des aus dem Nerven freigesetzten Überträgerstoffs und zirkulierender, hämatogener Brenzkatechinamine obliegt.

Der wirksamste „Inaktivierungsmechanismus", dem der größte Teil sowohl des endogenen, aus den sympathischen Nerven freigesetzten, als auch des exogenen, in die Blutbahn injizierten Noradrenalins unterliegt, besteht jedoch in der Aufnahme bzw. Wiederaufnahme in die nervalen Speicher, so daß nur ein kleiner Teil der freigesetzten oder injizierten Aminmenge zur Reaktion mit den die physiologische Wirkung auslösenden adrenergischen Receptoren der Effektororgane gelangt.

3. Die Dämpfung oder Stimulierung adrenergischer Wirkungen kann *therapeutisch* auch dann angezeigt sein, wenn eine Über- oder Unterfunktion des sympathico-adrenalen Systems nicht einen so durchsichtigen *kausalen* Zusammenhang mit einer Überproduktion von Noradrenalin und Adrenalin, wie beim *Phäochromocytom*, und mit einem im Corpus striatum lokalisierten Mangel an zentral-inhibitorischem Dopamin, wie beim Morbus Parkinson, erkennen läßt: als *symptomatische* „adrenergische bzw. antiadrenergische Therapie", z.B. bei einer zu orthostatischem Kollaps neigenden Hypotonie des Gefäßsystems und bei dem pathologisch erhöhten diastolischen Blutdruck der essentiellen Hypertonie unbekannter Genese.

### Adrenergische Wirkungen und Wirkungsmechanismen

*a)* Eine exogene „*Substitutionstherapie*" kann durch die Verabfolgung direkt mit den adrenergischen Receptoren reagierender sympathicomimetischer Amine erfolgen. Für die Wahl des Mittels ist entscheidend, ob eine vornehmlich α-sympathicomimetische Wirkung indiziert ist, z.B. eine durch Tonisierung der Gefäße den abgesunkenen Blutdruck normalisierende Wirkung beim „paralytischen Kollaps" und im kardiogenen Schock des Myokardinfarktes, oder ob eher von einer auch β-sympathicomimetischen Wirkungskomponente ein therapeutischer Erfolg zu erwarten ist, die, ohne den peripheren Gefäßwiderstand zu erhöhen, durch Stimulierung der Herztätigkeit und vasodilatatorische Eröffnung spastisch verengter Gefäßgebiete, wie bei der „Zentralisation des Kreislaufs" im „spastischen Kollaps", zu einer besseren Durchblutung der Gefäßperipherie führt. Amine überwiegend α-sympathicomimetischer Wirksamkeit sind, neben dem körpereigenen Noradrenalin, Phenolderivate mit einer in Metastellung befindlichen OH-Gruppe, z.B. *Nor-phenylephrin* (Novadral) und *Phenylephrin* (Adrianol). Auch β-sympathicomimetisch wirksam sind, neben dem körpereigenen Adrenalin und dem als Broncholyticum angewendeten reinen β-Sympathicomimeticum Isoproterenol (Aludrin), Phenolderivate mit einem größer-molekularen Substituenten an der $NH_2$-Gruppe, z.B. *Äthyladrianol* (Effortil), *Buphenin* (Dilatol), *Vasculat*.

Für die *orale* Verabfolgung erweisen sich naturgemäß solche Amine als geeignet und von zuverlässiger Wirksamkeit, die keine Substrate der in der Darmwand und in der Leber in hoher Aktivität vorhandenen MAO sind, z.B. die α-methylierten Amine Aramin (Metaraminol), Mephentermin (Wyamine) und Methoxamin (Vasoxyl).

*b)* Durch *Freisetzung endogenen, nervalen Noradrenalins* üben die sog. *indirekt* wirkenden Amine überwiegend α-sympathicomimetische Wirkungen aus. Prototyp ist das rein peripher angreifende *Tyramin*. Zu ihnen gehören das auch zentral erregend wirkende *Ephedrin* und *Amphetamin*. Ihre Wirkungen sind von längerer Dauer als die Wirkungen der Brenzkatechinamine. Als α-methylierte Amine sind Ephedrin und Amphetamin, im Gegensatz zu Tyramin, keine Substrate der MAO und deshalb auch bei oraler Applikation wirksam. Auch die Wirkung des *Angiotensins* beruht zum Teil auf der Freisetzung von Noradrenalin.

Von der Möglichkeit einer vermehrten Freisetzung endogenen Noradrenalins durch *ganglienstimulierende* Pharmaka, z.B. DMPP, Tetramethylammonium, wird zu therapeutischen Zwecken kein Gebrauch gemacht.

*c)* Eine *Potenzierung* der physiologischen Wirkungen des nervalen Noradrenalins kann durch die Hemmung seiner enzymatischen Inaktivierung und seiner Wiederaufnahme in die nervalen Aminspeicher zustande kommen.

Von den Hemmstoffen der OMT, mit Pyrogallol als dem bekanntesten, hat bisher keiner therapeutische Anwendung gefunden. Hemmstoffe der MAO, die bei den meisten Tierarten und beim Menschen zu einem Anstieg des Noradrenalingehaltes auch im Gehirn führen, verursachen eine euphorisierende zentrale Stimulierung. Diese beruht auf einer Hemmung des Abbaus physiologisch freiwerdender Gehirnamine und trägt vielleicht wesentlich zu dem bei Patienten mit Angina pectoris „die Beschwerden lindernden" Effekt mancher MAO-Hemmstoffe bei. — Ihre bei längerer Verabfolgung blutdrucksenkende Wirkung wird darauf zurückgeführt, daß das jetzt vor dem Abbau durch die MAO geschützte Tyramin durch β-Hydroxylierung der Seitenkette in Octopamin umgewandelt wird und dieses das vasoconstrictorisch wirksamere Noradrenalin in den nervalen Aminspeichern verdrängt, um die Funktion eines „false transmitter" zu übernehmen.

Die peripher-sympathicomimetischen Wirkungen des *Cocains* finden, ebenso wie seine zentral-erregende Wirkung, ihre Erklärung in einer Hemmung der Wiederaufnahme physiologisch freiwerdenden Noradrenalins in die Aminspeicher der Nerven. Das muß zu einer Verstärkung der Noradrenalinwirkungen führen, da jetzt ein größerer Teil der freigesetzten Menge zur Reaktion mit dem adrenergischen Receptor gelangt. Dieser Wirkungsmechanismus liegt wahrscheinlich auch der antidepressiven Wirkung des *Imipramins* beim Menschen und seiner am Tier nachweisbaren „Antireserpinwirkung" zugrunde.

Die „Überempfindlichkeit" sympathisch denervierter Organe („Law of denervation") gegenüber Noradrenalin ist wesentlich durch das mit der Degeneration der Nerven einhergehende Verschwinden der nervalen Aminspeicher bedingt. Wie nach Blockierung der Speicher durch Cocain, gelangt jetzt ein größerer Teil des injizierten Amins zur Wirkung an den physiologischen Organreceptoren.

*Antiadrenergische Wirkungen und Wirkungsmechanismen*

*a)* Die Entwicklung spezifischer α- und β-Sympathicolytica ermöglicht heute die selektive Ausschaltung α- und β-sympathicomimetischer Wirkungen, auch der durch β-Receptoren vermittelten adrenergischen Herzwirkungen. *Phentolamin* (Regitin), das, ebenso wie andere α-Sympathicolytica, in niedrigerer Dosierung die adrenergischen Wirkungen *exogener*, hämatogener Brenzkatechinamine blockiert als die Wirkungen des *endogenen*, nerval freigesetzten Noradrenalins, hat sich zur Diagnostik des Phäochromocytoms als geeignet erwiesen. Die kombinierte präoperative Medikation mit einem α- und β-Sympathicolyticum, z.B. mit Phentolamin *und* Nethalid (Pronethalol), wäre geeignet, sowohl die pressorische Gefäß- als auch die chrono- und inotrope Herzwirkung der durch chirurgisches Manipulieren vermehrt in die Blutbahn gelangenden Brenzkatechinamine zu unterdrücken.

*α-Sympathicolytica* können bei spastisch bedingten peripheren Durchblutungsstörungen von therapeutischem Wert sein. Für die chronische Behandlung der essentiellen Hypertonie haben sie sich nicht bewährt. Eine wichtige klinische Indikation für ihre Anwendung sind die Formen des Kreislaufschocks, bei denen es, wie z.B. im hämorrhagischen, hypovolämischen Schock, gegenregulatorisch zu spastischer Durchblutungsdrosselung der Peripherie kommt.

*β-Sympathicolytica*, z.B. Pronethalol und das wirksamere Propranalol, hemmen oder unterdrücken die positiv ino- und chronotrope Wirkung exogen zugeführter und hämatogener Brenzkatechinamine schon in einer Dosierung, die zur Ausübung negativ ino- und chronotroper „Eigenwirkungen" nicht genügt. Bei diesen ist zweifelhaft, ob sie auf einer „β-Blockade" gegenüber dem endogenen Noradrenalin des Herzens beruhen oder der „chinidinartigen", zu Depression der Herzleistung durch Hemmung der Erregungsausbreitung führenden Wirkungskomponente zuzuschreiben sind und eine toxische Wirkung darstellen. Bei stenokardischen Zuständen läßt sich die durch körperliche Belastung ausgelöste Tachykardie und der damit verbundene erhöhte Sauerstoffbedarf des Herzens durch β-Sympathicolytica zwar dämpfen oder unterdrücken; vor ihrer klinischen Anwendung bei der *Angina pectoris* sollte jedoch berücksichtigt werden, daß die vasoconstrictorische, den peripheren Gefäßwiderstand erhöhende Wirkung der Brenzkatechinamine erhalten und sogar verstärkt ist, — bei einer zumindest beeinträchtigten nerval-reflektorisch auslösbaren, adrenergischen Leistungssteigerung des Herzens.

*b)* Versuche, mit Fermentinhibitoren die *Biosynthese* des nervalen Überträgerstoffs zu hemmen oder zu verhindern und auf dem Wege einer „biochemischen Sympathektomie" die Sympathicusfunktionen zu dämpfen, versprechen nur dann Aussicht auf Erfolg, wenn eine für die Noradrenalinsynthese geschwindigkeitsbestimmende enzymatische Reaktion blockiert wird. „Rate limiting" ist nicht die Decarboxylierung von Dopa zu Dopamin durch die Dopadecarboxylase, wohl hingegen die phenolische Hydroxylierung von Tyrosin zu Dopa durch die p-Tyrosinhydroxylase. Hemmstoffe der Dopadecarboxylase, z.B. α-Methyldopa, α-Methyl-m-Tyrosin, sind zwar in der Lage, die Dopamin- bzw. Noradrenalinbildung aus *exogen* zugeführtem Dopa zu beeinträchtigen; die Erniedrigung auch des *endogenen* Noradrenalingehaltes der Gewebe bzw. der sympathischen Nerven nach Verabfolgung großer Mengen der α-methylierten Aminosäuren beruht aber nicht auf einer Blockierung der Dopadecarboxylase, sondern auf einer Verdrängung des physiologischen Überträgerstoffs durch die von der Dopadecarboxylase aus den methylierten Aminosäuren gebildeten α-methylierten Amine mit anschließender Hydroxylierung der Seitenkette: das verdrängte Noradrenalin wird in den sympathischen Nerven (Herz) und im Gehirn quantitativ durch α-Methylnoradrenalin (Cobefrin, Corbasil) bzw. Metaraminol (Aramin) als falsche, schwächer wirksame Überträgerstoffe ersetzt.

Gegen die „false transmitter"-Hypothese, die die blutdrucksenkende Wirkung des α-Methyldopa mit dem Ersatz des nervalen Noradrenalins durch einen vasoconstrictorisch schwächer wirksamen Überträgerstoff der Nervenwirkung zu erkären versucht, spricht unter anderem, daß das Maximum der Blutdrucksenkung nach Applikation einer Einzeldosis von α-Methyldopa nicht mit dem maximalen Ersatz von Noradrenalin durch α-Methylnoradrenalin (Corbasil) zeitlich zusammenfällt. Der zu diesem Zeitpunkt vielmehr wieder normalisierte oder sogar über die Ausgangswerte erhöhte Blutdruck sinkt erst auf die erneute Verabfolgung von α-Methyldopa wieder ab. Der blutdrucksenkende Effekt ist demnach zeitlich der „dynamischen" Phase der α-Methyldopawirkung zuzuordnen, in der das durch Decarboxylierung kontinuierlich entstehende α-Methyldopamin nicht nur in den Aminspeichern der Nerven, unter Verdrängung von Noradrenalin, zu α-Methylnoradrenalin β-hydroxyliert wird, sondern auch als ein im Vergleich mit Noradrenalin weitaus schwächerer Vasoconstrictor dieses vielleicht von den adrenergischen α-Receptoren der Gefäße kompetitiv verdrängt und *selbst* an diesen zur Wirkung gelangt.

α-Methyl-p-tyrosin, das — kein Substrat der Dopadecarboxylase — ein kompetitiver Hemmstoff der p-Tyrosinhydroxylase ist, die Tyrosin zu Dopa hydroxyliert, hemmt durch die Blockierung dieser geschwindigkeitsbestimmenden enzymatischen Reaktion auch die *endogene* Noradrenalinsynthese und verursacht *deshalb* eine Abnahme des Noradrenalingehaltes der sympathischen Nerven, die durch keinen „Ersatzstoff" kompensiert wird: eine echte „biochemische Sympathektomie", die jedoch keine Blutdrucksenkung verursacht. Im Tierversuch führte auch die Hemmung der Dopamin-β-hydroxylase durch Disulfiram („Antabus") zu einer Erniedrigung des Noradrenalingehaltes im Herzen.

*c)* Im Gegensatz zu den Ganglienblockern, deren Wirkung — wenig selektiv — sich auf die peripheren ganglionären Umschaltstellen sowohl der sympathischen als auch der parasympathischen Nerven erstreckt, und deren Verabfolgung wegen der in den sympathischen Grenzstrangganglien erfolgenden Unterbrechung der Erregungsleitung zu einer funktionellen Ausschaltung der noradrenergischen Vasoconstrictoren und dadurch leicht zum orthostatischen Kollaps führt, verursachen *Guanethidin* (Ismelin) und Bretylium (Darenthin) eine *selektive* Blockade des postganglionären noradrenergischen Neurons, so daß selbst bei elektrischer Reizung kein Überträgerstoff mehr freigesetzt wird. Das ist die wesentliche Ursache der blutdrucksenkenden Wirkung beider Pharmaka, obwohl es nach längerer Einwirkung von Guanethidin auf dem Wege der Verdrängung auch zu einer Abnahme des Noradrenalingehaltes in den sympathischen Nerven bzw. sympathisch innervierten Organen kommt.

*d)* Weder durch Beeinträchtigung der Biosynthese noch durch Verdrängung, sondern durch Aufhebung der Bindungsfähigkeit des Gewebes für Brenzkatechinamine entleert *Reserpin* die Noradrenalinspeicher der Nerven und bringt auch im Gehirn (Dopamin, Noradrenalin) sowie im Nebennierenmark die Brenzkatechinamine (Adrenalin, Noradrenalin) zu fast vollständigem Verschwinden. Darauf scheint die zentral-sedierende, emotionell aggressive Reaktionen dämpfende und die blutdrucksenkende Wirkung dieses Rauwolfiaalkaloids bei der essentiellen Hypertonie zu beruhen. Blutdrucksenkend wirkt auch Syrosingopin, das nur in den peripheren sympathischen Nerven, nicht im Gehirn, zu einer Verarmung an Noradrenalin führt und deshalb die zentralsedative Wirkung des Reserpins nicht besitzt. Diese ist somit an der blutdrucksenkenden Wirkung des Reserpins nicht wesentlich beteiligt. Die Entsendung zentral-nervaler Impulse in die peripheren sympathischen Nerven ist nach Reserpin sogar erhöht, jedoch erfolglos, da die noradrenergischen Neurone wegen Entleerung ihrer Noradrenalinspeicher keinen Überträgerstoff mehr freisetzen können. — Echte zentrale *Sedativa* und *Hypnotica*, z. B. Phenobarbital (Luminal), können demgegenüber durch Dämpfung sympathischer und vasomotorischer Zentren und Abschirmung gegen die aus der Peripherie einströmenden nerval-reflektorischen Erregungen auch „antihypertensiv" wirken.

Die Synthese von *Pharmaka*, die mit spezifischen Angriffspunkten und Wirkungsmechanismen in die Funktionen des sympathico-adrenalen Systems eingreifen, hat somit nicht nur zu neuen Gesichtspunkten für eine „adrenergische und antiadrenergische *Therapie*" geführt, sondern auch wesentlich zur Bereicherung und Vertiefung unserer Kenntnisse von der *Physiologie* und *Biochemie* dieses Regulationssystems des Organismus und seiner Wirkstoffe beigetragen. *„Der Pharmakolog sucht die Lebensvorgaenge zu erforschen, indem er mit chemischen Agentien physiologische Reactionen ausfuehrt"* (OSWALD SCHMIEDEBERG).

**Danksagung** Frau HELGA LAUTSCHAM danken wir für unermüdliche und verständnisvolle Hilfe bei der Fertigstellung des Manuskriptes, Fräulein HELGA THIELE, Frau SABINE SIXEL und Fräulein SYLVIA LEONHARDT für ihre außerordentlich sorgfältige Mitarbeit bei der Zusammenstellung des Literaturverzeichnisses.

## Literatur*

ABBOUD, F. M., M. G. WENDLING, and J. W. ECKSTEIN: Effect of norepinephrine on plasma free fatty acids in dogs treated with reserpine. Amer. J. Physiol. **205**, 57—59 (1963).

ABE, Y.: Das Verhalten der Adrenalinsekretion bei der Insulinvergiftung. Naunyn-Schmiedebergs Arch. exp. Path. Pharmak. **103**, 73—83 (1924).

ABEL, J. J.: Über den blutdruckerregenden Bestandteil der Nebenniere, das Epinephrin. Hoppe-Seylers Z. physiol. Chem. **28**, 318—362 (1899).

— The function of the suprarenal glands and the chemical nature of their so-called active principle. Contr. Med. Res., Ann Arbor, Mich. 138—165 (1903a).

— On epinephrin and its compounds, with especial reference to epinephrin hydrate. Amer. J. Pharm. **75**, 301—305 (1903b).

—, and A. C. CRAWFORD: On the blood pressure raising constituent of the suprarenal capsule. Bull. Johns Hopk. Hosp. **8**, 151—157 (1897).

ABERCROMBIE, G. F., and B. N. DAVIES: The action of guanethidine with particular reference to the sympathetic nervous system. Brit. J. Pharmacol. **20**, 171—177 (1963).

ABRAHAMS, V. C., S. M. HILTON, and J. L. MALCOLM: Sensory input to hypothalamic and mesencephalic regions subserving the defence reaction. J. Physiol. (Lond.) **149**, 45—46 P (1959).

— —, and A. ZBROŻYNA: Active muscle vasodilatation produced by stimulation of the brain stem: its significance in the defence reaction. J. Physiol. (Lond.) **154**, 491—513 (1960).

ABRAMSON, D., and D. E. REID: Use of relaxin in treatment of threatened premature labour. J. clin. Endocr. **15**, 206—209 (1955).

ACHARI, G., and R. K. DUTTA: Action of ismelin on FINKLEMAN preparation of rabbit ileum. J. Indian med. Ass. **36**, 323—325 (1961).

ACHUTIN, M. N.: Zur Frage der Empfindlichkeit des Darmes verschiedener Tiere gegen Adrenalin. Naunyn-Schmiedebergs Arch. exp. Path. Pharmak. **171**, 668—671 (1933).

ADAMS-RAY, J., H. NORDENSTAM u. J. RHODIN: Über die chromaffinen Zellen der menschlichen Haut. Acta neuroveg. (Wien) **18**, 304—310 (1958).

ADLER, L.: Untersuchungen zur Pharmakologie der Gefäße. I. Mitteilung. Die Wirkung von Giften auf die Arteria pulmonalis und die Arteria cutanea magna von Rana esculenta. Naunyn-Schmiedebergs Arch. exp. Path. Pharmak. **91**, 81—124 (1921).

ADRIAN, E. D., D. W. BRONK, and G. PHILLIPS: Discharges in mammalian sympathetic nerves. J. Physiol. (Lond.) **74**, 115—133 (1932).

AGARWAL, S. L., and ST. HARVEY: Failure of dibenamine to block adrenergic inhibitory responses. Arch. int. Pharmacodyn. **101**, 476—480 (1955).

AHLQUIST, R. P.: Study of adrenotropic receptors. Amer. J. Physiol. **153**, 586—600 (1948).

—, and B. LEVY: Adrenergic receptive mechanism of canine ileum. J. Pharmacol. exp. Ther. **127**, 146—149 (1959).

— J. P. TAYLOR, C. W. RAWSON jr., and V. L. SYDOW: Comparative effects of epinephrine and levarterenol in the intact anesthetized dog. J. Pharmacol. exp. Ther. **110**, 352—360 (1954).

ALBERT, A.: Design of chelating agents for selected biological activity. Fed. Proc. **20**, 137 (1961).

ALBRECHT, W.: Erhöhung der Glykogen-Konzentration im Gehirn und das Verhalten verschiedener Fermente in Gehirn und Darm der Maus nach Reserpin (Serpasil). Klin. Wschr. **35**, 588—590 (1957).

---

\* Arbeiten, die von einem Autor bzw. zwei Autoren verfaßt sind, wurden in alphabetischer Reihenfolge zitiert.

Arbeiten mit mehr als zwei Autoren sind in chronologischer Reihenfolge angeordnet.

ALDRICH, T. B.: A preliminary report on the active principle of the suprarenal gland. Amer. J. Physiol. 5, 457—461 (1901).
— Adrenaline, the active principle of the suprarenal glands. (Résumé of chemical literature from 1885—1901.) J. Amer. chem. Soc. 27, 1074—1091 (1905).
ALEXANDER, J. K., J. MISE, E. W. DENNIS, and R. L. HERSHBERGER: Effects of racemic epinephrine inhalation on cardiopulmonary function in normal man and in patients with chronic pulmonary emphysema. Circulation 18, 235—248 (1958).
ALEXANDER, R. S.: The effects of blood flow and anoxia on spinal cardiovascular centers. Amer. J. Physiol. 143, 698—708 (1945).
ALI, H. I. EL. S., A. ANTONIO, and N. HAUGAARD: The action of sympathomimetic amines and adrenergic blocking agents on tissue phosphorylase activity. J. Pharmacol. exp. Ther. 145, 142—150 (1964).
ALLEN, W. J., H. BARCROFT, and O. G. EDHOLM: On the action of adrenaline on the blood vessels in human skeletal muscle. J. Physiol. (Lond.) 105, 255—267 (1946/47).
ALLES, G. A.: The comparative physiological action of dl-$\beta$-phenylisopropylamines. I. Pressor effect and toxicity. J. Pharmacol. exp. Ther. 47, 339—354 (1933).
— Comparative actions of optically isomeric phenisopropylamines. Amer. J. Physiol. (Proc.) 126, P 420 (1939).
—, and M. PRINZMETAL: The comparative physiological actions of dl-$\beta$-phenylisopropylamines. II. Bronchial effect. J. Pharmacol. exp. Ther. 48, 161—174 (1933).
ALLEVA, J. J.: Metabolism of tranylcypromine-$C^{14}$ and dl-amphetamine-$C^{14}$ in the rat. J. med. Chem. 6, 621—624 (1963).
ALLGÖWER, M.: Der traumatische Schock. Ergebn. Chir. Orthop. 41, 1—9 (1958).
— A. PLETSCHER, J. SIEGRIST u. W. WALSER: Behandlung der Verbrennungen. Erfahrungen in den Jahren 1952—1955. Dtsch. med. Wschr. 81, 462—470 (1956).
ALLWOOD, M. J., and A. F. COBBOLD: Lactic acid release by intraarterial adrenaline infusions before and after dibenyline and its relationship to blood-flow changes in the human forearm. J. Physiol. (Lond.) 157, 328—334 (1961).
ALPERT, L. K.: The innervation of the suprarenal glands. Anat. Rec. 50, 221—234 (1931).
AMBACHE, N.: Nicotinic action of substances supposed to be purely smooth-muscle stimulating; effect of $BaCl_2$ and pilocarpine on superior cervical ganglion. J. Physiol. (Lond.) 110, 164—172 (1949).
ANAND, B. K.: Nervous regulation of food intake. Physiol. Rev. 41, 677—708 (1961).
— Influence of metabolic changes on the nervous regulation of food intake. In: Proc. XXII. Int. Congr. of Physiol. Sci., vol. I, part II, p. 680—685 (1962).
—, and J. R. BROBECK: Hypothalamic control of food intake in rats and cats. Yale J. Biol. Med. 24, 123—140 (1951).
—, and S. DUA: Feeding responses induced by electrical stimulation of hypothalamus in cat. Indian J. Med. Res. 43, 113—122 (1955).
— —, and K. SHOENBERG: Hypothalamic control of food intake in cats and monkeys J. Physiol. (Lond.) 127, 143—152 (1955).
— C. L. MALHOTRA, S. DUA, and B. SINGH: Effect of cerebral lesions over water consumption in the rat. Indian J. med. Res. 49, 834—836 (1961).
ANDÉN, N.-E.: On the mechanism of noradrenaline depletion by $\alpha$-methyl-metatyrosine and metaraminol. Acta pharmacol. (Kbh.) 21, 260—271 (1964a).
— Uptake and release of dextro- and laevo-adrenaline in noradrenergic stores. Acta pharmacol. (Kbh.) 21, 59—75 (1964b).
— Distribution of monoamines and dihydroxyphenylalanine decarboxylase activity in the spinal cord. Acta physiol. scand. 64, 197—203 (1965).
—, and T. MAGNUSSON: Functional effect of noradrenaline depletion by $\alpha$-methyl-m-tyrosine, metaraminol and (+)-adrenaline. Proc. Second Int. Pharmacol. Meeting Prague. Biochem. Pharmacol., Suppl. 12, 66 (1963).

ANDÉN, N.-E., A. CARLSSON, and B. WALDECK: Reserpine-resistent uptake mechanisms of noradrenaline in tissues. Life Sci. 2, 889—894 (1963a).
— B.-E. Roos, and B. WERDINIUS: 3,4-dihydroxyphenylacetic acid in rabbit corpus striatum normally and after reserpine treatment. Life Sci. 2, 319—325 (1963b).
— A. CARLSSON, and N.-Å. HILLARP: Inhibition by 5-hydroxytryptophan of the insulin-induced adrenaline depletion. Acta pharmacol. (Kbh.) 21, 183—186 (1964a).
— T. MAGNUSSON, and B. WALDECK: Correlation between noradrenaline uptake and adrenergic nerve function after reserpine treatment. Life Sci. 3, 19—25 (1964b).
— H. CORRODI, M. ETTLES, E. GUSTAFSSON, and H. PERSSON: Selective uptake of some catecholamines by the isolated heart and its inhibition by cocaine and phenoxybenzamine. Acta pharmacol. (Kbh.) 21, 247—259 (1964c).
— A. CARLSSON, A. DAHLSTRÖM, K. FUXE, N.-Å. HILLARP, and K. LARSSON: Demonstration and mapping out of nigroneostriatal dopamine neurons. Life Sci. 3, 523—530 (1964d).
— J. HÄGGENDAL, T. MAGNUSSON, and E. ROSENGREN: The time course of the disappearance of noradrenaline and 5-hydroxytryptamine in the spinal cord after transection. Acta physiol. scand. 62, 115—118 (1964e).
— A. DAHLSTRÖM, K. FUXE, and K. LARSSON: Further evidence for the presence of nigro-neostriatal dopamine neurons in the rat. Amer. J. Anat. 116, 329—333 (1965a).
— A. DAHLSTRÖM, K. FUXE, and K. LARSSON: Mapping out of catecholamine and 5-hydroxytryptamine neurons innervating the telencephalon and diencephalon. Life Sci. 4, 1275—1279 (1965b).
— T. MAGNUSSON, B.-E. Roos, and B. WERDINIUS: 5-Hydroxyindolacetic acid of rabbit spinal cord normally and after transection. Acta physiol. scand. 64, 193—196 (1965c).
ANDERSSON, B.: Hypothalamic mechanisms concerned with the regulation of water intake. Proc. XXII Int. Congr. of Physiol. Sci., vol. I, part II, p. 661—664 (1962).
—, and S. LARSSON: Water and food intake and the inhibitory effect of amphetamine on drinking and eating before and after "prefrontal lobotomy" in dogs. Acta physiol. scand. 38, 22—30 (1957).
— — Physiological and pharmacological aspects of the control of hunger and thirst. Pharmacol. Rev. 13, 1—16 (1961).
—, and S. M. McCANN: A further study of polydipsia evoked by hypothalamic stimulation in the goat. Acta physiol. scand. 33, 333—346 (1955).
— —, and N. PERSSON: Some characteristics of the hypothalamic "drinking centre" in the goat as shown by the use of permanent electrodes. Acta physiol. scand. 50, 140—152 (1960).
ANGELAKOS, E. T., K. FUXE, and M. L. TORCHIANA: Chemical and histochemical evaluations of the distribution of catecholamines in rabbit and guinea pig hearts. Acta physiol. scand. 59, 184—192 (1963).
ANGENENT, W. J., and G. B. KOELLE: The destruction of epinephrine by the dopa-oxidase system of ocular tissue. Science 116, 543—544 (1952).
ANNAU, E., ST. HUSZÁK, J. L. SVIRBELY, and A. SZENT-GYÖRGYI: The function of the adrenal medulla. J. Physiol. (Lond.) 76, 181—186 (1932).
ANREP, G. V.: The regulation of the coronary circulation. Physiol. Rev. 6, 596—629 (1926).
—, and B. KING: The significance of the diastolic and systolic blood-pressures for the maintenance of the coronary circulation. J. Physiol. (Lond.) 64, 341—349 (1927/28).
— M. S. AYADI, G. S. BARSOUM, J. R. SMITH, and M. M. TALAAT: The excretion of histamine in urine. J. Physiol. (Lond.) 103, 155—174 (1944/45).
ARCHER, S., A. ARNOLD, R. K. KULLNIG, and D. W. WYLIE: The enzymic methylation of pyrogallol. Arch. Biochem. 87, 153—154 (1960).
ARIEL, I., and S. L. WARREN: Studies on the effect of hypothermia. II. The active role of the thyroid gland in hypothermic states in the rabbit. Cancer Res. 3, 454—463 (1943).

Ariëns, E. J.: Sympathomimetic drugs and their receptors. In: Adrenergic mechanisms. A Ciba foundation symposium, eds. J. R. Vane, G. E. W. Wolstenholme and M. O'Connor, p. 253—263. London: J. & A. Churchill, Ltd. 1960a.
— Various types of receptors for sympathomimetic drugs. In: Adrenergic mechanisms. A Ciba foundation syposium, eds. J. R. Vane, G. E. W. Wolstenholme and M. O'Connor, p. 264—274. London: J. & A. Churchill, Ltd. 1960b.
— Steric structnre and activity of catecholamines on α- and β-receptors. Proc. of the First Int. Pharmacol. Meeting, 1961, Stockholm, 1961, vol. 7. Modern concepts in the relationship between structure and pharmacological activity, eds. K. J. Brunings and P. Lindgren, p. 247—264. Oxford-London-New York-Paris: Pergamon Press 1963.
—, and J. M. van Rossum: pDx, pAx and pD'x values in the analysis of pharmacodynamics. Arch. int. Pharmacodyn. 110, 275—299 (1957).
—, and A. M. Simonis: Autonomic drugs and their receptors. Arch. int. Pharmacodyn. 127, 479—496 (1960).
—, J. M. van Rossum, and A. M. Simonis: A theoretical basis of molecular pharmacology. Part I: Interactions of one or two compounds with one receptor system. Arzneimittel-Forsch. 6, 282—293 (1956a).
— — — A theoretical basis of molecular pharmacology. Part II: Interaction of one or two compounds with two interdependent receptor systems. Arzneimittel-Forsch. 6, 611—621 (1956b).
— — — A theoretical basis of molecular pharmacology. Part III. Interaction of one or two compounds with two independent receptor systems. Arzneimittel-Forsch. 6, 737—746 (1956c).
— — — Affinity, intrinsic activity and drug interactions. Pharmacol. Rev. 9, 218—236 (1957).
— M. J. G. A. Waelen, P. F. Sonneville, and A. M. Simonis: The pharmacology of catecholamines and their derivatives. Part I: Relationship between structure and activity especially as far as the vascular system is concerned. Arzneimittel-Forsch. 13, 541—546 (1963).
Arioka, I., and H. Tanimukai: Histochemical studies on monoamine oxidase in the mid-brain of the mouse. J. Neurochem. 1, 311—315 (1957).
Armstrong, M. D., and A. McMillan: Identification of a major urinary metabolite of norepinephrine. Fed. Proc. 16, 146 (1957).
— — Studies on the formation of 3-methoxy-4-hydroxy-D-mandelic acid, a urinary metabolite of norepinephrine and epinephrine. Pharmacol. Rev. 11, 394—401 (1959).
— —, and K. N. F. Shaw: 3-methoxy-4-hydroxy-D-mandelic acid, a urinary metabolite of norepinephrine. Biochim. biophys. Acta (Amst.) 25, 422—423 (1957).
— R. Steele, N. Altszuler, A. Dunn, J. S. Bishop, and R. C. de Bodo: Plasma free fatty acid turnover during insulin-induced hypoglycemia. Amer. J. Physiol. 201, 535—539 (1961).
Arnett, E. L., and D. T. Watts: Catecholamine excretion in men exposed to cold. J. appl. Physiol. 15, 499—500 (1960).
Aronsohn, E., u. J. Sachs: Die Beziehungen des Gehirns zur Körperwärme und zum Fieber; experimentelle Untersuchungen. Pflügers Arch. ges. Physiol. 37, 232—301 (1885).
Arrigoni-Martelli, E., u. M. Kramer: Einfluß von Iproniazid und β-Phenylisopropylhydrazin auf die narkotische Wirkung und den Abbau von Hexobarbital und Thiopental. Med. exp. (Basel) 1, 45—51 (1959).
Asatoor, A. M., and C. E. Dalgliesh: Amines in blood and urine. Biochem. J. 73, 26 P (1959).
Åstrand, I., P.-O. Åstrand, E. H. Christensen, and R. Hedman: Myohemoglobin as an oxygen-store in man. Acta physiol. scand. 48, 454—460 (1960).
Athos, W. J., B. P. McHugh, S. E. Fineberg, and J. G. Hilton: The effects of guanethidine on the adrenal medulla. J. Pharmacol. exp. Ther. 137, 229—234 (1962).
Atkins, E.: Pathogenesis of fever. Physiol. Rev. 40, 580—646 (1960).

AUER, J.: Experiments with an apparently undescribed section of the rabbit's intestine. J. Pharmacol. exp. Ther. **25**, 140—141 (1925).
AUGUSTINSSON, K.-B., R. FÄNGE, A. JOHNELS, and E. ÖSTLUND: Histological, physiological and biochemical studies on the heart of two cyclostomes, hagfish (myxine) and lamprey (lampetra). J. Physiol. (Lond.) **131**, 257—276 (1956).
AVIADO jr., D. M.: Cardiovascular effects of some commonly used pressor amines. Anesthesiology **20**, 71—97 (1959).
AVIADO, D. M.: The pharmacology of the pulmonary circulation. Pharmacol. Rev. **12**, 159—239 (1960).
AVIADO jr., D. M., and C. F. SCHMIDT: Effects of sympathomimetic drugs on pulmonary circulation with special reference to a new pulmonary vasodilator. J. Pharmacol. exp. Ther. **120**, 512—527 (1957).
— — The physiologic basis of the therapy of pulmonary edema. J. chron. Dis. **9**, 495—509 (1959).
— A. L. WNUCK, and E. J. DE BEER: The effects of sympathomimetic drugs on renal vessels. J. Pharmacol. exp. Ther. **124**, 238—244 (1958).
AWAPARA, J., R. P. SANDMAN, and C. HANLY: Activation of DOPA decarboxylase by pyridoxal phosphate. Arch. Biochem. **98**, 520—525 (1962).
— T. L. PERRY, C. HANLY, and E. PECK: Substrate specificity of DOPA-decarboxylase. Clin. chim. Acta **10**, 286—289 (1964).
AXELROD, J.: Studies on sympathomimetic amines. I. Biotransformation and physiological disposition of l-ephedrine and l-norephedrine. J. Pharmacol. exp. Ther. **109**, 62—73 (1953).
— Studies on sympathomimetic amines. II. The biotransformation and physiological disposition of d-amphetamine, d-p-hydroxyamphetamine and d-methamphetamine. J. Pharmacol. exp. Ther. **110**, 315—326 (1954).
— The enzymatic deamination of amphetamine (Benzedrine). J. biol. Chem. **214**, 753—763 (1955a).
— The enzymatic demethylation of ephedrine. J. Pharmacol. exp. Ther. **114**, 430—438 (1955b).
— The enzymatic cleavage of aromatic ethers. Biochem. J. **63**, 634—639 (1956).
— O-methylation of ephedrine and other catechols in vitro and in vivo. Science **126**, 400 (1957).
— The metabolism of catecholamines in vivo and in vitro. Pharmacol. Rev. **11**, 402—408 (1959a).
— Metabolism of epinephrine and other sympathomimetic amines. Physiol. Rev. **39**, 751—776 (1959b).
— Fate of adrenaline and noradrenaline. In: Adrenergic mechanisms. A Ciba foundation symposium. eds. J. R. VANE, G. E. W. WOLSTENHOLME, and M. O'CONNOR, p. 28—39. London: J. &. A. Churchill, Ltd. 1960a.
— Enzymatic conversion of metanephrine to normetanephrine. Experientia (Basel) **16**, 502—503 (1960b).
— N-Methyladrenaline, a new catecholamine in the adrenal gland. Biochim. biophys. Acta (Amst.) **45**, 614—615 (1960c).
— Purification and properties of phenylethanolamine-N-methyl transferase. J. biol. Chem. **237**, 1657—1660 (1962a).
— The enzymatic N-methylation of serotonin and other amines. J. Pharmacol. exp. Ther. **138**, 28—33 (1962b).
— A catecholamine oxidase in the salivary gland. Fed. Proc. **22**, 388 (1963a).
— Enzymatic formation of adrenaline and other catechols from monophenols. Science **140**, 499—500 (1963b).
— The formation, metabolism, uptake and release of noradrenaline and adrenaline. In: The clinical chemistry of monoamines, p. 5—18, eds. H. VARLEY, and A. H. GOWENLOCK. Amsterdam: Elsevier Publ. Co. 1963c.

AXELROD, J., and M.-J. LAROCHE: Inhibitor of O-methylation of epinephrine and norepinephrine in vitro and in vivo. Science **130**, 800 (1959).
—, and A. B. LERNER: O-methylation in the conversion of tyrosine to melanin. Biochim. biophys. Acta (Amst.) **71**, 650—655 (1963).
—, and S. SZARA: Enzymic conversion of metanephrine to epinephrine. Biochim. biophys. Acta (Amst.) **30**, 188—189 (1958).
—, and R. TOMCHICK: Enzymatic O-methylation of epinephrine and other catechols. J. biol. Chem. **233**, 702—705 (1958).
— — Increased rate of metabolism of epinephrine and norepinephrine by sympathomimetic amines. J. Pharmacol. exp. Ther. **130**, 367—369 (1960).
—, and H. WEISSBACH: Enzymatic O-methylation of N-acetylserotonin to melatonin. Science **131**, 1312 (1960).
— S. SENOH, and B. WITKOP: O-Methylation of catechol amines in vivo. J. biol. Chem. **233**, 697—701 (1958a).
— J. K. INSCOE, S. SENOH, and B. WITKOP: O-Methylation, the principal pathway for the metabolism of epinephrine and norepinephrine in the rat. Biochim. biophys. Acta (Amst.) **27**, 210—211 (1958b).
— I. J. KOPIN, and J. D. MANN: 3-methoxy-4-hydroxy-phenylglycol sulfate, a new metabolite of epinephrine and norepinephrine. Biochim. biophys. Acta (Amst.) **36**, 576—577 (1959a).
— H. WEIL-MALHERBE, and R. TOMCHICK: The physiological disposition of $H^3$-epinephrine and its metabolite metanephrine. J. Pharmacol. exp. Ther. **127**, 251—256 (1959b).
— P. D. MACLEAN, R. W. ALBERS, and H. WEISSBACH: Regional distribution of methyl transferase enzymes in the nervous system and glandular tissues. In: Regional neurochemistry, eds. S. S. KETY and J. ELKES, p. 307—311. Oxford: Pergamon Press 1961.
— G. HERTTING, and R. W. PATRICK: Inhibition of $H^3$-norepinephrine release by monoamine oxidase inhibitors. J. Pharmacol. exp. Ther. **134**, 325—328 (1961a).
— L. G. WHITBY, and G. HERTTING: Effect of psychotropic drugs on the uptake of $H^3$-norepinephrine by tissues. Science **133**, 383—384 (1961b).
— G. HERTTING, and L. POTTER: Effect of drugs on the uptake and release of $^3H$-norepinephrine in the rat heart. Nature (Lond.) **194**, 297 (1962).
AXELSSON, J.: Dissociation of electrical and mechanical activity in smooth muscle. J. Physiol. (Lond.) **158**, 381—398 (1961).
—, and E. BÜLBRING: Metabolic factors affecting the electrical activity of intestinal smooth muscle. J. Physiol. (Lond.) **156**, 344—356 (1961).
—, and S. THESLEFF: The "desensitizing" effect of acetylcholine on the mammalian motor end-plate. Acta physiol. scand. **43**, 15—26 (1958).
— — A study of supersensitivity in denervated mammalian skeletal muscle. J. Physiol. (Lond.) **147**, 178—193 (1959).
— E. BUEDING, and E. BÜLBRING: The inhibitory action of adrenaline on intestinal smooth muscle in relation to its action on phosphorylase activity. J. Physiol. (Lond.) **156**, 357—374 (1961).
AZARNOFF, D. L., and J. H. BURN: Effect of noradrenaline on the action of nicotine and tyramine on isolated atria. Brit. J. Pharmacol. **16**, 335—343 (1961).

BABINSKI, M. J.: Rev. neurol. **8**, 531 (1900). Zit. nach ANAND 1961.
BACQ, Z. M.: Recherches sur la physiologie du système nerveux autonome. III. Les propriétés biologiques et physicochimiques de la sympathine comparées à celles de l'adrénaline. Arch. int. Physiol. **36**, 167—246 (1933).
— La pharmacologie du système nerveux autonome et particulièrement du sympathique d'après la théorie neurohumorale. Ann. Physiol. Physicochim. biol. **10**, 467—528 (1934).

BACQ, Z. M.: Sensibilisation à l'adrénaline et à l'excitation des nerfs adrénergiques par les antioxygènes. Bull. Acad. roy. Méd. Belg. **15**, 697—710 (1935).
— Sensitivity of the adrenergic nerves to adrenaline and to excitation by antioxygens. Arch. int. Physiol. **42**, 340—366 (1936a).
— Recherches sur la physiologie et la pharmacologie de système nerveux autonome; nouvelles observations sur la sensibilisation à l'adrénaline par les antioxygènes. Arch. int. Physiol. **44**, 15—23 (1936b).
— „Adrenoxine"; its production from adrenaline and its action. J. Physiol. (Lond.) **92**, 28—29 P (1938).
— Rôle physiologique de la métanéphrine et de la normétanéphrine. C. R. Acad. Sci. (Paris) **249**, 2398—2399 (1959).
—, et A. M. MONNIER: Recherches sur la physiologie et la pharmacologie du système nerveux autonome; variations de la polarisation des muscles lisses sous l'influence du système nerveux autonome et de ses mimétiques. Arch. int. Physiol. **40**, 467—484 (1935).
— L. GOSSELIN, A. DRESSE, and J. RENSON: Inhibition of O-methyltransferase by catechol and sensitization to epinephrine. Science **130**, 453—454 (1959).
BADRICK, F. E., R. W. BRIMBLECOMBE, and M. REISS: Responses of hypophysectomized rats to stress. J. Endocr. **12**, 205—208 (1955).
BÄCHTOLD, H., u. A. PLETSCHER: Einfluß von Isonikotinsäurehydraziden auf den Verlauf der Körpertemperatur nach Reserpin, Monoaminen und Chlorpromazin. Experientia (Basel) **13**, 163—165 (1957).
— — Abschwächung der Noradrenalin-Wirkung auf die isolierte Aorta bei Hemmung der Monoaminoxydase. Experientia (Basel) **15**, 265—267 (1959).
BAEHR, G., u. E. P. PICK: Über den Angriffspunkt der Blutdruckwirkung der Phenolbasen. Naunyn-Schmiedebergs Arch. exp. Path. Pharmak. **80**, 161—163 (1917).
BÄNDER, A.: Über zwei verschiedene chromaffine Zelltypen im Nebennierenmark und ihre Beziehung zum Adrenalin- und Arterenolgehalt. Verh. anat. Ges. (Jena) **97**, Suppl. 172—176 (1951).
— Über zwei chromaffine Zelltypen im Nebennierenmark und ihre Beziehung zum Vorkommen von Adrenalin und Arterenol. Naunyn-Schmiedebergs Arch. exp. Path. Pharmak. **223**, 140—147 (1954).
BAEZ, S., S. G. SRIKANTIA, and B. BURACK: Dibenzyline protection against shock and preservation of hepatic ferritin systems. Amer. J. Physiol. **192**, 175—180 (1958).
BAIN, W. A., W. E. GAUNT, and S. F. SUFFOLK: Observations on the inactivation of adrenaline by blood and tissues in vitro. J. Physiol. (Lond.) **91**, 233—253 (1937).
BAINBRIDGE, J. A., and J. W. TREVAN: Memorandum upon "Surgical shock and some allied conditions", issued by the medical research committee. Part III. Brit. med. J. **1917I**, 382.
BAKER, A. B.: Treatment of paralysis agitans with vitamin $B_6$. J. Amer. med. Ass. **116**, 2484—2487 (1941).
BAKER, J. B. E.: Some observations upon isolated perfused human foetal hearts. J. Physiol. (Lond.) **120**, 122—128 (1953).
BALDWIN, B. A., and F. R. BELL: Blood flow in the carotid and vertebral arteries of the sheep and calf. J. Physiol. (Lond.) **167**, 448—462 (1963).
BALZER, H., u. P. HOLTZ: Beeinflussung der Wirkung biogener Amine durch Hemmung der Aminoxydase. Naunyn-Schmiedebergs Arch. exp. Path. Pharmak. **227**, 547—558 (1956).
—, u. D. PALM: Über den Mechanismus der Wirkung des Reserpins auf den Glykogengehalt der Organe. Naunyn-Schmiedebergs Arch. exp. Path. Pharmak. **243**, 65—84 (1962).
— P. HOLTZ u. D. PALM: Untersuchungen über die biochemischen Grundlagen der konvulsiven Wirkung von Hydraziden. Naunyn-Schmiedebergs Arch. exp. Path. Pharmak. **239**, 520—552 (1960).

BALZER, H., P. HOLTZ u. D. PALM: Reserpin und γ-Aminobuttersäuregehalt des Gehirns. Experientia (Basel) **17**, 38—40 (1961).
BANISTER, J., V. P. WHITTAKER, and S. WIJESUNDERA: The occurrence of homologues of acetylcholine in ox spleen. J. Physiol. (Lond.) **121**, 55—71 (1953).
BARANOWSKI, T., B. ILLINGWORTH, D. H. BROWN, and C. F. CORI: The isolation of pyridoxal-5'-phosphate from crystalline muscle phosphorylase. Biochim. biophys. Acta (Amst.) **25**, 16—21 (1957).
BARBEAU, A.: Preliminary observations on abnormal catecholamine metabolism in basal ganglia diseases. Neurology (Minneap.) **10**, 446—451 (1960).
—, and T. L. SOURKES: Some biochemical aspects of extrapyramidal diseases. Rev. canad. Biol. **20**, 197—203 (1962).
—, G. F. MURPHY, and T. L. SOURKES: Excretion of dopamine in diseases of basal ganglia. Science **133**, 1706—1707 (1961).
— — — Les catécholamines dans la maladie de Parkinson. In: Monoamines et système nerveux central. Symposium Bel-Air, Genève, 1961, p. 247—262. Genève: Georg & Cie., S. A. 1962.
— G. JASMIN, and Y. DUCHASTEL: Biochemistry of Parkinson's disease. Neurology (Minneap.) **13**, 56—58 (1963).
BARBOUR, H. G.: Die Wirkung unmittelbarer Erwärmung und Abkühlung der Wärmezentra auf die Körpertemperatur. Naunyn-Schmiedebergs Arch. exp. Path. Pharmak. **70**, 1—26 (1912).
—, and E. S. WING: The direct application of drugs to the temperature centers. J. Pharmacol. exp. Ther. **5**, 105—147 (1913).
BARCLAY, J. A., W. T. COOKE, and R. A. KENNEY: Observations on the effects of adrenalin on renal function and circulation in man. Amer. J. Physiol. **151**, 621—625 (1947).
BARCROFT, H.: A study of the influence of adrenaline on the systemic blood flow. J. Physiol. (Lond.) **76**, 339—346 (1932).
—, and A. F. COBBOLD: The action of adrenaline on muscle blood flow and blood lactate in man. J. Physiol. (Lond.) **132**, 372—378 (1956).
—, and O. G. EDHOLM: On the vasodilatation in human skeletal muscle during posthaemorrhagic fainting. J. Physiol. (Lond.) **104**, 161—175 (1945).
—, u. H. KONZETT: Die Wirkung von Noradrenalin, N-Isopropylnoradrenalin (Aludrin) und Adrenalin auf Blutdruck, Herzschlagzahl und Muskeldurchblutung am Menschen. Helv. physiol. pharmacol. Acta **7**, $C_4$—$C_6$ (1949a).
— — On the actions of noradrenaline, adrenaline and isopropyl noradrenaline on the arterial blood pressure, heart rate and muscle blood flow in man. J. Physiol. (Lond.) **110**, 194—204 (1949b).
— — Action of noradrenaline and adrenaline on human heart rate. Lancet **1949c, I** 147—148.
—, and I. STARR: Comparison of the actions of adrenaline and noradrenaline on the cardiac output in man. Clin. Sci. **10**, 295—303 (1951).
—, and H. J. C. SWAN: Sympathetic control of human blood vessels. London: Edward Arnold & Co. 1953.
—, O. G. EDHOLM, J. MCMICHAEL, and E. P. SHARPEY-SCHAFER: Posthaemorrhagic fainting. Study by cardiac output and forearm flow. Lancet **1944 I**, 489—490.
— E. PETERSON, and R. S. SCHWAB: Action of adrenaline and noradrenaline on the tremor in Parkinson's disease. Neurology (Minneap.) **2**, 154—160 (1952).
— J. BROD, Z. HEJL, E. A. HIRSJÄRVI, and A. H. KITCHIN: The mechanism of the vasodilatation in the forearm muscle during stress. Clin. Sci. **19**, 577—586 (1960).
BARCROFT, J.: Die Stellung der Milz im Kreislaufsystem. Ergebn. Physiol. **25**, 818—861 (1926).
BARGER, G., and H. H. DALE: The water-soluble active principles of ergot. J. Physiol. (Lond.) **38**, 127 P (1909).

BARGER, G., and H. H. DALE: Chemical structure and sympathomimetic action of amines. J. Physiol. (Lond.) **41**, 19—59 (1910).
—, and G. S. WALPOLE: Isolation of the pressor principles of putrid meat. J. Physiol. (Lond.) **38**, 343—352 (1909).
BARNETT, A. J., R. B. BLACKET, A. E. DEPOORTER, P. H. SANDERSON, and G. WILSON: The action of noradrenaline in man and its relation to phaeochromocytoma and hypertension. Clin. Sci. **9**, 151—179 (1950).
BAROLIN, G. S., H. BERNHEIMER u. O. HORNYKIEWICZ: Seitenverschiedenes Verhalten des Dopamins (3-Hydroxytyramin) im Gehirn eines Falles von Hemiparkinsonismus. Schweiz. Arch. Neurol. Psychiat. **94**, 241—248 (1964).
BARTHOLINI, G., A. PLETSCHER, and H. BRUDERER: Formation of 5-hydroxytryptophol from endogenous 5-hydroxytryptamine by isolated blood platelets. Nature (Lond.) **203**, 1281—1283 (1964).
BARTLET, A. L.: The 5-hydroxytryptamine content of mouse brain and whole mice after treatment with some drugs affecting the central nervous system. Brit. J. Pharmacol. **15**, 140—146 (1960).
BARTONIČEK, V., A. DAHLSTRÖM, and K. FUXE: Some effects of certain psychopharmaca on the intraneuronal levels of 5-HT and catecholamines in the specific monoamine neurons of the rat brain. Experientia (Basel) **20**, 690—691 (1964).
BASS, A.: Über eine Wirkung des Adrenalins auf das Gehirn. Z. ges. Neurol. Psychiat. **26**, 600—601 (1914).
BATES, M. W., J. MAYER, and S. NAUSS: Fat metabolism in three forms of experimental obesity. Amer. J. Physiol. **180**, 309—312 (1955).
BAUER, W., H. H. DALE, L. T. POULSSON, and D. W. RICHARDS: The control of circulation through the liver. J. Physiol. (Lond.) **74**, 343—375 (1932).
BAUM, H., R. E. MOORE, and H. A. EL-KHANAGRY: The role of glycolysis in the acute stimulation of oxygen consumption in the whole animal by noradrenaline and adrenaline. Biochem. J. **79**, 2P (1961).
BAUST, W., u. P. KATZ: Untersuchungen zur Tonisierung einzelner Neurone im hinteren Hypothalamus. Pflügers Arch. ges. Physiol. **272**, 575—590 (1961).
— H. NIEMCZYK, H. SCHAEFER u. J. VIETH: Über ein pressosensibles Areal im hinteren Hypothalamus der Katze. Pflügers Arch. ges. Physiol. **274**, 374—384 (1962).
— —, and J. VIETH: The action of blood pressure on the ascending reticular activating system with special reference to adrenaline-induced EEG arousal. Electroenceph. clin. Neurophysiol. **15**, 63—72 (1963).
BAYLISS, W. M.: On the local reactions of the arterial wall to changes of internal pressure. J. Physiol. (Lond.) **28**, 220—231 (1902).
— L. HILL, and G. L. GULLAND: On intra-cranial pressure and the cerebral circulation. Part I: Physiological. Part II: Histological. J. Physiol. (Lond.) **18**, 334—347 (1895).
BEARN, A. G., B. H. BILLING, and S. SHERLOCK: Effect of adrenaline and noradrenaline on hepatic blood flow and splanchnic carbohydrate metabolism in man. J. Physiol. (Lond.) **115**, 430—441 (1951).
BEAULNES, A.: Effets de l'angiotensine sur le coeur. Biochem. Pharmacol., Suppl. **12**, 181 (1963).
BEAVEN, M. A., and R. P. MAICKEL: Stereoselectivity of norepinephrine storage sites in heart. Biochem. biophys. Res. Commun. **14**, 509—513 (1964).
BECKETT, A. H.: Stereochemie und biologische Aktivität. Angew. Chemie **72**, 686—698 (1960.)
BEILER, J. M., and G. J. MARTIN: Inhibition of the action of tyrosine decarboxylase by phosphorylated desoxypyridoxine. J. biol. Chem. **169**, 345—347 (1957).
BEIN, H. J., and R. JACQUES: The antitoxic effect of aldosterone. Experientia (Basel) **16**, 24—26 (1960).
BEJRABLAYA, D., J. H. BURN, and J. M. WALKER: The action of sympathomimetic amines on heart rate in relation to the effect of reserpine. Brit. J. Pharmacol. **13**, 461—466 (1958).

BELENKY, M. L., and M. VITOLINA: The pharmacological analysis of the hyperthermia caused by phenamine (Amphetamine). I. Int. Pharmacol. Meeting, Stockholm 1961, vol. 10, p. 69—70, ed. P. LINDGREN. Oxford: Pergamon Press 1963.

BELFORD, J., and M. R. FEINLEIB: Phosphorylase activity of heart muscle under various conditions affecting force of contraction. J. Pharmacol. exp. Ther. **127**, 257—264 (1959).

— — Phosphorylase activity in heart and brain after reserpine, iproniazid and other drugs affecting the central nervous system. Biochem. Pharmacol. **6**, 189—194 (1961).

— — The increase in glucose-6-phosphate content of the heart after the administration of inotropic catecholamines, calcium and aminophylline. Biochem. Pharmacol. **11**, 987—994 (1962).

BELLEAU, B.: The mechanism of drug action at receptor surfaces. Part I. Introduction. A general interpretation of the adrenergic blocking activity of $\beta$-haloalkylamines. Canad. J. Biochem. **36**, 731—753 (1958).

— Relationship between agonists, antagonists and receptor sites. In: Adrenergic mechanisms. A Ciba foundation symposium, eds. J. R. VANE, G. E. W. WOLSTENHOLME, and M. O'CONNOR, p. 223—245. London: J. & A. Churchill Ltd. 1960.

— An analysis of drug-receptor interactions. Proc. of the First Int. Pharmacol. Meeting, Stockholm, 1961, vol. 7. Modern concepts in the relationship between structure and pharmacological activity. eds. K. J. BRUNINGS and P. LINDGREN, p. 75—95. Oxford-London-New York-Paris: Pergamon Press 1963.

—, and J. BURBA: Occupancy of adrenergic receptors and inhibition of catechol O-methyltransferase by tropolones. J. med. Chem. **6**, 755—759 (1963).

— — M. PINDELL, and J. REIFFENSTEIN: Effect of deuterium substitution in sympathomimetic amines on adrenergic responses. Science **133**, 102—104 (1961).

BELOCOPITOW, E.: The action of epinephrine on glycogen synthetase. Arch. Biochem. **93**, 457—458 (1961).

BENDALL, J. R.: Effect of the "Marsh-factor" on the shortening of muscle fibre models in the presence of adenosinetriphosphate. Nature (Lond.) **170**, 1058—1060 (1952).

— Further observations on a factor (the "Marsh factor") effecting relaxation of ATP-shortened muscle-fibre models, and the effect of Ca and Mg ions upon it. J. Physiol. (Lond.) **121**, 232—254 (1953).

BENELLI, G., D. BELLA, and A. GANDINI: Angiotensin and peripheral sympathetic nerve activity. Brit. J. Pharmacol. **22**, 211—219 (1964).

BENFEY, B. G.: Cardiovascular actions of phenoxybenzamine. Brit. J. Pharmacol. **16**, 6—14 (1961).

—, and K. GREEFF: Interactions of sympathomimetic drugs and their antagonists on the isolated atrium. Brit. J. Pharmacol. **17**, 232—235 (1961).

—, and D. R. VARMA: Influence of methyldopa on central effects of reserpine. Brit. J. Pharmacol. **22**, 366—370 (1964).

—, G. LEDOUX, and K. I. MELVILLE: Increased urinary excretion of adrenaline and noradrenaline after phenoxybenzamine. Brit. J. Pharmacol. **14**, 142—148 (1959).

BENMILOUD, B., and U. S. v. EULER: Effects of bretylium, reserpine, guanethidine and sympathetic denervation on the noradrenaline content of the rat submaxillary gland. Acta physiol. scand. **59**, 34—42 (1963).

BENNETT, D. R., D. A. REINKE, E. ALPERT, T. BAUM, and H. VASQUEZ-LEON: The action of intraocularly administered adrenergic drugs on the iris. J. Pharmacol. exp. Ther. **134**, 190—198 (1961).

BENNETT jr., I. L.: Pathogenesis of fever. Bull. N.Y. Acad. Sci. **37**, 440—447 (1961).

—, and L. E. CLUFF: Bacterial pyrogens. Pharmacol. Rev. **9**, 427—475 (1957).

— R. G. PETERSDORF, and W. R. KEENE: The pathogenesis of fever: Evidence for direct cerebral action of bacterial endotoxin. Trans. Ass. Amer. Phycns **60**, 64—72 (1957).

Bentley, G. A.: Studies on sympathetic mechanisms in isolated intestinal and vas deferens preparations. Brit. J. Pharmacol. **19**, 85—98 (1962).
Berg, C. P., and M. Potgieter: Tryptophane metabolism. II. The growth-promoting ability of dl-tryptophane. J. biol. Chem. **94**, 661—673 (1932).
Bergström, S.: Chemistry of prostaglandin. Nord. Med. **42**, 1465—1469 (1949).
—, and J. Sjövall: The isolation of prostaglandin F from sheep prostate glands. Acta chem. scand. **14**, 1693—1700 (1960a).
— — The isolation of prostaglandin E from sheep prostate glands. Acta chem. scand. **14**, 1701—1705 (1960b).
— U. S. v. Euler, and U. Hamberg: Isolation of noradrenaline from the adrenal gland. Acta chem. scand. **3**, 305 (1949).
— — — Isolation of noradrenaline from suprarenal medulla. Acta physiol. scand. **20**, 101—108 (1950).
— R. Ryhage, B. Samuelsson, and J. Sjövall: The structure of prostaglandin $E_1$, $F_1$ and $F_2$. Acta chem. scand. **16**, 501—502 (1962).
— L. A. Carlson, and L. Orö: Effect of prostaglandins on catecholamine induced changes in the free fatty acids of plasma and in blood pressure in the dog. Acta physiol. scand. **60**, 170—180 (1964).
Beringer, K.: Über ein neues, auf das extrapyramidalmotorische System wirkendes Alkaloid (Banisterin). Nervenarzt **1**, 265—275 (1928).
—, u. K. Wilmanns: Vergleichende Untersuchungen über die Wirkung des Kokains und Psikains. Münch. med. Wschr. **71**, 852 (1924).
— — Zur Harmin-Banisterin-Frage. Dtsch. med. Wschr. **55**, 2081—2086 (1929).
Berling, C., u. H. Björn: Noradrenalin (norexadrin) som vasokonstringens vid xylocainanästesi i tandläkarpraxis. Odont. Revy **3**, 153—164 (1951).
Berne, R. M.: Effect of epinephrine and norepinephrine on coronary circulation. Circulat. Res. **6**, 644—655 (1958).
— Regulation of coronary blood flow. Physiol. Rev. **44**, 1—29 (1964).
— W. K. Hoffman jr., A. Kagan, and M. N. Levy: Response of the normal and denervated kidney to l-epinephrine and l-norepinephrine. Amer. J. Physiol. **171**, 564—571 (1952).
Bernhard, C. G., and C. R. Skoglund: Potential changes in spinal cord following intra-arterial administration of adrenaline and noradrenaline as compared with acetylcholine effects. Acta physiol. scand. **29**, Suppl. 106, 435—454 (1953).
— —, and P. O. Therman: Studies of the potential level in the ventral root under varying conditions. Acta physiol. scand. **14**, Suppl. 47, 1—10 (1947).
— J. A. B. Gray, and L. Widen: The difference in response of monosynaptic extensor and monosynaptic flexor reflexes to d-tubocurarine and adrenaline. Acta physiol. scand. **29**, Suppl. 106, 73—78 (1953).
Bernheim, F., and M. L. C. Bernheim: The inactivation of tyramine by heart muscle in vitro. J. biol. Chem. **158**, 425—431 (1945).
Bernheim, M. L. C.: Tyramine oxidase. II. The course of the oxidation. J. biol. Chem. **93**, 299—309 (1931).
Bernheimer, H.: Das Phäochromozytom: Biochemische und pharmakologische Gesichtspunkte. Wien. klin. Wschr. **71**, 657—661 (1959).
— Über das Vorkommen von Katecholaminen und von 3,4-Dihydroxyphenylalanin (Dopa) im Auge. Naunyn-Schmiedebergs Arch. exp. Path. Pharmak. **247**, 202—213 (1964).
—, u. O. Hornykiewicz: Das Verhalten einiger Enzyme im Gehirn normaler und Parkinson-kranker Menschen. Naunyn-Schmiedebergs Arch. exp. Path. Pharmak. **243**, 295—296 (1962).
— — Herabgesetzte Konzentration der Homovanillinsäure im Gehirn von parkinsonkranken Menschen als Ausdruck der Störung des zentralen Dopaminstoffwechsels. Klin. Wschr. **43**, 711—715 (1965).

BERNHEIMER, H., H. EHRINGER, P. HEISTRACHER u. O. KRAUPP: Untersuchungen über den Abbau von L(—)- und D(+)-Adrenalin im Rattenorganismus. Biochem. Z. **332**, 416—433 (1960).
— W. BIRKMAYER u. O. HORNYKIEWICZ: Verteilung des 5-Hydroxytryptamins (Serotonin) im Gehirn des Menschen und sein Verhalten bei Patienten mit Parkinsonsyndrom. Klin. Wschr. **39**, 1056—1059 (1961).
— — — Verhalten der Monoaminoxydase im Gehirn des Menschen nach Therapie mit Monoaminoxydase-Hemmern. Wien. klin. Wschr. **74**, 558—559 (1962).
— — — Zur Biochemie des Parkinson-Syndroms des Menschen. Einfluß der Monoaminoxydase-Hemmer-Therapie auf die Konzentration des Dopamins, Noradrenalins und 5-Hydroxytryptamins im Gehirn. Klin. Wschr. **41**, 465—469 (1963).
BERNSMEIER, A.: Probleme der Hirndurchblutung. Z. Kreisl.-Forsch. **48**, 278—323 (1959).
—, u. U. GOTTSTEIN: Die Sauerstoffaufnahme des menschlichen Gehirns unter Phenothiacinen, Barbituraten und in der Ischämie. Pflügers Arch. ges. Physiol. **263**, 102—108 (1956).
— H. WILD u. H. GIERTZ: Die Bedeutung des Arterenols für die Kreislauf-, Blutzucker- und Blutbildungsregulation am Menschen. Z. ges. exp. Med. **116**, 300—309 (1950).
BERTHET, J., E. W. SUTHERLAND, and T. W. RALL: The assay of glucagon and epinephrine with use of liver homogenates. J. biol. Chem. **229**, 351—361 (1957).
BERTI, F., and M. M. USARDI: Influence of thyroid on free fatty acid release from in vitro electrically stimulated epididymal fat. Biochem. Pharmacol. **14**, 357—359 (1965).
BERTLER, Å.: Occurrence and localization of catechol amines in the human brain. Acta physiol. scand. **51**, 97—107 (1961a).
— Effect of reserpine on the storage of catechol amines in brain and other tissues. Acta physiol. scand. **51**, 75—83 (1961b).
—, and E. ROSENGREN: On the distribution in brain of monoamines and of enzymes responsible for their formation. Experientia (Basel) **15**, 382—384 (1959a).
— — Occurrence and distribution of catechol amines in brain. Acta physiol. scand. **47**, 350—361 (1959b).
— A. CARLSSON, and E. ROSENGREN: Release by reserpine of catechol amines from rabbit's hearts. Naturwissenschaften **22**, 521 (1956).
— — M. LINDQVIST, and T. MAGNUSSON: On the catechol amine levels in blood plasma after stimulation of the sympathoadrenal system. Experientia (Basel) **14**, 184—185 (1958).
— N.-Å. HILLARP, and E. ROSENGREN: "Bound" and "free" catecholamines in the brain. Acta physiol. scand. **50**, 113—118 (1960a).
— — — Some observations on the synthesis and storage of catecholamines in the adrenaline cells of the suprarenal medulla. Acta physiol. scand. **50**, 124—131 (1960b).
— A.-M. ROSENGREN, and E. ROSENGREN: In vivo uptake of dopamine and 5-hydroxytryptamine by adrenal medullary granules. Experientia (Basel) **16**, 418—419 (1960c).
— N.-Å. HILLARP, and E. ROSENGREN: Effect of reserpine on the storage of new-formed catecholamines in the adrenal medulla. Acta physiol scand. **52**, 44—48 (1961).
— B. FALCK, and CH. OWMAN: Cellular localization of 5-hydroxytryptamine in the rat pineal gland. Kungl. Fysiogr. Sällsk. Lund Förh. **33**, 13—16 (1963).
— — C. G. GOTTFRIES, L. LJUNGGREN, and E. ROSENGREN: Some observations on adrenergic connections between mesencephalon and cerebral hemispheres. Acta pharmacol. (Kbh.) **21**, 283—289 (1964).
BESENDORF, H., u. A. PLETSCHER: Beeinflussung zentraler Wirkungen von Reserpin und 5-Hydroxytryptamin durch Isonicotinsäurehydrazide. Helv. physiol. pharmacol. Acta **14**, 383—390 (1956).
BETTGE, S.: Untersuchungen über den Nachweis der sympathicomimetischen Hormone im Blut und Urin des Menschen. Z. Kreisl.-Forsch. **49**, 534—543 (1960a).
— Untersuchungen über die Urinausscheidung der sympathicomimetischen Hormone bei Hypertonikern. Z. Kreisl.-Forsch. **49**, 543—549 (1960b).

Beyer, K. H.: The effect of benzedrine sulfate (betaphenylisopropylamine) on metabolism and the cardiovascular system in man. J. Pharmacol. exp. Ther. **66**, 318—325 (1939).

Beznák, A. B. L., and Z. Hasch: The effect of sympathectomy on the fatty deposit in connective tissue. Quart. J. exp. Physiol. **27**, 1—15 (1937).

—, and G. Liljestrand: Changes in the flow of lymph and in the secretion of urine due to the carotid sinus reflex. J. Physiol. (Lond.) **117**, 10P—11P (1952).

Bhagat, B.: Tyramine-induced depletion of cardiac catecholamines and the effects of cocaine and bretylium. Arch. int. Pharmacodyn. **147**, 26—35 (1964).

—, and F. E. Shideman: Mechanism of the inhibitory action of guanethidine on cardiovascular responses to tyramine and amphetamine. J. Pharmacol. exp. Ther. **140**, 317—323 (1963a).

— — Mechanism of the positive inotropic responses to bretylium and guanethidine. Brit. J. Pharmacol. **20**, 56—62 (1963b).

— — Repletion of cardiac catecholamines in the rat: Importance of the adrenal medulla and synthesis from precursors. J. Pharmacol. exp. Ther. **143**, 77—81 (1964).

Bhagvat, K., H. Blaschko, and D. Richter: Amine oxidase. Biochem. J. **33**, 1338—1341 (1939).

Bhoola, K. D., and M. Schachter: Contracture of the isolated denervated rat diaphragm by adrenaline. Biochem. Pharmacol. **8**, 149 (1961).

Bianchi, C. P., and A. M. Shanes: Calcium influx in skeletal muscle at rest, during activity, and during potassium contracture. J. gen. Physiol. **42**, 803—815 (1959).

Biberfeld, J.: Pharmakologische Eigenschaften eines synthetisch dargestellten Suprarenins und einiger seiner Derivate. Med. Klin. **2**, 1177—1179 (1906).

— Beiträge zur Lehre von der Diurese. XIII. Über die Wirkung des Suprarenins auf die Harnsekretion. Pflügers Arch. ges. Physiol. **119**, 341—358 (1907).

Bickel, M. H., and B. B. Brodie: Structure and antidepressant activity of imipramine analogues. Int. J. Neuropharmacol. **3**, 611—621 (1964).

— F. Sulser, and B. B. Brodie: Conversion of tranquillizers to antidepressants by removal of one N-methyl group. Life Sci. **2**, 247—253 (1963).

Bickerton, R. K., and J. P. Buckley: Evidence for a central mechanism in angiotensin induced hypertension. Proc. Soc. exp. Biol. (N.Y.) **106**, 834—836 (1961).

Biedl, A.: Die Innervation der Nebenniere. Pflügers Arch. ges. Physiol. **67**, 443—483 (1897).

—, u. J. Wiesel: Über die functionelle Bedeutung der Nebenorgane des Sympathicus (Zuckerkandl) und der chromaffinen Zellgruppen. Pflügers Arch. ges. Physiol. **91**, 434—461 (1902).

Bing, R. J., A. Siegel, I. Ungar, and M. Gilbert: Metabolism of the human heart. II. Studies on fat, ketone and amino acid metabolism. Amer. J. Med. **16**, 504—515 (1954).

Birk, Y., and C. H. Li: Isolation and properties of a new, biologically active peptide from sheep pituitary glands. J. biol. Chem. **239**, 1048—1052 (1964).

Birke, G., H. Dunér, U. S. v. Euler, and L. O. Plantin: Studies on the adrenocortical, adreno-medullary and adrenergic nerve activity in essential hypertension. Z. Vitamin-, Hormon- und Fermentforsch. **9**, 41—68 (1958).

— U. S. v. Euler, and G. Ström: Observations on some dimensions and functions of the circulatory system after adrenalectomy in breast cancer and diabetes. Acta med. scand. **164**, 219—229 (1959).

Birkmayer, W., u. O. Hornykiewicz: Der L-3,4-Dihydroxyphenylalanin (= DOPA)-Effekt bei der Parkinson-Akinese. Wien. klin. Wschr. **73**, 787—788 (1961).

— — Der L-Dioxyphenylalanin (=-L-DOPA)-Effekt beim Parkinson-Syndrom des Menschen: Zur Pathogenese und Behandlung der Parkinson-Akinese. Arch. Psychiat. Nervenkr. **203**, 560—574 (1962).

Bischoff, F., and A. Torres: Determination of urine dopamine. Clin. Chem. **8**, 370—377 (1962).

Bisson, G. M., u. E. Muscholl: Die Beziehung zwischen der Guanethidin-Konzentration im Rattenherzen und dem Noradrenalingehalt. Naunyn-Schmiedebergs Arch. exp. Path. Pharmak. 244, 185—194 (1962).

Bizzi, A., A. Jori, E. Veneroni, and S. Garattini: Effect of 3,5-dimethylpyrazole on blood free fatty acids and glucose. Life Sci. 3, 1371—1375 (1963).

— A. M. Codegoni, and S. Garattini: Salicylate, a powerful inhibitor of free fatty acid release. Nature (Lond.) 204, 1205 (1964).

Björntorp, P., and R. H. Furman: Lipolytic activity in rat heart. Amer. J. Physiol. 203, 323—326 (1962).

Black, J. W., and J. S. Stephenson: Pharmacology of a new adrenergic $\beta$-receptor blocking compound (Nethalide). Lancet 1962 II, 311—314.

Blackstad, T. W.: Ultrastructural studies on the hippocampal region. In: Progress in Brain Research. vol. 3. The rhinencephalon and related structures. eds. W. Bargmann and J. P. Schadé. p. 122—148. Amsterdam, London, New York: Elsevier Publ. Co. 1963.

—, and H. A. Dahl: Quantitative evaluation of structures in contact with neuronal somata. An electron microscopic study on the fascia dentata of the rat. Acta morph. neerl.-scand. 4, 329—343 (1962).

Blackwell, B.: Tranylcypromine. Lancet 1963 a I, 167—168.

— Hypertensive crisis due to monoamine-oxidase inhibitors. Lancet 1963 b II, 849—850.

—, and E. Marley: Interaction between cheese and monoamine-oxidase inhibitors in rats and cats. Lancet 1964 I, 530—531.

Blair, D. A., W. E. Glover, and I. C. Roddie: Vasomotor fibres to skin in the upper arm, calf and thigh. J. Physiol. (Lond.) 153, 232—238 (1960).

Blakeley, A. G. H., G. L. Brown, and C. B. Ferry: Pharmacological experiments on the release of the sympathetic transmitter. J. Physiol. (Lond.) 167, 505—514 (1963).

Blaschko, H.: The specific action of l-dopa decarboxylase. J. Physiol. (Lond.) 96, 50—51 P (1939).

— Substrate specificity of amino-acid decarboxylases. Biochim. biophys. Acta (Amst.) 4, 130—137 (1950a).

— Remarks on chemical specificity. Proc. roy. Soc. B 137, 307—311 (1950b).

— Amine oxidase and amine metabolism. Pharmacol. Rev. 4, 415—458 (1952).

— Enzymic oxidation of amines. Brit. med. Bull. 9, 146—149 (1953).

— Metabolism of epinephrine and norepinephrine. Pharmacol. Rev. 6, 23—28 (1954).

— Formation of catecholamines in the animal body. Brit. med. Bull. 13, 162—165 (1957).

— The development of current concepts of catecholamine formation. Pharmacol. Rev. 11, 307—316 (1959).

— Historical introduction: Specific interactions between catecholamines and tissues. In: Progress in Brain Research, vol. 8. Biogenic amines, eds. H. E. Himwich and W. A. Himwich, p. 1—8. Amsterdam-London-New York: Elsevier Publ. Co. 1964.

—, and T. L. Chruściel: The decarboxylation of amino acids related to tyrosine and their awakening action in reserpine-treated mice. J. Physiol. (Lond.) 151, 272—284 1960).

—, and K. B. Helle: Interaction of soluble protein fractions from bovine adrenal medullary granules with adrenaline and adenosinetriphosphate. J. Physiol. (Lond.) 169, 120—121 P (1963).

—, and K. Hellmann: Pigment formation from tryptamine and 5-hydroxytryptamine in tissues: A contribution to the histochemistry of amine oxidase. J. Physiol. (Lond.) 122, 419—427 (1953).

—, and W. G. Levine: Enzymic oxidation of 5-hydroxytryptamine by pig serum. J. Physiol. (Lond.) 154, 599—601 (1960a).

— — A comparative study of hydroxyindole oxidases. Brit. J. Pharmacol. 15, 625—633 (1960b).

BLASCHKO, H., and H. SCHLOSSMANN: The inactivation of adrenaline by catechol oxidase in vitro. J. Physiol. (Lond.) 94, 19P (1938).
— — The inactivation of adrenaline by phenolases. J. Physiol. (Lond.) 98, 130—140 (1940).
—, and B. C. R. STRÖMBLAD: The inhibition of human amine oxidase by the two isomers of amphetamine. Arzneimittel-Forsch. 10, 327 (1960).
—, and A. D. WELCH: Localization of adrenaline in cytoplasmic particles of the bovine adrenal medulla. Naunyn-Schmiedebergs Arch. exp. Path. Pharmak. 219, 17—22 (1953).
— D. RICHTER, and H. SCHLOSSMANN: The oxidation of adrenaline and other amines. Biochem. J. 31, 2187—2196 (1937a).
— D. RICHTER, and H. SCHLOSSMANN: The inactivation of adrenaline. J. Physiol. (Lond.) 90, 1—17 (1937b).
— P. HOLTON, and G. H. SLOANE STANLEY: Enzymic formation of pressor amines. J. Physiol. (Lond.) 108, 427—439 (1949).
— J. H. BURN, and H. LANGEMANN: The formation of noradrenaline from dihydroxyphenylserine. Brit. J. Pharmacol. 5, 431—437 (1950).
— P. HAGEN, and A. D. WELCH: Observations on the intracellular granules of the adrenal medulla. J. Physiol. (Lond.) 129, 27—49 (1955).
— G. V. R. BORN, A. D'IORIO, and N. R. EADE: Observations on the distribution of catechol amines and adenosinetriphosphate in the bovine adrenal medulla. J. Physiol. (Lond.) 133, 548—557 (1956).
— J. M. HAGEN, and P. HAGEN: Mitochondrial enzymes and chromaffin granules. J. Physiol. (Lond.) 139, 316—322 (1957).
— G. FERRO-LUZZI, and R. HAWES: Enzymic oxidation of mescaline by mammalian plasma. Biochem. Pharmacol. 1, 101 (1958).
BLASIUS, R., u. J. SCHUCK: Elektrophoretische Untersuchungen von Uterusmuskelproteinen infantiler und mit Oestrogenen behandelter infantiler Kaninchen. Klin. Wschr. 33, 276—278 (1955).
BLINKS, J. R.: Zit. nach U. TRENDELENBURG, 1963.
— The nature of the antagonism by methoxamine of the chronotropic and inotropic effects of catecholamines. Naunyn-Schmiedebergs Arch. exp. Path. Pharmak. 248, 73—84 (1964).
—, and D. R. WAUD: Effect of graded doses of reserpine on the response of myocardial contractility to sympathetic nerve stimulation. J. Pharmacol. exp. Ther. 131, 205—211 (1961).
BLOCH, B.: Chemische Untersuchungen über das spezifische pigmentbildende Ferment der Haut, die Dopaoxydase. Hoppe-Seylers Z. physiol. Chem. 98, 226—254 (1917).
—, u. F. SCHAAF: Über die Pigmentbildung in der Haut, unter besonderer Berücksichtigung der optischen Spezifität der Dopaoxydase. Klin. Wschr. 11, 10—14 (1932).
BLOCK, W., K. BLOCK u. B. PATZIG: Zur Physiologie des $^{14}$C-radioaktiven Mescalins im Tierversuch. II. Mitteilung. Verteilung der Radioaktivität in den Organen in Abhängigkeit von der Zeit. Hoppe-Seylers Z. physiol. Chem. 290, 230—236 (1952).
BLOIS jr., M. S., and R. F. KALLMAN: The incorporation of $C^{14}$ from 3,4-dihydroxyphenylalanine-2'-$C^{14}$ into the melanin of mouse melanomas. Cancer Res. 24, 863—868 (1964).
BLOOM, F. E., A. P. OLIVER, and G. C. SALMOIRAGHI: The responsiveness of individual hypothalamic neurons to microelectrophoretically administered endogenous amines. Int. J. Neuropharmacol. 2, 181—193 (1963b).
BLOOM, G., U. S. v. EULER, and M. FRANKENHÄUSER: Catecholamine excretion and personality traits in paratroop trainees. Acta physiol. scand. 58, 77—89 (1963a).
BLOTEVOGEL, W., M. DOHRN u. H. POLL: Über den Wirkungswert weiblicher Sexualhormone. Med. Klin. 22, 1328—1330 (1926).
BLUM, F.: Über Nebennierendiabetes. Dtsch. Arch. klin. Med. 71, 146—167 (1901).

Bock, K. D., H. Hensel und J. Ruef: Die Wirkung von Adrenalin und Noradrenalin auf die Muskel- und Hautdurchblutung des Menschen. Pflügers Arch. ges. Physiol. **261**, 322—333 (1955).

Bockmühl, M., G. Ehrhart u. O. Schaumann: Über eine neue Klasse von spasmolytisch und analgetisch wirkenden Verbindungen. Justus Liebigs Ann. Chem. **561**, 52—85 (1949).

Bodechtel, G.: Neuere Ergebnisse auf dem Gebiet der Hirndurchblutung und ihrer Störungen. Verh. dtsch. Ges. inn. Med. **67**, 214—230 (1962).

Bodo, R. C., F. W. Cotui, and A. E. Benaglia: Studies on the mechanism of morphine hyperglycemia. The rôle of the adrenal glands. J. Pharmacol. exp. Ther. **61**, 48—57 (1937).

Böhle, E., R. Biegler u. R. Teicke: Untersuchungen über die Regulationen der unveresterten Fettsäuren des Blutserums bei der vegetativen Gesamtumschaltung. Verh. dtsch. Ges. inn. Med. **68**, 140—146 (1962).

Böhm, K.: Die Flavonoide. Arzneimittel-Forsch. **10**, 54—58 (1960).

Boehm, R.: Über paradoxe Vaguswirkungen bei curarisierten Thieren; Beiträge zur Kenntnis der Physiologie der Herznerven und der Pharmakologie des Curare. Naunyn-Schmiedebergs Arch. exp. Path. Pharmak. **4**, 351—386 (1875).

Böhmig, H. J., u. F. v. Brücke: Über Unterschiede in der Wirkung von Sympathikomimetica auf α- und β-Rezeptoren am Schließmuskel der Cardia von Kaninchen. Arch. int. Pharmacodyn. **139**, 123—138 (1962).

Boeke, J.: Innervationsstudien. IV. Die efferente Gefäßinnervation und der sympathische Plexus im Bindegewebe. Z. mikr.-anat. Forsch. **33**, 276—328 (1933).

Bogdanski, D. F., H. Weissbach, and S. Udenfriend: The distribution of serotonin, 5-hydroxytryptophan decarboxylase, and monoamine oxidase in brain. J. Neurochem. **1**, 272—278 (1957).

— — — Pharmacological studies with the serotonin precursor, 5-hydroxytryptophan. J. Pharmacol. exp. Ther. **122**, 182—194 (1958).

Bogdonoff, M. D., J. W. Linhart, R. J. Klein, and E. H. Estes jr.: The specific structure of compounds effecting fat mobilization in man. J. clin. Invest. **40**, 1993—1996 (1961).

Bohr, R. S., and K. F. Guthe: Contractile protein in vascular smooth muscle. Physiol. Rev. **42**, Suppl. 5, 98—107 (1962).

Boling, J. L., and R. J. Blandau: The estrogen-progesterone induction of mating responses in the spayed female rat. Endocrinology **25**, 359—364 (1939).

Bollman, J. L., F. T. Mahler, and W. M. Manger: Plasma concentration of epinephrine and norepinephrine in hemorrhagic and anaphylactic shock. J. Physiol. (Lond.) **133**, 49P—50P (1956).

Bombelli, R., T. Farkas, and R. Vertua: Investigations on the effect of nicotinic acid on plasma free fatty acid levels. Med. pharmacol. exp. **12**, 8—14 (1965).

Bone, A. D., and H. Weil-Malherbe: The effect of reserpine on the intracellular distribution of catecholamines in the brain stem of the rabbit. J. Neurochem. **4**, 251—263 (1959).

Bonnycastle, D. D., N. J. Giarman, and M. K. Paasonen: Anticonvulsant compounds and 5-hydroxytryptamine in rat brain. Brit. J. Pharmacol. **12**, 228—231 (1957).

Bonvallet, M., et V. Bloch: Le contrôle bulbaire des activations corticales et son mise en jeu. C.R. Soc. Biol. (Paris) **154**, 1428—1431 (1960).

— — Bulbar control of cortical arousal. Science **133**, 1133—1134 (1961).

— P. Dell et G. Hiebel: Tonus sympathique et activité électrique corticale. Electroenceph. clin. Neurophysiol. **6**, 119—144 (1954).

— A. Hugelin, et P. Dell: Milieu intérieur et activité automatique des cellules réticulaires mésencéphaliques. J. Physiol. (Paris) **48**, 403—406 (1956).

Born, G. V. R., and E. Bülbring: The movement of potassium between smooth muscle and surrounding fluid. J. Physiol. (Lond.) **131**, 690—703 (1956).

Born, G. V. R., O. Hornykiewicz, and A. Stafford: The uptake of adrenaline and noradrenaline by blood platelets of the pig. Brit. J. Pharmacol. 13, 411—414 (1958).

Boros, B., u. I. Takats: Die Frage der Doppelinnervation des Sphincter iridis im Lichte des Cannonschen Denervationsgesetzes. Albrecht v. Graefes Arch. Ophthal. 152, 319—334 (1952).

Borst, H. G., E. Berglund, and M. McGregor: The effects of pharmacologic agents on the pulmonary circulation in the dog. Studies on epinephrine, nor-epinephrine, 5-hydroxytryptamine, acetylcholine, histamine and aminophylline. J. clin. Invest. 36, 669—675 (1957).

Bot, G., T. Szilágyi, and E. Szabó: Effects of sugar loading and adrenaline on phosphorylase and glucose-6-phosphate activity of the liver. Acta physiol. Acad. Sci. hung. 11, 421—426 (1957).

Botting, R. M., and M. F. Lockett: Threshold effect of subcutaneous adrenaline, noradrenaline and isoprenaline on water diuresis in rats. Arch. int. Physiol. 69, 36—45 (1961).

Boullin, D. J.: Behaviour of rats depleted of 5-hydroxytryptamine by feeding a diet free of tryptophan. Psychopharmacologia (Berl.) 5, 28—38 (1963).

Boura, A. L. A., and A. F. Green: The actions of bretylium. Adrenergic neurone blocking and other effects. Brit. J. Pharmacol. 14, 536—548 (1959).

— — Comparison of bretylium and guanethidine: Tolerance, and effects on adrenergic nerve function and responses to sympathomimetic amines. Brit. J. Pharmacol. 19, 13—41 (1962).

— — Adrenergic neurone blockade and other acute effects caused by N-benzyl-N'N''-dimethylguanidine and its ortho-chloro derivative. Brit. J. Pharmacol. 20, 36—55 (1963).

—, and A. McCoubrey: The absorption of bretylium and related quaternary ammonium salts from the alimentary tract. J. Pharm. (Lond.) 14, 647—657 (1962).

— G. G. Coker, F. C. Copp, W. G. Duncombe, A. R. Elphick, A. F. Green, and A. McCoubrey: Powerful adrenergic neurone-blocking agents related to choline 2,6-xylyl ether bromide. Nature (Lond.) 185, 925—926 (1960).

— F. C. Copp, A. F. Green, H. F. Hodson, G. K. Ruffell, M. F. Sim, E. Walton, and E. M. Grivsky: Adrenergic neurone-blocking agents related to choline 2,6-xylyl ether bromide (TM 10), bretylium and guanethidine. Nature (Lond.) 191, 1312—1313 (1961).

— — — Amidines as adrenergic neurone blocking agents. Nature (Lond.) 195, 1213—1214 (1962).

Bovet, D., et F. Bovet-Nitti: Structure et activité pharmacodynamique des médicaments du système nerveux végétatif. Basel u. NewYork: S. Karger 1948.

—, et V. G. Longo: Pharmacologie de la substance réticulée du tronc cérébral. XX. Int. Physiol. Congr. Abstr. of Ref. 1956, p. 306—329.

—, et A. Simon: Inversion de la tachycardie adrénalique du lapin par le diéthylamino-méthylbenzodioxane (883 F), la corynanthine et la yohimbine. C. R. Soc. Biol. (Paris) 119, 1333—1335 (1935).

— F. Bovet-Nitti, A. Bettschart, et W. Scognamiglio: Mécanisme de la potentialisation par le chlorhydrate de diéthylamino-éthyldiphénylpropylacétate des effets de quelques agents curarisants. Helv. physiol. pharmacol. Acta 14, 430—440 (1956).

— M. Virno, G. L. Gatti, et A. Carpi: Action de l'adrénaline et de la noradrénaline sur la circulation cérébrale. Enregistrement de la pression veineuse intracrânienne du chien à travers la veine jugulaire externe. Arch. int. Pharmacodyn. 110, 380—409 (1957).

Boyd, H., V. Chang, and M. J. Rand: The local anesthetic activity of bretylium in relation to its action in blocking sympathetic responses. Arch. int. Pharmacodyn. 131, 10—23 (1961).

Brachfeld, N., R. G. Monroe, and R. Gorlin: Effect of pericoronary denervation on coronary hemodynamics. Amer. J. Physiol. 199, 174—178 (1960).

BRADLEY, K., D. M. EASTON, and J. C. ECCLES: Investigation of primary or direct inhibition. J. Physiol. (Lond.) **122**, 474—488 (1953).
BRADLEY, P. B.: The central action of certain drugs in relation to the reticular formation of the brain. In: Reticular formation of the brain, eds. H. H. JASPER, L. D. PROCTOR, R. S. KNIGHTON, W. C. NOSHAY, and R. T. COSTELLO, p. 123—150. Boston: Little, Brown & Co. 1958.
— Electrophysiological evidence relating to the rôle of adrenaline in the central nervous system. In: Adrenergic mechanisms. A Ciba foundation symposium, eds. J. R. VANE, G. E. W. WOLSTENHOLME and M. O'CONNOR, p. 410—420. London: J. & A. Churchill Ltd. 1960.
—, and J. ELKES: The effect of amphetamine and D-lysergic acid diethylamide (LSD 25) on the electrical activity of the brain of the conscious cat. J. Physiol. (Lond.) **120**, 13—14 P (1953).
— — The effects of some drugs on the electrical activity of the brain. Brain **80**, 77—117 (1957).
—, and B. J. KEY: A comparative study of the effects of drugs on the arousal system of the brain. Brit. J. Pharmacol. **14**, 340—349 (1959).
—, and A. MOLLICA: The effect of adrenaline and acetylcholine on the activity of single neurones in the reticular formation of the brain. J. Physiol. (Lond.) **140**, 11—12 P (1958).
—, and A. N. NICHOLSON: The effect of some drugs on hippocampal arousal. Electroenceph. clin. Neurophysiol. **14**, 824—834 (1962).
—, and J. H. WOLSTENCROFT: Excitation and inhibition of brain-stem neurones by noradrenaline and acetylcholine. Nature (Lond.) **196**, 840 (1962).
BRANDON, K. W., and M. J. RAND: Acetylcholine and the sympathetic innervation of the spleen. J. Physiol. (Lond.) **157**, 18—32 (1961).
BRAUNER, F., F. BRÜCKE u. F. KAINDL: Über die Wirkung direkter und reflektorischer Sympathicuserregung bei Beatmung mit Gasgemischen von verschiedenem Sauerstoffgehalt. Arch. int. Pharmacodyn. **82**, 192—206 (1950a).
— — — u. A. NEUMAYR: Über die Sekretion des Nebennierenmarkes in Ruhe und beim Abklemmen beider Carotiden. Arch. int. Pharmacodyn. **83**, 505—519 (1950b).
BRECKENRIDGE, B. McL., and J. H. NORMAN: Glycogen phosphorylase in brain. J. Neurochem. **9**, 383—392 (1962).
— — The conversion of phosphorylase b to phosphorylase a in brain. J. Neurochem. **12**, 51—57 (1965).
BRENDEL, W.: Die Bedeutung der Hirntemperatur für die Kältegegenregulation. I. Der Einfluß der Hirntemperatur auf den respiratorischen Stoffwechsel des Hundes in thermoindifferenter Umgebung. Pflügers Arch. ges. Physiol. **270**, 607—627 (1960a).
— Die Bedeutung der Hirntemperatur für die Kältegegenregulation. II. Der Einfluß der Hirntemperatur auf den respiratorischen Stoffwechsel des Hundes unter Kältebelastung. Pflügers Arch. ges. Physiol. **270**, 628—647 (1960b).
BRETSCHNEIDER, H. J.: Über den Mechanismus der hypoxischen Coronarerweiterung. In: Probleme der Coronardurchblutung. Bad Oeynhausener Gespräche II. Hrsg. W. LOCHNER und E. WITZLEB, S. 44—83. Berlin-Göttingen-Heidelberg: Springer 1958.
BRIDGERS, W. F., and S. KAUFMAN: The enzymatic conversion of epinine to epinephrine. J. biol. Chem. **237**, 526—528 (1962).
BROBECK, J. R.: Food intake as a mechanism of temperature regulation. Yale J. Biol. Med. **20**, 545—552 (1948).
— S. LARSSON, and E. REYES: A study of the electrical activity of the hypothalamic feeding mechanism. J. Physiol. (Lond.) **132**, 358—364 (1956).
— J. TEPPERMAN, and C. N. H. LONG: Experimental hypothalamic hyperphagia in the albino rat. Yale J. Biol. Med. **15**, 831—853 (1943).
BROD, J., V. FENCL, Z. HEJL, and J. JIRKA: Circulatory changes underlying blood pressure elevation during acute emotional stress (mental arithmetic) in normotensive and hypertensive subjects. Clin. Sci. **18**, 269—279 (1959).

BRODIE, B. B., and M. A. BEAVEN: Neurochemical transducer systems. Med. exp. (Basel) **8**, 320—351 (1963).
—, and E. COSTA: Some current views on brain monoamines. In: Monoamines et système nerveux central. Hrsg. J. DE AJURIAGUERRA. Symposium Bel-Air, Genève, 1961, S. 13—49. Genève: Georg & Co. Paris: Mason & Cie. 1962.
—, and R. P. MAICKEL: Role of the sympathetic nervous system in druginduced fatty liver. Ann. N.Y. Acad. Sci. **104**, 1049—1058 (1963).
— A. PLETSCHER, and P. A. SHORE: Evidence that serotonin has a role in brain function. Science **122**, 968 (1955).
— — — Possible role of serotonin in brain function and in reserpine action. J. Pharmacol. exp. Ther. **116**, 9 (1956a).
— P. A. SHORE, and A. PLETSCHER: Serotonin-releasing activity limited to rauwolfia alkaloids with tranquilizing action. Science **123**, 992—993 (1956b).
— J. S. OLIN, R. G. KUNTZMAN, and P. A. SHORE: Possible interrelationship between release of brain norepinephrine and serotonin by reserpine. Science **125**, 1293—1294 (1957a).
— E. G. TOMICH, R. KUNTZMAN, and P. A. SHORE: On the mechanism of action of reserpine: Effect of reserpine on capacity of tissues to bind serotonin. J. Pharmacol. exp. Ther. **119**, 461—467 (1957b).
— S. SPECTOR, and P. A. SHORE: Interaction of monoamine oxidase inhibitors with physiological and biochemical mechanisms in brain. Ann. N.Y. Acad. Sci. **80**, 609—616 (1959).
— K. F. FINGER, F. B. ORLANS, G. P. QUINN, and F. SULSER: Evidence that tranquilizing action of reserpine is associated with change in brain serotonin and not in brain norepinephrine. Effects of reserpine, raunescine, benzoquinolizines, dimethylaminobenzoyl methylreserpate, and stress. J. Pharmacol. exp. Ther. **129**, 250—256 (1960).
— G. L. GESSA, and E. COSTA: Association between reserpine syndrome and blockade of brain serotonin storage processes. Life Sci. **10**, 551—560 (1962a).
— R. KUNTZMAN, C. W. HIRSCH, and E. COSTA: Effects of decarboxylase inhibition on the biosynthesis of brain monoamines. Life Sci. **3**, 81—84 (1962b).
BRODIE, T. G., and W. E. DIXON: Contributions to the physiology of the lungs. II. On the innervation of the pulmonary blood vessels; and some observations on the action of suprarenal extract. J. Physiol. (Lond.) **30**, 476—502 (1904).
BRODY, M. J.: Electrical activity in sympathetic nerves of immunologically sympathectomized rats. Proc. Soc. exp. Biol. (N.Y.) **114**, 565—567 (1963).
— Cardiovascular responses following immunological sympathectomy. Circulat. Res. **15**, 161—167 (1964).
BROFMAN, B. L., H. K. HELLERSTEIN, and W. H. CASKEY: Mephentermine — an effective pressor amine. Clinical and laboratory observations. Amer. Heart J. **44**, 396—406 (1952).
BRONK, D. W., L. K. FERGUSON, and D. Y. SOLANDT: Inhibition of cardiac accelerator impulses by the carotid sinus. Proc. Soc. exp. Biol. (N.Y.) **31**, 579—580 (1934).
BROOKS, C., C. M. PEEK, and R. J. SEYMOUR: Action of adrenaline on vasomotors and heart studied separately by the artificial control of blood pressure by means of the compensator. J. Pharmacol. exp. Ther. **11**, 168—169 (1918).
BROWN, G. L.: The actions of acetylcholine on denervated mammalian and frog's muscle. J. Physiol. (Lond.) **89**, 438—461 (1937).
—, and J. S. GILLESPIE: Output of sympathin from the spleen. Nature (Lond.) **178**, 980 (1956).
— — The output of sympathetic transmitter from the spleen of the cat. J. Physiol. (Lond.) **138**, 81—102 (1957).
—, and B. A. MCSWINEY: Reaction to drugs of strips of the rabbit's gastric musculature. J. Physiol. (Lond.) **61**, 261—267 (1926).

Brown, G. L., B. N. Davies, and J. S. Gillespie: The release of chemical transmitter from the sympathetic nerves of the intestine of the cat. J. Physiol. (Lond.) 143, 41—54 (1958).
— —, and C. B. Ferry: The effect of neuronal rest on the output of sympathetic transmitter from the spleen. J. Physiol. (Lond.) 159, 365—380 (1961).
Brown jr., T. G., and M. de V. Cotten: Evaluation of factors enhancing cardiac force during hypothermia. Fed. Proc. 15, 405 (1956).
Brown, W. E., and V. M. Wilder: The response of the human uterus to epinephrine. Amer. J. Obstet. Gynec. 45, 659—665 (1943).
Brownlee, G., and G. W. Williams: Potentiation of amphetamine and pethidine by monoamineoxidase inhibitors. Lancet 1963I, 669.
Bruce, H. M., and G. C. Kennedy: The central nervous control of food and water intake. Proc. roy. Soc. B 138, 528—544 (1951).
Brücke, F.: I. The actions of chlorpromazine on the central nervous system. XX. Intern. Kongr. Physiol., Bruxelles p. 465—479 (1956a).
— II. Central effects of anticholinesterases. XX. Intern. Kongr. Physiol., Bruxelles p. 479—489 (1956b).
—, u. G. Spring: Über die Wirkung sympathicotroper Stoffe auf den Schließmuskel der Kardia. Naunyn-Schmiedebergs Arch. exp. Path. Pharmakol. 245, 374—382 (1963).
—, u. P. Stern: Pharmakologische Untersuchungen über die Innervation des Mageneinganges. Naunyn-Schmiedebergs Arch. exp. Path. Pharmak. 189, 311—326 (1938).
—, F. Kaindl u. H. Mayer: Über die Veränderung in der Zusammensetzung des Nebennierenmarkinkretes bei elektrischer Reizung des Hypothalamus. Arch. int. Pharmacodyn. 88, 407—412 (1952).
Brundin, T.: Catecholamines in adrenals from fetal rabbits. Acta physiol. scand. 63, 509—510 (1965).
Buchmann, E.: Beeinflussung des Diabetes insipidus durch einen neuen Oxazinabkömmling. Med. Klin. 50, 866—867 (1955).
Buckley, J. P., R. K. Bickerton, R. P. Halliday, and H. Kato: Central effects of peptides on the cardiovascular system. Ann. N.Y. Acad. Sci. 104, 299—311 (1963).
Bueding, E., and E. Bülbring: The inhibitory action of adrenaline. Biochemical and biophysical observations. In: Proc. of the Second Int. Pharmacol. Meeting, Prague 1963, vol. 6. Pharmacology of smooth muscle, ed. E. Bulbring, p. 37—56. Oxford-London-Edinburgh-New York-Paris-Frankfurt: 1964.
— — H. Kuriyama, and G. Gercken: Lack of activation of phosphorylase by adrenaline during its physiological effect on intestinal smooth muscle. Nature (Lond.) 196, 944—946 (1962).
— — G. Gercken, and H. Kuriyama: The effect of adrenaline on the adenosine triphosphate and creatine phosphate content of intestinal smooth muscle. J. Physiol. (Lond.) 166, 8—9P (1963).
Bueker, E. D.: Implantation of tumors in the hind limb field of the embryonic chick and the developmental response of the lumbosacral nervous system. Anat. Rec. 102, 369—389 (1948).
Bülbring, E.: The action of adrenaline on transmission in the superior cervical ganglion. J. Physiol. (Lond.) 103, 55—67 (1944).
— The methylation of noradrenaline by minced suprarenal tissue. Brit. J. Pharmacol. 4, 234—244 (1949).
— Correlation between membrane potential, spike discharge and tension in smooth muscle. J. Physiol. (Lond.) 128, 200—221 (1955).
— Die Physiologie des glatten Muskels. Pflügers Arch. ges. Physiol. 273, 1—17 (1961).
— Electrical activity in intestinal smooth muscle. Physiol. Rev. 42, Suppl. 5, 160—174 (1962).

BÜLBRING, E., and J. H. BURN The sympathetic dilator fibres in the muscles of the cat and dog. J. Physiol. (Lond.) **83**, 483—501 (1935).
— — An action of adrenaline on transmission in sympathetic ganglia, which may play a part in shock. J. Physiol. (Lond.) **101**, 289—303 (1942).
— — Liberation of noradrenaline from the suprarenal gland. Brit. J. Pharmacol. **4**, 202—208 (1949).
— —, and F. J. DE ELIO: The secretion of adrenaline from the perfused suprarenal gland. J. Physiol. (Lond.) **107**, 222—232 (1948).
BUFFONI, F., and H. BLASCHKO: Benzylamine oxidase and histaminase: purification and crystallization of an enzyme from pig plasma. Proc. roy. Soc. B **161**, 153—167 (1965).
BULATAO, E., and A. J. CARLSON: Contributions to the physiology of the stomach. Influence of experimental changes in blood sugar level on gastric hunger contractions. Amer. J. Physiol. **69**, 107—115 (1924).
BURACK, W. R., and P. R. DRASKÓCZY: The turnover of endogenously labeled catecholamine in several regions of the sympathetic nervous system. J. Pharmacol. exp. Ther. **144**, 66—75 (1964).
— N. WEINER, and P. B. HAGEN: The effect of reserpine on the catecholamine and adenine nucleotide contents of adrenal gland. J. Pharmacol. exp. Ther. **130**, 245—250 (1960).
— P. R. DRASKÓCZY, and N. WEINER: Adenine nucleotide, catecholamine and protein contents of whole adrenal glands and heavy granules of reserpine-treated fowl. J. Pharmacol. exp. Ther. **133**, 25—33 (1961).
— E. AVERY, P. R. DRASKÓCZY, and N. WEINER: The number of catecholamine storage granules in adrenal glands. Biochem. Pharmacol. **9**, 85—91 (1962).
BURGER, M., u. H. LANGEMANN: Bestimmungen von Adrenalin und Noradrenalin sowie von Decarboxylase- und Aminoxydase-Aktivitäten in Zellfraktionen von Phäochromocytomen. Klin. Wschr **34**, 941—944 (1956).
BURGOS, M. H.: Histochemistry and electron microscopy of the three cell types in the adrenal gland of the frog. Anat. Rec. **133**, 163—185 (1959).
BURKARD, W. P., K. F. GEY, and A. PLETSCHER: Differentiation of monoamine oxidase and diamine oxidase. Biochem. Pharmacol. **11**, 177—182 (1962a).
— — — A new inhibitor of decarboxylase of aromatic amino acids. Experientia (Basel) **18**, 411—412 (1962b).
— — — Inhibition of decarboxylase of aromatic amino acids by 2,3,4-trihydroxybenzylhydrazine and its seryl derivative. Arch. Biochem. **107**, 187—196 (1964a).
— — — Inhibition of the hydroxylation of tryptophan and phenylalanine by α-methyldopa and similar compounds. Life Sci. **3**, 27—33 (1964b).
BURN, G. P.: Urinary excretion of the pressor amines in relation to phaeochromocytoma. Brit. med. J. **1953I**, 697—699.
BURN, J. H.: The action of tyramine and ephedrine. J. Pharmacol. exp. Ther. **46**, 75—95 (1932a).
— On vaso-dilator fibres in the sympathetic and on the effect of circulating adrenaline in augmenting vascular response to sympathetic stimulation. J. Physiol. (Lond.) **75**, 144—160 (1932b).
— The relation of adrenaline to acetylcholine in the nervous system. Physiol. Rev. **25**, 377—394 (1945).
— Tyramine and other amines as noradrenaline-releasing substances. In: Adrenergic mechanisms. A Ciba foundation symposium, eds. J. R. VANE, G. E. W. WOLSTENHOLME and M. O'CONNOR, p. 326—336. London: J. & A. Churchill Ltd. 1960a.
— A new adrenergic mechanism. In: Adrenergic mechanisms. A ciba foundation symposium, eds. J. R. VANE, G. E. W. WOLSTENHOLME and M. O'CONNOR, p. 502—507. London: J. & A. Churchill Ltd. 1960b.
— The cause of fibrillation. Brit. med. J. **1960cI**, 1379—1384.

Burn, J. H.: The release of norepinephrine from the sympathetic postganglionic fiber. Bull. Johns Hopk. Hosp. **112**, 167—182 (1963).
—, and H. H. Dale: The vaso-dilator action of histamine, and its physiological significance. J. Physiol. (Lond.) **61**, 185—214 (1926).
—, and D. E. Hutcheon: Action of noradrenaline. Brit. J. Pharmacol. **4**, 373—380 (1949).
—, and M. J. Rand: Reserpine and noradrenaline in artery walls. Lancet **1957 I**, 1097.
— — Noradrenaline in artery walls and its dispersal by reserpine. Brit. med. J. **1958 a I**, 903—908.
— — Effect of reserpine on vasoconstriction caused by sympathomimetic amines. Lancet **1958 b I**, 673.
— — The action of sympathomimetic amines in animals treated with reserpine. J. Physiol. (Lond.) **144**, 314—336 (1958c).
— The depressor action of dopamine and adrenaline. Brit. J. Pharmacol. **13**, 471—479 (1958d).
— — Action of nicotine on the heart. Brit. med. J. **1958 e I**, 137—139.
— — The cause of the supersensitivity of smooth muscle to noradrenaline after sympathetic degeneration. J. Physiol. (Lond.) **147**, 135—143 (1959).
— — The effect of precursors of noradrenaline on the response to tyramine and sympathetic stimulation. Brit. J. Pharmacol. **15**, 47—55 (1960a).
— — Sympathetic postganglionic cholinergic fibres. Brit. J. Pharmacol. **15**, 56—66 (1960b).
— — The relation of circulating noradrenaline to the effect of sympathetic stimulation. J. Physiol. (Lond.) **150**, 295—305 (1960c).
— — A new interpretation of the adrenergic nerve fiber. Advanc. Pharmacol. **1**, 2—30 (1962).
— — Acetylcholine in adrenergic transmission. Ann. Rev. Pharmacol. **5**, 163—182 (1965).
—, and J. Robinson: Effect of denervation on amine oxidase in structures innervated by the sympathetic. Brit. J. Pharmacol. **7**, 304—318 (1952).
— — Hypersensitivity of the denervated nictitating membrane and amine oxidase. J. Physiol. (Lond.) **120**, 224—229 (1953).
—, and M. L. Tainter: An analysis of the effect of cocaine on the actions of adrenaline and tyramine. J. Physiol. (Lond.) **71**, 169—193 (1931).
— D. E. Hutcheon, and R. H. O. Parker: Adrenaline and noradrenaline in the suprarenal medulla after insulin. Brit. J. Pharmacol. **5**, 417—423 (1950).
— H. Langemann, and R. H. O. Parker: Noradrenaline in whole suprarenal medulla. J. Physiol. (Lond.) **113**, 123—128 (1951).
— E. H. Leach, M. J. Rand, and J. W. Thompson: Peripheral effects of nicotine and acetylcholine resembling those of sympathetic stimulation. J. Physiol. (Lond.) **148**, 332—352 (1959).
— M. F. Cuthbert, and R. Wien: Quaternized sympathomimetic amines. Nature (Lond.) **200**, 270—271 (1963).
Burns, J. J., K. I. Colville, L. A. Lindsay, and R. A. Salvador: Blockade of some metabolic effects of catecholamines by n-isopropyl methoxyamine (B. W. 61—43). J. Pharmacol. exp. Ther. **144**, 163—171 (1964).
Burnstock, G.: The action of adrenaline on excitability and membrane potential in the taenia coli of the guinea-pig and the effect of DNP on this action and on the action of acetylcholine. J. Physiol. (Lond.) **143**, 183—194 (1958).
— Membrane potential changes associated with stimulation of smooth muscle by adrenalin. Nature (Lond.) **186**, 727—728 (1960).
—, and M. E. Holman: Spontaneous potentials in smooth muscle cells of the vas deferens of the guinea pig. Aust. J. biol. Sci. **24**, 190—197 (1961a).
— — The transmission of excitation from autonomic nerve to smooth muscle. J. Physiol. (Lond.) **155**, 115—133 (1961b).

Burnstock, G., and M. E. Holman: Spontaneous potentials at sympathetic nerve endings in smooth muscle. J. Physiol. (Lond.) 160, 446—460 (1962a).
— — Effect of denervation and of reserpine treatment on transmission at sympathetic nerve endings. J. Physiol. (Lond.) 160, 461—469 (1962b).
— — Smooth muscle: autonomic nerve transmission. Ann. Rev. Physiol. 25, 61—90 (1963).
— —, and C. L. Prosser: Electrophysiology of smooth muscle. Physiol. Rev. 43, 482—527 (1963).
Butcher jr., R. W., and E. W. Sutherland: Enzymatic inactivation of adenosine-3′,5′-phosphate by preparations from heart. Pharmacologist 1, 63 (1959).
Butterfield, J. L., and J. A. Richardson: Acute effects of guanethidine on myocardial contractility and catechol amine levels. Proc. Soc. exp. Biol. (N.Y.) 106, 259—262 (1961).
Butterworth, K. R.: A vasopressor response to isoprenaline in the cat. Nature (Lond.) 198, 897—898 (1963a).
— The β-adrenergic blocking and pressor actions of isoprenaline in the cat. Brit. J. Pharmacol. 21, 378—392 (1963b).
—, and M. A. Mann: Quantitative comparison of the sympathomimetic amine content of the left and right adrenal glands of the cat. J. Physiol. (Lond.) 136, 294—299 (1957a).
— — The release of adrenaline and noradrenaline from the adrenal glands of the cat by acetylcholine. Brit. J. Pharmacol. 12, 422—426 (1957b).
— —The adrenaline and noradrenaline content of the adrenal gland of the cat following depletion by acetylcholine. Brit. J. Pharmacol. 12, 415—421 (1957c).
Bygdeman, S.: Vascular reactivity in cats during induced changes in the acid-base balance of the blood. Acta physiol. scand. 61, Suppl. 222, 5—66 (1963).

Cahill jr., G. F., S. Zottu, and A. S. Earle: In vivo effects of glucagon on hepatic glycogen, phosphorylase and glucose-6-phosphatase. Endocrinology 60, 265—269 (1957).
Callingham, B. A., and R. Cass: The effects of bretylium and cocaine on noradrenaline depletion. J. Pharm. (Lond.) 14, 385—389 (1962).
— — Catecholamine levels in the chick. J. Physiol. (Lond.) 176, 32P (1965).
—, and M. Mann: Replacement of adrenaline and noradrenaline in the innervated and denervated adrenal gland of the rat, following depletion with reserpine. Nature (Lond.) 182, 1020—1021 (1958).
— — Replacement of adrenaline and noradrenaline in the adrenal gland of the rat, following depletion and redepletion with reserpine. Nature (Lond.) 190, 1201 (1961).
Camanni, F., and G. M. Molinatti: Selective depletion of noradrenaline in the adrenals of the hamster produced by reserpine. Acta endocr. (Kbh.) 29, 369—374 (1958).
— O. Losana, and G. M. Molinatti: Selective depletion of nor-adrenaline in the adrenal medulla of the rat after administration of reserpine (histochemical research). Experientia (Basel) 14, 199—201 (1958).
Campos, H. A., and F. E. Shideman: Subcellular distribution of catecholamines in the dog heart. Int. J. Neuropharmacol. 1, 13—22 (1962).
— R. E. Stitzel, and F. E. Shideman: Actions of tyramine and cocaine on catecholamine levels in subcellular fractions of the isolated cat heart. J. Pharmacol. exp. Ther. 141, 290—300 (1963).
Camus, L.: Étude physiologique du sulfate d'hordénine. Arch. int. Pharmacodyn. 16, 43—206 (1906).
Canal, N., and A. Maffei-Faccioli: Reversal of the reserpine induced depletion of brain serotonin by a monoamine oxidase inhibitor. J. Neurochem. 5, 99—100 (1959).
—, e A. Ornesi: La serotonina quale agente ipertermizzante. Atti Accad. med. lombarda 16, 64—69 (1961).

Cannon, P. J., R. T. Whitlock, R. C. Morris, M. Angers, and J. H. Laragh: Effect of alpha-methyl-DOPA in severe and malignant hypertension. J. Amer. med. Ass. 179, 673—681 (1962).
Cannon, W. B.: Bodily changes in pain, hunger, fear and rage. New York: D. Appleton Co. 1915.
— Law of denervation. Amer. J. med. Sci. 198, 737—750 (1939).
—, and S. W. Britton: Studies on the conditions of activity in endocrine glands. XX. The influence of motion and emotion on medulliadrenal secretion. Amer. J. Physiol. 79, 433—465 (1927).
—, and K. Lissák: Evidence for adrenaline in adrenergic neurones. Amer. J. Physiol. 125, 765—777 (1939).
—, and H. Lyman: The depressor effect of adrenalin on arterial pressure. Amer. J. Physiol. 31, 376—398 (1912/13).
—, and D. de la Paz: Emotional stimulation of adrenal secretion. Amer. J. Physiol. 28, 64—70 (1911).
—, and A. Rosenblueth: Sympathin E and Sympathin I. Amer. J. Physiol. 104, 557—574 (1933).
— — A comparison of the effects of sympathin and adrenine on the iris. Amer. J. Physiol. 113, 251—258 (1935).
— — Autonomic neuro-effector systems. New York: Macmillan Co. 1937.
— — The supersensitivity of denervated structures. A law of denervation. New York: Macmillan Co. 1949.
—, and J. Z. Uridil: Studies on the conditions of activity in endocrine glands. VIII. Some effects on the denervated heart of stimulating the nerves of the liver. Amer. J. Physiol. 58, 353—364 (1921/22).
—, and A. L. Washburn: An explanation of hunger. Amer. J. Physiol. 29, 441—454 (1911/1912).
— A. T. Shohl, and W. S. Wright: Emotional glycosuria. Amer. J. Physiol. 29, 280—287 (1912).
— M. A. McIver, and S. W. Bliss: Studies on the conditions of activity in endocrine glands. XIII. A sympathetic and adrenal mechanism for mobilizing sugar in hypoglycemia. Amer. J. Physiol. 69, 46—66 (1924).
— A. Querido, S. W. Britton, and E. M. Bright: Studies on the conditions of activity in endocrine glands. XXI. The role of adrenal secretion in the chemical control of body temperature. Amer. J. Physiol. 79, 466—506 (1927).
Capon, A.: Analyse de l'effet d'éveil exercé par l'adrénaline et d'autres amines sympathicomimétiques sur l'électrocorticogramme du lapin non narcotisé. Arch. int. Pharmacodyn. 127, 141—162 (1960).
Capri, A., and A. Oliverio: Urinary excretion of catechol amines in the immunosympathectomized rat — balance phenomena between the adrenergic and the noradrenergic system. Int. J. Neuropharmacol. 3, 427—431 (1964).
Carlson, A. J.: The control of hunger in health and disease. Chicago: Chicago University Press 1916.
— Studies on the visceral sensory nervous system. XIII. The innervation of the cardia and the lower end of the esophagus in mammals. Amer. J. Physiol. 61, 14—41 (1922).
—, and J. F. Pearcy: Studies on the visceral sensory nervous system. XIII. The innervation of the cardia and the lower end of the esophagus in mammals. Amer. J. Physiol. 61, 14—41 (1922).
Carlson, L. A.: Studies on the effect of nicotinic acid on catecholamine stimulated lipolysis in adipose tissue in vitro. Acta med. scand. 173, 719—722 (1963).
—, and S. O. Liljedahl: Lipid metabolism and trauma. I. Plasma and liver lipids during 24 hours after trauma with special reference to the effect of guanethidine. Acta med. scand. 173, 25—34 (1963).

CARLSON, L. A., and L. ORÖ: The effect of nicotinic acid on the plasma free fatty acids. Demonstration of a metabolic type of sympathicolysis. Acta med. scand. **172**, 641—645 (1962).
—, and B. PERNOW: Studies on blood lipids during exercise. I. Arterial and venous plasma concentrations of unesterified fatty acids. J. Lab. clin. Med. **53**, 833—841 (1959).
— — Studies on blood lipids during exercise. II. The arterial plasma-free fatty acid concentration during and after exercise and its regulation. J. Lab. clin. Med. **58**, 673—681 (1961).
— R. J. HAVEL, L. G. EKELUND, and A. HALMGREN: Effect of nicotinic acid on the turnover rate and oxidation of the free fatty acids of plasma in man during exercise. Metabolism **12**, 837—845 (1963).
— S. FRÖBERG, and S. PERSSON: Concentration and turnover of the free fatty acids of plasma and concentration of blood glucose during exercise in horses. Acta physiol. scand. **63**, 434—441 (1965).
— J. BOBERG, and B. HÖGSTEDT: Some physiological and clinical implications of lipid mobilization from adipose tissue. In: Handbook of physiology 1965, Sect. 5, Adipose tissue (eds. A. E. RENOLD and G. F. CAHILL jr.). Amer. Physiol. Soc. Washington.
CARLSSON, A.: The occurrence, distribution and physiological role of catecholamines in the nervous system. Pharmacol. Rev. **11**, 490—493 (1959).
— Diskussionsbemerkung. In: Adrenergic mechanisms. A Ciba foundation symposium, eds. J. R. VANE, G. E. W. WOLSTENHOLME and M. O'CONNOR, p. 558—559. London: J. & A. Churchill Ltd. 1960a.
— On the problem of the mechanism of action of some psychopharmaca. Psychiat. et Neurol. (Basel) **140**, 220—222 (1960b).
— Brain monoamines and psychotropic drugs. In: Neuro-Psychopharmacology, vol. 2, ed.: E. ROTHLIN. p. 417—421. Amsterdam-London-New York-Princeton: Elsevier Publ. Co. 1961.
— A functional significance of drug-induced changes in brain monoamine levels. In: Progress in Brain Research, vol. 8. Biogenic Amines, eds. H. E. HIMWICH and W. A. HIMWICH, p. 9—27. Amsterdam-London-New York: Elsevier Publ. Co. 1964.
— Physiological and pharmacological release of monoamines in the central nervous system. In: Mechanisms of release of biogenic amines. Proc. Int. Wenner-Gren Center Symposium, Stockholm 1965, eds. U. S. v. EULER, S. ROSELL and B. UVNÄS, p. 331—345. Oxford-London-Edinburgh-New York-Toronto-Paris-Braunschweig: Pergamon Press 1966.
—, and H. CORRODI: In den Catecholamin-Metabolismus eingreifende Substanzen. 3. 2,3-Dihydroxyphenylacetamide und verwandte Verbindungen. Helv. chim. Acta **47**, 1340—1349 (1964).
—, and N.-Å. HILLARP: Release of adrenaline from the adrenal medulla of rabbits produced by reserpine. Kungl. Fysiogr. Sällsk. Lund Förh. **26**, 1—2 (1956a).
— — Release of adenosine triphosphate along with adrenaline and noradrenaline following stimulation of the adrenal medulla. Acta physiol. scand. **37**, 235—239 (1956b).
— — Uptake of phenyl and indole alkylamines by the storage granules of the adrenal medulla in vitro. Med. exp. (Basel) **5**, 122—124 (1961).
—, and M. LINDQVIST: In-vivo decarboxylation of α-methyl dopa and α-methyl metatyrosine. Acta physiol. scand. **54**, 87—94 (1962a).
— — Dopa analogues as tools for the study of dopamine and noradrenaline in brain. In: Monoamines et système nerveux central. ed. J. Ajuriaguerra. Symposium Bel Air, 1961, Geneva, p. 89—92. Georg & Co. 1962b.
—, and B. WALDECK: On the role of the liver catechol-O-methyl transferase in the metabolism of circulating catecholamines. Acta pharmacol. (Kbh.) **20**, 47—55 (1963).
— — β-Hydroxylation of tyramine in vivo. Acta pharmacol. (Kbh.) **20**, 371—374 (1964).

Carlsson, A., and B. Waldeck: Inhibition of $^3$H-metaraminol uptake by antidepressive and related agents. J. Pharm. (Lond.) 17, 243—244 (1965a).
— — Rapid release of H$^3$-metaraminol induced by combined treatment with protriptyline and reserpine. J. Pharm. (Lond.) 17, 327—328 (1965b).
— — On the amine transport mechanism of the cell membranes of the adrenergic nerves. Acta pharmacol. (Kbh.) (1965c). Zit. nach Carlsson u. Waldeck 1965a.
— N.-Å. Hillarp, and B. Hökfelt: The concomitant release of adenosine triphosphate and catechol amines from the adrenal medulla. J. biol. Chem. 227, 243—252 (1957a).
— M. Lindqvist, and T. Magnusson: 3,4-Dihydroxyphenylalanine and 5-hydroxytryptophan as reserpine antagonists. Nature (Lond.) 180, 1200 (1957b).
— E. Rosengren, Å. Bertler, and J. Nilsson: Effect of reserpine on the metabolism of catechol amines. In: Psychotropic drugs, p. 363—372, eds. S. Garattini and V. Ghetti. Amsterdam: Elsevier Publ. Co. 1957c.
— M. Lindqvist, T. Magnusson, and B. Waldeck: On the presence of 3-hydroxytyramine in brain. Science 127, 471 (1958).
— N.-Å. Hillarp, and B. Waldeck: A Mg$^{++}$-ATP dependent storage mechanism in the amine granules of the adrenal medulla. Med. exp. (Basel) 6, 47—53 (1962a).
— M. Lindqvist, S. Fila-Hromadko u. H. Corrodi: Synthese von Catechol-O-methyltransferase-hemmenden Verbindungen. In den Catecholaminmetabolismus eingreifende Substanzen. 1. Mitt. Helv. chim. Acta 45, 270—276 (1962b).
— B. Falck, and N.-Å. Hillarp: Cellular localization of brain monoamines. Acta physiol. scand. 56, Suppl. 196, 6—28 (1962c).
— N.-Å. Hillarp, and B. Waldeck: Analysis of the Mg$^{++}$-ATP dependent storage mechanism in the amine granules of the adrenal medulla. Acta physiol. scand. 59, Suppl. 215, 5—38 (1963a).
— H. Corrodi u. B. Waldeck: α-Substituierte Dopacetamide als Hemmer der Catechol-O-methyl-transferase und der enzymatischen Hydroxylierung aromatischer Aminosäuren. In den Catecholamin-Metabolismus eingreifende Substanzen. 2. Mitteilung. Helv. chim. Acta 46, 2271—2285 (1963b).
— T. Magnusson, and E. Rosengren: 5-Hydroxytryptamine of the spinal cord normally and after transection. Experientia (Basel) 19, 359 (1963c).
— B. Falck, K. Fuxe, and N.-Å. Hillarp: Cellular localization of monoamines in the spinal cord. Acta physiol. scand. 60, 112—119 (1964a).
— B. Folkow, and J. Häggendal: Some factors influencing the release of noradrenaline into the blood following sympathetic stimulation. Life Sci. 3, 1335—1341 (1964b).
— A. Dahlström, K. Fuxe, and N.-Å. Hillarp: Failure of reserpine to deplete noradrenaline neurons of α-methylnoradrenaline formed from α-methyldopa. Acta pharmacol. (Kbh.) 22, 270—276 (1965).
— M. Lindqvist, K. Fuxe, and B. Hamberger: The effect of (+) amphetamine on various central and peripheral catecholamine-containing neurones. J. Pharm. (Lond.) 18, 128—130 (1966).
Carlsten, A., B. Hallgren, R. Jagenburg, A. Svanborg, and L. Werkö: Myocardial metabolism of glucose, lactic acid, amino acids and fatty acids in healthy human individuals at rest and at different work loads. Scand. J. clin. Lab. Invest. 13, 418—428 (1961).
— — — — — Arterial concentration of free fatty acids and free amino acids in healthy human individuals at rest and at different work loads. Scand. J. clin. Lab. Invest. 14, 185—191 (1962).
— J. Häggendal, B. Hallgarten, R. Jagenburg, A. Svanborg and L. Werkö: Effects of ganglionic blocking drugs on blood glucose, amino acids, free fatty acids and catecholamines at exercise in man. Acta physiol. scand. 64, 439—477 (1965).
Carlton, P. L.: Behavioural stimulation due to α-methyl-meta-tyrosine. Nature (Lond.) 200, 586—587 (1963).

CARLTON, P. L., and A. R. FURGIUELE: Appetite suppression due to α-methyl-m-tyrosine. Life Sci. **4**, 1099—1106 (1965).

CARMICHAEL, E. A., W. FELDBERG, and K. FLEISCHHAUER: The site of origin of the tremor, produced by tubocurarine acting from the cerebral ventricles. J. Physiol. (Lond.) **162**, 539—554 (1962).

CARTER, J. R., C. B. NASH, and R. A. WOODBURY: Cardiovascular collapse and myocardial lesions resulting from epinephrine infusion. Pharmacologist **6**, 174 (1964).

CASPERSSON, T., N.-Å. HILLARP, and M. RITZÉN: Zit. nach A. DAHLSTRÖM and K. FUXE (1964b).

CASS, R., and B. A. CALLINGHAM: Some effects of drugs which influence sympathetic transmission on tissue catecholamine levels in the rat. Biochem. Pharmacol. **13**, 1619—1625 (1964).

—, and T. L. B. SPRIGGS: Tissue amine levels and sympathetic blockade after guanethidine and bretylium. Brit. J. Pharmacol. **17**, 442—450 (1961).

— R. KUNTZMAN, and B. B. BRODIE: Norepinephrine depletion as a possible mechanism of action of guanethidine (SU 5864), a new hypotensive agent. Proc. Soc. exp. Biol. (N.Y.) **103**, 871—872 (1960).

CASTRO DE LA MATA, R., M. PENNA, and D. M. AVIADO: Reversal of sympathomimetic bronchodilation by dichloroisoproterenol. J. Pharmacol. exp. Ther. **135**, 197—203 (1962).

CELANDER, O.: The range of control exercised by the sympathico-adrenal system. Acta physiol. scand. **32**, Suppl. 116, 7—132 (1954).

CERLETTI, A., H. KONZETT u. M. TAESCHLER: Canescin, ein mit Reserpin wirkungsgleiches Alkaloid aus Rauwolfia canescens. Experientia (Basel) **11**, 98—99 (1955).

CESARMAN, T.: Iproniacid in cardiovascular therapy, with special reference to its action in angina pectoris and blood pressure. Ann. N.Y. Acad. Sci. **80**, 988—1008 (1959).

CHA, K.-S., W.-CH. LEE, A. RUDZIK, and J. W. MILLER: A comparison of the catecholamine concentrations of uteri from several species and the alterations which occur during pregnancy. J. Pharmacol. exp. Ther. **148**, 9—13 (1965).

CHALMERS, T. M., G. L. S. PAWAN, and A. KEKWICK: Fat-mobilising and ketogenic activity of urine extracts: relation to corticotrophin and growth hormone. Lancet **1960 II**, 6.

CHANCE, B., P. COHEN, F. JOBSIS, and B. SCHOENER: Intracellular oxidation-reduction states in vivo. Science **137**, 499—508 (1962).

CHANG, C. C., E. COSTA, and B. B. BRODIE: Interaction of guanethidine with adrenergic neurons. J. Pharmacol. exp. Ther. **147**, 303—312 (1965).

CHARALAMPOUS, K. D., A. ORENGO, K. E. WALKER, and J. KINROSS-WRIGHT: Metabolic fate of β-(3,4,5-trimethoxyphenyl)-ethylamine (mescaline) in humans: Isolation and identification of 3,4,5-trimethoxyphenylacetic acid. J. Pharmacol. exp. Ther. **145**, 242—246 (1964).

CHASIS, H., H. A. RANGES, W. GOLDRING, and H. W. SMITH: The control of renal blood flow and glomerular filtration in normal man. J. clin. Invest. **17**, 683—697 (1938).

CHEN, G., and B. BOHNER: Influence of some CNS excitants on tonic extensor component of maximal seizures induced by pentamethylenetetrazol in mice. Fed. Proc. **15**, 408 (1956).

— —A method for the biological assay of reserpine and reserpine-like activity. J. Pharmacol. exp. Ther. **119**, 559—565 (1957).

—, and C. R. ENSOR: Antagonism studies on reserpine and certain CNS depressants. Proc. Soc. exp. Biol. (N.Y.) **87**, 602—608 (1954).

— B. BOHNER, and C. R. ENSOR: Evalution of five methods for testing anticonvulsant activities. Proc. Soc. exp. Biol. (N.Y.) **87**, 334—339 (1954).

CHESSIN, M., E. R. KRAMER, and C. C. SCOTT: Modifications of the pharmacology of reserpine and serotonin by iproniazid. J. Pharmacol. exp. Ther. **119**, 453—460 (1957).

Chessin, M., B. Dubnick, G. Leeson, and C. C. Scott: Biochemical and pharmacological studies of β-phenylethylhydrazine and selected related compounds. Ann. N.Y. Acad. Sci. **80**, 597—608 (1959).

Chidsey, C. A., and D. C. Harrison: Studies on the distribution of exogenous norepinephrine in the sympathetic neurotransmitter store. J. Pharmacol. exp. Ther. **140**, 217—223 (1963).

— —, and E. Braunwald: Release of norepinephrine from the heart by vasoactive amines. Proc. Soc. exp. Biol. (N.Y.) **109**, 488—490 (1962).

— R. L. Kahler, L. L. Kelminson, and E. Braunwald: Uptake and metabolism of tritiated norepinephrine in the isolated canine heart. Circulat. Res. **12**, 220—227 (1963).

— G. A. Kaiser, and B. Lehr: The hydroxylation of tyramine in the isolated canine heart. J. Pharmacol. exp. Ther. **144**, 393—398 (1964).

Chodera, A., V. Z. Gorkin u. L. I. Gridnieva: Über den Wirkungsmechanismus einiger Monoaminoxydase-Hemmer. Acta biol. med. germ. **13**, 101—109 (1964).

Chruściel, T. L.: Observations on the localization of noradrenaline in homogenates of dog's hypothalamus. In: Adrenergic mechanisms. A Ciba foundation symposium, eds. J. Vane, G. E. W. Wolstenholme and M. O'Connor, p. 539—543. London: J. & A. Churchill Ltd. 1960.

Chujyo, N., and W. C. Holland: Potassium-induced contractures and calcium exchange in the guinea pig's taenia coli. Amer. J. Physiol. **205**, 94—100 (1963).

Chungcharoen, D., M. de B. Daly, and A. Schweitzer: The blood supply of the superior cervical sympathetic and the nodose ganglia in cats, dogs and rabbits. J. Physiol. (Lond.) **118**, 528—536 (1952).

Claassen, V.: Stereo-specific divergence in the actions on adrenergic α- and β-receptors. Proc. of the First Int. Pharmacol. Meeting, Stockholm 1961, vol. 7. Modern concepts in the relationship between structure and pharmacological activity, eds. K. J. Brunings and P. Lindgren, p. 265—270. Oxford-London-New York-Paris: Pergamon Press 1963.

Clara, M.: Bau und Entwicklung des sogenannten Fettgewebes beim Vogel. Z. mikr.-anat. Forsch. **19**, 32—113 (1930).

Clark, G. A.: The vaso-dilator action of adrenaline. J. Physiol. (Lond.) **80**, 429—440 (1933).

Clark, W. G.: Studies on inhibition of L-dopa decarboxylase in vitro and in vivo. Pharmacol. Rev. **11**, 330—349 (1959).

—, and W. Drell: Isolation of epinephrine monoglucuronide. Fed. Proc. **13**, 343 (1954).

—, and R. S. Pogrund: Inhibition of dopa decarboxylase in vitro and in vivo. Circulat. Res. **9**, 721—733 (1961).

— R. J. Akawie, R. S. Pogrund, and T. A. Geissman: Conjugation of epinephrine in vivo. J. Pharmacol. exp. Ther. **101**, 6—7 (1951).

Clément, G.: Mobilisation des glycérides de réserve chez le rat. III. Influence des facteurs hormonaux. Arch. Sci. physiol. **5**, 169—195 (1951).

Cloetta, M., u. E. Waser: Beiträge zur Kenntnis des Fieberanstieges. 2. Mitteilung. Naunyn-Schmiedebergs Arch. exp. Path. Pharmak. **75**, 406—422 (1914a).

— — Über den Einfluß der lokalen Erwärmung der Temperaturregulierungszentren auf die Körpertemperatur. Zur Kenntnis des Fieberanstiegs. 3. Mitteilung. Naunyn-Schmiedebergs Arch. exp. Path. Pharmak. **77**, 16—33 (1914b).

— — Über das Adrenalinfieber. Naunyn-Schmiedebergs Arch. exp. Path. Pharmak. **79**, 30—41 (1916).

—, u. F. Wünsche: Über die Beziehungen zwischen chemischer Konstitution proteinogener Amine und ihrer Wirkung auf Körpertemperatur und Blutdruck. Naunyn-Schmiedebergs Arch. exp. Path. Pharmak. **96**, 307—329 (1923).

Close, A. S., J. A. Wagner, R. A. Kloehn jr., and R. C. Kory: Surg. Forum **8**, 22 (1958). Zit. nach Nickerson 1962.

COBBOLD, A. F., and C. C. N. VASS: Responses of muscle blood vessels to intraarterially and intravenously administered noradrenaline. J. Physiol. (Lond.) 120, 105—114 (1953).
— J. GINSBURG, and A. PATON: Circulatory, respiratory and metabolic responses to isopropylnoradrenaline in man. J. Physiol. (Lond.) 151, 539—550 (1960).
— B. FOLKOW, I. KJELLMER, and S. MELLANDER: Nervous and local chemical control of pre-capillary sphincters in skeletal muscle as measured by changes in filtration coefficient. Acta physiol. scand. 57, 180—192 (1963).
— — O. LUNDGREN, and I. WALLENTIN: Blood flow, capillary filtration coefficients and regional blood volume responses in the intestine of the cat during stimulation of the hypothalamic "defence" area. Acta physiol. scand. 61, 467—475 (1964).
COHEN, G., and M. G. GOLDENBERG: The simultaneous fluorimetric determination of adrenaline and noradrenaline in plasma II. Peripheral venous plasma concentrations in normal subjects and in patients with pheochromocytoma. J. Neurochem. 2, 71—80 (1957).
COHEN, S.: Purification and metabolic effects of a nerve growth-promoting protein from snake venom. J. biol. Chem. 234, 1129—1137 (1959).
—, and R. LEVI-MONTALCINI: A nerve growth-stimulating factor isolated from snake venom. Proc. nat. Acad. Sci. (Wash.) 42, 571—574 (1956).
— —, and V. HAMBURGER: A nerve growth-stimulating factor isolated from sarcomas 37 and 180. Proc. nat. Acad. Sci. (Wash.) 40, 1014—1018 (1954).
COLLIP, J. B.: Pressor substance obtained from prostate gland of bull. Trans. roy. Soc. Can., Sect. V 23, 165—168 (1929).
CONRADI, E. C.: Reversal of adrenergic nerve blockade by α-methyldopa and α-methyl-norepinephrine. Fed. Proc. 23, 457 (1964).
COOK, J. E., R. W. ULRICH, H. G. SAMPLE jr., and N. W. FAWCETT: Peculiar familial and malignant pheochromocytomas of the organs of Zuckerkandl. Ann. intern. Med. 52, 126—133 (1960).
COOPER, A. J., R. V. MAGNUS, and M. J. ROSE: A hypertensive syndrome with tranylcypromine medication. Lancet 1964aI, 527—529.
COOPER, J. R., and I. MELCER: The enzymic oxidation of tryptophan to 5-hydroxytryptophan in the biosynthesis of serotonin. J. Pharmacol. exp. Ther. 132, 265—268 (1961).
COOPER, K. E.: Mechanisms of actions of pyrogens. Fed. Proc. 22, 721—723 (1963).
— W. I. CRANSTON, and A. J. HONOUR: Temperature changes induced by 5-HT, noradrenaline and pyrogens injected into the rabbit brain. J. Physiol. (Lond.) 175, 68—69P (1964b).
CORCORAN, A. C., W. E. WAGNER, and I. H. PAGE: Renal participation in enhanced pressor responses to noradrenaline in patients given hexamethonium. J. clin. Invest. 35, 868—873 (1956).
CORDEAU, J. P., and M. MANCIA: Evidence for the existence of an electroencephalographic synchronization mechanism originating in the lower brain stem. Electroenceph. clin. Neurophysiol. 11, 551—564 (1959).
— A. MOREAU, A. BEAULNES, and C. LAURIN: EEG and behavioral changes following microinjections of acetylcholine and adrenaline in the brain stem of cats. Arch. ital. Biol. 101, 30—47 (1963).
CORI, C. F.: Mammalian carbohydrate metabolism. Physiol. Rev. 11, 143—275 (1931).
— Regulation of enzyme activity in muscle during work. In: Enzymes, units of biological structure and function, ed. O. H. GAEBLER, p. 573—583. NewYork: Academic Press 1956.
—, and B. ILLINGWORTH: The prosthetic group of phosphorylase. Proc. nat. Acad. Sci. (Wash.) 43, 547—552 (1957).
— G. T. CORI, and K. W. BUCHWALD: The mechanism of epinephrine action. VI. Changes in blood sugar, lactic acid and blood pressure during continous intravenous injection of epinephrine. Amer. J. Physiol. 93, 273—283 (1930).

Cori, C. F., G. T. Cori, and A. A. Green: Crystalline muscle phosphorylase. III. Kinetics. J. biol. Chem. **151**, 39—55 (1943).
Cori, G. T., and C. F. Cori: The formation of hexosephosphate esters in frog muscle. J. biol. Chem. **116**, 119—128 (1936).
— — The kinetics of the enzymatic synthesis of glycogen from glucose-1-phosphate J. biol. Chem. **135**, 733—756 (1940).
—, and B. Illingworth: The effect of epinephrine and other glycogenolytic agents on the phosphorylase A content of muscle. Biochim. biophys. Acta (Amst.) **21**, 105—110 (1956).
Corkill, A. B., and O. W. Tiegs: The effect of sympathetic nerve stimulation on the power of contraction of skeletal muscle. J. Physiol. (Lond.) **78**, 161—185 (1933).
Cornblath, M.: Reactivation of rabbit liver phosphorylase by epinephrine, glucagon and ephedrine. Amer. J. Physiol. **183**, 240—244 (1955).
Correll, J. W.: Adipose tissue. Ability to respond to nerve stimulation in vitro. Science **140**, 387—388 (1963).
Corrodi, H., u. N.-Å. Hillarp: Fluoreszenzmethoden zur histochemischen Sichtbarmachung von Monoaminen. 1. Identifizierung der fluoreszierenden Produkte aus Modellversuchen mit 6,7-Dimethoxyisochinolinderivaten und Formaldehyd. Helv. chim. Acta **46**, 2425—2430 (1963).
— — Fluoreszenzmethoden zur histochemischen Sichtbarmachung von Monoaminen. 2. Identifizierung des fluoreszierenden Produktes aus Dopamin und Formaldehyd. Helv. chim. Acta **47**, 911—918 (1964).
— — and G. Jonsson: Fluorescence methods for the histochemical demonstration of monoamines. 3. Sodium borohydride reduction of the fluorescent compounds as a specificity test. J. Histochem. Cytochem. **12**, 582—586 (1964).
Costa, E., and B. B. Brodie: Concept of the neurochemical transducer as an organized molecular unit at sympathetic nerve endings. In: Progress in Brain Research, vol. 8. Biogenic amines, eds. H. E. Himwich and W. A. Himwich, p. 168—185. Amsterdam-London-New York: Elsevier Publ. Co. 1964.
— S. Garattini, and L. Valzelli: Interactions between reserpine, chlorpromazine, and imipramine. Experientia (Basel) **16**, 461—463 (1960a).
— G. R. Pscheidt, W. G. van Meter, and H. E. Himwich: Brain concentrations of biogenic amines and EEG patterns of rabbits. J. Pharmacol. exp. Ther. **130**, 81—88 (1960b).
— G. L. Gessa, C. Hirsch, R. Kuntzmann, and B. B. Brodie: On current status of serotonin as a brain neurohormone and in action of reserpinelike drugs. Ann. N.Y. Acad. Sci. **96**, 118—133 (1962a).
— R. Kuntzmann, G. L. Gessa, and B. B. Brodie: Structural requirements for bretylium and guanethidine-like activity in a series of guanidine derivatives. Life Sci. **3**, 75—80 (1962b).
Cotten, M. de V., and S. Pincus: Comparative effects of a wide range of doses of l-epinephrine and of l-norepinephrine on the contractile force of the heart in situ. J. Pharmacol. exp. Ther. **114**, 110—118 (1955).
— N. C. Moran, and P. E. Stopp: A comparison of the effectiveness of adrenergic blocking drugs in inhibiting the cardiac actions of sympathomimetic amines. J. Pharmacol. exp. Ther. **121**, 183—190 (1957).
Cottle, W. H.: Urinary noradrenaline in cold acclimated rats. Proc. Canad. Fed. Biol. Soc. **3**, 20—21 (1960).
—, and L. D. Carlson: Regulation of heat production in cold-adapted rats. Proc. Soc. exp. Biol. (N.Y.) **92**, 845—849 (1956).
Cotzias, G. C., and V. P. Dole: Metabolism of amines. II: Mitochondrial localization of monoamine oxidase. Proc. Soc. exp. Biol. (N.Y.) **78**, 157—160 (1951).
Council on Drugs: Anorexiants. J. Amer. med. Ass. **190**, 986—990 (1964).

COUPLAND, R. E.: The prenatal development of the abdominal para-aortic bodies in man. J. Anat. (Lond.) **86**, 357—372 (1952).
— On the morphology and adrenaline-noradrenaline content of chromaffin tissue. J. Endocr. **9**, 194—203 (1953).
— The development and fate of the abdominal chromaffin tissue in the rabbit. J. Anat. (Lond.) **90**, 527—537 (1956).
— The post-natal distribution of the abdominal chromaffin tissue in the guinea-pig, mouse and white rat. J. Anat. (Lond.) **94**, 244—256 (1960).
—, and I. D. HEATH: Chromaffin cells, mast cells and melanin. J. Endocr. **22**, 59—76 (1961).
COW, D.: Some reactions of surviving arteries. J. Physiol. (Lond.) **42**, 125—143 (1911).
COWAN, F. F., C. CANNON, T. KOPPÁNYI, and G. D. MAENGWYN-DAVIES: Reversal of phenylalkylamine tachyphylaxis by norepinephrine. Science **134**, 1069—1070 (1961).
COWARD, R. F., P. SMITH, and O. S. WILSON: Urinary amines after adrenalectomy. Nature (Lond.) **193**, 1295—1296 (1962).
CRAIG, J. W., and J. LARNER: Influence of epinephrine and insulin on uridine diphosphate glucose-α-glucan transferase and phosphorylase in muscle. Nature (Lond.) **202**, 971—973 (1964).
CRAIN, S. M., and R. G. WIEGAND: Catecholamine levels of mouse sympathetic ganglia following hypertrophy produced by salivary nerve-growth factor. Proc. Soc. exp. Biol. (N.Y.) **107**, 663—665 (1961).
CRANE, G. E.: Psychiatric side-effects of iproniazid. Amer. J. Psychiat. **112**, 494—501 (1956).
CRANE, R. K., and A. SOLS: The non-competitive inhibition of brain hexokinase by glucose-6-phosphate and related compounds. J. biol. Chem. **210**, 597—606 (1954).
CREDNER, K.: Über die Beeinflussung der Diurese durch Ephedrin, Sympatol, Veritol und Pervitin. Naunyn-Schmiedebergs Arch. exp. Path. Pharmak. **206**, 188—190 (1949).
— K. KRÜGER u. K. NEUGEBAUER: Das Verhalten des Leber- und Muskelglykogens nach Adrenalin, Noradrenalin und Novadral. Klin. Wschr. **31**, 706—707 (1953).
CREVELING, C. R., J. W. DALY, B. WITKOP, and S. UDENFRIEND: Substrates and inhibitors of dopamine-β-oxidase. Biochim. biophys. Acta (Amst.) **64**, 125—134 (1962a).
— M. LEVITT, and S. UDENFRIEND: An alternative route for biosynthesis of noradrenaline. Life Sci. **10**, 523—526 (1962b).
CROUT, J. R.: Effect of inhibiting both catechol-O-methyl transferase and monoamine oxidase on cardiovascular responses to norepinephrine. Proc. Soc. exp. Biol. (N.Y.) **108**, 482—484 (1961).
— Enhancement of the chronotropic action of norepinephrine by tyramine. Pharmacologist **5**, 257 (1963).
— The uptake and release of $H^3$-norepinephrine by the guinea-pig heart in vivo. Naunyn-Schmiedebergs Arch. exp. Path. Pharmak. **248**, 85—98 (1964).
— C. R. CREVELING, and S. UDENFRIEND: Norepinephrine metabolism in rat brain and heart. J. Pharmacol. exp. Ther. **132**, 269—277 (1961a).
— J. J. PISANO, and A. SJOERDSMA: Urinary excretion of catecholamines and their metabolites in pheochromocytoma. Amer. Heart J. **61**, 375—381 (1961b).
— A. J. MUSKUS, and U. TRENDELENBURG: Effect of tyramine on isolated guinea-pig atria in relation to their noradrenaline stores. Brit. J. Pharmacol. **18**, 600—611 (1962).
— H. S. ALPERS, E. L. TATUM, and P. A. SHORE: Release of metaraminol (aramine) from the heart by sympathetic nerve stimulation. Science **145**, 828—829 (1964).
— R. R. JOHNSTON, W. R. WEBB, and P. A. SHORE: The antihypertensive action of metaraminol (Aramine) in man. Clin. Res. **13**, 204 (1965).
CROWDEN, G. P., and M. G. PEARSON: The effect of morphia on the adrenaline content of the suprarenal glands. J. Physiol. (Lond.) **65**, XXXII (1928).

Csapo, A.: Actomyosin of the uterus. Amer. J. Physiol. **160**, 46—52 (1950a).
— Studies on the adenosine-triphosphatase activity of the uterine muscle. Acta physiol. scand. **19**, 100—114 (1950b).
— The relation of threshold to the K gradient in the myometrium. J. Physiol. (Lond.) **133**, 145—158 (1956).
Csapo, I. A., and H. A. Kuriyama: Effect of ions and drugs on cell membrane activity and tension in the post partum rat myometrium. J. Physiol. (Lond.) **165**, 575—592 (1963).
Csillik, B., and D. Erulkar: Labile stores of monoamines in the central nervous system: a histochemical study. J. Pharmacol. exp. Ther. **146**, 186—193 (1964).
Culver, W. E.: Effects of cold on man. Physiol. Rev. **39**, Suppl. 3, 5—524 (1959).
Curtis, D. R.: Action of 3-hydroxytyramine and some tryptamine derivatives on spinal neurones. Nature (Lond.) **194**, 292 (1962).
— The pharmacology of central and peripheral inhibition. Pharmacol. Rev. **15**, 333—364 (1963).
—, and K. Koizumi: Chemical transmitter substances in brain stem of cat. J. Neurophysiol. **24**, 80—90 (1961).
— J. C. Eccles, and R. M. Eccles: Pharmacological studies on spinal reflexes. J. Physiol. (Lond.) **136**, 420—434 (1957).
— J. W. Phillis, and J. C. Watkins: Cholinergic and non-cholinergic transmission in the mammalian spinal cord. J. Physiol. (Lond.) **158**, 296—323 (1961).
Cushny, A. R.: On the movements of the uterus. J. Physiol. (Lond.) **35**, 1—19 (1906—1907).
—, and C. G. Lambie: The action of diuretics. J. Physiol. (Lond.) **55**, 276—286 (1921).
Cuthbert, A. W.: Electrical activity in nerve-free smooth muscle. Biochem. Pharmacol. **8**, 155 (1961).
Cuthbert, M. F.: Relative actions of quaternary methyl derivatives of tyramine, dopamine and noradrenaline. Brit. J. Pharmacol. **23**, 55—65 (1964).

Dagirmanjian, R., R. Laverty, P. Mantegazzini, D. F. Sharman, and M. Vogt: Chemical and physiological changes produced by arterial infusion of dihydroxyphenyl-alanine into one cerebral hemisphere of the cat. J. Neurochem. **10**, 177—182 (1963).
Dahlström, A., and K. Fuxe: A method for the demonstration of adrenergic nerve fibres in peripheral nerves. Z. Zellforsch. **62**, 602—607 (1964).
— — A method for the demonstration of monoamine-containing nerve fibres in the central nervous system. Acta physiol. scand. **60**, 293—294 (1964a).
— — Evidence for the existence of monoamine-containing neurons in the central nervous system. I. Demonstration of monoamines in the cell bodies of brain stem neurons. Acta physiol. scand. **62**, Suppl. 232, 1—55 (1964b).
— — Localization of monoamines in the lower brain stem. Experientia (Basel) **20**, 398—399 (1964c).
— — Evidence for the existence of monoamine containing neurons in the central nervous system. II. Experimentally induced changes in the intraneural amine levels of bulbospinal neuron systems. Acta physiol. scand. **64**, Suppl. 247, 7—36 (1965).
— B. E. M. Zetterström: Noradrenaline stores in nerve terminals of the spleen: Changes during hemorrhagic shock. Science **147**, 1583—1585 (1965).
— K. Fuxe, N.-Å. Hillarp, and T. Malmfors: Adrenergic mechanism in the pupillary light-reflex path. Acta physiol. scand. **62**, 119—124 (1964a).
— — L. Olson, and U. Ungerstedt: Ascending systems of catecholamine neurons from the lower brain stem. Acta physiol. scand. **62**, 485—486 (1964b).
— — D. Kernell, and G. Sedvall: Reduction of the monoamine stores in the terminals of bulbospinal neurones following stimulation in the medulla oblongata. Life Sci. **4**, 1207—1212 (1965).

DAKIN, H. D.: The synthesis of a substance allied to adrenalin. Proc. roy. Soc. B **76**, 491—497 (1905a).
— On the physiological activity of substances indirectly related to adrenalin. Proc. roy. Soc. Med. **76**, 498—503 (1905b).
DALE, H. H.: On some physiological actions of ergot. J. Physiol. (Lond.) **34**, 163—206 (1906).
—, and W. FELDBERG: The chemical transmission of secretory impulses to the sweat glands of the cat. J. Physiol. (Lond.) **82**, 121—128 (1934).
—, and P. P. LAIDLAW: The significance of the supra-renal capsules in the action of certain alkaloids. J. Physiol. (Lond.) **45**, 1—26 (1912—1913).
— —, and C. T. SYMONS: A reversed action of the vagus on the mammalian heart. J. Physiol. (Lond.) **41**, 1—18 (1910).
DALY, I. DE B.: Reactions of the pulmonary and bronchial blood vessels. Physiol. Rev. **13**, 149—184 (1933).
— The nervous control of the pulmonary circulation. Naunyn-Schmiedebergs Arch. exp. Path. Pharmak. **240**, 431—445 (1961).
—, and U. v. EULER: The functional activity of the vasomotor nerves to the lungs in the dog. Proc. roy Soc. B **110**, 92—111 (1932).
DALY, J. W., u. B. WITKOP: Neuere Untersuchungen über zentral wirkende endogene Amine. Angew. Chemie **75**, 552—572 (1963).
— J. AXELROD, and B. WITKOP: Dynamic aspects of enzymatic O-methylation and -demethylation of catechols in vitro and in vivo. J. biol. Chem. **235**, 1155—1159 (1960).
DALY, M. DE B., and M. J. SCOTT: The effects of acetylcholine on the volume and vascular resistance of the dog's spleen. J. Physiol. (Lond.) **156**, 246—259 (1961).
DANFORTH, W. H., and E. HELMREICH: Regulation of glycolysis in muscle. I. The conversion of phosphorylase b to phosphorylase a in frog sartorius muscle. J. biol. Chem. **239**, 3133—3138 (1964).
DANN, M., E. MARPLES, and S. Z. LEVINE: Phenylpyruvic oligophrenia. Report of a case in an infant with quantitative chemical studies of the urine. J. clin. Invest. **22**, 87—93 (1943).
DAVEY, M. J., and J. B. FARMER: The mode of action of tyramine. J. Pharm. (Lond.) **15**, 178—182 (1963).
— —, and H. REINERT: The effect of nialamide on adrenergic functions. Brit. J. Pharmacol. **20**, 121—134 (1963).
DAVIDOFF, E., and E. C. REIFENSTEIN: The stimulating action of benzedrine sulfate: A comparative study of the responses of normal persons and of depressed patients. J. Amer. med. Ass. **108**, 1770—1776 (1937).
DAVIS, R. A., D. J. DRAIN, M. HORLINGTON, R. LAZARE, and A. URBANSKA: The effect of L-α-methyl-DOPA and N-2-hydroxybenzyl-N-methyl hydrazine (NSD 1039) on the blood pressure of renal hypertensive rats. Life Sci. **2**, 193—197 (1963).
DAVIS, T. R. A., D. R. JOHNSTON, F. C. BELL, and B. J. CREMER: Regulation of shivering and non-shivering heat production during acclimation of rats. Amer. J. Physiol. **198**, 471—475 (1960).
DAVISON, A. N.: Physiological role of monoamine oxidase. Physiol. Rev. **38**, 729—747 (1958).
DAVISON, C.: Disturbances of temperature regulation in man. A clinico-pathological study. Trans Ass. Res. Nerv. and Ment. Dis. **20**, 774—823 (1940).
—, and N. E. SELBY: Hypothermia in cases of hypothalamic lesions. Arch. Neurol. Psychiat. (Chic.) **33**, 570—591 (1935).
DAWKINS, M. J. R., and D. HULL: Brown adipose tissue and the response of new-born rabbits to cold. J. Physiol. (Lond.) **172**, 216—238 (1964).
DAY, M. D.: Effect of sympathomimetic amines on the blocking action of guanethidine, bretylium and xylocholine. Brit. J. Pharmacol. **18**, 421—439 (1962).

Day, M. D.: Evidence for a peripheral site of action of α-methyldopa (Aldomet). Biochem. Pharmacol., Suppl. 12, 200 (1963).
—, and M. J. Rand: Antagonism of guanethidine by dexamphetamine and other related sympathomimetic amines. J. Pharm. (Lond.) 14, 541—549 (1962).
— — Evidence for a competitive antagonism of guanethidine by dexamphetamine. Brit. J. Pharmacol. 20, 17—28 (1963).
— — Some observations on the pharmacology of α-methyldopa. Brit. J. Pharmacol. 22, 72—86 (1964).
Dearborn, E. H., and L. Lasagna: The antidiuretic action of epinephrine and norepinephrine. J. Pharmacol. exp. Ther. 106, 122—128 (1952).
Debons, A. F., and I. N. Schwartz: Dependence of the lipolytic action of epinephrine in vitro upon thyroid hormone. J. Lipid Res. 2, 86—89 (1961).
de Eds, F., A. N. Booth, and F. T. Jones: Methylation and dehydroxylation of phenolic compounds by rats and rabbits. J. biol. Chem. 225, 615—621 (1957).
Degkwitz, R.: Die konservative Therapie der Störungen des extrapyramidal-motorischen Systems. Fortschr. Neurol. Psychiat. 31, 329—378 (1963).
— R. Frowein, C. Kulenkampff u. U. Mohs: Über die Wirkungen des l-Dopa beim Menschen und deren Beeinflussung durch Reserpin, Chlorpromazin, Iproniazid und Vitamin $B_6$. Klin. Wschr. 38, 120—123 (1960).
de Jongh, D. K., and E. G. van Proosdij-Hartzema: Investigations into experimental hypertension. IV. The acute effects of rauwolfia alkaloids on the blood pressure with experimental renal hypertension. Acta physiol. pharmacol. neerl. 4, 175—183 (1955).
de la Lande, I. S., and R. F. Whelan: The role of lactic acid in the vasodilator action of adrenaline in the human limb. J. Physiol. (Lond.) 162, 151—154 (1962).
— J. Manson, V. J. Parks, A. G. Sandison, S. L. Skinner, and R.F. Whelan: The local metabolic action of adrenaline on skeletal muscle in man. J. Physiol. (Lond.) 157, 177—184 (1961).
de Largy, C., A. D. M. Greenfield, R. L. McCorry, and R. F. Whelan: The effects of intravenous infusion of mixtures of l-adrenaline and l-noradrenaline on the human subject. Clin. Sci. 9, 71—78 (1950).
del Castillo, J., and B. Katz: Biophysical aspects of neuromuscular transmission. Progr. Biophys. 6, 122—170 (1956).
Delgado, J. M. R., and B. K. Anand: Increase of food intake induced by electrical stimulation of the lateral hypothalamus. Amer. J. Physiol. 172, 162—168 (1953).
Dell, P. C.: Humoral effects on the brain stem reticular formation. In: Reticular formation of the brain, eds. H. H. Jaspers, L. D. Proctor, R. S. Knighton, W. C. Noshay and R. T. Costello. Henry Ford Hosp. Intern. Symp., p. 365—379. Boston, Massachusetts: Little, Brown 1958.
Dell, P.: Intervention of adrenergic mechanism during brain stem reticular activation. In: Adrenergic mechanisms. A Ciba foundation symposium, eds. J. R. Vane, G. E. W. Wolstenholme and M. O'Connor, p. 393—409. London: J. & A. Churchill, Ltd. 1960.
— M. Bonvallet, et A. Hugelin: Tonus sympathique, adrénaline et contrôle réticulaire de la motricité spinale. Electroenceph. clin. Neurophysiol. 6, 599—618 (1954).
Demis, D. J., H. Blaschko, and A. D. Welch: The conversion of dihydroxyphenylalanine-2-$C^{14}$ (Dopa) to norepinephrine by bovine adrenal medullary homogenates. J. Pharmacol. exp. Ther. 117, 208—212 (1956).
de Molina, A. F., and R. W. Hunsperger: Central representation of affective reactions in forebrain and brain stem: Electrical stimulation of amygdala, stria terminalis, and adjacent structures. J. Physiol. (Lond.) 145, 251—265 (1959).
Dengler, H.: Über einen reninartigen Wirkstoff in Arterienextrakten. Naunyn-Schmiedebergs Arch. exp. Path. Pharmak. 227, 481—487 (1956).
— Über das Vorkommen von Oxytyramin in der Nebenniere. Naunyn-Schmiedebergs Arch. exp. Path. Pharmak. 231, 373—377 (1957).

DENGLER, H.: Die Wirkung von α-Methyldopa auf den Transport von Aminen und Aminosäuren. In: Hochdruckforschung. Fortschritte der inneren Medizin, Hrsg. L. HEILMEYER u. H. J. HOLTMEIER, S. 27—33. Stuttgart: Georg Thieme 1965.

—, u. G. REICHEL: Die Beeinflussung der Blutdruckwirkung von Dopa und Dops durch einen Decarboxylase-Inhibitor. Naunyn-Schmiedebergs Arch. exp. Path. Pharmak. 232, 324—326 (1957).

— — Hemmung der Dopadecarboxylase durch α-Methyldopa in vivo. Naunyn-Schmiedebergs Arch. exp. Path. Pharmak. 234, 275—281 (1958).

—, u. E. O. TITUS: Die Aufnahme von $H^3$-Noradrenalin in Gewebeschnitte und deren Beeinflussung durch Pharmaka. Naunyn-Schmiedebergs Arch. exp. Path. Pharmak. 241, 523 (1961).

— H. E. SPIEGEL, and E. O. TITUS: Effects of drugs on uptake of isotopic norepinephrine by cat tissues. Nature (Lond.) 191, 816—817 (1961 a).

— — — Uptake of tritium-labeled norepinephrine in brain and other tissues of cat in vitro. Science 133, 1072—1073 (1961 b).

— I. A. MICHAELSON, H. E. SPIEGEL, and E. TITUS: The uptake of labeled norepinephrine by isolated brain and other tissues in the cat. Int. J. Neuropharmacol. 1, 23—38 (1962).

DEPOCAS, F.: The calorigenic response of cold-acclimated white rats to infused noradrenaline. Canad. J. Biochem. 38, 107—114 (1960 a).

— Calorigenesis from various organ systems in the whole animal. Fed. Proc. 19, Suppl. 5, 19—24 (1960 b).

— Biochemical changes in exposure and acclimation to cold environments. Brit. med. Bull. 17, 25—31 (1961).

DE ROBERTIS, E.: Ultrastructure and function in some neurosecretory systems. Int. Congr. Neurosecretion 12, 3—20 (1961).

— Contribution of electronmicroscopy to some neuropharmacological problems. Biochem. Pharmacol. 9, 49—59 (1962).

— Morpho-physiological correlations in certain synapses. In: Histophysiology of synapses and neurosecretion, p. 70—95. Oxford-London-NewYork: Pergamon Press 1964.

—, and D. D. SABATINI: Submicroscopic analysis of the secretory process in the adrenal medulla. Fed. Proc. 19, 70—78 (1960).

—, and A. VAZ FERREIRA: Submicroscopic changes of the nerve endings in the adrenal medulla after stimulation of the splanchnic nerve. J. biophys. biochem. Cytol. 3/4, 611—614 (1957a).

— — Electron microscope study of the excretion of catechol-containing droplets in the adrenal medulla. Exp. Cell Res. 12, 568—574 (1957b).

— — A multivesicular catechol-containing body of the adrenal medulla of the rabbit. Exp. Cell Res. 12, 575—581 (1957c).

—, and A. PELLEGRINO DE IRALDI: Plurivesicular secretory processes and nerve endings in the pineal gland of the rat. J. biophys. biochem. Cytol. 10, 361—372 (1961).

DE SAUNDERS, R. L., C. H. J. LAWRENCE, D. A. MACIVER, and N. NEMETHY: The autonomic basis of peripheral circulation in man. In: Peripheral circulation in health and disease. New York: Grune & Stratton 1957.

DE SCHAEPDRYVER, A. F.: On the secretion, distribution and excretion of adrenaline and noradrenaline. Proefschrift Gent 1958. Bonges, Belgium: The Catherine Press Ltd. 1959a.

— Physio-pharmacological effects on suprarenal secretion of adrenaline and noradrenaline in dogs. Arch. int. Pharmacodyn. 119, 517—518 (1959b).

— Physio-pharmacological effects on suprarenal secretion of adrenaline and noradrenaline in dogs. Arch. int. Pharmacodyn. 121, 222—253 (1959c).

—, and N. KIRSHNER: Metabolism of adrenaline after blockade of monoamine oxidase and catechol-O-methyltransferase. Science 133, 586—587 (1961).

—, et P. PREZIOSI: Iproniazide et effects pharmacologiques sur la médullo-corticosurrénale. Arch. int. Pharmacodyn. 119, 506—510 (1959a).

DE SCHAEPDRYVER, A. F., and P. PREZIOSI: Pharmacological depletion of adrenaline and noradrenaline in various organs of mice. Arch. int. Pharmacodyn. 121, 177—221 (1959b).
—, and W. SMETS: Urine output and excretion of catecholamines after bilateral total adrenalectomy in man. Arch. int. Pharmacodyn. 131, 467—473 (1961).
—, and J. VAN DER STRICHT: Urinary output of adrenaline and noradrenaline after medullo-adrenalectomy in dogs. Arch. int. Pharmacodyn. 119, 519—520 (1959).
— Y. PIETTE, and A. L. DELAUNOIS: Brain amines and electroshock threshold. Arch. int. Pharmacodyn. 140, 358—367 (1962).
DESMARAIS, A., et L. P. DUGAL: Circulation périphérique et teneur des surrénales en adrénaline et en artérenol (noradrénaline) chez le rat blanc exposé au froid. Canad. J. med. Sci. 29, 90—99 (1951).
DEVINE, J.: Observations on the in vitro synthesis of adrenaline under physiological conditions. Biochem. J. 34, 21—31 (1940).
DE VLEESCHHOUWER, G. R., A. L. DELAUNOIS, et R. VERBEK: Influence de l'adrénaline de la l-noradrénaline et de quelques adrénolytiques de synthèse sur les échanges respiratoires. Arch. int. Pharmacodyn. 81, 400—403 (1950).
DEWITZKY, W.: Beiträge zur Histologie der Nebennieren. Beitr. path. Anat. 52, 431—443 (1912).
DEXTER, D., and H. B. STONER: The role of the adrenal medulla in water diuresis in rats. J. Physiol. (Lond.) 118, 486—499 (1952).
DEYKIN, D., and M. VAUGHAN: Release of free fatty acids by adipose tissue from rats treated with triiodothyronine or propyl thiouracil. J. Lipid Res. 4, 200—203 (1963).
DIAMOND, J., and R. MILEDI: The sensitivity of foetal and new-born rat muscle to acetylcholine. J. Physiol. (Lond.) 149, 50—51 P (1959).
— — A study of foetal and new-born rat muscle fibres. J. Physiol. (Lond.) 162, 393—408 (1962).
DI FERRANTE, N., e V. G. LONGO: Effetti della leucotomia frontale sull 'azione anoressica della benzedrina. Farmaco 8, 16—21 (1953).
D'IORIO, A.: The release of catecholamines from isolated chromaffine granules of the adrenal medulla using sulphydryl inhibitors. Canad. J. Biochem. 35, 395—400 (1957).
—, and N. R. EADE: Catechol amines and adenosinetriphosphate (ATP) in the suprarenal gland of the rabbit. J. Physiol. (Lond.) 133, 17 P (1956).
DIRSCHERL, W., u. B. BRISSE: Vanillinsäure als Endprodukt des Abbaues von Adrenalin und Noradrenalin. III. Bildung von Vanillinsäure aus D,L-3-Methoxy-4-hydroxymandelsäure durch Homogenate von Ratten- und Menschenleber. Acta endocr. (Kbh.) 45, 641—646 (1964).
— H. THOMAS u. H. SCHRIEFERS: Vanillinsäure als Endprodukt des Abbaues von Adrenalin und Noradrenalin. Acta endocr. (Kbh.) 39, 385—394 (1962).
DIXON, W. E.: On the mode of action of drugs. Med. Mag. (Lond.) 16, 454—457 (1907).
—, and P. HAMILL: The mode of action of specific substances with special reference to secretin. J. Physiol. (Lond.) 38, 314—336 (1909).
DLABAC, A., E. COSTA, and B. B. BRODIE: Current status of role of brain 5-HT in reserpine action and in brain function. Fed. Proc. 24, 194 (1965).
DOBBS, E. C., and C. DE VIER: L-arterenol as a vasoconstrictor in local anesthesia. J. Amer. dent. Ass. 40, 433—436 (1950).
DODGSON, K. S., G. A. GARTON, and R. T. WILLIAMS: The conjugation of d-adrenaline and certain catechol derivatives in the rabbit. Biochem. J. 41, Proc. L (1947).
DÖRNER, J.: Zur Ursache der primären Mehrdurchblutung der Skeletmuskulatur nach Injektion von Adrenalin und Arterenol. Pflügers Arch. ges. Physiol. 257, 464—479 (1953).
— Ist die auf nervalem Wege ausgelöste Gefäßdilatation nach intravenöser Injektion von Adrenalin und Arterenol die Folge einer Hemmung des Sympathicotonus? Naunyn-Schmiedebergs Arch. exp. Path. Pharmak. 221, 273—285 (1954).

Dole, V. P.: A relation between non-esterified fatty acids in plasma and the metabolism of glucose. J. clin. Invest. 35, 150—154 (1956).
— Effect of nucleic acid metabolites on lipolysis in adipose tissue. J. biol. Chem. 236, 3125—3130 (1961).
— Fat as an energy source. In: Fat as a tissue, eds. K. Rodahl and B. Issekutz, p. 250—259. New York, N.Y.: McGraw-Hill Book Co. 1964.
— A. T. James, J. P. W. Webb, U. A. Rizack, and U. F. Sturman: The fatty acid patterns of plasma lipids during alimentary lipemia. J. clin. Invest. 38, 1544—1554 (1959).
Dollery, C. T., M. Harington, and J. V. Hodge: Haemodynamic studies with methyldopa: Effect on cardiac output and response to pressor amines. Brit. Heart J. 25, 670—676 (1963).
Domenjoz, R., u. A. Fleisch: Venenwirkung kreislaufaktiver Pharmaca. Naunyn-Schmiedebergs Arch. exp. Path. Pharmak. 192, 645—663 (1939).
—, u. W. Theobald: Zur Pharmakologie des Tofranil $^R$ [N-(3-dimethylaminopropyl)-iminodibenzylhydrochlorid]. Arch. int. Pharmacodyn. 120, 450—489 (1959).
Domer, F. R., and W. Feldberg: Tremor in cats: The effect of administration of drugs into the cerebral ventricles. Brit. J. Pharmacol. 15, 578—587 (1960).
Dornhorst, A. C., and B. F. Robinson: Clinical pharmacology of a beta-adrenergic-blocking agent (Nethalide). Lancet 1962 II, 314—316.
Douglas, W. W., and A. M. Poisner: Stimulation of uptake of calcium-45 in the adrenal gland by acetylcholine. Nature (Lond.) 192, 1299 (1961).
— — On the mode of action of acetylcholine in evoking adrenal medullary secretion: Increased uptake of calcium during the secretory response. J. Physiol. (Lond.) 162, 385—392 (1962).
—, and R. P. Rubin: The role of calcium in the secretory response of the adrenal medulla to acetylcholine. J. Physiol. (Lond.) 159, 40—57 (1961).
— — The mechanism of catecholamine release from the adrenal medulla and the role of calcium in stimulus-secretion coupling. J. Physiol. (Lond.) 167, 288—310 (1963).
Doutheil, U., H. G. ten Bruggencate u. K. Kramer: Wirkung von Katecholaminen auf die Coronardurchblutung, Herzfrequenz und $O_2$-Verbrauch nach Blockierung der $\beta$-Receptoren durch Nethalide [2-Isopropyl-amino-1-(2-naphthyl)-äthanol-hydrochlorid]. Pflügers Arch. ges. Physiol. 279, $R_{12}$—$R_{13}$ (1964a).
— — — Coronarvasomotorik unter L-Noradrenalin und Isopropylnoradrenalin nach Blockierung der adrenergischen $\beta$-Receptoren durch Nethalide. Pflügers Arch. ges. Physiol. 281, 181—190 (1964b).
Doyle, A. E., and J. R. Fraser: Vascular reactivity in hypertension. Circulat. Res. 9, 755—761 (1961a).
— — Essential hypertension and inheritance of vascular reactivity. Lancet 1961b II, 509—511.
Drain, D. J., M. Horlington, R. Lazare, and G. A. Poulter: The effect of α-methyl dopa and some other decarboxylase inhibitors on brain 5-hydroxytryptamine. Life Sci. 1, 93—97 (1962).
Drăskoci, M., W. Feldberg, and P. R. S. K. Haranath: Passage of circulating adrenaline into perfused cerebral ventricles and subarachnoidal space. J. Physiol. (Lond.) 150, 34—49 (1960).
Dreyer, G. P.: On secretory nerves to the suprarenal capsules. Amer. J. Physiol. 2, 203—219 (1899).
Driver, R. L., and M. Vogt: Carotid sinus reflex and contraction of the spleen. Brit. J. Pharmacol. 5, 505—509 (1950).
Drummond, G. I., J. R. E. Valadares, and L. Duncan: Effect of epinephrine on contractile tension and phosphorylase activation in rat and dog hearts. Proc. Soc. exp. Biol. (N. Y.) 117, 307—309 (1964).

Dubnick, B., G. A. Leeson, and G. E. Phillips: An effect of monoamine oxidase inhibitors on brain serotonin of mice in addition to that resulting from inhibition of monoamine oxidase. J. Neurochem. **9**, 299—306 (1962a).

— — — In vivo-inhibition of serotonin synthesis in mouse brain by $\beta$-phenylethylhydrazine, an inhibitor of monoamine oxidase. Biochem. Pharmacol. **11**, 45—52 (1962b).

— D. F. Morgan, and G. E. Phillips: Inhibition of monoamine oxidase by 2-methyl-3-piperidinopyrazine. Ann. N. Y. Acad. Sci. **107**, 914—923 (1963).

Dubois-Reymond, E.: Gesammelte Abhandlungen über allgemeine Muskel- und Nervenphysik. Leipzig: Veit & Co. 1875/77.

Duesberg, R., u. W. Schroeder: Pathophysiologie und Klinik der Kollapszustände. Leipzig: Hirzel 1944.

Duff, R. S.: Effect of sympathectomy on the response to adrenaline of the blood vessels of the skin in man. J. Physiol. (Lond.) **117**, 415—430 (1952).

—, and H. J. C. Swan: Further observations on the effect of adrenaline on the blood flow through human skeletal muscle. J. Physiol. (Lond.) **114**, 41—55 (1951).

Dufour, J. J., et J. M. Posternak: Effets chronotropes de l'acétylcholine sur le coeur de l'embryon du poulet. Helv. physiol. pharmacol. Acta **18**, 563—580 (1960).

Dulière, W. L., and H. S. Raper: The tyrosinase-tyrosine reaction. VII. The action of tyrosinase on certain substances related to tyrosine. Biochem. J. **24**, 239—249 (1930).

Duncanson, D., T. Stewart, and O. G. Edholm: Effect of l-arterenol on the peripheral circulation in man. Fed. Proc. **8**, 37 (1949).

Dunér, H.: The influence of the blood glucose level on the secretion of adrenaline and noradrenaline from the suprarenal. Acta physiol. scand. **28**, Suppl. 102, 7—74 (1953).

— Effect of insulin hypoglycemia on the secretion of adrenaline and noradrenaline from the suprarenal of cat. Acta physiol. scand. **32**, 63—68 (1954).

—, and U. S. v. Euler: Effect of reduced ventilation on systemic blood pressure and blood flow in the hind part of the cat during infusion of noradrenaline. Acta physiol. scand. **46**, 201—208 (1959).

— —, and B. Pernow: Catechol amines and substance P in the mammalian eye. Acta physiol. scand. **31**, 113—118 (1954).

Dupasquier, E., et F. Reubi: Les répercussions de l'iproniazide (Marsilid) sur la tension artérielle et l'hémodynamique rénale. Cardiologia (Basel), Suppl. **35**, 256—269 (1959).

Dutton, G. J.: Glucuronide conjugation. Proc. of the First Int. Pharmacol. Meeting, Stockholm 1961, vol. 6. Metabolic factors controlling duration of drug action, eds. B. B. Brodie and E. G. Erdös, p. 39—46. Oxford-London-New York-Paris: Pergamon Press 1963.

—, and C. G. Greig: Observations on the distribution of glucuronide synthesis in tissues. Biochem. J. **66**, 52—53 P (1957).


Eade, N. R.: The release of catechol amines from isolated chromaffin granules. Brit. J. Pharmacol. **12**, 61—65 (1957).

— The distribution of the catechol amines in homogenates of the bovine adrenal medulla. J. Physiol. (Lond.) **141**, 183—184 (1958a).

— The storage and release of catechol amines. Rev. canad. Biol. **17**, 299—311 (1958b).

—, and D. R. Wood: The release of adrenaline and noradrenaline from the adrenal medulla of the cat during splanchnic stimulation. Brit. J. Pharmacol. **13**, 390—394 (1958).

Eakins, K. E.: The effect of intravitreous injections of norepinephrine, epinephrine and isoproterenol on the intraocular pressure and aqueous humor dynamics of rabbit eyes. J. Pharmacol. exp. Ther. **140**, 79—84 (1963).

EAKINS, K. E., and M. F. LOCKETT: The formation of an isoprenaline-like substance from adrenaline. Brit. J. Pharmacol. 16, 108—115 (1961).
EASSON, L. H., and E. STEDMAN: Studies on the relationship between chemical constitution and physiological action. V. Molecular dissymmetry and physiological activity. Biochem. J. 27, 1257—1266 (1933).
EBASHI, S., and F. LIPMANN: Adenosine triphosphate-linked concentration of calcium ions in a particulate fraction of rabbit muscle. J. Cell Biol. 14, 389—400 (1962).
EBLE, J. N.: A study of the mechanisms of the modifying actions of cocaine, ephedrine and imipramine on the cardiovascular response to norepinephrine and epinephrine. J. Pharmacol. exp. Ther. 144, 76—82 (1964a).
— A proposed mechanism for the depressor effect of dopamine in the anesthetized dog. J. Pharmacol. exp. Ther. 145, 64—70 (1964b).
ECCLES, J. C., and J. W. MAGLADERY: Rhythmic responses of smooth muscle. J. Physiol. (Lond.) 90, 68—99 (1937).
ECCLES, R. M., and B. LIBET: Origin and blockade of the synaptic responses of curarized sympathetic ganglia. J. Physiol. (Lond.) 157, 484—503 (1961).
ECONOMO, C. v.: Die Pathologie des Schlafes. In: Handbuch der normalen und pathologischen Physiologie, Bd. 17, Correlationen III, S. 591—610. Hrsg. A. BETHE, G. v. BERGMANN, G. EMBDEN und A. ELLINGER. Berlin: Springer 1926.
— Schlaftherapie. Ergebn. Physiol. 28, 312—339 (1929a).
— Die Encephalitis lethargica, ihre Nachkrankheiten und ihre Behandlung. Berlin u. Wien: Urban & Schwarzenberg 1929b.
— Sleep as a problem of localization. J. nerv. ment. Dis. 71, 249—259 (1930).
EDGEWORTH, H.: Report of progress on the use of ephedrine in a case of myasthenia gravis. J. Amer. med. Ass. 94, 1136 (1930).
EHMANNER, S., och H. PERSSON: Noradrenalin som vasokonstriktor i xylocain. Svensk tandläk.-T. 44, 451—458 (1951).
EHRINGER, H., u. O. HORNYKIEWICZ: Verteilung von Noradrenalin und Dopamin (3-Hydroxytyramin) im Gehirn des Menschen und ihr Verhalten bei Erkrankungen des extrapyramidalen Systems. Klin. Wschr. 38, 1236—1239 (1960).
— — u. K. LECHNER: Die Wirkung von Methylenblau auf die Monoaminoxydase und den Katecholamin- und 5-Hydroxytryptaminstoffwechsel des Gehirns. Naunyn-Schmiedebergs Arch. exp. Path. Pharmak. 241, 568—582 (1961).
EHRLICH, F., u. F. LANGE: Biochemische Umwandlung von Betain in Glykolsäure. Ber. dtsch. chem. Ges. 46, 2746—2752 (1913).
— — Zur Kenntnis der Biochemie der Käsereifung. I. Über das Vorkommen von p-Oxyphenyläthylamin im normalen Käse und seine Bildung durch Milchsäurebakterien. Biochem. Z. 63, 156—169 (1914).
EHRLICH, P.: The relations existing between chemical constitution, distribution and pharmacological action. In: Collected studies on immunity. New York: J. Wiley & Sons 1906. (Englische Übersetzung aus „Über die Beziehungen von chemischer Constitution, Vertheilung und pharmakologischer Wirkung". v. Leyden-Festschr. Berlin: Hirschwald 1902.)
EICHHORN, O.: Beitrag zur Frage der Inkompatabilität bei Kombination verschiedener psychoaktiver Wirkstoffe. Wien. med. Wschr. 111, 553 (1961).
EICHNER, E., C. WALTNER, M. GOODMAN, and S. POST: Relaxin, the third ovarian hormone: its experimental use in women. Amer. J. Obstet. Gynec. 71, 1035—1048 (1956).
ELIASSON, S., B. FOLKOW, P. LINDGREN, and B. UVNÄS: Activation of sympathetic vasodilator nerves to the skeletal muscles in the cat by hypothalamic stimulation. Acta physiol. scand. 23, 333—351 (1951).
— P. LINDGREN, and B. UVNÄS: Representation in the hypothalamus and the motor cortex in the dog of the sympathetic vasodilator outflow to the skeletal muscles. Acta physiol. scand. 27, 18—37 (1952).

ELLIOTT, T. R.: On the action of adrenalin. J. Physiol. (Lond.) 31, XX—XXi (1904).
— The action of adrenalin. J. Physiol. (Lond.) 32, 401—466 (1905).
— The control of the suprarenal glands by the splanchnic nerves. J. Physiol. (Lond.) 44, 374—409 (1912).
— The innervation of the adrenal glands. J. Physiol. (Lond.) 46, 285—290 (1913).
—, and I. TUCKETT: Cortex and medulla in the suprarenal glands. J. Physiol. (Lond.) 34, 332—369 (1906).
ELLIS, S.: The metabolic effects of epinephrine and related amines. Pharmacol. Rev. 8, 485—562 (1956).
— Relation of biochemical effects of epinephrine to its muscular effects. Pharmacol. Rev. 11, 469—479 (1959).
—, and S. B. BECKETT: The action of epinephrine on the anaerobic or the iodoacetate-treated rat's diaphragm. J. Pharmacol. exp. Ther. 112, 202—209 (1954).
— H. L. ANDERSON jr., and M. C. COLLINS: Pharmacologic differentiation between epinephrine- and HGF-hyperglycemias: application in analysis of cobalt-hyperglycemia. Proc. Soc. exp. Biol. (N. Y.) 84, 383—386 (1953).
— A. DAVIS, and H. L. ANDERSON jr.: Effects of epinephrine and related amines on contraction and glycogenolysis of the rat's diaphragm. J. Pharmacol. exp. Ther. 115, 120—125 (1955).
EL MASRY, A. M., J. N. SMITH, and R. T. WILLIAMS: Studies in detoxication. The metabolism of alkylbenzenes: n-propylbenzene and n-butylbenzene with further observations on ethylbenzene. Biochem. J. 64, 50—56 (1956).
EMBDEN, G., u. A. BALDES: Über den Abbau des Phenylalanins im tierischen Organismus. Biochem. Z. 55, 301—322 (1913).
—, u. E. SCHMITZ: Über synthetische Bildung von Aminosäuren in der Leber. Biochem. Z. 29, 423—428 (1910).
EMMELIN, N.: "Paralytic secretion" of saliva. An example of supersensitivity after denervation. Physiol. Rev. 32, 21—46 (1952).
— Supersensitivity due to prolonged administration of ganglion-blocking compounds. Brit. J. Pharmacol. 14, 229—233 (1959).
— Supersensitivity following "pharmacological denervation". Pharmacol. Rev. 13, 17—37 (1961).
—, and A. MUREN: Acetylcholine release at parasympathetic synapses. Acta physiol. scand. 20, 13—32 (1950).
— — The sensitivity of submaxillary glands to chemical agents studied in cats under various conditions over long periods. Acta physiol. scand. 26, 221—231 (1952).
—, and P. OHLIN: Unpublished observations. Zit. nach N. EMMELIN, 1961.
—, and B. C. R. STRÖMBLAD: Sensitization of the submaxillary gland above the level reached after section of the chorda tympani. Acta physiol. scand. 38, 319—330 (1957).
ENDRÖCZI, E., and K. LISSÁK: Data on the specific functional adaption of the adrenal cortex. Acta physiol. Acad. Sci. hung. 15, 25—56 (1959).
ENGEL, A., and U. S. v. EULER: Diagnostic value of increased urinary output of noradrenaline and adrenaline in phaeochromocytoma. Lancet 1950 I, 387.
ENGEL, F. L.: Metabolic activity of adipose tissue, I. In: Adipose tissue as an organ. ed. L. W. KINSELL, p. 126—145. Springfield (Ill.): Ch. C. Thomas 1962.
ENGELHARDT, A.: Studies on the mechanism of the anti-appetite action of phenmetrazine. Biochem. Pharmacol. 8, 100 (1961).
— Die Appetitzügler. Acta neuroveg. (Wien) 24, 1—4 (1963a).
— Unveröffentlichte Versuche 1963b.
— Methode zur Auswertung von $\beta$-Adrenolytica am isolierten Herzvorhof. Naunyn-Schmiedebergs Arch. exp. Path. Pharmak. 250, 245—246 (1965).
—, u. K. GREEFF: Die Wirkung der Piqûre auf den Hormongehalt und die hormonale Zusammensetzung des Nebennierenmarks. Naunyn-Schmiedebergs Arch. exp. Path. Pharmak. 220, 211—218 (1953).

ENGELHARDT, A., u. H. J. SCHÜMANN: Vergleichende Untersuchungen mit Verbindungen der Adrenalin- und Noradrenalin-Reihe. Arzneimittel-Forsch. 3, 205—208 (1953).
— K. GREEFF, W. RICHTER u. H. J. SCHÜMANN: Vergleichende Untersuchungen mit Mono- und Dicarbonsäureestern des Cholins. Naunyn-Schmiedebergs Arch. exp. Path. Pharmak. 225, 541—550 (1955).
— D. JERCHEL, H. WEIDMANN u. H. WICK: Synthese, Verteilung und Ausscheidung von $^{14}C$ markiertem 2-Phenyl-3-methyl-tetrahydro-1,4-oxazin (Preludin). Naunyn-Schmiedebergs Arch. exp. Path. Pharmak. 235, 10—18 (1958).
— W. HOEFKE u. H. WICK: Zur Pharmakologie des Sympathicomimeticums 1-(3,5-Dihydroxyphenyl)-1-hydroxy-2-isopropylaminoäthan. Arzneimittel-Forsch. 11, 521—525 (1961).
ENGELMANN, K., and A. SJOERDSMA: A new test for pheochromocytoma. J. Amer. med. Ass. 189, 81—86 (1964).
ENGSTFELD, G., H. ANTONI u. A. FLECKENSTEIN: Die Restitution der Erregungsfortleitung und Kontraktionskraft des $K^+$-gelähmten Frosch- und Säugetiermyokards durch Adrenalin. Pflügers Arch. ges. Physiol. 273, 145—163 (1961).
EPPINGER, H., u. L. HESS: Zur Pathologie des vegetativen Nervensystems. Z. klin. Med. 66, 345—351 (1909).
— — Die Vagotonie. Berlin 1910.
EPPSTEIN, N. A.: Suppression of eating and drinking by amphetamine and other drugs in normal and hyperphagic rats. J. comp. Physiol. Psychol. 52, 37—45 (1959).
ERÄNKÖ, O.: On the biochemistry of the rat adrenal medulla. Acta physiol. scand. 25, Suppl. 89, 22—23 (1951).
— On the histochemistry of the adrenal medulla of the rat, with special reference to acid phosphatase. Acta anat. (Basel) 16, Suppl. 17, 1—60 (1952).
— Distribution of fluorescing islets, adrenaline and noradrenaline in the adrenal medulla of the hamster. Acta endocr. (Kbh.) 18, 174—179 (1955a).
— Effect of insulin on chromaffin reaction, fluorescing islets and catecholamines in adrenal medulla of rat. Acta path. microbiol. scand. 36, 219—223 (1955b).
— Distribution of adrenaline and noradrenaline in the adrenal medulla. Nature (Lond.) 175, 88—89 (1955c).
— Histochemistry of noradrenaline in the adrenal medulla of rats and mice. Endocrinology 57, 363—368 (1955d).
— Radioautographic demonstration of noradrenaline and adrenaline in the adrenal medulla with $I^{131}$-labelled iodate and iodate-formalin. J. Histochem. Cytochem. 5, 408—413 (1957).
—, and V. HOPSU: Effect of reserpine on the histochemistry and content of adrenaline and noradrenaline in the adrenal medulla of the rat and the mouse. Endocrinology 62, 15—23 (1958).
—, and L. RÄISÄNEN: Adrenaline and noradrenaline in the adrenal medulla during postnatal development of the rat. Endocrinology 60, 753—760 (1957).
ERDHEIM, J. (1904): Zit. nach B. K. ANAND 1961.
ERLANGER, J., and H. S. GASSER: Studies on secondary traumatic shock. III. Circulatory failure due to adrenalin. Amer. J. Physiol. 49, 345—376 (1919).
ERLIJ, D., R. CETRANGOLO, and R. VALADEZ: Adrenotropic receptors in the frog. J. Pharmacol. exp. Ther. 149, 65—70 (1965).
ERNST, A. M.: Phenomena of the hypokinetic rigid type caused by O-methylation of dopamine in the para-position. Nature (Lond.) 199, 178—179 (1962a).
— Experiments with an O-methylated product of dopamine on cats. Acta physiol. pharmacol. neerl. 11, 48—53 (1962b).
— Relation between the structure of certain methoxyphenylethylamine derivatives and the occurrence of a hypokinetic rigid syndrome. Psychopharmacologia (Berl.) 7, 383—390 (1965a).

ERNST, A. M.: Relation between the action of dopamine and apomorphine and their O-methylated derivatives upon the CNS. Psychopharmacologia (Berl.) 7, 391—399 (1965b).

ERSPAMER, V.: Identification of octopamine as l-p-hydroxy-phenylethanolamine. Nature (Lond.) 169, 375—376 (1952).
— Pharmacological studies on enteramine (5-hydroxytryptamine). IX. Influence of sympathomimetic and sympatholytic drugs on the physiological and pharmacological actions of enteramine. Arch. int. Pharmacodyn. 93, 293—316 (1953).
— A. GLÄSSER, B. M. NOBILI, and C. PASINI: The fate of 4-hydroxytryptophan in the rat organism. Experientia (Basel) 16, 506—507 (1960).

ESTLER, C. J.: Glykogengehalt des Gehirns und Körpertemperatur weißer Mäuse unter dem Einfluß einiger zentral dämpfender und erregender Pharmaka. Med. exp. (Basel) 4, 209—213 (1961).
— Untersuchungen über die Wirkung von Iproniazid auf einige Funktionen und Metaboliten des Gehirns weißer Mäuse und über die Modifizierung der Reserpinwirkung durch Iproniazid. Med. exp. (Basel) 7, 335—343 (1962).
— Glykogengehalt und Phosphorylaseaktivität des Gehirns weißer Mäuse unter dem Einfluß von Reserpin. Naunyn-Schmiedebergs Arch. exp. Path. Pharmak. 252, 63—67 (1965).

EULER, C. V.: Physiology and pharmacology of temperature regulation. Pharmacol. Rev. 13, 361—398 (1961).
— The physiology and pharmacology of temperature regulation with particular reference to the chemical mediators. Proc. of the Second Int. Pharmacol. Meeting, Prague 1963, vol. 2. Biochemical and neurophysiological correlation of centrally acting drugs, eds. E. TRABUCCHI, R. PAOLETTI and N. CANAL, p. 135—144. Oxford-London-New York-Edinburgh-Paris-Frankfurt: Pergamon Press 1964.

EULER, U. S. V.: Zur Kenntnis der pharmakologischen Wirkungen von Nativsekreten und Extrakten männlicher accessorischer Geschlechtsdrüsen. Naunyn-Schmiedebergs Arch. exp. Path. Pharmak. 175, 78—84 (1934a).
— An adrenaline-like action in extracts from the prostatic and related glands. J. Physiol. (Lond.) 81, 102—112 (1934b).
— The presence of a substance with sympathin E properties in spleen extracts. Acta physiol. scand. 11, 168—186 (1946a).
— The presence of a sympathomimetic substance in extracts of mammalian heart. J. Physiol. (Lond.) 105, 38—44 (1946b).
— A specific sympathomimetic ergone in adrenergic nerve fibres (sympathin) and its relation to adrenaline and nor-adrenaline. Acta physiol. scand. 12, 73—97 (1946c).
— Identification of the sympathomimetic ergone in adrenergic nerves of cattle (sympathin N) with laevo-noradrenaline. Acta physiol. scand. 16, 63—74 (1948).
— The distribution of sympathin N and sympathin A in spleen and splenic nerves of cattle. Acta physiol. scand. 19, 207—214 (1949).
— Noradrenaline (arterenol), adrenal medullary hormone, and chemical transmitter of adrenergic nerves. Ergebn. Physiol. 46, 261—307 (1950).
— Increased urinary excretion of noradrenaline and adrenaline in cases of phaeochromocytoma. Ann. Surg. 134, 929—933 (1951a).
— The nature of adrenergic nerve mediators. Pharmacol. Rev. 3, 247—277 (1951b).
— Adrenaline and noradrenaline. Distribution and action. Pharmacol. Rev. 6, 15—22 (1954).
— Noradrenaline. Chemistry, Physiology, Pharmacology and clinical aspects. Springfield (Ill.): Ch. C. Thomas 1956a.
— Catechol amine content of various organs of the cat after injections and infusions of adrenaline and noradrenaline. Circulat. Res. 4, 647—652 (1956b).
— Adrenal medullary and other chromaffine cell tumours. In: Hormone production in endocrine tumors. A Ciba Foundation Colloquium, London 1958, p. 268—280.

Euler, U. S. v. Epinephrine and norepinephrine actions and use in man. Clin. Pharmacol. Ther. **1**, 65—77 (1960).
— Neurotransmission in the adrenergic nervous system. Harvey Lect. **55**, 43—65 (1961).
—, and I. Floding: Diagnosis of pheochromocytoma by fluorimetric estimation of adrenaline and noradrenaline in urine. Scand. J. clin. Lab. Invest. **8**, 288—295 (1956).
— — Methylation of noradrenaline in beef suprarenal homogenates. Acta physiol. scand. **42**, 251—256 (1958).
—, u. B. Folkow: Einfluß verschiedener afferenter Nervenreize auf die Zusammensetzung des Nebennierenmarkinkretes bei der Katze. Naunyn-Schmiedebergs Arch. exp. Path. Pharmak. **219**, 242—247 (1953).
— — The effect of stimulation of autonomic areas in the cerebral cortex upon the adrenaline and noradrenaline secretion from the adrenal gland in the cat. Acta physiol. scand. **42**, 313—320 (1958).
—, and U. Hamberg: l-Noradrenaline in the suprarenal medulla. Nature (Lond.) **163**, 642—643 (1949a).
— — Colorimetric determination of noradrenaline and adrenaline. Acta physiol. scand. **19**, 74—84 (1949b).
—, and S. Hellner: Excretion of noradrenaline, adrenaline, and hydroxytyramine in urine. Acta physiol. scand. **22**, 161—167 (1951).
— — Excretion of noradrenaline and adrenaline in muscular work. Acta physiol. scand. **26**, 183—191 (1952).
—, and S. Hellner-Björkman: Effect of increased adrenergic nerve activity on the content of noradrenaline and adrenaline in cat organs. Acta physiol. scand. **33**, Suppl. 118, 17—20 (1955).
—, and N.-Å. Hillarp: Evidence for the presence of noradrenaline in submicroscopic structures of adrenergic axons. Nature (Lond.) **177**, 44—45 (1956).
—, u. G. Liljestrand: Die Wirkung des Adrenalins auf das Minutenvolumen des Herzens beim Menschen. Skand. Arch. Physiol. **52**, 243—252 (1927).
— — Observations on the pulmonary arterial blood pressure in the cat. Acta physiol. scand. **12**, 301—320 (1946).
—, and F. Lishajko: Dopamine in mammalian lung and spleen. Acta physiol. pharmacol. neerl. **6**, 295—303 (1957).
— — Release of noradrenaline from adrenergic transmitter granules by tyramine. Experientia (Basel) **16**, 376—377 (1960).
— — Effect of reserpine on the release of catecholamines from isolated nerve and chromaffin cell granules. Acta physiol. scand. **52**, 137—145 (1961).
— — Release and uptake of catechol amines in nerve storage granules in relation to adrenergic neuro-transmission. Arch. int. Pharmacodyn. **139**, 276—280 (1962).
— — Catecholamine release and uptake in isolated adrenergic nerve granules. Acta physiol. scand. **57**, 468—480 (1963a).
— — Effect of some drugs on the release of noradrenaline from isolated nerve granules. Proc. of the First Int. Pharmacol. Meeting, Stockholm 1961, vol. 5. Methods for the study of pharmacological effects of cellular and subcellular levels, ed. O. H. Lowry p. 77—84. Oxford-London-New York-Paris: Pergamon Press 1963.
— — Effect of reserpine on the uptake of catecholamines in isolated nerve storage granules. Int. J. Neuropharmacol. **2**, 127—134 (1963c).
— — Uptake of L- and D-isomers of catecholamines in adrenergic nerve granules. Acta physiol. scand. **60**, 217—222 (1964).
— — Stereospecific catecholamine uptake in rabbit hearts depleted by decaborane. Int. J. Neuropharmacol. **4**, 273—280 (1965).
—, and R. Luft: Noradrenaline output in urine after infusion in man. Brit. J. Pharmacol. **6**, 286—288 (1951).
— — Effect of insulin on urinary excretion of adrenaline and noradrenaline. Metabolism **1**, 528—532 (1952).

EULER, U. S. v., and U. LUNDBERG: Effect of flying on the epinephrine excretion in air force personnel. J. appl. Physiol. 6, 551—555 (1954).
—, and A. PURKHOLD: Effect of sympathetic denervation on the noradrenaline and adrenaline content of the spleen, kidney, and salivary glands in the sheep. Acta physiol. scand. 24, 212—217 (1951).
—, and G. RYD: Effect of sympathetic denervation and adrenalectomy on the catecholamine content of the rat submaxillary gland. Acta physiol. scand. 59, 62—66 (1963).
—, and G. STRÖM: Present status of diagnosis and treatment of phaeochromocytoma. Circulation 15, 5—13 (1957).
—, and B. ZETTERSTRÖM: The rôle of amine oxidase in the inactivation of catecholamines injected in man. Acta physiol. scand. 33, Suppl. 118, 26—31 (1955).
— E. LINDNER u. S.-O. MYRIN: Über die fiebererregende Wirkung des Adrenalins. Acta physiol. scand. 5, 85—96 (1943).
— U. HAMBERG, and A. PURKHOLD: Noradrenaline and adrenaline in the suprarenals of the guinea-pig. Experientia (Basel) 5, 451 (1949).
— —, and S. HELLNER: β-(3:4-dihydroxyphenyl)ethylamine (hydroxytyramine) in normal human urine. Biochem. J. 49, 655—658 (1951).
—, A. LUND, A. OLSSON, and PH. SANDBLOM: Noradrenaline and adrenaline in blood and urine in a case of phaeochromocytoma. Scand. J. clin. Lab. Invest. 5, 122—128 (1953).
— C. FRANKSSON, and J. HELLSTRÖM: Adrenaline and noradrenaline output in urine after unilateral and bilateral adrenalectomy in man. Acta physiol. scand. 31, 1—5 (1954a).
— — — Adrenaline and noradrenaline content of surgically removed human suprarenal glands. Acta physiol. scand. 31, 6—8 (1954b).
— R. LUFT, and T. SUNDIN: Excretion of urinary adrenaline in normals following intravenous infusion. Acta physiol. scand. 30, 249—257 (1954c).
— S. HELLNER-BJÖRKMAN, and I. ORWÉN: Diurnal variations in the excretion of free and conjugated noradrenaline and adrenaline in urine from healthy subjects. Acta physiol. scand. 33, Suppl. 118, 10—16 (1955a).
— R. LUFT, and T. SUNDIN: The urinary excretion of noradrenaline and adrenaline in healthy subjects during recumbency and standing. Acta physiol. scand. 34, 169—174 (1955b).
— I. FLODING, and F. LISHAJKO: The presence of free and conjugated 3,4:dihydroxyphenylacetic acid (dopac) in urine and blood plasma. Acta Soc. Med. upsalien. 64, 217—225 (1959).
— F. LISHAJKO, and L. STJÄRNE: Catecholamines and adenosine triphosphate in isolated adrenergic nerve granules. Acta physiol. scand. 59, 495—496 (1963).
— L. STJÄRNE, and F. LISHAJKO: Effects of reserpine, segontin and phenoxybenzamine on the catecholamines and ATP of isolated nerve and adrenomedullary storage granules. Life Sci. 3, 35—40 (1964).
EVANS, C. L., and S. OGAWA: The effect of adrenalin on the gaseous metabolism of the isolated mammalian heart. J. Physiol. (Lond.) 47, 446—459 (1913).
EVANS, W. C., and H. S. RAPER: The accumulation of L-3:4-dihydroxyphenylalanine in the tyrosinase-tyrosine reaction. Biochem. J. 31, 2162—2170 (1937).
EVARTS, E. V., L. GILLESPIE jr., T. C. FLEMING, and A. SJOERDSMA: Relative lack of pharmacologic action of 3-methoxy analogue of norepinephrine. Proc. Soc. exp. Biol. (N. Y.) 98, 74—76 (1958).
EVERETT, G. M.: Some electrophysiological and biochemical correlates of motor activity and aggressive behaviour. In: Neuro-Psychopharmacology, vol. 2, ed. E. ROTHLIN. p. 479—488 Amsterdam-London-NewYork-Princeton: Elsevier Publ. Co. 1961.
—, and J. E. P. TOMAN: Mode of action of Rauwolfia alkaloids and motor activity. Biol. Psychiat. 2, 75—81 (1959).

EVERETT, G. M., and R. G. WIEGAND: Non-hydrazide monoamine oxidase inhibitors and their effects on central amines and motor behaviour. Biochem. Pharmacol. **8**, 163 (1961).
— — Central amines and the behavioral states: a critic and new data. Proc. of the First Int. Pharmacol. Meeting, Stockholm 1961, vol. 8. Pharmacological analysis of central nervous action, ed. W. D. M. PATON, p. 85—92. Oxford-London-New York-Paris: Pergamon Press 1963.
— J. E. P. TOMAN, and A. H. SMITH jr.: Central and peripheral effects of reserpine and 11-desmethoxyreserpine (Harmonyl) on the nervous system. Fed. Proc. **16**, 295 (1957).
— R. G. WIEGAND, and F. U. RINALDI: Pharmacological studies of some non hydrazine MAO inhibitors. Ann. N. Y. Acad. Sci. **107**, 1068—1080 (1963).
EVERSOLE, W. J., F. A. GIERE, and M. H. ROCK: Effects of adrenal medullary hormones on renal excretion of water and electrolytes. Amer. J. Physiol. **170**, 24—30 (1952).
EVONUK, E., and J. P. HANNON: Cardiovascular and pulmonary effects of noradrenaline in the cold-acclimatized rat. Fed. Prod. **22** (II), 911—916 (1963).
EWING, P. L., PH. BLICKENSDORFER, and H. A. MCGUIGAN: Effect of ultra-violet rays on epinephrine and related products. J. Pharmacol. exp. Ther. **43**, 125—129 (1931).

FAIN, J. N., R. O. SCOW, and S. S. CHERNICK: Effects of glucocorticoids on metabolism of adipose tissue in vitro. J. biol. Chem. **238**, 54—58 (1963).
FALCK, B.: Observations on the possibilities of the cellular localization of monoamines by a fluorescence method. Acta physiol. scand. **56**, Suppl. 197, 1—26 (1962).
— Cellular localization of monoamines. In: Progress in Brain Research, vol. 8, Biogenic amines, eds. H. E. HIMWICH and W. A. HIMWICH. p. 28—44, Amsterdam-London-New York: Elsevier Publ. Co. 1964.
— N.-Å. HILLARP, and B. HÖGBERG: Content and intracellular distribution of adenosine triphosphate in cow adrenal medulla. Acta physiol. scand. **36**, 360—376 (1956).
— —, and A. TORP: A new type of chromaffin cells, probably storing dopamine. Nature (Lond.) **183**, 267—268 (1959).
— — G. THIEME, and A. TORP: Fluorescence of catechol amines and related compounds condensed with formaldehyde. J. Histochem. Cytochem. **10**, 348—354 (1962).
— J. HÄGGENDAL, and CH. OWMAN: The localization of adrenaline in adrenergic nerves in the frog. Quart. J. exp. Physiol. **48**, 253—257 (1963).
FARAH, A., and P. N. WITT: Cardiac glycosides and calcium. Proc. of the First Int. Pharmacol. Meeting, Stockholm 1961, vol. 3. New aspects of cardiac glycosides, ed. W. WILBRANDT, p. 137—171. Oxford-London-New York-Paris: Pergamon Press 1963.
FARKAS, T., R. VERTUA, M. M. USARDI, and R. PAOLETTI: Investigations on the mechanism of action of nicotinic acid. Life Sci. **3**, 821—827 (1964).
FARRANT, J.: Interactions between cocaine, tyramine and noradrenaline at the noradrenaline store. Brit. J. Pharmacol. **20**, 540—549 (1963).
— J. A. HARVEY, and J. N. PENNEFATHER: The influence of phenoxybenzamine on the storage of noradrenaline in rat and cat tissue. Brit. J. Pharmacol. **22**, 104—112 (1964).
FASSINA, G.: d-Amphetamina e acidi grassi plasmatici. Arch. int. Pharmacodyn. **152**, 298—306 (1964).
— Azione di farmaci anoressanti sugli acidi grassi liberi plasmatici. Mol. Pharmacol., 1966 (im Druck).
FASTIER, F. N.: Structure-activity relationships of amidine derivatives. Pharmacol. Rev. **14**, 37—90 (1962).
FAWAZ, G.: The effect of mephentermine on isolated dog hearts, normal and pretreated with reserpine. Brit. J. Pharmacol. **16**, 309—314 (1961).
— Cardiovascular pharmacology. Ann. Rev. Pharmacol. **3**, 57—90 (1963).
—, and J. SIMAAN: On the mechanism of the pressor action of tyramine. Naunyn-Schmiedebergs Arch. exp. Path. Pharmak. **247**, 456—460 (1964).

Fawaz, G., and B. Tutunji: The effect of adrenaline and noradrenaline on the metabolism and performance of the isolated dog heart. Brit. J. Pharmacol. **15**, 389—395 (1960).

Fawcett, J., and W. H. White: On the influence of artificial respiration and of $\beta$-tetrahydronaphthylamine on the body temperature. J. Physiol. (Lond.) **21**, 435—442 (1892).

Feldberg, W.: Present views on the mode of action of acetylcholine in the central nervous system. Physiol. Rev. **25**, 596—642 (1945).

— Gegenwärtige Probleme auf dem Gebiet der chemischen Übertragung von Nervenwirkungen. Naunyn-Schmiedebergs Arch. exp. Path. Pharmak. **212**, 64—90 (1950a).

— Role of acetylcholine in central nervous system. Brit. med. Bull. **6**, 312—321 (1950b).

— A pharmacological approach to the brain from its inner and outer surface. London: Edward Arnold (Publ.) Ltd. 1963.

—, and G. P. Lewis: Release of adrenaline from cat's suprarenals by bradykinin and angiotensin. J. Physiol. (Lond.) **167**, 46—47 P (1963).

— — The action of peptides on the adrenal medulla. Release of adrenaline by bradykinin and angiotensin. J. Physiol. (Lond.) **171**, 98—108 (1964).

—, and J. L. Malcolm: Experiments on the site of action of tubocurarine when applied via the cerebral ventricles. J. Physiol. (Lond.) **149**, 58—77 (1959).

—, u. B. Minz: Die Wirkung von Acetylcholin auf die Nebennieren. Naunyn-Schmiedebergs Arch. exp. Path. Pharmak. **163**, 66—96 (1932).

—, and R. D. Myers: Effects on temperature of amines injected into the cerebral ventricles. A new concept of temperature regulation. J. Physiol. (Lond.) **173**, 226—237 (1964a).

— — Temperature changes produced by amines injected into the cerebral ventricles during anaesthesia. J. Physiol. (Lond.) **175**, 464—478 (1964b).

—, and S. L. Sherwood: A permanent cannula for intraventricular injections in cats. J. Physiol. (Lond.) **120**, 3—5 P (1953).

— — Injections of drugs into the lateral ventricle of the cat. J. Physiol. (Lond.) **123**, 148—167 (1954).

— — Effects of calcium and potassium injected into the cerebral ventricles of the cat. J. Physiol. (Lond.) **139**, 408—416 (1957).

—, and A. Vartiainen: Further observations on the physiology and pharmacology of a sympathetic ganglion. J. Physiol. (Lond.) **83**, 103—128 (1934).

—, and M. Vogt: Acetylcholine synthesis in different regions of the central nervous system. J. Physiol. (Lond.) **107**, 372—381 (1948).

— B. Minz, and H. Tsudzimura: The mechanism of the nervous discharge of adrenaline. J. Physiol. (Lond.) **81**, 286—304 (1934).

Feldstein, A., H. Hoagland, and H. Freeman: Monoamine oxidase, psychoenergizers, and tranquilizers. Science **130**, 500 (1959).

Fencl, V., Z. Hejl, J. Jirka, J. Madlafousek, and J. Brod: Changes of blood flow in forearm muscle and skin during an acute emotional stress (mental arithmetic). Clin. Sci. **18**, 491—498 (1959).

Ferguson, R. W., B. Folkow, M. G. Mitts, and E. C. Hoff: Effect of cortical stimulation upon epinephrine activity. J. Neurophysiol. **20**, 329—339 (1957).

Ferrini, R., and A. Glässer: Action of guanethidine on the 5-hydroxytryptamine content of the brain. J. Pharm. (Lond.) **15**, 772 (1963).

Ferry, C. B.: The innervation of the vas deferens of the guinea-pig. J. Physiol. (Lond.) **166**, 16 P (1963a).

— The sympathomimetic effect of acetylcholine on the spleen of the cat. J. Physiol. (Lond.) **167**, 487—504 (1963b).

Fessler, J. H., K. E. Cooper, W. I. Cranston, and R. L. Vollum: Observations on the production of pyrogenic substances by rabbit and human leucocytes. J. exp. Med. **113**, 1127—1140 (1961).

FINE, M. B., and R. H. WILLIAMS: Effect of fasting, epinephrine and glucose and insulin on hepatic uptake of nonesterified fatty acids. Amer. J. Physiol. 199, 403—406 (1960).
FINEBERG, S. K.: Obesity and diabetes: a reevaluation. Ann. intern. Med. 52, 750—760 (1960).
— Obesity-diabetes and anorexigenics. J. Amer. med. Ass. 175, 680—684 (1961).
FINGL, E., L. A. WOODBURY, and H. H. HECHT: Effects of innervation and drugs upon direct membrane potentials of embryonic chick myocardium. J. Pharmacol. exp. Ther. 104, 103—114 (1952).
FINK, D. A., and T. E. GAFFNEY: Effects of a $\beta$-oxidase inhibitor on the reversal of adrenergic nerve blockade by $\alpha$-methyldopa. Fed. Prod. 23, 458 (1964).
FINKE, H.: Über die Behandlung des Parkinsonschen Syndroms mit hohen Dosen von Vitamin $B_6$. Münch. med. Wschr. 96, 637—639 (1954).
FINKLEMAN, B.: On the nature of inhibition in the intestine. J. Physiol. (Lond.) 70, 145—157 (1930).
FISCHER, E. H., and E. G. KREBS: Conversion of phosphorylase $b$ to phosphorylase $a$ in muscle extracts. J. biol. Chem. 216, 121—132 (1955).
— D. J. GRAVES, E. R. S. CRITTENDEN, and E. G. KREBS: Structure and site phosphorylated in the phosphorylase $b$ to $a$ reaction. J. biol. Chem. 234, 1698—1704 (1959).
FISCHER, J. E., J. MUSACCHIO, I. J. KOPIN, and J. AXELROD: Effects of denervation on the uptake and $\beta$-hydroxylation of tyramine in the rat salivary gland. Life Sci. 3, 413—419 (1964).
— I. J. KOPIN, and J. AXELROD: Evidence for extraneuronal binding of norepinephrine. J. Pharmacol. exp. Ther. 147, 181—185 (1965).
FISCHER, T., W. RAULE u. R. SERAPHIN: Über die Spontantätigkeit sympathischer Herznerven in Abhängigkeit von Narkose, Blutdruckänderungen, Atmung und Adrenalin. Pflügers Arch. ges. Physiol. 262, 72—91 (1955).
FLÄCHER, F.: Über die Spaltung des sympathischen dl-Suprarenins in seine optisch aktiven Komponenten. Hoppe-Seylers Z. physiol. Chem. 58, 189—194 (1909).
FLECKENSTEIN, A., u. H. BASS: Zum Mechanismus der Wirkungsverstärkung und Wirkungsabschwächung sympathomimetischer Amine durch Cocain und andere Pharmaka. I. Mitt. Die Sensibilisierung der Katzen-Nickhaut für Sympathomimetica der Brenzkatechin-Reihe. Naunyn-Schmiedebergs Arch. exp. Path. Pharmak. 220, 143—156 (1953).
—, and J. H. BURN: The effect of denervation on the action of sympathomimetic amines on the nictitating membrane. Brit. J. Pharmacol. 8, 69—78 (1953).
—, u. D. STÖCKLE: Zum Mechanismus der Wirkungsverstärkung und Wirkungsabschwächung sympathomimetischer Amine durch Cocain und andere Pharmaka. II. Mitt. Die Hemmung der Neuro-Sympathomimetica durch Cocain. Naunyn-Schmiedebergs Arch. exp. Path. Pharmak. 224, 401—415 (1955).
— J. JANKE u. E. GERLACH: Konzentration und Turnover der energiereichen Phosphate des Herzens nach Studien mit Papierchromatographie und Radiophosphor. Klin. Wschr. 37, 451—459 (1959)
FLEMING, W. W., and U. TRENDELENBURG: Development of supersensitivity to norepinephrine after pretreatment with reserpine. J. Pharmacol. exp. Ther. 133, 41—51 (1961).
FLOREY, E.: Über einen nervösen Hemmungsfaktor in Gehirn und Rückenmark. Naturwissenschaften 40, 295—296 (1953).
— Further evidence for the transmitter function of factor I. Naturwissenschaften 44, 424—425 (1957).
— Physiological evidence for naturally occuring inhibitory substances. In: Inhibition in the nervous system and gamma-aminobutyric acid, ed. E. ROBERTS, p. 72—84. Oxford: Pergamon Press 1960.

FOERSTER, O., O. GAGEL u. W. MAHONEY: Vegetative Regulationen. Verh. dtsch. Ges. inn. Med. **49**, 165—187 (1937).
FOLKOW, B.: Impulse frequency in sympathetic vasomotor fibres correlated to the release and elimination of the transmitter. Acta physiol. scand. **25**, 49—76 (1952).
— Nervous control of the blood vessels. Physiol. Rev. **35**, 629—663 (1955).
— The efferent innervation of the cardiovascular system. Verh. dtsch. Ges. Kreisl.-Forsch. **25**, 84—96 (1959).
— Effects of catechol amines on consecutive vascular sections. In: Adrenergic mechanisms. A Ciba foundation symposium. eds. J. R. VANE, G. E. W. WOLSTENHOLME and M. O'CONNOR, p. 190—198. London: J. & A. Churchill, Ltd. 1960.
— Vom Nervensystem ausgehende Einflüsse auf die Strombahn unter besonderer Berücksichtigung der vasoconstriktorisch wirkenden Nervenfasern. In: Schock, Pathogenese und Therapie, Hrsg. K. D. BOCK, S. 69—81. Berlin-Göttingen-Heidelberg: Springer 1962.
—, and U. S. v. EULER: Selective activation of noradrenaline and adrenaline producing cells in the cat's adrenal gland by hypothalamic stimulation. Circulat. Res. **2**, 191—195 (1954).
—, and B. ÖBERG: Autoregulation and basal tone in consecutive vascular sections of the skeletal muscles in reserpine-treated cats. Acta physiol. scand. **53**, 105—113 (1961).
—, and B. UVNÄS: Do adrenergic vasodilator nerves exist? Acta physiol. scand. **20**, 329—337 (1950).
— J. FROST, and B. UVNÄS: Action of adrenaline, nor-adrenaline and some other sympathomimetic drugs on the muscular, cutaneous and splanchnic vessels of the cat. Acta physiol. scand. **15**, 412—420 (1948).
— — — Action of acetylcholine, adrenaline and noradrenaline on the coronary blood flow of the dog. Acta physiol. scand. **17**, 201—205 (1949).
— B. JOHANSSON, and S. MELLANDER: The comparative effects of angiotensin and noradrenaline on consecutive vascular sections. Acta physiol. scand. **53**, 99—104 (1961).
— O. LUNDGREN, and I. WALLENTIN: Studies on the relationship between flow resistance, capillary filtration coefficient and regional blood volume in the intestine of the cat. Acta physiol. scand. **57**, 270—283 (1963).
FOLSOME, C. E., F. HARAMI, S. R. LAVIETES, and G. M. MASSELL: Clinical evaluation of relaxin. Obstet and Gynec. **8**, 536—544 (1956).
FORBES, H. S., and S. S. COBB: Vasomotor control of cerebral vessels. Brain **61**, 221—233 (1938).
FORMAN, S., L. G. MAY, A. BENNETT, M. KOBAYASHI, and R. GREGORY: Effects of pressor and depressor agents on pulmonary and systemic pressures of normotensives and hypertensives. Proc. Soc. exp. Biol. (N.Y.) **83**, 847—850 (1953).
FORSELL, J., and P. MALM: Recurrent pheochromocytoma. Acta med. scand. **163**, 55—60 (1959).
FORSSMAN, O., G. HANSSON, and C. C. JENSEN: The adrenal function in coronary thrombosis. Acta med. scand. **142**, 440—443 (1952).
FORTIER, A., J. LEDUC, and A. D'IORIO: Biochemical composition of the chromaffin granules of the medulla. Rev. canad. Biol. **18**, 110—114 (1959).
FOSTER, M., and S. R. BROWN: The production of dopa by normal pigmented mammalian skin. J. biol. Chem. **225**, 247—252 (1957).
FOUTS, J. R., and B. B. BRODIE: On the mechanism of drug potentiation by iproniazid (2-isopropyl-1-isonicotinyl hydrazine). J. Pharmacol. exp. Ther. **116**, 480—485 (1956).
FOWLER, N. O., R. N. WESTCOTT, R. C. SCOTT, and J. McGUIRE: The effect of norepinephrine upon pulmonary arteriolar resistance in man. J. clin. Invest. **30**, 517—524 (1951).
FRANCIS, C. M.: Histochemical demonstration of amine oxidase in liver. Nature (Lond.) **171**, 701—702 (1953).

FRANK, H. A., M. D. ALTSCHULE, and N. ZAMCHECK: Traumatic shock: IX. Pressor therapy: The effect of paredrine (p-hydroxy-α-methylphenylethylamine hydrobromide) on the circulation in hemorrhagic shock in dogs. J. clin. Invest. 24, 54—61 (1945).
— S. JACOB, H. A. E. WEIZEL, L. REINER, R. COHEN, and J. FINE: Effects of ACTH and cortisone in experimental hemorrhagic shock. Amer. J. Physiol. 180, 282—286 (1955a).
— E. D. FRANK, H. KORMAN, I. A. MACCHI, and O. HECHTER: Corticosteroid output and adrenal blood flow during hemorrhagic shock in the dog. Amer. J. Physiol. 182, 24—28 (1955b).
FRANKENHÄUSER, M., and S. KAREBY: Effect of meprobamate on catecholamine excretion during mental stress. Percept. Motor Skills 15, 571—577 (1962).
—, and B. POST: Catecholamine excretion during mental work as modified by centrally acting drugs. Acta physiol. scand. 55, 74—81 (1962).
— K. STERKY, and G. JAERPE: Psychophysiological relations in habituation to gravitational stress. Percept. Motor Skills 15, 63—72 (1962).
FRANKLIN, K. J.: The action of adrenaline and of acetylcholine on the isolated pulmonary vessels and azygos vein of the dog. J. Physiol. (Lond.) 75, 471—479 (1932).
FRANKSSON, C., C. A. GEMZELL, and U. S. v. EULER: Cortical and medullary adrenal activity in surgical and allied conditions. J. clin. Endocr. 14, 608—621 (1954).
FRANZEN, F., H. KOCH u. K. EYSELL: Körpereigene proteinogene Amine und Nierenfunktion. I. Mitteilung. Diureseversuche an Ratten. Z. ges. exp. Med. 137, 345—355 (1963a).
— H. BLOEDHORN, H. PAULI, H. KOCH u. K. EYSELL: Körpereigene proteinogene Amine und Nierenfunktion. II. Mitteilung. Clearanceuntersuchungen an Hunden und Menschen. Z. ges. exp. Med. 137, 356—366 (1963b).
FREDRICKSON, D. S., and R. S. GORDON jr.: Transport of fatty acids. Physiol. Rev. 38, 585—630 (1958).
FREEDMAN, A. M., P. D. BALES, A. WILLIS, and H. E. HIMWICH: Experimental production of electrical major convulsive patterns. Amer. J. Physiol. 156, 117—124 (1949).
FREEDMAN, D. X., and N. J. GIARMAN: In: EEG and behaviour, ed. G. H. GLASER, p. 198—243. New York: Basic Books 1963.
FREEMAN, N. E.: Decrease in blood volume after prolonged hyperactivity of the sympathetic nervous system. Amer. J. Physiol. 103, 185—202 (1933).
FREINKEL, N.: Extrathyroidal actions of pituitary thyrotropin: Effects on carbohydrate, lipid and respiratory metabolism of rat adipose tissue. J. clin. Invest. 40, 476 (1961).
FREIS, E. D., A. WANKO, H. W. SCHNAPER, and E. D. FROHLICH: Mechanism of the altered blood pressure responsiveness produced by chlorothiazide. J. clin. Invest. 39, 1277—1281 (1960).
FREMONT, R. E., N. M. LUGER, S. N. SURKS, and A. KLEINMAN: Treatment of surgical shock with arterenol. Arch. Surg. 68, 44—56 (1954).
FREUND, H., u. E. GRAFE: Untersuchungen über den nervösen Mechanismus der Wärmeregulation. Naunyn-Schmiedebergs Arch. exp. Path. Pharmak. 70, 135—147 (1912).
—, u. R. STRASMANN: Zur Kenntnis des nervösen Mechanismus der Wärmeregulation. Naunyn-Schmiedebergs Arch. exp. Path. Pharmak. 69, 12—28 (1912).
FRIEDBERG, S. J., W. R. HARLAN, D. L. TRONT, and E. H. ESTES jr.: The effect of exercise on the concentration and turnover of plasma nonesterified fatty acids. J. clin. Invest. 39, 215—220 (1960).
— P. B. SHER, M. D. BOGDONOFF, and E. H. ESTES jr.: The dynamics of plasma free fatty acid metabolism during exercise. J. Lipid Res. 4, 34—38 (1963).
FRIEDEN, E. H.: The effects of estrogen and relaxin upon the uptake of glycine-1-$C^{14}$ by connective tissue in vivo. Endocrinology 59, 69—73 (1956).
—, and F. L. HISAW: The biochemistry of relaxin. Recent Progr. Hormone Res. 8, 333—378 (1953).

FRIEDEN, E. H., M. W. NOALL, and F. ALONSO DE FLORIDA: Non-steroid ovarian hormones. Fractionation of relaxin-containing extracts on oxidized cellulose and Dowex 50. J. biol. Chem. 222, 611—620 (1956).
FRIEDHOFF, A. J., and E. VAN WINKLE: Isolation and characterization of a compound from the urine of schizophrenics. Nature (Lond.) 194, 897—898 (1962).
— — Conversion of dopamine to 3,4-dimethoxyphenylacetic acid in schizophrenic patients. Nature (Lond.) 199, 1271—1272 (1963).
— L. HEKIMIAN, M. ALPERT, and E. TOBACH: Dihydroxyphenylalanine in extrapyramidal disease. J. Amer. med. Ass. 184, 285—286 (1963).
FRIEDMAN, A. H., and G. M. EVERETT: Pharmacological aspects of parkinsonism. Advanc. Pharmacol. 3, 83—127 (1964).
FRIEDMAN, S., and S. KAUFMAN: 3,4-Dihydroxyphenylethylamine $\beta$-hydroxylase: A copper protein. J. biol. Chem. 240, PC 552—554 (1965).
FRITZ, I. B.: Factors influencing the rate of long-chain fatty acid oxidation and synthesis in mammalian systems. Physiol. Rev. 41, 52—129 (1961).
FRÖBERG, S., and L. ORÖ: The effects of nicotinic acid, phentolamine and nethalide on the plasma free fatty acids and the blood pressure in the dog. Acta med. scand. 174, 635—644 (1963).
FRÖHLICH, A. (1901): Zit. nach B. K. ANAND 1961.
—, u. O. LOEWI: Über eine Steigerung der Adrenalinempfindlichkeit durch Cocain. Naunyn-Schmiedebergs Arch. exp. Path. Pharmak. 62, 159—169 (1910).
FÜHNER, H., and E. H. STARLING: Experiments on the pulmonary circulation. J. Physiol. (Lond.) 47, 286—304 (1913).
FÜRTH, O. v.: Zur Kenntnis des Suprarenins (Adrenalins). Mh. Chem. 24, 261—290 (1903).
FURCHGOTT, R. F.: Dibenamine blockade in strips of rabbit aorta and its use in differentiating receptors. J. Pharmacol. exp. Ther. 111, 265—284 (1954).
— The receptors for epinephrine and norepinephrine (adrenergic receptors). Pharmacol. Rev. 11, 429—441 (1959).
— Receptors for sympathomimetic amines. In: Adrenergic mechanisms. A Ciba foundation symposium, eds. J. R. VANE, G. E. W. WOLSTENHOLME, and M. O'CONNOR, p. 246—252. London: J. & A. Churchill 1960.
—, and S. M. KIRPEKAR: Competition between $\beta$-haloalkylamines and norepinephrine for sites in cardiac muscle. Proc. of the First Int. Pharmacol. Meeting, Stockholm 1961, vol. 7. Modern concepts in the relationship between structure and pharmacological activity, eds. K. J. BRUNINGS and P. LINDGREN, p. 339—350. Oxford-London-New York-Paris: Pergamon Press 1963.
— P. WEINSTEIN, H. HUEBL, P. BOZORGMEHRI, and R. MENSENDIEK: Effect of inhibition of monoamine oxidase on response of rabbit aortic strips to sympathomimetic amines. Fed. Proc. 14, 341—342 (1955).
— S. M. KIRPEKAR, M. RIEKER, and A. SCHWAB: Actions and interactions of norepinephrine, tyramine and cocaine on aortic strips of rabbit and left atria of guinea pig and cat. J. Pharmacol. exp. Ther. 142, 39—58 (1963).
FUNDERBURK, W. H., K. F. FINGER, A. B. DRAKONTIDES, and J. A. SCHNEIDER: EEG and biochemical findings with MAO inhibitors. Ann. N.Y. Acad. Sci. 96, 289—302 (1962).
FUXE, K.: Cellular localisation of monoamines in the median eminence and the infundibular stem of some mammals. Z. Zellforsch. 61, 710—724 (1964).
— Evidence for the existence of monoamine neurons in the central nervous system. III. The monoamine nerve terminal. Z. Zellforsch. 65, 573—596 (1965a).
— Evidence for the existence of monoamine neurons in the central nervous system. IV. The distribution of monoamine terminals in the central nervous system. Acta physiol. scand. 64, Suppl. 247, 37—85 (1965b).
—, and N.-Å. HILLARP: Uptake of L-dopa and noradrenaline by central catecholamine neurons. Life Sci. 3, 1403—1405 (1964).

Fuxe, K., and L. Ljunggren: Cellular localization of monoamines in the upper brain stem of the pigeon. J. comp. Neurol. 125, 355—381 (1965a).
—, and Ch. Owman: Cellular localization of monoamines in the area postrema of some mammals. J. comp. Neurol. 125, 337—353 (1965b).
—, and G. Sedvall: Histochemical and biochemical observations on the effect of reserpine on noradrenaline storage in vasoconstrictor nerves. Acta physiol. scand. 61, 121—129 (1964).

Gaddum, J. H.: Substances released in nervous activity. Proc. of the First Int. Pharmacol. Meeting, Stockholm 1961, vol. 8. Pharmacological analysis of central nervous action, eds. W. D. M. Paton and P. Lindgren, p. 1—6. Oxford-London-New York-Paris: Pergamon Press 1963.
— Chemical transmission in the central nervous system. Nature (Lond.) 197, 741—743 (1963).
—, and N. J. Giarman: Preliminary studies on the biosynthesis of 5-hydroxytryptamine. Brit. J. Pharmacol. 11, 88—92 (1956).
—, and L. G. Goodwin: Experiments on liver sympathin. J. Physiol. (Lond.) 105, 357—369 (1946/47).
—, and P. Holtz: The localization of the action of drugs on the pulmonary vessels of dogs and cats. J. Physiol. (Lond.) 77, 139—158 (1933).
—, and H. Kwiatkowski: The action of ephedrine. J. Physiol. (Lond.) 94, 87—100 (1938).
—, and F. Lembeck: The assay of substances from the adrenal medulla. Brit. J. Pharmacol. 4, 401—408 (1949).
—, and H. Schild: A sensitive physical test for adrenaline. J. Physiol. (Lond.) 80, 9—10P (1934).
—, and M. Vogt: Some central actions of 5-hydroxytryptamine and various antagonists. Brit. J. Pharmacol. 11, 175—179 (1956).
— M. A. Khayyal, and H. Rydin: The release of pharmacologically active substances by nerve trunks during electrical stimulation. J. Physiol. (Lond.) 89, 9—10P (1937).
— W. S. Peart, and M. Vogt: The estimation of adrenaline and allied substances in blood. J. Physiol. (Lond.) 108, 467—481 (1949).
Gaffney, T. E.: Effect of guanethidine and bretylium on the dog heart-lung preparation. Circulat. Res. 9, 83—88 (1961).
— D. H. Morrow, and C. A. Chidsey: The role of myocardial catecholamines in the response to tyramine. J. Pharmacol. exp. Ther. 137, 301—305 (1962).
— C. A. Chidsey, and E. Braunwald: Study of the relationship between the neurotransmitter store and adrenergic nerve block induced by reserpine and guanethidine Circulat. Res. 12, 264—268 (1963).
Gal, E. M., P. A. Drewes, and C. A. Barraclough: Effect of reserpine and the metabolism of serotonin in tryptophan deficient rats. Proc. of the First Int. Pharmacol. Meeting, Stockholm 1961, vol. 8. Pharmacological analysis of central nervous action, eds. W. D. M. Paton and P. Lindgren, p. 107—118. Oxford-London-New York-Paris: Pergamon Press 1963.
Gangloff, H., and M. Monnier: Topic action of reserpine, serotonin, and chlorpromazine on the unanesthetized rabbit's brain. Helv. physiol. pharmacol. Acta 15, 83—104 (1957).
Ganrot, P. O., and E. Rosengren: Isolation of a mitochondrial fraction containing monoamine oxidase. Med. exp. (Basel) 6, 315—319 (1962).
— A. M. Rosengren, and E. Rosengren: On the presence of different histidine decarboxylating enzymes in mammalian tissues. Experientia (Basel) 17, 263—264 (1961).
— E. Rosengren, and C. G. Gottfries: Effect of iproniazid on monoamines and monoamine oxidase in human brain. Experientia (Basel) 18, 260—261 (1962).

GARATTINI, S., and L. VALZELLI: Researches on the mechanism of reserpine sedative action. Science **128**, 1278—1279 (1958).
— P. FRESIA, A. MORTARI, and V. PALMA: The pressor effect of reserpine after monoamine-oxidase inhibitors. Med. exp. (Basel) **2**, 252—259 (1960).
GARDIER, R. W., and A. J. ROUSH: Spontaneous and acetylcholine induced post-ganglionic sympathetic activity following P-286. Fed. Proc. **22**, 214 (1963).
— B. E. ABREU, A. B. RICHARDS, and H. C. HERRLICH: Specific blockade of the adrenal medulla. J. Pharmacol. exp. Ther. **130**, 340—345 (1960).
GARDINER, J. E., and J. W. THOMPSON: Lack of evidence for a cholinergic mechanism in sympathetic transmission. Nature (Lond.) **191**, 86 (1961).
GARRETT, J., W. OSSWALD, and M. GONÇALVES MOREIRA: Mechanism of cardiovascular actions of heptanolamines. Brit. J. Pharmacol. **18**, 49—60 (1962).
— — E. RODRIGUES-PEREIRA, and S. GUIMARÃES: Catecholamine release from the isolated perfused adrenal gland. Naunyn-Schmiedebergs Arch. exp. Path. Pharmak. **250**, 325—336 (1965).
GASKELL, J. F.: Adrenalin in annelids. A contribution to the comparative study of the origin of the sympathetic and the adrenalin-secreting systems and of the vascular muscles which they regulate. J. gen. Physiol. **2**, 73—85 (1920).
GASPARINI, F.: Morphologische Befunde an den Pyrenophoren des ganglion cervicale uteri unter Berücksichtigung des Alters und des Funktionszustandes der Geschlechtsorgane. Acta anat. (Basel) **15**, 308—314 (1952).
GASSER, H. S., and W. J. MEEK: A study of the mechanisms by which muscular exercise produces acceleration of the heart. Amer. J. Physiol. **34**, 48—71 (1914).
GAUER, O. H., J. P. HENRY, and H. O. SIEKER: Cardiac receptors and fluid volume control. Progr. cardiovasc. Dis. **6**, 1—26 (1961).
GELDER, M. G., and J. R. VANE: Interaction of the effects of tyramine, amphetamine and reserpine in man. Psychopharmacologia (Berl.) **3**, 231—241 (1962).
GÉLINAS, R., J. PELLERIN, and A. D'IORIO: Biochemical observations of a chromaffine tumour. Rev. canad. Biol. **16**, 445—450 (1957).
GENEST, J., E. KOIW, W. NOWACZYNSKI, and T. SANDOR: Study of urinary adrenocortical hormones in human arterial hypertension. Acta endocr. (Kbh.), Suppl. **51**, 173 (1960a).
— W. NOWACZYNSKI, E. KOIW, T. SANDOR u. P. BIRON: Nebennierenrindenfunktion bei essentieller Hypertonie. In: Int. Symposium der Ciba „Essentielle Hypertonie", S. 143—164. Berlin-Göttingen-Heidelberg: Springer, 1960b.
GÉNIS-GÁLVEZ, J. M.: Innervation of the ciliary muscle. Anat. Rec. **127**, 219—229 (1957).
GEORGES, R. J., and L. G. WHITBY: Urinary excretion of metabolites of catecholamines in normal individuals and hypertensive patients. J. clin. Path. **17**, 64—68 (1964).
GÉRARD, P., R. CORDIER, et L. LISON: Sur la nature de la réaction chromaffine. Bull. Histol. Physiol. **7**, 133—139 (1930).
GERNANDT, B., G. LILJESTRAND, and Y. ZOTTERMANN: Efferent impulses in the splanchnic nerve. Acta physiol. scand. **11**, 230—247 (1946).
GERRITSON, T., S. C. COPPS, and H. A. WAISMAN: Excretion of 3,4-dihydroxyphenylalanine in urine. Biochim. biophys. Acta (Amst.) **53**, 603—605 (1961).
GERSCHENFELD, H. M.: A non-cholinergic synaptic inhibition in the central nervous system of a mollusc. Nature (Lond.) **203**, 415—416 (1964).
GERSTENBRAND, F., u. K. PATEISKY: Über die Wirkung von L-DOPA auf die motorischen Störungen beim Parkinson-Syndrom. Wien. Z. Nervenheilk. **20**, 90—100 (1962).
GERTNER, S. B.: The effects of monoamine oxidase inhibitors on ganglionic transmission. J. Pharmacol. exp. Ther. **131**, 223—230 (1961).
— M. K. PAASONEN, and N. J. GIARMAN: Presence of 5-hydroxytryptamine (serotonin) in perfusate from sympathetic ganglia. Fed. Proc. **16**, 299 (1957).
— — Studies concerning the presence of 5-hydroxytryptamine (serotonin) in the perfusate from the superior cervical ganglion. J. Pharmacol. exp. Ther. **127**, 268—275 (1959).

Gessa, G. L., E. Costa, R. Kuntzmann, and B. B. Brodie: On the mechanism of norepinephrine release by α-methyl-metatyrosine. Life Sci. 1, 353—360 (1962a).
— — — Evidence that the loss of brain catecholamine stores due to blockade of storage does not cause sedation. Life Sci. 1, 441—452 (1962b).
— E. Cuenca, and E. Costa: A bretylium-like action of monoamine oxidase inhibitors. Pharmacologist 4, 179 (1962c).
— — — On the mechanism of hypotensive effects of MAO inhibitors. Ann. N.Y. Acad. Sci. 107, 935—944 (1963).
Gey, K. F., A. Pletscher, and W. Burkard: Effect of inhibitors of monoamine oxidase on various enzymes and on the storage of monoamines. Ann. N.Y. Acad. Sci. 107, 1147—1151 (1963).
Giarman, N. J., and M. Day: Presence of biogenic amines in the bovine pineal body. Biochem. Pharmacol. 1, 235 (1958).
—, and S. Schanberg: The intracellular distribution of 5-hydroxytryptamine (HT; serotonin) in the rat's brain. Biochem. Pharmacol. 1, 301—306 (1959).
Gibelin, M., R. Tourneur, H. Bricaire, J. Baillet, and P. Laudat: Apropos of 700 determinations of urinary catecholamines done particularly in the hypertensive. Ann. Endocr. (Paris) 20, 611—616 (1959).
Gilette, J. R., J. V. Dingell, F. Sulser, R. Kuntzman, and B. B. Brodie: Isolation from rat brain of a metabolic product, desmethylimipramine, that mediates the antidepressant activity of imipramine (Tofranil). Experientia (Basel) 17, 417—418 (1961).
Gilgen, A., R. P. Maickel, O. Nikodijevic, and B. B. Brodie: Essential role of catecholamines in the mobilization of free fatty acids and glucose after exposure to cold. Life Sci. 1, 709—715 (1962).
Gillespie, J. S., and S. M. Kirpekar: The inactivation of infused noradrenaline by the cat spleen. J. Physiol. (Lond.) 176, 205—227 (1965).
—, and B. R. MacKenna: The inhibitory action of nicotine on the rabbit colon. J. Physiol. (Lond.) 152, 191—205 (1960).
— — The inhibitory action of the sympathetic nerves in the smooth muscle of the rabbit gut, its reversal by reserpine and restoration by catecholamines and by dopa. J. Physiol. (Lond.) 156, 17—34 (1961).
Gillespie jr., L., J. A. Oates, J. R. Crout, and A. Sjoerdsma: Clinical and chemical studies with α-methyl-dopa in patients with hypertension. Circulation 25, 281—291 (1962).
— L. L. Terry, and A. Sjoerdsma: The application of a monoamine-oxidase inhibitor, 1-phenyl-2-hydrazinopropane (J. B. 516), to the treatment of primary hypertension. Amer. Heart J. 58, 1—12 (1959).
Gillis, C. N.: Increased retention of exogenous norepinephrine by cat atria after electrical stimulation of the cardioaccelerator nerves. Biochem. Pharmacol. 12, 593—595 (1963).
— The retention of exogenous norepinephrine by rabbit tissues. Biochem. Pharmacol. 13, 1—12 (1964).
—, and C. W. Nash: The initial pressor actions of bretylium tosylate and guanethidine sulfate and their relation to release of catecholamines. J. Pharmacol. exp. Ther. 134, 1—7 (1961).
Gitlow, S. E., M. Mendlowitz, S. Khassis, G. Cohen, and J. Sha: The diagnosis of pheochromocytoma by determination of urinary 3-methoxy-4-hydroxymandelic acid. J. clin. Invest. 39, 221—226 (1960).
— — E. Kruk, and S. Khassis: Diagnosis of phaeochromocytoma by assay of catecholamine metabolites. Circulat. Res. 9, 746—754 (1961).
— — E. K. Wilk, S. Wilk, R. L. Wolf, and N. E. Naftchi: Plasma clearance of d,l-$\beta$-$H^3$-norepinephrine in normal human subjects and patients with essential hypertension. J. clin. Invest. 43, 2009—2015 (1964).
Gjessing, L. R.: Studies of functional neural tumors. I. Urinary 3-methoxy-4-hydroxyphenyl-metabolites. Scand. J. clin. Lab. Invest. 15, 463—473 (1963a).

GJESSING, L. R.: Studies of functional neural tumors. V. Urinary excretion of 3-methoxy-4-hydroxyphenyl-lactic acid. Scand. J. clin. Lab. Invest. 15, 649—653 (1963b).
— Studies of functional neural tumors. VI. Biochemical diagnosis. Scand. J. clin. Lab. Invest. 16, 661—669 (1964).
—, and O. BORUD: Studies of functional neural tumors. VII. Urinary excretion of phenolic pyruvic acids. Scand. J. clin. Lab. Invest. 17, 80—84 (1965).
GLASSER, O., and I. H. PAGE: Experimental hemorrhagic shock; a study of its production and treatment. Amer. J. Physiol. 154, 297—315 (1948).
GLAVIANO, V. V., N. BASS, and F. NYKIEL: Adrenal medullary secretion of epinephrine and norepinephrine in dogs subjected to hemorrhagic hypotension. Circulat. Res. 8, 564—571 (1960).
GLENNER, G. G., J. H. BURTNER, and G. W. BROWN jr.: The histochemical demonstration of monoamine oxidase activity by tetrazolium salts. J. Histochem. Cytochem. 5, 591—600 (1957).
GLITSCH, H. G., H. G. HAAS, and W. TRAUTWEIN: The effect of adrenaline on the K and Na fluxes in the frog's atrium. Naunyn-Schmiedebergs Arch. exp. Path. Pharmak. 250, 59—71 (1965).
GLOVER, W. E., and R. G. SHANKS: The mechanism of the response of the chronically sympathectomized forearm to intravenous adrenaline. J. Physiol. (Lond.) 167, 263—267 (1963).
— A. D. M. GREENFIELD, B. S. L. KIDD, and R. F. WHELAN: The reactions of the capacity blood vessels of the human hand and forearm to vaso-active substances infused intra-arterially. J. Physiol. (Lond.) 140, 113—121 (1958).
GLOW, P. H.: Some aspects of the effects of acute reserpine treatment on behaviour. J. Neurol. Neurosurg. Psychiat. 22, 11—32 (1959).
GLOWINSKI, J.: Metabolism of catecholamines in brain and antidepressant drugs. Int. Symposium on Antidepressant Drugs (Abstr.), Mailand, 1966.
—, and J. AXELROD: Inhibition of uptake of tritiated noradrenaline in the intact rat brain by imipramine and structurally related compounds. Nature (Lond.) 204, 1318—1319 (1964).
— — Effect of drugs on the uptake, release, and metabolism of $H^3$-norepinephrine in the rat brain. J. Pharmacol. exp. Ther. 149, 43—49 (1965).
— I. J. KOPIN, and J. AXELROD: Metabolism of [$^3$H] norepinephrine in the rat brain. J. Neurochem. 12, 25—30 (1965).
GLUCKMANN, M. I., E. R. HART, and A. S. MARRAZZI: Cerebral synaptic inhibition by serotonin and iproniazid. Science 126, 448—449 (1957).
GÖING, H.: Beeinflussung der Fieber erzeugenden Wirkung bakterieller Pyrogene durch Iproniacid, Reserpin und Dibenamin. Arzneimittel-Forsch. 9, 793—794 (1959).
GÖSCHKE, H.: Spezies-Unterschiede bei der Wirkung von Monoaminoxydase-Hemmern. Arch. int. Pharmacodyn. 133, 245—253 (1961).
GOETZL, F R., D. Y. BURRILL, and A. C. IVY: The analgesic effect of morphine alone and in combination with dextro-amphetamine. Proc. Soc. exp. Biol. (N.Y.) 55, 248—250 (1944).
GOFFART, M., and J. M. RITCHIE: The effect of adrenaline on the contraction of mammalian skeletal muscle. J. Physiol. (Lond.) 116, 357—371 (1952).
GOKHALE, S. D., and O. D. GULATI: Potentiation of inhibitory and excitatory effects of catecholamines by bretylium. Brit. J. Pharmacol. 16, 327—334 (1961).
GOLDBERG, L. I.: Monoamine oxidase inhibitors. Adverse reactions and possible mechanisms. J. Amer. med. Ass. 190, 456—462 (1964).
—, and F. M. DACOSTA: Selective depression of sympathetic transmission by intravenous administration of iproniazid and harmine. Proc. Soc. exp. Biol. (N.Y.) 105, 223—227 (1960).
—, and A. SJOERDSMA: Effects of several monoamine oxidase inhibitors on the cardiovascular actions of naturally occurring amines in the dog. J. Pharmacol. exp. Ther. 127, 212—218 (1959).

GOLDBERG, L. I., M. DEV. COTTON, T. D. DARBY, and E. V. HOWELL: Comparative heart contractile force effects of equipressor doses of several sympathomimetic amines. J. Pharmacol. exp. Ther. **108**, 177—185 (1953).
— R. D. BLOODWELL, E. BRAUNWALD, and A. G. MORROW: The direct effects of norepinephrine, epinephrine, and methoxamine on myocardial contractile force in man. Circulation **22**, 1125—1132 (1960a).
— F. M. DACOSTA, and M. OZAKI: Actions of the decarboxylase inhibitor, α-methyl-3,4-dihydroxyphenylalanine in the dog. Nature (Lond). **188**, 502—504 (1960b).
GOLDBERG, N. D., and F. E. SHIDEMAN: Species differences in the cardiac effects of a monoamine oxidase inhibitor. J. Pharmacol. exp. Ther. **136**, 142—151 (1962).
GOLDBLATT, M. W.: A depressor substance in seminal fluid. Chem. and Ind. **52**, 1056-1057 (1933).
— Properties of human seminal plasma. J. Physiol. (Lond.) **84**, 208—218 (1935).
GOLDENBERG, M., and M. M. RAPPORT: Nor-epinephrine and epinephrine in human urine (Addison's disease, essential hypertension, pheochromocytoma). J. clin. Invest. **30**, 641—642 (1951).
— K. L. PINES, E. F. BALDWIN, D. G. GREENE, and C. E. ROH: The hemodynamic response of man to nor-epinephrine and epinephrine and its relation to the problem of hypertension. Amer. J. Med. **5**, 792—806 (1948).
— M. FABER, E. J. ALSTON, and E. C. CHARGAFF: Evidence for the occurrence of norepinephrine in the adrenal medulla. Science **109**, 534—535 (1949).
— H. ARANOW jr., A. SMITH, and M. FABER: Pheochromocytoma and essential hypertensive vascular disease. Arch. intern. Med. **86**, 823—836 (1950).
— I. SERLIN, T. EDWARDS, and M. M. RAPPORT: Chemical screening methods for diagnosis of pheochromocytoma; norepinephrine and epinephrine in human urine. Amer. J. Med. **16**, 310—327 (1954).
GOLDFIEN, A., S. ZILELI, D. GOODMAN, and G. W. THORN: The estimation of epinephrine and norepinephrine in human plasma. J. clin. Endocr. **21**, 281—295 (1961).
GOLDIN, A., D. DENNIS, J. N. VENDITTI, and S. R. HUMPHREYS: Potentiation of pentobarbital anesthesia by isonicotinic acid hydrazide and related compounds. Science **121**, 364 (1955).
GOLDSTEIN, M., and J. F. CONTRERA: The inhibition of norepinephrine and epinephrine synthesis in vitro. Biochem. Pharmacol. **7**, 77—78 (1961a).
— — Inhibition of dopamine-β-oxidase by imipramine. Biochem. Pharmacol. **7**, 278—279 (1961b).
— — Studies on inhibition of 3,4-dihydroxyphenylethylamine (dopamine)-β-oxidase in vitro. Experientia (Basel) **17**, 267 (1961c).
— — The activation and inhibition of phenylamine-β-hydroxylase. Experientia (Basel) **18**, 334 (1962).
—, and J. M. MUSACCHIO: The formation in vivo of N-acetyldopamine and N-acetyl-3-methoxydopamine. Biochim. biophys. Acta (Amst.) **58**, 607—608 (1962).
— — Effects of monoamine oxidase inhibition on biogenic amine metabolism. Ann. N. Y. Acad. Sci. **107**, 840—847 (1963).
— E. LAUBER, and M. R. MCKEREGHAN: The inhibition of dopamine-β-hydroxylase by tropolone and other chelating agents. Biochem. Pharmacol. **13**, 1103—1105 (1964a).
— B. ANAGNOSTE, E. LAUBER, and M. R. MCKEREGHAN: Inhibition of dopamine-β-hydroxylase by disulfiram. Life Sci. **3**, 763—767 (1964b).
GOLENHOFEN, K., H. HENSEL u. J. RUEF: Über die Wirkung von Adrenalin und Noradrenalin auf die Muskeldurchblutung des Menschen und ihre Beeinflussung durch Regitin. Naunyn-Schmiedebergs Arch. exp. Path. Pharmak. **225**, 269—278 (1955).
GOLLWITZER-MEIER, KL.: Venensystem und Kreislaufregulierung. Ergebn. Physiol. **34**, 1145—1255 (1932).
—, und E. WITZLEB: Die Wirkung von l-Noradrenalin auf die Energetik und Dynamik des Warmblüterherzens. Pflügers Arch. ges. Physiol. **255**, 469—475 (1952).

GONÇALVES MOREIRA, M., and W. OSSWALD: Pronethalol-induced reversal of adrenergic vasodepression. Nature (Lond.) 208, 1006—1007 (1966).
GOODALL, McC. Studies of adrenaline and noradrenaline in mammalian heart and suprarenals. Acta physiol. scand. 24, Suppl. 85, 7—51 (1951).
— Metabolic products of adrenaline and noradrenaline in human urine. Pharmacol. Rev. 11, 416—425 (1959).
— Sympathoadrenal response to gravitational stress. J. clin. Invest. 41, 197—202 (1962).
—, and M. L. BERMAN: Urinary output of adrenaline, noradrenaline, and 3-methoxy-4-hydroxymandelic acid following centrifugation and anticipation of centrifugation. J. clin. Invest. 39, 1533—1538 (1960).
—, and N. KIRSHNER: Biosynthesis of adrenaline and noradrenaline by sympathetic nerves and ganglia. Fed. Proc. 16, 49 (1957a).
— — Biosynthesis of adrenaline and noradrenaline in vitro. J. biol. Chem. 226, 213—221 (1957b).
— — Biosynthesis of epinephrine and norepinephrine by sympathetic nerves and ganglia. Circulation 17, 366—371 (1958).
—, and J. A. MONCRIEF: Sympathetic nerve depletion in severe thermal injury. Fed. Proc. 24, 389 (1965).
— C. STONE, and B. W. HAYNES jr.: Urinary output of adrenaline and noradrenaline in severe thermal burns. Ann. Surg. 145, 479—487 (1957).
— L. ROSEN, and N. KIRSHNER: Catabolites of dl-adrenaline-2-$C^{14}$ and effect thereon of Marsilid. Fed. Proc. 17, 56 (1958).
— N. KIRSHNER, and L. ROSEN: Metabolism of noradrenaline in the human. J. clin. Invest. 38, 707—714 (1959).
GOODMAN, D. S., and R. S. GORDON jr.: The metabolism of plasma unesterified fatty acid. Amer. J. clin. Nutr. 6, 669—680 (1958).
GOODMAN, L. S., and A. GILMAN: The pharmacological basis of therapeutics, 2nd ed. New York: Macmillan 1958, p. 479.
GOORMAGHTIGH, N.: Existence of endocrine gland in media of renal arterioles. Proc. Soc. exp. Biol. (N. Y.) 42, 688—689 (1939).
GORDON jr., R. S., and A. CHERKES: Unesterified fatty acid in human blood plasma. J. clin. Invest. 35, 206—212 (1956).
— —, and H. GATES: Unesterified fatty acid in human blood plasma. II. The transport function of unesterified fatty acid. J. clin. Invest. 36, 810—815 (1957).
GORKIN, V. Z.: Partial separation of rat liver mitochondrial amine oxidases. Nature (Lond.) 200, 77 (1963).
— N. V. KOMISAROVA, M. I. LERMAN, and I. V. VERYOVKINA: The inhibition of mitochondrial amine oxidases in vitro by proflavine. Biochem. biophys. Res. Commun. 15, 383—389 (1964).
GORRILL, F. S., J. L. D'SILVA, and R. J. S. McDOWALL: The adrenaline-like substance of cytisus scoparius. J. Physiol. (Lond.) 83, 37 P (1935).
GOTO, M., and A. CSAPO: The effect of ovarian steroids on the membrane potential of the uterus. Biol. Bull. 115, 335 (1958).
— — The effect of ovarian steroids on the membrane potential of uterine muscle. J. gen. Physiol. 43, 455—465 (1959).
GOTTLIEB, R.: Experimentelle Untersuchungen über die Wirkungsweise temperaturherabsetzender Arzneimittel. Naunyn-Schmiedebergs Arch. exp. Path. Pharmak. 26, 419—452 (1890).
— Über die Wirkung der Nebennierenextracte auf Herz und Blutdruck. Naunyn-Schmiedebergs Arch. exp. Path. Pharmak. 38, 99—112 (1897).
— Über die Wirkung des Nebennierenextraktes auf Herz und Gefäße. Naunyn-Schmiedebergs Arch. exp. Path. Pharmak. 43, 286—304 (1900).
— Pharmakologische Untersuchungen über die Stereoisomerie der Kokaine. Naunyn-Schmiedebergs Arch. exp. Path. Pharmak. 97, 113—146 (1923).

GOTTLIEB, R.: Über die pharmakologische Bedeutung des Psikains als Lokalanästhetikum. Münch. med. Wschr. **1924 I**, 850—851

GOTTSTEIN, U.: Der Hirnkreislauf unter dem Einfluß vasoaktiver Substanzen. In: Einzeldarstellungen aus der theoretischen und klinischen Medizin. Heidelberg: Dr. Alfred Hüthig 1962.

— Habil.-Schr., München 1960. Zit. nach G. BODECHTEL, 1962.

—, u. H. HILLE: Die Wirkung von Regitin auf die Adrenalin- und Noradrenalinreaktionen in Haut- und Muskelgefäßen. Z. Kreisl.-Forsch. **44**, 433—441 (1955).

— — u. A. OBERDORF: Die Wirkung von Adrenalin und Noradrenalin auf die Durchblutung der Skeletmuskulatur und der Haut. Pflügers Arch. ges. Physiol. **261**, 78—98 (1955).

— A. BERNSMEIER, H. BLÖMER u. W. SCHIMMLER: Die cerebrale Hämodynamik bei Kranken mit Mitralstenose und kombiniertem Mitralvitium. Klin. Wschr. **38**, 1025—1030 (1960).

GOUSIOS, A., J. FELTS, and R. J. HAVEL: The metabolism of serum triglycerides and free fatty acids by the myocardium. Metabolism **12**, 75—80 (1963).

GOWDEY, C. W., and J. J. PATEL: Response to adrenaline and noradrenaline in cats during hypoxia, hyperventilation and hyperoxia. Arch. int. Pharmacodyn. **150**, 67—84 (1964).

GRAHAM, E. F., and A. E. DRACY: The effect of relaxin and mechanical dilation on the bovine cervix. J. Dairy Sci. **36**, 772—777 (1953).

GRAHAM, M. H., F. M. ABBOUD, and J. W. ECKSTEIN: Effect of norepinephrine on plasma nonesterified fatty acid concentration after administration of cocaine. J. Pharmacol. exp. Ther. **143**, 340—343 (1964).

GRANATA, L., A. HUVOS, and D. E. GREGG: Haemodynamic changes in coronary and mesenteric arterial beds following sympathetic nerve stimulation. Physiologist **4**, 42 (1961).

GRANT, R. T., and R. S. B. PEARSON: The blood circulation in the human limb; observations in the differences between the proximal and distal parts and remarks on the regulation of body temperature. Clin. Sci. **3**, 119—139 (1937/38).

GRAY, E. G., and V. P. WHITTAKER: The isolation of synaptic vesicles from the central nervous system. J. Physiol (Lond.) **153**, 35—37 P (1960).

— — The isolation of nerve endings from brain; an electron-microscopic study of cell fragments derived by homogenization and centrifugation. J. Anat. (Lond.) **96**, 79—88 (1962).

GRAY, I., and P. W. BEETHAM jr.: Changes in plasma concentration of epinephrine and norepinephrine with muscular work. Proc. Soc. exp. Biol. (N. Y.) **96**, 636—638 (1957).

GREEFF, K., u. P. HOLTZ: Über die Uteruswirkung des Adrenalins und Arterenols. Ein Beitrag zum Problem der Uterusinnervation. Arch. int. Pharmacodyn. **88**, 228—252 (1951 a).

— — Unveröffentliche Versuche. 1951 b.

— — Untersuchungen am isolierten Vagus-Magenpräparat. Naunyn-Schmiedebergs Arch. exp. Path. Pharmak. **227**, 427—435 (1956a).

— — Über die Natur des Übertragerstoffes vagal-motorischer Magenerregungen. Naunyn-Schmiedebergs Arch. exp. Path. Pharmak. **227**, 559—565 (1956b).

—, u. H. J. SCHÜMANN: Zur Pharmakologie des Sympathicolyticums 6-Acetoxy-thymoxyäthyldimethylamin. Arzneimittel-Forsch. **3**, 341—345 (1953).

— J. KOCH, W. PLEWA u. R. THAUER: Zur Analyse der quantitativen Beziehungen zwischen Blutverlusten und Entspeicherungsvorgängen der Milz. Pflügers Arch. ges. Physiol. **259**, 454—474 (1954).

— B. G. BENFEY u. A. BOKELMANN: Anaphylaktische Reaktionen am isolierten Herzvorhofpräparat des Meerschweinchens und ihre Beeinflussung durch Antihistaminica, BOL, Dihydroergotamin und Reserpin. Naunyn-Schmiedebergs Arch. exp. Path. Pharmak. **236**, 421—434 (1959).

GREEFF, K., H. KASPERAT u. W. OSSWALD: Paradoxe Wirkungen der elektrischen Vagusreizung am isolierten Magen- und Herzvorhofpräparat des Meerschweinchens sowie deren Beeinflussung durch Ganglienblocker, Sympathicolytica, Reserpin und Cocain. Naunyn-Schmiedebergs Arch. exp. Path. Pharmak. 243, 528—545 (1962).

GREEN, A. L.: The inhibition of dopamine-$\beta$-oxidase by chelating agents. Biochim. biophys. Acta (Amst.) 81, 394—397 (1964).

GREEN, D. E., and D. RICHTER: Adrenaline and adrenochrome. Biochem. J. 31, 596—616 (1937).

GREEN, H., and R. W. ERICKSON: Effect of trans-2-phenylcyclo-propylamine upon norepinephrine concentration and monoamine oxidase activity of rat brain. J. Pharmacol. exp. Ther. 129, 237—242 (1960).

— — Further studies with tranylcypromine (monoamine oxidase inhibitor) and its interaction with reserpine in rat brain. Arch. int. Pharmacodyn. 135, 407—425 (1962).

—, and J. L. SAWYER: Intracellular distribution of norepinephrine in rat brain. I. Effect of reserpine and the monoamine oxidase inhibitors trans-2-phenyl-cyclopropylamine and 1-isonicotinyl-2-isopropyl hydrazine. J. Pharmacol. exp. Ther. 129, 243—249 (1960).

— — Intracellular distribution of serotonin in rat brain. I. Effect of reserpine and the monoamine oxidase inhibitors, tranylcypromine and iproniazid. Arch. int. Pharmacodyn. 135, 426—441 (1962).

— — Biochemical-pharmacological studies with 5-hydroxytryptophan, precursor of serotonin. In: Progress in Brain Research. Vol. 8, Biogenic amines, eds. H. E. HIMWICH and W. A. HIMWICH, p. 150—167 Amsterdam-London-New York: Elsevier Publ. Co. 1964.

—, and R. ERICKSON: Intracellular distribution of noradrenaline in rat brain. Pharmacol. Soc. Meet., Coral Gables, Florida 1959.

GREEN, H. D.: Physiology of peripheral circulation in shock. Fed. Proc. 20, Suppl. 9, 61—68 (1961).

—, and J. H. KEPCHAR: Control of peripheral resistance in major systemic vascular beds. Physiol Rev. 39, 617—686 (1959).

— A. B. DENISON jr., W. O. WILLIAMS jr., A. H. GARVEY, and C. G. TABOR: Comparison of the potency of dibenzyline, ilidar, phentolamine (Regitine) and tolazoline (Priscoline) in blocking the vasoconstrictor responses in canine muscle to lumbar sympathetic stimulation and to intra-arterial injections of l-epinephrine and of l-norepinephrine. J. Pharmacol. exp. Ther. 112, 462—472 (1954).

GREEN, J. D., and A. A. ARDUINI: Hippocampal electrical activity in arousal. J. Neurophysiol. 17, 533—557 (1954).

GREENBERG, R., and CH. B. LAMBETH: Comparison of effect of l-epinephrine and l-norepinephrine on the denervated heart of unanesthetized dogs. Fed. Proc. 11, 497 (1952).

GREENBERG, R. E., and L. I. GARDNER: New diagnostic test for neural tumor of infancy: increased urinary excretion of 3-methoxy-4-hydroxy-mandelic acid and norepinephrine in ganglioneuroma with chronic diarrhea. Pediatrics 24, 683—684 (1959).

— — Catecholamine metabolism in a functional neural tumor. J. clin. Invest. 39, 1729—1736 (1960).

GREENFIELD, A. D. M.: An emotional faint. Lancet 1951 I, 1302—1303.

— Die Wirkung emotioneller Belastungen auf die Durchblutung der quergestreiften Muskulatur. In: Schock, Pathogenese und Therapie, Hrsg. K. D. BOCK. S. 196—199, Berlin-Göttingen-Heidelberg: Springer 1962.

GREER, C. M., J. O. PINKSTON, J. H. BAXTER jr., and F. S. BRANNON: Norepinephrine [$\beta$-(3,4-dihydroxyphenyl)-$\beta$-hydroxyethylamine] as a possible mediator in the sympathetic division of the autonomic nervous system. J. Pharmacol. exp. Ther. 62, 189—227 (1938).

GREER, M., and C. M. WILLIAMS: Dopamine metabolism in Parkinson's disease. Neurology 13, 73—76 (1963).

GREEVER, C. J., and D. T. WATTS: Epinephrine levels in the peripheral blood during irreversible hemorrhagic shock in dogs. Circulat. Res. 7, 192—195 (1959).
GREGG, D. E.: The coronary circulation. Physiol. Rev. 26, 28—46 (1946).
— Coronary circulation in health and disease. Philadelphia: Lea & Febiger 1950.
GREGORY, J. D., and F. LIPPMANN: The transfer of sulfate among phenolic compounds with 3′, 5′-diphosphoadenosine as coenzyme. J. biol. Chem. 229, 1081—1090 (1957).
GREIG, M. E., and A. J. GIBBONS: The effect of D,L-α-ethyltryptamine acetate on serotonin metabolism. Arch. int. Pharmacodyn. 136, 147—152 (1962).
GREMELS, H.: Über die Steuerung der energetischen Vorgänge am Säugetierherzen. Naunyn-Schmiedebergs Arch. exp. Path. Pharmak. 182, 1—54 (1936).
GRIESEMER, E. C., and T. L. GASNER: Altered dopa antagonism of reserpine hypothermia by α-methyl-dopa. Fed. Proc. 21, 333 (1962).
— J. BARSKY, C. A. DRAGSTEDT, J. A. WELLS, and E. A. ZELLER: Potentiating effect of iproniazid on the pharmacological action of sympathomimetic amines. Proc. Soc. exp. Biol. (N. Y.) 84, 699—701 (1953).
— C. A. DRAGSTEDT, J. A. WELLS, and E. A. ZELLER: Adrenergic blockade by iproniazid. Experientia (Basel) 11, 182—183 (1955).
GRIFFITH jr., F. R.: Fact and theory regarding calorigenic action of adrenaline. Physiol. Rev. 31, 151—187 (1951).
— A. OMACHI, J. E. LOCKWOOD, and T. A. LOOMIS: The effect of intravenous adrenalin on blood flow, sugar retention, lactate output and respiratory metabolism of peripheral (leg) tissues in anesthetized cat. Amer. J. Physiol. 149, 64—76 (1947).
GRINSCHGL, G.: Über Vitamin $B_6$ (Pyridoxin) und seinen therapeutischen Wirkungsmechanismus unter besonderer Berücksichtigung extrapyramidaler Störungen. Wien. klin. Wschr. 63, 659—663 (1951).
GROBECKER, H.: Unveröffentlichte Versuche, 1965.
—, u. P. HOLTZ: Über die Brenzkatechinamine im Froschherzen und in der Froschhaut vor und nach Verabfolgung von α-Methyldopa. Experientia (Basel) 22, 42—43 (1966).
— — u. J. JONSSON: Über die Wirkung von Tyramin auf den isolierten Darm. Naunyn-Schmiedebergs Arch. exp. Path. Pharmak. 255, 18—19 (1966).
GRODEN, B. M.: Parkinson occurring with methyldopa treatment. Brit. med. J. 1963 I, 1001.
GROEN, J., H. V. D. GELD, R. E. BOLINGER, and A. F. WILLEBRANDS: The antiinsulin effect of epinephrine. Its significance for the determination of serum insulin by the rat-diaphragm method. Diabetes 7, 272—277 (1958).
GROS, H., M. PETERFALVI, et R. JEQUIER: Exploration à toutes doses d'un dérivé nonsédatif de la réserpine, le R 694, dans le traitement de l'hypertension artérielle. Algérie méd. 63, 297—298 (1959).
GROSS, E. G., H. HOLLAND, H. R. CARTER, and E. M. CHRISTENSEN: Role of epinephrine in analgesia. Anesthesiology 9, 459—471 (1948).
GROSSMANN, A., and R. F. FURCHGOTT: The effects of various drugs on calcium exchange in the isolated guinea-pig left auricle. J. Pharmacol. exp. Ther. 145, 162—172 (1964).
GROSSMAN, M. I., and I. F. STEIN jr.: Vagotomy and hunger-producing action of insulin in man. J. appl. Physiol. 1, 263—269 (1948).
— G. M. CUMMINS, and A. C. IVY: Effect of insulin on food intake after vagotomy and sympathectomy. Amer. J. Physiol. 149, 100—102 (1947).
GROSSMAN, S. P.: Eating or drinking elicited by direct adrenergic or cholinergic stimulation of hypothalamus. Science 132, 301—302 (1960).
GRUBER, C. M.: Studies in fatigue. III. The fatigue threshold as affected by adrenalin and by increased arterial pressure. Amer. J. Physiol. 33, 335—355 (1914).
— Arterial blood pressure and blood flow in skeletal muscles in unanesthetized cats as influenced by intravenous injection of epinephrin. Amer. J. Physiol 89, 650—661 (1929).

GRÜNSTEIN, A. M., u. N. POPOWA: Experimentelle Manganvergiftung. Arch. Psychiat. Nervenkr. 87, 742—755 (1929).
GRUHZIT, C. C., W. A. FREYBURGER, and G. K. MOE: The nature of the reflex vasodilatation induced by epinephrine. J. Pharmacol. exp. Ther. 112, 138—150 (1954).
GRUNDFEST, H., and H. S. GASSER: Properties of mammalian nerve fibers of slowest conduction. Amer. J. Physiol. 123, 307—318 (1938).
GUNN, J. A., M. R. GURD, and I. SACHS: The action of some amines related to adrenaline: methoxy-phenylisopropylamines. J. Physiol. (Lond.) 95, 485—500 (1939).
GUNNE, L.-M.: Noradrenaline and adrenaline in the rat brain during acute and chronic morphine administration and during withdrawal. Nature (Lond.) 184, 1950—1951 (1959).
— Catecholamine metabolism and morphine abstinence. Ann. N. Y. Acad. Sci. 96, 205—210 (1962a).
— Relative adrenaline content in brain tissue. Acta physiol. scand. 56, 324—333 (1962b).
— Catecholamine metabolism in morphine withdrawal in the dog. Nature (Lond.) 195, 815—816 (1962c).
—, and J. JONSSON: Effects of reserpine in rats pretreated with α-methyldopa. J. Pharm. (Lond.) 15, 774—775 (1963).
— — On the occurrence of tyramine in the rabbit brain. Acta physiol. scand. 64, 434—438 (1965).
—, and D. J. REIS: Changes in brain catecholamines associated with electrical stimulation of amygdaloid nucleus. Life Sci. 2, 804—809 (1963).
GURIN, S., and A. M. DELLUVA: The biological synthesis of radioactive adrenalin from phenylalanine. J. biol. Chem. 170, 545—550 (1947).
GUTTMANN, L., J. SILVER, and C. H. WYNDHAM: Thermoregulation in spinal man. J. Physiol. (Lond.) 142, 406—419 (1958).

HA, H., and C. LIU: Synaptology of spinal afferents in the lateral cervical nucleus of the cat. Exp. Neurol. 8, 318—327 (1963).
HAAG, H. W., A. PHILIPPU u. H. J. SCHÜMANN: Freisetzung von Brenzcatechinaminen aus der isoliert durchströmten Nebenniere durch Tyramin und β-Phenyläthylamin. Experientia (Basel) 17, 187—188 (1961).
HAAS, H. G., u. H. G. GLITSCH: Einfluß des Adrenalins auf den Na- und K-Austausch am Froschvorhof. Pflügers Arch. ges. Physiol. 278, 12—13 (1963).
—, and W. TRAUTWEIN: Increase of sodium efflux induced by epinephrine in the heart of the frog. Nature (Lond.) 197, 80—81 (1963a).
— — Natrium-Fluxe am Vorhof des Froschherzens. Pflügers Arch. ges. Physiol. 277, 36—47 (1963b).
HACKMAN, R. H., M. G. M. PRYOR, and A. R. TODD: The occurrence of phenolic substances in arthropods. Biochem. J. 43, 474—477 (1948).
HADDY, F. J., J. SCOTT, M. FLEISHMAN, and D. EMANUEL: Effect of change in flow rate upon renal vascular resistance. Amer. J. Physiol. 195, 111—119 (1958).
HAEFELY, W., A. HÜRLIMANN, and H. THOENEN: The responses to tyramine of the normal and denervated nictitating membrane of the cat: analysis of the mechanisms and sites of action. Brit. J. Pharmacol. 21, 27—38 (1963).
— — — A quantitative study of the effect of cocaine on the response of the cat nictitating membrane to nerve stimulation and to injected noradrenaline. Brit. J. Pharmacol. 22, 2—21 (1964).
HÄGGENDAL, J.: The presence of conjugated adrenaline and noradrenaline in human blood plasma. Acta physiol. scand. 59, 255—260 (1963).
— The presence of 3-O-methylated noradrenaline (normetanephrine) in normal brain tissue. Acta physiol. scand. 59, 261—268 (1963).
—, and T. MALMFORS: Evidence of dopamine-containing neurons in the retina of rabbits. Acta physiol. scand. 59, 295—296 (1963).

HÄGGENDAL, J., and T. MALMFORS: Identification and cellular localization of the catecholamines in the retina and the choroid of the rabbit. Acta physiol. scand. **64**, 58—66 (1965).

HÄRTFELDER, G., G. KUSCHINSKY u. K. H. MOSLER: Über pharmakologische Wirkungen an elektrisch gereizten glatten Muskeln. Naunyn-Schmiedebergs Arch. exp. Path. Pharmak. **234**, 66—78 (1958a).

— — — Der Antagonismus verschiedener Sympathicolytica gegenüber dem inhibitorischen Adrenalin- oder Noradrenalineffekt am elektrisch gereizten Meerschweinchenileum. Naunyn-Schmiedebergs Arch. exp. Path. Pharmak. **234**, 91—101 (1958b).

HAGEN, P.: Biosynthesis of norepinephrine from 3,4-dihydroxy-phenylethylamine (dopamine). J. Pharmacol. exp. Ther. **116**, 26 (1956).

— Observations on the substrate specificity of dopa decarboxylase from ox adrenal medulla, human phaeochromocytoma and human argentaffinoma. Brit. J. Pharmacol. **18**, 175—182 (1962).

—, and R. J. BARNETT: The storage of amines in the chromaffine cell. In: Adrenergic mechanisms. A Ciba foundation symposium, eds. J. R. VANE, G. E. W. WOLSTENHOLME and M. O'CONNOR, p. 83—99. London: J. & A. Churchill, Ltd. 1960.

—, and A. D. WELCH: The adrenal medulla and the biosynthesis of pressor amines. Recent Progr. Hormone Res. **12**, 27—44 (1956).

HAGEN, P. B., and C. W. TOEWS: Unavailability of chromaffin granule adenosine triphosphate for metabolic reactions. Biochim. biophys. Acta (Amst.) **71**, 201—203 (1963).

HAHN, G., u. H. LUDEWIG: Synthese von Tetrahydro-harman-Derivaten unter physiologischen Bedingungen, I. (vorläuf.) Mitteil. Ber. dtsch. chem. Ges. **67**, 2031—2035 (1934).

HÅKANSON, R., and CH. OWMAN: Effect of denervation and enzyme inhibition on dopa decarboxylase and monoamine oxidase activities of rat pineal gland. J. Neurochem. **12**, 417—429 (1965).

HALE, H. B.: Plasma corticosteroid changes during space-equivalent decompression in partial-pressure suits and supersonic flight. Int. Congr. on Hormonal Steroids, Mailand, p. 14—19 (1962).

HALEY, T. J., and W. G. MCCORMICK: Pharmacological effects produced by intracerebral injection of drugs in the conscious mouse. Brit. J. Pharmacol. **12**, 12—15 (1957).

HALL, V. E., and P. B. GOLDSTONE: Influence of epinephrine on shivering and on metabolism in cold. J. Pharmacol. exp. Ther. **68**, 247—251 (1940).

HALLWACHS, O.: Sauerstoffverbrauch und Temperaturverhalten des unnarkotisierten Hundes bei Lufttemperaturen von —10°C bis +35°C. Pflügers Arch. ges. Physiol. **271**, 748—760 (1960).

— R. THAUER u. W. USINGER: Die Bedeutung der tiefen Körpertemperatur für die Auslösung der chemischen Temperaturregulation. II. Kältezittern durch Senkung der tiefen Körpertemperatur bei konstanter, erhöhter Haut- und Hirntemperatur. Pflügers Arch. ges. Physiol. **274**, 115—124 (1961a).

— — — Zentrale extracerebrale Auslösung der chemischen Temperaturregulation. Naturwissenschaften **48**, 458—459 (1961b).

HALPERN, B. N., C. DRUDI-BARACCO, and D. BESSIRARD: DL-Dihydroxy-phenylalanine (dopa) and elementary emotional behavior. C. R. Soc. Biol. (Paris) **157**, 85—90 (1963).

HAMBERGER, B., and D. MASUOKA: Localization of catecholamine uptake in rat brain slices. Acta pharmacol. (Kbh.) **22**, 363—368 (1965).

—, and K.-A. NORBERG: Adrenergic synaptic terminals and nerve cells in bladder ganglia of the cat. Int. J. Neuropharmacol. **4**, 41—45 (1965).

— —, and F. SJÖQVIST: Evidence for adrenergic nerve terminals and synapses in sympathetic ganglia. Int. J. Neuropharmacol. **2**, 279—282 (1963).

— K. A. MALMFORS, K.-A. NORBERG, and CH. SACHS: Uptake and accumulation of catecholamines in peripheral adrenergic neurons of reserpinized animals, studied with a histochemical method. Biochem. Pharmacol. **13**, 841—844 (1964).

— K.-A. NORBERG, and U. UNGERSTEDT: Adrenergic synaptic terminals in autonomic ganglia. Acta physiol. scand. **64**, 285—286 (1965).

HAMBURGER, C.: Zu der Glaukombehandlung. Praktisches und Theoretisches. Klin. Mbl. Augenheilk. 72, 47—56 (1924).

HAMELBERG, W., J. H. SPROUSE, J. E. MAHAFFEY, and J. A. RICHARDSON: Catechol amine levels during light and deep anesthesia. Anesthesiology 21, 297—302 (1960).

HAMILTON, W. F., and J. W. REMINGTON: Some factors in regulation of stroke volume. Amer. J. Physiol. 153, 287—297 (1948).

HAMLIN III, J. T., R. B. HICKLER, and R. G. HOSKINS: Free fatty acid mobilization by neuroadrenergic stimulation in man. J. clin. Invest. 39, 606—609 (1960).

HAMMEL, H. T., C. H. WYNDHAM, and J. D. HARDY: Heat production and heat loss in the dog at 8—36°C environmental temperature. Amer. J. Physiol. 194, 99—108 (1958).

HAMMERL, H., A. MOSTBECK u. O. PICHLER: Klinisch-experimentelle Untersuchungen über die Wirkungsweise und den Angriffspunkt des 2-Phenyl-3-methyl-tetrahydro-1,4-oxazin (Preludin). Wien. klin. Wschr. 68, 665—669 (1956).

HAMMOND, W. G., L. ARONOW, and F. D. MOORE: Studies in surgical endocrinology. III. Plasma concentration of epinephrine and norepinephrine in anesthesia, trauma and surgery, as measured by a modification of the method of WEIL-MALHERBE and BONE. Ann. Surg. 144, 715—732 (1956).

HAMPEL, C. W.: The effect of denervation on sensitivity to adrenine of smooth muscle in the nictitating membrane of cat. Amer. J. Physiol. 111, 611—621 (1935).

HANCE, A. J.: Ph. D. Thesis, University of Birmingham, 1956. Zit. nach P. B. BRADLEY 1960.

HANNON, J. P., E. EVONUK, and A. M. LARSON: Some physiological and biochemical effects of norepinephrine in the cold-acclimatized rat. Fed. Proc. 22, 783—787 (1963).

HANSSON, E.: The formation of pancreatic juice proteins studied with labelled amino acids. Acta physiol. scand. 46, Suppl. 161, 5—99 (1959).

HANZLIK, P. J.: The pharmacology of some amines. J. Pharmacol. exp. Ther. 17, 327—328 (1921).

HARDAWAY, R. M., R. E. NEIMES, J. W. BURNS, H. P. MOCK, and P. T. TRENCHAK: Role of norepinephrine in irreversible hemorrhagic shock. Ann. Surg. 156, 57—60 (1962).

HARDEGG, W., u. E. HEILBRONN: Oxydation von Serotonin und Tyramin durch Rattenlebermitochondrien. Biochim. biophys. Acta (Amst.) 51, 553—560 (1961).

HARDIN, R. A., J. B. SCOTT, and F. J. HADDY: Effect of epinephrine and norepinephrine on coronary vascular resistance in dogs. Amer. J. Physiol. 201, 276—280 (1961).

HARDY, J. D., T. CARTER, and M. D. TURNER: Catecholamine metabolism: peripheral plasma levels of epinephrine (E) and norepinephrine (NE) during laparotomy under different types of anesthesia in dogs, during operation in man (including adrenal vein sampling), and before and following resection of a pheochromocytoma associated with von Recklinghausen's neurofibromatosis. Ann. Surg. 150, 666—683 (1959).

HARE, M. L. C.: Tyramine oxidase. I. A new enzyme system in liver. Biochem. J. 22, 968—979 (1928).

HARLEY-MASON, J., A. H. LAIRD, and J. R. SMYTHIES: The metabolism of mescaline in the human. Confin. neurol. (Basel) 18, 152—155 (1958).

HARRER, G.: Zur Inkompatabilität zwischen Monoaminoxydase-Hemmern und Imipramin. Wien. med. Wschr. 111, 551—553 (1961).

HARRIS, G. W., R. P. MICHAEL, and P. P. SCOTT: Neurological site of action of stilboestrol in eliciting sexual behaviour. In: Ciba Symposium on the neurological basis of behaviour. eds. G. E. W. WOLSTENHOLME and C. M. O'CONNOR, p. 236—254. London: Churchill Ltd. 1958.

HARRIS, S. C.: Clinical useful appetite depressants. Ann. N. Y. Acad. Sci. 53, 121—131 (1955).

— A. C. IVY, and L. M. SEARLE: The mechanism of amphetamine-induced loss of weight. A consideration of the theory of hunger and appetite. J. Amer. med. Ass. 134, 1468—1475 (1947).

HARRISON, D. C., C. A. CHIDSEY, and E. BRAUNWALD: The potentiation of the cardiovascular responses to sympathomimetic amines by reserpine. J. Pharmacol. exp. Ther. 141, 22—29 (1963a).

HARRISON, F.: The hypothalamus and sleep. Ass. Res. nerv. Dis. Proc. 20, 635—656 (1940).

HARRISON, W. H., M. LEVITT, and S. UDENFRIEND: Norepinephrine synthesis and release in vivo mediated by 3,4-dihydroxy-phenethylamine. J. Pharmacol. exp. Ther. 142, 157—162 (1963b).

HART, J. S., O. HÉROUX, and F. DEPOCAS: Cold acclimation and the electromyogram of unanesthetized rats. J. appl. Physiol. 9, 404—408 (1956).

HARTLEB, O., u. J. NÖCKER: Verhalten verschiedener Größen physikalischer Kreislaufanalyse und herzmechanischer Zeitwerte unter Einwirkung von α-Methyl-Dopa. In: Med. Klausurgespräche. 2: „Therapie des Bluthochdrucks. Hrsg. L. HEILMEYER und H. J. HOLTMEIER, S. 134—140. Berlin u. Freiburg: Verl. f. Gesamtm. ed. 1963.

HARTMANN, F. A., H. A. MCCORDOCK, and M. M. LODER: Conditions determining adrenal secretion. Amer. J. Physiol. 64, 1—34 (1923).

HARTMANN, W. J.: The relation of the adrenals to fatigue. Amer. J. Physiol. 59, 463 (1922).

—, R. J. AKAWIE, and W. G. CLARK: Competitive inhibition of 3,4-dihydroxyphenylalanine (Dopa) decarboxylase in vitro. J. biol. Chem. 216, 507—529 (1955a).

—, R. S. POGRUND, W. DRELL, and W. G. CLARK: Studies on the biosynthesis of arterenol. Enzymatic decarboxylation of diastereoisomers of hydroxyphenylserines. J. Amer. chem. Soc. 77, 816—817 (1955b).

HARTMANN VON MONAKOW, K.: Die Bedeutung des Vitamin $B_6$ für die Neurologie. Psychiat. et Neurol. (Basel) 142, 387—403 (1961).

HARTROFT, PH. M.: Juxtaglomerular cells. Circulat. Res. 12, 525—538 (1963).

HARVEY, A. M., and L. LILIENTHAL jr.: Observations on the nature of myasthenia gravis. The intraarterial injection of acetylcholine, prostigmine and adrenaline. Bull. Johns Hopk. Hosp. 69, 566—577 (1941).

HARVEY, J. A., A. HELLER, and R. Y. MOORE: The effect of unilateral and bilateral medial forebrain bundle lesions on brain serotonin. J. Pharmacol. exp. Ther. 140, 103—110 (1963).

HARVEY, S. C., and M. NICKERSON: Adrenergic inhibitory function in the rabbit: epinephrine reversal and isopropylnorepinephrine vasodepression. J. Pharmacol. exp. Ther. 108, 281—291 (1953).

— E. G. COPEN, D. W. ESKELSON, S. R. GRAFF, L. D. POULSEN, and D. L. RASMUSSEN: Autonomic pharmacology of the chicken with particular reference to adrenergic blockade. J. Pharmacol. exp. Ther. 112, 8—22 (1954).

HASHIMOTO, K., T. SHIGEI, S. IMAI, Y. SAITO, N. YAGO, I. UEI, and R. E. CLARK: Oxygen consumption and coronary vascular tone in the isolated fibrillating dog heart. Amer. J. Physiol. 198, 965—970 (1960).

HASHIMOTO, M.: Fieberstudien. I. Mitt. Über die spezifische Überempfindlichkeit des Wärmezentrums an sensibilisierten Tieren. Naunyn-Schmiedebergs Arch. exp. Path. Pharmak. 78, 370—393 (1915a).

— Fieberstudien. II. Mitt. Über den Einfluß unmittelbarer Erwärmung und Abkühlung des Wärmezentrums auf die Temperaturwirkungen von verschiedenen pyrogenen und antipyretischen Substanzen. Naunyn-Schmiedebergs Arch. exp. Path. Pharmak. 78, 394—444 (1915b).

HASSELBACH, W.: Mechanismen der Muskelkontraktion und ihre intracelluläre Steuerung. Naturwissenschaften 50, 249—256 (1963).

—, u. O. LEDERMAIR: Der Kontraktionscyclus der isolierten contractilen Strukturen der Uterusmuskulatur und seine Besonderheiten. Pflügers Arch. ges. Physiol. 267, 532—542 (1958).

Hasselbach, W., u. M. Makinose: Die Calciumpumpe der ,,Erschlaffungsgrana" des Muskels und ihre Abhängigkeit von der ATP-Spaltung. Biochem. Z. **333**, 518—528 (1961).
— — ATP and active transport. Biochem. biophys. Res. Commun. **7**, 132—136 (1962).
— — Über den Mechanismus des Calciumtransportes durch die Membranen des sarkoplasmatischen Reticulums. Biochem. Z. **339**, 94—111 (1963).
Hassler, R.: Über die afferenten Bahnen und Thalamuskerne des motorischen Systems des Großhirns. I. Mitt. Bindearm und Fasciculus thalamicus. Arch. Psychiat. Nervenkr. **182**, 759—785 (1949a).
— Über die afferenten Bahnen und Thalamuskerne des motorischen Systems des Großhirns. II. Mitt. Weitere Bahnen aus Pallidum, Ruber, vestibulärem System zum Thalamus; Übersicht und Besprechung der Ergebnisse. Arch. Psychiat. Nervenkr. **182**, 786—818 (1949b).
— Die extrapyramidalen Rindensysteme und die zentrale Regelung der Motorik. Dtsch. Z. Nervenheilk. **175**, 233—258 (1956).
Haugaard, N.: Role of the phosphorylase enzymes in cardiac contraction: a proposed theory for the rhythmical production of energy in the heart. Nature (Lond.) **197**, 1072—1074 (1963).
—, and M. E. Hess: Actions of autonomic drugs on phosphorylase activity and function. Pharmacol. Rev. **17**, 27—69 (1965).
— — J. Shanfeld, G. Inesi, and W. R. Kukovetz: The determination of phosphorylase activity in perfused rat heart. J. Pharmacol. exp. Ther. **131**, 137—142 (1961).
Hausberger, F. X.: Über die Innervation des Fettorgans. Z. mikr.-anat. Forsch. **36**, 231—266 (1934).
Hauschild, F.: Tierexperimentelles über eine peroral wirksame zentralanaleptische Substanz mit peripherer Kreislaufwirkung. Klin. Wschr. **17**, 1257—1258 (1938).
— Zur Pharmakologie des 1-Phenyl-2-methylamino-propans (Pervitin). Naunyn-Schmiedebergs Arch. exp. Path. Pharmak. **191**, 464—481 (1939).
Havel, R. J: Catechol. amines. In: Lipid pharmacology, p. 357—380, ed. R. Paoletti. New York—London: Academic Press 1964.
—, and A. Goldfien: The role of the sympathetic nervous system in the metabolism of free fatty acids. J. Lipid Res. **1**, 102—108 (1959).
— A. Naimark, and C. F. Borchgrevink: Turnover rate and oxidation of free fatty acids of blood plasma in man during exercise: Studies during continuous infusion of palmitate-1-$C^{14}$. J. clin. Invest. **42**, 1054—1062 (1963).
Hawkins, J.: The localization of amine oxidase in the liver cell. Biochem. J. **50**, 577—581 (1952a).
— Amine oxidase activity of rat liver in riboflavin deficiency. Biochem. J. **51**, 399—404 (1952b).
Hayaishi, O., and S. Udenfriend: Zit. nach J. W. Daly and B. Witkop (1963).
Hazard, R., M. Beauvallet et R. Gindicelli: Inversion par l'ergotamine des effets hypotenseurs exercés par deux amino-alcools diphénoliques apparentés à l'adrénaline. C. R. Soc. Biol. (Paris) **141**, 591—592 (1947).
Heald, P. J.: Phosphorous metabolism of brain. London: Pergamon Press 1960.
Heard, R. D. H., and H. S. Raper: A study of the oxidation of 3,4-dihydroxyphenyl-N-methylalanine with reference to its possible function as a precursor of adrenaline. Biochem. J. **27**, 36—57 (1933).
Hebb, C. O.: Biochemical evidence for the neural function of acetylcholine. Physiol. Rev. **37**, 196.—220 (1957).
—, and H. Konzett: Vaso- and bronchodilator effects of N-isopropyl-norepinephrine in isolated perfused dog lungs. J. Pharmacol. exp. Ther. **96**, 228—237 (1949).
—, and A. Silver: Choline acetylase in the central nervous system of man and some other mammals. J. Physiol. (Lond.) **134**, 718—728 (1956).

HECHTER, O., R. P. JACOBSEN, V. SCHENKER, H. LEVY, R. W. JEANLOZ, C. W. MARSHALL, and G. PINCUS: Chemical transformation of steroids by adrenal perfusion: perfusion methods. Endocrinology 52, 679—691 (1953).
HEEGAARD, E. V., and G. A. ALLES: Inhibitor specificity of amine oxidase. J. biol. Chem. 147, 505—513 (1943).
HEILBRUNN, L. V., and F. J. WIERCINSKI: The action of various cations on muscle protoplasm. J. cell. comp. Physiol. 29, 15—32 (1947).
HEIMBERG, M., and N. B. FIZETTE: The action of norepinephrine on the transport of fatty acids and triglycerides by the isolated perfused rat liver. Biochem. Pharmacol. 12, 392—394 (1963).
HELLER, A., J. A. HARVEY, and R. Y. MOORE: A demonstration of a fall in brain serotonin following central nervous system lesions in the rat. Biochem. Pharmacol. 11, 859—866 (1962).
— — — The effect of central nervous system lesions in the rat on brain serotonin. In: Progress in brain research, vol. 8: Biogenic Amines eds. H. E. HIMWICH and W. A. HIMWICH, p. 53—55. Amsterdam-London-New York: Elsevier Publ. Co. 1964.
HELLER, J., u. P. HOLTZ: Über die Bedeutung des Pituitrins in der Physiologie der Geburt. Klin. Wschr. 10, 1767—1768 (1931).
—, and P. HOLTZ: The significance of the pituitary in parturition. J. Physiol. (Lond.) 74, 134—146 (1932).
HEMPEL, K., u. M. DEIMEL: Untersuchungen zur gezielten Strahlentherapie des Melanoms und des chromaffinen Systems durch selektive H-3-Inkorporation nach Gabe von H-3-markiertem Dopa. Strahlentherapie 121, 22—45 (1963).
HENLE, J.: Über das Gewebe der Nebenniere und der Hypophyse. Z. rat. Med. 24, 143—152 (1865).
HENSEL, H., J. RUEF u. K. GOLENHOFEN: Die Muskel- und Hautdurchblutung des Menschen bei Einwirkung vasoaktiver Substanzen. Kreisl.-Forsch. 43, 756—771 (1954).
HERBEUVAL, R., et G. MASSE: Comparative effects of guanethidine on urinary elimination of catecholamines in the normal rat and hypertensive rat. C. R. Soc. Biol. (Paris) 157, 154—156 (1963).
HERING, H. E.: Die Karotissinusreflexe auf Herz und Gefäße. Leipzig: Theodor Steinkopff 1927.
HERMANN, H., J. CHATONNET et J. VIAL: Effets de fortes excitations sur les teneurs respectives de la grande surrénale en adrénaline et en noradrénaline. C. R. Soc. Biol. (Paris) 146, 1318—1320 (1952).
HEROLD, M., J. CAHN, C. HELBECQUE et O. KABACOFF: Action de quelques inhibiteurs de la L-Dopadecarboxylase à l'égard de différents types de convulsions. C. R. Soc. Biol. (Paris) 156, 1273—1276 (1962).
HÉROUX, O.: Comparison between seasonal and thermal acclimation in white rats. Canad. J. Biochem. 39, 1829—1836 (1961).
HERRLICH, P., u. C. E. SEKERIS: Vorkommen von Protocatechualdehyd bei einem Fall von bösartigem Phäochromocytom. Biochim. biophys. Acta (Amst.) 78, 750 (1963).
— — Identifizierung von N-Acetyl-noradrenalin im Urin eines Patienten mit Neuroblastom. Hoppe-Seylers Z. physiol. Chem. 339, 249—250 (1964).
HERRMANN, B., u. R. PULVER: Der Stoffwechsel des Psychopharmakons Tofranil. Arch. int. Pharmacodyn. 126, 454—469 (1960).
HERTTING, G.: Abbau und Ausscheidung von Tritium-markiertem Isoprenalin. Naunyn-Schmiedebergs Arch. exp. Path. Pharmak. 247, 302—303 (1964a).
— The fate of $H^3$-iso-proterenol in the rat. Biochem. Pharmacol. 13, 1119—1128 (1964b).
—, and E. H. LABROSSE: Biliary and urinary excretion of metabolites of 7-$H^3$-epinephrine in the rat. J. biol. Chem. 237, 2291—2295 (1962).
—, u. TH. SCHIEFTHALER: Beziehung zwischen Durchflußgröße und Noradrenalinfreisetzung bei Nervenreizung der isoliert durchströmten Katzenmilz. Naunyn-Schmiedebergs Arch. exp. Path. Pharmak. 246, 13—14 (1963).

HERTTING, G., u. TH. SCHIEFTHALER: The effect of stellate ganglion excision on the catecholamine content and the uptake of $H^3$-norepinephrine in the heart of the cat. Int. J. Neuropharmacol. 3, 65—69 (1964).
—, u. S. WIDHALM: Über den Mechanismus der Noradrenalin-Freisetzung aus sympathischen Nervenendigungen. Naunyn-Schmiedebergs Arch. exp. Path. Pharmak. 250, 257—258 (1965).
— J. AXELROD, and R. W. PATRICK: Actions of cocaine and tyramine on the uptake and release of $H^3$-norepinephrine in the heart. Biochem. Pharmacol. 8, 246—248 (1961a).
— —, and L. G. WHITBY: Effect of drugs on the uptake and metabolism of $H^3$-norepinephrine. J. Pharmacol. exp. Ther. 134, 146—153 (1961b).
— — I. J. KOPIN, and L. G. WHITBY: Lack of uptake of catecholamines after chronic denervation of sympathetic nerves. Nature (Lond.) 189, 66 (1961c).
— —, and R. W. PATRICK: Actions of bretylium and guanethidine on the uptake and release of [$^3$H]-noradrenaline. Brit. J. Pharmacol. 18, 161—166 (1962a).
— I. J. KOPIN, and E. GORDON: The uptake, release and metabolism of norepinephrine-7-$H^3$ in the isolated perfused rat heart. Fed. Proc. 21, 331 (1962b).
— L. T. POTTER, and J. AXELROD: Effect of decentralization and ganglionic blocking agents on the spontaneous release of $H^3$-norepinephrine. J. Pharmacol. exp. Ther. 136, 289—292 (1962c).
HERVEY, G. R.: The effects of lesions in the hypothalamus in parabiotic rats. J. Physiol. (Lond.) 145, 336—352 (1959).
HERWICK, R. P., C. R. LINEGAR, and T. KOPPANYI: The effect of anesthesia on the vasomotor reversal. J. Pharmacol. exp. Ther. 65, 185—190 (1939).
HESS, M. E., and N. HAUGAARD: The effect of epinephrine and aminophylline on the phosphorylase activity of perfused contracting heart muscle. J. Pharmacol. exp. Ther. 122, 169—175 (1958).
— J. SHANFELD, and N. HAUGAARD: The influence of sympathetic activity on rat heart phosphorylase. J. Pharmacol. exp. Ther. 131, 143—146 (1961a).
— — — The role of the autonomic nervous system in the regulation of heart phosphorylase in the open-chest rat. J. Pharmacol. exp. Ther. 135, 191—196 (1962).
HESS, S. M., and W. DOEPFNER: Behavioral effects and brain amine content in rats. Arch. int. Pharmacodyn. 134, 89—99 (1961).
—, and S. UDENFRIEND: A fluorometric procedure for the measurement of tryptamine in tissues. J. Pharmacol. exp. Ther. 127, 175—177 (1959).
— P. A. SHORE, and B. B. BRODIE: Persistence of reserpine action after the disappearance of drug from brain: effect of serotonin. J. Pharmacol. exp. Ther. 118, 84—89 (1956).
— B. G. REDFIELD, and S. UDENFRIEND: The effect of monoamine oxidase inhibitors and tryptophan on the tryptamine content of animal tissues and urine. J. Pharmacol. exp. Ther. 127, 178—181 (1959).
—, R. H. CONNAMACHER, M. OZAKI, and S. UDENFRIEND: The effects of α-methyl-dopa and α-methyl-meta-tyrosine on the metabolism of norepinenphrine and serotonin in vivo. J. Pharmacol. exp. Ther. 134, 129—138 (1961b).
HESS, W. R.: Die Funktionen des vegetativen Nervensystems. Klin. Wschr. 9, 1009—1012 (1930).
— Die Regulierung des Blutkreislaufes. Leipzig: Georg Thieme 1930.
— Der Schlaf. Klin. Wschr. 12, 129—134 (1933).
— Die funktionelle Organisation des vegetativen Nervensystems. Basel: Benno Schwabe & Co. 1948.
— Das Zwischenhirn. Basel: Benno Schwabe & Co. 1954.
— Hypothalamus und Thalamus. Stuttgart: Georg Thieme 1956.
— Die physiologische Grundlage der Psychosomatik. Dtsch. med. Wschr. 86, 3—7 (1961).
—, u. M. BRÜGGER: Das subkortikale Zentrum der affektiven Abwehrreaktion. Helv. physiol. pharmacol. Acta 1, 33—52 (1943).

HETHERINGTON, A. W.: Non-production of hypothalamic obesity in rat by lesions rostral or dorsal to ventromedial hypothalamic nuclei. J. comp. Neurol. 80, 33—45 (1944).
—, and S. W. RANSON: The spontaneous activity and food intake of rats with hypothalamic lesions. Amer. J. Physiol. 136, 609—617 (1943).
HEUSER, G., N. A. BUCHWALD, and E. J. WYERS: The „Caudate-Spindle". II. Facilitatory and inhibitory caudate-cortical pathways. Electroenceph. clin. Neurophysiol. 13, 519—524 (1961).
HEYL, D., E. LUZ, S. A. HARRIS, and K. FOLKERS: Additional pyridoxylideneamines and pyridoxylamines. J. Amer. chem. Soc. 74, 414—416 (1952).
HEYMANS, C.: Le sinus carotidien, zone réflexogène régulatrice du tonus vagal cardiaque, du tonus neurovasculaire et de l'adrénalinosécrétion. Arch. int. Pharmacodyn. 35, 269—306 (1929a).
— Au sujet de l'influence de l'adrénaline et de l'éphédrine sur les centres vasorégulateurs. Arch. int. Pharmacodyn. 35, 307—313 (1929b).
— Le sinus carotidien isolé et perfusé, zone réflexogène régulatrice de l'adrénalinosécrétion. C. R. Soc. Biol. (Paris) 100, 199—201 (1929c).
—, et J. J. BOUCKAERT: Mécanisme neuro-humoral adrénalinique des surrénales et régulation vasomotrice de la circulation. Arch. int. Pharmacodyn. 48, 191—195 (1934).
—, et G. VAN den HEUVEL-HEYMANS: Action of drugs on arterial wall of carotid sinus and blood pressure (preliminary communication). Arch. int. Pharmacodyn. 83, 520—528 (1950).
—, and E. NEIL: Reflexogenic areas of the cardiovascular system. London: J. & A. Churchill, Ltd. 1958.
—, et P. REGNIERS: Influence de l'ergotamine sur les réflexes cardio-vasculaires du sinus carotidien. Arch. int. Pharmacodyn. 36, 116—121 (1929).
— — Beziehungen zwischen Blutdruck, Herzfrequenz, Blutgefäßtonus und Lungenventilation. Klin. Wschr. 15, 673—677 (1930).
— J. J. BOUCKAERT, S. FARBER, and F. Y. HSU: Spinal vasomotor reflexes associated with variations in blood pressure. Amer. J. Physiol. 117, 619—625 (1936).
HICKLER, R. B., J. T. HAMLIN, and R. E. WELLS jr.: Plasma norepinephrine response to tilting in essential hypertension. Circulation 20, 422—426 (1959).
HIEBEL, G., M. BONVALLET, P. HUVÉ et P. DELL: Analyse neurophysiologique de l'action centrale de la d-amphétamine (maxiton). Sem. Hôp. Paris 30, 1880—1887 (1954).
HIFT, H., and H. A. CAMPOS: Changes in the subcellular distribution of cardiac catecholamines in dogs dying in irreversible haemorrhagic shock. Nature (Lond.) 196, 678—679 (1962).
HIGHMAN, B., H. M. MALING, and E. C. THOMPSON: Serum transaminase and alcaline phosphatase levels after large doses of norepinephrine and epinephrine in dogs. Amer. J. Physiol. 196, 436—440 (1959).
HILDES, J. A., S. H. PURSER, and S. SHERLOCK: The effects of intra-arterial adrenaline on carbohydrate metabolism in man. J. Physiol. (Lond.) 109, 232—239 (1949).
HILLARP, N.-Å.: Enzymic systems involving adenosinephosphates in the adrenaline and noradrenaline containing granules of the adrenal medulla. Acta physiol. scand. 42, 144—165 (1958a).
— Adenosinephosphates and inorganic phosphate in the adrenaline and noradrenaline containing granules of the adrenal medulla. Acta physiol. scand. 42, 321—332 (1958b).
— Isolation and some biochemical properties of the catechol amine granules in the cow adrenal medulla. Acta physiol. scand. 43, 82—96 (1958c).
— The release of catechol amines from the amine containing granules of the adrenal medulla. Acta physiol. scand. 43, 292—302 (1958d).
— Further observations on the state of the catechol amines stored in the adrenal medullary granules. Acta physiol. scand. 47, 271—279 (1959).
— Catecholamines: Mechanism of storage and release. Abstr. I. Int. Congr. Endocrinol., Copenhagen, 1960. Acta endocr. (Kbh.), Suppl. 50, 181—185 (1960a).

HILLARP, N.-Å.: Different pools of catecholamines stored in the adrenal medulla. Acta physiol. scand. **50**, 8—22 (1960b).
— Effect of reserpine on the nucleotide and catecholamine content of the denervated adrenal medulla of the rat. Nature (Lond.) **187**, 1032 (1960c).
— Some problems concerning the storage of catechol amines in the adrenal medulla. In: Adrenergic mechanisms. A Ciba foundation symposium, eds. J. R. VANE, G. E. W. WOLSTENHOLME and M. O'CONNOR, p. 481—501. London: J. & A. Churchill, Ltd. 1960d.
—, and B. HÖKFELT: Evidence of adrenaline and noradrenaline in separate adrenal medullary cells. Acta physiol. scand. **30**, 55—68 (1953).
— — Cytological demonstration of noradrenaline in the suprarenal medulla under conditions of varied secretory activity. Endocrinology **55**, 255—260 (1954).
— — Histochemical demonstration of noradrenaline and adrenaline in the adrenal medulla. J. Histochem. Cytochem. **3**, 1—5 (1955).
—, and T. MALMFORS: Reserpine and cocaine blocking of the uptake and storage mechanisms in adrenergic nerves. Life Sci. **3**, 703—708 (1964).
—, and B. NILSON: Some quantitative analyses of the sympathomimetic amine containing granules in the adrenal medullary cell. Acta physiol. scand. **32**, 11—18 (1954a).
— — The structure of the adrenaline and noradrenaline containing granules in the adrenal medullary cells with reference to the storage and release of the sympathomimetic amines. Acta physiol. scand. **31**, Suppl. 113, 79—107 (1954b).
—, and G. THIEME: Nucleotides in the catechol amine granules of the adrenal medulla. Acta physiol. scand. **45**, 328—338 (1959).
— S. LAGERSTEDT, and B. NILSON: The isolation of a granular fraction from the suprarenal medulla, containing the sympathomimetic catechol amines. Acta physiol. scand. **29**, 251—263 (1953).
— B. HÖKFELT, and B. NILSON: Cytology of adrenal medullary cells with special reference to storage and secretion of sympathomimetic amines. Acta anat. (Basel) **21**, 155—167 (1954).
— B. NILSON, and B. HÖGBERG: Adenosine triphosphate in the adrenal medulla of the cow. Nature (Lond.) **176**, 1032—1033 (1955).
— B. JÖNSSON, and G. THIEME: Adenosinephosphates in the rat adrenal medulla. I. Adrenal medulla in minimal secretory activity. Acta physiol. scand. **47**, 310—319 (1959).
— M. LINDQVIST, and A. VENDSALU: Catechol amines and nucleotides in pheochromocytoma. Exp. Cell Res. **22**, 40—44 (1961).
HILTON, S. M.: A peripheral arterial conducting mechanism underlying dilatation in the femoral artery and concerned in functional vasodilatation in skeletal muscle. J. Physiol. (Lond.) **149**, 93—111 (1959).
—, and A. W. ZBROZYNA: Amygdaloid region for defence reactions and its efferent pathway to the brain stem. J. Physiol. (Lond.) **165**, 160—173 (1963).
HILZ, K.: Vergleichende experimentelle Untersuchungen über die Einwirkung von p-Oxyphenyläthylamin (Tyramin) und Suprarenin auf den überlebenden Darm und Uterus verschiedener Säugetiere. Naunyn-Schmiedebergs Arch. exp. Path. Pharmak. **94**, 129—148 (1922).
HIMWICH, H. E., and F. RINALDI: The effect of drugs on the reticular system. In: Brain mechanism and drug action, ed. W. E. FIELDS, p. 15—44. Springfield (Ill.): Ch. C. Thomas 1957.
HIMWICH, W. A., and E. COSTA: Behavioral changes associated with changes in concentrations of brain serotonin. Fed. Proc. **19**, 838—845 (1960).
HIRSCH, J.: Composition of adipose tissue. In: Adipose tissue as an organ, ed. L. W. KINSELL, p. 79—94. Springfield (Ill.) and New York: Ch. C. Thomas 1962.
HIRSCHMANN, J., u. K. MAYER: Zur Beeinflussung der Akinese und anderer extrapyramidal-motorischer Störungen mit L-Dopa (L-Dihydroxy-phenylalanin). Dtsch. med. Wschr. **40**, 1877—1880 (1964).

HISAW, F. L.: Experimental relaxation of the pubic ligament of the guinea pig. Proc. Soc. exp. Biol. (N.Y.) **23**, 661—663 (1926).

HJORT, A. M., L. O. RANDALL, and E. J. DE BEER: The pharmacology of compounds related to $\beta$-2,5-dimethoxy phenethyl amine. I. The ethyl, isopropyl and propyl derivatives. J. Pharmacol. exp. Ther. **92**, 283—290 (1948).

HO, R. J., and H. C. MENG: The extracortical action of adrenocorticotrophic hormones on the elevation of plasma free fatty acids. Metabolism **13**, 361—364 (1964).

HOCKADAY, T. D. R.: Rapid action of hydrocortisone on the increase in blood glucose after adrenaline. Nature (Lond.) **203**, 1242—1243 (1964).

HÖKFELT, B.: Noradrenaline and adrenaline in mammalian tissues. Distribution under normal and pathological conditions with special reference to the endocrine system. Acta physiol. scand. **25**, Suppl. 92, 5—130 (1951).

—, and J. McLEAN: The adrenaline and noradrenaline content of the suprarenal glands of the rabbit under normal conditions and after various forms of stimulation. Acta physiol. scand. **21**, 258—270 (1950).

— S. BYGDEMAN u. J. SEKKENES: Die Beteiligung der Nebennieren am Endotoxinschock. In: Schock, Pathogenese und Therapie, Hrsg. K. D. BOCK, S. 169—179. Berlin-Göttingen-Heidelberg: Springer 1962.

HOFFER, A.: Adrenochrome in blood plasma. Amer. J. Psychiat. **114**, 752—753 (1958).

— The effect of adrenochrome and adrenolutin on the behavior of animals and the psychology of man. Int. Rev. Neurobiol. **4**, 307—371 (1962).

— The adrenochrome theory of schizophrenia: a review. Dis. nerv. Syst. **25**, 173—178 (1964).

— H. OSMOND, and J. R. SMYTHIES: Schizophrenia: new approach; result of year's research. J. ment. Sci. **100**, 29—45 (1954).

HOFFMANN, F., E. J. HOFFMANN, S. MIDDLETON, and J. TALESNIK: The stimulating effect of acetylcholine on the mammalian heart and the liberation of an epinephrine-like substance by the isolated heart. Amer. J. Physiol. **144**, 189—198 (1945).

HOHENLEITNER, F. J., and J. J. SPITZER: Changes in plasma free fatty acid concentrations on passage through the dog kidney. Amer. J. Physiol. **200**, 1095—1098 (1961).

HOKIN, M. R., B. G. BENFEY, and L. E. HOKIN: Phospholipides and adrenaline secretion in guinea pig adrenal medulla. J. biol. Chem. **233**, 814—817 (1958).

HOLLAND, G. F., C. J. BUCK, and A. WEISSMAN: Anorexigenic agents: Aromatic substituted 1-phenyl-2-propylamines. J. Med. Chem. **6**, 519—524 (1963).

HOLLAND, W. C., and H. J. SCHÜMANN: Formation of catechol amines during splanchnic stimulation of the adrenal gland of the cat. Brit. J. Pharmacol. **11**, 449—453 (1956).

HOLLANDER, W.: Effects of vasopressor agents on the synthesis of mucopolysaccharides and lipids by the arterial wall. Circulation **28**, 660—661 (1963).

— A. V. CHOBANIAN, and R. W. WILKINS: The role of diuretics in the management of hypertension. Ann. N.Y. Acad. Sci. **88**, 975—989 (1960).

— S. YAGI, and D. M. KRAMSCH: In vitro effects of vasopressor agents on the metabolism of the vascular wall. Circulation **30**, Suppl. II, 1—10 (1964).

HOLLENBERG, C. H., and I. HOROWITZ: The lipolytic activity of rat kidney cortex and medulla. J. Lipid Res. **3**, 445—447 (1962).

— M. S. RABEN, and E. B. ASTWOOD: The lipolytic response to corticotropin. Endocrinology **68**, 589—598 (1961).

HOLLINSHEAD, W. H.: The innervation of the adrenal glands. J. comp. Neurol. **64**, 449—467 (1936).

— Innervation of the abdominal chromaffin tissue. J. comp. Neurol. **67**, 133—143 (1937).

—, and H. FINKELSTEIN: Regeneration of nerves to the adrenal gland. J. comp. Neurol. **67**, 215—220 (1937).

HOLM, K.: Zur Wirkung des Morphiums auf die Zusammensetzung des Blutes und den Kohlehydratstoffwechsel. Z. ges. exp. Med. **37**, 81—98 (1923).

Holm, T., I. Huus, R. Kopf, M. Nielson, and P. V. Petersen: Pharmacology of a series of nuclear substituted phenyl-tertiary-butylamines with particular reference to anorexigenic and central stimulating properties. Acta pharmacol. (Kbh.) 17, 121—136 (1960).
Holmberg, C. G., and C.-B. Laurell: Investigations in serum copper. II. Isolation of the copper containing protein, and a description of some of its properties. Acta chem. scand. 2, 550—556 (1948).
— — Oxidase reactions in human plasma caused by coeruloplasmin. Scand. J. clin. Lab. Invest. 3, 103—107 (1951).
Holtmeier, H. J., A. v. Klein-Wisenberg u. F. Marongiu: Vergleichende Untersuchungen über die blutdrucksenkende Wirkung von α-Methyl-Dopa und α-Methyl-m-tyrosin. Dtsch. med. Wschr. 91, 198—205 (1966).
Holton, P.: Noradrenaline in adrenal medullary tumors. Nature (Lond.) 163, 217 (1949a).
— Noradrenaline in tumours of the adrenal medulla. J. Physiol. (Lond.) 108, 525—529 (1949b).
Holtz, P.: Über die Entstehung von Histamin und Tyramin im Organismus. Klin. Wschr. 16, 1561—1567 (1937a).
— Über Tyraminbildung im Organismus. Naunyn-Schmiedebergs Arch. exp. Path. Pharmak. 186, 684—693 (1937b).
— Dopadecarboxylase. Naturwissenschaften 27, 724—725 (1939).
— Fermentative Aminbildung aus Aminosäuren. Ergebn. Physiol. 44, 230—255 (1941).
— Experimentelle Grundlagen der renalen und essentiellen Hypertonie. Klin. Wschr. 24/25, 65—78 (1946).
— Wirkstoffe der Hypertonie. Verh. dtsch. Ges. Kreisl.-Forsch. 15. Tagg., 61—76 (1949).
— „Arterenergische" Innervation. Klin. Wschr. 27, 64 (1949a).
— Arterenol. Pharmazie 5, 49—56 (1950a).
— Sympathin — Chemische Übertragung sympathischer Nervenerregungen. Klin. Wschr. 28, 145—151 (1950b).
— Über die sympathicomimetische Wirksamkeit von Gehirnextrakten. Acta physiol. scand. 20, 354—362 (1950c).
— Die chemische Übertragung nervöser Erregungen. Arzneimittel-Forsch. 1, 350—355 (1951a).
— Adrenergische und arterenergische Herzinnervation. Naunyn-Schmiedebergs Arch. exp. Path. Pharmak. 212, 140—142 (1951b).
— Wirkstoffe des vegetativen Nervensystems. Verh. dtsch. Ges. inn. Med. 59. Kongr., S. 5—17 (1953a).
— Die Bedeutung der Ausgangslage für die Therapie. In: Regensburger Jahrbuch für ärztliche Fortbildung, Bd. 3, Herausg. D. Jahn, S. 378—385. Stuttgart: F.-K. Schattauer 1953b.
— Die Wirkstoffe des sympathiko-adrenalen Systems. Zum 50jährigen Jubiläum der ersten Hormonsynthese. Dtsch. med. Wschr. 80, 2—6 (1955).
— Sympathicomimetische Therapie, insbesondere der Kreislaufregulationsstörungen. In: Regensburger Jahrbuch für ärztliche Fortbildung, Bd. 5, Herausg. D. Jahn. Stuttgart: F.-K. Schattauer 1956/57.
— Role of L-dopa decarboxylase in the biosynthesis of catecholamines in nervous tissue and the adrenal medulla. Pharmacol. Rev. 11, 317—329 (1959a).
— Allgemeine Physiologie der nervalen und humoralen Regulation des Kreislaufs. Verh. dtsch. Ges. Kreisl.-Forsch., 25. Tagg, 36—53 (1959b).
— Aminosäurendecarboxylasen des Nervengewebes. Psychiat. et Neurol. (Basel) 140, 175—189 (1960a).
— Die Nebennierenmarkhormone. In: Fermente — Hormone — Vitamine, Bd. 2, Hrsg. R. Ammon u. W. Dirscherl, S. 396—449. Stuttgart: Georg Thieme 1960b.
— Über die Wirkung von Cholinestern und biogenen Aminen am isolierten Vorhof des Herzens. Acta neuroveg. (Wien) 21, 445—460 (1960c).

Holtz, P.: Gewebshormone. In: Fermente — Hormone — Vitamine, Bd. 2, Hrsg. R. Ammon u. W. Dirscherl, S. 771—801, Stuttgart: Georg Thieme 1960d.
— On the mechanism of the action of reserpine. In: Neuro-Psychopharmacology, vol. 2, ed. E. Rothlin, p. 439—444. Amsterdam—London—New York—Princeton: Elsevier Publ. Co. 1961.
— Pharmakologie und Biochemie des α-Methyldopa. In: Medizinische Klausurgespräche 2: Therapie des Bluthochdrucks, Herausg. L. Heilmeyer u. H. J. Holtmeier, S. 1—15. Berlin u. Freiburg 1963a.
— Brenzkatechinamine und essentielle Hypertonie. Verh. dtsch. Ges. Kreisl.-Forsch. 28. Tagg, S. 27—42 (1963b).
— On the mechanism of some pharmacological actions of monoamine-oxidase (MAO) inhibitors. In: Neuro-Psychopharmacology, vol. 3, eds. P. B. Bradley, F. Flügel, and P. Hoch, p. 194—199. Amsterdam—London—NewYork—Princeton: Elsevier Publ. Co. 1964.
— Über den Mechanismus der blutdrucksenkenden Wirkung von α-Methyldopa. In: Hochdruckforschung. Fortschritte auf dem Gebiet der Inneren Medizin. II. Symp. in Freiburg i. Br., 1964, Hrsg. L. Heilmeyer u. H. J. Holtmeier, S. 3—12. Stuttgart: Georg Thieme 1965.
— Introductory remarks. Pharmacol. Rev. **18**, 85—88 (1966).
—, u. F. Bachmann: Aktivierung der Dopadecarboxylase des Nebennierenmarks durch Nebennieren-Rindenextrakt. Naturwissenschaften **39**, 116—117 (1952).
—, u. H. Büchsel: Über die Substratspezifität und -affinität der d-Aminosäurenoxydase und Aminoxydase. Hoppe-Seylers Z. physiol. Chem. **272**, 201—211 (1942).
—, u. K. Credner: Histaminausscheidung nach Belastung mit Histidin. Hoppe-Seylers Z. physiol. Chem. **280**, 1—9 (1943a).
— — Oxytyraminbildung aus Tyramin durch Bestrahlung. Naunyn-Schmiedebergs Arch. exp. Path. Pharmak. **202**, 150—154 (1943b).
— — Über die Konfigurationsänderung des d-Dioxyphenylalanins im Tierkörper. Hoppe-Seylers Z. physiol. Chem. **280**, 39—48 (1944).
— — Über die Beeinflussung der Adrenalindiurese durch Ergotoxin und Yohimbin. Naunyn-Schmiedebergs Arch. exp. Path. Pharmak. **206**, 180—187 (1949).
—, u. K. Greeff: Zur Uteruswirkung des Adrenalins und Arterenols. Klin. Wschr. **29**, 392—393 (1951).
—, u. R. Heise: Über Histaminbildung im Organismus. Naunyn-Schmiedebergs Arch. exp. Path. Pharmak. **186**, 377—386 (1937).
—, u. G. Kroneberg: Biologische Adrenalinsynthese. Klin. Wschr. **26**, 605 (1948).
— — Untersuchungen über die Adrenalinbildung durch Nebennierengewebe. Naunyn-Schmiedebergs Arch. exp. Path. Pharmak. **206**, 150—163 (1949).
— — Über die Oxydation des Adrenalins und Arterenols (Adrenochrom und Nor-Adrenochrom). Biochem. Z. **320**, 335—349 (1950).
—, and D. Palm: Pharmacological aspects of vitamin $B_6$. Pharmacol. Rev. **16**, 113—178 (1964).
— — Über den Mechanismus der sympathicomimetischen Wirkungen aliphatischer Amine. Naunyn-Schmiedebergs Arch. exp. Path. Pharmak. **252**, 144—158 (1965).
—, u. H. J. Schümann: Arterenol, ein neues Hormon des Nebennierenmarks. Naturwissenschaften **35**, 159 (1948).
— — Über den Arterenolgehalt des Nebennierenmarks. Versuche mit Hormonkristallisaten. Naunyn-Schmiedebergs Arch. exp. Path. Pharmak. **206**, 484—494 (1949a).
— — Karotissinusentlastung und Nebennieren. Arterenol chemischer Überträgerstoff sympathischer Nervenerregungen und Hormon des Nebennierenmarks. Naunyn-Schmiedebergs Arch. exp. Path. Pharmak. **206**, 49—64 (1949b).
— — Arterenol, Hormon des Nebennierenmarks und chemischer Überträgerstoff sympathischer Nervenerregungen. Schweiz. med. Wschr. **79**, 252—253 (1949c).
— — Untersuchungen über den Arterenolgehalt tierischer und menschlicher Nebennieren. Naunyn-Schmiedebergs Arch. exp. Path. Pharmak. **210**, 1—15 (1950a).

HOLTZ, P., u. H. J. SCHÜMANN: Arterenol content of the mammalian and human adrenal medulla. Nature (Lond.) **165**, 683 (1950b).
— — Artspezifische Unterschiede im Arterenolgehalt des Nebennierenmarks. Arch. int. Pharmacodyn. **83**, 417—430 (1950c).
— — Carotissinusentlastung und Milz. Naunyn-Schmiedebergs Arch. exp. Path. Pharmak. **211**, 1—11 (1950d).
— — Adrenalin- und Arterenolgehalt der Mäuse- und Rattennebenniere. Experientia (Basel) **7**, 192 (1951).
— — Butyrylcholin in Gehirnextrakten. Naturwissenschaften **41**, 306 (1954).
—, u. E. WESTERMANN: Versuche mit Acetyl-, Propionyl- und Butyrylcholin am isolierten Herzvorhofpräparat. Naunyn-Schmiedebergs Arch. exp. Path. Pharmak. **225**, 421—427 (1955a).
— — Über die Dopadecarboxylase des Nervengewebes. Naturwissenschaften **42**, 647—648 (1955b).
— — Über die Dopadecarboxylase und Histidindecarboxylase des Nervengewebes. Naunyn-Schmiedebergs Arch. exp. Path. Pharmak. **227**, 538—546 (1956a).
— — Über die Vorstufe des Nor-adrenalins im Nebennierenmark und Nervengewebe. Biochem. Z. **327**, 502—506 (1956b).
— — Hemmung der Glutaminsäuredecarboxylase des Gehirns durch Brenzcatechinderivate. Naunyn-Schmiedebergs Arch. exp. Path. Pharmak. **231**, 311—332 (1957).
— — Giftung und Entgiftung von Parathion und Paraoxon. Naunyn-Schmiedebergs Arch. exp. Path. Pharmak. **237**, 211—221 (1959).
— — Psychic energizers and antidepressant drugs. In: Physiological Pharmacology, eds. W. S. ROOT and F. G. HOFMANN, vol. II, The nervous system, part B, Central nervous system drugs, p. 201—254. New York and London: Academic Press 1965/66.
—, u. K. WÖLLPERT: Die Reaktion des Katzen- und Meerschweinchenuterus auf Adrenalin während der verschiedenen Stadien des Sexualcyklus und ihre hormonale Beeinflussung. Naunyn-Schmiedebergs Arch. exp. Path. Pharmak. **185**, 20—41 (1937).
— R. HEISE u. K. LÜDTKE: Fermentativer Abbau von l-Dioxyphenylalanin (Dopa) durch Niere. Naunyn-Schmiedebergs Arch. exp. Path. Pharmak. **191**, 87—118 (1938).
— K. CREDNER u. H. WALTER: Über die Spezifität der Aminosäure-decarboxylasen. Hoppe-Seylers Z. physiol. Chem. **262**, 111—119 (1939a).
— — u. A. REINHOLD: Aminbildung durch Darm. Naunyn-Schmiedebergs Arch. exp. Path. Pharmak. **193**, 688—692 (1939b).
— A. REINHOLD u. K. CREDNER: Fermentativer Abbau von l-Dioxyphenylalanin (Dopa) durch Leber und Darm. Hoppe-Seylers Z. physiol. Chem. **261**, 278—286 (1939c).
— K. CREDNER u. W. KOEPP: Die enzymatische Entstehung von Oxytyramin im Organismus und die physiologische Bedeutung der Dopadecarboxylase. Naunyn-Schmiedebergs Arch. exp. Path. Pharmak. **200**, 356—388 (1942a).
— — u. CHR. STRÜBING: Über das Vorkommen der Dopadecarboxylase im Pancreas. Naunyn-Schmiedebergs Arch. exp. Path. Pharmak. **199**, 145—152 (1942b).
— — — Dopahyperglykämie. Hoppe-Seylers Z. physiol. Chem. **280**, 9—15 (1944).
— — u. G. KRONEBERG: Über das sympathicomimetische pressorische Prinzip des Harns („Urosympathin"). Naunyn-Schmiedebergs Arch. exp. Path. Pharmak. **204**, 228—243 1944/1947).
— — u. F. HEEPE: Über die Beeinflussung der Diurese durch Oxytyramin und andere sympathicomimetische Amine. Naunyn-Schmiedebergs Arch. exp. Path. Pharmak. **204**, 85—97 (1947).
— H. J. SCHÜMANN, W. LANGENBECK u. H. LE BLANC: Über das Vorkommen von Arterenol in den Nebennieren. Naturwissenschaften **35**, 191—192 (1948).
— G. KRONEBERG u. H. J. SCHÜMANN: Phaeochromocytom. Klin. Wschr. **28**, 553 (1950a).
— — — Über das „Urosympathin" des Tierharns. Naunyn-Schmiedebergs Arch. exp. Path. Pharmak. **209**, 364—374 (1950b).

Holtz, P., G. Kroneberg u. H. J. Schümann: Adrenalin- und Arterenolgehalt des Herzmuskels. Klin. Wschr. 28, 653—654 (1950c).
— — — Über die sympathikomimetische Wirksamkeit von Herzmuskelextrakten. Naunyn-Schmiedebergs Arch. exp. Path. Pharmak. 212, 551—567 (1951a).
— W. Richter u. H. J. Schümann: Novocain — Arterenol. Klin. Wschr. 29, 393—394 (1951b).
— A. Engelhardt, K. Greeff u. H.-J. Schümann: Der Adrenalin- und Arterenolgehalt des vom Nebennierenmark bei Carotissinusentlastung und elektrischer Splanchnicusreizung abgegebenen Inkretes. Naunyn-Schmiedebergs Arch. exp. Path. Pharmak. 215, 58—74 (1952a).
— F. Bachmann, A. Engelhardt u. K. Greeff: Die Milzwirkung des Adrenalins und Arterenols. Pflügers Arch. ges. Physiol. 255, 232—250 (1952b).
— H. Balzer u. E. Westermann: Die Beeinflussung der Reserpinwirkung auf das Nebennierenmark durch Hemmung der Mono-aminoxydase. Naunyn-Schmiedebergs Arch. exp. Path. Pharmak. 231, 361—372 (1957a).
— — — u. E. Wezler: Beeinflussung der Evipannarkose durch Reserpin, Iproniazid und biogene Amine. Naunyn-Schmiedebergs Arch. exp. Path. Pharmak. 231, 333—348 (1957b).
— — — Beeinflussung der Narkosedauer durch Hemmung der Cholinesterase des Gehirns. Naunyn-Schmiedebergs Arch. exp. Path. Pharmak. 233, 438—467 (1958).
— W. Osswald u. K. Stock: Über die pharmakologische Wirksamkeit von 3-O-Methyladrenalin und 3-O-Methylnoradrenalin und ihre Beeinflussung durch Cocain. Naunyn-Schmiedebergs Arch. exp. Path. Pharmak. 239, 1—13 (1960a).
— — — Über die Beeinflussung der Wirkungen sympathicomimetischer Amine durch Cocain und Reserpin. Naunyn-Schmiedebergs Arch. exp. Path. Pharmak. 239, 14—28 (1960b).
— K. Stock u. E. Westermann: Über die Blutdruckwirkung des Dopamins. Naunyn-Schmiedebergs Arch. exp. Path. Pharmak. 246, 133—146 (1963).
— — — Pharmakologie des Tetrahydropapaverolins und seine Entstehung aus Dopamin. Naunyn-Schmiedebergs Arch. exp. Path. Pharmak. 248, 387—405 (1964a).
— — — Formation of tetrahydropapaveroline from dopamine in vitro. Nature (Lond.) 203, 656—658 (1964b).
— W. Langeneckert u. D. Palm: Unveröffentlichte Versuche (1965).
Holzbauer, M., and M. Vogt: The concentration of adrenaline in the peripheral blood during insulin hypoglycaemia. Brit. J. Pharmacol. 9, 249—252 (1954).
— — Depression by reserpine of the noradrenaline concentration in the hypothalamus of the cat. J. Neurochem. 1, 8—11 (1956).
Hoobler, S., P. Cottier, J. Weller, and J. Smith: Pharmacodynamic studies on three ganglionic blocking agents used in the treatment of hypertension. J. Lab. clin. Med. 46, 828 (1956).
Hopsu, V. K.: Effects of experimental alterations of the thyroid function on the adrenal medulla of the mouse. Acta endocr. (Kbh.) Suppl. 48, 7—87 (1960).
Horita, A.: Beta-phenylisopropylhydrazine, a potent and long acting monoamine oxidase inhibitor. J. Pharmacol. exp. Ther. 122, 176—181 (1958).
—, and J. H. Gogerty: The pyretogenic effect of 5-hydroxytryptophan and its comparison with that of LSD. J. Pharmacol. exp. Ther. 122, 195—200 (1958).
—, and W. R. McGrath: The interaction between reversible and irreversible monoamine oxidase inhibitors. Biochem. Pharmacol. 3, 206—211 (1960a).
— — Specific liver and brain oxidase. Inhibition by alkyl- and arylalkylhydrazines. Proc. Soc. exp. Biol. (N.Y.) 103, 753—757 (1960b).
Hornbrook, K. R., and T. M. Brody: The effect of catecholamines on muscle glycogen and phosphorylase activity. J. Pharmacol. exp. Ther. 140, 295—307 (1963a).
— — Phosphorylase activity in rat liver and skeletal muscle after catecholamines. Biochem. Pharmacol. 12, 1407—1415 (1963b).

HORNYKIEWICZ, O.: The action of dopamine on the arterial blood pressure of the guinea-pig. Brit. J. Pharmacol. 13, 91—94 (1958).
— Dopamin (3-Hydroxytyramin) im Zentralnervensystem und seine Beziehung zum Parkinson-Syndrom des Menschen. Dtsch. med. Wschr. 87, 1807—1810 (1962).
— Die topische Lokalisation und das Verhalten von Noradrenalin und Dopamin (3-Hydroxytyramin) in der Substantia nigra des normalen und Parkinson-kranken Menschen. Wien. klin. Wschr. 75, 309—312 (1963).
— The role of brain dopamine (3-Hydroxytyramine) in Parkinsonism. Proc. of the 2nd Internat. Pharmacological Meeting, Prague, 1963. Biochemical and neurophysiological correlation of centrally acting drugs, vol. 8, p. 20—23, eds. E. TRABUCCHI, R. PAOLETTI and N. CANAL. Oxford-London-New York: Pergamon Press 1964.
— H. BERNHEIMER, u. W. BIRKMAYER: Biochemisch pharmakologische Aspekte der Monoaminooxydase-Hemmer-Behandlung des Parkinsonismus. Wien. klin. Wschr. 75, 203—204 (1963).
HORRES, A. D., W. J. EVERSOLE, and M. ROCK: Adrenal medullary hormones in water diuresis. Proc. Soc. exp. Biol. (N.Y.) 75, 58—61 (1950).
HORVATH, B.: Ovarian hormones and the ionic balance of uterine muscle. Proc. nat. Acad. Sci. (Wash.) 40, 515—521 (1954).
HORWITZ, D., and A. SJOERDSMA: Effects of alpha-methyl-meta-tyrosine intravenously in man. Life Sci. 3, 41—48 (1964).
— L. I. GOLDBERG, and A. SJOERDSMA: Increased blood pressure responses to dopamine and norepinephrine produced by monoamine oxidase inhibitors in man. J. Lab. clin. Med. 56, 747—753 (1960).
— W. LOVENBERG, K. ENGELMAN, and A. SJOERDSMA: Monoamine oxidase inhibitors, tyramine, and cheese. J. Amer. med. Ass. 188, 1108—1110 (1964).
HOSHI, T.: Morphologisch-experimentelle Untersuchungen über die Innervation der Nebenniere. Mitt. allg. Path. (Sendai) 3, 328—342 (1927).
HOSKINS, R. G., and C. R. LOVELLETTE: The adrenals and the pulse rate. J. Amer. med. Ass. 63, 316—318 (1914).
— R. E. L. GUNNING, and E. L. BERRY: The effects of adrenin on the distribution of the blood. I. Volume changes and venous discharge in the limb. Amer. J. Physiol. 41, 513—528 (1916).
HOTH, E.: Diss. Rostock, 1949.
HOUSSAY, B. A., et E. A. MOLINELLI: Décharge d'adrénaline par injection directe de substances dans la médullaire surrénale. C. R. Soc. Biol. (Paris) 93, 1113—1134 (1925a).
— — Action de diverses substances sur la sécretion d'adrénaline. C. R. Soc. Biol. (Paris) 93, 1637—1638 (1925b).
—, y C. E. RAPELA: Substancias que moderan la acción adrenalinexcretora del potasio. Rev. Soc. argent. Biol. 24, 28—34 (1948).
— — Adrenal secretion of adrenalin and noradrenalin. Naunyn-Schmiedebergs Arch. exp. Path. Pharmak. 219, 156—159 (1953).
— E. A. MOLINELLI y J. T. LEWIS: Acción de la insulina sobre la secrecion de adrenalina. Rev. Asoc. méd. argent. 37, 486—499 (1924).
HSIEH, A. C. L., and L. D. CARLSON: Role of adrenaline and noradrenaline in chemical regulation of heat production. Amer. J. Physiol. 190, 243—246 (1957).
HUGELIN, A., et M. BONVALLET: Tonus cortical et contrôle de la facilitation motrice d'origine réticulaire. J. Physiol. (Paris) 49, 1171—1200 (1957a).
— — Étude experimentale des interrelations réticulo-corticales. Proposition d'une théorie de l'asservissement réticulaire a un système diffus cortical. J. Physiol. (Paris) 49, 1201—1223 (1957b).
HUGHES, F. B., and B. B. BRODIE: The mechanism of serotonin and catecholamine uptake by platelets. J. Pharmacol. exp. Ther. 127, 96—102 (1959).
— P. A. SHORE, and B. B. BRODIE: Serotonin storage mechanism and its interaction with reserpine. Experientia (Basel) 14, 178—179 (1958).

Huković, S.: Responses of the isolated sympathetic nerve-ductus deferens preparation of the guinea-pig. Brit. J. Pharmacol. **16**, 188—194 (1961).

—, u. E. Muscholl: Die Noradrenalin-Abgabe aus dem isolierten Kaninchenherzen bei sympathischer Nervenreizung und ihre pharmakologische Beeinflussung. Naunyn-Schmiedebergs Arch. exp. Path. Pharmak. **244**, 81—96 (1962).

Hume, D. M., and R. H. Egdahl: Effect of hypothermia and of cold exposure on adrenal cortical and medullary secretion. Ann. N.Y. Acad. Sci. **80**, 435—444 (1959).

— —, and D. H. Nelson: The effect of hypothermia on pituitary ACTH-release and on adrenal cortical and medullary secretion in the dog. The physiology of induced hypothermia. Natl. Acad. Sci. — Natl. Research Council Publ. No 451, 170 (1956).

Hunt, R.: Vasodilator reactions. I. Amer. J. Physiol. **45**, 197—230 (1917/18).

Hunter, R. B., A. R. MacGregor, D. M. Shepherd, and G. B. West: The organs of Zuckerkandl and the suprarenal medulla. J. Physiol. (Lond.) **118**, 11—12 P (1952).

— — — — Noradrenaline in human foetal adrenals and organs of Zuckerkandl. J. Pharm. (Lond.) **5**, 407 (1953).

Hutter, O. F., and W. R. Loewenstein: Nature of neuromuscular facilitation by sympathetic stimulation in the frog. J. Physiol. (Lond.) **130**, 559—571 (1955).

Hyman, C., S. Rosell, A. Rosén, R. R. Sonnenschein, and B. Uvnäs: Effects of alterations of total muscular blood flow on local tissue clearance of radio-iodide in the cat. Acta physiol. scand. **46**, 358—374 (1959).

Iggo, A., and M. Vogt: Preganglionic sympathetic activity in normal and reserpine-treated cats. J. Physiol. (Lond.) **150**, 114—133 (1960).

— — The mechanism of adrenaline-induced inhibition of sympathetic preganglionic activity. J. Physiol. (Lond.) **161**, 62—72 (1962).

Iisalo, E., and A. Pekkarinen: Enzyme action on adrenaline and noradrenaline. Studies on heart muscle in vitro. Acta pharmacol. (Kbh.) **15**, 157—174 (1958).

Ikeda, M., M. Levitt, and S. Udenfriend: Hydroxylation of phenylalanine by purified preparations of adrenal and brain tyrosine hydroxylase. Biochem. biophys. Res. Commun. **18**, 482—488 (1965).

Illig, L.: Die terminale Strombahn. In: Pathologie und Klinik in Einzeldarstellungen, Bd. 10. Berlin-Göttingen-Heidelberg: Springer 1961.

Illingworth, B., R. Kornfeld, and D. H. Brown: Phosphorylase and uridinediphosphoglucose-glycogen transferase in pyridoxine deficiency. Biochim. biophys. Acta (Amst.) **42**, 486—489 (1960).

Imai, S., T. Shigei, and K. Hashimoto: Antiaccelerator action of methoxamine. Nature (Lond.) **189**, 493—494 (1961a).

— — — Cardiac actions of methoxamine with special reference to its antagonistic action to epinephrine. Circulat. Res. **9**, 552—560 (1961b).

Imaizumi, R., Y. Hashimoto, and M. Oka: Potentiation of epinephrine action. Nature (Lond.) **191**, 186—187 (1961).

Imamoto, F., and T. Nukada: On the accumulation of noradrenaline in guinea pig brain mitochondrial particles. J. Biochem. (Tokyo) **49**, 177—185 (1961).

Inchley, O.: The action of histamine on the veins: A method of differential perfusion: Nitrites in the prevention of histamine shock. Brit. med. J. **1923**I, 679.

— Histamine shock. J. Physiol. (Lond.) **61**, 282—293 (1926).

Ingle, D. J.: The survival of non-adrenalectomized rats in shock with and without adrenal cortical hormone treatment. Amer. J. Physiol. **139**, 460—463 (1943).

Ingram, W. R., R. W. Barris, and S. W. Ranson: Catalepsy: An experimental study. Arch. Neurol. Psychiat. (Chic.) **35**, 1175—1197 (1936).

Innes, I. R.: Uptake of 5-hydroxytryptamine and adrenaline in the liver. Brit. J. Pharmacol. **21**, 202—207 (1963).

INNES, I. R., and H. W. KOSTERLITZ: The effects of preganglionic and postganglionic denervation on the responses of the nictitating membrane to sympathomimetic substances. J. Physiol. (Lond.) **124**, 25—43 (1954).

—, and O. KRAYER: Depletion of the cardiac catecholamines by reserpine. J. Physiol. (Lond.) **139**, 18 P (1957).

— — Studies on veratrum alkaloids. XXVII. The negative chronotropic action of veratramine and reserpine in the heart depleted of catechol amines. J. Pharmacol. exp. Ther. **124**, 245—251 (1958).

— —, and D. R. WAUD: The action of rauwolfia alkaloids on the heart rate and on the functional refractory period of atrio-ventricular transmission in the heart-lung preparation of the dog. J. Pharmacol. exp. Ther. **124**, 324—332 (1958).

INOUYE, A., K. KATAOKA, and J. SHINAGAWA: Uptake of 5-hydroxytryptamine by subcellular particles of rabbit brain. Nature (Lond.) **198**, 291—293 (1963).

IRIYE, T. T., A. KUNA, and F. SIMMONDS: Effects of various agents in vivo on phosphorylase activity of rat brain. Biochem. Pharmacol. **11**, 803—807 (1962).

ISAACS, H., M. MEDALIE, and W. M. POLITZER: Noradrenaline-secreting neuroblastoma. Brit. med. J. **1959 I**, 401—404.

ISENSCHMID, R., u. L. KREHL: Über den Einfluß des Gehirns auf die Wärmeregulation. Naunyn-Schmiedebergs Arch. exp. Path. Pharmak. **70**, 109—134 (1912).

—, u. W. SCHNITZLER: Beitrag zur Lokalisation des der Wärmeregulation vorstehenden Zentralapparates im Zwischenhirn. Naunyn-Schmiedebergs Arch. exp. Path. Pharmak. **76**, 202—223 (1914).

ISLER, U.: Zur „Marsilid"-Behandlung bei Angina pectoris und peripheren Durchblutungsstörungen. Cardiologia (Basel), Suppl. **35**, 38—45 (1959).

ISSEKUTZ jr., B. v.: Die Rolle des Zentralnervensystems und der Schilddrüse bei der Wärmeregulation. Naunyn-Schmiedebergs Arch. exp. Path. Pharmak. **238**, 787—801 (1937).

—, and J. J. SPITZER: Uptake of free fatty acids by skeletal muscle during stimulation. Proc. Soc. exp. Biol. (N.Y.) **105**, 21—23 (1960).

— I. LICHTNECKERT, G. HETENYI jr., and M. BEDO: Metabolic effects of nor-adrenaline and adrenochrome. Arch. int. Pharmacodyn. **84**, 376—384 (1950).

— H. J. MILLER, P. PAUL, and K. RODAHL: Source of fat oxidation in exercising dogs. Amer. J. Physiol. **207**, 583—589 (1964).

ITO, H.: Über den Ort der Wärmebildung nach Gehirnstich. Z. Biol. **38**, 63—226 (1899).

ITOH, C., K. YOSHINAGA, T. SATO, N. ISHIDA, and Y. WADA: Presence of N-methylmetadrenaline in human urine and tumour tissue of phaeochromocytoma. Nature (Lond.) **193**, 477—478 (1962).

IVANOW, K. P.: Energetic equivalent of muscle activity during thermoregulation. Fed. Proc. **22**, 737 (1963).

IVERSEN, L. L.: The uptake of noradrenaline by the isolated perfused heart. Brit. J. Pharmacol. **21**, 523—537 (1963).

— Inhibition of noradrenaline uptake by sympathomimetic amines. J. Pharm. (Lond.) **16**, 435—437 (1964).

—, and L. G. WHITBY: Retention of injected catechol amines by the mouse. Brit. J. Pharmacol. **19**, 355—364 (1962).

IVY, A. C., F. R. GOETZL, and D. Y. BURRILL: Morphine-dextroamphetamine analgesia; analgesic effects of morphine sulfate alone and in combination with dextroamphetamine sulfate in normal human subjects. War Med. (Chic.) **6**, 67—71 (1944).

— — S. C. HARRIS, and D. Y. BURRILL: The analgesic effect of intracarotid and intravenous injection of epinephrine in dogs and of subcutaneous injection in man. Quart. Bull. Northw. Univ. med. Sch. **18**, 298—306 (1944).

IWANOW, G.: Das chromaffine und interrenale System des Menschen. Ergebn. Anat. Entwickl.-Gesch. **29**, 87—280 (1932).

Izquierdo, J. A., and A. J. Kaumann: Effect of pyrogallol on the duration of the cardiovascular action of catecholamines. Arch. int. Pharmacodyn. 144, 437—445 (1963).
— H. J. Barboza, and A. V. Juorio: Inhibitors of catechol-O-methyl-transferase and responsiveness to catecholamines in the isolated guinea pig heart. Med. exp. (Basel) 10, 128—132 (1964).

Jacobs, S. L., Ch. Sobel, and R. J. Henry: Excretion of 3-methoxy-4-hydroxy-mandelic acid and catecholamines in patients with pheochromocytoma. J. clin. Endocr. 21, 315—320 (1961).
Jacoby, C.: Beiträge zur physiologischen und pharmakologischen Kenntnis der Darmbewegungen mit besonderer Berücksichtigung der Beziehung der Nebenniere zu denselben. Naunyn-Schmiedebergs Arch. exp. Path. Pharmak. 29, 171—211 (1892).
—, u. C. Roemer: Beitrag zur Erklärung der Wärmestichhyperthermie. Naunyn-Schmiedebergs Arch. exp. Path. Pharmak. 70, 149—182 (1912).
Jaisle, F.: Die Proteine der Myometriumsfunktion. Klin. Wschr. 39, 1044—1049 (1961).
Jang, C.-S.: The potentiation and paralysis of adrenergic effects by ergotoxine and other substances. J. Pharmacol. exp. Ther. 71, 87—94 (1941).
Janowitz, H. D.: The role of the gastrointestinal tract in the regulation of food intake. Proc. XXII. Int. Congr. Physiol. Sci. 1962, vol. I, part II, p. 690—694.
Janssen, S., u. H. Rein: Über die Zirkulation und Wärmebildung der Niere. Ber. ges. Physiol. 42, 567—568 (1928).
Janz, D., u. F. Bahner: Die medikamentöse Behandlung der Fettsucht. Dtsch. med. Wschr. 79, 846—849 (1954).
Jeanrenaud, B.: Dynamic aspects of adipose tissue metabolism: a review. Metabolism 10, 535—581 (1961).
Jenerick, H. P., and R. W. Gerard: Membrane potential and threshold of single muscle fibres. J. cell. comp. Physiol. 42, 79—102 (1953).
Jenkinson, D. H., and J. G. Nicholls: Contractures and permeability changes produced by acetylcholine in depolarized denervated muscle. J. Physiol. (Lond.) 159, 111—127 (1961).
Jenney, E. H.: Changes in convulsant threshold after rauwolfia serpentina, reserpin and veriloid. Fed. Proc. 13, 370—371 (1954).
—, and C. C. Pfeiffer: The convulsant effect of hydrazides and the antidotal effect of anticonvulsants and metabolites. J. Pharmacol. exp. Ther. 122, 110—123 (1958).
— R. P. Smith, and C. C. Pfeiffer: Pyridoxine as an antidote to semicarbazide seizures. Fed. Proc. 12, 333 (1953).
Jepson, J. B., W. Lovenberg, P. Zaltzman, J. A. Oates, A. Sjoerdsma, and S. Udenfriend: Amine metabolism, studied in normal and phenylketonuric humans by monoamine oxidase inhibition. Biochem. J. 74, 5 P (1960).
Jervis, G. A.: Metabolic investigation on a case of phenylpyruvic oligophrenia. J. biol. Chem. 126, 305—313 (1938).
— Excretion of phenylalanine and derivatives in phenylpyruvic oligophrenia. Proc. Soc. exp. Biol. (N.Y.) 75, 83—86 (1950).
Johnson, G. E., and E. A. Sellers: The effect of reserpine on the metabolic rate of rats. Can. J. Biochem. 39, 279—285 (1961).
— —, and E. Schönbaum: Interrelationship of temperature on action of drugs. Fed. Proc. 22, 745—747 (1963).
Johnson, V., W. F. Hamilton, L. N. Katz, and W. Weinstein: Studies on the dynamics of the pulmonary circulation. Amer. J. Physiol. 120, 624—634 (1937).
Jolliffe, N.: Effects of vitamin $B_6$ in paralysis agitans. Trans. Amer. neurol. Ass. 66, 54—59 (1940).
Jonasson, J., E. Rosengren, and B. Waldeck: Effects of some pharmacologically active amines on the uptake of arylalkylamines by adrenal medullary granules. Acta physiol. scand. 60, 136—140 (1964).

JOSEPH, D. R.: The inhibitory influence of the cervical sympathetic nerve upon the sphincter muscle of the iris. Amer. J. Physiol. 55, 279—280 (1921).
JUHÁSZ-NAGY, A., and M. SZENTIVÁNYI: Separation of cardioaccelerator and coronary vasomotor fibers in the dog. Amer. J. Physiol. 200, 125—129 (1961).
JUNGAS, R. L., and E. G. BALL: Studies on the metabolism of adipose tissue. XII. The effect of insulin and epinephrine on free fatty acids and glycerol production in the presence and absence of glucose. Biochemistry 2, 383—388 (1963).
JUORIO, A. V., H. J. BARBOZA, and J. A. IZQUIERDO: Effect of pyrogallol on catechol-oxy-methyl-transferase in isolated rabbit heart. Med. exp. (Basel) 9, 93—98 (1963).

KÄGI, J.: Veränderungen der Adrenalin- und Noradrenalinkonzentrationen im menschlichen Blutplasma während der Äthernarkose. Naunyn-Schmiedebergs Arch. exp. Path. Pharmak. 230, 479—488 (1957).
KÄRJÄ, J., N. T. KÄRKI, and E. TALA: Inhibition by methysergid of 5-hydroxytryptophan toxicity to mice. Acta pharmacol. (Kbh.) 18, 255—262 (1961).
KÄRKI, N. T., and M. K. PAASONEN: Selective depletion of noradrenaline and 5-hydroxytryptamine from rat brain and intestine by rauwolfia alkaloids. J. Neurochem. 3, 352—357 (1959).
— —, and P. A. VANHAKARTANO: The influence of pentolinium, israunescine and yohimbine on the noradrenaline depleting action of reserpine. Acta pharmacol. (Kbh.) 16, 13—19 (1959).
KÄSER, H.: Die Bedeutung der 3-Methoxy-4-hydroxy-mandelsäure (MHMS) für die Differentialdiagnostik neuraler Tumoren im Kindesalter. Schweiz. med. Wschr. 91, 586—589 (1961).
—, and W. V. STUDNITZ: Urine of children with sympathetic tumors. The excretion of 3-methoxy-4-hydroxymandelic acid. Amer. J. Dis. Child. 102, 199—204 (1961).
— O. SCHWEISSGUTH, K. SELLER u. G. A. SPENGLER: Die klinische Bedeutung der Bestimmung von Katecholaminmetaboliten bei Tumoren. Helv. med. Acta 30, 628—639 (1963).
KAHN, R. H.: Über die Erwärmung des Carotidenblutes. Arch. Anat. Physiol. (Lpz.), Suppl. 1904, 81—134.
— Zur Frage nach der inneren Sekretion des chromaffinen Gewebes. Pflügers Arch. ges. Physiol. 128, 519—554 (1909a).
— Die Störungen der Herztätigkeit durch Adrenalin im Elektrokardiogramme. Pflügers Arch. ges. Physiol. 129, 379—401 (1909b).
KAINDL, F., and U. S. V. EULER: Liberation of nor-adrenaline and adrenaline from the suprarenals of the cat during carotid occlusion. Amer. J. Physiol. 166, 284—288 (1951).
KAISER, G. A., J. Ross jr., and E. BRAUNWALD: Alpha and beta adrenergic receptor mechanisms in the systemic venous bed. J. Pharmacol. exp. Ther. 144, 156—162 (1964).
KAISER, I. H., and J. S. HARRIS: Effect of adrenalin on pregnant human uterus. Amer. J. Obstet. Gynec. 59, 775—784 (1950).
KAKIMOTO, Y., and M. D. ARMSTRONG: The phenolic amines of human urine. J. biol. Chem. 237, 208—214 (1962a).
— — On the identification of octopamine in mammals. J. biol. Chem. 237, 422—427 (1962b).
KAKO, K., A. CHRYSOHOU, and R. J. BING: Storage of catecholamines in the heart. Effect of amine oxidase inhibitors. Amer. J. Cardiol. 6, 1109—1111 (1960).
KALMAN, S. M.: The effect of estrogens on uterine blood flow in the rat. J. Pharmacol. exp. Ther. 124, 179—181 (1958).
KAMIJO, K., G. B. KOELLE, and H. H. WAGNER: Modification of the effects of sympathomimetic amines and of adrenergic nerve stimulation by 1-isonicotinyl-2-isopropyl hydrazine (IIH) and isonicotinic acid hydrazide (INH). J. Pharmacol. exp. Ther. 117, 213—227 (1955).

KAPPERS, J. A.: The development, topographical relations and innervation of the epiphysis cerebri in the albino rat. Z. Zellforsch. **52**, 163—215 (1960).
— Melatonin, a pineal compound. Preliminary investigations on its function in the rat. Gen. comp. Endocr. **2**, 610—611 (1962).
— N. PROP, and J. ZWEENS: Qualitative evaluation of pineal fats in the albino rat by histochemical methods and paper chromatography and the changes in pineal fat contents under physiological and experimental conditions. In: Progress in brain research (Lectures on the diencephalon), eds. W. BARGMANN and J. P. SCHADÉ, vol. 5, p. 191—200. Amsterdam: Elsevier Publ. Co. 1964.
KAPPERT, A., G. C. SUTTON, A. REALE, C. H. SKOGLUND, and G. NYLIN: The clinical response of human beings to l-noradrenaline and its clinical applicability. Acta cardiol. (Brux.) **5**, 121—136 (1950).
KARLSON, P., and C. E. SEKERIS: N-acetyl-dopamine as sclerotizing agent of the insect cuticle. Nature (Lond.) **195**, 183—184 (1962).
— — u. P. HERRLICH: Über neue Dopaminmetaboliten im Harn beim bösartigen Phäochromocytom. Dtsch. med. Wschr. **88**, 1873—1878 (1963).
KARPATKIN, S., E. HELMREICH, and C. F. CORI: Regulation of glycolysis in muscle. II. Effect of stimulation and epinephrine in isolated frog sartorius muscle. J. biol. Chem. **239**, 3139—3145 (1964).
KASSEBAUM, D. G.: Membrane effects of epinephrine in the heart. Proc. of the Second Int. Pharmacol. Meeting, Prague 1963, vol. 5. Pharmacology of Cardiac Function, ed. O. KRAYER, p. 95—100. Oxford-London-Edinburgh-New York-Paris-Frankfurt: Pergamon Press 1964.
KAUFMAN, S.: A new cofactor required for the enzymatic conversion of phenylalanine to tyrosine. J. biol. Chem. **230**, 931—939 (1958a).
— The participation of tetrahydrofolic acid in the enzymic conversion of phenylalanine to tyrosine. Biochim. biophys. Acta (Amst.) **27**, 428—429 (1958b).
— The structure of the phenylalanine-hydroxylation cofactor. Proc. nat. Acad. Sci. (Wash.) **50**, 1085—1093 (1963).
—, and B. LEVENBERG: Further studies on the phenylalanine-hydroxylation cofactor. J. biol. Chem. **234**, 2683—2688 (1959).
KAUFMANN, J., A. IGLAUER, and G. K. HERWITZ: Effect of isuprel (isopropylepinephrine) on circulation of normal man. Amer. J. Med. **11**, 442—447 (1951).
KAUMANN, A. J., and N. BASSO: Blocking action of desmethylimipramine on the noradrenaline depletion by tyramine. Experientia (Basel) **21**, 39 (1965).
KAWAHATA, A., and L. D. CARLSON: Role of rat liver in nonshivering thermogenesis. Proc. Soc. exp. Biol. (N.Y.) **101**, 303—306 (1959).
KAYSER, C.: Variations du quotient respiratoire en fonction de la température du milieu chez le rat, le pigeon et le cobaye. C. R. Soc. Biol. (Paris) **126**, 1219—1222 (1937).
KEATINGE, W. R., and D. W. RICHARDSON: Measurement of electrical activity in arterial smooth muscle by a sucrose-gap method. J. Physiol. (Lond.) **169**, 57 P (1963).
KEILIN, D., and E. F. HARTREE: Cytochrome oxidase. Proc. roy. Soc. B **125**, 171—186 (1938).
KELLER, C. J., A. LOESER u. H. REIN: Die Physiologie der Skelett-Muskel-Durchblutung. Z. Biol. **90**, 260—298 (1930).
KELLER, E. B., R. A. BOISSONNAS, and V. DU VIGNEAUD: The origin of the methyl group of epinephrine. J. biol. Chem. **183**, 627—632 (1950).
KENNARD, M. A.: Focal autonomic representation in the cortex and its relation to sham rage. J. Neuropath. exp. Neurol. **4**, 295—304 (1945).
KENNEDY, B. L., and S. ELLIS: Interaction of sympathomimetic amines and adrenergic blocking agents at receptor sites mediating glycogenolysis. Fed. Proc. **22**, 449 (1963).
KENNEDY, G. C.: Role of depot fat in hypothalamic control of food intake in rat. Proc. roy. Soc. B **140**, 578—592 (1953).

Kerkut, G. A., and R. J. Walker: The effects of drugs on the neurones of the snail helix aspersa. Comp. Biochem. Physiol. 3, 143—160 (1961).
Kernell, D., and G. Sedvall: Reduction of the noradrenaline content of skeletal muscle by sympathetic stimulation. Acta phvsiol. scand. 61, 201—202 (1964).
Kety, S. S., and C. F. Schmidt: The nitrous oxide method for the quantitative determination of cerebral blood flow in man: theory, procedure and normal values. J. clin. Invest. 27, 476—483 (1948a).
— — The effects of altered arterial tensions of carbon dioxide and oxygen on cerebral blood flow and cerebral oxygen consumption of normal young men. J. clin. Invest. 27, 484—492 (1948b).
Kewitz, H., u. H. Reinert: Wirkung sympathicomimetischer Substanzen am oberen Halsganglion. Naunyn-Schmiedebergs Arch. exp. Path. Pharmak. 218, 119 (1953).
Key, B. J., and E. Marley: The effect of some sympathomimetic amines on electrocortical activity and behaviour of young and adult animals. J. Physiol. (Lond.) 155, 39—41 P (1961).
Kiessig, H.-J., u. G. Orzechowski: Untersuchungen über die Wirkungsweise der Sympathicomimetica. VIII. Über die Beeinflussung der Schmerzempfindlichkeit durch Sympathicomimetica. Naunyn-Schmiedebergs Arch. exp. Path. Pharmak. 197, 391—404 (1941).
Killam, E. K.: Drug action on the brain-stem reticular formation. Pharmacol. Rev. 14, 175—223 (1962).
Killam, K. F.: Convulsant hydrazides. II. Comparison of electrical changes and enzyme inhibition induced by the administration of thiosemicarbazide. J. Pharmacol. exp. Ther. 119, 263—271 (1957).
— Possible role of gamma-aminobutyric acid as an inhibitory transmitter. Fed. Proc. 17, 1018—1024 (1958).
—, and J. A. Bain: Convulsant hydrazides. I. In vitro and in vivo inhibition of vitamin $B_6$-enzymes by convulsant hydrazides. J. Pharmacol. exp. Ther. 119, 255—262 (1957).
King, B. D., L. Sokoloff, and R. L. Wechsler: The effects of l-epinephrine and l-norepinephrine upon cerebral circulation and metabolism in man. J. clin. Invest. 31, 273—279 (1952).
Kinsey, D., G. P. Whitelaw, and R. H. Smithwick: A screening test for adrenal or unilateral renal forms of hypertension based upon postural change in bloodpressure. Angiology 11, 336—342 (1960).
Kirpekar, S. M., and P. Cervoni: Effect of cocaine, phenoxybenzamine and phentolamine on the catecholamine output from spleen and adrenal medulla. J. Pharmacol. exp. Ther. 142, 59—70 (1963).
—, and R. F. Furchgott: The sympathomimetic action of bretylium on isolated atria and aortic smooth muscle. J. Pharmacol. exp. Ther. 143, 64—76 (1964).
— P. Cervoni, and R. F. Furchgott: Catecholamine content of the cat nictitating membrane following procedures sensitizing it to norepinephrine. J. Pharmacol. exp. Ther. 135, 180—190 (1962).
— —, and D. Couri: Depletion and recovery of catecholamines and adenosine triphosphate of rat adrenal medulla after reserpine treatment. J. Pharmacol. exp. Ther. 142, 71—75 (1963).
Kirshner, N.: Uptake of catecholamines by a particulate fraction of the adrenal medulla. J. biol. Chem. 237, 2311—2317 (1962).
—, and McC. Goodall: Biosynthesis of adrenaline and noradrenaline by adrenal slices. Fed. Proc. 15, 110—111 (1956).
— — Separation of adrenaline, noradrenaline, and hydroxytyramine by ion exchange chromatography. J. biol. Chem. 226, 207—212 (1957a).
— — The formation of adrenaline from noradrenaline. Biochim. biophys. Acta (Amst.) 24, 658—659 (1957b).

KIRSCHNER, N., McC. GOODALL, and L. ROSEN: Metabolism of dl-adrenaline-2-$C^{14}$ in the human. Proc. Soc. exp. Biol. (N. Y.) **98**, 627—630 (1958).
— McC. GOODALL, and L. ROSEN: The effect of iproniazid on the metabolism of dl-epinephrine-2-$C^{14}$ in the human. J. Pharmacol. exp. Ther. **127**, 1—7 (1959).
KISS, E., u. M. SZENTIVÁNYI: Über den segmentalen Ursprung der durch das Ganglion stellatum verlaufenden präganglionären sympathischen Fasern. Acta physiol. Acad. Sci. hung. **11**, 339—345 (1957).
KJELLMER, I.: The effect of exercise on the vascular bed of skeletal muscle. Acta physiol. scand. **62**, 18—30 (1964).
— On the competition between metabolic vasodilatation and neurogenic vasoconstriction in skeletal muscle. Acta physiol. scand. **63**, 450—459 (1965).
KLAINER, L. M., Y. M. CHI, S. L. FREIDBERG, T. W. RALL, and E. W. SUTHERLAND: Adenyl cyclase. IV. The effects of neurohormones on the formation of adenosine-3',5'-phosphate by preparations from brain and other tissues. J. biol. Chem. **237**, 1239—1243 (1962).
KLAUS, W., u. H. LÜLLMANN: Calcium als intracelluläre Überträgersubstanz und die mögliche Bedeutung dieses Mechanismus für pharmakologische Wirkungen. Klin. Wschr. **42**, 253—259 (1964).
KLEE, PH.: Der Einfluß der Vagusreizung auf den Ablauf der Verdauungsbewegungen. Pflügers Arch. ges. Physiol. **145**, 557—594 (1912).
— Zur Dynamik des Magens. Dtsch. med. Wschr. **56**, 1689—1691 (1930).
KLEIN, U. E.: Das Nebennierenmark des Goldhamsters während der Resynthesephase nach reserpininduzierter Hormonausschüttung. Endokrinologie **42**, 381—389 (1962).
—, u. E. KRACHT: Über Hormonbildungsstätten im Nebennierenmark. Endokrinologie **35**, 259—280 (1958).
KLEINSCHMIDT, A., u. H. J. SCHÜMANN: Strukturuntersuchungen über die Adrenalin und Noradrenalin speichernden Granula des Nebennierenmarks. Naunyn-Schmiedebergs Arch. exp. Path. Pharmak. **241**, 260—272 (1961).
KLEPPING, J., M. TANCHE, and C. F. CIER: La sécrétion médullosurrénale dans la lutte contre le froid. C. R. Soc. Biol. (Paris) **151**, 1539—1541 (1957).
KLINGMAN, G. I.: Catecholamine levels and dopa-decarboxylase activity in peripheral organs and adrenergic tissues in the rat after immunosympathectomy. J. Pharmacol. exp. Ther. **148**, 14—21 (1965).
KLOUDA, M. A.: Distribution of catecholamine in the dog heart. Proc. Soc. exp. Biol. (N.Y.) **112**, 728—729 (1963).
KNAUFF, H. G., u. G. VERBEEK: Fluorimetrische Bestimmung von Adrenalin und Noradrenalin im Harn. Ergebnisse bei Gesunden und bei Patienten mit Hypertonus. Klin. Wschr. **40**, 18—23 (1962).
— G. FRUHMANN u. G. VERBEEK: Die Ausscheidung von Adrenalin und Noradrenalin bei Asthma bronchiale und bei Lungenemphysen. Klin. Wschr. **40**, 411—415 (1962).
KNIPPING, H. W., u. W. BOLT: Zur Therapie des Kreislaufkollapses. II. Teil. Med. Klin. **51**, 625—629 (1956b).
KNOLL, J., and B. KNOLL: Reserpine: modification of its tranquilizer effect and analysis of its central mode of action. Arch. int. Pharmacodyn. **133**, 310—326 (1961).
KOBINGER, W.: Beeinflussung der Cardiazolkrampfschwelle durch veränderten 5-Hydroxytryptamingehalt des Zentralnervensystems. Naunyn-Schmiedebergs Arch. exp. Path. Pharmak. **233**, 559—566 (1958).
— Unterschiedliche Beeinflussung von Widerstands- und Kapazitätsgefäßen durch verschiedene Sympathicomimetica. Naunyn-Schmiedebergs Arch. exp. Path. Pharmak. **251**, 129—130 (1965).
—, u. N. F. FRIIS: Beeinflussung von Gefäßreaktionen am isolierten Kaninchenohr durch Monoaminoxydasehemmkörper. Naunyn-Schmiedebergs Arch. exp. Path. Pharmak. **242**, 238—246 (1961).

Koch, E.: Die reflektorische Selbststeuerung des Kreislaufs. Leipzig: Theodor Steinkopff 1931.
Kochmann, M., u. H. Seel: Über die Abhängigkeit der Adrenalinwirkung auf den isolierten Meerschweinchenuterus vom Zyklushormon. Z. ges. exp. Med. **68**, 238—244 (1929).
Koch-Weser, J.: Direct and $\beta$-adrenergic receptor blocking actions of nethalide on isolated heart muscle. J. Pharmacol. exp. Ther. **146**, 318—326 (1964).
—, and J. R. Blinks: The influence of the interval between beats on myocardial contractility. Pharmacol. Rev. **15**, 601—652 (1963).
Koelle, G. B.: Possible mechanisms for the termination of the physiological actions of catecholamines. Pharmacol. Rev. **11**, 381—386 (1959).
— Cytological distributions and physiological functions of choline esterases. In: Handbuch der experimentellen Pharmakologie, Erg.-Werk, Bd. 15, Cholinesterases and anticholinesterase agents, Herausg. O. Eichler u. A. Farah, S. 187—298. Berlin-Göttingen-Heidelberg: Springer 1963.
—, and A. de T. Valk jr.: Physiological implications of the histochemical localization of monoamine oxidase. J. Physiol. (Lond.) **126**, 434—447 (1954).
König, K., u. H. Reindell: Die Wirkung von $\alpha$-Methyl-Dopa auf den Belastungsblutdruck bei Hypertonie. In: Medizinische Klausurgespräche 2: „Therapie des Bluthochdrucks", Hrsg. L. Heilmeyer und H. J. Holtmeier, S. 122—126. Berlin u. Freiburg i. Br.: Verlag für Gesamtmedizin 1963.
Kohn, A.: Über die Nebenniere. Prag. med. Wschr. **23**, 193—195 (1898).
— Die Paraganglien. Arch. mikr. Anat. **62**, 263—365 (1903).
Kohn, H. J.: Tyramine oxidase. Biochem. J. **31**, 1693—1704 (1937).
Konschegg, A. v.: Über die Zuckerdichtigkeit der Nieren nach wiederholten Adrenalininjektionen. Naunyn-Schmiedebergs Arch. exp. Path. Pharmak. **70**, 311—322 (1912).
— Über die Beziehungen zwischen Herzmittel- und physiologischer Kationenwirkung. Naunyn-Schmiedebergs Arch. exp. Path. Pharmak. **71**, 251—260 (1913).
Kontinen, A., and M. Rajasalmi: Effect of sympathetic blocking agent on plasma FFA and on the response evoked by catecholamines. Proc. Soc. exp. Biol. (N.Y.) **112**, 723—725 (1963).
Konzett, H.: Neue broncholytisch hochwirksame Körper der Adrenalinreihe. Naunyn-Schmiedebergs Arch. exp. Path. Pharmak. **197**, 27—40 (1941a).
— Zur Pharmakologie neuer adrenalinverwandter Körper. Naunyn-Schmiedebergs Arch. exp. Path. Pharmak. **197**, 41—56 (1941b).
— Über die Verstärkung der Wirkung von Adrenalin und sympathischen Nervreizen durch Gerbsäure. Arch. int. Pharmacodyn. **81**, 251—257 (1950a).
— Sympathicomimetica und Sympathicolytica am isoliert durchströmten Ganglion cervicale superius der Katze. Helv. physiol. pharmacol. Acta **8**, 245—258 (1950b).
—, and C. O. Hebb: Vaso- and bronchomotor actions of noradrenaline (arterenol) and of adrenaline in the isolated perfused lungs of dog. Arch. int. Pharmacodyn. **78**, 210—224 (1949).
—, and E. Rothlin: Some observations on the action of noradrenaline upon the vessels and the blood pressure. Arch. int. Pharmacodyn. **85**, 381—386 (1951).
—, u. W. Weis: Der Einfluß von Ultraviolettbestrahlung auf Adrenalin und adrenalinähnliche Körper. I. Mitt. Adrenalin und Sympatol. Naunyn-Schmiedebergs Arch. exp. Path. Pharmak. **193**, 440—453 (1939).
Kopin, I. J.: Technique for the study of alternate metabolic pathways; epinephrine metabolism in man. Science **131**, 1372—1374 (1960).
— Storage and metabolism of catecholamines: the role of monoamine oxidase. Pharmacol. Rev. **16**, 179—191 (1964).
—, and J. Axelrod: 3,4-Dihydroxyphenylglycol, a metabolite of epinephrine. Arch. Biochem. **89**, 148 (1960).
—, and W. Bridgers: Differences in d- and l-norepinephrine-$H^3$. Life Sci. **2**, 356—362 (1963).

Kopin, I. J., and E. K. Gordon: Metabolism of norepinephrine-$H^3$ released by tyramine and reserpine. J. Pharmacol. exp. Ther. 138, 351—359 (1962).
— — Metabolism of administered and drug-released norepinephrine-7-$H^3$ in the rat. J. Pharmacol. exp. Ther. 140, 207—216 (1963).
—, and R. J. Wurtman: Flow of uterine blood, and the oestrous cycle. Nature (Lond.) 199, 386—387 (1963).
— J. Axelrod, and E. Gordon: The metabolic fate of $H^3$-epinephrine and $C^{14}$-metanephrine in the rat. J. biol. Chem. 236, 2109—2113 (1961).
— G. Hertting, and E. K. Gordon: Fate of norepinephrine-$H^3$ in the isolated perfused rat heart. J. Pharmacol. exp. Ther. 138, 34—40 (1962).
— J. E. Fischer, J. Musacchio, and W. D. Horst: Evidence for a false neurochemical transmitter as a mechanism for the hypotensive effect of monoamine oxidase inhibitors. Proc. nat. Acad. Sci. (Wash.) 52, 716—721 (1964).
— — — —, and V. K. Weise: "False neurochemical transmitters" and the mechanism of sympathetic blockade by monoamine oxidase inhibitors. J. Pharmacol. exp. Ther. 147, 186—193 (1965).
Kositzyn, N. S.: Axo-dendritic relations in the brain stem reticular formation. J. comp. Neurol. 122, 9—17 (1964).
Kotake, Y., u. S. Goto: Über die Konfigurationsänderung des Tryptophans im Tierkörper. II. Mitt. Hoppe-Seylers Z. physiol. Chem. 270, 48—53 (1941).
— Y. Masai u. Y. Mori: Über das Verhalten des Phenylalanins im tierischen Organismus. Hoppe-Seylers Z. physiol. Chem. 122, 195—200 (1922).
Kottegoda, S. R.: Stimulation of isolated rabbit auricles by substances which stimulate ganglia. Brit. J. Pharmacol. 8, 83—86 (1953).
Kovách, A. G. B., J. Menyhárt, A. Erdélyi, G. Molnar, and E. Kovách: The effect of dibenamine given at different stages of ischaemic shock on survival time in dogs, and on the oedema of their ligated limbs. Acta physiol. Acad. Sci. hung. 13, 5—13 (1957).
Kovács, K., u. I. Faredin: Untersuchungen über die Beeinflussung des Catecholamingehaltes des Hypothalamus der Ratte. Acta neuroveg. (Wien) 22, 184—191 (1962).
Kraupp, O., H. Stormann, H. Bernheimer u. H. Obenaus: Vorkommen und diagnostische Bedeutung von Phenolsäuren im Harn beim Phäochromocytom. Klin. Wschr. 37, 76—80 (1959).
— H. Bernheimer, P. Heistracher, G. Paumgartner u. Th. Schiefthaler: 1-(4-hydroxyphenyl)-2-methylaminoaethanol (Sympatol) im Harn eines Falles mit Hochdruckkrisen. Wien. klin. Wschr. 73, 712—716 (1961).
Krause, D.: Der Einfluß von Iproniazid und 1-Phenyl-2-hydrazinopropan auf die Wirkung von Hexobarbital. Naunyn-Schmiedebergs Arch. exp. Path. Pharmak. 240, 21—22 (1960).
Krayer, O.: Studies on veratrum alkaloids. VIII. Veratramine, antagonist to cardioaccelerator action of epinephrine. J. Pharmacol. exp. Ther. 96, 422—437 (1949a).
— Studies on veratrum alkaloids. IX. The inhibition by veratrosine of the cardioaccelerator action of epinephrine and of norepinephrine. J. Pharmacol. exp. Ther. 97, 256—265 (1949b).
—, and J. Fuentes: Chronotropic cardiac action of reserpine. Fed. Proc. 15, 449 (1956).
— — Changes of heart rate caused by direct cardiac action of reserpine. J. Pharmacol. exp. Ther. 123, 145—152 (1958).
—, and M. K. Paasonen: Direct cardiac action of reserpine. Acta physiol. scand. 42, 88—89 (1957).
—, and E. F. van Maanen: Studies on veratrum alkaloids. X. The inhibition by veratramine of the positive chronotropic effect of accelerans stimulation and of norepinephrine. J. Pharmacol. exp. Ther. 97, 301—307 (1949).
— M. H. Alper, and M. K. Paasonen: Action of guanethidine and reserpine upon the isolated mammalian heart. J. Pharmacol. exp. Ther. 135, 164—173 (1962).

KREBS, E. G., and E. H. FISCHER: Phosphorylase activity of skeletal muscle extracts. J. biol. Chem. **216**, 113—120 (1955).
— — The role of metals in the activation of muscle phosphorylase. Ann. N.Y. Acad. Sci. **88**, 378—384 (1960).
— A. B. KENT, and E. H. FISCHER: The muscle phosphorylase b kinase reaction. J. biol. Chem. **231**, 73—83 (1958).
— D. J. GRAVES, and E. H. FISCHER: Factors affecting the activity of muscle phosphorylase b kinase. J. biol. Chem. **234**, 2867—2873 (1959).
KRNJEVIĆ, K., and R. MILEDI: Adrenaline and failure of neuromuscular transmission. Nature (Lond.) **180**, 814—815 (1957).
—, and J. W. PHILLIS: Actions of certain amines on cerebral cortical neurones. Brit. J. Pharmacol. **20**, 471—490 (1963).
KRONEBERG, G.: Adrenalin-Arterenol. Naunyn-Schmiedebergs Arch. exp. Path. Pharmak. **208**, 169—170 (1949).
— Rescinamin, das zweite sedative Alkaloid der Rauwolfia serpentina. Arzneimittel-Forsch. **6**, 579—583 (1956).
— Pharmakologie und Pharmakotherapie der Gefäßinsuffizienz. In: Klinik und Therapie der Kollapszustände, Herausg. R. DUESBERG und H. SPITZBARTH, S. 97—106, Stuttgart: F. K. SCHATTAUER 1963.
— Untersuchungen zum Wirkungsmechanismus von α-Methyldopa. In: Medizinische Klausurgespräche 2: Therapie des Bluthochdrucks, Herausg. L. HEILMEYER und H. J. HOLTMEIER, S. 28—35. Berlin u. Freiburg: Verlag für Gesamtmedizin 1963.
—, u. H. G. KURBJUWEIT: Die Beeinflussung von experimentellem Fieber durch Reserpin und Sympathicolytica am Kaninchen. Arzneimittel-Forsch. **9**, 556—558 (1959).
—, u. H. OCKLITZ: Adrenalindiurese und Kochsalzausscheidung. Naunyn-Schmiedebergs Arch. exp. Path. Pharmak. **207**, 491—499 (1949).
—, u. G. RÖNICKE: Versuche mit Arterenol am Menschen. Klin. Wschr. **28**, 353—356 (1950).
—, u. H. J. SCHÜMANN: Der Einfluß der Rauwolfia-Alkaloide Reserpin, Rescinamin und Canescin auf den Katecholamin-Gehalt des Nebennierenmarks. Arzneimittel-Forsch. **7**, 279—280 (1957a).
— — Die Wirkung des Reserpins auf den Hormongehalt des Nebennierenmarks. Naunyn-Schmiedebergs Arch. exp. Path. Pharmak. **231**, 349—360 (1957b).
— — Adrenalinsekretion und Adrenalinverarmung der Kaninchennebennieren nach Reserpin. Naunyn-Schmiedebergs Arch. exp. Path. Pharmak. **234**, 133—146 (1958).
— — Über die Bedeutung der Innervation für die Adrenalinsynthese im Nebennierenmark. Experientia (Basel) **15**, 234—235 (1959).
— — Der Einfluß von Iproniacid auf die durch Reserpin gesteigerte Sekretion des Nebennieremarks. Naunyn-Schmiedebergs Arch. exp. Path. Pharmak. **239**, 29—34 (1960).
— — Untersuchungen zum Wirkungsmechanismus des Guanethidins. Naunyn-Schmiedebergs Arch. exp. Path. Pharmak. **243**, 16—25 (1962).
—, u. K. STOEPEL: Zum Wirkungsmechanismus von α-Methyldopa. Naunyn-Schmiedebergs Arch. exp. Path. Pharmak. **246**, 11—12 (1963a).
— — Der Einfluß von α-Methyl-Dopa auf die Tyraminwirkung an mit Reserpin vorbehandelten Katzen. Experientia (Basel) **19**, 252—253 (1963b).
KROP, ST.: The influence of "heart stimulants" on the contraction of isolated mammalian cardiac muscle. J. Pharmacol. exp. Ther. **82**, 48—62 (1944).
KUEHL, jr. F. A., M. HICHENS, R. E. ORMOND, M. A. P. MEISINGER, P. H. GALE, V. J. CIRILLO, and N. G. BRINK: Para-O-methylation of dopamine in schizophrenic and normal individuals. Nature (Lond.) **203**, 154—155 (1964).
KUFFLER, S. W.: Specific excitability of the endplate region in normal and denervated muscle. J. Neurophysiol. **6**, 99—110 (1943).

Kuhn, E.: Appetite stimulating effect of barbiturate-induced therapeutic sleep. Experientia (Basel) 15, 77—79 (1959).
Kukovetz, W. R.: Kontraktilität und Phosphorylaseaktivität des Herzens bei ganglionärer Erregung, nach adrenerger Blockade und unter Atropin. Naunyn-Schmiedebergs Arch. exp. Path. Pharmak. 243, 391—406 (1962).
— Zur Wirkung akuter Anoxie auf die Contractilität und Phosphorylaseaktivität des isoliert durchströmten Meerschweinchenherzens. Naunyn-Schmiedebergs Arch. exp. Path. Pharmak. 250, 269—270 (1965).
—, u. F. Lembeck: Untersuchungen über die adrenalinpotenzierende Wirkung von Cocain und Denervierung. Naunyn-Schmiedebergs Arch. exp. Path. Pharmak. 242, 467—479 (1962).
—, u. G. Pöch: Zur Frage der Trennbarkeit adrenerger Wirkungen auf die Kontraktilität und Phosphorylaseaktivität des Herzmuskels durch $\beta$-Adrenolytica. Naunyn-Schmiedebergs Arch. exp. Path. Pharmak. 251, 127—128 (1965).
— M. E. Hess, J. Shanfeld, and N. Haugaard: The action of sympathomimetic amines on isometric contraction and phosphorylase activity of the isolated rat heart. J. Pharmacol. exp. Ther. 127, 122—127 (1959).
Kuntzman, R., and M. M. Jacobson: The inhibition of monoamine oxidase by benzyl- and phenethylguanidines related to bretylium and guanethidine. Ann. N.Y. Acad. Sci. 107, 945—950 (1963).
— — On the mechanism of heart norepinephrine depletion by tyramine, guanethidine and reserpine. J. Pharmacol. exp. Ther. 144, 399—404 (1964).
— E. Costa, G. L. Gessa, C. Hirsch, and B. B. Brodie: Combined use of $\alpha$-methyl metatyrosine (MMT) and reserpine to associate norepinephrine (NE) with excitation and serotonin (5-HT) with sedation. Fed. Proc. 20, 308 (1961).
— — —, and B. B. Brodie: Reserpine and guanethidine action on peripheral stores of catecholamines. Life Sci. 1, 65—74 (1962a).
— — C. Creveling, C. W. Hirsch, and B. B. Brodie: Inhibition of norepinephrine synthesis in mouse brain by blockade of dopamine-$\beta$-oxidase. Life Sci. 1, 85—92 (1962b).
Kunz, E.: Vergleichende Wirkung von zwei Decarboxylasehemmern auf den Metabolismus von endogenem und exogenem 5-Hydroxytryptamin. Arch. int. Pharmacodyn. 147, 1—8 (1964).
Kuré, K., T. Oi u. S. Okinata: Beziehungen des Spinalparasympathicus zu der trophischen Innervation des Fettgewebes. Klin. Wschr. 16, 1789—1793 (1937).
Kuroda, M.: Observation of the effects of drugs on the ileocolic sphincter. J. Pharmacol. exp. Ther. 9, 187—195 (1917).
Kuroda, S.: Pharmakodynamische Studien zur Frage der Magenmotilität. Z. ges. exp. Med. 39, 341—354 (1924).
Kuschinsky, G., u. K. H. Rahn: Untersuchungen über die Beziehungen zwischen chinidinartigen und $\beta$-adrenolytischen Wirkungen von 1-(3-Methylphenoxy)-2-hydroxy-3-isopropylamino-propan (Kö 592). Naunyn-Schmiedebergs Arch. exp. Path. Pharmak. 252, 50—62 (1965).
— R. Lindmar u. E. Muscholl: Über die Bedeutung der „Noradrenalinspeicher" für die Wirkung von Tyramin am Herzen. Naunyn-Schmiedebergs Arch. exp. Path. Pharmak. 238, 39—41 (1960a).
— — H. Lüllmann u. E. Muscholl: Der Einfluß von Reserpin auf die Wirkung der „Neuro-Sympathomimetica". Naunyn-Schmiedebergs Arch. exp. Path. Pharmak. 240, 242—252 (1960b).
Kuschke, H. J.: Untersuchungen über den Erregungszustand des sympathischen Nervensystems und des Nebennierenmarks bei kardiovasculären Erkrankungen. Arch. Kreisl.-Forsch. 36, 104—148 (1961).
—, u. J. Frantz: Über die hyperglykämische Wirkung von Reserpin. Naunyn-Schmiedebergs Arch. exp. Path. Pharmak. 224, 269—274 (1955).

Kuschke, H. J., u. R. Herzer: Brenzkatechinamin-Ausscheidung bei essentieller Hypertonie unter orthostatischer Belastung. Verh. dtsch. Ges. Kreisl.-Forsch. 28. Tagg., S. 232—234 (1963).
Kvale, W. F., G. M. Roth, W. M. Manger, and J. T. Priestley: Pheochromocytoma. Circulation 14, 622—630 (1956).

Labhardt, F.: Fortgesetzte Untersuchungen über den Einfluß des Nervus sympathicus auf die Ermüdung des quergestreiften Muskels. Z. Biol. 89, 217—236 (1929).
LaBrosse, E. H., and M. Karon: Catechol-O-methyltransferase activity in neuroblastoma tumour. Nature (Lond.) 196, 1222—1223 (1962).
— J. Axelrod, and S. S. Kety: O-methylation, the principal route of metabolism of epinephrine in man. Science 128, 593—594 (1958).
Lahti, R. E., I. C. Brill, and E. L. McCawley: The effect of methoxamine hydrochloride (Vasoxyl) on cardiac rhythm. J. Pharmacol. exp. Ther. 115, 268—274 (1955).
Landgren, S., E. Neil, and Y. Zotterman: The response of the carotid baroceptors to the local administration of drugs. Acta physiol. scand. 25, 24—37 (1952).
Lands, A. M.: The pharmacological activity of epinephrine and related dihydroxyphenylalkylamines. Pharmacol. Rev. 1, 279—309 (1949).
—, and Th. G. Brown: A comparison of the cardiac stimulating and bronchodilator actions of selected sympathomimetic amines. Proc. Soc. exp. Biol. (N.Y.) 116, 331—333 (1964).
—, and J. I. Grant: The vasopressor action and toxicity of cyclohexylethylamine derivatives. J. Pharmacol. exp. Ther. 106, 341—345 (1952).
—, and J. W. Howard: A comparative study of the effects of l-arterenol, epinephrine and isopropylarterenol on the heart. J. Pharmacol. exp. Ther. 106, 65—76 (1952).
— V. L. Nash, H. M. McCarthy, H. R. Granger, and B. L. Dertinger: The pharmacology of N-alkyl homologues of epinephrine. J. Pharmacol. exp. Ther. 90, 110—119 (1947).
— — B. L. Dertinger, H. R. Granger, and H. M. McCarthy: The pharmacology of compounds structurally related to hydroxytyramine. J. Pharmacol. exp. Ther. 92, 369—380 (1948).
— F. P. Luduena, J. I. Grant, E. Ananenko, and M. L. Tainter: Reversal of the depressor action of N-isopropylarterenol (isuprel) by ergotamine and ergotoxine. J. Pharmacol. exp. Ther. 100, 284—297 (1950).
— —, and B. F. Tullar: The pharmacologic activity of the optical isomers of isopropylarterenol (isuprel) compared with that of the optically inactive analog 1-(3,4-dihydroxyphenyl)-2-iso-propylaminoethane HCl. J. Pharmacol. exp. Ther. 111, 469—474 (1954).
Langemann, H.: Enzymes and their substrates in the adrenal gland of the ox. Brit. J. Pharmacol. 6, 318—324 (1951).
— Aminoacid decarboxylase and amine oxidase in carcinoid tumor. In: 5-Hydroxytryptamine, ed. G. P. Lewis, p. 153—157. London and New York: Pergamon Press 1958.
—, u. J. Kägi: Oxytryptamin und Oxyindolessigsäurebestimmungen bei einem Fall von Carcinoidsyndrom, nebst einigen anderen Untersuchungen über Oxytryptamin. Klin. Wschr. 34, 237—241 (1956).
— M. Burger, and J. Kägi: Determination of adrenaline and noradrenaline and of the activities of amino acid decarboxylase and amine oxydase in cell fractions of phaeochromocytomas. Abstr. Comm. XX. Internat. Physiol. Congr., p. 546, Brussels, 1956.
— A. Boner u. P. B. Müller: Aminosäurendecarboxylase in Phäochromocytom- und Karzinoidgewebe. Schweiz. med. Wschr. 92, 27—34 (1962).

Langley, J. N.: On inhibitory fibres in the vagus for the end of the oesophagus and the stomach. J. Physiol. (Lond.) **23**, 407—414 (1898—1899).
— Observations on the physiological action of extracts of the supra-renal bodies. J. Physiol. (Lond.) **27**, 237—256 (1901—1902).
— On the reaction of cells and of nerve-endings to certain poisons, chiefly as regards the reactions of striated muscle to nicotine and curare. J. Physiol. (Lond.) **33**, 374—413 (1905—1906).
—, and H. K. Anderson: The constituents of the hypogastric nerves. J. Physiol. (Lond.) **17**, 177—191 (1894).
Langston, J. B., A. C. Guyton, J. H. Depoyster, and G. G. Armstrong jr.: Changes in renal function resulting from norepinephrine infusion. Amer. J. Physiol. **202**, 893—896 (1962).
Lanier, J. T., H. D. Green, J. Hardaway, H. D. Johnson, and W. B. Donald: Fundamental difference in the reactivity of the blood vessels in skin compared with those in muscle. Circulat. Res. **1**, 40—48 (1953).
Lansing, A. M., and J. A. F. Stevenson: Mechanism of action of norepinephrine in hemorrhagic shock. Amer. J. Physiol. **193**, 289—293 (1958).
— —, and C. W. Gowdey: The effect of noradrenaline on the survival of rats subjected to hemorrhagic shock. Canad. J. Biochem. **35**, 93—101 (1957).
Laragh, J. H., M. Angers, W. G. Kelly, and S. Liebermann: Hypotensive agents and pressor substances. — The effect of epinephrine, norepinephrine, angiotensin II and others on the secretory rate of aldosterone in man. J. Amer. med. Ass. **174**, 234—240 (1960a).
— S. Ulick, V. Januszewicz, Q. B. Deming, W. G. Kelly, and S. Liebermann: Aldosterone secretion and primary and malignant hypertension. J. clin. Invest. **39**, 1091—1106 (1960b).
Laroche, M. J., and B. B. Brodie: Lack of relationship between inhibition of monoamine oxidase and potentiation of hexobarbital hypnosis. J. Pharmacol. exp. Ther. **130**, 134—137 (1960).
Lassen, N. A.: Cerebral blood flow and oxygen consumption in man. Physiol. Rev. **39**, 183—238 (1959).
Laurell, S.: Turnover rate of unesterified fatty acids in human plasma. Acta physiol. scand. **41**, 158—167 (1957—1958).
Laurence, D. R., and R. E. Nagle: The effects of bretylium and guanethidine on the pressor responses to noradrenaline and angiotensin. Brit. J. Pharmacol. **21**, 403—413 (1963).
—, and M. L. Rosenheim: Clinical effects of drugs which prevent the release of adrenergic transmitter. In: Adrenergic mechanisms. A Ciba foundation symposium, eds. J. R. Vane, G. E. W. Wolstenholme and M. O'Connor, p. 201—208. London: J. & A. Churchill, Ltd. 1960a.
Lauwers, P., M. Verstraete, and J. V. Joossens: Methyldopa in the treatment of hypertension. Brit. med. J. **1963 I**, 295—300.
Laverty, R.: A nervously-mediated action of angiotensin in anaesthetized rats. J. Pharm. (Lond.) **15**, 63—68 (1963).
— The influence of cold environmental temperature and histamine treatment on the effect of reserpine in the rat. J. Neurochem. **10**, 151—154 (1963).
Leach, G. D. H.: Ganglionic blocking action of dimethylphenylpiperazinium (DMPP). J. Pharm. (Lond.) **9**, 747—751 (1957).
Leaf, G., and A. Neuberger: The preparation of homogentisic acid and of 2:5-dihydroxyphenylethylamine. Biochem. J. **43**, 606—610 (1948).
Le Blanc, E., and C. de Lind van Wyngaarden: Untersuchungen über die Innervation der Lungengefäße und Bronchien. Pflügers Arch. ges. Physiol. **204**, 601—612 (1924).
Le Blanc, J. A.: Effect of adrenaline, noradrenaline and chlorpromazine on blood pressure of normal and cold-adapted animals. Proc. Soc. exp. Biol. (N.Y.) **105**, 109—111 (1960).

LE BLANC, J. A., and G. NADEAU: Urinary excretion of adrenaline and noradrenaline in normal and cold-adapted animals. Canad. J. Biochem. 39, 215—217 (1961).
—, and M. POULIOT: Importance of noradrenaline in cold adaptation. Amer. J. Physiol. 207, 853—856 (1964).
LECOMTE, J., J. TROQUET et A. DRESSE: Stimulation médullo-surrénalienne par la bradykinine. Arch. int. Physiol. 69, 89—91 (1961).
LEDERMAIR, O.: Der Uterusmuskel in der Schwangerschaft. Arch. Gynäk. 192, 109—128 (1959).
LEDUC, J.: Catecholamine production and release in exposure and acclimation to cold. Acta physiol. scand. 53, Suppl. 183, 1—101 (1961).
LEE, H. M., A. M. VAN ARENDONK, and K. K. CHEN: A study of twenty-three quaternary ammonium iodides. J. Pharmacol. exp. Ther. 56, 466—472 (1936).
LEE, J. B., V. K. VANCE, and G. F. CAHILL jr.: Metabolism of $C^{14}$-labeled substrates by rabbit kidney cortex and medulla. Amer. J. Physiol. 203, 27—36 (1962).
LEE, W. C., and F. E. SHIDEMAN: Role of myocardial catecholamines in cardiac contractility. Science 129, 967—968 (1959).
— P. L. MCCARTY, W. W. ZODROW, and F. E. SHIDEMAN: The cardiostimulant action of certain ganglionic stimulants on the embryonic chick heart. J. Pharmacol. exp. Ther. 130, 30—36 (1960).
— C. S. YOO, and S. H. KANG: The relationship between myocardial catecholamines and the heart rate. Arch. int. Pharmacodyn. 152, 156—169 (1964).
LEEPER, L. C., H. WEISSBACH, and S. UDENFRIEND: Studies on the metabolism of norepinephrine, epinephrine and their O-methyl analogs by partially purified enzyme preparations. Arch. Biochem. 77, 417—427 (1958).
LEIMDÖRFER, A.: The action of sympathomimetic amines on the central nervous system and the blood sugar: relation of chemical structure to mechanisms of action. J. Pharmacol. exp. Ther. 98, 62—71 (1950).
—, and W. R. T. METZNER: Analgesia and anesthesia induced by epinephrine. Amer. J. Physiol. 157, 116—121 (1949).
LELOIR, L. F., and C. E. CARDINI: Biosynthesis of glycogen from uridine diphosphate glucose. J. Amer. chem. Soc. 79, 6340—6341 (1957).
LEMBECK, F., u. K. NEUHOLD: Nachweis von 5-Oxytryptamin im Harn. Naunyn-Schmiedebergs Arch. exp. Path. Pharmak. 226, 456—459 (1955).
—, u. I. OBRECHT: Der Noradrenalingehalt menschlicher Nebennieren. Z. Vitamin-, Hormon- u. Fermentforsch. 5, 11—18 (1952).
—, u. H. RESCH: Die Potenzierung der Adrenalinwirkung durch Cocain und Pyrogallol. Naunyn-Schmiedebergs Arch. exp. Path. Pharmak. 240, 210—217 (1960).
—, u. R. STROBACH: Kaliumabgabe aus glatter Muskulatur. Naunyn-Schmiedebergs Arch. exp. Path. Pharmak. 228, 130—131 (1956).
LEMPINEN, M.: Effect of cortison on extra-adrenal chromaffin tissue of the rat. Nature (Lond.) 199, 74—75 (1963).
— Extra-adrenal chromaffin tissue of the rat and the effect of cortical hormones on it. Acta physiol. scand. 62, Suppl. 231, 1—91 (1964).
LENEL, R., A. VANLOO, S. RODBARD, and L. N. KATZ: Factors involved in the production of paroxysmal ventricular tachycardia induced by epinephrine. Amer. J. Physiol. 153, 553—557 (1948).
LENZ, H.: Papierchromatographische Untersuchungen des Harnes bei Schizophrenen und Geistesgesunden vor und nach Dopa-Verabreichung. Psychopharmacologia (Berl.) 3, 146—151 (1962).
LEONARD, A. C., G. C. HEIL, and E. J. FELLOWS: Effects of anorectics in rats during chronic administration. Fed. Proc. 25, 385 (1966).
LERNER, A. B., and T. B. FITZPATRICK: Biochemistry of melanin formation. Physiol. Rev. 30, 91—126 (1950).

LERNER, A. B., J. D. CASE, Y. TAKAHASHI, T. H. LEE, and W. MORI: Isolation of melatonin, the pineal gland factor that lightens melanocytes. J. Amer. chem. Soc. **80**, 2587 (1958).
— —, and R. V. HEINZELMAN: Structure of melatonin. J. Amer. chem. Soc. **81**, 6084—6085 (1959).
— —, and Y. TAKAHASHI: Isolation of melatonin and 5-methoxyindole-3-acetic acid from bovine pineal glands. J. biol. Chem. **235**, 1992—1997 (1960).
LEROY, J. G., and A. F. DE SCHAEPDRYVER: Catecholamine levels of brain and heart in mice after iproniazid, syrosingopine and 10-methoxydeserpidine. Arch. int. Pharmacodyn. **130**, 231—234 (1961).
LEŠIĆ, R., and V. VARAGIĆ: Effect of noradrenaline, bretylium and cocaine on the blood pressure response to tyramine in the rat. Brit. J. Pharmacol. **16**, 320—326 (1961).
LESSIN, A. W., and M. W. PARKES: The relation between sedation and body temperature in the mouse. Brit. J. Pharmacol. **12**, 245—250 (1957a).
— — The hypothermic and sedative action of reserpine in the mouse. J. Pharm. (Lond.) **9**, 657—662 (1957b).
LEVER, J. D.: Electron microscopic observations on the normal and denervated adrenal medulla of the rat. Endocrinology **57**, 621—635 (1955).
—, and J. W. BOYD: Osmiophile granules in the glomus cells of the rabbit carotid body. Nature (Lond.) **179**, 1082—1083 (1957).
— P. R. LEWIS, and J. D. BOYD: Observations on the fine structure and histochemistry of the carotid body in the cat and rabbit. J. Anat. (Lond.) **93**, 478—490 (1959).
LEVI, L.: A new stress tolerance test with simultaneous study of physiological and psychological variables. Acta endocr. (Kbh.) **37**, 38—44 (1961).
— The urinary output of adrenaline and noradrenaline during experimentally induced pleasant and unpleasant emotional states. Annual. Conf. Soc. for Psychosomatic Res. London, 1963a.
— The urinary output of adrenalin and noradrenalin during experimentally induced emotional stress in clinical different groups. Acta psychother. (Basel) **11**, 218—227 (1963b).
LEVI-MONTALCINI, R.: Analysis of a specific nerve growth factor and of its antiserum. Sci. Repts. Ist. Sanità **2**, 345—368 (1962).
— The nerve growth factor. Ann. N.Y. Acad. Sci. **118**, 149—170 (1964).
—, and P. U. ANGELETTI: Growth control of the sympathetic system by a specific protein factor. Quart. Rev. Biol. **36**, 99—108 (1961).
— — Noradrenaline and monoaminoxidase content in immunosympathectomized animals. Int. J. Neuropharmacol. **1**, 161—164 (1962).
—, and B. BOOKER: Excessive growth of the sympathetic ganglia evoked by a protein isolated from mouse salivary glands. Proc. nat. Acad. Sci. (Wash.) **46**, 373—384 (1960).
—, and ST. COHEN: Effects of the extract of the mouse submaxillary salivary gland on the sympathetic system of mammals. Ann. N.Y. Acad. Sci. **85**, 324—341 (1960).
—, and V. HAMBURGER: Selective growth-stimulating effects of mouse sarcoma on the sensory and sympathetic nervous system of the chick embryo. J. exp. Zool. **116**, 321—326 (1951).
LEVIN, E. Y., and S. KAUFMAN: Studies on the enzyme catalyzing the conversion of 3,4-dihydroxyphenylethylamine to norepinephrine. J. biol. Chem. **236**, 2043—2049 (1961)
— B. LEVENBERG, and S. KAUFMAN: The enzymatic conversion of 3,4-dihydroxyphenylethylamine to norepinephrine. J. biol. Chem. **235**, 2080—2086 (1960).
LEVINE, R. J., and A. SJOERDSMA: Dissociation of the decarboxylase-inhibiting and norepinephrine-depleting effects of α-methyl-dopa, α-ethyl-dopa, 4-bromo-3-hydroxybenzyloxyamine and related substances. J. Pharmacol. exp. Ther. **146**, 42—47 (1964).
—, J. A. OATES, A. VENDSALU, and A. SJOERDSMA: Studies on the metabolism of aromatic amines in relation to altered thyroid function in man. J. clin. Endocr. **22**, 1242—1250 (1962).

LEVINE, S. Z., M. DANN, and E. MARPLES: A defect in the metabolism of tyrosine and phenylalanine in premature infants. III. Demonstration of the irreversible conversion of phenylalanine to tyrosine in the human organism. J. clin. Invest. 22, 551—562 (1943).
LEVITT, M., S. SPECTOR, A. SJOERDSMA, and S. UDENFRIEND: Elucidation of the rate-limiting step in norepinephrine biosynthesis in the perfused guinea-pig heart. J. Pharmacol. exp. Ther. 148, 1—8 (1965).
LEVY, B., and R. P. AHLQUIST: Blockade of the beta adrenergic receptors. J. Pharmacol. exp. Ther. 130, 334—339 (1960).
— — An analysis of adrenergic blocking activity. J. Pharmacol. exp. Ther. 133, 202—210 (1961).
—, and S. TOZZI: The adrenergic receptive mechanism of the rat uterus. J. Pharmacol. exp. Ther. 142, 178—184 (1963).
LEVY, E. Z., W. C. NORTH, and J. A. WELLS: Modification of traumatic shock by adrenergic blocking agents. J. Pharmacol. exp. Ther. 112, 151—157 (1954).
LEVY, J. V., and V. RICHARDS: The influence of reserpine pretreatment on the contractile and metabolic effects produced by ouabain on isolated rabbit left atria. J. Pharmacol. exp. Ther. 147, 205—211 (1965).
LEWANDOWSKY, M.: Über die Wirkung des Nebennierenextractes auf die glatten Muskeln, im Besonderen des Auges. Arch. Anat. Physiol. (Lpz.) 1899, 360—366.
— Wirkung des Nebennierenextractes auf die glatten Muskeln der Haut. Zbl. Physiol. 14, 433—435 (1900).
LEWIS, D. H., and S. MELLANDER: Competitive effects of sympathetic control and tissue metabolites on resistance and capacitance vessels and capillary filtration in skeletal muscle. Acta physiol. scand. 56, 162—188 (1962).
LIEBMAN, J.: Modification of the chronotropic action of sympathomimetic amines by reserpine in the heart-lung preparation of the dog. J. Pharmacol. exp. Ther. 133, 63—69 (1961).
LILLEHEI, R. C.: Surgery 42, 1043 (1957). Zit. nach R. C. LILLEHEI et al. 1962.
—, and L. D. MACLEAN: Physiological approach to successful treatment of endotoxin shock in the experimental animal. Arch. Surg. 78, 464—471 (1959).
— B. GOOTT, and F. A. MILLER: The physiological response of the small bowel of the dog to ischemia including prolonged in vitro preservation of the bowel with successful replacement and survival. Ann. Surg. 150, 543—560 (1959).
— J. K. LONGERBEAM, and J. C. ROSENBERG: Das Wesen des irreversiblen Schocks: Seine Beziehungen zu Veränderungen im Bereich des Darmes. In: SCHOCK, Pathogenese und Therapie, Herausg. K. D. BOCK, S. 118—143. Berlin-Göttingen-Heidelberg: Springer 1962.
LIM, T. P.: Central and peripheral control mechanisms of shivering and its effects on respiration. J. appl. Physiol. 15, 567—574 (1960).
LINDGREN, P.: The mesencephalon and the vasomotor system. Acta physiol. scand. 35, Suppl. 121, 5—189 (1955).
—, and B. UVNÄS: Activation of sympathetic vasodilator and vasoconstrictor neurons by electric stimulation in the medulla of the dog and cat. Circulat. Res. 1, 479—485 (1953).
LINDMAR, R.: Die Wirkung von 1,1-Dimethyl-4-Phenyl-Piperazinium-Jodid am isolierten Vorhof im Vergleich zur Tyramin- und Nicotinwirkung. Naunyn-Schmiedebergs Arch. exp. Path. Pharmak. 242, 458—466 (1962).
—, u. E. MUSCHOLL: Die Wirkung von Cocain, Guanethidin, Reserpin, Hexamethonium, Tetracain und Psicain auf die Noradrenalin-Freisetzung aus dem Herzen. Naunyn-Schmiedebergs Arch. exp. Path. Pharmak. 242, 214—227 (1961).
— — Die Wirkung von Pharmaka auf die Elimination von Noradrenalin aus der Perfusionsflüssigkeit und die Noradrenalinaufnahme in das isolierte Herz. Naunyn-Schmiedebergs Arch. exp. Path. Pharmak. 247, 469—492 (1964).

LINDMAR, R., u. E. MUSCHOLL: Die Aufnahme von α-Methylnoradrenalin in das isolierte Kaninchenherz und seine Freisetzung durch Reserpin und Guanethidin in vivo. Naunyn-Schmiedebergs Arch. exp. Path. Pharmak. 249, 529—548 (1965).

LINDSLEY, D. B.: Psychological phenomena and the electroencephalogram. Electroenceph. clin. Neurophysiol. 4, 443—456 (1952).

LIPPMANN, W., and M. WISHNICK: Effect of DL-p-chlor-N-methylamphetamine on the concentrations of monoamines in the cat and rat brain and rat heart. Life Sci. 4, 849—857 (1965).

LISK, R. D.: Diencephalic placement of estradiol and sexual receptivity in the female rat. Amer. J. Physiol. 203, 493—496 (1962).

LISSÁK, K.: Liberation of acetylcholine and adrenaline by stimulating isolated nerves. Amer. J. Physiol. 127, 263—271 (1939a).

— Effects of extracts of adrenergic fibers on the frog heart. Amer. J. Physiol. 125, 778—785 (1939b).

LITCHFIELD, J. W., and W. S. PEART: Phaeochromocytoma with normal excretion of adrenaline and noradrenaline. Lancet 1956 II, 1283—1284.

LIU, A. C., and A. ROSENBLUETH: Reflex liberation of circulating sympathin. Amer. J. Physiol. 113, 555—559 (1935).

LIVESAY, W. R., and D. W. CHAPMAN: The treatment of acute hypotensive states with l-norepinephrine. Amer. J. med. Sci. 225, 159—171 (1953).

LLOYD, D. P. C.: The transmission of impulses through the inferior mesenteric ganglia. J. Physiol. (Lond.) 91, 296—313 (1937).

LOCKETT, M. F.: Demethylation of adrenaline, and methylation of noradrenaline, by suprarenal gland in vitro. J. Physiol. (Lond.) 117, 68—69P (1952).

— Identification of an isoprenaline-like substance in extracts of adrenal glands. Brit. J. Pharmacol. 9, 498—505 (1954a).

— A compound very closely resembling N-isopropyl-noradrenaline in saline extracts of cat adrenal gland. J. Physiol. (Lond.) 124, 67P (1954b).

— The transmitter released by stimulation of the bronchial sympathetic nerves of cats. Brit. J. Pharmacol. 12, 86—96 (1957).

—, and K. E. EAKINS: Chromatographic studies of the effect of intravenous injections of tyramine on the concentrations of adrenaline and noradrenaline in plasma. J. Pharm. (Lond.) 12, 513—517 (1960a).

— — The release of sympathetic amines by tyramine from the aortic walls of cats. J. Pharm. (Lond.) 12, 720—725 (1960b).

LOEW, D.: Untersuchungen über die aminpotenzierenden Wirkungen von antidepressiv wirkenden Stoffen am Kaninchen. Med. exp. (Basel) 11, 333—351 (1964).

LOEWE, S.: Pharmakologie und hormonale Beeinflussung des Uterus. Handbuch der normalen und pathologischen Physiologie, Bd. 14, S. 501—554. Berlin: Springer 1926.

LOEWI, O.: Über den Zusammenhang zwischen Digitalis- und Kalziumwirkung. Naunyn-Schmiedebergs Arch. exp. Path. Pharmak. 82, 131—158 (1918).

— Über humorale Übertragbarkeit der Herznervenwirkung. Pflügers Arch. ges. Physiol. 189, 239—242 (1921).

— Quantitative und qualitative Untersuchungen über den Sympathicusstoff. Pflügers Arch. ges. Physiol. 237, 504—514 (1936).

— Über den Adrenalingehalt des Säugetierherzens. Arch. int. Pharmacodyn. 57, 139—140 (1937).

—, u. H. MEYER: Über die Wirkung synthetischer, dem Adrenalin verwandter Stoffe. Naunyn-Schmiedebergs Arch. exp. Path. Pharmak. 53, 213—226 (1905).

LOMMATZSCH, P., u. A. PILZ: Pharmakologische Versuche am isolierten Ciliarmuskel als Beitrag zum Problem der Doppelinnervation. Albrecht v. Graefes Arch. Ophthal. 164, 503—516 (1962).

Long, C. N. H., O. K. Smith, and E. G. Fry: Actions of cortisol and related compounds on carbohydrate metabolism and protein metabolism. In: Metabolic effects of adrenal hormones, Ciba Found. Study Group No. 6, p. 4—10. London: J. & A. Churchill Ltd. 1960.

Longo, V. G.: Effects of scopolamine and atropine on electroencephalographic and behavioral reactions due to hypothalamic stimulation. J. Pharmacol. exp. Ther. 116, 198—208 (1956).

—, and B. Silvestrini: Effects of adrenergic and cholinergic drugs injected by intracarotid route on electrical activity of brain. Proc. Soc. exp. Biol. (N.Y.) 95, 43—47 (1957).

Lopez, E., J. E. White, and F. L. Engel: Contrasting requirements for the lipolytic action of corticotropin and epinephrine on adipose tissue in vitro. J. biol. Chem. 234, 2254—2258 (1959).

Lorente, de Nó, R.: Synaptic stimulation of motoneurons as a local process. J. Neurophysiol. 1, 195—206 (1938).

Lorenz, D., u. H. Büsgen: Die mehrfache Streuungszerlegung zur Auswertung von Zeit-Wirkungskurven. Naunyn-Schmiedebergs Arch. exp. Path. Pharmak. 250, 272—273 (1965).

Lorenzen, I.: Epinephrine-induced alterations in connective tissue of aortic wall in rabbits. Proc. Soc. exp. Biol. (N.Y.) 102, 440—442 (1959).

Lorković, H.: Potassium contracture and calcium influx in frog's skeletal muscle. Amer. J. Physiol. 202, 440—444 (1962).

Lotz, F., L. Beck, and J. A. F. Stevenson: Influence of adrenergic blocking agents on metabolic events in hemorrhagic shock in the dog. Canad. J. Biochem. 33, 741—752 (1955).

Love, W. C., L. Carr, and J. Ashmore: Lipolysis in adipose tissue: effects of 3,4-dichloroisoproterenol and related compounds. J. Pharmacol. exp. Ther. 140, 287—294 (1963).

Lovenberg, W., R. J. Levine, and A. Sjoerdsma: A sensitive assay of monoamine oxidase activity in vitro: Application to heart and sympathetic ganglia. J. Pharmacol. exp. Ther. 135, 7—10 (1962a).

— H. Weissbach, and S. Udenfriend: Aromatic l-amino acid decarboxylase. J. biol. Chem. 237, 89—93 (1962b).

Lucchesi, B. R.: The action of nethalide upon experimentally induced cardiac arrhythmias. J. Pharmacol. exp. Ther. 145, 286—291 (1964).

Luco, J. V.: The sensitization of inhibited structures by denervation. Amer. J. Physiol. 120, 179—183 (1937).

— The defatiguing effect of adrenaline. Amer. J. Pharm. 125, 196—204 (1939).

—, and F. Goni: Synaptic fatigue and chemical mediators of postganglionic fibers. J. Neurophysiol. 11, 497—500 (1948).

Luduena, F. R., and A. L. Snyder: Reserpine, dextro-norepinephrine (NE) and tyramine interactions. Biochem. Pharmacol. 12 (Suppl.), 66 (1963).

— E. Ananenko, O. H. Siegmund, and L. C. Miller: Comparative pharmacology of the optical isomers of arterenol. J. Pharmacol. exp. Ther. 95, 155—170 (1949).

Lüttgau, H. C., and R. Niedergerke: The antagonism between Ca and Na ions on the frog's heart. J. Physiol. (Lond.) 143, 486—505 (1958).

Luft, R., and U. S. v. Euler: Two cases of postural hypotension showing a deficiency in release of norepinephrine and epinephrine. J. clin. Invest. 32, 1065—1069 (1953).

— — Effect of insulin hypoglycemia on urinary excretion of adrenaline and noradrenaline in man after hypophysectomy. J. clin. Endocr. 16, 1017—1025 (1956).

Luisada, A. A., C. K. Liu, E. Jona, and J. F. Polli: Studies of pulmonary vessels. Angiology 6, 503—504 (1955).

Lund, A.: Adrenaline and noradrenaline presence in the organism, secretion and elimination. Dissertation. Copenhagen: Einar Munksgaard 1951.

Lund, A.: Adrenaline and noradrenaline in blood and urine in cases of pheochromocytoma. Scand. J. clin. Lab. Invest. **4**, 263—265 (1952).
—, and K. Møller: Noradrenalin i blodet vad phaeochromocytom. Ugeskr. Laeg. **113**, 1068 (1951).
Lundberg, A.: Adrenaline and transmission in the sympathetic ganglion of the cat. Acta physiol. scand. **26**, 252—263 (1952).
Lundholm, L.: The effect of l-noradrenalin and ergotamine on the oxygen consumption of guinea-pigs. Acta physiol. scand. **18**, 341—354 (1949a).
— The effect of adrenalin on the oxygen consumption of resting animals. Acta physiol. scand. **19**, Suppl. 67, 1—139 (1949b).
— The effect of l-noradrenaline on the oxygen consumption and lactic acid of the blood in the rabbit. Acta physiol. scand. **21**, 195—204 (1950).
— The mechanism of the vasodilator effect of adrenaline. I. Effect on skeletal muscle vessels. Acta physiol. scand. **39**, Suppl. 133, 1—52 (1956).
— The mechanism of the vasodilator effect of adrenaline. II. Influence of anesthetics on the depressor, pressor and lactic acid stimulating effects of adrenaline. Acta physiol. scand. **40**, 344—366 (1957).
— Influence of adrenaline, noradrenaline, lactic acid and sodium lactate on the blood pressure and cardiac output in unanesthetized rabbits. Acta physiol. scand. **43**, 27—50 (1958).
—, and N. Svedmyr: Comparative investigation of the calorigenic and lactic acid stimulating effects of isoprenaline and adrenaline in experiments on rabbits. Acta physiol. scand. **62**, 60—67 (1964).
Lyon jr., J. B., and J. Porter: The effect of pyridoxine deficiency on muscle and liver phosphorylase of two inbred strains of mice. Biochim. biophys. Acta (Amst.) **58**, 248—254 (1962).


Machado, A. B. M., L. C. M. Faleiro, and W. Dias Da Silva: Comparative study of mast cell and histamine content in the pineal body. Abstracts of papers read at the international round-table-conference on the epiphysis cerebri, Amsterdam 1963.
Macht, D. I.: The action of drugs on the isolated pulmonary artery. J. Pharmacol. exp. Ther. **6**, 13—37 (1914/15).
MacIntosh, F. C.: The distribution of acetylcholine in the peripheral and the central nervous system. J. Physiol. (Lond.) **99**, 436—442 (1941).
Mackay, D., and D. M. Shepherd: A study of potential histidine decarboxylase inhibitors. Brit. J. Pharmacol. **15**, 552—556 (1960).
Mackenna, B. R.: Uptake of catecholamines by the hearts of rabbits treated with segontin. Acta physiol. scand. **63**, 413—422 (1965).
Maclagan, N. F., and J. H. Wilkinson: The biological action of substances related to thyroxin. 7. The metabolism of butyl 4-hydroxy-3:5-diiodobenzoate. Biochem. J. **56**, 211—215 (1954).
Macmillan, W. H.: A hypothesis concerning the effect of cocaine on the action of sympathomimetic amines. Brit. J. Pharmacol. **14**, 385—391 (1959).
Maengwyn-Davies, G. D., and B. J. Nyack: MAO-inhibitors (MAOI) on amphetamine (a) tachyphylaxis (tachy) and cocaine (c) depotentiation in the rabbit aortic strip. Fed. Proc. **24**, 612 (1965).
Märki, F., J. Axelrod, and B. Witkop: Catecholamines and methyltransferases in South American toad (Bufo marinus). Biochim. biophys. Acta (Amst.) **58**, 367—369 (1962).
Magni, F., G. Moruzzi, G. F. Rossi, and A. Zanchetti: EEG arousal following inactivation of the lower brain stem by selective injection of barbiturate into the vertebral circulation. Arch. ital. Biol. **97**, 33—46 (1959).

MAGNUS, R.: Versuche am überlebenden Dünndarm von Säugetieren. 1. Mitt. Pflügers Arch. ges. Physiol. **102**, 123—151 (1904).
— Versuche am überlebenden Dünndarm von Säugetieren. V. Mitt. Wirkungsweise und Angriffspunkt einiger Gifte am Katzendarm. Pflügers Arch. ges. Physiol. **108**, 1—71 (1905).
— Contribution to experimental pathology of lungs. Lane Lectures, Stan. Univ. Publ. med. Sci. **2**, 45—71 (1930).
MAGNUSSON, T., and E. ROSENGREN: Catecholamines of the spinal cord normally and after transection. Experientia (Basel) **19**, 229—230 (1963).
MAGOUN, H. W.: Caudal and cephalic influences of the brain stem reticular formation. Physiol. Rev. **30**, 459—474 (1950).
— An ascending reticular activating system in the brain stem. Arch. Neurol. Psychiat. Chicago **67**, 145—154 (1952).
— „The waking brain". Springfield (Ill.): Ch. C. Thomas 1958.
—, and R. RHINES: An inhibitory mechanism in the bulbar reticular formation. J. Neurophysiol. **9**, 165—171 (1946).
— F. HARRISON, J. R. BROBECK, and S. W. RANSON: Activation of the heat loss mechanisms by local heating of the brain. J. Neurophysiol. **1**, 101—114 (1938).
MAGUS, R. D., F. W. KRAUSE, and B. E. RIEDEL: Dissociation of reserpine-induced depression of spontaneous motor activity and release of brain serotonin in rats. Biochem. Pharmacol. **13**, 943—947 (1964).
MAHLER, R., W. S. STAFFORD, M. E. TARRANT, and J. ASHMORE: The effect of insulin on lipolysis. Diabetes **13**, 297—302 (1964).
MAIBACH, C.: Untersuchungen zur Frage des Einflusses des Sympathicus auf die Ermüdung der quergestreiften Muskulatur. Z. Biol. **88**, 207—226 (1928).
MAICKEL, R. P., H. SUSSMAN, K. JAMADA, and B. B. BRODIE: Control of adipose tissue lipase activity by the sympathetic nervous system. Life Sci. **2**, 210—214 (1963a).
— M. A. BEAVEN, and B. B. BRODIE: Implications of uptake and storage of norepinephrine by sympathetic nerve endings. Life Sci. **2**, 953—958 (1963b).
— D. N. STERN, and B. B. BRODIE: The role of autonomic nervous functions in mammalian thermoregulation. Proc. of the Second Int. Pharmacol. Meeting, Prague, 1963, vol. 2. Biochemical and neurophysiological correlation of centrally acting drugs, eds. E. TRABUCCHI, R. PAOLETTI and N. CANAL, p. 225—237. Oxford-London-Edinburgh-New York-Paris-Frankfurt: Pergamon Press 1964.
MAÎTRE, L.: Entstehung pressorischer Catecholderivate aus Metaraminol oder α-Methyl-p-Tyrosin (α-MT) im Meerschweinchen. Naunyn-Schmiedebergs Arch. exp. Path. Pharmak. **251**, 160—161 (1965).
—, and M. STAEHELIN: Presence of α-methyl-noradrenaline (corbasil) in the heart of guinea-pigs treated with metaraminol (aramine). Nature (Lond.) **206**, 723—724 (1965).
MAJEWSKI, J. T., and T. JENNINGS: Uterine relaxing factor for premature labor. Obstet. and Gynec. **5**, 649—652 (1955).
— — Further experiences with a uterine-relaxing hormone in premature labor. Obstet. and Gynec. **9**, 322—325 (1957).
MALAFAYA-BAPTISTA, A., J. GARRETT, W. OSSWALD u. M. F. MALAFAYA-BAPTISTA: pH-Beeinflussung der Aminoxydase-Aktivität. Naunyn-Schmiedebergs Arch. exp. Path. Pharmak. **230**, 10—13 (1957).
— — — u. S. GUIMARÃES: Pharmakologische Wirkungen von N,N-Di-isopropyl-N'-isoamyl-N'-diäthylaminoäthylharnstoff, einem Blocker des Nebennierenmarks. Naunyn-Schmiedebergs Arch. exp. Path. Pharmak. **244**, 550—563 (1963).
MALING, H. M., and B. HIGHMAN: Exaggerated ventricular arrhythmias and myocardial fatty changes after large doses of norepinephrine and epinephrine in unanesthetized dogs. Amer. J. Physiol. **194**, 590—596 (1958).

MALING, H. M., M. A. WILLIAMS, B. HIGHMAN, J. GARBUS, and J. HUNTER: The influence of phenoxybenzamine and isopropyl-methoxamine (BW 61—43) on some cardiovascular, metabolic, and histopathologic effects of norepinephrine infusions in dogs. Naunyn-Schmiedebergs Arch. exp. Path. Pharmak. 248, 54—72 (1964).

MALLOV, S.: Cold effects in rat: plasma and adipose tissue free fatty acids and adipose lipase. Amer. J. Physiol. 204, 157—164 (1963).

MALMÉJAC, J.: Action of adrenaline on synaptic transmission and on adrenal medullary secretion. J. Physiol. (Lond.) 130, 497—512 (1955).

— Activity of the adrenal medulla in its regulation. Physiol. Rev. 44, 186—218 (1964).

MALMFORS, T.: Evidence of adrenergic neurons with synaptic terminals in the retina of rats demonstrated with fluorescence and electron microscopy. Acta physiol. scand. 58, 99—100 (1963).

— Release and depletion of the transmitter in adrenergic terminals produced by nerve impulses after the inhibition of noradrenaline synthesis or reabsorption. Life Sci. 3, 1397—1402 (1964).

— Studies on adrenergic nerves. Direct observations on their distribution in an effector system, degeneration and mechanisms for uptake, storage and release of catecholamines. Uppsala: Almqvist & Wiksells 1965a.

— Studies on adrenergic nerves. The use of rat and mouse iris for direct observations on their physiology and pharmacology at cellular and subcellular levels. Acta physiol. scand. 64, Suppl. 248, 7—93 (1965b).

— The adrenergic innervation of the eye as demonstrated by fluorescence microscopy. Acta physiol. scand. 65, 259—267 (1965c).

—, and CH. SACHS: Direct studies on the disappearance of the transmitter and changes in the uptake-storage mechanisms of degenerating adrenergic nerves. Acta physiol. scand. 64, 211—223 (1965a).

— — Direct demonstration of the system of terminals belonging to an individual adrenergic neuron and their distribution in rat iris. Acta physiol. scand. 64, 377—382 (1965b).

MANASSE, P.: Über die Beziehungen der Nebennieren zu den Venen und dem venösen Kreislauf. Virchows Arch. path. Anat. 135, 263—276 (1894).

MANGER, W. M., J. L. BOLLMANN, F. T. MAHLER, and J. BERKSON: Plasma concentration of epinephrine and norepinephrine in hemorrhagic and anaphylactic shock. Amer. J. Physiol. 190, 310—316 (1957).

MANN, M., and G. B. WEST: The nature of hepatic and splenic sympathin. Brit. J. Pharmacol. 5, 173—177 (1950).

MANSFELD, G., u. F. MÜLLER: Der Einfluß des Nervensystems auf die Mobilisierung von Fett. Pflügers Arch. ges. Physiol. 152, 61—67 (1913).

MANTEGAZZA, P.: An analysis of hyperthermia induced by 5-HTP. Proc. of the Second Int. Pharmacol. Meeting, Prague, 1963, vol. 2. Biochemical and neurophysiological correlation of centrally acting drugs, eds. E. TRABUCCHI, R. PAOLETTI and N. CANAL, p. 155—163. Oxford-London-Edinburgh-New York-Paris-Frankfurt: Pergamon Press 1964.

—, and M. RIVA: Anorexigenic activity of L(—)Dopa in animals pretreated with monoaminoxidase inhibitor. Med. exp. (Basel) 4, 367—373 (1961).

— — Amphetamine-like activity of $\beta$-phenylethylamine after a monoamine oxidase inhibitor in vivo. J. Pharm. (Lond.) 15, 472—478 (1963).

MANTEGAZZINI, P., et A. GLÄSSER: Action de la dl-3-4-dioxy-phenylalanine (dopa) et de la dopamine sur l'activité électrique du chat „cerveau isolée". Arch. ital. Biol. 98, 367—374 (1960).

— K. POECK et G. SANTIBAÑEZ: The action of adrenaline and noradrenaline on the cortical electrical activity of the „encéphale isolé" cat. Arch. ital. Biol. 97, 222—242 (1959a).

— — — Die Wirkung von Adrenalin und Nor-adrenalin auf die corticale elektrische Aktivität der „Encéphale isolé" Katze. Pflügers Arch. ges. Physiol. 270, 14—15 (1959b).

MARGUTH, H., W. RAULE u. H. SCHAEFER: Aktionsströme in zentrifugalen Herznerven. Pflügers Arch. ges. Physiol. 254, 224—245 (1951).
MARKS, B. H., T. SAMORAJSKI, and E. J. WEBSTER: Radioautographic localization of norepinephrine-$H^3$ in the tissues of mice. J. Pharmacol. exp. Ther. 138, 376—381 (1962).
MARLEY, E.: The significance of mydriasis produced by amphetamine sulfate. Psychopharmacologia (Berl.) 2, 243—257 (1961).
— Action of some sympathomimetic amines on the cat's iris, in situ or isolated. J. Physiol. (Lond.) 162, 193—211 (1962).
—, and B. J. KEY: Maturation of the electrocorticogram and behaviour in the kitten and guinea-pig and the effect of some sympathomimetic amines. Electroenceph. clin. Neurophysiol. 15, 620—636 (1963).
—, and W. D. M. PATON: The output of sympathetic amines from the cat's adrenal gland in responses to splanchnic nerve activity. J. Physiol. (Lond.) 155, 1—27 (1961).
—, and G. I. PROUT: Release of adrenal gland sympathins in the cat. J. Physiol. (Lond.) 167, 19—20 P (1963).
MARQUARDT, P., u. K. H. PIEPER: Untersuchungen zur Wirkung des Heptaminols (2-amino-6-methyl-heptaminol). Med. Welt 1961 II, 2576—2579.
—, u. H. SCHUHMACHER: Zum Mechanismus der Calciumwirkung. Arzneimittel-Forsch. 4, 329—330 (1954).
MARRAZZI, A. S.: A self-limiting mechanism in sympathetic homeostatic adjustment. Science 90, 251—252 (1939a).
— Electrical studies on the pharmacology of autonomic synapses. II. The action of a sympathomimetic drug (epinephrine) on sympathetic ganglia. J. Pharmacol. exp. Ther. 65, 395—404 (1939b).
— Adrenergic inhibition at sympathetic synapses. Amer. J. Physiol. 127, 738—744 (1939c).
— Reduction of sympathetic synaptic transmission as an index of inhibition at adrenergic junctions in general. Science 104, 6—8 (1946).
—, and E. R. HART: Relationship of hallucinogens to adrenergic cerebral neurohumors. Science 121, 365—367 (1955).
—, and R. N. MARRAZZI: Further localization and analysis of adrenergic synaptic inhibition. J. Neurophysiol. 10, 167—178 (1947).
MARSDEN, C. D.: Tyrosinase activity in the pigmented cells of the nucleus substantiae nigrae. I. Monophenolase and diphenolase activity. Quart. J. micr. Sci. 102, 407—412 (1961).
MARSH, B. B.: A factor modifying muscle fibre synaeresis. Nature (Lond.) 167, 1065—1066 (1951).
MARSH, D. F., M. H. PELLETIER, and C. H. ROSS: The comparative pharmacology of the N-alkylarterenols. J. Pharmacol. exp. Ther. 92, 108—120 (1948).
MASHBURN, L., R. BROWN, and W. S. LYNN: Liberation and stimulation of adipose tissue lipase. Fed. Proc. 19, 224 (1960).
MASON, G. A., J. HART-MERCER, E. J. MILLAR, L. B. STRANG, and N. A. WYNNE: Adrenaline-secreting neuroblastoma in an infant. Lancet 1957 II, 322—325.
MASON, H. S.: Comparative biochemistry of the phenolase complex. Advanc. Enzymol. 16, 105—184 (1955).
MASRI, M. S., D. J. ROBBINS, O. H. EMERSON, and F. DEEDS: Selective para- or meta-O-methylation with catechol O-methyl transferase from rat liver. Nature (Lond.) 202, 878—879 (1964).
MASUOKA, D. T., H. F. SCHOTT, R. J. AKAWIE, and W. G. CLARK: Conversion of $C^{14}$-arterenol to epinephrine in vivo. Proc. Soc. exp. Biol. (N.Y.) 93, 5—7 (1956).
— W. G. CLARK, and H. F. SCHOTT: Conversion of $C^{14}$-arterenol to epinephrine in vitro. Fed. Proc. 17, 105 (1958).
— H. F. SCHOTT, and L. PETRIELLO: Formation of catecholamines by various areas of cat brain. J. Pharmacol. exp. Ther. 139, 73—76 (1963).

Masuoka, D. T., A. Alcaraz, and E. Hansson: Studies on the formation of octopamine in mice and rats. Biochim. biophys. Acta (Amst.) **86**, 260—263 (1964).
Mathé, V., G. Kassay u. K. Hunkár: Die Wirkung des Reserpins auf den Gehalt des Rattengehirns an gesamtreduzierenden Stoffen und Glykogen. Z. ges. exp. Med. **134**, 249—253 (1961).
Matsumoto, C., and A. Horita: Antagonism of bretylium by sympathomimetic amines. Nature (Lond.) **195**, 1212—1213 (1962).
— — Studies of the antagonism of guanethidine by methamphetamine. Biochem. Pharmacol. **12**, 293—294 (1963).
Matsuoka, M., H. Yoshida, and R. Imaizumi: Effect of pyrogallol on the catecholamine content of the rabbit brain. Biochem. Pharmacol. **11**, 1109—1110 (1962).
Matthes, K.: Kreislaufuntersuchungen am Menschen mit fortlaufend registrierenden Methoden. Stuttgart: Georg Thieme 1951.
Matthies, H., u. J. Schmidt: Die Beeinflussung der Hexobarbitalnarkose durch intracerebrale Injektion biogener Amine nach Reserpinvorbehandlung. Naunyn-Schmiedebergs Arch. exp. Path. Pharmak. **241**, 508—509 (1961).
— — Die Wirkung intracerebral injizierter biogener Amine nach Reserpin-Behandlung. Naunyn-Schmiedebergs Arch. exp. Path. Pharmak. **242**, 437—449 (1962).
Mautner, H., u. E. P. Pick: Über die durch Shockgifte erzeugten Zirkulationsveränderungen. III. Mitt. Der Einfluß der Leber auf Blutdruck und Schlagvolumen. Naunyn-Schmiedebergs Arch. exp. Path. Pharmak. **142**, 271—289 (1929).
Mavrides, C., K. Missala, and A. D'Iorio: The effect of 4-methyltropolone on the metabolism of adrenaline. Canad. J. Biochem. **41**, 1581—1587 (1963).
Maxwell, M. H.: Observations pertinent to antihypertensive mechanisms of MAO-inhibitors using dl-serine isopropylhydrazine. Ann. N.Y. Acad. Sci. **107**, 993—1004 (1963).
Maxwell, R. A., S. D. Ross, A. J. Plummer, and E. B. Sigg: A peripheral action of reserpine. J. Pharmacol. exp. Ther. **119**, 69—77 (1957).
— A. J. Plummer, F. Schneider, H. Povalski, and A. I. Daniel: Pharmacology of [2-(octahydro-1-azocinyl)-ethyl]-guanidine sulfate (Su-5864). J. Pharmacol. exp. Ther. **128**, 22—29 (1960).
— A. I. Daniel, H. Sheppard, and J. H. Zimmermann: Some interactions of guanethidine, cocaine, methylphenidate and phenylalkylamines in rabbit aortic strips. J. Pharmacol. exp. Ther. **137**, 31—38 (1962).
Mayer, J.: Regulation of energy intake and the body weight: The glucostatic theory and the lipostatic hypothesis. Ann. N.Y. Acad. Sci. **63**, 15—43 (1955).
—, and S. Sudsaneh: Mechanism of hypothalamic control of gastric contractions in the rat. Amer. J. Physiol. **197**, 274—280 (1959).
Mayer, S. E., and N. C. Moran: Relationship between myocardial phosphorylase and contractile force. Fed. Proc. **18**, 419 (1959).
— — Relation between pharmacologic augmentation of cardiac contractile force and the activation of myocardial glycogen phosphorylase. J. Pharmacol. exp. Ther. **129**, 271—281 (1960).
—, N. C. Moran, and J. Fain: The effect of adrenergic blocking agents on some metabolic actions of catecholamines. J. Pharmacol. exp. Ther. **134**, 18—27 (1961).
— M. de V. Cotten, and N. C. Moran: Dissociation of the augmentation of cardiac contractile force from the activation of myocardial phosphorylase by catecholamines. J. Pharmacol. exp. Ther. **139**, 275—282 (1963).
Maynert, E. W., and G. I. Klingman: Tolerance to morphine. I. Effects on catecholamines in the brain and adrenal glands. J. Pharmacol. exp. Ther. **135**, 285—295 (1962).
—, and K. Kuriyama: Some observations on nerve-ending particles and synaptic vesicles. Life Sci. **3**, 1067—1087 (1964).

Maynert, E. W., and R. Levi: Stress-induced release of brain norepinephrine and its inhibition by drugs. J. Pharmacol. exp. Ther. 143, 90—95 (1964).
— —, and A. J. D. de Lorenzo: The presence of norepinephrine and 5-hydroxytryptamine in vesicles from disrupted nerve-ending particles. J. Pharmacol. exp. Ther. 144, 385—392 (1964).
McCarty, L. P., W. C. Lee, and F. E. Shideman: Measurement of the inotropic effects of drugs on the innervated and non innervated embryonic chick heart. J. Pharmacol. exp. Ther. 129, 315—321 (1960).
McChesney, E. W.: On glucuronide formation in the cat. Biochem. Pharmacol. 13, 1366—1368 (1964).
— J. P. McAuliff, and H. Blumberg: The hyperglycemic action of some analogs of epinephrine. Proc. Soc. exp. Biol. (N.Y.) 71, 220—223 (1949).
McCoubry, A.: Biochemical properties of bretylium. J. Pharm. (Lond.) 14, 727—734 (1962).
McCubbin, J. W., and I. H. Page: Renal pressor system and neurogenic control of arterial pressure. Circulat. Res. 12, 553—561 (1963).
— J. H. Green, and I. H. Page: Baroreceptor function in chronic renal hypertension. Circulat. Res. 4, 205—210 (1956).
— Y. Kaneko, and I. H. Page: The peripheral cardiovascular actions of guanethidine in dogs. J. Pharmacol. exp. Ther. 131, 346—354 (1961).
McCurdy, R. L., A. J. Prange jr., M. A. Lipton, and C. M. Cochrane: Effects of alpha-methyldihydroxyphenylalanine, reserpine and dihydroxyphenylalanine on pressor responses to norepinephrine and tyramine in humans. Proc. Soc. exp. Biol. (N.Y.) 116, 1159—1163 (1964).
McDonald, R. H., and L. I. Goldberg: Analysis of the cardiovascular effects of dopamine in the dog. J. Pharmacol. exp. Ther. 140, 60—66 (1963).
— — J. L. McNay, and E. P. Tuttle: Effects of dopamine in man: Augmentation of sodium excretion, glomerular filtration rate, and renal plasma flow. J. clin. Invest. 43, 1116—1124 (1964).
McDougal, M. D., and G. B. West: The action of isoprenaline on intestinal muscle. Arch. int. Pharmacodyn. 90, 86—92 (1952).
— — The inhibition of the peristaltic reflex by sympathomimetic amines. Brit. J. Pharmacol. 9, 131—137 (1954).
McDowall, R. J. S.: The stimulating action of acetylcholine on the heart. J. Physiol. (Lond.) 104, 392—403 (1946).
McEwen, L. M.: The effect on the isolated rabbit heart of vagal stimulation and its modification by cocaine, hexamethonium and ouabain. J. Physiol. (Lond.) 131, 678—689 (1956).
McGeer, E. G., and P. L. McGeer: Catecholamine content of spinal cord. Canad. J. Biochem. 40, 1141—1151 (1962).
— G. M. Ling, and P. L. McGeer: Conversion of tyrosine to catecholamines by cat brain in vivo. Biochem. biophys. Res. Commun. 13, 291—296 (1963).
McGeer, P. L., and E. G. McGeer: Formation of adrenaline by brain tissue. Biochem. biophys. Res. Commun. 17, 502—507 (1964).
— J. E. Boulding, W. C. Gibson, and R. C. Foulkes: Drug-induced extrapyramidal reactions. Treatment with diphenhydramine hydrochloride and dihydroxyphenylalanine. J. Amer. med. Ass. 177, 665—670 (1961).
McGuigan, H., and E. G. Hyatt: The primary depression and secondary rise in blood pressure caused by epinephrine. J. Pharmacol. exp. Ther. 12, 59—69 (1919).
McIsaac, W. M., and I. H. Page: The metabolism of serotonin (5-hydroxytryptamine). J. biol. Chem. 234, 858—864 (1959).
McLennan, H.: The effect of some catecholamines upon a monosynaptic reflex pathway in the spinal cord. J. Physiol. (Lond.) 158, 411—425 (1961).
— On the action of 3-hydroxytyramine and dichloroisopropylnoradrenaline on spinal reflexes. Experientia (Basel) 18, 278—279 (1962).

McLennan, H.: The release of acetylcholine and of 3-hydroxytyramine from the caudate nucleus. J. Physiol. (Lond.) 174, 152—161 (1964).

—, and B. A. Hagen: On the response of the stretch receptor neurones of crayfish to 3-hydroxytyramine and other compounds. Comp. Biochem. Physiol. 8, 219—222 (1963).

McMillan, M.: Identification of hydroxytyramine in chromaffin tumor. Lancet 1956 II, 284.

McNay, J. L., R. H. McDonald jr., and L. J. Goldberg: Direct renal vasodilatation produced by dopamine in the dog. Clin. Res. 11, 248 (1963).

McQueen, E. G., and R. B. I. Morrison: The effects of synthetic angiotensin and noradrenaline on blood pressure and renal function. Brit. Heart J. 23, 1—6 (1961).

McSwiney, B. A., and G. L. Brown: Reversal of the action of adrenaline. J. Physiol. (Lond.) 62, 52—64 (1926).

—, and W. J. Wadge: Effects of variations in intensity and frequency on contractions of stomach, obtained by stimulation of the vagus nerve. J. Physiol. (Lond.) 65, 350—356 (1928).

Mechelke, K.: Vergleichende Untersuchungen der Kreislaufwirkung von Adrenalin und Arterenol. Naunyn-Schmiedebergs Arch. exp. Path. Pharmak. 212, 149—150 (1950).

Medes, G.: A new error of tyrosine metabolism: Tyrosinosis. The intermediary metabolism of tyrosine and phenylalanine. Biochem. J. 26, 917—940 (1932).

Meek, W. J.: Cardiac automaticity and response to blood pressure raising agents during inhalation anesthesia. Physiol. Rev. 21, 324—356 (1941).

—, and J. A. E. Eyster: The effect of adrenalin on the heart-rate. Amer. J. Physiol. 38, 62—66 (1915).

— — The origin of the cardiac impulse in the turtle's heart. Amer. J. Physiol. 39, 291—296 (1916).

— H. R. Hathaway, and O. S. Orth: The effects of ether, chloroform and cyclopropane on cardiac automaticity. J. Pharmacol. exp. Ther. 61, 240—252 (1937).

Meier, G.: Das Verhalten physikalisch gemessener Kreislaufgrößen unter dem Einfluß von α-Methyl-Dopa. In: Med. Klausurgespräche 2: Therapie des Bluthochdrucks, Hrsg. L. Heilmeyer und H. J. Holtmeier, S. 127—133. Berlin u. Freiburg: Verlag für Gesamtmedizin 1963.

Mellander, S.: Comparative studies on the adrenergic neurohormonal control of resistance and capacitance blood vessels in the cat. Acta physiol. scand. 50, Suppl. 176, 1—86 (1960).

Melton, C. E., E. W. Purnell, and G. A. Brecher: The effect of sympathetic nerve impulses on the ciliary muscle. Amer. J. Ophthal. 40, 155—162 (1955).

Meltzer, S. J., and C. M. Auer: Studies on the „paradoxical" pupil-dilatation caused by adrenalin. I. The effect of subcutaneous injections and instillations of adrenalin upon the pupils of rabbits. Amer. J. Physiol. 11, 28—36 (1904a).

— — The effect of suprarenal extract upon the pupils of frogs. Amer. J. Physiol. 11, 449—454 (1904b).

Melville, K. I.: The antisympathomimetic action of dioxane compounds (F. 883 and F. 933), with special reference to the vascular responses to dihydroxyphenyl ethanol amine (arterenol) and nerve stimulation. J. Pharmacol. exp. Ther. 59, 317—327 (1937).

—, and F. C. Lu: Effects of ephedrine, phenylephrine, isopropylarterenol and methoxamine on coronary flow and heart activity as recorded concurrently. Arch. int. Pharmacodyn. 92, 108—118 (1952).

Meng, H. C., and B. Edgren: Source of plasma free fatty acids in dogs receiving fat emulsion and heparin. Amer. J. Physiol. 204, 691—695 (1963).

Menkens, K., P. Holtz u. D. Palm: Pharmakologische und biochemische Wirkungen quartärer Phenyläthylaminderivate. Naunyn-Schmiedebergs Arch. Pharmak. exp. Path. 255, 46—47 (1966).

Mercier, F.: Influence de la pseudococaine droite sur l'action hypertensive de l'adrénaline. C. R. Acad. Sci. (Paris) 193, 883—885 (1931).
Mertens, O.: Die Milz als Kreislauforgan. Nachr. Ges. Wiss. Göttingen, math.-phys. Kl., Fachgr. VI (Biologie) 1, 261—283 (1935).
Meyer, O. B.: Über einige Eigenschaften der Gefäßmuskulatur mit besonderer Berücksichtigung der Adrenalinwirkung. Z. Biol. 48, 352—397 (1906).
Meyerson, B. J.: The effect of neuropharmacological agents on hormone-activated estrus behaviour in ovariectomised rats. Arch. int. Pharmacodyn. 150, 4—33 (1964a).
— Estrus behaviour in spayed rats after estrogen or progesterone treatment in combination with reserpine or tetrabenazine. Psychopharmacologia (Berl.) 6, 210—218 (1964b).
— Central nervous monoamines and hormone induced estrus behaviour in the spayed rat. Acta physiol. scand. 63, Suppl. 241, 1—32 (1964c).
Meythaler, F.: Die Sicherungsfunktion des Adrenalins. Naunyn-Schmiedebergs Arch. exp. Path. Pharmak. 178, 330—332 (1935).
—, u. K. Wossidlo: Untersuchungen über den Adrenalingehalt des Blutes bei Blutzuckerschwankungen. Naunyn-Schmiedebergs Arch. exp. Path. Pharmak. 178, 320—329 (1935).
Michaelson, I. A., and V. P. Whittaker: The subcellular localization of 5-hydroxytryptamine in guinea pig brain. Biochem. Pharmacol. 12, 203—211 (1963).
Michaux, R., and W. G. Verly: Catalepsigenic action of methyl ethers of mono- and polyphenolamines. Life Sci. 2, 175—183 (1963).
Middleton, S., H. H. Middleton, and J. Toha: Adrenergic mechanism of vagal cardiostimulation. Amer. J. Physiol. 158, 31—37 (1949).
Milch, L. J., and P. B. Loxterman: Aortal mucopolysaccharide changes after epinephrine administration in rabbits. Proc. Soc. exp. Biol. (N.Y.) 116, 1125—1126 (1964).
Miledi, R.: The acetylcholine sensitivity of frog muscle fibres after complete or partial denervation. J. Physiol. (Lond.) 151, 1—23 (1960a).
— Properties of regenerating neuromuscular synapses in the frog. J. Physiol. (Lond.) 154, 190—205 (1960b).
Miline, R., P. Stern, and S. Huković: Sur la présence de la sérotonine dans la glande pinéale. Bull. Sci. Acad. R.P.F. Yougosl. 4, 75 (1958).
Millar, R. A.: The fluorimetric estimation of epinephrine in peripheral venous plasma during insulin hypoglycemia. J. Pharmacol. exp. Ther. 118, 435—445 (1956).
—, and B. G. Benfey: The fluorimetric estimation of adrenaline and noradrenaline during haemorrhagic hypotension. Brit. J. Anaesth. 30, 158—165 (1958).
— E. B. Keener, and B. G. Benfey: Plasma adrenaline and noradrenaline after phenoxybenzamine administration, and during haemorrhagic hypotension, in normal and adrenalectomized dogs. Brit. J. Pharmacol. 14, 9—13 (1959).
Miller, A. J., and L. A. Baker: l-Arterenol (Levophed R) in the treatment of shock due to acute myocardial infarction. Arch. intern. Med. 89, 591—599 (1952).
— A. Shifrin, B. M. Kaplan, H. Gold, A. Billings, and L. N. Katz: Arterenol in treatment of shock. J. Amer. med. Ass. 152, 1198—1201 (1953).
Miller, H. I., B. Issekutz jr., and K. Rodahl: Effect of exercise on the metabolism of fatty acids in the dog. Amer. J. Physiol. 205, 167—172 (1963).
Miller, J. W., and W. J. Murray: Studies concerning the mechanism of uterine inhibitory action of relaxin-containing ovarian extracts. Fed. Proc. 18, 423 (1959).
— R. George, H. W. Elliott, C. Y. Sung, and E. L. Way: The influence of the adrenal medulla in morphine analgesia. J. Pharmacol. exp. Ther. 114, 43—50 (1955).
— A. Kisley, and W. J. Murray: The effects of relaxin-containing ovarian extracts on various types of smooth muscle. J. Pharmacol. exp. Ther. 120, 426—437 (1957).
Miller, O. N., and J. G. Hamilton: Nicotinic acid and derivatives. In: Lipid pharmacology, ed. R. Paoletti, p. 275—298. New York: Academic Press 1964.
Mirkin, B. L.: Catechol amine depletion in the rat's denervated adrenal gland following chronic administration of reserpine. Nature (Lond.) 182, 113—114 (1958).

MIRKIN, B. L.: Factors influencing the selective secretion of adrenal medullary hormones. J. Pharmacol. exp. Ther. **132**, 218—225 (1961a).
— The effect of synaptic blocking agents on reserpine-induced alterations in adrenal medullary and urinary catecholamine levels. J. Pharmacol. exp. Ther. **133**, 34—40 (1961b).
—, and U.S. v. EULER: Effect of catecholamines on the responses of the nictitating membrane to nervous stimulation in cats treated with reserpine. J. Physiol. (Lond.) **168**, 804—819 (1963).
— N. J. GIARMAN, and D. X. FREEDMAN: Uptake of noradrenaline by subcellular particles in homogenates of rat brain. Biochem. Pharmacol. **12**, 214—216 (1963).
— — — Factors influencing the uptake of noradrenaline by subcellular particles in homogenates of rat brain. Biochem. Pharmacol. **13**, 1027—1035 (1964).
MIYAMOTO, M., and T. B. FITZPATRICK: On the nature of the pigment in retinal pigment epithelium. Science **126**, 449—450 (1957).
MODELL, W.: Status and prospect of drugs for overeating. J. Amer. med. Ass. **173**, 1131—1136 (1960).
MOHME-LUNDHOLM, E.: The mechanism of the relaxing effect of adrenaline on smooth muscle. Acta physiol. scand. **29**, Suppl. 108, 1—63 (1953).
— Effect of calcium ions upon the relaxing and lactic acid forming action of adrenaline on smooth muscle. Acta physiol. scand. **37**, 5—7 (1956).
— The association between the relaxing and the lactic acid stimulating effects of adrenalin in smooth muscle. Acta physiol. scand. **48**, 268—275 (1960).
MOHR: 1840 Zit. nach B. K. ANAND 1961.
MOMMAERTS, W. F. H. M., K. SERAYDARIAN, and K. UCHIDA: On the relaxing substance of muscle. Biochem. biophys. Res. Commun. **13**, 58—60 (1963).
MONGAR, J. L., and R. F. WHELAN: Adrenaline as a histamine liberator in man. J. Physiol. (Lond.) **118**, 66 P (1952).
MONNIER, M., et R. TISSOT: L'action de la réserpine-serotonine sur le cerveau; suppression par les antagonistes de la réserpine: iproniazid (Marsilid) et L.S.D. Schweiz. Arch. Neurol. Psychiat. **82**, 218—228 (1958).
MONTAGU, K. A.: Catechol compounds in rat tissues and in brains of different animals. Nature (Lond.) **180**, 244—245 (1957).
MONTANARI, R., E. COSTA, M. A. BEAVEN, and B. B. BRODIE: Turnover rates of norepinephrine in hearts of intact mice, rats and guinea pigs using tritiated norepinephrine. Life Sci. **2**, 232—240 (1963).
MONTEMURRO, D. G.: Diskussionsbemerkung. Proc. XXII. Int. Congr. Physiol. Sci. 1962, vol. 1, part II, p. 668—669.
MONTUSCHI, E., and P. T. PICKENS: A clinical trial of two related adrenergic-neurone-blocking agents — B. W. 392 C 60 and B. W. 467 C 60. Lancet 1962 II, 897—901.
MOORE, J. I., and N. C. MORAN: Cardiac contractile force responses to ephedrine and other sympathomimetic amines in dogs after pretreatment with reserpine. J. Pharmacol. exp. Ther. **136**, 89—96 (1962).
MOORE, K.: Amphetamine toxicity in hyperthyroid mice: effects on endogenous catecholamines. Biochem. Pharmacol. **14**, 1831—1837 (1965).
MOORE, K. E.: Toxicity and catecholamine releasing actions of d- and l-amphetamine in isolated and aggregated mice. J. Pharmacol. exp. Ther. **142**, 6—12 (1963a).
— The role of endogenous norepinephrine in the toxicity of d-amphetamine in aggregated mice. J. Pharmacol. exp. Ther. **144**, 45—51 (1964).
—, D. N. CALVERT, and T. M. BRODY: Tissue catecholamine content of coldacclimated rats. Proc. Soc. exp. Biol. (N.Y.) **106**, 816—818 (1961).
MOORE, R. E.: Thermoregulation in newborn animals. In: Adrenergic mechanisms. A Ciba foundation symposium, eds. J. R. VANE, G. E. W. WOLSTENHOLME and M. O'CONNOR, p. 469—471. London: J. & A. Churchill Ltd. 1960.

Moore, R. E.: Control of heat production in newborn mammals: role of noradrenaline and mode of action. Fed. Proc. **22**, 920—924 (1963b).
—, and M. C. Underwood: Possible role of noradrenaline in control of heat production in the newborn mammal. Lancet **1960 a I**, 1277—1278.
— — The calorigenic action of noradrenaline in the new-born kitten: its inhibition by hypoxia. J. Physiol. (Lond.) **152**, 52—53 P (1960b).
— — Hexamethonium, hypoxia and heat production in new-born and infant kittens and puppies. J. Physiol. (Lond.) **161**, 30—53 (1962).
Moran, N. C., and M. E. Perkins: Adrenergic blockade of mammalian heart by a dichloro analogue of isoproterenol. J. Pharmacol. exp. Ther. **124**, 223—237 (1958).
— — An evaluation of adrenergic blockade of the mammalian heart. J. Pharmacol. exp. Ther. **133**, 192—201 (1961).
Morgan, H. E., and A. Parmeggiani: Regulation of glycogenolysis in muscle. III. Control of muscle glycogen phosphorylase activity. J. biol. Chem. **239**, 2440—2445 (1964).
Morgan, M. W., jr.: A new theory for the control of accommodation. Amer. J. Ophthal. **23**, 99—110 (1946).
Morimoto, M.: Über die durch die Niere fließende Blutmenge und ihre Abhängigkeit vom Blutdruck. Pflügers Arch. ges. Physiol. **221**, 156—159 (1928).
Morin, G.: Médullo-surrénale et régulation thermique; action calorigène et l'adrénaline démonstration; signification. Rev. canad. Biol. **5**, 121—134 (1946).
— L'adrénaline, hormon de défense contre le froid. Biol. méd. (Paris) **37**, 196—230 (1948).
Moruzzi, G., and H. W. Magoun: Brain stem reticular formation and activation of the EEG. Electroenceph. clin. Neurophysiol. **1**, 455—473 (1949).
Moss, A. R.: The conversion of $\beta$-phenyl-lactic acid to tyrosine in normal rats. J. biol. Chem. **137**, 739—744 (1941).
—, and R. Schoenheimer: The conversion of phenylalanine to tyrosine in normal rats. J. biol. Chem. **135**, 415—429 (1940).
Mothes, K.: Chemische Muster und Entwicklung in der Pflanzenwelt. Naturwissenschaften **52**, 571—585 (1965).
Mottram, R. F.: The oxygen consumption of human skeletal muscle in vivo. J. Physiol. (Lond.) **128**, 268—276 (1955).
Moyer, J. H., and C. A. Handley: Norepinephrine and epinephrine effect on renal hemodynamics, with particular reference to possibility of vascular shunting and decreasing active glomeruli. Circulation **5**, 91—97 (1952).
— G. Morris, and H. Snyder: A comparison of the cerebral hemodynamic response to aramine and norepinephrine in the normotensive and hypotensive subject. Circulation **10**, 265—270 (1954).
— —, and H. L. Beazley: Renal hemodynamic response to vasopressor agents in the treatment of shock. Circulation **12**, 96—107 (1955).
Mühlbachová, E., M. Wenke, D. Schusterová, D. Krčiková, and K. Elisová: Indirectly acting sympathotropic drugs and lipid mobilization. Int. J. Neuropharmacol. **3**, 217—225 (1964).
Muelheims, G., R. Abernathy, and J. Budge: Cardiac effects of accelerator nerve stimulation after ephedrine and wyamine tachyphylaxis. Fed. Proc. **24**, 514 (1965).
Mueller, P. S., and D. Horwitz: Plasma free fatty acid and blood glucose responses to analogues of norepinephrine in man. J. Lipid Res. **2**, 251—255 (1962).
Mulon, P.: Réaction de Vulpian au niveau des corps surreneaux des plagiostomes. C. R. Soc. Biol. (Paris) **55**, 1156 (1903).
Mundy, R. L., M. H. Heiffer, and G. E. Demaree: Histamine release by beta-mercaptoethylamine. Fed. Proc. **22**, 424 (1963).
Munro, A. F.: The effect of adrenaline on the guinea-pig intestine. J. Physiol. (Lond.) **112**, 84—94 (1951).

Munro, A. F.: Potentiation and reversal of the adrenaline motor response in the guinea-pig ileum by autonomic drugs. J. Physiol. (Lond.) 118, 171—181 (1952).
— Effect of autonomic drugs on the responses of isolated preparations from the guinea-pig intestine to electrical stimulation. J. Physiol. (Lond.) 120, 41—52 (1953).
Murad, F., T. W. Rall, and E. W. Sutherland: Formation of adenosine-3′,5′-phosphate (3,5-AMP) by particulate preparations of ventricular muscle. Fed. Proc. 19, 296 (1960).
— Y.-M. Chi, T. W. Rall, and E. W. Sutherland: Adenyl cyclase III. The effect of catecholamines and choline esters on the formation of adenosine 3′,5′-phosphate by preparations from cardiac muscle and liver. J. biol. Chem. 237, 1233—1238 (1962).
Muren, A.: The effect of vagotomy on gastric motor responses to drugs in dogs. Acta physiol. scand. 38, 398—414 (1957a).
— Gastric motor responses to adrenaline and noradrenaline after treatment with a parasympathicolytic agent. Acta physiol. scand. 39, 188—194 (1957b).
Murphy, G. F., and T. L. Sourkes: Effect of catecholamino acids on the catecholamine content of rat organs. Rev. canad. Biol. 18, 379—388 (1959).
— — The action of antidecarboxylases on the conversion of 3,4-dihydroxyphenylalanine to dopamine in vivo. Arch. Biochem. 93, 338—343 (1961).
Musacchio, J. M., and M. Goldstein: The alteration of catecholamine metabolism by tropolone in vivo. Fed. Proc. 21, 334 (1962).
— — Biosynthesis of norepinephrine and norsynephrine in the perfused rabbit heart. Biochem. Pharmacol. 12, 1061—1063 (1963).
— I. J. Kopin, and S. Snyder: Effects of disulfiram on tissue norepinephrine content and subcellular distribution of dopamine, tyramine and their β-hydroxylated metabolites. Life Sci. 3, 769—775 (1964).
Muscholl, E.: Die Verteilung von Noradrenalin und Adrenalin im Herzen der Katze, des Kaninchens und der Ratte. Experientia (Basel) 14, 344 (1958).
— Die Konzentration von Noradrenalin und Adrenalin in den einzelnen Abschnitten des Herzens. Naunyn-Schmiedebergs Arch. exp. Path. Pharmak. 237, 350—364 (1959a).
— Zur Frage des Vorkommens von Isopropylnoradrenalin in Herz und Nebenniere. Naunyn-Schmiedebergs Arch. exp. Path. Pharmak. 237, 365—370 (1959b).
— Die Wirkung von Harmalin auf die Konzentration von Noradrenalin und Adrenalin im Herzen. Experientia (Basel) 15, 428 (1959c).
— Die Hemmung der Noradrenalin-Aufnahme des Gewebes durch Cocain. Naunyn-Schmiedebergs Arch. exp. Path. Pharmak. 240, 8 (1960a).
— Die Hemmung der Noradrenalin-Aufnahme des Herzens durch Reserpin und die Wirkung von Tyramin. Naunyn-Schmiedebergs Arch. exp. Path. Pharmak. 240, 234—241 (1960b).
— Der Einfluß von Pharmaka auf den Katechinaminstoffwechsel des Herzens. Acta biol. med. germ., Suppl. 1, 193—201 (1961a).
— Effect of cocaine and related drugs on the uptake of noradrenaline by heart and spleen. Brit. J. Pharmacol. 16, 352—359 (1961b).
— Akute Hypertonie nach Monoaminoxydase-Hemmstoffen und Genuß von Käse. Dtsch. med. Wschr. 90, 38—39 (1965).
—, and L. Maître: Release by sympathetic stimulation of α-methylnoradrenaline stored in the heart after administration of α-methyldopa. Experientia (Basel) 19, 658—659 (1963).
—, and M. Vogt: The concentration of adrenaline in the plasma of rabbits treated with reserpine. Brit. J. Pharmacol. 12, 532—535 (1957).
— — The action of reserpine on the peripheral sympathetic system. J. Physiol. (Lond.) 141, 132—155 (1958).
— — Secretory responses of extramedullary chromaffine tissue. Brit. J. Pharmacol. 22, 193—203 (1964).
— K.-H. Rahn u. M. Watzka: Nachweis von Noradrenalin im Glomus caroticum. Naturwissenschaften 47, 325 (1960).

MYCEK, M. J., D. D. CLARKE, A. NEIDLE, and H. WAELSCH: Amine incorporation into insulin as catalyzed by transglutaminase. Arch. Biochem. 84, 528—540 (1959).
MYERSON, A., and M. RITVO: Benzedrine sulfate and its value in spasm of the gastrointestinal tract. J. Amer. med. Ass. 107, 24—29 (1936).

NAGATSU, T., M. LEVITT, and S. UDENFRIEND: Tyrosine hydroxylase. The initial step in norepinephrine biosynthesis. J. biol. Chem. 239, 2910—2917 (1964).
NAKAJIMA, T., Y. KAKIMOTO, and I. SANO: Formation of $\beta$-phenylethylamine in mammalian tissue and its effect on motor activity in the mouse. J. Pharmacol. exp. Ther. 143, 319—325 (1964).
NAKAMURA, T.: On the process of enzymatic oxidation of hydroquinone. Biochem. biophys. Res. Commun. 2, 111—113 (1960).
NANDA, T. C.: The action of ergotamine on the response of the rabbit's gut to adrenaline. J. Pharmacol. exp. Ther. 42, 9—16 (1931).
NAPOLITANO, L.: The differentiation of white adipose cells. An electronmicroscopic study. J. Cell. Biol. 18, 663—679 (1963).
—, and D. W. FAWCETT: The fine structure of brown adipose tissue in the newborn mouse and rat. J. biophys. biochem. Cytol. 4, 685—691 (1958).
NASH, C. W., E. COSTA, and B. B. BRODIE: Stereospecificity in the release of $H^3$-NE from rat hearts to d- and l-isomers of NE. Pharmacologist 5, 258 (1963).
— — The actions of reserpine, guanethidine and metaraminol on cardiac catecholamine stores. Life Sci. 3, 441—449 (1964).
NASHOLD, B. S., and N. KIRSHNER: The metabolism of adrenalin and noradrenalin in patients with basal ganglia disease. Neurology (Minneap.) 13, 753—757 (1963).
NASMYTH, P. A.: The effects of tyramine on the isolated guinea-pig heart. J. Physiol. (Lond.) 152, 71—72 P (1960).
— An investigation of the action of tyramine and its interrelationship with the effects of other sympathomimetic amines. Brit. J. Pharmacol. 18, 65—75 (1962).
—, and W. H. H. ANDREWS: The antagonism of cocaine to the action of choline 2,6-xylyl-ether bromide at sympathetic nerve endings. Brit. J. Pharmacol. 14, 477—483 (1959).
NATHANSON, M. H.: The central action of $\beta$-aminopropylbenzene (Benzedrine). Clinical observations. J. Amer. med. Ass. 108, 528—531 (1937).
—, and H. MILLER: The action of nor-epinephrine and of epinephrine on the ventricular rate of heart block. Amer. Heart J. 40, 374—381 (1950).
— — The action of norepinephrine, epinephrine and isopropyl norepinephrine on the rhythmic function of the heart. Circulation 6, 238—244 (1952).
NATOFF, J. L.: Cheese and monoamine oxidase inhibitors interaction in anaesthetised cats. Lancet 1964 I, 532—533.
NEDERGAARD, O. A., u. E. WESTERMANN: Sympathische $\beta$-Receptoren im Ductus deferens des Meerschweinchens. Naunyn-Schmiedebergs Arch. exp. Path. Pharmak. 253, 75 (1966).
NEEDHAM, D. M.: Contractile proteins in smooth muscle of the uterus. Physiol. Rev. 42, Suppl. 5, 88—96 (1962).
—, and J. M. CAWKWELL: Some properties of actomyosinlike protein of the uterus. Biochem. J. 63, 337—344 (1956).
—, and J. M. WILLIAMS: Some properties of uterus actomyosin and myofilaments. Biochem. J. 73, 171—181 (1959).
NEWBURGH, L. H.: Obesity. I. Energy metabolism. Physiol. Rev. 24, 18—31 (1944).
NEWTON, H.-F., R. L. ZWEMER, and W. B. CANNON: Studies on the conditions of activity in endocrine organs. XXV. The mystery of emotional acceleration of the denervated heart after exclusion of known humoral accelerators. Amer. J. Physiol. 96, 377—391 (1931).

Nicholls, J. G.: Electrical properties of denervated skeletal muscle. J. Physiol. (Lond.) 131, 1—12 (1956).
Nickerson, M.: The pharmacology of adrenergic blockade. Pharmacol. Rev. 1, 27—101 (1949).
— Factors of vasoconstriction and vasodilation in shock. J. Mich. med. Soc. 54, 45—49, 53 (1955).
— Blockade of the actions of adrenaline and noradrenaline. Pharmacol. Rev. 11, 443—461 (1959).
— Die medikamentöse Behandlung des Schocks. In: Schock, Pathogenese und Therapie, Hrsg. K. D. Bock, S. 398—415. Berlin-Göttingen-Heidelberg: Springer 1962.
—, and L. S. Call: Treatment of cardiospasm with adrenergic blockade. Amer. J. Med. 11, 123—127 (1951).
—, and S. A. Carter: Protection against acute trauma and traumatic shock by vasodilators. Canad. J. Biochem. 37, 1161—1171 (1959).
—, and G. M. Nomaguchi: Adrenergic blocking action of phenoxyethyl analogues of dibenamine. J. Pharmacol. exp. Ther. 101, 379—396 (1951).
— — Responses to sympathomimetic amines after dibenamine blockade. J. Pharmacol. exp. Ther. 107, 284—299 (1953a).
— J. W. Henry, and G. M. Nomaguchi: Blockade of responses to epinephrine and norepinephrine by dibenamine congeners. J. Pharmacol. exp. Ther. 107, 300—309 (1953).
Niebauer, G., u. A. Wiedmann: Zur Histochemie des neurovegetativen Systems der Haut. Acta neuroveg. (Wien) 18, 280—296 (1958).
Niedergerke, R.: The stair case phenomenon and the action of calcium on the heart. J. Physiol. (Lond.) 134, 569—583 (1956).
— Calcium and the activation of contraction. Experientia (Basel) 15, 128—130 (1959).
— Movements of Ca in frog heart ventricles at rest and during contractures. J. Physiol. (Lond.) 167, 515—550 (1963a).
— Movements of Ca in beating ventricles of the frog heart. J. Physiol. (Lond.) 167, 551—580 (1963b).
—, and E. G. Harris: Accumulation of calcium (or strontium) under conditions of increasing contractilitiy. Nature (Lond.) 179, 1068—1069 (1957).
Niemeyer, H., C. González, and R. Rozzi: The influence of diet on liver phosphorylase. I. Effect of fasting and refeeding. J. biol. Chem. 236, 610—613 (1961).
Niemi, M., and K. Ojala: Cytochemical demonstration of catecholamines in the human carotid body. Nature (Lond.) 203, 539—540 (1964).
Niemineva, K., and A. Pekkarinen: Determination of adrenalin and noradrenalin in the human foetal adrenals and aortic bodies. Nature (Lond.) 171, 436—437 (1953).
Niesel, P.: Zur Frage der nervösen Beeinflussung der Aderhautdurchblutung. Ber. dtsch. ophthal. Ges. 64, 86—90 (1961).
Nikodijevic, B., C. R. Creveling, and S. Udenfriend: Inhibition of dopamine $\beta$-oxidase in vivo by benzyloxyamine and benzylhydrazine analogs. J. Pharmacol. exp. Ther. 140, 224—228 (1963).
Nikolaeff, M. P.: Über die Wirkung verschiedener Gifte auf die Funktion und die Gefäße der isolierten Nebenniere. Z. ges. exp. Med. 42, 213—227 (1924).
Nobel, E., u. C. J. Rothberger: Über die Wirkung von Adrenalin und Atropin bei leichter Chloroformnarkose. Z. ges. exp. Med. 3, 151—197 (1914).
Noell, W., u. M. Schneider: Quantitative Angaben über Durchblutung und Sauerstoffversorgung des Gehirns. Pflügers Arch. ges. Physiol. 250, 35—41 (1948).
Norberg, K. A.: Adrenergic innervation of the intestinal wall studied by fluorescence microscopy. Int. J. Neuropharmacol. 3, 379—382 (1964).
—, and B. Hamberger: The sympathetic adrenergic neuron. Acta physiol. scand. 63, Suppl. 238, 5—42 (1964).

Nordenfeld, I., and P. Ohlin: Supersensitivity of salivary glands of rabbits. Acta physiol. scand. **41**, 12—17 (1957).

Nordenstam, H., and J. Adams-Ray: Chromaffin granules and their cellular location in human skin. Z. Zellforsch. **45**, 435—443 (1957).

—, and P. O. Webster: Chromaffin granules in certain arteries. Acta med. scand. **176**, 633—637 (1964).

Northrop, G., and R. E. Parks jr.: 3',5'-AMP-induced hyperglycemia in intact rats and in the isolated perfused rat liver. Biochem. Pharmacol. **13**, 120—123 (1964a).

— — The effects of adrenergic blocking agents and theophylline on 3',5'-AMP-induced hyperglycemia. J. Pharmacol. exp. Ther. **145**, 87—91 (1964b).

Norton, S., and K. I. Colville: Antagonism of reserpine by intraventricular bretylium. Nature (Lond.) **192**, 72—73 (1961).

Nuzum, F. R., and F. Bischoff: Urinary output of catechol derivatives including adrenaline in normal individuals, in essential hypertension, and in myocardial infarction. Circulation **7**, 96—101 (1953).

Nylin, G., and M. Levander: Studies on the circulation with the aid of tagged erythrocytes in a case of orthostatic hypotension (asympathicotonic hypotension). Ann. intern. Med. **28**, 723—746 (1948).


Oates, J. A., L. Gillespie, S. Udenfriend, and A. Sjoerdsma: Decarboxylase inhibition and blood pressure reduction by α-methyl-3,4-dihydroxy-d,l-phenylalanine. Science **131**, 1890—1891 (1960).

— P. Z. Nirenberg, J. B. Jepson, A. Sjoerdsma, and S. Udenfriend: Conversion of phenylalanine to phenethylamine in patients with phenylketonuria. Proc. Soc. exp. Biol. (N.Y.) **112**, 1078—1081 (1963).

O'Brien, G. S., C. H. Eid, Q. R. Murphy jr., and W. J. Meek: Effect of elimination of hepatic circulation on cyclopropane-epinephrine ventricular tachycardia and arterial plasma potassium in dogs. J. Pharmacol. exp. Ther. **112**, 374—377 (1954).

O'Connor, W. J.: Renal function. Monographs of the physiological society, eds. H. Barcroft, H. Davson, W. D. M. Paton, No. 10. London: Edward Arnold Ltd. 1962.

Östlund, E., G. Bloom, J. Adams-Ray, M. Ritzén, M. Siegman, H. Nordenstam, F. Lishajko, and U. S. v. Euler: Storage and release of catecholamines, and the occurrence of a specific submicroscopic granulation in hearts of cyclostomes. Nature (Lond.) **188**, 324—325 (1960).

Øye, I.: The action of adrenaline in cardiac muscle. Dissociation between phosphorylase activation and inotropic response. Acta physiol. scand. **65**, 251—258 (1965).

Özand, P., and H. T. Narahara: Regulation of glycolysis in muscle. III. Influence of insulin, epinephrine, and contraction on phosphofructokinase activity in frog skeletal muscle. J. biol. Chem. **239**, 3146—3152 (1964).

Ogata, T., u. A. Ogata: Über die Henle'sche Chromreaktion der sogenannten chromaffinen Zellen und den mikrochemischen Nachweis des Adrenalins. Beitr. path. Anat. **71**, 376—387 (1923).

Ohlin, P., and B. C. R. Strömblad: Observations on the isolated vas deferens. Brit. J. Pharmacol. **20**, 299—306 (1963).

Oliver, G., and E. A. Schäfer: On the physiological action of extract of the suprarenal capsules. J. Physiol. (Lond.) **16**, I—IV (1894).

— — On the physiological action of extract of the suprarenal capsules. J. Physiol. (Lond.) **17**, IX—XV (1895).

Onesti, G., A. N. Brest, and J. H. Moyer: Clinical application of monoamine oxidase inhibitors. In: Hypertension. Recent advances. 2. Hahnemann Symposium on hypertensive disease, eds. A. N. Brest and J. H. Moyer, p. 412. Philadelphia: Lea & Febiger 1961.

Onesti, G., A. N. Brest, P. Novack, and J. H. Moyer: Pharmacodynamic effects and clinical use of alpha methyl dopa in the treatment of essential hypertension. Amer. J. Cardiol. 9, 863—867 (1962).
— — — H. Kasparian, and J. H. Moyer: Pharmacodynamic effects of alpha-methyl dopa in hypertensive subjects. Amer. Heart J. 67, 32—38 (1964a).
— P. Novack, O. Ramirez, A. N. Brest, and J. H. Moyer: Hemodynamic effects of pargyline in hypertensive patients. Circulation 30, 830—835 (1964b).
Opitz, E., u. M. Schneider: Über die Sauerstoffversorgung des Gehirns und den Mechanismus von Mangelwirkungen. Ergebn. Physiol. 46, 126—260 (1950).
Opitz, K.: Natriuretisch-diuretische Wirkung von appetithemmenden Amphetamin-Derivaten. Klin. Wschr. 43, 225—227 (1965a).
— Wirkungen einiger Anorectica auf den Kohlenhydrat- und Fettsäure-Stoffwechsel. Naunyn-Schmiedebergs Arch. exp. Path. Pharmak. 250, 279 (1965b).
—, u. A. Loeser: Appetithemmende Substanzen. Dtsch. med. Wschr. 86, 373—377 (1961).
— — Pharmakologie der appetitmindernden Substanzen. Med. und Ernährung, Sonderheft: Fettsucht, Pathogenese, Klinik und Therapie, S. 40—44 (1962).
— — Über den Einfluß appetithemmender Substanzen auf das Fettgewebe. Klin. Wschr. 41, 193—196 (1963).
— K. Ritter u. H. Rohrschneider: Stoffwechselwirkungen appetitvermindernder Substanzen. Klin. Wschr. 35, 638—641 (1957).
— F. Kemper u. A. Loeser: Vergleichende Untersuchung der anorexigenen Wirkungsstärke einiger Appetitzügler. Arzneimittel-Forsch. 15, 278—281 (1965).
Orbeli, L. A.: Die sympathische Innervation der Skelettmuskeln. J. Petrograd Med. Inst. 6, 8—18 (1925).
Orlans, F. B. H., K. F. Finger, and B. B. Brodie: Pharmacological consequences of the selective release of peripheral norepinephrine by syrosingopine (Su 3118). J. Pharmacol. exp. Ther. 128, 131—139 (1960).
Orö, L.: Studies on the acute effect of guanethidine on the free fatty acids of plasma in the dog. Acta med. scand. 176, 293—300 (1964).
Orth, O. S., M. D. Leigh, C. H. Mellish, and J. W. Stutzman: Action of sympathomimetic amines in cyclopropane, ether and chloroform anesthesia. J. Pharmacol. exp. Ther. 67, 1—16 (1939).
— J. W. Stutzman, and W. J. Meek: Relationship of chemical structure of sympathomimetic amines to ventricular tachycardia during cyclopropane anesthesia. J. Pharmacol. exp. Ther. 81, 197—202 (1944).
Ortmann, R.: Allgemeine Anatomie der Herz- und Gefäßnerven. Verh. dtsch. Ges. Kreisl.-Forsch. 25, 15—36 (1959).
Osaki, T.: Noradrenaline in human adrenals. Tôhoku J. exp. Med. 56, 318 (1952).
— Noradrenaline and adrenaline contents of suprarenal glands in various species of animals. Tôhoku J. exp. Med. 61, 345—352 (1955).
— Noradrenaline in the adrenals of young dogs. Tôhoku J. exp. Med. 63, 241—243 (1956).
Osborne, M.: Interaction of imipramine with sympathicomimetic amines and reserpine. Arch. int. Pharmacodyn. 138, 492—504 (1962).
—, and E. B. Sigg: Effects of imipramine on the peripheral autonomic system. Arch. int. Pharmacodyn. 129, 273—289 (1960).
Osmond, H., and J. Z. Smythies: Schizophrenia: new approach. J. ment. Sci. 98, 309—315 (1952).
Osswald, W., u. S. Guimarães: Über den Mechanismus der Isopropylnoradrenalinumkehr. Naunyn-Schmiedebergs Arch. exp. Pharmak. 243, 1—15 (1962).
Outschoorn, A. S.: The hormones of the adrenal medulla and their release. Brit. J. Pharmacol. 7, 605—615 (1952).
—, and M. Vogt: The nature of cardiac sympathin in the dog. Brit. J. Pharmacol. 7, 319—324 (1952).

OVERMAN, R. R., and S. C. WANG: The contributory rôle of the afferent nervous factor in experimental shock: sublethal hemorrhage and sciatic nerve stimulation. Amer. J. Physiol. **148**, 289—295 (1947).

OVERTON, R. C., and M. E. DE BAKEY: Experimental observations on the influence of hypothermia and autonomic blocking agents on hemorrhagic shock. Ann. Surg. **143**, 439—447 (1956).

PAASONEN, M. K.: Inactivation of 5-hydroxytryptamine by mammalian blood platelets. Biochem. Pharmacol. **8**, 241—244 (1961a).
— Influence of $\beta$-phenylisopropylhydrazine on the ability of blood platelets to retain 5-hydroxytryptamine. Biochem. Pharmacol. **8**, 301—306 (1961b).
—, and P. B. DEWS: Effects of raunescine and isoraunescine on behaviour and on the 5-hydroxytryptamine and noradrenaline contents of brain. Brit. J. Pharmacol. **13**, 84—88 (1958).
—, and O. KRAYER: Effect of reserpine upon the mammalian heart. Fed. Proc. **16**, 326—327 (1957).
— — The release of norepinephrine from the mammalian heart by reserpine. J. Pharmacol. exp. Ther. **123**, 153—160 (1958).
— — The content of noradrenaline and adrenaline in the heart after administration of rauwolfia alkaloids. Experientia (Basel) **15**, 75—76 (1959).
—, and A. PLETSCHER: Increase of free 5-hydroxytryptamine in blood plasma by reserpine and a benzoquinolizine derivative. Experientia (Basel) **15**, 477—479 (1959).
— — Inhibition of 5-hydroxytryptamine release from blood platelets by $N^2$-isopropyl isonicotinic acid hydrazine. Experientia (Basel) **16**, 30—31 (1960).
—, and M. VOGT: The effect of drugs on the amounts of substance P and 5-hydroxytryptamine in mammalian brain. J. Physiol. (Lond.) **131**, 617—626 (1956).

PAGÉ, É., and L.-P. CHÉNIER: Effects of diets and cold environment on the respiratory quotient of the white rat. Rev. canad. Biol. **12**, 530—541 (1953).

PAGE, I. H., and H. P. DUSTAM: A new, potent antihypertensive drug: preliminary study of [2-(octahydro-1-azocinyl)-ethyl]-guanidine sulfate (guanethidine). J. Amer. med. Ass. **170**, 1265—1271 (1959).

PAGE, L. B., and G. A. JACOBY: Catechol amine metabolism and storage granules in pheochromocytoma and neuroblastoma. Medicine (Baltimore) **43**, 379—386 (1964).

PALADE, G. E.: Secretory granules in the atrial myocardium. Anat. Rec. **139**, 262 (1961).

PALKAMA, A.: Distribution of adrenaline, noradrenaline, acid phosphatase, cholinesterases and non-specific esterases in the adrenal medulla of some mammals. A comparative histochemical study. Ann. Med. exp. Fenn. **40**, Suppl. 3, 1—82 (1962).
— The distribution of catecholamines and cholinesterases in the adrenal medulla. J. Physiol. (Lond.) **175**, 13—14P (1964).

PALM, D.: Über die Hemmung der Dopa-Decarboxylase durch Isonicotinsäurehydrazid. Naunyn-Schmiedebergs Arch. exp. Path. Pharmak. **234**, 206—209 (1958).
— W. LANGENECKERT u. P. HOLTZ: Beziehungen zwischen chemischer Konstitution substituierter Dopaminderivate und ihrer Affinität zu den adrenergischen Receptoren. Naunyn-Schmiedebergs Arch. Pharmak. exp. Path. **255**, 56—57 (1966).

PALME, F.: Zur Funktion der bronchiogenen Reflexzonen für Chemo- und Pressoreception. Z. ges. exp. Med. **113**, 415—461 (1944).

PALMIERI, G., D. IKKOS, and R. LUFT: Malignant pheochromocytoma. Acta endocr. (Kbh.) **36**, 549—560 (1961).

PANKRATZ, D. S.: The development of the suprarenal gland in the albino rat, with a consideration of its possible relation to the origin of foetal movements. Anat. Rec. **49**, 31—49 (1931).

PAOLETTI, R., R. L. SMITH, R. P. MAICKEL, and B. B. BRODIE: Identification and physiological role of norepinephrine in adipose tissue. Biochem. biophys. Res. Commun. 5, 424—429 (1961).
PARKER, C. J., and J. GERGELY: The role of calcium in the adenosine triphosphatase activity of myofibrils and in the mechanism of the relaxing factor system in muscle. J. biol. Chem. 236, 411—415 (1961).
PARKINSON, J.: Essay on shaking palsy. Sherwood, Naly and Jones, 1817, London.
PARMEGGIANI, A., and H. E. MORGAN: Effect of adenine nucleotides and inorganic phosphate on muscle phosphorylase activity. Biochem. biophys. Res. Commun. 9, 252—256 (1962).
PATEL, D. J., R. L. LANGE, and H. H. HECHT: Some evidence for active constriction in the human pulmonary vascular bed. Circulation 18, 19—24 (1958).
PATON, D. M.: Beta-receptor blockade in the diagnosis of phaeochromocytoma. Lancet 1964 II, 1125.
PATON, W. D. M.: The response of the guinea-pig ileum to electrical stimulation by coaxial electrodes. J. Physiol. (Lond.) 127, 40—41 P (1955).
— The action of morphine and related substances on contraction and on acetylcholine output of coaxially stimulated guinea-pig ileum. Brit. J. Pharmacol. 12, 119—127 (1957).
— Central and synaptic transmission in the nervous system. (Pharmacological aspects.) Ann. Rev. Physiol. 20, 431—470 (1958).
—, and J. R. VANE: An analysis of the responses of the isolated stomach to electrical stimulation and to drugs. J. Physiol. (Lond.) 165, 10—46 (1963).
PATTERSON, S. W., and E. H. STARLING: The carbohydrate metabolism of the isolated heart lung preparation. J. Physiol. (Lond.) 47, 137—148 (1913).
PEART, W. S.: The nature of splenic sympathin. J. Physiol. (Lond.) 108, 491—501 (1949).
PEKKARINEN, A.: Studies on the chemical determination, occurrence and metabolism of adrenaline in the animal organism. Acta physiol. scand. 16, Suppl. 54, 5—110 (1948).
— Adrenaline and noradrenaline in blood and urine. Pharmacol. Rev. 6, 35—37 (1954).
—, and M.-E. PITKÄNEN: Noradrenaline and adrenaline in the urine. Part II. Their excretion in certain normal and pathological conditions. Scand. J. clin. Lab. Invest. 7, 8—14 (1955).
— O. CASTRÉN, and E. IISALO: Effect of iproniazid, reserpine and ganglionic blocking substances on the noradrenaline content of tissues. IV. Internat. Congr. of Biochemistry, Vienna 1958. Suppl. to Int. Abstr. of Biol. Sci., p. 106 (1958).
— — — M. KOIVUSALO, A. LAIHINEN, P. E. SIMOLA, and B. THOMASSON: The emotional effect of matriculation examinations on the excretion of adrenaline, noradrenaline, 17-hydroxycorticosteroids in the plasma: biochemistry, pharmacology and physiology, p. 117—137. London: Pergamon Press, Inc. 1961.
PELLEGRINO DE IRALDI, A., H. FARINI DUGGAN, and E. DE ROBERTIS: Action of reserpine, iproniazid and pyrogallol on nerve endings of the pineal gland. Int. J. Neuropharmacol. 2, 231—239 (1963).
— L. M. ZIEHER, and E. DE ROBERTIS: The 5-hydroxytryptamine content and synthesis of normal and denervated pineal gland. Life Sci. 2, 691—696 (1963).
PENG, M T.: Locus of emetic action of epinephrine and dopa in dogs. J. Pharmacol. exp. Ther. 139, 345—349 (1963).
PENNA, M., A. ILLANES, M. UBILLA, and S. MUJICA: Effect of histamine and of the anaphylactic reaction on isolated guinea pig atria. Circulat. Res. 7, 521—526 (1959).
PENNEFATHER, J. N., and M. J. RAND: Increase in noradrenaline content of tissues after infusion of noradrenaline, dopamine and l-dopa. J. Physiol. (Lond.) 154, 277—287 (1960).
PEPEU, G., M. ROBERTS, S. SCHANBERG, and N. J. GIARMAN: Differential action of iproniazid (Marsilid) and β-phenylisopropylhydrazine (Catron) on isolated atria. J. Pharmacol. exp. Ther. 132, 131—138 (1961).

Perry, T. L.: N-Methylmetanephrine: excretion by juvenile psychotics. Science **139**, 587—589 (1963).

Perry, W. F., and H. F. Bowen: Factors affecting in vitro production of non-esterified fatty acid from adipose tissue. Canad. J. Biochem. **40**, 749—755 (1962).

Perske, W. F., D. C. Kvam, and R. E. Parks jr.: Hepatic phosphorylase and epinephrine hyperglycaemia. Biochem. Pharmacol. **1**, 141—151 (1958).

Petersdorf, R. G., and I. L. Bennett jr.: The experimental approach to the mechanism of fever. Arch. intern. Med. **103**, 991—1001 (1959).

Pettinger, W., D. Horwitz, S. Spector, and A. Sjoerdsma: Enhancement by methyldopa of tyramine sensitivity in man. Nature (Lond.) **200**, 1107—1108 (1963).

Pfeifer, A. K., E. Sz. Vizi, and E. Sátory: Studies on the action of guanethidine on the central nervous system and on the norepinephrine content of the brain. Biochem. Pharmacol. **11**, 397—398 (1962).

Philippu, A., u. H. J. Schümann: Der Einfluß von Guanethidin und Bretylium auf die Freisetzung von Brenzcatechinaminen. Naunyn-Schmiedebergs Arch. exp. Path. Pharmak. **243**, 26—35 (1962a).

— — Der Einfluß von Calcium auf die Brenzcatechinaminfreisetzung. Experientia (Basel) **18**, 138—140 (1962b).

— — Ribonuclease- und Trypsinwirkung auf isolierte Nebennierenmark-Granula. Experientia (Basel) **19**, 17—18 (1963a).

— — Effect of ribonuclease on the ribonucleic acid, adenosine triphosphate and catecholamine content of medullary granules. Nature (Lond.) **198**, 795—796 (1963b).

— — Die Bedeutung der Ribonucleinsäure für die Brenzcatechinamin- und ATP-Speicherung in den chromaffinen Granula des Nebennierenmarks. Naunyn-Schmiedebergs Arch. exp. Path. Pharmak. **246**, 7—8 (1963c).

— — Die Bedeutung der divalenten Kationen für die Speicherung der Nebennierenmark-Hormone in den chromaffinen Granula. Naunyn-Schmiedebergs Arch. exp. Path. Pharmak. **247**, 295—296 (1964).

— D. Palm, and H. J. Schümann: Effect of segontin and reserpine on isolated medullary granules. Nature (Lond.) **205**, 183 (1965).

Phillips, J. H., G. E. Burch, and R. G. Hibbs: Significance of tissue chromaffin cells and mast cells in man. Circulat. Res. **8**, 692—702 (1960).

Philpot, F. J., and G. Cantoni: Adrenaline destruction in the liver and methylene blue. J. Pharmacol. exp. Ther. **71**, 95—103 (1941).

Pick, E. P., u. F. Pineles: Über die Beziehungen der Schilddrüse zur physiologischen Wirkung des Adrenalins. Biochem. Z. **12**, 473—484 (1908).

Pickford, M., and J. A. Watt: Comparison of some of the actions of adrenaline and noradrenaline on the kidney. Quart. J. exp. Physiol. **36**, 205—212 (1951).

Pilkington, T. R. F., R. D. Love, B. F. Robinson, and E. Titterington: Effect of adrenergic blockade on glucose and fatty-acid mobilization in man. Lancet **1962 II**, 316—317.

Pisano, J. J.: A simple analysis for normetanephrine and metanephrine in urine. Clin. chim. Acta **5**, 406—414 (1960).

— C. R. Creveling, and S. Udenfriend: Enzymic conversion of p-tyramine to p-hydroxyphenylethanolamine (Norsynephrin). Biochim. biophys. Acta (Amst.) **43**, 566—568 (1960).

— J. A. Oates jr., A. Karmen, A. Sjoerdsma, and S. Udenfriend: Identification of p-hydroxy-α-(methylaminomethyl) benzyl alcohol (Synephrine) in human urine. J. biol. Chem. **236**, 898—901 (1961).

Pitts, R. F., M. G. Larrabee, and D. W. Bronk: An analysis of hypothalamic cardiovascular control. Amer. J. Physiol. **134**, 359—383 (1941).

Planelles, J.: Mutterkornstudien. I. Über das Zusammenwirken von Ergotamin und Adrenalin am Meerschweinchendarm. Naunyn-Schmiedebergs Arch. exp. Path. Pharmak. **105**, 38—48 (1925).

PLETSCHER, A.: Beeinflussung des 5-Hydroxytryptaminstoffwechsels im Gehirn durch Isonicotinsäurehydrazide. Experientia (Basel) 12, 479—480 (1956).
— Wirkung von Isopropyl-isonicotinsäurehydrazid auf den Stoffwechsel von Catecholaminen und 5-Hydroxytryptamin im Gehirn. Schweiz. med. Wschr. 87, 1532—1534 (1957).
— Einfluß von Isopropyl-isonicotinsäurehydrazid auf den Katecholamingehalt des Myokards. Experientia (Basel) 14, 73—74 (1958).
—, and H. BESENDORF: Antagonism between harmaline and long-acting monoamine oxidase inhibitors concerning the effect on 5-hydroxytryptamine and norepinephrine metabolism in the brain. Experientia (Basel) 15, 25—26 (1959).
—, u. K. F. GEY: Wirkung von Chlorpromazin auf pharmakologische Veränderungen des 5-Hydroxytryptamin- und Noradrenalin-Gehaltes im Gehirn. Med. exp. (Basel) 2, 259—265 (1960).
— — The effect of a new decarboxylase inhibitor on endogenous and exogenous monoamines. Biochem. Pharmacol. 12, 223—228 (1963).
— P. A. SHORE, and B. B. BRODIE: Release of brain serotonin by reserpine. J. Pharmacol. exp. Ther. 116, 46 (1956a).
— — — Serotonin as a mediator of reserpine action in brain. J. Pharmacol. exp. Ther. 116, 84—89 (1956b).
— H. BESENDORF u. H. P. BÄCHTOLD: Benzo[a]chinolizine, eine neue Körperklasse mit Wirkung auf den 5-Hydroxytryptamin- und Noradrenalin-Stoffwechsel des Gehirns. Naunyn-Schmiedebergs Arch. exp. Path. Pharmak. 232, 499—506 (1958).
— — — u. K. F. GEY: Über pharmakologische Beeinflussung des Zentralnervensystems durch kurzwirkende Monoaminoxydasehemmer aus der Gruppe der Harmala-Alkaloide. Helv. physiol. pharmacol. Acta 17, 202—214 (1959a).
— —, and K. F. GEY: Depression of norepinephrine and 5-hydroxytryptamine in the brain by benzoquinolizine derivatives. Science 129, 844 (1959b).
— K. F. GEY u. P. ZELLER: Monoaminoxydase-Hemmer. Chemie, Biochemie, Pharmakologie, Klinik. In: Fortschritte der Arzneimittelforschung, Hrsg. E. JUCKER, Bd. 2, S. 417—590. Basel: Birkhäuser 1960.
— A. BROSSI, and K. F. GEY: Benzoquinolizine derivatives, a new class of monoamine decreasing drugs with psychotropic action. Int. Rev. Neurobiol. 6, 275—306 (1962).
— W. P. BURKARD, H. BRUDERER, and K. F. GEY: Decrease of cerebral 5-hydroxytryptamine and 5-hydroxyindolacetic acid by an arylalkylamine. Life Sci. 2, 828—833 (1963).
— —, and K. F. GEY: Effect of monoamine releasers and decarboxylase inhibitors on endogenous 5-hydroxyindole derivatives in brain. Biochem. Pharmacol. 13, 385—390 (1964a).
— G. BARTHOLINI, H. BRUDERER, W. P. BURKHARD, and K. F. GEY: Chlorinated arylalkylamines affecting the cerebral metabolism of 5-hydroxytryptamine. J. Pharmacol. exp. Ther. 145, 344—350 (1964b).
— M. DA PRADA, G. BARTHOLINI, W. P. BURKARD, and H. BRUDERER: Two types of monoamine liberation by chlorinated aralkylamines. Life Sci. 4, 2301—2308 (1965).
PLUMMER, A. J., A. EARL, J. A. SCHNEIDER, J. TRAPOLD, and W. BARRETT: Pharmacology of rauwolfia alkaloids including reserpine. Ann. N.Y. Acad. Sci. 59, 8—21 (1954).
POECK, K.: Die Wirkung von Adrenalin, nor-Adrenalin und Acetylcholin auf das ascendierende retikuläre Aktivierungssystem des Hirnstammes. Habilitationsarbeit Med. Fakultät Freiburg 1960.
— Die Wirkung von Adrenalin, nor-Adrenalin und Acetylcholin auf das ascendierende retikuläre Aktivierungssystem des Hirnstamms. Fortschr. Med. 80, 815—820 (1962).
POHTO, P., and M. K. PAASONEN: Studies on the salivary gland hypertrophy induced in rats by isoprenaline. Acta pharmacol. (Kbh.) 21, 45—50 (1964).

POISNER, A. M., and W. W. DOUGLAS: The requirement for calcium in adrenomedullary secretion evoked by histamine, serotonin, angiotensin and bradykinin. Fed. Proc. 24, 488 (1965).
POLL, H.: Die vergleichende Entwicklungsgeschichte der Nebennierensysteme der Wirbeltiere. In: Handbuch der vergleichenden und experimentellen Entwicklungslehre der Wirbeltiere, Bd. 3, Kapitel II, S. 443—616, Hrsg. O. HERTWIG. Jena: Gustav Fischer 1906.
— Veränderungen der Nebennieren nach Einspritzung von Insulin. Med. Klin. 21, 1717—1719 (1925).
POLLIN, W., PH. V. CARDON jr., and S. S. KETY: Effects of amino acid feedings in schizophrenic patients treated with iproniazid. Science 133, 104—105 (1961).
POPOFF, N. F.: Die vegetativen Funktionen des Hundes nach weitgehender Ausschaltung der Einflüsse des Zentralnervensystems. Pflügers Arch. ges. Physiol. 234, 137—156 (1934).
PORTER, C. C., and D. C. TITUS: Distribution and metabolism of methyldopa in the rat. J. Pharmacol. exp. Ther. 139, 77—87 (1963).
— J. A. TOTARO, and C. M. LEIBY: Some biochemical effects of α-methyl-3,4-dihydroxyphenylalanine and related compounds in mice. J. Pharmacol. exp. Ther. 134, 139—145 (1961).
— L. S. WATSON, D. C. TITUS, J. A. TOTARO, and S. S. BYER: Inhibition of dopa decarboxylase by the hydrazino analog of α-methyldopa. Biochem. Pharmacol. 11, 1067—1077 (1962).
— J. A. TOTARO, and C. A. STONE: Effect of 6-hydroxydopamine and some other compounds on the concentration of norepinephrine in the hearts of mice. J. Pharmacol. exp. Ther. 140, 308—316 (1963).
PORTZEHL, H.: Gemeinsame Eigenschaften von Zell- und Muskelkontraktilität. Biochim. biophys. Acta (Amst.) 14, 195—202 (1954).
— Die Bindung des Erschlaffungsfaktors von Marsh an die Muskelgrana. Biochim. biophys. Acta (Amst.) 26, 373—377 (1957).
POSNER, J. B., R. STERN, and E. G. KREBS: In vivo response of skeletal muscle glycogen phosphorylase, phosphorylase b kinase and cyclic AMP to epinephrine administration. Biochem. biophys. Res. Commun. 9, 293—296 (1962).
POSSE, N., and J. V. KELLY: Study of effect of relaxin on contractility of nonpregnant uterus by internal tocometry. Surg. Gynec. Obstet. 103, 687—694 (1956).
POST, R. L., C. R. MERRITT, C. R. KINSOLVING, and C. D. ALBRIGHT: Membrane adenosine triphosphatase as a participant in the active transport of sodium and potassium in the human erythrocyte. J. biol. Chem. 235, 1796—1802 (1960).
POSTERNAK, TH., E. W. SUTHERLAND, and W. F. HENION: Derivatives of cyclic 3',5'-adenosine monophosphate. Biochim. biophys. Acta (Amst.) 65, 558—560 (1962).
POTTER, L. T., and J. AXELROD: Intracellular localization of catecholamines in tissues of the rat. Nature (Lond.) 194, 581—582 (1962).
— — Studies on the storage of norepinephrine and the effect of drugs. J. Pharmacol. exp. Ther. 140, 199—206 (1963a).
— — Subcellular localization of catecholamines in tissues of the rat. J. Pharmacol. exp. Ther. 142, 291—298 (1963b).
— — Properties of norepinephrine storage particles of the rat heart. J. Pharmacol. exp. Ther. 142, 299—305 (1963c).
— —, and I. J. KOPIN: Differential binding and release of norepinephrine and tachyphylaxis. Biochem. Pharmacol. 11, 254—256 (1962).
— T. COOPER, V. WILLMANN, and D. WOLFE: Binding, release and metabolism of $H^3$-norepinephrine (Ne) in the denervated dog heart. Pharmacologist 5, 245 (1963).
POTTER, W. D., Z. M. BACQ, G. CRIEL, A. F. DE SCHAEPDRYVER, and J. RENSON: O- and N-demethylation of metanephrine-7-$^3$H in vivo. Biochem. Pharmacol. 12, 661—667 (1964).

Powell, C. E., and I. H. Slater: Blocking of inhibitory adrenergic receptors by a dichloro analog of isoproterenol. J. Pharmacol. exp. Ther. 122, 480—488 (1958).
Pratesi, P., and H. Blaschko: Specificity of amine oxidase for optically active substrates and inhibitors. Brit. J. Pharmacol. 14, 256—260 (1959).
— A. La Manna, A. Campiglio, and V. Ghislandi: The configuration of adrenaline and of its p-hydroxyphenyl analogue. J. chem. Soc. 1958 II, 2069—2073.
Prockop, D. J., P. A. Shore, and B. B. Brodie: Anticonvulsant properties of monoamine oxidase inhibitors. Ann. N.Y. Acad. Sci. 80, 643—651 (1959).
Procop, L.: Sportphysiologie. In: Sportmedizinische Schriftenreihe, Wander, Bern, 1958.
Prosser, C. L., and N. S. Rafferty: Electrical activity in chick amnion. Amer. J. Physiol 187, 546—548 (1956).
Prusoff, W. H.: Effect of reserpine on the 5-hydroxy-tryptamine and adenosinetriphosphate of the dog intestinal mucosa. Brit. J. Pharmacol. 17, 87—91 (1961).
— H. Blaschko, M. G. Ord, and L. A. Stocken: Incorporation of phosphorus-32 into adenosine triphosphate of adrenal chromaffin granules. Nature (Lond.) 190, 354—355 (1961).
Pryor, M. G. M., P. B. Russell, and A. R. Todd: Protocatechuic acid, the substance responsible for the hardening of the cockroach ootheca. Biochem. J. 40, 627—628 (1946).
Pryse-Davies, J., J. M. Dawson, and G. Westbury: Some morphologic, histochemical and chemical observations on chemodectomas and the normal carotid body, including a study of the chromaffin reaction and possible ganglion cell elements. Cancer (Philad.) 17, 185—202 (1964).
Pscheidt, G. R.: Anomalous actions of monoamine oxidase inhibitors. Ann. N.Y. Acad. Sci. 107, 1057—1067 (1963).
— Serotonin and norepinephrine in chicken brain; distribution, normal levels and effect of reserpine and monoamine oxidase inhibitors. Fed. Proc. 23, 305 (1964).
—, and H. E. Himwich: Reserpine, monoamine oxidase inhibitors, and distribution of biogenic amines in monkey brain. Biochem. Pharmacol. 12, 65—71 (1963).
— W. G. Steiner, and H. E. Himwich: An electroencephalographic and chemical reevaluation of the central action of reserpine in the rabbit. J. Pharmacol. exp. Ther. 144, 37—44 (1964).
Pütter, J., u. G. Kroneberg: Untersuchungen über die Stereospezifität der decarboxylasehemmenden Wirkung von α-Methyldopa. Naunyn-Schmiedebergs Arch. exp. Path. Pharmak. 249, 470—478 (1964).

Quay, W. B., and A. Halery: Experimental modification of the rat pineal's content of serotonin and related indole amines. Physiol. Zool. 35, 1—7 (1962).
— Circadian rhythm in rat pineal serotonin and its modifications by estrous cycle and photoperiod. Gen. comp. Endocr. 3, 473—479 (1963a).
— Effect of dietary phenylalanine and tryptophan on pineal and hypothalamic serotonin levels. Proc. Soc. exp. Biol. (N.Y.) 114, 718—721 (1963b).
Quinn, G. P., P. A. Shore, and B. B. Brodie: Biochemical and pharmacological studies of RO 1—9569 (tetrabenazine), a non-indole tranquilizing agent with reserpine-like effects. J. Pharmacol. exp. Ther. 127, 103—109 (1959).

Raab, W.: Specific sympathomimetic substance in brain. Amer. J. Physiol. 152, 324—339 (1948).
—, u. W. Gigee: Die Katecholamine des Herzens. Naunyn-Schmiedebergs Arch. exp. Path. Pharmak. 219, 248—262 (1953).
— — Total urinary catechol excretion in cardiovascular and other clinical conditions. Circulation 9, 592—599 (1954).

Raab, W., u. W. Gigee: Specific avidity of heart muscle to absorb and store epinephrine and norepinephrine. Circulat. Res. 3, 553—558 (1955).
Raben, M. S., and C. H. Hollenberg: Effect of growth hormone on plasma free fatty acids. J. clin. Invest. 38, 484 (1959).
Radouco-Thomas, S., C. Radouco-Thomas, et E. Le Breton: Action de la noradrénaline et de la réserpine sur l'analgésie expérimentale. Naunyn-Schmiedebergs Arch. exp. Path. Pharmak. 232, 279—281 (1957).
Rahn, K. H.: Morphologische Untersuchungen am Paraganglion caroticum mit histochemischem und pharmakologischem Nachweis von Noradrenalin. Anat. Anz. 110, 140—159 (1961).
— Ein Vergleich der β-adrenolytischen und der chinidinartigen Wirkungen von 1-(3-Methylphenoxy)-2-hydroxy-3-isopropylamino-propan. Naunyn-Schmiedebergs Arch. exp. Path. Pharmak. 251, 128—129 (1965).
Rall, T. W., and E. W. Sutherland: Formation of a cyclic adenine ribonucleotide by tissue particles. J. biol. Chem. 232, 1065—1076 (1958).
— W. D. Wosilait, and E. W. Sutherland: The interconversion of phosphorylase a and phosphorylase b from dog heart muscle. Biochim. biophys. Acta (Amst.) 20, 69—76 (1956).
— E. W. Sutherland, and J. Berthet: The relationship of epinephrine and glucagon to liver phosphorylase. IV. Effect of epinephrine and glucagon on the reactivation of phosphorylase in liver homogenates. J. biol. Chem. 224, 463—475 (1957).
Ramey, E. R., and M. S. Goldstein: The adrenal cortex and the sympathetic nervous system. Physiol. Rev. 37, 155—195 (1957).
Randle, P. J., P. B. Garland, C. N. Hales, and E. A. Newsholme: The glucose fatty-acid cycle. Its role in insulin sensitivity and the metabolic disturbances of diabetes mellitus. Lancet 1963 I, 785—789.
Ranges, H. A., and S. E. Bradley: Systemic and renal circulatory changes following the administration of adrenin, ephedrin, and paredrinol to normal man. J. clin. Invest. 22, 687—693 (1943).
Rangier, J. M.: The origin and structure of melanins. In: The clinical chemistry of monamines, p. 225—226, eds. H. Varley and A. H. Gowenlock. Amsterdam: Elsevier Publ. Co. 1963.
Ranson, S. W.: Somnolence caused by hypothalamic lesions in the monkey. Arch. Neurol. Psychiat. (Chic.) 41, 1—23 (1939).
— Regulation of body temperature. Ass. Res. nerv. Dis. Proc. 20, 342—399 (1940).
—, and W. R. Ingram: Catalepsy caused by lesions between the mammilary bodies and the third nerve in the cat. Amer. J. Physiol. 101, 690—696 (1932).
—, u. H. W. Magoun: Hypothalamus. Ergebn. Physiol. 41, 56—163 (1939).
Rapela, C. E.: Differential secretion of adrenaline and noradrenaline. Acta physiol. lat.-amer. 6, 1—14 (1956).
—, et B. A. Houssay: Action de la nicotine sur la sécrétion d'adrénaline et noradrénaline dans le sang veineux surrénal du chien. C.R. Soc. Biol. (Paris) 147, 1096—1097 (1953).
Raper, H. S.: The tyrosinase-tyrosine reaction. V. Production of l-3,4-dihydroxyphenylalanine from tyrosine. Biochem. J. 20, 735—742 (1926).
— The tyrosinase-tyrosine reaction. VI. Production from tyrosine of 5:6-dihydroxyindole and 5:6-dihydroxyindole-2-carboxylic acid — the precursors of melanin. Biochem. J. 21, 89—96 (1927).
— The aerobic oxidases. Physiol. Rev. 8, 245—282 (1928).
—, and A. Wormall: The tyrosinase-tyrosin reaction. II. The theory of deamination. Biochem. J. 19, 84—91 (1925).
Rautenberg, W., E. Simon u. R. Thauer: Kältezittern unter äußerer und innerer Kältebelastung beim Hund in leichter Narkose. Pflügers Arch. ges. Physiol. 277, 214—230 (1963).

RAYMOND-HAMET: Über die nikotinartige Wirkung des Hordenins. Naunyn-Schmiedebergs Arch. exp. Path. Pharmak. **158**, 187—197 (1930).
REBHUN, J., S. M. FEINBERG, and E. A. ZELLER: Potentiating effect of iproniazid on action of some sympathicomimetic amines. Proc. Soc. exp. Biol. (N.Y.) **87**, 218—220 (1954).
RECH, R. H.: Antagonism of reserpine behavioral depression by d-amphetamine. J. Pharmacol. exp. Ther. **146**, 369—376 (1964).
REID, G.: Circulatory effects of 5-hydroxytryptamine. J. Physiol. (Lond.) **118**, 435—453 (1952).
—, and M. RAND: Pharmacological actions of synthetic 5-hydroxytryptamine (Serotonin, Thrombocytin). Nature (Lond.) **169**, 801—802 (1952).
REILLY, R. H., K. F. KILLAM, E. H. JENNEY, W. H. MARSHALL, T. TAUSSIG, and N. S. APTER: Convulsant effects of isoniazid. J. Amer. med. Ass. **152**, 1317—1321 (1953).
REIN, H.: Die Interferenz der vasomotorischen Regulationen. Klin. Wschr. **9**, 1485—1489 (1930).
— Vasomotorische Regulationen. Ergebn. Physiol. **32**, 28—72 (1931).
— Ein Beitrag zur Organisation der Regelungsvorgänge im peripheren Kreislaufapparat. Pflügers Arch. ges. Physiol. **244**, 603—609 (1941).
—, u. S. JANSSEN: Über ein Verfahren zur unblutigen Messung der Wärmebildung und der absoluten Zirkulationsgröße der Niere. Ber. ges. Physiol. **42**, 565—567 (1928).
—, u. R. RÖSSLER: Die Abhängigkeit der vasomotorischen Blutdruckregulation bei akuten Blutverlusten von den thermoregulatorischen Blutverschiebungen im Gesamtkreislauf. Z. Biol. **89**, 237—248 (1930).
REINERT, H.: Zum Wirkungsmechanismus der Amphetamine. Naunyn-Schmiedebergs Arch. exp. Path. Pharmak. **232**, 327—328 (1957).
— Role and origin of noradrenaline in the superior cervical ganglion. J. Physiol. (Lond.) **167**, 18—29 (1963).
REITER, M.: Die Beziehung von Calcium und Natrium zur inotropen Glykosidwirkung. Naunyn-Schmiedebergs Arch. exp. Path. Pharmak. **245**, 487—499 (1963).
—, u. H. G. SCHÖBER: Die positiv inotrope Adrenalinwirkung auf den Meerschweinchen-Papillarmuskel bei Variation der äußeren Calcium- und Natriumkonzentration. Naunyn-Schmiedebergs Arch. exp. Path. Pharmak. **250**, 9—20 (1965).
REITTER, H.: Narkoseeffekt durch intracisternale Adrenalininjektion. Anaesthesist **6**, 131—135 (1957).
REMENSNYDER, J. P., J. H. MITCHELL, and S. J. SARNOFF: Functional sympatholysis during muscular activity. Circulat. Res. **11**, 370—380 (1962).
REMINGTON, J. W., W. F. HAMILTON, and R. P. AHLQUIST: Interrelation between the length of systole, stroke volume and left ventricular work in the dog. Amer. J. Physiol. **154**, 6—15 (1948).
— — G. H. BOYD jr., W. F. HAMILTON jr., and H. M. CADDELL: Role of vasoconstriction in the response of the dog to hemorrhage. Amer. J. Physiol. **161**, 116—124 (1950).
REMMER, H.: Drug tolerance. In: Enzymes and drug action, eds. J. L. MONGAR and A. V. S. DE REUCK, p. 276—298. London: J. & A. Churchill, Ltd. 1962.
RENKIN, E. M., and S. ROSELL: The influence of sympathetic adrenergic vasoconstrictor nerves on transport of diffusible solutes from blood to tissues in skeletal muscle. Acta physiol. scand. **54**, 223—240 (1962).
RENOLD, A. E., and G. F. CAHILL: Adipose tissue. Handbook of physiology, Sect. 5. Amer. Physiol. Soc., Washington, 1965.
REPKE, K., u. H. J. PORTIUS: Über den Einfluß verschiedener kardiotonischer Verbindungen auf die Transport-ATPase in der Zellmembran des Herzmuskels. Naunyn-Schmiedebergs Arch. exp. Path. Pharmak. **245**, 59—61 (1963).
REVZIN, A. M., R. P. MAICKEL, and E. COSTA: Effects of reserpine and benzoquinolizines on limbic system excitability, brain amine storage and plasma corticosterone level in rats. Life Sci. **1**, 699—707 (1962).

Reynolds, R. W.: The effect of amphetamine on food intake in normal and hypothalamic hyperphagic rats. J. comp. physiol. Psychol. 52, 682—684 (1959).
Rhines, R., and H. W. Magoun: Brain stem facilitation of cortical motor response. J. Neurophysiol. 9, 219—229 (1946).
Richards, A. N., and O. H. Plant: Urine formation in the perfused kidney. The influence of adrenalin on the volume of the perfused kidney. Amer. J. Physiol. 59, 184—190 (1922a).
— — The action of minute doses of adrenalin and pituitrin on the kidney. Amer. J. Physiol. 59, 191—202 (1922b).
Richardson, J. A., and E. F. Woods: Release of norepinephrine from the isolated heart. Proc. Soc. exp. Biol. (N.Y.) 100, 149—151 (1959).
— —, and A. K. Richardson: Plasma concentrations of epinephrine and norepinephrine during anesthesia. J. Pharmacol. exp. Ther. 119, 378—384 (1957).
Richardson, K. C.: The fine structure of autonomic nerve endings in smooth muscle of the rat vas deferens. J. Anat. (Lond.) 96, 427—442 (1962).
Richmond, J., S. C. Frazer, and D. R. Millar: Paroxysmal hypotension due to an adrenaline-secreting phaeochromocytoma. Lancet 1961 II, 904—906.
Richter, D.: Adrenaline and amine oxidase. Biochem. J. 31, 2022—2028 (1937).
— The inactivation of adrenaline in vivo in man. J. Physiol. (Lond.) 98, 361—374 (1940).
—, and F. C. MacIntosh: Adrenaline ester. Amer. J. Physiol. 135, 1—5 (1941).
—, and A. H. Tingey: Amine oxidase and adrenaline. J. Physiol. (Lond.) 97, 265—271 (1939).
Richterich, R.: Pathophysiologie und klinische Bedeutung der Plasma-Transaminasen. Röntgen- u. Lab.-Prax. 13, L 75—81, L 91—99, L 117—126 (1960).
Riesser, O.: Über Glykogensynthese im überlebenden Rattenzwerchfell und ihre Beeinflussung in vitro durch Hormone und Vitamine. Biochim. biophys. Acta (Amst.) 1, 208—233 (1947).
—, u. H. Weeke: Pharmakologische Versuche über die Beeinflussung der Glykogensynthese im überlebenden Rattenzwerchfell. Naunyn-Schmiedebergs Arch. exp. Path. Pharmak. 208, 19 (1949).
— — u. L. Ther: Der gegenseitige Antagonismus von Insulin und Adrenalin-Adrenochrom bei der Glykogenbildung im isolierten Rattenzwerchfell. Naunyn-Schmiedebergs Arch. exp. Path. Pharmak. 206, 12—23 (1949).
Rinaldi, F., and H. E. Himwich: Alerting responses and actions of atropine and cholinergic drugs. Arch. Neurol. Psychiat. (Chic.) 73, 387—395 (1955a).
— — Frenquel corrects certain cerebral electrographic changes. Science 122, 198—199 (1955b).
Ring, G. C.: The importance of the thyroid in maintaining an adequate production of heat during exposure to cold. Amer. J. Physiol. 137, 582—588 (1942).
Rizack, M.: An epinephrine-sensitive lipolytic activity in adipose tissue. J. biol. Chem. 236, 657—662 (1961).
— Activation of an epinephrine-sensitive lipolytic activity from adipose tissue by adenosine 3′,5′-phosphate. J. biol. Chem. 239, 392—395 (1964).
Roberts, J., F. Standaert, Y. I. Kim, and W. F. Riker jr.: The initiation and pharmacologic reactivity of a ventricular pacemaker in the intact animal. J. Pharmacol. exp. Ther. 117, 374—384 (1956).
Robertson, P. A., and D. Rubin: Stimulation of intestinal nervous elements by angiotensin. Brit. J. Pharmacol. 19, 5—12 (1962).
Robinson, J.: Amine oxidase in the iris and nictitating membrane of the cat and the rabbit. Brit. J. Pharmacol. 7, 99—102 (1952).
Robinson, R., and P. Smith: Urinary amines in phaeochromocytoma. Clin. chim. Acta 7, 29—33 (1962).
— —, and S. R. F. Whittaker: Secretion of catecholamines in malignant phaeochromocytoma. Brit. med. J. 1964 I, 1422—1424.

ROBINSON, R. L.: Stimulation of the adrenal catecholamine output by angiotensin and bradykinin in vitro. Fed. Proc. 24, 488 (1965).
ROBITZEK, E. H., I. J. SELIKOFF, and G. G. ORNSTEIN: Chemotherapy of human tuberculosis with hydrazine derivatives of isonicotinic acid. Quart. Bull. Sea View Hosp. 13, 27—51 (1952).
ROBSON, J. M., and H. O. SCHILD: Response of the cat's uterus to the hormones of the posterior pituitary lobe. J. Physiol. (Lond.) 92, 1—8 (1938).
RODAHL, K., and B. ISSEKUTZ jr.: Fat as a tissue. New York-Toronto-London: McGraw-Hill Book Co. 1964.
ROOS, B.-E.: On the occurrence and distribution of 5-hydroxyindolacetic acid in brain. Life Sci. 1, 25—27 (1962).
—, and G. STEG: The effect of 3,4-dihydroxyphenylalanine and DL-5-hydroxytryptophan on rigidity and tremor induced by reserpine, chlorpromazine and phenoxybenzamine. Life Sci. 3, 351—360 (1964).
—, and B. WERDINIUS: Effect of reserpine on the level of 5-hydroxyindolacetic acid in brain. Life Sci. 1, 105—107 (1962).
ROSE, J. C., E. D. FREIS, C. A. HUFNAGEL, and E. A. MASSULLO: Effects of epinephrine and nor-epinephrine in dogs studied with a mechanical left ventricle. Demonstration of active vasoconstriction in the lesser circulation. Amer. J. Physiol. 182, 197—202 (1955).
ROSELL, S., and G. SEDVALL: The rate of disappearance of vasoconstrictor responses to sympathetic chain stimulation after reserpine treatment. Acta physiol. scand. 60, 39—50 (1962).
— I. J. KOPIN, and J. AXELROD: Fate of norepinephrine-H³ in skeletal muscle before and following nerve stimulation. Amer. J. Physiol. 205, 317—321 (1963a).
— G. SEDVALL, and S. ULLBERG: Distribution and fate of dihydroxyphenylalanine-2-$^{14}$C (Dopa) in mice. Biochem. Pharmacol. 12, 265—269 (1963b).
ROSELL-PEREZ, M., and J. LARNER: Studies on UDPG-α-glucantransglucosylase. V. Two forms of the enzyme in dog skeletal muscle and their interconversion. Biochemistry 3, 81—88 (1964).
ROSEN, L., and McC. GOODALL: Identification of vanillic acid as a catabolite of noradrenaline metabolism in the human. Proc. Soc. exp. Biol. (N.Y.) 110, 767—769 (1962a).
— — Effect of iproniazid on metabolism of noradrenaline in man. Amer. J. Physiol. 202, 883—887 (1962b).
— W. B. NELSON, and McC. GOODALL: The identification of vanillic acid as a catabolite of noradrenaline metabolism in the human. Fed. Proc. 21, 363 (1962).
ROSENBERG, J. C., R. C. LILLEHEI, W. H. MORAN, and B. ZIMMERMANN: Effect of endotoxin on plasma catechol amines and serum serotonin. Proc. Soc. exp. Biol. (N.Y.) 102, 335—337 (1959).
— — J. LONGERBEAM, and B. ZIMMERMANN: Studies on hemorrhagic and endotoxin shock in relation to vasomotor changes and endogenous circulating epinephrine, norepinephrine and serotonin. Ann. Surg. 154, 611—628 (1961).
ROSENBLUETH, A., and W. B. CANNON: The chemical mediation of sympathetic vasodilator nerve impulses. Amer. J. Physiol. 112, 33—40 (1935).
— D. B. LINDSLEY, and R. S. MORISON: A study of some decurarizing substances. Amer. J. Physiol. 115, 53—68 (1936).
ROSENFELD, G., L. C. LEEPER, and S. UDENFRIEND: Biosynthesis of norepinephrine and epinephrine by the isolated perfused calf adrenal. Arch. Biochem. 74, 252—265 (1958).
ROSS, C. A., and S. A. HERCZEG: Protective effect of ganglionic blocking agents on traumatic shock in the rat. Proc. Soc. exp. Biol. (N.Y.) 91, 196—199 (1956).
— H. C. WENGER, C. T. LUDDEN, and C. A. STONE: Selective potentiation of sympathomimetic amines by reserpine, syrosingopine, and 2,6-xylylcholine ether bromide (TM-10) in the dog. Arch. int. Pharmacodyn. 142, 141—151 (1963).

Ross, S. B., and Ö. Haljasmaa: Catechol-O-methyl transferase inhibitors. In vitro inhibition of the enzyme in mouse brain extract. Acta pharmacol. (Kbh.) **21**, 205—214 (1964a).
— — Catechol-O-methyl transferase inhibitors. In vivo inhibition in mice. Acta pharmacol. (Kbh.) **21**, 215—225 (1964b).
—, and A. L. Renyi: Blocking action of sympathomimetic amines on the uptake of tritiated noradrenaline by mouse cerebral cortex tissues in vitro. Acta pharmacol. (Kbh.) **21**, 226—239 (1964).
Roszkowski, A. P., and G. B. Koelle: Enhancement of inhibitory and excitatory effects of catecholamines. J. Pharmacol. exp. Ther. **128**, 227—232 (1960).
Roth, G. M., and W. F. Kvale: A tentative test for pheochromocytoma. Amer. J. med. Sci. **210**, 653—660 (1945).
Rothballer, A. B.: Studies on the adrenaline-sensitive component of the reticular activating system. Electroenceph. clin. Neurophysiol. **8**, 603—621 (1956).
— EEG activation from microinjections of adrenaline into the brain stem of the cat. Anat. Rec. **127**, 359 (1957a).
— The effect of phenylephrine, methamphetamine, cocaine and serotonin upon the adrenaline sensitive component of the reticular activating system. Electroenceph. clin. Neurophysiol. **9**, 409—417 (1957b).
— The effects of catecholamines on the central nervous system. Pharmacol. Rev. **11**, 494—547 (1959).
Rothlin, E., H. Konzett, and A. Cerletti: The antagonism of ergot alkaloids towards the inhibitory response of the isolated rabbit intestine to epinephrine and norepinephrine. J. Pharmacol. exp. Ther. **112**, 185—190 (1954).
Rudesill, C. L., and C. G. Weigand: The treatment of Parkinson's disease with pyridoxine hydrochloride (vitamin $B_6$ hydrochloride). J. Indian med. Ass. **34**, 355—360 (1941).
Rudman, D.: The adipokinetic action of polypeptide and amine hormones upon the adipose tissue of various animal species. J. Lipid Res. **4**, 119—129 (1963).
— M. B. Reid, F. Seidman, M. di Girolamo, A. R. Wertheim, and S. Bern: Purification and properties of a component of the pituitary gland which produces lipemia in the rabbit. Endocrinology **68**, 273 (1961).
— S. J. Brown, and M. F. Malkin: Adipokinetic actions of adrenocorticotropin, thyroid-stimulating hormone, vasopressin, α- and β-melanocyte-stimulating hormones, fraction H, epinephrine and norepinephrine in the rabbit, guinea pig, rat, pig and dog. Endocrinology **72**, 527—543 (1963).
Rudzik, A. D., and J. W. Miller: The mechanism of uterine inhibitory action of relaxin-containing ovarian extracts. J. Pharmacol. exp. Ther. **138**, 82—87 (1962a).
— — The effect of altering the catecholamine content of the uterus on the rate of contractions and the sensitivity of the myometrium to relaxin. J. Pharmacol. exp. Ther. **138**, 88—95 (1962b).
Rulon, R. R., D. D. Schottelius, and B. A. Schottelius: Effect of stimulation on phosphorylase levels of excised anterior tibial muscles of the mouse. Amer. J. Physiol. **200**, 1236—1238 (1961).
Rushmer, R. F., and T. C. West: Role of autonomic hormones on left ventricular performance continously analyzed by electronic computers. Circulat. Res. **5**, 240—246 (1957).
Ryall, R. W.: Effects of cocaine and antidepressant drugs on the nictitating membrane of the cat. Brit. J. Pharmacol. **17**, 339—357 (1961).
Ryd, G.: Protective effect of bretylium on noradrenaline stores in organs. Acta physiol. scand. **56**, 90—93 (1962).

Sack, H.: Das Phaeochromocytom. Stuttgart: Georg Thieme 1951.
Sahyun, M., and G. E. Webster: The influence of arterenol and epinephrine on the distribution of glycogen in rats. Arch. int. Pharmacodyn. **45**, 291—303 (1933).

SAITO, S.: Effect of haemorrhage upon the rate of liberation of epinephrine from the suprarenal gland of dogs. Tôhoku J. exp. Med. 11, 79—115 (1928).
SALZMAN, E. W., and S. D. LEVERETT jr.: Peripheral venoconstriction during acceleration and orthostasis. Circulat. Res. 4, 540—545 (1956).
SAMORAJSKI, T., B. H. MARKS, and E. J. WEBSTER: An autoradiographic study of the uptake and storage of norepinephrine-$H^3$ in tissues of mice treated with reserpine and cocaine. J. Pharmacol. exp. Ther. 143, 82—89 (1964).
SAMPSON, J. J., and A. ZIPSER: Norepinephrine in shock following myocardial infarction. Influence upon survival rate and renal function. Circulation 9, 38—47 (1954).
SANAN, S., and M. VOGT: Effect of drugs on the noradrenaline content of brain and peripheral tissues and its significance. Brit. J. Pharmacol. 18, 109—127 (1962).
SANDLER, M., and C. R. J. RUTHVEN: Quantitative colorimetric method for estimation of 3-methoxy-4-hydroxymandelic acid in urine. Value in diagnosis in phaeochromocytoma. Lancet 1959 II, 114—115.
SANNERSTEDT, R., E. VARNAUSKAS, and L. WERKÖ: Hemodynamic effects of methyl dopa (Aldomet) at rest and during exercise in patients with arterial hypertension. Acta med. scand. 171, 57 (1962).
SANO, I., T. GAMO, Y. KAKIMOTO, K. TANIGUCHI, M. TAKESADA, and K. NISHINUMA: Distribution of catechol compounds in human brain. Biochim. biophys. Acta (Amst.) 32, 586—587 (1959).
— K. TANIGUCHI, T. GAMO, M. TAKESADA, and Y. KAKIMOTO: Die Katechinamine im Zentralnervensystem. Klin. Wschr. 38, 57—62 (1960).
SANTI, R., and G. FASSINA: Dexamphetamine and lipid mobilisation in obesity. J. Pharm. (Lond.) 16, 130—131 (1964).
SARKAR, N. K., D. D. CLARKE, and H. WAELSCH: An enzymatically catalyzed incorporation of amines into proteins. Biochim. biophys. Acta (Amst.) 25, 451—452 (1957).
SARKAR, S., and E. A. ZELLER: Characterization of two homologous monoamine oxidases. Fed. Proc. 20, 238 (1961).
SARKAR, S., R. BANERJEE, M. S. ISE u. E. A. ZELLER: Über die Wirkung von 2-Phenylcyclopropylaminen auf die Monoamin-Oxydase und andere Enzymsysteme. Helv. chim. Acta 43, 439—447 (1960).
SARRE, H.: α-Methyl-Dopa bei hypertonen Nierenerkrankungen. In: Med. Klausurgespräche 2: Therapie des Bluthochdrucks, Hrsg. L. HEILMEYER und H. J. HOLTMEIER, S. 158—167. Berlin, Freiburg: Verlag für Gesamtmedizin 1963.
SATO, T., K. YOSHINAGA, Y. WADA, N. ISHIDA, and C. ITOH: Urinary excretion of catecholamines and their metabolites in normotensive and hypertensive subjects. Tôhoku J. exp. Med. 75, 151—163 (1961).
SAWYER, W. H., E. H. FRIEDEN, and A. C. MARTIN: In vitro inhibition of spontaneous contractions of the rat uterus by relaxin-containing extracts of sow ovaries. Amer. J. Physiol. 172, 547—552 (1953).
SCHAECHTELIN, G.: Der Einfluß von Calcium und Natrium auf die Kontraktur des M. rectus abdominis. Pflügers Arch. ges. Physiol. 273, 164—181 (1961).
SCHAEFER, H.: Elektrische und chemische Deutung von Lebensvorgängen. (Zum Gedächtnis GALVANIS.) Klin. Wschr. 20, 209—212 (1941).
— Sensibilität als Krankheitsfaktor. Ärztl. Forsch. 3, 517—521 (1949).
— Elektrophysiologie der Herznerven. Ergebn. Physiol. 46, 71—125 (1950).
SCHAEFFER, G.: Les facteurs hormonaux intervenant dans la régulation chimique de la température des homéothermes. Bull. Acad. Méd. (Paris) 130, 587—590 (1946).
SCHAEPPI, U.: Die Beeinflussung der Reizübertragung im peripheren Sympathicus durch Tofranil. Helv. physiol. pharmacol. Acta 18, 545—562 (1960).
—, and W. P. KOELLA: Adrenergic innervation of cat iris sphincter. Amer. J. Physiol. 207, 273—278 (1964).

Schaer, H., u. W. H. Ziegler: Blutdruckeffect von Dopa i.v. beim α-methyl-Dopa-vorbehandelten Hypertoniker. Untersuchungen zum blutdrucksenkenden Mechanismus von α-Methyldopa. Klin. Wschr. **40**, 959—962 (1962).
Schafer, E. S., and R. K. S. Lim: The effects of adrenalin on the pulmonary circulation. Quart. J. exp. Physiol. **12**, 157—198 (1919).
Schanberg, S., and N. J. Giarman: Uptake of 5-hydroxytryptophan by rat brain. Biochim. biophys. Acta (Amst.) **41**, 556—558 (1960).
— —: Drug-induced alterations in the subcellular distribution of 5-hydroxytryptamine in rat's brain. Biochem. Pharmacol. **11**, 187—194 (1962).
Schapiro, S.: Effect of a catechol amine blocking agent (Dibenzyline) on organ content and urine excretion of noradrenaline and adrenaline. Acta physiol. scand. **42**, 371—375 (1958).
Schatzmann, H. J.: Herzglykoside als Hemmstoffe für den aktiven Kalium- und Natriumtransport durch die Erythrocytenmembran. Helv. physiol. pharmacol. Acta **11**, 346—354 (1953).
— Erregung und Kontraktion glatter Vertebratenmuskeln. Ergebn. Physiol. **55**, 28—130 (1964).
—, u. H. Ackermann: Die Strophanthinwirkung am Darmmuskel und ihre Beziehung zum Kationengehalt des Mediums. Helv. physiol. pharmacol. Acta **19**, 196—213 (1961).
—, and P. N. Witt: Action of K-strophanthin on potassium leakage from frog sartorius muscle. J. Pharmacol. exp. Ther. **112**, 501—507 (1954).
Schaub, F., F. Nager, H. Schaer, W. Ziegler u. P. Lichtlen: α-Methyl-Dopa. Schweiz. med. Wschr. **20**, 620—628 (1962).
Schaumann, O.: Über den Wirkungsmechanismus des Ephedrins und den Unterschied in der Wirkungsstärke zwischen seinen Isomeren. Naunyn-Schmiedebergs Arch. exp. Path. Pharmak. **138**, 208—218 (1928).
— Über Oxyephedrine. Ein Beitrag zum Problem: Konstitution und Wirkung. Naunyn-Schmiedebergs Arch. exp. Path. Pharmak. **157**, 114 (1930).
— Über Oxy-Ephedrine. Naunyn-Schmiedebergs Arch. exp. Path. Pharmak. **160**, 127—176 (1931).
— Zur Pharmakologie der optischen Isomeren des 3,4-Dioxy-nor-Ephedrins (Corbasil). Medizin u. Chemie **3**, 383—392 (1936).
— Morphin und morphinähnlich wirkende Verbindungen. Handbuch der experimentellen Pharmakologie, Ergänzungswerk, Bd. 12, S. 1—367, Hrsg. O. Eichler und A. Farah. Berlin-Göttingen-Heidelberg: Springer 1957.
— u. E. Lindner: Neue synthetische Verbindungen der "Polamidonreihe" mit parasympathicolytischer Wirkung. Naunyn-Schmiedebergs Arch. exp. Path. Pharmak. **214**, 93—102 (1951).
— M. Giovannini u. K. Jochum: Morphinähnlich wirkende Analgetica und Darmmotorik. I. Spasmolyse und Peristaltik. Naunyn-Schmiedebergs Arch. exp. Path. Pharmak. **215**, 460—468 (1952).
— K. Jochum u. W. Schaumann: Analgetica und Darmmotorik. II. Wirkung auf den Längsmuskeltonus. Naunyn-Schmiedebergs Arch. exp. Path. Pharmak. **217**, 360—365 (1953a).
— — u. H. Schmidt: Analgetica und Darmmotorik. III. Zum Mechanismus der Peristaltik. Naunyn-Schmiedebergs Arch. exp. Path. Pharmak. **219**, 302—309 (1953b).
Schaumann, W.: The paralysing action of morphine on the guinea-pig ileum. Brit. J. Pharmacol. **10**, 456—461 (1955).
— Verminderung des Wirksamkeitsunterschiedes optischer Isomere mit steigender Konzentration. Naunyn-Schmiedebergs Arch. exp. Path. Pharmak. **229**, 41—51 (1956a).
— Pharmakologische Beeinflussung der Erregungsleitung am Darm. Naunyn-Schmiedebergs Arch. exp. Path. Pharmak. **229**, 432—440 (1956b).
— Inhibition by morphine of the release of acetylcholine from the intestine of the guinea-pig. Brit. J. Pharmacol. **12**, 115—118 (1957).

SCHAUMANN, W.: Zusammenhänge zwischen der Wirkung der Analgetica und Sympathicomimetica auf den Meerschweinchen-Dünndarm. Naunyn-Schmiedebergs Arch. exp. Path. Pharmak. **233**, 112—124 (1958a).
— Beeinflussung der analgetischen Wirkung des Morphins durch Reserpin. Naunyn-Schmiedebergs Arch. exp. Path. Pharmak. **235**, 1—9 (1958b).
SCHAYER, R. W.: In vivo inhibition of monoamine oxidase studied with radioactive tyramine. Proc. Soc. exp. Biol. (N.Y.) **84**, 60—63 (1953).
— Catabolism of physiological quantities of histamine in vivo. Physiol. Rev. **39**, 116—126 (1959).
— R. L. SMILEY, and J. KENNEDY: The metabolism of epinephrine containing isotopic carbon III. J. biol. Chem. **202**, 425—430 (1953).
SCHELLONG, F.: Regulationsprüfung des Kreislaufs. Dresden u. Leipzig: Theodor Steinkopff 1938.
SCHILD, H.: Adrenaline in the suprarenal medulla. J. Physiol. (Lond.) **79**, 455—469 (1933).
SCHILDKRAUT, J. J., G. L. KLERMAN, D. G. FRIEND, and M. GREENBLATT: Biochemical and pressor effects of oral d,l-dihydroxyphenylalanine in patients pretreated with antidepressant drugs. Ann. N.Y. Acad. Sci. **107**, 1005—1015 (1963).
SCHMALFUSS, H.: Über das Vorkommen und den Nachweis von 3,4-Dioxyphenylessigsäure in den Rosenkäfern Cetonia aurata L. und Potosia cuprea F. und im Maikäfer Melolontha hippocastani F. Biochem. Z. **294**, 112—119 (1937).
—, u. A. HEIDER: Tyramin und Oxytyramin, blutdrucksteigernde Schwarzvorstufen des Besenginsters Sarothamnus Scoparius Wimm. Biochem. Z. **236**, 226—230 (1931).
— H. BARTHMEYER u. H. BRANDES: Warum schwärzen sich die Hülsen von Sarothamnus Scoparius Wimm, dem Besenginster? Biochem. Z. **189**, 229—232 (1927).
— A. HEIDER u. K. WINKELMANN: 3,4-Dioxyphenylessigsäure, Farbvorstufe der Flügeldecken des Mehlkäfers, Tenebrio molitor L. Biochem. Z. **257**, 188—193 (1933a).
— — — l-Tyrosin, Vorkommen und Abtrennung: am Beispiel der Saubohne, Vicia Faba L. Biochem. Z. **259**, 465—468 (1933b).
SCHMIDT, C. F.: The cerebral circulation in health and disease. Springfield (Ill.): Ch. C. Thomas 1950.
SCHMIDT, G.: Über die anorexigene Wirkung des Cocains. Arch. int. Pharmacodyn. **156**, 87—99 (1965).
—, u. P. MEISSE: Zentrale Wirkungen von Cocainhomologen und ihre Beeinflußbarkeit durch Reserpin oder Adrenolytica. Naunyn-Schmiedebergs Arch. exp. Path. Pharmak. **243**, 148—161 (1962).
— B. KALISCHER u. B. WÖCKEL: Vergleichende Untersuchungen über die Wirkungen von Normal-Cocain und Pseudococain. Naunyn-Schmiedebergs Arch. exp. Path. Pharmak. **240**, 523—538 (1961).
SCHMIDT, H., u. M. SPÄTH: Sympathinfreisetzung als Ursache der therapeutischen Calziumwirkung. Arch. int. Pharmacodyn. **146**, 275—279 (1963).
SCHMITERLÖW, C. G.: The nature and occurrence of pressor and depressor substances in extracts from blood vessels. Acta physiol. scand. **16** Suppl. 56, 5—111 (1948).
— The formation in vivo of noradrenaline from 3,4-dihydroxyphenylserine (noradrenaline carboxylic acid). Brit. J. Pharmacol. **6**, 127—134 (1951).
SCHNEIDER, J. A.: Reserpine antagonism of morphine analgesia in mice. Proc. Soc. exp. Biol. (N.Y.) **87**, 614—615 (1954).
SCHNEIDER, K. W.: Zur Pharmakologie der peripheren Sympathicomimetica und die sich daraus ergebenden praktischen Konsequenzen zur Behandlung von Schock und Kollaps. Dtsch. med. J. **9**, 236—239 (1958).
— Die hämodynamischen Grundlagen in der Behandlung der peripheren Gefäßinsuffizienz mit Sympathikomimetika. In: Klinik und Therapie der Kollapszustände, Hrsg. R. DUESBERG und H. SPITZBARTH. S. 119—133, Stuttgart: F. K. Schattauer 1963.

SCHNEIDER, M.: Die Physiologie der Hirndurchblutung. Dtsch. Z. Nervenheilk. 162, 113—139 (1950).

SCHNEYER, C. A., and J. M. SHACKLEFORD: Accelerated development of salivary glands of early postnatal rats following isoproterenol. Proc. Soc. exp. Biol. (N.Y.) 112, 320—324 (1963).

SCHÖNE, H. H., u. E. LINDNER: Die Wirkungen des N-[3'-Phenyl-propyl-(2')]-1,1-diphenylpropyl-(3)-amins auf den Stoffwechsel von Serotonin und Noradrenalin. Arzneimittel-Forsch. 10, 583—585 (1960).

— — Über die Wirkung von N[3'-Phenyl-propyl-(2')]-1,1-diphenylpropyl-(3)-amin auf den Katecholamin-Stoffwechsel. Klin. Wschr. 40, 1196—1200 (1962).

SCHÖPF, C., u. H. BAYERLE: Zur Frage der Biogenese der Isochinolin-Alkaloide. Die Synthese des 1-Methyl-6,7-dioxy-1,2,3,4-tetrahydro-isochinolins unter physiologischen Bedingungen. Justus Liebigs Ann. Chem. 513, 190—202 (1934).

—, u. W. SALZER: Zur Frage der Biogenese der Isochinolin-Alkaloide. Justus Liebigs Ann. Chem. 544, 1—30 (1940).

SCHOEPKE, H. G., and R. G. WIEGAND: Relation between norepinephrine accumulation or depletion and blood pressure responses in the cat and rat following pargyline administration. Ann. N.Y. Acad. Sci. 107, 924—934 (1963).

SCHOFIELD, B. M., and J. M. WALKER: Perfusion of the coronary arteries of the dog. J. Physiol. (Lond.) 122, 489—497 (1953).

SCHOTT, H. F., and W. G. CLARK: Dopa decarboxylase inhibition through the interaction of coenzyme and substrate. J. biol. Chem. 196, 449—462 (1952).

SCHOTZ, M. C., and I. H. PAGE: Effect of norepinephrine and epinephrine on unesterified fatty acid concentration in plasma. Proc. Soc. exp. Biol. (N.Y.) 101, 624—626 (1959).

— — Effect of adrenergic blocking agents on the release of free fatty acids from rat adipose tissue. J. Lipid. Res. 1, 466—468 (1960).

SCHRADE, W., E. BÖHLE, R. BIEGLER u. C. SABEL: Gaschromatographische Untersuchungen der Serumfettsäuren des Menschen. II. Mitt. Beiträge zur Regulation der unveresterten Fettsäuren. Klin. Wschr. 38, 707—716 (1960).

SCHROEDER, W.: Eine einfache Methode zur fortlaufenden Registrierung von Änderungen der Haut- bzw. der Muskeldurchblutung des Menschen und des wachen Hundes (Capillardruckmessung). Z. ges. exp. Med. 130, 513—522 (1959).

— Besitzt die Skeletmuskulatur eine Kurzschlußdurchblutung? Pflügers Arch. ges. Physiol. 272, 5—6 (1960).

— Der physiologische Nachweis arteriovenöser Kurzschlüsse in der Skeletmuskulatur. Pflügers Arch. ges. Physiol. 273, 281—287 (1961).

— Regelvorgänge im peripheren Kreislauf. In: Klinik und Therapie der Kollapszustände, Hrsg. R. DUESBERG und H. SPITZBARTH. S. 15—28, Stuttgart: F. K. Schattauer 1963.

—, und F. ANSCHÜTZ: Zur Kreislaufwirkung des Arterenols. Naunyn-Schmiedebergs Arch. exp. Path. Pharmak. 212, 230—242 (1951).

SCHÜMANN, H. J.: Arterenol im Nebennierenmark. Klin. Wschr. 26, 604 (1948).

— Über die Wirkung von Nebennierenextrakten auf Blutdruck und Blutzucker. Naunyn-Schmiedebergs Arch. exp. Path. Pharmak. 206, 475—483 (1949a).

— Blutdruck- und Blutzuckerwirkungen von Nebennierenextrakten. Naunyn-Schmiedebergs Arch. exp. Path. Pharmak. 208, 170—171 (1949b).

— Vergleichende Untersuchungen über die Wirkung von Adrenalin, Arterenol und Epinin auf Blutdruck, Milzvolumen, Darm und Blutzucker. Naunyn-Schmiedebergs Arch. exp. Path. Pharmak. 206, 164—170 (1949c).

— Zur Pharmakologie des Arterenols und Adrenalins. Naunyn-Schmiedebergs Arch. exp. Path. Pharmak. 209, 340—349 (1950).

— Nachweis von Oxytyramin (Dopamin) in sympathischen Nerven und Ganglien. Naunyn-Schmiedebergs Arch. exp. Path. Pharmak. 227, 566—573 (1956).

SCHÜMANN, H. J.: The distribution of adrenaline and noradrenaline in chromaffin granules from chicken. J. Physiol. (Lond.) **137**, 318—326 (1957).
— Über die Speicherung von Adrenalin und Noradrenalin in den chromaffinen Granula des Nebennierenmarks und den Einfluß des Reserpins und Insulins. Naunyn-Schmiedebergs Arch. exp. Path. Pharmak. **232**, 284—285 (1957/58).
— Die Wirkung von Insulin und Reserpin auf den Adrenalin- und ATP-Gehalt der chromaffinen Granula des Nebennierenmarks. Naunyn-Schmiedebergs Arch. exp. Path. Pharmak. **233**, 237—249 (1958a).
— Über den Noradrenalin- und ATP-Gehalt sympathischer Nerven. Naunyn-Schmiedebergs Arch. exp. Path. Pharmak. **233**, 296—300 (1958b).
— Über die Verteilung von Noradrenalin und Hydroxytyramin in sympathischen Nerven (Milznerven). Naunyn-Schmiedebergs Arch. exp. Path. Pharmak. **234**, 17—25 (1958c).
— Über den Hydroxytyramin- und Noradrenalingehalt der Lunge. Naunyn-Schmiedebergs Arch. exp. Path. Pharmak. **234**, 282—290 (1958d).
— Über den Hydroxytyramingehalt sympathischer Nerven und sympathisch innervierter Organe. Naunyn-Schmiedebergs Arch. exp. Path. Pharmak. **236**, 44—46 (1959).
— Hormon- und ATP-Gehalt des menschlichen Nebennierenmarks und des Phäochromocytomgewebes. Klin. Wschr. **38**, 11—13 (1960a).
— Über die Freisetzung von Brenzcatechinaminen durch Tyramin. Naunyn-Schmiedebergs Arch. exp. Path. Pharmak. **238**, 41—42 (1960b).
— Die biochemische Diagnose des Phäochromocytoms. Dtsch. med. Wschr. **86**, 2016—2019 (1961).
— Probleme der sympathischen Erregungsübertragung. Naunyn-Schmiedebergs Arch. exp. Path. Pharmak. **246**, 94—101 (1963).
— Medullary particles. Pharmacol. Rev. **18**, 433—438 (1966).
—, u. H. GROBECKER: Untersuchungen am isolierten Vas deferens-Hypogastricus Präparat des Meerschweinchens. Naunyn-Schmiedebergs Arch. exp. Path. Pharmak. **246**, 215—225 (1963).
— — Nachweis und Lokalisation von α-Methyl-Noradrenalin in Meerschweinchenorganen nach Vorbehandlung mit α-Methyl-Dopa. Naunyn-Schmiedebergs Arch. exp. Path. Pharmak. **247**, 297—298 (1964).
—, u. A. PHILIPPU: Untersuchungen zum Mechanismus der Freisetzung von Brenzcatechinaminen durch Tyramin. Naunyn-Schmiedebergs Arch. exp. Path. Pharmak. **241**, 273—280 (1961).
— — Release of catechol amines from isolated medullary granules by sympathomimetic amines. Nature (Lond.) **193**, 890—891 (1962).
— — Die Wirkung von Calcium und Magnesium auf die Brenzcatechinaminfreisetzung aus Speichergranula verschiedener Gewebe. Naunyn-Schmiedebergs Arch. exp. Path. Pharmak. **245**, 97—98 (1963a).
— — Zum Mechanismus der durch Calcium und Magnesium verursachten Freisetzung der Nebennierenmarkhormone. Naunyn-Schmiedebergs Arch. exp. Path. Pharmak. **244**, 466—476 (1963b).
—, u. E. WEIGMANN: Über den Angriffspunkt der indirekten Wirkung sympathicomimetischer Amine. Naunyn-Schmiedebergs Arch. exp. Path. Pharmak. **240**, 275—284 (1960).
— D. TRABITZSCH u. R. EWERT: Über den Adrenalin- und Arterenolgehalt des Markinkrets der Mäuse-, Ratten- und Froschnebenniere. Arch. int. Pharmacodyn. **87**, 212—224 (1951).
— K. SCHNELL u. A. PHILIPPU: Subcelluläre Verteilung von Noradrenalin und Adrenalin im Meerschweinchenherzen. Naunyn-Schmiedebergs Arch. exp. Path. Pharmak. **249**, 251—266 (1964).
— H. GROBECKER u. K. SCHMIDT: Über die Wirkung von α-Methyl-Dopa auf den Brenzcatechinamingehalt von Meerschweinchenorganen. Naunyn-Schmiedebergs Arch. exp. Path. Pharmak. **251**, 48—61 (1965).

SCHULTE, J. W., E. C. REIF, J. A. BACHER, W. S. LAWRENCE, and M. L. TAINTER: Further study of central stimulation from sympathomimetic amines. J. Pharmacol. exp. Ther. 71, 62—74 (1941).
SCHULTZ, W. H.: Quantitative pharmacological studies: adrenaline and adrenaline-like bodies. Hygiene Laboratory Bull. 55, 1—77 (1909a).
— Experimental criticism of recent results in testing adrenalin. J. Pharmacol. exp. Ther. 1, 291—302 (1909b).
SCHULTZE, O.: Über den Wärmehaushalt des Kaninchens nach dem Wärmestich. Naunyn-Schmiedebergs Arch. exp. Path. Pharmak. 43, 193—216 (1900).
SCHWARTZ, D. E., A. PLETSCHER, K. F. GEY u. J. RIEDER: Biologische Verteilung eines Benzochinolizinderivates und dessen Wirkung auf den 5-Hydroxytryptamin- und Noradrenalin-Gehalt der Gewebe. Helv. physiol. pharmacol. Acta 18, 10—16 (1960).
SCHWEITZER, A., and S. WRIGHT: The action of adrenaline on the knee jerk. J. Physiol. (Lond.) 88, 476—491 (1937).
SCOTT, J. C., L. J. FINKELSTEIN, and J. J. SPITZER: Myocardial removal of free fatty acids under normal and pathological conditions. Amer. J. Physiol. 203, 482—486 (1962).
SEDVALL, G.: Noradrenaline storage in skeletal muscle. Acta physiol. scand. 60, 39—50 (1964a).
— Short term effects of reserpine on noradrenaline levels in skeletal muscle. Acta physiol. scand. 62, 101—108 (1964b).
—, and J. THORSON: The effect of nerve stimulation on the release of noradrenaline from a reserpine resistant transmitter pool in skeletal muscle. Biochem. Pharmacol. 12 (Suppl.), 65—66 (1963).
SEGAL, H. L., and L. A. MOLOGNE: Enzymatic sulfurylation of tyrosine derivatives. J. biol. Chem. 234, 909—911 (1959).
SEIDEN, L. S., and A. CARLSSON: Temporal and partial antagonism by l-Dopa of reserpine induced suppression of a conditioned avoidance response. Psychopharmacologia (Berl.) 4, 418—423 (1963).
— — Brain and heart catecholamine levels after l-dopa administration in reserpine treated mice: Correlations with a conditioned avoidance response. Psychopharmacologia (Berl.) 5, 178—181 (1964).
SEITELBERGER, F., H. PETSCHE, H. BERNHEIMER u. O. HORNYKIEWICZ: Verhalten des Dopamins (3-Hydroxytyramin) im Nucleus caudatus nach elektrischer Koagulation des Globus pallidus. Naturwissenschaften 51, 314—315 (1964).
SEKERIS, C. E.: Zum Tyrosinstoffwechsel der Insekten. XII. Reinigung, Eigenschaften und Substratspezifität der Dopa-Decarboxylase. Hoppe-Seylers Z. physiol. Chem. 332, 70—78 (1963).
— Action of ecdysone on RNA and protein metabolism in the blowfly, calliphora erythrocephala. In: Mechanisms of hormone action, ed. P. KARLSON, p. 149—167. Stuttgart: Georg Thieme 1965.
—, u. P. HERRLICH: Nachweis von N-Acetyl-Dopamin bei einem Fall von Phäochromocytom. Hoppe-Seylers Z. physiol. Chem. 331, 289—291 (1963).
— — Vorkommen der Arylamin-Transacetylase im Säugetierorganismus. Hoppe-Seylers Z. physiol. Chem. 336, 130—131 (1964).
SEKIYA, A., and E. M. V. WILLIAMS: The effects of pronethalol, dichlorisoprenaline and disopyramide on the toxicity to the heart of ouabain and anaesthetics. Brit. J. Pharmacol. 21, 462—472 (1963a).
— — A comparison of the antifibrillatory actions and effects on intracellular cardiac potentials of pronethalol, disopyramide and quinidine. Brit. J. Pharmacol. 21, 473—481 (1963b).
SELIKOFF, I. J., E. H. ROBITZEK, and G. G. ORNSTEIN: Withdrawal symptoms upon discontinuance of iproniazid and isoniazid therapy. Amer. Rev. Tuberc. 67, 212—216 (1953).

SELKURT, E. E.: Der Nierenkreislauf. Klin. Wschr. 33, 359—362 (1955).
SELLERS, E. A., J. W. SCOTT, and N. THOMAS: Electrical activity of skeletal muscle of normal and acclimatized rats on exposure to cold. Amer. J. Physiol. 177, 372—376 (1954).
SELYE, H., R. VEILLEUX, and M. CANTIN: Excessive stimulation of salivary gland growth by isoproterenol. Science 133, 44—45 (1961a).
— M. CANTIN, and R. VEILLEUX: Abnormal growth and sclerosis of the salivary glands induced by chronic treatment with isoproterenol. Growth 25, 243—248 (1961b).
SEN, N. P., and P. L. McGEER: 4-Methoxyphenylethylamine and 3,4-dimethoxyphenylethylamine in human urine. Biochem. biophys. Res. Commun. 14, 227—232 (1964).
SENOH, S., J. DALY, J. AXELROD, and B. WITKOP: Enzymatic p-O-methylation by catechol-O-methyltransferase. J. Amer. chem. Soc. 81, 6240—6245 (1959a).
— B. WITKOP, C. R. CREVELING, and S. UDENFRIEND: 2,4,5-Trihydroxyphenylethylamine, a new metabolite of 3,4-dihydroxyphenethylamine. J. Amer. chem. Soc. 81, 1768—1769 (1959b).
— Y. TOKUYAMA, and B. WITKOP: The role of cations in non-enzymatic and enzymatic O-methylations of catechol derivatives. J. Amer. chem. Soc. 84, 1719—1724 (1962).
SENSENBACH, W., L. MADISON, and L. OCHS: A comparison of the effects of l-nor-epinephrine, synthetic l-epinephrine, and U.S.P. epinephrine upon cerebral blood flow and metabolism in man. J. clin. Invest. 32, 226—232 (1953).
SERIN, F.: Influence of dibenamine and piperidino-methylbenzodioxane (933 F) upon the effect of l-adrenaline and l-noradrenaline on the isolated rat heart. Acta physiol. scand. 26, 299—311 (1952).
SETNIKAR, I., M. SALVATERRA, and O. TEMELCOU: Antiphlogistic activity of iproniazid. Brit. J. Pharmacol. 14, 484—487 (1959).
SHADLE, O. W., J. C. MOORE, and D. M. BILLIG: Effect of l-arterenol infusion on "central blood volume" in the dog. Circulat. Res. 3, 385—389 (1955).
SHAFRIR, E., and D. STEINBERG: The essential role of the adrenal cortex in the response of plasma free fatty acids, cholesterol, and phospholipids to epinephrine injection. J. clin. Invest. 39, 310—319 (1960).
— K. E. SUSSMAN, and D. STEINBERG: Role of pituitary and the adrenal in the mobilization of free fatty acids and lipoproteins. J. Lipid Res. 1, 459—465 (1960).
SHANAHAN, E. F.: The use of noradrenaline in acute hypotension in surgical cases. Brit. J. Anaesth. 27, 31—39 (1955).
SHARMA, K. N., B. K. ANAND, S. DUA, and B. SINGH: Role of stomach in regulation of activities of hypothalamic feeding centers. Amer. J. Physiol. 201, 593—602 (1961).
SHAW, K. N. F., A. McMILLAN, and M. D. ARMSTRONG: The metabolism of 3,4-dihydroxyphenylalanine. J. biol. Chem. 226, 255—266 (1957).
SHELDON, H.: Diskussionsbemerkung in "Fat as a tissue", eds. K. RODAHL and B. ISSEKUTZ jr. New York-Toronto-London: McGraw-Hill Book Co. 1964.
SHEPERD, D. M., and G. B. WEST: Noradrenaline and the suprarenal medulla. Brit. J. Pharmacol. 6, 665—674 (1951).
— — Noradrenaline and accessory chromaffin tissue. Nature (Lond.) 170, 42—43 (1952).
— — Hydroxytyramine and the adrenal medulla. J. Physiol. (Lond.) 120, 15—19 (1953).
SHEPPARD, H., and J. ZIMMERMANN: Effect of guanethidine (SU 5864) on tissue catecholamines. Pharmacologist 1, 69 (1959).
SHERWOOD, S. L.: The response of psychotic patients to intraventricular injections. Proc. roy. Soc. B 48, 855—863 (1955).
SHETH, U. K., and H. L. BORISON: Central pyrogenic action of salmonella typhosa lysopolysaccharide injected into the lateral cerebral ventricle in cats. J. Pharmacol. exp. Ther. 130, 411—417 (1960).
SHIMIDZU, K.: Versuche über die Steigerung der Adrenalinempfindlichkeit sympathisch innervierter Organe. Naunyn-Schmiedebergs Arch. exp. Path. Pharmak. 104, 254—264 (1924).

Shore, P. A.: Release of serotonin and catecholamines by drugs. Pharmacol. Rev. **14**, 531—550 (1962).
—, and B. B. Brodie: LSD-like effects elicited by reserpine in rabbits pretreated with iproniazid. Proc. Soc. exp. Biol. (N.Y.) **94**, 433—435 (1957).
—, and D. Busfield: The effect of desmethylimipramine on reserpine and insulin-induced release of gastric histamine and adrenal catecholamines. Life Sci. **3**, 361—366 (1964).
—, and V. H. Cohn jr.: Comparative effects of monoamine oxidase inhibitors on monoamine oxidase and diamine oxidase. Biochem. Pharmacol. **5**, 91—95 (1960/61).
—, and J. S. Olin: Identification and chemical assay of norepinephrine in brain and other tissues. J. Pharmacol. exp. Ther. **122**, 295—300 (1958).
— S. L. Silver, and B. B. Brodie: Interaction of serotonin and lysergic acid diethylamide (LSD.) in the central nervous system. Experientia (Basel) **11**, 272—273 (1955).
— A. Pletscher, E. G. Tomich, R. Kuntzman, and B. B. Brodie: Release of blood platelet serotonin by reserpine and lack of effect on bleeding time. J. Pharmacol. exp. Ther. **117**, 232—236 (1956).
— — — A. Carlsson, R. Kuntzman, and B. B. Brodie: Role of brain serotonin in reserpine action. Ann. N.Y. Acad. Sci. **66**, 609—615 (1957).
— V. H. Cohn jr., B. Highman, and H. M. Maling: Distribution of norepinephrine in the heart. Nature (Lond.) **181**, 848—849 (1958).
— D. Busfield, and H. S. Alpers: Binding and release of metaraminol: mechanism of norepinephrine depletion by α-methyl-m-tyrosine and related agents. J. Pharmacol. exp. Ther. **146**, 194—199 (1964).
Shull, K. H.: Hepatic phosphorylase and adenosine triphosphate levels in ethionine-treated rats. J. biol. Chem. **237**, PC 1734—1735 (1962).
Sidman, R. L., and D. W. Fawcett: The effect of peripheral nerve section on some metabolic responses of brown adipose tissue in mice. Anat. Rec. **118**, 487—501 (1954).
— M. Perkins, and N. Weiner: Noradrenaline and adrenaline content of adipose tissue. Nature (Lond.) **193**, 36—37 (1962).
Siedek, H., R. Wenger und E. Wick: Vergleichende Kreislaufuntersuchungen (mit Herzkatheter und physikalischen Methoden) bei Arterenoleinwirkung. Z. Kreisl.-Forsch. **40**, 648—656 (1951).
Siegel, J. N., J. P. Gilmore, and S. J. Sarnoff: Myocardial extraction and production of catechol amines. Circulat. Res. **9**, 1336—1350 (1961).
Siegmund, O. H., H. R. Granger, and A. M. Lands: The bronchodilator action of compounds structurally related to epinephrine. J. Pharmacol. exp. Ther. **90**, 254—259 (1947).
— N. Beglin, and A. M. Lands: The bronchodilator activity of some analogs of N-isopropylarterenol (isuprel) J. Pharmacol. exp. Ther. **97**, 14—18 (1949).
Sigg, E. B.: Pharmacological studies with tofranil. Canad. psychiat. Ass. J. **4**, 75—85 (1959).
— S. Ochs, and R. W. Gerard: Effects of the medullary hormones on the somatic nervous system in the rat. Amer. J. Physiol. **183**, 419—426 (1955).
— G. Caprio, and J. A. Schneider: Synergism of amines and antagonism of reserpine to morphine analgesia. Proc. Soc. exp. Biol. (N.Y.) **97**, 97—100 (1958).
— L. Gyermek, and L. Soffer: Comparison of some pharmacological properties of imipramine, amitriptyline, promazine and their desmethyl derivates. Pharmacologist **3**, 75 (1961).
— L. Soffer, and L. Gyermek: Influence of imipramine and related psychoactive agents on the effect of 5-hydroxytryptamine and catecholamines on the cat nictitating membrane. J. Pharmacol. exp. Ther. **142**, 13—20 (1963).
Silver, M.: The output of adrenaline and noradrenaline from the adrenal medulla of the calf. J. Physiol. (Lond.) **152**, 14—29 (1960).
Silvermann, A. J., and S. I. Cohen: Affect and vascular correlates to catecholamines. Psychiat. Res. Rep. Amer. psychiat. Ass. **12**, 16—30 (1960).

SIMAAN, J., and G. FAWAZ: The chronotropic actions of guanethidine and reserpine on the isolated dog heart. Naunyn-Schmiedebergs Arch. exp. Path. Pharmak. 247, 452—455 (1964).
SIMON, E., W. RAUTENBERG u. R. THAUER: Kältezittern unter äußerer und innerer Kältebelastung beim Hund in leichter Narkose. Pflügers Arch. ges. Physiol. 277, 214—230 (1963).
SJOERDSMA, A.: Catecholamine metabolism in patients with pheochromocytoma. Pharmacol. Rev. 11, 374—378 (1959).
— Relationships between alterations in amine metabolism and blood pressure. Circulat. Res. 9, 734—745 (1961).
— L. C. LEEPER, and S. UDENFRIEND: Catecholamine biosynthesis in patients with pheochromocytoma. Fed. Proc. 16, 336 (1957).
— L. A. GILLESPIE jr., and S. UDENFRIEND: A simple method for the measurement of monoamine-oxidase inhibition in man. Lancet 1958 II, 159—160.
— L. C. LEEPER, L. L. TERRY, and S. UDENFRIEND: Studies on the biogenesis and metabolism of norepinephrine in patients with pheochromocytoma. J. clin. Invest 38, 31—38 (1959a).
— W. LOVENBERG, J. A. OATES, C. R. CROUT, and S. UDENFRIEND: Alterations in the pattern of amine excretion in man produced by a monoamine oxidase inhibitor. Science 130, 225 (1959b).
— A. VENDSALU, and K. ENGELMANN: Studies on the metabolism and mechanism of action of methyldopa. Circulation 28, 492—502 (1963).
SJÖSTRAND, F. S., u. R. WETZSTEIN: Elektronenmikroskopische Untersuchungen der phäochromen (chromaffinen) Granula in den Markzellen der Nebenniere. Experientia (Basel) 12, 196—199 (1956).
SJÖSTRAND, N. O.: Inhibition by ganglionic agents of the motor response of the isolated guinea-pig vas deferens to hypogastric nerve stimulation. Acta physiol. scand. 54, 306—315 (1962a).
— Effect of reserpine and hypogastric denervation on the noradrenaline content of the vas deferens and the seminal vesicle of the guinea-pig. Acta physiol. scand. 56, 376—380 (1962b).
— The adrenergic innervation of the vas deferens and the accessory male genital glands. Acta physiol. scand. 65, Suppl. 257, 1—82 (1965).
SJÖSTRAND, T.: Volume and distribution of blood and their significance in regulating the circulation. Physiol. Rev. 33, 202—228 (1953).
SKOGLUND, C. R.: Influence of noradrenaline on spinal interneuron activity. Acta physiol. scand. 51, 142—149 (1961).
SLATER, I. H., and P. E. DRESEL: The pressor effect of histamine after autonomic ganglionic blockade. J. Pharmacol. exp. Ther. 105, 101—107 (1952).
—, and C. E. POWELL: Some aspects of blockade of inhibitory adrenergic receptors or adrenoceptive sites. Pharmacol. Rev. 11, 462—463 (1959).
SLETZINGER, M., J. M. CHEMERDA, and F. W. BOLLINGER: Potent decarboxylase inhibitors. Analogs of methyldopa. J. med. Chem. 6, 101—103 (1963).
SLOTTA, K. H., u. J. MÜLLER: Über den Abbau des Mescalins und mescalinähnlicher Stoffe im Organismus. Hoppe-Seylers Z. physiol. Chem. 238, 14—22 (1936).
SMITH, A. A., and S. B. WORTIS: Formation and metabolism of N-acetylnormetanephrine in the rat. Biochim. biophys. Acta (Amst.) 60, 420—422 (1962).
— M. FABRYKANT, S. GITLOW, and S. B. WORTIS: Metabolism of d,l-norepinephrine-7-$^3$H in the guinea pig treated with tolbutamide. Nature (Lond.) 193, 577—578 (1962).
— — M. KAPLAN, and J. GAVITT: Dehydroxylation of some catecholamines and their products. Biochim. biophys. Acta (Amst.) 86, 429—437 (1964).
SMITH, B.: Monoamine oxidase in the pineal gland, neurohypophysis and brain of the albino rat. J. Anat. (Lond.) 97, 81—86 (1963).

SMITH, C. B.: Enhancement by reserpine and α-methyl dopa of the effects of d-amphetamine upon the locomotor activity of mice. J. Pharmacol. exp. Ther. **142**, 343—350 (1963a).
— Effect of pretreatment with pargyline (Mo 911) and α-methyldopa on the rate-increasing response of isolated guinea-pig atria to tyramine and d-amphetamine. Fed. Proc. **24**, 515 (1965).
SMITH, CH.: The origin and development of the carotid body. Amer. J. Anat. **34**, 87—131 (1924/25).
SMITH, D. M., R. M. PAUL, E. G. MCGEER, and P. L. MCGEER: A general chromatographic survey of aromatic compounds obtained from urine. Canad. J. Biochem. **37**, 1493—1515 (1959).
SMITH, E.: The effect of norepinephrine infusions upon some responses of reserpine-treated spinal cats to tyramine. J. Pharmacol. exp. Ther. **139**, 321—329 (1963b).
SMITH, M. I.: The action of the autonomic drugs on the surviving stomach. A study on the innervation of the stomach. Amer. J. Physiol. **46**, 232—243 (1918).
SMITH, S. E.: Action of α-methyldopa on brain and intestinal 5-hydroxytryptamine in mice. J. Physiol. (Lond.) **148**, 18—19 P (1959).
— The pharmacological actions of 3,4-dihydroxyphenyl-α-methylalanine (α-methyldopa), an inhibitor of 5-hydroxytryptophan decarboxylase. Brit. J. Pharmacol. **15**, 319—327 (1960).
SMITTEN, N. A.: Cytological analysis of catecholamine synthesis in the ontogenesis of vertebrates and problems of melanogenesis. Gen. comp. Endocr. **3**, 362—377 (1963).
SMYTHE, CH. MCC., J. F. NICKEL, and S. E. BRADLEY: The effect of epinephrine (USP), l-epinephrine and l-norepinephrine on glomerular filtration rate, renal plasma flow, and the urinary excretion of sodium, potassium and water in normal man. J. clin. Invest. **31**, 499—506 (1952).
SMYTHIES, J. R.: Biochemical concepts of schizophrenia. Lancet **1958 II**, 308—313.
— Recent advances in the biochemistry of psychosis. Lancet **1960 I**, 1287—1289.
—, and C. K. LEVY: The comparative psychopharmacology of some mescaline analogues. J. ment. Sci. **106**, 531—536 (1960).
SNYDER, F. H., and W. OBERST: Metabolic studies on β-cyclohexylethylamines. J. Pharmacol. exp. Ther. **87**, 389—391 (1946).
— H. GOETZE, and F. W. OBERST: Metabolic studies on derivatives of β-phenylethylamine. J. Pharmacol. exp. Ther. **86**, 145—150 (1946).
SOKOLOFF, L.: The action of drugs on the cerebral circulation. Pharmacol. Rev. **11**, 1—85 (1959).
SOMANI, P., and B. K. B. LUM: The antiarrhythmic actions of β-adrenergic blocking agents. J. Pharmacol. exp. Ther. **147**, 194—204 (1965).
SONNENBLICK, E. H.: Force-velocity relations in mammalian heart muscle. Amer. J. Physiol. **202**, 931—939 (1962).
SOSKIN, S.: The blood sugar: its origin, regulation and utilization. Physiol. Rev. **21**, 140—193 (1941).
SOURKES, T. L.: Inhibition of dihydroxyphenylalanine decarboxylase by derivatives of phenylalanine. Arch. Biochem. **51**, 444—456 (1954).
— Substrate specificity of hydroxy-l-phenylalanine decarboxylases and related enzymes. Rev. canad. Biol. **14**, 49—63 (1955).
— Formation of dopamine in vivo: relation to the function of the basal ganglia. Rev. canad. Biol. **20**, 187—196 (1961).
— Cerebral and other diseases with disturbance of amine metabolism. In: Progress in brain research, vol. 8, Biogenic Amines. eds.: H. E. HIMWICH and W. À. HIMWICH, p. 186—200. Amsterdam-London-New York: Elsevier Publ. Co. 1964.
—, and L. POIRIER: Influence of substantia nigra on the concentration of 5-hydroxytryptamine and dopamine of the striatum. Nature (Lond.) **207**, 202—203 (1965).

SOURKES, T. L., G. F. MURPHY, B. CHAVEZ, and M. ZIELINSKA: The action of some α-methyl- and other amino acids on cerebral catecholamines. J. Neurochem. 8, 109—115 (1961).
— R. L. DENTON, G. F. MURPHY, B. CHAVEZ, and S. SAINT CYR: The excretion of dihydroxyphenylalanine, dopamine, and dihydroxyphenylacetic acid in neuroblastoma. Pediatrics 31, 660—668 (1963).
— M. H. WISEMANN-DISTLER, J. F. MORAN, G. F. MURPHY, and S. SAINT CYR: Comparative metabolism of d- and l-3,4-dihydroxyphenylalanine in normal and pyridoxine deficient rats. Biochem. J. 93, 469—474 (1964).
SPECTOR, S.: Monoamine oxidase in control of brain serotonin and norepinephrine content. Ann. N.Y. Acad. Sci. 107, 856—864 (1963).
— D. PROCKOP, P. A. SHORE, and B. B. BRODIE: Effect of iproniazid on brain levels of norepinephrine and serotonin. Science 127, 704 (1958).
— P. A. SHORE, and B. B. BRODIE: Biochemical and pharmacological effect of the monoamine oxidase inhibitors, iproniazid, 1-phenyl-2-hydrazinopropane (JB 516) and 1-phenyl-3-hydrazinobutane (JB 835). J. Pharmacol. exp. Ther. 128, 15—21 (1960a).
— — — On the reported inhibition of monoamine oxidase by an agent with sedative properties. Science 132, 735 (1960b).
— C. W. HIRSCH, and B. B. BRODIE: Association of behavioral effects of pargyline, a non-hydrazide MAO inhibitor with increase in brain norepinephrine. Int. J. Neuropharmacol. 2, 81—93 (1963a).
— K. MELMON, W. LOVENBERG, and A. SJOERDSMA: The presence and distribution of tyramine in mammalian tissues. J. Pharmacol. exp. Ther. 140, 229—235 (1963b).
— A. SJOERDSMA, P. ZALTZMAN-NIRENBERG, M. LEVITT, and S. UDENFRIEND: Norepinephrine synthesis from tyrosine-$C^{14}$ in isolated perfused guinea pig heart. Science 139, 1299—1301 (1963c).
— —, and S. UDENFRIEND: Blockade of endogenous norepinephrine synthesis by α-methyl-tyrosine, an inhibitor of tyrosine hydroxylase. J. Pharmacol. exp. Ther. 147, 86—95 (1965).
SPECTOR, W. G., and D. A. WILLOUGHBY: Suppression of increased capillary permeability in injury by monoamine oxidase inhibitors. Nature (Lond.) 186, 162—163 (1960).
SPENCER, M. P.: The renal vascular response to vasodepressor sympathomimetics. J. Pharmacol. exp. Ther. 116, 237—244 (1956).
SPENGLER, J.: Methoden zur Prüfung anorexigener Substanzen. Z. Vitaminforsch. 29, 121—124 (1958).
— Potenzierung der anorexigenen und psychomotorischen Wirkung von d-Amphetamin durch die Monoaminoxydasehemmer Iproniazid und Pivaloylbenzylhydrazin. Naunyn-Schmiedebergs Arch. exp. Path. Pharmak. 244, 153—160 (1962).
—, u. P. WASER: Der Einfluß verschiedener Pharmaka auf den Futterkonsum von Albino-Ratten im akuten Versuch. Naunyn-Schmiedebergs Arch. exp. Path. Pharmak. 237, 171—185 (1959).
SPINK, W. W., and J. VICK: Evaluation of plasma, metaraminol, and hydrocortisone in experimental endotoxin shock. Circulat. Res. 9, 184—188 (1961).
SPITZER, J. J., and M. GOLD: Free fatty acid metabolism by skeletal muscle. Amer. J. Physiol. 206, 159—164 (1964).
SPURR, G. B., E. A. FARRAND, and S. M. HORVATH: Effect of chlorpromazine on survival from hemorrhagic shock. Amer. J. Physiol. 185, 499—504 (1956).
STAFFORD, A.: Potentiation of some catechol amines by phenoxybenzamine, guanethidine and cocaine. Brit. J. Pharmacol. 21, 361—367 (1963).
STAM jr., A. C., and C. R. HONIG: Interaction of catecholamines and cardiac relaxing substance. Biochim. biophys. Acta (Amst.) 58, 139—140 (1962).
STARR, I., C. J. GAMBLE, A. MARGOLIES, J. S. DONA jr., N. JOSEPH, and E. EAGLE: A clinical study of the action of 10 commonly used drugs on cardiac output, work and size; on respiration, on metabolic rate and on the electrocardiogram. J. clin. Invest. 16, 799—823 (1937).

STAUB, H.: Zum Wirkungsmechanismus des Adrenalins. Schweiz. med. Wschr. 76, 818—820 (1946).
STAUBESAND, J.: Funktionelle Morphologie der Arterien, Venen und arterio-venösen Anastomosen. In: Angiologie, Hrsg. M. RATSCHOW, S. 23—72. Stuttgart: Georg Thieme 1959.
— Experimentelle elektronenmikroskopische Untersuchungen zum Phänomen der Membranvesikulation (Pinocytose). Klin. Wschr. 38, 1248—1249 (1960).
— Versorgungs- und Regulationssysteme der Gefäßwand mit besonderer Berücksichtigung des transintimalen Stoffeinstroms. In: Klinik und Therapie der Kollapszustände, Hrsg. R. DUESBERG und H. SPITZBARTH, S. 5—14. Stuttgart: F. K. Schattauer 1963.
STEG, G.: The function of muscle spindles in spasticity and rigidity. Acta neurol. scand. 38, Suppl. 3, 53—59 (1962).
— α-Rigidity in reserpinized rats. Experientia (Basel) 20, 79 (1964a).
— Efferent muscle innervation and rigidity. Acta physiol. scand. 61, Suppl. 225, 1—53 (1964b).
STEHLE, R. L., and H. C. ELLSWORTH: Dihydroxyphenyl ethanolamine (arterenol) as a possible sympathetic hormone. J. Pharmacol. exp. Ther. 59, 114—121 (1937).
— K. I. MELVILLE, and F. K. OLDHAM: Choline as a factor in the elaboration of adrenaline. J. Pharmacol. exp. Ther. 56, 473—481 (1936).
STEINBERG, D.: Fatty acid mobilization — mechanisms of regulation and metabolic consequences. In: The control of lipid metabolism. Biochemical Society Symposia, vol. 24, ed. J. K. GRANT, p. 111—138. London and New York: Academic Press. 1963.
—, and M. VAUGHAN: Metabolic and hormonal regulation of the mobilization of fatty acids from adipose tissue. Proc. 5th Internat. Congr. Biochem. Moskau 7, 162—190 (1961).
— — P. J. NESTEL, and S. BERGSTRÖM: Effects of prostaglandin E opposing those of catecholamines on blood pressure and on triglyceride breakdown in adipose tissue. Biochem. Pharmacol. 12, 764—766 (1963).
— P. J. NESTEL, E. R. BUSKIRK, and R. H. THOMPSON: Calorigenic effect of norepinephrine correlated with plasma free fatty acid turnover and oxidation. J. clin. Invest. 43, 167—176 (1964a).
— M. VAUGHAN, P. J. NESTEL, O. STRAND, and S. BERGSTRÖM: Effects of the prostaglandins on hormone-induced mobilization of free fatty acids. J. clin. Invest. 43, 1533—1540 (1964b).
STEINER, W. G., and H. E. HIMWICH: An electroencephalographic study of the blocking action of selected tranquilizers as a function of terminal methyl amine group. Biochem. Pharmacol. 12, 687—691 (1963).
STEPHENS, A. J.: Two cases of phaeochromocytoma in one practice in one year. Lancet 1961 I, 901—903.
STEPHENSON, R. P.: A modification of receptor theory. Brit. J. Pharmacol. 11, 379—393 (1956).
STEVENSON, I. H., and G. J. DUTTON: Glucuronide synthesis in kidney and gastrointestinal tract. Biochem. J. 82, 330—340 (1962).
STEWART, G. N., and J. M. ROGOFF: The spontaneous liberation of epinephrin from the adrenals. J. Pharmacol. exp. Ther. 8, 479—524 (1916).
— — The action of drugs on the output of epinephrin from the adrenals. J. Pharmacol. exp. Ther. 19, 59—85 (1922a).
— — The influence of muscular exercise on normal cats compared with cats deprived of the greater part of the adrenals, with special reference to body temperature, pulse and respiratory frequency. J. Pharmacol. exp. Ther. 19, 87—95 (1922b).
— — The influence of morphine on normal cats and on cats deprived of the greater part of the adrenals, with special reference to body temperature, pulse and respiratory frequency and blood sugar content. J. Pharmacol. exp. Ther. 19, 97—130 (1922c).
— — Morphine hyperglycemia and the adrenals. Amer. J. Physiol. 62, 93—112 (1922d).

STEWART, I., and T. A. WHEATON: 1-Octopamine in citrus: isolation and identification. Science 145, 60—61 (1964).
STILLING, H.: Die chromaffinen Zellen und Körperchen des Sympathicus. Anat. Anz. 15, 229—233 (1899).
STJÄRNE, L.: Tyramine effects on catechol amine release from spleen and adrenals in the cat. Acta physiol. scand. 51, 224—229 (1961).
— Studies of catecholamine uptake storage and release mechanisms. Acta physiol. scand. 62, Suppl. 228, 1—97 (1964).
—, and S. SCHAPIRO: Effects of reserpine on secretion from the adrenal medulla. Nature (Lond.) 182, 1450 (1958).
— — Effects of reserpine on secretion from the denervated adrenal medulla. Nature (Lond.) 184, 2023—2024 (1959).
— U. S. v. EULER, and F. LISHAJKO: Catecholamines and nucleotides in phaeochromocytoma. Biochem. Pharmacol. 13, 809—818 (1964).
STOCK, K., and E. WESTERMANN: Concentration of norepinephrine, serotonin and histamine, and amine-metabolizing enzymes in mammalian adipose tissue. J. Lipid Res. 4, 297—304 (1963).
— — Effect of α-methyldopa and α-methyl-m-tyrosine on the mobilization of free fatty acids. Experientia (Basel) 20, 495—496 (1964).
— — Über die Bedeutung des Noradrenalingehaltes im Fettgewebe für die Mobilisierung unveresterter Fettsäuren. Naunyn-Schmiedebergs Arch. exp. Path. Pharmak. 251, 465—487 (1965a).
— — Effect of adrenergic blockade and nicotinic acid on the mobilization of free fatty acids. Life Sci. 4, 1115—1124 (1965b).
— — Über die lipolytische Wirkung von natürlichem und synthetischem adrenocorticotropem Hormon (ACTH). Naunyn-Schmiedebergs Arch. exp. Path. Pharmak. 251, 488—502 (1965c).
STOERK, O., u. H. v. HABERER: Beitrag zur Morphologie des Nebennierenmarkes. Arch. mikr. Anat. 72, 481—496 (1908).
STOLZ, F.: Über Adrenalin und Alkylaminoacetobrenzkatechin. Ber. dtsch. chem. Ges. 37, 4149—4154 (1904).
STONE, C. A., C. A. ROSS, H. C. WENGER, C. T. LUDDEN, J. A. BLESSING, J. A. TOTARO, and C. C. PORTER: Effect of α-methyl-3,4-dihydroxyphenylalanine (methyldopa), reserpine and related agents on some vascular responses in the dog. J. Pharmacol. exp. Ther. 136, 80—88 (1962).
— C. C. PORTER, and V. G. VERNIER: Some autonomic properties of amimethyline, a new antidepressant. Fed. Proc. 22, 627 (1963a).
— J. M. STAVORSKI, C. T. LUDDEN, H. C. WENGER, C. A. ROSS, J. A. TOTARO, and C. C. PORTER: Comparison of some pharmacologic effects of certain 6-substituted dopamine derivatives with reserpine, guanethidine and metaraminol. J. Pharmacol. exp. Ther. 142, 147—156 (1963b).
— C. C. PORTER, J. M. STAVORSKI, C. T. LUDDEN, and J. M. TOTARO: Antagonism of certain effects of catecholamine-depleting agents by antidepressant and related drugs. J. Pharmacol. exp. Ther. 144, 196—204 (1964).
STONE, M. L., S. J. PILIERO, H. HAMMER, and A. PORTNOY: Epinephrine and norepinephrine in pregnancy. Obstet. and Gynec. 16, 674—678 (1960).
STOWE jr., F. R., and A. T. MILLER jr.: The effect of amphetamine on food intake in rats with hypothalamic hyperphagia. Experientia (Basel) 13, 114—115 (1957).
STRAND, O., M. VAUGHAN, and D. STEINBERG: Rat adipose tissue lipases: hormone-sensitive lipase activity against triglycerides compared with activity against lower glycerides. J. Lipid Res. 5, 554—562 (1964).
STRÖMBLAD, B. C. R.: Supersensitivity and amine oxidase activity in denervated salivary glands. Acta physiol. scand. 36, 137—153 (1956).

STRÖMBLAD, B. C. R.: Observations on amine oxidase in human salivary glands. J. Physiol. (Lond.) **147**, 639—643 (1959).
— Effect of denervation and of cocaine on the action of sympathomimetic amines. Brit. J. Pharmacol. **15**, 328—332 (1960a).
— Adrenaline-noradrenaline content of the submaxillary gland of the cat. Experientia (Basel) **16**, 417—418 (1960b).
—, and M. NICKERSON: Accumulation of epinephrine and norepinephrine by some rat tissues. J. Pharmacol. exp. Ther. **134**, 154—159 (1961).
STROMINGER, J. L., and J. R. BROBECK: A mechanism of regulation of food intake. Yale J. Biol. Med. **25**, 383—390 (1953).
STUDNITZ, W. v.: Methodische und klinische Untersuchungen über die Ausscheidung der 3-Methoxy-4-hydroxymandelsäure im Urin. Scand. J. clin. Lab. Invest. **12**, Suppl. 48 (1960).
— Occurrence, isolation and identification of 3-methoxy-4-hydroxyphenylalanine. Clin. chim. Acta **6**, 526—530 (1961).
— Über die Ausscheidung der 3-Methoxy-4-hydroxy-phenylessigsäure (Homovanillinsäure) beim Neuroblastom und anderen neuralen Tumoren. Klin. Wschr. **40**, 163—167 (1962).
— Über das Vorkommen von Protocatechualdehyd im Urin. Clin. chim. Acta **10**, 565 (1964).
—, and A. HANSON: Determination of 3-methoxy-4-hydroxymandelic acid in urine by high-voltage paper electrophoresis. Scand. J. clin. Lab. Invest. **11**, 101—105 (1959).
— H. KÄSER, and A. SJOERDSMA: Spectrum of catechol amine biochemistry in patients with neuroblastoma. New Engl. J. Med. **269**, 232—235 (1963).
STUMPF, C.: Pharmakologie des ascendierenden reticulären Systems. Wien. klin. Wschr. **69**, 274—278, 298—303 (1957).
STURM jr., A.: Das Verhalten der Katecholamine bei Operationen mit Hilfe des extrakorporalen Kreislaufs. Klin. Wschr. **41**, 988—995 (1963).
SULSER, F., J. WATTS, and B. B. BRODIE: Antagonistic actions of imipramine (Tofranil) and reserpine on central nervous system. Fed. Proc. **19**, 268 (1960).
— — — On the mechanism of the antidepressant action of imipramine-like drugs. Ann. N.Y. Acad. Sci. **96**, 279—288 (1962).
SUNDIN, T.: The influence of body posture on the urinary excretion of adrenaline and noradrenaline. Acta med. scand. **154**, Suppl. 313, 1—57 (1956).
— The effect of body posture on the urinary excretion of adrenaline and noradrenaline. Acta med. scand. **161**, Suppl. 336, 1—59 (1958).
SUOMALAINEN, P., and V. J. UUSPÄÄ: Adrenaline/noradrenaline ratio in the adrenal glands of the hedgehog during summer activity and hibernation. Nature (Lond.) **182**, 1500—1501 (1958).
SURTSHIN, A., and J. HOELTZENBEIN: Effect of chronic denervation on response of renal vessels to epinephrine. Amer. J. Physiol. **171**, 169—173 (1952).
SUTHERLAND, E. W.: The effect of the hyperglycemic factor and epinephrine on enzyme systems of liver and muscle. Ann. N.Y. Acad. Sci. **54**, 693—706 (1951).
—, and C. F. CORI: Effect of hyperglycemic-glycogenolytic factor and epinephrine on liver phosphorylase. J. biol. Chem. **188**, 531—543 (1951).
—, and T. W. RALL: The properties of an adenine ribonucleotide produced with cellular particles, ATP, $Mg^{++}$, and epinephrine or glucagon. J. Amer. chem. Soc. **79**, 3608 (1957).
— — Fractionation and characterization of a cyclic adenine ribonucleotide formed by tissue particles. J. biol. Chem. **232**, 1077—1091 (1958).
— — The relation of adenosine-3′,5′-phosphate to the action of catechol amines. In: Adrenergic mechanisms. A Ciba foundation symposium, eds. J. R. VANE, G. E. W. WOLSTENHOLME and M. O'CONNOR, p. 295—304. London: J. & A. Churchill Ltd. 1960a.

SUTHERLAND, E. W., and T. W. RALL: The relation of adenosine-3',5'-phosphate and phosphorylase to the actions of catecholamines and other hormones. Pharmacol. Rev. 12, 265—299 (1960b).
— —, and T. MENON: Adenyl cyclase. I. Distribution, preparation and properties. J. biol. Chem. 237, 1220—1227 (1962).
SUTTON, G. C., A. KAPPERT, A. REAL, C. H. SKOGLUND, and G. NYLIN: Studies on l-norepinephrine; relation of dosage to pressor and bradycardia effect. J. Lab. clin. Invest. 36, 460—462 (1950).
SUZUKI, T., S. MATUMOTO, J. SASAKI, and S. NUNOKAWA: The effect of eserine upon accelerated adrenaline secretion caused by KCl. Tôhoku J. exp. Med. 54, 253—260 (1951).
SWAINE, C. R.: Effect of adrenergic blocking agents on tyramine-induced release of catecholamines from the cat heart. Proc. Soc. exp. Biol. (N.Y.) 112, 388—390 (1963).
SWAN, H. J. C.: Effect of noradrenaline on the human circulation. Lancet 1949 II, 508—510.
— Noradrenaline, adrenaline and the human circulation. Brit. med. J. 1952 I, 1003—1006.
SWANSON, E. E., F. A. STELDT, and K. K. CHEN: Further observations on the pressor action of optical isomers of sympathomimetic amines. J. Pharmacol. exp. Ther. 85, 70—73 (1945).
SWANSON, H. E.: The effect of temperature on the potentiation of adrenaline by thyroxine in the albino rat. Endocrinology 60, 205—213 (1957).
SWEENEY, D.: Dopamine: its occurrence in molluscan ganglia. Science 139, 1051 (1963).
SWINGLE, W. W., P. R. OVERMAN, J. W. REMINGTON, W. KLEINBERG, and W. J. EVERSOLE: Ineffectiveness of adrenal cortex preparations in the treatment of experimental shock in non-adrenalectomized dogs. Amer. J. Physiol. 139, 481—489 (1943).
SWINYARD, C. A.: The innervation of the suprarenal glands. Anat. Rec. 68, 417—429 (1937).
SZARA, S., J. AXELROD, and S. PERLIN: Is adrenochrom present in the blood? Amer. J. Psychiat. 115, 162—163 (1958).
SZENTÁGOTHAI, J.: The structure of the synapse in the lateral geniculate body. Acta anat. (Basel) 55, 166—185 (1963).
SZENT-GYÖRGYI, A.: Observations on the function of peroxidase systems and the chemistry of the adrenal cortex. Description of a new carbohydrate derivate. Biochem. J. 22, 1387—1409 (1928).
— Vitamin C, Adrenalin und Nebenniere. Dtsch. med. Wschr. 58, 852—854 (1932).
SZENTIVÁNYI, M., and A. JUHÁSZ-NAGY: A new aspect of the nervous control of the coronary blood vessels. Quart. J. exp. Physiol. 44, 67—79 (1959).
— — The physiological role of the coronary constrictor fibres. I. The effect of the coronary vasomotors on the systemic blood pressure. Quart. J. exp. Physiol. 48, 93—104 (1963a).
— — The physiological role of the coronary constrictor fibres. II. The role of coronary vasomotors in metabolic adaptation of the coronaries. Quart. J. exp. Physiol. 48, 105—118 (1963b).
—, u. E. KISS: Über die präganglionäre sympathische Innervation des Herzens. Acta physiol. Acad. Sci. hung. 10, 337—347 (1956).
SZYMONOWICZ, L.: Die Function der Nebenniere. Pflügers Arch. ges. Physiol. 64, 97—164 (1896).

TABOR, H.: Metabolic studies on histidine, histamine, and related imidazoles. Pharmacol. Rev. 6, 299—343 (1954).
—, and E. MOSETTIG: Isolation of acetyl-histamine from urine following oral administration of histamine. J. biol. Chem. 180, 703—706 (1949).
TAINTER, M. L.: The actions of tyramine on the circulation and smooth muscle. J. Pharmacol. exp. Ther. 30, 163—184 (1927).

Tainter, M. L.: Comparative effects of ephedrine and epinephrine on blood pressure, pulse and respiration with reference to their alteration by cocaine. J. Pharmacol. exp. Ther. 36, 569—594 (1929).
— Comparative actions of sympathomimetic compounds: The circulatory responses to isomeric propanolamines m-synephrine, hordenine, etc. Arch. int. Pharmacodyn. 42, 128—139 (1932).
—, and D. K. Chang: The antagonism of the pressor action of tyramine by cocaine. J. Pharmacol. exp. Ther. 30, 193—207 (1927).
— B. F. Tuller, and F. P. Luduena: Levo-arterenol. Science 107, 39—40 (1948).
Takamine, J.: Adrenalin, the active principle of the suprarenal glands and its mode of preparation. Amer. J. Pharm. 73, 523—535 (1901).
Takáts, I.: Über den sympathicolytischen Einfluß des Dichlorisoproterenols (DCI) am isolierten Katzensphincter. Albrecht v. Graefes Arch. Ophthal. 167, 474—482 (1964).
Takesada, M., Y. Kakimoto, I. Sano, and Z. Kaneko: 3,4-Dimethoxy-phenylethylamine and other amines in the urine of schizophrenic patients. Nature (Lond.) 199, 203—204 (1963).
Tanz, R. D.: The action of ouabain on cardiac muscle treated with reserpine and dichloroisoproterenol. J. Pharmacol. exp. Ther. 144, 205—213 (1964).
Taylor, J. N.: Distribution of injected adrenaline and noradrenaline in plasma and muscle of the rat. Amer. J. Physiol. 195, 663—669 (1958).
Tedeschi, D. H., and E. J. Fellows: Monoamine oxidase inhibitors: Augmentation of pressor effect of peroral tyramine. Science 144, 1225—1226 (1964).
— R. E. Tedeschi, and E. J. Fellows: In vivo monoamine oxidase inhibition measured by potentiation of tryptamine convulsions in rats. Proc. Soc. exp. Biol. (N.Y.) 103, 680—682 (1960).
Tedeschi, R. E., D. H. Tedeschi, L. Cook, P. A. Mattis, and E. J. Fellows: Some neuropharmacological observations on SKF trans 385 (2-phenylcyclopropylamine hydrochloride), a potent inhibitor of monoamine oxidase. Fed. Proc. 18, 451 (1959).
Teitelbaum, P., and P. Derks: The effect of amphetamine on forced drinking in the rat. J. comp. physiol. Psychol. 51, 801—810 (1958).
Thauer, R.: Wärmeregulation und Fieberfähigkeit nach operativen Eingriffen am Nervensystem homoiothermer Säugetiere. Pflügers Arch. ges. Physiol. 236, 102—147 (1935).
— Der nervöse Mechanismus der chemischen Temperaturregulation des Warmblüters. Naturwissenschaften 51, 73—80 (1964).
—, u. G. Peters: Wärmeregulation nach operativer Ausschaltung des „Wärmezentrums". Pflügers Arch. ges. Physiol. 239, 483—514 (1937).
Thesleff, S.: Supersensitivity of skeletal muscle produced by botulinum toxin. J. Physiol. (Lond.) 151, 598—607 (1960a).
— Effects of motor innervation on the chemical sensitivity of skeletal muscle. Physiol. Rev. 40, 734—752 (1960b).
Thibault, O.: Les facteurs hormonaux de la régulation chimique de la température des homéothermes. Rev. canad. Biol. 8, 3—131 (1949).
Thoenen, H., A. Hürlimann, and W. Haefely: Dual site of action of phenoxybenzamine in the cat's spleen. Blockade of α-adrenergic receptors and inhibition of re-uptake of neurally released norepinephrine. Experientia (Basel) 20, 272—273 (1964a).
— — — The effect of sympathetic nerve stimulation on volume, vascular resistance, and norepinephrine output in the isolated perfused spleen of the cat, and its modification by cocaine. J. Pharmacol. exp. Ther. 143, 57—63 (1964b).
— — — Mode of action of imipramine and 5-(3′-methylaminopropyliden)-dibenzo[a,e]cyclohepta[1.3.5]trien hydrochloride (RO 4—6011), a new antidepressant drug, on peripheral adrenergic mechanisms. J. Pharmacol. exp. Ther. 144, 405—414 (1964c).
Thomä, O., u. H. Wick: Über einige Tetrahydro-1,4-oxazine mit sympathicomimetischen Eigenschaften. Naunyn-Schmiedebergs Arch. exp. Path. Pharmak. 222, 540—554 (1954).

Thomas, H., u. W. Dirscherl: 4-Hydroxy-3-methoxy-phenylglyoxylsäure als Metabolit von Adrenalin und Noradrenalin. Hoppe-Seylers Z. physiol. Chem. **339**, 115—121 (1964).

Thomas jr., L. J.: Increase of labeled calcium uptake in heart muscle during potassium lack contracture. J. gen. Physiol. **43**, 1193—1206 (1960).

Thompson, J. W.: Studies on the responses of the isolated nictitating membrane of the cat. J. Physiol. (Lond.) **141**, 46—72 (1958).

Thurau, K., u. K. Kramer: Weitere Untersuchungen zur myogenen Natur der Autoregulation des Nierenkreislaufs. Aufhebung der Autoregulation durch muskulotrope Substanzen und druckpassives Verhalten des Glomerulusfiltrates. Pflügers Arch. ges. Physiol. **269**, 77—93 (1959).

Timms, A. R., E. Bueding, J. T. Hawkins, and J. Fisher: The effect of adrenaline on phosphorylase activity, glycogen content, and isotonic tension of intestinal smooth muscle (taenia coli) of the guinea-pig. Biochem. J. **84**, 80p (1962).

Tirella, F. F.: Intractable postinfarction shock complicated by pulmonary edema. Conn. med. J. **21**, 415—418 (1957).

Tiszai, A.: Iproniazid (Marsilid) bei der Behandlung der auf Reserpin nicht reagierenden benignen Hypertonie. Acta med. Acad. Sci. hung. **17**, 345—353 (1961).

Tobian, L.: Interrelationship of electrolytes, juxtaglomerular cells and hypertension. Physiol. Rev. **40**, 280—312 (1960).

Toldt, C.: Beiträge zur Histologie und Physiologie des Fettgewebes. Sitz.-Ber. Akad. Wiss. Wien, math.-nat. Kl. II. Abt., 445—467 (1870).

Torchiana, L. M., C. A. Stone, C. C. Porter, and L. M. Halpern: Effects of α-methyl-p-tyrosine on catecholamine depletion and cardiovascular responses. Fed. Proc. **24**, 265 (1965).

Tournade, A., et M. Chabrol: Effects des variations de la pression artérielle sur la sécrétion de l'adrénaline. C. R. Soc. Biol. (Paris) **93**, 934—936 (1925).

— — Intervention synergique des réactions adrénalino-sécrétoires et neuro-vasculaires dans la correction des troubles de la pression artérielle. C. R. Soc. Biol. (Paris) **94**, 1080—1081 (1926).

— — La suractivité adrénalino-sécrétoire compensatrice d'un déficit du tonus neuro-vasculaire. C. R. Soc. Biol. (Paris) **96**, 930 (1927).

Trautwein, W.: Elektrophysiologie der Herzmuskelfaser. Ergebn. Physiol. **51**, 131—198 (1961).

Trendelenburg, P.: Physiologische und pharmakologische Versuche über Dünndarmperistaltik. Naunyn-Schmiedebergs Arch. exp. Path. Pharmak. **81**, 55—129 (1917).

Trendelenburg, U.: The action of histamine and pilocarpine on the superior cervical ganglion and the adrenal glands of the cat. Brit. J. Pharmacol. **9**, 481—487 (1954).

— The potentiation of ganglionic transmission by histamine and pilocarpine. J. Physiol. (Lond.) **129**, 337—351 (1955).

— Modification of transmission through the superior cervical ganglion of the cat. J. Physiol. (Lond.) **132**, 529—541 (1956).

— The action of morphine on the superior cervical ganglion and on the nictitating membrane of the cat. Brit. J. Pharmacol. **12**, 79—85 (1957).

— The supersensitivity caused by cocaine. J. Pharmacol. exp. Ther. **125**, 55—65 (1959).

— Non-nicotinic ganglion-stimulating substances. Fed. Proc. **18**, 1001—1005 (1959a).

— The action of histamine and 5-hydroxytryptamine on isolated mammalian atria. J. Pharmacol. exp. Ther. **130**, 450—460 (1960).

— Modification of the effect of tyramine by various agents and procedures. J. Pharmacol. exp. Ther. **134**, 8—17 (1961).

— Supersensitivity and subsensitivity to sympathomimetic amines. Pharmacol. Rev. **15**, 225—276 (1963).

—, and J. R. Crout: The norepinephrine stores of isolated atria of guinea pigs, pretreated with reserpine. J. Pharmacol. exp. Ther. **145**, 151—161 (1964).

TRENDELENBURG, U., and J. S. GRAVENSTEIN: Effect of reserpine pretreatment on stimulation of the accelerans nerve of the dog. Science 128, 901—903 (1958).
—, and R. I. PFEFFER: Effect of infusions of sympathomimetic amines on the response of spinal cats to tyramine and to sympathetic stimulation. Naunyn-Schmiedebergs Arch. exp. Path. Pharmak. 248, 39—53 (1964).
—, and N. WEINER: Sensitivity of the nictitating membrane after various procedures and agents. J. Pharmacol. exp. Ther. 136, 152—161 (1962).
— A. MUSKUS, W. W. FLEMING, and B. GOMEZ ALONSO DE LA SIERRA: Effect of cocaine, denervation and decentralization on the response of the nictitating membrane to various sympathomimetic amines. J. Pharmacol. exp. Ther. 138, 170—180 (1962).
— B. GOMEZ ALONSO DE LA SIERRA, and A. MUSKUS: Modification by reserpine of the response of the atrial pacemaker to sympathomimetic amines. J. Pharmacol. exp. Ther. 141, 301—309 (1963).
TRIGGLE, D. J.: 2-Halogenoethylamines and receptor analysis. In: Advances in drug research, vol. 2, eds. N. J. HARPER and A. B. SIMMONDS, p. 173—189. London and New York: Academic Press 1965.
TRUITT jr., E. B., and E. M. EBERSBERGER: Decarboxylase inhibitors affect convulsion threshold to hexafluorodiethyl ether. Science 135, 105—106 (1962).
TRYER, J. H.: The actions of l-adrenaline and dl-noradrenaline on the pulmonary circulation of arteficially perfused sheep. Quart. J. exp. Physiol. 38, 169—172 (1953).
TSCHEBOKSAROFF, M.: Über sekretorische Nerven der Nebennieren. Pflügers Arch. ges. Physiol. 137, 59—122 (1911).
TUCKMANN, J., and F. A. FINNERTY jr.: Cardiac index during intravenous levarterenol infusion in man. Circulat. Res. 7, 988—999 (1959).
TUERKISCHER, E., and E. WERTHEIMER: The in vitro synthesis of glycogen in the diaphragms of normal and alloxan-diabetic rats. Biochem. J. 42, 603—609 (1948).
TULLAR, B. F.: The separation of l-arterenol from natural U.S.P. epinephrine. Science 109, 536—537 (1949).
TUM SUDEN, C., E. R. HART, R. LINDENBERG, and A. S. MARRAZZI: Pharmacological and anatomic indications of adrenergic neurons participating in synapses at parasympathetic ganglia (ciliary). J. Pharmacol. exp. Ther. 103, 364—365 (1951).

UDENFRIEND, S., and J. R. COOPER: The enzymatic conversion of phenylalanine to tyrosine. J. biol. Chem. 194, 503—511 (1952).
—, and C. R. CREVELING: Localization of dopamine-$\beta$-oxidase in brain. J. Neurochem. 4, 350—352 (1959).
—, and J. B. WYNGAARDEN: Precursors of adrenal epinephrine and norepinephrine in vivo. Biochim. biophys. Acta (Amst.) 20, 48—52 (1956).
—, and P. ZALTZMAN-NIRENBERG: On the mechanism of the norepinephrine release produced by $\alpha$-methyl-m-tyrosine. J. Pharmacol. exp. Ther. 138, 194—199 (1962).
— — On the mechanism of norepinephrine depletion by aramine. Life Sci. 3, 695—702 (1964).
— C. T. CLARK, J. AXELROD, and B. B. BRODIE: Ascorbic acid in aromatic hydroxylation. I. A model system for aromatic hydroxylation. J. biol. Chem. 208, 731—739 (1954).
— C. R. CREVELING, M. OZAKI, J. W. DALY, and B. WITKOP: Inhibitors of norepinephrine metabolism in vivo. Arch. Biochem. 84, 249—251 (1959).
— R. CONNAMACHER, and S. M. HESS: On the mechanism of release of norepinephrine by $\alpha$-methyl-m-tyrosine and $\alpha$-methyl-m-tyramine. Biochem. Pharmacol. 8, 419—424 (1961).
— P. ZALTZMAN-NIRENBERG, and M. LEVITT: Rates of formation of norepinephrine in sympathetically innervated tissues. Pharmacologist 5, 270 (1963).

UEDA, I., K. FUKISHIMA, C. M. BALLINGER, and R. W. LOEHNING: Epinephrine-induced arrhythmias. Effect of carbon dioxide and acid-base changes. Anesthesiology 23, 342—348 (1962).
ULBRECHT, G., u. M. ULBRECHT: Der isolierte Arbeitszyklus glatter Muskulatur. Z. Naturforsch. 7, 434—443 (1952).
ULRICH, H.: Narcolepsy and its treatment with benzedrine sulfate. New Engl. J. Med. 217, 696—701 (1937).
ULVEDAL, F., W. R. SMITH, and B. E. WELCH: Steroid and catecholamine studies on pilots during prolonged experiments in a space cabin simulator. J. appl. Physiol. 18, 1257—1263 (1963).
UMBACH, W., u. D. BAUMANN: Die Wirksamkeit von l-Dopa bei Parkinson-Patienten mit und ohne stereotaktischen Hirneingriff. Arch. Psychiat. Nervenkr. 205, 281—292 (1964).
URBACH, K. F.: Nature and probable origin of conjugated histamine excreted after ingestion of histamine. Proc. Soc. exp. Biol. (N.Y.) 70, 146—152 (1949).
UUSPÄÄ, V. J.: The 5-hydroxytryptamine content of the brain and some other organs of the hedgehog (erinaceus europaeus) during activity and hibernation. Experientia (Basel) 19, 156—158 (1963).
UVNÄS, B.: Sympathetic vasodilator system and blood flow. Physiol. Rev., Suppl. 4, 69—76 (1960).
— Diskussionsbemerkung. In: SCHOCK, Pathogenese und Therapie, Hrsg. K. D. BOCK, S. 200. Berlin-Göttingen-Heidelberg: Springer 1962.


VAN ALPHEN, G. W. H. M.: The structural changes in miosis and mydriasis of the monkey eye. Arch. Ophthal. 69, 802—814 (1963).
— S. L. ROBINETTE, and F. J. MACRI: The adrenergic receptors of the intraocular muscles of the cat. Int. J. Neuropharmacol. 2, 259—272 (1963).
VAN ARMAN, C. G.: Factors affecting epinephrine content of adrenal glands. Amer. J. Physiol. 162, 411—415 (1950).
VAN DER SCHOOT, J. B., E. J. ARIËNS, J. M. VAN ROSSUM, and J. A. TH. M. HURKMANS: Phenylisopropylamine derivatives, structure and action. Arzneimittel-Forsch. 12, 902—907 (1962).
VANDER WENDE, C.: Studies on the oxidation of dopamine to melanin by rat brain. Arch. int. Pharmacodyn. 152, 433—443 (1964).
—, and M. T. SPOERLEIN: Psychotic symptoms induced in mice by the intravenous administration of solutions of 3,4-dihydroxyphenylalanine (Dopa). Arch. int. Pharmacodyn. 137, 145—154 (1962).
— — Oxidation of dopamine to melanin by an enzyme of rat brain. Life Sci. 2, 386—392 (1963).
VANE, J. R.: The actions of sympathomimetic amines on tryptamine receptors. In: Adrenergic mechanisms. A Ciba foundation symposium, eds. J. R. VANE, G. E. W. WOLSTENHOLME and M. O'CONNOR, p. 356—372. London: J. &. A. Churchill, Ltd. 1960.
— H. O. J. COLLIER, S. J. CORNE, E. MARLEY, and P. B. BRADLEY: Tryptamine receptors in the central nervous system. Nature (Lond.) 191, 1068—1069 (1961).
— — — — — Diskussionsbemerkung zu D. W. WOOLLEY and E. SHAW (1962). Nature (Lond.) 194, 486—487 (1962).
VAN ESVELD, L. W.: Verhalten von plexushaltigen und plexusfreien Darmmuskelpräparaten. Naunyn-Schmiedebergs Arch. exp. Path. Pharmak. 134, 347—386 (1928).
VAN LIERE, E. J., and C. K. SLEETH: The effect of benzedrine sulfate on the emptying time of the human stomach. J. Pharmacol. exp. Ther. 62, 111—115 (1938).
— D. H. LOUGH, and C. K. SLEETH: The effect of ephedrine on the emptying time of the human stomach. J. Amer. med. Ass. 106, 535—536 (1936).

Vanov, S.: Effect of pronethalol on some inhibitory actions of catecholamines. J. Pharmacol. exp. Ther. 15, 723—730 (1963).
—, and M. Vogt: Catecholamine-containing structures in the hypogastric nerves of the dog. J. Physiol. (Lond.) 168, 939—944 (1963).
van Rossum, J. M.: Mechanism of the central stimulant action of α-methyl-meta-tyrosine. Psychopharmacologia (Berl.) 4, 271—280 (1963).
— J. B. van der Schoot, and J. A. Th. M. Hurkmans: Mechanism of action of cocaine and amphetamine in the brain. Experientia (Basel) 18, 229—231 (1962).
van Slyke, L. L., and E. Hart: The relation of carbon dioxide to proteolysis in the ripening of cheddar cheese. Amer. chem. J. 30, 1—24 (1903).
Varagić, V.: The action of eserine on the blood pressure of the rat. Brit. J. Pharmacol. 10, 349—353 (1955).
Vaughan, M., J. E. Berger, and D. Steinberg: Hormone sensitive lipase and monoglyceride lipase activities in adipose tissue. J. biol. Chem. 239, 401—409 (1964).
Vendsalu, A.: Studies on adrenaline and noradrenaline in human plasma. Acta physiol. scand. 49, Suppl. 173, 8—123 (1960).
Verly, W. G., G. Koch, and G. Hunebelle: Demethylation of adrenaline to noradrenaline in the cat. Arch. int. Physiol. 70, 624—630 (1962).
Verne, J.: La réaction chromaffine en histologie et sa signification. Bull. Soc. Chim. biol. (Paris) 5, 227—235 (1923).
Verney, E. B.: Croonian lecture; the antidiuretic hormone and the factors which determine its release. Proc. roy. Soc. B 135, 25—106 (1947).
—, and P. A. Jewell: An experimental attempt to determine the site of the neurohypophysial osmoreceptors in the dog. Phil. Trans. B 240, 197—324 (1957).
Vertua, R., M. M. Usardi, R. Bombelli, T. Farkas, and R. Paoletti: The effect of nicotinic acid on free fatty acid mobilization. Life Sci. 3, 281—286 (1964).
Verzár, F., V. Vidovic, and S. Hajdukovic: The influence of hypothermia on the uptake of $^{131}$I by the thyroid. J. Endocr. 10, 46—53 (1953).
Villablanca, J., and R. D. Myers: Production of fever by means of intracranial injections of endotoxin in cats. Acta physiol. lat.-amer. (1963). Zit. nach W. Feldberg u. R. D. Myers 1964a.
Vincent, N. H., and S. Ellis: Effects of epinephrine combined with acetylcholine or with epinephrine antagonists on cardiac rate, amplitude and glycogen. Pharmacologist 1, 62 (1959).
Vincent, S.: Current views on „internal secretion". Physiol. Rev. 7, 288—319 (1927).
Virchow, R.: Die krankhaften Geschwülste, Bd. II. Berlin: Hirschwald 1864/65.
Visscher, M. B., F. J. Haddy, and G. Stephens: The physiology and pharmacology of lung edema. Pharmacol. Rev. 8, 389—434 (1956).
Vogt, M.: Observations on some conditions affecting rate of hormone output by suprarenal cortex. J. Physiol. (Lond.) 103, 317—332 (1944).
— The effect of chronic administration of adrenaline on the suprarenal cortex and the comparison of this effect with that of hexoestrol. J. Physiol. (Lond.) 104, 60—70 (1945).
— Cortical lipids of the normal and denervated suprarenal gland under conditions of stress. J. Physiol. (Lond.) 106, 394—404 (1947).
— The secretion of the denervated adrenal medulla of the cat. Brit. J. Pharmacol. 7, 325—330 (1952).
— The concentration of sympathin in different parts of the central nervous system under normal conditions and after the administration of drugs. J. Physiol. (Lond.) 123, 451—481 (1954).
— Sympathomimetic amines in the central nervous system. Brit. med. Bull. 13, 166—171 (1957).
— Points to be considered in running chromatograms of tissue extracts. Pharmacol. Rev. 11, 249—251 (1959).

Vogt, M.: The hypogastric nerve of the dog. Nature (Lond.) **197**, 804—805 (1963).
— Sources of noradrenaline in the „immunosympathectomized" rat. Nature (Lond.) **204**, 1315—1316 (1964).
Volhard, F.: Nieren und ableitende Harnwege. IV. Veränderungen am Herzen und am Gefäßapparat. In: Handbuch der inneren Medizin, II. Aufl., Bd. 6, Teil I, S. 372—541. Berlin: Springer 1931.
Voorhess, M. L., and L. I. Gardner: Studies of catecholamine excretion by children with tumors. J. clin. Endocr. **22**, 126—133 (1962).
Vrij, jzn. C., B. K. Gho, C. A. de Groot, and J. F. Weber: The effect of isopropyl-nor-adrenaline and nor-adrenaline on the glycogen content of skeletal muscle and liver of the rat. Acta physiol. pharmacol. neerl. **4**, 547—554 (1956).

Waalkes, T. P., and H. Coburn: Conversion of serotonin (5-hydroxytryptamine) to 5-hydroxyindoleacetic acid by rabbit blood. Proc. Soc. exp. Biol. (N.Y.) **99**, 742—746 (1958).
Wada, M., M. Seo, and K. Abe: Further study on the influence of cold on the rate of epinephrine secretion from the suprarenal glands with simultaneous determination of the blood sugar. Tôhoku J. exp. Med. **26**, 381—411 (1935).
Waddell, A. W.: Adrenaline, noradrenaline and potassium fluxes in rabbit auricles. J. Physiol. (Lond.) **155**, 209—220 (1961).
Wadström, L. B.: Lipolytic effect of the injection of adrenaline in fat depots. Nature (Lond.) **179**, 259—260 (1957).
— The effect of trauma on plasma lipids. An experimental study in the rat. Acta chir. scand. **1961**, Suppl. 282.
Waelen, M. J. G. A., P. F. Sonneville, E. J. Ariëns, and A. M. Simonis: The pharmacology of catecholamines and their derivatives. II. An analysis of the action on blood flow and oxygen exchange in skin and muscle. Arzneimittel-Forsch. **14**, 11—19 (1964).
Waelsch, H.: New aspects of amine metabolism. In: Chemical pathology of the nervous system. Proc. of the 3rd Int. Neurochemical Symposium, Strasbourg, 1958, S. 576—581, ed. J. Folch-Pi. Oxford-London-New York: Pergamon Press 1961.
Wakid, N. W.: Cytoplasmic fractions of rat myometrium. I. General description and some enzymic properties. Biochem. J. **76**, 88—95 (1960).
Walaas, E., and O. Walaas: Effect of adrenaline and noradrenaline on carbohydrate metabolism of rat diaphragm. Scand. J. clin. Lab. Invest. **4**, 268—269 (1952).
— — Oxidation of reduced phosphopyridine nucleotides by p-phenylenediamines, catecholamines and serotonin in the presence of ceruloplasmin. Arch. Biochem. **95**, 151—162 (1961).
Walaas, O., and E. Walaas: Effect of epinephrine on rat diaphragm. J. biol. Chem. **187**, 769—776 (1950).
Walascek, E. J., and L. G. Abood: Fixation of 5-hydroxytryptamine by brain mitochondria. Fed. Proc. **16**, 133 (1957).
Walker, W. F., M. S. Zileli, F. W. Reutter, W. C. Shoemaker, D. Friend, and F. D. Moore: Adrenal medullary secretion in hemorrhagic shock. Amer. J. Physiol. **197**, 773—780 (1959a).
— W. C. Shoemaker, A. J. Kaalstad, and F. D. Moore: Influence of blood volume restoration and tissue trauma on corticosteroid secretion in dogs. Amer. J. Physiol. **197**, 781—785 (1959b).
Wall, P. D., and G. D. Davis: Three cerebral cortical systems affecting autonomic function. J. Neurophysiol. **14**, 507—517 (1951).
Walters jr., P. A., T. W. Cooper, A. B. Denison jr., and H. D. Green: Dilator responses to isoproterenol in cutaneous and skeletal muscle vascular beds; effects of adrenergic blocking drugs. J. Pharmacol. exp. Ther. **115**, 323—328 (1955).

Walton, R. P., J. A. Richardson, R. P. Walton jr., and W. L. Thompson: Sympathetic influences during hemorrhagic hypotension. Amer. J. Physiol. 197, 223—230 (1959).

Walz, D. T., and G. D. Maengwyn-Davies: The mechanism of isoproterenol vasomotor reversal by phenylephrine. J. Pharmacol. exp. Ther. 129, 208—213 (1960).

— T. Koppanyi, and G. D. Maengwyn-Davies: Isoproterenol vasomotor reversal by sympathomimetic amines. J. Pharmacol. exp. Ther. 129, 200—207 (1960).

Wang, H. L., V. R. Harwalker, and H. A. Waisman: Influence of dietary phenylalanine and tryptophan on tissue serotonin. Fed. Proc. 20, 6 (1961).

Waser, P.: Pharmakotherapie der Fettsucht. Int. Z. Vitaminforsch. 29, 119—121 (1958/59).

— Pharmakotherapie der Fettsucht. Praxis 48, 417—419 (1959).

—, u. J. Spengler: Die pharmakologische Beeinflussung von Hunger und Sättigung. Schweiz. med. Wschr. 93, 90—92 (1963).

Wassermann, F.: Die Fettorgane des Menschen. Entwicklung, Bau und systematische Stellung des sogenannten Fettgewebes. Z. Zellforsch. 3, 235—328 (1926).

Wastl, H.: The effect on muscle contraction of sympathetic stimulation and of various modifications and conditions. J. Physiol. (Lond.) 60, 109—119 (1925).

Waterman, F. A.: Relationship between spontaneous activity and metabolic rate as influenced by certain sympathomimetic compounds. Proc. Soc. exp. Biol. (N.Y.) 71, 473—475 (1949).

Waton, N. G.: Urinary excretion of free histamine in guinea-pigs after oral histidine. J. Physiol. (Lond.) 165, 174—178 (1963).

Watts, D. T.: The effect of methadone isomers, morphine, and pentobarbital on the blood glucose of dogs. J. Pharmacol. exp. Ther. 102, 269—271 (1951).

— Arterial blood epinephrine levels during hemorrhagic hypotension in dogs. Amer. J. Physiol. 184, 271—274 (1956).

Waud, D. R., and O. Krayer: The rate-increasing effect of epinephrine and norepinephrine and its modification by experimental time in the isolated heart of normal and reserpine- pretreated dogs. J. Pharmacol. exp. Ther. 128, 352—357 (1960).

— S. R. Kottegoda, and O. Krayer: Threshold dose and time course of norepinephrine depletion of the mammalian heart by reserpine. J. Pharmacol. exp. Ther. 124, 340—346 (1958).

Waugh, W. H.: Myogenic nature of autoregulation of renal flow in the absence of blood corpuscles. Circulat. Res. 6, 363—372 (1958).

— Role of calcium in contractile excitation of vascular smooth muscle by epinephrine and potassium. Circulat. Res. 11, 927—940 (1962).

Weber, H.: Über Anaesthesie durch Adrenalin. Verh. Kongr. inn. Med. 21, 616—619 (1904).

Wegmann, A., and K. Kako: Particle-bound and free catecholamines in dog hearts and the uptake of injected norepinephrine. Nature (Lond.) 192, 978 (1961).

Wégria, R.: Pharmacology of the coronary circulation. Pharmacol. Rev. 3, 197—246 (1951).

Weidinger, H., L. Fedina u. H. Kehrel: Der Einfluß von Adrenalin auf die Tätigkeit des „Sympathicus". Pflügers Arch. ges. Physiol. 278, 229—240 (1963).

Weidmann, S.: Effect of increasing the calcium concentration during a single heartbeat. Experientia (Basel) 15, 128 (1959).

Weil, M. H.: Adrenocortical steroid for therapy of acute hypotension. Special reference to experiments on shock produced by endotoxin. Amer. Practit. 12, 162—168 (1961).

Weil-Malherbe, H.: Phaeochromocytoma; catechols in urine and tumour tissue. Lancet 1956 II, 282—284.

—, and A. D. Bone: The chemical estimation of adrenaline-like substances in blood. Biochem. J. 51, 311—318 (1952).

— — The adrenergic amines in human blood. Lancet 1953 I, 974—977.

WEIL-MALHERBE, H., and A. D. BONE: Intracellular distribution of catecholamines in the brain. Nature (Lond.) **180**, 1050—1051 (1957).
— — The association of adrenaline and noradrenaline with blood platelets. Biochem. J. **70**, 14—22 (1958).
— — The effect of reserpine on the intracellular distribution of catecholamines in the brain stem of the rabbit. J. Neurochem. **4**, 251—263 (1959).
—, and H. S. POSNER: The effect of drugs on the release of epinephrine from adrenomedullary particles in vitro. J. Pharmacol. exp. Ther. **140**, 93—102 (1963).
— J. AXELROD, and R. TOMCHICK: Blood-brain barrier for adrenaline. Science **129**, 1226—1227 (1959).
— L. G. WHITBY, and J. AXELROD: The uptake of circulating [$^3$H] norepinephrine by the pituitary gland and various areas of the brain. J. Neurochem. **8**, 55—64 (1961a).
— H. S. POSNER, and G. R. BOWLES: Changes in the concentration and intracellular distribution of brain catecholamines: The effects of reserpine, $\beta$-phenylisopropylhydrazine, pyrogallol and 3,4-dihydroxyphenylalanine, alone and in combination. J. Pharmacol. exp. Ther. **132**, 278—286 (1961b).
WEINER, N.: The distribution of monoamine oxidase and succinic oxidase in brain. J. Neurochem. **6**, 79—86 (1960).
—, and O. JARDETZKY: A study of catecholamine nucleotide complexes by nuclear magnetic resonance spectroscopy. Naunyn-Schmiedebergs Arch. exp. Path. Pharmak. **248**, 308—318 (1964).
—, and U. TRENDELENBURG: The effect of cocaine and of pretreatment with reserpine on the uptake of tyramine-2-$C^{14}$ and dl-epinephrine-2-$C^{14}$ into heart and spleen. J. Pharmacol. exp. Ther. **137**, 56—61 (1962).
— W. R. BURACK, and P. B. HAGEN: The effect of insulin on the catecholamines and adenine nucleotides of adrenal glands. J. Pharmacol. exp. Ther. **130**, 251—255 (1960).
— P. R. DRASKÓCZY, and W. R. BURACK: The ability of tyramine to liberate catecholamines in vivo. J. Pharmacol. exp. Ther. **137**, 47—55 (1962a).
— M. PERKINS, and R. L. SIDMAN: Effect of reserpine on noradrenaline content of innervated and denervated brown adipose tissue of the rat. Nature (Lond.) **193**, 137—138 (1962b).
WEINGES, K. F., u. G. LÖFFLER: Der Einfluß von Cortisol auf den Insulineffekt am Fettgewebe in vitro. Klin. Wschr. **42**, 502—503 (1964).
WEISS, B., V. G. LATIES, and F. L. BLANTON: Amphetamine toxicity in rats and mice subjected to stress. J. Pharmacol. exp. Ther. **132**, 366—371 (1961).
—, and G. V. ROSSI: Metabolism of dopa-$^{14}$C in the normal and $\alpha$-methyldopa-treated mouse. Biochem. Pharmacol. **12**, 1399—1405 (1963).
WEISSBACH, H., B. G. REDFIELD, and J. AXELROD: Biosynthesis of melatonin: enzymic conversion of serotonin to N-acetylserotonin. Biochim. biophys. Acta (Amst.) **43**, 352—353 (1960).
— W. LOVENBERG, and S. UDENFRIEND: Enzymatic decarboxylation of $\alpha$-methyl amino acids. Biochem. biophys. Res. Commun. **3**, 225—227 (1960a).
— B. G. REDFIELD, and E. TITUS: Effect of cardiac glycosides and inorganic ions on binding of serotonin by platelets. Nature (Lond.) **185**, 99—100 (1960b).
WEISSMAN, A., and B. K. KOE: Behavioral effects of l-$\alpha$-methyltyrosine, an inhibitor of tyrosine hydroxylase. Life Sci. **4**, 1037—1048 (1965).
WENKE, M., E. MÜHLBACHOVÁ, and S. HYNIE: Effects of some sympathicotropic agents on the lipid metabolism. Arch. int. Pharmacodyn. **136**, 104—112 (1962).
— — K. ELISOVÁ, and S. HYNIE: Effect of directly acting sympathomimetic drugs on lipid metabolism in vitro. Int. J. Neuropharmacol. **3**, 283—292 (1964).
WERDINIUS, B.: Effect of temperature on the action of reserpine. Acta pharmacol. (Kbh.) **19**, 43—46 (1962).

Werkö, L., H. Bucht, B. Josephson, and J. Ek: The effect of nor-adrenalin and adrenalin on renal hemodynamics and renal function in man. Scand. J. clin. Lab. Invest. 3, 255—261 (1951).
Werle, E.: Hemmung der Histidin-Decarboxylase durch α-Methyldopa. Naturwissenschaften 48, 54—55 (1961).
— Aminoxydasen. In: Handbuch der physiologisch- und pathologisch-chemischen Analyse, Bd. 6/A, S. 653—704, Hrsg. K. Lang und E. Lehnartz. Berlin-Göttingen-Heidelberg: Springer 1964.
—, u. D. Aures: Über die Reinigung und Spezifität der Dopa-Decarboxylase. Hoppe-Seylers Z. physiol. Chem. 316, 45—60 (1959).
—, u. H. Herrmann: Über die Bildung von Histamin aus Histidin durch tierisches Gewebe. Biochem. Z. 291, 105—121 (1937).
—, u. J. Jüntgen-Sell: Über die fermentative Decarboxylierung von Mono- und Dioxyphenylserinen. Biochem. Z. 326, 110—122 (1954).
— — Zur Frage der Vorstufe von Noradrenalin im Nebennierenmark und im sympathischen Nervengewebe und zur Frage der Identität von Dopa- und Oxyphenylserindecarboxylase. Biochem. Z. 327, 259—266 (1955).
—, u. G. Mennicken: Über die Bildung von Tryptamin aus Tryptophan und von Tyramin aus Tyrosin durch tierische Gewebe. Biochem. Z. 291, 325—327 (1937).
—, u. D. Palm: Histamin in Nerven. Biochem. Z. 320, 322—334 (1950).
Wertheimer, E.: Stoffwechselregulationen. I. Mitteilung. Regulation des Fettstoffwechsels. Die zentrale Regulierung der Fettmobilisierung. Pflügers Arch. ges. Physiol. 213, 262—279 (1926).
Wessely, K.: Wirkung des Suprarenins auf das Auge. Ber. ophthal. Ges. 28, 69—83 (1900).
West, G. B.: Oxidation of adrenaline in alkaline solution. Brit. J. Pharmacol. 2, 121—130 (1947a).
— Quantitative studies of adrenaline and noradrenaline. J. Physiol. (Lond.) 106, 418—425 (1947b).
— The estimation of adrenaline in normal rabbit's blood. J. Physiol. (Lond.) 106, 426—430 (1947c).
— Injections of adrenaline and noradrenaline, and further studies on liver sympathin. Brit. J. Pharmacol. 3, 189—197 (1948).
— The vasodepressor action of noradrenaline. Brit. J. Pharmacol. 4, 63—67 (1949).
— Noradrenaline and the suprarenal glands of the domestic fowl. J. Pharm. (Lond.) 2, 732—733 (1950a).
— Liberation of adrenaline from the suprarenal gland of the rabbit. Brit. J. Pharmacol. 5, 542—548 (1950b).
— Insulin and the suprarenal gland of the rabbit. Brit. J. Pharmacol. 6, 289—293 (1951).
— The suprarenal glands of the hare and horse. J. Pharm. (Lond.) 5, 460—464 (1953).
— D. M. Shepherd, and R. B. Hunter: Adrenaline and noradrenaline concentrations in adrenal glands at different ages and in some diseases. Lancet 1951I, 966—969.
— —, and A. R. McGregor: The function of the organs of Zuckerkandl. Clin. Sci. 12, 317—325 (1953).
West, T. C., and R. F. Rushmer: Comparative effects of epinephrine and levarterenol (l-norepinephrine) on left ventricular performance in conscious and anesthetized dogs. J. Pharmacol. exp. Ther. 120, 361—370 (1957).
Westermann, E.: Über die Dopadecarboxylase des Nebennierenmarks verschiedener Tierarten. Biochem. Z. 328, 405—407 (1956).
—, u. K. Stock: Tierexperimentelle Untersuchungen über den Mechanismus der narkoseverkürzenden Wirkung von Monoaminoxydase-Hemmstoffen. Chemotherapia (Basel) 4, 329—339 (1962).
— — Untersuchungen über die Bedeutung des Sympathicus für die Mobilisation freier Fettsäuren. Naunyn-Schmiedebergs Arch. exp. Path. Pharmak. 245, 102—103 (1963).

WESTERMANN, E., u. K. STOCK: Über die Wirkung von β-Sympathicolytica auf die Lipolyse. Naunyn-Schmiedebergs Arch. exp. Path. Pharmak. 250, 290—291 (1965).
— H. BALZER u. J. KNELL: Hemmung der Serotoninbildung durch α-Methyl-Dopa. Naunyn-Schmiedebergs Arch. exp. Path. Pharmak. 234, 194—205 (1958).
WESTFALL, T. C.: Uptake and exchange of catecholamines in rat tissues after administration of D- and L-adrenaline. Acta physiol. scand. 63, 336—342 (1965).
WESTPHAL, O., u. O. LUDERITZ: Chemische Erforschung von Lipopolysacchariden gramnegativer Bakterien. Angew. Chem. 66, 407—417 (1954).
— — E. EICHENBERGER u. W. KEIDERLING: Über bakterielle Reizstoffe. I. Mitt.: Reindarstellung eines Polysaccharid-Pyrogens aus Bacterium coli. Z. Naturforsch. 7b, 536—548 (1952).
WESTRUM, L. E., and T. W. BLACKSTAD: An electron microscopic study of the stratum radiatum of the rat hippocampus (regio superior, CAI) with particular emphasis on synaptology. J. comp. Neurol. 119, 281—309 (1962).
WETZSTEIN, R.: Elektronenmikroskopische Untersuchungen am Nebennierenmark von Maus, Meerschweinchen und Katze. Z. Zellforsch. 46, 517—576 (1957).
— Die phaeochromen Granula des Nebennierenmarks im elektronenmikroskopischen Bild. 8. Symp. Dtsch. Ges. Endokrinol., München 1961 über "Gewebs- und Neurohormone. Physiologie des Melanophorenhormons", S. 33—41. Berlin-Göttingen-Heidelberg: Springer 1962.
WEZLER, K., u. A. BÖGER: Die Dynamik des arteriellen Systems. Der arterielle Blutdruck und seine Komponenten. Ergebn. Physiol. 41, 292—606 (1939).
—, u. W. SINN: Das Strömungsgesetz des Kreislaufes. Aulendorf: Editio Cantor 1953.
WHELAN, R. F.: Vasodilation in human skeletal muscle during adrenaline infusions. J. Physiol. (Lond.) 118, 575—587 (1952).
WHITBY, L. G., G. HERTTING, and J. AXELROD: Effect of cocaine on the disposition of noradrenaline labelled with tritium. Nature (Lond.) 187, 604—605 (1960).
— J. AXELROD, and H. WEIL-MALHERBE: The fate of $H^3$-norepinephrine in animals. J. Pharmacol. exp. Ther. 132, 193—201 (1961).
WHITE, J. E., and F. L. ENGEL: Lipolytic action of corticotropin on rat adipose tissue in vitro. J. clin. Invest. 37, 1556—1563 (1958).
WHITE, R. P., C. B. NASH, E. J. WESTERBEKE, and G. J. POSSANZA: Phylogenetic comparison of central actions produced by different doses of atropine and hyoscine. Arch. int. Pharmacodyn. 132, 349—363 (1916).
WHITELAW, G. P., and J. C. SNYDER: The physiological production of sympathin in the liver. Amer. J. Physiol. 110, 247—250 (1934).
WHITTAKER, V. P.: The isolation and characterization of acetylcholine-containing particles from brain. Biochem. J. 72, 694—706 (1959).
— Investigations on the storage sites of biogenic amines in the central nervous system. In: Progress in Brain Research, vol. 8. Biogenic amines, eds. H. E. HIMWICH and W. A. HIMWICH, p. 90—117, Amsterdam-London-New York: Elsevier Publ. Co. 1964.
— I. A. MICHAELSON, and R. J. KIRKLAND: The separation of synaptic vesicles from disrupted nerve-ending particles. Biochem. Pharmacol. 12, 300—302 (1963).
WICK, H., u. A. ENGELHARDT: Über einige Resorcinäthanolamine mit sympathomimetischer Wirkung. Naunyn-Schmiedebergs Arch. exp. Path. Pharmak. 241, 523—524 (1961).
WICKLER, A.: Pharmacologic dissociation of behavior and EEG "sleep patterns" in dogs: morphine, N-allylnormorphine, and atropine. Proc. Soc. exp. Biol. (N.Y.), 79, 261—265 (1952).
WIEGAND, R. G., and J. E. PERRY: Effect of L-dopa and N-methyl-N-benzyl-2-propynylamine. HCl on dopa, dopamine, norepinephrine, epinephrine and serotonin levels in mouse brain. Biochem. Pharmacol. 7, 181—186 (1961).
WIGGERS, C. J.: The action of adrenaline on the pulmonary vessels. J. Pharmacol. exp. Ther. 1, 341—348 (1909).

WIGGERS, C.J.: The regulation of the pulmonary circulation. Physiol. Rev. **1**, 239—268 (1921).
—, and J. M. WERLE: Cardiac and peripheral resistance factors as determinants of circulatory failure in hemorrhagic shock. Amer. J. Physiol. **136**, 421—432 (1942).
WIGGERS, H. C., H. GOLDBERG, F. ROEMHILD, and R. C. INGRAHAM: Impending hemorrhagic shock and the course of events following administration of dibenamine. Circulation **2**, 179 (1950).
WILBURNE, M., A. SURTSHIN, S. RODBARD, and L. N. KATZ: Inhibition of paroxysmal ventricular tachycardia by atropine. Amer. Heart J. **34**, 860—870 (1947).
WILDER, J.: Das „Ausgangswert-Gesetz", ein unbeachtetes biologisches Gesetz und seine Bedeutung für Forschung und Praxis. Z. ges. Neurol. Psychiat. **137**, 317—338 (1931).
— Zur Frage des „Ausgangswert-Gesetzes". Wien. klin. Wschr. **49**, 1360—1362 (1936).
WILLIAMS, B. J., and S. E. MAYER: Interaction between norepinephrine and dichloroisoproterenol during adrenergic blockade of the isolated perfused rat heart. J. Pharmacol. exp. Ther. **145**, 307—314 (1964).
— — Glycogen synthetase of heart muscle: Effect of hormones. Fed. Proc. **24**, 151 (1965).
WILLIAMS, C. M., and M. GREER: Homovanillic acid and vanilmandelic acid in diagnosis of neuroblastoma. J. Amer. med. Ass. **183**, 836—840 (1963).
— A. A. BABUSCIO, and R. WATSON: In vivo alteration of the pathways of dopamine metabolism. Amer. J. Physiol. **199**, 722—726 (1960).
— S. MAURY, and R. F. KIBLER: Normal excretion of homovanillic acid in the urine of patients with Huntington's chorea. J. Neurochem. **6**, 254—256 (1961).
WILLIAMS, E. M. V., and A. SEKIYA: Prevention of arrhythmias due to cardiac glycosides by block of sympathetic $\beta$-receptors. Lancet **1963 I**, 420—421.
WILLIAMSON, J.: In: Fat as a tissue, eds. K. RODAHL and B. ISSEKUTZ jr., p. 191—193, New York-Toronto-London: McGraw-Hill Book Co. 1964.
WILLIAMSON, J. R.: Metabolic effects of epinephrine in the isolated perfused rat heart. I. Dissociation of the glycogenolytic from the metabolic stimulatory effect. J. biol. Chem. **239**, 2721—2729 (1964).
—, and D. JAMIESON: Dissociation of the inotropic from the glycogenolytic effect of epinephrine in the isolated rat heart. Nature (Lond.) **206**, 364—367 (1965).
WILSON, H., and J. P. LONG: The effect of hemicholinium (HC-3) at various peripheral cholinergic transmitting sites. Arch. int. Pharmacodyn. **120**, 343—352 (1959).
WILSON, W. R., F. D. FISHER, and W. M. KIRKENDALL: The acute hemodynamic effects of $\alpha$-methyl-dopa in man. J. chron. Dis. **15**, 907—913 (1962).
WINEGRAD, S., and A. M. SHANES: Calcium flux and contractility in guinea pig atria. J. gen. Physiol. **45**, 371—394 (1962).
WINTERSTEIN, E., u. A. KÜNG: Über das Auftreten von p-Oxyphenyläthylamin im Emmentaler Käse. Hoppe-Seylers Z. physiol. Chem. **59**, 138—140 (1909).
WINTON, F. R.: Modern views on the secretion of urine, Hrsg. F. R. WINTON. London: J. & A. Churchill Ltd 1956.
WIRSÉN, C.: Adrenergic innervation of adipose tissue examined by fluorescence microscopy. Nature (Lond.) **202**, 913 (1964).
— Distribution of adrenergic nerve fibers in brown and white adipose tissue. In: Handbook of physiology, Sect. 5, Adipose tissue, eds. A. E. RENOLD and G. F. CAHILL. Amer. Physiol. Soc., Washington 1965 a.
— Studies in lipid mobilization (with special reference to morphological and histochemical aspects). Acta physiol. scand. **65**, Suppl. 252, 1—46 (1965 b).
WISLICKI, L.: The effect of pronethalol on rabbit auricles and its interactions with sympathomimetic amines. Arch. int. Pharmacodyn. **152**, 69—78 (1964).
WITTERMANN, E.: Hypophysengangtumoren und vegetative Zentren des Zwischenhirns. Nervenarzt **9**, 441—553 (1936).

Wölfer, H. J., G. Becker u. H. J. Kuschke: Hämodynamische Untersuchungen mit α-Methyl-Dopa. In: Medizinische Klausurgespräche 2: Therapie des Bluthochdrucks, Hrsg. L. Heilmeyer und H. J. Holtmeier, S. 141—148. Berlin u. Freiburg: Verlag für Gesamtmedizin 1963.

Wolf, A. V.: Osmometric analysis of thirst in man and dog. Amer. J. Physiol. 161, 75—86 (1950).

Wolf, R. L., M. Mendlowitz, J. Roboz, and S. E. Gitlow: New rapid test for pheochromocytoma. Urinary assay of normetanephrine, metanephrine and 3-methoxy-4-hydroxyphenylglycol. J. Amer. med. Ass. 188, 859—861 (1964).

Wolf, W.: Pharmakologische Kreislaufstabilisierung nach Operationen. Chirurg 32, 298—300 (1961).

Wolfe, D. E., and L. T. Potter: Localization of norepinephrine in the atrial myocardium. Anat. Rec. 145, 301 (1963).

— — K. C. Richardson, and J. Axelrod: Localizing tritiated norepinephrine in sympathetic axons by electron microscopic autoradiography. Science 138, 440—441 (1962).

Wolff, H. G.: The cerebral circulation. Physiol. Rev. 16, 545—596 (1936).

—, and McK. Cattell: On the mechanism of hypersensitivity produced by denervation. Amer. J. Physiol. 119, 422—423 (1937).

Wollheim, E.: Die essentielle Hypertonie als nosologische Einheit und ihre Differentialdiagnose. Verh. dtsch. Ges. Kreisl.-Forsch. 28. Tagg. 59—89 (1963).

—, u. J. Moeller: Hypertonie, Hypotonie. In: Handbuch der inneren Medizin, Bd. 9/5, Herausg. G. v. Bergmann, W. Frey u. H. Schwiegk. Berlin-Göttingen-Heidelberg: Springer 1960.

Womack, M., and W. C. Rose: Feeding experiments with mixtures of highly purified amino acids. VI. The relation of phenylalanine and tyrosine to growth. J. biol. Chem. 107, 449—458 (1934).

Wood, J. G.: Identification of and observations on epinephrine and norepinephrine containing cells in the adrenal medulla. Amer. J. Anat. 112, 285—303 (1963).

—, and R. J. Barrnett: Histochemical demonstration of norepinephrine at a fine structural level. J. Histochem. Cytochem. 12, 197—209 (1964).

Wood, W. B., E. S. Manley jr., and R. A. Woodbury: The effects of $CO_2$-induced respiratory acidosis on the depressor and pressor components of the dog's blood pressure response to epinephrine. J. Pharmacol. exp. Ther. 139, 238—247 (1963).

Woodbury, R. A., and B. E. Abreu: Influence of epinephrine upon human gravid uterus. Amer. J. Obstet. Gynec. 48, 706—708 (1944).

Woolley, D. W., and E. Shaw: Tryptamine and serotonin receptors. Nature (Lond.) 194, 486 (1962).

Worthen, D. M., L. B. Hinshaw, and Q. N. Anderson: Studies of the response of isolated, perfused dog kidneys to epinephrine. Fed. Proc. 20, 409 (1961).

Wosilait, W. D., and E. W. Sutherland: The relationship of epinephrine and glucagon to liver phosphorylase. II. Enzymatic inactivation of liver phosphorylase. J. biol. Chem. 218, 469—481 (1956).

Wurtman, R. J., J. Axelrod, and L. S. Phillips: Melatonin synthesis in the pineal gland: control by light. Science 142, 1071—1073 (1963).

— E. W. Chu, and J. Axelrod: Relation between the oestrous cycle and the binding of catecholamines in the rat uterus. Nature (Lond.) 198, 547—548 (1963a).

— I. J. Kopin, and J. Axelrod: Thyroid function and the cardiac disposition of catecholamines. Endocrinology 73, 63—74 (1963b).

— J. Axelrod, and I. J. Kopin: Uterine epinephrine and blood flow in pregnant and postparturient rats. Endocrinology 73, 501—503 (1963c).

— — , and L. T. Potter: The disposition of catecholamines in the rat uterus and the effect of drugs and hormones. J. Pharmacol. exp. Ther. 144, 150—155 (1964).

WYKES, A., Y. C. GLADISH, and J. D. TAYLOR: A screening method for the rapid detection of monoamine oxidase inhibitors in vitro. Fed. Proc. 18, 462 (1959).
WYLIE, D. W.: Augmentation of the pressor response to guanethedine by inhibition of catechol O-methyltransferase. Nature (Lond.) 189, 490—491 (1961).
— S. ARCHER, and A. ARNOLD: Augmentation of pharmacological properties of catecholamines by O-methyl transferase inhibitors. J. Pharmacol. exp. Ther. 130, 239—244 (1960).

YAMADA, H., and K. T. YASUNOBU: Monoamine oxidase. I. Purification, crystallisation and properties of plasma monoamine oxidase. J. biol. Chem. 237, 1511—1516 (1962a).
— — Monoamine oxidase. II. Copper, one of the prosthetic groups of plasma monoamine oxidase. J. biol. Chem. 237, 3077—3082 (1962b).
— — The nature of the prosthetic groups of plasma amine oxidase. Biochem. biophys. Res. Commun. 8, 387—390 (1962c).
YARD, A. C., and M. NICKERSON: Shock produced in dogs by infusion of norepinephrine. Fed. Proc. 15, 502 (1956).
YASUDA, M.: Effect of reserpine on febrile responses induced by pyrogenic substances. Jap. J. Pharmacol. 11, 114—125 (1962).
YATES, R. D., J. G. WOOD, and D. DUNCAN: Phase and electron microscopic observations on two cell types in the adrenal medulla of the syrian hamster. Tex. Rep. Biol. Med. 20, 494—502 (1962).
YOE, R. H.: Symposium on epidemic hemorrhagic fever; l-arterenol in treatment of epidemic hemorrhagic fever. Amer. J. Med. 16, 683—689 (1954).
YOSHINAGA, K., C. ITOH, N. ISHIDA, T. SATO, and Y. WADA: Quantitative determination of metadrenaline and normetadrenaline in normal human urine. Nature (Lond.) 191, 599—600 (1961).
YOUMANS, P. L., H. D. GREEN, and A. B. DENISON jr.: Nature of the vasodilator and vasoconstrictor receptors in skeletal muscle of the dog. Circulat. Res. 3, 171—180 (1955).
YOUMANS, W. B., H. F. HANEY, and K. W. AUMANN: Relation of the groups of the adrenaline molecule to its cardio-accelerator action. Amer. J. Physiol. 130, 190—196 (1940).
— A. I. KARSTENS, and K. W. AUMANN: Effect of vagotomy and of sympathectomy on the sensitivity of intestinal smooth muscle to adrenalin. Amer. J. Physiol. 137, 87—93 (1942).
YOUNG, J. A., and K. D. G. EDWARDS: Studies on the absorption, metabolism and excretion of methyldopa and other catechols and their influence on amino acid transport in rats. J. Pharmacol. exp. Ther. 145, 102—112 (1964).
YUNIS, A. A., E. H. FISCHER, and E. G. KREBS: Comparative studies on glycogen phosphorylase. IV. Purification and properties of rabbit heart phosphorylase. J. biol. Chem. 237, 2809—2815 (1962).
YUWILER, A., and R. T. LOUTTIT: Effects of phenylalanine diet on brain serotonin in the rat. Science 134, 831—832 (1961).
— E. GELLER, and S. EIDUSON: Studies on 5-hydroxytryptophan decarboxylase. I. In vitro inhibition and substrate interaction. Arch. Biochem. 80, 162—173 (1959).

ZANETTI, M. E., and D. F. OPDYKE: Similarity of acute hemodynamic response to l-epinephrine and l-arterenol. J. Pharmacol. exp. Ther. 109, 107—115 (1953).
ZARROW, M. Y., G. M. NEHRER, D. SIKES, D. M. BRENNAN, and J. F. BULLARD: Dilatation of uterine cervix of sow following treatment with relaxin. Amer. J. Obstet. Gynec. 72, 260—264 (1956).

Zbinden, G., L. O. Randall, and R. A. Moa: Clinical and pharmacological considerations on the mode of action of monoamine oxidase inhibitors. Dis. nerv. Syst. 21, (Suppl.) 89—100 (1960).
Zeller, E. A.: Oxidation of amines. In: The enzymes, vol. 2, part 1, eds. J. B. Sumner and K. Myrbäck, p. 536—558. New York: Academic Press 1951.
— The role of amine oxidases in the destruction of catecholamines. Pharmacol. Rev. 11, 387—393 (1959).
— Action of 1-benzyl-2-methyl-5-methoxytryptamine on monoamine oxidase. Science 132, 1659 (1960).
— Über eutope und dystope Substratkomplexe der Monoaminoxydase. Biochem. Z. 339, 13—22 (1963a).
— A new approach to the analysis of the interaction between monoamine oxidase and its substrates and inhibitors. Ann. N.Y. Acad. Sci. 107, 811—821 (1963b).
— Monoamine and polyamine analogues. In: Metabolic inhibitors, vol. II, eds. R. M. Hochster and J. H. Quastel, p. 53—78. New York and London: Academic Press 1963c.
—, and J. Barsky: In vivo inhibition of liver and brain monoamine oxidase by 1-isonicotinyl-2-isopropyl hydrazine. Proc. Soc. exp. Biol. (N.Y.) 81, 459—461 (1952).
—, and J. R. Fouts: Enzymes as primary targets of drugs. Ann. Rev. Pharmacol. 3, 9—32 (1963).
— J. Barsky, J. R. Fouts, W. F. Kirchheimer, and L. S. van Orden: Influence of isonicotinic acid hydrazide (INH) and 1-isonicotinyl-2-isopropyl hydrazide (IIH) on bacterial and mammalian enzymes. Experientia (Basel) 8, 349—350 (1952).
— — E. R. Berman, M. S. Cherkas, and J. R. Fouts: Degradation of mescaline by amine oxidases. J. Pharmacol. exp. Ther. 124, 282—289 (1958).
Ziegler, W.: Die Bedeutung der Vanillin-Mandelsäure (VMS) für die Diagnostik des Phäochromocytoms und für die Untersuchung des Katecholaminstoffwechsels. Helv. med. Acta 27, 647—651 (1960).
Zierler, K. L., and D. Rabinowitz: Effect of very small concentrations of insulin on forearm metabolism. Persistence of its action on potassium and free fatty acids without its effect on glucose. J. clin. Invest. 43, 950—962 (1964).
Zimmermann, B. G., F. M. Abboud, and J. W. Eckstein: Comparison of the effects of sympathomimetic amines upon venous and total vascular resistance in the foreleg of the dog. J. Pharmacol. exp. Ther. 139, 290—295 (1963).
Zingg, W., M. Nickerson, and S. A. Carter: Surg. Forum 9, 22 (1959). Zit. nach M. Nickerson 1962.
Zuckerkandl, E.: Über Nebenorgane des Sympathicus im Retroperitonaealraum des Menschen. Anat. Anz., Erg.-H. 19, 95—107 (1901).
Zuelzer, G.: Zur Frage des Nebennierendiabetes. Berl. klin. Wschr. 38, 1209—1212 (1901).
Zuntz, N., u. O. Hagemann: Stoffwechsel des Pferdes bei Ruhe und Arbeit. Landw. Jahrb. 2 (Suppl.), 111 (1898).

If you have any concerns about our products,
you can contact us on
**ProductSafety@springernature.com**

In case Publisher is established outside the EU,
the EU authorized representative is:
**Springer Nature Customer Service Center GmbH
Europaplatz 3, 69115 Heidelberg, Germany**

Printed by Libri Plureos GmbH
in Hamburg, Germany